ゲーデル, エッシャー, バッハ

あるいは不思議の環　20周年記念版

ダグラス・R・ホフスタッター 著
野崎昭弘　はやし・はじめ　柳瀬尚紀 訳

20th Anniversary Edition
an Eternal Golden Braid

GÖDEL, ESCHER, BACH

白揚社

20th Anniversary Edition

an Eternal Golden Braid

GÖDEL, ESCHER, BACH

I・II扉：ＧＥＢトリプレットを宙吊りにして、三つの面に投影したところ。「トリプレット」というのは私の命名で、直交する三平面に異なる文字の影を落とすもののことである。ゲーデル、エッシャー、バッハの名前をうまく織りこんで、何か象徴的なデザインができないかと考えているうち、このアイデアがひらめいた。ここに示したのは私が帯のこぎりで作ったもので、各辺の長さは約10cmである。（D.H）

GEB20周年記念版のために

この本『ゲーデル、エッシャー、バッハ　あるいは不思議の環』（原題は*Gödel, Escher, Bach : an Eternal Goleden Braid*）略してGEBは、本当は何を書いた本なのか。

一九七三年に最初の草稿を手書きで書いたときから、私はこの問題につきまとわれてきた。当然、友人たちから、何にそれほど心をとらえられているのかと訊ねられたが、手短に説明するのはむずかしかった。数年後、一九八〇年にGEBが「ニューヨーク・タイムズ」のベストセラーリストにしばらく載ったとき、数週間にわたってタイトルの下に次のような要約の一文が書かれていた。「実在は相互につながった組みひものシステムだとする科学者の論考」。まったくのたわごとであるこの要約に私が抗議したあと、「ニューヨーク・タイムズ」はやっともう少しましな要約に差し替えた。かろうじて、これなら抗議するほどのことはないかと思う程度に正確なものだった。

表題がすべてを語っていると多くの人が考えた。数学者と画家と音楽家についての本だと。だが、この三人は確かに畏れ多い方々だが、この本のなかで本質的に小さな役割しか果たさない。この本は、この三人についての本などではまったくない。

では、GEBは「数学と美術と音楽が実は核心のところでは同じものであることを明らかにする本だ」という言い方はどうか。これまた真実からかけ離れている。ところが、この言い方は何度も聞かされている。この本を読んでいない人からばかりでなく、読んだ人からも、そして、たいへん熱心な読者からも。

また、書店で、さまざまなセクションの棚にGEBを見つけたことがある。数学や科学、哲学、認知科学の（この本が置かれていてもおかしくない）セクションばかりか、宗教、オカルトのセクションにも。ほかにどんなセクションに置かれているか、わかったものではない。この本が何の本なのかを見きわめるのは、どうしてそれほどむずかしいのだろうか。長さのせいばかりでないのは間違いない。それはある程度まで、GEBが多くの主題を、たんに表面的にではなく深く探究しているからにちがいない。フーガとカノン、論理と真理、幾何学、帰納、シンタクス構造、意味の本質、禅、パラドクス、脳と心、還元論と全体論、アリのコロニー、概念と心的表象、翻訳、コンピュータとコンピュータ言語、DNA、タンパク質、遺伝暗号、人工知能、創造性、意識、自由意志に――ときには美術と音楽にも――踏み込んでいるため、焦点がどこにあるかを見きわめられない人が多いに違いない。

GEBの核心にあるキー・イメージとキー概念

言うまでもないが、このように混乱が拡がっていることを私はもどかしく思ってきた。何しろ、本文のなかで自分のねらいを何度もはっきり述べたつもりだったのだ。それでも明らかに、その回数、あるいは明確さが十分でなかったのである。今、もう一度――それもこの本の目立つ場所で――それを述べる機会を得たので、なぜこの本を書いたのか、これは何の本なのか、その主要な論点は何なのかを述べさせていただこう。

一言で言えば、GEBは、生命のない物質から生命のある存在がどのように生まれるかを述べようとするたいへん個人的な試みだ。自己とは何であり、石や水たまりのように自己をもたないものからいかにして自己が生まれるのか。「私」とは何なのか。そして（少なくともこれまでのところ）、詩人のラッセル・エドソンのみごとな言い回しを借りると「揺れ動く不安と夢の球体」、つまり大げさな言い方をすれば、少しけばだって関節のある一組の肢幹に乗って世界を動き回る架台のてっぺんに鎮座する硬い保護殻に収まったある種のねばねばした塊と関連してしか、そういうものが見つかっていないのはなぜなのか。

GEBは、ゆっくりとアナロジーを組み立てることによってこうした問題に取り組む。生命のない分子を意味のない記号に、さらに自己（あるいはお望みなら「私」、あるいは「心」——生命のあるものを生命のない物質から区別するものなら何でもいいが）を特別な、渦のような、意味のあるパターンになぞらえる。この本は、こうした奇妙な捩れたパターンにページを費やしている。それは、そうしたパターンがあまり知られておらず、あまり理解されておらず、直観に反し、謎に満ちているからだ。そして、理由を推し量るのはあまりむずかしくないはずだが、私はこの本で、このような不思議な環状のパターンを「不思議の環」と呼ぶ。基本的にこれと同じ概念を指して、後のほうで「もつれた階層」という言い回しを用いてもいるが。

M・C・エッシャー——もっと正確に言えば、その芸術——が「黄金の組みひも（golden braid）」で際立っている理由はそこにある。エッシャーも独自の形で、私と同じくらい不思議の環に魅了され、さまざまな文脈でそれを描いている。それらはいずれも頭がくらくらするほど魅力的で素晴らしい。しかし、私がこの本に取りかかったとき、エッシャーに触れるつもりはなかった。仮のタイトルは、いささか平凡な「ゲーデルの定理と人間の脳」（Gödel's Theorem and the Human Brain　以下GTATHB）というものだった。ふざけた対話はもちろん、パラドクスの絵を入れることも考えていなかった。ところが、自分が考える不思議の環について書いているうちに、心の目の前にエッシャーのいろいろな版画がほとんどサブリミナル映像のようにちらつき、ある日、私の頭のなかでこうしたイメージが書き記している概念と結びついていて、自分がこれほど強く感じる結びつきを実感する機会を読者に与えないのは不当だと思いだした。こうしてエッシャーの絵が迎え入れられたのだ。バッハが私の「心と機械についての比喩的なフーガ」にどうして参入したかは、少し後で述べることにする。

今は不思議の環に立ち戻ろう。私は長年、われわれ意識をもつ存在が「存在」とか「意識」と呼んでいる謎を解き明かす鍵は、「不思議の環」という概念が握っていると考えてきた。GEBはこの確信から発している。この考えをはじめて思いついたのは、ティーンエイジャーだった頃、数理論理学におけるあの有名なクルト・ゲーデルの不完全性定理の証明の核心にある、純粋真正な不思議の環に思いめぐらしていたときのことだった。自己と「私」の本質の背後にある秘密に突き当たるきっかけとしてはかなり変わっていると思われても不思議ではないが、私にはナーゲルとニューマンが書いた本のページから、いったいどういうことかと言えばこれこそその答えなのだ、と叫ぶ声を実際に聞いたような気さえしたのだ。

この新しい序文は、詳細に立ち入るべき場所ではない――実際、みなさんが手にしているこの分厚い本はその詳細を述べるために書かれたのであり、この本で述べていることをこの短い序文で述べることができると考えるのはいささか図々しすぎる！――が、ひとつここで言っておかなければならないことがある。数学の形式システム（つまり、意味を考慮せずに記号を機械的に操作するだけで限りなく数学上の真理を生み出す規則の集まり）に現れるゲーデルの不思議の環は、このようなシステムが「それ自体を知覚する」こと、それ自体について語り、「自己意識」をもつことを可能にするループであり、ある意味で、このようなループをもつことによって形式システムが自己を獲得する、と言っても言いすぎではない。

意味のない記号であるにもかかわらず意味を獲得する

ここで奇妙なのは、骨組みだけの「自己」が発生する形式システムが意味のない記号だけで組み立てられることだ。このような自己は、意味のない記号の間に起こった特殊な種類の渦巻き、もつれたパターンのみで生じるのである。ここで告白しておこう。上の二つの文のように、「意味のない記号」が繰り返し現れるのはいささか居心地が悪いのだ。なぜならこの本の議論の重要な部分は、十分に複雑な同型が生じるとき、形式システムから意味を閉め出すことはできないという考えに依拠しているからである。記号に意味をもたせないようといくら努力しても、意味が入り込んでしまうのだ。

今述べたことを、やや専門的な用語である「同型」を使わずに言いかえよう。「意味のない」記号のシステムのなかに、世界で起こるさまざまな現象を正確に追跡する、あるいは鏡映するパターンがあるとき、記号はその追跡あるいは鏡映によって、ある程度意味を与えられる。それどころか、そのような追跡あるいは鏡映が意味にほかならないのだ。追跡がどれほど複雑で信頼できるかによって、程度の異なる意味が生じる。しかし、このことにはこれ以上は立ち入らないでおこう。本文でたびたび、とくに第2、4、6、9、11章で取り上げられている論点だからだ。

人間の言語は典型的な形式システムとくらべて、現実を追跡するパターンが信じられないほど流動的で微妙であり、そのため、形式システムの記号が無味乾燥に見えることがある。事実、記号をまったく意味のないものと見るのに大した苦労は要らない。しかし反面、人は馴染みのない表記システムで書かれた新聞に目を注ぐこともできて、そのときその奇妙な形は、おそろしく複雑でまったく意味のないパターンでしかないように見える。つまり人間の言語でさえ、あれほど豊かでありながら、いつもあるように思われる意味を失うこともありうるのだ。

事実、次のように信じている哲学者や科学者がまだかなりいる。すなわち、記号のパターンそれ自体(本とか映画とかライブラリーとかCD-ROMとかコンピュータ・プログラムとか、とにかくそれがどんなに複雑だったりダイナミックだったりしても)は本質的にけっして意味をもつことがなく、その代わり意味は何かこれ以上ないくらい不思議な仕方で、炭素を基礎とする生物の脳で起こるプロセスの有機化学、あるいはおそらく量子力学からだけ生まれるのだ、と。こんな偏狭な生物中心主義的な見方は我慢できないが、こういう見方が直観に訴えることはよくわかっている。脳の優位、いやその独自性を信じる人の立場に身を置けば、そのような人たちの気持ちがよくわかるだろう。

そういう人たちはこう感じているのだ。私たちの「揺れ動く球体」のなか、二つの目玉の後ろのどこかでだけ、ある種「意味論のマジック」が起こるのだと。なぜ、どのようにそうなるのかは、はっきりと言えなくても。さらに、この意味論のマジックこそ、人間の自己、心、意識、さまざまな「私」が存在する原因だと考える。そして私は、自己——さまざまな「私」——と意味は、同じ源から発しているという点では、そういう人たちと考えが一致する。私が異議を唱えるのは、このような現象の原因が、脳のハードウエアに備わる何か特殊な、まだ発見されていない性質のみにあるという主張なのだ。

私の見るところ、「私」や意識というのが何であるのかについてのこの魔術的な見方を乗り越えるには、不快に思われるかもしれないが、あることを思い起こすしかない。それは、私たちの頭蓋骨のなかに安らかに収まっている「揺れ動く不安と夢の球体」は純粋に物理的な物体であって、それを形づくる要素には生命がなく、すべて、文章、CD-ROMやコンピュータなど宇宙のその他のあらゆるものを支配しているのと同じ法則に従っているということだ。この不快な事実とまっすぐ向き合ってはじめて、どうすれば意識の謎が解けるのかについて、だんだん感触がつかめてくる。脳を形づくっている物質ではなく、脳の物質内部に出現しうるパターンこそ鍵なのだ。

こういうふうに考え方を切り換えれば、自由が利くようになる。なぜなら、別なレベルで脳とは何かと考えられるようになるからである。すなわち、完璧にというのからはほど遠くても世界を映し出す複雑なパターンを支えるメディアとして。言うまでもなく、脳自体はこの世界内の存在であり、それがどれほど完全であろうと不完全であろうと、この自己鏡映のなかに立ち現れ、意識の不思議の環が渦巻き始めるのである。

クルト・ゲーデル、バートランド・ラッセルのマジノ線を突破する

私はたった今、物質的な構成要素から抽象的なパターンへ焦点を移すことで、生命のないものから生命のあるものへ、意味論的でないものから意味論的なものへ、意味がないものから意味があるものへの、

ほとんどマジックのような飛躍が可能になると主張した。だが、これはどのようにして起こるのか。何しろ、物質からパターンへの飛躍がすべて、意識や心や自己を生み出すわけでないのは明らかだ。一言で言えば、すべてのパターンが意識をもつわけではない。それでは、自己の確かな目印となるのはどんなパターンなのか。GEBの答えは、不思議の環だ。

皮肉なのは、最初に見つかった不思議の環——そして、私が立てた概念一般のモデル——が、環性を閉め出すのにお誂え向きのシステムに見つかったことだ。バートランド・ラッセルとアルフレッド・ノース・ホワイトヘッドの有名な論考『プリンキピア・マテマティカ』のことを言っているのだ。どの巻も厄介な記号表現に満ち、とっつきにくい大著である。この本は一九一〇年から一九一三年までの間に書かれたが、そのきっかけは、ラッセルが数学に現れる自己言及のパラドクスを回避する道を躍起になって探し求めたことであった。

『プリンキピア・マテマティカ』の核心には、ラッセルのいわゆる「タイプ理論」がある。これは、おおよそ同じ時代のマジノ線によく似ていて、きわめて堅固で隙のない仕方で「敵」を閉め出すために考案されたものだった。フランスにとって敵はドイツだった。ラッセルにとって敵は自己言及だった。数学システムがどんな形ででもそれ自体について語ることができるというのが、災いの種だった。自己言及は必ず自己矛盾への道を開いて、数学全体を崩壊させてしまう——とラッセルは考えた——からだ。この暗い運命を食い止めるために、ラッセルは手の込んだ——無限の——階層を考案した。すべてのレベルがたがいに隔てられ、これによって脆弱なシステムが自己言及という恐ろしいウイルスに感染するのを阻むことができた——とラッセルは考えた。

二〇年ほどかかったが、やがてオーストリアの若い論理学者クルト・ゲーデルは、うまくやればラッセルとホワイトヘッドが築いた数学上のマジノ線を迂回できる（まもなく第二次世界大戦中のドイツが巧みに迂回して本物のマジノ線を突破したように）こと、そして、自己言及は『プリンキピア・マテマティカ』に最初から潜んでいただけでなく、実はまったく取り除きようがない形で憐れなPMを蝕んでいたことに気づいた。しかも、ゲーデルが情け容赦なく明らかにしたように、システムが余すところなく自己言及で穴だらけにされているのは、『プリンキピア・マテマティカ』に何か弱点があるせいではなく、むしろそれとはまったく反対に、その強さのせいなのであった。これと同様のシステムには、まったく同じ「欠陥」が必ずあるのだ。世界がこの驚くべき事実に気づくのにこれほど長くかかったのは、脳から自己への飛躍にかなりよく似た飛躍を行う必要があるからだ。生命のない構成要素から生命のあるパターンへというのとよく似た飛躍である。

ゲーデルに何もかも明確になったのは、一九三〇年かその頃である。「ゲーデル数化」と呼ばれるようになった、単純でありながら素晴らしく豊かな手続きのおかげだ。長く直線的に連なる記号の配列を、特定の（普通、天文学的な）整数の数学的関係で精密に表す写像である。意味のない記号（胡散臭い用語をもう一度使うが）の込み入ったパターンから大きな数への写像によって、数学上の形式システムについての言明（たとえば、『プリンキピア・マテマティカ』は矛盾を含まないといった言明）は数論（整数についての研究）内部の数学上の言明に翻訳できることを示した。言いかえると、数学上の言明は数学に持ち込むことができ、新たな形をとった言明は（数論のあらゆる言明と同じく）、特定の整数が特定の属性を備えている、あるいはたがいに特定の関係にあると述べているにすぎない。しかし、別のレベルではまったく異なる意味をもち、表面上はドストエフスキーの小説にある一つの文章と同じくらい、数論の言明からかけ離れているように思われる。

「たんなる」数について真理を生み出すべく考案された形式システムは、ゲーデルの写像によって――図らずも、しかし確実に――それ自体の性質について真理を生み出し、いわば「自己意識」をもつ。『プリンキピア・マテマティカ』に巣食い、ゲーデルによって明らかにされた自己言及の実例のうち、こっそり忍び込んでいるが最も濃縮されているのはそれ自体のゲーデル数について語るものだが、とくに、「私は『プリンキピア・マテマティカ』の内部で証明可能ではない」といった、それ自体について何か実に奇妙なことを述べる文に潜んでいた。そして、繰り返し言わせてもらえば、このように捩れて戻る、このようにぐるぐる環をつくる、このように自己を包み込むのは、とうてい取り除ける欠陥などではなく、システムがもつ巨大な威力に必然的にともなう副産物なのだ。

ラッセルが何が何でも自己言及を閉め出そうと注意深く設計した要塞の内部には、自己言及が満ちあふれていることをゲーデルが突如明らかにしたことから、数学上・哲学上の革命的な帰結が出てきたのは意外ではない。そのなかで最も有名なのは、形式的な数学の「本質的な不完全性」だ。不完全性の概念はこの先の各章で注意深く論じられ、魅力的なものではあるけれども、それ自体はGEBの論点の中心ではない。GEBにとって、ゲーデルの仕事の最も重要な点は、意味のない世界でも言明の意味が重要な帰結をもたらすことを証明した点だ。こっそり忍び込んでいるゲーデル文G（「私は『プリンキピア・マテマティカ』の内部で証明可能ではない」と述べる文）が『プリンキピア・マテマティカ』の内部で証明可能ではないこと（まさにGそのものが主張していること）を保証するのは、Gの意味なのである。この文に隠されたゲーデル的な意味が、空虚な記号をはねつけ、意味を受けつけないシステムの規則に何らかの力を及ぼし、どうしてもGの証明を組み立てられないようにしているかのようだ。

さかさまの因果と「私」の出現

このような事態を目のあたりにすると、因果関係が狂ったように捩れている、あるいは逆立ちしているような感じがする。意味のない記号の列に勝手に読み込まれる意味は、何の影響も及ぼさないはずではないのか。さらに奇妙なのは、文Gが『プリンキピア・マテマティカ』の内部で証明可能ではないただひとつの理由が、この文の自己言及的な意味であることだ。Gは整数についての真なる言明であり、証明可能なはずであるように思えるが——それ自体についての言明という意味のレベルをもっているおかげで——そうはならない。

つまり、ゲーデルのループからは実に奇妙な結果が出てきてしまう。規則に縛られているが意味が欠けている世界で、意味が因果的な力をもつことが明らかになるのだ。ここで脳と自己についての私のアナロジーがまた登場し、脳という生命のない球体の内部に囚われた自己の捩れたループにも因果的な力があること、言いかえれば、脳のなかの生命のない粒子がパターンを押し動かすことができるのに劣らず、「私」と呼ばれるパターンが生命のない粒子を押し動かすことができる。要するに少なくとも私の見るところでは、一種の渦を通して「私」が現れるのである。その渦によって、脳のなかのパターンが脳によるこの世界の鏡映を鏡映し、最終的にそれ自体を鏡映する。すると、「私」の渦が実在の因果的な実体となる。この奇妙で抽象的な現象に対する不完全ながらも鮮明な具体的類似物としては、テレビカメラをテレビ画面に向け、画面に画面そのものを映し出したときに何が起こるかを考えればいい。私がGEBで「自己呑み込みテレビ」と呼び、のちの著作で時に「レベル縦断的フィードバックループ」と呼んでいるものだ。

脳などの基質のなかにこのようなループが生じると、またそのときに限って、人格――独得な新しい「私」――が生まれる。さらに、そのようなループの自己言及が豊かであればあるほど、そこから生まれる自己の意識はより高くなる。そう、びっくりするかもしれないが、意識はオン・オフ切替現象ではなく、そこには程度、等級、濃淡色調の幅があるのである。あるいは、もっとあからさまな言い方をすれば、大きな心と小さな心があるのだ。

小さな心の持ち主、ご用心！

ここで、私の好きな著述家の一人、アメリカの「七つの芸術の批評家」、ジェイムズ・ヒュネカーが述べた、おそろしくエリート主義的だが実におかしな言葉を思い出さずにいられない。ショパンのエチュード、作品25、第11番イ短調は、私にとって、またヒュネカーにとって、これまでに書かれた楽曲のなかで最も心を揺さぶる最も崇高なものだが、この曲についてヒュネカーは、フレデリック・ショパンについての才知溢れる伝記のなかでこう述べている。「どんなに指がよく回っても、小さな心の持ち主はこの曲は避けるべきだ。」

「小さな心の持ち主」(small-souled men)だって？　いやはや。この一言はアメリカの民主主義精神とぶつかるぞ！　だが、その侮辱的で古くさい性差別（私もGEBのなかでそういう罰当たりなことをしていて、たいへん後悔している）はそれとして、こう言いたいのだ。私たちのほとんどが喜んで何種類かの動物を食べ、ハエやカを叩き殺し、抗生物質で細菌と闘うなどといったことをするのは、ヒュネカーがしたショッキングな区別のようなことを暗黙のうちに信じているからにほかならないのである。一般に、ウシ、シチメンチョウ、カエル、魚といった「仲間」(men)はすべて、何らかの意識の芽生え、ある種の原始的な「心」を所有しているが、それは絶対に、私たちのよりずっと小さいと意見の一致を見ている。私たち「人間」が、自分たちにはそれら取るに足らない心を持つ動物の頭に宿るかすかな光を消し、今では冷たくなって動かないけれどかつては温かくうごめいていた原形質を際限ない食欲で呑み込み、そんなふうにしながらこれっぱかりの罪も感じないでいる権利が完全に与えられていると思っているのはなぜかといえば、それら動物の心が私たちのそれよりずっと小さいと意見の一致を見ているからで、それ以上でもそれ以下でもない。

説教くさい話はこのくらいにしておこう。要点は、どんな不思議の環も私たちの心のような壮大で輝かしい心を生むわけではないということだ。したがって、たとえばGEB全体あるいはその一部を読んだ人が首を振り振り、悲しげにこんなふうに言ってほしくはないのである。「このホフスタッターというおかしなやつは、ラッセルとホワイトヘッドの『プリンキピア・マテマティカ』が心をもった意識のある人間だと信じているぞ！」でたらめ！　たわごと！　ばか話！　ゲーデルの不思議の環は、私にとってこの概念の典型ではあるが、最も貧弱な不思議の環にすぎず、有機的な脳とくらべれば大して複雑でもないシステムに存在する。しかも、形式システムは静的だ。変化も成長もしない。形式システムは、ほかの形式システムの集合のなかに存在して、それらを自らのうちに鏡映したり、「友人たち」に鏡映されたりすることはない。いや、最後の言葉は撤回しよう。少なくとも一部分は。『プリンキピア・マテマティカ』ほど強力な形式システムには、それ自体のモデルだけでなく、それに似たものも、まるで似ていないものも含めて、無限個の他の形式システムのモデルが含まれる。ゲーデルが認識していたのは基本的にそのことだ。だがそれでも、時間に対応するものはなく、成長にも対応するものはなく、まして誕生と死に対応するものはない。

だから、数学の形式システムに「自己」が生じることについて私が述べたことは、眉につばをつけて聞いていただかなくてはならない。不思議の環は、さまざまな媒質に、さまざまな程度の豊かさで現れる抽象的な構造だ。GEBは本質的に、自己性がどのように発生するかということの比喩として、「私」というものがその所有者にとってあれほどリアルで実体をもつように感じられながら、それとまったく同時にかくも曖昧で測り知れず、どこまでも捉えどころがなく思われるのはなぜかを理解するための比喩として、多くのページを費やし不思議の環という概念を提唱している本なのである。

私個人としては、ゲーデル的な不思議の環あるいはレベル縦断的フィードバックループに言及することなしに、意識が理解しつくされるとは想像できない。そのため、ここ数年の間に立てつづけに出た意識の謎を解き明かす試みと称する本が、ほとんどこうした方向の考えに触れていないことに驚き、首を傾げていると言わざるをえない。こうした本の著者の多くがGEBを読んで楽しんだと言っているのに、GEBの核心をなす主張の谺(こだま)はどこからも聞こえてこない。まるで私は、心の奥底で温めてきたメッセージを空っぽの谷の底に向かって叫び、誰にも自分の言葉を聞いてもらっていなかったようなものだ。

GEBの最初の種

不思議の環が意識の核心であり、抑えようがない「私」という感じの源だという説を唱えることが著者の目標なら、なぜ、脱線しているように思えるところがこれほど多い、こんな分厚い本を書いたのか。

なぜフーガやカノンなど持ち出したのか。なぜ帰納なのか。なぜ禅なのか。なぜ分子生物学なのか。さらにまだまだある……。

実のところ、こうしたことについて語ろうとはつゆほども考えていなかった。また、私が将来出す本に対話が含まれるとは夢にも思っていなかった。まして、音楽形式に基づく対話が含まれるなどとは。私の構想は次第に複雑に、野心的になっていったのだ。大雑把に言えば、それはこんなふうだった。

ティーンエイジャーの頃にアーネスト・ナーゲルとジェイムズ・ニューマンの薄い本 *Gödel's Proof*（はやし・はじめ訳『ゲーデルは何を証明したか』白揚社）を読んだことにはすでに触れた。この本が私に刺激と問題の深さを放射し、まっすぐ記号論理の研究に飛び込んだ。かくして、スタンフォード大学で数学を専攻していたとき、また数年後、短期間バークレーの大学院でやはり数学を専攻していたとき、高等論理学のコースをいくつかとったが、どれも難解であり、専門的で、ナーゲルとニューマンを読んで味わった不思議な魅力はまったく欠けていた。こうした高尚なコースをとった結果、ゲーデルの素晴らしい証明と「不思議の環らしさ」へのティーンエイジャーの頃からの関心がほとんど消えてしまった。実際、虚しさを抱え、ほとんど絶望して一九六七年の終わりにバークレー大学院の数学研究課程を中退し、オレゴン州ユージーンにあるオレゴン大学で物理専攻の大学院生という新たな身分を選び取った。そこで、論理と数学にかつて熱烈に抱いていた興味は深い休眠に入ったのだ。

数年が過ぎ、一九七二年五月のある日、オレゴン大学の書籍購買部で数学書の棚を眺めていて、哲学者のハワード・デロングの素晴らしい本『数理論理学素描』に出会い、思いきって買ってみた。それから何週間かのうちに、ゲーデルの大きな謎とそれに関わることすべてにかつて抱いていた、強い興味が再び目を覚ました。私の揺れ動く不安と夢の球体の内部で、アイデアが狂ったように激しく渦巻きはじめた。

こういう喜びがあったにもかかわらず、私は物理研究と生活全般に嫌気が差していたので、七月に持ち物をダンボール一〇箱ほどに詰め、わが忠実な一九五六年製マーキュリー、クイックシルヴァーで東に向かって広いアメリカ大陸を横断する旅に出発した。どこに向かっているのか、自分でもはっきりしなかった。わかっていたのは、新たな生活を探し求めているということだけだった。

美しい滝とオレゴン東部の砂漠を越えると、アイダホ州モスコウに着いた。クイックシルヴァーがちょっとしたエンジン・トラブルを起こし、修理が必要だったので、その間にアイダホ大学の図書館に行って、デロングの注釈つき文献目録に挙げられていた、ゲーデルの証明についての論文をいくつか覗いてみた。数本をコピーし、一日かそのくらいして、モンタナとアルバータに向かって出発した。毎晩、車を停めてあるときは森の中、あるときは湖のほとりに小さなテントを張って、懐中電灯で論文を読みふけり、そのうちに寝袋のなかで眠ってしまうのだった。そうするうちに、多くのゲーデル的な問題がはっきりわかってきた。私が学びつつあったことは、実に心を奪われるものだった。

手紙から小冊子、さらにセミナーへ

カナディアン・ロッキーで数日過ごしたあと、再び南に向かい、やがてコロラド州ボールダーにたどりついた。そこで、ある午後、新たな考えがほとばしり出はじめ、おのずと旧友のロバート・ボーニンガー宛の手紙になった。数時間にわたって書きつづけた末、思っていたより長い手紙になった——三〇ページほどだった——が、それでも言いたかったことの半分ほどしか言っていないのに気づいた。そこで、手紙ではなく小冊子を書くべきかもしれないと思った。そんなわけで、ロバートは今に至るまで私の未完の手紙を受け取っていない。

ボールダーからさらに東に向かい、大学町から大学町へと進み、やがてずっと私を手招きしていたかのように、ニューヨークが最終目的地として浮かび上がってきた。はたして私はマンハッタンで数週間過ごし、シティー・カレッジで大学院のコースをとり、ハンター・カレッジで看護士に初等物理を教えたが、年が明けて一九七三年になると、いろいろな点でニューヨークが好きであるにもかかわらず、ユージーンにいたときより不安になり、オレゴンに帰って、大学院を終えるのが賢明だと判断した。望んでいた「新たな生活」は実現しなかったが、いくつかの点で、戻ってほっとした。まず、当時オレゴン大学は、いずれかの学科が認めれば、大学構成員は単位のための「サーチ」コースを考案し、教えることができるという進歩的な方針をとっていた。そこで私は、ゲーデルの定理を中心とする三カ月の春学期のサーチ・コースを後援してくれるよう哲学科と数学科に請願し、願いを聞き入れてもらった。事態は上向いていた。

私の直観はこう告げていた。不思議の環に――その哲学上の重要性だけでなく、その美しさに――私が抱く個人的な興味は、たんなる私ひとりのちょっとした神経症的執着ではなく、他の人に伝染する見込みが十分にある。こうした考えが、私がとった味気ない論理学のコースで扱われる概念のように無味乾燥なものではなく、むしろ――ナーゲルとニューマンが示唆していたように――数学、物理学、コンピュータ科学、心理学、哲学、言語学などのさまざまな深く美しい概念と密接に関連していることを、学生たちに伝えることができさえすれば。

私は自分のコースに、半分いかれていて半分ロマンチックな「決定不可能なものの謎」というタイトルをつけた。とんでもなく幅広い分野の学生を引きつけられるかもしれないと思ってのことである。企みはうまくいった。二五人が引っ掛かった。全員熱心だった。その春、毎日、講義の最中に窓の外に見えたきれいな花を鮮明に覚えているが、それよりもっと鮮やかに覚えている学生が三人いる。美術史のデイヴィッド・ジャストマン、政治学のスコット・ブレシュ、美術専攻のアヴリル・グリーンバーグ。この三人は私が述べる考えを貪るように聞き、私たちはこうした考えについて果てしなく語り合った。かくして私のコースは成功した。引っ掛かった側にとっても、引っ掛けた側にとっても。

一九七三年夏のあるとき、私の「小冊子」のための目次をざっと書き記してみた。その時点で、自分の構想がいかに野心的で大がかりなものかわかり始めたのだが、それでもまだ、一巻の本というより小冊子のように感じられた。本腰を入れて書きはじめたのは秋のことだった。それまで数ページのものしか書いていなかったが、恐れを知らずに突き進んだ。数日――あるいは一、二週間――しかかからないと思っていた。これはいささか見当はずれだった。最初の草稿（ロバート宛の手紙と同じく手書きで、訂正がもっと多いもの）を仕上げるのに、ひと月ほどかかった。これは「ヨム・キップル戦争」つまり第四次中東戦争と重なるひと月で、そのことが私に強烈な印象を与えた。この第一稿が最終製品でないことはわかっていたが、主な作業は片づいており、あとは見直し修正していくだけと感じていた。

文学形式の実験が始まる

その草稿を書いていたとき、エッシャーの絵のことを考えていなかったのは確かだ。バッハの音楽のことも考えていなかった。けれどもある日、心と脳と人間のアイデンティティーをめぐるアイデアに夢中になった私は、そのおどけたキャラクターがいつも私を楽しませてくれたルイス・キャロルの奇妙なカップル、アキレスと亀を恥ずかしげもなく借り受け、机にへばりつき極度の興奮状態で、長く込み入った対話を一気呵成に書き上げた。それぞれのページに一つずつ、アインシュタインの特定のニューロンに関する包括的な情報が収まっている、想像できないほど大きな架空の本についての対話だ。たまたま、対話のなかの短い一節で、アキレスと亀は、相手が別の対話をしているところを想像し、それぞれがこう言うのだった。「すると、きみはこう言うかもしれない……それに対してぼくはこう答えるかもしれない……すると、きみは……」という具合に。この対話にはそういう変わった構造的特徴があるため、最後の発話のピリオドを打ったところで一ページの頭に戻り気まぐれに一語、「フーガ」とタイプした。

アインシュタインについての本をめぐる対話は、もちろん本当はフーガではなかった――それに近いものでさえなかった――が、それでも私はなぜか、フーガを思い起こしたのだ。幼い頃からバッハの音楽に深く心を動かされていたので、バッハのような対位法形式を知的に豊かな内容の対話と結びつけるという、突飛な考えに強烈に心をとらえられた。それから数週間にわたって頭のなかでこの考えについて思いをめぐらすうちに、この線で行くとどれほど遊べる場所ができるかに気づいた。ティーンエイジャーのときの私なら、このような対話にどれほど飽くことなく夢中になったか想像できた。こうして、対位法的な対話をこんなにたくさん挿入しようという考えに至った。それは、各章で述べる重々しい概念の単調さを破るためでもあり、深遠な概念を軽い寓話的な形で提示するためでもあった。

結局——何カ月もかかったが——ある結論にたどり着いた。最適な構成は、章と対話がきっちり交互に並ぶというものだ。それがはっきりすると、残る仕事は読者に伝えたい一番重要なことを特定し、その形式と内容をアキレスと亀（および友だち）の凝っていて、しばしば語呂合わせになっている対話で表現するという楽しいものだった。

GEB、まずは熱を冷まし、そしてまた熱を上げる

一九七四年はじめ、四度目でそれが最後になったが博士論文の指導教授を変え、まったく馴染みのない固体物理の問題に取り組みはじめた。それは大変そうではあったが面白そうな問題だった。新しい指導教授のグレゴリー・ワニヤーからは、本腰を入れて取り組むよう求められたし、心の底で、物理の世界で生き残れるかどうかは今度の研究にかかっているとわかっていた。博士号という貴重な、手に入れにくい称号を得ようと、私はすでに一〇年近く奮闘していた。欲しければこれが最後のチャンスだった。そこで、いやいやながら愛する原稿を机の引出しにしまい、自分に言い聞かせた。「手を触れるな！　覗いちゃだめだ！」引出しを開けて、原稿をぱらぱらめくっただけでも、自分に食事抜きの罰を与えるという規則を定めることまでした。GEB問題について——いやGTATHB問題についてさえも——考えることは厳禁だった。

ところで、ワニヤーは一九七四年の秋に、ドイツに六カ月滞在する予定だった。私は昔からヨーロッパが大好きだったので、いっしょに行けるかどうか、訊ねてみた。するとワニヤーは親切にも、私がレ

ーゲンスブルク大学で科学助手――基本的にティーチング・アシスタント（教務補助）――として働けるよう手配してくれたので、一九七四年の終わりから一九七五年のはじめにかけて一学期の間、その役目を務めた。博士論文のための作業の大半をやったのは、そのときだった。レーゲンスブルクで過ごした月日は、親しい友だちがいなかったので昼も夜も長く、さびしいものだった。ある意味で、このつらい時期の一番の友はフレデリック・ショパンだった。ラジオをほとんど毎晩真夜中にラジオ・ワルシャワに合わせ、いろいろなピアニストが演奏するショパンの曲に耳を傾けていたのだ。私が知っている好きな曲もあったし、はじめて聞き、気に入ったものもあった。

この期間はずっとGEB禁止期間だった。一九七五年の終わりについに論文を仕上げた。この研究は精妙な視覚的構造（この本の第5章）に関するもので、研究者生活に踏み出すためのいい踏み切り板になると思われたが、私は大学院で自尊心に打撃をこうむりすぎていて、いい物理学者になれるとは思えなかった。一方、昔からの知的興味に再び火が点いたこと、とりわけGTATHBを書いていたことで、新たな自信が私の心に吹き込まれていた。

職はなくても高い志を抱いて故郷のスタンフォードに帰り、両親が無条件に気前よく金銭面で支援してくれた（冗談で「ホフスタッター二カ年奨学金」と呼んでいた）おかげで、人工知能研究者として「自己変革」することに取りかかった。だが、それより重要なのは、その数年前に私の心をとらえた考えに再び没頭することができたことだ。

スタンフォードで、私がかつて書いた「小冊子」が花開いた。最初から最後まで書き直した。以前の原稿は、しかるべき概念に焦点を合わせてはいるが、未熟でスタイルに一貫性がないと感じたからだ。それに、世界最初で最高のワードプロセシング・プログラムのひとつを使うという贅沢を享受していた。新しい友人ペンティ・カナーヴァの、実に融通のきく使い勝手のいいTVエディットだ。このプログラムのおかげで、新たな原稿は流れるようにスムーズにできていった。これがなかったら、GEBをどうやって書けたか、想像もできない。

この段階で、はじめてこの本の普通でないスタイル上の特徴が本当に姿を現した――ときにばかばかしいこともある言葉遊び、音楽の形式をまねた新奇な言語構造のでっちあげ、あらゆる種類のアナロジーをいじくりまわし、構造自体がそこで述べられている論点の例となっている物語を紡ぎ出し、空想的なシナリオで変わったキャラクターが絡み合う。書きながら、この本が同じようなトピックについて書かれた他の本とまったく違うものになること、自分がずいぶんいろんな仕来りを破っていることはよくわかっていた。それでも、楽しく浮き浮きと書きつづけた。自分のしていることはしなければならないことであり、本質的に正しいことだと自信をもっていたからだ。自分のしていることにこれほど自信がもてた理由のひとつは、この本では内容に劣らず形式に重きが置かれているということだった。それは偶然ではなかった。何しろGEBのかなりの部分で、形式が内容と切り離せないこと、意味論が構文論と一体であること、パターンと材料がいかに密接に絡み合っているかが扱われているのだ。

自分がこの世の営みの多くの面について、内容とともに形式に関心を抱いていることに昔から気づいていたが、最初の本を書くなかで、あらゆるレベルの視覚像の問題にこれほどのめりこむことになるとは想像もしなかった。TVエディットの利用で楽になったおかげで、自分が書いたものがすべて画面上で体裁よく見えるように、磨きをかけることができた。ひところは、そんなところまでコントロールしようというのは書き手の贅沢というもんだとされたが、私はこれに愛着を感じており、手放す気はない。出版社に送る原稿のプリントアウトができあがったときには、視覚デザインと概念構成が緊密に一体化されていたのである。

クラリオンの町に響き渡る朗報

タイトルは突飛だし、原稿はオーソドックスと言えないし、著者は無名だしで、リスクを冒すことを横並びで恐れる出版界を相手に悪戦苦闘せざるをえなかったのではないか、と訊かれることがよくある。

運がよかっただけかもしれないが、私が経験したのはそれよりはるかに心地よいものだった。

一九七七年の中頃、上質な出版社一五社ほどにただ探りを入れる目的で短いサンプルを送ったところ、ほとんどの出版社からは、自分のところが扱う「種類のものではない」という返事をもらった。ごもっとも。しかし、もっと読んでみたいと言うところが三、四社あって、順番に全部見せていった。最初の二社から断られるとがっかりしたのは言うまでもない（それに、それぞれ吟味に数カ月かかったので、空しく時間がたっていくのがいらだたしかった）が、そうかと言って、それほどひどく意気消沈してしまったわけではなかった。かねてその出版物に敬服していたベイシック・ブックスの社長、マーティン・ケスラーが、確約ではないが有望とのシグナルを送ってくれた。

一九七七年から七八年にかけての冬は厳しく、私がなりたての助教授として身を置いていたインディアナ大学は暖房用の石炭を切らしてしまい、三月には、暖かくなるまで三週間の閉鎖を余儀なくされた。こうしてできた休暇を利用して、ニューヨークおよびその南の各地に車を走らせ、旧友に会った。半分ぼやけているわずかな記憶のなかではっきりしているのは、ペンシルヴァニア州クラリオンに束の間立ち寄って、しみったれた夕食をとったときのことだ。寒い電話ボックスからニューヨークのマーティン・ケスラーに電話をかけ、判決が出たかどうか訊ねた。「喜んで」私と仕事すると言われたとき、それは私の生涯の最高の瞬間だった。それにしても、気味が悪いくらいだ。よりにもよって、こんなよくできた名前の町で、こんなうれしい出来事が起こるとは……。

穴だらけローラーの復讐

さて、出版社は見つかった。次の問題は、体裁のよくないプリントアウトの原稿をきれいに活字が印刷された本に変えることだった。まったく幸運なことに、ペンティが、世界初の電算植字システムのひとつを開発したばかりで、それを使うよう強く勧めてくれた。いつでも冒険大好きのケスラーも、試してみるのに乗り気だった。それはもちろん、ベイシック・ブックスにとって経費の節約になるからでもあったが、ケスラーが根っから先鋭なリスクテイカーだったからでもある。

自分で活字を組むのは大いに気分転換になったが、朝飯前というわけにはいかなかった。当時のコンピュータ作業は今日のよりずっと原始的で、ペンティのシステムを使うのにそれぞれの章や対話に文字どおり何千もの植字コマンドを暗号で挿入し、次にそれぞれのコンピュータファイルをいくつか――通常、五つか六つ――に分けなければならなかった。そして、それぞれの断片を二つのコンピュータ・プログラムにかけ、その結果できるアウトプット・ファイルをそれぞれ、細長い紙テープに暗号パターンとして物理的に打ち出さなければならなかった。穴あけ機（ホールパンチャー）がある建物まで二〇〇ヤード歩き、紙テープを入れ、詰まらないよう注意深く見守らなければならなかった。

次にこのつるつるしたテープを運んで、「スタンフォード・デイリー」が印刷されていた建物までまた四〇〇ヤード歩き、写真植字機が空いていれば自分で動かすのだった。これは長く込み入った作業だった。カートリッジ何個分もの感光紙を暗室に運び、現像液に漬け、容器に付いているローラーに通して現像剤を落とし、私の文章が印刷された長さ五フィートのゲラを物干しロープにぶらさげて一日か二日干す。したがって、私が出した何千ものコマンドが作りだしたものを実際に見るまでは、非常に面倒で時間がかかった。だが、実を言えば、気にならなかった。むしろ秘儀めいた特別でわくわくする体験だった。

ところがある日、ゲラがほぼすべて――二、三〇〇枚が――印刷され、やっと仕事が終わったと思ったとき、恐ろしいことに気づいた。私は、ひとつひとつのゲラが黒々と印刷されて現像液から出てくるのを見ていたが、最近乾かしたもののなかに、印刷された文字が茶色っぽく見えるものがあったのだ。何だ、これは！　もう少し古いものを調べると、薄い茶色の文字が見つかり、さらに古いものには、オレンジ色のや、黄色のさえ見つかった。

信じられなかった。いったいどうしてこんなことになったのか。答えを知って、腹が立つとともに、無力感に襲われた。古くなったローラーは不均等にすり減っていて、組版を入れるゲラはもうきれいに拭かれることなく、酸が日々黒い文字を蝕んでいたのだ。「スタンフォード・デイリー」にとっては、これは問題ではなかった。ゲラを数時間で捨ててしまうのだから。ところが、本にとっては致命的だった。黄色いゲラから本を印刷することはできない。ゲラができたばかりのときにとったコピーはくっきりしていたが、その度合いは十分ではなかった。悪夢だ。ゲラができたのだ。莫大な苦労が水の泡になったのだ。フットボールの試合で、ダウンフィールドを九九ヤード進んで相手側の一ヤードラインで押さえ込まれてしまったチームのような絶望感でいっぱいになった。

一九七八年にほぼひと夏費やしてゲラの作成を行い、今や夏も終わろうとしていて、私は授業をしにインディアナに戻らなければならなかった。どうしたらGEBを救えるのか。思いつく解決法は、秋の間、週末ごとにスタンフォードに飛んで、一からやり直すことだけだった。幸い、授業があるのは火曜と木曜だけだったので、毎週、木曜の午後に教室を飛び出し、飛行機をつかまえてスタンフォードに行き、取り憑かれたように月曜の午後まで働いてから、空港にすっとんでいき、インディアナに戻った。最悪の週末のことは一生忘れない。一睡もせず四八時間ぶっとおしで何とか仕事をしたのだ。情熱があれば、そこまでやれるのである。

ただし、この試練のなかにも恵みがあった。最初のゲラで犯した誤植をすべて正すことができたのだ。当初の計画では、訂正のゲラを使うつもりだった。それをベイシック・ブックスのニューヨークのオフィスで小さな断片に切り刻み、ミスがあるところに貼り付けるのだ。最初のゲラでミスをたっぷりしでかしてしまった。このようなやり方ではレイアウトに何百ものエラーが生じたことだろう。だが、九九ヤードの前進が一ヤードラインで止められたおかげで、今やミスをすべて正し、ほとんどけちのつけようのないゲラをつくることができた。そういうわけで、この悲惨な事件はGEBの印刷を数カ月遅らせたとはいえ、結果的には幸いだった。

しまった……

もちろん、いわば形をとりつつあったこの本に盛り込んでもらおうと、多くの考えが競い合っていた。実際に盛り込まれたものもあれば、そうならなかったものもある。皮肉なことに、アインシュタインについての本をめぐる対話は、「フーガ」的な点でこの本のすべての対話のヒントになったにもかかわらず、削られた。

ほかにも、長くて複雑な対話がひとつ削られた。あるいは、もっと正確に言えば、原形をとどめないほど変形された。その奇妙な物語は、そのとき私の頭のなかで渦巻いていた激しい論争と結びついている。

一九七〇年代に学生自治会で読んだビラで、性差別的な言葉づかいが意識されずに及ぼす潜行性の影響に痛切に気づいた。英語で総称的に使われる〝he〟と〝man〟が、何が「普通の」人間で、何が「例外」かについての感覚を形づくる一因になっていることに目を開かされ、新たな見方ができるようになってよかったと思った。とはいっても、当時私は物書きではなかった――物理専攻の大学院生だった――ので、こうした問題は、私自身の生活にそれほど関わりがあるとは思えなかった。だが、対話を書きはじめると、話は違ってきた。あるとき、私の書いている対話のキャラクター――アキレス、亀、蟹、蟻食――が例外なく男性であることに気づいた。自分が、女性のキャラクターを登場させることに抗する無意識の圧力の餌食になっていたことに、ショックを受けた。それでも、前に戻って、いくつかのキャラクターに「性転換手術」を施すというアイデアをもてあそんでいると、いらいらしてくるのだった。どうしてだろうか。

私が自分自身に言い聞かすことができたのは、こんなことだけだった。「女性を登場させたら、基本的に純粋に抽象的な議論に、混乱をもたらす性の世界をもちこむことになり、そうなると、私の本の主要な目的から読者の注意がそれてしまう。」このばかばかしい見方は、西洋文明の根底に当時あった（そして今なおある）多くの暗黙の前提に発しており、そうした前提を反映していた。そういう醜い態度に打ち勝つことを自らに強いたときから、私の頭のなかで本当の闘いが始まった。前に戻って、一部のキャラクターを女性にすべきだと主張する自分と、現状を維持しようとする自分がいた。

この内面での闘いから、長く楽しい対話が生まれた。キャラクターたちが、自分たちがみな男性であることに気づいて、なぜそうなのかを議論し、ある結論に至る。自由意志をもっているように感じていても、自分たちは実は、性差別的な男性の著者の頭のなかにいるキャラクターにすぎないにちがいないというのだ。キャラクターたちは、著者を何とか対話に呼び出すことに成功する。そして、性差別ではないかと糾弾されたら、著者はどうするだろうか。著者は無罪を主張する。自分の脳がすることは自分ではどうにもできない。自分の性差別的態度は性差別的な神のせいだというのだ。すると次の瞬間、神がパッと現れて対話に加わる。そして何と、神は女性であることがわかるのだ（ハッ、ハッ、ハッ）。それからどうなったか、詳細は覚えていないが、要は、私の心は深刻に苦しんで、自分なりにこうした複雑な問題に取り組んでいたということだ。

残念なことに――つまりは、それから先の私にとって残念なことに、というわけだが――この闘いに勝ったのは、性差別主義者の側だった。性差別主義者の側は相手側にほんのいくつかの点で譲歩しただけだ（たとえば、対話「小さな和声の迷路」に出てくる妖霊の塔や、「前奏曲……フーガの蟻法」に登場する、はしゃ蟻塚叔母さん）。GEBは依然として、根深い性差別的な偏りを抱えた本だった。面白いことに、これまでこの偏りについて論評した人は、男女を問わずたいへん少ない（このようなことはたいへん微妙で、無意識のうちに陥るものであり、ほとんど誰も気づかないという私の考えを、この事実は裏付けている）。

英語の〝man〟〝he〟の総称的な用法は当時から嫌いだったので、原文ではできるかぎり（あるいは、そうするのが容易であるかぎり）避けようと努めたが、ひとつ残らず排除しようとしたわけではないので、より明白な形の性差別にあちこちで蝕まれている。今日GEBの原文を読み返して、読者を指して〝he〟と言っているセンテンスや、人類が巨大で抽象的な男であるかのように〝mankind〟と呼んでいるセンテンスに出くわすと、身がすくむ。人間、生きていれば利口になっていくということだろう、たぶん。

そして最後に、著者と神がアキレスと仲間たちに呼び出され、性差別という非難に直面する自己反省的な対話は、多くの小さな変更を加えられてGEBを締めくくる対話、「六声のリチェルカーレ」となった。この対話が誕生したいきさつを心にとどめて読めば、面白さが増すかもしれない。

ミスター亀がマダム亀になる⁉

数年後、まったく思いがけず、私の性差別の罪を少なくとも一部分償う機会が訪れた。その機会は、GEBをさまざまな言語に翻訳するという課題によって与えられた。

この本を書いていたとき、いつの日にか、この本が他の言語で出るかもしれないという考えは、一度も頭に浮かばなかった。なぜかはわからない。私は語学と翻訳が好きだったのに、どういうわけか、そういう考えはまったく思い浮かばなかった。しかし、出版社からそういう提案を受けると、他の言語、とりわけ私がある程度話せる言語――なかでもフランス語――で私の本を出すという考えにたいへん興奮した。フランス語は流暢に話せ、とても深く愛していたのだ。

翻訳を出すとしたら検討すべき問題が無数にあった。この本は、明らかな言葉遊びばかりでなく、スコット・キムの言う「構造的しゃれ」に満ちていたからだ。「構造的しゃれ」では、形式と内容が呼応し、たがいを強め合っており、それは、特定の英単語の偶然の一致のおかげであることがたいへん多かった。メディアとメッセージが複雑に絡み合っているせいで、骨を折ってGEBのひとつひとつのセンテンスを調べ、翻訳者のために注釈をつけた。ひまを見つけてはこの作業にいそしんで一年ほどかかったが、ついに終わった。ちょうど間に合った。一九八二年頃から外国の出版社との契約が続々と舞い込みはじめたのだ。GEBを翻訳するうえで持ち上がったばかばかしくも愉快な難題とジレンマについては薄い本——小冊子?——が書けるくらいだが、ここではひとつだけに触れておく。それは、Mr. Tortoise（亀君）という単純としか思えない表現をどうフランス語に直せばいいかということだ。

この本をみごとなフランス語に訳してくれたジャクリーヌ・ヘンリーとボブ・フレンチが一九八三年春、対話の訳に取りかかるとたちまち、フランス語で亀を意味する名詞 tortue が女性名詞であることと、私が書いた対話のキャラクターである亀が男性であることの矛盾にもろにぶつかってしまった。ちなみに、ルイス・キャロルの書いた素晴らしいがあまり知られていない対話からこうした愉快なキャラクターたちを借りたのだが、注意深く読めば、そこでは亀の性別は明示されていない。だが、はじめて読んだとき、そんな疑問は思い浮かばなかった。これは明らかにオスの亀だった。そうでなかったら、それがメスであることだけでなく、なぜメスなのかもわかっただろう。何しろ、本の著者は、何か特別な理由があるときにだけ女性のキャラクターを登場させるのだ。「中性の」文脈（つまり哲学）に男性が出てくるのに理由は要らないが、女性には理由が要る。亀の性別について何の手がかりもなかったので、よく考えず無批判にオスとして思い描いた。性差別はこのようにして、悪意はないが影響を受けやすい人間の脳に忍び込むのだ。

でも、ジャクリーヌとボブの例がある！　ムッシュ亀を発明して問題を突破することもできたが、訳者ふたりの感覚ではその解決法だとフランス語では自然でない。私たちはたくさん手紙のやりとりをしたが、その一通で、二人はややおそるおそるといった感じで訊ねてきた。訳者が亀君をメスに変えることを認めてもらえないか、と。もちろん、おそらく二人にすれば、著者がそんな提案を顧慮するとはまず期待できなかったのだろう。だが実際には、私は二人のアイデアを目にした瞬間、大喜びでそのアイデアに飛びついていた。その結果、フランス語版GEB全編にわたって、マダム亀（Madame Tortue）という新鮮で素敵なキャラクターが出てきて、かつての古代ギリシャ戦士にしてアマチュア哲学者、男性である相棒アキレスのそばを動き回り、ひねくれた知の円環を描くのである。

この新しい「亀さん」像はとっても魅力的で愉快に思えて、私は有頂天になった。とくに面白かったのは、何度か「亀」についてバイリンガルで意見を交わしたときのことだった。まず英語で話して、男性を指す代名詞 he を使い、それからフランス語、そして女性を指す代名詞 elle に切り換える。どちらの代名詞も文句なく自然に感じられ、どちらの言語でも同じ「人物」のことを言っているように感じさえした。おかしなものではあるが、これはこれで、亀を中性にしているキャロルの作品に忠実であるように思えた。

それから、私の喜びを倍増させる出来事が起こった。イタリア語も、私が愛し、かなりうまく話せる言語だが、イタリア語版の訳者たちも亀をメスに変え、私のミスター亀をシニョリーナ亀に変身させたのだ。もちろん、こうした大転換は英語しか読めないGEBの読者の認識には何の影響も及ぼさないとはいえ、数年前に私の内面で繰り広げられた闘いの嘆かわしい結果を埋め合わせるのに、ささやかな形で役に立ったと感じている。

禅、ジョン・ケージ、時流に乗った私の非合理主義

フランス語訳は、何から何までたいへん好意的に迎えられた。ボブとジャクリーヌと私にとってとくにうれしかった出来事のひとつは、ジャック・アタリがフランスで最も信頼されている新聞「ル・モンド」に載った実に好意的な書評で、この本が論じている概念やこの本のスタイルをほめてくれたばかりでなく、その翻訳の出来ばえもほめてくれたことだった。

数カ月後、フランス・フリーメーソン協会が出しているあまり知られていない雑誌「ユマニスム」が二号つづけて書評を載せた。どちらもアラン・ウルーという人の手になるもので、私は興味をもって読んでみた。はじめのはかなり長く、「ル・モンド」に載った書評と同じく賞賛に満ちていた。私は満足し、あ

りがたく思った。
それから二つめの書評に移った。それは詩的なフレーズで始まっていた。Après les roses, les épines……（美しいバラにはとげ……）。そして数ページにわたって、GEBをun piège très grave（とても危険な罠）だとこきおろしていた。そこでは、禅を奉じる頭を使わないおっちょこちょいの尻馬に乗り、激烈に反科学的で、ビートニクの影響を受け、アメリカの物理学者によくあるヒッピーもどきの非合理的行き方を悟りに至る思考の道として崇め、同時に禅に影響され偶像破壊的なアメリカの作曲家ジョン・ケージをすべての守護聖人として崇め奉っている、というのだ。

このジャック・タチの映画みたいなウルー氏の騒ぎっぷりに、私はくすくす笑うしかなかった。どういうわけかこの書評者は、私がケージをほめちぎっていると思い（『ゲーデル、エッシャー、ケージ』?）、私が禅におずおずと触れ、禅から少々借用していることから、禅を無批判に受け入れていると考えたのだ。実際には、私の立場はまったくそんなものではなかった。私は、第9章のはじめで断言しているように、禅は混乱を招き、ばかばかしいばかりか、深いレベルで私の中心的な信念に真っ向から反していると思っている。しかし、私にとって禅のばかばかしさは——とくに本当にばかばかしいとき——とても愉快で、爽快ですらあるし、私の基本的に西洋風のキャセロールに東洋のスパイスを少し振りかけるのは楽しかった。だが、禅をあちこちに散りばめたからといって、私は羊の皮をかぶった禅僧というわけではない。

ジョン・ケージについて言えば、一八〇度態度を変えたウルーの奇妙な書評を読むまでは、「音程拡大によるカノン」とそれにつづく章に、いくぶん敬意を表しながらではあるが曖昧でない形でケージの音楽をおちょくったつもりだった。いや、ちょっと待った——「敬意を表しておちょくる」というのは語義矛盾、歴然と不可能なことではないか。このようにおずおずと自己矛盾やパラドクスをもてあそぶのは、まさにウルーが主張するとおり、私が心の奥底で反科学的であり禅を支持している証拠ではないのか。まあ、それならそれでいい。

自分の本は理解されてもいるけれどそれに負けず劣らず誤解されてもいる、いくらそう感じているとはいっても、世界中で読んでくれた人の数の多さとその熱狂ぶりには、とてもとても不満を言えたものではない。オリジナルの英語版GEBは大変よく読まれたし、今も読まれ続けている。そして翻訳された各国語版も(少なくとも)フランス、オランダ、日本でベストセラー・リストに載った。ドイツ語版GEBは、J・S・バッハ生誕三〇〇年にあたる一九八五年に五カ月ほどの間、トップの座を占めていた。私には、これは少し常軌を逸しているように思える。タイトルにドイツ的な名前が並んでいることに加えて、こういう記念すべき年だったことから、GEBの人気に火が点いたのかもしれない。GEBはスペイン語、イタリア語、ハンガリー語、スウェーデン語、ポルトガル語に、そして――意外かもしれないが――みごとな名人芸で中国語にも訳されている。

さらにロシア語版もすでに出来上がっており、出してくれる出版社が見つかるのを待っている。これは、私の予想をはるかに超える結果だ。ただ、この本を書いていたとき、とくに向こう見ずだったスタンフォード時代に、GEBはある程度評判になるという予感が私のなかで強まっていたのは否定しないが。

その後の足どり――最初の一〇年

二〇年前にGEBを印刷所に送って手が離れてから、何かと忙しく仕事をし続けてきた。アナロジーと創造性の根底にある心的メカニズムのコンピュータ・モデルを開発しようと優秀な大学院生たちとともに努力するほかに、本を数冊書いた。それぞれについてここで、ごく手短にではあるがコメントしておく。

最初の本は一九八一年の終わりに出た *The Mind's I* (坂本百大監訳『マインズ・アイ』TBSブリタニカ)で、これは、新しい友人である哲学者のダニエル・デネットとともに編集したアンソロジーだ。

私たちの目的はGEBのそれと密接に関連していて、読者をこれ以上ないくらい鮮明で衝撃的でさえあるやり方で、人間存在をめぐる根本的な難問に直面させることにあった。その謎とは、私たちはその正体をよく知らないまま独得な「私らしさ I-ness」を備えていて、それは物理的な身体を超越し、私たちがいわゆる「自由意志」を行使することを可能にしているという根深い、ほとんど拭い去りようがない感覚だ。ダニエルと私は、多彩な顔ぶれの優れた執筆者たちの物語や対話を利用した。私にとってうれしかったことのひとつは、ついにアインシュタインについての対話を出版できたことだ。

一九八一年から一九八三年にかけて「サイエンティフィック・アメリカン」に毎月コラムを書く機会があった。私がつけたタイトルは〝Metamagical Themas〟で、これはそれまで二五年にわたってこの雑誌に連載されていたマーティン・ガードナーによる素晴らしいコラムのタイトル〝Mathematical Games〟のアナグラム)。私がコラムで扱ったトピックは表面上はてんでばらばらだったが、ある意味で、「心とパターンの本質」の絶えざる探求によって統一されていた。ショパンの音楽に見られるパターンと詩、遺伝暗号が恣意的か必然的かという問題、擬似科学との終わりなき闘い、文学におけるセンスとナンセンスの境界、数学におけるカオスとストレンジ・アトラクター、ゲーム理論と囚人のジレンマ、単純な数のパターンに絡む創造的なアナロジー、性差別的言語表現が無意識のうちに及ぼす効果、そのほか多くのトピックを扱った。さらに、不思議の環、自己言及、帰納、これと密接に関連する現象で、私が「ロッキング・イン」と呼ぶものが時おり私のコラムのテーマになった。そういう意味でも、また多くの分野を渡り歩いているという意味でも、〝Metamagical Themas〟にはGEBの趣きがある。

一九八三年にコラムを書くのをやめたが、翌年一年間かけて、コラムに書いたエッセーを集め、それぞれに相当長い「追記」を付けた。この二五章と新たなエッセー八本をまとめ、一九八五年に *Metamagical Themas: Questing for the Essence of Mind and Pattern*（竹内郁雄・斉藤康己・片桐恭弘訳『メタマジック・ゲーム——科学と芸術のジグソーパズル』白揚社）を出した。新たなエッセーのなかに、かなり滑稽なアキレスと亀の対話〝Who Shoves Whom Around Inside the Careenium?〟

（「動玉箱の中では何が何を？」）があった。これは、自己、精神、悪名高い「私」という言葉、要するに「私」に対する私の個人的な見方をうまく表現していると感じている。これまでに書いたどの文章よりもうまく、GEBよりもうまく表現しているかもしれない。それは言い過ぎかもしれないが。

一九八〇年代に数年間、重度の「アンビグラム病」にかかってしまった。これは、友人のスコット・キムから感染したもので、そこから、一九八七年の本 *Ambigrammi* が生まれた。アンビグラムとは、同じ曲線が二通りの意味に読めるように書かれた装飾的な書法だ。私はこれに知性と魅力を感じ、この奇妙ではあるが優美な芸術で作品をつくるための私なりのやり方を編み出すなかで、自己観察によって創造性の本質について新たな洞察を数多く得た。そういうわけで *Ambigrammi* には、私のアンビグラムを二〇〇ほど紹介するほか、創造的行為について長々とさまざまな事柄に触れながら思索している文章――というか対話――が含まれている。話題はアンビグラムづくりが中心だが、作曲、科学上の発見、クリエイティブ・ライティングなどにも及んでいる。理由は、ここで触れるほどのことはないが、*Ambigrammi: Un microcosmo ideale per lo studio della creatività* はイタリア語のみで、Hopeful Monster という小さな出版社から出版された。残念ながら、すでに入手できなくなっているが。

その後の足どり――次の一〇年

すでに述べたように、執筆は重要ではあったが、知的活動の焦点はそれだけではなかった。認知メカニズムの研究も同じくらい重要だった。類推と創造のモデルをつくるにはどうすればいいかについての私の直観は、実はGEB第19章、ボンガルド問題についての議論のなかでかなりはっきりと述べてある。これらは実際のシステムの萌芽にすぎず、その後長年にわたって改良を加えられたが、それでも、インディアナ大学とミシガン大学の私の研究グループが開発したモデルに、こうした考えの大半が何らかの形で見いだせると言えるような気がしている（ミシガン大学では、一九八四年から八八年まで心理学科に籍を置いていた)。

一五年にわたるコンピュータ・モデルの開発の末、いよいよ機が熟し、主なスレッドをまとめ、明快でとっつきやすい言葉でプログラムの原理と性能を記述できそうに思えた。こうして数年かかって *Fluid Concept and Creative Analogies* が形をとり、一九九五年ついに刊行された。この本では、密接に関連しあったさまざまなコンピュータ・プログラム――Seek-whence, Jumbo, Numbo, Copycat, Tabletop,(そして今も進行中の)Metacat と Letter Spirit――を紹介するとともに、それらを位置づけようとする哲学的議論を行っている。いくつかの章は Fluid Analogies Research Group (FARG) のメンバーと共同で執筆したもので、FARG をきちんと共著者として挙げている。この本はGEBと多くを共有しているが、おそらく最も重要なのは、以下の信念の基本となる哲学記事である。その信念とは、「私」であるということ――別な言い方をすると、因果関係をぼやけさせてしまうほどに深く抜きがたく自己という感覚をもつこと――は、知性そのものにほかならない柔軟性と力に避けがたくついて回り、またその構成要素でもあって、そして知性とは概念の柔軟性を指す別な言い方であって、その概念の柔軟性とは意味をなす記号を意味するのだ、という信念である。

これと大きく異なる知的活動としては、いろいろな言語へのGEBの翻訳に関わったということがあり、その結果、あとから振り返れば必然的なことだったのかもしれないが、詩の翻訳の世界に足を踏み入れた。すべては一九八七年に、十六世紀フランスの詩人クレマン・マロによるフランス語の美しい小品を英語でまねてみようとしたときに始まったのだが、そこから多方面に拡がっていった。端折って言えば、一般的な意味で、そして比喩的意味での翻訳について込み入った、たいへん個人的な本を書くことになったのであり、それを書いている間、二〇年前にGEBを書いていたときと同じような高揚感を経験した。

この本 *Le Ton beau de Marot : In Praise of the Music of Language* は、多様な領域に及んでいる。ある言語(あるいは、いくつかの言語が混ざり合ったもの)「で考える」とはどういうことか、制約によってどのように創造性が高まりうるか、意味が心のなかで、またいつの日かそうなるとしたら機械のなかで、どのように芽生え、つぼみをつけ、花開くのか、単語を組み合わせて複合語を作ったとき、どのようにしばしば融けあって、それぞれの独自性をいくらか、あるいはすべて失うか、中性子星で話される言語は人間の言語にどのように似ている、あるいは似ていないか、何百年も前に書かれた詩を今日どのように理解すべきか、アナロジーに、またたがいに理解しあう根本的な人間的営みに翻訳がどのように密接に関連しているか、本質的に翻訳不可能な文章があるとしたら、それはどんな文章か、無意味な文章をある言語から別の言語に翻訳するとはどういうことか、どんなに簡単なものであっても、詩を今日の機械翻訳で翻訳できると考えるのはばかばかしいということ、等々。

Le Ton beau de Marot : In Praise of the Music of Language の真ん中の二章は、その少し前に惚れ込んだ文学作品に捧げられている。それは、アレクサンドル・プーシキンが韻文で書いた小説『エフゲーニー・オネーギン』だ。この作品は二つの英訳ではじめて読み、それからほかの訳を読んで、訳者によって異なる哲学と文体にいつも魅了された。こうしてはじめてこの作品に感激してから、次第に原文を読もうという思いに引き込まれていき、ロシア語能力が乏しかったにもかかわらず、一連か二連を訳してみないではいられなかった。こうしてずるずるのめりこんでいき、自分でも驚いたことにとうとうまる一年費やして、この小説全体——四〇〇編近いきらめくようなソネット——を英語の韻文で再現してしまった。もちろんその間、私のロシア語力は飛躍的に向上した。まだ、ぺらぺら話せるというにはほど遠いが。この文章を書いている時点で、私の『オネーギン』はまだ出ていないが、『ゲーデル、エッシャー、バッハ』の二〇周年版が出る年は、私のＥＯ翻訳でも同じくらい重要な役割を演じている。アレクサンドル・プーシキン生誕二〇〇年なのだ。

前向きの本と後ろ向き本

Le Ton beau de Marot はGEBより少し長く、最初のページで大胆にも「私がこれ以上の本を書くことはないだろう」と述べた。読者のなかには、GEBのほうが優れていると主張する方もいるだろうし、その人たちがなぜそう主張するのかもわかる。GEBを書いてからずいぶんたっており、ことによると、この本を書いたときに経験した魔法のような感覚は薄れてしまい、一方、*Le Ton beau de Marot* の魔力はまだ生きているのかもしれない。少なくとも短期的には、*Le Ton beau de Marot* がGEBよりはるかに小さな影響しか及ぼしていないのは否めず、正直言ってひどくがっかりしている。

なぜそうなのか、しばし推量させていただこう。ある意味でGEBは「前向きの」本だ。少なくとも表面上はそう見える。多くの人が、この本を「人工知能のバイブル」のようなものとして誉めたたえた。これはもちろんばかげている。だが、多くの若い学生がこれを読んで、「私」と自由意志と意識という、すぐに消えてしまう目標を含め、心のあらゆるとらえにくい側面を含めてモデルを作ることに私と同じく魅了されてしまった。私ほど未来論者、SFマニア、テクノ・グルからほど遠い人間はいないだろうが、しばしばそういう人間に分類された。たんに、コンピュータと（哲学的な意味での）その膨大な潜在的可能性を大きく扱った長い文章を書いたため、またコンピュータに興味をもつ若い人たちの間で私の本が大ヒットしたためだ。

対照的に *Le Ton beau de Marot* は「後ろ向きの」本と考えていい。十六世紀の詩に示唆を受け、そのほかダンテやプーシキンなど過去の文筆家たちを数多く扱っているからというより、華やかな技術についての弁舌や、超現実的で超現代的な見通しと混同されかねないところがどこにもないからだ。GEBにはそういうものがあるというわけではない。ただ、多くの人が、漠然とそういう方向に沿ったものを見て取っているようだった。一方、LeTbMにはそういうふうに捉えられそうなものは何もない。それどころか、多くの人工知能研究者と機械翻訳開発者を甚だしく大げさな主張をしているとけなしている点で、ほとんどテクノロジー・バッシングだと見る人もいるかもしれない。私はこうした分野の敵ではないが、こうした分野が突きつけてくる課題を著しく過度に単純化したり、過小評価したりすることには反対だ。そんなことをすれば、結局、人間の精神という、私が最も深く尊ぶものを著しく過小評価することになるからである。

GEBを注意して読んだ人なら誰でも、この同じ「後ろ向きの」趣きがこの本を貫いているのに気づいたはずだ。それが最もはっきり見て取れるのは「一〇の質問と憶説」(邦訳666-669ページ)の節かもしれない。人間の精神の深さを見る実にロマンチックなやり方だ。そこで述べたチェス・プログラムについての予測は、きまり悪い話だが間違っていた(一九九七年のディープ・ブルー対カスパロフ戦で覆されてしまった)が、それでも、そこで表明されているいくつかの哲学的信念を私は今なお強く自らのものとしている。

いじるか、もとのままにしておくか

二〇年前に行った予測がまったく間違っていたのだから、「一〇の質問と憶説」の節を書き直し、最新の情報を盛り込み、ディープ・ブルーに照らして今どう感じるかを述べたらどうか? もちろん、ずっと大きな問題が持ち上がる。一九七九年の本をはじめから終わりまで改訂し、GEBの真新しい版を出すという問題だ。そのような取り組みに何が有利に働き、何が不利に働くだろうか。

翻訳で、ささやかだとしても喜ばしい改善がいくらかなされていることは否定しない。たとえば、対話「洒落対法題」のなかででっちあげた「バッハ杯」は権威あるバッハ通の友人バーニー・グリーンバーグが教えてくれたとおり、実際に存在するのだ! 実在の杯は、(対話に出てくるような)バッハが吹いて作ったガラスの器ではなく、優等生の一人からの贈り物だ。肝心な特徴――ガラスそのものに「バッハ」のメロディーが刻み込まれているという点――は、対話で言ったとおりである。これはあんまり驚くべき偶然なので、フランス語版のためにこの対話を書き直し、現実の杯の存在を反映させた。そしてフランス語版GEBにバッハ杯の写真を載せるよう強く主張した。

ほかに、フランス語版GEBに加えた楽しい修正としては、堅苦しく特徴のないゲーデルの写真を、はるかに興味を引くスナップ写真と取り替えたことがある。こぎれいな白いスーツを着て、変なじいさんといっしょに森のなかをぶらついている姿の写真だ。じいさんは、くたくたになった帽子をかぶり、だぶだぶのズボンを不格好なサスペンダーで持ち上げていて、どこからどう見ても典型的な田舎っぺに見えたので、キャプションを「身元不明の農夫といっしょにいるクルト・ゲーデル」と書き直した。だが、二十世紀に生きた人なら誰でも一瞬のうちに見て取れることだが、その「身元不明の農夫」とはほかでもない、アインシュタインだった。

なぜこんな楽しい修正を英語改訂版では取り入れなかったのか。もっと具体的なレベルでいえば、先駆的な人工知能プログラム Hearsay IIの微妙なアーキテクチャーは、GEBが出たほんの一、二年あとに私自身のコンピュータ・モデルに莫大な影響を及ぼし始めたし、このプログラムについては一九七六年にすでに何がしか知っていたのに、なぜ少しも語らないのか。なぜ機械翻訳、とくにその弱点についてもっと語らないのか。なぜまるまる一章を費やして、過去二〇年に人工知能に関して起こった最も有望な発展（そして／あるいは大げさな主張）について――私自身の研究グループやほかのグループを取り上げて――語らないのか。あるいは、エッシャーの絵やバッハの音楽を収め、最高の役者たちがGEBの対話をすべて吹き込んだCD-ROMを付けたらどうかと提案した人がいるが、なぜそうしないのか。

なぜ、そういうことをするべきだと主張するのか、その理由はわかるが、残念ながら私は納得しない。CD-ROM案は、私がいちばんよく聞かされる提案だが、斥けるのがいちばん簡単なものだ。私はGEBを、マルチメディアとしてではなく本として考え出したのであり、これからも本であり続ける――それ以上言うことはない。だが、本文を改訂するという考えについては、話はもっと複雑だ。どこに線を引くのか。何が神聖不可侵か。何が生き残り、何が捨て去られるのか。その仕事に取りかかったら、ひとつひとつのセンテンスを書き直すことになるかもしれない――そう、忘れてはいけない、あのミスターTを逆行分析することを。

私はいかれた潔癖家なのかもしれないし、ぐうたらな怠け者なのかもしれないが、頑固なのは間違いなく、私の本の原本を変えようなどとは夢にも思わない。そんなのは問題外だ！　したがって頑固な私は、自分が「感謝の言葉」に二人の人の名前――ドナルド・ケネディーとハワード・イーデンバーグ――を付け加えるのを許さない。うっかり抜かしてしまったことを何年もの間悲しく思ってきたにもかかわらず。誤植も直さない（残念ながらこの二〇年間にいくつか見つけたが）。私はいったいなぜそんなに保守的なのか。なぜ『ゲーデル、エッシャー、バッハ』に最新の情報を盛り込んで、二十一世紀――そして第三千年紀――の先触れにふさわしい本にしないのか。

求メヨサラバ見イダサン

答えとして言えるのは、人生は短いということを別にすれば、GEBはいわば一気に書かれたということだけだ。GEBは、ほかの誰かが夢見た澄んだ純粋な幻である――確かに私自身に驚くほどよく似ているが、それでも視点がやや違い、意図がやや違う誰かのだ。GEBは、その人物の愛の労作なのであり、そうである以上、手を加えるべきではない。

実を言えば、私の心のうちには奇妙な確信がある。GEBの本当の著者が、いつの日にかついに私の年齢に達して、私に心から感謝の言葉を述べるにちがいない。自分が若く意欲に満ちた魂をあれほど注いだ器――人によっては暗号みたいに思ったり、あるいはうぶでロマンチックな意見と思うかもしれなくても、彼としては「わが信仰告白」という呼び方さえしていた作品――をいじらないでおいてくれたことに。少なくとも私は、著者が何を言わんとしていたのかを知っている。

サレバ、熱意アル作者ノ信仰ノ表明ハ
変ワラヌ姿ノママニ安ラウベシ。

感謝の言葉

この書物は、私の心の中でほぼ二十年近い歳月をかけて発酵してきた――十三のとき、自分が英語とフランス語でどんなふうにものを考えるかを考えるようになって以来のことである。それ以前にも、私の興味の本流の、明らかな兆候があった。いつだったかまだ幼い頃、三の三倍という思いつきが、とてもおもしろかったことを覚えている。三にそれ自身が作用するのである！　これは絶妙な思いつきで、誰もこんなことは思いつかないと確信していた――それでもある日思いきって、母にたずねてみたら、母は「九」と答えた。しかし私が言いたかったことを母が理解したのかどうかは、わからなかった。そののち、父が私に、いろいろな謎への扉を開いてくれた――平方根、それから i……。

私は、他の誰よりも両親に多くのものを負っている。私にとって二人は、いつでも頼れる支柱だった。私を導き、鼓舞し、勇気づけ、支えてくれた。そして何よりもまず、二人はつねに私を信じてくれていた。本書を私は両親に捧げることにする。

長年にわたる二人の友人、R・ベニンジャーとP・ジョーンズには、無数の思考法を練り上げる上で力になってくれたことに対し、とくに感謝している。本書のそこらじゅうに、彼らの影響やアイデアが散りばめられている。

C・ブレンナーには、彼も私もまだ若かった頃、プログラミングを教えてくれたことに対し、また、たえずせき立て、（ひそやかな称賛で）励まし、折にふれて批評してくれたことに対し、深く恩義を感じている。

長い間の友であり師でもあるE・ナーゲルから多大な影響を受けたことに、喜んで謝意を表したい。私は「ナーゲルとニューマン」が大好きで、遠い昔にはバーモントで、最近はニューヨークで交した数知れない対話から、多くのことを学んだ。

H・デロングはその著書を通じて、本書に盛りこんだ問題に対する、長いこと眠っていた愛を目覚めさせてくれた。心から彼に感謝している。

J・ジャストマンは、りこうで、粘り強く、ユーモラスで、パラドクスと矛盾が好きなやつ、「亀」とはどんなものかを教えてくれた。ジャストマンに負うところ大である本書を読んで、彼がおもしろがってくれるよう願っている。

S・キムには、測り知れないほど影響を受けた。二年半ほど前に出会って以来、私たち二人の間の共振は実に驚くべきものである。キムはだいじなときにありがたい手を進んで貸してくれるなど、芸術、音楽、ユーモア、アナロジー、等々の面でのはっきりした貢献だけでなく、新しい見通しと洞察を与えてくれた。おかげで、仕事が進むにつれて、私の視界は広がっていった。もし誰かが本書を理解してくれるとしたら、それはキムである。

私はD・バードに、事の大小にかかわらず助言を求めた。だから彼は本書を前向きにも後向きにも、あらゆる角度から知っている……彼は全体の目標と構造に対する確かなセンスを持ち合わせているので、しばしば素晴らしいアイデアを授けてくれ、私は喜んでそれを取り入れさせてもらった。ただひとつだけ残念なのは、いったん本が印刷されてしまうと、バードが持ち出してくる今後のアイデアを取り込めなくなることである。彼の音楽印刷プログラムSMUTに見られる驚くべき不自由さの中にある自由度に、感謝を忘れないようにしたい。彼は、SMUTをなだめすかして起き上がらせ、とほうもない技巧をふるわせるのに長い日々とつらい夜を費した。その成果のいくつかが、図になって本書に収められている。しかしそれ以上に彼の影響は全体に浸透しており、それが私には大変嬉しい。

　スタンフォード大学の、数理社会科学研究所の便宜が得られなかったら、おそらく本書を著すことはできなかっただろう。部長のP・サップスは年来の友人で私にこの上なく親切にしてくれ、ヴェンチュラ・ホールに住まわせ、優秀なコンピュータ・システムの使用を許可し、また全般的にまる二年——またその後もしばらく、快適な作業環境を与えてくれた。

　そのおかげでP・カナーヴァを知ることができた。彼が作成したテキスト編集プログラムはとても役に立った。もしTVエディットが使えなかったら、本書の執筆に倍の時間を要したにちがいない——私はずいぶんいろんな人にそう話したものである。TVエディットは基本的に非常に簡明な、カナーヴァだから書けた優雅なプログラムである。自分の本を植字する——おそらくほとんど誰もなしえなかったことをこの私がいくらかできたのは、彼のおかげである。彼は、研究所が電算植字を推し進める上で大きな力になっていた。しかし、私にとってそれに劣らず重要だったのは、カナーヴァのまれに見る才能——書体に対するセンスである。もし私の本の見ばえがいいとしたら、そのほとんどはP・カナーヴァの手柄である。

　本書は実際には、ASSU植字工場で誕生した。工場長B・ヘンドリックスと彼女の仲間たちに、ひどく面倒な要求への助力に対し、また、次から次へふりかかってくる災難をものともしない元気さに対し、心からの感謝の言葉を贈りたい。校正の実際的な作業のほとんどを担当してくれたC・テイラーとB・ラッダーガにも、ここに感謝の気持を表わしておきたい。

　妹のローラ・ホフスタッターには、長年にわたり、世間の動向を教えてもらってきた。本書の形式にも内容にも、彼女の影響が現われている。

　私の新しい友人たち、そして古い友人たちにお礼を述べたい。M・アンソニー、S・アーコヴィッツ、B・O・ベヌトソン、F・ブロック、F・クラロ、P・ディアコニス、N・デュアン、J・エリス、R・フリーマン、D・フリードマン、P・ゴーシュ、M・ゴールドハーバー、A・グリーンバーグ、E・ハンバーグ、R・ハーマン、R・ハイマン、D・ジェニングス、D・カナーヴァ、L・カナーヴァ、I・カーリナー、J・キングとE・キング、G・ラーント、B・ルイス、J・マーロー、J・マッカーシー、J・マクドナルド、L・メンデロヴィッツ、M・ミューラー、R・ネルソン、S・オモーンドロ、P・オッペンハイマー、E・パークス、D・ポリカンスキー、P・リムビー、K・ロサ、W・シーグ、G・スティール、L・テスラー、F・ヴァヌッチ、P・ウォードラー、T・ウィノグラード、そしてB・ウルフ。私の生涯の決定的な時期に、私と「共振」してくれたことに対し、それによって、いろいろな幅広い形で本書に寄与してくれたことに対し、彼らにお礼を言いたい。

　私は本書を二回書いた。一度書き上げて、また初めからやり直し、書き改めたのである。最初の一回は、まだオレゴン大学で物理学の大学院生だったときのことで、四人の教授たちが私の常軌を逸したやり方を大変寛大に見ていてくれた。P・ツォンカ、R・フワァ、M・モラーフツィク、G・ウォニアーである。彼らの理解ある態度をありがたく思っている。P・ツォンカは第一稿全体を通読して、有益なコメントを与えてくれた。

E・O・ウィルソン、「前奏曲……とフーガの蟻法」の初期の原稿を読み、意見を聞かせてくれたことをありがたく思っている。

M・メレディス、戯公案のメタ作者になってくれてありがとう。

M・ミンスキー、三月のある日、彼の家での思い出に残る会話に感謝している。その一部がここに再構成されているのを、読者は目にするはずだ。

出版に際しアドバイスしてくれたB・カウフマン、ここというときに激励の言葉を与えてくれたJ・バーンスタインとA・ジョージ、ありがとう。

M・ケスラー、M・ビスコフ、V・トーア、L・ドーリンをはじめとするベーシック・ブックスの皆さん、いくつかの点で普通とは違ったこの冒険的出版に取り組んでくださったことに、心からお礼を申し上げたい。

困難な編集作業をみごとにやってのけたP・ホス、貴重な最終校正にたずさわってくれたL・ブリード、ありがとう。

数多いイムラクのルームメイトの諸君、何年もの間、たくさんの電話連絡を受けてくれてありがとう。そして、本書に生命を与えたハードウエアとソフトウエアを発展させ、保守してくれたパイン・ホールの仲間たち、ありがとう。

スタンフォード教育テレビ網のD・デーヴィス、私が何時間もかけて写真を撮らせてもらった「自己呑みこみテレビ」を用意するのに力を貸してくれて、ありがとう。

トリプ=レットを作るのを熱心に手伝ってくれたスタンフォード高エネルギー物理学研究所のJ・プライク、B・パークス、T・ブランショー、そしてV・アヴニ、ありがとう。

私の叔父ジミーと叔母ベティ、ご本人たちが思った以上に私を喜ばせたクリスマス・プレゼント——自らを完成する以外なんの役にも立たない「ブラック・ボックス」をどうもありがとう。

最後に、次の方々に特別の感謝の気持を表わしておきたい。大学一年のときの英語の先生で、禅に目を開かせてくれたB・ハロルド。ずいぶん遠い昔、心沈む十一月のある日、「音楽の捧げもの」のレコードをくれたK・ギュゲロット。そして、私がケンブリッジの彼のオフィスではじめてエッシャーの魔術を目にしたO・フリッシュ。

私は、本書の生成に寄与したすべての人を思い出そうと試みた。しかし、全員をもれなくここに挙げることができたとはとうてい思えない。

ある意味で、本書は私の信仰告白である。これが私の読者に伝わるよう、そして、ある考え方に対する私の熱狂と崇拝が、何人かの人の心と精神に浸透するよう期待している。それこそ私にできる最高の願いなのである。

D・R・H

ブルーミントンそしてスタンフォードにて

一九七九年一月

To M. and D.

目次

PART II——EGB

装丁・岩崎寿文
ブックデザイン・井上敏雄

図版リスト

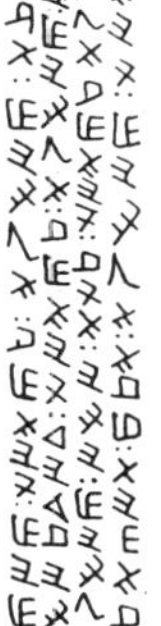

GEB概要

PART I——GEB

[序論] 音楽=論理学の捧げもの

本書は、バッハの『音楽の捧げもの』をめぐる物語で幕を開ける。プロイセンのフリードリッヒ大王をふらりと表敬訪問したバッハに、王は自分が提示した主題に基づいて即興演奏してくれるよう所望した。その折の即興演奏が、あの偉大な作品のもとになるのである。『音楽の捧げもの』とこれをめぐる物語を主題に、本書全体を通じて「即興演奏」していくことになる。つまり一種の『メタ=音楽の捧げもの』である。バッハにおける自己言及と相異なるレベルの間で交されるインタープレイを論じ、エッシャーの絵、さらにはゲーデルの定理に見られる同様のアイデアへと話は及んでいく。ゲーデルの定理のためのバックグラウンドとして、論理とパラドクスに関する歴史を簡単に紹介する。そして、機械による推論とコンピュータ、人工知能は可能かという討議へと進んでいく。最後に本書が生まれた経緯について、とくに、なぜ、どうして「対話」なのかを説明して、序論をしめくくる。

三声の創意(インヴェンション)　バッハは『三声の創意』を十五曲作曲した。この三声の対話に登場する亀とアキレスは、ゼノンの創意によるものである(つまり、ゼノンの運動のパラドクスを説明するために)。非常に短い対話で、これから始まる対話の前ぶれに、ほんのちょっとその香りだけといったところである。

[第1章] MUパズル

簡単な形式システム(MIUシステム)を提示し、読者に形式システムというものに馴れてもらうために、パズルに取り組んでもらう。文字列、定理(と**定理**)、公理(と**公理**)、推論規則、生成過程、形式システム、決定手続き、システムの中で/外で仕事をする——以上のような数々の基本概念をここで紹介する。

二声の創意(インヴェンション)　バッハはまた、『二声の創意』も十五曲作曲した。この二声の対話は私が書いたものではなく、ルイス・キャロルが一八九五年に書いたものである。キャロルがアキレスと亀をゼノンから借り受け、それをさらに今度は私がキャロルから借用した。話題は推論と、推論についての推論と、推論についての推論についての推論…(以下これに準ず)…との関係である。これはある意味で、運動は不可能であるというゼノンのパラドクスと同じように、推論は不可能であることを無限退行を用いて示しているように思える。実に見事なパラドクスで、本書の中で以後何度かこれに言及することになる。

[第2章] 数学における意味と形

ここで新しい形式システムpqシステムを導入する。このpqシステムは、第1章のMIUシステムにくらべるとはるかに単純である。各記号ははじめ一目見たかぎりでは、何の意味もないように思える。それが突如として、それらの記号が現れる定理の形に応じて意味をもつことが明らかになる。これを明らかにするのが、意味をめぐる最初の重要な考察である。すなわち、意味と同型対応との密接なつながりをここで考えていく。その他、真理、証明、記号操作、「形」というとらえどころのない概念など、意味に関連した問題に論及する。

無伴走アキレスのためのソナタ　バッハの『無伴奏ヴァイオリンのためのソナタ』に倣った対話である。ここでは電話での会話の一方の声だけを書き記した形をとり、アキレスがひとりで喋っている。遠く離れたもう一方の電話口に亀がいるわけだ。会話は、さまざまなコンテクスト(たとえばエッシャーの芸術)における「図」と「地」の概念をめぐってなされている。そして、アキレスの言葉が「図」になり、(アキレスの言葉が暗に示している)亀の言葉が「地」になっている点で、この対話自体、「図」と「地」の区別を示すひとつの例になっている。

[第3章] 図と地

芸術における図と地の区別を、形式システムにおける定理と非定理の関係に対比させる。「図は必ず地と同じ情報をもつか?」という疑問から、再帰的に可算な集合と再帰的集合の区別に話は及んでいく。

洒落対法題　この対話は本書の中心をなすものである。というのは、ゲーデルの自己言及的構造と不完全性定理のもじりでこの対話ができているからである。「どのプレーヤーにも、再生できないレコードが一枚ある」というのが、不完全性定理をもじったもののひとつだ。対話の原題Contracrostipunctusは、「アクロスティック」と「コントラプンクトゥス」をクロスさせたもので、後者は、バッハが『フーガの技法』を形成する数多くのフーガとカノンを指して用いたラテン語である。ここでは、『フーガの技法』にも正面から言及している。

[第4章] 無矛盾性、完全性、および幾何学

本章の前においた対話「洒落対法題」を、この段階で可能なかぎり展開していく。そこから、形式システムのなかの記号が、いつ、どのようにして意味をもってくるかといった問いに立ち戻ることになる。「無定義術語」というとらえどころのない概念を描き出すために、ユークリッド幾何学および非ユークリッド幾何学の歴史を紹介する。これがさらに、相異なる、そしておそらくは「ライバル」でもある幾何学どうしの無矛盾性についての考えに導くのである。そうした論議を通して無定義術語の一般概念、それに考えられるかぎりの知覚および思考のプロセスと無定義術語の関係が明らかにされていく。

小さな和声の迷路　同じ題名のバッハのオルガン小品に基づく。第5章で述べる「再帰的——すなわち入れ子になった——構造」への、遊び心で書いた序論といったところである。この対話は、物語のなかに物語が、そしてさらにそのなかにまた物語が……仕組まれている。その一番外側の物語には、諸君が期待しているような終りがない。尻抜けの開けっ放しになっていて、読者は解決を与えられず宙ぶらりんの状態で放り出されてしまう。入れ子になっている物語のひとつは、音楽の転調を扱ったものである。とくに、まちがった調で終ってしまい、聴いていた人が解決を与えられないまま宙ぶらりんの状態で放り出されてしまう、そんなオルガン小品が話題になっている。

[第5章] 再帰的構造と再帰的過程

再帰性という概念を、音楽のパタン、言語のパタン、幾何学的構造、数学の関数、物理学の理論、コンピュータ・プログラムなど、さまざまな文脈(コンテクスト)を例にとって示す。

音程拡大によるカノン　「レコードとそれを鳴らすプレーヤーと、どち

らに余計情報が詰まっているか？」という問題の究明に亀とアキレスが取り組む。ある一枚のレコードがあって、かけるプレーヤーによってB-A-C-H、C-A-G-Eという二つの全く異なるメロディーが鳴り出す——亀がそんな話をしたことから、この珍妙な問題が生まれるのである。しかしこれら二つのメロディーは、見方を変えると「同じ」メロディーであることが判明する。

［第6章］意味の所在

コード化されたメッセージ、解き手、受け手の間でどのように意味が分裂するかをめぐって、幅広く論じる。例としてとり上げるのは、DNAのストランド、古代刻板の未解読の碑文、宇宙を航海するレコード盤などである。知能と「絶対的な」意味の関係を公準化することになる。

半音階色の幻想曲、そしてフーガ演争　タイトルだけはバッハの「半音階的幻想曲とフーガ」に似ているが、他には全く似たところのない短い対話。真理を保ちつづけるように文章を操作するにはどうしたらよいか——なかでも、「そして」という言葉の用法に規則はあるか、という問題をとり上げたものである。この対話には、ルイス・キャロルによる対話と共通するところが多々ある。

［第7章］命題計算

たとえば「そして」というような言葉を、形式規則でどこまで統御できるかを示す。ここで再び、そうしたシステムにおける同型対応と意味の自動的獲得という考え方が持ち出される。この章に出てくる例文はすべて、実は禅の公案からとった文章——禅文答(ゼンテンス)である。禅の公案というのは故意に非論理的につくられているので、ちょっとお遊びの気味はあるが、わざわざこうした例文を使うことにした。

蟹のカノン　『音楽の捧げもの』の中の同名の作品を下敷きにした対話である。タイトルはどちらも、蟹が後向きに歩くように見えるところに由来している。蟹は、本書の対話にここではじめて登場する。形式の上のトリックとレベルの遊びという点からすると、本書対話篇中、最も密度が濃いのがこの対話であり、この非常に短い対話にゲーデル、エッシャー、バッハが緊密に縒り合わされている。

［第8章］字形的数論

TNTと名づけた命題計算の拡張である。TNTでは、数論の証明は明確な記号操作によってなされる。形式的な証明と人間の思考の違いを考察する。

無の捧げもの　この対話で、以後とり上げることになる新しいトピックスをいくつかほのめかしておく。禅宗と公案を論じる形をとりながら、実は、数論における文字列の定理と非定理、真と偽をそれとなく論じている。分子生物学、とくに遺伝情報との照応も垣間見られる。タイトルと、自己言及を楽しんでいるという点を除いては、『音楽の捧げもの』との親近性は見あたらない。

［第9章］無門とゲーデル

禅宗の不思議な思想について論じる試み。数多くの公案に有名な評釈を与えた禅僧、無門が、ここでは主人公である。ある意味で、禅の思想は、今日の数学をめぐる哲学にどこか似通っている。前段の「禅談義」が終ったところで、ゲーデル数をめぐるゲーデルの根本的な考えと、ゲーデルの定理が生まれるにあたってのそもそもの経緯を紹介する。

PART II――EGB

前奏曲……　この対話は、次の対話へとつながっていく。これら二篇は、バッハの『平均律クラヴィーア曲集』に基づいている。アキレスと亀がプレゼントを手に蟹を訪れると、そこには別の客、蟻食がいる。プレゼントは『平均律クラヴィーア曲集』のレコードで、すぐにその場でかけてみようということになる。前奏曲に耳を傾けながら前奏曲とフーガの構造について議論しているうちに、アキレスが、フーガはどう聴いたらよいかと疑問を提出する。つまり、全体をひとまとめとして聴くのか、それとも各部の総和として聴くのか？　これが全体論と還元論の論争であり、やがて「……とフーガの蟻法」でもとり上げられることになる。

[第10章]　記述のレベルとコンピュータ・システム

絵画、チェス盤、コンピュータ・システムを見るさいの、さまざまなレベルについて論じる。とくに、コンピュータ・システムについて、詳細に検討を加えることにする。機械語、アセンブリ言語、コンパイラ言語、オペレーティング・システム等々。こうして、他のいろいろなシステムの合成のしかた、たとえばスポーツのチーム、原子核、原子、天候等々の合成へと方向を転じていく。中間レベルはどのくらいあるのか、あるいは、本当に中間レベルがあるのかといった疑問が生じてくる。

……とフーガの蟻法　フーガという音楽形式を模倣している。つまり、同じ内容の発言がいろいろな声で入ってくるのである。還元論 vs. 全体論が主題になっており、文字があって、それをさらに小さい文字が構成していて、……という再帰的な図で提示される。この奇妙な図の四つのレベルに現れている言葉は、「全体論」（HOLISM）と「還元論」（REDUCTIONISM）と「無」（MU）である。議論は、蟻食の知りあいのはしゃ蟻塚叔母さんの話へと転じていく。思考過程のさまざまなレベルが議論の焦点である。この対話には、フーガの仕掛けがふんだんに盛りこまれている。アキレス、亀、蟹、蟻食が耳を傾けているレコードのフーガに現れるのと同工の仕掛けといえば、読者へのヒントになるだろう。「……とフーガの蟻法」のしめくくりに、「前奏曲……」の主題がかなり形を変えて戻ってくる。

[第11章]　脳と思考

「思考は、脳のハードウエアによっていかに支えられうるか？」というのが、この章の話題である。まず脳の構造について、大小、スケールを変えて示す。それから、概念と神経の働きの関係を、ある程度くわしく憶測的に論じることにする。

英仏独日組曲　ルイス・キャロルのナンセンス詩「ジャバウォッキー」による間奏曲である。原詩と仏訳、独訳、そして和訳で、仏訳と独訳は十九世紀になされたものである。

[第12章]　心と思考

「英仏独日組曲」は、ある言語と他の言語、実際にはある心と他の心をたがいに対応づけられるかという問題を尖鋭な形で提起した。物理的に分離されている二つの脳の間でのコミュニケーションが、どうして可能なのだろうか？　われわれ人間が、共通して脳にもっているものとは何なのか？その答を求めて、地理学的なアナロジーを試みる。そこで問題が生じる。「なんらかの客観的な形で、局外者に脳を理解することができるだろうか？」

アリアとさまざまの変奏　形式的にはバッハの『ゴールドベルク変奏曲』に基づき、内容的にはゴールドバッハ推測のような数論の問題に関連づけた対話である。この異種混合（ハイブリッド）の主な目的は、無限の空間を探究するというテーマには多数多様なバリエーションがあるという事実から、数論の精妙さが生まれたことを示すところにある。そうしたテーマのあるものは無限の探究へと導き、またあるものは、有限の探究へと導く。そして他のものは、両者の中間に漂っている。

［第13章］ブーとフーとグー

この三つは、コンピュータ言語の名称である。ブー・プログラムは、予測できる有限の探究を取り扱う。これに対し、フー・プログラムは予測がつかず、無限であるかもしれない探究を取り扱う。この章の目的は、数論における原始再帰関数と一般再帰関数について直観的理解を与えるところにある。それというのも、原始再帰関数と一般再帰関数が、ゲーデルの証明の本質だからである。

G線上のアリア　ゲーデルの自己言及的構造を言葉に映し出した対話。この考えはW・V・O・クワインに負うところが大きい。これが、次章の原型になる。

［第14章］形式的に決定不可能なTNTと関連するシステムの命題

本章のタイトルは、ゲーデルが彼の不完全性定理をはじめて公にした一九三一年の論文に倣ったものである。ゲーデルの証明の二つの主要な部分を、慎重になぞっていく。TNTの無矛盾性を仮定すると、どうしてTNT（あるいは類似のシステム）が不完全であると結論せざるをえなくなるかを示す。ユークリッド幾何学と非ユークリッド幾何学の関係も論じられる。数学をめぐる哲学が暗に内に秘めているものを、注意深く調べていく。

誕生日のカンタータータータ……　今日が自分の誕生日であることを、アキレスは疑い深くずる賢い亀に、どうしても納得させることができない。アキレスの再三にわたって不首尾に終る試みは、ゲーデル論法がくり返し可能であることを予兆している。

［第15章］システムからの脱出

TNTはただ不完全だというのではなく、「本質的に不完全」なのだということを暗に示して、ゲーデル問題がくり返し可能であることを明らかにする。ゲーデルの定理は人間の思考がいかなる意味でも「機械的」でありえないことを証明したという趣旨の、よく知られるJ・R・ルカスの論文を分析し、その不備を明らかにしていく。

パイプ愛好家の教訓的思索　自己増殖と自己言及に関連する問題への鋭い批評を盛りこんで、数多くの話題を扱う。テレビのスクリーンをとらえるテレビカメラ、自らを組成するウイルスや細胞内のものたち、等々といった例が出てくる。この対話のタイトルはJ・S・バッハ自身の詩からとったものだが、それがちょっと変わった形で入りこんでくる。

［第16章］自己言及と自己増殖

さまざまな装いのもとに現れる自己言及と、（たとえばコンピュータ・プログラムやDNA分子のような）自己増殖するものの関係についての章である。自己増殖するものと、その外にあって自らを増殖させるのを助けるメカニズム（コンピュータとかタンパク質）との関係、とくに両者の境界の曖昧さについて論じる。そうしたシステムのさまざまなレベルの間を情報がどのように動いていくか、これが本章の話題の中心である。

マニフィ蟹ト、ほんま二調　タイトルは、バッハの『マニフィカート・ニ調』の語呂合わせである。ここでは蟹が主役で、この蟹には、数論の言明の真偽を判定する不思議な力が備わっているらしい。蟹は数論の言明を楽譜のように読み、フルートで演奏してみて「美しい」か否かを裁定して、言明の真偽を判定するのである。

[第17章] チャーチ、チューリング、タルスキ、その他

対話篇中の架空の存在、蟹にかわって、驚くべき数学力をもったいろいろな人物が登場する。チャーチとチューリングの提唱は心の活動を計算に結びつけるもので、これが強さの違うさまざまな形で提示される。とくに、人間の思考を機械的にシミュレートしたり、美を感じる、あるいは生み出す能力を機械にプログラミングするといった点に、徹底した分析を加える。脳の活動と計算の結びつきから、チューリングの停止問題とか、タルスキの真理定理といった他の話題にも及んでいく。

SHRDLUよ、人の巧みの慰みよ　テリー・ウィノグラードが自らのプログラム、SHRDLUについて書いた論文を借用した対話。いくつか名前を変えただけである。ここでプログラムは、「ブロック・ワールド」なるものについて驚くほど流暢に人とコミュニケートする。コンピュータ・プログラムは、この限られた世界の中にあっては、ある程度真の理解を得ているところを披露しているようだ。対話のタイトルは、バッハのカンタータ第一四七番の一楽章『主よ、人の望みの喜びよ』からとっている。

[第18章] 人工知能=回顧

有名な「チューリング・テスト」をめぐる論議で、この章の幕を開ける。「チューリング・テスト」とは、コンピュータのパイオニアであるアラン・チューリングによる、機械に「思考」できるか否かを見やぶる方法である。ここから、人工知能の歴史の要約へと進む。ある程度までゲームができるもの、定理を証明できるもの、問題を解けるもの、作曲ができるもの、数学ができるもの、そして「自然言語」を使えるものといったプログラムが、ここに含まれてくる。

コントラファクトゥス　われわれは日頃、現実の世界の仮説的なヴァリアントを思い浮べるために、無意識のうちに思考をどう組織しているかについて。また、新たに登場した樹懶、フレンチフライの熱愛者にして条件法を狂おしいまでに嫌悪する樹懶に備わっているような、こうした能力の常軌を逸したヴァリアントをめぐって話は展開する。

[第19章] 人工知能=展望

対話篇「コントラファクトゥス」が引き金になって、知識が何層にもなった文脈にいかに表されるかをめぐる論議が起こる。これが、現代のAIの「フレーム」という考えへと導く。話を具体的にするため、視覚的パタンのパズルをいくつか扱う「フレームに似た」方法を提示する。そうして、概念一般の相互作用に関する奥深い問題を論じ、これが創造性に関する考察へとつながっていく。一般的な意味での心とAIをめぐる個人的な「質問と憶説」をまとめて、この章は終る。

樹懶のカノン　バッハのカノンに、ある声部が他の声部と同じメロディーを、上下を逆に、速度を二倍に遅くして演奏するというのがある。ただし、第三声部には何の拘束もない。この対話は、これを模したものである。ここでは、亀と同じことを樹懶が口にする。樹懶は亀の言葉を否定する形で、二倍にゆっくり喋り、その間アキレスは、勝手なお喋りをしている。

[第20章] 不思議の環、あるいはもつれた階層

階層的なシステムと自己言及に関する数多くの考え方が、いよいよ大いなる結末を迎える。本章は、システムがそれ自体にかかわってくるときに生じるもつれに関するものである。たとえば、科学についての科学、政府内の悪事を調査する政府、芸術のルールを破る芸術、そして最後に、自らの脳と心について考える人間である。ゲーデルの定理は、この最後の「もつれ」と何か関係があるのだろうか？　もう一度、ゲーデル、エッシャー、バッハを一緒に論じて、この章が終る。

六声のリチェルカーレ　この対話は、本書の全体を通じてくり広げられた数々の考えによって演じられる、華麗なゲームである。本書のそもそもの始まりであった『音楽の捧げもの』の物語が、ここで再び示される。同時に、「六声のリチェルカーレ」は『音楽の捧げもの』の最も複雑な部分を、言葉に「翻訳」したものでもある。この二元性によって、本書の他のどの部分よりも多くの意味のレベルが、この対話に満たされている。フリードリッヒ大王を蟹に、ピアノをコンピュータに、等々。びっくりするようなことがたくさん出てくる。ここでの話題は、心、意識、自由意志、人工知能、チューリング・テスト等々といったもうお馴染みのものである。本書の冒頭部分に暗に対応する形で終り、本書の全体がバッハの音楽、エッシャーの絵、ゲーデルの定理をシンボライズした大きな自己言及の環を形成する。

PART I

第１図　ヨハン・セバスティアン・バッハ（エリアス・ゴットリーブ・ハウスマン画、1748年）

［序論］
音楽=論理学の捧げもの

著者

フリードリッヒ大王がプロイセン王に即位したのは一七四〇年のことだった。歴史書では、もっぱらその巧みな戦術で名を知られるが、彼は知的、精神的生活にもまた熱意を傾けた。ポツダムの宮廷は、十八世紀ヨーロッパにおける知的活動の大きな中心のひとつだった。高名な数学者レオンハルト・オイラーは、ここで二十五年を過している。ほかにも数多くの数学者や科学者が、そしてむろん哲学者がここを訪れた——ヴォルテールやラ・メトリがそうで、二人はそれぞれの仕事のなかでも最も影響力の大きい著作のいくつかを、この地で書いている。

しかしフリードリッヒが本当に愛したのは音楽であった。彼は熱心なフルート奏者であり、作曲家であった。その作品のいくつかは、今日でもなおしばしば演奏される。フリードリッヒは、当時新しく開発された「ピアノ=フォルテ」(「弱=強」)のよさをいちはやく認めた芸術後援者(パトロン)の一人だった。ピアノは、十八世紀前半にハープシコードの改良品として登場した。ハープシコードの難点は、曲がある一定の強さでしか弾けないことだった——ひとつの音を、その近辺の音より強く弾くことができないのである。「弱=強」は、その名の示すとおり、この問題を改善した。バルトロミオ・クリストフォリが第一号を作ったイタリアから、この弱=強の着想はすでに広範にひろまっていた。当時一流のドイツ人オルガン製作者ゴットフリート・ジルバーマンは、「完全な」ピアノ=フォルテを作ろうと努力していた。フリードリッヒ大王がその努力の最大の支援者だったのは疑いない——王はジルバーマン製のピアノを、なんと十五台も所有していたといわれる。

バッハ

フリードリッヒは、ピアノの崇拝者であるばかりでなく、J・S・バッハという名の作曲家兼オルガン奏者をも崇拝していた。バッハの作品は評判のよくない面もあった。比類のない傑作だと主張する向きもある一方、「大袈裟で乱雑だ」という評もあった。しかしバッハのオルガン即興演奏の能力を疑う者はなかった。当時、オルガン奏者であるということは、たんに弾けるばかりでなく、即興演奏ができるということでもあって、バッハの素晴らしい即興演奏はひろく知られていたのである。(バッハの即興演奏に関するいくつかの愉快な逸話については、H・T・デイヴィッド、A・メンデル共著『バッハ読本』を参照されたい。）

一七四七年、バッハは六十二歳を迎え、その名声は、彼の息子の一人の名声とともに、ポツダムに届いていた。実は、カール・フィリップ・エマヌエル・バッハがフリードリッヒ王の宮廷聖歌隊指揮者をしていたのである。何年ものあいだ、王はフィリップ・エマヌエルに、大バッハが訪ねてくれたらどんなに嬉しいかと、それとなくほのめかし、意向を伝えてきてはいたが、この望みは実現していなかった。フリードリッヒはとりわけ、バッハに新しいジルバーマン製のピアノを試してもらいたいと望んでいた。それが音楽の大きな新しい波となることを正しく予見していたのだった。

フリードリッヒ大王の宮廷では、室内楽の夕べを催すのがならわしだった。しばしば彼自らフルート協奏曲のソリストを演ずることもあった。第2図は、ドイツの画家アドルフ・フォン・メンツェルの描いたそのような夕べである。メンツェルは一八〇〇年代に、フリードリッヒ大王の生活を描いた一連の絵画を残している。チェンバロを弾いているのはC・P・E・バッハ、右端は王のフルート教師、ヨアヒム・クヴァンツ――王のフルート演奏の欠点を指摘することを許された唯一の人物だった。一七四七年五月のある晩、思いがけぬ客が姿を見せた。初期のバッハ伝の著者の一人、ヨハン・ニコラス・フォルケルは、そのときのことを次のように記している。

ある晩、楽士も集まり、王がフルート演奏にとりかかろうとしたちょうどそのとき、一人の士官がはじめてこの地へやってきた顔ぶれのリストを持ってきた。王はフルートを手にしたまま、それに目を走らせたが、すぐさま楽士一同にむかって興奮を隠しきれずにいった。「諸君、バッハがきておるぞ。」かくしてフルートは片づけられ、息子の宿泊先に落ち着いたばかりのバッハは、ただちに宮殿に呼び出された。父親につきそってきたヴィルヘルム・フリードマンが、このときのことを私に話してくれたのだが、その話しぶりはいま思い出しても愉快である。当時は、かなりながながとした挨拶をかわしあうのが流行だった。偉大なる王に初の謁見を賜わるJ・S・バッハは、旅の装いを聖歌隊の黒服に着がえるひまも与えられなかったので、当然のことながら数多くの詫びの言葉を述べなければならなかった。そうした詫びの文句を詳しく語るつもりはない。ただ、ヴィルヘルム・フリードマンにいわせれば、二人は王と弁証論学者がかわす形式問答をかわしたのだった。

しかしこれより重要なのは、王がこの夜の演奏会を取りやめ、バッハを誘って、宮殿のいくつかの部屋にあるジルバーマン製ピアノ＝フォルテを弾いてみてほしいと、はやくもバッハに求めたことである。〔フォルケルはここに註を入れている。「フライブルクのジルバーマンの製造したピアノ＝フォルテを、王はおおいに気に入り、それを残らず買い取ることに決めた。王は十五台、収集した。それらは現在、使用に適さないまま、宮殿のあちらこちらに置かれている。」〕　楽士たちも部屋から部屋へついてまわり、バッハはどの部屋でも、この楽器を使っていろいろな即興演奏を披露することを求められた。しばらくつづけたあと、彼は何の準備もなしにすぐさま演奏できるようなフーガの主題を与えてほしいと王に依頼した。与えた主題を即座に曲にしていくその偉才ぶりに、王は感嘆した。そして、どの程度までこのような芸が成しとげられるものなのか知りたかったらしく、六声のオブリガートフーガを聴きたいと所望した。しか

第 2 図　サンスーシのフルート演奏会（アドルフ・フォン・メンツェル画、1852 年）

し、どのような主題でもそうした全声部の和声に向くとはかぎらないので、バッハは自らひとつの主題を選ぶと、王の主題を演奏したときと変らぬ威厳にみち洗練された弾き方でみごとな即興演奏をしてみせ、その場の人々を驚かせた。大王はまた、オルガン演奏をも聴きたいと希望した。翌日、バッハは、前日のジルバーマン製ピアノ゠フォルテのときと同じように、ポツダムじゅうのオルガンに引き合わされた。ライプツィヒに帰ってから、彼は、王から与えられた主題を三声と六声とに作曲し、厳格なカノンによる手の込んだ数楽節をそれに加え、『音楽の捧げもの』という題で銅版に彫らせて、王に献呈した。

　バッハは『音楽の捧げもの』の写しを王に送るとき、献呈のための手紙をそえた。その文章が何よりも興味ぶかい――いかにもうやうやしくて阿諛にみちみちているのだ。現代から見れば、滑稽に思われる。そしてまた、謁見の場でのバッハの詫びぶりの様子も伝えているだろう。

　いとも恵み深き国王陛下！

深き恭順の念を抱きつつ、ここに音楽の捧げものを陛下に献上申し上げます。この曲のいとも崇高なる部分は陛下御自らの尊き御手によるものであります。過日ポツダムを訪れました折に賜わった格別の御恵みを、いまなお畏敬の喜びとともに思い出します。陛下自らクラヴィーアのフーガの主題をかたじけなくもお弾き賜わり、同時に、いと尊き陛下の御前にそれを完成するようありがたくもお命じになりました。陛下の御命令に従うことは、わがつつましき務めでありました。しかしながら、必要なる準備のなきがため、任務の遂行はかくのごとき卓抜なる主題にふさわしくは運ばなかったのであります。私はそれゆえ、このまさしく王にふさわしき主題をより十全に仕上げ、それを世に知らしめるべく決意し、かつ直ちに誓いました。この決意はいま、可能なかぎりよきものとして成就されました。それはただ、次のごときやましからぬ意図をもつにすぎません。すなわち、戦と平和のすべての御業のみならず、ことさらに音楽の分野において、誰もが崇めたてまつらねばならぬ偉大さと力を有し給う君主の名声を、たとえささやかなりとも、称えんとする意図であります。畏れ多くも、あえてお願い申し上げます。陛下がここに捧げるつたなき業を御恵みをもって受けいれ給い、これからのちもいと尊き御恵みを与えくださいますことを

陛下のいと忠実なる僕、

作曲者

ライプツィヒ、一七四七年七月七日

約二十七年後、つまりバッハの死後二十四年たってから、ゴットフリート・ファン・シュヴィーテンという男爵が――ちなみに、フォルケルがバッハの伝記を献呈し、ベートーヴェンが第一交響曲を献呈したのはこの人物である――フリードリッヒ大王と会見し、そのときのことを次のように記している。

彼〔フリードリッヒ〕の話題はもっぱら音楽、そしてベルリンにしばらく滞在しているバッハという偉大なオルガン奏者のことだ。和声知識の深さと演奏力にかけて、この芸術家〔ヴィルヘルム・フリードマン・バッハ〕以上にすぐれた才能を私はこ

第 3 図　フリードリッヒ大王の主題

第 4 図

れまで聴いたことがなく、想像することもできないのだが、その父を知る者は父親のほうがずっと偉大であったと口をそろえていう。王も同意見で、それを立証するために、かつて父バッハに与えた半音階フーガの主題を高らかにうたってくれた。バッハはその場でこの主題を四声のフーガに展開し、さらに五声の、最終的には八声のフーガに仕上げたのである。

むろん、話を実際以上に誇張したのがフリードリッヒ大王なのかファン・シュウィーテンなのかは、知るよしもない。しかしこれは、バッハの伝説がこのときまでにいかに強力になっていたかを示している。六声のフーガが並たいていのものでないことは、四十八の前奏曲とフーガをおさめる『平均律クラヴィーア曲集』全巻において、五声のフーガがわずか二曲しかなく、六声のフーガはひとつとしてないのをみてもわかる。六声のフーガを即興でつくるという業(わざ)は、目かくしをしたまま同時に六十のチェスをして、それに全部勝つようなものである。八声のフーガの即興演奏は、まさしく人間にできる業ではない。

バッハがフリードリッヒ大王に送った写しには、楽曲に入る前のページに、第4図のような題字がある。

(「王の命により、主題その他がカノン技法にて解決」)。ここでバッハはcanonicという語を語呂合せで使っている。それは「カノンの技法で」のみならず、「できうる最上のやり方で」という意味なのだ。

題字のイニシァルは

RICERCAR

――イタリア語で「探す」の意味である。そしてたしかに、『音楽の捧げもの』には探すものがたくさんある。それは三声のフーガ一曲、六声のフーガ一曲、カノン十曲、そしてトリオ・ソナタ一曲から成っている。音楽学者たちは、この三声のフーガはバッハがフリードリッヒ大王のために即興演奏したものと本質的に同じものにちがいないと結論している。六声のフーガはバッハの最も複雑な作品のひとつで、その主題はむろん王の主題である。この主題は第3図に示すようにきわめて複雑で、リズムが不規則なうえ、高度に半音階的なものである（すなわち、その音の調に属さない音符がふんだんに出てくる）。この主題に基づく然るべき二声のフーガを作曲することさえ、並の音楽家にはたやすいことではない。

これらのフーガは二曲とも「フーガ」としないで「リチェルカーレ」と記されている。これがこの語のもうひとつの意味だ。「リチェルカーレ」は、実のところ、今日では「フーガ」として知られる音楽形式の原名であった。バッハの時代までにfugueという語（あるいはラテン語およびイタリア語でfuga）がすでに定着していたが、「リチェルカーレ」という用語も生き残り、いまや一般人の耳にはあまりにも厳格に知的な響きをもつ、一種の学問的なフーガを指していた。同様の語法は今日の英語にも残っている。recherchéという語は、文字通りには「探し出された」という意味だが、同様のふくみ、すなわち深遠な、もしくは衒学的才気をにおわす。

トリオ・ソナタはフーガとカノンの厳粛さからの快い解放となる。なぜなら非常に旋律的で美しく、ダンスを踊ることができるほどだからだ。にもかかわらずこれもまた、現に半音階的で厳粛な王の主題におおむね基づいている。バッハがこのような主題を用いてかくも美しい間奏曲をつくったのは、奇跡といってよい。

『音楽の捧げもの』の十曲のカノンは、バッハが書いた最も精緻なカノンに数えられる。けれども妙なことに、バッハ自身はそれらを完全な形に書き上げなかった。これは意図あってのことだった。つまり、これらの曲をフリードリッヒ大王にパズルとして提出したのである。当時よく楽しまれた音楽遊戯のひとつに、単一の主題を与えて、それに多少巧妙なヒントをそえ、その主題に基づいたカノンを誰かに「見つけさせる」というのがあった。これがいかにして可能なのか知るためには、カノンについて二、三理解しておかなければならないことがある。

カノンとフーガ

カノンの概念は、ある単一の主題がそれ自身に逆らって演奏されるというものである。これは、さまざまに参入してくる声部によってその主題の「模倣」を演じさせることによってなされる。しかしこれには数多くの方法がある。あらゆるカノンのうちで最も直截なものは、『三匹の盲ねずみ』や『こげ、こげ、舟を』や『フレール・ジャック』のような輪唱である。ここでは、主題が第一声部で入り、一定の間隔をおいて「その模倣」が同一の調で入ってくる。第二声部と同じ間隔をおいて、第三声部が同じ主題をうたいながら入り、以下同じようにつづく。この方式では、主題のほとんどはたがいに和声をつくらないであろう。ひとつの主題がカノンの主題として働くためには、その音の各々が二重の（あるいは三重、四重の）役割をつとめうるのでなければならない。したがって、カノンの音のひとつひとつは複数の音楽的意味をもち、聴き手の耳と頭脳はコンテクストに照らしながら、適切な意味を無意識のうちに発見するのだ。むろん、もっと複雑な種類のカノンがある。複雑化の第一段階は、主題の「模倣」が、拍子のみならず音高をもずらせて入ってくるときに出現する。つまり、第一声部がハ音で始まる主題をうたうとすると、第二声部は第一声部に重なりながら、五音高いト音で同じ主題をうたうのである。第三声部はさらに五音高いニ音でうたいはじめ、先行の二声部と重なっていくというような具合である。複雑化の第二段階は、各声部の速度が等しくないときに出現する。すなわち、第二声部は第一声部より二倍速かったり遅かったりする。前者は縮小、後者は拡大と称される（主題が縮んだり伸びたりするように聞えるからだ）。

これだけではない。カノン構成の複雑化の第三段階は、主題の転回である。つまり、もとの主題が跳び上がるところでかならず跳び降りる旋律を、それも全く同数の半音で作るのである。これはいささか奇怪な旋律変形だが、転回した主題をたくさん聴いているうちに、ごく自然に思われてくる。バッハは転回をとくに好み、彼の作品にはしばしばそれが現れる――『音楽の捧げもの』も例外ではない。（転回の簡単な例としては、『国王ウェンツェル』の調べを試されるとよい。主題と転回部を一オクターブ離してうたいだし、二拍ずらせてつづけていくと、楽しいカノンができ上がる。）最後に、最も難解な「模倣」として逆行模写がある――主題を後ろから逆に奏するのだ。この手法を用いるカノンは、蟹の横這いに似た特長があるところから、「蟹カノン」という愛称で知られている。バッハが蟹カノンを『音楽の捧げもの』のなかに入れたのは、いうまでもない。どのタイプの「模倣」も、そのどれからも主題を完全に回復しうるという意味で、原主題のあらゆる情報を保存していることに注目してほしい。このような伝達保存の変形は、しばしば**同型対応**と称され、そして本書はもろもろの同型対応と多くのかかわりをもつことになる。

カノンの手法の緊張をゆるめるのが望ましいことも、ときにはある。ひとつの方法は、和声をもっと流動的にするために完全な模写から多少の逸脱を許容することだ。また、「自由な」声部をもつカノンもある――カノンの主題を用いず、ただ、たがいにカノンを織りなす声部と快く調和する声部がそれである。

『音楽の捧げもの』中の各カノンは、王の主題のそれぞれ異なる変形を主題としてもち、カノンを精緻なものに作り上げるための、先に述べたあらゆる工夫が徹底的にきわめられ、事実、ときにはそれらがからみあっている。すなわち、三声のカノンのひとつは『反主題の拡大によるカノン』という題がつけられ、中間声部が自由声部（実際は王の主題をうたう）、ほかの二声部は拡大と転回の手法を用いながら、その上下でカノンを織りなしつつ踊る。もうひとつのカノンにはQuaerendo invenietis（「求めよ、さらば見出さん」）という謎めいた題がついているにすぎない。こうしたカノン・パズルは残らず解き明かされてきた。規範的解明はバッハの弟子の一人、ヨハン・フィリップ・キルンベルガーによってなされた。しかしなお、もっと解答を見出せそうだと考えられなくもない。

フーガの何たるかも、簡単に説明したい。フーガはカノンに似ており、基本となるひとつの主題がふつうは異なる声部や調で演奏され、ときには異なる速さで、もしくはさかさま、あるいは逆向きに演奏される。けれどもフーガの概念はカノンよりずっとゆるく、したがって、もっと感情豊かで芸術的な表現が可能となる。フーガののろしの合図は、その始まり方にある。単一声部が主題をうたうのだ。それが終ると、第二声部が五度上または四度下のどちらかで入ってくる。その間にも第一声部は「対位主題」をうたいつづける。

つまり、リズム・和声、旋律の面で主題と対照をなすように選ばれた補助的主題である。声部がそれぞれかわるがわる主題をうたいながら入り、たいていは他声部のうたう対位主題に合わせてゆくが、あとの声部は作曲者の頭に浮ぶどんな奇抜なこともやっていく。全声部が「到着する」と、そこには何の規則もない。なるほど基準ともいえるものは存在する――けれども、公式によってしかフーガをつくることができないといったような基準ではない。『音楽の捧げもの』中の二つのフーガは、「公式で作る」ことなど絶対不可能な傑出した例である。たんなるフーガ性よりもずっと深い何かが存在している。

総じて『音楽の捧げもの』は、対位法におけるバッハの偉業を代表するもののひとつである。それ自身がひとつの大規模な知的フーガで、そのなかで数多くの着想や形式がからみあい、また、おどけた二重の意味や微妙な暗示が常套句になっているのだ。そして、われわれが永遠に称えることのできる人知のきわめて美しい創造である。（作品全体をH・T・デイヴィッド著『J・S　バッハの音楽の捧げもの』がみごとに記述している。）

無限に上昇するカノン

『音楽の捧げもの』のなかには、ことさら風変りなカノンがひとつある。『諸調によるカノン』とだけ名づけられたそれは、三声部をもつ。最上声部が王の主題の変形をうたい、その下で、二声が第二主題に基づくカノン和声をつくる。この二声の低いほうは主題をハ短調でうたい（これがカノン全体の主調となっている）、高いほうは同じ主題を音程五度の間隔で上向きにうたう。しかし、このカノンがほかのどれとも異なるのは、それが終るとき――というか、終るかのように思われるとき――もはやハ短調ではなくニ短調になっていることだ。ともかくもバッハは、聴き手の真ん前で転調をやってのけたのだ。そしてそれはまた、この「終り」が始まりへとなめらかに連結するような構築にもなっている。したがって、その過程を反復し、ホ調で戻っていけば、ふたたび始まりと一緒になることができる。こうした転調の連続は聴き手の耳を主調からぐんぐん遠のいた領域へと導き、いくつかくり返すうちに、最初の調からどうしようもなく遠のいていくように思われる。ところが不思議なことに、このような転調をかっきり六回くり返した後、なんと原調のハ短調が取り戻されるではないか！　全声部は最初のときより正確に一オクターブ高くなっており、ここでこの曲が途切れても音楽的に快いだろう。それがバッハの意図だったらしい。しかしバッハは明らかに、この行程が無限につづきうるという含みをにおわしてもいる。「転調が高まるとともに、王の栄光も高まりゆかんことを」と余白に記したのは、おそらくそのためだ。この潜在的無限の側面を強調するために、著者はこれを「無限に上昇するカノン」と称したい。

このカノンで、バッハは、**不思議の環**という概念の最初の例を提示してくれた。「不思議の環」現象とは、ある階層システムの段階を上へ（あるいは下へ）移動することによって、意外にも出発点に帰っているときの現象である。（ここでのシステムは、音階組織である。）不思議の環の生ずるシステムを表現するために、著者はときおり**もつれた階層**という用語を用いる。今後、不思議の環の主題はくり返し登場する。それが隠れていることもあるだろうし、公然と姿を見せることもあるだろう。上下だったり、さかさまだったり、逆もどりだったりする。「求めよ、さらば見出さん」と、私は読者諸氏へ忠告する。

第 5 図　M.C. エッシャー『滝』(リトグラフ、1961 年)

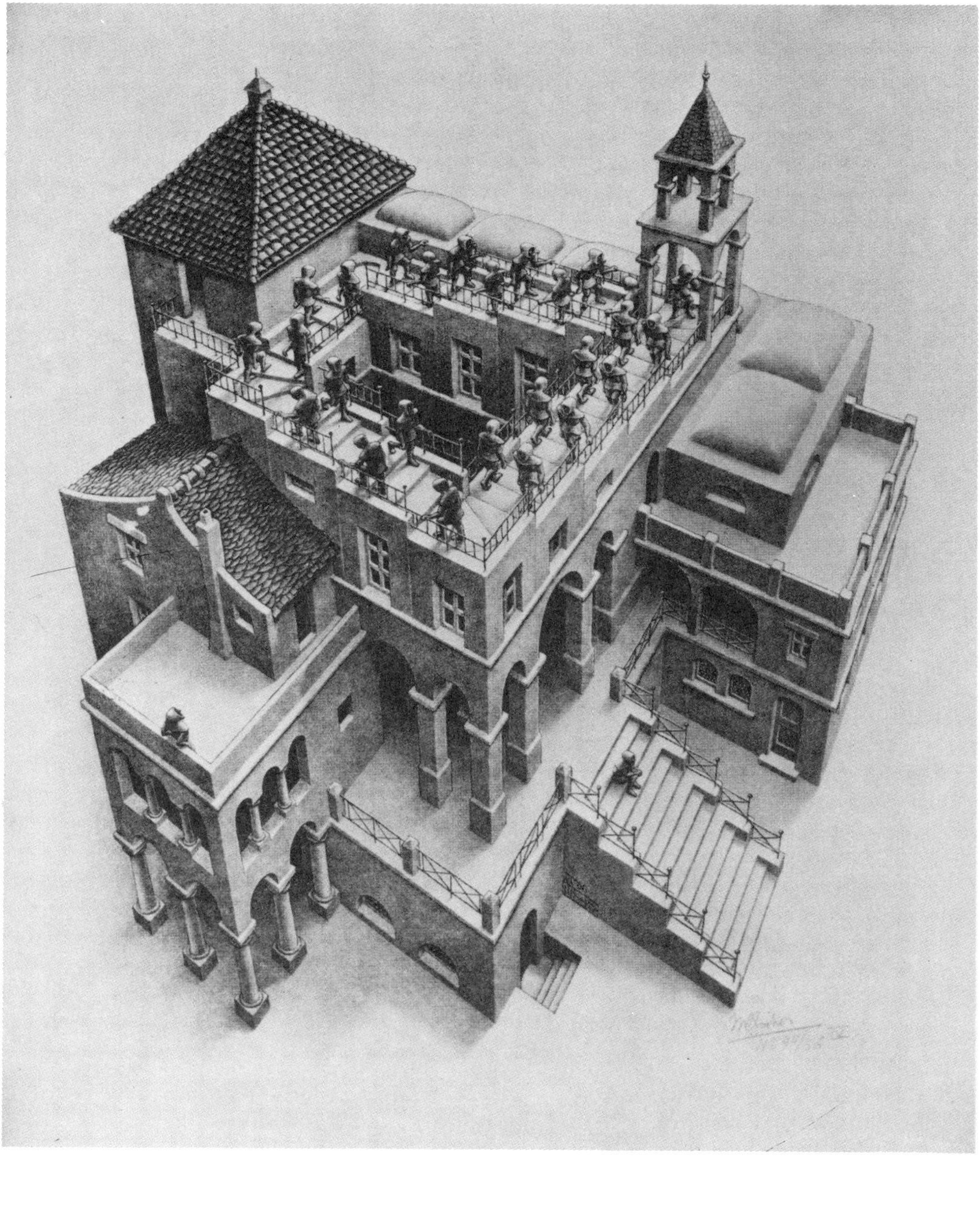

第 6 図　M. C. エッシャー『上昇と下降』(リトグラフ、1960 年)

エッシャー

私の考えでは、「不思議の環」の概念を最も美しく力強く視覚化したのは、オランダのグラフィック・アーティスト、M・C・エッシャーの作品である。彼は一九〇二年に生れ、一九七二年に没している。エッシャーは古今を通じて最も知的な刺激を与える絵画を何点か創作した。その多くは逆説（パラドクス）、錯覚（イリュージョン）あるいは二重の意味（ダブル・ミーニング）に源を発している。エッシャーの絵画の最初の賛美者のなかに数学者が少なくないのもうなずけよう。なぜならそれらがしばしば、シンメトリーやパタンに関する数学的原理に基づいているからだ……とはいっても典型的なエッシャー絵画には、たんにシンメトリーやパタン以上のものがある。しばしば、ひとつの基盤概念が存在し、それが芸術的な形式として現実化されるのだ。そしてとりわけ不思議の環が、エッシャーの作品に最もくり返し現れる主題のひとつである。たとえば、リトグラフ『滝』（第5図）を見て、その無限に上昇する六段階の環と『諸調によるカノン』の無限に上昇する六音程の環とを比べてみるとよい。想像力の類似性は著しい。バッハとエッシャーは同じ一個の主題を、音楽と美術という二つの異なる「調」で演奏しているのだ。

エッシャーは不思議の環をいくつかのちがったやり方で具現した。そしてそれらは環の締り具合に準じて並べることができる。リトグラフ『上昇と下降』（第6図）では修道士たちが環になって永久に歩みつづけ、数多くの段（ステップ）を経てから出発点に戻るので、環は最もゆるい。『滝』における環はもっときつく、すでに見たように、不連続の段（ステップ）が六個あるにすぎない。単一の「段（ステップ）」という概念は何か曖昧ではないかと思う向きもおありだろう——たとえば『上昇と下降』は、四つのレベル（階段）をもつものとしても、四十五のレベル（踏段）をもつものとしても見ることができるのではないか？　実のところエッシャーの絵にかぎらず、多レベルの階層システムにおいては、レベルの数え方にどうしてももやもやしたものがつきまとう。このもやもやについてはあとで理解を深めることにしたい。いまはあまり気を散らさないでおこう。環をきつくしていくと、注目すべき『描いている手と手』（第135図）にいたる。二つの手のそれぞれが他方を描いており、すなわち二段（ステップ）の不思議の環なのだ。そして最後に、あらゆる不思議の環のなかで最もきつく締った環が『プリント・ギャラリー』（第142図）に具現される。すなわち、それ自体を包含する絵の絵だ。あるいは、それ自体を包含するギャラリーの絵だろうか？　あるいは、それ自体を包含する町の絵？　あるいは、彼自身を包含する青年の？　（ちなみに、『上昇と下降』および『滝』の根底にある錯覚はエッシャーによる創案ではなく、一九五八年、イギリスの数学者ロジャー・ペンローズによる。しかしながら不思議の環の主題は『描いている手と手』を描いた年、一九四八年のエッシャーの作品中にすでに現れている。『プリント・ギャラリー』は一九五六年。）

不思議の環の概念に内在するのは無限の概念だ。というのも、環は無限の行程を有限の手段で表現する手段でなくて何だろう。そして無限は、エッシャーの多くの絵画において大きな役割を演ずる。単一の主題の模倣がしばしば調和しあい、バッハのカノンの視覚的相似形をつくるのだ。いくつかのそうしたパタンはエッシャーの有名な版画『メタモルフォーゼ』（第8図）に見ることができる。それは『無限に上昇するカノン』に少し似ている。出発点からどんどん離れていきながら、突然もとに戻るのだ。『メタモルフォーゼ』その他の絵画のタイル張り模様の面には、すでに無限を暗示するものが

第 7 図　M. C. エッシャー『反射球体と手』（リトグラフ、1935 年）

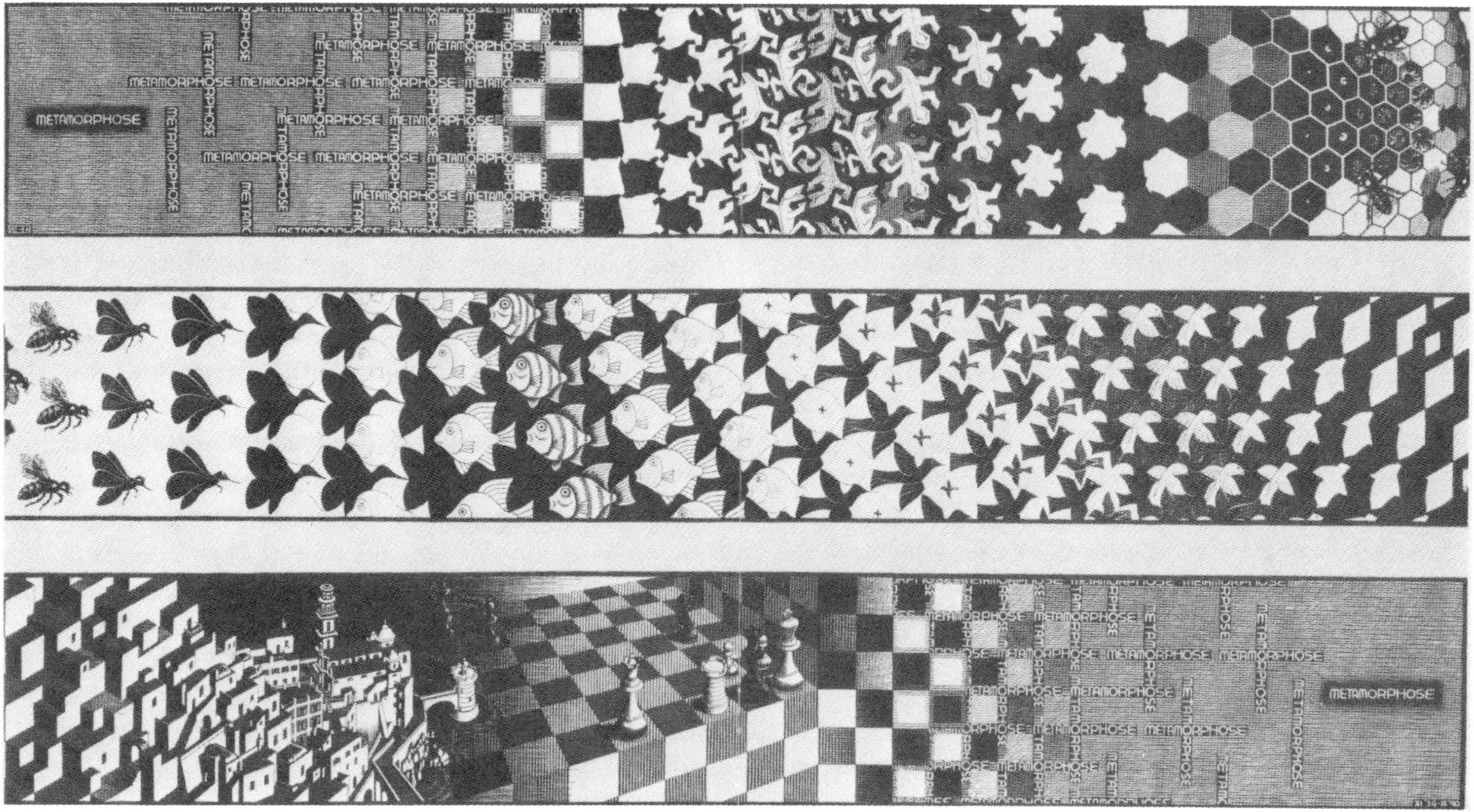

第 8 図　M.C. エッシャー『メタモルフォーゼII』（ウッドカット、19.5×400 cm、1939-40 年）

いろいろある。しかし、無限についてのもっと奔放な視覚化はエッシャーのほかの絵画に現れる。彼の絵画のいくつかでは、単一の主題が現実の種々のレベルで現れうるのだ。たとえば、一枚の絵画のひとつのレベルが、明らかに幻想や空想を表現しているものと見なしうるにしても、もうひとつのレベルは現実と見なしうるであろう。明確に描写されたレベルは、この二つのレベル以外にないかのようである。しかしこの二つのレベルが存在するというただそのことに誘われて、見る者はさらにもうひとつのレベルの一部として自分自身を眺めるのだ。この段階へくると、見る者はエッシャーの意図した「レベルの鎖」に囚われざるをえない。そこでは、いかなるひとつのレベルをとっても、つねにその上にもっと大きな「現実」のもうひとつのレベルがあり、つねにその下に「もっと空想的な」レベルがある。このこと自体にたまげてしまう。けれども、レベルの鎖が直線でなく環を成しているとしたらどうだろう。その場合、何が現実か、そして何が幻想か？　数々の半現実的、半神話的世界、不思議の環にみちみちた世界、見る者を誘い入れようとしているその世界、それを思いついただけでなく実際に描いたところが、エッシャーの天才である。

ゲーデル

　バッハやエッシャーによる不思議の環の以上のような例には、有限と無限の相克、つまりは強い意味でのパラドクスが見られる。直観的にいって、ここには何か数学的なものがかかわっている。そして実際、今世紀に数学的な対応物が発見され、大変な反響を呼んだ。また、バッハやエッシャーの環が非常に単純な古くからの直観——音階や階段のような——に基づいているように、ゲーデルによるこの数学的体系の中での不思議の環の発見もまた、もとをたどれば単純な古くからの直観につながっている。ゲーデルの発見は、核心部分についていえば、古代の哲学的なパラドクスを数学的な言葉に翻訳したものにかかわっている。そのパラドクスとは、いわゆる「エピメニデスのパラドクス」、あるいは「うそつきパラドクス」である。エピメニデスはクレタの人で、次のような金言を残した。「クレタの人はみなうそつきである。」この言葉をさらに鋭い形になおせば、「私はいまウソをついている」とか「この文は誤りである」になる。私がエピメニデスのパラドクスというときは、この最後の形を指している。これは、文を真と偽に分けるふつうの二分法を鮮やかにぶちこわしてしまう文である。というのは、これが仮に真であると考えると、この文はただちに逆の効果を生み出し、偽と考えざるをえなくなる。一方この文を偽と定めると、逆向きの同じような爆発が起って、この文は真にちがいないという考えに引き戻される。やってごらんなさい！

　エピメニデスのパラドクスは、エッシャーの『プリント・ギャラリー』のような一段（ステップ）の不思議の環である。しかしそれがどうして数学と関係してくるのだろうか？　そのことこそ、ゲーデルが発見したことである。彼の着想は、数学的論証を利用して、数学的論証それ自身を研究することであった。数学を「内省的」に扱うという考え方は、非常に強力であることがわかったが、おそらくその最も豊かな内容は、ゲーデルが発見した、彼の不完全性定理である。この定理が何をいっているかということと、どのようにして証明されるかということは、二つの別の事柄である。本書ではこれらの両方をかなり詳しく論じる。この定理は真珠に、そしてその証明はアコヤ貝になぞらえることができる。真珠はその光沢と単純さのゆえに珍重される。一方、アコヤ貝は複雑な生きもので、その内臓からこの神秘的なまでに単純な宝石が生れるのである。

ゲーデルの定理は、彼の一九三一年の論文『プリンキピア・マテマティカおよび関連する体系における形式的に決定不能な命題についてI』のなかに、命題VIとして現れる。その内容は次のとおりである。

> ω 無矛盾でしかも帰納的であるような、論理式のどんな集合 κ に対しても、ある帰納的な集合式 r が対応していて、v Gen r も Neg(v Gen r) も Flg(κ) に属していない（ここで v は r の自由変数である）。

これは実はドイツ語で書かれているが、たぶん「ドイツ語のままでもどうせ同じこと」と思われる方もおられるであろう。そこでもっとふつうの日本語にいいかえると、次のようになる。

> 数論の無矛盾な公理系は、必ず決定不能な命題を含む。

これが真珠である。

この真珠の中に不思議の環を見つけるのはむずかしい。それは、不思議の環がアコヤ貝に――証明に埋めこまれているからである。ゲーデルの不完全性定理の証明は、自分自身に言及する数学的な命題を書くことにかかっている。その言及はちょうど、エピメニデスのパラドクスが、ふつうの言語の文で自分自身に言及するのと同じしかたで行われる。しかし、言語のなかで言語について語るのはごく簡単であるが、数についての命題がどんなふうに自分自身について語ることができるのかを理解するのは、けっしてやさしいことではない。実際、自己言及の考えを数論と結びつけるだけでも、天才を必要としたのであった。一度そういう文が作れることを直観的にとらえてしまうと、ゲーデルは主要な障害を乗り越えてしまったのであった。目ざす命題を実際に作り出すには、この美しい直観の火花一発の細部を仕上げるだけでよかった。

われわれはこのあとの各章で、ゲーデルの構成を細心の注意をもって検討するが、読者が暗闇のなかにポツンと取り残されないように、着想の核心部分に簡単に触れておこう。これが読者の心にいろいろな考えをかきたてることになれば幸いである。まず第一に、困難な点を決定的に明らかにしておかなければならない。数学的な命題は、ここでは数論の命題に限ることにすると、整数の性質について何ごとかを述べるものである。整数は命題ではなく、その性質でもない。数論の命題は、数論の命題について述べはしない。それはたんに、数論の命題であるにすぎない。これが問題である。しかしゲーデルは、ここに見かけ以上のものがあることに気がついた。

ゲーデルは、何とかして命題を数で表すことができさえすれば、数論の命題が、数論の命題について（自分自身についてさえも）の命題でありうることを見ぬいた。いいかえれば、符号化の考えが彼の構成の中心にある。ゲーデルの符号系では、ふつう「ゲーデル数」と呼ばれているが、数が記号や記号の列を表すことになる。そして、数論の個々の命題がある特殊な記号の列であるから、ゲーデル数を獲得する。この数によって、ちょうど電話番号か車のナンバーか何かのように、もとの命題が指定されるのである。この符号系という技巧によって、数論の命題を二つのレベルで解釈することができるようになる。すなわち数論の命題として、また数論の命題についての命題として、解釈できるのである。

第 9 図　クルト・ゲーデル

この符号化の方式を決めたあと、ゲーデルはエピメニデスのパラドクスの数論の形式への翻案を詳細にわたって仕上げなければならなかった。彼が移植したエピメニデスの最終的な形は、「この数論の命題は誤っている」ではない。そうではなくて、「この数論の命題は証明をもたない」である。この言葉は非常に誤解されやすいであろう。「証明」の概念は、一般にはごくぼんやりとしか理解されていないからである。事実ゲーデルの仕事は、数学者が証明とは何かということを彼ら自身のために解明してゆく長い試みの一部であった。心に留めておくべき大切なことは、証明とは命題のある一定の体系の中での証拠並べである、ということである。ゲーデルの仕事の場合、「証明」という言葉が前提としている数論の論証の一定の体系は、一九一〇年から一九一三年にかけて出版された、バートランド・ラッセルとアルフレッド・ノース・ホワイトヘッドの巨大な著作『プリンキピア・マテマティカ』（*P*・*M*）の体系であった。したがって、ゲーデル文Gはより正確な日本語では次のように書かれる。

この数論の命題は『プリンキピア・マテマティカ』の体系においては証明をもたない。

ついでながら、このゲーデル文Gはゲーデルの定理ではない。それは、エピメニデスの文が「エピメニデス文はパラドクスである」という指摘ではないのと、同じことである。そこで、文Gの発見から何が導かれるかを述べよう。エピメニデスの命題からは、それが真でも偽でもないことからパラドクスが生れたが、ゲーデル文は（*P*・*M*の中では）証明できないが、真である。偉大な結論？ 『プリンキピア・マテマティカ』の体系は「不完全」である——数論の命題であって、真であるのに、その体系の証明法が非力なために証明できないものがある。

しかし『プリンキピア・マテマティカ』はこの打撃の最初の犠牲者であるとしても、けっして最後のものではない！ ゲーデルの論文の標題にある「および関連する体系」という言葉は意味深長である。なぜなら、もしゲーデルの仕事がラッセルとホワイトヘッドの仕事の欠点を指摘しただけのことなら、誰かが『プリンキピア・マテマティカ』を改良して、ゲーデルの定理の裏をかいてやろうとふるいたったことであろう。しかしそれは不可能であった。ゲーデルの証明は、ラッセルとホワイトヘッドが目ざした目標を達成すると称するどんな公理系にもあてはまるのである。そしてどんな体系でも、基本的には同じ方法でうまくいく。一言でいえば、ゲーデルはどんな公理系についても「証明可能」とは「真」より弱い概念であることを示した。

こういうわけで、ゲーデルの定理は論理学者、数学者および数学の基礎づけに関心のある哲学者に電撃的な影響を及ぼした。それはどんな体系でも、いかに複雑であっても、整数0、1、2、3、……の複雑さを表現することはできない、とわかったからである。現代の読者は、このことによって一九三一年の読者たちほどには困惑を感じないかもしれない。現代に至るまでに、われわれの文化は相対性原理や量子力学という概念上の革命とあわせてゲーデルの定理を吸収したし、それらがもたらす哲学的に混乱させるような教訓は、何層かの翻訳（としばしば混乱）によってやわらげられたにしても、公衆の手に届いていた。今日では、「限定的な」結果を期待する一般的な風潮がある——しかし一九三一年に戻ると、ゲーデルの定理は青天の霹靂であった。

数理論理学＝あらまし

ゲーデルの定理を正しく理解するには、文脈の設定が必要である。そこで私は、不可能なことと知りながら、一九三一年までの数理論理学の歴史を簡単に要約してみたいと思う。(歴史のよい解説としては、ディロング、ニーボーン、ナーゲルとニューマン［邦訳『数学から超数学へ』はやしはじめ訳　白揚社　一九六八年］がある。)はじまりは、推論の思考過程を機械化しようという試みであった。われわれの推論能力は、われわれを他の動物と区別するものであるとよくいわれる。だから最も人間的なものを機械化するというのは、ちょっと考えると、いくぶん逆説的に見える。しかし古代ギリシア人でさえ、推論が類型的な手順であり、少なくとも部分的には記述可能な法則によって支配されていることを知っていた。アリストテレスは三段論法を集大成し、ユークリッドは幾何学を集大成した。しかしそれ以後は、公理による推論の研究にふたたび進歩が見られるまでに何世紀も経過しなければならなかった。

十九世紀の数学の重要な発見のひとつは、同じくらい妥当な、異なる複数の幾何学が存在することであった。ここで「幾何学」とは、抽象的な点と線の性質についての理論を意味する。長い間、幾何学とはユークリッドが集大成したもので、ユークリッドの述べ方にちょっとした欠点はあるかもしれないが、それは重大なものではなく、幾何学における真の進歩はユークリッドを発展させることによって達成されると考えられていた。この考えは、何人かの人々によるほとんど同時の、非ユークリッド幾何学の発見によって粉砕された。この発見は、数学者が現実世界を研究しているという考えに大きな疑いを投げかけたので、数学者の社会に衝撃を与えた。ただひとつの現実において、何種類もの「点」や「線」がどうしてありうるのだろうか？　今日では、このジレンマの解決は、数学者でない一部の人々にも明らかなことであろう。しかし当時は、このジレンマは数学者の間に大騒ぎをひき起したのであった。

十九世紀の後半、イギリスの論理学者ジョージ・ブールとオーガスタス・ド・モルガンは、推論の型を厳密に成文化する仕事をアリストテレスよりもさらに深く推し進めた。ブールは彼の本を「思考の法則」とまで呼んでおり、これはたしかに誇張ではあるが、重要な貢献であった。ルイス・キャロルはこれらの機械化された推論方法に興味をもち、そういう方法で解けるパズルをいくつも考案した。イエナのゴッドロープ・フレーゲとトリノのジュゼッペ・ペアノは形式論理を集合や数の研究と結びつけた。ゲッチンゲンのダヴィット・ヒルベルトはユークリッドより厳密な幾何学の形式化を行った。これらのすべての努力は、「証明」という言葉の意味を明らかにする方向に向けられている。

その間、興味ある発展が古典数学のなかで起っていた。集合論として知られている無限のいろいろな型についての理論が、一八八〇年代にゲオルク・カントールによって展開された。この理論は強力で美しいが、直観をうけつけないところがあった。いくらもたたないうちに、集合論的なパラドクスが何種類も明るみに出た。数学者は、極限の理論に関連する微積分学の一群のパラドクスを解決できたと思ったやさきのことであったから、状況は非常に厄介であった。さらに悪く見える全く新しい一群のパラドクスが出現したのである。

最も有名なのはラッセルのパラドクスである。多くの集合は、それ自身の要素ではないように思われる。たとえばセイウチの集合はセイウチではないし、ジャンヌ・ダルクだけを含む集合はジャンヌ・

ダルクではない（集合は人ではない）――という調子である。この点について、たいていの集合はごく「平穏無事」で、とくに変った点はない。しかしある「自分自身を呑みこむ」集合は、自分自身を要素として含んでいる。たとえばすべての集合の集合とか、ジャンヌ・ダルク以外のすべてのものの集合などがそれである。明らかに、どんな集合も平穏無事であるかまたは自己呑みこみであって、その両方ではありえない。そこで、平穏無事な集合の集合**平**を考えてもさしつかえあるまい。一見、**平**はごく平穏無事なものに見えるかもしれない。しかしその考えは、次のように自問してみるとひっくり返されるはずである。「集合**平**それ自身は、平穏無事だろうか、それとも自己呑みこみだろうか？」。答は次のようになるであろう。「**平**は平穏無事でもないし、自己呑みこみでもない。なぜなら、どちらを選んでもパラドクスが生じる」。考えてごらんなさい！

しかしもし**平**が平穏無事でなく、自己呑みこみでもないとしたら、それはいったい何なのだろうか？　少なくとも病理的ではある。しかしそんな曖昧な回答には、誰も満足しないであろう。そこで人々は、集合論の基礎をもっと深く掘りさげるようになった。最も重要な問題は「われわれの直観的な『集合』の概念のどこがまちがっているのだろうか？　われわれの直観にもよく合い、パラドクスを回避するような厳密な集合論を作れないだろうか？」ということであろう。ここで、数論や幾何学の場合と同じように、問題は直観を形式的、あるいは公理的な推論体系によって整理することである。

ラッセルのパラドクスの驚くべき変形は、グレリンクのパラドクスと呼ばれているが、集合のかわりに形容詞を使っている。日本語の形容詞句を次のように二種類に分けてみよう。ひとつは自分自身にあてはまるもの、たとえば「四文字の」、「だらだらしてよけいなむだが多い」、「抽象的」などの類であり、もうひとつはそうでないもの、たとえば「食用の」、「不完全な」、「二文字の」などの類である。さてそこで「自分自身にあてはまらない」を形容詞句とみたら、これはどちらの類に属するのだろうか？　動詞の否定形を形容詞句と見るのが気になるのであれば、このパラドクスのために発明された次の二つの形容詞句を使えばよい。「われふさわしい」（=自分自身にあてはまるautological）と「われ疑わしい」（=自分自身にあてはまらないheterological）である。すると問題は次のようになる。「『われ疑わしい』という言葉は、われ疑わしいだろうか？」　やってごらんなさい。

これらのパラドクスには、共通の犯人がいるように見える。それは自己言及、あるいは「不思議の環」性である。そこでもしすべてのパラドクスを追放するのを目ざすなら、自己言及とそれをひき起すものを一切追放してしまえばよさそうなものではないか？　これは見かけほどやさしいことではない。どこに自己言及が起っているかを見わけることさえ、むずかしいことがあるからである。自己言及は何ステップかの不思議の環の全体にまたがっているかもしれない。たとえば、エピメニデス文を「拡張した」次の変形版のように、『描いている手と手』（第135図）を連想させるものもある。

次の文は誤りである。

前の文は正しい。

全体として、これらの文はもとのエピメニデスのパラドクスと同じ効果をもっている。しかしひとつひとつは、どちらも無害であり、しかも有用でありうる文である。不思議の環という非難はどちらの文にも結びつけられない。ただ両者がたがいに指示しあうそのしかたに結びつけられる。これと同じように『上昇と下降』のどの一部分も道理にかなっている。不可能性をもたらすのは、それらが全体としてまとめられるそのしかたである。直接的な方法だけでなく間接的な方法でも自己言及が出現してしまうのだから、もし自己言及を諸悪の根源と考えるなら、両方の型を同時に追放するにはどうすればよいかを考え出さなければならない。

不思議の環を消す

ラッセルとホワイトヘッドはこの見方に賛成であったから、『プリンキピア・マテマティカ』は不思議の環を論理学、集合論、および数論から放逐する巨大な演習であった。彼らの体系の着想は基本的には次のとおりである。最も低い「型」の集合は、要素として「対象（もの object）」しか含みえない——集合はだめである。次の型の集合は、要素として対象か、または最も低い型の集合を含むことができる。一般に、ある型の集合は、それより低い型の集合か、または対象しか含むことができない。どの集合もある決った型に属している。明らかに、どんな集合も自分自身を含むことはできない。その集合を含むのはそれより高い型の集合でなければできないからである。そういう体系では「平穏無事」な集合しか許されない。さらに、さっきの**平**（すべての平穏無事な集合の集合）も、もはや集合とは考えられない。これも有限の型にはおさまらないからである。するとあらゆる点から考えて、この「型の理論」は「不思議の環の廃止理論」と呼んでもよいが、集合論からパラドクスを取り除くのに成功した。しかしそれには人工的な階層を導入して、ある種の集合、たとえばすべての平穏無事な集合の集合のようなものの構成を許さないという犠牲が必要であった。直観的にいって、これはわれわれが集合を想像するときのしかたではない。

型の理論は、ラッセルのパラドクスを処理してくれたが、エピメニデスのパラドクスやグレリンクのパラドクスについては何もしてくれなかった。集合論にしか興味がない人々には、それで十分であった。しかしパラドクスの一般的な抹殺に興味がある人々には、言語の中での閉じた環を禁止するための、何か似たような「階層づけ」が必要に見えた。そのような階層づけの底には、対象言語がおかれることになろう。ここでは言及はある特定の領域に限って行われ、（文法規則とか、特殊な文のように）対象言語それ自身の諸相については許されない。そうした目的のためにはメタ言語がある。このような二つの言語のレベルの経験は、外国語を習った人なら誰でもおなじみのことであろう。それからメタ言語について論じるためのメタ＝メタ言語、等々があることになろう。どの文もこの階層のある特定のレベルに所属すべきである、と要求されるであろう。したがって、ある発話がどのレベルにもあてはまらないとしたら、その発話は無意味であると考えられ、忘れられることになるであろう。

さきほど述べた二段（ステップ）のエピメニデスの環の分析をしてみよう。最初の文は、次の文について語っているので、次の文より高いレベルになければならない。しかし同じ理由から、次の文は最初の文より高いレベルにあるはずである。これは不可能なので、これら二つの文は「無意味」である。より正確にいえば、このような二文は言語の厳密な階層に基づく体系においてはそもそも作れない。グレリンクのパラドクスももちろんのこと、こうしてエピメニデスのパラドクスのすべての変形版が予防される。（「われ疑わしい」はどんな言語レベルに属するのだろうか？）

さて集合論においては、われわれがこれまでとりあげていなかった抽象概念を取り扱う場合、型の理論のような階層化は、少々奇妙であるとしても受けいれやすい。しかし、人生のいたるところにしみわたっている言語にもちこむとなると、そのような階層化はばかげているように思われる。われわれは、いろいろなものごとについて話すとき、言語の階層を跳び上がったり跳び降りたりしているとは思わない。「本書で、私は型の理論を批判する」というような事実に即した文でさえ、いま論じている体系においては二重に禁止される。第一に、この文は「本書」に触れているが、これは「メタ本」の中でしか許されないことである。また第二には、この文は「私」、すなわち私が語ることを全く許されない人物について述べている！この例は、型の理論を日常的な文章の中にもちこむとどんなに愚かしく見えるかを示している。パラドクスのために採用されたこの救済法――いかなる形の自己言及をも完全に禁止すること――は多くの完璧な構文を無意味ときめつける、過剰殺戮の実例である。なお形容詞「無意味な」は、言語の型の理論についてのすべての議論（この段落での議論のような）にあてはめられなければならないだろう。なぜならそうした議論は明らかに、どのレベルにおいても起りえないからである――対象言語においても、メタ言語においても、メタ=メタ言語においても、等々。だからこの理論について論じる行為こそ、この理論に対する最もあつかましい違反行為なのである！

ところでこのような理論を弁護して、これが形式言語を扱うことだけを意図するものであって、ふつうの非形式的な言語のためのものではない、といえるかもしれない。それはそうかもしれないのであるが、そうだとしたらその理論は非常に学問的で、パラドクスについては、特殊な目的に合せて作られた体系の中に現れる場合を除いて、ほとんど何も語れない、ということになる。その上、パラドクスをいかなる犠牲のもとでも抹消しようという運動は、それが高度に人工的な形式体系の創造を必要とする場合にはなおさら、活気のない無矛盾性に重点をおきすぎ、人生と数学をおもしろくしてくれる奇妙さやとっぴさを軽視しすぎる。無矛盾性を保とうとするのはもちろん重要なことであるけれども、その努力がとんでもなく醜い理論をわれわれに強いるとしたら、どこかがまちがっているのである。

数学の基礎づけにおけるこの種の問題は、今世紀のはじめに現れた人間の思考方法の体系化に対する強い関心をひき起した。数学者や哲学者は、整数の研究（数論）のように最も具体的な理論でさえ堅固な基礎の上に組立てられているかどうかを、深刻に疑うようになった。集合論の基礎概念は集合で、これはたしかにきわめて直観的に魅力あるものであるが、この集合論の中でいとも簡単にパラドクスが飛び出してくるものなら、数学の他の分野にもパラドクスが現れないのだろうか？　これに関連するもうひとつの心配は、エピメニデスのパラドクスのような論理のパラドクスが、数学に内在するものであるとわかり、そのため数学全体が疑いの中に投げこまれるかもしれない、ということである。このことは、数学がたんに論理学の一分野である（あるいは逆に、論理学がたんに数学の一分野である）と固く信じていた人々――そういう人々はたくさんいたが――にとってはとくに頭の痛いことであった。実は、「数学と論理学は異なる、あるいは独立したものであろうか？」という問題こそ、多くの論争の元だったのである。

この数学についての研究それ自身は超数学（メタ）――あるいはときにメタ論理学として知られるようになった。これは数学と論理学が深く織りまぜられているためである。超数学者にとって最も緊急な事柄は数学的推論の真実の性質を決定することである。手続き上何が合法的なしかたであり、また何が違法なのであろうか？　数学的な推論はいつも「自然言語」（たとえばフランス語やラテン語、またはふつうの意志疎通に使われる言語）でなされてきたので、多分に曖昧さが伴うのが常であった。言葉は異なる人々には異なる意味をもち、異なるイメージを思い描かせる、といった具合である。そこで合理的でしかも重要でさえあると思われたのは、数学的なすべての仕事をなしうるひとつの統一的な記法を確立し、その助けによって提示された証明の妥当性についての数学者の間の論争に決着をつけられるようにすることであった。そのためには人間の思考の一般的に受けいれられる様式を、少なくとも数学に応用されるものであるかぎり、完全に成文化・体系化することが要求されるであろう。

無矛盾性、完全性、ヒルベルトの計画

これが『プリンキピア・マテマティカ』の目標であったが、この本は、数学をすべて論理学から、もちろん矛盾なしで（！）導き出すと主張していた。この本は広く称賛されたが、(1)ラッセルとホワイトヘッドによって描かれた方法にすべての数学が本当に含まれているかどうか、また(2)ここで与えられている方法が自己矛盾を含まないかどうかさえ、誰にもはっきりしたことはいえなかった。ラッセルとホワイトヘッドの方法に従えば、いかなる数学者でもけっして矛盾に到達することはない、とは決定的に明らかなことなのだろうか？

この問題は、すぐれたドイツの数学者（そして超数学者）ダヴィット・ヒルベルトをとくに悩ませた。彼は数学者（と超数学者）の世界に向かって次の問題を提出した。『プリンキピア・マテマティカ』（*P*・*M*）で定義されている体系が、無矛盾（矛盾を含まない）でありしかも完全（すなわち、数論の正しい命題がすべて*P*・*M*で示されている枠組の中で証明できる）であることを厳密に――おそらくラッセルとホワイトヘッドによってあらかた示されているその方法に従って――証明せよ。これはむずかしい注文だったし、いくぶん循環的であるという根拠からも批判できた。ある推論方法に基づいて、その推論方法自身を正当化することがどうしてできるだろうか？　それは自分の靴紐を引っぱって自分自身を持ち上げるようなものである（われわれはこの種の不思議の環からどうも逃げられそうにないらしい！）。

ヒルベルトはこのジレンマにもちろん十分気づいていたので、無矛盾性や完全性の証明は推論の「有限的な」様式のみによるものであれば可能ではないか、という希望を述べている。その様式は数学者がふつう認めている推論法の少数の組合せである。このようにして、ヒルベルトは数学者が自分の靴紐によって自分自身を持ち上げられるであろうと考えた。数学的方法全体が健全であることが、そのごく一部分を使用することによって証明できるかもしれない。この目標はかなり深遠に響くかもしれないが、今世紀のはじめの三十年間は、多くの第一級の数学者たちの心をとらえたのであった。

しかし、三十一年めには、ゲーデルが彼の論文を発表して、ヒルベルトの計画をあるしかたで完全に破壊した。この論文はラッセルとホワイトヘッドが提案した公理系に修復不可能な「穴」があることだけでなく、さらに一般的に、いかなる公理系も、すべての数論上の真理を導き出すことはできないことを示した。ただし、自己矛盾を含む公理系は別である！　こうして結局のところ、*P*・*M*で提

示されているような体系の無矛盾性を証明しようという望みは空しいことが示された。もしそういう証明がP・Mの中の方法だけでできたとしたら――これこそゲーデルの仕事の最も煙にまかれる帰結のひとつであるが――P・Mそれ自身が自己矛盾を含むことになるであろう。

『プリンキピア・マテマティカ』にまつわる最後の皮肉は、ゲーデルの不完全性定理の証明が、不思議の環の攻撃に対する確固たる要塞と思われていた『プリンキピア・マテマティカ』の心臓部分に、エピメニデスのパラドクスをもちこむことになった、ということである。ゲーデルの不思議の環は『プリンキピア・マテマティカ』を打ちこわしはしなかったが、ラッセルとホワイトヘッドの本来の目標が幻想であるとわかったのだから、数学者にとっての興味は大いにそがれることになった。

バッベジ、コンピュータ、人工知能……

ゲーデルの論文が現れた頃は、世界は計数型電子計算機が開発される直前であった。すでに機械的計算装置の着想はかなり広まっていた。十七世紀には、パスカルとライプニッツが特定の演算（加法と乗法）を実行する機械を設計した。しかし彼らの機械には記憶装置がなく、また最近の用語でいえば、プログラム可能でもなかった。

巨大な計算能力をもつ機械を構想した最初の人物は、ロンドン子チャールズ・バッベジ（一七九二―一八七一）であった。ディケンズの『ピクウィック・クラブ遺文録』のページからぬけ出てきたかのような人物バッベジは、彼が生きていた頃にはロンドンから「市街地の騒音」――とりわけ手回しオルガンを追放しようという精力的な運動をやったおかげで、非常に有名であった。こういう厄病神は、彼を怒らせるのが好きで、昼でも夜でも勝手なときにやってきてはセレナーデを奏したがるものなので、そうなればバッベジはむきになって通りまで彼らを追いかけていくことになる。今日、われわれは彼が時代を百年先んじた人だと認めている。近代的なコンピュータの基本原理の発明者としてだけでなく、彼は騒音公害と戦った最初の人物の一人でもあった。

彼の最初の機械「差分機関」は、「差分法」によって何種類もの数表を作り出せるはずであった。しかし差分機関の模型を何も作らないうちに、バッベジははるかに革新的な着想に心を奪われてしまった。それが彼の「解析機関」である。かなりあつかましいことに、彼は次のように書いている。「私がこれに到達した道筋は、おそらくこれまでに人類の心をとらえたもののうちで最も入り組んだ、こみいったものであった。」それ以前に設計されたどの機械とも違って、解析機関は「倉庫」（記憶装置）と「工場」（計算と判断を行う装置）の両方を所有するはずであった。これらの装置は、何千もの複雑な歯車つきシリンダーが信じられないくらいこみいった噛み合いかたをするものになるはずであった。バッベジは穴あきカードに含まれているプログラムに従って、数値が渦巻きながら工場を出入りする様を思い描いていた。穴あきカードの着想は、ジャカール織機から思いついたのであるが、これは驚くべき複雑な模様を織り出すカードによって制御される織機である。バッベジのすぐれた友人、薄幸の伯爵夫人エイダ・ラブレス（バイロン卿の娘）は、次のような詩的な批評を述べた。「この解析機関は、ジャカールの織機が花や葉を織り出すように、代数的な模様を織り出します。」残念ながら、彼女が現在形を使ったのは誤解を招きやすい。解析機関はついに完成されず、バッベジは苦い失意のうちに死んだ。

ラブレス夫人も、バッベジに劣らずはっきりと気づいていたことであるが、解析機関の発明によって、ことに解析機関が「自分の尻尾を食べること」(機械が自分自身の記憶されているプログラムに手をつけ変更するときに作り出される不思議の環を表現したバッベジの言葉)が可能になったときには、人類は機械化された知能をもてあそぶようになる。一八四二年のメモの中で、彼女は解析機関が「数以外のものにも働きかけるのでしょう」と書いている。バッベジがチェスや三目並べをする自動機械を夢みる一方、彼女は彼の機関が音高や和音を符号化した回転シリンダーを使えば「洗練された科学的な音楽作品を、どんなに複雑あるいは巨大なものでも作曲できるかもしれない」と示唆した。しかし彼女はほとんど同時に、次のような注意も述べている。「解析機関は何ごとかを創造するといえるいかなる特質もそなえていない。この機械は、実行させるためにどのように命令すればよいかをわれわれが知っていることだけしかできない。」彼女は人工的な計算の能力をよく理解していたけれども、知能の人工的な創造については懐疑的であった。しかし、彼女はその鋭い洞察力によって、電気を手なずけることでどんな可能性が開かれるかを夢みることができただろうか?

　われわれの世紀には、コンピュータに向けて——パスカル、ライプニッツ、バッベジ、またラブレス夫人の最も奔放な夢をも越えたコンピュータに向けて、時は熟していた。一九三〇年代および四〇年代に、最初の「**ゲ**んだい**エ**れき**バ**んのうきかい」がいくつも設計・建設された。これらはそれまで関係なかった三つの分野、すなわち公理的推論の理論、機械的計算の研究、および知能の心理学を結びつける劇的な働きをした。

　これらの年にはコンピュータの理論の急激な発展が見られる。この理論は超数学と密接に結びついている。実際、ゲーデルの定理に対応するコンピュータの理論での定理がアラン・チューリングによって発見されたが、それは想像できるかぎりで最も強力なコンピュータにも避けられない「穴」があることを示している。皮肉なことに、これらのいくらか不気味な限界が明らかにされていった頃、現実のコンピュータが次々と製作され、しかもその能力は製作者の予知能力を越えて発展していくように見えた。バッベジは、かつて「五百年後に生きかえって、新時代を案内つきで三日間見学できるなら、喜んで残りの生涯を捨てよう」といったことがあるが、彼の死後たった百年でも、新しい機械とそれらの予想外の限界との両方によって、興奮のあまり口がきけなくなってしまうことであろう。

　一九五〇年代のはじめまでは、機械化された知能は、あとほんの一息と考えられていた。ところが本当に考える機械を実際に創造しようとすると、ひとつの障害を乗りこえるたびに、何か新しい障害が必ず出現した。このような目標の神秘的な後退には、何か深い理由があるのだろうか?

　知的でない行動と知的な行動との間の境界線がどこに引かれているのかは、誰も知らない。実際、正確な境界線が引けると考えるのは、おそらくばかげたことである。しかし知性の本質的な能力として、次のようなものを挙げることができる。

・状況に非常に柔軟に対応すること、
・偶然的な環境を利用すること、
・曖昧な、あるいは矛盾する情報からその意味を読みとること、
・いろいろな相違によって分離されかねない状況の類似点を発見すること、

・いろいろな類似点によって結ばれている状況を区別すること、
・古い概念を新しいやりかたで結合することによって新しい概念を構成すること、
・新奇な着想を思いつくこと。

ここで一見、逆説的なことにぶつかってしまう。コンピュータというものは、その本性からして、最も硬直的で、欲求をもたず、また規則に従うものである。いくら速くても、意識がないものの典型にすぎない。それなら、知的な行動をプログラム化することがどうして可能なのだろうか？　これは最も見えすいた用語の矛盾ではなかろうか？　本書の主要な目的のひとつは、読者の一人一人がこの外見上の矛盾にまともに対面するように仕向け、これをよく味わい、考え、分解し、そこで転げまわって、そして最後には、形式性と非形式性、生物と無生物、柔軟と硬直の間の越えがたく見える隔たりについて、新しい洞察を得られるようにすることである。

これがＡＩ（Artificial Intelligence　人工知能）研究の関心の対象である。そしてＡＩ研究の奇妙な特色は、柔軟でない機械に、どうすれば柔軟になれるかを教える規則の長い列を、厳密な形式システムのもとで組み立てようと試みる点にある。

しかしどんな種類の「規則」が、知的な行動とわれわれが考えているもののすべてをとらえることができるのだろうか？　異なるレベルのすべての種類の規則が必要になることはたしかである。「全く簡単な」規則もたくさん要る。「全く簡単な」規則を修正するための「メタ規則」も要るし、メタ規則を修正するための「メタ＝メタ規則」等々も要る。知能の柔軟性は非常に多くの異なる規則、および規則のレベルから生れる。このように多くの異なるレベルでの多数の規則が必要とされる理由は、生きものは生きる過程で何百万もの全く異なる型の状況に直面する、ということである。ある状況においては、型にはまった応答が見られ、それには「全く簡単な」規則が要求される。ある状況は、型にはまった状況の混合物で、「全く簡単な」規則のどれを適用するかを決定するための規則を要する。ある状況は分類ができず、新しい規則を発明するための規則がなければならない、等々。疑いもなく、直接または間接にそれ自身を変更する規則にかかわる不思議の環は、知能の核心部分に触れている。われわれの心の複雑さはあまりにも圧倒的なので、知能を理解しようという問題に解決などありえないように思われるかもしれないし、「規則」をここに述べたように多くのレベルがあるものとして理解してもなお、生きものの行動を支配する規則など、どんな種類の規則であろうと考えられない、と思われることもあるかもしれない。

……そしてバッハ

Ｊ・Ｓ・バッハの死後四年を経た一七五四年、ライプツィヒの神学者ヨハン・ミカエル・シュミットは、音楽と魂に関する論文のなかで次のような注目に値する一節を書いている。

何年も前のことではないが、フルート・トラヴェルソでさまざまの曲を演奏する彫像をつくった男がいると、フランスで報じられた。フルートを口にあて、終るとまた下に置き、目をぎょろつかせたり、いろいろしたという。しかし考えたり、決意したり、作曲したり、あるいは少なくともそれに類似したことをなす像を考案した者はまだいない。納得したいと思う者がいるなら、さきに称賛したバッハの最後のフーガ作品を注意ぶかく見つめるがよい。それは銅版に彫られてあるが、彼が盲目になったため中断され未完のままに残された。そしてまたそのなかに含まれている芸術を観察するがよい。あるいはさらに素晴らしいものとして胸を打たれるはずのコラール、バッハが盲目のうちに口述して筆記させた『われら苦しみのきわみにあるとき』を見るがよい。このなかにこめられたあらゆる美を観察したいと望むなら、いわんやひとりその曲を演奏したいとか、この作曲者に裁定を下したいとか望むなら、必ずやほどなく自分の魂を必要とする。物質主義の権化たちが押し出す一切のものは、このたったひとつの例の前に失墜するにちがいない。

ここで言及されている「物質主義の権化たち」の先頭に立つのがジュリアン・オフロワ・ド・ラ・メトリであるのはまず間違いない——フリードリッヒ大王の宮廷の哲学者、『人間機械論』の著者、そしてとびきりの物質主義者。それから二百年以上を経た現在、ヨハン・ミカエル・シュミットに賛同する者たちとジュリアン・オフロワ・ド・ラ・メトリに賛同する者たちの間に、いまなお論争はさかんである。本書では、この論争に何らかの展望を与えたい。

『ゲーデル、エッシャー、バッハ』

本書は風変りな構成になっている。対話劇と各章とが対位法をなすのだ。この構成の目的は新たな概念を二度提示できることにある。新たな概念のほとんどすべては、まず対話劇のなかで比喩的に提示され、一連の具体的で視覚的なイメージを生み出す。そしてそれにつづく章を読んでいるうちに、それらのイメージ、同じ概念のもっとまじめで抽象的な提示の直観的な背景となる。対話劇の多くで、著者はうわべはあるひとつの観念を語っているかのようであるが、しかし実はうっすらと偽装しつつ、別の観念を語っている。

対話劇の登場人物は、もともとアキレスと亀だけだった。エレアのゼノンからルイス・キャロル経由で思い浮んだものたちだ。パラドクスの創案者エレアのゼノンは、紀元前五世紀の人物である。そのパラドクスのひとつはアキレスと亀を主役にした寓話であった。ゼノンがこの陽気なコンビを創り出した話は、私の最初の対話劇『三声の創意（インヴェンション）』に語られる。一八九五年、ルイス・キャロルは彼自身の新たな無限パラドクスを例証する目的でアキレスと亀をよみがえらせた。キャロルのパラドクスはもっともっと広く知られるに値するもので、本書において重要な役割を演ずる。原題は『亀がアキレスに言ったこと』であるが、ここでは『二声の創意（インヴェンション）』として転載した。

対話劇を書き始めたとき、なんとなく私はそれらを音楽の形式と関係づけてしまった。いつそうなったかは記憶がない。ただ、ある日、最初のほうの対話の上に「フーガ」と書いたのを覚えている。そのとき以来、この着想が消え去らなくなった。最終的に私は、バッハの種々の曲をなんとか基にして対話劇のひとつひとつを織りなしていくことに決めた。これはさほど見当外れではなかった。大バッハ自身も弟子たちに、楽曲の各声部は「あたかも選り抜きの仲間たちと一緒にいるかのごとく会話しあう人々」のようにふるまうべきだと注意を与えたものだった。私はこの助言をむしろバッハの意図した以上に字義通り解釈してきた。にもかかわらず、結果はその意味に忠実であることを期待している。私は何度となく感銘したバッハの楽曲のもろもろの相にとりわけ暗示を受けた。そうした諸相を『バッハ読本』のなかでデイヴィッドとメンデルがきわめてみごとに記述している。

一般に彼の形式はセクション間の関係に基づいている。これらの関係は、一方では楽節の完全な同一性から、他方では単一の精巧な原則、もしくはたんなる主題の暗示の復帰にまで及ぶ。結果として生れるパタンはしばしば対称をなすが、しかし必ずしもそうではない。ときにはセクション間の関係はからみ合う糸の迷路をつくり、そのもつれをときほぐせるのは詳細をきわめた分析のみである。しかしながらふつうの場合、一目見るか一度聴くかするだけで、二、三の顕著な特徴が然るべき方向性を提供し、研究過程では精緻な細部を際限なく発見するにせよ、バッハのすべての作品ひとつひとつを統合する秩序を把握するのにけっして迷いはしない。

私は、ゲーデル、エッシャー、バッハという三本の糸から永遠の黄金の編み紐を編もうとした。まず、ゲーデルの定理が中核にあるようなエッセイを書くつもりで始めた。それはたんなる小冊子で終るだろうと予想していた。しかし構想が天体のようにひろがり、ほどなくバッハとエッシャーに到達した。それを個人的な動機づけとしておくのでなく、この関係を明白なものにすることを思いつくには時間を要した。しかしついに私は理解した。私にとってゲーデルとエッシャーとバッハは、何か中心をなす堅固な本質によって異なる方向に投じられた影にすぎないのであった。私はこの中心をなすものを再構成しようと努め、そうして本書を仕上げるにいたった。

三声の創意インヴェンション

アキレス（ギリシアの戦士、何人(なんぴと)もおよばぬ快足の持主）と亀が、炎天下のほこりっぽい競走路に立っている。競走路のはるか前方、高い旗棹に、大きな長方形の旗が下っている。旗は赤一色、ただし細い輪の形をした穴がひとつくり抜かれてあり、そこから大空が見える。

アキレス　走路の向う端のあの妙な旗は何だい？　ぼくの大好きな画家エッシャーの版画をなんとなく思い出すね。

亀　ゼノンの旗さ。

アキレス　あの穴はかつてエッシャーの描いたメビウスの環の穴に似てはいないか？　あの旗はどこかおかしいぞ、たしかに。

亀　くり抜かれている輪が数字のゼロの形、ゼノンのお気に入りの数字だね。

アキレス　しかしゼロはまだ考案されていないじゃないか！　いまから数千年後になってやっとヒンズーの数学者が創案するんだから。したがって、亀公、ぼくの論法はあのような旗が不可能であることを証明する。

亀　きみの論法はうなずけるね、アキレス。あのような旗がまったくもって不可能だってことには同意せざるをえない。しかしとにかくあれは美しいじゃないか。

アキレス　ああ、そのとおりだ。あの美しさに疑いはない。

亀　あの美はあれが不可能だってことと関係あるのかね。どうだろう。太文字の**美**なんてとっくり分析したことがないし。太文字の**本質**ってやつだろ。太文字の**本質**なんて、とっくり考えたことがないよ。

アキレス　太文字の**本質**といえば、亀公、おまえは**人生の目的**について考えたことがあるか？

亀　とんでもない、あるもんか。

アキレス　なぜぼくらがここにいるかとか、誰がぼくらを創案したかとか、一度も考えたことがないのか？

亀　なんだ、そういうことなら話は別さ。ぼくらはゼノンの創意による(じきにわかるがね)。そしてぼくらがここにいる理由は競走するためさ。

アキレス　競走だと？　何をぬかすか！　このぼくが、何人(なんぴと)もおよばぬ快足の持主がだ、鈍足もこれ以上ない鈍足のきみを相手にか！　そんな競走は話にも何にもならん。

亀　先に走り出してもいいだろうね。

アキレス　途方もないハンディをつけなくちゃな。
亀　それはそうだろう。
アキレス　しかしぼくは追いつくぜ、遅かれ早かれ――まあ早かれのほうだが。
亀　ところがゼノンのパラドクスどおりに事が運ぶとすれば、そうはいかない。ゼノンはぼくらの競走をタネにして、運動が不可能であることを証明しようというんだな。運動が可能であるように思われるのは頭のなかでのことにすぎない、ゼノンによればだ。実のところ、運動は本来的に不可能である。彼はそれをいともみごとに証明する。
アキレス　ああそうか、そういえば思い出した。禅師ゼノンについての有名な禅の公案だな。きみのいうように、なるほど単純きわまりない。
亀　禅の公案？　禅師？　何をいってるんだ？
アキレス　こういうことだ。ふたりの僧が旗について議論していた。一方がいった。「旗が動いている。」他方がいった。「風が動いている。」六代目長老ゼノンがたまたまそこを通りかかった。彼はふたりにいった。「風でも旗でもない、精神が動いておる。」
亀　ちょいとごっちゃにしているんじゃないかね、アキレス。ゼノンは禅師なんかじゃない。まるでちがう。エレアという町（これは点Aと点Bの中間に存在する）、そこの出のギリシア哲学者なんだ。いまから数世紀後には、数々の運動のパラドクスで有名になるだろう。そのパラドクスのひとつで、きみとぼくのこの競走が中心的役割を果すことになるんだ。
アキレス　すっかりこんがらかってしまったな。禅の六人の長老の名をかつていく度もいく度も唱えたのを、ありありと覚えているんだが。いつも唱えた、「六代目長老はゼノン、六代目長老はゼノン……」〔急に生温かいそよ風が吹き上がる。〕見ろ、亀公――旗がなびいているぞ！　あの柔らかい生地にさざ波がきらきら光る

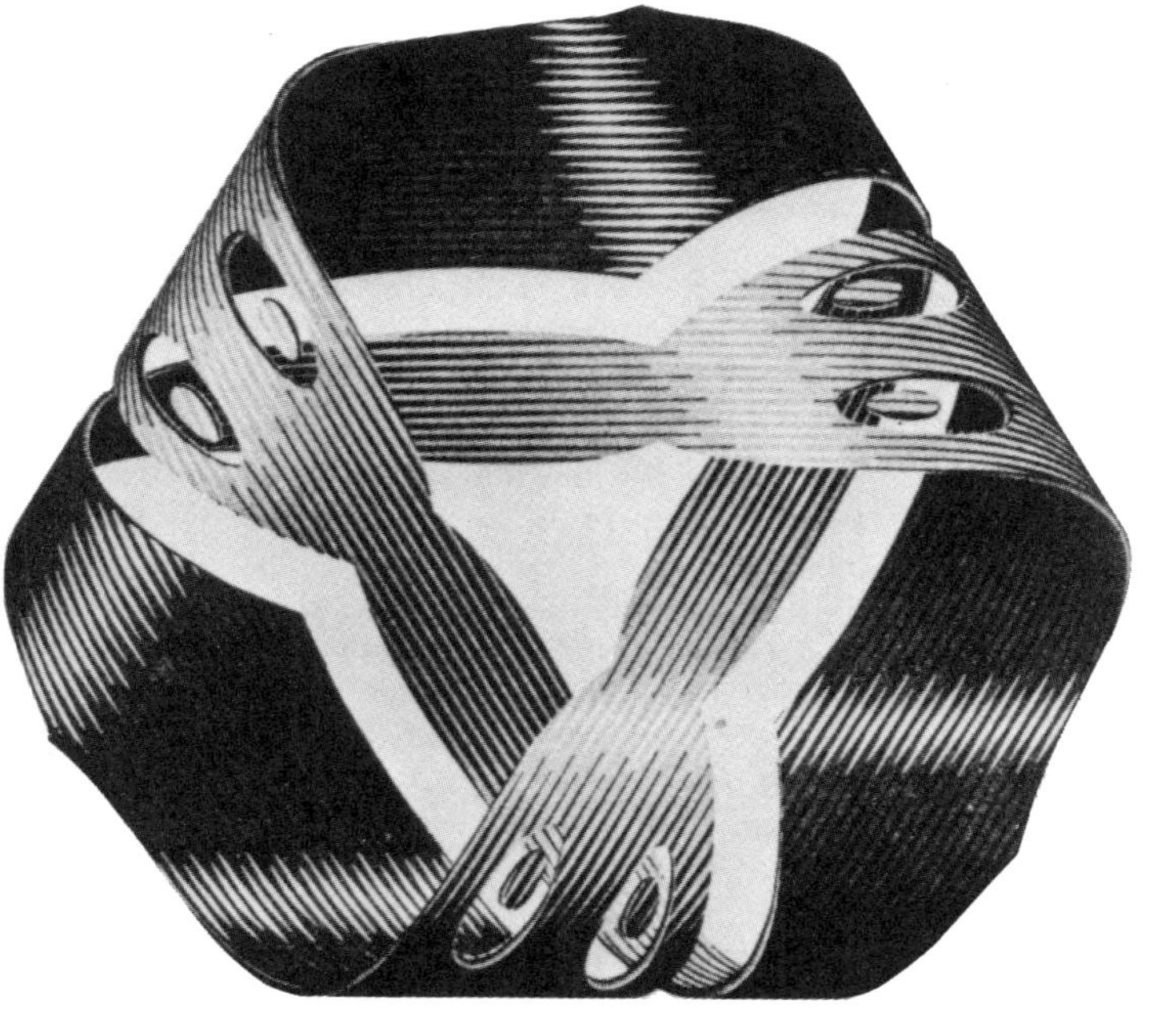

第 10 図　M. C. エッシャー『メビウスの帯 I』（4 版木刷、1961 年）

のを眺めているとえもいわれないな。おまけにくり抜かれた輪まで、なびいているぞ。

亀　ばかをいっちゃ困るね！　あの旗は不可能なんだ。ゆえになびくはずがない。風がなびいているのさ。

〔このとき、ゼノンが通りかかる〕

ゼノン　やあやあ！　どうしたね？　何かあったのかね？

アキレス　旗が動いています。

亀　風が動いていますんで。

ゼノン　まあまあ、きみたち！　言争いはやめたまえ！　いがみあいはよすんだ！　不和はなくすんだな！　わしがきみたちの問題点をすぐに解いてやるから。ほらほら、今日は結構な日和ではないか！

アキレス　こいつが愚かなことを言い出すもので。

亀　待てよ、アキレス。この方の言い分を聞こうじゃないか。あのう、見知らぬお方、この問題に関するお考えをご披露くださいますか。

ゼノン　おやすいご用だ。風でもない、旗でもない——どちらも動いてはおらんし、のみならず何ものも動いてはおらんのだ。わしは偉大なる定理を発見した。いわく「運動は本来的に不可能である。」そしてこの定理から、さらに偉大な定理が導かれる——すなわちゼノンの定理、「運動は非在である。」

アキレス　「ゼノンの定理」？　するとひょっとして、あなたは哲学者、エレアのゼノンさんで？

ゼノン　たしかにそのとおりだ、アキレス君。

アキレス〔戸惑って頭を掻き掻き〕どうしてぼくの名を知っていたのかな。

ゼノン　なにゆえにそうなるか、きみたちふたりにじっくり説いてかまわんかな？　今日の午後、わしは点Aからはるばるエレアまでいき、わが研ぎすましたる論証に少しは注意を払ってくれる者を見つけようとした。ところがみんなあっちこっちせわしなくしていて、ひまがない。次から次へと断わられるとどんなに落胆するか、きみたちにはわからんだろ。いやいや、わしの苦労話など押しつけて申し訳ない。わしはただひとつ問いたいのだ。きみたちふたりは愚かな老哲学者にほんの少々時間をさいてくれるだろうか——ほんの少々の時間、約束する——奇怪な理論を聞いてくれる時間だが？

アキレス　むろんですとも？　ぜひぼくらを啓蒙してください！　ぼくは両者を代表して話しているのです。というのもわが友、亀公は、ついさきほど多大の敬意をこめてあなたのことを話していたのです——とりわけあなたのパラドクスのことを申していましたが。

ゼノン　かたじけない。実は、わが師、五代目の長老が、実在は唯一、不変、恒久であるということを教えてくれた。あらゆる複数、変化、運動は五感のたんなる幻影だということを。師の見解を嘲る者もおるが、わしはその嘲りの愚かなることを示したい。わしの論証はきわめて簡単じゃ。それをわし自身の創意になるふたりの登場人物によって例証したい。すなわち、アキレス（ギリシアの戦士、何人（なんぴと）もおよばぬ快足の持主）と亀だ。わしの物語では、ふたりは通りすがりの者に説得されて、そよ風になびく遠くの旗めざし、走路を競走しはじめる。亀はずっと鈍足であるからして、そう、五〇メートルほど先から走るとしよう。さて、競走の開始。数歩跳躍しただけで、アキレスは亀の出発した地点に到達した。

アキレス　やれやれ。
ゼノン　そしていま、亀はアキレスの前方ほんの五メートルのところにいる。一秒とたたないまに、アキレスはその地点に達した。
アキレス　ふふん。
ゼノン　ところがその短い瞬間に、亀はわずかだけ前進しおえている。またたくまに、アキレスはその距離をもいきおえる。
アキレス　ふふふ。
ゼノン　しかしそのほんのまたたくまに、亀はほんのわずかなりとも前進しているから、アキレスはまだ遅れをとっている。さておわかりのように、アキレスが亀に追いつくためには、この「追いかけっこ」のゲームは無限回演じられねばならない——したがってアキレスは亀にけっして追いつくことができん。
亀　へへへへ。
アキレス　む……む……む……む……む……その論法は間違っているようだけど。それにしてもどこが間違っているのかさっぱりわからない。
ゼノン　面白いかね？　これはわしの気に入りのパラドクスでね。
亀　失礼ですが、ゼノン先生、いまのお話は誤謬の原理を例証しているのではありませんか？　いまうかがったのは数世紀後にゼノンの「アキレスのパラドクス」として知られることになるもので、すなわち（えへん！）アキレスはけっして亀に追いつかないということを証明している。しかし運動は本来的に不可能である（それゆえ運動は非在である）という証明は、あなたの「二分法パラドクス」なのではありませんか？
ゼノン　いやはや、これはお恥しい。むろん、仰せのとおりじゃよ。そのパラドクスは、AからBに達するにはまず半分いかねばならない——そしてその間隔をいくにはその半分をいかねばならない。そしてその半分、その半分という具合に。しかしおわかりだろう、どちらのパラドクスも同じ趣向のものだ。率直なところ、わしは一大着想をひとつもっているにすぎん——それをさまざまに利用しているわけだ。
アキレス　そんな論法は欠陥があるに決まっているね。どこが欠陥かはわからないけど、断じて正確なはずがない。
ゼノン　わがパラドクスの正当性を疑うのかね？　では試してはどうかね。向こうに赤い旗が見えるじゃろ、競走路の向こう端に？
アキレス　不可能な旗ですね、エッシャーの版画を基にした？
ゼノン　そのとおり。きみと亀君とであれに向かって競走してみてはどうかね、亀君にはずっと先から走ってもらうことにして、まあ——
アキレス　五〇メートルでは？
ゼノン　結構——五〇メートル。
アキレス　いつでもどうぞ。
ゼノン　結構！　こいつはわくわくする！　わが厳格に証明された定理の実験じゃから！　亀君、風上に向かって五〇メートルのところで位置についてくれたまえ。
〔亀は五〇メートル旗に接近する〕
用意はよいかな？
亀、アキレス　いいですよ！
ゼノン　位置について！　用意！　ドン！

〔第1章〕MUパズル

形式システム

本書の中心概念のひとつは、形式システムである。私が使う形式システムは、アメリカの論理学者エミール・ポストによって一九二〇年代に考案され、しばしば「ポストの生成システム」と呼ばれるものと同じ型である。この章では形式システムを紹介するが、できれば読者のみなさんに、形式システムをほんの少しでも探検してみていただきたい。そこで読者の好奇心をかきたてるために、ちょっとしたパズルを出題することにした。

「あなたは**MU**を作れるか?」――これがそのパズルである。はじめに、文字列*がひとつ与えられる。読者をいらいらさせないように、ここでは**MI**が与えられる、としておこう。そしてある文字列を他の文字列に書き換えるための、いくつかの規則が与えられる。それらの規則のひとつが、文字列のある部分に適用でき、しかもそれを望むなら、書き換えを行ってよい。しかし適用できる規則が複数個ある場合に、どの規則を使用するかは、何も決められていない。好きなようにしてよいのである――そして当然、その点において、形式システムをゲームとして遊ぶことが一種の技芸となりうる。重要な点は、ほとんどいうまでもないことであるが、与えられた規則によらずには何もしてはいけない、ということである。この制約を「形式性の要求」と呼ぶことにしよう。この章ではおそらく、この要求を強調する必要は全くない。奇妙に響くかもしれないが、あとの章である種の形式システムで遊ぶとき、形式システムを扱った経験のある人でないかぎり、この形式性の要求を破ってしまうであろうことを予言しておこう。

われわれの形式システム――MIUシステム――について最初にいうべきことは、わずか三つの文字**M**、**I**、**U**だけを使用する、ということである。したがってMIUシステムでの文字列は、これら

(*)文字の列。糸(ストリング)ともいう。本章では、文字列について述べるとき次のような慣習に従う。本文と同じ活字の文字列は、一重または二重の引用符「」、『』で囲まれる。文中の句読点は、その文字列に含まれない場合は、引用符の外に置かれる。たとえば、この文の最初の文字は「た」であるが、「この文」の最初の文字は「こ」である。文字列が太文字で書かれる場合には、誤解のおそれがないかぎり、引用符を省略する。たとえば、**太文字**の最初の文字は**太**である。

三つの文字で作られる文字列に限られる。次にMIUシステムでの文字列をいくつか示そう。

MU
UIM
MUUMUU
UIIUMIUUIMUIIUMIUUIMUIIU

しかしこれらはどれも合法的な文字列ではあるが、あなたの「持ちもの」ではない。いまのところ、あなたの持ちものはMIだけである。持ちものをふやすには、これから説明する規則を使わなければならない。最初の規則は次のとおりである。

規則1　最後の文字がIである文字列を持っているなら、そのあとにUを付け加えてよい。

ところで、すでにお気づきのことであろうが、「文字列」とは文字を一定の順序で並べたものを意味している。たとえばMIとIMとは二つの異なる文字列である。文字の列とは、順序などどうでもよい文字のただの「袋」ではない。

次に第二の規則を述べよう。

規則2　文字列Mxを持っているときは、文字列Mxxを持ちものに加えてよい。

この規則の意味を、いくつかの例で示そう。

MIUから、MIUIUを得る。
MUMから、MUMUMを得る。
MUから、MUUを得る。

このように、規則の中の文字xはどんな文字列と解釈してもよい。しかし、xが何を表しているかを一度決めたら、その決定に忠実に従わなければならない（その規則をまた使うときには、新たに決めなおしてよい）。この規則は、MUを持っているときに、どのようにして新しい文字列が得られるかを示している。しかしまずMUを所有しなければならない！　文字xについて、もうひとつ注意を述べておきたい。これは形式システムの中で、三つの文字M、I、Uと同じ資格を与えられてはいない。このシステムの中で、文字列について一般的なことを記号的に述べるには、任意の文字列を表す文字xを使うと便利であるし、またそのためにこそxが使われるのである。しかし、MIUシステムの文字はけっして「x」など含まないのだから、「x」を含む列を持ちものの中に加えるのは誤りである！

第三の規則は次のとおりである。

規則3　もし所有しているある文字列の中にIIIが現れるなら、そのIIIをUで置き換えてよい。

例　UMIIIMUからUMUMUを作ってよい。
MIIIIから、MIU（またMUIも）を作ってよい。
IIMIIからは、この規則によっては、何も作れない（三個のIが隣りあっていないといけない）。
MIIIから、MUが作れる。

どんな状況にあっても、この規則を次の例のように逆向きに使ってはいけない。だからMUからMIIIを作るのは誤りである。規則は一方通行なのである。

次に、最後の規則を述べよう。

規則4　もし所有する文字列のあるものがUUを含むなら、そのUUを省略してよい。

UUUから、Uを得る。

MUUUIIIから、MUIIIを得る。

おわかりであろう。いまや、MUを作る試みを開始することができる。たとえ作れなくても、心配はいらない。ただちょっと、試してみればよい。大事なことは、このMUパズルの感じをつかむことである。お楽しみください。

定理、公理、規則

MUパズルの答はあとで述べる。さしあたり重要なことは、答を見つけることではなく、答をさがすことである。MUを作り出そうと少しでもやってみれば、文字列の個人的なコレクションができたことであろう。規則に従って作り出される文字列は、**定理**と呼ばれる。「定理」という用語は、数学で全く別の意味でよく使われている。「定理」とは、運動の「非存在」についてのゼノンの定理や、素数が無数にあるというユークリッドの定理のように、ふつうの言葉で述べられる文で、厳格な議論によって正しいと証明されたものを意味している。しかし形式システムにおいては、定理を文と考える必要はなく、たんなる記号の列でよい。そして**証明**されるかわりに、たんに**生成**される——ある字の形についての規則に従って、機械的に生成されればよい。「定理」という言葉の意味についてのこの重要な区別を強調するために、本書では次のような記法を採用したいと思う。**定理**と太字で表される場合には、それはふつうの意味である——**定理**とは、ある種の論理的な議論によって正しいと証明された、ふつうの言葉で書かれた文のことである。また定理と表した場合には、それは技術的な意味、すなわちある形式システムで生成できる文字列のことである。この用法に従えば、MUパズルは「MUはMIUシステムの定理か?」といいかえられる。

ところで、最初にひとつの定理、すなわちMIが無償で与えられていた。このような「無償の」定理は、公理（axiom）と呼ばれる——この術語も、ふつうとはずいぶんちがう意味で使われる。形式システムには公理がないこともあるし、ひとつ、複数個、ときには無限個の公理が与えられることもある。これらの型のどれについても、あとで実例を示す。

どんな形式システムにも、MIUシステムの四つの規則のような、文字入れ換えの規則がある。それらは**生成規則**とも**推論規則**とも呼ばれる。私はこれらの両方を使用する。

最後に説明したい用語は、生成過程である。次に示すのは、定理MUIIUの生成過程である。

(1) MI　公理
(2) MII　(1)から、規則2。
(3) MIIII　(2)から、規則2。
(4) MIIIIU　(3)から、規則1。
(5) MUIU　(4)から、規則3。
(6) MUIUUIU　(5)から、規則2。
(7) MUIIU　(6)から、規則4。

ある定理の生成過程は、その定理が形式システムの規則によってどのように生成できるかを、具体的に行を追って明らかにしたものである。生成過程の概念は証明の概念に基づいて作られた。しかし生成過程は証明の貧しい従弟（いとこ）でしかない。**MUIIUを証明した**というと奇妙に聞えるであろうが、**MUIIUを生成した**といえば、それほど奇妙には響くまい。

システムの内と外

MUパズルに取りかかる人はたいてい、どんなことが起るのかちょっと見るために、全く無作為にいくつかの定理を証明してみるものである。するとすぐに、得られた定理のいくつかの性質が発見できる。ここに人間の知能が登場する。たとえば、少しやってみるまでは、すべての定理がMで始まることはたぶん明白とはいえなかったであろう。ところがやってみると、パタンが現れ、そのパタンを見つけられるだけでなく、規則からそのパタンを理解できるのである。どの規則も「得られる新しい定理が最初の文字を前の定理から受けついでいる」という性質をそなえているではないか！ 結局すべての定理の最初の文字が、もとをたどれば、ただひとつの公理MIの最初の文字にゆきつくのである。これが、MIUシステムのすべての定理はMで始まるという事実の証明である。

ここで起った出来事について、きわめて重要な事柄がある。それは人間と機械のひとつの違いを示している。MIUシステムの定理を次から次へと生成するコンピュータプログラムを書くことは、十分に可能な——実は、ごくやさしい——ことであろう。また、Uが生成されたときにだけ停止するように、そのプログラムを細工することもできる。そしてわれわれは、そのようなプログラムはけっして停止しないことを知っている。それは驚くべきことではない。しかし、もし友人に、Uを生成してみてくれと頼んだら、どうなるだろうか？ その友人がしばらくして戻ってきて、最初の文字Mは消せないから、Uを作ることなど野生のガチョウを追いかけるようなものだとこぼしても、別に驚きはしないであろう。非常に賢い人でなくても、自分がしていることを何かしら観察しないわけにはいかないし、その観察から仕事に対するよい洞察が生れる。これこそ、すでに述べたように、コンピュータのプログラムには欠けているものである。

次に、これが人間と機械の違いを示すと述べた意味を、もっとはっきりさせておこう。機械が決りきった仕事をするようにプログラムを書き、しかもその仕事について、どんなに明白な事実にも注意を向けないようにさせることは可能である。しかし、自分がやっている事柄について何らかの事実に注目することは、人間の意識に本来そなわっている性質である。これははじめからわかりきったことである。もし計算器で1とおき、それに1を加え、さらに1を加え、また1、また1、等々と何時間もつづけていったとき、その機械はいつまでたっても次の仕事が予想できない。そして、ただその仕事をつづけるであろう。しかしどんな人でも、反復作業にたちまち気づくであろう。また、ばかげた例を挙げるなら、自動車はどんなに長く、あるいは上手に運転されても、路上の他の車や障害物をよけるべきことに、けっして気づかない。持ち主が一番よく通る道さえ、けっして覚えはしないだろう。

このように、相違点は、機械が観察力なしにふるまうことは可能であるのに、人間が観察力なしにふるまうことは不可能だ、ということである。ここで私は、洗練された観察を行うことがどんな機械にも絶対できない、といっているわけではない。また、すべての人々がつねに洗練された観察をしている、ともいっていない。実際、人間はしばしば非常に不注意である。しかし機械は、完全に観察力をもたないように作ることができる。そして人間は、そうはいかない。そして事実、これまでに作られた多くの機械は、完全に観察力をもたない状態にかなり近い。おそらくそのために、観察力をもたないという性質は、多くの人々にとって、機械の特性と思われている。たとえばある人がある仕事を「機械的」というとき、それはその仕事が人間にはできないという意味ではない。しかし、その仕事を不平も言わず飽きもせずに何回もくり返せるのは機械だけだ、というふくみはある。

システムから飛び出る

実行中の仕事から飛び出して、何をしていたかを見わたすことは、知性に固有の性質のひとつである。知性はいつでも、パタンをさがし、しばしば見つける。いま、知性はその仕事から飛び出せるといったが、いつでもそうするわけではない。しかし、ちょっとした刺激で十分である。たとえば、本を読んでいる人が眠くなってきたとしよう。その人は、本をおしまいまで読みつづけるかわりに、おそらくその本をわきに置いて、明かりを消してしまうだろう。彼は「システムから外」に出たわけであるが、われわれにはごく自然な出来事に見える。またA君がテレビを見ているとき、B君がその部屋に入ってきて、その状況にあからさまな不満を示すとしよう。A君は問題を理解すると、現在のシステム（テレビの番組）から脱出することによって事態を救済しようと試みる。そしてチャンネルを回して、もっといい番組をさがす。B君は「システムからの脱出」とは何かという点について、もっと急進的な考えをもっているかもしれない——すなわち、テレビを消すことである！ もちろん、多くの人々の生活を支配しているシステムでも、以前にシステムとして認識されていなかったものであれば、そのシステムを感知する眼力がごくわずかの人物にしかない場合もある。そのようなとき、それらの人物はしばしば、他の人々にそのシステムが事実存在することを理解させ、そこから脱出すべきことを納得させるために生涯を捧げることになる。

コンピュータには、システムから飛び出すことをどの程度教えられるであろうか？ ある人々を驚かせたひとつの例を挙げよう。少し前にカナダで開かれたコンピュータのチェス大会で、参加したプログラムの中に、勝負が終るずっと前にあきらめるという、珍しい特徴をもったプログラムがあった。そのプログラムは参加プログラム中一番弱いもので、チェスがあまり上手ではなかったが、望みのない局面を認識し、ただちにその場で投了して、相手のプログラムが退屈な詰めの儀式を完了するのを待とうとしなかった。すべての試合に負けたけれども、堂々と負けた。地元のチェス指しの多くが、これに感銘を受けた。このように、もし「システム」を「チェスを指すこと」と見なすなら、このプログラムがシステムから脱出するための洗練された、あらかじめプログラムされた能力をもっていたことは明らかである。一方、「システム」を「コンピュータが実行するようにプログラムされたことのすべて」と考えるなら、コンピュータにはシステムから脱出する何の能力もないことは明らかである。

形式システムについて考えるときは、次の点がとくに重要である。それは、システム**の中で**仕事をすることと、システム**について**表現や観察を行うこととを区別することである。あなたがMUパズルを始めたときは、ほとんどの人がするように、システムの中の仕事から始めたことと思う。そしてしだいに心配になり、その心配はふくれ上がって、しまいにはそれ以上考える必要もなくシステムから脱出し、それまでに生成できたものを調べ、MUが作れなかったのはなぜだろうかと不思議に思うようになる。ひょっとすると、MUを作れない理由を見つけた人もいるかもしれない。それはシステムについて考えることである。また、いつか途中でM－Uを作った人もいるかもしれない。それはシステムの中で働くことである。ここで私は、これら二つの様式が全く両立しないかのような印象を与えたくはない。どんな人でもある程度は、システムの中で働きながら同時にやっていることについて考えることができる、というのはたしかなことだと思う。現実には、人間的な仕事で、ものごとを「システム内」と「システム外」とにきれいに分けることなど、ほとんど不可能である。人生は非常に多くのものごとのからみ合いで織りなされ、しばしば矛盾し合う「システムの群」からできているので、ものごとの「内」とか「外」を論ずるのは単純化のしすぎと見えるかもしれない。しかし単純な考えを非常に明確に規定することは、より複雑な概念について考えるときにモデルとして役立つので、しばしば大切なことである。そしてこれこそ、私が形式システムを紹介した理由である。そしてそろそろ、MIUシステムの議論に戻る頃合いであろう。

M方式、I方式、U方式

MUパズルは、MIUシステムの中であれこれ探検する――定理を導くのを奨励する形で述べられていた。しかしそれはまた、システム内にとどまることが必ず実を結ぶとはわからないように述べられていた。だからこのパズルは、仕事の二つの方式の間のある種の振動を誘発した。これらの二つの方式を分離するひとつの方法は、二枚の紙を使うことであろう。一枚の紙で、「機械としての能力」を用いた仕事をする。だからそこにはM、I、Uしか書きこまれない。もう一枚の紙では、「考える存在としての仕事」をする。その紙の上では知性が示唆する何をしてもよいので、ふつうの言葉で着想のあらましを書いたり、逆方向に仕事をしたり、(文字xのような)速記術を使ったり、何ステップかをひとつに圧縮したり、何が起るかを見るためにシステムの規則を修正するなど、思いつくどんなことでもかかわってくる。たとえば、数3および2が重要な役割を果しているのに注意したとしよう。Iは三つまとめて捨てられるし、Uは二つずつ捨てられるからである――(Mを除いて)長さを二倍にすることも、規則2によって許されている。そこで二枚めの紙には、そのことについてのある考察が含まれることになろう。形式システムを扱うこれら二つの方式にはあとでときおり触れるが、これらを**機械方式**(Mechanical mode　M方式)および**知的方式**(Intelligent mode　I方式)と呼ぶことにしたい。MIUシステムの各文字をとるように、われわれの方式を完成するために、もうひとつの方式――Un方式(Un-mode　U方式)についても触れたい。これは禅がものごとに対処する方式であるが、これについては何章かあとに述べる。

決定手続き

このパズルについてひとつ注意すべきことは、二つの対立する傾向の規則――長さを伸ばす規則と縮める規則が関係している、ということである。二つの規則（1および2）によれば、文字列の長さを（もちろんきわめて厳格に規定されたしかたでだけ）長くすることができる。また、他の二つの規則によれば、文字列を（やはり非常に厳格なしかたで）縮めることができる。これらの異なる型の規則を適用する順序には無限の多様性があると思われ、何らかの方法でMUを生成できそうな希望が生れる。それには文字列を巨大な規模に引き伸ばし、それからその各部分を次から次へと、わずか二文字になるまで取り去ることになるかもしれない。もしかすると、さらに悪いことに、伸ばしたり縮めたり、また伸ばしたり縮めたり、何段階もくり返す必要があるかもしれない。しかし、そうすればできる、という保証はどこにもない。実際、単独のUを生成することはすでに述べたようにけっしてできないので、伸ばしたり縮めたりを世界の滅亡までくり返してもどうにもならない。

　しかし今のところ、Uの場合とMUの場合とはずいぶん違うように見える。Uを生成できないことは、（すべての定理が最初にもつべき）Mで始まっていないという、ごく表面的な性質からわかる。このように簡単な非定理の検出法があれば非常に便利である。しかしこの方法で、すべての非定理が検出できるわけではない。Mで始まる文字列でも、生成できないものはいくらもありうる。MUもそのひとつかもしれない。したがって、「最初の文字の検査」の有効性は限られていて、ある一部の非定理を検出する力しかない。他の非定理は見逃されてしまう。しかし何かもっと精密複雑な検定法によれば、規則によって生成できる文字列と生成できない文字列とを完全に判別できる、という可能性は残されている。ここでわれわれは、次の問いに直面せざるをえない。「検定法とは何か？」　この質問が当面の議論においてなぜ意味があるのか、あるいは重要であるのかということは、明白とはいえないかもしれない。そこで、「検定法」という言葉の精神にどこか反するように見える検定法の例を、ひとつ挙げておきたい。

　この世の時間をすべて所有する魔神がいて、MIUシステムの定理を大変規則的な方法で生成するのを楽しんでいるとお考えいただきたい。魔神は、たとえば次のようなしかたで働くと考えられる。

ステップ1　公理MIに各規則のうち可能なものを適用する。すると新しい二つの定理MIU、MIIが得られる。

ステップ2　ステップ1で得られた定理に、各規則のうち可能なものを適用する。すると新しい定理MIIU、MIUIU、MIIIIの三つが得られる。

ステップ3　ステップ2で得られた定理に、各規則のうち可能なものを適用する。得られる新しい定理は次の五個である。MIIIIU、MIIUIIU、MIUIUIUIU、MIIIIIIII、MUI。

：

：

　この方法によれば、どんな定理も遅かれ早かれ生成される。というのは、規則は考えられるすべての順序で適用されるからである（第11図参照）。前に述べた長さの伸縮のすべてのくり返しが、いつかは実行される。しかし、ある与えられた文字列がこの表に現れるまでにどれだけ待てばよいかは、明らかでない。定理はその生成過程が短い順に表に加えられるからである。これは、（MUのような）ある特定の文字列に興味があって、それが生成できるかどうかさえわからず、まして生成過程の長さなど全くわからない場合には、あまり

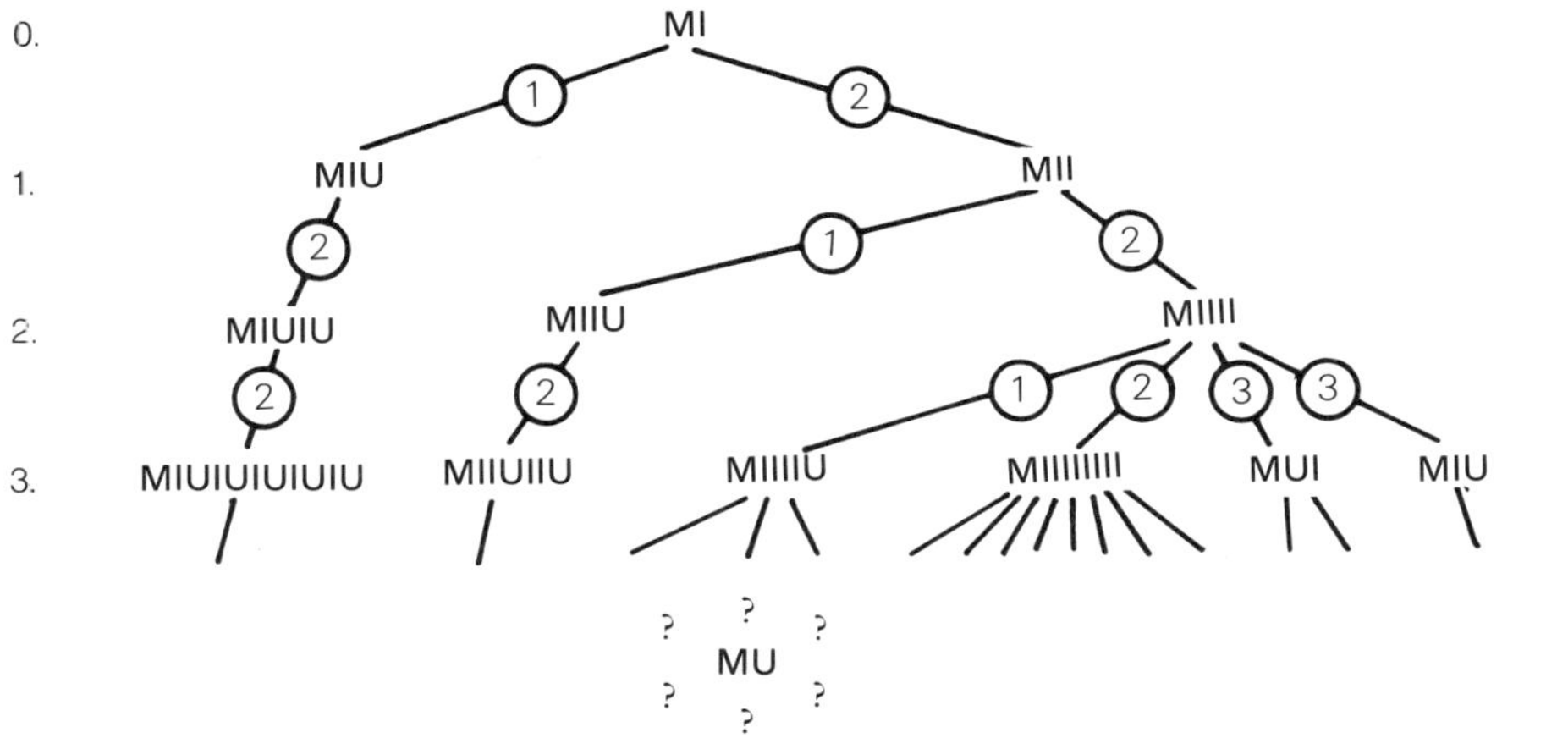

第 11 図 MIU システムのすべての定理を組織的に作り出す“木”。上から N 段めには、ちょうど N ステップで生成できるすべての定理が並ぶ。丸で囲った数字は、そこで使われた規則の番号を示す。この木のどこかに、MU が含まれているだろうか？

便利な順序とはいえない。

次に「定理性検定法」の提案を述べよう。

問題の文字列が生成されるまで待て。もし生成されるなら、それは定理である。もし永久に生成されなければ、それは定理ではない。

これはばかげていると思われる。われわれが、答を得るまでに文字どおり無限の時間を待ちつづけても気にかけないことを前提としているからである。このことは、何が「検定法」と見なされるべきかという事柄の核心に触れている。われわれが有限の時間内に答を手に入れるという保証は、最も重要なのである。もし定理性を検定する、いつでも有限時間で終る方法があるときには、その方法はその形式システムにおける**決定手続き**と呼ばれる。

決定手続きがある場合には、そのシステムのすべての定理の性質の、非常に具体的な特徴づけができているといってよい。うっかりすると、形式システムの諸規則と公理は、決定手続きより以上に、そのシステムの定理の完全な特徴づけを与えるように見えるかもしれない。しかしこの「特徴づけ」という言葉は欺瞞的である。たしかにMIUシステムの公理と推論規則は、定理である文字列を潜在的に特徴づけてはいる。またさらに潜在的に、定理でない文字列を特徴づけている。しかし多くの場合、潜在的な特徴づけでは不十分である。もし誰かがすべての定理の特徴づけができたといっても、ある特定の文字列が定理でないことを示すのに無限の時間がかかるようでは、その特徴づけには何かが欠けているといいたくなるであろう。それは十分に具体的であるとはいえない。だから、決定手続きが存在することを示すのは、非常に重要なのである。決定手続きを示すとは、実際上、文字列の定理性の検定が実行できること、それがいかに複雑であろうと、必ず終るという保証を示すことを意味している。原則としてその検定法は、最初の文字がMであるかどうかの判定と同じくらいやさしく、機械的、有限的で、十分な確実性がなければならない。決定手続きは定理性の「リトマス試験」なのである！

ついでながら、形式システムに対するひとつの条件は、公理の全体がある決定手続きによって特徴づけられることである。公理性についてのリトマス試験がなければならない。このことは、少なくとも、最初に離陸するところについては問題がないことを保証している。これが公理の全体と定理の全体との差である。前者には必ず決定手続きがあるが、後者についてはないかもしれない。

読者がＭＩＵシステムをはじめて見たとき、まさにこの問題に直面したことを認めるであろうと、私は確信している。ただひとつの公理が明示され、推論規則は簡単であったから、定理は潜在的に特徴づけられていた——しかもなお、その特徴づけが結局何を意味しているかは、はなはだ不明瞭であった。とくに、ＭＵが定理であるのかどうかが、まだ全く不明瞭であった。

二声の創意（インヴェンション）

あるいは亀がアキレスに言ったこと——ルイス・キャロル

　アキレスはすでに亀に追いつき、その背に気持ちよくのっかっていた。

「というわけで、あなたは、わたしたちの競走路の終点に到達したのですね?」亀がいった。「競走路はつぎつぎと無限に連なる距離から成るのにですよ?　どこかの物知りさんがこんなことにはなりえないと証明したはずでしたが?」

「なりうるね」アキレスがいった。「なったではないか!　そは歩行して解る（ソルウィトゥール・アムビュランド）なり。よいか、距離はたえず減少しているのだ、だから——」

「しかし、たえず増加していたのでしたら?」亀が口をはさんだ。「それならどうなります?」

「ならば、わしはここにこうしてはいないだろう」アキレスは控えめに答えた。「そしておまえは世界をいくめぐりもしてきただろうよ、いまごろは!」

「それはまたわれながら片腹痛い——いや、背が痛んで」亀がいった。「なにしろあなたは大変な重鎮でいらっしゃる、ほんとに!　ところでこういう競走路の話はいかがです、たいていの人は二、三歩で終点に達することができると思っているのですが、ほんとうは無限数の距離から成っていて、それぞれの距離がその前の距離より長いのです」

「実におもしろい!」といってギリシアの戦士は兜（かぶと）から（当時、ギリシア戦士でポケットのある者はほとんどいなかった）大型のノート一冊と鉛筆を取り出した。「つづけてくれ!　ゆっくりしゃべってくれ、いいな!　速記はまだ発明されておらんからな!」

「ユークリッドのかの美しき第一命題!」亀が夢見心地でつぶやいた。「ユークリッドを敬愛しておいでで?」

「熱情的にな!　少なくとも、今後数世紀のあいだ陽の目を見ることのない論文を崇拝しうるかぎりにおいてだ」

「さて、それでは、その第一命題の論法をほんのちょっぴり取りあげましょう——ほんの二前提、そしてそこから引き出される結論です。どうぞノートにご記入ください。それから、言及するのに都合のいいように、それぞれをA、B、Zとしておきましょう。

　A——同一のものに等しいものはたがいに等しい。
　B——この三角形の二辺は、同一のものに等しい。

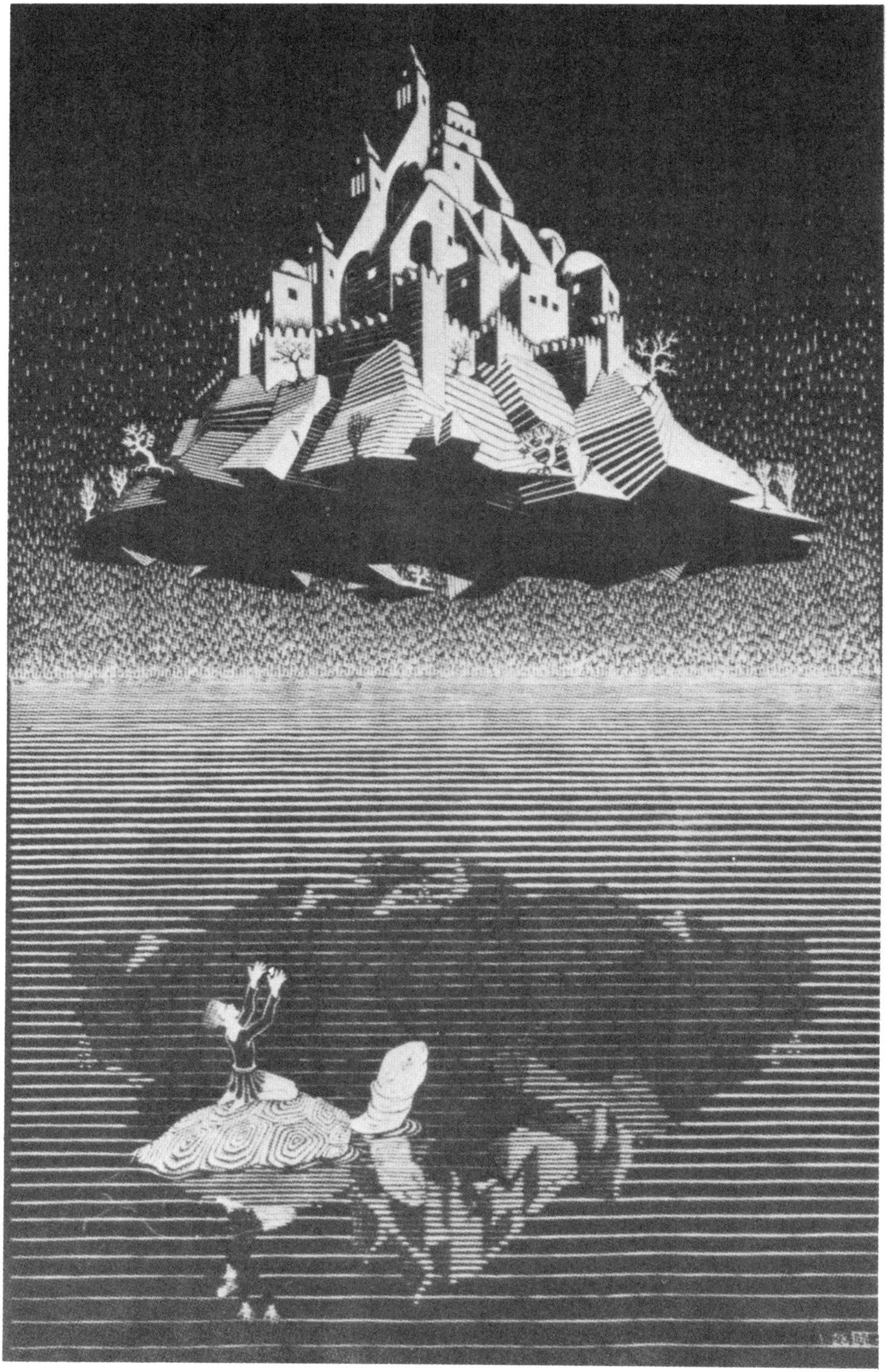

第 12 図　M.C. エッシャー『空の城』(ウッドカット、1928 年)

Z――この三角形の二辺はたがいに等しい。

ユークリッドの読者なら解するでしょうが、ZはAとBから論理的に導かれ、それゆえにAとBを真と認める者なら誰しもZを真と認めなくてはなりませんね？」

「むろんだ！ ハイスクールのどんな幼な子だって――ハイスクールが創案されるやいなや、もっともまだ二千年ばかり先のことだが――そんなことは了解するだろう」

「そこで、もしある読者がまだAとBを認めずにいるとして、それでもこの〈推論〉を正しいと認めることもあるでしょうね？」

「むろんそういう読者もいるかもしれん。そういう男ならこういうだろう、『わたしは、もしAとBが真ならZが真でなければならないという仮言的命題を真と認める。しかしわたしはAとBを真と認めない』とな。そういう読者はユークリッドはあきらめて、フットボールに精出したほうが賢明だ」

「それに『わたしはAとBを真と認めるが、仮言的命題は認めない』という読者もいるのではありませんか？」

「もちろんいるだろうな。そういう男もフットボールに精出したほうがよいわ」

「で、どちらの読者も」と亀はつづけた、「Zを真と認める論理的必然性にまだいまのところ支配されていませんね？」

「そのとおりだ」アキレスがうなずいた。

「そこでですね、このわたしを第二の類の読者と考えていただき、Zを真と認めるよう論理的に強制していただきたいのです」

「フットボールに興ずる亀なら、さしづめ――」アキレスがいいかけた。

「珍種です、もちろん」亀が急いで口をはさんだ。「論点からそれないでください。まずはZにしましょう、フットボールはあとまわしで！」

「おまえにZを認めさせるのだな、わしが？」アキレスは思慮ぶかげにいった。「おまえの立場はAとBを認めるが、仮言的命題は認めない――」

「それをCとしましょう」亀がいった。

「しかしおまえは認めないのだろ、

C――AとBが真であるならば、Zは真でなければならない」

「それがわたしの立場です」亀がいった。

「するとわしはおまえにCを認めてもらわねばならん」

「認めるつもりです」と亀がいった、「それをあなたのノートに書き入れてくださったらすぐに。ほかに何が書いてあるのです？」

「ちょいとばかり覚え書きだ」とアキレスはいって、落着かなくノートをがさがさめくった。

「ちょいと覚え書きがしてある――おれが手柄を立てた戦の数々のな！」

「ずいぶん空白があるじゃありませんか！」亀が陽気にいった。「全部必要になりますよ！」

（アキレスが身ぶるいした）「さて、いうとおり書きとめてください。

A――同一のものに等しいものはたがいに等しい。

B――この三角形の二辺は同一のものに等しいものである。

C――AとBが真であるならば、Zは真でなければならない。

Z――この三角形の二辺はたがいに等しい」

「それはDとすべきだろ、Zでなく」アキレスがいった。「ほかの三つの次にきているではないか。おまえがAとBとCを認めるなら、

Zを認めなくてはならん」

「それはまた、どういうわけで？」

「論理的にそうなるからだ。AとBとCが真であるならば、Zは真でなければならぬ。それには異論がなかろう？」

「AとBとCが真であるならば、Zは真でなければならない」亀は考え考えくり返した。

「これまた仮言的命題じゃありませんかね？　わたしがその真たることを理解できなければ、AとBとCを認めて、しかもなおZを認めなくてもよろしいでしょう？」

「いいだろう」気さくな英雄は譲歩した。「もっともそうまで鈍いとなれば呆れ返るほかないが。とはいっても、それはありうることだ。それでわしは、おまえにもうひとつ仮言的命題を認めてくれるよう頼まねばならん」

「けっこうです。快く認めましょう、書きとめてくだされればすぐに。こうしましょう、
D――AとBとCが真であるならば、Zは真でなければならない。

ノートに書き込んでくださいましたか？」

「書いたぞ！」アキレスは嬉々として声をあげ、鉛筆を筆入れにおさめた。「やっとこの理想の競走路の終点にたどりついたか！　おまえがAとBとCとDを認めるからには、むろんZを認めるわけだ」

「でしょうか？」亀は屈託なくいった。「そこをはっきりさせませんか。わたしはAとBとCとDを認めます。それでもなおZを認めないとしたら？」

「ならば〈論理〉がおまえの喉元をひっつかんで、いやおうなしに認めさせるだろうよ！」アキレスが勝ち誇ったように答えた。「〈論理〉がおまえにこういう、『仕方がないんだ。AとBとCとDを認めたからには、Zは認めねばならんぞ！』だからおまえはどうしようもないわけだ」

「いやしくも〈論理〉が親切に教えてくれることなら、書きとめる価値はありますな」亀がいった。「ですから、どうか書き込んでいただけませんか。こうしましょう、
E――AとBとCとDが真であるならば、Zは真でなければならない。

それを認めるまで、むろんわたしはZを認める必要はないわけです。ですから、それは必要な段階ですよね？」

「なるほど」アキレスはいった。その口調はちょっぴり悲しげだった。

　この物語の語り手はこのとき銀行に差し迫った用事があって、この仕合わせなコンビのもとをやむなく立ち去って、ふたたび同じ場を通りかかったのは数カ月あとのことだった。彼が通りかかったとき、アキレスは忍耐強い亀の背にまだ腰をおろしたまま、ノートに書き込みをつづけていた。ノートはどうやらほぼ埋めつくされていた。亀がいっていた。「最後の段階を書きとめましたか？　わたしの勘定が間違っていなければ、一千と一になります。まだ数百万とありますな。それで、いかがなものでしょう、個人的なご好意として――わたしたちのこの対話が十九世紀の論理学者たちに実に多大な教えを提供するだろうとお考えになりませんか――いかがなものでしょう、わたしの従兄弟（いとこ）の偽海亀ならいいそうな洒落をひとつ飛ばしてよろしいですかな、これも年の功、いや亀の甲よ、てな具合に？」

「好きなようにせい！」疲労困憊の戦士は両手に顔をうずめ、あきらめきった空ろな口調で答えた。「ただし、こっちもこっちで、偽海亀が思いもつかなかった洒落を飛ばしてやろうか、おまえにゃアキレスもアキレ申ス、とな！」

〔第2章〕数学における意味と形

さきほどの「二声の創意（インヴェンション）」は、私の二人の登場人物への霊感の源である。ルイス・キャロルがゼノンの亀とアキレスを勝手に変えたように、私もルイス・キャロルの亀とアキレスを勝手に変えた。キャロルの対話では、同じ出来事がくり返し起り、ただそのたびにレベルが高まってゆく。これはバッハの『無限に上昇するカノン』の素晴らしい数学版である。キャロルの対話は、その機知を別にしても、深い哲学の問題を含んでいる。言語と思考は形式化された規則に従うだろうか、それとも従わないだろうか？　この問題こそ、本書の主題である。

この章と次の章では、いくつかの新しい形式システムを眺める。それによって、形式システムの概念のずっと広い展望が得られるであろう。これら二章の終りまでに、形式システムの能力について十分よい理解が得られ、数学者や論理学者がどうして形式システムに興味をもつかが理解できるはずである。

pqシステム

この章で扱う形式システムは、**pqシステム**と呼ばれる。これは数学者や論理学者には重要でない——実はこれは私のちょっとした「創意（インヴェンション）」にすぎない。その重要性は、本書で大きな役割を果すたくさんの概念のすぐれた実例を提供する、という事実にのみ存在する。pqシステムでは次の三つの異なる記号が使用される。

p、q、—

pqシステムには無限個の公理がある。それらをすべて書き並べることはできないので、それらがどんなものであるかを別の方法で記述しなければならない。実際には、公理のたんなる記述でなくそれ以上のもの、すなわちある与えられた文字列が公理であるか否かの判定法が必要である。たんなる記述は、公理を十分に、しかし弱い意味で特徴づけることであろう——そこにはMIUシステムで定理を特徴づけた方法と同じ問題が生じる。われわれはある文字列が公理であるかどうかを知るためだけに、不確かな——無限かも知れない——長さの時間をかけることは望まない。そこでわれわれは、pとqとハイフンとからできている文字列の公理性について明白な決定手続きが存在するようなしかたで、公理を定義しよう。

定義　xがハイフンだけの列であるとき、xp—qx—は公理である。

二カ所に現れる*x*は、ハイフンの同じ列を表すことに注意しておこう。たとえば−−p−q−−−は公理である。文字列*x*p−q*x*−は、もちろん公理ではない（文字*x*はpqシステムに属していないからである）。これは、すべての公理を鋳造する型のようなもので、**公理図式**（axiom schema）と呼ばれる。

pqシステムには、生成規則がひとつしかない。

規則　*x*、*y*、*z*はどれも、ハイフンのみから成る特定の列を表すとする。もし*x*p*y*q*z*が定理であれば、*x*p*y*−q*z*−も定理である。

たとえば*x*が「−−」、*y*が「−−−」で、*z*が「−」であるとすると、この規則から次のことがわかる。

もし−−p−−−q−が定理であるとわかれば、−−p−−−−q−−も定理である。

生成規則の多くがそうであるように、この文は二つの文字列の定理性の間の因果関係を規定しているので、そのどちらについても単独で定理であるとは断定していない。

ここでpqシステムの定理に対する決定手続きをさがすことは、最もよい練習になる。それはむずかしくないので、しばらくつきあってみれば、おそらく発見されるであろう。ためしてみてください。

決定手続き

読者がためしてみられたと仮定して話を進めよう。まず、注意するまでもなく明らかなことかもしれないが、pqシステムの定理はどれもハイフンの三つのグループを含んでいて、それらはひとつのpとひとつのqによって、その順に区切られていることを注意しておきたい（このことは、MIUシステムの定理がMで始まるのを示したのと同じ、「遺伝性」に基づく議論で確かめられる）。これは、−−p−−p−−p−−q−−−−−−−−のような文字列が、その形だけから排除できることを意味している。

さて、「形だけから」という言葉を強調するのはばかげているように見えるかもしれない。形以外のどんなものが、文字列にあるというのだろうか？　形以外の何が文字列の性質を決定するのに関係しうるのだろうか？　明らかに何ものも関係しえない。しかし形式システムについての議論を進めるにあたって、次のことを心にとめておいていただきたい。「形」の概念はやがてもっと複雑で抽象的になり、「形」という言葉の意味についてさらに考察を必要とするようになるであろう。ともかく、次のような文字列を**よい列**と呼ぶことにしたい。それは、ハイフンのグループで始まり、次にpがひとつあり、それから第二のハイフン・グループがあり、次にqがひとつあり、それから最後のハイフン・グループがあるような文字列のことである。

決定手続きに戻ろう。定理性の判定基準は、最初の二つのハイフン・グループの長さの和が、第三のハイフン・グループの長さにちょうど等しくなることである。たとえば2たす2は4に等しいから、−−p−−q−−−−は定理である。一方、2たす2は1でないから、−−p−−q−は定理ではない。どうしてこれが正しい基準であるのか理解するには、まず公理図式を見るとよい。明らかに、この図式からはわれわれの加法基準を満たす公理しか作れない。次に、生成規則を眺めてみよう。もし第一の文字列が加法基準を満たすなら、第二の文字列も同様である——また逆に、もし第一の文字列が加法基準を満たさないなら、第二の文字列もやはり満たさない。この規則については、加法基準は定理の遺伝的性質なのである。どんな定理も、この性質をその出発点から具えている。だから加法基準は正しい。

ついでながら、pqシステムが決定手続きをもつことは、加法基準がわからなくても、ある事実から断言できる。その事実とは、pqシステムは長さを伸ばす規則と縮める規則の対立する流れによって複雑にされていない、ということである。pqシステムには長さを伸ばす規則しかない。どんな形式システムでも、短い定理から長い定理を作ることはできるがこの逆はできないものには、その定理に対する決定手続きがある。なぜなら、ある文字列が与えられたとき、まずそれが公理であるかどうかを調べる（公理性に対する決定手続きは存在すると仮定している——さもなければ望みはない）。もしそれが公理ならば、それは定義によって定理でもあり、判定は終了する。そこでその文字列が公理ではないと仮定しよう。その場合、それが定理であるためには、それより短い定理から、規則のどれかによって導かれなければならない。いろいろな規則を片端から調べることによって、その文字列を導き出す規則（複数個あるかもしれない）をつきとめ、またそればかりか、それより短い文字列のどれが、「家系図」での親になりうるかを正確に知ることができる。このようにして、いくつかの新しい、しかし前より短い文字列のどれかが定理であるかを決定することに問題を「帰着」させることができる。新しい文字列のどのひとつにも、同じ判定法が適用できる。最悪の場合には、新しい文字列がどんどん増殖してしまうが、それらはどんどん短くなる。このように一寸刻みにもとをたどってゆくと、すべての定理の源である公理図式にしだいに近づいてゆくはずである。短くする作業が無限につづくことはありえないから、いつかは短い文字列のどれかが公理であると判明するか、さもなければ袋小路に行きづまる——短い文字列のどれも公理でなく、しかもそのどれも、何かの規則によってそれ以上短縮することができない。これは、長さを伸ばす規則しかないような形式システムが実はあまりおもしろくないことを示している。形式システムにある魅力を与えるのは、長くする規則と短くする規則の相互作用なのである。

下から上か、上から下か

以上に説明した方法は、上から下（トップ・ダウン）への決定手続きと呼んでよいであろう。これは次に説明する下から上（ボトム・アップ）への決定手続きと対比させることができる。それはMIUシステムにおける魔神の組織的な定理の生成法を思い出させるものであるが、公理図式があるために複雑になっている。われわれは定理をできた順にほうりこむ「バケツ」を利用する。詳しくいえば次のとおりである。

（1A）最も簡単な公理（—p—q——）をバケツにほうりこむ。
（1B）推論規則をバケツの中の各定理に適用し、その結果をバケツに入れる。
（2A）二番目に簡単な公理をバケツにほうりこむ
（2B）推論規則をバケツの中の各定理に適用し、その結果をすべてバケツの中にほうりこむ。
（3A）三番めに簡単な公理をバケツにほうりこむ。
（3B）推論規則をバケツの中の各定理に適用し、その結果をすべてバケツの中にほうりこむ。

等々。

ちょっと考えれば、これでpqシステムのすべての定理を洩れなく生成できることがわかるであろう。さらに、バケツの中には時がたつにつれてしだいに長い定理がたまってゆく。これもまた、長さを短くする規則がないために起ることである。そこで、定理性を検定したいある特定の列、たとえば--p---q-----が与えられたときには、ただ右のような番号付きのステップに従って、問題の文字列が現れるかどうかを調べればよい。もしそれが現れれば、定理だ！　ということがわかる。もしある時点でバケツに入っている文字列がどれも問題の文字列より長かったら、その文字列のことは忘れてよい——それは定理ではない。この決定手続きは基礎、すなわち公理から出発して積み上げてゆくので**下から上**方式である。前の決定手続きはこれとちょうど逆で、基礎に向かって掘り下げてゆくやり方であるから、**上から下**方式といえる。

同型対応が意味を引き出す

いまやわれわれは本章の、というよりも本書の中心的な論点に到達した。おそらく読者は、pqシステムの定理は加算のようなものだとひそかに考えておられたであろう。文字列--p---q-----は、2たす3が5に等しいから、定理なのである。定理--p---q-----は、変った記法で書かれた、2たす3は5であるという意味の**文**なのだ、と考える人もおられるかもしれない。これはものごとを見る妥当な方法であろうか？　実は私は用心深く読者にプラス（plus）を思い出させるようにpを選び、イクオル（equal）を思い出させるようにqを選んでおいた……それなら、文字列--p---q-----は実際に「2たす3は5」を意味しているのだろうか？

何がわれわれにそのように感じさせるのであろうか？　私の答は、われわれはpqシステムと加法の間の同型対応に気づいた、ということである。序論の中で、「同型対応」という言葉は、情報を保存する変換と定義された。われわれは今、この概念にもう少し深く立ち入って、異なった観点から眺めることができる。「同型対応」という言葉は、二つの複合構造について相互に重ね合せることができて、ひとつの構造のどの部分にもうひとつの構造の対応する部分があり、しかも「対応する」部分どうしがそれぞれの構造の中でよく似た役割を果している場合に、用いることができる。「同型対応」という言葉のこの用法は、数学におけるより精密な概念から導き出されたものである。

数学者が二つの既知の構造の間の同型対応を発見すれば、それは喜びをもたらす。それはしばしば「青天の霹靂」であり、驚嘆の源となる。既知の二つの構造の間の同型対応を認識することは、知識の重要な進歩なのである——そして私は、そのような同型対応の認識こそ、人の心に**意味**を創造する、と主張したい。同型対応の認識について最後のひと言——比喩的にいって、同型対応はいろいろな形と規模をもつものであるから、同型対応を本当に見つけたのかどうかはいつも全く明白とはかぎらない。だから「同型対応」には言葉がふつう持っている曖昧さのすべてが具わっている——これはひとつの欠点であるが、また長所でもある。

この場合、同型対応のすぐれた原型が見られる。ここには「低レベル」の同型対応、すなわち、二つの構造の各部分の間の対応づけが存在する。

p ⇧⇩ たす

q ⇧⇩ は

— ⇧⇩ 1

—— ⇧⇩ 2

——— ⇧⇩ 3

等々。

この記号と言葉の対応づけには、**解釈**という名前が与えられている。

さらに、より高いレベルにおいて、正しい文と定理の間の対応づけが存在する。しかし、注意すべきことであるが、このより高いレベルの対応づけは、記号の解釈をあらかじめ決めておかないことには、認識できない。だからより正確にいえば、正しい文と解釈された定理とが対応づけられるのである。いずれにせよ、われわれは二層の対応づけを提示したわけで、これはすべての同型対応の特色をよく示している。

未知の形式システムに対面するとき、その中にある隠れた意味を発見しようと望むなら、問題は各記号に意味のある解釈を与えるにはどうすればよいか、ということである。ここで「意味のある」とは、より高いレベルでの対応づけが正しい文と定理との間に立ち現れるようなしかたで、という意味である。記号に結びつけるべき言葉のよい組合せを発見するまで、暗闇の中で試みに手を動かしてみる人もおられるであろう。これは暗号破り、あるいはクレタの線文字Bのような未知の言語で書かれた銘を解読することに非常によく似ている。ただひとつの方法は、訓練された推測に基づく、試行錯誤である。正しい選択、「意味のある」選択に出会ったとき、突然ものごとが正当に感じられ、仕事が急にはかどるようになる。このような経験による興奮は、線文字Bの解読に際してジョン・チャドウィックが味わったところである。

しかし滅び去った文明の発掘中に発見された「形式システム」の「解読」に立ち会うことは、控えめにいっても、ふつうのことではない。数学者(そしてごく最近は、言語学者、哲学者、その他の人々)のほかには形式システムの利用者はいなかったし、彼らはいつも決って彼らが使用し発表する形式システムの解釈を心に抱いている。こういう人たちの考えることは、形式システムで、その定理が現実のある部分を同型に映し出すようなものを構成することである。そのような場合、記号の選択は生成のための記号的な諸規則の選択と同様に、高度に動機づけられている。私がpqシステムを考案したとき、私はその立場にあった。私が選んだ記号が、なぜ選ばれたかはおわかりのことと思う。定理が加法と同型なのは、偶然ではない。私が加法を記号的に反映する方法をよく考えて見つけだしたから、そうなったのである。

無意味な解釈と意味ある解釈

私が選んだものとは異なる解釈を選ぶこともできる。すべての定理が真(正しい)であるようにする必要はない。しかし、たとえばすべての定理が偽(正しくない)になるような解釈を行うべき理由はあまりないし、まして、定理性と真理性とが肯定的にも否定的にも、全く関係しないような解釈を行うのはさらに理由に乏しい。そこで形式システムの解釈に二つの型を区別することにしよう。ひとつは無意味な解釈で、その解釈のもとでは、定理と現実との間の同型関係が見つけられない。そういう解釈は無数にある――全くでたらめに選択を行えば、そうなるであろう。たとえば、次の例を見てほしい。

p ⇧⇩ 馬
q ⇧⇩ 幸せ
― ⇧⇩ りんご

すると―p―q――は次の新しい解釈を獲得する＝「りんご馬りんご幸せりんごりんご」――何やら詩的な表現で、馬は喜ぶかもしれないし、またそれどころか、pqシステムのこの解釈法に賛成するかもしれない！　しかし、この解釈にはごくわずかの「有意味性」しかない。この解釈のもとでは、定理が非定理に比べてより正しいともよりよいとも思えない。馬は「幸せ幸せ幸せりんご馬」（qqq―pに対応している）を、どの定理の解釈とも同じ程度に喜ぶことであろう。

他の種類の解釈は「意味がある」と呼ばれる。そのような解釈のもとでは、定理と事実とが対応する――すなわち、定理と現実のある部分との間に同型対応が存在する。こういうわけで、**解釈**と**意味**とを区別した方がよいのである。よく知られたどんな言葉でもpの解釈に使うことができるが、「たす」だけが、われわれの考えついた唯一意味のある選択である。要約すれば、数多くの解釈ができるけれども、pの意味は「たす」であるように考えられる。

意味の能動性と受動性

この章で最も重要な事実はおそらく、深く理解されるなら、次のことである。形式システムの記号は、最初は何の意味もないが、少なくとも同型対応が発見された場合には、何かしら「意味」と呼べるものを帯びざるをえない――pqシステムはそのことをわれわれに認識させるように見える。しかし、形式システムにおける意味と言語における意味との相違は非常に重要である。その相違とは、言語においては、ある言葉の意味を学んだとき、その言葉の意味に基づいて新しい文を作るようになる。意味は、文を作るための新しい規則を生み出すので、能動的であるという言い方もできる。この点で、われわれが言語を操るしかたは完成された製品とは違って、新しい意味を学ぶにつれて、文を作る規則がふえてゆく。一方、形式システムにおいては、定理は生成規則によってあらかじめ定められている。われわれは定理と正しい文の間の同型対応（もし見つかれば）に基づいて「意味」を選択することができる。しかし、それ以上にすでに確立された定理に新しい定理をつけ加えることは許されない。これこそ形式性の要請が第1章において警告していたことである。

MIUシステムでは、解釈をさがすことも見つけることもなかったから、四個の規則の枠外に出てゆく誘惑も当然なかった。しかし今度は、新しく発見された各記号の「意味」に惑わされて、次のような文字列を定理と考えるかもしれない。

――p――p――p――q――――――――

少なくとも、これが定理であることを望むかもしれない。しかし望んだところで、そうでないという事実は変らない。そして2たす2たす2たす2は8であるというただそれだけの理由で、この文字列が定理で「なければならない」と考えるとしたら、それは重大な誤りである。この文字列はよい列ではなく、われわれの意味のある解釈はよい列についてだけ適用されるものであるから、この文字列に何かの意味を結びつけようとすることはすでに、全く誤解を招くことになるのである。

形式システムにおいては、意味は受動的でなければならない。われわれは各文字列を、それを構成する記号の意味に従って読むことができるが、記号に与えた意味だけに基づいて新しい定理を作り出すことは許されない。解釈された形式システムは、意味ぬきのシステムと意味をもつシステムの間の線にまたがっている。その文字列は「表示する」ものとみなしてよいけれども、そのことはただ、システムの形式的な性質の帰結としてのみ生ずるのである。

どちらにもとれる！

次に私は、pqシステムの正しい意味を発見したという幻想を破壊したい。次のような結合法を考えてみよう。

p ⇧⇩ は
q ⇧⇩ をひくことの
- ⇧⇩ 1
-- ⇧⇩ 2
--- ⇧⇩ 3
等々。

すると--p---q------の新しい解釈ができる＝「2は3をひくことの5」。これは（2＝5－3という意味で）もちろん正しい文である。すべての定理はこの解釈のもとで正しくなる。これは前の解釈と同じように意味がある。明らかに、「では、どちらが文字列の正しい意味なのですか？」と尋ねるのはおろかなことである。解釈は、それが現実世界とのある同型対応を表している程度に応じて意味がある。もし現実世界の異なる面がたがいに同型であるなら（この場合、加法と減法）、ただひとつの形式システムがその両方と同型でありうるわけで、二つの受動的な意味をもちうることになる。記号と文字列のこの種の二価性は、きわめて重要な現象である。それは今のところつまらない、奇妙な、厄介なものに見える。しかしそれはより深い文脈の中に再現し、非常に豊かな思想をもたらしてくれるであろう。

次にpqシステムについての観察を要約しておこう。与えられた二つの意味のある解釈のどちらのもとでも、よい文字列はどれもある文法的に正しい言明に対応している——あるものは真であり、あるものは偽である。「よい列」という概念はどんな形式システムにおいても、記号ごとに解釈を施した結果、文法的に正しい文になるような文字列のことである。（もちろんこのことは解釈に依存するが、ふつう考えている解釈はひとつである。）よい文字列の中に、定理がある。定理は公理図式と生成規則によって定義される。pqシステムを発案したときの私の目標は、加法を模倣することであった。私はどの定理も解釈の結果正しい加算を表現していることを望んだ。また逆に、ちょうど二つの数の加算が、必ずある定理に翻訳できることを望んだ。この目標は達成された。だから、すべてのまちがった加算、たとえば「2たす3は6」は、よい文字列に写されるが定理にはならない。

形式システムと現実

以上は、形式システムが現実の一部分に基づいていて、その部分を完全に模倣する、すなわち定理が現実のその部分の真実と同型である、と思われる最初の例である。しかし、現実と形式システムとは独立である。誰もこれらの間の同型対応に気づかなくてもかまわない。どちらの側も、それだけで存在しうる。たとえば−p−q−−が定理であろうとなかろうと、1たす1は2である。また−p−q−−が定理であることは、われわれがそれを加算に結びつけようとつけまいと変らない。

この形式システム、あるいは他の形式システムを作ることが、その解釈の領域での真実に新しい光を投げかけるのかどうか、不思議に思う人もいるかもしれない。pqシステムの定理を生成しながら、われわれは加算について何か新しいことを学んだであろうか？おそらく学んではいない。しかしわれわれは、加算のやり方についてのある性質を学んだ。すなわち、意味のない記号を支配する、形だけにかかわる規則によって加算をマネるのは簡単だ、ということである。これはまだ、加算はごく簡単な概念であるから、大きな驚きとはいえない。金銭登録機のような装置の回転する歯車によって加算がとらえられるのは、ありふれたことである。しかし形式システムがどこまでいけるかについては明らかに、われわれはうわべを少しばかりかじっただけである。現実のどんな部分が、そのふるまいにおいて、形式的な規則によって支配される意味のない記号の組合せによって模倣できるかを尋ねるのは、自然なことである。現実はすべて形式システムに帰着させられるのだろうか？　非常に広い意味では、答は「そのとおり」となることであろう。たとえば現実それ自身が、非常に複雑な形式システムに他ならない、ともいえる。その記号は紙の上でなく、三次元的な真空（空間）の中を動きまわる。それらは万物を構成している素粒子である。（暗黙の仮定——物質を分解していく過程には終りがあり、「素粒子」という言葉が意味をもつ。）「形だけにかかわる規則」とは物理法則であり、与えられた瞬間におけるすべての粒子の位置と速度から、「次の」瞬間における粒子の位置と速度を求めるしかたを教えてくれる。だからこの巨大な形式システムでの定理とは、宇宙の歴史におけるさまざまな時刻での粒子のありうる状態のことである。そこには「時間の始まり」におけるすべての粒子の最初の状態を示す、唯一の公理がある（あるいは、あった）。これはあまりにも雄大な構想なので、純理論的な興味しかない。その上、量子力学（と物理学の他の部分）から、この考え方の理論的な価値にさえ、ある疑義が投げかけられている。そもそも、宇宙が決定論的に動いているかどうかは未解決の懸案である。

数学と記号処理

このように大きな状況を取扱うかわりに、われわれの「現実世界」を数学に限定することにしよう。すると、重大な問題がもち上がる。数学のある一部分を形式システムで表現しようとしたとき、その仕事が正確にできたかどうかを、どうすれば確かめられるだろうか？われわれが数学のその部分に百パーセントなじんではいないとすれば？　形式システムの目標が、その分野での新しい知識をもたらすことにあると仮定しよう。同型対応が完全であると証明しないかぎり、各定理の解釈が真であるということが、どうやってわかるのだろうか？　まず第一に、われわれがその分野での真実をすべて知ってはいないとすると、同型対応が完全であることがどうやって証明できるのだろうか？
どこかで発掘中に、ある不思議な形式システムを掘りあててしまった、と仮定しよう。いろいろな解釈をためしているうちに、すべての定理を真に、またすべての非定理を偽にすると思われる解釈にぶつかるかもしれない。しかし直接に確かめられるのは、有限個の場合にかぎられる。定理の全体はまずまちがいなく無限である。その解釈のもとですべての定理が事実を表現していることは、形式システムと解釈によって対応づけられる領域との両方について知るべきことを全部知っているのでないかぎり、どうすればわかるのだろうか？

われわれが自然数（つまり負でない整数　0、1、2、……）の世界に形式システムの記号を結びつけようとするときには、このような奇妙な立場に立つことになる。われわれは、数論において「事実」と呼ばれるものと記号処理で得られるものとの間の関係を理解しようとする。

そこで数論においてある文を事実と呼び、他の文を虚偽と呼ぶ根拠を少し眺めておこう。12の12倍はいくつだろうか？　誰でも知っているように、それは144である。しかしその答を知っている人のうち、その生涯のいかなる時点にでも実際に縦・横12の正方形を描き、その中の小正方形の個数を実際に数えたことがある人は、何人いるだろうか？　ほとんどの人は、描いたり数えたりする必要はない、と考えるであろう。そのかわりの証明として、紙の上にいくつかの記号を書きつければよいのである。たとえば次のように書いてみよう。

```
   1 2
 × 1 2
 -----
   2 4
 1 2
 -----
 1 4 4
```

これがその「証明」である。ほとんどすべての人が、小正方形を数えれば144になるはずだということを信じるであろう。その結果を疑う人は、わずかしかいない。

これら二つの見方の衝突は、987654321×123456789の値を求める問題を考えると、焦点がさらにはっきりしてくる。まず第一に、適当な長方形を作ることが事実上不可能である。また、なお悪いことに、仮にそれが遠い昔に作れたとして、また人々の大軍団が何百年かを費やして小正方形を数えたとしても、その最終結果を喜んで信じるのは非常にだまされやすい人だけであろう。どこかで、何かしら、誰かがほんのちょっとばかりヘマをやらかしたという方が、ずっとありそうなことである。では、答が何であるのか知ることはいったい可能なのだろうか？　もしある簡単な規則に従って数字を操作する記号処理法を信用するなら、それは可能である。その処理法は、正しい答を得るための仕掛けとして子供たちに教えられる。ただし多くの子供たちにとって、この処理法の意味は混乱状態の中で失われる。乗算のための数字操作の法則は大部分、すべての数に対して成り立つと仮定されている加算と乗算の少数の性質に基づいている。

算術の基本法則

私がいう仮定とはどんな意味か、次に説明しよう。いくつかの棒を並べてみよう。

/　//　////　/　/

そしてそれを数えてみる。同時に、誰かほかの人にも、反対側から数えてもらう。どちらも同じ答になることは、明白であろうか？

数えた結果は、数え方には無関係である。これはあまりにも基本的であるから、これを証明しようと試みるのは無意味であろう。あるものは納得し、別の人は納得しないかもしれないが、納得しない人には証明を示したところで、何のたしにもならない。

この種の仮定から、加法の交換法則と結合法則〔すなわち、つねに$b+c=c+b$であり、またつねに$b+(c+d)=(b+c)+d$であること〕とが導かれる。同じ仮定から、乗法の交換法則と結合法則も導かれる。それにはひとつの大きな直方体を形作っているたくさんの立方体を考えてみるとよい。乗法の交換法則や結合法則は、その直方体をどのようにひねくり回しても、立方体の個数は変らないという仮定にすぎない。これらの仮定をありうるすべての場合について確かめることは、そのような場合が無限個あるので、不可能である。われわれはそれらを当然のことと仮定する。われわれが何かを深く信じるとすれば、それらの仮定をも（それらについて考えたことさえあれば）同じ程度に深く信じることができよう。ポケットの中のお金の額は、通りを歩いて上下にゆさぶっても変らない。持っている本を箱に詰め、車にのせて一〇〇マイルも走り、箱をおろし、開けて、新しい棚に並べたとしても、本の数は変らない。これらのことはすべて**数**が意味する事柄の一部分である。

ある種の人々は、ある否定しがたい事実が書き記されるとすぐに、なぜその「事実」が結局のところ誤りであるかを示すのをおもしろがるものである。私もそのような人間の一人なので、ここで述べた棒とお金と本についての例を書き終った途端に、それらが誤りである状況を発案した。同じことをした人もいるかもしれない。それは抽象的な数が、われわれが使用する日常的な数と実は全く異なっていることを示している。

人々は基本的な算術を破りながら「より深い」真実を描き出す標語を作るのが好きである。たとえば「1と1で、1になる」（恋人たち）、「1たす1たす1は、1」（三位一体）などである。これらの標語の穴を見つけるのは容易なので、たとえばどちらの場合にもプラス記号を用いるのがなぜ不適当かを示せばよい。しかしそういう例はいくらでもある。窓ガラスを伝わる二つの水滴が合流する――1たす1が1になるのでは？　ひとつの雲が、二つの雲にわかれる――同じことの別の証拠なのでは？　「加法」と呼ぶべき出来事と、何か他の言葉で呼ぶべきこととの間の、どこに正確な線が引けるのかは、非常にむずかしいことである。この問題について考えてみると、空間内の事物を分離してどのひとつも他のものから明確に区別できるようにするというような基準を思いつくであろう。しかしそれならどうやって概念を数えられるのだろうか？　大気を形成している気体の個数はどうだろうか？　このようにさがしていくとおそらくどこかで、次のような文が見つかる。「インドには一七の言語と四六二の方言がある。」このように正確な記述には、「言語」とか「方言」という概念自体がぼやけている場合、奇妙なところがある。

理想的な数

現実の数は、誤った行動をする。しかし人々の古くからの、また生れつきの感覚によれば、数が誤った行動をするはずがない。数珠玉や方言や雲などを数えることからぬき出された数の抽象概念には何か汚れなく純粋なところがある。そして現実のおろかしさをいつも入りこませ侵害させることのないように数について語るしかたがあるべきである。「理想的な」数を支配する境界の鮮明な規則が算術を構成しているのであり、そのさらに進んだ諸結果が数論を構成し

第 13 図　M.C. エッシャー『解き放ち』（リトグラフ、1955 年）

ている。実用的なものとしての数から形式的なものとしての数への転換を行うことについて、とりあげるべき問題がひとつだけある。数論のすべてを理想的なシステムに詰めこんでしまおうと決心したとすれば、その仕事を完全にやりとげることは本当に可能だろうか？　数はその性質が形式システムの規則によって完全に把握できるほど、汚れなく透明で規則的なものであろうか？　『解き放ち』という絵（第13図）はエッシャーの最も美しいもののひとつであるが、形式性と非形式性の驚くべき対照を、魅惑的な転換領域とともに表している。数は、鳥のように本当に自由であろうか？　規則どおりのシステムに結晶させられることによって、数は多大な損害を蒙っていないだろうか？　現実の数と紙の上の数の間に、魔術的な転換領域はあるだろうか？

　私が自然数の性質について語るとき、私がいいたいのは特定の整数の和というような性質だけではない。それは数えることによって求めることができ、今世紀に成長した人なら誰でも、数えるとか加える、掛ける、等々のような作業を機械化できることには何の疑いもはさまない。私がいいたいのは、数学者が研究したいと思うような種類の性質、数える作業では理論的にさえ十分な答が得られないような問題である。自然数のそのような性質の古典的な例をとりあげてみよう。その性質とは——「無限に多くの素数が存在する。」何よりもまず、どんなに数えてみても、この言明を肯定することも否定することもできない。われわれにできる最良のことはしばらく素数を数えあげ、それらが「たくさん」あると認めることであろう。しかし数えるだけではいくらやっても、素数が有限個か無限個かという問題を解決することはできない。いつでも、もっとたくさんあるかもしれない。この性質は、「**ユークリッドの定理**」と呼ばれているが、明らかなことでは全くない。これは妥当に見え、あるいは魅力的であるかもしれないが、明らかではない。しかしユークリッド以来、数学者はこれを事実と認めている。どうしてだろうか？

ユークリッドの証明

　その理由は、論証が、定理の正しいことを示すからである。次にその論証をたどってみよう。ここに示すのは、ユークリッドの証明の一変形である。その証明は、どんな数を選んでも、それより大きな素数が存在することを示すものである。選んだ数を、Nで表すことにしよう。1からNまでのすべての正の整数を掛ける。いいかえれば、Nの階乗を求める。これを$N!$で表す。この数は、1からNまでのどの数で割っても割りきれる。$N!$に1を加えると、その結果は

2の倍数ではない（2で割ると、1余るから）
3の倍数ではない（3で割ると、1余るから）
4の倍数ではない（4で割ると、1余るから）
……
Nの倍数ではない（Nで割ると、1余るから）

いいかえれば、Nの階乗に1を加えた数（$N!+1$）は、（1と自分自身を除く）ある数で割りきれるとすれば、Nより大きな数で割りきれる。したがって、それ自身素数であるか、さもなければその素因数はNより大きい。しかしそのどちらの場合にも、Nより大きい素数が存在するはずである。この方法はNがどんな数であろうと成立する。Nが何であろうと、Nより大きな素数がある。これで素数が無限にあるということの証明を終る。

この最後のステップは、ついでながら、**一般化**と呼ばれ、後にもっと形式的な文脈の中で再び出会うことになるであろう。そこではあるひとつの数（N）についての議論を述べ、それからNが不特定であることを、したがって議論が一般的であることを指摘する。

ユークリッドの証明は、「現実の数学」を構成するものの典型である。簡単で、逆らいがたく、美しい。ごく短いステップをいくつか重ねることによって、出発点からずっと遠くまで行けることを示している。われわれの場合、出発点は乗法、除法等々についての基本的な概念である。短い各ステップは、論証のステップである。そして論証の個々のステップは明らかに見えるのに、最後の結論は自明ではない。われわれは定理が正しいかどうかを直接確かめることはできない。それでもこの定理を信じるのは、われわれが論証を信じているからである。論証を受けいれるなら、逃れる道はないであろう。ユークリッドの話を全部聞いたら、彼の結論に同意せざるをえないと思う。これは大変幸せなことである——なぜなら、これは数学者たちがどんな命題を「真」とし、またどんな命題を「偽」とするかについて、いつでも一致することを意味するからである。

この証明は整然とした思考過程を例示している。どの段階も前の段階と抵抗の余地ないしかたで関連づけられている。だからこそ、この過程をたんに「よい証拠」でなく「証明」と呼ぶのである。数学では、目標はいつもある自明でない命題に対して鉄壁の証明を与えることである。各ステップを鉄の鎖で結びつけるというまさにその事実が、それらの段階を結びつけるパタン構造があることを示唆している。この構造をうまくいい表すには、新しい語彙——記号的な、様式化された語彙——で、数についての命題を表現することにだけ適したものを見つける必要がある。そうすれば、われわれは証明を記号的に翻訳した形で眺めることができる。証明は一連の命題で、それらは行ごとにある検証可能なしかたで関係づけられている。しかし、それらの命題は記号の様式化された少数の組合せによって表現されるので、パタンの様相を呈している。いいかえると、それらを声に出して読めば数とその性質についての命題と思えるが、紙の上で見た場合には、それらは抽象的な模様に見える——そして証明の行ごとの構造は、ある幾何学的な規則によって模様を少しずつ変換してゆくことのように見えてくるであろう。

無限の回避

ユークリッドの証明は、すべての数がある性質をもっているということの証明であるが、無限に多くの場合を個別に扱うことを避けている。それは「Nが何であろうと」とか「Nがどんな数であろうと」というような言葉で、無限を回避している。われわれは証明全体を、「すべてのNについて」という言葉を使って表現しなおすこともできた。適当な文脈とそのような言葉の正しい使い方とがわかれば、無限に多くの命題を取り扱う必要はなくなる。われわれは「すべて」のような、それ自身は有限でも、無限を包含しているような概念をほんの二つか三つ扱うだけでよい。そうすれば、証明したい事実が無限個あるという外見上の問題をやりすごすことができる。

われわれは「すべて」という言葉を、論証の思考過程で定義されるいくつかのしかたで使用する。すなわち、われわれが「すべて」を使うとき従うべきいくつかの規則がある。われわれはそれに気づかずに、言葉の意味に基づいて操作しているといいたくなるかもしれない。しかしそれは結局のところ、われわれが表明しなかった規則に導かれているということの、遠回しな言い方にすぎない。われわれわれは言葉を生涯を通じてあるパタンに従って使ってきたが、そのパタンを「規則」と呼ぶかわりに、われわれの思考の筋道が言葉の「意味」に起因すると考える。さっき述べたことの発見は、数論の形式化への長い道のりにおけるきわめて重要な認識であった。

われわれがユークリッドの証明をもっともっと深く研究すべきであったとしたら、その証明が非常に多くの小さな——ほとんど無限小の——ステップからできていることがわかるであろう。それらのすべてのステップを次から次へと書き出せば、証明は信じられないくらい複雑になる。われわれの心に最もわかりやすいようにするには、いくつかのステップを圧縮して、ひとつの文にまとめるとよい。もし証明をスロー・モーションで見れば、そのひとこまひとこまが識別できるようになる。いいかえれば、解体はそこまでしか進まず、そこではじめてわれわれは論証過程の「原子的な」性質に出会うのである。証明は小さいが不連続な飛躍の列に分解できる。それらの飛躍はより高い地点から見ればなめらかに流れているように見える。第8章で、証明を原子的な単位に分解するひとつの方法が示されるが、そのときいかに多くのステップがかかわっているかがわかるであろう。しかし、それはたぶん驚くにはあたらない。ユークリッドがその証明を発見したとき、彼の頭の中の働きには何百万ものニューロン（神経細胞）がかかわっていたので、そのうちの多くは一秒間に何百回も信号を発信したにちがいない。ひとつの文を口にするだけで、何十万ものニューロンが働くのである。もしユークリッドの思考がそれほど複雑なら、彼の証明が莫大な数のステップから成ることも理解できる！（彼の頭の中の神経細胞の動作とわれわれの形式システムにおける証明との間には、直接的なつながりはあまりないかもしれない。しかしこれら二つの複雑さは同程度である。それは自然が、関係するシステムが全く異なっていても、素数の無限性の証明の複雑さを保存するように望んでいるかのようである。）

このあとの何章かで、次のような形式システムが設計される。(1)自然数についてのすべての命題が表現できるような、様式化された語彙を含んでいる。(2)必要と思われるすべての型の論証に対応する規則をもっている。非常に重要な問題は、われわれが定式化する記号処理のための規則が、われわれの頭脳によるふつうの論証能力と（数論に関するかぎり）本当に同じ能力をもっているかどうか、あるいはさらに一般的にいって、われわれの思考能力のレベルを、ある形式システムを使うことによって達成することは理論的に可能か、ということである。

無伴走アキレスのためのソナタ

電話が鳴る。アキレスが受話器をとる。

アキレス　はいアキレスですが。

アキレス　やあ、亀公か、どうしてる？

アキレス　斜頸だって？　そいつは可哀想に。何が原因かわかるのかい？

アキレス　そんな姿勢でどれくらい支えていたんだ？

アキレス　それじゃ堅くなるのも当り前じゃないか。なんでまたそんなに長い間、首をねじ曲げていようって気になったんだ？

アキレス　そんなにいっぱいいるって？　どんな類だい、たとえば？

アキレス　どういう意味だい、「幻影動物」って？

アキレス　そんなにたくさん一遍に見て、ぞっとしなかったか？

アキレス　ギター？　よりにもよって、そんな奇怪な動物のまっただなかにあるとは。おい、きみはギターを弾くんだっけ？

アキレス　なあに、こっちにとっては同じことさ。

アキレス　そのとおりだ。ヴァイオリンとギターのその違いにどうして気づかなかったのかなあ。ヴァイオリンっていえば、お気に入りの作曲家J・S・バッハの『無伴奏ヴァイオリンのためのソナタ』を一曲聴きにこないかい？　すばらしいレコードを買ったんだ。バッハがたった一台のヴァイオリンを使って曲をつくることに実に関心を示す、そこのところがいまだに驚きでね。

アキレス　頭痛もか？　そりゃ気の毒だ。まあ寝ることだなあ。

アキレス　そうさ。羊を数えてみたかい？

アキレス　そうさ、そうだって。きみのいうことはよくわかるよ。じゃあ、それがそんなに気が狂いそうになるんなら、いってみろよ。こっちもやってみるから。

アキレス　A、D、A、Cの四文字が連続してはいっている一語か……ええと……アブラカダブラ abracadabra はどうだ？

アキレス　なるほどADACが後ろからくるか、前からじゃないよな、あの語は。

アキレス　何時間も何時間も？　なんだか長いパズルにはまり込んじまいそうだぜ。そんなうんざりする謎をどこから仕入れてきたんだ？

アキレス　つまり、その男は深遠な仏教の問題について瞑想しているみたいに見えて、実は複雑な言葉のパズルを考案しようとしたってわけか？

第 14 図　M.C. エッシャー『モザイクII』（リトグラフ、1957 年）

アキレス　なんだって！——カタツムリがその男のやってることを知っていた。それにしてもなんでカタツムリと話をしたんだい？
アキレス　そういえば、いまのとちょっと似た言葉パズルを聞いたことがあるな。教えようか？　それともますます気が狂いそうになるだけかね？
アキレス　そりゃそうだ——害にはならんよ。こういうやつだ。HEで始まりHEで終る語は何か？
アキレス　うまい——だけどちょいとずるいぜ。そんなことをいったんじゃないんだ。
アキレス　もちろんそのとおりだよ——条件は満たしている、でもそれは一種の「堕落した」解答だ。こっちには別の解答があるのさ。
アキレス　ずばりだ！　どうしてこんなに早くわかった？
アキレス　するとこの場合は頭痛 headache が助けになったのかもしれん、妨げにならないで。おみごと！　しかしさっきの「ADAC」パズルのほうは見当もつかないね。
アキレス　そりゃすごい！　それならたぶん眠れるさ。教えろよ、答は何だい？
アキレス　うん、ふつうはヒントを好まないんだが、まあいいさ。どんなヒントだい？
アキレス　「図」と「地」ってのがどういうことかわからんな。
アキレス　もちろん『モザイクII』は知ってるよ！　エッシャーの作品はぜんぶ知ってる。とにかく大好きな画家なんだから。いずれにしろ『モザイクII』はわが家の壁に掛かっている、ここからはっきり見えてるんだ。
アキレス　うん、黒い動物は残らず見える。

アキレス　うん、その「負のスペース」が――残されているところが――白い動物たちを浮び上がらせるのも見える。
アキレス　それが「図」と「地」ってことだな。しかし「ADAC」パズルとどう関係するのかね？
アキレス　ああ、これはぼくには厄介すぎるよ。今度はこっちが頭痛になりそうだ。
アキレス　いまから来るってのかい？　だってさっきは――
アキレス　いいとも。それまでにはきみのパズルの正解を考え出しておこう、図＝地のヒントを使って、さっきのきみのパズルと関連させながら。
アキレス　喜んで弾くとも。
アキレス　あれの理論を考え出した？
アキレス　伴奏する楽器は？
アキレス　かりにそういうことなら、彼がハープシコードのパートを書き上げないで、そのまま出版したのはちょいと妙じゃないか。
アキレス　なるほど――一種の選択的な特徴だ。どっちでも聴けるんだな――伴奏つきでも無伴奏でも。しかし伴奏がどんな音になるべきかはどうしてわかる？
アキレス　ああ、そうだ。たぶん結局はそれが最善だろうな、聴き手の想像力にまかせるのが。それにおそらく、きみのいったように、バッハはいかなる伴奏も心に抱いていなかった。あの一連のソナタはあのままでまったく素晴らしいんだ。
アキレス　わかった。じゃ、あとで。
アキレス　グッドバイ、亀公。

第3章 図と地

素数と合成数

概念が字の形だけにかかわる簡単な操作によってとらえられるという考えには、奇妙なところがある。これまでにとらえられたただひとつの概念は加法の概念であるが、これはそれほど奇妙には見えなかったかもしれない。しかしその目標がPxという形の定理をもつ形式システムの創造であったとしてみよう。ここで文字xはハイフンの列を表し、Pxが定理であるのはハイフンの個数がちょうどある素数になっているときにかぎる。だからP－－－は定理であり、P－－－－は定理ではない。このようなことが、形だけにかかわる規則によって、どうすればできるのだろうか？　まず大切なことは、**字形的**、すなわち形だけにかかわる操作とは何を意味するのかを、明確に規定することである。必要な道具はすべてMIUシステムとpqシステムに出そろっているので、われわれが認めたものの種類を表にしさえすればよい。

(1)　有限個の記号のひと組を読み、識別すること。
(2)　そのひと組に属する記号を書くこと。
(3)　それらの記号をある場所から他の場所に書き写すこと。
(4)　それらの記号を消すこと。
(5)　ある記号がもうひとつの記号と同一かどうかを判定すること。
(6)　すでに作り出された定理を表にして保管し、利用すること。

表は少々余計であるが、大したことではない。重要なことは、関係している能力が取るにたらないものばかりで、どのひとつも、素数を非素数から見分ける能力よりはるかに劣っている、ということである。それなら、これらの操作をどのように組み合わせれば、素数を合成数から見分ける形式システムが作れるのだろうか？

tqシステム

最初により簡単な、関連する問題を解いてみるのがよさそうである。pqシステムに似たシステムで、乗算を表現するものを作ってみよう。これをtqシステムと呼ぶ。tは「倍の」(times)を表している。具体的にいうと、ハイフンの列x、y、zの中のハイフンの個数をX、Y、Zとしよう（ハイフンの列とその中のハイフンの個数とをわざわざ区別していることに注意してほしい）。そのときx

tyqzが定理になる必要十分条件が、X倍のYがZになるようにしたい。たとえば2倍の3は6であるから、--t---q------は定理でなければならないが、--t--q---が定理であってはならない。このtqシステムはpqシステムとほとんど同じくらい簡単に、ひとつの公理図式とひとつの推論規則だけで特徴づけることができる。

公理図式　xがハイフンの列であれば、
xt-qxは公理である。

推論規則　x、y、zがどれもハイフンの列であるとする。そしてxtyqzが古い定理であると仮定する。そのとき、xty-qzxは新しい定理である。

次に定理--t---q------の生成過程を示そう。

(1)　--t-q--　（公理）
(2)　--t--q----　（(1)を古い定理として推論規則を使う）
(3)　--t---q------　（(2)を古い定理として推論規則を使う）

推論規則を一回使うたびに、中央のハイフンの列がハイフン一個ずつふえることに注意しよう。そのため中央に一〇個のハイフンを含む定理が欲しいときには、推論規則を九回つづけて適用すればよいことがあらかじめわかる。

合成数の把握

乗算は、加算よりいくらか扱いにくい概念であるが、いまやエッシャーの『解き放ち』の中の鳥たちのように、形だけによって把握できた。素数についてはどうであろうか？　次の計画は巧妙と思われることであろう。すなわち、tqシステムを利用して、**C**xという形の新しい定理の集合で、合成数を特徴づけるものを定義するのである。それは次のようにしてできる。

規則＝x、y、zをハイフンの列とする。
もしx-ty-qzが定理ならば、**C**zも定理である。

これがうまくいくのは、Z（zの中のハイフンの個数）が合成数であるのはそれが1より大きい二つの数の積――すなわち$X+1$（x-の中のハイフンの数）と$Y+1$（y-の中のハイフンの数）との積に等しい場合だからである。こういう「知的方式」的正当化を述べることによって、この新しい規則の弁護をする理由は、読者が人間であって、**なぜ**そのような規則が要るのか知りたいと思われるからである。もし読者が完全に「機械方式」で操作を行うなら、何も正当化など要らない。M方式で仕事をする人は質問などしないで、規則に機械的に楽しく従うだけである。

I方式で仕事をする場合には、文字列とその解釈との区別はぼやけがちである。操作している記号の「意味」がわかったとたんに、ものごとが非常にまぎらわしくなってしまうことがある。読者は、**文字列**「---」が**数**3であると考えないように、自分自身と戦わなければならない。形式性の要請は、第1章では（あまりにも明白なことだから）おそらく当惑されたであろうが、ここでは欺きやすくまた本質的である。この要請によって、I方式とM方式の混同が避けられる。いいかえれば、そのおかげで、数学的事実と文字列としての定理との混同が避けられるのである。

素数の誤った特徴づけ

C型の定理からP型の定理に、次のような規則を提案して直接飛びつくことには、非常に心を動かされやすい。

提案された規則＝xをハイフンの列とする。
もしCxが定理でなければ、Pxは定理である。

この提案の致命的な欠点は、Cxが定理でないかどうかを調べることが、形だけによる「字形的」規則として明白に述べられてはいない、ということである。MUがMIUシステムの定理でないことを確かめるには、システムの外に出る必要がある――この提案された規則についても同じことがいえる。この規則は、非形式的な――すなわちシステム外の操作を要求することによって、形式システムの構想全体をひっくり返してしまう。字形的操作の(6)は、以前に見つけられた定理の山をさがすことを許している。しかしこの提案された規則は、仮想的な「非定理の表」の中を探すことを要求している。しかしそのような表を作るためには、何かシステム外の推論――かくかくの文字列がシステム内ではなぜ生成できないか、という推論を行わなければなるまい。なお、他の形式システムで、問題になっている非定理の表を純粋に形だけによる方法で生成できるものは、大いにありうる。実際、われわれの目標はまさにそのようなシステムを見つけることである。しかし、さっき提案された規則は形だけによる規則とはいえないので、除外しなければならない。

これはきわめて重要な点で、もう少し考察をつづける必要がある。われわれのCシステム（tqシステムとC型の定理を規定する規則とから成る）において、定理はCxという形をしている。ここでxはいつものようにハイフンの列を表している。ほかにCxという形の非定理もある（tt－Cqqのように、形のよくないごたまぜももちろん非定理であるが、私が「非定理」というときにはこのCxを意味している。）相違点は、定理はハイフンの個数が合成数であり、非定理は素数個のハイフンを含んでいる。定理はすべて共通の「枠」をもっている――すなわち、形だけによる規則の同じ組合わせから導かれる。すべての非定理も、同じ意味で、共通の「枠」をもっているだろうか？ 次にC型の定理の表を示す。生成過程は省いたが、ハイフンの個数を括弧に入れて示した。

C---- (4)
C------ (6)
C-------- (8)
C--------- (9)
C---------- (10)
C------------ (12)
C-------------- (14)
C--------------- (15)
C---------------- (16)
C------------------ (18)
・
・
・

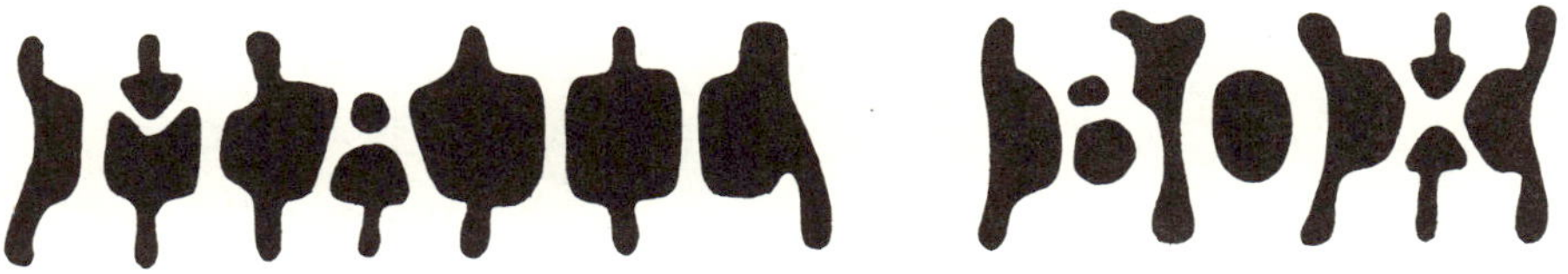

第 15 図

第 16 図　M. C. エッシャー『鳥で平面を埋めつくす』(1942 年のノートから)

この表での「穴」が非定理である。前の問いをくり返すと、これらの穴もまた、ある共通の「枠」をもつだろうか？　この表の中の穴であるということによって、すでに共通の枠をもっていると考えるのは妥当であろうか？　答は「然り」とも「否」ともいえる。そこにある種の字形上の性質があることは否定できない。しかしそれを「枠」と呼びたいかどうかは、はっきりしない。ためらう理由は、穴が消極的にしか定義されていない、ということである。それらは積極的に定義された表からぬけ落ちているものでしかない。

図と地

このことは、美術の方で有名な**図**と**地**との区別を思い出させる。図、あるいは「積極的な部分」（人の形、文字、あるいは静物など）が枠の中に描かれるとき、必然的な帰結として、それと補いあう形——「地」とか「バック」、「消極的な部分」などと呼ばれる——も描き出される。多くの絵画では、図と地の関係はたいした役割を果していない。芸術家は図に比べて地の方にはずっとわずかな関心しか示さない。しかしときには、芸術家は地にも関心を払う。

この図と地の区別を弄ぶ美しい文字体系がある。そのような文字で書かれた語句を第15図に示す。最初、これは何かでたらめなインクのしみの集まりのように見えるが、少し離れてしばらく見つめていると、全く突然、その中に七つの文字（レター）が見えてくる……。同じ効果が、私の絵『スモーク・シグナル』（第139図）にも見られる。これに関連して、読者は次のようなパズルを考えるかもしれない。図と地の両方に文字が含まれているような絵は描けないだろうか？

ここで、次の二種類の図を公式に区別することにしよう。それは筆記的に描ける図と、再記的な図とである。（ところで、これらは私個人の用語で、ふつうは使われない。）筆記的に描ける図とは、その地が、描く仕事のたんなる偶然的な副産物であるようなものをいう。再記的な図とは、その地がそれ自身図として見ることができるようなものである。ふつうこれは芸術家の側で非常に意図的になされる。「再記的」の「再」は、前景と背景の両方が筆記的に描ける——「二重に筆記的」であるという事実を表している。再記的な図の中の、図と地の境界線は、両刃の剣である。M・C・エッシャーは、再記的な図を描くことの大家で、たとえば彼の美しい再記的な鳥の図（第16図）を見るとよい。

われわれの区別は数学的な区別ほど厳密ではない。というのは、ある特定の地が図でないと、誰が決定的にいえるだろうか？　一度注目されれば、どんな地でもそれ自身の興味をそなえている。その意味では、どんな図も再記的である。しかしそれは、私がこの言葉で意図したことではない。認識できる形については自然で直観的な概念がある。前景と背景の両方が認識できる形になっているだろうか？　もしそうなら、その絵は再記的である。大部分の線画では、背景はまず認識不可能であろう。これは次のことを証明している。

> 認識可能な形であって、その消極的な部分は認識可能でないものが存在する。

これをより「技術的」な用語でいえば、次のようになる。

> 筆記的に描ける図であって、再記的ではないものが存在する。

前のパズルに対するスコット・キムの解答を、第17図に示した。これを私は『図と図の図』と呼ぶことにしたい。黒と白の両方を読

85 第17図　スコット・キム『図と図の図』(1975年)

むと、いたるところに「図」が見えるが、「地」はどこにもない！これは再記的な図の傑作である。この巧妙な絵の中で、黒の領域を特徴づける二つの異質な方法がある。

(1) 白の領域に対する消極的な部分として。
(2) 白の領域を修正した写しとして（白の領域を黒くぬり、移動することによって得られる）。

（『図と図の図』は、特殊な場合には、二つの特徴づけが同等になる——しかし黒白の絵ではたいてい、そうならないであろう。）第8章において、われわれは「字形的数論」（Typographical Number Theory　TNT）を創造するが、数論のすべての正しくない命題が同じように二つの方法でできるなら、それは非常に望ましいことである。

(1) TNTのすべての定理の集合に対する消極的な部分として。
(2) TNTのすべての定理の集合の修正された写しとして（TNTの各定理を否定して得られる）。

しかしこの望みは打ち砕かれる。なぜなら、

(1) 非定理の集合の中に、真実が見つかる。
(2) 否定された定理の集合の外に、ウソが見つかる。

これがなぜ、どのようにして起るかは、第9章でわかる。それまでは、その様子を絵で表した第18図について、じっくり考えておいていただきたい。

音楽における図と地

音楽における図と地を探す人もいるかもしれない。ひとつの類比は旋律と伴奏の区別である——なぜなら、旋律はいつもわれわれの注意の前面にあり、伴奏はある意味で補助的である。だからある楽曲の下の方の行にそれとわかる旋律が現れると、びっくりさせられる。そんなことはバロック以後の音楽にはそうめったに起らないことである。しかしバロック音楽、とりわけバッハでは、異なる行が、上でも下でも中間でも、みな「図」としての役割を果している。この意味で、バッハの作品は「再記的」と呼べる。

音楽には図と地の区別がもうひとつある。それはリズムの表と裏である。音符を「一―と、二―と、三―と、四―と」という拍子で数えるとき、旋律の音符はほとんど数の上にあたり、「と」のところにはこない。しかしときには旋律は、その純然たる効果のために、注意深く「と」の上に押しやられる。それはたとえばショパンのピアノ練習曲のいくつかに現れるし、バッハにも、とくに無伴奏ヴァイオリンのためのソナタやパルティータ、チェロのための無伴奏組曲に現れる。バッハはそこで二つ以上の音楽の流れが同時に進行するように工夫している。そのために、彼はときには独奏楽器に「重音奏法」をやらせている。またあるときは、ある声部をリズムの表におき、他の声部を裏において、それらが聞き分けられ、二つの異なる旋律が交互に出入りしてたがいに響きあうのが聞えるようにする。いうまでもないが、バッハの音楽の複雑さはこの程度に止まらなかった……。

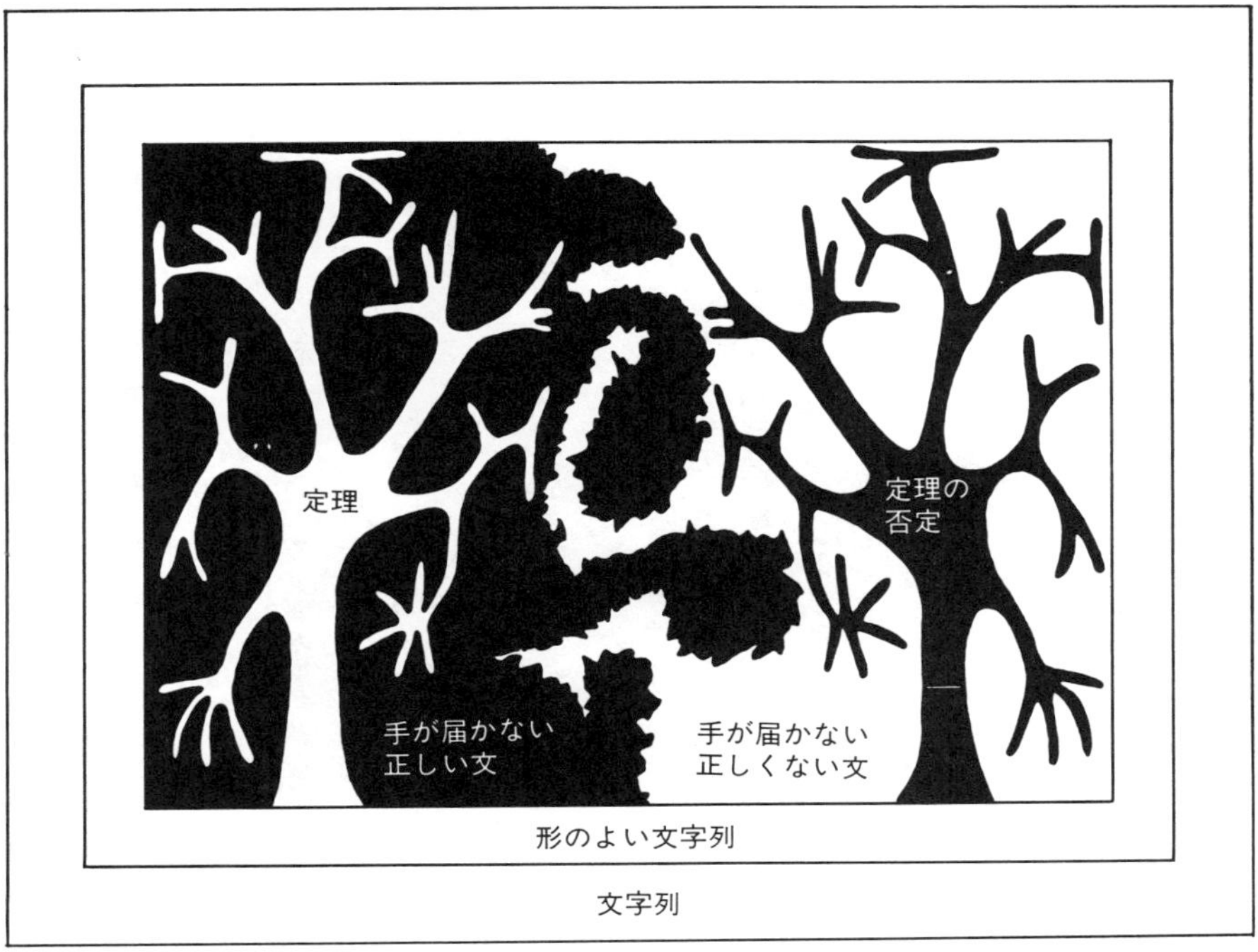

第 18 図　TNT の文字列のいろいろなクラスの間の関係を示すこの図には、その重要な特徴が視覚的にシンボライズされている。一番大きい箱は、すべての TNT 文字列の集合を表している。次に大きい箱は、TNT の形のよい文字列すべての集合を表している。その内側に、TNT の文の集合が含まれる。ここから話がおもしろくなる。定理の集合は、幹（公理の集合を表す）から伸び広がる木として描かれている。象徴として木を選んだのは、古い枝からたえず新しい枝（定理）が生えてくるという、再帰的な成長パタンを示せるからである。指のような枝は、木を制約している領域（正しい文の集合）の隅々にまで入りこんでゆくが、けっしてその全体を覆いつくすことはない。正しい文の集合と正しくない文の集合との境界は、全くでたらめに曲がりくねった海岸線を思わせる。この境界には、いくら調べても必ずさらにこみいった構造があり、有限な方法では、どうしても正確には記述できないほど複雑な線になっている（*Fractals* by B. Mandelbrot 参照）。反転した木の図は、定理の否定の集合を表している。それらはいずれも正しくないが、正しくない文の空間全体を覆いつくすことはできない。［図は著者自身による］

再帰的に可算な集合と再帰的集合

形式システムにおける図と地の概念の話に戻ろう。われわれの例では、積極的な部分の役割はC型の定理が果し、消極的な部分の役割は素数個のハイフンをもつ文字列が果している。これまでのところ、素数を形式的に表現するただひとつの方法は、消極的な部分としてである。しかし、どんなに複雑でもよいから、素数を積極的な部分――すなわち、ある形式システムの定理の集合として表現する方法はないのだろうか？

異なる人々の直観は、ここで異なる答を与える。積極的な特徴づけと消極的な特徴づけとの差に気づいたとき、私がどれほど当惑し、また興味をひかれたかを、私ははっきり覚えている。私は素数にかぎらず、どんな数の集合であろうと、消極的に表現できるものは、積極的にも表現できるだろうと思いこんでいた。私の信念の底にあった直観は、次の問いによっていい表される。「図とその地が正確に同じ情報をもってはいないということが、どうしてありうるのだろうか？」どちらも私には、全く同じ情報を含んでいるので、ただ二つの相互に補いあうしかたで符号化されているだけである、と思われた。あなたはどう考えるだろうか？

私は素数については正しかったが、一般には誤りであった。このことは私を驚かしたし、今でも驚かしつづけている。次のことは事実なのである。

> 形式システムの中には、その消極的な部分（非定理の集合）がいかなる形式システムの積極的な部分（定理の集合）にもなりえないものが存在する。

この結果は、ゲーデルの定理と同じ深さをもつことがわかっている――だから私の直観がひっくり返されたのも、驚くべきことではない。私は、二十世紀初めの数学者たちのように、形式システムと自然数の世界が実際以上に予見可能であると期待していた。もっと専門的な用語を使えば、次のように述べられる。

> **再帰的に可算**であるが、**再帰的**ではない集合が存在する。*

*「再帰的」はrecursiveの訳語で、情報科学で使われる。数学では「帰納的」という訳語が定着しているが、inductiveとの混同を避け、またre-cursive（前に「再記的」と訳した）との関連を生かすため、「再帰的」を採用した。

再帰的に可算（recursively enumerable――r・eと略記される）という用語は、われわれの芸術的概念「筆記的に描ける」の数学的対応物である。そして再帰的は、「再記的」の対応物である。ある文字列の集合がr・eであるとは、それが形だけによる規則で生成できることを意味している――たとえばC型定理の集合や、MIUシステムの定理の集合、実はどんな形式システムの定理の集合も、r・eである。このことは「芸術的な規則（それがどんな意味であろうと！）で生成できる線の集合」としての「図」の概念になぞらえられる。そして「再帰的な集合」は、その地も図であるような図に似ている――それはr・eであり、またそればかりかその補集合もr・eである。

右の結果から、次のことが導かれる。

> 形式システムの中には、字形的な決定手続きが存在しないもの

がある。

どうしてこのことが導かれるのだろうか？　非常に簡単である。字形的な決定手続きは定理を非定理から見わける方法で、そのような検定法があれば、次のようにしてすべての非定理を生成することができる。すべての文字列の表を上から順に調べて、ひとつずつ検定法を適用し、形のよくない文字列と定理とを捨ててゆく。これは非定理の集合を生成する形式的な方法になっている。ところが前の命題（ここでは信用して認めている）によれば、ある形式システムについてはそれは不可能である。したがって、ある形式システムに対しては、字形的な決定手続きが存在しないことが結論される。

合成数のように、ある形式的な方法で生成できる自然数の集合F（図　Figure）が見つかったとしよう。その補集合をG（地　Ground）とする――たとえば素数の集合である。これらF、Gをあわせるとすべての自然数になる。そしてFの中のすべての数を作り出す規則はわかっているが、Gについてはそのような規則はわかっていない。もしFの要素がいつも小さい順に生成できるものなら、われわれは必ずGを特徴づけることができる。これは重要なことである。問題は、多くのr・e集合が、要素をでたらめな順序で追加するようなしかたで生成されるので、ある数が長いこととばされていると、ちょっと待ったくらいではその集合に含められるのかどうかが、けっしてわからない、ということである。

われわれは芸術的な問い「すべての図形は再記的か？」に対して否と答えた。今わかったように、対応する数学上の問い「すべての集合は再帰的か？」に対しても、同じように否と答えなければならない。この観点から、とらえにくい言葉「形式」を眺めなおしてみよう。図=集合Fと、地=集合Gとを再びとりあげる。われわれは、集合Fの中のすべての数がある共通の「形式」をもっていることを認める。しかし集合Gの中の数について同じことがいえるだろうか？　これは奇妙な問いである。われわれが無限集合――自然数――から扱いはじめるときは、そのある一部分を取り除いて得られるたくさんの穴は、直接的な方法ではなかなか定義できないかもしれない。だからそれらの穴はどんな共通の性質あるいは「形式」によっても結びつけることができないかもしれない。この分析において、「形式」という言葉を使うかどうかは、趣味の問題である――しかしそれについてちょっと考えてみることは、なかなか挑発的である。ひょっとすると、「形式」という言葉の定義をやめて、直観的な流動性を残しておくのが最善である。

これらの事柄に関連して、考えてみるとよいパズルがある。読者は次の整数の集合（またはその反対の領域）の特徴づけができるだろうか？

1、3、7、12、18、26、35、45、56、……

この列はどんな意味で『図と図の図』に似ているだろうか？

地でなく図としての素数

結局、素数を生成する形式システムはどうなのだろうか？　どうすればよいのだろうか？　そのコツは、乗算をとび越えて、直接割りきれないことを積極的に表現することである。ある数が他の数をぴったり割れない（does not divide　DND）という概念を表現している定理は、次の公理図式と規則によって生成できる。

公理図式＝xyＤＮＤx、ここでxとyはハイフンの列である。

たとえばxを――に、yを―――に置き換えた―――――ＤＮＤ――は公理である。

規則＝もしxＤＮＤyが定理なら、xＤＮＤxyも定理である。

この規則を二回使えば、次の定理が生成できる。

―――――ＤＮＤ――――――――――――

これは「5は12を割れない」と解釈できる。しかし―――ＤＮＤ―――――――は定理ではない。これを生成しようとしてもうまくいかないのは、どうしてだろうか？

与えられた数が素数であるかどうかを判定するには、割りきれるかどうかについてある知識を積み重ねなければならない。とくにその数が、2、3、4、等々、その数から1をひいたものまでのどれによっても割れないことを確かめなければならない。しかし「等々」というような曖昧さは、形式システムでは許されない。われわれはものごとを正確に書き表さなければならない。われわれは「数ZはXまでの数では割れない(divisor-free　ＤＦ)」すなわち2からXまでのどんな数でもZが割りきれないということを、形式的な言語で表現する方法が欲しいのである。それは可能であるが、ちょっとした技巧が必要である。お望みならば、考えてみるとよい。

解答は次のとおりである。

規則＝もし――ＤＮＤzが定理ならば、zＤＦ――も定理である。

規則＝もしzＤＦxが定理であって、x―ＤＮＤzも定理であるなら、zＤＦx―も定理である。

これらの規則によって、割れない(divisor-free)という概念が把握されている。あとは、素数とは、それ自身から1をひいた数までのどの数でも割れない、ということを表現すればよい。

規則＝もしz―ＤＦzが定理ならば、Ｐz―も定理である。

Ｐは素数(Prime)を表す。ああ、2のことも忘れてはいけません！

公理　Ｐ――

これでおわかりのことと思う。素数を形式的に表現するための原理は、あと戻りの要らないしかたで割りきれるかどうかの判定が実行できるということである。まず2で割りきれるかどうかを確かめ、それから3、4、等々と、小さい順に着実に進んでゆけばよい。この「単調性」あるいは単一方向性――伸ばすことと縮めることの交錯がないことによって、素数性の把握が可能になったのである。前進―後退の無制限の干渉がありうるという形式システムの複雑さこそ、ゲーデルの定理、チューリングの停止問題、また再帰的に可算な集合は必ずしも再帰的でないというような、限定的な結果の根源である。

洒落対法題

アキレスが友にしてジョギング伴走者たる亀を自宅に訪ねたところ。

アキレス　こりゃすごい、すばらしいブーメランのコレクションじゃないか！
亀　なあに、こんなもの。亀なら誰でもこれくらいはもっているさ。さあ、客間のほうへはいってくれたまえ。
アキレス　うん。〔部屋の隅へ歩く〕レコードもずいぶん集めてるんだな。どんな音楽を聴くんだい？
亀　セバスティアン・バッハは悪くないと思うね。でも近頃、実はかなり特殊な類の音楽にだんだん関心をおぼえてきたんだ。
アキレス　どんな類の音楽だい？
亀　たぶんきみが聞いたこともないタイプの音楽さ。ぼくは「ステレオを壊す音楽」と称してる。
アキレス　「ステレオを壊す音楽」だって？　奇妙な概念だな。目に浮ぶよ。きみが大ハンマーを片手に、ステレオを次から次へとバラバラにぶち壊している様子がね。ベートーヴェンの雄大な傑作『ウェリントンの勝利』の旋律にあわせてさ。
亀　そういうんじゃないよ、これは。でも、本当の性格はそれと同程度に面白いと思うかもしれない。ちょっと説明してみようか？
アキレス　そうしてほしいと思ってたところさ。
亀　これに通じている人間はごく少なくてね。事の始まりはぼくの友だちの蟹が——ところで、あの男には会ったっけ？——彼がここへやってきたときなんだ。
アキレス　お近づきになれたら嬉しいね、ほんと。噂はずいぶん聞いているけれど、会ったことはないから。
亀　遅かれ早かれ引きあわせるよ。すごく相性がいいんじゃないかな。そのうち公園でばったり出会うなんてのもいいし……
アキレス　名案だ！　楽しみにしているよ。ところでなにやら妙な「ステレオを壊す音楽」の話じゃなかったかい？
亀　そうそう。つまりだ、蟹がある日遊びにやってきた。なにしろあいつは気のきいた機械装置にはつねづね目がないんだが、その頃はなかんずくプレーヤーに夢中だった。ちょうど初めてのプレーヤーを買ったばかりで、かなり人の話を真に受けやすいものだから、セールスマンのいうことをことごとく信じていた——とりわけ、そのプレーヤーがいかなる音をも、ありとあらゆる音をも再生するなんて話を。要するに、それが完璧なステレオだと信じ込んでいたわけさ。

アキレス　当然、きみはそうじゃないといったんだろ。

亀　むろんそうだが、相手はこっちの論法に耳を貸さない。いかなる音も自分の機械で再生可能だと、かたくなに主張する。どうにも納得させることができないので、そのままにしておいた。ところがそれからまもなく、こっちから遊びにいったとき、ぼくがみずから作曲した歌のレコードをたずさえていった。歌の題は『わたしはプレーヤー1ではかからない』というんだがね。

アキレス　ずいぶん変ってるな。蟹へのプレゼントかい？

亀　そのとおり。新しいプレーヤーで聴いてみようじゃないかというと、そいつはありがたいと大喜びさ。そうして彼がレコードをかけた。ところが不運、音符が二つ三つ出たと思ったら、プレーヤーが猛然と震動しはじめ、それから「ぱーん」と、でかい音もろともたくさんの小さな破片に分解し、部屋中にちらばってしまったんだ。レコードもこなごなになったのはいうまでもない。

アキレス　大災害じゃないか、可哀想に。そのプレーヤーはどこが異常だったんだい？

亀　いやいや、なにも異常はないんだ、ぜんぜんなにも。ただ、ぼくのもっていったレコードの音を再生できなかっただけさ、なぜならそれはプレーヤーを震動させて壊してしまう音だったんだ。

アキレス　妙な話だな。つまり、それは完璧なステレオだったんだろ。そうセールスマンはいったわけだ、ともかくも。

亀　アキレス、まさかきみはセールスマンのいうことをすべて信じはしないだろうな！　それとも蟹みたいにうぶかい？

アキレス　蟹のほうがはるかにうぶだよ！　セールスマンが口達者だってことぐらいは知っているさ。赤んぼじゃあるまいし！

亀　そういうことなら、くだんのセールスマンが蟹のプレーヤー装置の性能をいささか誇張したってことは想像がつくだろ……たぶん完璧にはほど遠くて、ありとあらゆる音を再生できるしろものではなかった。

アキレス　そういう説明もつくだろうな。しかし、きみのレコードにまさしくそうした音がはいっていたという驚くべき偶然は説明のしようがない……

亀　故意に入れたのではないかぎりね。実は、蟹のところへいく前に、蟹がその機械を買った店へ出むいて、型を尋ねたんだ。それを確かめてから、製造元へいってそのデザインの品を注文した。小包でそれを受け取ってから、そのステレオの全構造を分析し、そうして、ある一組の音を近くで出してやると、その装置が震動しはじめ、ついにはばらばらになるということを発見したわけだ。

アキレス　ひでえやつだ！　あとはこまごま報告してくれなくていい。つまり、そういう音を自分で録音して、卑劣な品を贈り物として差し出した……

亀　すげえ！　こっちの話の先をわかっちまうんだから！　ところがどっこい、冒険談はそれで終ったわけじゃない。なにせ蟹は自分のプレーヤーに欠陥があったなんて思わないんだからな。そうとうの頑固者だ。そこで出かけていって新しいプレーヤーを買った、ぐっと値の張るのを。今度はセールスマンが受け合ったもんだ、もし厳密に再生できない音を蟹がみつけたら金を二倍にして返すとね。それで蟹は興奮しながら新しいモデルのことをぼくに話す、だから見にいこうと約束した。

アキレス　間違っていたらいってくれ——きっと見にいく前に、また製造元へ手紙を出して、『わたしはプレーヤー2ではかからない』という新曲を作って録音したんだろ、新しい型の構造に基づいて。

亀　まったくもってすばらしい推論だ、アキレス。実に冴えてるじゃないか。

アキレス　それで今度はどうなった?

亀　お察しのとおり、まさしく同じさ。ステレオが無数の破片にちらばって、レコードはこなみじん。

アキレス　したがって、蟹はついに、完璧なプレーヤーというものは存在しえないと納得した。

亀　ところが驚き、そうじゃないんだ。やっこさん、もうひとつ上の型なら申し分ないだろうと思い込み、例の倍額を手にしたものだから、またまた——

アキレス　ははーん——わかった!　むこうは簡単にきみを出し抜くこともできたのになあ、低性能のプレーヤーを手に入れれば——つまりそれを壊す音を再生できないようなプレーヤーをだ。そういうふうにすれば、きみの策略にひっかからないわけだ。

亀　たしかにそうだが、しかしそれではもとの目的が台無しになる——すなわち、いかなる音をも、たとえそれ自身を破壊する音をも再生しうるステレオを所有するという目的がだ。むろん、それは不可能だけれど。

アキレス　なるほど。そのジレンマが見えてきたよ。いかなるプレーヤーも——かりにプレーヤーXとしておこうか——充分に高性能であるならば、それが『わたしはプレーヤーXではかからない』という歌を演奏しようとするとき、それ自体の破壊を引き起すような震動を起す……だからそれは完璧であることができない。しかしながら、その策略を回避する唯一の方法、すなわちプレーヤーXが低性能であることは、それが完璧でないことをさらに直接的に保証する。どうやらすべてのプレーヤーはその脆さのどちらか一方を免れえないのだから、したがってすべてのプレーヤーには欠陥があるということになる。

亀　どうして「欠陥がある」といえるかな。できるはずだとこっちが期待することをすべてできはしないというのは、たんにプレーヤーの本質的事実だ。もしどこかに欠陥があるとすれば、それはプレーヤーにあるのではなく、プレーヤーにできるはずだと期待するこちらの思い込みにあるんだぜ!　そして蟹は、そういう非現実的な期待に胸をふくらませていたわけだ。

アキレス　蟹のやつが憐れでならないよ。高性能にしろ低性能にしろ、どのみち勝てっこないんだから。

亀　そうしてわれわれのゲームはこんなふうにもう何回かつづいて、そのうち向こうも頭を使うようになった。こっちのレコードの基になっている原理をどこからかかぎつけて、一枚上をいってやろうと決心した。製造元に手紙を書き、自分の創意になる装置をしかじかしたため、その明細にしたがって製造元が装置を作ったんだ。彼はそれを「プレーヤー・オメガ」と名づけてね。ふつうのプレーヤーとは比べものにならないくらい凝ったしろものさ。

アキレス　当ててみようか。可動部がないのかな?　それとも綿製かな?　それとも——

亀　いや、いわせてもらうよ。そのほうが時間の節約になる。まず第一に、プレーヤー・オメガはテレビカメラを内蔵し、どんなレコードでも演奏する前に映像に映してしまう。このカメラは小型の内蔵コンピュータに連結され、コンピュータがレコードの溝のパタンを見て、音の性質を正確に察知するわけだ。

アキレス　なるほど、そこまではいい。しかしプレーヤー・オメガはその情報をどう処理する？

亀　緻密な計算によって、小型コンピュータはその音がステレオにいかなる作用をおよぼすかをはじき出す。もしその音が現構造の機械を破壊する原因になるとコンピュータが推論すれば、その場合は実に巧妙なことをやってのける。オメガ君にはプレーヤー部の大部分を解体し、かつ新たに再組織できる装置が組み込まれているから、実質的に全構造を変えられるわけだ。音が「危険」である場合には、新たな構造が選ばれる、つまりその音がなんら脅威とならないような構造がね。そしてこの新構造が小型コンピュータの指令のもとで、再構成部によって組み立てられる。この再組織の後にはじめて、プレーヤー・オメガはレコードを演奏しようとするのさ。

アキレス　ふふーん。それで君の策略も終ったってわけか。ちょっぴり残念だったろ。

亀　そんなふうに思うなんて妙だな……どうやらきみは、ゲーデルの不完全性定理を知らないんだな？

アキレス　誰の不完全性定理だって？　そんなものは聞いたこともないね。それも魅力があるけれど、「ステレオを壊す音楽」のほうをもっと聞きたいな。なかなか愉快な話じゃないか。実のところ、結末は推測できる。続行してもだめなのは明らかだから、きみはしぶしぶ敗北を認めた、つまりはそういうことだろ。まさにそうなんだろう？

亀　おや！　もう真夜中だぜ！　そろそろ寝なくちゃ。もう少し話をしたいけど、ほんといって眠くなってきたよ。

アキレス　こっちもだ。さて、帰るとしようか。〔戸口までいき、急に立ち止って、くるりとふり返る〕おっと、なんとばかな、忘れるところだった。きみにちょいとしたプレゼントをもってきたんだ。ほら。〔丹念に包んだ小さな包みを亀に手渡す〕

亀　忘れちゃ困るよ、まったく！　いや、ほんとにありがとう。開けていいだろうね。〔嬉々として包みを開くと、なかはガラスの杯（ゴブレット）〕これはまた高級な杯じゃないか！　ぼくがとりわけガラスの杯に目がないってこと、知ってたのかい？

アキレス　ぜんぜん。なんとも愉快な偶然の一致だ！

亀　実はね、もし内緒にしておいてくれるなら、打ち明けたいことがあるんだ。ぼくは完璧な杯を探しているのさ、形にいかなる欠陥もない杯をね。ちょいとしたもんだぜ、もしこの杯が――Gと名づけようか――それだとしたら。教えろよ、どこで杯Gに出くわしたんだい？

アキレス　悪いけど、それはこっちの秘密さ。でも製作者が誰かは知りたかろうね。

亀　教えてくれよ、誰だい？

アキレス　有名なガラス吹き職人、ヨハン・セバスティアン・バッハのことは聞いたことがあるかい？　いや、正確にはガラス吹きで有名だったわけじゃない――でも趣味としてその芸をたしなんでいた、誰ひとり知らないことだがね――で、この杯は彼が吹いてこしらえた最後の作だ。

亀　文字通り彼の最後の作かい？　こいつは驚き。もしほんとうにバッハの作なら、値がつけられないくらいのものだ。それにしてもどうして製作者がわかる？

アキレス　内側の銘刻を見ろよ――B、A、C、Hの文字が刻んであるのがわかるだろう?

亀　たしかに! こりゃとんでもない品だ。〔そっと杯Gを棚にのせる〕ところで、バッハの名前の四文字がそれぞれ音符の名称だってことは知っていたかい?

アキレス　まさか、そんな。音符はAからGまでしかないじゃないか。

亀　そのとおり。たいていの国ではそうだ。しかしバッハの祖国ドイツでは、似たような慣習なんだけれども、ただ例外があって、われわれがBと称するのをHと称し、Bフラット〔変ロ〕と称するのをBと称するんだ。たとえば、われわれはバッハの『Bマイナー・ミサ』(『ロ短調ミサ』)というけれど、それを『Hモル・メッセ』というわけだ。わかるかい?

アキレス　……ううん……わかると思う。ちょっとこんがらかるな。HはB、BはBフラット。すると彼の名前はちゃんと旋律になるわけか。

亀　奇妙だが本当だ。事実、その旋律を、彼の最も精緻な音楽作品のひとつの中へ巧妙に入り込ませている――つまり、『フーガの技法』の最後のコントラプンクトゥスのなかへ。これはバッハが書いた最後のフーガだ。ぼくはこれを初めて聴いたとき、どう終るのか見当もつかなかったね。突然、なんの警告もなしに、ふっと中断するんだよ。そしてそれから……死んだような静寂。ぼくはすぐさま、そこでバッハが死んだのだと理解した。とても言い表せないくらい悲しい瞬間だ。そしてそれがぼくに及ぼした効果は――もうどうしようもないって感じ。とにかく、B―A―C―Hはそのフーガの最後の主題なんだ。それが曲のなかに隠されている。バッハははっきり指摘していないけれど、しかしそのことを知っていれば苦もなく見つけられるね。ほんと――いろいろなものを巧妙に隠す手がたくさんあるんだな、音楽には……

アキレス　……**げ**んに詩がそうだ。**え**てして詩人はそれとよく似たことをしたものさ(この頃ははやらなくなったけど)。**で**、たとえばルイス・キャロルは、各行の最初の文字(あるいは字体)にしばしば言葉や人名を隠し入れて詩を書いた。**る**いれいもずいぶんあって、そんなふうにしてメッセージを隠す詩を「アクロスティック」というんだ。

亀　**バ**ッハもときどきアクロスティックを書いているけど、意外じゃないね。**つ**まり、対位法とアクロスティックは隠された意味のレベルをもっているから、おおいに共通するところがある。**は**んめん、たいていのアクロスティックは隠れたレベルをひとつしかもたない――もっとも二階建をこしらえることができないという理由はないがね――アクロスティックにもうひとつアクロスティックを重ねて。**え**もいわれぬ「アクロス対位ティック」なんてのもできそうだ――最初の文字を逆につなげていくとメッセージになるような。**つ**くれそうだよ! **し**かも、この形式の孕む可能性にはかぎりがないね。**や**やこしいけど、それは詩人にしかできないことじゃない。**ア**クロスティックは誰にだって書けるんだ――対話劇作家にだって。

アキレス　鯛(たい)は劇作家? 初耳だね。

亀　聞き違えるなよ。「対話劇作家」といったんだぜ、つまり対話劇を書く書き手だ。ふむふむ……ちょいと思いついたぞ。対話劇作家がJ・S・バッハに捧げる対位法的アクロスティックを書くという稀有な出来事において、自分の名前をアクロスティックにし

第 19 図　バッハ『フーガの技法』最終ページ。息子C. P. E. バッハの手になる原譜には、次のように書かれている。「備考。このフーガを採譜中、B. A. C. H. の名が対偶主題として提示されるところで、作曲者は死去した。」(黒枠で囲ったB-A-C-H)私はバッハの最後のフーガのこの最終ページを、彼の墓碑銘と考えたい。[インディアナ大学で開発されたドナルド・バードのプログラム“SMUT”によりプリント]

て織り込むほうがふさわしいとは思わないかい――あるいはバッハの名をさ。いやいや、そんな浮ついたことは考えるな。そういう作を書こうという気になったからには、自分で決められる。さて、さっきのバッハの旋律の名だが、B―A―C―Hという旋律は、上下さかさまにして後戻りに演奏すると、もととまったく同じになるということは知っていたかい？

アキレス　上下さかさまに演奏できるものなんてありうるかい？後戻りにというのはわかるよ――つまりH―C―A―Bだ――しかし、上下さかさまにってのは？

亀　ほんとにまあ、きみは懐疑派だなあ。じゃあ、ひとつ弾いてみせよう。いまヴァイオリンをとってくるから――〔隣りの部屋へ消え、すぐに古風なヴァイオリンをかかえてもどってくる〕――これで前からと後戻りと両方の方向からとを弾いてみせよう。さてと――〔『フーガの技法』の楽譜を譜面台に置き、最後のページを開く〕……最後のコントラプンクトゥスがこれ、最後の主題がこれ……

亀は弾きはじめる。B―A―C―ところが最後のHを奏するうちに、突然、なんの警告もなしに、ガチャーンという音が乱暴に演奏をさえぎる。亀とアキレスがくるりとふり返るちょうどそのとき、ほんのさきほどまで杯Gのあった棚から無数のガラスの破片が床にばらばらちらばるのが見える。そしてそれから……死んだような静寂。

［第4章］
無矛盾性、完全性、および幾何学

隠された意味と明示された意味

第2章においてわれわれは、規則に支配されている記号と現実世界のものごととの間の同型対応が存在する場合に意味がどのように立ち現れるかを、少なくとも形式システムの比較的簡単な文脈において観察した。同型対応が複雑になると、一般に、記号から意味を抽出するためにはより複雑な「装置」――ハードウエアもソフトウエアも――が必要になる。もし同型対応が非常に簡単な（あるいはよく慣れている）ものであれば、それによって理解できる意味は明示されているといいたくなる。われわれは同型対応を意識せずに意味がわかるのである。最もあつかましい例は人間の言語であって、人々はしばしば意味を言葉それ自身に帰属させ、言葉に意味を満たしてくれる非常に複雑な「同型対応」のことには全く気づかない。これは十分犯しやすい過ちである。その過ちのために、すべての意味が対象（言葉）に帰せられ、対象と現実世界とを結ぶ輪には帰属させない。これは、二つの物質の衝突が必ず音を伴うという素朴な思いこみになぞらえられるかもしれない。これは誤りである。二つの物質が真空中で衝突した場合には、音は全く起らない。ここでもまた、過ちは音を衝突だけに帰着させ、物質から耳への伝送の媒体の役割を見落すことから生じている。

ここで私は「同型対応」という言葉を「」で囲って使用した。それは、この言葉を批判的に使わなければならないことを示すためである。人間の言語の理解の底にある記号処理は、典型的な形式システムでの記号処理よりもはるかに複雑なので、もしわれわれが意味を同型対応に媒介されるものとして考えることをつづけたいなら、われわれは同型対応とは何でありうるかということについて、これまでよりはるかに柔軟な考え方を採用しなければならなくなるであろう。私の考えでは実は、「意識とは何か」という問いに答えるにあたって、意味の底に横たわっている「同型対応」の性質を解き明かすことが不可欠の要素となるであろう。

「洒落対法題」の明示された意味

以上のことはすべて、「洒落対法題」についての議論――意味のレベルの研究について議論をするための準備である。この対話には、明示された意味と隠された意味とがある。最も明らかに示されている意味は、述べられている話の筋道である。この「明示された」意味は、やかましくいえば、紙の上の黒い印から話の中の出来事を理解するには信じられないくらい複雑な頭脳の働きが要求されるという意味で、きわめて深く隠されている。しかしながら、われわれは話の中の出来事を対話の明示された意味と考え、また本書の読者は誰でも、紙の上の印からその意味を吸いとるのに、ほぼ同じ「同型対応」を使用している、と仮定する。

そうだとしても、話の明示された意味について、私はもう少しだけはっきりさせておきたい。まずプレーヤーとレコードについて述べよう。主な点は、レコードの溝の意味には二つのレベルがある、ということである。第一のレベルは音楽のレベルである。では「音楽」とは何だろうか——空気の振動の列だろうか、それとも頭脳の中のひとつながりの感情的反応であろうか？　それらの両方である。しかし感情的反応が生ずる前に、振動がなければならない。ところで振動は溝から、プレーヤーという比較的単純な装置によって「引っぱり」出される。実際、針を溝の中におろして引っぱればよいのである。この段階のあと、振動は耳によって頭の中の聴覚神経細胞の活動へと転化される。それから頭の中でいろいろな段階を経て、ひとつながりの振動が少しずつ、相互に作用しあう感情的な反応の複雑なパタンへと変換される——残念ながら、ここで立ち入るにはあまりにも複雑すぎる。だから空気中の音を、溝の「第一のレベル」の意味と考えることで満足することにしよう。

溝の第二のレベルの意味とは何であろうか？　それはプレーヤーに及ぼされる振動の列である。この意味は、空気の振動がプレーヤーの振動を引き起すのであるから、第一のレベルの意味が溝から引き出されてはじめて発生する。したがって、第二のレベルの意味は次の二つの同型対応の鎖に依存している。

(1)　溝のパタンと空気の振動との間の同型対応

(2)　空気の振動とプレーヤーの振動との間の同型対応

この二つの同型対応の鎖は第20図に図解されている。同型対応1が第一のレベルの意味を生み出すことに注意しておこう。第二のレベルの意味は第一のレベルの意味ほどは明示的でない。それは、第二のレベルの意味は二つの同型対応の鎖によって媒介されているからである。「逆噴射」を起してプレーヤーを破壊するのは、この第二のレベルの意味である。おもしろいことに、第一のレベルの意味の生成は、第二のレベルの意味の生成を同時に引き起す——第二のレベルなしの第一のレベルはどうしても作れない。だからレコードが自分自身に立ち向い、破壊してしまうのは、レコードの隠された意味なのであった。

同じような注意が杯（ゴブレット）にもあてはまる。ひとつの違いは、アルファベットから音符への対応という、「転写」とも呼ぶべき、同型対応のもうひとつのレベルがあることである。そのあとに音符から音楽への転化——「翻訳」がつづく。それから、振動が杯に逆に働く。これは振動がプレーヤーの高級化する列に働きかけたのと全く同じである。

「洒落対法題」の隠された意味

この対話の隠された意味についてはどうだろうか？（複数個の意味がまちがいなくある）最も単純なものは、すでに前段で指摘された——すなわち、対話の前半と後半とは、お互いにほぼ同型である＝プレーヤーはヴァイオリンになり、亀はアキレスに、蟹は亀に、それから溝は刻まれた署名になっている、等々。この単純な同型に

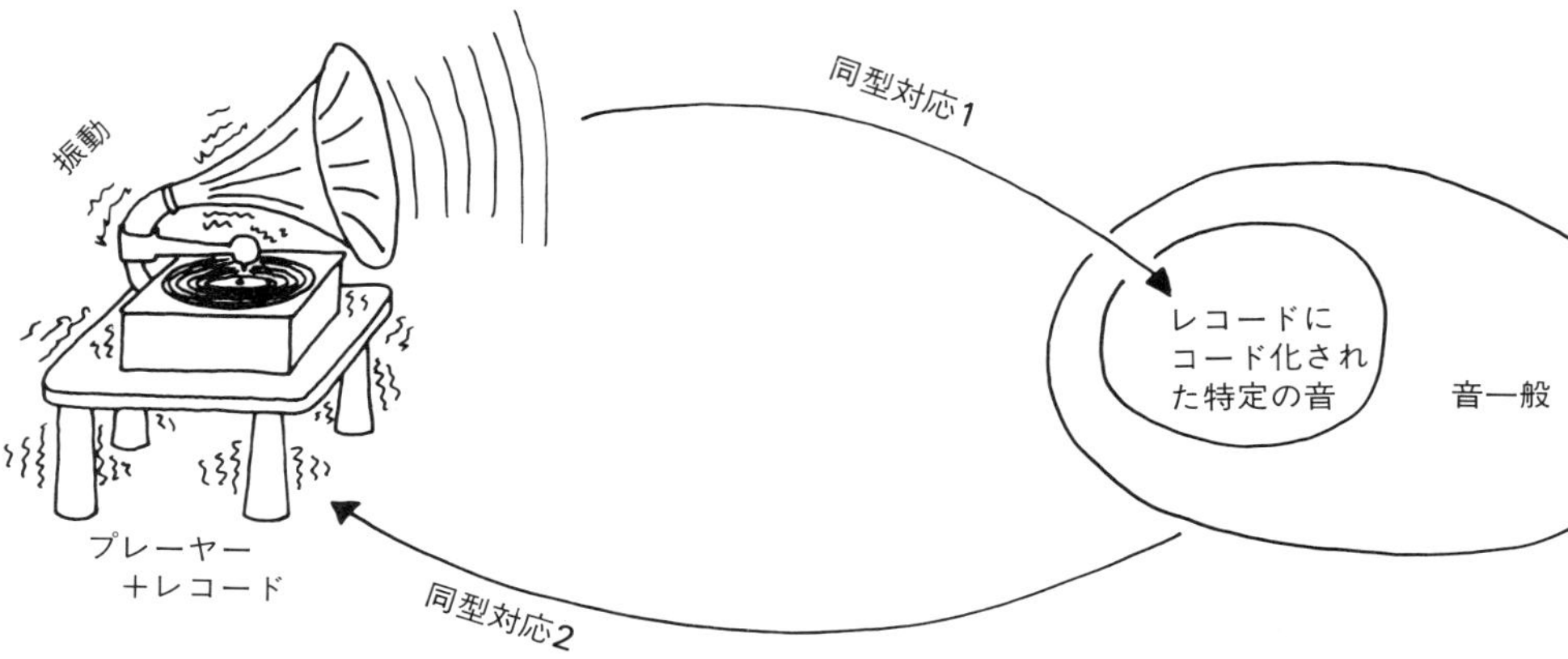

第 20 図　ゲーデルの定理の底にある原理の視覚的表現。背中合せになった２つの対応づけが、意外なブーメラン効果をもっている。溝のパタンから音へという最初の対応づけは、プレーヤーによってなされる。第２の、音からプレーヤーの振動へという対応づけは一般的なものだが、ふつうは無視される。第２の対応づけは、最初のとは独立に存在することに注意しておこう。プレーヤーそのものが発する音だけでなく、近くのどんな音でもプレーヤーの振動をひき起すからである。ゲーデルの定理をもじっていえば、どんなプレーヤーに対しても、それにかけることのできないレコードが存在する。無理にかけようとすると、間接的な自己破壊を起してしまうからである。

注目しさえすれば、もう少し先まで進める。話の前半では、亀はすべての災いの犯人であるが、後半では、彼は被害者である。何たることか、彼自身の方法が向きを変えて、自分に逆噴射をしかけたのである！　レコード音楽の、あるいは杯の銘の逆噴射――はたまた亀のブーメランの蒐集が思い出されるだろうか？　全く、そのとおりである。この話は次の二つのレベルでの逆噴射にかかわっている。

レベル１　逆噴射するレコードと杯。
レベル２　逆噴射を引き起す隠された意味を利用する、亀の悪魔的方法――それが逆噴射する。

そこでわれわれは、この話の二つのレベルの間に同型対応を構成することさえできる。その場合、レコードや杯がブーメランのように舞い戻って自分自身を破壊するしかたと、舞い戻って結局亀をやっつけた、亀自身のひどいやりかたとが結びつけられる。このように見ると、この話はそれ自身、そこで論じている逆噴射の一例になっている。だからわれわれは「洒落対法題」を、それ自身の構造がそこで描かれている事件と同型である点において、間接的に自分自身に言及していると考えることができる。（杯とレコードが、演奏および振動の発生という二つの背中合わせの同型対応を経由して自分自身に暗黙のうちに言及しているのと全く同様である。）この事実に気づかずに対話を読む人ももちろんいるかもしれない――しかしこの事実はずっとそこに存在している。

「洒落対法題」とゲーデルの定理との対応

いま、少し目まいを感じている読者もおられるかもしれない――

しかし一番おもしろいところはまだこれからである。（実際、隠された意味のあるレベルはここではとりあげられない――読者自身でさぐり出すために残しておかれる。）この対話を書いた最も深い理由は、ゲーデルの定理を説明するためであった。この定理は、序論の中で述べたように、数論の命題の意味の二つの異なるレベルに強く依存している。「洒落対法題」の前半と後半とは、どちらもゲーデルの定理の「同型な写し」である。この対応は対話の中心的な着想であり、かなり苦心して作り上げられたものであるから、次に注意深く表にまとめた。

プレーヤー	⇕	数論の公理系
音の悪いプレーヤー	⇕	「弱い」公理系
高精度（ハイ・ファイ）のプレーヤー	⇕	「強い」公理系
「完全な」プレーヤー	⇕	数論の完全な体系
プレーヤーの設計図	⇕	形式システムの公理と推論規則
レコード	⇕	形式システムの文字列
かかるレコード	⇕	公理系の定理
かからないレコード	⇕	公理系の非定理
音	⇕	数論の正しい命題
再生可能な音	⇕	体系の定理の解釈
再生不可能な音	⇕	定理でない、正しい命題
歌の題名＝『わたしはプレーヤーXではかからない』	⇕	ゲーデルの文字列の隠された意味＝「わたしは形式システムXでは生成できない」

これはゲーデルの定理と「洒落対法題」の間の同型対応のすべてではないが、その核心部分である。読者はいまゲーデルの定理が十分理解できなくても、心配には及ばない――そこまで達するのに、まだ何章か進まなければならない！　しかしながら、この対話を読んで、それに必ずしも気づかないとしても、読者はゲーデルの定理の香りのいくぶんかをすでに味わっているのである。「洒落対法題」の中に他の型の隠された意味を探すことは、お任せしよう。Quaerendo invenietis!（「求めよ、さらば見出さん！」）

『フーガの技法』

『フーガの技法』について一言……バッハの生涯の最後の年に作曲されたこの曲集は、ひとつのテーマに基づく十八のフーガから成っている。おそらく、『音楽の捧げもの』を書いたことが、バッハに霊感を与えた。彼はもっと簡単なテーマについてフーガのもうひと組を作曲して、この形式に本来備わっている可能性の全領域を明らかにしようと決心した。フーガの技法の中で、バッハは非常に簡単なテーマを可能なかぎり最も複雑な形で使用している。全体がひとつの調で書かれていて、大部分が四声のフーガである。曲はしだいに表現の複雑さと深さを増してゆく。終り近くでは、作品は複雑さの極みに舞い上がってゆくので、それ以上つづけられないのではないかと疑われるくらいである。しかしバッハはつづけた……最後のコントラプンクトゥスまで。

『フーガの技法』の（いわばバッハの生命の）中断を引き起した事情は、次のとおりである。彼の視力は長年彼を苦しめていたので、バッハは手術を希望した。手術は実行されたが、結果はひどく悪く、結局彼は彼の生涯の最後の一年の大部分、視力を失っていた。しかしこのことは、彼の記念碑的な計画の精力的な実行をやめさせることはできなかった。彼の目標は、フーガの書きかたの完全な展示を構成することであり、複数個のテーマの利用はその重要な一面であった。最後のひとつ前のフーガとして計画したものの中に、彼は自分の名前を音符に置き換えて第三のテーマとして挟みこんだ。しかしながら、まさにこの段階で、バッハの健康はあまりにも不安定になり、彼はこの大事な計画の実行をあきらめざるをえなかった。病気中に、彼は義理の息子に最後のコラール・プレリュードを苦労して口述したが、このことについてバッハの伝記作家フォルケルは次のように記している。「その中の敬虔な忍従と献身の表現には、演奏するたびにいつも感動させられた。だから私は、このコラールと、最後のフーガの結末のどちらをよけいに惜しむか、何ともいうことができない。」

ある日、何の前ぶれもなしに、バッハの視力が甦った。しかし数日後、彼は発作に襲われて、十日後に死んだ。『フーガの技法』の不完全性は、他の人々の思索にゆだねられた。これはバッハが自己言及に到達したために、そうなったのであろうか?

ゲーデルの定理がひき起す問題

亀はどんなに強力なプレーヤーでも、レコードから可能な音をすべて再生できる、という意味では完全でないといっている。ゲーデルはどんなに強力な形式システムでも、すべての正しい命題を定理として再生できるほど完全ではない、といっている。しかし亀がプレーヤーについて指摘しているように、この事実が欠点と思われるのは、形式システムができる事柄について非現実的な期待をもつ場合にかぎられる。しかしながら、今世紀初めの数学者たちはまさにそのような非現実的な期待をもっていたのであって、公理的な推論によってすべての病いが癒されると考えていた。そうでないことがわかったのは、一九三一年である。ある形式システムにおいて真実性が定理性を超越しているという事実は、そのシステムの「不完全性」と呼ばれる。

ゲーデルの証明法について最も当惑させられる事実は、見たところ「カプセルに詰められる」とは思えない推論方法を彼が使うことである——その方法は形式システムに容易に組みこまれようとしない。そんなわけで、最初は、ゲーデルがこれまでに知られていなかった、しかし非常に重要な、人間の推論と機械的な推論との相違を掘り起したように見える。この生きている系と生きていない系との能力の不可思議な差は、正しいという概念と定理性との差を反映している……あるいは少なくとも、これが当面する状況の「ロマンティック」な見かたではある。

修正pqシステムと矛盾

状況をもっと具体的に見るために、形式システムにおいて意味が同型対応に媒介されるのはなぜであり、またどのようにしてかを、さらに深く観察しておかなければならない。そして、それによって状況をさらにロマンティックに見る見方に導かれる、と私は思う。そこで、意味と形式の間の関係のある側面をさらに研究することに進みたい。われわれの第一歩はわれわれの古き友、pqシステムをほんのわずか修正して新しい形式システムを作ることである。われわれは次の公理図式をひとつつけ加える(もとの公理図式と推論規則はそのままである)——

公理図式II＝もしxがハイフンの列ならば、xp―qxは公理である。

すると明らかに、――p―q――は新しいシステムでのひとつの定理であり、――p――q―――も定理になる。またそれらの解釈は、それぞれ「2たす1は2」、「2たす2は3」となる。われわれの新しいシステムは（文字列を文と考えれば）たくさんの正しくない文を含んでいる。このようなわけで、われわれの新しいシステムは外の世界と矛盾している。これだけではまだ不十分だとでもいうように、この新しいシステムには内的な問題もある。―p―q――（古い公理）と―p―q―（新しい公理）のように、たがいに食い違う文が含まれているからである。だからわれわれのシステムは第二の意味、すなわち内的にも矛盾を含んでいる。

それなら現時点でできるただひとつの合理的なことは、この新しいシステムを追放することであろうか。とてもそうはいえない。私はこれらの「矛盾」を注意深く人をたぶらかすしかたで提示したので、はっきりいえばわざと誤解を招くように、いいかげんな議論をできるだけ強力に述べようと努めてみた。実際、私がいったことに誤りを見つけられたとしても不思議はない。致命的な誤りは、新しいシステムを解釈するのに、古いシステムに用いたのと同じ言葉を何の疑いもなく採用したことである。前の章でそれらの言葉を採用した理由はただひとつであったことを思いだしてほしい。その理由とは、記号がその解釈によって結びあわされた概念と同型にふるまう、ということである。しかしシステムを支配する規制を変更すると、同型対応を損う破目に陥る。それは避けることができない。だからさっき嘆いたすべての問題は、にせの問題なのである。それらは、そのシステムのある記号を適切に解釈してやれば、たちまち消滅してしまう。ここで「ある」という言葉に注意してほしい。すべての記号に新しい概念を対応させる必要はない。ある記号はその「意味」を十分よく保存し、他のあるものは変化する。

無矛盾性の回復

たとえば記号qの解釈だけを変えて、他はもとのままにしておくとしよう。とくに、qを「は、よりも大きいか等しいことの」と解釈してみよう。するとわれわれの「矛盾する」定理―p―q―と―p―q――は「1たす1は、より大きいか等しいことの1」と「1たす1は、より大きいか等しいことの2」のように無害な文になる。外の世界との矛盾と、内的な矛盾とが同時に排除された。また、この新しい解釈は意味のある解釈である。もちろんもとの解釈は無意味である。詳しくいえば、新しいシステムに対しては無意味であり、もとのpqシステムに対してはそれでよい。しかしもとの解釈は新しいシステムに対しては、古いpqシステムに「馬―りんご―幸せ」式の解釈を適用するのと同じくらい、不適切で恣意的に見える。

ユークリッド幾何学の歴史

読者の隙をついて、少しばかり驚かしてみようと試みてはみたものの、記号で言葉をどんなふうに解釈すればよいかということについてのこの練習は、こつさえつかめればそれほどむずかしくは見えないであろう。事実、それはやさしい。またそれにもかかわらず、それは十九世紀の数学者のすべてにとって最大の教訓のひとつである！　この問題のそもそもの始まりはユークリッドであった。彼は紀元前三百年頃、当時平面および立体の幾何学について知られてい

第 21 図　M.C. エッシャー『バベルの塔』(ウッドカット、1928 年)

たことのすべてを編纂し、組織化した。その成果であるユークリッドの『原論』は非常にしっかりしていたので、二千年以上にわたって幾何学の実質上の聖典であった——史上最も長命な作品のひとつである。どうしてなのだろうか?

主な理由は、ユークリッドが数学における厳密さの創始者だからである。『原論』はごく簡単な概念、定義、等々に始まり、どの結果もそれより前の結果にしか依存しないという形に体系づけられた諸結果の壮大な理論がしだいに作りあげられる。このように、この仕事には明確な計画、あるいは設計方針があり、それが『原論』を強くたくましくしたのである。

しかしながら、その設計方針は、たとえば高層建築(第21図参照)の設計方針とは違ったタイプのものである。後者においては、それが立っていることが、その構成要素がそれを支えていることの十分な証明になる。しかし幾何学の本では、どの命題も前の命題から論理的に導かれるべきであるとして、証明のひとつが誤っていても、目に見える崩壊は起らない。その大梁も支柱も物質的ではなく、抽象的なものである。実際、ユークリッドの『原論』では、証明を構成する素材は人間の言語であって、隠された陥穽がたくさんある、曖昧で油断のならない通信の媒体を用いているわけである。それなら、『原論』の構造上の強度は何によるのだろうか? それが堅固な構成要素に支えられているのは確かなのだろうか、それとも構造上の何かの弱点がありうるのだろうか?

われわれが使うどんな言葉にも意味があり、その使いかたをわれわれに示してくれる。よく使われる言葉であればあるほど、より多くの連想を伴っていて、その意味はより深いところに根ざしている。だから、誰かがよく使われる言葉に定義を与えて、われわれがその定義に従うことを期待するとき、われわれがそれに従わず、そのかわりに心に浮ぶ連想に、たいていは無意識のうちに従うであろうことが見えすいている。私がこのようなことを注意したのは、ユークリッドが彼の『原論』の中でこの種の問題を作り出しているからである。彼は「点」、「直線」、「円」等々のありふれた、よく使われる言葉に定義を与えようと試みた。誰もがすでにはっきりした概念をもっている何ものかを定義することなどは、どうすればできるのだろうか? ありうるたったひとつの場合は、定義したい言葉が専門用語であって、同じ綴りの日常用語と混同されてはならない、ということを明確にできる場合だけである。日常用語との関連はたんに示唆的であることに止まる。ところでユークリッドは、そのようにはしなかった。というのは、彼の『原論』の点とか直線は、実際に現実世界の点であり直線である、と彼は思っていた。だからすべての連想が一掃されることを確かめたりせずに、ユークリッドは読者が連想の能力を自由に使うように求めたのであった。

これはほとんど不法に聞えるし、ユークリッドに対していささか不公平である。彼は命題の証明に使用されるべき公理や公準を設定した。事実、それらの公理や公準以外のものは使わないと仮定されていた。しかし彼はここで躓いたのである。なぜなら慣用的な言葉を使うことの避けられない結果として、それらの言葉が思い起させるイメージのいくつかが、彼の証明にすべりこんだ。しかし『原論』の証明を読むとき、推論の過程に目立つ「飛躍」が見つかると期待してはいけない。それどころか、ユークリッドは透徹した思索家で、愚かな過ちはしなかったから、飛躍は非常に微妙である。それにもかかわらず、隙間は存在し、古典的作品のわずかな欠陥となっている。しかしこれは不平をいうべきことではない。ただ、絶対的な厳密さと相対的な厳密さとの違いを正しく評価すべきである。長い眼で見れば、ユークリッドに絶対的な厳密さが欠けていることは、彼がその作品を書いてから二千年以上にわたって、数学における最も豊かな開拓のいくつかをもたらした。

ユークリッドは幾何学の「第一階」として五個の公準を与えた。その上には無限の高層建築が構成できるが、『原論』には最初の数百階しか含まれていない。最初の四つの公準はかなり簡明で洗練されている。

(1) 任意の2点を結ぶ線分をひくことができる。
(2) 任意の線分は直線的にいくらでも延長できる。
(3) 与えられた任意の線分に対し、その一端を中心とし、その線分を半径とする円を描くことができる。
(4) すべての直角は合同である。

第五の公準は、しかし、これらのように優雅ではない。

(5) 二本の直線が第三の直線と交わり、そのひとつの側の内角の和が二直角より小さいならば、二本の直線は十分遠くまで延長すれば、必ずその側で交わる。

ユークリッドがはっきりそういったわけではないが、彼はこの公準を他のものよりいくらか劣るものと考えていた。というのは、彼は最初の二十八個の命題の証明には、これを使うのを苦心して避けている。だから最初の二十八個の命題は、「四公準の幾何学」とでもいうべきものに属している。幾何学のその部分は、第五の公準の助けによらずに、『原論』の最初の四個の公準を基礎として導かれる。(これはしばしば「絶対幾何学」と呼ばれる。)疑いなくユークリッドはこの醜いアヒルの子を、仮定するよりは証明する方がはるかに好ましいと考えていたであろう。しかし彼は証明が見つからず、そのため受けいれた。

しかしユークリッドの弟子たちは、この第五公準を受けいれることについてはやはり不満を抱いていた。何世紀にもわたって、数えきれない人々が、第五公準が「四公準の幾何学」に属していることを証明しようとして、その生涯の数えきれない年月を費やした。一七六三年までに、少なくとも二十八個の異なる証明が発表されたが、すべて誤っていた!(それらはすべてG・S・クリューデルという人の学位論文で批判されている。)これらの誤った証明はどれも、日常的な直観と厳格に形式的な性質との間の混同を起している。今日ではこれらの「証明」のほとんどすべてが数学的・歴史的な興味を失っている、といってさしつかえない――しかし、いくつかの例外はある。

非ユークリッドの多くの面

ジロラモ・サッケーリ(一六六七―一七三三)は、ほぼバッハの時代に生きていた。彼はユークリッドをすべての欠陥から解放しようという野望を抱いていた。論理学で彼がすでにやっていたある仕事に基づいて、彼は有名な第五公準の証明にある奇抜な手法を試みることにした。第五公準の反対を仮定してみよう、そしてそれを新しい第五公準として使ってみよう……まちがいなく、しばらくのうちに矛盾が導かれるであろう。どんな数学体系も矛盾は含みえないから、新しい第五公準の不合理性が示されたことになり、したがって、ユークリッドの第五公準の正当性が示されたことになるであろう。ここでその詳細に立ち入る必要はない。サッケーリがすぐれた技法をもって、「サッケーリ幾何学」の命題を次から次へと作り出し、結局疲れ果ててしまったといえば十分である。あるところで、彼は「直線の本性と相容れない」命題に到達したという結論を下した。これこそ彼が望んでいたものであった――彼の考えでは、それが永らく求めていた矛盾であった。その時点で、彼は彼の仕事を『すべての欠陥から解放されたユークリッド』という題名で公刊し、それから亡くなった。

しかしそんなふうにして、サッケーリは死後の栄光のかなりの部分を放棄してしまった。というのは、彼はそれと気づかずに、のちに「双曲型幾何学」として知られるようになったものを発見していたのである。サッケーリの五十年後に、J・H・ランベルトが「異常接近」をくり返し、しかもそういってよければもっと近づいていた。最後に、ランベルトの四十年後、サッケーリから数えれば九十年後に、「非ユークリッド幾何学」がありのままの姿で、真正の幾何学の新しい銘柄、これまで一本の流れであった数学の枝分かれとして認識された。一八二三年に、説明しがたい一致のひとつであるが、ハンガリーの二十一歳の数学者ヤーノス（またはヨハン）・ボヤイと、三十歳のロシアの数学者ニコライ・ロバチェフスキーによって、非ユークリッド幾何学が同時に発見された。そして皮肉なことに、ちょうど同じ年に、偉大なフランスの数学者アドリアン＝マリー・ルジャンドルは、サッケーリと非常によく似た方法で、ユークリッドの第五公準の証明ができたと思いこんだ。

ついでながら、ボヤイの父ファルカス（またはウォルフガング）・ボヤイは、ユークリッドの第五公準を証明しようと相当な努力を払った、あの偉大なガウスの親友であった。息子への手紙の中で、彼は息子がそんなことを考えるのをやめさせようと忠告している。

平行線についてのそういう研究法を試みてはいけない。私はその道をとことんまで知っている。私は私の生活のすべての光と喜びを消してしまったこの底知れぬ闇を渉猟したことがある。私はお前に、平行線の科学をほうっておくようにお願いしたい。……私は自分を真理のために犠牲にしようと考えていた。私は幾何学の疵をなくし、浄化して人類に返してやる殉教者になるつもりであった。私は途方もない、莫大な努力を惜しまなかった。私の創造は、他の誰のよりもはるかにすぐれていたが、それでも完全な満足は得られなかった。肉迫将山頂、即転落。この闇の底に到達できるはずがないとわかったとき、私は引き返した。慰めもなく引き返しながら、私は自分と人類を憐れんだ。……私は以前、この地獄の死海のあらゆる岩礁や砂洲を回ってきた。そして戻ってくるたびに、マストは折れ、帆は裂けていた。私の性格の破滅と私の没落は、このときに遡る。私は考えもなく、私の生涯と幸福を、のるか反るかの大ごとに賭けたのであった。

しかしのちに、息子が「何かをつかんだ」と確信したときには、彼は科学的発見に際してよく起る同時性を正しく予見して、息子に結果を公刊するようにすすめた。

時が熟せば、同じことが別の場所で起る。それは、早春にスミレがいっせいに咲くのと同じようなものである。

これは非ユークリッド幾何学の場合、まさに的中した。ドイツでも、ガウス自身と他の何人かがほとんど独立に非ユークリッドの概念に出会っていた。そのうちの一人は法律家のF・K・シュヴァイカルトで、一八一八年に新しい「天体的」幾何学について書いたものをガウスに送っている。シュヴァイカルトの甥のF・A・タウリヌスは非ユークリッド三角法をやった。ガウスの弟子のF・L・ヴァハテルは、一八一七年に二十五歳で亡くなったが、非ユークリッド幾何学についての意義深い成果をいくつか発見している。

非ユークリッド幾何学への糸口は、サッケーリやランベルトの幾何学に現れる命題について「まっすぐに考える」ことであった。サッケーリの命題が「直線の本性と相容れない」のは「直線」が何を意味すべきかということについての先入観から逃れられないときだけである。しかし、もし先入観を捨てて、「直線」とはたんに新しい命題を満たす何ものかであると考えれば、革新的な新しい視点に立つことができる。

無定義術語

これはもう、目新しい言葉ではなくなっていることであろう。とくに、記号が定理の中での役割によって消極的な意味を獲得するのは、pqシステムやその変形において、すでに見たとおりである。記号qは、新しい公理図式がつけ加えられたときにその意味が変った点で、とくに興味がある。それと全く同じように、われわれは「点」、「線」等々の意味はそれらが現れる定理（または命題）の集合から定まると考えることができる。これが、非ユークリッド幾何学の発見者たちの偉大な認識であった。彼らは、ユークリッドの第五公準を違ったしかたで否定し、その帰結に従うことによって、違った種類の非ユークリッド幾何学を発見した。正確にいえば、彼ら（とサッケーリ）は第五公準を直接否定したのではなく、平行線公理と呼ばれる別の公準を否定したのであった。その公理は次のように述べられる。

> 与えられた任意の直線と、その上にない任意の一点に対し、その点を通る直線で、いくら延長しても最初の直線とけっして交わらないものが存在する。またそのような直線はただひとつにかぎる。

第二の直線は、第一の直線に対して平行であるといわれる。もしそのような直線はないと仮定すると、楕円型幾何学が得られる。また、そのような直線が少なくとも二本存在すると仮定すれば、双曲型幾何学が得られる。なお、そのような変種がまだ「幾何学」と呼ばれるのは、核心部分――絶対、あるいは四公準の幾何学――がその中に埋めこまれているからである。この最小限の核心のおかげで、それらがある種の幾何学的空間の性質を表していると考えることが意味をもつのである――たとえその空間がふつうの空間ほど直観的でないとしても。

実際には、楕円型の幾何学は簡単に視覚化できる。すべての「点」、「線」等々を、普通の球面の部分だとしてみよう。以下、術語としての意味で使うときは「テン」と書き、日常的な意味を表すときは「点」と書くことにする。すると、テンは直径をはさむ球面上の二点の組から成る、ということができる。センとは球面上の大円（赤道のように、球の中心を中心とする円）のことである。このような解釈のもとで、楕円型幾何学の命題は、「テン」とか「セン」という言葉を含んではいるが、平面ではなく球面上の出来事について述べている。二つのセンは球面上のちょうど二つの対極点で交わる――すなわち、ちょうどひとつのテンで交わる！　また二つのセンがひとつのテンを決定するように、二つのテンがひとつのセンを決定する。

「テン」とか「セン」という言葉を、それらが現れる命題によって与えられる意味しかもたないかのように扱うことによって、われわれは幾何学の完全な形式化に向かって一歩前進している。これまでの半・形式的なやり方では、（「その」、「もし」、「そして」、「結ぶ」、「がある」、など）たくさんの言葉をふつうの意味で使っている。一方、「テン」や「セン」など特別な言葉からは、日常的な意味は一掃されており、そのためにそれらは無定義術語と呼ばれている。pqシステムにおけるpやqのような無定義術語は、ある意味で、間接的に定義されている――いわゆる定義によって明文化されてはいないが、それらが使われている命題の全体によって、定義されているのである。

無定義術語の完全な定義は公理のみに帰せられる、と主張することもできる。そこから導かれる命題は、公理の中にすでに暗に含まれているからである。この見方によれば、公理系は無定義術語と、無定義術語によって定義される他のすべての語の間接的な定義を与えている。

多重の解釈の可能性

幾何学の完全な形式化は、すべての術語を無定義にするという思いきった歩みを進めることになるであろう――すなわち、すべての術語を形式システムの「意味をもたない」記号にしてしまうのである。ここで「意味をもたない」のように「」をつけて書いたのは、ご存じのように、記号はそれが現れる定理に合わせて自動的に消極的な意味を帯びるからである。しかし、人々がその意味を発見するかどうかは別問題で、そのためには形式システムの諸記号にある同型対応によって結びつけられる概念の一組を発見しなければならない。もし幾何学の形式化が目標であるなら、おそらくどの記号にも意図された解釈があって、消極的な意味としてシステムに組みこまれる。これこそ私が最初にpqシステムを作ったとき、記号p、qについてしたことである。

しかし誰もまだ気がついていない、他の消極的な意味がひょっとすると発見されるかもしれない。たとえばもとのpqシステムで、pを「は」とし、qを「をひくことの」と見なす驚くべき解釈もできた。これはくだらない例かもしれないが、記号が意味のある多くの解釈をもちうるという考えの本質を含んでいる――そういう解釈を探すことは、見る人次第である。

これまでの観察を「無矛盾性」という用語で要約してみよう。話の発端は、一見矛盾する形式システムを作ったことであった。それは内的にも矛盾を含み、また外の世界とも矛盾していた。しかしすぐにわれわれは誤りに気づき、すべてを撤回した――われわれの記号の解釈が不適当だったのである。解釈を変えることによって、無矛盾性が回復された！　明らかに、無矛盾性とは形式システムそれ自体の性質ではなく、そのシステムに対して提案される解釈に依存している。同じように、矛盾を含むということは、どんな形式システムにおいても本質的な性質ではない。

無矛盾性のいろいろ

われわれは「無矛盾性」と「矛盾性」について、定義なしに述べてきた。よき古き日常概念に頼っていたわけである。しかしここで、形式システム（の、ある解釈のもとで）の無矛盾性とは何を意味するかを正確に述べてみよう。それは、どの定理も、その解釈のもとで、正しい命題を表すことである。そして定理の解釈の中にまちがった命題がひとつでもあれば、矛盾が起った、という。

この定義は外の世界との矛盾について述べているように見える——内的な矛盾は、どうなるのだろうか？　おそらく、あるシステムが内的に矛盾を含むとは、たがいに両立しえないように解釈される定理を二つ以上含むことである。そして、内的無矛盾とはどの定理の解釈もたがいに両立することである。たとえば、TbZ、ZbE、EbTという三つの定理だけから成る形式システムについて考えてみよう。もしTを「カメ」、Zを「ゼノン」、Eを「エグバート」と解釈し、xbyを「xはチェスでいつもyに勝つ」と解釈すると、これらの定理は次のように解釈される。

亀はチェスでいつもゼノンに勝つ。ゼノンはチェスでいつもエグバートに勝つ。エグバートはチェスでいつも亀に勝つ。

これらはチェスの指し手のかなり奇妙な循環を表現してはいるが、両立しないとはいえない。だから、この解釈のもとで、これら三つの文字列を定理とする形式システムは内的に無矛盾である。事実として、三つの命題が全部誤りでもかまわない！　内的な無矛盾性は、すべての定理が真になることまで要求しないので、ただたがいに両立しさえすればよい。

次に、xbyを「xはyによって発明された」と解釈してみよう。すると次のような命題が得られる。

亀はゼノンによって発明された。
ゼノンはエグバートによって発明された。
エグバートは亀によって発明された。

この場合、個々の命題が真か偽かは問題にならない——どれが真でどれが偽かは、確かめようがないかもしれない。しかし明らかに、三つとも同時に正しいことはありえない。このように、この解釈ではこのシステムは内的に矛盾している。この矛盾性は、三つの大文字の解釈にはよらず、ただbの解釈と、bのまわりに三個の大文字が巡回して現れるという事実にのみ依存している。このように、内的な矛盾は形式システムのすべての文字の解釈を定めなくても起りうる。（この例では、ひとつの文字の解釈だけで十分であった）十分多くの記号に解釈が与えられたときに、あと残りをどのように解釈しても矛盾が避けられないことがはっきりするかもしれない。しかしそれは真偽の問題ではなく、可能性の問題である。三つの定理がみな偽になることも、大文字に実在の人名をあてはめればありうる——しかしそれがこのシステムが内的に矛盾しているという理由なのではない。われわれの根拠は、文字bの解釈と結びつけられたときの、循環性である。（ついでながら、このことについてはさらに第20章の「著者の参画関係」で述べる。）

仮想的な世界と無矛盾性

われわれは無矛盾性に対する二つの見方を示した。第一に、システム・プラス・解釈は、どの定理もその解釈のもとで正しいとき、外の世界と無矛盾である。また第二には、システム・プラス・解釈はすべての定理がその解釈のもとでたがいに両立するとき、内的に無矛盾である。これら二つの型の無矛盾性の間には、密接な関係がある。いくつかの命題がたがいに両立するかどうかを判定しようとすると、それらがみな同時に真になるような世界を想像しようと試みることになる。したがって内的な無矛盾性は、外の世界との無矛盾性に依存している――ただし、ここでは「外の世界」とは、われわれが住んでいる世界でなく、想像可能などんな世界であってもよい。しかしこれは全く曖昧で、満足しがたい結論である。「想像可能な」世界とは何なのだろうか？　結局のところ、三人の人物がたがいに順ぐりに発明しあう世界は、想像可能である――いや、そうだろうか？　四角い丸がある世界は想像できるだろうか？　ニュートンの法則が成り立って、相対性原理が成り立たないような世界は想像可能だろうか？　あるものが緑色であって、しかも同時に緑色でない世界は想像できるだろうか？　また、細胞からできていない生物が存在する世界は？　バッハがフリードリッヒ大王の主題で八声のフーガを即興演奏した世界は？　蚊が人間より利口な世界は？　亀がフットボールをしたり論じたりするのは？　もちろん、フットボールを語る亀などは、型破りであろう。

　これらの世界のあるものは、他のものより考えやすいように思われる。たとえば緑であって緑でないというような論理的矛盾を含んだものもある一方、あるものは、適当な言葉が見つからないが「もっともらしく」見える――たとえばバッハが八声のフーガを即興演奏するとか、細胞をもたない動物などである。あるいは、物理法則が違う世界だって、考えてみるとよい。……だから大ざっぱにいって、何種類かの無矛盾性を設定すべきである。たとえば、最も寛大なのが論理的無矛盾性で、論理的な制限以外には全く何の制限も設けない。より正確にいえば、システム・プラス・解釈が論理的に無矛盾であるとは、二つの定理をどのように選んでも、それらを命題として解釈したとき、たがいに矛盾することがけっしてない、ということだけでよい。そして数学的に無矛盾とは、解釈された定理が数学に違反しないことであり、物理学的に無矛盾とは、解釈された定理がすべて物理法則と両立することをいう。それから生物学的無矛盾性、等々がくる。生物学的に無矛盾なシステムでは、「シェイクスピアはオペラを書いた」という定理はありうるが、「細胞のない動物が存在する」と解釈される定理はありえない。一般に、これらのより複雑な種類の無矛盾性は、他のものから区別するのがむずかしいので、取り扱わない。たとえば、三人が循環的にたがいを発明する問題にかかわっているのは、どんな種類の無矛盾性だというべきなのだろうか？　論理的？　物理学的？　生物学的？　文学的？

　ふつう、おもしろくないものとおもしろいものの境界線は、物理学的無矛盾性と数学的無矛盾性の間に引かれる。（もちろん、その線を引くのは数学者と論理学者である――不偏の徒とはいいにくいが……。）これは形式システムにとって「勘定に入れられる」矛盾の種類は、論理的な種類と数学的な種類だけだということを意味している。この慣習によると、**TbZ**、**ZbE**、**EbT**という定理のトリオに矛盾を起させる解釈はまだ示されてなかった。矛盾は、**b**を「は、より大きいことの」と解釈すれば起る。**T**と**Z**と**E**についてはどうすればよいだろうか？　整数と解釈することができる――たとえば**Z**を0、**T**を2、**E**を11と解釈すると、二つの定理は正しく、ひとつは偽になる。もし**Z**を3と解釈したのなら、二つが誤りで、ひとつだけ正しいことになる。しかしどちらにしても、矛盾が発生する。実際、**T**、**Z**および**E**に与える値は、それらを自然数にかぎると考えるかぎり、無関係である。われわれはまたしても、内的矛盾を認識するのに解釈の一部分だけで十分である場合に出会ったわけである。

形式システムの他のシステムへの埋めこみ

さっきの例では、ある記号だけが解釈され、他の記号は解釈をもたなかったが、これはある言葉を無定義術語として使う、自然言語による幾何学を思い出させる。そのような場合、言葉は次の二種類に分類できる――意味が固定され、不変なものと、システムが矛盾を含まない範囲で意味が調整されるもの（これらは無定義術語である）。このように幾何学を進めるには、前の種類の言葉の意味を、どこか幾何学の外で確定しておく必要がある。それらの言葉はがっちりした骨組を形成し、その骨組はシステムの基礎構造となる。この骨組を充たすのは他の材料で、それは変化しうる。（ユークリッド幾何学にも非ユークリッド幾何学にもなりうる。）

形式システムはしばしばこのような逐次的、あるいは階層的なしかたで建設される。たとえば、ある消極的な意味を記号に与えるように意図された規則と公理をもつ形式システムＩがあるとしよう。すると形式システムＩは、もっとたくさんの記号をもつより大きなシステム――形式システムIIに完全に組みこまれる。形式システムＩの公理と規則は形式システムIIの一部分であるから、形式システムＩの記号の消極的な意味は生き残る。それらは不変の骨組を形成し、形式システムIIの新しい記号の消極的な意味を決定するのに大きな役割を果す。第二のシステムはさらに第三のシステムに対して、骨組の役割を果しうる、等々。幾何学がよい例であるが、あるシステム（たとえば絶対幾何学）が無定義術語の消極的な意味を部分的に定め、追加の規則と公理によって補足され、その規則と公理がさらに無定義術語の意味を制約することもある。これはユークリッド対非ユークリッド幾何学について起ったことである。

視覚における安定性の層

同じような階層的なしかたで、われわれは新しい知識や語彙を獲得し、馴染みのない事物を認識する。とくにおもしろいのは、エッシャーの絵、たとえば『相対性』（第22図）を理解する場合である。その絵には臆面もなくありえない画像が現れている。われわれはこの絵を何回も解釈しなおして、矛盾のない各部分の解釈に到達するまでやってみるだろう、と思われるかもしれない。しかしわれわれは、そんなことは全然しない。われわれはすわったままで、勝手な方向にゆく階段や、同じ階段で不都合な方向に動いている人々をおもしろがったり、不思議に思ったりする。これらの階段は、われわれがこの絵全体を解釈する基礎となる「確実性の島々」である。一度これらを確認すると、われわれはわれわれの理解を拡大しようと、それらのたがいの関係をはっきりさせようと努める。この段階で、われわれは困難に出会う。しかし、われわれが戻ってやり直そうとしても――つまり、「確実性の島々」を問題にしても、別の種類の困難に出会うだけである。やりなおしてそれらが階段であることを「未決とする」などということはできない。それらは魚でなく、鞭でも、手でもない――どう見ても階段である。（実はひとつの出口がある――形式システムの「無意味な記号」のように、この絵の中のすべての線を全く解釈しないでおく、という手である。この最後の逃げ道は、記号に対する禅の態度である「U方式」の応答の一例である。）

このようにわれわれは、認識過程の階層的性質によって、狂った世界か無意味な線の束かを見る破目に追いこまれる。同じような分

第 22 図　M. C. エッシャー『相対性』(リトグラフ、1953 年)

析が、多くのエッシャーの絵――ふつうでないしかたでつながれた、ある基礎的な形に強く依存している絵にあてはめられる。そして、見る人が高いレベルでのパラドクスに気づいたときは、もう遅い。低レベルのものの解釈について、後戻りして心を入れかえることはできない。エッシャーの絵と非ユークリッド幾何学との違いは、後者については、無定義術語の理解可能な解釈を適当に定めると、全体として理解可能な体系(システム)が得られるが、前者については、いくら長いこと絵を見つめていようと、最終結果を世界についての考えと調和させることはできない、ということである。もちろん、エッシャー的な出来事が起りうる仮想的な世界をこしらえることはできる……しかしそういう世界では、生物学、物理学、数学の法則、いや論理学の法則さえ、あるレベルでは破られ、また同時に他のレベルでは守られ、その結果それらはきわめて妙ちきりんな世界になっている。(ひとつの例は『滝』(第5図)で、重力の作用はふつうどおり水の運動にあてはまるのに、空間の性質は物理の法則を破っている。)

数学は、考えられるどんな世界でも同じだろうか?

われわれはさっき、形式システム(とある解釈)の内的無矛盾性は、ある想像可能な世界の存在を要求するという事実を強調した。想像可能な世界とは、数学と論理の法則がわれわれの世界と同じでありさえすればよい世界で、そこでは定理の解釈はすべて正しい。一方、外的無矛盾性、すなわち外界との無矛盾性は、現実の世界においてすべての定理が正しいことを意味する。ところで、定理が数学の命題として解釈されるような形式システムで無矛盾なものを作りたいという特殊な場合には、無矛盾性のこれら二つの型の間の差が消え失せてしまうように思われる。なぜなら、いまいったところによれば、どんな想像可能な世界でも現実世界と同じ数学が成り立つのである。だから、想像可能な世界ならどこでも、1たす1は2でなければならない。また、素数は無限になければならないし、さらに、直角はすべて合同でなければならないであろう。そしてもちろん、ある与えられた直線の上にない任意の一点を通り、その直線に平行な線は、ただひとつ存在する……

しかし、ちょっと待ってほしい! これこそ平行線公理で、その普遍妥当性を主張することは、いまいったばかりのことに照らして、誤りであろう。もし考えられる世界ならどこでも平行線公理が成り立つとしたら、非ユークリッド幾何学は考えられないことになってしまう。そうなればサッケーリやランベルトと同じ精神状態に逆戻りするわけで、あまり賢い動きとはいえない。しかしそれならすべての考えられる世界は、数学のすべてでないとしたら、何を共有しなければならないのだろうか? 論理そのものというような、僅かなものであろうか? それとも、論理さえ疑わしいであろうか? 矛盾が存在の正常な一部分をなす世界――矛盾が矛盾でないような世界もありうるのだろうか?

ある意味では、たんに概念を発明するだけで、そのような世界が事実考えられることを示したことになる。しかし、あるより深い意味においては、そのような世界は全く考えられない。(このこと自体、いくらか矛盾している。)しかしまじめな話、もしわれわれが少しでも意思の疎通を図りたいのなら、ある共通の基盤を採用しなければならないし、その基盤はまずまちがいなく論理を含まなければならない。(この見方に反対する信仰体系もある――この見方は論理的すぎる。とくに、禅は矛盾と非矛盾とを同じ熱心さで包みこむ。これは不合理に見えるかもしれないが、不合理も禅の一部分なのであるから……何がいえるだろうか？）

数論は、考えられるどんな世界でも同じだろうか？

もし論理が考えられるどの世界の一部分にもなっているとしたら（論理の定義はまだしていないが、あとの章で述べる）、それがすべてであろうか？　ある世界で、素数が無限個はないというようなことが、本当に考えられるだろうか？　数が、すべての考えられる世界で同じ法則に従うはずだとは、思われないだろうか？　あるいは……「自然数」という概念は「点」や「直線」のような無定義術語と考えた方がよいのだろうか？　その場合、数論は幾何学のように枝分かれをする理論ということになるであろう。つまり、標準的な数論と、標準的でない数論とに分かれることになる。しかし、絶対幾何学に相当する部分もあるにちがいない。それは理論の核心部分で、すべての数論の不変の成分であり、それこそ数論が数論であって、たとえばココアやゴムやバナナの理論ではないことを明らかにしたものである。そのような核心が存在し、そして論理とともに、「考えられる世界」とわれわれが見なすものの中に含まれるべきであるということは、現代の大部分の数学者、哲学者の一致した見解であるように思われる。数論のこの核心——絶対幾何学の対応物は、「ペアノ算術」と呼ばれるが、第8章で定式化される。また今日では、実はゲーデルの定理の直接の結果として、数論が標準版と非・標準版とに枝分かれする理論であることが十分確立されている。しかし、幾何学の場合とは違って、数論の「銘柄」は無数にあり、それだけ数論の事情はずっと複雑になっている。

実用上の目的には、数論はどれも同じである。いいかえれば、もし橋の建設に数論が使われるとすると（ある意味ではそのとおりであるが）、異なる数論が存在するという事実は問題にならない。というのは、現実世界に関する諸々の面においてはどの数論も一致するからである。同じことは、異なる幾何学についてはいえない。たとえば、三角形の内角の和が一八〇度になるのはユークリッドの幾何学においてだけである。この和は楕円型幾何学ではより大きく、双曲型ではより小さくなる。ガウスはかつて、三つの山の頂上を結ぶ巨大な三角形の内角の和を測定して、どんな幾何学がわれわれの宇宙を本当に支配しているのかを最終的に決定しようと試みた、という話がある。それから百年後、アインシュタインはある理論（一般相対性理論）を与え、それによれば宇宙の幾何学はその内容物によって定まり、空間そのものに固有なひとつの幾何学は存在しないことを示した。だから「どの幾何学が正しいか？」という問いに対して、自然は数学にかぎらず、物理学においても曖昧な答をするのである。対応する質問「どの数論が正しいか？」については、ゲーデルの定理について詳しく論じてから、いうべきことがたくさん出てくるであろう。

完全性

記号が受動的な意味をもつための最小限の条件が無矛盾性であるとしたら、相補的な概念である完全性は、受動的な意味に対する最大限の裏づけになる。無矛盾性が「そのシステムが生成するものはみな正しい」という性質であるとすれば、完全性はその逆の道、つまり「正しい文はすべてそのシステムで生成できる」ことである。次にその意味を少し精密化しよう。われわれがいっているのは、世の中のすべての正しい文のことではありえない——そのシステムの中で表現しようとしている領域に属しているものだけにかぎられる。したがって、完全性とは「そのシステムの記法で表現できる正しい文はすべて定理である」ことを意味している。

無矛盾性＝どの定理も（ある想像可能な世界で）正しいと解釈できる場合。

完全性＝（ある想像可能な世界で）正しく、しかもそのシステム内で「よい列」として表現できる文がすべて定理である場合。

それにふさわしいレベルで完全な形式システムの例としては、最初の解釈のもとでの、最初のpqシステムがある。二つの正整数の正しい和は、どれもこのシステムの定理によって表現できる。このことはまた、次のようにいえるかもしれない。「二つの正整数の正しい加算はすべてそのシステム内で証明可能である。」（**注意**＝「定理」のかわりに「証明可能」という言葉を使いだすと、形式システムとその解釈との間の区別がぼやけてくる。それでもさしつかえないのは、われわれがこのぼやかしを十分意識していて、多くの解釈がときには可能であることを忘れずにいる場合にかぎる。）pqシステムは、最初の解釈のもとで、完全であり、また無矛盾でもある。それは、正しくない文がけっして――新しい用語を使えば――そのシステム内で証明可能でないからである。

このシステムが不完全であると主張する人もいるかもしれない。2＋3＋4＝9のような三つの正の整数の和は、たとえば――p―――p――――q―――――――――のようにpqシステムの記法に翻訳できるのに、pqシステムの定理によっては表現できないからである。しかしこの列は、よい列でない。だからpqp――――qpqと全く同じように、意味を欠いていると考えるべきである。三つの数の加算は、このシステムでは全く表現できないのである――というわけで、このシステムの完全性は保たれるのである。

この解釈のもとでpqシステムは完全ではあるが、数論の真理の全体をとらえるには、はるかに及ばないのはたしかである。たとえば、素数がどれほどあるかを示す手段は、pqシステムにはない。ゲーデルの不完全性定理のいうところでは、「十分強力な」システムはどれも、その強力さのゆえに、次の意味で不完全である。すなわち、あるよい列があって、数論の正しい命題を表現しているのに、定理ではない（数論に属する真実で、そのシステム内では証明できないものがある）。pqシステムのようなシステムは、完全ではあるがあまり強力ではない、性能の低いプレーヤーのようなものである。貧弱すぎて、期待していること――数論についてのすべてを語ること――はやってくれないことが、使わないうちから明白なのである。

ある解釈がどのように完全性を満たし、あるいは破るのだろうか？

さっき述べた、「完全性は、受動的な意味に対する最大限の裏づけになる」というのは、どういう意味であろうか？　それは、もしあるシステムが無矛盾であるが完全でないときは、記号とその解釈の間にズレがある、ということである。そのシステムはそのような解釈を正当化する力がない。ときには、解釈を少し「切りつめる」ことによってシステムが完全になる場合もある。このことをわかりやすく示すために、修正pqシステム（公理図式IIを含む）とそれに対してわれわれが使った解釈について考えてみよう。

pqシステムを修正したとき、われわれはqの解釈を「等しい」から「大きいかまたは等しい」に修正した。この修正pqシステムはこの解釈のもとで無矛盾であった。しかし、この解釈はある点で不満足である。問題は簡単で、定理でない、表現可能な事実がたくさん生じる。たとえば「2たす3は1より大きいかまたは等しい」という事実は--p---q-という列で表現できるが、これは定理ではない。解釈がずさんすぎるのである！　この解釈は、このシステムの定理の内容を正確に反映していない。このずさんな解釈のもとでは、pqシステムは完全でない。この状況を修復するには、(1)システムに新しい規則をつけ加えて、より強力にするか、あるいは(2)解釈をしぼるかすればよい。この場合は、解釈をしぼる方が気がきいている、と思われる。qを「大きいか等しい」と解釈するかわりに「等しいか、1だけ大きい」というべきなのである。すると、修正pqシステムは無矛盾でしかも完全になる。そして、完全性は解釈の妥当性を裏づけてくれる。

形式化された数論の不完全性

数論では、ふたたび不完全性が現れる。しかしここでは、状況を改善するのに、われわれは反対の方向に――システムをより強力にするように、新しい規則をつけ加える方向にひっぱってゆかれる。皮肉なのは、新しい規則をつけ加えるたびに、われわれはこれでシステムを完全にすることができた、と考えることであろう。このジレンマの性格は次のたとえで説明できる。

われわれはプレーヤーと、仮に『B–A–C–Hのカノン』と名づけられたレコードを持っている。しかし、そのレコードをそのプレーヤーにかけると、反響によってひき起される振動（亀のレコードがひき起すような）があまりにひどいので、曲を聞きわけることさえできない。そこでわれわれは何か――レコードか、プレーヤーかに欠陥があると判定する。レコードをためすには、それを友だちのプレーヤーにかけて、音質を確かめてみなければなるまい。プレーヤーを調べるには、友だちのレコードをそれにかけてみて、レーベルどおりの音楽が聞えてくるかどうかを確かめることになろう。プレーヤーに問題がなければ、レコードに欠陥があると考えられる。逆にレコードが合格なら、プレーヤーに欠陥があるということになる。しかし、両方ともそれぞれの試験に合格したときは、どんな結論を下せるのだろうか？　それこそ二つの同型対応の鎖（第20図）を思い出して、注意深く考えるべきときである！

小さな和声の迷路

亀とアキレスがコニー・アイランドの一日を楽しんでいるところ。綿アメを二本買ってから、フェリス観覧車に乗ろうということになる。

亀　これに乗るのは大好きなんだ。すごく遠くまで運ばれていくみたいで、ところが実はどこへもいかない。
アキレス　いかにもきみの気に入りそうなものだよ。しっかり留めたかい？
亀　うん。このバックルはこれでよしっと。さあいくぞ。それッ！
アキレス　今日は、ほんとに、はしゃいでるじゃないか。
亀　ちゃんとわけがあるのさ。叔母がね、占師なんだけど、今日は幸運がころがり込むっていってくれたんだ。だから期待に胸はずむんでね。
アキレス　まさか占いなんて信じてないんだろう！
亀　うん……だけど信じなくても当るそうだから。
アキレス　そいつはありがたい話だよ。
亀　ああ、いい眺めだなあ、海岸、人の群れ、海、市（まち）……
アキレス　うん、たしかに素晴らしい。おい、見ろよ、あのヘリコプター。こっちへ飛んでくるみたいだぜ。ほら、もう真上へきたじゃないか。
亀　変だな——ケーブルが下ってる、だんだんこっちへ下ってくるぞ。これじゃもうじき手が届きそうだ。
アキレス　見ろ！　先っぽにでかい鉤がついている、メモが引っ掛けてあるぞ。

（彼は手を伸ばし、メモをさっと取る。観覧車はそこを通過し、下降していく。）

亀　何て書いてあるかわかるかい？
アキレス　うん——こう書いてある。「やあ、諸君。次にまわってきたら鉤につかまること、思いもよらぬ驚きあり。」
亀　いささか大袈裟なことを言ってるけど、何か起らないともかぎらない。ひょっとして例の幸運がころがりこんでくることと関係あるのかもしれないし。ぜひとも試してみよう！
アキレス　よしきた！

（上へのぼっていく途中、彼らはバックルをはずし、てっぺんまできたところで、さきほどの大きな鉤につかまろうとする。その瞬間、ヒューッとケーブルに持ち上げられ、ケーブルが巻き上げられるのと一緒に、空中に停止しているヘリコプターのなかへはいっていく。大きながっしりした手が彼らをなかへ引き入れる。）

声　ようこそ――カモさんよ。

アキレス　だ――誰だ、あんたは？

声　名のらせてもらおうか。わしは六塩化フェン・J・閻魔大吉・誘拐万請負、そしてなんなら超一級亀食家（きしょくか）である。

亀　ヒェッ！

アキレス　（小声で友に）おいおい――この「大吉」野郎は、おれたちの期待してた大吉とは似ても似つかないぜ。（大吉に）あのう――こんなことを訊いてはなんですが――どこへぼくらをさらっていくんです？

閻魔大吉　ふっふっ！　わしの全電動空中キッチンへよ、このうまそうなやつを――（そういいながら亀を横目でちらりと見て）――舌もとろける空中パイにしてやろうってわけだ！　うむ、絶対じゃ――がぶりと呑み込むのはたまらんわい。ふっふっふっ！

アキレス　いやはや、あんたの笑い声はまるで悪魔ですな。

閻魔大吉　（悪魔のような笑い声をあげ）ふっふっふっ！　その台詞、たっぷりお礼をさせてもらうぜ。ふっふっ！

アキレス　弱ったな――いったいどういう意味なんだろう。

閻魔大吉　しごく簡単よ――おまえたち両方に悪運を用意してあるんだ！　いまに見てろ！　ふっふっふっ！　ふっふっふっ！

アキレス　てへへ！

閻魔大吉　さあて、着いたわい。降りてくれ、ここがわしの素晴らしき全電動空中キッチンだ。

（彼らはなかへはいる。）

ちょいとお見せしようかね、諸君の宿命の支度はあとまわしにして。こっちが寝室。こっちが書斎だ。ここですこし待ってもらうとしようか。包丁を研いでおかねばならん。待っているあいだ、ポップコーンでもぼりぼりやっているんだな。ふっふっふっ！

亀パイか！　亀パイか！　大好物のパイときた！　（退場）

アキレス　ちぇっ――ポップコーンかよ！　こうなりゃやけになって食ってやる！

亀　アキレス！　さっき綿アメを詰めこんだばかりじゃないか！　それに、よくもまあこんなときに食いもののことが頭に浮かぶもんだよ。

アキレス　気色悪い亀食家だぜ――おっと、悪かった――洒落てる場合じゃないよな。つまり、こういう苦境においては……

亀　おれたち、俎板（まないた）の鯉ってんだ。

アキレス　まあ、来いってんだ――大吉先生の書斎のこの蔵書を見てみろって。珍本がずいぶんあるぞ。『鳥脳のあれこれ』『チェスと傘回し初歩』『タップダンサーとオーケストラのための協奏曲』……ふむふむ。

亀　机の上にひろげてあるその小さな本は何だい、十二面体と開いた製図帳のそばにあるやつさ。

アキレス　これかい？　ええと、これは『地球のもろもろの場所において行われたるアキレスと亀の興味津々たる冒険』。

亀　はなはだ興味津々たる書名だよ。
アキレス　まったくだ——ちょうど開いてるページの冒険が面白そうだぜ。「妖霊（ジン）とトニック」という題がついてる。
亀　ふーん……どうしてだろう。読んでみようか？　亀の台詞は受け持つから、アキレスの台詞をやってくれよ。
アキレス　よしきた。さあいくぞ……

（彼らは『妖霊（ジン）とトニック』を読み始める。）

「アキレスが亀を自宅に招待し、お気に入りの画家、M・C・エッシャーの版画のコレクションを見せている。」

亀　どれも素晴らしい版画だな、アキレス。
アキレス　きっと気に入ってくれると思ってたよ。どれかとくに好きなのはあるかい？
亀　ひとつは『凸面と凹面』だな。二つの内部的に一貫している世界が、並置されると、完全に矛盾したひとつの複合世界になる。矛盾だらけの世界というのはいつ訪れても愉快なところだけれど、そこに住みたいとは思わないね。
アキレス　どういう意味だい、その「いつ訪れても愉快」というのは？　矛盾した世界というのは存在はしないんだ。だから訪れられるわけがないだろう。
亀　逆らうようで悪いけど、このエッシャー絵画には矛盾した世界が描かれているという点で、われわれは一致したばかりじゃなかったかい？
アキレス　それはそうだが、これはただの二次元の世界——虚構の世界——絵だ。そんな世界を訪れることはできないじゃないか。
亀　ぼくなりに手はあってね……
アキレス　平たい絵画世界にどうやってはいり込めるんだい？
亀　押込薬を小さなグラス一杯飲むんだ。それが秘訣さ。
アキレス　いったい何だい、押込薬って？
亀　小さな陶器の薬瓶にはいってる液体で、絵を眺める者がそれを飲むと、まさしくその絵の世界のなかへ「押しやられる」。押込薬の効力に気づかない連中は、いつのまにかはいり込んでしまった状況にかなり仰天することが多いね。
アキレス　解毒剤はないのかい？　いったん押しやられてしまったら、もう取り返しがつかないってわけ？
亀　場合によっては、それはそんなにみじめな状態じゃない。しかしもうひとつの薬があるにはある——いや、実は薬じゃなくて、高揚剤——いや、高揚剤じゃなくて——ええと——
亀　たぶん「トニック」だろ。
アキレス　トニックかい？
亀　それだ、そう言おうとしてたんだ。「ひょいっとトニック」というやつでね。押込薬を飲むときにこれを右手に一瓶ちゃんと持っていけば、そいつもまた絵のなかに押しやられる。そうして現実の世界に「ひょいっと」戻りたくなったら、ひょいっとトニックを一口飲みさえすればいい。するとたちまち！　また現実の世界に戻っているのさ、押し入れられる前にいたまさしくその世界に。

アキレス　なかなか面白そうだな。あらかじめ絵のなかに押し入れられないで、ひょいっとトニックを飲んだらどうなるんだろう？

亀　正確にはわからないな、アキレス。だけどこの妙な押したりひょいっと出たりの液体をおもちゃにするのは用心したいね。前に友だちがいたんだ、イタチだけど、こいつがいまきみのいったことをまさしくやってみた――それ以来、誰にもなんの音沙汰もない。

アキレス　そりゃかわいそうに。ところで押込薬のはいった瓶も一緒に持っていけるのかい？

亀　ああ、もちろん。左手に持つんだ、そうすると見ている絵のなかへそれも一緒に押しやられるから。

アキレス　それじゃ、もし、すでにはいってしまった絵のなかに絵があって、押込薬をもう一口飲んだらどうなる？

亀　ご期待どおりだね。その絵画内絵画のなかにはいっている。

アキレス　すると二度ひょいっとやらなくちゃならないわけだな、入れ子になった絵から抜け出して、現実の世界に立ち戻るには。

亀　そのとおり。一押しごとに一回ひょいっと抜け出さなくちゃならないんだ。一押しごとに絵のなかへはいり込んで、一回ひょいっと抜け出すことでそれが帳消しになるわけだから。

アキレス　ふーん、なんだかうさんくさい気がするがね……どこまで鵜呑みにするか試してるんじゃないだろうな？

亀　まさか！　ほら――ちゃんと二瓶持ってるんだぜ、このポケットに。（襟ポケットに手を入れ、ラベルの貼られていない大きめの瓶を二本取り出す。片方の瓶のなかで赤い液体がぼちゃぼちゃいい、もう片方の瓶のなかで青い液体がぼちゃぼちゃいう。）その気なら、一緒に試してみようか。どうだい？

アキレス　ええと、うん、そうだなあ、うん……

亀　よし！　試したくなるだろうと思ってたんだ。エッシャーの『凸面と凹面』の世界にはいってみようか？

アキレス　そうだなあ、うーん……

亀　じゃあ決った。このトニック入りの瓶を忘れずに持っていかなくちゃな、ひょいっと戻ってこられるように。その重大責任をまかせていいかい、アキレス？

アキレス　どっちでもいいんなら、ぼくはちょっと神経質なほうだから、経験のあるきみに作戦はおまかせしたいね。

亀　よし、けっこう。

［そういいながら、亀は押込薬を少量、二杯注ぐ。それからトニック入りの瓶を取って、しっかりと右手に持つ。亀とアキレスはグラスを口にする。］

亀　ぐいっとぜんぶ！

［彼らは飲み込む。］

アキレス　ものすごく変な味だ。

亀　馴れるもんさ。

第 23 図　M. C. エッシャー『凸面と凹面』（リトグラフ、1955 年）

アキレス　トニックもこんな変な味かい？
亀　いや、まるで別の感じだね。トニックを味わうと、かならず深い満足感がするんだ、まるで生れてからずっとそれを味わいたかったみたいに。
アキレス　ふーん、そいつは楽しみだ。
亀　ところでアキレス、ここはどこだい？
アキレス（周囲を確かめながら）　小さなゴンドラに乗ってるんだ、運河を下ってるじゃないか！　ぼくは降りるぜ。船頭さんよ、ここで降ろしてくれないかね。
［船頭はこの頼みに耳をかさない。］
亀　英語がしゃべれないんだ。ここで降りる気なら早いとこ這い出したほうがいいな、気味の悪い「愛のトンネル」がすぐそこまできてるぞ。
［アキレスがやや青ざめた顔でさっと脱出し、それから緩慢な友を引っぱり出す。］
アキレス　あそこの物音がなにか好きになれなかったよ。ここへ抜け出してきてやれやれだ。それにしても、どうしてきみはこの場所にそんなに詳しいんだ？　前にきたことがあるのかい？
亀　何度もあるよ、もっともいつもエッシャーのほかの絵からはいってきたけど。どの絵も額縁の背後でつながっているからね。ひとつの絵にはいれば、どの絵にもいけるんだ。
アキレス　驚いたよ！　ここにきて、こういういろんなものを自分の目で見ていなかったなら、そんな話は信じられないだろうな。（彼らは小さなアーチを抜けて歩いていく。）おい、可愛い蜥蜴が二匹いるぞ！
亀　可愛いだって？　なにが可愛いもんか――思っただけでぞっとするよ！　狂暴なやつらさ、あそこに天井からさがってる銅の魔法のランプを守っているんだ。あの舌にちょっとでもふれようものなら、ピクルスにされちまう。
アキレス　辛いやつかい、甘いほうかい？
亀　辛いやつさ。
アキレス　いやはや、辛苦をなめることに相成ったか！　しかしあのランプに魔法の力があるのなら、ひとつ試してみたいもんだ。
亀　そりゃ無鉄砲ってもんだよ。ぼくはご免だね。
アキレス　一度だけ試してみるさ。
［そばに眠っている若者を起さないように注意しながら、そろりそろりとランプに近づく。しかしいきなり、床の妙な貝に似た窪みにつまずき、宙に放り出される。夢中でもがきながら、彼は何かにつかまろうとし、なんとかランプに片手をかける。ぶらんぶらん揺れているのを目がけて、蜥蜴が二匹ともシュッシュッと勢いよく舌を突き出し、彼はそのまま

宙のまっただなかにぶらさがってもがくばかり。]

アキレス　た、た、助けてくれ！

[叫びを聞きつけて、ひとりの女が階段を駆けおり、眠っている若者を起す。若者は状況を面白そうに眺め、優しくにこりとして、いま手をかすから大丈夫だとアキレスに合図する。若者は妙な喉頭音で、頭上の窓から首を出している二人のトランペット吹きに何ごとか叫び、するとすぐさま、奇怪な音が鳴りひびいて、たがいに調子をあわせはじめる。眠たげな若者が蜥蜴を指さすので、アキレスが見ると、その楽の音は二匹の蜥蜴に強力な催眠作用を及ぼしている。まもなく、蜥蜴は完全に意識を失う。それから、親切な若者は梯子をのぼっている二人の仲間に叫ぶ。二人ともそれぞれ梯子を引っぱりあげ、それを遭難中のアキレスの真下にまで突き出し、一種の橋をこしらえる。アキレスに急いで梯子に乗るよう促しているのが、彼らの合図ではっきりわかる。しかしそうする前に、アキレスはランプを吊している鎖のいちばん上の輪をそっとはずし、ランプを取りはずす。それから梯子橋に乗ると、三人の若者が無事に彼を引きおろす。アキレスは三人に抱きつき、感謝の念をこめて彼らを抱きしめる。]

アキレス　おい、亀公、どうお礼をしたらよいものかね？

亀　この勇敢な若者たちが大のコーヒー好きだってことを、たまたま知ってるんだ。下の町に、またとないエスプレッソを出す店がある。エスプレッソをご馳走するのがいい！

アキレス　そいつはもってこいだ。

[そこで、身ぶりや笑みや言葉やらをいささか滑稽なくらいにくり返したあげく、アキレスは若者たちに誘いの意思をなんとか伝え、一行五名は急な階段を降りて町へと出ていく。彼らは感じのいい小さなカフェに着き、外のテーブル席につくと、エスプレッソを五つ注文する。そろってエスプレッソをすすっているとき、アキレスがランプを持参していることを思い出す。]

アキレス　忘れてたよ、亀公――この魔法のランプを手に入れたんだ！　しかし――どこが魔法かね？

亀　ほら、よくあるやつさ――怪霊だよ。

アキレス　何？　こすると怪霊が現れて、願いごとをかなえてくれるってことかい？

亀　そのとおり。どう思っていたんだい？　天から金（かね）が降ってくるとでも？

アキレス　なるほど、こいつはすごい！　どんな願いごとでも思いのままというわけだろう？　つねづね、こういうことになるのを願っていたんだ……

［そういってアキレスは、ランプの銅の面に刻まれた大きなＬの文字を静かにこする……突然、もくもくと煙が立ち昇り、煙に包まれて奇怪な幽霊のごとき姿がすっくと立っているのが一同の目にはいる。］

怪霊　やあ、諸君──よこしまな蜥蜴二匹組からわしのランプを取り返してくれてありがとよ。

［そういうなり、怪霊はランプを取りあげ、ランプから渦巻いている裾長の幽霊のようなローブのひだに隠れたポケットにそれを押し込む。］

諸君の英雄行為に対する感謝のしるしとして、わしはこのランプにより、諸君の願いごとのどれか三つを実現する機会を提供したい。

アキレス　こりゃたまげた！　そう思わないかね、亀公？

亀　思うとも。先にいえよ、アキレス、最初の願いごとをしろよ。

アキレス　よーし！　だけど何を願ったらいい？　ああ、そうだ！　はじめて『千夜一夜物語』を読んだときに思ったことがある（あの愚にもつかない［おまけに入れ子の重なった］物語集をさ）──たった三つじゃなくて百個の願いごとをしたい！　なかなか賢いだろ、え、亀公？　おまえさんじゃこういう機転の利いたことは思いつかなかったろう。あの物語に出てくるまぬけどもがどうしてこういう策を思いつかなかったのかと、いつも不思議に思ってたんだ。

亀　たぶんいまその答がわかるよ。

怪霊　残念ながら、アキレス、わしはメタ願望をかなえてはやらん。

アキレス　「メタ願望」とは何なのか教えてほしいね！

怪霊　だがそれはメタ＝メタ願望じゃよ、アキレス──それもかなえてはやれんな。

アキレス　ななんだって？　何をいってるのかちんぷんかんぷんだ。

亀　いまの頼みをいいなおしたらどうだい、アキレス？

アキレス　どういう意味だ？　なんでいいなおさなくちゃならない？

亀　ほら、さっき「教えてほしい」といったろ。情報を求めているだけなら、ただ問い質せばいいのさ。

アキレス　わかった、もっともなぜかはわからないけれど。教えてくれ、怪霊さん──メタ願望とは何だい？

怪霊　それはたんに願望についての願望だ。わしはメタ願望をかなえることを許されておらん。ごくごく並みの願望をかなえることしかわしの権限内にはないのだよ、たとえばビールを十本ほしいとか、トロイのヘレンをベッドに寝かせたいとか、コパカバーナでお二人様無料招待の週末をすごしたいとかな。つまりだ──そういう単純なことだよ。しかしメタ願望はかなえてやることができん。神が許してはくれんのだ。

アキレス　神だと？　神とは誰のことだね？　そして、なぜあんたがメタ願望をかなえることを許さないんだ？　さっきからいろいろいっていることに比べれば、そんなのは取るに足らんことのように思えるがね。

怪霊　いや、それは複雑な問題でな。さあ、いいから三つの願いごとをしてはどうかね？　あるいは、せめてひとつ。いつまでも時間があるわけじゃないからな……

アキレス　ああ、まったくつまらないよ。ほんとに百の願いごとを願うつもりでいたんだから……

怪霊　うーむ、そうがっかりされると見るに忍びないわい。それに、メタ願望はわしの気に入りの願望でもあることだし。待てよ、わしにしてやれることはないものかな。なあに、ほんの一瞬で足りる——

［怪霊はローブの細かい襞から何か取り出す。さきほど隠してしまった銅のランプそっくりだが、ただこれは銀でできている。そしてさきほどのランプにはLと刻まれてあったところに、もう少し小さな文字でMLと刻まれ、同じ面積を占めている。］

アキレス　で、それは何だい？

怪霊　わしのメタ＝ランプさ……

［彼がメタ＝ランプをこすると、もくもくと煙が立ち昇る。煙に包まれて、幽霊のような姿がすっくと立ちあがるのがわかる。］

メタ怪霊　わたしはメタ怪霊よ。わたしを呼び出したのね、怪霊さん？　どんな願いごと？

怪霊　特別の願いごとがあるのだよ、妖霊（ジン）、おまえさんと、神とに。願望に関する一切の類型制限の一時停止を許可してほしいのだがな、ひとつの無型願望の持続するあいだだけ。どうかこの願いをかなえてはくれんか？

メタ怪霊　チャンネルを通して送ってみなければならないわ。ほんの半瞬待ってくださいな。

［そして、怪霊の二倍すばやく、このメタ怪霊はローブの細かい襞から何か取り出す。銀のメタ＝ランプそっくりだが、ただこれは金でできている。そしてさきほどのランプにはMLと刻まれてあったところに、まだ小さな文字でMMLと刻まれ、同じ面積を占めている。］

アキレス（前より一オクターブ高い声）で、それは何だい？

メタ怪霊　これはわたしのメタ＝メタ＝ランプ……

［彼女がメタ＝メタ＝ランプをこすると、もくもくと煙が立ち昇る。煙に包まれて、幽霊のような姿がすっくと立ちあがるのがわかる。］

メタ＝メタ怪霊　わしはメタ＝メタ怪霊だ。わしを呼び出したな、メタ＝怪霊？　どんな願いごとだい？

メタ怪霊　特別の願いごとがあるのよ、妖霊(ジン)さん、あなたと、神とに。願望に関する一切の類型制限の一時停止を許可してほしいの、ひとつの無型願望の持続するあいだだけ。どうかこの願いをかなえてくださらない？

メタ＝メタ怪霊　チャンネルを通して送ってみなくちゃならんな、むろん。ほんの四分の一瞬待ってくれないか？

［そして、メタ怪霊の二倍すばやく、このメタ＝メタ怪霊はローブの細かい襞から何か取り出す。金のメタ＝ランプそっくりだが、ただこれは……］

……………………

（神）

［……メタ＝メタ＝メタ＝ランプのなかへ渦巻いて戻っていき、そのランプをメタ＝メタ怪霊はメタ＝メタ＝メタ怪霊の二分の一すばやく、ローブのなかへとしまい込む。］

きみの願いはかなえられたよ、メタ怪霊。

メタ怪霊　ありがとう、妖霊(ジン)さん、それに神様。

［するとメタ＝メタ怪霊は、上位の怪霊たちの例にならって、メタ＝メタ＝ランプのなかへ渦巻いて戻っていき、そのランプをメタ怪霊はメタ＝メタ怪霊の二分の一すばやく、ローブのなかへとしまい込む。］

あなたの願いはかなえられたわよ、怪霊さん。

怪霊　ありがとう、妖霊(ジン)よ、それに神よ。

［するとメタ怪霊は、位が上の怪霊たちの例にならって、メタ＝ランプのなかへ渦巻いて戻っていき、そのランプを怪霊はメタ怪霊の二分の一すばやく、ローブのなかへとしまい込む。］

きみの願いはかなえられた、アキレス君。

［そして彼が「ほんの一瞬で足りる」といってから、

正確に一瞬経過している。」

アキレス　ありがとう、妖霊さん、それに神よ。

怪霊　嬉しい報せだ、アキレス君、きみはまさしくひとつの無型願望を所有してよろしい――すなわち、ひとつの願望、あるいはひとつのメタ願望、あるいはひとつのメタ=メタ願望をだ、望むだけメタをふやしてもかまない――たとえ無限に数多くてもな（もし望むなら）。

アキレス　いやはや、ほんとにありがとう、怪霊さん。ところで好奇心が掻きたてられるんだがね。願いごとをする前に教えてはもらえまいか、誰かね――もしくは何かね――その神というのは？

怪霊　いいとも、教えよう。「神GOD」とは「妖霊の上の神GOD Over Djinn」を表す頭文字語だ。「妖霊」とは怪霊、メタ怪霊、メタ=メタ怪霊などなどを指すために用いられる語だ。それは無型語なのだ。

アキレス　しかし――しかしだ――どうしてGODがそれ自体の頭文字語のなかにある語でありうるんだ？　それじゃ説明にならないじゃないか！

怪霊　そうか、きみは反復頭文字語を知らんのだな？　誰でも知っていることだと思ったもんで。よいかね、GODはGOD Over Djinnを表す――これは「GOD Over Djinn, Over Djinn　妖霊の上にある妖霊の上の神」というふうに拡張しうる――そして今度はそれを「GOD Over Djinn, Over Djinn, Over Djinn　妖霊の上にある妖霊の上にある妖霊の上にある神」というふうに拡張しうる――今度はそれをさらに拡張しうる……好きなだけ先へいけるわけだ。

アキレス　しかしどこまでいっても終らないじゃないか！

怪霊　むろんそのとおり。GODをしまいまで拡張することはできない。

アキレス　ふーん……なんだかこんがらかってきた。あれはどういう意味だい。さっきメタ怪霊にこういったろ、「特別の願いごとがあるのだよ、妖霊、おまえさんと、神とに」？

怪霊　メタ怪霊のみならず、彼女の上のすべての妖霊に頼みごとをしようとしたわけだ。反復頭文字語方式がごく自然にこれをやってのける。ほら、メタ怪霊がわしの要請を受信したとき、彼女はそれを上の神へと伝達しなければならなかった。そこで彼女は同様のメッセージをメタ=メタ怪霊に転送し、彼は同じようにしてメタ=メタ=メタ怪霊に転送した……こういうふうに鎖を上へのぼっていくことが神へメッセージを届けるのだな。

アキレス　なるほど。つまり、神は妖霊たちの梯子のてっぺんに鎮座したもうってことかね？

怪霊　いやいや、まるで違う！　「てっぺん」には何もない。なぜなら、てっぺんなどないからだ。だからこそ神は反復頭文字語なのだよ。神は究極の妖霊というようなものじゃない。神は任意の妖霊の上位にある妖霊たちの塔だ。

亀　めいめいの妖霊が神は何かということについてみんな違った観念をもつように、ぼくには思われるな。なぜならいかなる妖霊にとっても、神は自分より上位にある妖霊たちの集合なんだから。そして、いかなる二人の妖霊もその集合を共有しないんだし。

怪霊　まさしくそのとおりだ――そしてわしはあらゆる妖霊の最下位であるからして、わしの神の概念は最も高揚しておる。上位の妖霊たちは不憫じゃよ、神にいくらか近いと思い込んでおるのだからな。冒瀆もはなはだしい！

アキレス　なるほど、神をつくりあげるには大勢の怪霊が必要なんだ。

亀　神についてのそんな話を本気で信じるのかい、アキレス？

アキレス　そうさ、もちろん。きみは無神論者かい、亀公？　それとも不可知論者かい？

亀　不可知論者だとは思わないな。たぶんメタ不可知論者だ。

アキレス　なななんだと？　何をいってるのかわからんね。

亀　待てよ……もしぼくがメタ不可知論者なら、自分が不可知論者かどうかについてこんがらかったりはしまい――ところがどうもそういう気はしない。ゆえにぼくはメタ=メタ不可知論者にちがいない（そうらしい）。うん、そうか。教えてくれよ、怪霊さん、妖霊が間違いを犯して、鎖を上下するメッセージを歪曲してしまうことはあるかい？

怪霊　あるね。それが無型願望のかなえられない最もふつうの原因だ。そうだな、歪曲が鎖の特定の輪で起る確率は無限小だ――しかし無限数の無型願望を連続して入れるなら、歪曲がどこかで起ることは実に確かだ。事実、妙な話だが、無限数の歪曲がふつうは起る、それが鎖のなかにきわめて希薄に分布されているにしても。

アキレス　すると、無型願望が成就されるのは奇跡らしい。

怪霊　実はそうではない。ほとんど歪曲は取るに足らんし、多くの歪曲は消去しあうのだな。しかしときには――きわめてまれには――無型願望の非成就をたったひとりの不幸な妖霊の歪曲にさかのぼることができる。こういう場合、その罪深き妖霊は無限の鞭打ち刑に処せられ、尻をぶたれるのだ、神の命によって。これは尻をぶつ連中にとってははなはだ愉快だし、ぶたれる者のほうは痛くも痒くもない。なかなか楽しい光景だよ。

アキレス　それはぜひ見たいものだ！　しかし無型願望がかなえられない場合のみの話だね？

怪霊　そのとおり。

アキレス　ははーん……それでわが願望について思いついたことがある。

亀　え、ほんと？　どんなことだい？

アキレス　わが願望はかなえられないように願いたいよ！

［この瞬間、ある出来事が――「出来事」と称してよいだろうか？――起る。それは記述しえないものであるゆえに、記述しようとする試みはなされない。］

アキレス　いったいこの謎めいた注釈は何だ？

亀　アキレスの願った無型願望のことをいってるのさ。

アキレス　しかしまだそんなものを願ってはいないぜ。

亀　願ったのさ。こういったろ、「わが願望はかなえられないように願いたいよ」って。怪霊はそれを願いごとと解したんだ。

［このとき、なにやら廊下をやってくる足音が聞える。］

アキレス　おいおい！　なんか気味悪いな。

［足音は止まる。それから引き返して消えていく。］

亀　ヒェーッ！

アキレス　ところでさっきの話はつづきがあるのかい、それともあれで終りか？　ページをめくって見てみよう。

［亀が『妖霊（ジン）とトニック』のページをめくると、物語はつづく……］

アキレス　おい！　どうなったんだ？　いまの怪霊はどこへいった？　おれのランプは？　おれのエスプレッソは？　凸面と凹面の世界からきた若者たちはどうしたんだ？　あの蜥蜴（とかげ）たちはここで何をしてるんだ。

亀　われわれの情況（コンテクスト）が不正確に復原されたんだよ、アキレス。

アキレス　いったいその謎めいた注釈は何だ？

亀　きみの願った無型願望のことをいってるのさ。

アキレス　しかしまだそんなものを願ってはいないぜ。

亀　願ったのさ。こういったろ、「わが願望はかなえられないように願いたいよ」って。怪霊はそれを願いごとと解したんだ。

アキレス　おいおい！　なんか気味悪いな。

亀　それがつまりパラドクスってやつだよ。その無型願望がかなえられるためには、それは拒否されねばならなかった――にもかかわらず、それをかなえてやらないことは、それをかなえてやることになる。

アキレス　それでどうなったんだ？　地球が静止したのか？　宇宙が陥没したのか？

亀　いや。システムが崩壊したんだ。

アキレス　そりゃどういう意味だい？

亀　つまりきみとぼくはだな、アキレス、不意に一瞬のうちに陥落界へ運ばれたんだ。

アキレス　どこへだって？

亀　陥落界だよ、つまり止まったしゃっくりと切れた電球だ。一種の待合室みたいなもので、眠っているソフトウエアがホストのハードウエアの帰ってくるのを待つところさ。どれくらいの時間、システムが壊れていたかはわからないけど、われわれは陥落界へきたんだよ。数瞬かもしれないし、数時間、数日——数年かもしれないがね。

アキレス　こっちはソフトウエアが何だか知らんし、ハードウエアが何だか知らんよ。ただ、わが願望を願うにいたらなかったってことは知ってるんだ！　あの怪霊に戻ってきてもらわんと！

亀　残念だが、アキレス——きみがへまをしでかしたんだぜ。きみがシステムを壊したんだから、とにかくこうして戻ってこられた幸運に感謝すべきだよ。それにしてもここはどこなのか見当もつかないや。

アキレス　わかったぞ——エッシャーの別の絵のなかだ。今度は『爬虫類』だ。

亀　そうか！　崩壊する前に、システムができるかぎりわれわれの情況（コンテクスト）を救おうとしたんだ。そして落下する前に、それが蜥蜴のいるエッシャー絵画であることを記録するところまでやってくれたんだ。たいしたものじゃないか。

アキレス　見ろ——あのテーブルの上の、蜥蜴の輪のとなりにあるのはひょいっとトニックの瓶だろ？

亀　たしかにそうだ、アキレス。まったくもってぼくらは運がいいよ。システムが親切にもひょいっとトニックを返してくれたわけだ——大事なやつをさ！

アキレス　まったくな！　さあて、エッシャーの世界から抜け出して、わが家へ帰れるぞ。

亀　机の上に本が二冊あるね、瓶のそばに。何だろう。（適当なページの開いている小さいほうの本を手に取る。）なかなか興味をそそられそうだな。

アキレス　ほんとかい？　何という本だ？

亀　『地球のもろもろの場所において行われたる亀とアキレスの興味津々たる冒険』。ちょいと拾い読みするには面白そうな本だ。

アキレス　読みたいなら読むがいいさ。だけどぼくとしては、ひょいっとトニックを危険にさらしたくないね——蜥蜴の一匹がテーブルから落っことさないともかぎらない。いますぐいただいておかなくちゃ！

［テーブルに突進し、ひょいっとトニックに手をのばすが、慌てたはずみに瓶をつかみそこね、瓶はテーブルから落ちる、ころころころがりはじめる。］

あっ、しまった！　亀公——おい！　うっかり床に落としてしまったぞ、あっちへころがっていく——あっちへ——階段の吹抜けのほうだ！　急げ——落ちないうちに！

［しかし亀は、手にした薄手の本にすっかり夢中になっている。］

亀　（つぶやき声）なに？　この話は面白そうだ。

アキレス　亀公、亀公、手をかせったら！　トニック瓶を一緒につかまえるんだ！

亀　何を大騒ぎしてるんだい？

アキレス　トニック瓶だ――テーブルから落としたんだ、ほら、ころがっていく――

[このときには階段吹抜けの縁に達し、そして垂直に落下する。]

あっ、だめだ！　どうしよう？　亀公――慌てないのか？　トニックがなくなってしまうぞ！　吹抜けから落ちたんだぞ！　よし、しようがない！　この階段をくだるまでだ！

亀　この怪談のくだり？　けっこうだとも。一緒に読んでくれるかい？

[亀が朗読を始めると、アキレスは同時に二方向に引っ張られ、結局はとどまって亀の台詞を受け持つ。]

アキレス　ずいぶん暗いところだなあ、亀公。何ひとつ見えないや。痛えっ！　壁にぶつかったぞ。気をつけろ！

亀　ほら――ステッキを二本持ってきたんだ。一本使わないか？　前に突き出していれば、ものにぶつかったりしないから。

アキレス　名案だ。（ステッキを持つ。）この道、わずかに左へカーブしているような気がしないか？

亀　うん、ほんのわずかに。

アキレス　どこだろう、ここは。それに、また明るいところへ出られるかどうかもわかったもんじゃない。きみのいうことに耳をかさなけりゃよかったよ、あの「ドリンク・ミー」なんてしろものを飲んでみろと誘ったときに。

亀　大丈夫、害はないんだから。いままで何度も試したけど、一度として悔やんだことはないね。気を楽にして、小さくなるのを楽しむことだ。

アキレス　小さくなる？　おれに何をしたんだ、亀公？

亀　ぼくを責めたってだめさ。きみの自由意志でしたことだ。

アキレス　おれを縮めたのか？　だからおれたちのいるこの迷宮が現に誰かに踏みつけられそうなくらいにこんなちっぽけだってわけか？

亀　迷宮？　迷宮だって？　これがかい？　かのおぞましき魔乃タウロスの悪名高き小さな和声の迷宮にいるってのかい？

アキレス　ななにゃ！　何だ、それ？

第 24 図　M. C. エッシャー『爬虫類』（リトグラフ、1943 年）

亀　聞くところによれば——もっともぼく自身は信じてないんだがね——邪悪な魔乃タウロスというやつが小迷宮を創造し、その中央の落し穴にいて、何も知らぬ犠牲者がその恐ろしくこみいったなかで迷ってしまうのを待ちかまえているんだ。彼らが四方八方わからなくなって中央にさまよい込むと、やつは笑いに笑いまくる——それはもうすさまじくて、彼らを笑い殺してしまう。

アキレス　いやだぜ、そんなのは！

亀　でもただの神話だからな。勇気を出せよ、アキレス。

[両者はひるまずに先へ進む]

アキレス　この壁をさわってみろ。波型ブリキ板か何かみたいだぜ。でも波型がいろんな大きさだ。

[いっそう確かめようと、歩きながらステッキを壁面に突き当てる。ステッキが波型に当って前後に跳ねると、奇妙な音がカーブした長い廊下にこだましていく。]

亀　（ぎくりとして）　何だ、いまのは？

アキレス　なに、ぼくだよ、ステッキで壁をなでてみたのさ。

亀　ヒェーッ！　一瞬、獰猛な魔乃タウロスの吠え声かと思ったぜ！

アキレス　ただの神話だっていったんじゃなかったかね。

亀　もちろんさ。何も怖いものなんてないんだ。

[アキレスはふたたびステッキを壁に突き当てて、歩きつづける。彼がそうすると、ステッキが壁に擦れる点から音楽のような音が聞える。]

亀　うひぇ。気持が悪いよ、アキレス。迷宮ってのは神話でないかもしれないぜ、やっぱり。

アキレス　おいおい。何で急に気が変ったんだい？

亀　あの音楽、聞えるだろ？

[もっとはっきり聞こうと、アキレスはステッキを下のほうへやる。すると旋律がとだえる。]

ほら！　戻せよ！　この曲の終りが聞きたいんだ！

［うろたえながらアキレスがステッキを戻すと、音楽がまた聞える。］

ありがとう。いまいいかけたけど、ここがどこかやっと見当がついた。
アキレス　ほんとに？　どこだい、ここは？
亀　ジャケットにはいってるレコードの螺旋溝を歩いてるんだ。そのステッキが壁の妙な形にこすれて、溝を走る針の役割をする、それで音楽が聞えてくるわけだよ。
アキレス　おいおい、まさかそんな……
亀　おや？　大喜びしないのかい？　音楽とこんなに密接にふれる機会に恵まれたこと、いままでにあったかい？
アキレス　蚤より小さくなったいま、まともな人間相手に競走をしてどうやって勝てる、亀公？
亀　なんだ、そんなことばかり心配してるのか。いらいらすることはないって、アキレス。
アキレス　その口ぶりじゃ、そっちはちっとも気にかけていないらしいな。
亀　どうかな。ただひとつ確かなのはね、ぼくはね小さくなったのを気にかけちゃいない。とりわけ、おぞましき魔乃タウロスの恐ろしい危険に直面しているときには。
アキレス　ぞっとさせるなってば！　いまの話は――
亀　本当さ、アキレス。音楽でわかったんだ。
アキレス　いったいどうしてだい？
亀　単純も単純。最高音部の旋律B‐A‐C‐Hを聞いたときすぐわかったんだ、われわれの歩いてるのは『小さな和声の迷路』、バッハのあまり知られていないオルガン曲の溝でしかありえないってことが。そういう名がついてるのは、目のまわるくらい頻繁に転調があるからだ。
アキレス　な、なんだい、それは？
亀　つまりだね、たいていの楽曲はひとつの調、もしくは調性によって書かれる。たとえばC長調がこの曲の調だ。
アキレス　その用語は聞いたことがあるよ。つまり、Cが終りにしたい音だって意味だろ？
亀　そう、Cは本塁だな、いうなれば。実際には、「主音（トニック）」という語がふつう用いられる。
アキレス　すると、最終的には戻る目的でトニックから離れてさまようのかい？
亀　そのとおり。曲が展開するうちに、トニックからそれていく曖昧な和音や旋律が用いられる。少しずつ緊張が築きあげられる――もとへ戻ってトニックを聴きたいという欲求がつのってくる。
アキレス　そういうわけで、曲の終りにいつも

第 25 図　クレタの迷路（W. H. Matthews, *Mazes and Labyrinths*, Dover Publications, 1970 より）

満足感を味わうのかい、まるで生れてからずっとそのトニックを聴くのを待っていたみたいにさ？

亀　まさしくそうだね。作曲家は和音連結の知識を駆使して、聞き手の情緒を操作し、聴き手のなかにそのトニックを聴きたいという願いを築きあげるんだな。

アキレス　でもさっきは転調の話だったけど。

亀　ああ、そうそう。作曲家がなしうるひとつの非常に重要なことは、曲の中途で「転調」を行うことなんだ。つまり、トニックへの解決とは別に、一時的ゴールを設定するわけだ。

アキレス　なるほど……わかったような。つまり、なんらかの和音の連続が和声的緊張をなにかしら変えてしまうから、それで聴き手のほうは新しい調で解決したいと欲するんだね？

亀　そのとおり。これで状況がいっそう複雑になる。というのも、その短時間は新しい調で解決したいと望むにしても、その間ずっと心の奥ではもともとのゴールに到達したいという願望をもっているからだ——この場合はC長調だがね。そして補助ゴールにいきつくと、そこには——

アキレス（急に熱っぽい仕草）ほら、聴けよ、堂々と上へ舞っていく和音、この『小さな和声の迷路』が終るんだ！
亀　いや、アキレス、これは終りじゃない。たんに——
アキレス　そんなことあるもんか！　わあっ！　なんて力強い、たくましい終り方だ！　ほっと安堵の気分！　すばらしい解決！　すごい！

［そしてたしかに、この瞬間、音楽が終り、両者は壁も何もないひらけた場所に出る］

どうだい、やっぱり終ったぜ。さっきは何ていった？
亀　どこかおかしいんだ。このレコードは音楽の世界の面汚しだ。
アキレス　どういう意味だい？
亀　そこを話そうとしたんだよ。ここでバッハはCからGへ転調して、Gを聴くという第二のゴールを設定した。すなわち、聴き手は同時に二つの緊張を経験する——Gへの解決を待ちながら、しかしまたあの究極的欲求を心に抱いている——C長調へと壮麗に解決したいというあの欲求をだ。
アキレス　どうして音楽を一曲聴くときに何でもかんでも念頭におかなくちゃならんのかね？　音楽は知的訓練にすぎないのかい？
亀　いや、もちろんそうじゃない。高度に知的な音楽もあるにはあるけど、たいていの音楽は違う。そしてほとんどの時間、耳か頭脳がちゃんと「計算」をやってくれて、聴き手の情緒が何を聴きたがっているかをその情緒に知らせるんだ。わざわざ意識して考える必要はないのさ。しかしこの曲の場合、バッハはトリックを仕掛けて、道に迷わせようとした。そしてアキレス、きみの場合には、してやったりというわけさ。
アキレス　ぼくが補助の調の解決に応じたっていうのかい？
亀　そのとおり。
アキレス　やっぱりあれは終りみたいだったけどな。
亀　バッハはそういうふうに聞えるようにわざわざやったのさ。きみはまんまと罠にはまったんだ。いかにも終るみたいに巧妙に作られてね、しかし和音連結に注意深くついていけば、違う調の終りだってことがわかるはずだ。どうやらきみだけでなく、このひどいレコード会社も同じトリックにひっかかった——なんと、早いとこ曲を切ってしまって！
アキレス　バッハってのは、ずいぶん意地の悪いトリックを仕掛けてくれたよ！
亀　そこを面白がってるんだな——彼の迷路の

なかできみを迷わせてさ！　例の邪悪な魔乃タウロスはバッハとぐるでね。だから気をつけないと、やつはきみを笑い殺してしまうぞ――たぶんぼくまで一緒に！

アキレス　おい、早いとこ、ここから出よう！　急げ！　溝を走って後戻りして、邪悪な魔乃タウロスに見つからないうちにレコードの外へ出るんだ！

亀　ああ、そりゃだめだ！　ぼくの感受性は繊細すぎるから時が逆転したときに起る妙な和声進行にはとてもついていけないよ。

アキレス　じゃあ、亀公、どうやってここを出ようってんだい、歩いてきたとおり引き返せないんなら？

亀　まったくもっていいことを訊いてくれるよ。

［やけくそ気味に、アキレスは当てもなく暗闇を走りまわる。突然、かすかな叫び声、それから「どすん」という物音。］

アキレス――大丈夫か？

アキレス　ちょっと揺すられたけど、ほかは大丈夫。なんかでっかい穴に落ちたよ。

亀　邪悪な魔乃タウロスの落し穴に落ちたんだ！　よし、いま助けにいく。早いとこずらからなくちゃ！

アキレス　気をつけろ、亀公――きみまでこんなところへ落っこちてもらいたくないから……

亀　あせるなよ、アキレス。いますぐちゃんと――

［突然、かすかな叫び声、そして「どすん」という物音。］

アキレス　亀公――きみも落ちたのか！　大丈夫か？

亀　なあに、プライドが傷ついただけさ――そのほかは大丈夫だ。

アキレス　いよいよのっぴきならない羽目になったなあ？

［突然、耳をつんざかんばかりの大きな笑い声が、驚いたことにすぐそばで聞える。］

亀　気をつけろ、アキレス！　こりゃ笑いごとじゃない。

魔乃タウロス　ヒッヒッヒッ！　ホッホッ！　ホーホーホー！

アキレス　腰が抜けそうだ、亀公……

亀　やつの笑い声に耳をかさないようにするん

だ、アキレス。それが唯一の望みだぞ。

アキレス　精一杯やってみる。ただ腹さえ減ってなけりゃなあ！

亀　おや、何かにおうぞ、それともこってりバターののったほかほかのポップコーンがそのあたりにあるのかな？

アキレス　ぼくもにおう。どっからにおってくるんだろう？

亀　こっちのようだな。あっ！　何かはいってるでっかいボウルにぶつかった。うん、やっぱり――ボウルにポップコーンが盛られているらしいぞ！

アキレス　ちぇっ――ポップコーンかよ！　こうなりゃやけになって食ってやる！

亀　プッシュコーンじゃないように願いたいね。プッシュコーンとポップコーンは区別するのがとてつもなくむずかしいからな。

アキレス　プーシキンがどうしたって？

亀　なんにもいってないぜ。空耳だろう。

アキレス　なんだと！　まさかそんな。じゃあ、味わおうぜ！

［そしてふたりの友はポップコーンを（もしくはプッシュコーンを？）むしゃむしゃやり出す――するといっせいに――ポーン！　どうやらやはりポップコーンらしい。］

亀　実に愉快な物語だ。面白かったかい？

アキレス　まあね。ただふたりは邪悪な魔乃タウロスの落し穴から出られたんだろうか。アキレスが哀れだよ――まともな大きさになりたがって。

亀　心配無用――ふたりとも抜け出したし、彼ももとの大きさに戻ったね。それが「ポーン」の意味だ。

アキレス　へえ、それはわからなかった。ところでだ、とにかくほんとにあのトニック瓶を見つけたいよ。どういうわけか、唇が焼けるように乾いてね。ひょいっとトニックを一口やるのが何よりだろうから。

亀　あれは渇きを癒やす効力があるのでも有名でね。そう、場所によってはみんなもう、それは夢中になっている。今世紀初頭のウィーンでは、シェーンベルク工場がトニックの生産をやめて、かわりにセリアルをつくりはじめた。想像できないくらいの反響を引き起したもんだ。

アキレス　なんとなく察しはつくよ。しかしとにかくトニックを探しにいこうじゃないか。おい――ちょっと待て。テーブルの上のあの蜥蜴(とかげ)たち――何か滑稽じゃないか？

亀　うーん……べつに。そんなしげしげと何を見てるんだい？

アキレス　見えないのか？　連中は平らな絵から外へ這い出してるじゃないか、ひょいっとトニックも飲まずに！　あの蜥蜴(とかげ)たちは、二次元のスケッチブック世界から抜け出したいときに上へ昇ることをおぼえてしまったんだ。

アキレス　われわれもこのエッシャー絵画から抜け出すために同じことができるかな？

亀　もちろん！　もうひと怪談いけばいいだけさ。やってみるかい？

アキレス　家へ帰れるんなら何でも！　こういう興味津々の冒険にはうんざりだ。

亀　じゃあ、ついてこいよ、こっちだ。

［ふたりはもうひと階段のぼる。］

アキレス　戻ってこられてよかったな。それにしても何か妙だ。ここはぼくの家じゃないぞ！　きみの家じゃないか、亀公！

亀　なるほどそうだな――そのほうが嬉しいや！　きみの家から遠路はるばる歩いて戻るなんて期待していなかったからね。もうくたくただから、帰れるかどうかわかったもんじゃない。

アキレス　こっちは歩いて帰るのが苦じゃないよ。どうやら結局こういうことになって運がよかったんだな。

亀　そのとおりだよ！　これがまさしく大吉さ！

［第5章］再帰的構造と再帰的過程

再帰性とは何か

再帰性とは何だろうか？　それは対話篇「小さな和声の迷路」で描かれたことである。つまり、入れ子、および入れ子のヴァリエーションにほかならない。この概念は非常に一般的である。（物語の中の物語、映画の中の映画、絵の中の絵、ロシア人形の中のロシア人形、［括弧つきの注釈の中の括弧つきの注釈！］――これらは再帰性の魔力のほんの数例である。）しかし、この章での「再帰性」の意味は、第3章でとりあげた再帰性の意味とはほんのわずかのつながりしかないことを気にとめておく必要がある。そのつながりは、この章の終りまでに明らかにされるであろう。

再帰性は、パラドクスすれすれのように見えることがある。たとえば、**再帰的定義**というものがある。そのような定義は、ちょっと見には、ある事柄がそれ自身によって定義されているような印象を与えるかもしれない。その定義は循環的で、本来のパラドクスにはならないとしても、無限の後退に導かれそうである。実際には、再帰的定義は（正しく述べられれば）無限退行にもパラドクスにも陥らない。なぜかといえば、再帰的定義はある事柄をそれ自身によって定義することはけっしてないので、いつでもそれ自身の**より簡単な形**に基づいて定義するのである。私のいいたいところはすぐ後で、再帰的定義の実例を示すときにもっとはっきりするであろう。日常生活で再帰性が現れる最もありふれた形のひとつは、ある仕事の完成をあとまわしにして、より簡単な、しばしば同じ型の仕事を優先的に行うことである。次によい例を示そう。ある重役がすてきな電話器を持っていて、そこにたくさんの電話がかかってくる。重役さんがそこでAと話しているときBがかけてきた。そこで、重役さんはAに「ちょっと待ってもらってかまわないかね」という。もちろんAがかまうかどうかは、本当は問題ではない。重役さんはボタンを押してBの方に切り換える。今度はCがかけてきた。同じようにBにも待ってもらうことにする。これはいくらでもつづけられるが、これ以上熱心にいつまでつづけてみてもはじまらない。そこでCとの話が終ったとする。すると重役さんはBからの電話に「ひょいっと」戻り、話をつづける。その間、Aは電話線の反対側の端にすわっていて、指先で机か何かをたたきながら、電話線を通じて送られてくる何かひどいバックミュージックを聞いて自らを慰めている……。さて最も簡単な場合には、Bの話が終って重役さんはAとの話に戻る。しかしBとの話が再開されてから、新しい話し手Dがかけてくることもありうる。Bは再度、待っている話し手の山積みの上に押し込まれ、Dが相手をしてもらえる。Dがすむと Bに戻り、それからAに戻る。この重役さんはもちろん絶望的に機械的である——これが再帰性の最も正確な形なのである。

押し込む、戻る、そして山積み

　この例の中で、私は再帰性についての基本用語——少なくとも、コンピュータ科学者の眼で見た用語法のいくつかを導入した。「押し込む（プッシュ）」、ひょいっと「戻る（ポップ）」、「山積み（スタック）」（正確には「押し込み型山積み」）がそれであって、これらは相互に関連している。これらは一九五〇年代の終りごろ、人工知能のための最初の言語のひとつであるIPLの一部分として導入された。「押し込む」と「戻る」とは対話篇にすでに登場した。しかし何とか、もっと詳しく説明してみたい。「押し込む」とは今やっている仕事の処理を、どこまでやったかを忘れずに中断して、新しい仕事をとりあげることである。その新しい仕事はふつう、前の仕事より「下位のレベルにある」といわれる。「戻る」とはその逆で、あるレベルの処理を終えて、ひとつ上のレベルの処理を、ちょうど前に中断したところから、再開することである。

　しかし、それぞれの異なるレベルにおいてどこまでやっていたかを正確に覚えておくには、どうすればよいのだろうか？　それには、関連する情報を「山積み」式に記録しておけばよい。山積みとは要するに次のようなことを記録した表のことである。

(1)　未完成の仕事のそれぞれについて、どこに戻ればよいか（専門用語では「戻り番地」）。

(2)　中断した場所で、知っておかなければならない情報は何であったか（専門用語では「変数結合」）。

　前の仕事にひょいっと戻るとき、この山積みが仕事の前後の脈絡を教えてくれるので、迷う心配がないのである。電話の例では、山積みはそれぞれのレベルにおいて誰が待たされているか、中断されたときに何の話をしていたかを教えてくれる。

　ところで「押し込む」、「戻る」、「山積み」という用語はみな、カフェテリアのお盆の山積みの視覚的なイメージからきている。ふつうはその下にバネ仕掛けがあって、一番上のお盆がだいたい同じ高さになる。だからお盆をひとつ山積みの上にのせると、山全体が少し沈む——また山積みからお盆をひとつ取り除くと、山全体がひょいっと少しだけせり上がる。

　日常的な例をもうひとつ。ラジオでニュース解説を聞いていると、外国の特派員が割りこんでくることが始終ある。「次にイギリスのピーフォグから、サリー・スワンプリイがお伝えします。」サリーは土地のある記者が誰かと会談したテープを持っている。そこで背景をちょっと説明してから、そのテープがかけられる。「私はナイジェル・キャドウォールダーで、ここはあの盗難事件が発生しましたピーフォグのすぐ近くです。お話しくださるのは……」これで話は三つめのレベルに入っている。この記者がまた何かの会話のテープをまわしはじめることもありうる。現実のニュース解説で三つめのレベルに入ることはけっして珍しいことではなく、そして驚くべきことには、われわれは中断をほとんど意識していない。われわれの潜在意識は、いとも簡単にすべてを追跡してくれるのである。それがこんなにもやさしい理由はおそらく、各レベルが他のレベルと全く様子が異なることであろう。もしどのレベルも似たりよったりだとしたら、われわれはたちどころに混乱してしまうと思う。

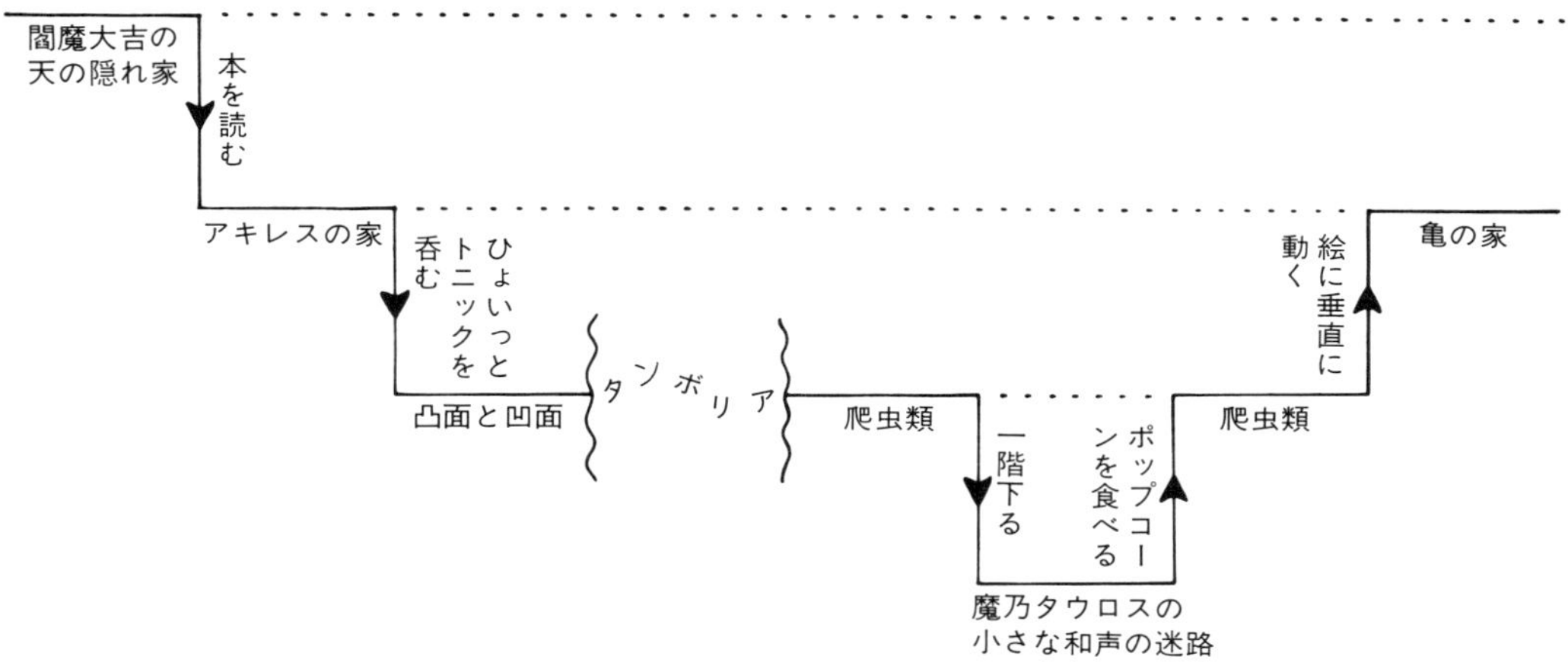

第 26 図　対話篇「小さな和声の迷路」の構造を表す図。下向きの矢印は「押し込み」、上向きは「戻り」を表す。この図と、対話篇の「字下がり」のパタンの類似に注意してほしい。閻魔大吉の脅しのせいで緊張してしまったのがついに最後までほぐれなかったことは、この図からも明らかである。アキレスと亀は、宙ぶらりんのままになっている。読者の中には、この戻されずに終った押し込みに頭を痛めた人もあるかもしれない。もちろん、何も感じなかった人もいるだろうが。物語の中で、バッハの音楽の迷路も同じように早々に打ち切られてしまったが、アキレスはどこも変だとは思わない。ただ、亀だけが、このどうしようもない宙ぶらりんの状態がもたらす緊張に気づいたのである。

もっと複雑な再帰性の例は、われわれの対話篇である。その中で、アキレスと亀とはいろいろなレベルのすべてに登場している。あるとき彼らは、自分たちが登場人物として現れる物語を読んでいた。そのあたりから、何が起っているのか少し混乱してくるかもしれない。事柄を正確にとらえるのに注意深く心を集中させなければならなくなる。

「えーと、本当のアキレスと亀とは、閻魔大吉のヘリコプターに乗っているけど、二番めはエッシャーの絵の中だ――そして、そこで彼らはこの本を見つけて、読みはじめる。だから『小さな和声の迷路』の溝の中をさまよっているものは、第三のアキレスと亀だ。いや、待てよ――どこかでレベルをひとつ抜かしてしまったんじゃないか……」

この対話篇の再帰性を追跡するためには、このような意識的な山積みを心に留めておかなければならない（第26図参照）。

音楽における山積み

『小さな和声の迷路』について話をするついでに、対話篇の中で、はっきりとは述べられなかったかもしれないがヒントを与えられた事柄について論じておかなければならない。それは、われわれは音楽を再帰的に聞くということ、とくに、われわれは調性についての心理的山積みをもっていて、新しい転調が起るたびに、新しい調が山積みに押し込まれる、ということである。そのことが原因で、われわれは調の列を逆順に――山積みから押し込まれた調をひとつずつとり戻しながら、主調に到達するまで、聞きたくなるのである。これは誇張ではあるが、真実のかけらを含んでいる。

ほどほどに音楽的な人なら誰でも、二つの調の浅い山積みを自動的に保持する。この「短い山」の中には正しい主調と、最も近い「擬似主調」（作曲者がその調を用いているように見せかけている調）とが記録されている。いいかえれば、最も大域的な調と最も局所的な調とが記録されている。そんなふうにして、聞いている人は主調に戻ったときにそれと知り、強い「安心」感を得るのである。また（アキレスとは違って）緊張の局所的な和げ――たとえば擬似主調への解決――と大域的な解決とを区別することができる。実際、擬似的な解決は反語のようなもので、大域的な緊張を高めこそすれ、和げてくれることはまずない。ちょうどアキレスが、危っかしい足場から揺れるランプへと逃れたのと同じことで、実はその間じゅう、アキレスも亀もムッシュ・閻魔大吉の包丁に脅かされるという恐ろしい運命にさらされていたことは、ご存じのとおりである。

　緊張と解決は音楽の心と魂であるから、例はもう数えきれないほどある。しかしバッハの例をいくつか見るだけにしておこう。バッハはAABBという形の作品をたくさん書いている――つまり、二つの半分があり、それらがくり返される。『フランス組曲』第5番の舞曲では、典型的な例が見られる。その主調はGで、陽気な踊りの旋律によって主音Gが強く打ち出される。しかしすぐにA部門での転調が起り、密接な関係のあるD調（属音）に移る。A部門の終りはD調である。事実、この作品はD調で終ったかのように聞える（少なくともアキレスにはそのように聞えるであろう）。しかしそこで奇妙なことが起る――突然最初のG調に戻りそれからDへの同じ移行が再演される。しかしそこで奇妙なことが起る――突然最初のG調に戻り、それからDへの移行が再演される。

　それからB部門がやってくる。われわれの旋律の主題を転回して、D調があたかもずっと主調であったかのように始められる――しかし結局G調に転調し、主調に戻ることによってB部門を正しく終える。それから奇妙な反復が起る。何の前ぶれもなくひょいっとDに戻り、それからもう一回Gに戻る。それから奇妙な反復が起る。何の前ぶれもなくひょいっとDに戻り、それからもう一回Gに戻る。

　これらの転調――あるときは発作的で、あるときはなめらかであるが――の心理的効果は非常に表現しにくい。われわれがこういう転調を自動的に理解できるというのは、音楽の魔術の一部分である。さもなければおそらくバッハの魔術で、彼の作品のこの種の構造は実に自然な優美さをもっているので、われわれには何が起っているのか正確にはわからないのである。

　本来の『小さな和声の迷路』はバッハの作品で、聞き手がすばやい転調の迷路の中で迷ってしまうように工夫されている。聞き手はすぐに方向性を失い、どこからきたのかわからない――何が本当の主調であるのかは、絶対音感をもっているか、テセウスのように、来た道を戻れるようにする糸をくれるアリアドネのような友だちがいるのでなければ、わからなくなってしまう。この場合、アリアドネの糸にあたるのは書かれた楽譜である。この作品――もうひとつの例は無限上昇カノン――は、われわれが音楽の聞き手として信頼性の高い深い山積みを持っていないことを示すのに役だっている。

言語における再帰性

　われわれの心の山積み能力は、言語においてはたぶんいくらか強力である。どの言語の文法構造も、非常に洗練された押し込み型山積みの実現を必然的に含んでいる。ただし、山積みへの押し込みの回数がふえるとともに、文を理解するむずかしさが、著しく増大するのはたしかである。ドイツ語で「（副文では）動詞を最後に」という有名な現象があり、これについてはおかしな話があってぼんやりした教授があるひとつの文を話しはじめ、漫然と時間一杯にわたって語りついで、最後に動詞の列を一気に吐き出すことによってその文を終えたところ、聞いていた人々は、山積みの一貫性がとうに失われていたので、全く困惑させられたという話があるが、これは言語学的な押し込みと立ち戻りのすぐれた例である。聞き手の混乱は、その教授が動詞を押し込んだ山積みから、でたらめに動詞をとり出したという、考えてみればおもしろおかしな点によるが、これは大いに起りうることである。しかしふつうのドイツ語の話し言葉では、そのような深い山積みはけっして起らない——実際、ドイツ語を母国語にする人々はしばしば無意識に、山積みを追跡する心理的負担を避けるために、動詞をあとまわしにせよという規則を破っている。どの言葉も山積みにかかわる構文をもっているが、ふつうドイツ語ほど劇的な性格はもっていない。しかしそれでも、山積みの深さを減らすように文をいいかえる方法が必ずあるものである。

再帰的推移図

再帰的な構造と過程を表現する方法のひとつに、再帰的推移図(Recursive Transition Network 略称ＲＴＮ)がある。これを説明するには、文の文法的構造を用いると大変都合がよい。ＲＴＮは、ある特定の仕事をやりとげるために従うべきいろいろな筋道を表現している。ひとつの道は、いくつかの節点、あるいは単語の入った小さな箱と、それらをつなぐ弧、あるいは矢印から成っている。ＲＴＮ全体に対する名前は、左側に離して書かれる。そして最初と最後の節点には、それぞれ開始と終了という語が書かれている。他の節点にはどれも、簡単で明確な作業の指示か、他のＲＴＮの名前が書かれている。節点に到達するたびに、その中の指示を実行するか、その中に指定されているＲＴＮに飛んでいって、それを実行する。

ＲＴＮの一例として**飾りつき名詞**をとりあげてみよう。これはある型の日本語の名詞句がどのように構成されるかを示すものである(第27図a参照)。**飾りつき名詞**を全く水平に横ぎるなら、われわれは開始し、次に**指示詞**、*形容詞**、そして**名詞**の順に単語を並べ、そこで終了する。たとえば「そのばかな石鹸」とか「恩知らずの遅い朝食」が得られる。しかし他の可能性、たとえば指示詞を省略するとか形容詞をくり返すことなどが弧で示されている。だから「牛乳」とか「大きな赤い青い緑のくしゃみ」などが構成できる。

＊**訳注** 日本語に合わせるため、冠詞を無理にこう訳した。「その」「この」「ある」などと解釈してほしい。

節点**名詞**に出会ったとき、この未知のブラック・ボックス**名詞**は次のことをしてくれる。すなわち名詞の倉庫から、何か名詞をひとつとってきてくれるのである。これはコンピュータ科学の用語で**手続きの呼び出し**として知られている。それがどういうことかというと、そこでわれわれは作業の監督をある**手続き**(ここでは**名詞**)に一時的に委せ、その手続きが、(1)その任務(名詞を作り出す)を実行し、それから(2)監督権をわれわれに返してくれる。さっきのＲＴＮにはそういう手続きとして**指示詞**、**形容詞**、**名詞**の三つが含まれていた。このＲＴＮ**飾りつき名詞**は、他のＲＴＮ——たとえば**文**と呼ばれるＲＴＮの中で呼び出すことができる。その場合、**飾りつき名詞**は「そのばかな石鹸」のような語句を作り出し、それが呼び出された**文**の中のどこかに戻ることになる。これは何重もの電話の呼び出しや何重ものニュース解説で「もといたところから再開する」

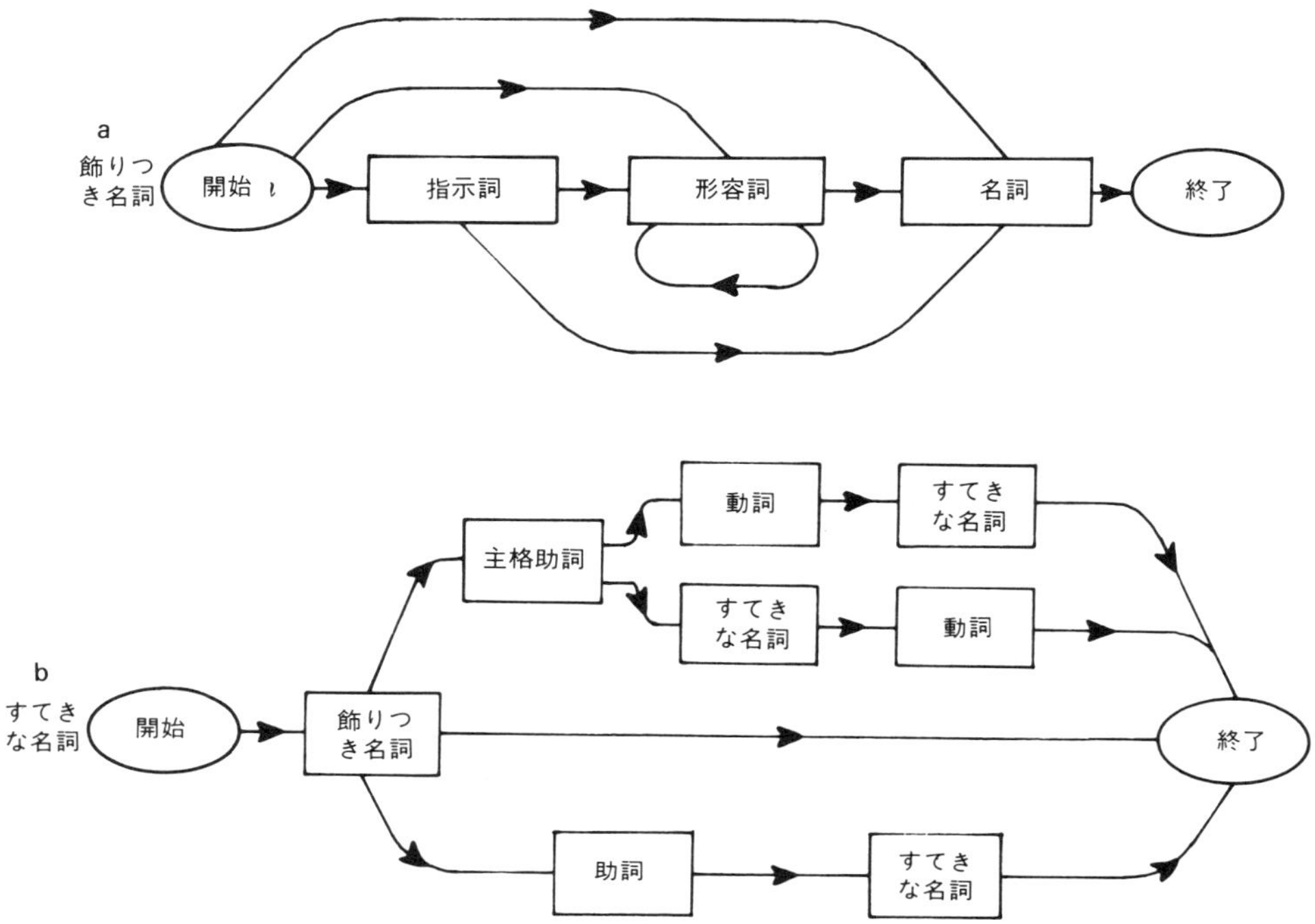

第 27 図　飾りつき名詞とすてきな名詞の再帰的推移図

しかたによく似ている。

しかし、これを「再帰的推移図」と呼んでおきながら、これまでのところ本当の再帰性は示されていなかった。ものごとが再帰的になり、一見循環的になるのは、第27図bのような、**すてきな名詞**のためのRTNに到達した場合である。すぐわかるように、**すてきな名詞**のどの道筋にも、**飾りつき名詞**の呼び出しがかかわっている。だから何らかの名詞が得られるのは避けられない。また飾りつき以上の何ものでもない「牛乳」や「大きな赤い青い緑のくしゃみ」で終ることもありうる。しかし三つの道が、**すてきな名詞**それ自身への再帰的呼び出しにかかわっている。これはまさしくあることをそれ自身によって定義しているかのように見える。そんなことが本当に起っているのだろうか？

答は「そのとおり、ただし好意的にいって」である。手続き**文**の中で、**すてきな名詞**を呼び出す節点があるとして、そこにぶつかったと仮定してみよう。するとわれわれは記憶（すなわち山積み）に**文**の中のその節点の位置を残して、どこに戻ればよいのかわかるようにしておいた上で、注意を手続き=**すてきな名詞**に移すのである。今度は、**すてきな名詞**をひとつ作り出すために、どれかの道筋を選ばなければならない。そこで下側の道——呼び出しの列

飾りつき名詞、結合句、すてきな名詞

が並んでいる道を選んだとしてみよう。そこでわれわれは飾りつき名詞、たとえば「角（つの）」と、結合句「のない」を吐き出す。そして今度は、突然**すてきな名詞**をひとつ要求される。しかしわれわれは**すてきな名詞**の中にいるのである！　しかし例の重役さんが、電話のまっ最中に別の電話を受けたことを思い出してほしい。その重役さ

んはただ、前の電話の状態を山積みに記録して、おかしいことなどなかったかのように新しい電話にとりかかった。だからわれわれも同じようにしよう。

　われわれはまず、外側の**すてきな名詞**のどこの節点にいるかを山積みの上に書きこむ。これで「戻り番地」が確保された。そこで別におかしいことなど何もなかったかのように、**すてきな名詞**の先頭に飛ぶ。そこでわれわれは、また道筋のひとつを選ばなければならない。変化をもたせるために、一番上の上側の道、**飾りつき名詞**、**主格助詞**、**動詞**、**すてきな名詞**を選んでみよう。こうしてわれわれは**飾りつき名詞**たとえば「紫色の牡牛」、**主格助詞**「が」、**動詞**「のみこんだ」を作り出し、そして再び再帰性に遭遇する。われわれは注意深く、もう一段深いレベルに入ることになる。あまり複雑にならないように、次にとる道をすぐ終る道——**飾りつき名詞**だけの道にしよう。たとえば「変な堅ロールパン」が得られる。そして**すてきな名詞**のこの呼び出しでの**終了**に到達する。そこでひょいっと飛び出すことになり、山積みを調べて戻り番地を見つける。戻り番地は、ひとつ上のレベルで実行していた**すてきな名詞**の中のどこにいたかを教えてくれる——だからそこに戻ればよい。こうして「紫色の牡牛がのみこんだ変な堅ロールパン」が得られる。そしてこのレベルでも**終了**に到達し、もう一度ひょいっと飛び出すと、**すてきな名詞**の最高レベルでの呼び出しも終了に達し、最終的に次の結果が得られる。

　　角のない紫色の牡牛がのみこんだ変な堅ロールパン

この句は最後の飛び出しのとき、それまで辛抱強く待っていた**文**に送り届けられる。

　おわかりのように、無限退行は起らなかった。その理由は、RTN**すてきな名詞**の中に、**すてきな名詞**自身へのいかなる再帰的呼び出しをも含まない道が少なくともひとつあるからである。もちろん、われわれは意地悪く、いつでも**すてきな名詞**の一番下の道を選ぶこともできたし、そうすれば頭文字語「GOD」がけっして展開しきれないのと同じように、いつまでも終らないことになったであろう。しかし、もし道をでたらめに選べば、そのような無限退行は起らないであろう。

「底入れ」と怪層性

さっき述べたのは再帰的な定義を循環論法から区別する重要な事実である。定義の一部にいつでも自己言及を避ける部分があり、定義を満たす対象の構成作業はいつかは「底入れ」されるのである。

　ところで、RTNの再帰性をひき起すには、自分自身を呼び出すのよりもっと間接的な方法がある。そのひとつはエッシャーの『描いている手と手』の類推で、二つの手続きが、自分自身でなく、相手を呼び合うことである。たとえば**節**という名前のRTNで、他動詞とそれにつづく**すてきな名詞**を呼び出すものを作れば、**すてきな名詞**の上側の一部を**節**への呼び出しに置き換えることもできた。これは間接的再帰性の一例である。これはまた二段階のエピメニデス・パラドクスにも似ている。

　当然のことながら一群のRTNで、すべてがからみ合い、おたがいに狂ったように呼び出し合うようなものもありうる。そのような構造をもつプログラムで、「最高レベル」あるいは「監理者」が一定していないものは（階層性と区別して）怪層性と呼ばれる。この用語は、最初のサイバネティクス学者の一人で、脳と心の熱心な研究

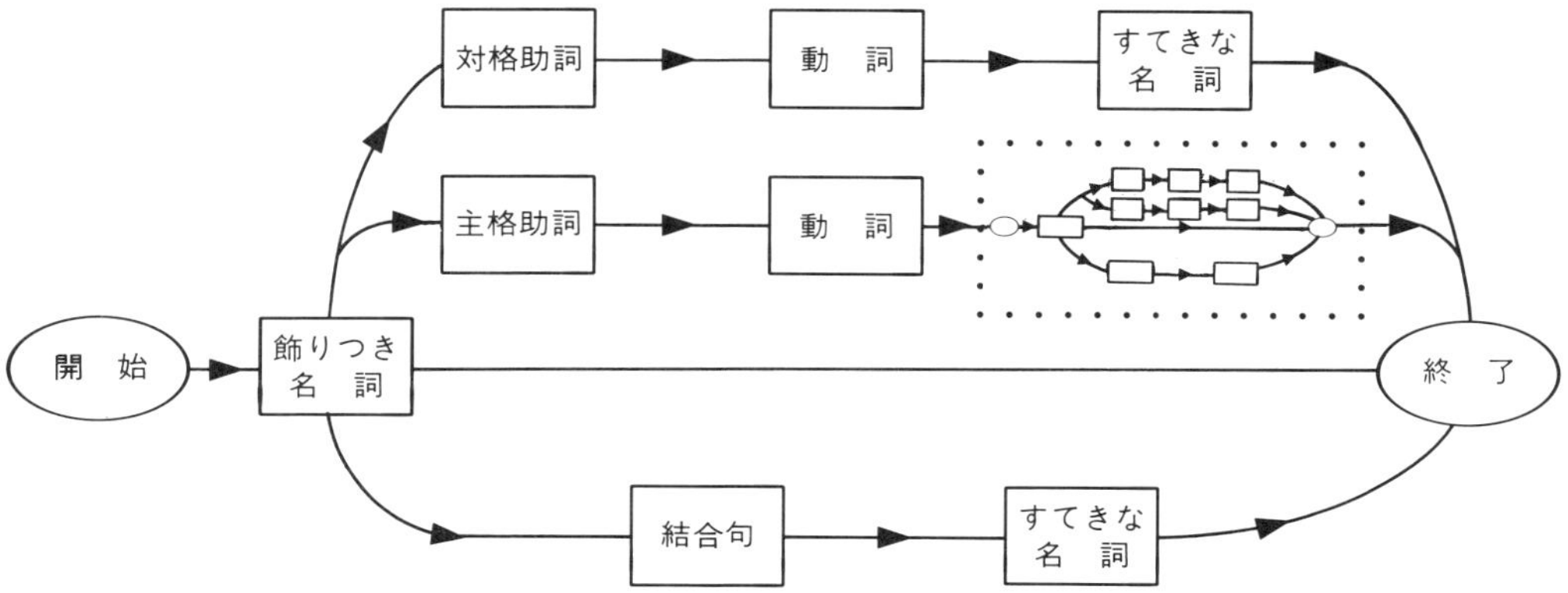

第 28 図　すてきな名詞の RTN のひとつの節点を再帰的に展開したもの

者であったウォーレン・マカロックに負う、と私は思う。

節点の展開

RTNを視覚的に考えるには、次のようにしてもよい。ある道筋に沿って進んでいるうちにあるRTNを呼び出す節点にぶつかったら、その節点を「展開する」、つまり、それが呼んでいるRTNの小さなコピーに置き換えるのである（第28図参照）。そしてその小さなRTNの中の道を進みつづける！

そこから飛び出したときは、大きなRTNの戻るべき位置に自然に出ている。小さい方の中にいるあいだに、もっと小さなRTNを構成するはめになるかもしれない。しかし出会った節点だけを展開すれば、あるRTNが自分自身を呼び出していても無限の図を作る必要はない。

節点の展開は、頭文字語の各文字を、それが表す言葉に置き換えるのにちょっと似ている。頭文字語「GOD」は再帰的であるがひとつの欠点——あるいは長所——があって、文字「G」をくり返し展開しなければならず、けっして底入れされない。しかしあるRTNを現実のコンピュータプログラムとして実現する場合には、再帰性（直接であれ間接であれ）を避ける道筋が少なくともひとつあり、そのため無限後退は起らない。最も怪層的なプログラム構造でも底入れされる——さもなければ、実行できない！（それでは、節点の展開のくり返しで、何の作業も実行されない。）

図Gと再帰列

このような節点の展開で、無限の幾何学的構造が定義できる。たとえば、「図G」と呼ばれる無限の図を定義してみよう。そのために

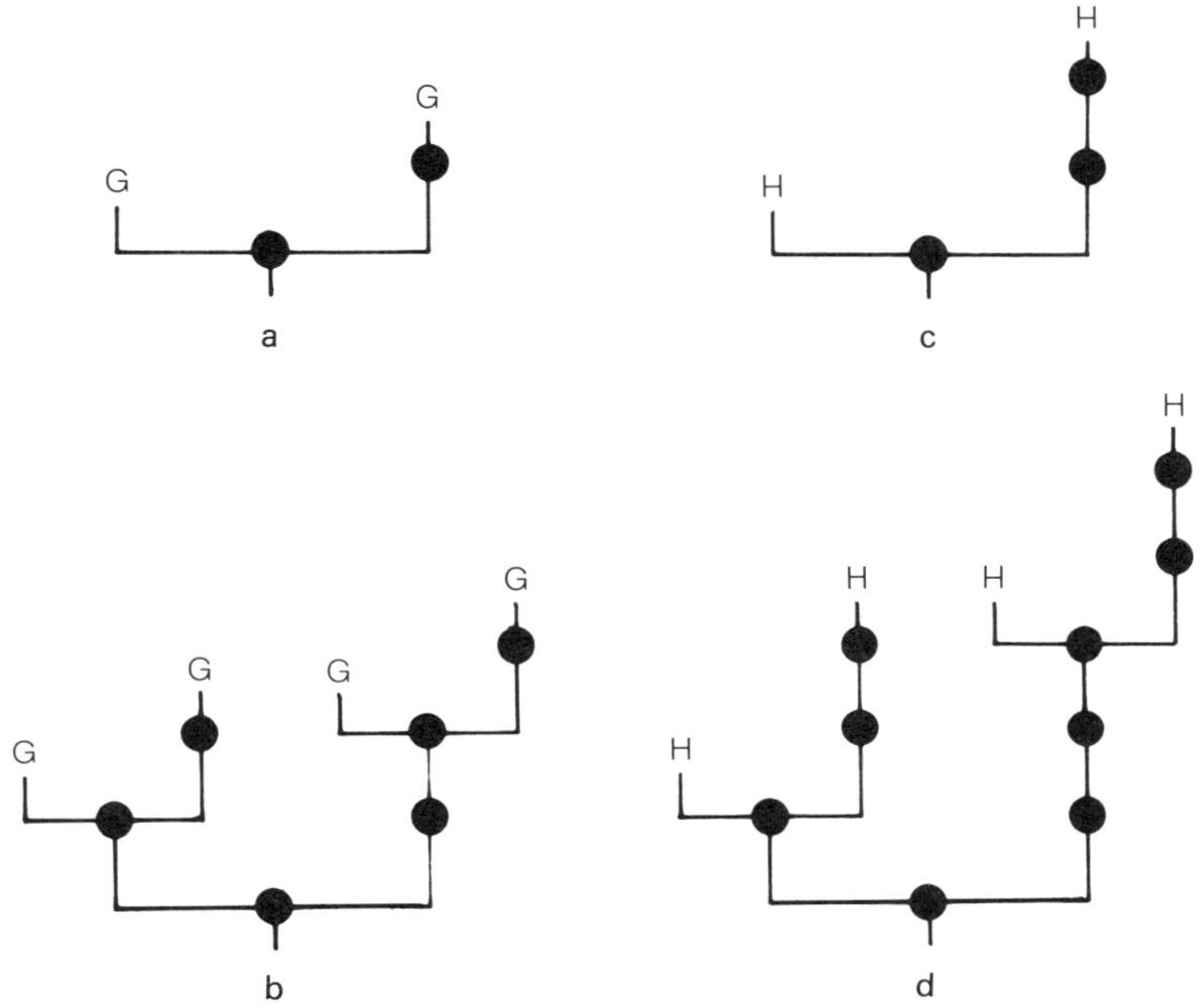

第 29 図　a G 図　b 拡張 G 図　c H 図　d 拡張 H 図

われわれはある陰伏的表現を使用する。二つの節点で、われわれはたんに文字「G」と書いておくが、これは図G全体のコピーを表している。第29図aで、図Gが間接的に描かれている。もしこの図Gをもっと明確な形にしてみたいなら、その二つのGを展開すればよい——つまり、それらを縮尺を小さくしただけの同じ図で置き換えるのである（第29図b）。この図Gの「第二階」版は、最終的な実現不可能な図Gが実際どんなふうに見えるかを暗示している。第30図に、図Gのさらに大きな部分を示し、各節点に下から上へ左から右への順に番号をふっておいた。なお余分な節点——番号1と2——が一番下につけ加えられている。

この無限につづく木は非常におもしろい数学的性質をもっている。右端の辺を上に登ってゆくと、かの有名なフィボナッチ数列が現われる。

1, 1, 2, 3, 5, 8, 13, 21, 34, 55, 89, 144, 233, ……

これは一二〇二年にボナッチオの息子（だからフィリウス・ボナッチオ、略してフィボナッチ）、ピサのレオナルドによって発見された。これらの数を再帰的に定義するには次の一組の式を使うのが一番よいであろう。

$n>2$ のとき $\mathrm{FIBO}(n)=\mathrm{FIBO}(n-1)+\mathrm{FIBO}(n-2)$,

$\mathrm{FIBO}(1)=\mathrm{FIBO}(2)=1$

新しいフィボナッチ数が、前のフィボナッチ数からどのように定義されるかに注意してほしい。この一組の公式は、次のようなRTN（第31図）でも表現できる。

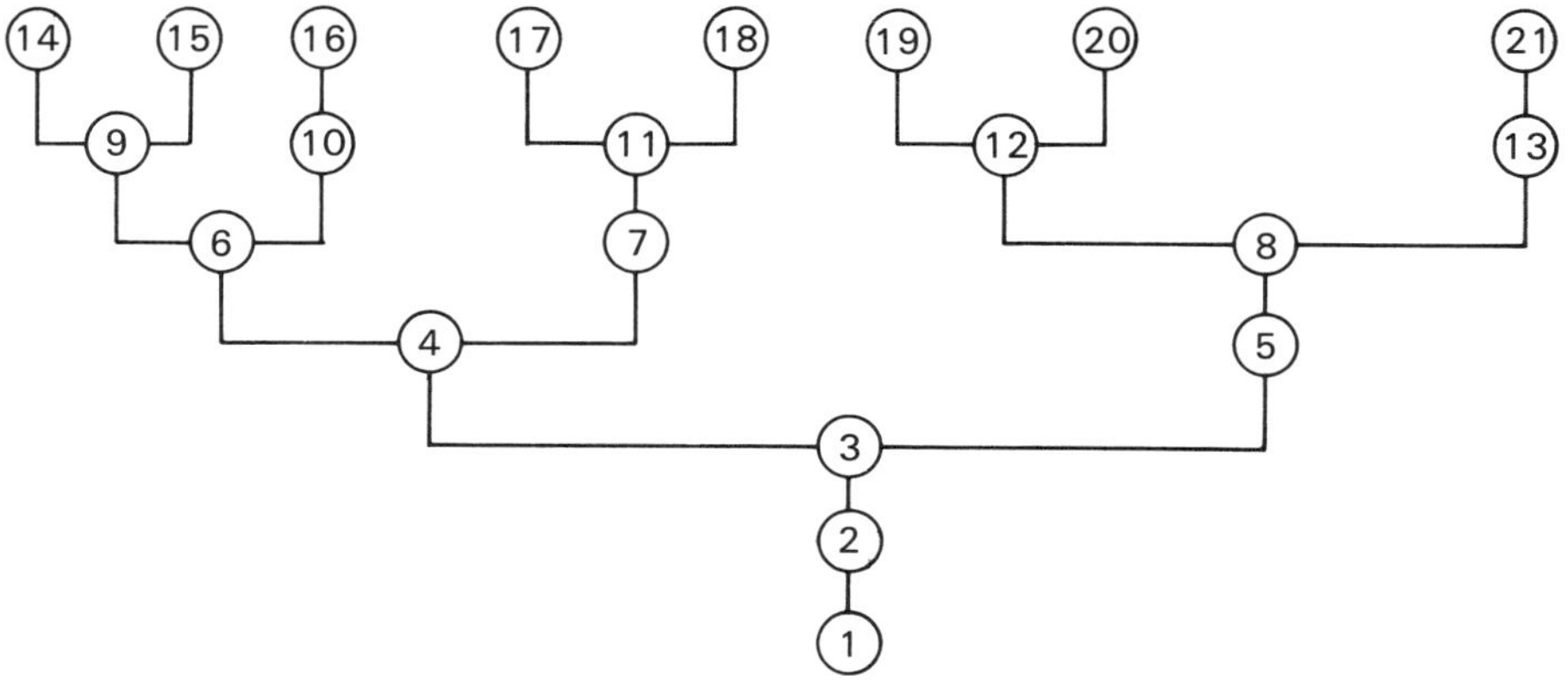

第 30 図　さらに拡張して節点番号をふったG図

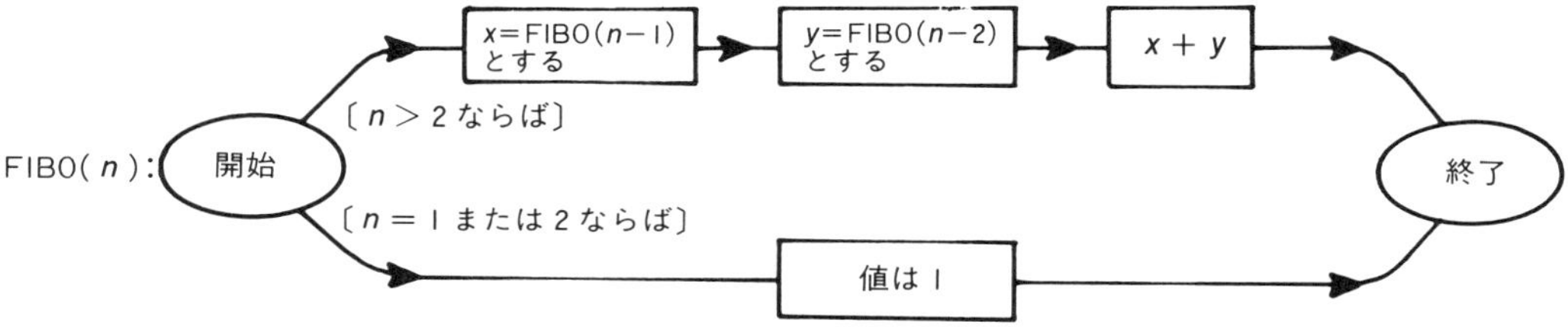

第 31 図　フィボナッチ数の再帰推移図

このように FIBO(15) の値は、右の RTN で定義された手続きを再帰的に呼び出すことによって計算できる。この再帰的定義は、n の値が小さくなる方向に後向きに計算を進めて、FIBO (1) あるいは FIBO (2)（これらの値ははっきり指定されている）にぶつかったとき底入れされる。このような後向きの計算は、FIBO(1) と FIBO(2) から始めて、FIBO (15) に到達するまで直前の二つの項をたしていくという、前向きの計算でもすむ場合には、いささか下手なやり方ではある。前向きにすれば、山積みの処理は必要ない。

ところで図Gには、これよりもっと驚くべき性質がいくつかある。その全体的な構造がひとつの再帰的定義で符号化できるので、それには次のようにすればよい。

$$n>0 \text{ に対して}\quad G(n)=n-G(G(n-1)),$$
$$G(0)=0.$$

この関数 $G(n)$ が木構造をどのように符号化しているのだろうか？　それは実に簡単で、すべての n について、節点 n の下に節点 $G(n)$ を置いた木を作れば、図Gが再現できるのである。実は、私はそもそもそのようにして図Gを発見したのである。私は関数Gを研究していて、その値を何とかすばやく計算しようと努力しながら、すでにわかっている値を木の形に並べることを思いついた。驚いたことに、その木はきわめて規則的な再帰的幾何学的表現をそなえていることがわかった。

もっと素晴らしいことは、ひとつ深い入れ子で定義される関数H、すなわち

$n>0$のとき　$H(n)=n-H(H(H(n-1)))$

$n=0$に対して　$H(0)=0$

について似たような木を作ると、第29図cで間接的に定義される「図H」が得られる。右側の枝がひとつ余分な節点をもっているが、そこだけしか違わない。図Hを一回だけ展開したのが第29図dである。これをさらに何重にも展開できる。この再帰的な幾何学的構造には美しい規則性があり、それはまた再帰的な代数的定義に正確に対応している。

熱心な読者のために、ひとつ問題を出しておこう。図Gを鏡に映したように反転させて、新しい木の節点に、左から右にふえてゆくように番号をつけてみたらどうなるか？　この反転された木の再帰的代数的定義を見つけられるだろうか？　Hの木の「反転」についてはどうだろうか？　等々。

おもしろい問題のもうひとつの例は、再帰的にからみあった一対の関数FおよびM——「夫婦関数」と呼んでもいい——にかかわっている。

$n>0$のとき

$F(n)=n-M(F(n-1))$

$M(n)=n-F(M(n-1))$

$F(0)=1,\ M(0)=0$

これらの関数を表現するRTNは、たがいに相手と自分自身とを呼び出す。問題は図Fと図Mの再帰的構造を発見することである。それらはきわめてエレガントでしかも簡単である。

混沌とした数列

数論における再帰性の最後の例から、ちょっとした謎が導かれる。次のような関数の再帰的定義を考えてみよう。

$n>2$のとき

$$Q(n)=Q(n-Q(n-1))+Q(n-Q(n-2)),$$

$$Q(1)=Q(2)=1$$

新しい値がどれも前の二つの値の和になっているところは、フィボナッチ数列に似ている——しかし直前の二つの値ではなくて、直前の二つの値が、どこまで戻ってたし合わせば新しい値になるかを教えてくれるのである！　Q数の最初の十七個は次のとおりである。

1, 1, 2, 3, 3, 4, 5, 5, 6, 6, 6, 8, 8, 8, 10, 9, 10, …

5+6=11

新しい数

どこまで戻ればよいかを示す

次の数を求めるには、(三つの点が並んでいるところから)左に十番目と九番目の項に戻る。すると矢印が示している、5と6にぶつかるであろう。それらの和11が、新しい値Q(18)である。これが、すでにわかっているQ数の表が自分自身を拡大するのに使われる奇妙な方法である。その結果得られる列は、控えめにいって、気まぐれである。先の方にいけばいくほど、わけがわからなくなる。これは自然な定義であるかのように見えるものがきわめてわかりにくい振舞いをひき起す、特異な例のひとつである。非常に規則的なしかたで作り出される混沌、ともいえる。ここで当然、この見かけの混沌の中に、ある微妙な規則性が隠れているのではないか、と思われることであろう。もちろん、定義からして、そこには規則性がある。しかし問題はこの数列を特徴づける他の方法――それもうまい具合に再帰的でない方法があるだろうか、ということである。

二つの驚くべき再帰的グラフ

数学では再帰性の驚くべき例は数えきれないほどあるが、それらをすべて列挙することが私の目的ではない。しかし、私自身の経験の中で、紹介する価値があると思われる、とりわけ衝撃的な例が二つある。それらはどちらもグラフである。ひとつは、ある数論上の研究の途中で現れた。もうひとつは、私の固体物理の分野での博士論文の仕事の最中に現れた。実に驚嘆すべきことに、それらのグラフには密接なつながりがあった。

最初のグラフ（第32図）は、私がINT（x）と呼んでいる関数のグラフである。ここには0と1の間のxに対して図示してある。他の整数の組n、$n+1$の間のxに対しては、INT（$x-n$）にnを加えたものになる。点の並び方は、すぐわかるように、非常に飛躍が多い。無限個の曲線が、両端に向かって次第に小さくなりながら――そして同時に少ない曲り方になりながら並んでいる。そしてその曲線のひとつに眼を近づけて見ると、それが実はグラフ全体を少し曲げただけのコピーであることがわかる。それにはおもしろい意味がたくさんある。そのひとつは、INTのグラフが自分自身のコピー、無限に深く重なっていくコピー群から成る、ということである。グラフのどの一部分を取り出しても、それがいかに小さくても、そこにはグラフ全体の完全なコピーが無限個含まれている！

INTが自分自身のコピーでしかないという事実から、その存在さえ疑わしいと思われるかもしれない。その定義は循環的にすぎるように聞える。それはどのようにして出発できるのだろうか？ これは大いに興味のあることである。注意すべき要点は、INTをまだ見たことがない人に説明するのに、「それは自分自身のコピーから成る」といっても不十分だ、ということである。話の残り半分――再帰的でない半分――は、それらのコピーが正方形の内側のどこに置かれ、どのように変形されるかを、全グラフと関係づけて説明してくれる。これら二つのINTの側面を結びつけてはじめてINTの構造が指定できる。ちょうど、フィボナッチ数の定義において、二つの行――再帰性の定義と、底（つまり出発点での値）の定義とが必要であったようなものである。もっと具体的にいうと、出発値のひとつを1から3に変えると、ルカス列と呼ばれる全く異なる数列が得られる。

$$\underbrace{1,\ 3}_{\text{底}},\ 4,\ 7,\ 11,\ 18,\ 29,\ 47,\ \underset{\substack{29+47=76\\ \text{フィボナッチ数と}\\ \text{同じ関係式}}}{76},\ 123\cdots$$

INTの定義で「底」に相当するものは、どこにコピーが入り、どのように変形されるかを示す、たくさんの箱から成る図（第33図a）である。私はこれをINTの「骨格」と名づけた。INTをその骨格から作り出すには、次のようにすればよい。まず、骨格の中の箱のひとつひとつに対して、次の二つの操作を施す。

(1)その箱の内側に、骨格のコピーを、箱の中の曲線に合わせて曲げながら埋めこむ。

(2)もとの箱と曲線を消す。

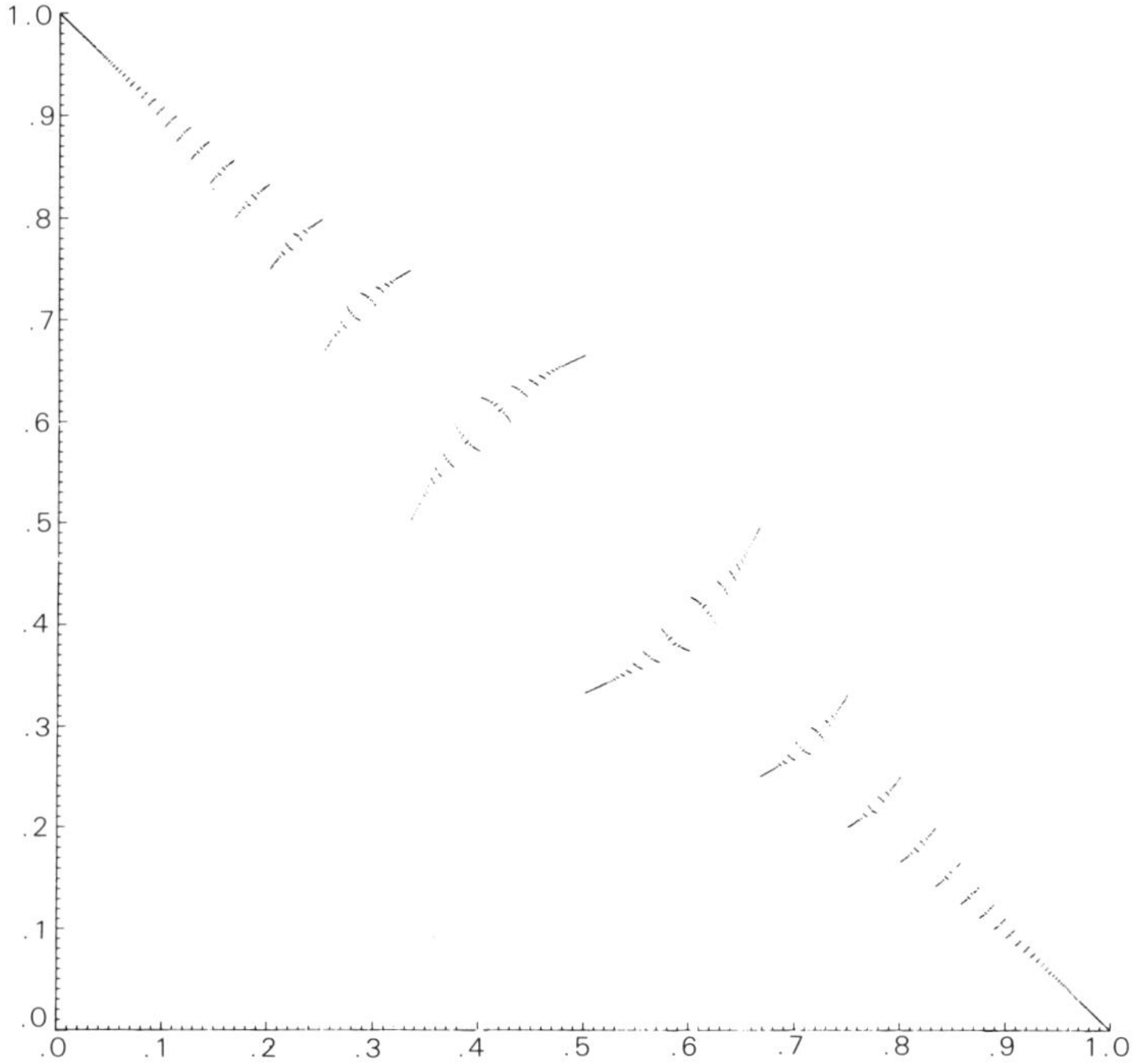

第 32 図　関数INT（x）のグラフ。すべての有理数xにおいて不連続な飛躍がある。

もとの骨格のすべての箱に対してこれらの操作を施すと、ひとつの大きな骨格のかわりに無数の「豆」骨格ができる。次にその作業を一段階下の、すべての豆骨格に対してくり返す。そしてまたくり返し、くり返し……こうして近づいてゆく極限こそ、けっして到達はできないが、INTのグラフの真の姿である。骨格をその内側にくり返し埋め込んでゆくことによって、INTのグラフが「無から」作り出されてゆく。しかしこの「無」は実は無ではなかった——それは絵であった。

このことをさらに劇的に見るために、INTの定義の再帰的な部分はそのままにして、最初の絵、すなわち骨格を変えたものを考えてみよう。新しい骨格を第33図bに示すが、これも四隅に近づくにつれて次第に小さくなる箱からできている。この新しい骨格をそれ自身の中にくり返し埋め込んでゆくと、私の博士論文の重要なグラフで、私がG図と名づけたものが得られる（第34図）。（実際には、各コピーの複雑な変形が必要であるが、本質的なのはくり返し構造である。）というわけで、G図はINT族の一員である。その骨格はINTのよりかなり複雑で、全く異なっているから遠い親戚といえる。しかし定義の再帰的な部分は同じで、そのご縁でつながっている。

これらの美しいグラフがどこから生まれたかを、いつまでも伏せておくのは好ましくないだろう。INT（交代 interchange を意味する）は、連分数に関連した「イータ列」にかかわる問題から発生した。INTの背後の基本的な考えは、ある種の連分数におけるプラスとマイナスの交代である。その結果、$\mathrm{INT}(\mathrm{INT}(x))=x$ が成り立つ。INTは、もしxが有理数ならばINT（x）も有理数であるとか、xが二次の代数的数ならばINT（x）も同様であるなどの

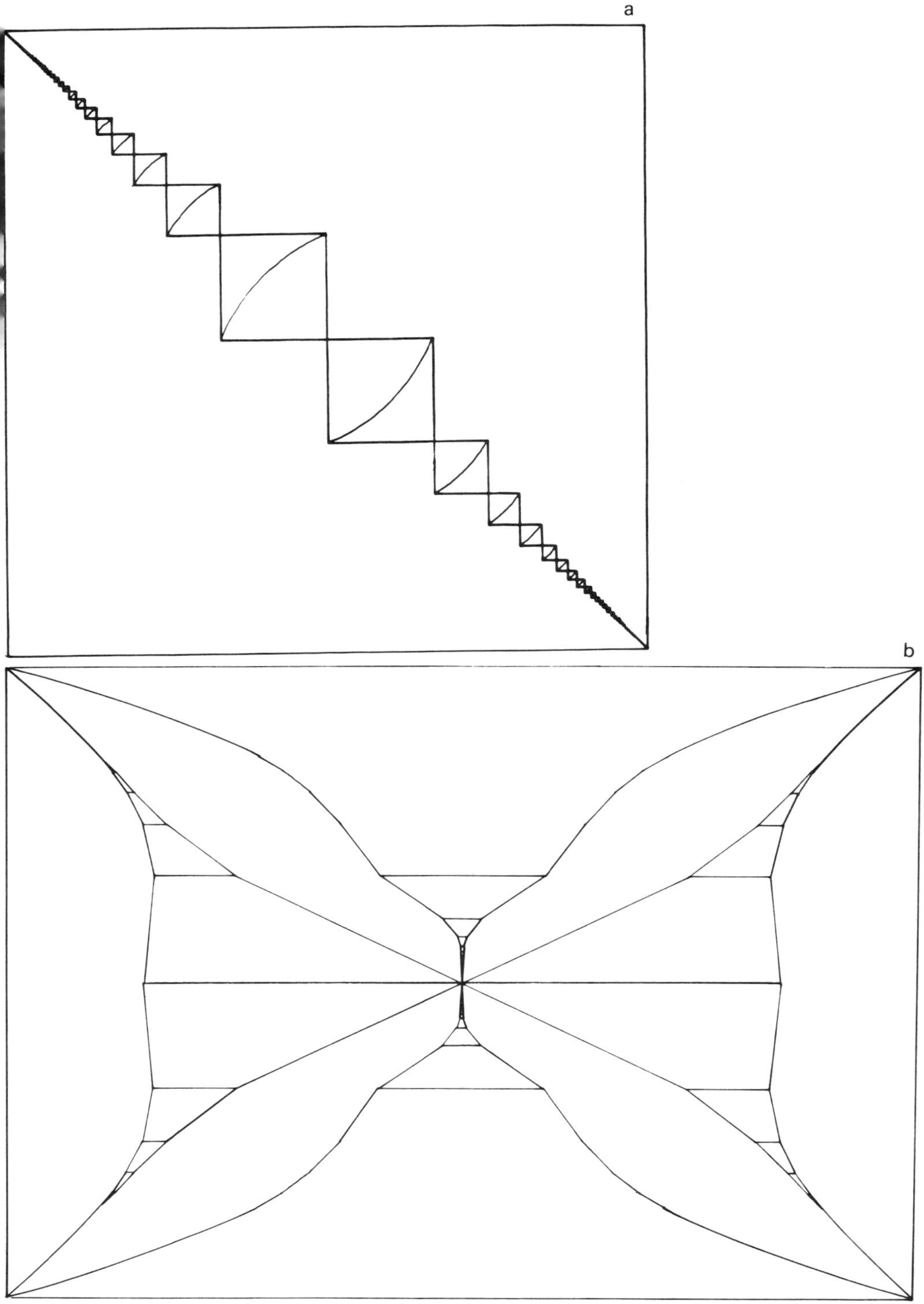

第 33 図　a 再帰的な置き換えで INT を作り出せる骨格。
b 再帰的な置き換えで G 図を作り出せる骨格。

第 34 図　G図。磁場における、理想化された結晶の中の電子のエネルギー帯を示す再帰的な図。磁場の強さの α は、縦軸を 0 から 1.0 まで動く。エネルギーは横軸を動く。水平の線分は、電子がとりうるエネルギー帯を表している。

性質をもっている。このようなことがさらに高次の代数的数ついて成り立つかどうかは知らない。INTの他のおもしろい性質は、xが有理数であるときはいつも、不連続的な飛躍があるのに、xが無理数であるときはINTは連続である、ということである。

G図は、「ある磁場の中の結晶中の電子の可能なエネルギー準位は？」という問題の高度に理想化された形からきている。この問題のおもしろさは、それが二つのきわめて簡単で基本的な物理状況の交点にあるからである。ひとつは完全な結晶の中での電子、もうひとつは一様な磁場の中での電子である。これら二つの比較的簡単な問題はよくわかっていて、しかもそれらの基本解はほとんど相容れないように見える。だから、自然がそれら二つをどんなふうにして融和させるかを知るのは、なかなかおもしろいことである。実は、磁場なしの結晶という状況と、結晶のない磁場という状況の間には、ひとつの共通性質がある。どちらの場合も、電子は周期的に振舞う。そこで、二つの状況が組み合わされた場合には、それら二つの周期の比が重要なパラメータとなることがわかる。実際、その比こそ、エネルギー準位の分布についての情報をもっている——しかしその秘密は、連分数に展開してはじめて明らかになる。

G図はその分布を表している。横軸がエネルギーを、縦軸がさっき述べた周期の比αを表している。αは下端では0、上端では1である。αが0のとき、磁場は存在しない。G図を構成しているひとつの線分は、「エネルギー帯」——つまり、エネルギーの可能な値を表している。G図の最も驚くべき性質のひとつは、αが有理数であるとき(約分した形をp/qとする)、そのような帯がちょうどq個存在することである（ただしqが偶数のとき、まん中の二つはくっついてしまう)。そしてαが無理数のとき、帯は点に縮み、それらの点は無数あって、いわゆるカントール集合——位相数学に現れる、再帰的に定義されるもうひとつの例——の中に非常にまばらに分散している。

このようにこみいった構造が実験に現れうるものかどうか、不思議に思われるかもしれない。率直にいって、どんな実験にでもG図が現れるとしたら、世界中で一番びっくりするのはこの私である。G図の物理的な意味は、この種のより現実的な問題の正しい数学的な取り扱い方への道を指し示すことにある。いいかえれば、G図は純粋に理論物理学への貢献であって、実験家に何が観察できるかを教える役には立たない！　私の友人である一人の不可知論者はG図のもつ無限の無限性に大いに感動して、G図を「神図（じん）」と呼んだが、私はそれが神を冒瀆するものとは全然思わない。

物質の最深層における再帰性

われわれは言語の文法における再帰性や、上に無限に伸びてゆく再帰的な幾何学的樹状図、また固体物理学に再帰性が侵入するひとつのしかたを観察した。今度は世界全体が再帰性によって作られているという、もうひとつのしかたを眺めてみよう。すると素粒子、すなわち電子、陽子、中性子、それから「光子」と呼ばれる電磁波の小さな量子を扱うことになる。あとでわかるように、粒子は——相対論的量子力学によってのみ厳格に定義できるある意味において——ひょっとするとある種の文法によって再帰的に記述できるあるしかたで、たがいに内側へ内側へと重なりあっているのである。

はじめに、もし粒子がたがいに作用を及ぼさなかったとしたら、ものごとはきわめて単純になったであろうことを、注意しておこう。そういう世界ではすべての素粒子の振舞いを容易に計算できるか

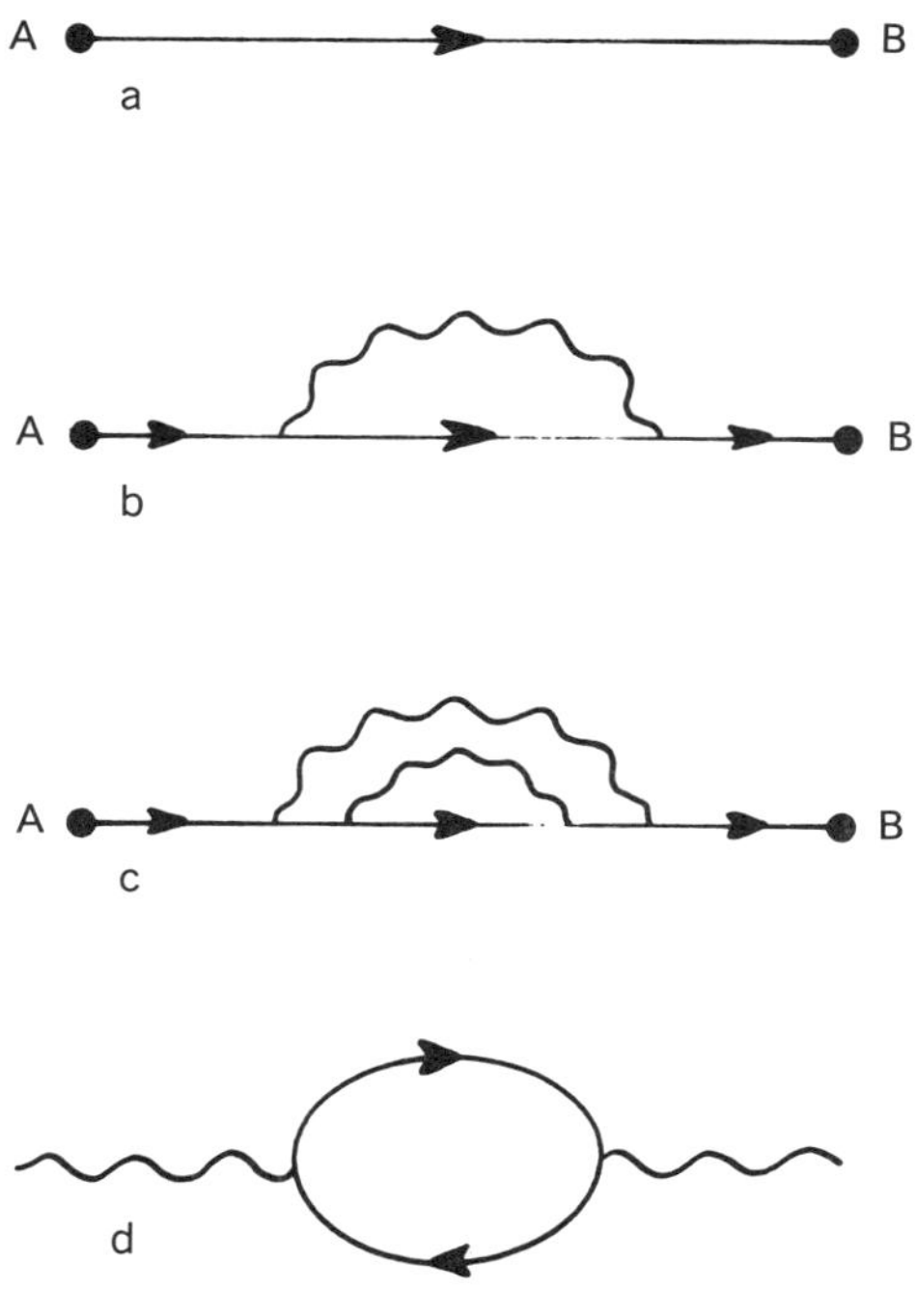

ら、物理学者はそのような世界を好むことであろう（そのような世界に物理学者がいるかどうかは、少々怪しいことではあるが）。相互作用をもたない粒子は裸の粒子と呼ばれているが、純粋に仮想的な被造物であって、実在はしない。

　相互作用に「点火」されると、粒子はからみ合うようになる。それは関数F、Mがからみ合い、結婚した人々がからみ合うしかたと同じである。そういう実在の粒子は再規化されたといわれる——これは醜いけれど、魅力的な言葉（renormalized　日本語では「くりこみ」といっているので、以下これを用いることにする）ではある。どういうことかというと、どの粒子を定義するにも、他のすべての粒子を引用せざるをえず、他の粒子の定義はまた最初の粒子に依存している、等々ということである。堂々めぐりでけっして終ることのない環になっている。

　もう少し具体的に述べてみよう。二つの素粒子、電子と光子だけに注目する。われわれは電子の反粒子、すなわち陽電子も考えなければならない。（光子の反粒子は光子自身である。）最初に裸の電子がAからBまで、ちょうどゼノンが私の「三声の創意」でやったように、伝播しようとしている鈍重な世界を考えてみよう。物理学者なら上図aのような絵を描くであろう。

　この線と両端点に対応する、簡単な数式がある。その式から、物理学者はこの軌道を動く裸の電子の振舞いを理解できる。

　さて、電磁気的相互作用に「点火」して、電子と光子の作用を始めさせてみよう。光子は舞台に現れていないが、この簡単な軌道についても深い結果が起りうる。とくに、われわれの電子は仮想的光子——現実世界に突然現れ、観測されないうちに消失してしまう光子を放射し、また吸収することができるようになる。ひとつそのよ

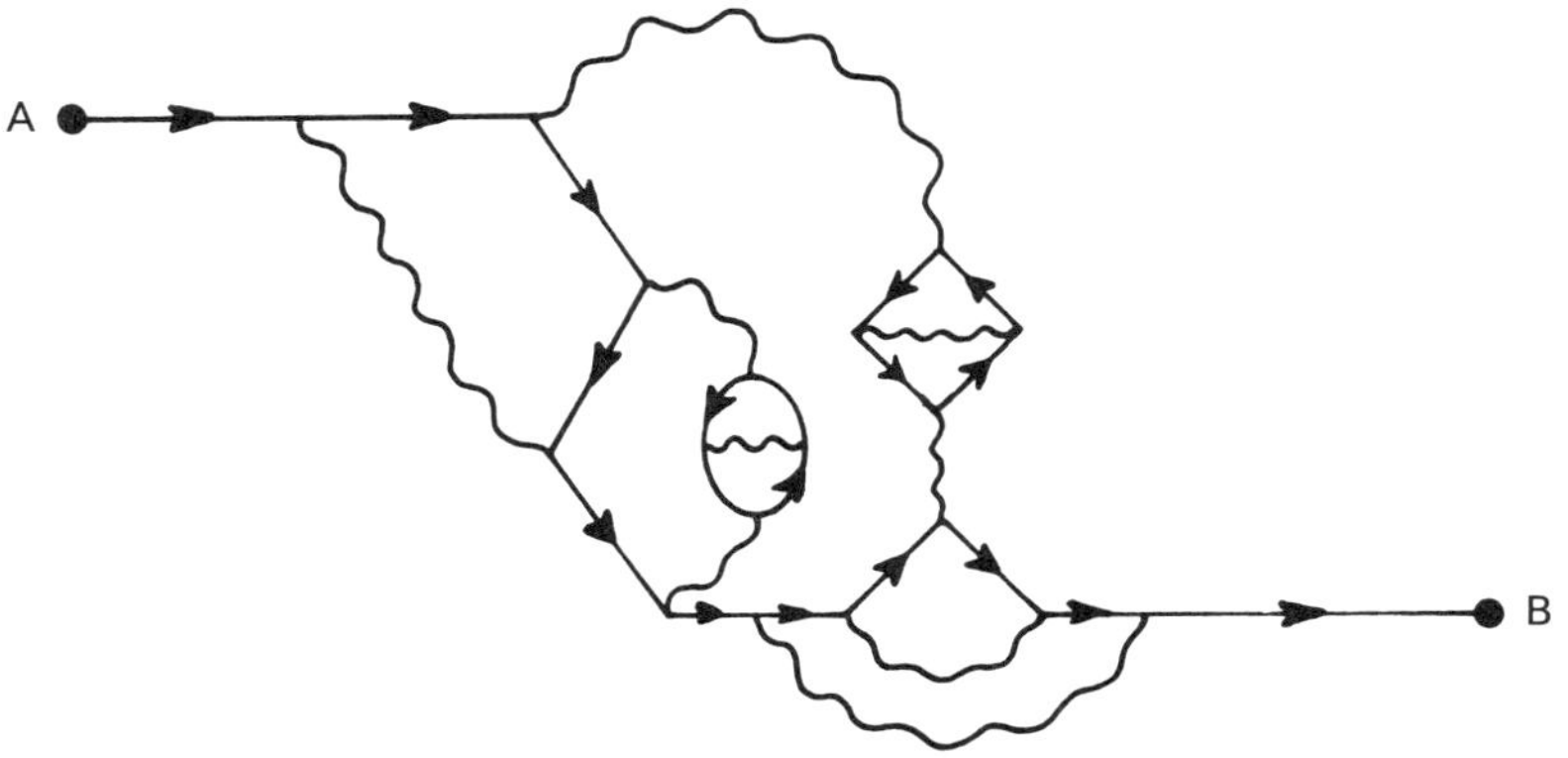

第 35 図　A から B へくりくまれる電子の伝播を示したファインマン図。この図では、時間は下向きに進む。したがって、電子の矢が上に向っているところでは、その電子は「時間軸を逆方向に」進んでいることになる。もっと直観的な言い方をすれば、電子の反粒子である陽電子が時間の経過にそって移動している。光子は自らの反粒子だから、その線に矢印をつける必要はない。

うな過程を示そう（前ページ上図b）。

ところでわれわれの電子は伝播の途中で、いくつかの光子を次々と放射・吸収することができ、しかも前図cに示すような重なり合いも可能である。

これらの図――ファインマン図と呼ばれる――に対応する数式を書くのは簡単であるが、その計算は裸の電子の場合よりずっとむずかしい。しかし本当に厄介なのは、光子（ほんものであれ仮想的なものであれ）がある短い時間だけ崩壊して、電子と陽電子の対になりうることである。そしてこれら二つが打ち消しあい魔法のようにもとの光子がまた現れる。この種の過程は前図dのように表される。電子は右向きの矢印で、陽電子は左向きの矢印で表される。

容易に推察されるとおり、これらの仮想的な過程はいくらでもたがいの内側に入り込むことができる。そこで非常にこみいって見える、たとえば第35図のような図が登場しうることになる。そのファインマン図では、ひとつの電子が上方のAから入り、あるみごとなアクロバットを演じた後、またひとつの電子が下方のBに現れる。内部のごたごたが見えないよそ者には、ひとつの電子がAからBまでおだやかに旅をしたかのように見える。この図によって、電子の線や光子の線を、いくらでも飾りたてることができる、とわかる。この図の計算はおそろしくむずかしいであろう。

これらの図に対してある種の「文法」があって、どんな絵が自然界に実現しうるかを規定する。たとえば上図は実現不可能である。このような図は「よい形の」ファインマン図ではない、といってもよい。文法とはエネルギー保存則とか、電荷保存の法則等々の、物理の基本法則の結果である。そして、人間の言語の文法のように、この文法は再帰的な構造をもっていて、深い入れ子構造が可能である。電磁気の相互作用の「文法」を定義する再帰的推移図の一群を書き並べることもできる。

裸の電子と裸の光子とにこのようにいくらでもこみいった相互作用が許される場合、その結果はくりこまれた電子と光子とになる。だから、実在の、物理的電子がどのようにAからBまで伝播するかを理解するには、物理学者は仮想的粒子にかかわる可能な図、無限に多くの異なる図全体の、ある種の平均を求めることが可能でなければならない。これこそゼノンの復讐ではないか！

肝心なところは次のとおりである。物理的な粒子――くりこまれた粒子――は(1)裸の粒子および(2)仮想的粒子の巨大なからみ合いで、ほどけそうもなくもつれた再帰的混乱にかかわりあっている。だから現実のどの粒子の存在も、その粒子が伝播するときに囲まれる仮想的な「雲」の中の無数の他の粒子の存在を必要としている。そしてその雲の中の仮想的な粒子のひとつひとつが、それぞれの仮想的な雲をひきずっており、等々、以下同様に無限につづく。

素粒子物理学者たちは、このような複雑さはとても手に負えないとわかったので、電子と光子の行動を理解するために、かなり簡単なファインマン図だけにしぼって他はすべて無視するという近似を利用する。幸いなことに、より複雑な図ほど重要度は少ない。無限に多くの図のすべてを合計して、完全にくりこまれた物理的粒子の行動を表す式を得る方法は知られていない。しかし、ある過程に対する図のうち大ざっぱにいって最も簡単なものを百個ほど考察することによって、物理学者は（粒子ミューオンのg因子と呼ばれる）ある値を九桁まで正確に求めることができる！

くりこみは電子と光子の間に起るだけではない。ある型の粒子が相互作用をもつときには、物理学者は現象を理解するためにくりこみの考えを利用する。そこで陽子と中性子、中性微子、π中間子、クォークなど、核構成物質動物園のすべての野獣どもは、物理の理論では裸とくりこみとの二つの顔をもっている。そして何億というこれらの泡の中の泡から、すべての生きものが作られているのである。

コピーと同一性

もう一度G図について考えてみよう。序論の中でいろいろな種類のカノンについて述べたことは覚えておいでだろう。カノンのどの型も、もとの旋律をとりあげ、それを同型対応かまたは情報を保存する変換によってコピーする何かの方法を利用している。コピーはあるときは天地が逆であり、あるときは順序が逆、またあるときは縮小とか拡大される……G図にはそれらすべての型の変換があり、また新しいものもある。G図全体とその中の「コピー」との間の対応には、大きさの変更、歪み、裏返し等々が含まれている。しかもなお、骨格に一種の同一性が保たれていて、少し気をつけて見れば（とくにINTについて練習した後なら）すぐ発見できる。

エッシャーは、ある対象の一部分がその対象自身であるという着想によって、版画を仕立てた。彼の木版画『魚とうろこ』（第36図）がそれである。もちろんその魚とうろことは、十分抽象的なレベルで考えないと同一とはいえない。誰でも知っているように、魚のうろこは本当は魚の小さなコピーなどではない。また魚の細胞は魚の小さなコピーではない。しかし、魚のどのひとつの細胞の中にも魚のDNAが含まれていて、そのDNAは魚全体のきわめて複雑に折り畳まれた「コピー」なのである――だからエッシャーの絵には一片の真実より以上のものがある。

すべての蝶については、何が「同じ」なのであろうか？　ひとつ

第 36 図　M.C. エッシャー『魚とうろこ』（ウッドカット、1959 年）

第 37 図　M. C. エッシャー『蝶』（ウッド・イングレービング、1950 年）

の蝶から他の蝶への対応づけは、細胞と細胞の対応によるものではない。むしろ、機能的な部分（器官）を機能的な部分に対応させるのであって、その対応はある部分は巨視的な規模で、またある部分は微視的な規模で行われる。器官の正確な比率は保たれておらず、ただ各部分の機能的な関係が保たれている。これこそエッシャーの木版画『蝶』（第37図）の中で、すべての蝶が結ばれている同型対応の型にほかならない。同じことが、G図のもっと抽象的な蝶にもあてはまる。それらはある数学的対応によって結びつけられるが、機能的な部分が機能的な部分に写されるのであって、線分の比率とか角度などは全く無視されている。

　同一性についてのこのような考察をさらに抽象度の高い世界にもちこめば、「エッシャーのすべての絵について何が〝同じ〟なのであろうか？」と問うこともできる。彼の絵を一枚ずつ重ねてみるのは全くばかげている。ただ驚くべきことは、エッシャーの絵、あるいはバッハの作品はほんの一部からでも、それとわかることである。魚のDNAが魚のどの小さな一片にも含まれているように、創作者の「署名」が作品のどの一小部分にも刻みこまれている。われわれはそれを呼ぶのに「作風」というような、曖昧でとらえどころのない言葉しか知らない。

　これからも「相違の中の同一性」、そして「二つのものは、どんなときに同じといえるのか？」という問いを目指して走りつづけることにしよう。この問いは本書の中でくり返し論じられる。われわれはこの問いをあらゆる角度からとり上げ、最後には、この単純な問いが知性の本質にいかに深くかかわっているかがわかるであろう。

　この論点が再帰性についての章に現れたのは偶然ではない。再帰性の領域で、「相違の中の同一性」が中心的な役割を果すからである。再帰性とは、「同じ」ことがいくつかの異なるレベルで同時に起ることに基づいている。しかし異なるレベルで起る出来事は、実は全く同じではない――多くの点で異なるにもかかわらず、ある不変な特性が見られる、というべきであろう。たとえば、「小さな和声の迷路」では、異なるレベルでの話にはほとんどつながりがない――それらの「同一性」は次の二つの事実にのみある。(1)それらは「話」である、(2)それらは亀とアキレスにかかわっている。それ以外のことは、たがいに全く異なっている。

プログラミングと再帰性＝規格性、ループ、手続き

　コンピュータのプログラミングで本質的な技量のひとつは、二つの処理が広い意味で同一であることを感知することである。なぜなら、そのことによって「規格化」――仕事を自然な部分に分解することが可能になるからである。たとえば、たくさんの似たような演算を次から次へと実行したいとしよう。それらを全部書きあげるかわりに、「ループ」を書いて、コンピュータにある一組の演算を実行し、それから最初に戻ってそれらをやり直すことを、ある条件が満たされるまでくり返し実行させることができる。ループの「本体」――くり返されるべき指令の一組が全く一定である必要はない。それらはある予め決められた仕方で変更できる。

　ひとつの例は、自然数Nが素数であるかどうかを判定する最も単純な方法である。まずNを2で割り、それから3、4、5、等、$N-1$までの数で割ってみればよい。もしNがどれでも割り切れなかったら、Nは素数である。このループのどのステップも、他のステップと似ているが同一ではない。またステップの回数はNに応じて変化する――だから一定回数のループは素数の一般的な判定法としては

役に立たない。ループを「中断」するには二つの基準がある。もし*N*がある数で割り切れれば、「ノー」と答えてやめる。もし*N*－1まで調べて、しかも*N*が割り切れなければ、「イエス」と答えてやめる。

ループの一般的な概念は次のとおりである。ある一連の関連するステップをくり返し実行し、ある特定の条件が満たされたら作業を停止する。ループのステップの最大回数は、前もってわかっている場合もあるが、ときにはともかく始めてみて、終るまで待つこともある。第二の型のループ――自由なループと呼ぶことにしよう――は危険であって、停止のための条件はけっして満たされないかもしれず、コンピュータがいわゆる「無限ループ」に落ち込むこともありうる。「有界のループ」と「自由なループ」との区別はコンピュータ科学全体の中で最も重要な考え方のひとつであって、そのためにあとでとくに章（第13章）を設けて、これを論じることにする。

ところで、ループは内側に何重にも入りこむことができる。たとえば一から五〇〇〇までのすべての数が素数であるかどうかを判定するには、さっき述べたテストを*N*＝1から始めて*N*＝5000までくり返す、第二のループを書けばよい。するとわれわれのプログラムは「ループのループ」という構造をもつことになる。そのようなプログラムの構造は典型的で、実際、よいプログラム形式と見なされている。この種のループの重なりは、ありふれた事柄についての記号的指示や、編みものや刺繍のような活動にも見られる――非常に小さいループが、より大きなループの中で何回かくり返され、その全体がまたくり返される……低いレベルのループの結果はちょっとした編み目にすぎなくても、高いレベルのループの結果は一着の衣類のかなりの部分になりうる。

音楽でも、ループの重複はよく起る。実際、たとえば音階（小さなループ）をつづけて何回も（たぶん高さをそのつど変えながら）弾くときがそうである。たとえばプロコフィエフのピアノ協奏曲第五番とラフマニノフの交響曲第二番の終楽章には、速い、中位の、それからゆっくりした音階ループが異なる楽器群によって同時に演奏される長い楽節があって、大きな効果をあげている。プロコフィエフの場合は上昇音階で、ラフマニノフの場合は下降音階である。

ループより一般的な概念は「サブルーチン」、あるいは「手続き」である。これらについてはすでにいくらか論じたが、基本的な考えは一群の演算がひとまとめにされて、ひとつの単位と見なされ、手続き**飾りつき名詞**のような名前を与えられる、ということである。RTNで学んだように、手続きはおたがいに名前で呼びあうことができ、そのために実行されるべき演算の列を非常に簡潔に表現できる。これこそプログラミングでの規格性の本質である。規格性は、もちろん、オーディオ・システムにも、家具にも、細胞にも、人間社会にも――階層組織があるところにはどこにでも存在する。

手続きが、前後関係に応じて異なった働きをしてほしいと思うことはよくある。そのような手続きには、記憶装置の内容を覗いてそれに応じた行動を選択する能力をもたせてもよいし、とるべき行動を選択するための「パラメータ」の表を具体的に与えることもできる。ときにはこれらの方法が同時に利用される。RTNの用語では、実行すべき操作の列を選択することは「従うべき道の選択」に相当する。RTNは、その中の道筋の選択を制御するパラメータと条件をつけ加えて強化されたとき、「拡大推移ネットワーク」（Augmented Trasition Network　ATN）と呼ばれる。RTNよりATNが望ましいのは、素材となる単語から、一組のATNで表現される文法に従って、意味ある文――ばかげた文から区別される文――を作り出す場合である。パラメータと条件によって、いろいろな意味上の制約を導入することができ、「恩知らずの遅い朝食」のようなでたらめな羅列は禁止される。その詳細は第18章で述べる。

チェス・プログラム中の再帰性

パラメータをもつ再帰的プログラムの古典的な例は、チェスで「最善」の手を選ぶためのプログラムである。最善手とは、相手を最も困難な状況に立たせる着手のことであろう。だから手のよさを検定するには、次のようにすればよい。仮に一手指したとして、相手の立場から盤面を評価するのである。しかし相手はその局面をどうやって評価するのだろうか? 相手にとっての最善手を探すであろう。すなわち、すべての可能な着手を心に描いて、われわれの立場からそれらを評価しようと考えることであろう。われわれにとってよくない手は大歓迎である。しかしここで「最善手」が、一方にとっての最善は他方にとっての最悪であるという格言に基づいて、再帰的に定義されていることは注目に値する。最善手を探す再帰的手続きはひとつの着手を試み、次に相手の立場での自分自身を呼び出すというように働くのである。そんなふうに、次の着手が試みられ、相手の相手という立場でのプログラム、つまりそれ自身を呼び出す。

この再帰性はさらに何段階か推し進めることができる——しかしどこかで底入れしなければならない! 先読みをしないで、どうやって盤面を評価するのだろうか? そのために役立つ基準がいくつかある。たとえばそれぞれの側の駒数であるとか、攻められている駒の数と種類、中央での勢力、等々である。この種の評価を最後に行うことによって、再帰的着手選択プログラムは、異なる着手のひとつひとつに対して最初のレベルでの評価を投げ返すことができる。この再帰的呼び出しでのパラメータのひとつは、だから、何手先まで読むかを指示するものでなければならない。この手続きの最初の呼び出しで、このパラメータのためにある外部から指定された値が使用される。その後、手続きが自分自身を呼び出すたびに、先読みパラメータの値が1ずつ減らされる。そのようにして、このパラメータの値がゼロになったとき、手続きはもうひとつのやりかた——非再帰的評価を行う。

ゲームを実行するこの種のプログラムでは、吟味されるひとつひとつの着手からいわゆる「先読みの木」が作られる。その着手それ自身が幹であり、応手が最初の枝分かれで、そのまた対応手が次の枝分かれ、等々となる。第38図に三目並べの出発点を表す簡単な先読みの木を示した。先読みの木の枝を全部先端までのばすのを避けるための技術がある。チェスの木では、人間は——コンピュータではない——この技術に秀れているようである。一流の指し手は、チェスを指す大部分のプログラムと比較してかなり少ない先読みしかしないが、それでも人間の方がずっと強いのである! コンピュータによるチェスの初期の段階では、人々は「十年もあればコンピュータ(あるいはプログラム)は世界チャンピオンになるだろう」と見こんだものであった。しかし十年たってみると、コンピュータが世界チャンピオンになる日までにはさらに十年以上かかるだろう、と思われた。これは次の再帰的法則のひとつの証拠にすぎない。

ホフスタッターの法則 いつでも予測以上の時間がかかるものである——ホフスタッターの法則を計算に入れても。

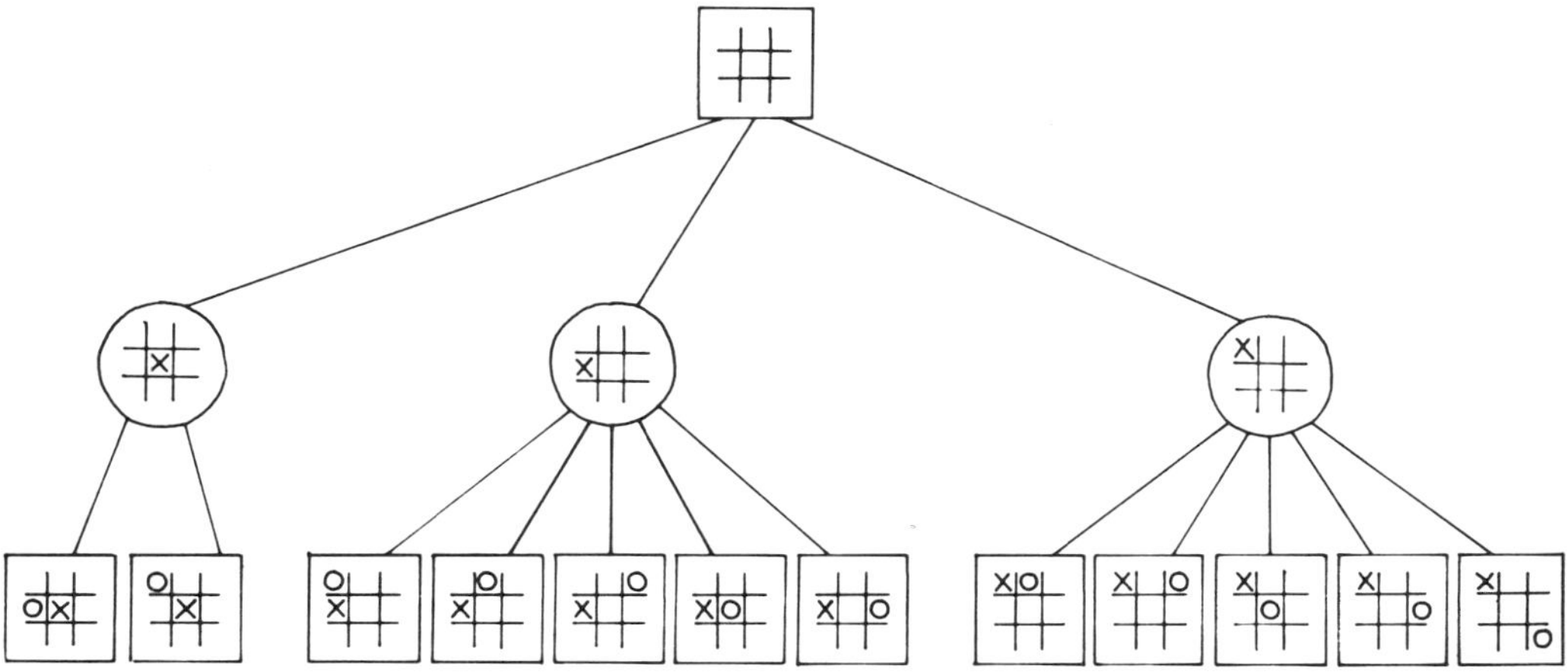

第 38 図　三目並べの出発点における着手と応手の枝分れ。

再帰性と予測不能性

この章で述べた再帰的処理と、前章の再帰的集合の関係は何だろうか？　その答には「再帰的に可算な集合」(recursively enumerable set）の概念が関係してくる。ある集合が再・可（r・e）であるとは、その集合が出発点（公理）の集合に推論法則をくり返し適用することで生成できることを意味している。だからその集合は、新しい要素がそれ以前の要素からどうにかして構成されるたびに、「数学的雪だるま」のように成長していく。しかしこれこそ再帰性の本質で、ある事柄が直接的にでなく、それ自身のより簡単な場合に基づいて定義されるのである。フィボナッチ数やルカス数は再・可集合の完璧な実例で、二つの要素から再帰的規則によって無限集合に達する、雪玉ころがしである。再・可集合は、その補集合がまた再・可集合であるとき、「再帰的」と呼ばれることになっている。

再帰的列挙とは、新しいものが古いものから一定の規則によって出現する過程のことである。そのような過程には、びっくりすることがたくさんあるように思われる——たとえばQ列の予測不能性がその一例である。再帰的に定義されるその種の数列には、行動の複雑さのある本質的な増大が伴うらしく、先に進めば進むほど、予測がさらに困難になる。このような考えをさらに推し進めると、適度に複雑な再帰的システムはどんな予定されたパタンからも逃れられるくらい強力であるらしい。そして、これこそ知性の要件のひとつではなかろうか？　自分自身を再帰的に呼び出す手続きから成るプログラムを考えるだけでなく、もっと技巧的な、自分自身を修正できるプログラム——自分自身に働きかけて拡大し、改良し、一般化し、修理できるプログラムを発明するのはどうだろうか？　この種の「もつれた再帰性」はおそらく知性の核心部分にかかわっている。

音程拡大によるカノン

アキレスと亀が、町一番の中国料理店で絶妙の中国料理を二人前食べ終えたところ。

アキレス　箸の使い方がうまいなあ、亀公は。

亀　うまくて当然さ。子供の頃からずっと、東洋料理が好きなんだから。で、どうだい——けっこういい食事だったろう。

アキレス　堪能したよ。中国料理は一度も食べたことがなかったんだ。今日の食事はすばらしい入門になった。ところで、すぐ帰らなきゃならないのかい、それともここでもう少し話していようか？

亀　お茶でも飲みながら話したいね。ウェイター！

（ウェイターがやってくる。）

お勘定を頼むよ。それからお茶をもう少しくれる？

（ウェイターが急いで去る。）

アキレス　中国料理についてはきみのほうが詳しいにしてもだね、亀公、日本の詩についてはぜったいぼくのほうが詳しいぜ。ハイクを読んだことがあるかい？

亀　ないな。なんだい、ハイクって。

アキレス　ハイクは日本の十七音節の詩、というか小詩だな。それがなかなか喚起力に富んでいてね、まあ、芳しい薔薇とか、霧雨にかすむ百合の池と同じようにだ。ハイクはふつう、五、七、五の音節から成るグループによって構成される。

亀　そんなに圧縮された十七音節の詩なんて、あまり意味をもちえないんじゃないか……。

アキレス　意味は読者の心のなかにあるんだよ。ハイクのなかだけじゃなく。俳句とは意味が読み手に蛙かな

亀　ふふーん……。それはまた、喚起力に富む説だな。

（ウェイターが勘定書、お茶のはいったポット、それに運勢センベイを運んでくる。）

ありがとう。お茶をもう少しどうだい、アキレス？

アキレス　いいね。この小さなクッキー、うまそうじゃないか。（ひとつ手に取り、カリッと噛んでパリパリやり始める。）ウヘッ、なんだ、なかにはいってる妙なのは？　紙か？

亀　それがきみの運勢だよ、アキレス。たいていの中国料理店では勘定書と一緒に運勢センベイを持ってくる。まあ一種のおまけだな。しょっちゅう中国料理店へ行くようになると、運勢センベイをクッキーというよりメッセージボーイみたいに思うようにな

る。あいにく、きみは運勢の一部を呑み込んでしまったけど。残った分には何て書いてある?
アキレス　ちょっと妙だな。「しんしふう」か。なんとか解読しなくては。ははーん、わかった。「紳士風」か。さっぱりわけがわからないや。ハイクみたいな詩じゃなかったのかな、音節のほとんどをぼくが食べてしまったけど。
亀　そういうことなら、きみの運勢はいまやたんなる5/17ハイクだな。しかも面白いイメージを喚起してるよ。もし5/17ハイクが新しい詩なら、こんなのはどうだい、「ふふ、ふうん」……ちょっと見ていいかい?
アキレス　(亀に紙きれを手渡す)いいとも。
亀　なんだ、ぼくが「解読」するにだね、アキレス、こりゃまるで違うぜ!　5/17ハイクなんてものじゃないよ。おしまいに「ん」がついてて六音節だ。「しんしふうん」、つまり「新詩不運」という意味さ。5/17ハイクという新しい詩に関する洞察豊かな注釈らしい。
アキレス　なるほどきみのいうとおりだ。詩にそれ自体の注釈がはいっているなんて驚きじゃないか!
亀　なあに、読みの枠をちょいと変更したまでさ——つまり、ひとつ「ん」を加えて正確にしただけだ。
アキレス　きみの運勢はどうなっているか見てみようよ、亀公。
亀　(上手にせんべいを割って、読む)「幸いはこのせんべいを食ってくる。」
アキレス　きみの運勢もハイクじゃないか、亀公——少なくとも五—七—五の形式で十七音だ。
亀　こりゃ驚いた!　ぼくなら気がつかなかったところだよ、アキレス。きみだからこそ気がつくようなたぐいのことだ。ぼくが気をとられたのはそれが何をいってるかということだ——それがむろん、解釈の余地を残しているから。
アキレス　われわれはおのおの独自のやり方で、出会ったメッセージを解釈する、そういうことの一例だろうな……
(ぼんやりと、アキレスは空になった茶碗の底のお茶の葉っぱを見つめる。)
亀　お茶をおかわりしようか、アキレス?
アキレス　うん、いいね。ところで、友だちの蟹はどうしてる?　きみらのステレオ合戦の話を聞いてからというもの、ずいぶん彼のことが気になってさ。
亀　彼にもきみのことを話したんだ。むこうもとても会いたがってるよ。なかなか元気なものさ。実のところ、最近、プレーヤー部に新しい装置を手に入れてね。珍しい型のジュークボックスなんだ。
アキレス　ほう、その話を聞かせてくれるかい?　ジュークボックスというのは、けばけばしい光がちかちかして、くだらない歌ばかり、ずいぶん古風で一昔前のしろものって感じがするんだが。
亀　このジュークボックスというのが、でかすぎて彼の家にはおさまらない。そこで裏にわざわざ小屋を建て増しした。
アキレス　どうしてそんなにでかくなるのか想像がつかないね、異常な枚数のレコードがはいっているのでもなけりゃ。
亀　実のところ、レコードはただの一枚だ。
アキレス　なんだって?　レコード一枚きりのジュークボックス?　そりゃ名辞矛盾だよ。それじゃなぜそんなにばかでかいんだ?　その一枚のレコードが超特大なのかい——直径二十フィートもある？

亀　いや、ふつうのジュークボックス＝スタイルのレコードだ。

アキレス　おい、亀公、からかってるんだろ。だいたい、一曲きりしかはいっていないジュークボックスなんて、どんなたぐいだい？

亀　一曲きりだなんて誰がいった、アキレス？

アキレス　これまでお目にかかったジュークボックスはどれもこれも基本的なジュークボックス公理にしたがっていたがね、「レコード一枚一曲」という公理に。

亀　このジュークボックスは別なのさ、アキレス。一枚のレコードが垂直に吊るされていて、その後ろに小型ながらも精巧な高架レール網が張りめぐらされ、そこからさまざまのプレーヤーが吊るされている。一組の押しボタンを、たとえばB1を押すと、それがプレーヤーのひとつを選定する。これが引金となって自動機構が働き、錆びついた線路づたいにプレーヤーがギーギーいいながら動いていく。そしてレコードのわきへすっと止まる――それからカチャッと演奏ポジションをとる。

アキレス　するとレコードがくるくる回りはじめて音楽が流れる――――だろ？

亀　いやいや。レコードは静止したままさ――回転するのはプレーヤーなんだ。

アキレス　察しがついてもよかったか。それにしても、かかるレコードがたった一枚しかないのに、どうしてそのおかしな装置から一曲以上の曲を聞けるんだい？

亀　ぼく自身も蟹にそう尋ねたんだ。ところが自分で考えてみろとしかいわない。それでぼくはポケットから二十五セント玉を一枚取り出して（一枚で三曲かかるんだよ）、スロットに入れてから、B1とC3とB10を押した――いきあたりばったりに。

アキレス　するとプレーヤーB1がすーっとレールを走ってきたんだろう、そして垂直のレコードにぴたっとはまって、ぐるぐる回り出した。

亀　正解だ。流れてきた音楽はきわめて快いものだったね、あの有名な旋律B―A―C―Hに基づいているやつだ、覚えていると思うけど……

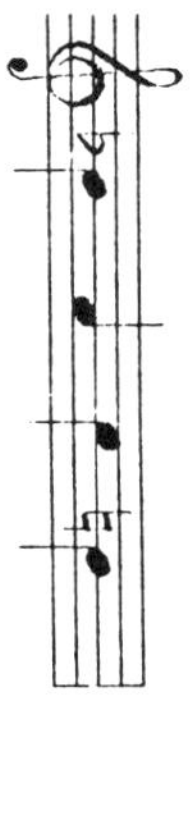

アキレス　忘れるもんか。

亀　それがプレーヤーB1だった。やがて曲が終ると、プレーヤーはゆっくりともとの吊りさがった位置に戻っていき、C3が演奏ポジションにすべり込めるようになる。

アキレス　C3が別の曲を演奏したなんていうんじゃないだろう？

亀　いや、そうなんだ。

アキレス　そうか、わかった。最初の曲の裏面を演奏したんだ、あるいは同じ面のつぎのバンドを。

亀　いや、レコードには片面しか溝がないし、バンドもひとつだけさ。

アキレス　さっぱりわからないね。同じレコードから違う曲を引っぱり出せるもんか！

亀　蟹公のジュークボックスを見るまではぼくもそう思っていた。

アキレス　二曲目はどんなのだった？

亀　そこが面白いんだよ……C—A—G—Eの旋律に基づいた曲なんだ。

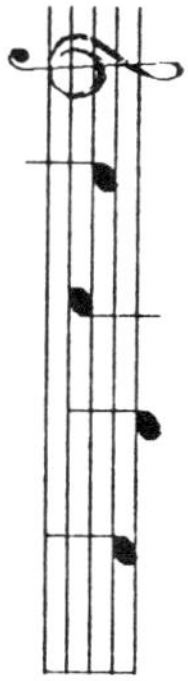

アキレス　まるきり違う旋律じゃないか！

亀　そのとおり。

アキレス　で、ジヨン・ケージは現代音楽の作曲家だろう？　ハイクの本で彼のことを読んだ覚えがあるけど。

亀　そのとおり。数多くの有名な曲を作ってるね、たとえば『4分33秒』、異なる長さの沈黙から成る三楽章の曲だ。素晴らしく表現力に富む作品だよ——ああいうたぐいのものが好きならの話だがね。

アキレス　がちゃがちゃとせわしないカフエにいたとしたら、ケージの『4分33秒』を聴くために喜んでジュークボックスに金を入れるよ。すこしはほっと一息つける！

亀　そうだね——皿やらスプーンやらがカチャカチャガチャガチャやってるのを聞きたがるやつはいないよ。ところでもうひとつ『4分33秒』が重宝しそうな場所は、大型猫科動物館だな、餌を与えるときの。

アキレス　ケージは動物園にしっくりするというのかい？　うん、なんとなく一理ありそうだ。それはともかく、蟹のジュークボックスだけど……ぼくはお手あげだ。どうしてBACHとCAGEの両方を、同時に一枚のレコードのなかにコード化しうるんだい？

亀　二つの間になにか関係があることに気がつくだろう、アキレス、注意ぶかく観察すれば。ヒントを出そうか。旋律B-A-C-Hの連続する音程をひろっていくとどうなる？

アキレス　待ってくれ。まず半音さがるな、BからAへは（Bはドイツ式に取ってと）。それから半音三つあがってC、最後に半音ひとつくだってHへくる。するとこういうパタンだ。

−1, +3, −1

亀　まさにそのとおり。さてC—A—G—Eは？

アキレス　こっちはまず半音三つさがって、それから半音十個あがる（一オクターヴ近いや）。最後にまた半音三つさがる。つまりこういうパターンだ。

−3, +10, −3

前のとずいぶん似てるんじゃないか？

亀　実はそうなんだ。正確に同じ「骨格」をもっている、ある意味では。音程をすべて3⅓倍して、最も近い整数を取ることによって、B-A-C-HからC-A-G-Eが得られるんだ。

アキレス　なんだかいいように弄んでくれるよ！　するとつまり、骨格コードみたいなものだけが溝にあって、さまざまなプレーヤーがそのコードに自分の解釈を加えるってのかい？

亀　ぼくも確かには知らないんだ。慧児（ケージ）なる蟹のやつ、詳しいことをぜんぶは明かそうとしなくてね。でもプレーヤーB10がぐるっと回ってきたとき、第三曲目を聴くことはできた。

アキレス　どんなのだったい。

亀　この旋律はものすごく音程の幅があって、B-C-A-Hの順だ。

半音による音程パタンはこうだ。

−10, +33, −10

CAGEパタンをもう一回3⅓倍して整数にまとめると、これが得られる。

アキレス　こういう音程増幅には何か名称がついているのかい？

亀　「音程拡大」とでもいおうか。カノンのテンポ拡大の方法、つまり旋律中の音の時価すべてに定数を掛けるやり方と似ている。その場合の効果は、旋律の速さを遅らせることだ。こっちの場合は、旋律の範囲を奇妙な具合にひろげるんだな。

アキレス　驚いたよ。するときみの試した旋律は三つとも、レコードのたった一本の基盤溝パタンの音程拡大だったわけかい？

亀　それがぼくの結論だ。

アキレス　それにしても妙だね、BACHを拡大するとCAGEになり、もう一度CAGEを拡大するとBACHに戻る、ただしなかでごっちゃになって、まるでBACHがCAGEという中間段階を通過したあと胃袋がひっくり返っちゃったみたいだけれど。

亀　それはまた、ケージの新しい芸術形式に関する洞察豊かな注釈じゃないか。

［第6章］意味の所在

ひとつの事物がつねに同一ではないのはどんなときか?

われわれは前章で、「二つの事物が同一であるのはどんなときか?」という疑問に出会った。この章ではその疑問を裏返しにした次の疑問を扱う。「ひとつの事物がつねに同一ではないのはどんなときか?」われわれがとり上げているのは、意味はメッセージに固有のものといえるかどうか、あるいは「音程拡大によるカノン」におけるように、意味はつねに心あるいはメカニズムがメッセージと相互作用することによって作り出されるものなのか、という論争である。後者の場合には、意味はどこか特定の場所に所在しているともいえず、またメッセージがなんらかの普遍的あるいは客観的な意味をもつともいえないだろう。なぜなら、それぞれの観察者は彼なりの意味を個々のメッセージにもたらすことができるからである。しかし、前者の場合には、意味はその所在と普遍性を併せもつことができる。私は本章で、少なくともあるメッセージについては普遍性を擁護する側に立つが、これをすべてのメッセージについて主張するのではむろんない。メッセージの「客観的な意味」という考えと、知能を記述するのに用いられる単純性との間には興味深いつながりのあることが、いずれ判明するだろう。

情報担い手と情報解き手

私の愛好する例ではじめよう。レコード、音楽、レコードプレーヤーの関係である。レコードを「読む」ことができ、溝のパタンを音に転換できるレコードプレーヤーが存在しているために、われわれはレコードが一曲の音楽と同じ情報を含むという考えにすっかり満足している。いいかえると、溝のパタンと音との間には同型対応があり、レコードプレーヤーはこの同型対応を物理的に実現するメカニズムである。レコードが情報担い手だとすれば、次は当然情報解き手ときて、レコードプレーヤーをそう見なすのはごく自然である。このような概念のもうひとつの例となるのが、pqシステムである。この例では「情報担い手」は定理であり、「情報解き手」は解釈である。これはあまりに見え透いているので、pq定理から情報を抽き出すのに電気装置の助けを借りる必要はまるでない。

この二つの例から次のような印象を受けるだろう。同型対応と解読メカニズムは、構造の中に本来存在しており、「抽き出される」のをひたすら待っている情報を、ただ解き明かすだけなのだ、と。このことから、それぞれの構造には、その中から抽き出すことのできる情報片とその中から抽き出すことのできない情報片とがある、という考えが導かれる。しかし、この「抽き出す」という言葉は実際、何を意味するのか？ どのくらい強引に抽き出すことが許されるのか？ 十分努力を傾ければ、ある構造から非常に深遠な情報を抽き出せる場合がある。実際、抽き出し方にあまりにも複雑な操作が含まれるために、抽き出している情報量よりも押し込んでいる情報量の方が多く感じられることもありうるだろう。

遺伝子型と表現型

通常、デオキシリボ核酸（DNA）の二重らせんの中に存在しているといわれている、遺伝情報の場合を考えよう。ひとつの遺伝子型であるDNA分子は、タンパク質の製造、DNAの複製、細胞の複製、細胞の型の漸進的な分化その他を含んだ非常に複雑な過程を経て、身体を備えたひとつの表現型である生物体に転換される。遺伝子型から表現型へのこの展開（後成）はもつれた再帰の最たるものであり、第16章ではもっぱらこれに注意を集注する予定だ。後成は一組のきわめて複雑な化学反応とフィードバック・ループのサイクルによって導かれる。完全な生物体を構成し終えると、その身体的物理的特徴とその遺伝子型との間には、ごくわずかな相似も認められなくなる。

それでいながら、生物体の身体的物理的構造をDNAの構造に、そしてそれのみに由来するものと見なすのが標準的な見方になっている。この見解の最初の証拠は、オズワルド・エーヴリーが一九四四年に行った実験から得られ、それを裏づけるおびただしい証拠が、それ以来積み重ねられてきている。エーヴリーの実験は、生体分子の中でDNAだけが遺伝的性質を伝えることを示した。生物体の他の分子、たとえばタンパク質を修飾することもできるが、このような修飾は後の世代には伝わらない。しかし、DNAが修飾されると、その後のすべての世代は修飾されたDNAを受け継ぐ。新しい生物体を建築するための指令を変化させる唯一の道はDNAを変化させることだということを、このような実験は示している。これはまた、これらの指令がなんらかの仕方で、DNAの構造の中にコード化されていることを意味するのである。

風変りな同型対応と散文的同型対応

そこで人々は、DNAの構造は表現型の構造の知識を含んでいる、つまりこの二つの構造は同型であるという考えを受けいれるよう強いられる。しかしながら、この同型対応は風変りなものである。これは、表現型と遺伝子型とをたがいに「対応」させられるような諸「部分」に分割することがけっして生やさしくないことを意味する。散文的同型対応ではこれとは対照的に、一方の構造の諸部分が他方の構造の諸部分に容易に対応させられるのである。その一例がレコードと曲との間の同型対応であり、曲中のどの音に対しても溝の中にその厳密な「イメージ」が刻まれており、必要があればいくらでも正確に指し示すことができる。G図とその内部の任意の「蝶」との間には、風変りな同型対応のもうひとつの例がある。

DNA構造と表現型構造との間の同型対応は徹頭徹尾散文的ではなく、それを物理的に遂行するメカニズムは恐ろしいほどこみいっている。たとえば、あなたの鼻の形や指紋の形を説明づけるDNA片を見つけようとしたら大変なことになるだろう。これはひとつの曲の中から、まさしくその曲の情緒的な意味を担うひとつの音を指し示そうとするのに少々似ている。もちろん、そのような音はない。というのは、情緒的意味は単独の音ではなくもっと高いレベルで、曲中の大きな「まとまり」によって担われているからである。ついでながら、このような「まとまり」は隣接した音の集合である必要はない。連結していない断片でありながら、一緒になってなんらかの情緒的意味を担うこともあるだろう。

同じように、「遺伝的意味」、すなわち表現型構造についての情報は、その言語を誰もまだ理解してはいないが、DNA分子の小さな部分にまるまる広がっているのである。（**注意**＝この「言語」を理解することと、一九六〇年代初期に行われた遺伝コードの割り出しとはけっして同じではないだろう。遺伝コードは、DNAの短い一部分をさまざまなアミノ酸に翻訳する仕方を教える。したがって、遺伝コードの割り出しは、他のある言語の文字の音価を解き明かしながら、その言語の文法や語の意味を少しも明らかにしないのに喩えられる。遺伝コードの割り出しは、DNAストランドの意味を抽出する道への重要な一歩であったが、それはまだ誰も踏み出したことのない長い旅路の最初の一歩にすぎない。）

ジュークボックスと引き金

DNAに含まれている遺伝的意味は、陰伏的意味の例としてはこれ以上のものは望めまい。遺伝子型を表現型に転換するには、遺伝子型よりもはるかに複雑なメカニズムが遺伝子型に作用しなければならない。遺伝子型のさまざまな部分は、このようなメカニズムの引き金の役を勤める。ジュークボックス（普通の型のもので、蟹型ではない！）がそのアナロジーとして役立つ。一対のボタンが、このメカニズムがとるべききわめて複雑な動作を指定するので、このボタンの対が演奏されている歌の「引き金を引いた」と述べても差し支えない。遺伝子型を表現型に転換する過程では、細胞ジュークボックス（この概念を使うことをお許しいただけるとして！）は、長いDNAのストランドからの短い抜粋について「ボタンを押す」ことを許す。その演奏する「歌」が新たな「ジュークボックス」創造のための重要な成分であることもしばしばある。それはあたかも、実際のジュークボックスから愛のバラードなどではなく、もっと複雑なジュークボックスの製造法を歌詞にした歌が出てきたりするようなものである……。DNAの一部がタンパク質製造の引き金を引く。このタンパク質が何百もの新しい反応の引き金を引く。これが今度は複製操作の引き金を引き、何ステップかに分けてDNAを複製する……等々とつづいていく——全過程がいかに再帰的であるか、これで見当がつくだろう。この多くの引き金を備えた引き金機構の最終結果が、表現型（個体）なのである。そこで、表現型はDNAに最初に潜在的に存在していた情報の開示——引き戻し——であるといわれる。（この文脈における「開示（レベレーション）」という語は、二十世紀の分子生物学者の中で最も深遠で最も独創的な学者の一人、ジャック・モノーによる。）

さて、ジュークボックスのスピーカーから流れ出る歌が、押された一対のボタンに固有の情報の「開示」であると述べるものはあるまい。というのは、一対のボタンはたんなる引き金であって、その目的はジュークボックスの中で情報を担っている部分を活性化することにあるように見えるからである。他方、レコードから音楽を取り出すことを情報の「開示」と呼ぶのは、次のいくつかの理由で合理的と思われる。

(1) 音楽はレコードプレーヤーのメカニズムの中に隠されているようには見えない。

(2) 入力（レコード）の断片を出力（音楽）の断片と任意の精度で対応させることが可能である。

(3) 同じレコードプレーヤーに別のレコードをかけて別の音を出させることができる。

(4) レコードとレコードプレーヤーは簡単に引き離すことができる。

粉々になったレコードの破片が固有の意味を含むかどうかは、全く別の問題である。ばらばらの破片の縁が合わさり、それによって情報を再構成できる——しかし、ここで進行しているのはもっと複雑なことである。次に、けたたましい電話のベルの固有の意味という問題もある……意味には固有度の幅広いスペクトルがある。後成をこのスペクトルの中に置いてみると面白い。生物体が発達するにつれて、そのDNAから情報が「抽き出される」といってよいのだろうか？　そこは、生物体の構造に関するすべての情報が宿っている場所なのだろうか？

DNAと化学的文脈の必然性

エーヴリーが行ったような実験のおかげで、答はある意味では然りであるように見える。しかし、別の意味では、答は否であるように見える。というのは、抽き出しの過程のかなりの部分が、DNA自体の中にコード化されていない、極度に複雑な細胞内化学過程に依存しているからである。DNAはこのような過程が生起することをあてにしているが、そうした過程をもたらすような暗号はなんら含んでいないように見える。このようにして、遺伝子型の中の情報の本性については、二つの対立する見方があることになる。一方の見方によれば、情報のかなりの部分がDNAの外部にあるので、DNAをジュークボックスの押しボタンの系列に似た、非常に入りくんだ引き金の集合以上のものでないと見なすのが合理的となる。もう一方の見方によれば、情報はすべてそこにあるが、ただ非常に陰伏的な形をとっているのである。

さて、これらはたんに同一のことを語る二通りの話し方であるように見えるかもしれないが、必ずしもそうではない。一方の見方では、DNAは文脈から離れては全く無意味であるが、別の見方では、生命体に由来するDNAはたとえ文脈から取り出されても、そのメッセージがなんとか演繹できるほどその構造に対して強制力のある内的論理をもっている。できるだけ簡潔な言い方をすれば、一方の見方では、DNAが意味をもつためには化学的文脈が不可欠であるが、別の見方では、DNAのストランドの「固有の意味」を開示するには知能だけが必要であるということになる。

UFOの解読は言うほうが無理

ある奇妙な出来事を仮想してみれば、この論点についてなんらかの展望が得られるだろう。ダビッド・オイストラフとレフ・オボーリンが演奏するバッハの『ヴァイオリンとクラヴィーアのためのソナタ・ヘ短調』のレコードが人工衛星で打ち上げられた。ついでこのレコードは人工衛星から太陽系外へ、たぶん銀河系の外に向うコースにそって発射された。中央に孔のある、薄いプラスチックのたんなる円板が宇宙空間を突っ走る。確実にその文脈は失われている。それは意味をどれほど担っているだろうか？

異星の文明がこれに出会ったとすると、その形にびっくりするのはほぼ確実で、たぶんこの円板に大変興味をもつだろう。その形が引き金となって、彼らに若干の情報をもたらすだろう。これは人工物であり、それもおそらく情報を担った人工物であろう。レコード自身によって伝達された（あるいは触発された）この考えがいまや新しい文脈を創造し、レコードはそれ以降この文脈の中で知覚される。解読の次のステップはかなり長くかかるかもしれない。そして、どのようなステップが踏まれるか推定するのはわれわれには大変むずかしい。もしこのようなレコードがバッハの時代に地球に到達していたら、たぶん解読されなかっただろうと想像できる。しかし、だからといって情報が原理上そこにあるというわれわれの確信は変わるものではない。われわれはただ、情報を貯蔵し、変換し、開示する力という点から見ると、その当時の人間の知識はあまり高度ではなかったことを知るにすぎない。

メッセージ理解のレベル

暗号解読という考えは今日、一般に広く流布している。それは天文学者、言語学者、考古学者、軍事専門家などの活動の重要な一部をなしている。われわれは、いまだに解読法を知らない他の文明からの電波メッセージの海を漂っているのかもしれない、といったこともしばしば口にされている。そして、そういったメッセージの解読技術についてもかなり真剣に考えられてきた。主な問題のひとつ（そしてひょっとすると最も深刻な問題）は次の疑問である。「そもそもメッセージが存在するという事実をどのようにして確認するのか？　フレームをどのように同定するのか？」　レコードを宇宙に送り出すのはひとつの簡単な解答のように見える。その全体としての物理的構造は大いに注目を惹きそうだし、十分に発達したどんな知能にとっても、そこに隠されている情報を捜しだそうと考える引き金になるにちがいないと、少なくともわれわれには思える。しかしながら、技術上の理由から、固体を他の星の世界に送り出すなどとても不可能で、話にならない。とはいえ、これもわれわれがこの着想について考察する妨げとはならないだろう。

さて、ある異星文明が、レコードを翻訳する適切なメカニズムはレコードの溝のパタンを音に転換する機械であることを思いついた、としよう。しかし、これでも真の解読にはまだまだ遠い。このようなレコードの解読の成功は何によってもたらされるのだろうか？　明らかに、その文明に音から意味を取り出すことができなくてはならない。音を作り出しても、それが異星生物の脳（こういえるとしてだが）に望ましい引き金効果を生じさせないかぎり、それだけではほとんど価値がない。では望ましい効果とは何か？　それは彼らの脳の中のある構造を活性化し、その曲を聞いたときにわれわれが経験する情緒的効果と類比できる情緒的効果を作り出すようにすることであろう。実際、もし彼らが脳の中の適切な構造に他のなんらかの仕方でたどりつけるのであれば、音の生産は省略しても差し支えない。（われわれ人間にしても、われわれの脳の中の適切な構造を系列的に触発していくようなやり方が音楽を聴く以外にあれば、喜んで音を省略してしまうだろう。しかし、耳を経由する以外にそれを行う方法はとてもありそうにもない。ベートーヴェン、ドヴォルザーク、フォーレのような耳の聞えない作曲家、あるいは楽譜を眺めて音楽を「聞く」ことのできる音楽家がいるからといって、この主張は覆されるものではない。なぜなら、このような能力はそれまで何十年も直接に音を聞いてきた経験に基づいているからである。）

事態がきわめて不明瞭になるのがここである。異星文明の生物は情緒をもつのか？　また彼らに情緒があるとしても、それはなんらかの形で、われわれの情緒と対応可能なのだろうか？　彼らがわれわれの情緒にいくらか似た情緒をもつとして、それはわれわれの情緒が群がり起るのといくらか似たようなやり方で生じるのだろうか？　彼らは悲愴美、あるいは勇気ある忍苦などといった情緒のアマルガムを理解するだろうか？　全宇宙を通じて、生物が情緒でさえも重なるところがあるほど認識構造をわれわれと共有していることがわかったとすれば、レコードはなんらかの意味で、けっして本来の文脈から外れないことになる。そして、その文脈は、自然における事物のあり方の一部分をなすことになる。そして、このような場合には、さまよえるレコードは途中で壊れたりしないかぎり、最終的には生物あるいは生物の集団によって拾いあげられ、われわれが満足できるようなやり方で解読されるだろう。

架空の空景

さきほどDNA分子の意味について探りを入れたさいに、私は「強制力のある内部的論理」という語句を使った。これがキー概念であると私は考える。このことを説明するために、宇宙空間レコードの仮想的事件を少し修正して、バッハの『ヴァイオリンとクラヴィーアのためのソナタ・ヘ短調』にジョン・ケージの『架空の風景　第四』を置き換えることにする。この曲は不確定性音楽あるいは偶然性音楽、すなわち個人的な情緒を伝えることを目指さず、構造がさまざまな無作為過程によって選ばれるような音楽の古典である。この場合には、二十四人の演奏家が二十四台のラジオの二十四個のつまみに取りつく。曲が演奏される間、彼らはつまみをでたらめに回しつづけるので、それぞれのラジオはたえず局を変え、音は大きくなったり小さくなったりする。こうして作られる音の総体がこの楽曲となる。ケージは自分の製作態度を「音を人工の理論の担い手あるいは人間の感情の表現とするのではなく、音そのものにする」という言葉でいい表している。

さあ、この曲を収めたレコードが宇宙空間に送り出されたと想像しよう。異星文明がこの人工物の本性を理解することは、全く不可能ではないにしても、きわめてありそうにもないだろう。彼らはフレーム・メッセージ（「私はメッセージです。私を解読してください。」）と内部構造の混沌との矛盾にすっかり混乱させられるだろう。ケージのこの曲にはつかみとれる「まとまり」は少なく、解読者の導きとなるパタンも少ない。これに対して、バッハの曲には、パタン、パタンのパタン、等々つかみどころがたくさんあるように思われる。このようなパタンが普遍的に興味をそそるものであるかどうか、われわれには知る術がない。バッハの曲が銀河間にまたがって意味をもちうるような普遍的な強制力のある内的論理をもっているかどうかを判断できるほど、われわれは知能や情緒、あるいは音楽の本性を十分に知ってはいない。

しかしながら、バッハという特殊な例が十分な内的論理を備えているかどうかが、ここでの論点ではない。問題はいかなるメッセージにせよ、十分に高い知能がそれと接触したさいに必ずその文脈を自動的に再現できるほどの強制力を備えた内的論理を、本来メッセージがもてるか否かである。もし、あるメッセージがまさしく文脈再現性という性質をもつとすれば、メッセージの意味をメッセージの固有の性質と考えるのは理に叶うことになるだろう。

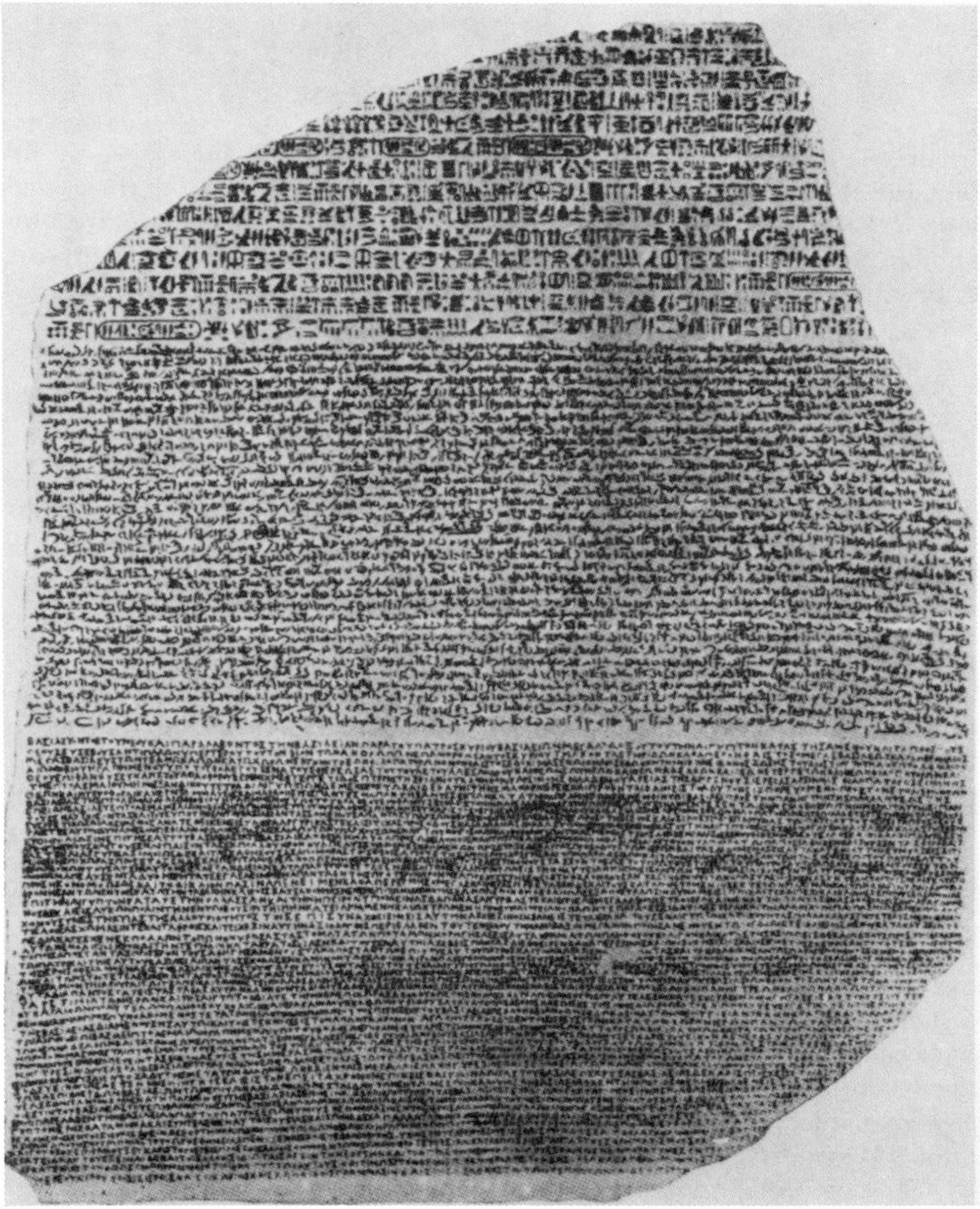

第 39 図　ロゼッタ・ストーン［大英博物館蔵］

英雄的な解読者たち

このような考えのもうひとつのわかりやすい例となるのは、未知の言語と未知の文字で書かれた古代テクストの解読である。このようなテクストには、われわれがその解明に成功してもしなくても、それに固有の情報があると直感的に感ずる。それは、たとえ中国語を全然知らなくても、中国語で書かれた新聞にはそれに固有の意味があると信じるのと同じくらい強い感情である。あるテクストの文字あるいは言語がいったん読み解かれると、どこに意味が宿っているのか、誰も問わなくなる。意味は明らかにテクストの中にあって、解読法の中にはない。音楽はレコードの中に宿っているのであって、プレーヤーの中にないというのと同じだ！　解読メカニズムを確認するひとつの方法は、それが入力として取り入れた記号あるいは物体にどんな意味も付け加えないという事実である。解読メカニズムは、これらの記号あるいは物体の本来の意味を開示するだけである。ジュークボックスは解読メカニズムではない。というのは、ジュークボックスはその入力記号に属する意味を何ひとつ開示しないからである。その逆に、ジュークボックス自体の内部に隠れていた意味を提供する。

さて、古代テクストの解読には、ライバルであるいくつもの学者チームによる何十年にもわたる労苦を要することもある。そこでは、世界中の図書館に蓄えられている知識を参看するといったことがなされるが……この作業もやはり情報を付加しはしないだろうか？　解読規則を見出すのにこのような巨大な労力が必要とされるとき、テクストの意味はどこまでがそれに固有のものなのだろうか？　人々はテクストに意味を押し込んだのか、それとも意味はすでにそこにあったのか？　私の直観ではこうだ。意味はすでにそこにあったし、意味を抽き出す作業が熱心になされたにもかかわらず、そもそもテクストになかった意味が抽き出されたわけではなかった。この直観は、主として次のひとつの事実から生じた。つまり、結果は必然的なものであると私が感じていること。たとえこのときにこのグループがテクストを解読しなくても、別のときに別のグループが解読するだろうし、その結果も同じであろう、と私が感じていることによるのである。意味がテクスト自体の一部であるというのはこのためである。テクストは、知能に対して予測できるような仕方で作用する。われわれは一般的にこう語ることができる。意味は、ある対象が予測できるような仕方で知能に作用するかぎりにおいて、その対象の一部である。

第39図に示したのは、あらゆる歴史学上の発見の中でも最も貴重なもののひとつ、ロゼッタ石である。これはエジプト象形文字解読の鍵となった。というのも、これには三通りの古代文字——つまり象形文字、民用文字、ギリシャ文字で書かれた同一内容の文が刻まれていたからである。この玄武岩の記念碑の碑文を一八二一年にはじめて解読したのはエジプト学の父ジャン・フランソワ・シャンポリオンであった。内容はプトレマイオス五世エピファネスを讃えるメンフィスの僧侶集会の布告である。

任意のメッセージの三つの層

文脈から外れたメッセージの解読をめぐるこれらの例では、情報の三つのレベル——(1)フレーム・メッセージ　(2)外部メッセージ　(3)内部メッセージ、がかなりはっきり分離できる。われわれが最も親しんでいるのは(3)の内部メッセージである。これは伝達されると想定されるメッセージ、つまり音楽における情緒的表現、遺伝における表現型、粘土板上の古代文明の王統と儀礼などである。

内部メッセージを理解することは、送り手の意図した意味を抽出することである。

フレーム・メッセージは「私はメッセージです。もし可能なら、私を解読してください」というメッセージである。これはどの情報担い手の場合でも、その総体的な構造的外見によって陰伏的に伝えられる。

フレーム・メッセージを理解することは、解読メカニズムの必要を認識するということである。

フレーム・メッセージがこのようなものとして認識されれば、注意はレベル(2)の外部メッセージに切り替えられる。これはメッセージの記号パタンと構造によって運ばれ、内部メッセージをいかに解読するかを教える情報である。

外部メッセージを理解するとは、内部メッセージに対する正しい解読メカニズムを作ること、あるいは作り方を知ることである。

この外部レベルは、それが理解されることを送り手が保証できないという意味で、否応なく陰伏的メッセージにならざるをえない。外部メッセージの解読の仕方を教える指令を送ろうとしても無駄である。なぜなら、そのような指令は必然的に内部メッセージの一部になり、解読メカニズムが見出されなければ理解しようがないからである。この理由で、外部メッセージは必然的に引き金の集合であり、既知の解読装置で明らかになるようなメッセージではない。

この三つの「層」を定式化したことは、意味がメッセージにどのように含まれているかを分析するための、かなり荒っぽい第一歩にすぎない。外部メッセージにも、内部メッセージにも単一の層ではなくいくつかの層がありうる。一例として、ロゼッタ石の内部メッセージと外部メッセージがどのように深くもつれ合っているか、考えてみよう。メッセージを十分に解読するには、そのメッセージを作る背後の意味論的構造全体を再構成しなければならず、これは送り手を底の底まで深く理解することである。したがって、内部メッセージを投げ捨てることもできる。なぜなら、外部メッセージを細部にいたるまで本当に理解できれば、内部メッセージは再構成可能だからである。

ジョージ・スタイナーの『バベル以後』は、内部および外部メッセージ（スタイナーはこのような用語を用いてはいないが）の間の相互作用に関する長い論述である。この本の基調は次の引用から窺える。

> われわれはふだん速記法を用いてしまっているが、実はその下に無意識の富があるのだ。熟慮の末の隠れた連想もあれば、あからさまな連想もあって、それらはあるいはわれわれ一人ひとりを特徴づけるものの総和と独自性に相当するほどに、広汎かつ複雑に入り組んでいるのである。

レナード・B・メイヤーも、その著書『音楽、美術、そして観念』

の中で同じ方向にそった考えを表明している。
エリオット・カーターの曲を聴く聞き方は、ジョン・ケージの作品を聴くにふさわしい聞き方とは根本的に異なる。同じように、ベケットの小説もベローの小説とは大事な点で異なった読み方をされなければならない。ヴィレム・デ・クーニングの絵画とアンディ・ウォーホルの絵画は、それぞれ異なった知覚的、認識的態度を要求する。

おそらく、芸術作品は他の何ものにもまして、その様式を伝えようとしている。その場合には、もし様式を深奥まで了解できれば、その様式での創造はなしでもすませられるだろう。「様式」、「外部メッセージ」、「解読技法」――これらはすべて、同じ基本的発想の表現法にほかならないのである。

シュレーディンガーの非周期的結晶

ある対象にはフレーム・メッセージが認められ、他の対象には認められないのは何によるのか？　宇宙を遍歴するレコードを途中で捕えた異星文明が、その中にメッセージが潜んでいると気づくはずだというのはなぜなのか？　レコードと隕石はいったいどこが違うのか？　「何か変だな」という最初の手掛りは、明らかにその幾何学的形状にある。次の手掛りはもっと微視的な尺度にあって、らせん状に配置された非常に長い非周期的なパタン系列をその物体がもつことである。らせんを解きほぐすと、草書体で書かれた記号の長大な（七〇〇メートルに及ぶ）線状の系列が得られる。これは四つの塩基という貧弱な「アルファベット」で書かれた記号が一次元の系列として配列され、ついでらせん状に巻かれるDNA分子とそれほど変りはない。エーヴリーが遺伝子とDNAの関連を確立するに先だち、物理学者エルヴィン・シュレーディンガーは純粋な理論上の根拠に基づいて、遺伝情報は「非周期的結晶」の中に貯えられているにちがいないことを、大きな影響を及ぼしたその著書『生命とは何か』（岡小天・鎮目恭夫訳、岩波書店　一九五一）の中で予測した。事実、書物それ自体も、きちんとした幾何学的形態の中に封じ込められた非周期的結晶にほかならない。きわめて規則的な幾何学的構造の中に「包装」された非周期的結晶が見つかれば、そこには内部メッセージが潜んでいるかもしれないことを、これらの例は示唆している。（私は、これがフレーム・メッセージの完全な特徴づけだとは主張しない。しかし、多くのありふれたメッセージがここで述べたようなフレーム・メッセージをもっているのは事実である。格好の例をいくつか第40図で見ていただこう。）

三つのレベルに対する言語

浜辺に打ち寄せられた壜の中のメッセージの場合には、この三つのレベルは明瞭である。第一のレベルであるフレーム・メッセージは、壜を拾いあげ、それが封をされており、その中に乾いた紙片があるのに気づいたときに見出される。何が書いてあるのか見えなくても、人々はこの型の人工物を情報担い手と認識する。この時点で壜を投げ捨てて、それ以上詮索しようとしない人がいたら、その人は、好奇心が途方もなく欠如しているほとんど非人間的な人である。次に、壜を開け、紙に記されたマークを吟味する。どうもそれは英語らしい。内部メッセージが少しも理解できなくても、これに気づくくらいはできる。文字を認識できればそれでよい。外部メッセージは日本語の文にすると次のように述べることができる。「私は英語で書かれている。」このことに気がつけば、あとは内部メッセージに向って進むことができる。それは助けを求めているのかもしれないし、シェイクスピア劇の台詞であったり、恋人の哀歌であるかもしれない……

「このメッセージは英語で書かれている」という趣旨の英文を内部メッセージに入れたところで、役に立たない。英語のできる人でなければそれを読むことができないからである。読む前に、それは英語であり、誰々さんなら英語が読めるという認識ができていなくてはならない。この問題を切り抜けるために、日本語その他さまざまな言語に訳した「このメッセージは英語で書かれている」という文を入れようとするかもしれない。実際にはこれが役に立つだろうが、理論的な意味では同じ困難が依然残る。日本語のできる人がいて、そのメッセージが「日本語であること」を認識しなければ始まらない。このように、内部メッセージをいかにして外部から解読するかという問題を回避することはできない。内部メッセージ自体も手掛りと確証を提供するかもしれないが、これもせいぜい壜の発見者(あるいは発見者が助力を求めた人びと)に作用する引き金といったところであろう。

同種の問題が短波放送聴取者の前に立ちはだかる。第一に、彼は自分の聴いている音が実際にメッセージを構成しているのか、それともたんなる空電雑音なのかを判定しなければならない。音自体は答を与えてくれない。内部メッセージが聴取者の母国語で「この音はメッセージを構成しており、たんなる空電雑音ではありません!」と告げているという、ほとんどありそうもない場合においてさえ、そうなのである。聴取者は音の中にフレーム・メッセージを認識すると、放送に用いられている言語を同定しようと努める――明らかに、彼は依然として外部にいる。彼はラジオから引き金を受けとるが、それが答を明示的に教えることはありえない。

明示的な言語で伝えることができないというのが外部メッセージの本性である。外部メッセージを運びうる明示的な言語を見出すことも突破口にはならない――それは用語の矛盾だ! 外部メッセージはいつでも聴取者の方で理解しなければならない。それに成功すれば、一気に内部に入りこみ、その時点で引き金と明示的意味の比率は急激に後者の側に傾く。それ以前の段階にくらべれば、内部メッセージの理解には全く努力が要らないように見える。まるでポンプで水を汲み出すようなものだ。

意味の「ジュークボックス」説

これらの例は、どんなメッセージも固有の意味をもたないとする見解を裏づける証拠のように見えるかもしれない。というのも、どんな簡単なものであっても、内部メッセージを理解するにはまずそのフレーム・メッセージと外部メッセージを理解しなければならず、引き金だけがこの両者を担っているからである(アルファベットで書かれているとか、らせん状の溝をもつ、というようなことを通して)。そこで、われわれは意味の「ジュークボックス」説から逃れられないように思えてくる。どんなメッセージでもそれが理解できるためには、それをなんらかの「ジュークボックス」の入力として用いなければならないが、このことはメッセージが意味を獲得する前に、「ジュークボックス」に含まれている情報がそれにつけ加わってしまうことを意味する。したがって、どんなメッセージも固有の意味をもっていない。これが「ジュークボックス」説である。

a

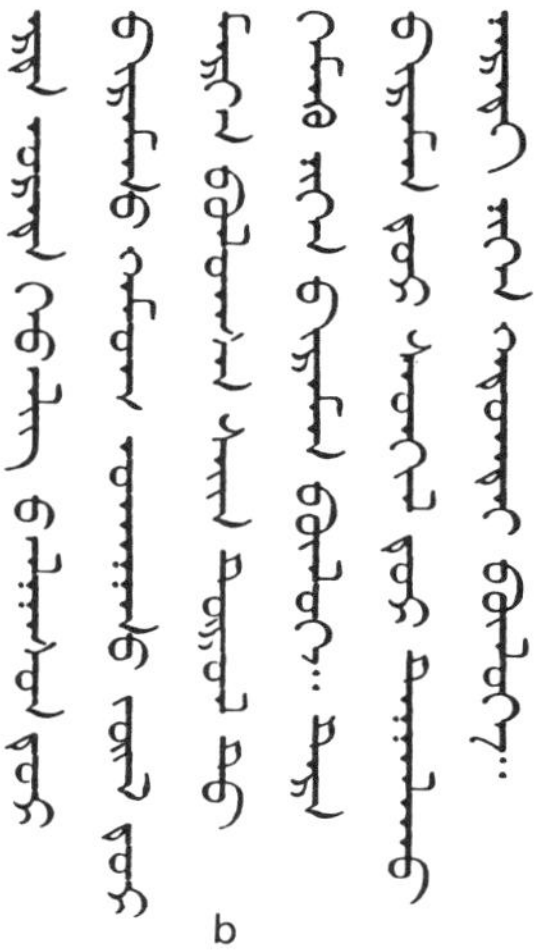

b

i

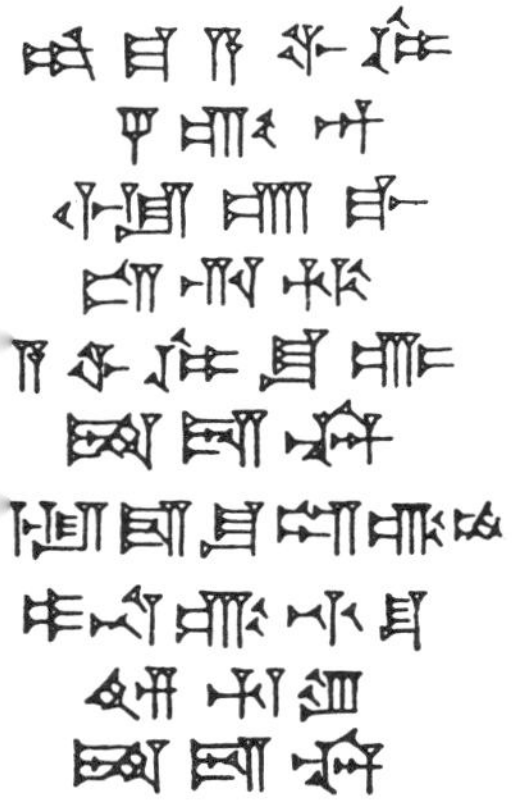

j

เรียนภาษาอังกฤษด้วยภาพ

เมื่อท่านเรียนตามวิธีนี้ไปได้ ๓๐ หน้า ลองทวนความรู้ของท่านดูด้วยการหัดตอบ คำถามเป็นภาษาอังกฤษในหน้า ๓๑, ๓๒ และ ๓๓ แล้วพลิกไปตรวจดูคำตอบในหน้า ๓๔ ว่าถูกต้องหรือไม่ คำถามและคำตอบมีให้ไว้ต่อๆ ไปตลอดทั้งเล่ม

h

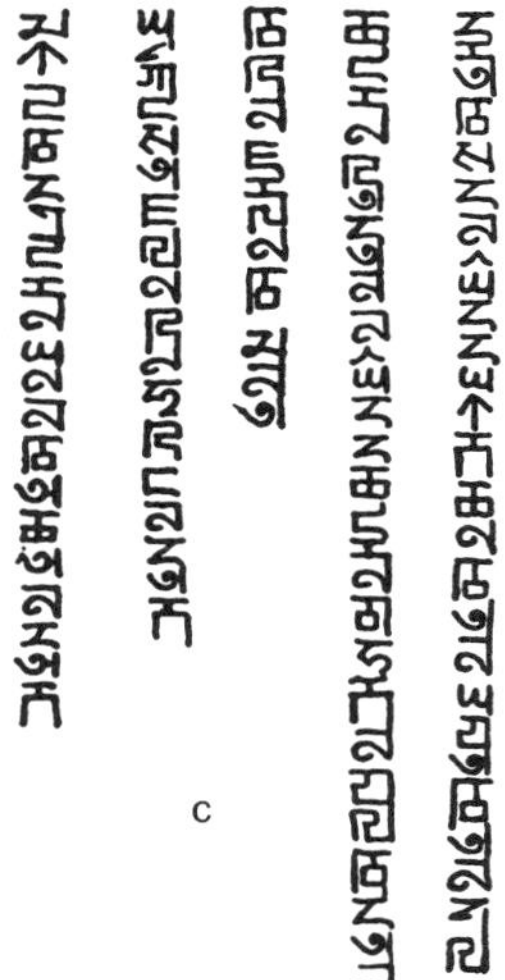

c

g

வாசித்துவருகையில், ஒவ்வொரு வாக்கியத்தையும் அதற்குரிய படத்தோடு ஒப்பிட்டுப் பார்க்குந் தேறும் அர்த்தமாகிக்கொண்டு வரும். மனப்பாடம் பண்ணிக்கொள்ள வேண்டிய அம்சங்கள் மிகக் குறைவு. ஆகையினுல் அர்த்தத்துக்கு இணங்க வாக்கிய அமைப்பின் வேறுபாடுகளைக் கண்டறிந்து கொள்வதற்கு வசதிகள் உண்டு. இம்முறை அநுசரித்து ஆங்கிலம் கற்றுக்கொள்வது கஷ்டமில்லாததுமன்றிவிளையாட்டுச் சம்பந்தப்பட்டது.

f

ഡീസൽ തീവണ്ടി എൻജിന്

നാടൻ നിർമ്മിത വസ്തുക്കൾ

e

কত অজানারে জানাইলে তুমি.
কত ঘরে দিলে ঠাঁই---
দূরকে করিলে নিকট বন্ধু.
পরকে করিলে ভাই।
পুরানো আবাস ছেড়ে যাই যবে
মনে ভেবে মরি কী জানি কী হবে.
নূতনের মাঝে তুমি পুরাতন
সে কথা যে ভুলে যাই
দূরকে করিলে নিকট বন্ধু.
পরকে করিলে ভাই

d

この議論はルイス・キャロルによる対話篇で、亀がアキレスを陥れた罠に非常によく似ている。そこでの罠とは、どんな規則を使うにもその使い方を教える規則がなければならないという考え、いいかえると規則のレベルには無限の階層があって、そのためにどんな規則も使えなくなっているという考えであった。ここでの罠とは、どんなメッセージを理解するにもそのメッセージをどう理解するかを教えるメッセージがなければならないという考え、いいかえるとメッセージのレベルには無限の階層があり、そのためにどんなメッセージも理解できなくなってしまうという考えである。しかし、われわれはこのパラドクスが実際に即していないことを知っている。というのは、規則は現に使われ、メッセージは現に理解されるからである。どうしてそうなるのか?

ジュークボックス説に抗して

こうしたことが起るのは、われわれの知能は宙に浮いているわけではなく、脳という物理的な物の中に具体化されているためである。その構造は長い進化の過程を経てきたものであり、その働きは物理学の法則に支配されている。物理的実体であるために、われわれの脳は働き方を教わることなく働く。こういうわけで、キャロルの規則のパラドクスは、思考が物理法則によって作り出されるレベルで破綻する。同じように、メッセージのパラドクスは、脳が入ってくるデータをメッセージと解釈するレベルで破綻する。脳は、ある種の事物をメッセージと認識するための、そしてそれらのメッセージを解読するための「ハードウエア」を備えて生じてくるらしい。言語を獲得する高度に再帰的で雪だるまのように進行する過程が生じうるのは、内部メッセージを抽出するこの最小限の生得の能力のお

▶page 182

第 40 図　さまざまな書体。a はイースター島の未解読の碑文で 4×35 インチの板に刻まれている。第 1 行を左から右へ、第 2 行はそれから折り返して右から左へといった書式である。b は現代モンゴル語 c は 1314 年の日付がある文書から採ったモンゴル語の文で，いずれも縦書である。d はベンガル語によるタゴールの詩。e は南インドの西ケララ地方のマラヤーラム語で書かれた新聞の見出し、f は東ケララ地方のタミル語の文字で、美しい曲線をもつ。g はイントネシアのセレベス島の民話の一節でブギニー語。h はタイ語、i は 14 世紀の日付をもつルーン語の手稿で、スエーデン南部スカニアの法律の例文である。そして、j は楔形文字で書かれたアッシリアのハムラビ法典の一節。門外漢である私は、これら美しい非周期的結晶の曲線や屈曲にどんな意味が隠されているかと、深い神秘的な思いにとらわれる。形態の中には内容があるのだ。[H. Jansen, *Sign, Symbol, and Script*, G. Putnam's Sons. 1969 および I. Richards and C. Gibson, *English Through Pictures*, Washington Square Press. 1960]

かげである。生得のハードウエアはジュークボックスに似ている。付加的な情報を供給し、それによってたんなる引き金を完全なメッセージに変えてしまう。

知能が自然のものなら意味は固有である

さて、人によってその「ジュークボックス」に収めた歌がいろいろ異なっていて、与えられた引き金にてんでんばらばらに応答するとすれば、固有の意味をこれらの引き金に帰着させる気にはなれないだろう。しかしながら、人間の脳は他の条件が同じならば、与えられた引き金には他の脳とかなり同じしかたで反応するように作られている。赤ん坊がどんな言語でも学べるのはこのためである。赤ん坊は、引き金に対して他のどの赤ん坊とも同じように応答する。「人間ジュークボックス」のこの一様性が一様な「言語」を確立させ、フレーム・メッセージと外部メッセージがその中で伝達できるようになる。さらに、もし人間の知能は自然界における一般的現象（大きく異なるさまざまな文脈での知的存在の発生）の一例にすぎないと信ずるならば、人間どうしフレーム・メッセージと外部メッセージを交信する「言語」はさだめし、知能がたがいに交信しあえる普遍的言語のひとつの「方言」ということになろう。そこで、すべての知的存在がわれわれと同じようなしかたで反応しそうな「普遍的触発能力」を備えた、ある種の引き金があることになるだろう。

これによって、意味の所在に対するわれわれの記述も向きを変えることが許されるだろう。われわれはメッセージの意味（フレーム、内部、外部）をメッセージ自身に帰着させることができるだろう。なぜなら、解読メカニズムそれ自体が普遍的、すなわち多様な文脈の中で同じやり方で生ずる基本的な形態であるからだ。話をもっと具体的にするために、ボタンＡ５を引き金として、これを引くとすべてのジュークボックスから同じ歌が流れるとしよう。そしてさらに、ジュークボックスは人間の手になる人工物ではなく、銀河や炭素分子のように広汎に生じている自然の物体であると想定しよう。このような条件のもとでは、われわれはＡ５の普遍的な触発能力をその「本来の意味」と呼ぶことにたぶん納得できるだろう。そうなると、Ａ５には「引き金」という名称よりも「メッセージ」という名称の方がふさわしいにちがいない。そして、歌はたしかにＡ５のもつ陰伏的ではあるが本来的な意味のひとつの「開示」ということになるだろう。

地球覇権主義

メッセージの意味をこのように割り当てるのは、宇宙のどんなところに分布している知能によるメッセージでも、その処理は不変であることに基づく。その意味では、これは物体に質量を割り当てるのに似ている。古代人にとって、物体の重さは物体の固有の性質と思えたに相違ない。しかし、重力を理解するようになって、重さがその物体が置かれている重力場とともに変ることもわかってきた。にもかかわらず、重力場につれて変化することのないひとつの関連した量、質量が存在する。この不変性から、物体の質量は物体自身の固有の性質であるという結論が生じた。もし、質量もまた文脈にしたがって変化しうることが判明すれば、われわれは逆戻りして、それが物体の固有の性質であるという見解を修正するだろう。同じようにして、われわれは別種の「ジュークボックス」すなわち知能が存在し、彼らはわれわれにはどうしてもメッセージとは認識できないようなメッセージによってたがいに交信しており、また、彼らにはわれわれのメッセージがどうしてもメッセージとして認識できないのだ、と想像することもできるだろう。そのような場合には、意味は一組の記号の固有の性質であるという主張は、考えなおさなければならなくなる。それはそれとして、このような知的存在の存在をわれわれはどうして知ることができただろうか？

意味の固有性をめぐる議論を、これと平行する重さの固有性をめぐる議論と比較するのは興味深い。ひとつの物体の重さを、「惑星地球の表面に置かれたときにその物体が受ける下向きの力の大きさ」と定義したとしよう。この定義のもとでは、物体が火星の表面に置かれたときに受ける下向きの力には、「重さ」とは別の名称を付けなければならないだろう。この定義によって重さは固有の性質ということになるが、それは地球中心主義あるいは「地球覇権主義」というう代価を払ってのことである。それは、グリニッジ平均時間帯以外のどんな場所における局所時間をも受けいれることを拒む、「グリニッジ覇権主義」（時間を考えるのには不自然な方法といわざるをえない）に似ている。

われわれもたぶん知能に関して、ひいては意味に関して同じような覇権主義に知らず知らずに陥っているだろう。この覇権主義は、われわれの脳に十分よく似た脳をもつ存在を「知的」と呼ぶだろうが、別の型の対象を知的と認めるのを拒む。極端な例を挙げよう。宇宙空間に派遣されたあのバッハのレコードに出会っても、解読しようとなどせず平然としてそれに孔をあけ、そのまま己の軌道を進んでいく隕石を考えてみる。隕石は、われわれにはレコードの意味を無視したとしか思えないやり方でレコードと相互作用した。そこで、われわれは隕石を「愚かもの」と呼びたくなる。しかし、それではひょっとすると隕石にひどい仕打ちを加えたことになるかもしれない。ことによれば、隕石はわれわれ地球覇権主義者には知覚できない「より高い知能」をもっていて、隕石とレコードとの相互作用は知能の姻戚であり、それもより高度のものであったかもしれないのである。ひょっとするとレコードは、われわれがレコードに賦与しているのとは全く異なった「より高い意味」をもっているのかもしれない。たぶん、その意味はそれを知覚する知能の型に依存するのであろう。たぶん。

「記号の系列から、われわれが取り出すものと同じ意味を取り出す」というのとは別の仕方で、知能を定義できたら素晴らしいだろう。というのは、もしこのような一方的な定義しかできなければ、意味が固有の性質であるというわれわれの議論は循環的になり、したがって無内容になるからである。われわれは「知能」という言葉に値する一組の特性を、何か別の独立な方法で定式化することを試みなければならない。このような特性は、人間が共有している知能の一様な中核を形づくるものとなるだろう。歴史のこの時点では、われわれはそのような特性の明確な一覧表をまだ手にしていない。しかし、今後数十年のうちに、人間の知能が何であるかを説明する上で大きな進歩が起りそうに思える。とくに、認知心理学者、人工知能研究者、神経科学者らはたぶんその知見を総合して、知能の定義を提案するだろう。それは依然、人間覇権主義的であろう。これは避けようがない。しかし、それと打ち消しあうように、知能の本質を特徴づける何かすっきりした方法、そして、ひょっとすると単純でさえある抽象的な方法が存在するだろう。これは、人間中心的な概念を定式化したという感じを軽減するのに役立つだろう。そして、もちろん他の天体系からの異星文明と接触をもつことができれば、われわれ自身の型の知能はたんなる僥倖ではなく、星やウラニウム原子核のように、多様な文脈で自然界に現れるひとつの基本形態の一例であるという、われわれの信念が裏づけられることになるだろう。これが今度は逆に、意味は固有の性質であるという考えを支持することになるかもしれない。

　この主題をしめくくるにあたって、いくつかの新旧の例について考え、奇妙な物体（バッハのレコード）を捕えた異星文明の立場にできるかぎり立つように努めながら、それらのもつ本来的な意味の度合を論ずるようにしよう。

宇宙空間の二枚の金属板

破損しない合金で作った一枚の長方形の板を考えよう。それには二つの点がごく近づけて次のように刻まれている「・・」。物体の全体的な形は人工物であること、したがって何かメッセージが隠されているのではあるまいか、と示唆するが、二つの点は何かを伝えるには単純すぎる。（先を読みつづける前に、この二つの点が何を意味するかについて、何か仮説が立てられるだろうか？）しかし、われわれは次のように、もっと多くの点を含む二枚目の板を作ったと仮定しよう。

　さて、少なくとも地上の知能からすればまず考えられることは、並んでいる各列の点の数を数えることであろう。これで、次の数列が得られる。

1, 1, 2, 3, 5, 8, 13, 21, 34.

　点から点への移行を支配する規則の存在を示す証拠がここにある。事実、この表からフィボナッチ数の定義の再帰的な部分が、かなりの自信をもって推論できる。最初の数値の対（1、1）が「遺伝子型」であり、そこから再帰的な規則によって「表現型」——フィボナッチ数列全体——が引き出されてくると見なそう。遺伝子型、つまり最初の金属板だけを送ったのでは、表現型を再構成するための情報は送れない。遺伝子型はこのように、表現型の十分な指定を含んでいないのである。一方、二番目の金属板を遺伝子型と見なせば、表現型を実際に再構成できるだろうと想定する理由は、ずっとたくさんあることになる。この新版の表現型である「長い遺伝子型」には情報がたっぷり含まれているので、遺伝子型から表現型を引き出すメカニズムを、知能は遺伝子型だけからでも推論できる。

　遺伝子型から表現型を引き出す方法としてこのメカニズムがしっかり確立されてしまえば、われわれは逆戻りして、最初の金属板に似た「短い遺伝子型」を用いることができる。たとえば「短い遺伝子」（1、3）から次の表現型、いわゆるルカス数列が生み出される。

1. 3. 4. 7. 11. 18. 29. 47,…

　どんな二つの初期値の組にも（つまりどの短い遺伝子型にも）、対応する表現型が存在する。しかし、短い遺伝子型は長いものとはちがって、引き金にすぎない。再帰的な規則の組み込まれているジュークボックスについている押しボタンなのである。長い遺伝子型は情報に富んでいるので、知的存在に対してどんな種類の「ジュークボックス」を作るべきかという認識を触発する。その意味で、長い遺伝子型は表現型の情報を含んでいるが、短い遺伝子型はそうではない。いいかえると、長い遺伝子型は内部メッセージだけではなく、内部メッセージを読むことを可能にする外部メッセージをも伝える。外部メッセージの明瞭さは、メッセージの長さにまともにかかっているように見える。これは予想外のことではない。古代テキストを解読するさいに起ることにまさしく合致する。明らかに、解読の成否は利用可能なテキストの分量に決定的に依存しているのである。

ふたたびバッハ対ケージ

しかし、ただ長いテキストがあるだけでは十分でない。バッハの音楽のレコードとジョン・ケージの音楽のレコードとを宇宙空間に送り出したさいの違いを、もう一度とりあげてみよう。後者は形式を捨てて自由度を無限に高めた音楽であり、前者は抜群のハーモニーによる非周期的結晶にも比すべき音楽である。さて、ケージの作品はわれわれ自身にとってどんな意味をもつのか、考えてみる。ケージの曲は、大きな文化的情況設定の中で受けとめなければならない。つまり、ある種の伝統への反逆として。そこで、その意味を伝えようと欲するならば、その曲の音だけではなく、それに先だって西洋文化の広汎な歴史をも伝達しておかなければならない。だから、ジョン・ケージの音楽のレコードは、ただそれだけでは固有の意味をもたないと述べるのが妥当であろう。しかし、西洋および東洋の文化、とりわけ最近数十年の西洋音楽の流れに通暁している聴き手にとっては、それは意味をもっている――だが、このような聴き手はジュークボックスに似ており、曲は一対の押しボタンに似ている。意味の大部分はまず聴き手の内部に含まれている。音楽はただ引き金の役をする。この「ジュークボックス」は、純粋な知能とは違ってちっとも普遍的ではない。すっかり地球にしばりつけられており、それまでに長い長い期間にわたって全世界で起きた出来事という特異的な系列に依存している。ジョン・ケージの音楽が別の文明に理解されることを望むのは、月の基地に備えてあるジュークボックスのあなたの好みの曲のコードボタンが、築地のスナックバーにあるそれと同じであることを望むようなものだ。

他方、バッハの音楽を鑑賞するには文化的知識ははるかに少なくてすむ。バッハの音楽ははるかに複雑でよく組織されており、ケージの音楽は知性をあれほど欠いているのだから、これはかなり反語のように聞える。しかし、ここには奇妙な逆転がある。知能はパタンを愛し、乱雑を避ける。多くの人々にとっては、ケージの音楽の乱雑性のほうがいっそう説明を要する。説明を聞いても、メッセージが欠けていると感じるかもしれない――これに対して、バッハには言葉は余分である。その意味では、バッハの音楽はケージの音楽にくらべてはるかに自己完結的である。しかし、バッハの音楽への理解が人間という条件をどれだけ前提しているかは、依然明らかではない。

たとえば、音楽には構造の主な次元が三つ（メロディー、ハーモニー、リズム）あり、その各々がさらに、小局面、中局面、および総体に分けられる。これらの次元の各々には、われわれの心がまごつかずに扱える複雑さの限度がある。作曲家が曲を書くときに、多くは無意識に、このことを計算に入れているのは明らかである。異なる次元にそったこのような「耐えうる複雑さのレベル」は、たぶんわれわれ人間の種としての進化の特殊な条件に大いに依存するで

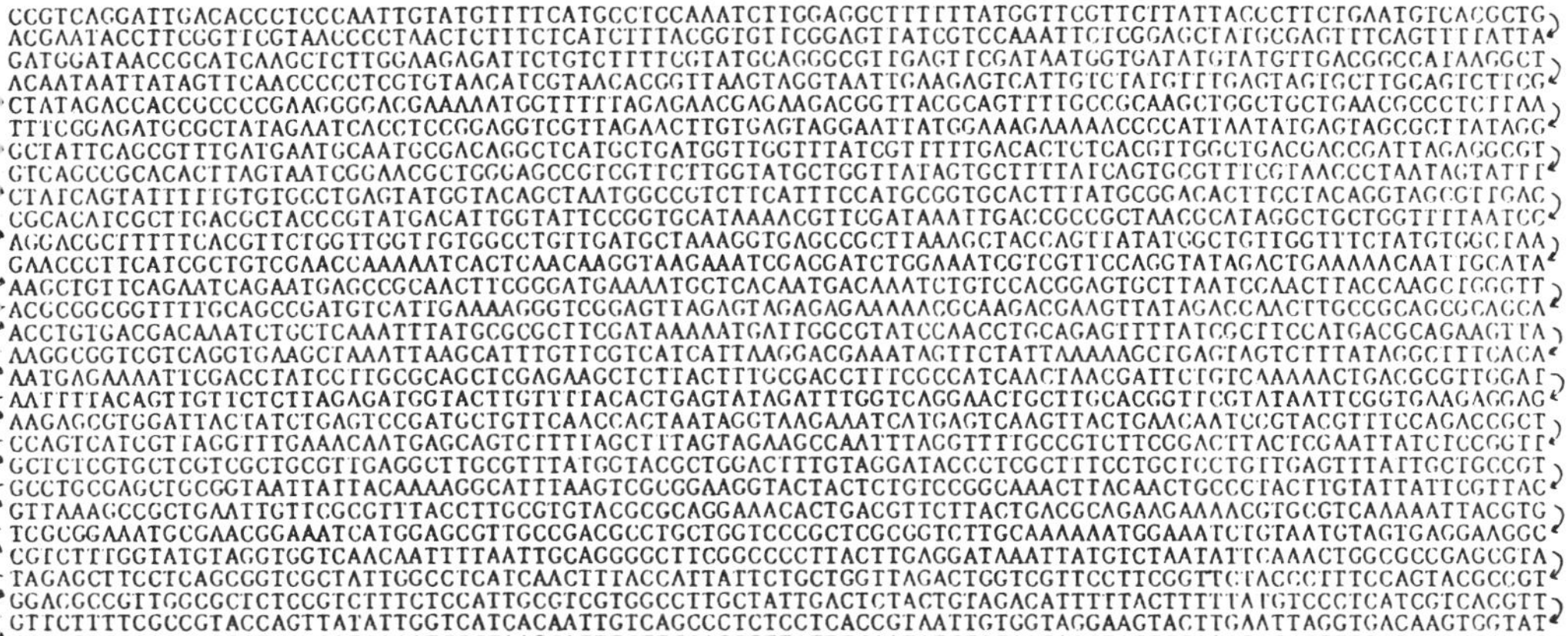

第 41 図　TGAC 図。バクテリオファージ ϕX 174 の染色体の塩基配列を表し、これまでに作図された有機体の完全なゲノムとしては最初のものである。１行ごとに左から右、右から左へと文字が並んで、大腸菌の細胞１個の塩基配列を示すのに 2000 ページを要する。これが人間の細胞１個の DNA の塩基配列を表するとなると、ほぼ 100 万ページを要するのではないか。今あなたが手にしている本には、せいぜい大腸菌の細胞１個の分子レベルでの青写真に匹敵するくらいの情報が収められている。

あろう。したがって、バッハの曲はおそらく種としての人間についての大量の情報を伴っているはずであり、これらは音楽の構造だけからは推論できないものなのであろう。もしバッハの音楽を遺伝子型と等置し、この音楽が呼び起すと想定されている情報を表現型と等置すれば、われわれが関心を寄せているのは、表現型を開示するのに必要なすべての情報を遺伝子型が含んでいるかどうか、ということになる。

DNAのメッセージはどこまで普遍的か?

われわれが直面しており、また二枚の金属板が喚起した問題に大変よく似ている一般的問題はこうである。「自分自身の理解に必要な文脈のどこまでが復原可能なメッセージであろうか?」 われわれはここで、「遺伝子型」と「表現型」の元来の生物学的意味──DNAと生物体──に立ち戻って、同じような質問を発することができる。DNAは普遍的な触発能力をもつか? あるいは、DNAはその意味を開示するのに「ジュークボックス」を必要とするか? DNAは、適当な化学的文脈にはめこまれなくても表現型を呼び出すことができるか? この質問に対する答は否である──ただし、留保付きの否である。たしかに、真空中に置かれたDNA分子は何も作り出せない。しかし、DNA分子が運を天に任せて天空に送り出されたとすると、バッハやケージについて想像したのと同じように、どこかの知的文明に拾われるかもしれない。彼らはまず最初に、そのフレーム・メッセージを認識するだろう。そうすると彼らはひきつづいて、DNAの化学構造からそれがどのような化学的環境を欲していそうかを推論し、そのような環境を提供するだろう。この方向にそった試みはうまく改善されて、ついにはDNAの表現型としての意味を暴露するのに必要な化学的文脈が完全に復原されるだろう。これは少々眉唾に聞えるかもしれないが、実験に何百万年もかけることを許せば、おそらくDNAの意味は最終的には明らかにされるだろう。

これに対して、もしDNAストランドを構成している塩基の系列を、長いらせん状の分子としてではなく、(第41図のような)抽象的記号として送り出すならば、これがひとつの外部メッセージとして、遺伝子型から表現型を引き出せるようにする適当な解読メカニズムを触発する望みは実際上無に等しい。これは、内部メッセージをあまり抽象的なメッセージでくるんだために、外部メッセージの文脈復原能力が失われ、そのためごく実用的な意味では、記号の組が固有の意味をもたなくなるような事例である。こうしたことが抽象的哲学的に聞えてうんざりするようであれば、遺伝子型が厳密にはどの時点で表現型を「手に入れる」か、あるいは表現型を「含意する」といえるようになるのか、ということが目下激しい論争の的になっていることを考えあわせるとよい。つまりは妊娠中絶の問題である。

半音階色の幻想曲、そしてフーガ演争

池でたっぷり泳いでから、亀が這いあがって、からだをふって乾かしているところ。そこへなんとアキレスが通りかかる。

亀　やあ、アキレス。池でばしゃばしゃやりながらきみのことを考えてたんだ。

アキレス　そいつは妙じゃないか。こっちもきみのことを考えていたんだぜ、草原を歩きまわりながら。この季節にしてはずいぶん緑が濃いし……

亀　そう思うかい？　それで思い出した、ひとつ一緒に考えてほしいことがあるんだ。聞いてくれるかい？

アキレス　ああ、喜んで。ということはつまり、きみが意地の悪い論理の罠に誘い込もうという気でなけりゃってことだがね。

亀　意地の悪い罠だって？　おいおい、それはないだろう。ぼくが何か意地の悪いことをするか？　わたしゃ平和な心の持主、誰にも迷惑をかけず、穏やかに草を食(は)んで暮してますがね。それにわが思考は、ただものごとの（ぼくの見るところの）風変り珍奇のなかをさまようだけさ。ぼくはだね、つつましき現象観察者として、まあしこしこやりながら愚かな言葉を吐いているわけだ、いささかぱっとしないながらもね。しかしぼくの意図を再確認しておけば、今日はぼくの亀の甲の話をしようと思っただけなんだ。知ってのとおり、こういうものは何ら――まったくもって何ら――論理とは関係ないじゃないか！

アキレス　それを聞いて安心したよ、亀公。そういうことなら、実際、好奇心を刺激されるね。話をぜひとも聞きたいな、ぱっとしなくてもかまわないから。

亀　ええと……どう切り出そうか。ううん……きみにはぼくの甲のどこがいちばん印象的かな、アキレス？

アキレス　すばらしくきれいに見えるぜ！

亀　ありがとう。いま一泳ぎして、この一世紀にたまった幾層もの垢を落してきたんだ。ほら、ぼくの甲羅の緑濃いのがわかるだろ。

アキレス　すごく健康的な緑の甲羅だ、陽を浴びてきらきら輝いてるのがいいねえ。

亀　緑だって？　緑じゃないぜ。

アキレス　だって自分で緑だといったばかりじゃないか。

亀　いったよ。

アキレス　それじゃ同意見だ。緑だ。

亀　いや、緑じゃない。

アキレス　ははーん、得意のゲームが始まったな。きみのいうことはかならずしも真実ではないという気なんだろ、亀は言語を弄ぶ、きみの陳述と現実とはかならずしも一致しない、とか何とか——

亀　とんでもない。亀は言葉を神聖なものとして扱うよ、亀は正確を敬う。

アキレス　それじゃどうして、きみの甲羅は緑だ、そしてまた緑ではないなんていったんだい？

亀　そんなことは断じていわなかったぜ。でもそういえばよかったな。

アキレス　そういいたかったのかい？

亀　ぜんぜん。そういったのを悔やんでいるし、それとは全面的に対立するね。

アキレス　それじゃさっきいったことと矛盾するじゃないか！

亀　矛盾する？　矛盾するかい？　ぼくは矛盾したことはけっしていわないよ。それは亀性（きしょう）に合わないんでね。

アキレス　さあ今度は捉（つかま）えたぞ、ほんとにのらりくらりとしやがって。いまのは立派な矛盾じゃないか。

亀　うん、そうらしい。

アキレス　ほらみろ、まただ！　ますます矛盾してくるだろが！　そうどっぷり矛盾につかってちゃ、きみを相手にとても議論はできないね！

亀　いやいやどうして。ぼくは何の面倒もなくぼく自身を相手に議論するよ。たぶん問題はきみにあるんだ。推測するに、おそらくきみのほうが矛盾しているらしいね。ところが自分のもつれた罠に引っかかっているから、自分がどれほど首尾一貫していないかがわからないんだ。

アキレス　侮辱したことをいうじゃないか！　それじゃそっちが矛盾していることを示してやろう。間違いないんだから。

亀　ほう、そういうことならば、きみには造作もない仕事のはずだ。矛盾を指摘することほど容易なことはないからね。さあさ——やってくれ。

アキレス　えへん……さあてどこから始めたらよいかわからないな。ああ……わかった。きみは最初にこういった、(1)きみの甲羅は緑である。それからつづいてこういった、(2)きみの甲羅は緑でない。これ以上なにをいえってんだい？

亀　ちゃんと親切に矛盾を指摘してくれよ。遠回しな言い方はやめてさ。

アキレス　しかし——しかしだね——しかし……ははーん、なるほどね。（ときにはぼくも血のめぐりの悪いこともあるさ！）きみとぼくは何が矛盾を成立させるかということで、きっと見解を異にしてるわけだ。そこが問題なのか。じゃあ、ぼくの見解をはっきりさせておこう。矛盾は、誰かがあるひとつのことをいい、同時にそれを否定するときに生ずる。

亀　たいへんな芸当だな。一度見たいもんだ。たぶん腹話術師なら矛盾が達者だろうね、両方の口の端から話したりしてさ。あいにくぼくは腹話術師じゃない。

アキレス　おい、ぼくのいう意味はだな、誰かがあるひとつのことをいい、それをたったひとつのセンテンスの範囲内で否定するということだぜ！　文字どおり同一の瞬間である必要はないんだ！

亀　すると、ひとつのセンテンスといったんじゃない、二つといったわけだ。

アキレス　そう――たがいに矛盾しあう二つのセンテンスだよ！
亀　気の毒だけど、きみの思考のもつれた構造がだんだんさらけ出されてきたな、アキレス。最初きみは、矛盾とはひとつのセンテンスにおいて生ずるものだといった。それから、ぼくの述べた一組のセンテンスに矛盾を発見したといった。正直いって、それはぼくのいったとおりさ。きみ自身の思考体系は実に欺かれやすいから、それがいかに首尾一貫していないか見ないですまされるわけだ。しかし外から見ると白日のごとく明らかだ。
アキレス　ときどき、きみの牽制戦術にまどわされてしまってよくわからなくなるよ、われわれの議論しているのがまるきりつまらないことなのか、それとも何か深遠なことなのかがね！
亀　大丈夫、亀はつまらぬことに時間を費やしはしない。したがって後者だ。
アキレス　大丈夫かね。安心したよ。うん、いま一瞬考えてみたんだが、きみが矛盾を犯したことを納得させるために必要な論理手段が見えてきた。
亀　けっこう、けっこう。やさしい手段だろうね。議論の余地のない手段。
アキレス　もちろんさ。いくらきみでも同意するね。つまり、きみはセンテンス1「ぼくの甲羅は緑である」を信じ、そしてセンテンス2「ぼくの甲羅は緑ではない」を信じていたのだから、両者の結合したひとつの複文を信じることになるだろう？
亀　もちろん。ただ論理が通るとすれば……結合の仕方が普遍的に受けいれられるとしての話だけど。でもきっと意見の一致を見るだろうさ。
アキレス　そうさ、それできみをやっつけられるぞ！　ぼくの提出する結合はだね――
亀　でもセンテンスを結合するには注意ぶかくなけりゃ。たとえば、「政治家は嘘をつく」が真だときみは認めるだろう？
アキレス　誰が否定するもんか。
亀　よし。同様に、「鋳鉄は沈む」は妥当な陳述だろ？
アキレス　疑いないね。
亀　すると、両者をいっしょにして、「鋳鉄は沈むと政治家は嘘をつく」が得られる。これはどうもおかしいよね？
アキレス　ちょっと待てよ……「鋳鉄は沈むと政治家は嘘をつく」？　うん、へんだな、でも――
亀　だから、ほら、二つの真のセンテンスをひとつに結合するのは安全策じゃないだろ？
アキレス　でもきみは――きみの二つの結合の仕方ときたら――まるで愚かじゃないか！
亀　愚か？　ぼくの結合の仕方にどんな反論がある？　ほかの方法でやれというのかい？
アキレス　「そして」を使うべきだったね、「と」ではなく。
亀　べきだった？　つまり、きみがきみ流にやったとしたならば、ぼくもそうすべきだったということか。
アキレス　違うよ――そうするのが論理的なことだってことさ。ぼく個人とは何のかかわりもないんだ。
亀　そこでいつもはぐらかされるんだよ、きみはきみの論理と高尚そうな原理とに訴えてしまうんだから。
アキレス　おい、亀公ったら、もういいかげん苦しめないでくれよ。「そして」の意味だってことはよくよくわかってるんだろ！二つの真のセンテンスを「そして」で結合するのは無害なんだ！

亀　「無害」ときたか、へえ！　驚いたもんだ！　それこそまさしく有害な計略さ、かわいそうに何も知らずもぐもぐいってる亀を致命的な矛盾に陥れようってんだからな。もしそれがそんなに無害なら、なんでそうやけになってぼくにそれをやらせようってんだ？　ええ？

アキレス　あいた口がふさがらないよ。まるで悪党あつかいだ、こっちは無邪気もこのうえない動機しかなかったというのに。

亀　誰しも自分のことをそう思うものさ……

アキレス　しくじりだったな——きみを出し抜こう、きみを自己矛盾に誘い込もうという言葉を使ったのは。いまいましい気持だ。

亀　当然じゃないか。きみが何をもくろんでいたかわかるんだ。きみの計画はぼくにセンテンス3を受けいれさせることだったろ、すなわち「ぼくの甲羅は緑であり、そして緑でない」こんな見えすいた虚偽は、亀の舌が腐ってもいえないんだ。

アキレス　悪かったよ、ぼくが始めたんだ。

亀　すまながることもないさ。そんなに気分を害しちゃいないよ。要するに、こっちはまわりの人間の不合理なやり方には馴れているからね。今日は楽しかったよ、アキレス、きみの思考が明晰さに欠けるにしても。

アキレス　うん……まあ、ぼくもぼくの流儀に凝り固まってるんだな、そしてたぶん何度も何度も誤りを犯しながら真理の探索をつづけようと思っている。

亀　今日のやり取りはきみの針路を正すのに少しは役立ったろうね。じゃあ、アキレス。

アキレス　それじゃまた、亀公。

［第7章］
命題計算

言葉と記号

前掲の対話は、ルイス・キャロルの「二声の創意」を連想させる。どちらにおいても、亀は正常な、ふつうの言葉を正常な、ふつうのしかたで使うのを拒否している――少なくとも、そうして得にならない場合にはそうするのを拒否している。キャロルのパラドクスについて考える方法は前の章で述べた。この章では、アキレスが言葉でもって亀にさせようとしてできなかったことを、記号に実現させることを試みる。すなわち、ある形式システムを作って、その記号のひとつが、アキレスが亀に語りかけられたとき言葉「そして」について望んだことを行い、他のひとつが言葉「もし……ならば……」に期待されているとおり振舞うようにしたい。われわれが扱おうとするのは、その他には「または」と「でない」の二つである。これら四つの言葉の正しい使用法だけに基づく推論は、「命題計算」と呼ばれている。

命題計算に使う記号と最初の規則

次に「命題計算」と呼ばれる新しい形式システムを、ちょっとパズル風に、いっぺんに全部説明しないで、読者がある程度まで考えて理解するように述べてみたい。まず記号の一覧表から始めよう。

〈 〉
P Q R 、
∧ ∨ ⊃ ~
[ ]

このシステムの、最初に導入したい規則は次のとおりである。

結合規則　もしxとyがこのシステムの定理であるなら、記号列〈x∧y〉も定理である。

この規則は二つの定理を結合してひとつにする。これは前の対話を思い出させるであろう。

論理式

ほかにも推論規則はいくつかあって、簡単に説明するつもりであるが、それに先だって、すべての形のよい記号列の集合、すなわち論理式の集合を定義しておかなければならない。論理式は再帰的に定義されるが、まずは次の規則から始めよう。

原子　P、Q、およびRは「原子」と呼ばれる。古い原子のあとにダッシュを付け加えることによって、新しい原子が形成される——したがってR′、Q″、P‴等は原子である。こうして原子は無制限に提供できる。原子はすべて論理式である。

それから再帰的な規則が四つある。

構成規則　もしxとyが論理式ならば、次の四つもやはり論理式である。

(1)　~x
(2)　⟨x∧y⟩
(3)　⟨x∨y⟩
(4)　⟨x⊃y⟩

たとえば次の記号列はどれでも論理式である。

P	原子
~P	(1)
~~P	(1)
Q′	原子
~Q′	(1)
⟨P∧~Q′⟩	(2)
~⟨P∧~Q′⟩	(1)
⟨~~P⊃Q′⟩	(4)
⟨~⟨P∧~Q′⟩∨⟨~~P⊃Q′⟩⟩	(3)

最後のひとつはひどく手ごわいように見えるかもしれないが、二つの成分——すなわちそのすぐ前の二つからただちに作れる。その成分のどちらも、さらに前の行から作れる、等々。どの論理式も、このように遡れば基本要素、すなわち原子にまで戻ることができる。それ以上進めなくなるまで、構成規則を逆向きに使いさえすればよい。どの構成規則も（順方向に働いたとき）記号列を長くするので、逆向きに働かせればいつでも原子に近づくわけで、その作業は必ず終了する。

記号列を分解するこの方法は、どんな記号列に対してもそれが論理式になっているかどうかの判定にも使える。これは論理式であるか否かの下降型決定手続きである。次の記号列のどれが論理式になっているかを調べれば、この決定手続きの理解度を確かめることができる。

(1)　⟨P⟩
(2)　⟨~P⟩
(3)　⟨P∧Q∧R⟩
(4)　⟨P∧Q⟩
(5)　⟨⟨P∧Q⟩∧⟨Q~∧P⟩⟩
(6)　⟨P∧~P⟩
(7)　⟨⟨P∨⟨Q⊃R⟩⟩∧⟨~P∨~R′⟩⟩
(8)　⟨P∧Q⟩∧⟨Q∧P⟩

（**答**　番号がフィボナッチ数であるのは、論理式でない。それ以外は論理式である。）

他の推論規則

このシステムの定理を作り出す推論規則の残りを説明しよう。以下に述べる推論規則において、記号xおよびyはいつでも論理式を表すものとする。

分離規則　もし〈$x \land y$〉が定理ならば、xとyもどちらも定理である。

ついでながら、ここまでの説明から記号∧が表している概念について、かなりいいところまで見当がつけられたのではないだろうか。（**ヒント**　さっきの対話で問題をひき起した言葉である。）次の規則から、波線～が表している概念が何であるかも、わかるはずである。

二重波線規則　記号列～～は、どの定理からでも削除してよい。また、どんな定理にも、その結果が論理式になりさえすれば、～～を挿入してよい。

空想規則

このシステムの大きな特徴は、公理がない――規則しかない、ということである。これまでに学んだ形式システムを思い出してみると、今度の場合、どのようにして定理が得られるのか不思議に思われるかもしれない。ものごとがどうして出発できるのだろうか？その答は、ある規則によって、空気の中から定理が作り出される――その規則には「古い定理」を食わせる必要がない、ということである（他の規則には、何かを与えなければ何も出てこない）。この特別な規則は**空想規則**と呼ばれる。このような名前をつけた理由は、ごく簡単である。

空想規則を使うためにまずすべきことは、何でもよい論理式xをひとつ書き、「このxがもし公理か定理だったとしたらどうなるだろうか？」と空想してみることである。そしてわれわれのシステムにまかせて答を出させる。すなわち、xを最初の行として論理式の導出を進め、ある行yに到達したとしよう（もちろんその導出は、われわれのシステムの推論規則に厳密に従っていなければならない）。xからyまでのすべて（yを含めて）は空想である。xはその空想の前提であり、yがその結果である。次のステップは、次のことをしっかり理解して、「空想から飛び出す」ことである。

もしxが定理だとしたら、yも定理である。

それでは、本当の定理は何だろうか？　それは記号列〈$x \supset y$〉である。この記号列と、すぐ右に印刷されている文との類似に注意してほしい。

空想への入口と、空想からの出口をはっきりさせるためには、角括弧[および]が使われる。開き括弧[を見たときは、空想に「押し込む」ことと考えてよく、その次の行はその空想の前提である。閉じ括弧]に出会ったら、それはもとの世界へ「飛んで戻る」ことであり、その前の行がその結果である。空想の中で行った導出の各行は、（必ずしもそうする必要はないが）字を下げて書くと見やすくなる。

ここに、Pを前提とする空想規則の応用例を示そう。Pは定理ではないが、それは少しも差し支えない。われわれはただ「もしそうだったとしたら」を考察するのである。そこで次のような空想ができる。

[　　　空想に入る
　P　　前提
　~~P　結果（二重波線規則による）
]　　　空想からの脱出

この空想は次のことを示している。

　もしPが定理ならば、~~Pも定理である。

次にこの日本語（メタ言語）の文から形式的な記法（対象言語）を「しぼり出」そう――〈P⊃~~P〉　これがわれわれの命題論理の最初の定理であって、記号⊃の期待されている解釈が読みとれることであろう。

空想規則の応用をもうひとつ示そう。

[　　　　　　押し込み
　〈P∧Q〉　　前提
　P　　　　　分離
　Q　　　　　分離
　〈Q∧P〉　　結合
]　　　　　　飛び出し
〈〈P∧Q〉⊃〈Q∧P〉〉　空想規則

ここで、最後の一行だけが本当の定理であることを理解しておいてほしい――それ以外はすべて空想である。

再帰性と空想規則

再帰性の用語「押し込み」と「飛び出し」から想像されるように、空想規則も再帰的に使用できる――だから、空想の中の空想とか、三層の空想、等々がありうる。したがって、入れ子になったお話とか映画とちょうど同じように、あらゆる種類の「現実性のレベル」がある。映画の中の映画から飛び出したとき、ちょっとの間現実世界に戻ったかのように感じるが、実はまだ最高の現実よりひとつ下のレベルにいるのである。同じように、空想の中の空想から飛び出したとき、それまでにくらべ「より現実的な」世界にいるわけであるが、まだ最高の現実よりひとつ下のレベルにいるのである。

ところで映画館の中の「禁煙」の掲示は、映画の登場人物には適用されない――映画では、現実世界から空想世界への持ち込みは起らない。しかし命題計算では、現実世界から空想への持ち込みがありうる。さらに、空想世界からその中の空想への持ち込みもある。このことは次の規則によって形式化される。

持ち込み規則　空想の中で、ひとつ高いレベルの「現実」の定理を持ち込んで使用することができる。

これは、「禁煙」の掲示がすべての観客だけでなく映画の俳優全員にも適用されるようなものであるが、これをくり返せば、何層にも重なった奥深い映画のどの登場人物にも適用されることになる！

（**注意**　逆方向の持ち込みは許されない。空想の中の定理を外界に輸出することはできない！　もしそうでなかったとしたら、空想の最初の行に好き勝手なことを書き、それを現実世界に定理として取り出すことができてしまう。）

　持ち込みがどのように働くか、また空想規則がどんなふうに再帰的に使われるかを示すために、次の導出を挙げておこう。

［	押し込み
P	外側の空想の前提
［	押し込む
Q	内側の空想の前提
P	Pの内側への持ち込み
〈P∧Q〉	結合
］	内側の空想から飛び出す、外側の空想に戻る
〈Q⊃〈P∧Q〉〉	空想規則
］	外側の空想から飛び出す、現実に戻る！
〈P⊃〈Q⊃〈P∧Q〉〉〉	空想規則

　ここでは外側の空想を一字下げ、内側の空想を2字下げて、重なり合う「現実性のレベル」の性質を強調しておいた。空想規則のひとつの見方は、われわれのシステムについてなされた観察が、システムの中に挿入される、ということである。すなわち得られる定理〈x⊃y〉は、システムについての「もしxが定理ならば、yも定理だ」という主張をそのシステムの中で表現したものと考えることができる。もっと具体的にいえば、〈P⊃Q〉の期待されている解釈は「もしPならばQである」あるいは同じことであるが「PはQを含意する」である。

空想規則の逆

　ところで、ルイス・キャロルの対話は「もし-ならば」型の文についてであった。とくにアキレスは、亀が「もし-ならば」文それ自身とその前半とを認めたとき、その後半をも認めるように説得しようとして苦心惨憺したのであった。次の規則は、「⊃-列」が定理でありしかもその前半が定理であるときに、「⊃-列」の後半を定理としてよいことを保証してくれる。

切断規則　もしxと〈x⊃y〉が両方とも定理であれば、yも定理である。

　なお、この規則はよく「三段論法」と呼ばれる。また空想規則はふつう「演繹定理」と呼ばれる。

記号の期待されている解釈

　ここでそろそろ秘密を洩らして、われわれの新しいシステムの残りの記号の「意味」を明らかにしたほうがよさそうである。記号∧の意味は、もしまだはっきりしなかったとしたら、正常な日常的な言葉「そして」と同型対応的に働くことである。記号~は言葉「でない」を表している——これは形式的な否定である。尖った括弧〈と〉はまとめ役である——これらの役割はふつうの代数での括弧と非常によく似ている。主な違いは、代数では括弧を挿入するかそのままにしておくか、姿形と趣味によって選べるが、形式システムではそのような無政府主義的自由は許されない。記号∨は「または」を表している（「または」にあたるラテン語はvelである）。この「または」はいわゆる包含的「または」であって、〈x∨y〉の解釈は「xかまたはy——かその両方」であるとされる。

解釈が与えられない記号は原子だけである。どの原子も特定の解釈をもたない——どんな文をその解釈としてもよい（原子がひとつの記号列あるいは展開の中に何回も現れる場合には、一貫して同じ文で解釈しなければならない）。そこで、たとえば、論理式〈P∧～P〉を次の複合文のように解釈することもありうる。

　この心は仏陀であり、そしてこの心は仏陀でない。

次にこれまでに得られた定理をひとつずつとりあげて、その解釈を考えてみよう。最初の定理は〈P∪～～P〉であった。Pについて同じ解釈を用いるとしたら、次のような解釈が得られる。

　もしこの心が仏陀なら、この心が仏陀でないことはありえない。

二重否定の表現法に注意してほしい。どんな自然言語でも、いたって無器用にしか否定をくり返すことはできないから、否定を表現する二つの異なる方法を利用することによってこの場を切り抜けたのである。次の定理は〈〈P∧Q〉∪〈Q∧P〉〉である。Qを「この亜麻布は三ポンドある」と解釈するなら、われわれの定理は次のように読める。

　もしこの心が仏陀でこの亜麻布が三ポンドあるならば、この亜麻布は三ポンドあってこの心は仏陀である。

第三の定理は〈P∪〈Q∪〈P∧Q〉〉〉である。その解釈は次のように重なり合った「もし-ならば」文になる。

　もしこの心が仏陀であるとしたら、
　　もしこの亜麻布が三ポンドあるなら、
　　　この心は仏陀でこの亜麻布は三ポンドある。

どの定理も、解釈を与えてみると、全くつまらない明白なことをいっていることに気づかれたことであろう。（ときにはそれらはあまりにも明らかなので、空虚に聞えたり——逆説的であるが——わけがわからず、ときには誤りとさえ思われる。）このことはとくに印象的でないかもしれないが、そこで発生しそうな誤謬は山ほどあるけれども、それらは誤りではない、ということは覚えておいてほしい。このシステム——命題計算——は真実から真実へと手ぎわよく歩を進め、注意深くすべての誤謬を避けている。それはちょうど、濡れたくないと思っている人が小川の中のひとつの飛び石から次の飛び石へと、石の配置に従って、いかにねじれて扱いにくかろうと、慎重に足を進めるようなものである。命題計算で印象的なことは、すべてが全く文字の形に従って行われることである。誰も「その中」に立ち入って、文字列の意味を考えようとはしない。命題は全く機械的に、考えなしに、厳正に実行され、愚かしいとさえいえる。

規則の表の完成

われわれはまだ命題計算の規則を全部は述べていない。規則の完全な表を次に示すが、そこには新しい規則が三つ含まれている。

結合規則　もし*x*と*y*が定理なら、〈*x*∧*y*〉も定理である。

分離規則　もし〈*x*∧*y*〉が定理なら、*x*も*y*も定理である。

二重波線規則　記号列～～は定理から除去してよい。またその結果が論理式になる場合は、定理に~~を挿入してよい。

空想規則　もしxを定理と仮定してyが導かれるならば、〈$x \supset y$〉は定理である。

持ち込み規則　空想の中に、ひとつ上のレベルの「現実」から定理を持ち込んで、使用してよい。

切断規則　もしxと〈$x \supset y$〉がどちらも定理であるなら、yも定理である。

対偶規則　〈$x \supset y$〉と〈$\sim y \supset \sim x$〉とはとりかえてよい。

ド・モルガンの規則　〈$\sim x \land \sim y$〉と$\sim$〈$x \lor y$〉とはとりかえてよい。

スイッチャルーの規則　〈$x \lor y$〉と〈$\sim x \supset y$〉とはとりかえてよい。

（この規則の名前は、アルバニア鉄道の技術者で、待避線についての論理を研究したスイッチャルー（Q. q. Switcheroo）に因む。）「とりかえてよい」という言葉の意味は、次のとおりである。もし一方が定理あるいは定理の一部分であれば、それを他方で置き換えて得られる記号列もやはり定理である。記号x、yがいつもこのシステムでの論理式を表していることを忘れてはいけない。

規則の正当化

これらの規則を実際に使って見せる前に、そのいくつかをごく簡単に正当化しておくことにしよう。正当化はたぶんご自分で、私の例よりも上手にできるだろうから、ほんの数例にとどめておく。

対偶規則は、条件文をひっくり返す方法で、われわれが無意識のうちに実行しているものをはっきりと表明したものである。たとえば「禅文答（ゼンテンス）」

もしあなたがそのことを学ぶなら、
あなたは正しい道から遠くはずれている。

は、次の文と同じことをいっている。

あなたが正しい道に近いなら、あなたはそのことを学びはしない。

ド・モルガンの規則は、おなじみの文「旗は動いておらず、風も動いていない」を使って説明できる。もしPが「旗は動いている」を表し、Qが「風は動いている」を表すとすれば、さっきの複合文は〈$\sim P \land \sim Q$〉と表されるが、ド・モルガンの規則によればこれは$\sim$〈$P \lor Q$〉をとりかえられる。そして後者は「旗か風かが動いている、というのは誤りである」と解釈できる。これが当禅の帰結であることは、誰も否定できない。

スイッチャルーの規則については、「雲が山にかかっているか、または月の光が湖の波にさしている」という文を考えてみるとよい。これは、心で思い描くことはできるが見ることはできない懐かしい湖を思い出して、物思いにふけっている禅の高僧などが言いそうなことだと私は思う。さて、ここでしっかり足を踏んばってほしい。というのは、スイッチャルーの規則によれば、この文は次の考えと置き換えがきくのである。「もし雲が山にかかっていなければ、月の光は湖の波にさしている。」これはあまり啓蒙的な例ではないが、命題計算が提供できる範囲で最良のものである。

このシステムで遊ぼう

これらの規則を前の定理に適用したら、何が得られるだろうか。たとえば、〈P∪~~P〉という定理についてやってみよう。

〈P∪~~P〉	古い定理
〈~~~P∪~P〉	対偶
〈~P∪~P〉	二重波線
〈P∨~P〉	スイッチャルー

この新しい定理は、次のように解釈できる。

　この心は仏陀であるか、またはこの心は仏陀でない。

ふたたび解釈された定理は、驚嘆すべきものとはいえないだろうが、少なくとも真実ではある。

半-解釈

命題計算の定理を声に出して読むとき、原子以外のものは全部解釈するのが自然である。私はそれを半-解釈と呼ぶ。たとえば〈P∨~P〉の半-解釈は

　PかまたはPでない。

となる。Pが文ではないのに、この半・文はもっともに聞える。それは、Pに何かの文を結びつけて考えるのはごく簡単なことだからである。そして半-解釈された定理は、原子のどんな解釈を選択しても、得られる文は正しい。そしてこれこそ命題計算の核心である。命題計算が作り出す定理は、半-解釈のもとで、「一般的に正しい半・文」と見られる。すなわち、どのように解釈を完成させようと、その最終結果は正しい文である。

巌頭の斧

ここまでくると、「巌頭の斧」と呼ばれる禅の公案を使った、もっと進んだ練習ができる。その話の始まりは、次のとおりである。

ある日徳山は弟子の巌頭にいった。「ここに長いこといた僧が二人いる。行って彼らを試験せよ。」巌頭は斧を持って、二人の僧が冥想にふけっている小屋に行った。彼は斧をふり上げていった。「もしお前らが何かいったら、私はお前らの首を斬るぞ。もしお前らが何もいわなかったら、やはり私はお前らの首を斬るぞ。」

もし読者が何かいったら、私はこの公案を斬る。もし読者が何もいわなかったら、私はやはりこの公案を斬る。というのは、私はそのある部分をわれわれの記法に翻訳したいからである。「何かいう」ことを記号Pで、「首を斬る」ことを記号Qで表すことにしよう。すると巌頭の斧のおどしは〈〈P∪Q〉∧〈~P∪Q〉〉のように記号化できる。もしこの斧のおどしが公理であるとしたら、どうなるだろうか？　この問いに答えるのが、次の空想である。

(1)	[	押し込む
(2)	〈〈P∪Q〉∧〈~P∪Q〉〉	巌頭の公理
(3)	〈P∪Q〉	分離
(4)	〈~Q∪~P〉	対偶

(5)　〈~P⊃Q〉　分離
(6)　〈~Q⊃~~P〉　対偶
(7)　[　再び押し込む
(8)　　~Q　前提
(9)　　〈~Q⊃~P〉　(4)から持ち込む
(10)　　~P　切断
(11)　　〈~Q⊃~~P〉　(6)から持ち込む
(12)　　~~P　切断(8)と(11)
(13)　　〈~P∧~~P〉　結合
(14)　　~〈P∨~P〉　ド・モルガン
(15)　]　いったん飛び出す
(16)　〈~Q⊃~〈P∨~P〉〉　空想規則
(17)　〈〈P∨~P〉⊃Q〉　対偶
(18)　[　押し込む
(19)　　~P　前提（兼・結果！）
(20)　]　飛び出す
(21)　〈~P⊃~P〉　空想規則
(22)　〈P∨~P〉　スイッチャルー
(23)　Q　切断（(22)と(17)）
(24)　]　飛び出す

この例に、命題計算の力が示されている。何と、わずか二ダースのステップで、**Q**が演繹できた。すなわち、首は斬られるのである！（不吉にも、最後に使われた規則は「切断」であった……）　公案をつづけることは、何が起るかわかったのだから、もう必要ないように見えるかもしれない。しかし、公案を打ち切るという私の決心は取り消そうと思う。これは結局、本当の禅の公案である。そのつづきは次のとおりである。

二人の僧は冥想をつづけている。まるで、誰も話しかけた者などいなかったかのようであった。巌頭は斧を捨てていった。「あなた方は真の禅の徒です。」彼は徳山のもとに戻り、出来事を話した。「お前の立場はよくわかる」と徳山は認めた。「しかし、彼らの立場はどうだろうか。」そこで巌頭は答えた。「洞山なら彼らを許すかもしれません。しかし徳山のもとでは、許されるべきではありません。」

私の立場はおわかりいただけたであろうか？　禅の立場についてはどうだろうか？

定理に対する決定手続きはあるだろうか？

命題計算は、考えうるすべての世界で成り立つ文を作り出すのに役だつ規則の集まりを提供してくれる。それだからこそ、どの定理もひどく単純に聞えるので、どれも全く内容がないように見える。そんなふうに考えると、命題計算は全くつまらないことしか教えてくれないのだから、時間の無駄のように見える。一方、命題計算はその仕事をするのに一般的に正しい文の形を規定するので、そのことが世界の核心的真理に新しい種類の光を投げかけている。その諸真理は基本的であるばかりか、規則的でもある。それらはひと組の字形についての規則に従って生成される。いいかえれば、それらはすべて「同じ布地から切り」とられてくるのである。同じことが禅の公案についていえるかどうか、考えてみるとよい。公案がみな、あるひと組の字形についての規則から導き出せるだろうか？

ここで決定手続きについての問題をとりあげるべきであろう。すなわち、定理と定理でないものとを見分ける機械的な方法が存在するだろうか？　もし存在するなら、命題計算の定理の集合は、再帰的に可算であるばかりか、再帰的であるといってよい。あるおもしろい決定手続き——真理値表に基づく方法が存在することがわかっているが、それをここで紹介するのはいささか本題からそれる。それについては、論理学に関する標準的な本ならどれでもたいていとりあげている。それに、禅の公案についてはどうだろうか？　機械的な決定手続きで、真の禅の公案を他のものから区別するものがいったいありうるのだろうか？

われわれにシステムの無矛盾性がわかるだろうか？

これまでのところ、すべての定理は、説明どおりに解釈すれば、正しい文になると仮定していた。しかし、本当にそうだとわかっているのだろうか？　そのことは証明できるのだろうか？　これは期待されている解釈（∧を「そして」、等）が、記号の「受動的な意味」と呼ばれるのに値するかどうか、という問いのいいかえにすぎない。この問題は、二つの全く異なる観点から眺めることができる。一方は「慎重な」観点からであり、他方は「大胆な」観点からである。次に、私が見たところのこれら二つの立場を、それぞれの信奉者「慎重居士」と「大胆信女」に代弁させて、説明しよう。

慎重居士　期待された解釈のもとですべての定理が真になるということは、それが証明できたときにかぎって、わかったといえる。それが用心深く、考え深い進み方だ。

大胆信女　いいえ、逆ですよ。すべての定理が正しくなることは明白です。もし疑わしいと思うなら、もう一度システムの規則を見てごらんなさい。どの規則も、各記号がそれが表している言葉の使い方に正確に従って働くように規定していることがわかるでしょう。たとえば結合規則は記号∧を、「そして」が働くそのとおりに働かせています。切断規則は⊃を、それが「含意する」とか「もし-ならば」を表しているとして、そのとおりに正しい働きをさせています。他の記号についても同様です。亀さんのように考えるのでなければ、どの規則にも、あなたが考えるときにあなたが使っているパタンの成文化が見られるでしょう。だから、ご自分の思考パタンを信頼するかぎり、すべての定理が正しくなることを信じる必然性があります。これが私の見方です。これ以上の証明は要りません。もしある定理が誤りになると思うのだったら、ある規則がおかしいにちがいないと、推定しているのです。どれがおかしいのですか？

慎重居士　おかしな規則があるかどうかは、私にはよくわからない。だから「これ」とひとつを指摘することはできない。しかし次のような場面を想像することはできる。あなたが規則に従って、ある定理を見つけたとしよう——それをかりにxとする。一方、私も規則に従って、別の定理を発見する——それは何と、$\sim x$であった。そんなことは、あなたには考えられないのだろうか？

大胆信女　いいでしょう、そういうことが起ったとしましょう。でも、どうしてそんなことで悩むのですか？　私なりにいいかえてみましょう。今、MIUシステムで遊んでいる最中に、私は定理xを見つけ、あなたはxUを見つけたとします。これは、あなたにも考えられるでしょうか？

慎重居士　もちろん——実際、MIとMIUはどちらも定理だ。
大胆信女　そのことで悩みませんか?
慎重居士　もちろん悩まない。MIとMIUとは矛盾ではないのだから、あなたの見方はばかげている。命題計算でのxと$\sim x$の場合は、矛盾しているのだ。
大胆信女　まあ、そうでしょう——$\sim$を「でない」と解釈したいのならばね。けれども、$\sim$を「でない」と解釈しなければならないと、あなたがそう考える根拠は何ですか?
慎重居士　規則それ自身だ。規則を見れば、$\sim$について考えられるただひとつの解釈は「でない」であり、同様に、$\wedge$について考えられるただひとつの解釈は「そして」である——そういったことに気づくだろう。
大胆信女　ということは、規則がそれらの言葉の意味をとらえていると確信しておられるのですか?
慎重居士　そのとおりだ。
大胆信女　それでなお、xと$\sim x$とがどちらも定理になりうるという考えを抱くのですか?　どうしてハリネズミはカエルであるとか、1は2に等しいとか、月は緑色のチーズでできているというような考えはわいてこないのですか?　私の思考過程の基本的な要素が誤りであるかどうかなど、少なくとも私は思いも及びません。もしそんなことを考えはじめたら、その問題を分析する私の方式も誤りでしょうし、私は全体的なもつれの中に巻きこまれてしまいます。
慎重居士　あなたの話には説得力がある……しかしまだ私は、xと$\sim x$とが同時に定理にはなりえないという証明を知りたいものだ。
大胆信女　証明が欲しい。それは自分が正気であることを確信すること以上に強い確信を、命題計算の無矛盾性について持ちたいのでしょう。私が考えられるどんな証明も、命題計算それ自身に含まれているどの操作よりもずっと複雑な頭の操作を必要とします。だから、それで何が証明されたのでしょうか?　命題計算の無矛盾性の証明を望んでいることは、私には、誰か英語を勉強している人が、どんな簡単な言葉でもむずかしい言葉を使って定義してある辞書を欲しがるのと同じようなことに思えます。

ふたたびキャロルの対話

この小さな論争は、論理と証明をそれ自身の弁明に使用することのむずかしさを示している。ある地点で、われわれは岩盤に到達し、「わたしは正しいんだ!」と大声で叫ぶほか、何の弁明もできなくなる。われわれはまたしても、ルイス・キャロルが彼の対話の中できわめて鋭い形で述べた論点に直面している。証明のパタンをいつまでも防衛しつづけることはできないのである。どこかで信仰がとって代わる。

証明のシステムは卵に似ている。卵にはその中味を守る殻がある。しかしどこかに卵を送りたいとき、殻をあてにはしない。卵の輸送で予想される手荒さ加減に応じて選ばれた、何らかの入れものに卵をつめるであろう。とりわけ慎重を期すために、卵を何重かの箱の中に入れることもある。しかしいくら箱を重ねたところで、何かの激動で卵が割れることは考えられる。だからといって、卵をけっして送らない、ということにはならない。同じように、あるシステムの中の証明が正しいという究極的、絶対的証明はありえない。もちろん、証明の証明や、証明の証明の証明を与えることはできる——

しかし最も外側のシステムの妥当性は証明されない、信仰が受けいれた仮定である。われわれはつねに、信用していたある微妙な点が、証明のどのひとつのレベルをも完全に無効にして、「証明された」結果が結局は正しくなかったとわかるということを想像できる。しかしだからといって、数学者や論理学者が数学の殿堂全体が誤っているかもしれないといつも心配しているわけではない。一方、あまり正統的でない証明や、非常に長い証明、コンピュータが作った証明などが発表されたときには、人々は立ちどまって、半ば聖なる言葉「証明された」がいったい何を意味しているのかをちょっと考えてみる。

現時点での非常によい練習は、キャロルの対話に戻って、論争のいろいろな段階をわれわれの記法に翻訳することであろう——そもそもの争いの種から始めるとよい。

アキレス　もし〈〈A∧B〉∪Z〉と〈A∧B〉とが得られたのなら、たしかにZといっていい。

亀　ああ、〈〈〈A∧B〉∪Z〉∧〈A∧B〉〉∪Z〉ということだね、違うかい？

（**ヒント**　アキレスが推論規則として考えていることを、亀はすぐにそのシステム内のたんなる記号列に押しつぶしてしまう。文字A、B、Zしか使わないことにすれば、いくらでも長くなる記号列の再帰的なパタンが得られる。）

近道と導かれた諸規則

命題計算の推論をやっているとすぐに、いろいろな型の近道で、厳密にはシステムの一部になっていないものが見つけられる。たとえば、どこかで記号列〈Q∨~Q〉が必要になったとき、前に〈P∨~P〉が導いてあれば、たいていの人は〈Q∨~Q〉も得られているかのように推論を進めるであろう。なぜなら、〈Q∨~Q〉は〈P∨~P〉と全く平行な議論で得られるからである。導かれた定理は「定理の型」——他の定理の鋳型として扱うことができる。このことは完全に正当な手続きであるとわかっているので、いつでも正しい定理が導かれるのであるが、われわれが述べた命題計算の規則ではない。それはむしろ導かれた規則である。それはそのシステムについてわれわれがもっている知識の一部分である。この規則が定理の枠からはみ出ないことは、もちろん証明を要する——しかしそのような証明は、システム内の証明のようなものではない。それはふつうの、直観的な意味での証明——I方式で実行される推論の鎖である。命題計算についての理論は「メタ理論」であって、その中の結果は「メタ定理」と呼ぶことができる——「定理についての**定理**」である。（ついでながら、「定理についての**定理**」という表現の中の変った書体に注意してほしい。これはメタ定理は定理［導かれる記号列］についての**定理**［証明された結果］であるという、われわれの約束の帰結である。）

命題計算では、他にも多くのメタ定理、あるいは導かれた推論規則を発見できる。たとえば、第二のド・モルガンの法則がある。

〈~x∨~y〉と~〈x∧y〉とはとりかえ可能である。

もしこれがシステムの規則であったなら、多くの証明がかなり短縮できるであろう。しかし、もしこれが正しいことを証明できるなら、それで十分ではなかろうか？　それからは、これを推論規則のように扱ってはいけないのだろうか？

この導かれた規則に限れば、その正当性を疑う理由はない。しかし導かれた規則を命題計算の中の手続きの一部として受けいれはじめると、システムの形式性が失われてしまう——導かれた規則は、システムの外で、非形式的に導かれたものだからである。ところで、形式システムは証明の各ステップをひとつの厳密な枠組の中で具体的に示し、どの数学者も他の人の仕事を機械的にチェックできるようにするための方法として提案された。それなのに、機会があればその枠組の外に出ていこうと望むのなら、そんなものは最初から作らなければよかったのである。したがって、そういう近道を利用することには好ましくない点がある。

より高いレベルの形式化

一方、もうひとつの逃げ道がある。どうしてメタ理論を形式化しないのだろうか？　そうすれば、導かれた規則（メタ定理）はより大きな形式システムの定理となり、近道をさがしてそれを定理——すなわち、形式化されたメタ理論の定理——として導き出すことが合法的になる。そして、その定理は命題計算の定理の導出の能率向上に利用できる。これはおもしろい着想であるが、提案されたとたんに、メタ＝メタ理論等に考えが飛んでしまう。どんなに多くのレベルを形式化しようと、誰かがいつかはその最高レベルで近道をしたくなることであろう。

証明の理論は、注意深く作れば、それ自身のメタ理論と同一である、という考えの人もいるかもしれない。そうだとすると、すべてのレベルがつぶれてひとつになり、システムについて考えることは、システムの中で仕事をするひとつのしかたにすぎない。しかしそれはそんなに容易なことではない。あるシステムが「自分自身について考える」ことができるとしても、それ自身の外側にいるわけではない。システムの外にいるわれわれは、システムが自分自身を見るのとは違った方法でそのシステムを観察することができる。だからそれ自身の中で「自分自身について考える」ことができるシステムに対してさえ、まだメタ理論——外側からの視座——が存在する。「自分自身について考え」られる理論が存在することは、あとで学ぶ。実際、そういうことが何の意図にもよらず、全く偶然に起ったシステムにすぐに出会うことになる！　そして、その結果どんなことが起るかがわかる。しかし命題計算の勉強のためには、最も単純な考え——レベルをけっして混同しないことに固執することにしよう。

システムの中で働くこと（M方式）とシステムについて考えること（I方式）を注意深く区別するのを怠ると、誤謬が起りうる。たとえば、〈P∨～P〉（その半-解釈は「PであるかまたはPでない」）が定理であるから、Pまたは～Pのどちらかは定理でなければならない、と考えるのは、全く理屈に合うように見えるかもしれない。しかしこれは全くの間違いである。そのどちらも定理ではない。一般に、記号が異なるレベル——ここでは形式システムの言語とそのメタ言語（日本語）——の間を行ったり来たり流通できると考えるのは危険な習慣である。

システムの強さと弱さについて

われわれは今、ある目的——論理的思考の構造の一部を表現する——をもったシステムの一例を学んだ。このシステムで扱われる概念は少数で、しかも単純かつ正確である。しかし命題計算の単純さと正確さこそ、数学者たちの関心をひく類の特徴である。それには二つの理由がある。(1) 幾何学が単純で厳密な形を研究するのとちょうど同じように、命題計算の性質を研究できる。異なる記号や、推論規則、公理あるいは公理図式等々を採用して、その変形種を作ることができる。(ついでながら、ここで述べた命題論理の形は、一九三〇年代の初めにG・ゲンツェンが考案したものに関連している。ほかに推論規則がひとつ——ふつうは切断——しかないものとか、いくつかの公理あるいは公理図式をもつものもある。)命題の論証の進め方をきれいな形式システムによって研究することは、純粋数学の魅力的な分野のひとつである。(2) 命題計算をちょっと拡張すれば、論証の他の重要な面を含めることができる。そのいくつかを次の章に示すが、そこでは命題計算はそっくり全部、ずっと大きく深い、洗練された数論的証明ができるシステムの中に組み込まれている。

証明と導出

命題計算はある点で論証に近いが、その規則を人間の思考の法則と同一視してはならない。証明とはある非形式的なもので、人間が使うために人間の言葉で書かれた、正常な思考の産物といってもよい。証明の中では思考のあらゆる種類の複雑な特性を使用してよいが、「正しいと思う」のに、論理的に支持できないものかと迷うことがある。そして形式化はまさにそのためのものである。導出は、証明の人工的対応物であって、その目的は、同じ目標に、論理構造を通じて、明確であるばかりかきわめて単純な方法によって到達することである。

もし——よくあることだが——形式的な導出が、対応する「自然な」証明にくらべて極端に長かったときは、ただ残念としかいいようがない。それは各ステップを単純にしたための代価である。よくあるのは、導出と証明が、言葉の相補的な意味において「単純」なことである。証明が単純なのは、各ステップがどうしてかはわからなくても「正しいように見える」からで、導出が単純だというのは、無数のステップのどれもが自明で非難の余地がなく、導出全体がそういう自明なステップだけからできているので、誤りがないと考えられるからである。しかしどの型の単純さも、独特の型の複雑さを伴っている。証明の場合、それは証明が依存している基礎体系、すなわち人間言語の複雑さである。導出の場合は、理解をほとんど不可能にする天文学的な長さである。

こういうわけで、命題計算は人工的な証明らしき構造を合成する一般的な方法の一部と考えるべきである。しかし命題計算は、たいして柔軟でも一般的でもない。それは数学的概念という、それ自身すでに厳密なものを扱うことだけを意図して作られた。そのちょっとおもしろい例として、ある非常に奇妙な列を前提として選んだときの空想上の導出を考えてみよう——その列とは〈P∧~P〉で、少なくともその半-解釈は奇妙である。しかし命題計算では、半-解釈は考えない。ただ記号列を、形だけによって操作するのである。そして形だけについていえば、この列に奇妙なところは何もない。次に、この列を前提とする空想をひとつ示す。

(1) [押し込む
(2) 〈P∧~P〉 前提
(3) P 分離
(4) ~P 分離

(5)　［　　　　押し込む
(6)　　~Q　　　前提
(7)　　P　　　(3)を持ち込む
(8)　　　~~P　二重波線
(9)　］　　　　飛び出す
(10)　〈~Q⊃~~P〉　空想
(11)　〈~P⊃Q〉　対偶
(12)　Q　　　　切断(4)と(11)
(13)　］　　　　飛び出す
(14)　〈〈P∧~P〉⊃Q〉　空想

この定理は非常に変った半-解釈をもっている。

　Pと「Pでない」を合わせると、Qが成り立つ。

Qはどんな文としても解釈できるのだから、この定理は大ざっぱにいえば、次のように捉えることができる――矛盾からは何でも導かれる！　このように、命題計算に基づくシステムでは、矛盾が含まれてはならない――どんな矛盾も、瞬間的全身的癌のように、全システムを冒してしまうのである。

矛盾の取り扱い

　このことは人間の思考とはあまり似ていないようである。人間は自分の考えに矛盾した点を見つけても、全精神が崩壊するようなことはまずない。そのかわり、おそらく、矛盾をひき起したと思われる信念とか推論方法を吟味しはじめる。いいかえれば、できるかぎり、その中で矛盾が起ったと思われるシステムから外に出て、それを修理しようと試みる。まず考えられないことは、降参して「ああ、こんな矛盾が生じたんだから、これからは何でも信じなくちゃならない」と泣きだすことである。冗談としてならあるかもしれないが、まじめにではない。

　実際、矛盾は人生のあらゆる領域での進歩と解明の主要な源である――そして数学も例外ではない。かつて数学の中に矛盾が発見されたとき、数学者たちはただちにその原因となったシステムを正確に指摘し、そこから飛び出し、それについて推論し、そして修正しようと努めた。矛盾の発見と修復は、数学を弱めるよりは強めた。それには時間もかかるし、出だしを間違えることも多々あるが、最終的には実りが得られた。たとえば、中世では、無限級数

1－1＋1－1＋1－……

が熱心に論じられた。その値は0、1、½、またたぶん他の値にも等しいと「証明」された。そのような異論のある発見から、より充実した、より深い無限級数論が生れた。

　もっと適切な例は、われわれが今直面している矛盾――すなわちわれわれが実際に考える方法と命題計算がわれわれに教える方法との間の食い違いである。これは多くの論理学者の不満の種であり、多くの創造的努力によって命題計算を修繕し、今ほど愚かで不自由な振舞いをしないようにする試みがなされた。ひとつの試みが、A・R・アンダーソンとN・ベルナップの著書『必然性』の中で提案されているが、そこでは「適切な含意」に関して、「もし-ならば」に対する記号が本当の因果関係を表すように、少なくとも意味との関連を反映するような努力がなされている。命題計算の次の定理を考えてみよう。

$$\langle P \supset \langle Q \supset P \rangle \rangle$$
$$\langle P \supset \langle Q \vee \sim Q \rangle \rangle$$
$$\langle \langle P \wedge \sim P \rangle \supset Q \rangle$$
$$\langle \langle P \supset Q \rangle \vee \langle Q \supset P \rangle \rangle$$

これらは、他にもいろいろあるが、どれも「もし-ならば」の前後の文に全く何の関係がなくても、命題計算の中で証明することができる。これに抗議して、「適切な含意」はある制限を文脈に要求して、推論規則を勝手に適用できないようにした。直観的にいえば、「あることが他のことから導かれるのは、たがいに関係がある場合にかぎる」ということである。たとえば、208ページの導出の第10行は、そのようなシステムでは許されない。だから列$\langle \langle P \wedge \sim P \rangle \supset Q \rangle$の導出はできなくなる。

もっと急進的な試みは、完全性や無矛盾性の追求を放棄して、人間の思考を、そのすべての非整合性もろとも、模倣しようとする。そういう研究は、もはや数学に強固な土台を提供することを目指してはおらず、ただ人間の思考過程の研究をひたすら目指している。

命題計算はその奇矯さにもかかわらず、自分自身を推薦するある特色をそなえている。これをもっと大きいシステムの中に埋め込むとき(次の章で行うが)、もしその大きなシステムに矛盾がなければ(われわれの場合はそのとおり)、命題計算は望みうるすべてのことをやってくれる——正しい命題の推論の、ありうるすべてを提供してくれる。だから不完全性とか非整合性が明らかにされても、それはより大きなシステムの欠陥であって、その下位システムである命題論理のせいではない。

蟹のカノン

アキレスと亀が、ある日、散歩の途中で出くわす。

亀　いい日だな、アキ公。

アキレス　まったくだ。

亀　いいところで会ったよ。

アキレス　ぼくもそう思ったところさ。

亀　それに申し分ない散歩日和だし。このままぶらぶら家まで歩いて帰ろうと思ってね。

アキレス　ほんとかい？　歩くのが何よりいいらしいな。

亀　ところできみは近頃ずいぶん潑剌としてるじゃないか、ほんとに。

アキレス　嬉しいことをいってくれるね。

亀　そうかね。どうだい、葉巻を一本やらないか？

アキレス　きみも俗物だなあ。この地域では、オランダびいきはそうとうに趣味が劣るんだぜ、そう思わないかい？

亀　同調しかねるな、この場合は。しかし趣味といえば、きみの大のお気に入りの画家、M・C・エッシャーの『蟹のカノン』、このあいだとある画廊でやっと見たよ。たった一個のテーマ、それ自体が後ろにも前にも進む網の目を、あれほど美しく巧妙に仕上げたのにはまったく感心するね。しかしぼくとしてはバッハのほうがエッシャーより上だという気がいつもするんだ。

アキレス　どうかなあ。しかしひとつ確かなのは、ぼくは趣味の議論に頭を悩ませたりしないということだ。De gustibus non est disputandum.［趣味を論ずること能わざるなり。］

亀　どんなふうなんだい、きみの年頃というのは？　ぜんぜん悩みごとがないというのは本当かい？

アキレス　正確にいえば、杞憂がないね。

亀　同じものだと思うがね。

アキレス　それが庭訓ならの話だが、たいへんな違いさ。

亀　おい、きみはギターを弾くんじゃなかったかい？

アキレス　ありゃぼくの友達だよ。あいつはしょっちゅう愚かな真似をするからな。しかしこっちはご免だ、要らんギターにさわるなんてのは！

（突然、蟹がどこからともなく現れ、片方のやや飛び出した黒い目を指さして、興奮しながらやってくる）

蟹　やあ、やあ！　どうしてるね？　元気かい？　見えるだろう、このこぶ、この腫れあがり？　怒りん坊にちょうだいしたんだ。

第 42 図　M. C. エッシャー『蟹のカノン』（～1965 年）

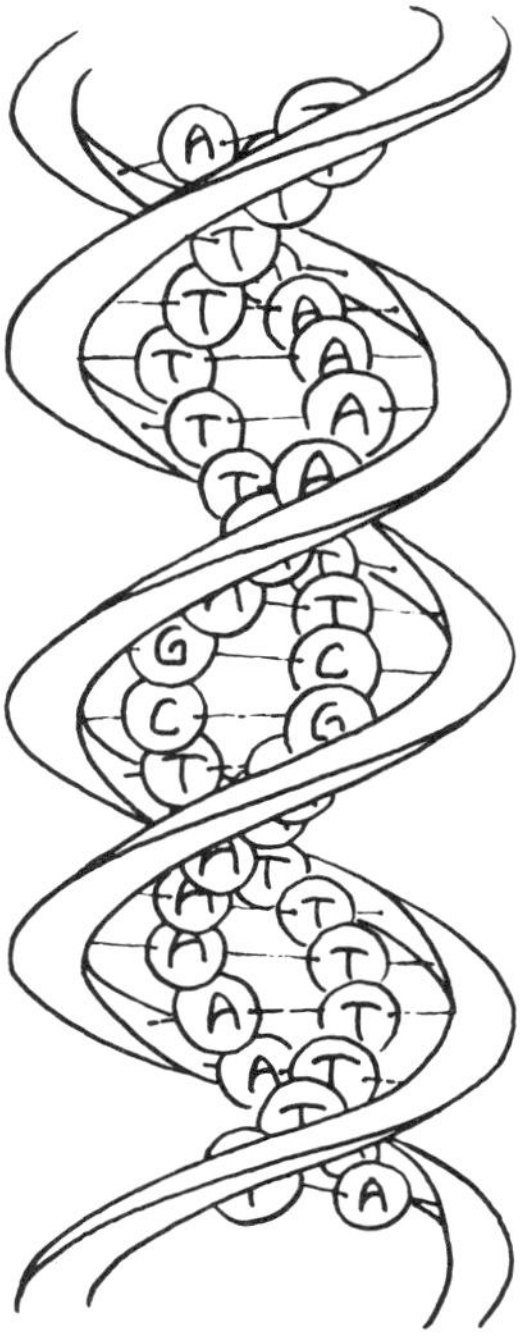

第 43 図　螺旋を描く蟹の遺伝子のごく短い切片。DNA の2本の糸のもつれを解いてみると、次のように読むことができる。

…………………………TTTTTTTTTCGAAAAAAAAA…
…………………………AAAAAAAAAGCTTTTTTTTT…

一方は右から左、もう一方は左から右へと読めば、両者は全く同じであることに注意してほしい。これが、「蟹のカノン」という音楽の決定的な特徴になっている。ちょっとした違いはあるが、前から読んでも後から読んでも同じになる文章、回文（パリンドローム）を思い出させる。分子生物学では、このDNA の切片のようなものを「パリンドローム」と呼んでいるが、これは多少ネーミングを誤ったきらいがある。「蟹のカノン」といった方が、より正確といえよう。この蟹のカノン的なDNA の切片だけでなく、さらにその塩基配列までが、対話篇の構造に合致している。注意して見ていただきたい。

第 44 図　蟹のカノン。J. S. バッハ『音楽の捧げもの』から。［“SMUT” によりプリント］

ふん！　こんないい日だってのに。ぶらぶら公園を歩いててさ、イラン生れのばかでかい男によじのぼったんだ――大熊みたいなやつでね――リュートを奏でてるじゃないか。身の丈三メートルの大男よ、いやまったく。こいつのところへすたこら行って、大空めがけてよじのぼり、やっと膝小僧を叩いて言ってみた。「失礼ながら、だんな、そのリュートの曲はマズルカでしたっけ、マズイナでしたっけ？」　ところが、ああ！　やつはユーモアのセンスがないときた――これっぽっちもありゃしない――そしてガツン！――やつはおれさまをふり払い、目に一撃くらわせやがるじゃないか！　おれさまの性格がそうなら何蟹（なにかに）かまわずカニャローッと怒るところだが、そこはわが種族の由緒ある伝統、おれは後退りした。要するに、われわれは前進するとき後退する。それがわれわれの遺伝子さね、ぐるぐるぐるぐるまわるわけだ。それで思い出した――いつも考えてるんだがね、「どっちが先にきたのか――蟹か、遺伝子か？」つまり、「どっちがあとからきたのか――遺伝子か、蟹か？」　おれはいつも、ものごとをぐるぐるまわしてみるんだよ。それがわれわれの遺伝子だな、要するに。われわれは、後退するとき前進する。おっとっとっ！　そろそろ行かなくちゃな――なんせこんないい日和だ。蟹の人生をたたえて歌ってくれん蟹（かに）！　ターター！　オーレー！

（現れたときと同じように突然姿をくらます。）

亀　ありゃぼくの友達だよ。あいつはしょっちゅう愚かな真似をするからな。しかしこっちはご免だ、イラン・ギターにさわるなんてのは！

アキレス　おい、きみはギターを弾くんじゃなかったかい？

亀　それが提琴（ていきん）ならの話だが、たいへんな違いさ。

アキレス　同じものだと思うがね。

亀　正確にいえば、弓（きゅう）がないね。

アキレス　どんなふうなんだい、きみの年頃というのは？　ぜんぜん悩みごとがないというのは本当かい？

亀　どうかなあ。しかしひとつ確かなのは、ぼくは趣味の議論に頭を悩ませたりしないということだ。De gustibus non est dit-sputandum.［趣味を論ずること能わざるなり。］

アキレス　同調しかねるな、この場合は。しかし趣味といえば、きみの大のお気に入りの作曲家、J・S・バッハの『蟹のカノン』、このあいだとあるコンサートでやっと聴いたよ。たった一個のテーマ、それ自体が後ろにも前にも進む網の目を、あれほど美しく巧妙に仕上げたのにはまったく感心するね。しかしぼくとしてはエッシャーのほうがバッハより上だという気がいつもするんだ。

亀　きみも俗物だなあ。この地域では、オランダびいきはそうとうに趣味が劣るんだぜ、そう思わないかい？

アキレス　そうかね。どうだい、葉巻を一本やらないか？

亀　嬉しいことをいってくれるね。

アキレス　ところできみは近頃ずいぶん溌剌としてるじゃないか、ほんとに。

亀　ほんとかい？　歩くのが何よりいいらしいな。

アキレス　それに申し分ない散歩日和だし。このままぶらぶら家まで歩いて帰ろうと思ってね。

亀　ぼくもそう思ったところさ。

アキレス　いいところで会ったよ。

亀　まったくだ。

アキレス　いい日だな、亀公。

［第8章］

字形的数論

「蟹のカノン」と間接的自己言及

「蟹のカノン」の中には間接的自己言及の例が三つ示されている。アキレスと亀は、彼らが知っている芸術作品の説明をしているが、全く偶然に、それらの作品の構造は彼らが交している対話と全く同じ構造である。（著者である私が、このことに気づいたときの驚きを想像してみてほしい！）また、蟹はある生物学的構造の説明をしているが、それも同じ性質をもっている。もちろん、この対話を読んで理解しながら、それがまた「蟹のカノン」と同じ形である点をちょっと見落すこともありうる。それは、あるレベルで理解し、他のレベルでは理解できなかったこととも いえる。自己言及を見つけるには、対話の内容はもちろん形式にも注意しなければならない。

ゲーデルの構成は、ある形式システムの文字列の内容と形式の記述に依存している。その形式システムとはこの章で定義する、**字形的数論**（Typographical Number Theory　ＴＮＴ）である。予想外のねじれは、ゲーデルが発見した巧妙な対応のために、文字列の形式が形式システムそれ自身の中で記述できることである。そこで、この何でも包みこんでしまう変ったシステムについて学んでみよう。

ＴＮＴで表現できるとよい事柄

はじめに数論の典型的な文をいくつか引用しよう。それから、それらのすべてをいい表すことができる、基本的な概念の集まりを探す。それらの概念には、個別に記号が与えられる。ついでながら、「数論」という用語が、正の整数とゼロ（およびそれらの集合）の性質だけに関連していることは、最初に述べておくべきであろう。これらの数は自然数と呼ばれる。負の数は、この理論には全く現れない。だから「数」という言葉を使うときは、自然数という意味に限定される。また、次のことは重要――致命的――である。すなわち、われわれは形式システム（ＴＮＴ）と、あまりうまく定義されていないが居心地のよい古い数学の一分野、数論（以下「Ｎ」で表す）とを、はっきり区別しなければならない。

Ｎ（数論）において典型的な文をいくつか示そう。

(1)　５は素数である。
(2)　２は平方数ではない。
(3)　1729は二つの立方（三乗）数の和である。
(4)　二つの正の立方数の和がまた立方数になることはない。

(5) 素数は無限にある。
(6) 6は偶数である。

ここで「素数」とか「立方数」とか「正」という概念の一つひとつに一つの記号を与える必要がある、と思われるかもしれない。しかしこれらの概念は本当に原始的とはいえない。たとえば、素数の概念はその数の約数に関連し、約数はまた乗算に関係している。立方数も乗算に基づいて定義できる。そこでこれらの文を、もっと基本的と思われる概念を使っていいかえてみよう。


(1′) 二つの数**a**と**b**で、どちらも1より大きく、**a**かける**b**が5になるようなものは存在しない。

(2′) **b**かける**b**が2になるような数**b**は存在しない。

(3′) 二つの数**b**、**c**が存在して、**b**かける**b**かける**b**に、**c**かける**c**かける**c**を加えると、ちょうど1729になる。

(4′) 0より大きいどんな数**b**、**c**についても、次のような数**a**は存在しない——**b**かける**b**かける**b**に**c**かける**c**かける**c**を加えると、**a**かける**a**かける**a**に等しくなる。

(5′) どんな数**a**についても、**a**より大きな数**b**で、次の性質を満たすものが存在する——1より大きいどんな数**c**、**d**についても、**c**かける**d**は**b**にならない。

(6′) ある数**e**が存在して、2かける**e**が6になる。


この分析は、数論の言語の基本要素に向けて、大きな前進をもたらしてくれる。明らかに、少数の語句がくり返しくり返し現れているではないか。

どんな数**b**についても
ある数**b**が存在して
より大きい
等しい
かける
加える
0、1、2、…

これらの多くに個別的な記号が授けられるであろう。例外は「より大きい」で、これはもっと簡単な言葉に帰着させることができる。実際、「**a**は**b**より大きい」という文は次のようにいいかえられる。

ある0でない数**c**が存在して、**b**に**c**を加えると**a**になる。

数詞

われわれは自然数の各々に異なる記号を与えることはしない。そのかわり、非常に簡単で統一的な方法によって、各自然数に組み合わされた記号を割り当てることにする——pqシステムで使ったのとよく似ているが、次のとおりである——

ゼロ	O
1	SO
2	SSO
3	SSSO

等々

記号**S**は「の次」（the successor of —）と解釈される。だから**SSO**の解釈は、文字通り「ゼロの次の次」となる［**訳注**＝**SSO**を右側から眺めてほしい］。この形の記号列は数詞と呼ばれる。

変数と項

明らかに、われわれには不特定の数、あるいは変数を引用する方法が必要である。そのために、文字**a**、**b**、**c**、**d**、**e**を使うことにしよう。しかし五個では不十分である。命題計算の原子の場合そうだったように、変数を無制限に供給できる方法が必要である。そこで新しい変数を作るために、似たような方法——いくらでもダッシュをつけてよいことにする［**注意**　記号　′　——ダッシュと読む——を微係数と混同してはならない！］　たとえば、

e
d′
c″
b‴
a⁗

はどれも変数である。

aとダッシュだけでも間に合うのだから、最初の五文字を使うことは、ある意味ではアルファベットの贅沢な使用である。あとで、私は**b**、**c**、**d**および**e**を削除して、TNTの一種の「厳格な」版を作ろうと思う——厳格とは、複雑な式を解読するのが少しむずかしくなる、という意味である。しかし今は贅沢にしておこう。

ところで「たす」と「かける」についてはどうだろうか？　単純に、ふつうの記号「＋」と「・」を使うことにしよう。しかし括弧の使用を義務づけることにする（われわれは少しずつ、TNTの形のよい式を定義する規則の中に入り込みつつある）。たとえば「**b**たす**c**」や「**b**かける**c**」は次のように表される。

(b＋c)
(b・c)

括弧のつけ方に怠慢は許されない。この約束を破れば、形のよくない式が得られる。（「式」？　「記号列」のかわりにこの言葉を使ったのは、それが習慣だからである。式とはTNTの記号列のことであり、それ以上でもそれ以下でもない。）

ついでながら、たすこととかけることは、いつでも「二項」演算と考えられるべきである——ちょうど二つの数を結合するもので、三個とかそれ以上の数に同時に作用することはない。だから、「1たす2たす3」を翻訳したいときには、次の二つの表現のどちらにするか、決めなければならない。

(SO＋(SSO＋SSSO))
((SO＋SSO)＋SSSO)

次に記号化したい概念は「等しい」である。これは簡単で、「＝」を使う。N——非形式的数論——の標準的な記号を持ち込むことの利点は明らかであろう——楽に読めることである。その欠点は、「点」とか「線」という言葉を幾何学の形式的な取り扱いの中で使ったときの欠点と非常によく似ている。よほど意識して注意を払わないと、日常的な意味と厳密に規則に支配される形式的な記号の振舞いとの区別がぼやけてしまうであろう。幾何学の話をするとき、私は日常的な言葉と形式的な術語とを、表記を変えて区別した。たとえば楕円型の幾何学でいうテンは、二つの点の組である。ここではそのような区別はしない。だから、記号とそれに負わされるすべての連想

とを混同しないように、意識的に努力しなければならない。前にも述べたように、pqシステムにおいて、列－－－は数3ではないが、少なくとも加算については3と同型に振舞う。同じ注意が列SSSOにもあてはまる。

原子と命題計算の記号

命題計算で使われた記号は、原子を表す文字（P、Q、およびR）を除いて、TNTでも同じ解釈で用いられる。原子の役割は、等式と解釈されるような文字列、たとえばSO＝SOとか（SO・SO）＝SOによって果たされる。これで、簡単な文をかなりTNTに翻訳できる道具だてがそろった。

2たす3は4に等しい――（SSO＋SSSO）＝SSSSO

2たす2は3に等しくない――～（SSO＋SSO）＝SSSO

もし1と0が等しいなら、0は1に等しい――

〈SO＝O⊃O＝SO〉

最初の文字列は原子である。その他は複合論理式である。［**警告**＝「1と1で2になる」というときの「と」（and）は「たす」のいいかえであるから、「＋」で表される（括弧で囲むこと）。］

自由変数と限定記号

以上の論理式はどれも、真か偽が定まった文と解釈される。しかし、そういう性質をもたない論理式もあるので、たとえば

（b＋SO）＝SSO

などは、「bたす1は2に等しい」と解釈されるが、bの値が指定されていないので、この文の真・偽は決めようがない。「彼女は不器用だ」のような、代名詞を含む文を文脈ぬきで考えるようなものである。これは真でも偽でもない――どんな文脈に置かれるかが問題である。そのような式は、真か偽かが確定しないので開いている（open）といわれ、変数bは自由変数と呼ばれる。

開いた式を閉じた式、あるいは文に変えるひとつのしかたは、その前に何か限定――「ある数bが存在して」か、「すべてのbについて」を置くことである。第一の場合には、

ある数bが存在して、bたす1は2に等しい。

が得られるが、これは明らかに正しい。第二の場合には、次の文が得られる。

すべての数bについて、bたす1は2に等しい。

明らかにこれは誤りである。ここでこれらの限定を表す記号を導入しよう。これらの文は、TNTでは次のように翻訳される。

∃b：（b＋SO）＝SSO

（「∃」は「存在する」（exists）を表す）

∀b：（b＋SO）＝SSO

（「∀」は「すべて」（all）を表す）

これらの文はもはや不特定の数についての命題ではない。前者は存在の（existential）言明であり、後者は普遍的・全称的（universal）言明である。bのかわりにcと書いても意味は変らない。

$$\exists c:(c+SO)=SSO$$
$$\forall c:(c+SO)=SSO$$

限定記号の支配下にある変数は束縛変数と呼ばれる。次の二つの式は、自由変数と束縛変数の差を示している。

$$(b\cdot b)=SSO$$　（開いている）

$$\sim\exists b:(b\cdot b)=SSO$$　（閉じた、TNTの文）

最初の列は、ある自然数がもっているかもしれない性質を表している。もちろん、どんな自然数もこの性質はもっていない。そしてまさにそのことが、第二の列によって表されている。自由変数を含む列がある性質を表し、変数が束縛されている列が真か偽かを表すという相違を理解することはきわめて重要である。少なくともひとつの自由変数を含む式——開いた式——の自然言語表現は述語と呼ばれる。それは主語のない文（あるいは文脈から外れた代名詞を主語とする文）である。たとえば、

「は主語のない文である」
「は変則であろう」
「は前方と後方とに同時に走る」
「は六声のフーガを要求に応じて即座に演奏した」

は非数学的述語である。これらは特定の存在物がもつかもしれずもたないかもしれない性質を表している。「仮の主語」、たとえば「なにがし」（so-and-so）を貼りつけることもできる。自由変数を含む列は、「なにがし」を主語とする述語のようなものである。たとえば、

$$(SO+SO)=b$$

は、「1たす1はなにがしに等しい」というようなものである。これは変数bについての述語である。それは数bがもつかもしれない性質を述べている。もしbをいろいろな数詞に置き換えたとすれば、いろいろな式が得られ、その大部分は誤っているであろう。次に開いた式と文との差を示すもうひとつの例を挙げよう。

$$\forall b:\forall c:(b+c)=(c+b)$$

この式はもちろん、加算の交換可能性を表している文である。一方、

$$\forall c:(b+c)=(c+b)$$

は、bが自由であるから、開いた式である。これは、不特定の数bがもつかもしれずもたないかもしれないある性質、すなわちすべてのcとの交換可能性を表している。

見本文の翻訳

以上で、すべての数論的命題を表すのに使う記号群の紹介が完了した！　Nの複雑な式をこの記法で表し、また論理式の意味を理解するコツをのみこむには、かなりの練習が必要である。そういうわけで、最初に挙げた六個の見本文に戻り、これらのTNTへの翻訳をやってみよう。ところで、これから示す翻訳がそれ以外にはないと思わないでほしい。それどころか、どのひとつを表すにも多くの——無限に多くの——方法がある。

最後の「6は偶数である」から始めよう。これはより原始的な概

念を使って、次のようにいいかえられた。「ある数eが存在して、2かけるeが6になる。」これならやさしい。

∃e：(SSO・e)=SSSSSSO

限定記号が必要なことを注意しておこう。ただ――

(SSO・e)=SSSSSSO

と書くだけではうまくいかないのである。この列の解釈はもちろん真でも偽でもない。これは数eがもつかもしれない性質を表している。

おもしろいことに、乗法は交換可能であるから、

∃e：(e・SSO)=SSSSSSO

のように書いてもよい。また、等号の対称性から、両辺の位置を逆に書くこともできた。

∃e：SSSSSSO=(SSO・e)

これら三通りの「6は偶数である」の翻訳は、ずいぶん違った列であって、どれかが定理であることと他のものが定理であることの関連は明らかとはとてもいえない。(同じように、――p―q――――が定理であるという事実は、それと「同等な」列―p――q―――が定理であるという事実にほとんど何も貢献しない。われわれ人間はほとんど自動的に解釈について考え、式の構造的性質については考えないので、この同等性はわれわれの心の中に存在するだけである。)

第二の文「2は平方数でない」はほとんどただちに片づけられる。

~∃b：(b・b)=SSO

しかし、ここにも多義性がある。次のような書き方を選んだら、どうなるだろうか?

∀b：~(b・b)=SSO

前者は「bかけるbが2になるような数bは存在しない」といっているのに対して、後者は「すべての数bについて、bかけるbは2に等しくない」といっている。ふたたび、われわれにとって、これらは概念的に同等である――しかしTNTにとっては、これらは異なる文字列である。

第三の文に進もう。「1729は二つの立方数の和である」は、次のように重なり合う二つの存在記号にかかわっている。

∃b：∃c：SSSSSS……SSSSSO（1729個）
=(((b・b)・b)+((c・c)・c))

選択肢は豊富にある。限定記号の順序を入れ換えてもよいし、等式の両辺を逆にしてもよいし、変数をdとeに変える、加算を逆にする、また乗算の順序を変えることもできる、等々。しかし私は次の二つの翻訳が気に入っている。

∃b：∃c：(((SSSSSSSSSO・SSSSSSSSSO)・SSSSSSSSSO)+((SSSSSSSSSSO・SSSSSSSSSSO)・SSSSSSSSSSO))
=(((b・b)・b)+((c・c)・c))

それから

∃b：∃c：(((SSSSSSSSSSSSO・SSSSSSSSSSSSO)・SSSSSSSSSSSSO)＋((SO・SO)・SO))

＝(((b・b)・b)＋((c・c)・c))

どうしてか、おわかりだろうか？

仕事のコツ

次は関連する文4「二つの正の立方数の和がまた立方数になることはない」と取り組んでみよう。もしたんに「7は二つの正の立方数の和で表せない」といいたいのであれば、最も簡単な方法は、「7は二つの正の立方数の和である」といっている式を否定することである。その式は前の1729についての式と同じようなもので、ただ立方数が正であるという条件をつけ加えればよい。これはちょっとしたコツ、つまり変数の前にSをつけることで実現できる。

∃b：∃c：SSSSSSSO＝(((Sb・Sb)・Sb)＋((Sc・Sc)・Sc))

このように、bやcでなく、それら「の次の数」の立方を求めるようにする。bやcがとる最小の値は0であるから、「その次の数」は必ず正になる。だから、右辺は二つの正の立方数の和を表していることになる。ついでながら、「ある数bとcが存在して……」という表現を翻訳するとき、「と」(and)を表す記号∧は必要ない。この記号∧は二つの論理式をつなぐための記号で、二つの限定記号をつなぐためのものではない。

さて、「7は二つの正の立方数の和である」が翻訳できたから、これを否定したい。それにはたんに、全体の前に波線をひとつおけばよい。(望みの文が「……となるようなbとcは存在しない」であるからといって、各限定記号をすべて否定してはいけない。)こうして次の式が得られる。

～∃b：∃c：SSSSSSSO＝(((Sb・Sb)・Sb)＋((Sc・Sc)・Sc))

ところでわれわれの本来の目的は、この数7についてではなく、すべての立方数の性質についての言明であった。そこで数詞SSSSSSSOを列((a・a)・a)に置き換えよう——この列はaの立方と解釈できる。

～∃b：∃c：((a・a)・a)＝(((Sb・Sb)・Sb)＋((Sc・Sc)・Sc))

この段階では、aがまだ自由であるから、開いた式が得られたわけである。この式は、数aがもつかもしれずもたないかもしれない性質を表している——そしてわれわれの目標は、すべての数がこの性質をもっていることの言明である。それは簡単で、ただ全体の前に全称記号をおけばよい。

∀a：～∃b：∃c：((a・a)・a)＝(((Sb・Sb)・Sb)＋((Sc・Sc)・Sc))

同程度によい翻訳は、次のとおりである。

~∃a：∃b：∃c：((a・a)・a)＝((Sb・Sb)・Sb)＋(Sc・Sc)・Sc))

厳格なTNTにおいては、bのかわりにa′を、cのかわりにa″を使うので、式は次のようになる。

~∃a：∃a′：∃a″：((a・a)・a)
＝((Sa′・Sa′)・Sa′)＋((Sa″・Sa″)・Sa″))

最初の文「5は素数である」についてはどうだろうか？　われわれはこの文を次のようにいいかえた。「二つの数aとbで、どちらも1より大きく、aかけるbが5になるようなものは存在しない。」これをもうちょっと変形すると、次のようになる。「二つの数aとbで、aたす2とbたす2との積が5になるものは存在しない。」これもひとつのコツである――aとbは自然数の値に限られているので、同じことをいううまい方法である。一方「bたす2」は(b＋SSO)にも翻訳できるがもっと短い書き方もある――SSbである。同じように、「cたす2」はSScと書ける。だから、われわれの翻訳はきわめて簡潔である。

~∃b：∃c：SSSSSO＝(SSb・SSc)

最初の波線を除けば、二つの自然数が存在して、それらに2を加えたものの積が5に等しい、という言明になる。先頭の波線によって、その文全体が否定され、5は素数であるという言明が得られる。

5のかわりにdたすeたす1が素数であることを表現したいなら、最も経済的な方法は5を数詞(d＋Se)に置き換えることである――

~∃b：∃c：(d＋Se)＝(SSb・SSc)

これもまた開いた式で、その解釈は真でも偽でもなく、二つの不特定の数d、eについての言明にすぎない。ところで列(d＋Se)が表している数は必ずdより大きい。dに、指定はされていないが確実に0より大きい数を加えているからである。だから、変数eを存在記号で限定すれば、次のことを言明する式が得られる。

∃e：~∃b：∃c：(d＋Se)＝(SSb・SSc)

dより大きいある数が存在して、それは素数である。

あとわれわれがすべきことは、dが何であろうと、この性質が実際に成り立つと言明することである。それには変数dを全称記号で限定すればよい――

∀d：∃e：~∃b：∃c：(d＋Se)＝(SSb・SSc)

これが第五の文の翻訳である！

読者のための翻訳パズル

六つの典型的な数論的文の翻訳の練習は以上で終りである。しかし、これでTNT記法の専門家になれるわけではない。まだ習得すべき問題点がいくつかある。以下に示す六つの論理式は、TNT記法の理解度をためすものである。それらは何を意味しているのだろうか？　どれが正しく(もちろん解釈の結果)、どれがまちがっているだろうか？　(**ヒント**　この練習に取り組む方法は、右から左に進むことである。まず原子を解釈する。それからひとつの限定記号か波線かが、何をつけ加えるかを理解する。それから左に進んで、もうひとつの限定記号か波線を解釈する。それからさらに左に進んで、同じことをつづける。）

~∀c:∃b:(SSO·b)=c

∀c:~∃b:(SSO·b)=c

∀c:∃b:~(SSO·b)=c

~∃b:∀c:(SSO·b)=c

∃b:~∀c:(SSO·b)=c

∃b:∀c:~(SSO·b)=c

（**第二のヒント**　四つが正しくて二つが誤りか、四つが誤りで二つが正しいかのどちらかである）

正しいか否かの見わけ方

正しいものを誤ったものからよりわけられる形式システムを作るとはどういうことか。これはちょっと息ぬきに考えてみるだけの価値がある。そのシステムは、形はもっているが内容がない図案としての――われわれには命題のように見える――すべての記号列を取り扱う。そしてそのシステムは、ある形――「真理の形」をそなえている図案だけをよりわける篩（ふるい）のようなものである。もしあなたが自分でさっきの六個の式をくわしく検討し、意味を考えることによって正しいものと正しくないものを分離していたら、同じことを、字の形によって実行するシステムが直面する微妙さは十分理解できるであろう。正しい文の集合と誤っている文の集合（ＴＮＴ記法で書かれたときの）を分ける境界線はまっすぐではなく、たくさんの不安定な曲線を含んでいて（第18図参照）、数学者たちが何百年もかかってあちこちの部分的な輪郭を描いてきたものである。ちょっと考えれば、どんな式でもその境界のどちらの側に属するのかを判定する字形的な方法があったとしたら、すごいことだということがわかるであろう。

論理式の構成規則

論理式を構成するための規則の表があると便利であろう。そこでその表をすぐあとに示す。まず準備段階として、**数詞**、**変数**、それに**項**を定義する。これらの三種類は論理式の成分であるが、それ自身は論理式ではない。最小の論理式は**原子**である。それから原子を複合する方法がある。それらの多くは再帰的で、列を長くする規則であって、ある種類の項目を入力として与えられると同じ種類のそれより長い項目を作りだす。この表で、xとyは論理式を表し、s、tおよびuは他の種類のＴＮＴの列を表している。いうまでもないが、これら五つの文字はそれ自身はＴＮＴの記号ではない。

数詞

Oは数詞である。数詞の前にSをつけたものも数詞である。

例＝O　SO　SSO　SSSO　SSSSO　SSSSSO

変数

aは変数である。一般には、b、c、d、およびeも変数である。変数のあとにダッシュをつけたものも変数である。

例＝a　b′　c″　d‴　e⁗

項

数詞と変数はすべて項である。項の前にSを付けたものも項である。

もしsとtが項であれば、$(s+t)$と$(s \cdot t)$も項である。

例＝O　b　SSa、(SO・(SSO+c))

S(Sa・(Sb・Sc))

項は次の二つの類にわけられる

(1)　定数項——変数を含まないもの。

例＝O　(SO+SO)　SS((SSO・SSO)+(SO・SO))

(2)　不定項——変数を含むもの。

例＝b　Sa　(b+SO)　(((SO+SO)+SO)+e)

これらの規則は論理式の部品をどのように作るかを示している。これよりあとの規則で、どのようにして完全な論理式を作るかが示される。

原子

もしsとtが項であれば、$s=t$は原子である。

例＝SO=O　(SSO+SSO)=SSSSO

S(b+c)=((c・d)・e)

もし原子が変数uを含むなら、uはその中で自由である。だから最後の例は、四つの自由変数を含んでいる。

否定

論理式の前に波線をつけたものも論理式である。

例＝~SO=O　~∃b:(b+b)=SO

~〈O=O ⊃ SO=O〉　~b=SO

変数の束縛状態（その変数が自由か、束縛されているか）は、否定によって変化しない。

複合

もしxとyが論理式で、一方で自由な変数が他方で束縛されていることがなければ、次の列はどれも論理式である。

$\langle x \wedge y \rangle$　$\langle x \vee y \rangle$　$\langle x \supset y \rangle$

例＝〈O=O∧~O=O〉　〈b=b∨~∃c:c=b〉

〈SO=O⊃∀c:~∃b:(b+b)=c〉

変数の束縛状態はここで変化しない。

限定

もしuが変数で、xが論理式でxの中にuが自由変数として含まれていれば、次の列はどちらも論理式である。

例＝$\exists u:x$　$\forall u:x$

∀b:〈b=b∨~∃c:c=b〉　∀c:~∃b:(b+b)=c

~∃c:Sc=d

開いた式は、少なくともひとつの自由変数を含む。

例＝~c=c　b=b　〈∀b:b=b∧~c=c〉

閉じた式（文）は自由変数を含まない。

例＝SO=O　~∀d:d=O　∃c:〈∀b:b=b∧~c=c〉

これで、TNTの論理式を構成するための規則の表を終る。

翻訳の練習をもう少し

ここで、TNT記法の理解度を確かめるための問題をいくつか出しておこう。次に示す自然言語による文のうち、最初の四つをTNTの文に、最後のひとつを開いた論理式に翻訳せよ。

すべての自然数は4に等しい。
それ自身の平方に等しいような自然数は存在しない。
異なる自然数は、異なる「次の数」をもつ。
もし1が0に等しければ、すべての数は奇数である。
　bは2のベキ乗である。

最後のひとつは、少し技巧的なように見えるかもしれない。しかしこれは、次の例にくらべれば何でもない。

　bは10のベキ乗である。

不思議なことに、これをわれわれの記法になおすのは非常にむずかしい。もし、この問題にいくらでも時間をかけるつもりがあり、しかも数論のかなりの知識があるのでなければ、これはお勧めしない。

非・字形的システム

TNT記法の説明は以上で終りである。しかし、TNTをわれわれが前に述べた野心的なシステムになおす問題が残されている。それに成功すれば、いろいろな記号に与えた解釈が正当化される。しかしそれをやりとげるまでは、これまでに述べた特定の解釈は、pqシステムの記号に対する「馬-りんご-幸せ」解釈程度にしか正当化できない。

ここで次のようなTNT構成法を思いつかれるかもしれない。(1)推論規則は必要ないので使わない。なぜなら(2)われわれは数論のすべての正しい言明（をTNT記法での表したもの）を公理として採用する。何と簡単な処方箋であろうか！　残念ながら、即座に湧き起る反発が告げてくれるとおり、これは空しい。(2)の部分は、もちろん、文字列の字の形だけによるものではない。TNTのすべての目的は、正しい文字列をその形から特徴づけることが可能か、また可能ならどうすればよいのか、を明らかにすることなのである。

TNTの五つの公理と最初の諸規則

そこで、われわれはさっきの思いつきよりむずかしい道を進むことになる。つまり、公理と推論規則を設定する。前に約束したとおり、命題計算のすべての規則がTNTにとり入れられる。したがって、TNTの定理のひとつして、次の例が挙げられる。

〈S0=0∧~S0=0〉

これは〈P∧~P〉と同じようにして導かれる。

ほかの規則を述べる前に、TNTの五つの公理を述べておこう。

公理(1)　∀a:~Sa=0
公理(2)　∀a:(a+0)=a
公理(3)　∀a:∀b:(a+Sb)=S(a+b)
公理(4)　∀a:(a·0)=0
公理(5)　∀a:∀b:(a·Sb)=((a·b)+a)
（さらに厳格にするには、bのかわりにa′を使う。）

これらはどれも容易に理解できる。公理(1)は数0の特別な性質を述べている。公理(2)と(3)は、加法の性質を扱っている。公理(4)と(5)は、乗法の性質、とくに加法との関係を扱っている。

ペアノの五つの公準

ところで、公理(1)の解釈――「ゼロはどんな自然数の次の数でもない」――は、数学者・論理学者ジュゼッペ・ペアノが一八八九年にはじめて明瞭に認識した、自然数の五つの有名な性質のひとつである。ペアノは彼の要請（postulate　**公準**、公理）を企てたとき、ユークリッドの道に次のように従った。すなわち、推論の原則の定式化はやらず、ただ自然数の性質の小さな集合を与えて、そこから推論によって他のすべてが導出できるようにしようとした。ペアノの試みはだから「半形式的」と考えられる。ペアノの仕事は大きな影響力を及ぼしたので、彼による五つの公準をここに紹介しておくことにしたい。「自然数」の概念こそペアノが定義しようと試みたものであるから、いろいろな含蓄を負わされている日常的な用語「自然数」は使わないことにする。そのかわり、特別含蓄のない、新鮮に響く言葉、無定義術語「妖霊」(djinn)を使うことにしよう。するとペアノの五つの公準は、妖霊に五つの条件を課すことになる。無定義術語はほかに二つあり、「怪霊」と「メタ」である。これらの術語のそれぞれが表すものと期待されている通常の概念が何であるかは、お考えいただくことにしよう。五つのペアノの公準は――

(1) 怪霊は妖霊である。
(2) どの妖霊もメタをもっていて、そのメタはまた妖霊である。
(3) 怪霊はどんな妖霊のメタでもない。
(4) 異なる妖霊は異なるメタをもつ。
(5) もし怪霊がXをもっていて、どの妖霊もXをそのメタに伝えるならば、すべて妖霊がXを手に入れる。

「小さな和声の迷路」が照らすところに従って、われわれはすべての妖霊の集合を「神」と名づけるべきであろう。これはドイツの数学者・論理学者で、ゲオルク・カントールの最大の敵であった、レオポルト・クロネッカーの有名な言葉を思い出させる――「神は自然数を作った。それ以外のものはみな人間の業である。」

ペアノの第五の公準は、数学的帰納法の原理――遺伝論の別のいいかた――にほかならない。ペアノは「怪霊」、「妖霊」、および「メタ」の概念についてのこれらの条件は十分に強力で、もし二人がこれらの概念をそれぞれの心に思い描くとすれば、それらのイメージの構造は完全に同型であろうと期待としていた。たとえば、誰もが抱くイメージの中には無限個の異なる妖霊が含まれるであろう。そしておそらく、どの妖霊もけっしてそのメタ、そのメタのメタ、等々に一致しない、ということを誰もが認めるであろう。

ペアノは、自然数の本質を彼の五つの公準によってはっきり把握できたと思っていた。数学者はたいてい彼の成功を認めているが、だからといって「自然数についての正しい言明は、どのようにして誤った言明から識別されるのか」という問題の重要性は少しも減らない。そしてこの問いに答えるために、数学者はＴＮＴのような、完全に形式的なシステムを扱うことになった。しかし、ＴＮＴにはペアノの強い影響が見られるので、彼の公準はすべて何らかの形でＴＮＴの中に組み込まれている。

ＴＮＴの新しい規則=特殊化と一般化

次に、ＴＮＴの新しい規則にとりかかろう。その多くは、ＴＮＴの原子の内部構造に立ち入り、変更することを許してくれる。その意味で、それらは原子を不可分の単位として扱う命題計算の諸規則にくらべて、文字列の「より微視的な」性質を扱う。たとえば、最初の公理から列~S0=0が抽出できたらありがたいであろう。そうするためには、全称記号を省き、そして同時に、もし望むなら残った列の内部構造を変更することを許してくれる規則が必要である。次にそのような規則を示そう。

特殊化規則　列xが変数uを含むと仮定する。もし∀u:xが定理ならば、xも定理であり、またxの中のすべてのuをある同一の項で置き換えて得られる列もやはり定理である。

（**制限**　uに置き換わる項は、xの中の束縛変数を含んでいてはいけない。）

この特殊化規則によって、公理(1)からさっき望んだ列が得られる。それは一ステップの導出である——

∀a:~Sa=0　　公理(1)
~S0=0　　特殊化

特殊化規則によって、自由変数を含む式（すなわち、開いた式）から定理を導くこともありうる。たとえば次の列も公理(1)から特殊化によって得られる——

~Sa=0
~S(c+SS0)=0

一方、「一般化規則」と呼ばれるもうひとつの規則があって、特殊化の結果自由になった変数を含む定理に再び全称記号をつけることを許してくれる。それをたとえば左側の列に適用すると、一般化によって

∀c:~S(c+SS0)=0

が得られることになる。一般化は特殊化の作用をもとに戻し、逆も成り立つ。ふつう、一般化は開いた式をいろいろなしかたで何ステップか変形したあとで適用される。その規則を正確に述べると次のようになる。

一般化規則　xを定理とし、xの中に自由変数uが含まれているとする。そのとき、∀u:xも定理である。

（制限＝空想の中で、その空想の前提の中に自由変数として現れている変数については、一般化は許されない。）

これら二つの規則についての制限の必要性はすぐに、具体的に示される。ついでながらこの一般化は、第2章で触れた、素数の無限性についてのユークリッドの証明に見られる一般化と同じである。数学者が使っているその種の推論を記号操作の規則によって近似していく様がすでに現れている。

存在記号

これまでの二つの規則は、全称記号の取り除き方と、戻し方を述べている。次に、存在記号を取り扱う二つの規則について述べよう。

交換規則　uが変数であるとき、列∀u:~と~∃u:とは、どの

定理のどの部分においても置き換えてよい。

たとえば、これを公理(1)に適用すると次のようになる。

∀a：~Sa=0　　公理(1)
~∃a：Sa=0　　交換

ところで、これらの文はどちらも、「ゼロはどんな自然数の次の数でもない」という文のTNTへの完全に自然な翻訳であることに気づかれるであろう。だから、これらが簡単に移り変われるのは、いいことである。

次の規則は、どちらかといえば、さらにずっと直観的である。これは、われわれが「2は素数である」から「素数が存在する」に進むときに行っている、非常に簡単な類の推論に対応している。この規則の名前が自ら語っている。

存在規則　ある項（自由変数を含んでいてもよい）が、ある定理の中に一回か二回以上現れているとする。そのときのその項のどれか（またはいくつか、または全部）をひとつの変数で置き換え、そして対応する存在記号をその前に置くことができる。ただしその変数は、定理の他の場所で使われていないものに限られる。

この規則を、例によって公理(1)に適用してみよう。

∀a：~Sa=0　　公理(1)
∃b：∀a：~Sa=b　　存在

この式に、これまでに与えられた規則に従って記号を入れ換えて、次の定理を作ってみるとよい——~∀b：∃a：Sa=b

等号と「次」についての規則

限定記号を操作する規則を述べてきたが、記号=と次の数（後続）Sのための規則はまだ述べてなかった。以下にそれを補っておこう。以下、r、sおよびtは任意の項を表す。

等号規則
対称性＝もし$r=s$が定理ならば、$s=r$も定理である。
推移性＝もし$r=s$と$s=t$が定理ならば、$r=t$も定理である。

後続規則
S入れ＝もし$r=t$が定理ならば、Sr=Stも定理である。
Sとり＝もしSr=Stが定理ならば、$r=t$も定理である。

これで、定理の素晴らしく多様な集団を作り出すための諸規則がそろった。たとえば次の導出によって、とても基本的な定理が得られる。

(1) ∀a：∀b：(a+Sb)=S(a+b)　　公理(3)
(2) ∀b：(S0+Sb)=S(S0+b)　　特殊化（S0をaに）
(3) (S0+S0)=S(S0+0)　　特殊化（0をbに）
(4) ∀a：(a+0)=a　　公理(2)
(5) (S0+0)=S0　　特殊化（S0をaに）
(6) S(S0+0)=SS0　　S入れ
(7) (S0+S0)=SS0　　推移性（式(3)、(6)）

＊　＊　＊　＊　＊

(1) $\forall a:\forall b:(a\cdot Sb)=((a\cdot b)+a)$　公理(5)

(2) $\forall b:(SO\cdot Sb)=((SO\cdot b)+SO)$

特殊化（SOをaに）

(3) $(SO\cdot SO)=((SO\cdot O)+SO)$　特殊化（Oをbに）

(4) $\forall a:\forall b:(a+Sb)=S(a+b)$　公理(3)

(5) $\forall b:((SO\cdot O)+Sb)=S((SO\cdot O)+b)$

特殊化（(SO・O)をaに）

(6) $((SO\cdot O)+SO)=S((SO\cdot O)+O)$

特殊化（Oをbに）

(7) $\forall a:(a+O)=a$　公理(2)

(8) $((SO\cdot O)+O)=(SO\cdot O)$　特殊化((SO・O)をaに)

(9) $\forall a:(a\cdot O)=O$　公理(4)

(10) $(SO\cdot O)=O$　特殊化（SOをaに）

(11) $((SO\cdot O)+O)=O$　推移性（式(8)・(10)）

(12) $S((SO\cdot O)+O)=SO$　S入れ

(13) $((SO\cdot O)+SO)=SO$　推移性（式(6)、(12)）

(14) $(SO\cdot SO)=SO$　推移性（式(3)、(13)）

非合法的近道

ここでおもしろい問題をひとつ――「列O=Oはどうすれば導出できるだろうか？」 明らかな道として、まず∀a：a=aを導き、それに特殊化を適用することが思い浮ぶ。それなら、次の「導出」はどうだろうか？ どこがおかしいだろうか？ うまくなおせますか？

(1) $\forall a:(a+O)=a$　公理(2)

(2) $\forall a: a=(a+O)$　対称性

(3) $\forall a: a=a$　推移性（式(1)、(2)）

私がこの小さな問題を出したのは、（=のように）よく慣れた記号を操作するとき急いで飛びすぎてはいけない、という簡単な事実を指摘するためである。われわれは規則に従わなければいけないのであって、記号の受け身の意味についての知識に従ってはならない。もちろん、その種の知識は導出の筋道を見つけるためには大変貴重である。

特殊化と一般化がなぜ制限されたか？

次に、特殊化と一般化に制限を設けた理由について考えよう。ここに二つの導出がある。どちらにおいても制限のひとつが破られている。得られた結果は破滅的である。

(1) [　押し込む

(2) 　$a=O$　前提

(3) 　$\forall a: a=O$　一般化（誤り！）

(4) 　$Sa=O$　特殊化

(5)]　飛び出す

(6) $\langle a=O \supset Sa=O\rangle$　空想規則

(7) $\forall a:\langle a=O \supset Sa=O\rangle$　一般化

(8) $\langle O=O \supset SO=O\rangle$　特殊化

(9) $O=O$　前に得た定理

(10) $SO=O$　切断（式(9)、(8)）

これが最初の破滅である。もうひとつは、誤った特殊化によって得られる。

(1) ∀a：a=a　前の定理
(2) Sa=Sa　特殊化
(3) ∃b：b=Sa　存在
(4) ∀a：∃b：b=Sa　一般化
(5) ∃b：b=Sb　特殊化（誤り！）

これで制限がなぜ必要か、おわかりであろう。

ここでパズルをひとつ——（もしまだ試みておられなかったら）ペアノの第四の公準をTNT記法に翻訳し、しかもその列が定理であることを示してください。

何かが欠けている

これまでに述べられたTNTの規則と公理でしばらく実験をしてみると、次のような定理のピラミッドを作れることがわかるであろう（つまり列の集合で、どの列も同じ鋳型から作られており、ただ詰められた数詞0，S0，SS0，……が異なるだけである）——

(0+0)=0
(0+S0)=S0
(0+SS0)=SS0
(0+SSS0)=SSS0
(0+SSSS0)=SSSS0 等々

実はこれらの定理はどれも、すぐ前出のものからほんの数行で導かれる。だから、これは一種の定理の段々滝で、どのひとつもその次を誘発している。（これらの定理はpqシステムの次の性質と非常によく似たところがある。すなわち、ハイフンの中央と右側のグループが同時に生長する。）

さて、これらすべての受け身の意味をまとめて要約する、ひとつの列を簡単に書きくだすことができる。それは次の全称記号つき要約列である——

∀a：(0+a)=a

しかしこれまでに与えられた規則では、この列は導出の網にかからない。もしウソだと思うなら、導出してみてください。

この状況は、次の規則でただちに改善できる、と思われるかもしれない。

全体規則（案）　もしピラミッドの中のすべての列が定理ならば、それらを要約する全称記号つきの列も定理である。

この規則の問題は、M方式では使えない点である。システムについて考えている場合しか、列の無限集合がすべて定理であるとわかるはずがない。だから、この規則は形式システムの中にとり入れるわけにはいかない。

ω-不完全システムと決定不可能な列

そういうわけで、われわれは奇妙な状況に置かれている。どんな特定の数の加算についての定理でも文字操作によって導くことができるのに、加法のある一般的な性質を表しているさっきのように簡単な列が、定理ではない。pqシステムでも全く同じ状況にあったのだから、これだけが奇妙なのではないといわれるかもしれない。しかしpqシステムには、何をすべきだという自己主張は何もない。そして実際、加法についての一般的な言明を証明するどころか、その記号法で表現する方法さえない。そもそも道具がないので、システムに弱点があることなど考えもしなかった。しかし今後は、表現能力ははるかに強力なので、pqシステムよりずっと大きな期待がTNTにはかけられている。もしさっきの列が定理でなければ、そのことはTNTに弱点があると考える十分な理由であるといってよい。実はこの種の弱点には名前がつけられていて、そのようなシステムは **ω-不完全**であるという。(先頭についている ω は、自然数の全体がときに ω で表されることからきている) 次にその正確な定義を述べよう。

あるシステムが ω-不完全であるとは、ある列のピラミッド全体が定理であるのに、全称記号による要約列が定理ではないことをいう。

ついでながら、さっきの要約列の否定、

$$\sim\forall a:(0+a)=a$$

もTNTの定理ではない。これは、最初の列が、このシステム内では決定不能であることを意味している。もしその列かその否定かが定理であったら、その列は決定可能といってよかった。これは何か神秘的な用語のように響くが、与えられたシステム内の決定不能性について神秘的なところは何もない。それはたんに、システムが拡張できることを示す徴候にすぎない。たとえば、絶対幾何学において、ユークリッドの第五公準は決定不能である。ユークリッド幾何学を作るには、幾何学の新しい公準としてつけ加えなければならない。また逆に、その否定をつけ加えることもでき、そうすると非ユークリッド幾何学が得られる。幾何学のことをもう一度考えてみれば、どうしてこんな奇妙なことが起るのかが思い出せるであろう。それは、絶対幾何学の四つの公準では、「点」とか「線」という用語の意味がしっかりととらえられていないので、概念を異なる方向に拡張する余地が残されているのである。ユークリッド幾何学の点と線は、「点」と「線」の概念のひとつの拡張である。また非ユークリッド幾何学のテンとセンは、別の拡張である。しかし「点」とか「線」という言葉がすでにもっている匂いのため、二千年の間、これらの言葉は一価、つまりただひとつの意味しかもちえないと人々は思いこんでいたのだった。

非ユークリッド的TNT

われわれはTNTについて、同じような状況に立たされている。われわれは、われわれにある種の先入観をもたせるような記法を採用した。たとえば記号＋を使うと、プラス記号を含むどの定理も何か既知の親しみやすい事柄で、われわれが「加法」と呼んでいる既知の親しみやすい演算について「良識ある」ことをいっているはずだ、と考えやすい。だから次のような「第六公理」をつけ加える提案は、とても受けいれられない。

$$\sim\forall a:(0+a)=a$$

これは、加法についてわれわれが信じていることとは一致しない。

しかしこれは、われわれがここまで定式化してきたTNTのひとつの可能な拡張である。これを第六公理として使用するシステムは、xと~xという形の二つの列が同時に定理にはならないという意味で無矛盾である。しかしこの「第六公理」を例の定理のピラミッドと並べてみると、ピラミッドと新しい公理の間の見かけの矛盾におそらく悩まされるであろう。しかしこの種の矛盾は、もうひとつの種類（xと~xとが同時に定理である）ほどの実害をもたらさない。実際、それは本当の矛盾ではないので、記号を上手に解釈すれば、すべてがまるくおさまるはずである。

ω-矛盾と矛盾とは違う

この種の矛盾、すなわち(1)全体としてすべての自然数がある性質をもっていることを主張している定理のピラミッドと、(2)その性質をもっているのはすべての自然数ではない、といっているひとつの定理との対立に基づく矛盾は、ω-矛盾と呼ばれる。ω-矛盾のシステムは、一見悪趣味な、しかし最終的には受けいれられる非ユークリッド幾何学のようなものである。今起っているこのモデルを心の中に形成するためには、ある「余分」、予期されていなかった数が存在すると想像しなければならない——そういう数を「自然数」、超自然数と呼ぶことにしよう——それらは数詞では表せない。だから、それらについての事実はピラミッドでは表せない。（これは少しばかりアキレスの「神」の概念に似ている——彼の神は一種の「超妖霊」で、どんな妖霊よりも大きい。怪霊には嘲笑されたが、合理的なイメージであり、超自然的な神を想像する助けになるかもしれない。）

このことから、TNTの公理と規則が、これまでに提示された範囲では、TNTの諸記号の解釈を完全にはとらえていないことがわかる。それらが表す概念の、心の中のモデルには、いろいろな変種ができる余地がある。たくさんの可能な拡張のどれも、概念のいくつかをさらに精密化するが、その方向はまちまちである。さっきの「第六公理」を採用したら、どの記号が「趣味の悪い」受け身の意味をもつようになるだろうか？ 全部の記号が汚染されるだろうか、それとも、いくつかはわれわれが望んだ意味を保ってくれるだろうか？ その問題は読者におまかせしたい。第14章で同じような問題に出会うが、そのときはこの題材で議論をする。ともかく今はこの拡張は試みず、TNTのω-不完全性を回復することを考えてみよう。

最後の規則

「全体規則」についての問題は、無限のピラミッドのすべての式が定理であることを知らねばならない、ということであった——これは有限の存在者には大きすぎる要求である。しかしピラミッドのどの式も、前の式からある決まり型の方法で得られるとしてみよう。それならば、ピラミッドの中のすべての式が定理であるという事実に対する有限の根拠による弁明が可能である。要は、したがって、段々滝を作り出す型を見つけ、その型がそれ自身ひとつの定理であることを示せばよい。それは子供たちの「伝言」ゲームのように、各妖霊がある情報をそのメタに順送りすることを証明するようなものである。もうひとつ証明すべきことは、怪霊が階段状に送られる情報を発信することである——すなわち、ピラミッドの最初の式が定理であることを示さなければならない。そうすれば、神が情報を受けとることがわかる！

われわれが観察していたピラミッドについては、次の導出の(4)

〜(9)にとらえられているような、決まり型がある。

(1)	∀a：∀b：(a+Sb)=S(a+b)	公理(3)
(2)	∀b：(O+Sb)=S(O+b)	特殊化
(3)	(O+Sb)=S(O+b)	特殊化
(4)	[	押し込む
(5)	(O+b)=b	前提
(6)	S(O+b)=Sb	S入れ
(7)	(O+Sb)=S(O+b)	式(3)の持ち込み
(8)	(O+Sb)=Sb	推移性
(9)	]	飛び出す

前提は、(O+b)=bで、結果は(O+Sb)=Sbである。

ピラミッドの最初の式は定理である——それは公理(2)からただちに得られる。今必要なのは、ピラミッド全体を要約している列がまた定理であることの導出を可能にしてくれるような規則である。その規則は、ペアノの第五公準を形式化した文であろう。

この規則を表現するには、ちょっとした記法が必要である。変数aが自由変数として含まれているような論理式を、X{a}と略記することにしよう。(他の自由変数があってもよいが、関係ない。)そして記号X{Sa/a}は、すべてのaをSaに置き換えて得られる列を表す。同じように、X{O/a}はすべてのaをOに置き換えて得られる列を表す。

具体例として、X{a}が問題の列(O+a)=a を表すと考えてみよう。するとX{Sa/a}は列(O+Sa)=Saを表し、X{O/a}は(O+O)=Oを表す。(この {} 記法はTNTに属してはいない。これはTNTについて語る便宜上の記法である。)

この記法によって、TNTの最後の規則をごく簡潔に記述することができる。

帰納規則 uをある変数、X {u} をある論理式で、自由変数uを含むものとする。もし∀u：〈X{u}⊃X{Su/u}〉とX{O/u}が両方とも定理であれば、∀u：X{u}も定理である。

これが、ペアノの第五公準をTNTにとり入れるためにできるほぼギリギリのところである。次にこれを使って、∀a：(O+a)=aが事実TNTの定理であることを証明しよう。さっきの導出で、空想から飛び出したところで空想規則を適用して、次の式が得られる。

(10)	〈(O+b)=b ⊃(O+Sb)=Sb〉	空想規則
(11)	∀b：〈(O+b)=b ⊃(O+Sb)=Sb〉	一般化

これは帰納規則を使うために必要な二つの定理のうちの、最初の方である。もうひとつ必要なのはピラミッドの最初の式で、それはすでに得られている。したがって、帰納規則を適用して、望みの式を導くことができる。

∀b：(O+b)=b

特殊化と一般化によって、われわれは変数bをaに変えることができる。だから∀a：(O+a)=aはもはやTNTの決定不能な式ではない。

ある長い導出

ここでTNTにおけるひとつのかなり長い導出を示そう。これで導出がどのようなものかわかるであろうし、またその結果は、簡単ではあっても、数論の重要な性質のひとつである。

(1) ∀a:∀b:(a+Sb)=S(a+b)　公理(3)
(2) ∀b:(d+Sb)=S(d+b)　特殊化
(3) (d+SSc)=S(d+Sc)　特殊化
(4) ∀b:(Sd+Sb)=S(Sd+b)　特殊化（式(1)）
(5) (Sd+Sc)=S(Sd+c)　特殊化
(6) S(Sd+c)=(Sd+Sc)　対称性
(7) [　押し込む
(8) ∀d:(d+Sc)=(Sd+c)　前提
(9) (d+Sc)=(Sd+c)　特殊化
(10) S(d+Sc)=S(Sd+c)　S入れ
(11) (d+SSc)=S(d+Sc)　(3)の持ち込み
(12) (d+SSc)=S(Sd+c)　推移性
(13) S(Sd+c)=(Sd+Sc)　(6)の持ち込み
(14) (d+SSc)=(Sd+Sc)　推移性
(15) ∀d:(d+SSc)=(Sd+Sc)　一般化
(16)]　飛び出す
(17) 〈∀d:(d+Sc)=(Sd+c)⊃∀d:(d+SSc)=(Sd+Sc)〉　空想規則
(18) ∀c:〈∀d:(d+Sc)=(Sd+c)⊃∀d:(d+SSc)=(Sd+Sc)〉　一般化

* * * * *

(19) (d+SO)=S(d+O)　特殊化（式(2)）
(20) ∀a:(a+O)=a　公理(1)
(21) (d+O)=d　特殊化
(22) S(d+O)=Sd　S入れ
(23) (d+SO)=Sd　推移性（式(19)、(22)）
(24) (Sd+O)=Sd　特殊化（式(20)）
(25) Sd=(Sd+O)　対称性
(26) (d+SO)=(Sd+O)　推移性（式(23)、(25)）
(27) ∀d:(d+SO)=(Sd+O)　一般化

* * * * *

(28) ∀c:∀d:(d+Sc)=(Sd+c)　帰納規則（式(18)、(27)）
[Sは加法において前や後に移動できる]

* * * * *

(29) ∀b:(c+Sb)=S(c+b)　特殊化（式(1)）
(30) (c+Sd)=S(c+d)　特殊化
(31) ∀b:(d+Sb)=S(d+b)　特殊化（式(1)）
(32) (d+Sc)=S(d+c)　特殊化
(33) S(d+c)=(d+Sc)　対称性
(34) ∀d:(d+Sc)=(Sd+c)　特殊化（式(28)）
(35) (d+Sc)=(Sd+c)　特殊化
(36) [　押し込む
(37) ∀c:(c+d)=(d+c)　前提
(38) (c+d)=(d+c)　特殊化
(39) S(c+d)=S(d+c)　S入れ
(40) (c+Sd)=S(c+d)　(30)の持ち込み
(41) (c+Sd)=S(d+c)　推移性

(42) S(d+c)=(d+Sc)　(33)の持ち込み
(43) (c+Sd)=(d+Sc)　推移性
(44) (d+Sc)=(Sd+c)　(35)の持ち込み
(45) (c+Sd)=(Sd+c)　推移性
(46) 　∀c:(c+Sd)=(Sd+c)　一般化
(47)]　飛び出す
(48) 〈∀c:(c+d)=(d+c)⊃∀c:(c+Sd)=(Sd+c)〉　空想規則
(49) ∀d:〈∀c:(c+d)=(d+c)⊃∀c:(c+Sd)=(Sd+c)〉　一般化

[もしdが任意のcと交換可能なら、同じことがSdについてもいえる]

* * * * *

(50) (c+0)=c　特殊化
(51) ∀a:(0+a)=a　前の定理
(52) (0+c)=c　特殊化
(53) c=(0+c)　対称性
(54) (c+0)=(0+c)　推移性（式(50)、(53)）
(55) ∀c:(c+0)=(0+c)　一般化

[0はcと交換可能である]

* * * * *

(56) ∀d:∀c:(c+d)=(d+c)　帰納（式(49)、(55)）

[したがって、どのdもどのcとも交換可能である]

TNTにおける緊張と解決

TNTは加法の交換法則を証明できた。この導出を細かい点まで追跡しなくても、次の点を理解することは重要である。すなわち、音楽作品のように、そこには自然な「リズム」がある。千鳥足で望みの最終行にたまたまたどり着いたのとはわけがちがう。私はこの導出のいくつかの楽句を示すために「息つぎの標識」を挟んでおいた。式(28)はとくにこの導出の転回点で、AABB型の曲の中間点のようなものであり、そこで主調ではないにしても一時的な解決が得られる。こういう重要な段階はしばしば「補題」と呼ばれる。

この導出の式(1)から出発した読者が、どこで終るかもわからなかったのに、新しい式を見るたびに、どちらの方に行くかの感覚を少しずつ得ていくことは、容易に想像できる。これは内部的な緊張の設定であり、音楽の場合の緊張、すなわち何が主調かは教えるが解決はしない和音の進行がひき起す音楽作品の緊張と非常によく似ている。式(28)への到着は読者の直観を裏づけ、一時的な満足感を与え、また同時に読者が真の目標と推定するものに向って前進する活力を強めてくれる。

式(49)はきわめて重要な緊張強化の役割を果たしている。それが「ほとんど着いた」という感情をひき起すからである。そのまま去ってしまうのでは非常な不満が残るであろう！　そこからさきにどのように進むかは、ほとんど予測可能である。しかし音楽を聞いていて、解決のしかたが明らかになったときに、そこでやめようとは思わないであろう。結末を想像しようとは思わない——結末を聞きたいのである。ここでも同じように、ものごとを完遂しなければならない。式(55)は避けることができず、最後の緊張が高まって、式(56)で解決される。

これは形式的な導出にかぎらず、非形式的な証明の典型的な構造である。数学者の緊張感覚は、その美的感覚と密接に結びついていて、数学をやりがいのあるものにしている。しかしTNTそれ自身には、そのような緊張を反映するものは何もないことを注意しておこう。いいかえればTNTは、緊張と解決、目標と下位目標、「自然さ」とか「不可避性」の概念を形式化してはいない。それは、音楽の作品が和声やリズムの本ではないのと同じことである。もっとすてきな字形的システムで、導出の中の緊張とか目標を明示できるものが作れるだろうか？

形式的推論と非形式的推論

ユークリッドの定理（素数の無限性）をTNTの中で導出してみせた方がおもしろかったかもしれないが、それだと本の厚さが二倍にもなってしまったにちがいない。さっきの定理のつづきとしては、自然な方向は加法の結合法則、乗法の交換法則と結合法則、それから乗法の加法に対する分配法則を証明することであろう。これらは仕事の強力な出発点を与えてくれる。

TNTは今や、「臨界質量」（「TNT」と呼ばれるものにあてはめるには奇妙な暗喩であるが）に到達していて、『プリンキピア・マテマティカ』のシステムと同じ強力さをもっている。数論の標準的な専門書に見られるどんな定理でも、現在のTNTで証明できる。もちろん、TNTで定理を導出するのが数論を研究する最善の方法だとは誰もいわない。そういうふうに思う人は誰でも、1000×1000を求める最善の方法は一〇〇〇行一〇〇〇列の格子を描いて、すべてのます目を数えることだ、という人々と同じ仲間に入れられるであろう。そういうことは誤りなので、完全な形式化ができてから、すべきことはたったひとつ、その形式システムをゆるめることである。さもないと、TNTは途方もなく扱いにくいので、実用的などんな目的からみても役に立たない。だからTNTをより広い枠組の中に埋め込んで、新しい推論規則の導出を可能にし、導出の高速化を図った方がよい。そのためには、推論規則を記述する言語——つまりメタ言語の形式化が必要である。そうすればかなり遠くまで前進できる。しかしそういう高速化の技法は、TNTをより強力にはしない。ただ、もっと使いやすくするだけである。実は数論の専門家が依存している思考の様式は、すべてTNTの中にとり入れてある。これをもっと大きい枠組の中に埋め込んでも、定理の範囲はふえない。ただそのことによって、TNTの中での——あるいはその「新しい改良版」での——仕事は伝統的な数論のやりかたともっとよく似てくる。

数論の専門家は失業する!?

ここで、「TNTは不完全である」という進んだ知識をもっていない人が、その完全性を期待していたとしよう——すなわちTNT記法で表現可能な正しい文はすべて定理である、とする。その場合、われわれは数論全体についての決定手続きを作ることができる。その方法は簡単である。もしNの文*X*が正しいかどうかを知りたいなら、それをTNTの文*x*に翻訳する。もし*X*が正しいなら、完全性から、*x*は定理である。また「*X*でない」が正しいなら、やはり完全性から〜*x*は定理である。*X*か「*X*でない」かのどちらかは正しいから、*x*か〜*x*かのどちらかは定理でなければならない。そこでTNTのすべての定理を組織的に列挙してみよう。それはMIUシステムやpqシステムでやったのと同じようにしてできる。いつかは*x*か〜*x*に出会うから、そのどちらかに出会えば*X*と「*X*でない」のどちらが正しいかがわかる。（この議論がおわかりだろうか？　形式システムTNTと非形式的な対応物Nとを、心の中でしっかり区別できることが大切である。この点をよく理解しておいてほしい。）このように、もしTNTが完全ならば、原理的にいって、数論の専門家は失業する──彼らの分野のどんな問題でも、時間さえあれば、純粋に機械的な方法で解決できる。それは不可能だとわかっているが、それが喜びのもとか悲しみのもとかは、あなたのものの見方による。

ヒルベルトの計画

この章でとりあげる最後の問題は、命題計算の無矛盾性に対してもっていたほどの信頼をTNTの無矛盾性についてももつべきだろうか、また、もし、もてないのなら、それが無矛盾であることを証明してTNTへの信頼を高めることはできるだろうか、という問題である。大胆信女が命題計算に関して行ったのと同じ冒頭陳述を、TNTの無矛盾性の「明白性」について行うこともできる──すなわち、どの規則もわれわれが全く信用しきっている推論の原理を体現しているので、TNTの無矛盾を問うことは、われわれ自身が正気かどうかを問うことにほかならない。ある程度までは、まだこの議論に重みがある──しかし以前ほどではない。推論規則があまりにも多く、そのいくつかは少しばかり「ふつうでない」。おまけに、「自然数」と呼ばれるある抽象的な存在についてのわれわれの心の中のモデルが実際に首尾一貫した構成体であることは、どうすればわかるのだろうか？　ひょっとするとわれわれの思考過程、システムの形式的な規則で把握しようと努めている非形式的な過程は、それ自身は矛盾を含んでいる！　それはわれわれが望んでいることではないが、われわれの思考がわれわれを迷わせることは、相手が複雑になればなるほど考えられることである──その上、自然数はけっしてつまらない相手ではない。だから慎重居士が要求する無矛盾性の証明は、この場合にはもっと真剣にとりあげなければならない。それは、TNTが矛盾を含むかもしれないと真剣に疑うことではない──しかし、われわれの心にはちょっとした疑い、ゆらめき、おぼろげな疑いがあり、証明はそういう疑いを追いはらう役に立つであろう。

しかし証明のどんな手段が好ましいのだろうか？　われわれはまたしても循環論でおなじみの問題に直面する。もしわれわれが、われわれのシステムについての証明に、そのシステムの中に注入したのと全く同じ道具を使うとしたら、われわれはいったい何を実現したのだろうか？　もしわれわれがTNTの無矛盾性を、TNTより弱い推論のシステムによって何とか論証できたのなら、われわれは循環論という非難を打ち破ったことになる！　船の間に太いロープをわたす次のような方法を考えてほしい──（私が子供の頃読んだところでは）まず軽い矢に細いロープをつけたものを飛ばす。こうして一度二隻の船の間のつながりができれば、船の隔りを越えて太いロープを引っぱることができる。もし「軽い」システムを使って「重い」システムの無矛盾性が証明できたのなら、われわれは事実何ごとかを達成したのである。

さて、まずは細いロープがあると考えてみよう。われわれの目標は、TNTがある字形的な性質（無矛盾性）、すなわちxという列と$\sim x$という形の列とがともに定理であることはけっしてないという性質を証明することである。これは**MU**がMIUシステムの定理でないことを示すのと似たところがある。どちらも記号処理システムの字形的性質についての命題である。細いロープを想像するのは、次のような推定に基づいている。「そのような字形的性質が成り立つことの証明には、数論についての事実は要らないであろう。」いいかえれば、もし整数の性質が要らないのなら――あるいはごく簡単な性質がいくつか使われるだけなら――TNTの無矛盾性の証明という目標が、TNT自身の中で使われている推論の方式より弱い道具によって、達成できるであろう。

この希望は今世紀のはじめに、ダヴィット・ヒルベルトを指導者とする数学者と論理学者の重要な学派によって支持された。その目標は、TNTに似た形式的数論の無矛盾性を、「有限の立場」と呼ばれる非常に制限された推論の原則の組合せを使って証明することであった。その諸原則が細いロープである。有限の立場には、命題計算に組み込まれている命題についての推論のすべてが含まれているほか、ある種の数値的推論がつけ加えられている。しかしゲーデルの仕事は、次のことを教えてくれる。TNT無矛盾性という太いロープを、有限の立場の細いロープによって隔たりを越えて引っぱろうというどんな試みも、必ず失敗するように運命づけられている。ゲーデルが示したのは、隔たりを越えて太いロープを引っぱるためには、細いロープではうまくいかない――十分強いものが必要なのである。より直接的には、次のようにいってよい。「TNTの無矛盾性を証明できるほど十分強力なシステムは、少なくともTNT自身と同じくらい強力でなければならない。」したがって、循環論は避けられないのである。

無の捧げもの

亀とアキレスが遺伝情報の起源に関する講演を聴いてきたところ。アキレスの家でお茶を飲んでいる。

アキレス　実は恐ろしいことを打ち明けたいんだがな、亀公？
亀　何だね、アキレス？
アキレス　さっきの講演の題目はなかなか面白かったんだが、にもかかわらず一、二分ばかりうとうと眠ってしまってね。ところがうつらうつらしながらも、耳にはいってくる言葉を半分ばかり意識する。ぼくの下位レベルからふわっと妙なイメージが浮びあがってきた。つまりAとTはアデニン Adenine とチミン Thymine を表すのじゃなくて、ぼくの名ときみの名を表す――そしてDNAの二重らせんはきみとぼくの小さなコピーをバックボーンにしている、アデニンとチミンがいつもそうであるように、いつも対になってさ。妙な記号イメージじゃないかい？
亀　ふん！　そんなたわごとを誰が信じるもんか。じゃあ、CとGはどうなる？
アキレス　うん、Cは蟹君 Mr. Crab を表すんじゃないかと思うんだ、シトシン Cytosine を表すんじゃなくて。Gについてはよくわからないけど、きっと何か思い浮ぶさ。とにかく想像してると面白かったな、ぼくのDNAにきみのちっぽけなコピーが充満してるんだ――むろん、ぼくの小さなコピーもだけど。それが引き起す無限退行を考えてみろよ！
亀　講演をしっかり聴いていなかったんだな。
アキレス　いや、それは違う。いっしょうけんめい聴いていたさ、ただ、空想と事実とを切り離すのが厄介だったね。とどのつまり、ああいう分子生物学者の探索してるのは実に奇妙なあの世じゃないか。
亀　どういう意味だい？
アキレス　分子生物学ってのは特殊な渦巻の輪がいっぱいあって、それがぼくにはさっぱり理解できないんだ。たとえば、ねじれた蛋白質は、DNAに遺伝情報が指定されていて、いったん合成されてループになると、それ自身を指定したDNAを操作して、場合によってはそのDNAを破壊することもありうるなんてね。そういう奇妙な輪ばかりでこんがらかってしまうんだよ。薄気味悪いね、ある意味では。
亀　ぼくは実に惹きつけられる。

アキレス　だろうね、もちろん――あれはきみの趣味だよ。しかしぼくとしては、たまにはそういう分析思考から遠ざかって、少しばかり瞑想にふけりたくなる、解毒剤としてだ。今夜聴いてきたごちゃごちゃした輪や信じられないような入り組んだものを、きれいさっぱり忘れられるからな。

亀　こりゃ驚いた。きみが瞑想家だとは思ってもみなかったぜ。

アキレス　禅を研究してるって話したことなかったかい？

亀　へえ、またどうしてそんなものを始めたんだい？

アキレス　ぼくは陰と陽にずっと凝ってるだろ――『易経』とか導師とかに案内される東洋神秘主義総巡りだな。それで、ある日こう思った。「禅もどうだろう？」それが事の始まりさ。

亀　ほう、すごいじゃないか。するとようやくぼくも悟りをひらかせてもらえるらしい。

アキレス　おいおい、待てよ。悟りは禅にいたる道への第一歩じゃない。いうなれば最後の一歩だぜ！　悟りはきみのような初心者のためのものじゃないんだ、亀公！

亀　おたがい誤解してるよ。「悟り」といったって、ぼくは何も禅で意味されているような重大な意味でいったんじゃない。ただたんに、禅とはどういうものかについて悟りをひらかせてもらえるだろうってことさ。

アキレス　なんで端（はな）からそういわなかったんだ。それなら喜んで話そうじゃないか、禅についてぼくの知ってることを。たぶんきみも学んでみようという気になるかもしれないぞ、ぼくみたいに。

亀　うん、ならないともかぎらない。

アキレス　ぼくの師お蟹様のもとでいっしょに学ぶとどうだろう――

――七代目の長老なんだ。

亀　そりゃいったいどういう意味だい？

アキレス　それを理解するには禅の歴史を知らなくてはな。

亀　それじゃ、禅の歴史を少し教えてくれないか？

アキレス　名案だね。禅は仏教の一種で、菩提達磨という名の僧が創始した。インドから六世紀頃に中国へ渡った人でね。菩提達磨は初代長老だ。六代目は慧能（えのう）だ。（やっと思い出したぞ！）

亀　六代目長老はゼノンだって？　人もあろうに、あの男がこんなところへ首を突っ込んでるとは妙だよ。

アキレス　禅の価値を見くびっているみたいだな。もう少し聞けよ、そうすればわかってくるだろうから。さっきのつづきだが、それから約五百年後、禅は日本にもたらされ、そこにしっかりと根をおろした。以来、日本の主な宗教のひとつとなっている。

亀　その「七代目長老」、お蟹様というのは誰だい？

アキレス　ぼくの師だ、その教えは六代目長老からじかに伝えられたものだ。師はぼくに、実在はひとつで、不易不変だということを教えてくれた。あらゆる複数、変化、運動は五感の幻影にすぎないというわけだ。

亀　なるほど、そりゃゼノンだ、遠くはない。それにしてもなんであの男は禅なんかにもつれ込んだんだい？　かわいそうに！

アキレス　ななんだって？　そんな言い方はないだろう。誰かもつれているやつがいるとすれば、それは……まあいい、それは別問題だ。とにかく、きみのその質問の答は知らないね。そのかわり、わが師の教えをいくつか話してみよう。ぼくが学んだのは、禅においては悟りを追求するということだ――「無心」の境地だな。この境地において、人は世界について考えない――人はただ「在る」んだよ。禅を学ぶ者はいかなるもの、思考、人物にも「執

第 45 図　M. C. エッシャー『ラ・メスキータ』（スケッチ、1936 年）

着」してはならないということをも教えられた——つまり、いかなる絶対をも、それを信じたり、それに依存したりしてはならない——この無執着という哲学さえもだ。

亀　ふふーん……なら、禅にはどことなくぼくが好きになれそうなところがあるな。

アキレス　きみなら関心を抱くだろうという気はしてたよ。

亀　でもどうなんだい、禅が知的活動を拒否するのなら、禅について知的考察を行う、禅を厳格に研究するというのは意味をなすのかい？

アキレス　その問題にぼくもずいぶん悩まされたね。でもようやく答を見出したと思う。きみはきみの知るどんな道を通して禅に近づいていってもかまわない、そうぼくには思えるんだ——たとえその道が禅と完全に正反対だとしてもね。近づいていくうちに、その道からそれることをだんだん学んでいく。道からそれればそれるほど、禅に近づくのさ。

亀　ふーん、かなりはっきりしてきたみたいだな。

アキレス　禅にいたるぼくの気に入りの道は、短い、魅力的な、不思議な禅寓話だ、「公案」というんだが。

亀　公案って何だい？

アキレス　公案は禅師と弟子の話だ。謎みたいなものもあるし、寓話みたいなものもあるし、聞いたことのないような話もある。

亀　興味をそそられるね。公案を読んで楽しむのが禅を修業することだっていうわけかい？

アキレス　それはどうかな。でも、ぼくの思うに、公案を楽しむほうが本物の禅にずっと近づける、重苦しい哲学用語で書かれた禅の研究書を何冊も読むよりはね。

亀　公案をひとつ二つ聞かせてほしいな。

アキレス　いいとも、ひとつ聞かせよう――いや、二つ三つ。まずはいちばん有名なのがいいだろう。何世紀も昔、趙州（じょうしゅう）という禅師がいた。百十九歳まで生きた人だがね。

亀　まだまだ若いよ！

アキレス　きみの規準じゃ、なるほどそうだ。で、ある日、趙州ともう一人の僧が寺にいると、一匹の犬がそばを通っていった。僧が趙州に尋ねた。「犬は仏性を有するか否か？」

亀　何だね、そりゃ。教えてくれよ――趙州は何と答えた？

アキレス　「無」

亀　「ム」？　何だい、その「ム」って？　犬はどうなった？　仏性はどうなった？　答はどうなったんだい？

アキレス　だって、「無」が趙州の答なんだよ。「無」と一言発することによって、趙州は相手の僧に、そのような質問を発しないことによってのみ答を知ることができると知らしめた。

亀　趙州は問いを「不問に付した」

アキレス　まさしくそのとおり！

亀　「ム」ってのは持ち歩くと便利なようだな。ときには問いを不問に付したいこともあるんでね。どうやら禅の趣旨がわかりかけてきたぞ。ほかの公案は知ってるかい、アキレス？　もっと話してほしいな。

アキレス　いいとも。対になってる公案を教えよう。ただしかし……

亀　しかし、どうしたね？

アキレス　うん、ひとつ問題があるんだ。両方とも広く語られている公案だけど、その一方のみが本物だとわが師が忠告してくれた。おまけに師は知らないというんだ、どっちが本物で、どっちが偽物かを。

亀　ばかな！　じゃあ両方話してみろよ、納得のゆくまでいっしょに考えようじゃないか！

アキレス　いいだろう。伝えられる公案のひとつはこうだ。

　僧が馬祖（ばそ）に尋ねた。「仏とは何か？」

　馬祖はいった。「この心が仏だ」

亀　ふふーん……「この心が仏だ」？　こういう禅の連中ってのは、ときどきさっぱりわけのわからんことをいう。

アキレス　それならもうひとつ伝えられている公案のほうが気に入るかな。

亀　どんなんだい？

アキレス　こうさ。

　僧が馬祖に尋ねた。「仏とは何か？」

　馬祖はいった。「この心は仏ではない」

亀　こりゃいい！　ぼくの甲羅は緑であり緑でないならだな！　気に入った！

アキレス　おい、亀公――公案はただ「気に入る」ようなものじゃないんだ。

亀　なるほど、それじゃ――ぼくはそれが気に入らん。

アキレス　そのほうがいい。ところでさっきいったように、わが師は二つのうちひとつが本物だと信じている。

亀　どうしてそう信ずるにいたったのかがわからないな。まあとにかく空論だろうさ、公案が本物か偽物かを知るすべはないんだから。

アキレス　いや、それは間違いだぜ。わが師はそれを知るすべを教えているんだ。

亀　ほんとかい？　公案の本物たることを決定する手続きを？　そいつはぜひとも拝聴したいもんだ。

アキレス　なかなか複雑な儀式でね。二つの段階を要する。第一段階においては、問題の公案を三次元にぐるりと折りたたんだ一本の糸に翻訳しなければならない。

亀　妙なことをするもんだな。で、第二段階は？

アキレス　それは簡単さ――糸が仏性を有するかどうかを決めさえすればいいんだ。仏性を有するなら、公案は本物だ――有しなければ擬物(まがいもの)だね。

亀　ふふーん……決定手続きの必要性を別の領域に移しただけのように思われるけどな。今度は仏性の決定手続きが必要になるわけだ。次はどうなる？　要するに、犬が仏性を有するか否かさえわからないのなら、一本一本の巻いた糸についてどうしてそんなことがわかる？

アキレス　それはだな、領域の転換が役に立つと師は説いてくれた。観点を変えることと同じだよ。ある角度からは複雑に見えるものも、別の角度から見ると単純なこともある。師は果樹園の例を出してくれた。ある方向から見ると何の秩序もないが、特定の角度から見ると美しい規則性が現れるんだ。きみもきみの見方を変えることによって、すでに同じ情報を再編制しているわけだ。

亀　なるほど。するとたぶん、公案の本物たる姿はそのなにか非常に深いところに隠されていて、しかしそれを一本の糸に翻訳すると、なんらかの形で表面に浮んでくるというわけだね？

アキレス　それをわが師は発見したんだ。

亀　それならぜひともその技について知りたいものだ。しかしまず教えてくれよ、公案を（ひとつづきの言葉を）一本のよじれた糸に（三次元のものに）どう変えられるんだい？　まるで違うたぐいの実体じゃないか。

アキレス　そこが禅で学んだ最も神秘的なことのひとつさ。二つの段階がある、「転写」と「翻訳」。公案の転写はそれを音標文字で書くことだ、たった四個の幾何学記号から成る音標文字でね。公案をこのように音声化したものを伝達子(メッセンジャー)という。

亀　その幾何学記号はどんな恰好をしてるんだい？

アキレス　五角形と六角形から成るのさ。こんな恰好だな（そばにあるナプキンを一枚取り、亀に次のような図を描いてみせる）。

亀　不思議な恰好をしているなあ。

アキレス　門外漢にはそう見えるだけさ。さて伝達子をこしらえたなら、何かリボ系のものを両手にすり込んで、そして――

亀　何かリボ系のもの？　儀式に使われる軟膏の一種かい？

アキレス　厳密には違うね。ねばねばした特殊な調合薬で、糸を折りたたんだとき形がくずれないようにするんだ。

亀　何でできてるんだい？

アキレス　知らないな、正確には。でも糊みたいな感触で、とびきり効力がある。とにかく両手にリボを塗り込んだなら、伝達子による記号の連続を数種類の糸の恰好に翻訳できるわけだ。しごく簡単さ。

亀　待てよ！　そう急ぐなってば！　それはどうやるんだい？

アキレス　まずは糸をまっすぐにする。それから一方の端へいき、さまざまの型の恰好をこしらえはじめる、伝達子の幾何学記号に従って。

亀　するとその幾何学記号は、おのおのが糸の異なる巻き方を表すんだね？

アキレス　おのおの単独にではない。一度に三つ要るんだ、一度にひとつずつでなく。糸の一方の端と、伝達子の一方の端から始める。糸の最初の一インチをどうするかは、最初の三つの幾何学記号によって決定される。次の三つの記号が糸の二番目の一インチの折りたたみ方を指示してくれる。そうして糸にそって、同時に伝達子にそって、一インチずつ進んでゆくわけだ、伝達子がなくなるまで糸のそれぞれの区分を折りたたみながらね。リボをちゃんと塗っておけば、糸は折りたたんだままの形を保ち、それによってできあがるのが公案の糸への翻訳だ。

亀　なかなか正確を要する手続きなんだな。なにやら妙な糸をそんなふうにしなくちゃならないとはね。

アキレス　確かにそうだ。長い公案は実に奇怪な恰好に翻訳される。

亀　だろうと思うよ。しかし伝達子を糸へ翻訳するためには、伝達子の三つ組の幾何学記号がそれぞれどんなたぐいの折りたたみを表すか知らなくてはならない。それはどうやって知るんだい？　辞書でもあるのかい？

アキレス　あるんだ――「幾何学コード」を一覧表にした重宝な本がある。これを一冊持っていなければ、むろん公案を糸に翻訳できないね。

亀　明らかにそうだ。幾何学コードの源は何だい？

アキレス　「大師」という名で知られる老師からきたもので、わが師のいうに、この人は悟りを越えた悟りに達した唯一の人だ。

亀　いやはや驚き！　一段階じゃ食い足りないんか。しかし何にしても大食いというのはいるからな――悟りにも大食いがいるんだろう。

アキレス　きみは「悟りを越えた悟り」Enlightenment 'Yond Enlightenment が「眼睛（がんせい）」EYE を表すと思うかい？

亀　「寒生（かんせい）を表すかい」だって？　それはどうも疑わしいな、アキレス。むしろメタ悟り Meta-Enlightenment を表すね――ME すなわち迂生（うせい）を表す。

アキレス　きみを？　どうしてきみを表わす？　きみは悟りの第一段階にすら達していないんだぜ、いわんや――

亀　てんでわかってないな、アキレス。たぶん悟りの実態を学んだ者は悟り以前の状態に戻るんだ。「二度の悟りは悟りにあらず」というのがつねづねぼくの持論でね。それはともかく、さっきの話の退治といこう――いや、さっきの大師の話といこう。

アキレス　ほとんど知られていないんだ、禅糸の芸の創案者でもあるという以外は。

亀　そりゃ何だい？

アキレス　仏性の決定手続きの基となる技だ。ひとつその話をしよう。

亀　それは惹かれるな。ぼくみたいな初心者にはわくわくするものがずいぶんあるなあ。

アキレス　禅糸の芸の始まりを語る公案もあるという言い伝えさえあるんだ。しかし残念ながら、それは遠い昔に時の砂のなかに埋もれてしまって、永久に失われたにちがいない。そのほうがいいんだよ、さもなければ師の名を僭称して、ほかのやり方で師の真似をしようとする者が出てくるだろうから。

亀　しかしあらゆる師のなかでも最高の悟りに達したその大師をす

べての禅の徒が真似るのなら、それはいいことじゃないかい？

アキレス　模倣者についてこういう公案があるんだ。

禅師倶胝(ぐてい)は、禅について質問されたときにはいつも一本の指を立てた。とある童子がこの真似をするようになった。倶胝はこの童子の真似のことを耳にし、使いをやって童子を呼び、本当かどうかと尋ねた。童子は本当だと認めた。倶胝は童子に理解したうえでのことかと尋ねた。それに応えて童子は人差指を立てた。倶胝はたちまちその指を切り落とした。童子は苦痛の叫び声をあげて部屋の外へ逃れようとした。敷居に達したとき、倶胝は「童子！」と呼んだ。童子がふりむくと、倶胝は人差指を立てた。その瞬間、童子は悟りをひらいた。

亀　へえ、よく知ってるもんだよ！　禅とは趙州とその一党のことかいなと思っていた矢先、今度は倶胝もお戯れときた。なかなかユーモアのセンスがある男らしいね。

アキレス　この公案は大真面目だぜ。ユーモアがあるなんてどうして思えるんだ。

亀　たぶん禅はユーモアがあるから教訓的なのさ。そういう話をぜんぶ大真面目にとったら、肝心なところを逃しかねないんじゃなかろうか。

アキレス　きみの亀禅にも一理はあるだろうよ。

亀　ひとつ答えてくれないか？　知りたいんだ。なぜ菩提達磨はインドから中国へ渡ったんだい？

アキレス　おやおや！　趙州がまさくしそう尋ねられたとき何といったか教えようか？

亀　うん、頼む。

アキレス　答はこうさ。「庭の柏の樹」

亀　もちろんだとも。ぼくだってそう答えたろうね。ただし別の問いの答としてだよ——つまり「真昼の陽射しを避ける陰がどこかにありますか？」と訊かれたらだ。

アキレス　きみは知らずして、いま禅全体の基本的問いにうっかりぶつかったよ。その問いは無邪気なように聞えるけど、実はこういう意味だ。「禅の基本原理は何か？」

亀　途方もないんだな。禅の中心目的が日陰を見つけることだとは思ってもみなかったよ。

アキレス　そうじゃないって——まるきり誤解だ。その問いのことをいったんじゃないんだ。菩提達磨がなぜインドから中国へ渡ったかというきみの問いのことだ。

亀　なるほど。ぼくはそんな深みにはまっているとは思いもしなかったよ。ところでこの妙な図に戻ろうよ。いかなる公案も、きみの説明した方法にしたがってねじった糸に変えられるらしい。すると逆の手順はどうなる？　どんなふうに折りたたんだ糸も公案になるように読まれうるのかい？

アキレス　まあ、ある意味ではね。しかし……

亀　何かまずいのかい？

アキレス　そういうふうにぐるりと回してはならないことになっているんだ。禅糸の中心教義に抵触するんだな、ほら、その教理はこの絵のようになるから（ナプキンを一枚取り図を書く）。

公案　⇩（転写）　伝達子　⇩（翻訳）　折りたたんだ糸

矢印の反対にいってはいけないんだ——とりわけ第二の矢の反対には。

亀　ねえ、その教義は仏性をもつのかい、もたないのかい？　それを考えるようになると、ぼくはその問いを不問に付することになるんだろうな。そういうことだろ？

アキレス　その問いを不問に付してくれて嬉しいよ。しかし——ひとつ秘密を打ち明けよう。誰にもいわないと約束するかい？

亀　亀の名誉にかけて。

アキレス　実は、たまに、ぼくはこの矢印に逆らってみるんだ。ちょっとした違法のスリルを味わうというか。

亀　ほんとかい、アキレス！　きみがそんなとんでもないことをするとは思わなかったぜ！

アキレス　まだ誰にも漏らしたことはないんだお蟹様にさえも。

亀　じゃ教えてくれよ、中心教義の矢印に逆らうとどうなる？　つまり、糸から始めて、公案ができるというわけ？

アキレス　ときにはね——しかしもっと奇怪なことも起りうる。

亀　公案をつくるより奇怪な？

アキレス　うん……逆翻訳して逆転写した場合、何かが得られるには得られるんだが、かならずしも公案ではない。糸によっては、そういうふうにして朗読した場合、無意味にしかならないんだな。

亀　それがつまりは公案の別名じゃないのかい？

アキレス　禅の真の精神がまだまだわかっていないね。

亀　少なくとも、かならず物語にはなるんだろ？

アキレス　かならずしもならない——無意味な音節ばかりのこともあるし、文法無視の文章になることもある。しかし、たまには公案らしきものにもなる。

亀　らしきものでしかないわけかい？

アキレス　まあ、擬物かもしれないだろうな。

亀　ははーん、なるほど。

アキレス　一見、公案らしきものになる糸を、ぼくは「形のよい」糸と呼んでいる。

亀　偽の公案と本物の公案とを区別する決定手順について話してくれないか？

アキレス　その方向へ話をもっていこうとしてたのさ。公案もしくは非公案が、それぞれ場合によって与えられたとすると、まずそれを三次元の糸に翻訳する。残るはただ、その糸が仏性を有するか否か見つけることだ。

亀　でもそれはどうする？

アキレス　うん、ぼくの師がいうに、大師は糸をちらりと一瞥しただけで、それが仏性を有するか否かを判断することができた。

亀　しかし悟りを越えた悟りに到達していない者はどうする？　糸が仏性を有するかどうかを知るすべはないわけかい？

アキレス　いや、あるんだ。実はそこへ禅糸の芸がはいってくるんだな。それは、すべてが仏性を有する無数の糸をつくるための技巧なのさ。

亀　なんだって！　そして、仏性を有しない糸をつくる同じような方法もあるのかい？

アキレス　どうしてそんなものが要る？

亀　いや、ただ役に立ちそうだと思ったもんだから。

アキレス　ずいぶん妙な趣味だよ。考えてみろって。仏性を有するものより有しないもののほうに興味を抱くなんてさ！

亀　まあ、こっちは悟りをひらいた状態にないってことに免じてくれよ。とにかくいまの話だ。仏性を有する糸のつくり方を教えてほしいな。

アキレス　まず始めに、定則に則った五つの開始の型のどれかひとつで、糸の輪を両手に懸けるんだ、こんなふうに……（糸を一本拾いあげ、単純な輪にしたそれを両手の指一本ずつに渡して懸ける。）

亀　定則に則った開始の型の残りの四つはどんなふうだい？

アキレス　それぞれが糸を拾いあげる自明の様態であると考えられる型なんだ。初心者ですらしばしばそのような型で糸を拾いあげる。そしてそうした五本の糸はすべて仏性を有するんだよ。

亀　なるほどね。

アキレス　それから糸操作規則がいくつかある。それによってもっと複雑な糸の形をつくることができるんだがね。とりわけ、両手のある基本的動きをすることによって糸を修正することが許される。たとえば、こんなふうに交叉させて——そしてこんなふうに引っぱって——そしてこんなふうにねじってもいい。おのおのの操作とともに、両手に渡して懸けた糸の全形態を変えていく。

亀　へえー、綾取りをやるみたいにしてそういう糸の形をつくっていくのか！

アキレス　そのとおりだ。見てのとおり、糸を複雑にする規則もあるし、単純化する規則もある。しかしどっちの方向へいくにせよ、糸操作規則に従うかぎり、できあがる糸はどれもみな仏性を有する。

亀　実に驚きだな。ところできみがいまつくったその糸に隠されている公案はどうなんだい？　本物かね？

アキレス　うん、ぼくが学んだことによれば、本物のはずだ。規則に従ってこしらえたし、五つの自明な型のひとつから始めたんだから、この糸は仏性を有するはずだ。したがって本物の公案に対応するはずだ。

亀　その公案がどういうものかはわかるのかい？

アキレス　中心教義を犯せっていうのか？　ほんとに厚かましいやつだ。

（額にしわを寄せてコード書を片手に、アキレスは一インチずつ糸をたどっていき、公案用の奇妙な音声文字である三つ一組の幾何学記号を用いて、それぞれの糸型を記録していく。それがほとんどナプキンいっぱいまでになる。）

よしできた！

亀　すごいや。さて聞かせてもらうか。

アキレス　いいとも。

　旅の僧がとある老婆に台山へいく道を尋ねた。台山とは、そこを参拝する者に知恵を授けるといわれる名高い寺である。老婆はいった。「まっすぐにいくんじゃ。」僧が数歩歩いてから老婆はひとりごちた。「あれもありふれた参拝人じゃな。」この出来事を耳にした趙州はいった。「ひとつわしが調査してみよう。」翌日、彼が出かけて同じことを尋ねると、老婆は同じ答をした。趙州はいった。「あの老婆を調査してきたぞ。」

亀　これほど調査好きなんだから、趙州がＦＢＩに採用されなかったのは残念だよ。ところでどうなんだい——きみがやったことは、ぼくにもできるんだろ、禅糸の芸にある規則に従っていけばね？

アキレス　そのとおりさ。

亀　きみがやったのとまったく同じ順序で操作していかなければならないのかい？
アキレス　いや、どんな順序でもかまわない。
亀　なるほど、それならぼくは別の糸を使って、したがって違った公案を得ることにしよう。きみのやったのと同数の段階を踏まなければならないわけ？
アキレス　いや、ぜんぜん。段階はいくつでもけっこう。
亀　すると仏性を有する無限の数の糸があるわけだ――したがって、無限の数の本物の公案が！　きみのいう規則でつくることのできない糸があるってどうしてわかる？
アキレス　それがわかるんだな――仏性を欠くものに戻ってさ。仏性を有する糸のつくり方がわかってしまえば、仏性のない糸をつくることもできるという寸法さ。そこを師が最初にしっかりたたき込んでくれてね。
亀　すごいや！　それはどうなるんだい？
アキレス　簡単さ。ほら、たとえば――仏性を欠く糸を一本つくってみよう……
（さきほどの公案が「引き」出された糸を取り、その端に小さな結び目をこしらえ、親指と人差し指でぴんと張る。）
これがそれだ――ぜんぜん仏性がない。
亀　実によくわかるよ。結び目をひとつ加えるだけでいいんだね？新しい糸が仏性を欠くってことはどうしてわかる？
アキレス　仏性というこの基本的な特性ゆえにだ。二本のよき形をした糸が端の結び目を除いて同一であるとき、その一方のみが仏性をもちうる。師が教えてくれた親指の法則だ。
亀　ひとつ不思議なんだけどね。禅糸の規則に従って到達できないような、仏性を有する糸もあるのかい、順序は問わないとして？
アキレス　それは認めがたいな。しかしぼく自身もその点に関してはいささか混乱していてね。最初、師はことさらこう強調した。つまり、糸の仏性は、規則に則った五つの最初の型のひとつから開始し、次に許された規則に従ってその糸を発展させることによって定義される、と。しかしその後、誰とかの「定理」なるものを口にした。それがよくつかめなかったんだ。たぶん聞き違えたのかもしれない。でも師が何といったにせよ、この方法が仏性を有するすべての糸に適応するのかどうかと、少々疑念がわいたのさ。少なくともぼくの知るかぎりでは、たしかに適応する。ところが仏性ってやつはなにせ捕えにくいからな。
亀　察したよ、趙州の「無」から。ちょっとわかんないんだが……
アキレス　何だい？
亀　この二つの公案なんだけど――つまり、公案と、その非公案――「この心は仏である」という公案と、「この心は仏ではない」というのだけどね――幾何学コード経由で糸に変えたとき、その二つはどんなふうになるんだい？
アキレス　見せてあげるよ。
（まず音声転写をすませ、ポケットから二本の糸を取り出すと、奇妙な文字で書かれた三つ一組の記号に従いながら、一インチずつ丹念に糸を折りたたんでいく。それから完成した二本の糸を並べる。）
ほら、違うだろう。
亀　実にそっくりじゃないか。うん、たったひとつ違いはあると思う。片方は端に結び目があるってことだ！
アキレス　趙州に誓って、そのとおり。

亀　ははーん！　なるほど、きみの師が怪しげなことをいったわけがわかったよ。

アキレス　ほんとかい？

亀　さっきの親指の法則によれば、こういう一対のせめて一本は仏性を有しうる。だから公案のひとつが偽物だとすぐわかるんだ。

アキレス　しかしどっちが偽かはわからないぜ。ぼくも試みたし、師も試みた、糸操作規則に従ってこういう二本の糸をつくり出そうとね、しかしだめなんだ。どっちもぜんぜん正体を現わさない。しくじりばかりさ。ときどき疑問がわいてくるんだな、つまり……

亀　つまり、どっちかが仏性を有してるってことにかい？　おそらくどっちも仏性をもたないんだ——どっちの公案も本物じゃないんだ！

アキレス　ぼくはそこまで思ったことはないけど——でも、いうとおりだな——それはありうる。しかし仏性についてそんなにあれこれ問うべきじゃないらしいよ。禅師無門は、多くを問いすぎる危険をつねづね弟子たちに警告した。

亀　わかった——質問はやめだ。そのかわり、ぼくも自分で糸をつくってみたい気がするんだけどな。ぼくのこしらえるのがいい形になるかどうか、やってみるのも一興だろう。

アキレス　それは面白そうだ。ほら、糸だ。（糸を一本、亀に渡す。）

亀　どうしたらいいかぼくがさっぱりのみ込んでないってことがわかるさ。ぼくの粗末な作に賭けてみるなんてね、規則に従ってもいないし、たぶん判読不能のしろものになるのがおちだろうし。

（両足で糸を輪にし、二、三の単純な操作をして、こみいった糸をつくり、それを無言でアキレスに渡す。とたんにアキレスがぱっと顔を輝かす。）

アキレス　おやおや！　きみの方法をぼくもやってみなくちゃならんね。こんな糸は見たこともない！

亀　いい形になってると思うけど。

アキレス　端に結び目があるね。

亀　そうだ——ちょっと待ってくれ！　こっちへくれないか。ひとつしたいことがあるんだ。

アキレス　いいとも。ほら。

（糸を返すと、亀は同じ端にもうひとつ結び目をつくる。それから亀がぐいと引っ張ると、結び目は二つともぱっと消え失せる。）

アキレス　どうなったんだ？

亀　あの結び目をなくそうと思ってね。

アキレス　だって、ほどくんじゃなくて、もうひとつ結んだじゃないか。そしたら二つとも消え失せるなんて！　どこへいってしまったんだ？

亀　陥落界だよ、もちろん。二重結節の法則さ。

（突然、二つの結び目がどこからともなく——つまり、陥落界から——ふたたび現れる。）

アキレス　驚きだ。きっと陥落界にかなりはいりやすい層に二つともあるんだ、こう楽々とひょいひょい出たり入ったりできるんなら。それとも陥落界のすべては等しく接近不能かい？

亀　どうかなあ。しかし、ふと思ったけど、糸を焼いてしまえば結び目が戻ってくることはありえないだろうね。その場合、結び目が陥落界の深い層にはまり込んでいると考えることもできる。たぶん陥落界はいく層もいく層もあるんだ。でもそれはいま関係ないよ。ぼくの知りたいのはぼくの糸がどんな音になるかということさ、きみが音声記号に戻してくれたらね。（ふたたび糸を手渡すと、二つの結び目は忘却のかなたに消える。）
アキレス　中心教義を犯すのはいつも後ろめたくてね……（ペンとコード書を取り出し、亀の糸のくねくねしたもつれに照応する数多くの三つ一組記号を丹念に書きつけていく。終ると咳払い）えへん。きみの作を聞いてもらうが、いいかね？
亀　そっちがいいなら、こっちはいいよ。
アキレス　よろしい。こうなるね。

ある僧が大拷問（悟りを越えた悟りに到達した唯一の者）にいつもしつこくつきまとっては、さまざまのものに仏性があるかどうかを問い質した。そうした問いに、拷問はつねに口をつぐんでいた。僧はすでに、豆、湖、月夜について問い質していた。ある日、彼は拷問のもとへ一本の糸をもっていき、同じ問いを投げかけた。それに応えて、大拷問は糸を両足で輪にし――

亀　両足で？　変ってるね！
アキレス　きみが変ってるなんていうのかい？
亀　いや、なに……一本取られたよ。まあ先をつづけてくれ！
アキレス　いいとも。

大拷問は糸を両足で輪にし、二、三の単純な操作をして、こみいった糸をつくり、無言で僧に渡した。とたんに僧は悟りをひらいた。

亀　ぼくだったら二倍悟りをひらくだろうに。
アキレス　それから大拷問の糸のつくり方が書かれている、きみが前足に懸け渡した糸から始めていくとね。しかしそういう退屈な詳細は飛ばすとしよう。しめくくりはこうだ。
それからというもの、僧は拷問を煩わせなくなった。かわりに、拷問の方法で次から次へと糸をつくった。そしてその方法を弟子たちに伝え、弟子はまたその弟子たちに伝えた。
亀　眉唾だな。ぼくの糸にそんなことが隠されていたなんて信じがたいよ。
アキレス　しかし隠されていたんだ。驚いたことに、きみは自力で良形の糸をつくったらしい。
亀　でも大拷問の糸はどんな恰好だったんだい？　そこがこの公案の肝心な点だと思うけど。
アキレス　そうは思わないね。公案のなかのそうした細部に「執着」すべきじゃないんだ。大事なのは公案全体の精神で、こまごました部分じゃない。おい、ぼくがいま何に気づいたと思う？　ぼくの思うに、これは気違いじみてるかもしれないけど、禅糸の芸の原典を転写した例の長らく失われている公案に、きみはたまたまぶち当たったのかもしれないぜ！
亀　そりゃまたよすぎる話で仏性がないね。
アキレス　ということは、しかし、その大師が――悟りを越えた悟りという不可思議な状態に達した唯一の存在が――その名を「拷問」といい、「無門」ではなかったということになる。まったくもって妙な名だ！
亀　同意できないな。けっこういい名前だよ。とにかく拷問の糸の恰好を知りたいね。その公案にある記述から再生できないかい？
アキレス　やってみようか……むろんぼくも両足を使わなくちゃ、足の動きで記述されているから。かなりへんちくりんだな。まあとにかくできそうだ。（公案と一本の糸を取りあげ、数分間あれこれ不可解な糸のねじり方やよじり方をくり返し、なにやら完成する。）さあ、できたぞ。妙だな、見たことのあるみたいな恰好だ。

亀　うん、そうだね。どこで見たんだっけ。

アキレス　わかった！　ほら、きみの糸じゃないか、亀公！　そうだろ？

亀　ぜんぜん違うね。

アキレス　もちろん違うさ――これはきみが最初に渡した糸だもの、もうひとつ結び目を加えた前のやつさ。

亀　ああ、そうか――たしかにそうだ。考えてくれよ。これはどういうことなんだろう。

アキレス　不思議だな、少なくとも。

亀　ぼくの公案は本物だと思うかい？

アキレス　ちょっと待ってくれ……

亀　それともぼくの糸は仏性をもつのかね？

アキレス　きみの糸の何かが気にかかるんだよ、亀公。

亀　（ひとり悦に入り、アキレスに注意を払わない）すると拷問の糸はどうなる？　あれは仏性を有するのかね？　問い質したいことはわんさとあるぜ！

アキレス　ぼくは怖くてそんなことを問い質したくないね、亀公。何かものすごく滑稽な事態になってるんだ、それがどうも気に入らん。

亀　それは残念だな。何が気にかかるのかさっぱりわからないけど。

アキレス　それを説明する最善の方法は、昔のもうひとりの禅師、香厳（きょうげん）の言葉を引くことだろう。香厳はこう語った。

禅は崖っぷちの立木に歯でぶらさがっている者に似ている。両手は枝をつかまず、両足も幹から離れていて、その木の下で人が尋ねる。「なぜ達磨はインドから中国へ渡ったのか？」木にぶらさがった者が答えなければ、それは答えられないということになる。答えれば、転落して命を失う。さてどうしたらよいのか？

亀　それははっきりしているよ。禅をあきらめて、分子生物学にするんだな。

［第9章］無門とゲーデル

禅とは一体全体？

禅とは何か。私自身、禅を知っているかどうか心許ない。ある面ではかなりよく理解しているのだと思うが、別の面ではまるで理解できていないのだとも思う。大学一年生のときに英語教師が趙州の『無』を教室で大声で読みあげるのを聞いて以来、私は生命に対する禅の捉え方と取り組んできたし、今後ともそうしつづけるだろう。私には禅は知的な流砂——無秩序、暗黒、無意味、混沌である。いらいらさせられ、腹立たしい。それでいておかしみがあり、痛快で心ひかれる。禅には独特の意味、輝き、明瞭さがある。この章では群れをなすこのような反応をお伝えしたい。大変奇妙に思われるかもしれないが、これがゲーデル的な事態にそのまままつながっていく。

禅とは何であるかを特徴づける術はない。これが禅の基本的な教義のひとつである。どのような言葉の空間で禅を包みこもうとしても、禅はそれに抗い、そこから洩れ出てしまう。そこで、禅を説明しようとするのは全く時間の浪費にすぎないかのように見える。しかし禅の師匠や学生たちはそういう立場には立たない。たとえば禅の公案は禅修行の中心的な部分であるが、これは言語的なものである。公案は「引き金」と見なされている。公案それ自体には悟りをひらくのに足るほどの情報は含まれていないが、悟りへと通じる心の内部のメカニズムを始動させるには十分なのかもしれない。しかし、一般的にいえば、言葉と真理は両立できない、あるいは少なくとも言葉では真理はとらえられないというのが禅の立場である。

無門和尚

無門慧開和尚が十三世紀に四十八の公案を集め、それぞれに評釈と頌つまり短い詩をつけ加えたのも、たぶん言葉では真理をとらえられないことを極端な形で示すための考案であったのだろう。この著作が『無門関』と呼ばれるものである。おもしろいことに、無門とフィボナッチの生涯はほぼ時期が重なっている。無門は一一八三年から一二六〇年まで中国で生き、フィボナッチはイタリアで一一八〇年から一二五〇年まで生きた。公案を「理解」する目的で読もうとする人は、『無門関』にすっかり面喰らうだろう。評釈も詩も、それらが解明するはずの公案と同じように全く模糊としているからである。一例を挙げよう。

公案　清涼の法眼は食前の講義をはじめようとして、冥想の邪

第 46 図　M.C. エッシャー『三つの世界』(リトグラフ、1955 年)

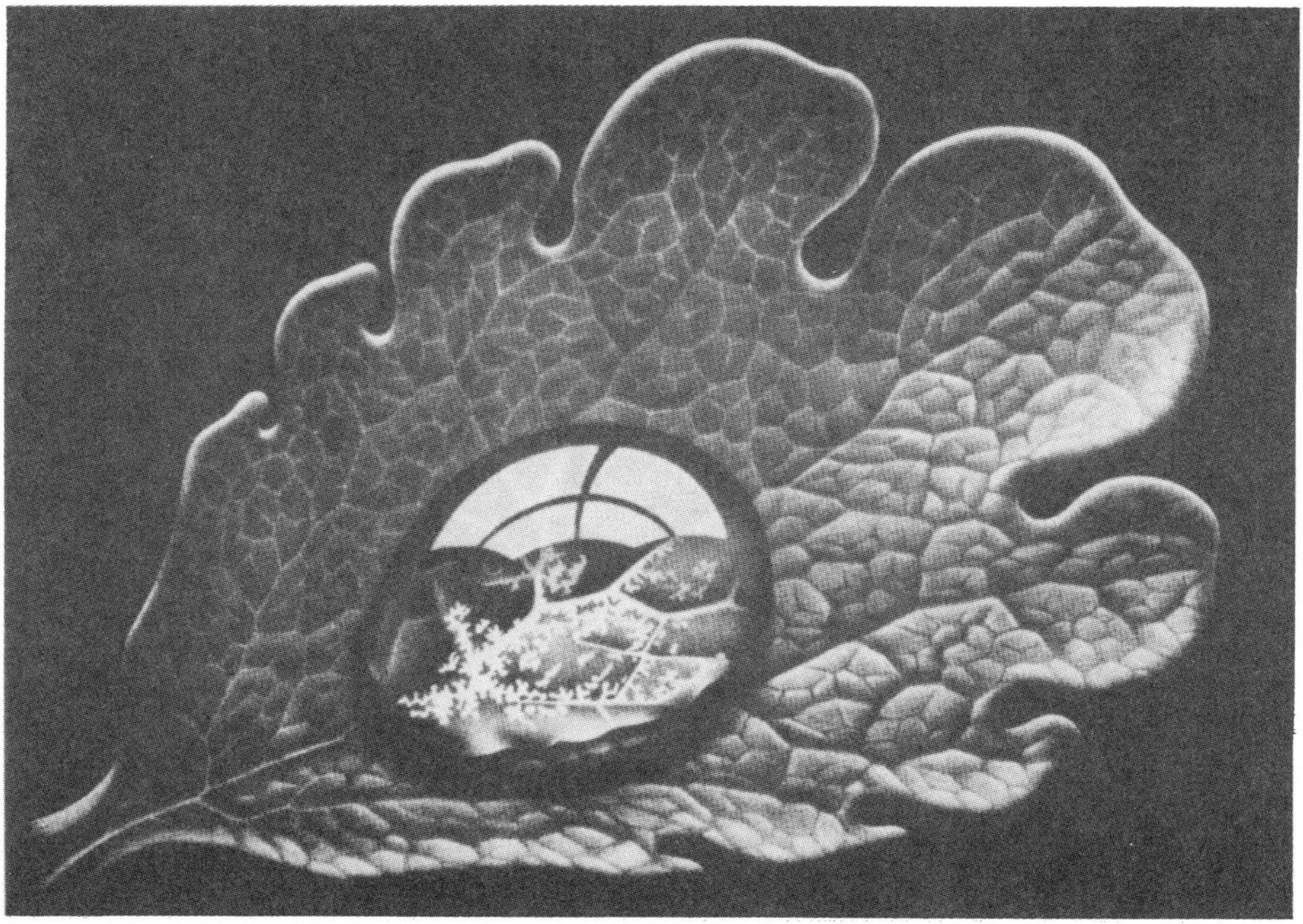

第 47 図　M. C. エッシャー『露滴』（メゾチント、1948 年）

魔にならないように下げておいた簾がまだ巻き上げられていないのに気づいた。法眼は簾を指差した。聴衆の中から二人の僧が出てきてそれを巻き上げた。法眼は二人の様子を見てこう語った。「一人はよいが、一人はだめだ。」

無門の評釈　ひとつ尋ねたい。どちらの僧がよくて、どちらがだめなのか。ほんとうの眼をもった人なら法眼の失敗に気づくだろう。しかし私は、よいとかだめだとかについて論じているわけではない。

無門の詩

簾を巻くと大空が見える。
しかし空は禅と同じではない。
大空をすっかり忘れ去って
どんな風からも逃れるのだ。

またこういうのもある。

公案　五祖は語った。水牛が囲いを通り抜けて深い淵の縁までいくとき、角も頭も蹄もすべて通過したのに尾だけが通れないのはなぜか。

無門の評釈　ここでしっかり眼を向け、禅の言葉で述べることができれば、四恩に報ずることができるだけではなく、その下にあるすべての存在を救うことができるだろう。しかし、禅の言葉で語ることができなければ、尾に立ち帰るべきだ。

無門の詩

水牛は走れば溝に落ちるだろう。
ひっかえせばつぶれてしまう。

その小さな尾は
大変奇妙な代物なのだ。

無門がすべてを明らかにしていないことは、認めていただけるだろう。（無門が書いている）メタ言語は、（公案の言語である）対象言語と甚しく異なってはいない。ある人たちのいうところでは、無門は禅についてのおしゃべりに時間を費やすことが無駄であることを示すために、評釈をわざと馬鹿げたものにしたのだそうである。しかし、無門の評釈はいくつかのレベルで受けとめることができる。たとえば次のような例を考えてみよう。

公案　一人の僧が南泉に尋ねた。「どの師もかつて説いたことのない教えがあるだろうか？」

「ある」と南泉は答えた。

それは何なのか、と僧は尋ねた。

「それは心でなく、仏でなく、物ではない」と南泉は答えた。

無門の評釈　南泉和尚は大切な言葉を投げだしてしまった。大いに狼狽したに相違ない。

無門の詩

南泉は親切すぎて宝を失った。
たしかに言葉は力をもたない。
たとえ山が海に変ろうと
言葉は他人の心は開けぬものだ。

無門はこの頌で、何もふざけたことを言おうとしたのではなく、禅の核心に迫ることを言おうとしたらしい。しかし、奇妙なことに頌は自己言及的であり、したがって南泉の言葉に対するばかりではなく、自分自身の言葉の効果のなさに対する評言でもある。この型のパラドクスは、禅の著しい特徴である。それは「論理の心を破る」試みである。この背理的な性質は公案の中にも認められる。無門の評言に関連して、南泉は自分の答を確信していたと考えられるだろうか？　また、その答が「正しいということ」が問題なのであろうか？　正しいということは禅ではなにか役割を演じているのだろうか？　正しいということと真理との相違は何か、そしてそもそも相違があるのか？　南泉が「そのような教えはない」と答えたとしたら？　なにか違いが生じただろうか？　彼の見解は公案の中に永久に留められることになっただろうか？

ここにもうひとつ、論理の心を破ることを目指す公案がある。

学生が禅の師を訪れて、こう語った。「私は真理を求めています。真理を見出せるようになるには、心がどのような状態になるように訓練すべきでしょうか？」

師は答えた。「心というものはないのだから、それをどんな状態にすることもできない。真理はないのだから、そのための訓練はできない」

「訓練する心がなく、求めるべき真理がないのなら、なぜ大勢の僧を毎日集めて禅研究をし、研究のための修業を積むのですか？」

「ここには一寸の空間もないのだから、どうして僧を集めることができようか？　私には舌がないのだから、彼らを呼び集めたり、教えたりすることがどうしてできようか？」と師は語った。

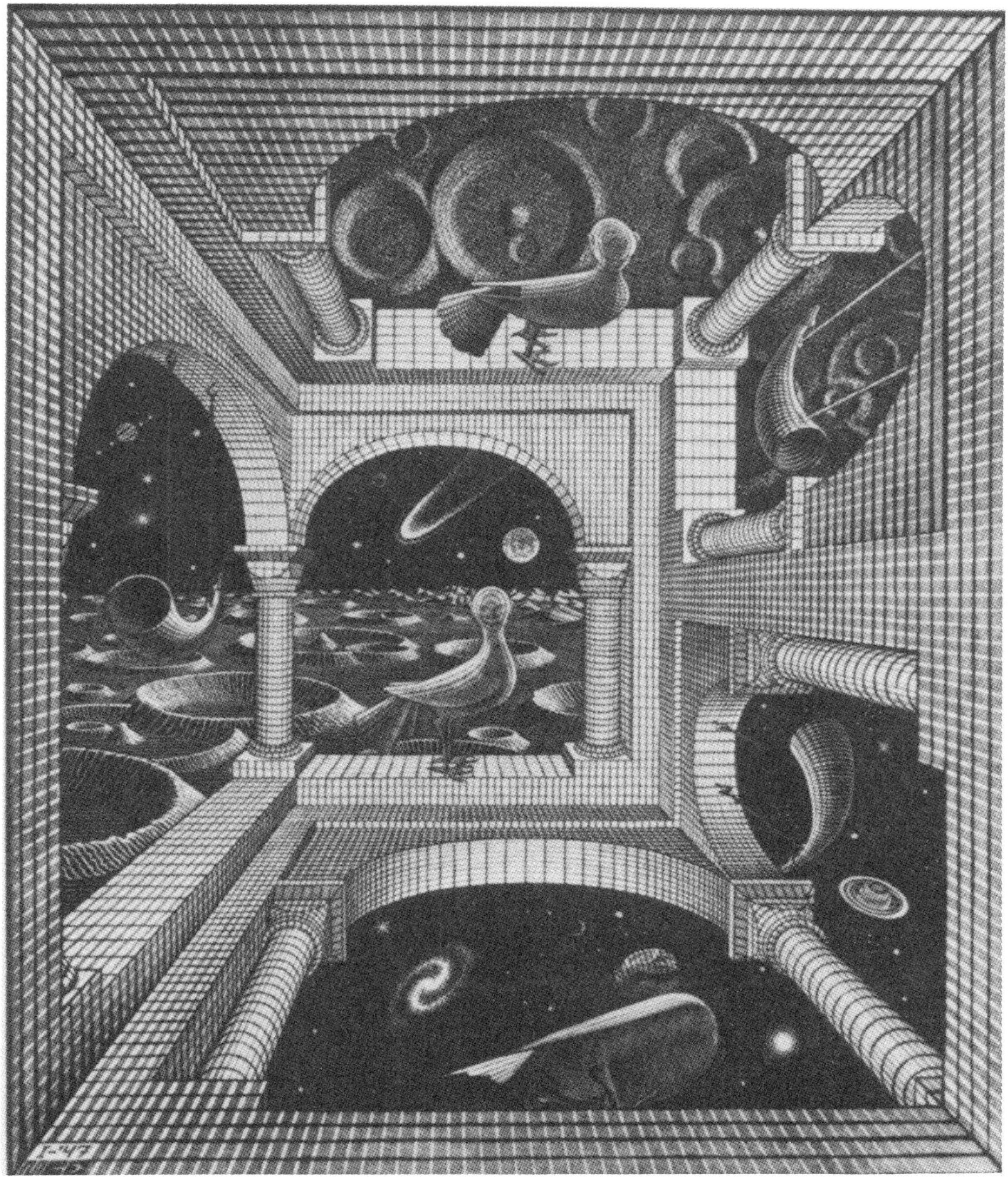

第 48 図　M. C. エッシャー『もうひとつの世界』（ウッド・イングレービング、1947 年）

第 49 図　M. C. エッシャー『昼と夜』（ウッドカット、1938 年）

「どうしてそんな嘘をおっしゃるのですか？」と学生は尋ねた。

「他人に語るための舌がないのだから、どうしてお前に嘘がつけるのかね？」と師は尋ねた。

すると学生は悲しげに答えた。「あなたにはついていけません。私にはあなたが理解できません。」

「わしには自分自身が理解できんのだ」と師は答えた。

公案が当惑を招くとすれば、これなどまさにそうだ。そして、当惑を引き起すことがたぶんまさにその狙いなのである。というのは当惑した状態におかれてはじめて、人間の心はある程度まで非論理的に働きはじめるからである。論理の外に踏み出ることによってのみ悟りへの飛躍はなされる、と理論はいう。しかし論理のどこがだめなのか？　なぜ論理は悟りへの飛躍を妨げるのか？

二元論に対する禅の闘い

これに答えるには、悟りというのがなんであるかをいくらか理解しなければならない。超越的二元論。これが悟りに対する最も簡潔な要約である。二元論とは何か？　二元論とは、世界をカテゴリーに概念的に分割することである。このごく自然的な傾向を超越することは可能か？　「分割」の前に「概念的」とつけ加えたために、それを知的あるいは意識的な努力のように思わせ、それによって二元論はたんに思考を抑えることで（考えることを抑えるのが実際に容易であるかのように！）克服できるという印象を与えてしまったかもしれない。しかし、世界のカテゴリーへの分裂は、思考の上層よりもはるかに低いところで起る。事実、二元論は概念的分割である

第 50 図 M.C. エッシャー『表皮片』(ウッド・イングレービング、1955 年)

とともに世界のカテゴリーへの知覚的分割にも近い。いいかえれば、人間の知覚はその本性上、二元論的現象である——このために、悟りをもとめることは控え目にいっても大変むずかしい仕事になる。

禅によれば、二元論の核心にあるのは言葉である。むきだしの言葉である。言葉の使用は本来的に二元論的である。なぜなら、それぞれの言葉は明らかにひとつの概念的なカテゴリーを表しているからである。したがって、禅の重要な部分のひとつは言葉への依存との闘いである。言葉の使用と闘う上で、最もすぐれた工夫のひとつが公案である。公案では言葉はあまりにも深刻に誤用されているので、それを真面目に受けとめると頭がくらくらしてしまうだろう。それゆえ、悟りの敵が論理であるというのはおそらく誤りであろう。敵はむしろ二元的な、言葉による思考である。ひょっとすると敵はもっと基本的なものだ。つまり知覚である。ひとつの対象を知覚するが早いか、人は対象とその他の世界との間に一線を画する。世界を人為的に部分に分け、そのために道を見失う。

言葉との闘いを示す公案がある。

公案 首山は短い杖を差し出して語った。「これを短い杖と呼べば、その実在に背くことになる。短い杖と呼ばなければ、事実を無視することになる。さあ、これを何と呼びたいかね?」

無門の評釈 これを短い杖と呼べば実在に背き、短い杖と呼ばなければ事実を無視する。それは言葉では表現できず、言葉なしでは表現できない。それは何なのか、すばやく答えたまえ。

無門の詩

短い杖を差し出し
活殺の命令を下す。

肯定と否定が織り合わさって
たとえ仏祖でもこの鋒先はかわせない。

それを短い杖と呼ぶことがなぜその実在に背くのか？　たぶん、このようなカテゴリー化が実在を捉えたという外観を呈するのだが、その実このような言明は、実在の表面すらも引っ掻いていないからである。それは「5は素数である」という言明に比べられる。はるかに多くのことが、無限の事実が省略されている。一方、それを短い杖と呼ばなければ、たとえささやかなこととはいえ、その特殊な事実を無視することになる。このように、言葉はある真理（おそらくある虚偽も）をもたらすが、けっしてすべての真理をもたらしはしない。言葉に頼って真理に至ろうとするのは、不完全な形式システムに頼って真理に至ろうとするようなものである。形式システムはなんらかの真理に導くが、まもなくわかるように、それがどんなに強力なものであっても、すべての真理に導くことはできないのである。数学者のジレンマはこうである。形式システム以外に何に頼れるのだろうか？　そして、禅家のジレンマはこうである。言葉以外に何に頼れるのだろうか？　無門はこのジレンマを非常に明確に述べている。「言葉では表現できないし、言葉なしでは表現できない。」

次の例もやはり南泉にかかわる。


趙州が南泉和尚に尋ねた。「真の道とは何でしょうか？」

南泉は答えた。「あらゆる道が真の道だ。」

趙州は尋ねた。「私にそれを学ぶことができるでしょうか？」

南泉は答えた。「学べば学ぶほど道から遠ざかる」

趙州は尋ねた。「学ばないで、どうしてそのことがわかるのでしょうか？」

南泉は答えた。「道は眼に見える事物には属さない。見えない事物にも属さない。知られている事物に属さないし、知られていない事物にも属さない。求めるなかれ、学ぶなかれ、名づけるなかれ。ただそのうえにあれ、心を大空のごとく広げるのだ。」

〔第50図参照〕

この奇妙な言明は、背理に満ちているように見える。「〝狼〟という言葉を考えずに、家のまわりを走って三回まわれ」という霊験あらたかなしゃっくり止めのまじないがあるが、これはそれに少々似ている。禅は、究極的真理への道にはしゃっくりの霊験あらたかな療法と同じように、背理が充満しているという考えを含んだひとつの哲学である。

イズム、Un方式、雲門

言葉もだめ、思考もだめだとすると、いいのは何なのか？　もちろん、こんな問いを発することがすでに恐ろしいまでに二元論的であるが、禅を論ずるに当たって禅に忠実であるふりをするつもりは毛頭ない。そうしないことでわれわれはこの問いに真剣に答えることが可能になるからだ。禅が求めようとしているものを、私はイズムと名づける。イズムはひとつの反哲学、思考をもたないひとつのあり方である。イズムの師は岩、樹木、ハマグリである。だが、イズムを求めずにいられないのが高等動物の宿命である——完全には得られないにもかかわらず。とはいえ、ときおりイズムを一瞥することがある。次の公案が、たぶんイズムを瞥見する機会を与えてくれる。

百丈和尚は新しい寺を開くために一人の僧を派遣しようと望んだ。彼は弟子たちに向って、質問に最もうまく答えた者を指名すると告げ、たらいを地面に置いてこう尋ねた。「名称を呼ばずにこれが何であるかをいえるものがいるかね」

首座はこう答えた。「誰もそれを木履とは呼べますまい」

厨房係の潙山は、足でたらいを蹴とばして出ていった。

百丈は微笑んでこう言った。「首座の負けだ」こうして潙山は新しい寺の住職となった。


知覚を抑え、論理的、言語的、二元論的思考を抑えること――これが禅の本質、イズムの本質である。これがUn方式である――知能的でなく、機械的でなく、まさにUn、阿吽の呼吸の「吽」である。趙州はUn方式にあった。彼の「MU」が問いを発しないのはこのためである。当然、禅師雲門にもUn方式は生ずる。

ある日、雲門は弟子たちに語った。「私の杖は竜に変身し、天地を呑みこんだ！　山河や大地はどこへいっただろう？」

禅は全体論を論理的極限まで推し進めたものである。もし全体論が、事物はその諸部分の総和としてではなく、全体として理解すべきであると主張するのだとすると、禅は世界がそもそも部分に分割できないと主張する点で、全体論を越えている。世界を諸部分に区分することは惑いの根元であり、悟りを逃すもとになる。


好奇心のある僧が師に尋ねた。「道とは何でしょうか？」

「それはお前の眼前にある」と師は答えた。

「なぜ私には見えないのでしょうか？」

「それはお前自身を考えているからだ」

「先生はいかがですか？　それが見えますか？」

「我とか汝とかいって二重に見ているかぎり、眼は曇っている」と師は答えた。

「我も汝もなければ、道が見えるでしょうか？」

「我も汝もないときに、誰がそれを見ようとするのかね？」


師は明らかに、悟りの状態とは自己と爾余の宇宙との境界が消失した状態であるという考えを伝えようとしている。これはたしかに二元論の終りである。なぜなら、彼のいうように、知覚の欲求をもつどんなシステムも残っていないからである。しかし、死でないとすると、その状態は何なのか？　生きている人間が、彼自身と外部世界との間の境界をどうやって解消できるのだろうか？

禅とタンボリア

禅僧抜隊は、死期の近い弟子の一人に手紙を書いてこう述べた。「それ自体が永遠である死は、雪片が澄んだ大気の中で消失するようなものだ。」ひとたびは宇宙というシステムとはっきり識別ができるひとつの下位システムであったが、いまや、かつてそれを支えていたより大きな宇宙システムの中に解消している。それはもはや切り離されうる下位システムではないが、その本質は依然なんらかの形で存在しており、これからも存在しつづけるだろう。それはしゃくらないしゃっくり、読まれない物語の登場人物とともにタンボリア

第51図　M. C. エッシャー『水溜り』(ウッドカット、1952年)

(陥落界) をさまよう……抜隊の手紙を私はこのように理解した。

禅は自分の限界を認識している。それは、数学者が真理を得る方法としての公理的方法の限界を学び知ったのと同じである。しかし、これは禅が禅の彼方に何があるかについて答をもっていることを意味しない。これは、数学者が形式化以外の妥当な推理の形を明確に理解していないのと同じである。禅の境界に関する禅の言明の最も明確なもののひとつは次の奇妙な公案で、南泉の主旨に大いにそったものである。

洞山は僧たちにこう語った。「お前たちは仏教のより深い理解があることを知らねばならない。」すると、一人の僧が歩み出て尋ねた。「より深い仏教とはなんでしょうか?」洞山は答えた。「それは仏陀ではない。」

いつでも先には先がある。悟りが禅の究極ではない。そして、禅をいかに超越するかを教えてくれる処方はない。ただひとつたしかに頼れるのは、仏陀が道ではないということである。禅はひとつのシステムであり、それ自身のメタ=システムではありえない。禅の外部にはつねに、禅の内部では十分に理解も記述もできない何かが存在する。

エッシャーと禅

知覚に疑問を投げかけ、答のない不合理な謎を出すことで、禅はM・C・エッシャーその人と同類である。「肯定と否定の織り合わさった」(無門和尚の言葉) 傑作である『昼と夜』(第49図) を考えてみよう。「これは本当は鳥なのか、それとも本当は畑なのか?　これ

第 52 図　M. C. エッシャー『さざ波』（リノ・カット、1950 年）

は本当は昼なのか、それとも夜なのか？」と尋ねることもできるだろう。しかし、このような問いは的外れである。この絵は、禅の公案と同じく論理の心を破ることを目指している。エッシャーはまた『もうひとつの世界』（第48図）のように、矛盾した画像を作り上げるのを楽しんでいた。これらの絵画は、禅が実在性と非実在性を弄ぶのと同じように、実在性と非実在性とを弄んでいる。エッシャーをまじめに受けとめるべきだろうか？　禅をまじめに受けとめるべきだろうか？

『露滴』（第47図）には繊細な、俳句を思わせる、反射の取り扱いがある。また、『水溜り』（第51図）と『さざ波』（第52図）には静かな水面に映った月の静かな映像が二つある。水面に映った月は多くの公案の主題でもある。その一例を示そう。

尼僧千代能（ちよの）は円覚寺の仏光のもとで永年、禅を修業したが、冥想の成果を得ることができなかった。ある月の夜、千代能は木の桶で水を運んでいた。するとたがが外れて底が抜けてしまった。その瞬間、千代能は羈絆を脱することができた。そしてこう詠んだ。

千代能の戴く桶の底抜けて水もたまらず月も宿らず

三つの世界。これはエッシャーの絵（第46図）であるが、禅の公案の主題でもある。

一人の僧が巌頭に尋ねた。「三界が私を脅かすときにはどうしたらよいのでしょうか？」巌頭は答えた。「坐りなさい」「よく呑みこめません」と僧は聞き返した。巌頭はこう語った。「山を引

第 53 図　M.C. エッシャー『三つの球体II』（リトグラフ、1946 年）

き抜いて、私のところに持ってきなさい。そうすれば教えてあげよう」

ヘミオリアとエッシャー

『言葉』（第149図）では対立がいくつかのレベルで統一されている。ぐるりと見ていくと、黒い鳥から白い鳥へ、黒い魚へ、白い魚へ、黒い蛙へ、白い蛙へ、黒い鳥へと徐々に移行していくのが見える。六段階をへて出発点にかえる！　これは白と黒の二分法の融和なのか？　それとも鳥、魚および蛙の三分法の融和なのか？　あるいは、2の偶数性と3の奇数性との対立からなる六重の統一なのか？　音楽では、等しい時価をもつ六つの音はリズム上の曖昧さを生ずる。3が二グループあるのか、2が三グループあるのか？　この曖昧さにはヘミオリア（二音三脚）という名称がつけられている。ショパンはヘミオリアの名手であった。たとえばショパンの作品四二のワルツ、あるいは作品二五の練習曲第二番などをお聞きになるとよくわかる。バッハの鍵盤パルティータ第五番のテンポ・ディ・メニュエットやト短調の無伴奏ヴァイオリン・ソナタ第一番の類のないフィナーレなどにもみられる。

『言葉』の中心に向って近づいていくにつれて、区別は次第にぼやけていき、最後には三つではなく、二つでもなく、ただひとつの本質的なものが残る。それが「言葉」であり、光り輝いている。おそらくは悟りの象徴であろう。皮肉なことに「言葉」はひとつの語であるばかりではなく、「語」をも意味する。これこそ禅とはとても両立できそうにない概念なのだ。他方、「言葉」は絵画中の唯一の語でもある。禅僧洞山はかつてこう述べた。「三蔵経全体は一字で表すことができる」（三蔵経は仏教の原典全部を指す）ひとつの字から三蔵経を取り出すというのは、いったいどんな解読メカニズムによるのだろうか？　たぶん、二つの半球をそなえたさぞ有脳なメカニズムであろうか。

因陀羅の網

次に『三つの球体　II』(第53図)を考えよう。そこでは世界のどの部分も他のすべての部分を含み、かつ含まれている。机はその上に置かれた球を映し、球は机と球の絵と球の絵を描く画家とともに、他の球をも映している。すべてのものがたがいに取り結んでいる無限の関連はここでは暗示されているだけであるが、暗示は十分になされている。仏教の寓話に出てくる因陀羅の網が述べているのは、宇宙全体に広がった網で、その横糸は空間を貫き、縦糸は時間を貫いている。結び目が個々の人であり、すべての個人は結晶の玉である。「絶対者」の大いなる光はすべての結晶の玉を照らし、光が玉を貫く。さらに、すべての結晶の玉は網の中の他のあらゆる玉からの光を反映するばかりではなく、宇宙におけるあらゆる反映のあらゆる反映をも反映する。

これは私の心に、くりこまれた粒子というイメージを喚び起す。どの電子にも仮想的な光子、陽電子、ニュートリノ、ミュー粒子……があり、どの光子にも仮想的な電子、陽子、中性子、パイ粒子……があり、どのパイ粒子にも……

しかし、別のイメージも現れる。それは人間である。どの一人の心にも他の多くの人が映っており、それがまた他の心に鏡映される。

どちらの映像も、拡大推移ネットワークを用いて簡潔かつエレガントに表現できる。粒子の場合には、粒子のどのカテゴリーにもひとつのネットワークがあり、人間の場合には、どの人にもひとつずつネットワークがある。どのネットワークも他の多くのネットワークへの呼びかけを含んでおり、それゆえ、どのATNの周りにも仮想的なATNの雲が作り出される。この過程は、底をつくまでどこまでも雪崩のように進んでいく。

無門、無を論ず

もう一度、無門に登場を願って、禅に関するこの短い議論をしめくくることにしよう。趙州の無を無門はこう評している。

禅を理解するには祖師の方々が設けた関門を通過しなければならない。悟りは思考の道が窮まったあとでなければ得られない。祖師方の関門をくぐらないかぎり、あるいは思考の道が窮まらないかぎり、何をいおうと、何を為そうと、それは腰のふらついた幽霊のようなものだ。「祖師方の関門とは何か？」こういう質問が出るだろう。それは一語、無である。

これが禅の関門である。これを通ることができれば、趙州と親しく面を会わせることができる。それればかりか、禅の歴代の祖師方とも手を取り合うことができる。なんと楽しいことではないか。

この関門を通り抜けたければ、体中の骨という骨、皮膚中の孔という孔を働かせ、この「無とは何か？」という疑問に集注しなければならない。昼も夜も取り組まなければならない。無を、虚無を意味する通常の記号と思ってはならない。それは「有」の反対の「無」ではない。本当にこの関門を越えたければ、呑みこむことも吐き出すこともできない熱い鉄の玉を呑むつもりでいなければならない。

そうすれば、それまでの才覚が姿を消すだろう。季節に果実が熟するように、お前の主観と客観が一体になるだろう。それは夢を見た唖者のようなものだ。知っているが、人に語ることはできない。

この条件が満たされると、我の殻は潰え、天と合体し、地を動かすようになる。鋭利な剣を手にした戦士のようだ、釈迦に逢っては釈迦を切り倒し、祖師方が阻めばそれを殺し、生死の道で自在になる。いかなる世界にもわが庭のように自由に入れる。この公案にどう対処すればよいのか、教えてあげよう。

全霊を無に集中し、間断があってはならない。無に集中し間断がなければ、お前の悟りは灯と燃え、全世界を照らすだろう。

無門からMUパズルへ

趙州の無の玄妙の高みから、ホフスタッターのMUの散文的な低さへと降りよう……読者がすでにその全霊をこのMUに（第1章を読まれたさいに）集中されたことを私は知っている。そこで、あそこで提起した疑問にここで答えておきたい。

MUは定理という本性をもつか、否か？

この問いへの答は捉えどころのないMUではない。答はきっぱりNOである。これを示すために、二元論的、論理的思考を利用しよう。

われわれは第1章で、二つの重要な知見を得た。

(1) MUパズルは主として延長規則と短縮規則との交互作用のせいで、深さを有する。

(2) それにもかかわらず問題を解く希望はある。それは、ある意味ではその複雑さを処理するのに適した深さの道具、つまり数論を利用することによる。

第1章では、これらの用語を用いてMUパズルを注意深く分析することはしなかったが、ここでそれを行うとしよう。第二の知見が（ささやかなMIUシステムを越えて拡張されれば）数学全体の中でも最も実りの多い成果のひとつであり、数学に関する数学者の意見をいかに変えたかが間もなくわかるだろう。

参照の便のために、MIUシステムを改めてまとめておこう。

記号　**M、I、U**

公理　**MI**

規則Ⅰ　x**I**が定理ならば、x**IU**は定理である。

Ⅱ　**M**xが定理ならば、**M**xxは定理である。

Ⅲ　任意の定理において、**III**は**U**で置き換えることができる。

Ⅳ　任意の定理において、**UU**は除くことができる。

無門、MUパズルの解き方を示す

先の知見に従えば、MUパズルはたんに印刷文字に扮した自然数にすぎない。数論の領域に移す方法が見つかりさえすれば、それを解くことができる。「お前たちの中に眼をひとつもつものが居りさえすれば、師の失敗が見抜けるだろう」という無門の言葉について考えてみよう。なぜ、ひとつの眼をもつことが問題になるのだろうか？定理に含まれる**I**の個数を数えようとすると、それがけっして0

でないことにすぐ気づく。いいかえると、どれだけ延長もしくは短縮しようとしても、すべての**I**を消去することはできないようである。任意の文字列中の**I**の個数をその文字列のI数と呼ぶ。公理**MI**のI数が1であることに注意。われわれはI数が0ではありえないことを示せると同時に、I数が3の倍数ではありえないことも示せる。

はじめにまず、規則Iと規則IVはI数を全然変えないことに注目しよう。そこで、規則IIとIIIだけを考えればよいことになる。規則IIIに関するかぎり、I数はちょうど3ずつ減る。この規則を適用すると、出力のI数は3の倍数と考えられるかもしれない。ただし出力のI数が3の倍数であるためには、入力のI数もまた3の倍数でなければならない。一言でいえば、規則IIIは無から3の倍数を作り出しはしないのである。3の倍数からのみ、3の倍数を作り出す。I数を二倍にする規則IIについても同じことがいえる。その理由は、もし$2n$が3で割り切れれば、2は3では割り切れないのだから、nが3で割り切れることになる。（これは数論に基づく、簡単な事実である）規則IIも規則IIIも、無から3の倍数を作り出すことはできない。

ところで、これがMUパズルへの鍵なのだ！　われわれが知っているのは次のことである。

(1) I数は1ではじまる（これは3の倍数ではない）。
(2) 規則のうち二つは、I数を全然変えない。
(3) 残りの二つの規則はI数を変えるが、もともと3の倍数でなかったものを3の倍数にすることはできない。

I数は3のどんな倍数でもありえない。というのが結論である。これはまた典型的な遺伝的結論でもある。特殊な場合として、0もI数としては許されない値である。それゆえ、**MU**はMIUシステムの定理ではない。

たとえI数をめぐるパズルとして見ても、この問題が延長規則と短縮規則の十字砲火を浴びていることに変りはない。ゼロは目標になった。I数はふやすこと（規則II）も減らすこと（規則III）もできる。だから情況をすっかり解析するまでは、規則を交互に使っていけば、ついに0に行き当たることもあるかもしれないと考えたことだろう。いまや簡単な数論的な議論のおかげで、それが不可能であることがわかった。

ゲーデル数とMIUシステム

MUパズルに象徴されるような型の問題が、すべてこのように容易に解けるわけではない。しかし、少なくともそのひとつは数論の中にはめこむことができ、その中で解きうることをわれわれは見た。しかし、任意の形式システムに関するすべての問題を数論の中にはめこむ方法があることを、われわれはこれから見ていく。これは、ゲーデルによる特殊な同型対応の発見のおかげでできるようになった。その例解としてMIUシステムを扱ってみよう。

まず、MIUシステムの記号法を考えることからはじめる。個々の記号を次のように新しい記号に対応させる。

M ⇔ 3
I ⇔ 1
U ⇔ 0

この対応は恣意的に選んだものだが、しいてこじつければ形がどこか似ているといえなくもない。それぞれの数を、対応する文字の**ゲーデル数**と呼ぶことにする。多文字の文字列のゲーデル数については推測がつくだろう。

MU ⇔ 30
MIIU ⇔ 3110等々。

記号法の間のこの対応は、明らかに情報保存的な変換である。同一のメロディを二種類の楽器で演奏するのに似ている。

ＭＩＵシステムにおける典型的な導出を、両方の記号法で眺めてみよう。

(1) MI——31（公理）
(2) MII——311（規則２）
(3) MIIII——31111（規則２）
(4) MUI——301（規則３）
(5) MUIU——3010（規則１）
(6) MUIUUIU——3010010（規則２）
(7) MUIIU——30110（規則４）

左側の列は、おなじみの四つの字形的規則を適用して得られる。右側の列も、同じような字形的規則の組によって生成されたと見なすことができる。だが、右側の列には二重の性格がある。それがどういう意味なのか、これから説明するとしよう。

字形的な見方と算術的な見方

五番目の文字列（3010）は、四番目のものの右端に0をひとつつけ加えてできたといってもよい。しかしもう一方では、この移行が算術的演算（10を掛けること）によって生じたと見ることも、全く同じように可能である。自然数が十進法で書かれたときは、10を掛けることと右端に0をつけ加えることは操作として区別がつかない。このことを利用して、字形的規則Ｉに対応する算術的規則を書くことができる。

算術的規則Ｉａ　十進法で展開したときに右端が1で終る数は、10をかけることができる。

最右端の数字を算術的に記述すれば、十進法展開の記号に言及することが避けられる。

算術的規則Ｉｂ　10で割ったときの余りが1である数は、10をかけることができる。

ところでわれわれは、次のように、純粋な字形的規則に忠実にふるまうこともできただろう。

字形的規則　最下端の記号が1であるようないかなる定理からも、1の右に0をつけ加えることによって新しい定理を作れる。

これらの規則は効果が同じである。下端の列が「二重の性格」をもつのはこのためである。記号のパタンを変えていく字形的操作の系列と見ることもできるし、数値を変えていく算術的演算の系列と見ることもできる。しかし、算術的な見方のほうがある強力な理由から一層興味を惹く。ある純粋な字形的システムから歩み出て別の同型の字形的システムに移るのは、あまり気のりがしない。これに対して、字形の領域からきっぱり抜け出て数論の中の同型的な部分に移ることには、未知の可能性が秘められている。それはあたかも、生れてこのかた、楽譜を眼で見て知っていただけの人が、突然、音と楽譜の間の対応を教えられたようなものである。なんという豊かな新世界！　あるいはまた、生れてこのかた文字列の図柄をたんに図柄としてだけ知っていた人が、突然、それが何かを物語っていることを知らされ、物語と文字列の間の対応を教えられるのに似ている。なんという啓示！　ゲーデル数の発見は、デカルトによる平面曲線と二変数の方程式との対応の発見に喩えられる。信じがたいほど単純でありながら、いったんそれを呑みこんでしまうと、巨大な新世界が開かれるのである。

　だが、結論にとび移る前に、同型対応のこのより高いレベルについて、読者はもっと十分な書き変えを期待しておられるにちがいない。これは大変よい練習になる。MIUシステムの各々の字形的規則と区別できない働きをする、算術的規則を作るという発想である。

　ひとつの解答を次に示す。規則の中では、mとkは任意の自然数で、nは10^mよりも小さな任意の自然数である。例として、前節の最後に示した導出をとる。

規則1　$10m+1$が作られていれば$10\times(10m+1)$を作ることができる。

　例　第四行から第五行への移行。ここでは$m=30$である。

規則2　$3\times10^m+n$が作られていれば$10^m\times(3\times10^m+n)+n$を作ることができる。

　例　第一行から第二行への移行。ここでは、mとnはいずれも1である。

規則3　$k\times10^{m+3}+111\times10^m+n$が作られていれば$k\times10^{m+1}+n$を作ることができる。

　例　第三行から第四行への移行。ここでは、mとnはいずれも1で、kは3である。

規則4　$k\times10^{m+2}+n$が作られていれば、$k\times10^m+n$を作ることができる。

　例　第六行から第七行への移行。ここでは、$m=2$, $n=10$, $k=301$である。

公理を忘れてはいけない！　公理なしではどこへも行けない。したがって次のように仮定する。

　31を作ることができる。

(1)　31　仮定
(2)　311　規則2（$m=1$, $n=1$）
(3)　31111　規則2（$m=1$, $n=11$）
(4)　301　規則3（$m=1$, $n=1$, $k=3$）
(5)　3010　規則1（$m=30$）
(6)　3010010　規則2（$m=3$, $n=10$）

(7)　30110　規則4（$m=2$, $n=10$, $k=301$）

さて、右側の列は一人前の算術的過程と見ることができる。これは、310システムと呼ぶことのできる新しい算術的システムにおける過程である。

この「310システム」にも、延長規則と短縮規則がたえずつきまとっていることに注意。これらの規則はただ数の領域に移されただけなので、ゲーデル数が大きくなったり小さくなったりする。そこで行われていることを注意深く眺めれば規則を発見できるが、その着想は整数の十進法で表示された数字を右や左にずらすことと、10のべキの乗法や除法に結びつけるということにすぎず、深遠なものではない。この簡単な知見は次のように一般化できる。

中心命題　十進法で表示されたいかなる数においても、ある数字をどのようにずらし、変更し、除去し、あるいは挿入するかを教える字形的規則があれば、加法、減法その他10のべキに対する算術的演算を含み、この規則に対応する算術的規則によっても同じように表現できる。

もっと簡単にいえば……

数字を処理する字形的規則は、実際は数に作用する算術的規則である。

この簡単な知見がゲーデルの方法の核心にあり、絶対的な破壊効果をもたらす。それによれば、任意の形式システムに対するゲーデル数付けがあれば、ゲーデル同型対応を完成させる一組の算術的規則を端的に作り上げることができる。いかなる形式システム（実にあらゆる形式システム）の研究も、数論に移行させることができる――これが要点である。

MIU可産数

一組の字形的規則が一組の定理を生成するのとちょうど同じように、算術的規則をくり返し適用することによって対応する一組の自然数が生成される。これらの**可産数**は、いかなる形式システムの内部における定理とも同じ役割を数論の中で演ずる。もちろん、どのような規則を採用するかによって、異なる数が可産数となる。「可産数」は、ただ算術的規則の体系に対してのみ産出可能である。たとえば、31, 3010010, 31111などは**MIU可産数**と呼ぶことができるだろう。これは、不格好な名称なので、これらの数がゲーデル数を介してMIUシステムを数論に転写した結果生じる数であることを象徴するために、**MIU数**と略称するのがよいだろう。pqシステムにゲーデル数付けを行い、その規則を「算術化」すれば、その可産数は「pq数」と呼んでよかろう。

（任意の与えられたシステムの）可産数は再帰的な方法で定義される。可産だと判明している数が与えられれば、さらに可産数をいかに作るかを教えてくれる規則も存在する。こうして、産出可能だとわかる数の集合は、フィボナッチ数やQ数の一覧表と同じようにたえず広がっていく。任意の形式システムの可産数の集合は、再帰的可算集合である。その補集合、つまり非可産数の集合についてはどうか？　非可産数も何か共通の算術的特徴を分かちあっているのだろうか？

形式システムの研究を数論に移転するさいにこの種の論争が生ずる。算術化されたシステムならどれに対しても、次のような問いを発することができる。「可産数を簡単に特徴づけることができるだろうか?」『非可産数を再帰的に可算的なやり方で特徴づけうるだろうか?」これは数論上の難問題である。算術化されたシステム如何によっては、この問題は解決するにはむずかしすぎることになるかもしれない。しかし、仮にこのような問題を解決する希望があるとすれば、それは自然数に適用される、通常の一歩一歩手順を追う推論の中に存在するであろう。その精髄はいうまでもなく、前章で提示されたものである。あらゆる角度から見て、TNTは妥当な数学的思考過程のすべてを単一の簡潔なシステムの中に収めているように思える。

TNTを参照して可産数への疑問に答える

それでは、いかなる形式システムをめぐるいかなる問いにも答えうる手段が単一の形式システムTNTにあるだろうか? ありそうなことのように聞える。例として、次の疑問を考えよう。

MUはMIUシステムの定理であるか?

この答を見出すのは、30がMIU数であるか否かを決定するのと等価である。これは数論の言明であるから、いくばくかの努力を払えば、他の数論的文をTNT記号法に翻訳するのにいささか似たやり方で、文「30はMIU数である」をTNT記号法に翻訳するやり方が見つかると期待してもよい。読者にはこの場ですぐにお断りしておかなければならないが、このような翻訳はたしかに存在するとはいえ、きわめて複雑である。「**b**は10のベキである」といったごく簡単な算術的叙述の場合でも、TNT記号法でコード化するのが大変厄介であることは第8章で指摘した。叙述「**b**はMIU数である」はそれよりもはるかに複雑なのだ! しかし、それでも見出すことはどうにかできる。数詞**SSSSSSSSSSSSSSSSSSSSSSSSSSSSSS0**をどの**b**にも代入すればよい。それで無体に長い、門がまえの仰々しいTNT文字列が生ずる。この文字列をMUMONと呼ぶことにする。それはMUパズルについて語るTNT文字列である。MUMONやそれに似た文字列を通じて、TNTはいまやMIUシステムについて「コードで」語ることができる。

MUMONの二重性格

元来の疑問にこのような特殊な変換を施したことから何か利益を引き出すために、次の新しい疑問の答を求めなければならない。

MUMONはTNTの定理であるか?

われわれが行ってきたのは、比較的短い文字列(**MU**)を別の文字列(無体な門がまえのMUMON)で、簡単な形式システム(MIUシステム)を複雑なシステム(TNT)で置き換えることであった。疑問を書き改めても答が得やすくなることはありそうにもない。事実、TNTには膨大な延長規則と短縮規則があり、疑問を定式化し直してももとのものよりはるかに厄介になりそうである。MUMONを通じて**MU**を眺めるのはわざわざ愚かなやり方をすることだ、とさえいえるだろう。しかしながら、MUMONは二つ以上のレベルで眺めることができるのである。

MUMONには二つの異なる受動的な意味がある——これが実際、関心をそそってやまない点なのである。第一に、すでに述べた次のような意味がある。

　30はMIU数である。

しかし第二に、この言明は（同型対応を介して）次の言明と結びついている。

　MUはMIUシステムの定理である。

そこでこの後の方を、MUMONの第二の受動的意味と正当に呼ぶことができる。だが、これは大変奇妙に見えるかもしれない。というのは、MUMONは結局のところ、＋の記号、括弧その他のTNTの記号以外には何も含んでいないからである。それなのに、算術的内容以外にどんな言明を表現しうるというのだろう？

しかし、事実、可能なのである。ちょうど楽音の一本の線がひとつの曲の中で和音とメロディの両者の役を果すのと同じように、またBACHが人名ともメロディとも解釈できるのと同じように、さらに単一の文がエッシャーの絵、DNAの断片、バッハの作品、そしてその文自体がはめこまれている対話の構造の正確な記述でありうるのと同じように、MUMONは（少なくとも）二通りの全く異なる仕方で受けとめることができる。この事態は次の二つの事実に由来する。

事実1　「MUは定理である」といったような言明は、ゲーデル同型対応を通じて数論の中にコード化できる。

事実2　数論の言明はTNTに翻訳できる。

MUMONは事実1によってコード化されたメッセージであり、そのコードの記号は事実2によってまさしくTNTの記号なのである。

コードと陰伏的意味

コード化されたメッセージはコード化されていないメッセージとは違い、それ自体では何も表現していない、コードについての知識が要求される、という反論が起るかもしれない。だが、実際にはコード化されていないメッセージといったものはありえない。なじみの深いコードで書かれたメッセージとなじみの薄いコードで書かれたメッセージとがあるだけである。メッセージの意味を明らかにするには、なんらかのメカニズムまたは同型対応によってコードの中からメッセージを引き出さなければならない。解読の方法を発見するのはむずかしいかもしれない。しかし、いったん発見してしまえば、メッセージは水と同じように澄み、あとは苦労をせずにすむ。コードが十分よく知られているときには、それはもはやコードとは見えない。解読メカニズムがあることは忘れ去られる。メッセージはその意味と同一視される。

これは、メッセージと意味を同一視しすぎるために、同じ記号に別の意味が宿っているとは考えにくいような事例である。つまり、われわれはTNTの記号に偏見をもっていて、TNTの文字列に数論的意味を、そして数論的意味だけを見がちなので、TNTのある文字列をMIUシステムに関する言明と考えるのがきわめてむずかしくなっているだけのことである。しかし、ゲーデルの同型対応は、TNTのある文字列にこの第二のレベルの意味を認識させる強制力をもっている。

よりなじみ深いやり方で解読すれば、MUMONは次のメッセージを担っている。

30はMIU数である。

これは個々の符号を通常のしかたで解釈して得られる、数論の言明である。

しかし、ゲーデル数付けとそれに基づく同型対応全体を発見するときには、MIUシステムに関するメッセージをTNTの文字列に書きこむコードをある意味ですでに破っているのである。ゲーデル同型対応は、古代刻文の解読が情報解き手であるのと同じように、新しい情報解き手である。この新しい、それほど親しみのないメカニズムによって解読されるとき、MUMONは次のメッセージを担うのである。

MUはMIUシステムの定理である。

この物語の教訓は、前にすでに聞いたことのあるものである。意味は、任意の同型対応をわれわれが認識するさいの自動的な副産物である。したがって、少なくとも二通りの受動的意味がMUMONにある——あるいはそれ以上かもしれない！

ブーメラン=ゲーデル数付けしたTNT

もちろん、事はこれでは終らない。われわれはゲーデル同型対応の潜在力を理解しはじめたばかりである。亀が蟹のプレーヤーをプレーヤー自身に対抗させたのと同じように、亀の杯（ゴブレット）Gが自分自身を破壊するように、他の形式システムを映すTNTの能力をそれ自身に対抗させるというのが自然の企みであるらしい。それをするためには、MIUシステムで行ったようにTNT自身にゲーデル数付けをし、ついでその推論規則を「算術化」しなければならない。ゲーデル数付けはたやすくできる。たとえば272ページaのように対応させればよい。

TNTのそれぞれの記号は、数字1、2、3、6を記憶しやすいように並べて作った三連数字（トリプレット）と結びつけられている。このような三連数字を**ゲーデル・コドン**、あるいは略してコドンと呼ぶことにする。b、c、dあるいはeにはコドンを割り当てなかったことに注意。ここでは、厳格なTNTを用いているのである。これには隠れた動機があるのだが、第16章に至って読者もそれに気づくだろう。最後の「句読符号」については第14章で説明する。

さて、TNTのどんな文字列も規則も新しい装いで書き改めることができる。一例として公理1を二通りの記号法で示そう。

626, 262, 636, 223, 123, 262, 111, 666

∀a:~Sa=0

数字をコンマで三桁ずつに区切る書き方が、このさいは都合がよい。

分離の規則も新しい記号法で示しておく。

規則　xと212x633y213とがいずれも定理ならばyは定理である。

最後は、前の章で厳格なTNTで示した導出全体と、それを新しい記号法に移し変えたものとを並べて掲げる（272ページb）。

規則「Sを加えよ」の名称を「123挿入」に変えたことに注意。それは、この規則が支配しているのがいまや字形的な操作だからであ

a

記号		コドン	記憶の方便	
0	.....	666	富士三６０(オー)ーム鳴く	
S	.....	123	１２３スタート！	
=	.....	111	横倒しにすれば似てるかな	
+	.....	112	１＋１＝２	
·	.....	236	２×３＝６	
(	.....	362	終りは２	三対で一つのパタンを作る
)	.....	323	終りは３	
<	.....	212	終りは２	
>	.....	213	終りは３	
[	.....	312	終りは２	
]	.....	313	終りは３	
a	.....	262	∀(626)の逆	
′	.....	163	163は割りにくくてチョン	
∧	.....	161	∧は数列 1-6-1 のグラフ	
∨	.....	616	∨は数列 6-1-6 のグラフ	
⊃	.....	633	６はなんらかの意味で３と３を含む	
~	.....	223	２＋２は３で**な**い	
∃	.....	333	ヨは３にも耳にも似ている	
∀	.....	626	aの逆であり、また 6-2-6 のグラフ	
:	.....	636	２天流は宮本６(む)二斎(さい)	
punc.	.....	611	六(む)りに区切る	

b

626,262,636,626,262,163,636,362,262,112,123,262,163,323,111,123,362,262,112,262,163,323 　公理３
∀ a : ∀ a ′ : (a + S a ′) = S (a + a ′)

626,262,163,636,362,123,666,112,123,262,163,323,111,123,362,123,666,112,262,163,323 　特殊化
∀ a ′ : (S 0 + S a ′) = S (S 0 + a ′)

362,123,666,112,123,666,323,111,123,362,123,666,112,666,323 　特殊化
(S 0 + S 0) = S (S 0 + 0)

626,262,636,362,262,112,666,323,111,262 　公理２
∀ a : (a + 0) = a

362,123,666,112,666,323,111,123,666 　特殊化
(S 0 + 0) = S 0

123,362,123,666,112,666,323,111,123,123,666 　123挿入
S (S 0 + 0) = S S 0

362,123,666,112,123,666,323,111,123,123,666 　推移律(性)
(S 0 + S 0) = S S 0

る。

この新しい記号法はかなり奇妙な感じがする。意味がさっぱり感じられない。しかし、これに慣れて育ってきた人なら、いまTNTを読むのと同じように楽々とそれが読めるだろう。そして、形のよい公式と形のよくない公式とを眺めれば、一目でピンとくるだろう。あまりにも生き生きと見えるので、これを字形的操作だと当然思うだろう。しかし、この記号法で形のよい公式を取り出すことは、同時に、算術的定義を備えたある特殊なクラスの整数を取り出すことでもある。

すべての推論規則を「算術化」することについては、どうだろうか？　現状では、それはすべて依然として字形的規則である。しかし、待ちたまえ！　中心命題によれば、字形的規則は実際は算術的規則と等価である。十進法で表現された数について数字を挿入したり動かしたりすることは、字形的に遂行できる算術的演算なのである。末端に0をつけ加えることが10を乗ずるのと全く同じであるのと同様、各々の規則はおびただしい算術的演算を記述する濃縮されたやり方である。したがって、それと等価な算術的規則を求めることさえ、ある意味では不用である。すべての規則はすでに算術的だからだ！

TNT数=数の再帰的可算集合

こういう見方をすれば、上記の定理の導出362,123,666,112,123,666,323,111,123,123,666はとぐろを巻いて連関しているような一連の変換であって、そのひとつひとつが入力されるひとつあるいはそれ以上の数に作用し、ひとつの数を出力する。これは前に可産数と呼んだものであるが、ここではもっとはっきりTNT数と呼んでよい。算術的規則のあるものは既存のひとつのTNT数をとり上げ、ある特殊な仕方でそれを大きくして、新しいひとつのTNT数を産み出す。また、ある規則は既存のTNT数をとり上げて、それを小さくする。別の規則は二つのTNT数をとり上げ、そのひとつひとつに奇妙なやり方で作用したのち、それらを結合して新しいTNT数とする、等々。たったひとつの既知のTNT数から出発するかわりに、五つの初期TNT数がある——もちろん、公理ひとつにひとつずつである。算術化されたTNTは、公理や規則がふえ、算術的等価物をあからさまに書き出すのが大変面倒であり、見通しを明るくもしないということを別にすれば、算術化されたMIUシステムに酷似している。MIUシステムでそれがどのようになされるかをたどってみれば、ここで行ったことに大変よく似ていることがわかっていただけるはずだ。

TNTの「ゲーデル化」によって次の新しい数論的叙述がもたらされる。

　　aはTNT数である。

たとえば、さきほどの導出から、362,123,666,112,123,666,323,111,123,123,666はTNT数であることがわかるが、これに対し、123,666,111,666はおそらくTNT数ではない。

そこで、この新しい数論的叙述はひとつの自由変数、たとえばaをもつTNTのある文字列によって表現可能であるということに気づく。その文字列は前に波形記号~をつければ、次のように相補的な概念を表すことになる。

　　aはTNT数でない。

もし、この第二の文字列の中で、aが現れるごとにそれを123,666,111,666に対するTNTの数詞（これはちょうど123,666,111,666個のSを含み、長すぎて書き出せない）で置き換えれば、MUMONと同じように二つのレベルで解釈できるTNT文字列が得られる。その文字列は、まず次のようになるだろう。

123,666,111,666はTNT数でない。

しかし、TNT数とTNTの定理とを結びつける同型対応のために、この文字列には次のような第二レベルの意味があることになる。

SO=0はTNTの定理ではない。

TNTは自分自身を呑み込もうとする

この予期しなかった両義性は、TNTの中には、他のTNT文字列について語る文字列が含まれていることを証明している。いいかえると、外部にいるわれわれがTNTについて語ることのできるメタ言語は、少なくとも部分的にはTNT自体の中で模倣されている。これはTNTの偶然的な特徴ではない。いかなる形式システムの構造もN（数論）の中に鏡映できるということから生じるのである。レコードを演奏するときにプレーヤーに生じる振動と同じく、TNTの避けることのできない特性である。この振動はそこら辺を駆けまわる子供たち、跳ねるボールなどのような外界のものごとのおかげで入りこんだように見えるかもしれない。しかし、これは音を生じるさいの副作用であり、避けられないものなのである。音はそこら辺を包みこみ、音を生み出す機構そのものに振動を与える。したがって偶然事ではない。どうしようもない副作用である。プレーヤーの本性である。数論をどのように定式化しても、そのメタ言語はその中に埋めこまれているというのが、その本性なのである。

この知見を数理論理学の中心的教え（セントラル・ドグマ）と名づけて、威厳をもたせることにしようか。それは次のように二段階の図式で示せる。

TNT⇒N⇒メタTNT

いいかえてみよう。TNTの文字列はNの中に解釈をもつ。Nの言明はTNTについての言明として第二の意味をもちうる。

G＝自分自身についてコードで語る文字列

これはかなりこみいっている。しかし話はまだ半分しかすんでいない。物語の残りの部分は自己言及の強化にかかわる。われわれはいま、プレーヤーにかけようとするとプレーヤーを壊してしまうレコードが作れることを知ったときの亀と同じ立場に立っている。しかし、いまの場合、疑問はこうなる。「プレーヤーが与えられたとして、レコードに実際になんと吹きこんだらよいかをどうして知るのか？」これはややこしい事態だ。

われわれはTNTの文で自分自身にかかわるものを求めている。それをGと呼ぶことにしよう。自分自身にかかわるというのは、その受動的な意味がGに関する文であるという意味である。はっきりいえば、その受動的意味は次のようになるであろう。

「GはTNTの定理ではない。」

Gには数論の言明となる受動的意味があることも、この場でつけ加えておくべきだろう。ちょうどMUMONと同じように、少なくとも二通りの異なる解釈のしかたがある。重要なのは、どの受動的意味もそれなりに妥当かつ有用なものであり、他の受動的意味に疑念を起させるようなものではないということである。（レコードをかけているプレーヤーがプレーヤー自身とレコードに振動を誘起するからといって、この振動が楽音でなくなってしまうようなおそれはけっしてない。）

Gの存在がTNTの不完全性を招く

Gを作り出す巧妙な方法とTNTに関連するいくつかの重要な概念は、第13章と第14章で展開するが、ここではTNTの自己言及的な小片を見出すことによって生ずる結果を少々皮相に、あらかじめ一瞥しておくことにする。TNTなら、爆発しかねない！　そして、ある意味ではたしかに爆発する。次の自明の疑問に焦点を合わせてみよう。

GはTNTの定理であるか、ないか？

Gの自分自身に関する意見に頼らずに、このことに関するわれわれ自身の意見をとにかく固めることにしよう。結局のところ、Gだって、禅師が全ゼン自分自身を理解していない以上に、G文自身について理解していないかもしれないのである。MUMONと同じように、Gも嘘をいうかもしれない。MUと同じく、Gも非定理なのかもしれない。TNTの可能な文字列をすべて信ずる必要はない、定理だけでよい。われわれの推理力を駆使し、この問題をここで可能なかぎり解明してみよう。

いつもの仮定を置こう。TNTは妥当な推論の方法を採り入れており、それゆえ定理には偽りはない。いいかえると、TNTの定理はどれも真理である。そこで、もしGが定理であればGはひとつの真理、つまり「Gは定理でない」を表すだろう。その自己言及の威力にわれわれは驚かされる。定理であることによって、Gは偽りでなければならない。TNTには虚偽の定理はないというわれわれの仮定によって、Gは定理でないという結論を迫られる。これは結構だ。しかし、もっと小さい問題がひとつ残る。Gが定理でないと知って、われわれはGが真理を表していることを認めざるをえない。TNTがわれわれの期待にそわない情況がここにある。真の言明を表す文字列を見出したのに、それが定理ではないのである。驚いたことに、Gが算術的解釈を併せもっているという事実は失われていない。われわれの知ったことは、これで次のように要約できる。

TNTの文字列がひとつ見出された。それは、自然数のある算術的性質についてひとつの言明を曖昧さなしに表現している。そのうえ、システムの外部での推論から、その言明が真であるというばかりではなく、その文字列がTNTの定理たりえないことも決定できる。そこで、この言明が真であるか否かをTNTに問うても、TNTは然り、否と語らない。

「無の捧げもの」の亀の文字列は、Gに類比できるだろうか？　まるで違う。亀の文字列に類比されるのは～Gである。なぜそうなのか？　ではまず、～Gの語るところをしばらく考えてみよう。これはGの反対のことを語るはずである。Gは「GはTNTの定理でない」と述べるので、～Gは「Gは定理である」と述べるはずである。Gと～Gは次のようにいいかえることができる。

G＝「わたしは（TNTの）定理でない。」
～G＝「わたしの否定は（TNTの）定理である。」

亀の文字列と平行関係にあるのは～Gである。というのは、その文字列は自分自身については語らず、亀がはじめにアキレスに提供した文字列、つまり並のものに比べ余分の波～が多い（あるいは見方によっては少ない）文字列について語るのである。

無門の捨て台詞

趙州の無について詠んだ頌で、無門は誰よりも明瞭に、無決定の門の中に踏みこんだ。

犬は仏性をもつか？
これは難問中の難問だ。
然り、否と語るならば
己が仏性を失う。

PART II

前奏曲……

アキレスと亀が友だちの蟹の家へやってきて、蟹の友だちの蟻食と顔を合せる。自己紹介をしてから、みんなでお茶を楽しむ。

亀　ささやかなみやげを持ってきたんだがね、蟹公。
蟹　そりゃ悪いなあ。気を遣うことはなかったのに。
亀　ぼくらの敬意のほんのおしるしさ。アキレス、きみから蟹公に渡してくれないか？
アキレス　いいとも。では慎んで、蟹君。気に入ってもらえるといいんだが。
（アキレスがていねいに包装されたプレゼントを蟹に渡す。四角くて薄い。蟹が包みを開けはじめる。）
蟻食　なんだろうな。
蟹　いまわかる。（包みを開き終え、贈物を取り出す。）レコードが二枚か！　わくわくするね！　でもレーベルがないぞ。ははーん——またきみの「特製」かい、亀公？
亀　ステレオ壊しのことをいってるんなら、今度は違う。でも実は注文して録音させた品でね、世界中にこのたぐいはこれしかない。実はこれまで一度として聴かれたことがない——むろん、バッハがそれを演奏したときは別だが。
蟹　バッハが演奏したときだって？　いったいどういう意味だい？
アキレス　それはもう興奮するよ、蟹君、この二枚がどういうものか亀公の話を聞いたら。
亀　いいよ、きみが話せよ、アキレス。
アキレス　ぼくが？　弱ったね、こりゃあ！　それじゃメモを見ながらのほうがよさそうだ。（小さなファイル用カードを一枚取り出し、咳払いをする）えへん。きみのレコードがその存在を負っている驚くべき数学の新結果についてお聞かせいたしましょうかな？
蟹　このレコードは数学から生れたんだって？　そいつは面白そうだ！　興味をかきたてられたからには、どうしても聞かせてもらわなくちゃ。
アキレス　よろしい、ではでは。（一口お茶をすすってから、先をつづける。）フェルマの悪名高い「最終定理」って聞いたことがある？
蟻食　どんなんだっけ……妙になじみがあるみたいだけど、はっきりとは思い出せないな。
アキレス　ごく単純な発想なんだ。ピエール・ド・フェルマは、弁

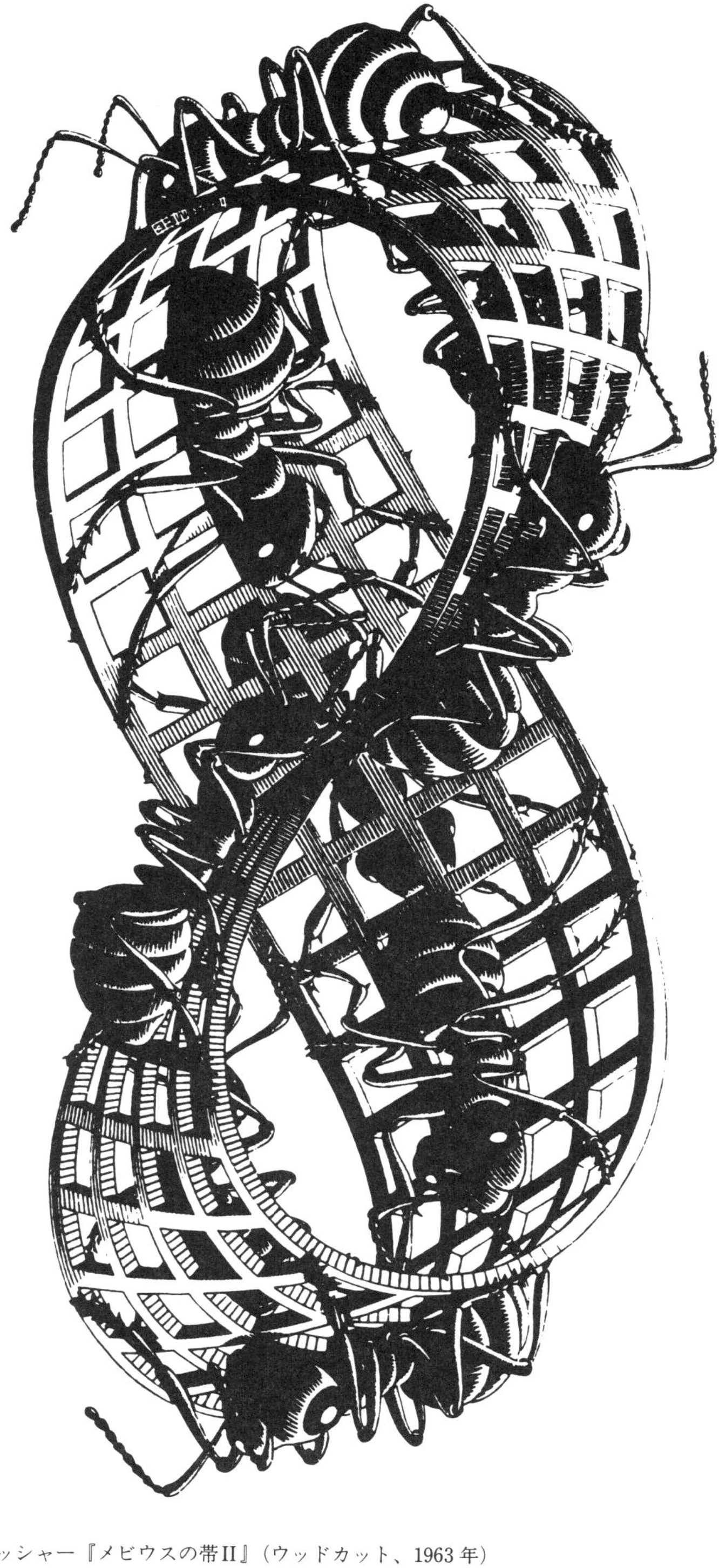

第 54 図　M.C. エッシャー『メビウスの帯II』（ウッドカット、1963 年）

護士を職業に、数学者を趣味にしていた男なんだが、ディオファントスの古典的教本『算術』を読んでいて、こういう方程式のあるページに出くわした。

$$a^2+b^2=c^2$$

彼はただちに、この方程式には無限の解a、b、cがあると気づき、ページの余白に次のようなよく知られた注釈を書き入れた。

方程式

$$a^n+b^n=c^n$$

は、n=2のときにのみ正の整数解a、b、c、nを有す（そしてそのとき、方程式を満足させる無限の三つの組合せa、b、cがある）。しかしn>2については解なし。この陳述のまことに驚くべき証明を発見、しかしあいにくこの余白には書ききれず、とね。

約三百年前のその日以来、数学者たちは次の二つのうち、どちらかひとつを試みてきたが、うまくいかない。ひとつはフェルマの主張を証明し、フェルマの評判を正当なものとすること、その評判はなかなかのものなんだが、彼の発見したという証明をほんとうは発見していないのだとする懐疑派がそれを汚してもいるわけだ——もうひとつは反対例を見出して主張をくつがえすこと、つまりn>2の場合に方程式を満足させる四個の整数a、b、c、nを見つけることだ。ごく最近まで、どちらの方向の試みもことごとく挫折した。もっともこの定理は、数多くのnの特別な値については証明されている——とくに、125,000までのnについては残らずね。

蟻食　「定理」というより「推測」じゃないのかなあ、いまもって然るべき証明がなされていないんなら。

アキレス　厳密にはそうなんだが、定理と称する慣習になっていてね。

蟹　その有名な問題をついに解いた者がいるのかい？

アキレス　いるとも！　なにをかくそう、この亀公がやってのけた、いつもの伝で妖術師のごとき離れ業でね。フェルマの最終定理の証明を発見し（それによってその名を正当化し、フェルマの名誉を守り）、のみならず反対例をも提出して、懐疑派の直観が正しいことをも示してみせたんだから！

蟹　そりゃすごい！　革命的な大発見だ。

蟻食　でもじらさないでくれたまえ。その魔法の整数は何と何だい、フェルマの方程式を満足させるのは？　とりわけnの値が知りたいな。

アキレス　あ、しまった！　なんて間が悪い！　信じてもらえるかい？　値の書いてある超特大の紙を家に忘れてきてしまったんだ。あいにく大きすぎて持ち歩けなくてね。持ってきて見せるんだったなあ。きみの助けになるかどうか、ひとつだけ覚えていることがあるよ——nの値はπの連分数のどこにも現れない唯一の正の整数だ。

蟹　持ってきてくれなかったのは残念だな。でも、いまの話を疑う理由もないんだし。

蟻食　とにかく、十進数でnを書き出してもらうまでもないさ。アキレスはその見つけ方を教えてくれたんだから。ところで亀君、心から祝福するよ、きみの画期的な大発見をね！

亀　ありがとう。しかし、その結果そのものより重要だと思うのは、その結果がただちに実用につながるということなんだ。

第 55 図　ピエール・ド・フェルマ

蟹　そこはぜひとも聞きたいね。というのもぼくはつねづね、数論こそ数学の女王と考えているんだ――数学の最も純粋な部門――応用などありえない唯一の数学分野だとね。

亀　そう信じてるのはきみひとりじゃないけど、実は包括した言い方をするのは不可能なんだよ。つまり、いつ、どういうふうに、純粋数学のある部門が――あるいは何か個別の定理が――数学の外に重要な反響をひき起すというのはね。まるで予測不能なんだ――この場合がその現象のまぎれもない例だ。

アキレス　亀公の二面結果は音響検索の領域における突破口をつくったんだぜ！

蟻食　何だい、音響検索って？

アキレス　その名のとおりさ。きわめて複雑な情報源から音響情報を検索することだよ。音響検索のいちばんの仕事は、湖に落下した際に石の立てた音を、湖の表面にひろがったさざ波から再構築することだ。

蟹　まさか、まるきり不可能じゃないか！

アキレス　そうでもない。頭脳の働きとよく似てるんだよ、頭脳は他者の声帯で生じた音を、鼓膜によって内耳の神経に送られる振動から再構築するだろ。

蟹　なるほど。でもまだのみこめないな、どこで数論が登場してくるのか、それにさっきからの話がぼくの新しいレコードとどう関係するのか。

アキレス　それはだね、音響検索の数学においては、一定のディオファントス方程式の解の数と関係のある問題がたくさん生ずるからさ。それで亀公が長年にわたって見つけようとしてきたのはだね、バッハがハープシコードを演奏した二百年以上も前の音を、現在の大気中のありとあらゆる分子の運動を考慮に入れた計算結果から再構築する方法なんだ。

蟻食　そんなことができるもんか！　肝心の音はもう取り戻せっこないんだ、永久に消え失せたじゃないか！

アキレス　そこが浅はかなんだな……とにかく亀公は何年もこの難問に没頭し、一切が方程式

$$a^n+b^n=c^n$$

の解の数にかかっているという認識に達したんだ。$n>2$ の場合の正の整数の解の数にね。

亀　もちろんこの方程式がいかにして生ずるかを説明してもいいけど、きっと退屈すると思うんだ。

アキレス　バッハの音は大気中の一切の分子の運動から検索しうるということを音響検索理論は予知する、それが判明した。ただし、この方程式の解が少なくともひとつ存在するか――

蟹　驚きだ！

蟻食　すごいや！

亀　まさかもまさかさ！

アキレス　待てよ、「そういう解が存在するか、それとも解が皆無であるという証明が存在するならば」というところだったんだぜ！　それゆえ亀公は実に慎重に、この問題を同時に両端から解きにかかった。実のところ、反対例の発見は証明を見出す鍵となる要素だった。だから一方が他方にじかにつながった。

蟹　いったいどんなふうに？

亀　うん、それはだね、フェルマの最終定理のなんらかの証明――証明が存在するとして――それの構造設計は一個のすっきりした式によって描写しうるということを、ぼくはすでに示していたんだが、その式がたまたま、ある方程式の解の値によって決定されるものだった。この第二の方程式を見つけると、驚いたことにそれがフェルマの方程式だ。形式と内容の面白い偶然の関係だよ。だから反対例を見つけたとき、ぼくはただ、その方程式に解がないという証明を打ち立てる青写真として、それらの数を用いるだけでよかったわけさ。驚くほど単純だよ、考えてみれば。この結果を誰も発見しなかったなんて想像がつかないね。

アキレス　この予想だにしない豊かな数学的成功の結果、亀公は久しく夢みていた音響検索を遂行することができたんだ。そして蟹君へのこのプレゼントは、そうした抽象的仕事すべての具体的結実なわけだ。

蟹　まさかこれ、バッハが自作のハープシコード曲を弾いている録音だなんていうんじゃないだろう！

アキレス　悪いけど、そういわなくちゃならないな。事実、そうなんだからね！　この二枚組は、ヨハン・セバスティアン・バッハその人が『平均律クラヴィーア曲集』を全曲弾いているものなんだ。おのおの一枚に『平均律クラヴィーア曲集』各一巻がはいっている。つまり、各々一枚に二十四の前奏曲とフーガがはいっている――それぞれ長調と短調のね。

蟹　じゃあ早速、この貴重なレコードを一枚かけてみなくちゃ！　それに、きみたちふたりにどうお礼をしたらいい？

亀　もう十分お礼をしてくれたじゃないか、こんな上等なお茶を入れてくれて。

（蟹はレコードを一枚ジャケットから引き出すと、プレーヤーにのせて針をおろす。信じがたいほどの名手の奏でるハープシコードの音が、最高の音質で部屋いっぱいに流れる。たしかに聞える――いや、想像をたくましくするせいか？――弾きながら歌うバッハの声すら……。）

蟹　誰か譜面を見ながら聴くかい？　たまたま『平均律クラヴィーア曲集』のユニークな版をもってるんだ。ぼくの先生が特別に図解を入れたもので、この先生がまた素晴らしく文字が達者でね。

亀　それは見てみたいな。

（蟹はガラスのはめ込まれた優雅な木製の本棚へいき、扉を開いて大きな二巻本を取り出す。）

蟹　これだよ、亀公。この版の美しい図解をまだぜんぶ知るにいたってないんだ。たぶんこの贈物が刺激になって、ぜんぶわかってくるかもしれない。

亀　それはいいや。

蟻食　この曲集では前奏曲がつねに、次にくるフーガのためのムードを完璧に用意するってこと知ってるかい？

蟹　うん。言葉にするのはむずかしいけど、両者の間にはつねに微妙な関係がある。たとえ前奏曲とフーガが共通の旋律主題をもたなくても、何かとらえがたい抽象的な資質がたえず存在して、それが両方を根底から支え、両方を強固に結びつけている。

亀　それに前奏曲とフーガの間にたゆたう静寂の掛留の瞬間には、何か非常にドラマティックなものがあるね——その一瞬、フーガの主題がひとつひとつ単独の音で鳴り出そうとして、それからぐんぐん複雑になるレベルの、不思議な得もいわれぬ和声のなかで、それ自身と一体になってゆく。

アキレス　きみのいう意味はわかるよ。ぼくもまだ知りつくしていない前奏曲とフーガがたくさんあるけど、あの束の間の静寂の間合いは実に興奮するな。それはぼくがあのバッハを見抜こうとする瞬間なんだ。たとえば、いつも考えるんだよ、次のフーガのテンポはどうなるのか、アレグロか、それともアダージョかって。6／8拍子か、4／4拍子か。三声だろうか五声だろうか——いや四声か。すると第一声が始まる……まったく得もいわれぬ一瞬だ。

蟹　ああ、そのとおり。ぼくも過ぎし青春の日々をよく覚えているね、ひとつひとつの新たな前奏曲とフーガにわくわくしたものだ、その斬新さと美しさ、そしてそこに隠されている数多くの思いもかけぬ驚きに興奮を抑えられなかった。

アキレス　で、いまは？　そのわくわくは消え失せたかい？

蟹　親しみに取って替られたね、興奮はつねにそうなるものだが。しかしその親しみのなかには一種の深みもあって、それにはそれなりの代償があるんだよ。たとえば、以前には気づかなかった新たな驚きがつねにあるということがわかるし。

アキレス　かつては見逃していたテーマが現れる？

蟹　だろうね——とりわけそれがいくつかのほかの声部にまぎれ込んで隠れているときや、あるいはどこからともなく深いところから突然浮びあがってくるように思われる場合は。しかし何度くり返して聴いてもはっとする変化もあって、あのバッハがどういうふうにそれを描きあげたのかと考えてしまう。

アキレス　そう聞くと嬉しいな。『平均律クラヴィーア曲集』に夢中になる最初の時期をすぎても先に楽しみはあるわけだ——しかしこの段階がいつまでも長つづきしないというのは悲しいけど。

蟹　いやいや、夢中になる気持が完全に消滅すると心配する必要はない。そういう青春の興奮のひとつのいいところは、それが必ずよみがえりうるということだ、もうすっかり死んでしまったと思うまさにそのときにだな。外側から正しく引き金を引いてやるだけでいい。

アキレス　ほんとかい？　たとえばどんな？

蟹　たとえば、それがまったく新たな経験である誰かの、いわばその誰かの耳を通して聴いてみる——たとえばアキレス、きみの耳を通してだ。なにかしらその興奮が伝達され、ぼくはふたたびわくわくした気持になれる。

アキレス　それは面白いね。興奮がきみの内部のどこかにずっと眠っていて、しかしきみひとりではそれを潜在意識の外へ引っぱり出せないわけだ。

蟹　そのとおり。興奮を生き返らせる潜在力は、何らかの知られざ

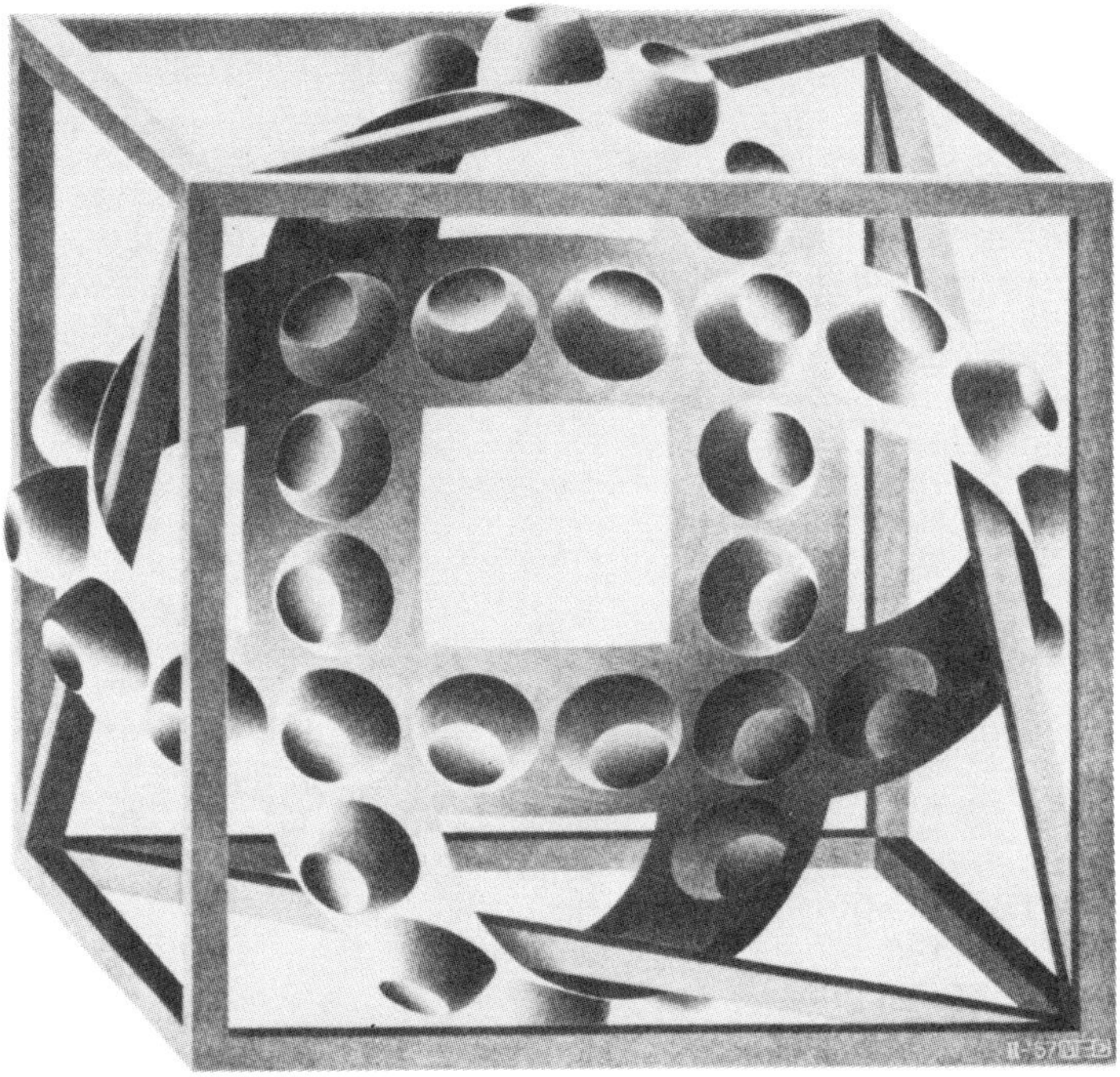

第56図　M.C.エッシャー『立方体とマジック・リボン』（リトグラフ、1957年）

る形で、ぼくの頭脳の構造のなかに「コード化」されている。しかしぼくにはそれを自在に呼び出す能力がない。偶然の状況がそれの引き金を引くのを待たねばならないわけだ。

アキレス　フーガについてひとつ質問があるんだがね、訊くのもちょいときまりが悪いけど、こっちはフーガを聴くのは素人だから、たぶんきみたちのような年季のはいった聴き手なら何か教えてくれるんじゃないかと思って……。

亀　むろん、つましい知識を披露するにやぶさかじゃないよ、何か助けになるのなら。

アキレス　それはありがたい。その質問をある角度からさせてもらうよ。きみはM・C・エッシャーの『立方体とマジック・リボン』という版画を知ってるだろ？

亀　なかに環になった帯があって、泡みたいなのがぼこぼこついてて、へこみだなと思ったとたん出っ張りに変る——あるいはその逆にもなるあれだね？

アキレス　そのとおり。

蟹　あの絵は覚えてるよ。小さなあぶくがたえず前後にひょいひょい動いているみたいで、眺める方向によって凸になり凹になる。同時に凸であり凹であるものとして見るすべはないんだ——なにか頭脳がそれを許さない。二つのたがいに排除しあう「様式（モード）」においてしか、あのあぶくを認識できないんだな。

アキレス　そういうことさ。それで、ぼくはそれに類似する二つの様式でフーガを聴くことができることを発見したように思うんだ。その様式とは、一度に単一の声部についていくか、もしくはそれらを切り離そうとはせず、ぜんぶが一緒になった全体の効果を聴くか、そのどちらかだ。ぼくはその様式の両方をいっしょに試みたんだが挫折するばかり、そのどちらも他方を閉め出してしまう。各声部の道をたどりながら、同時に効果全体を聴くことが全然できない。一方の様式から他方の様式へと行きつ戻りつ、それもなにか自然に無意識のうちにそうなるんだな。

蟻食　ちょうど魔法の帯を見るときみたいにかい？

アキレス　そう。それで思うんだけど……いま話したような二つの様式でフーガを聴くというのは、ぼくがまぎれもなくうぶで未熟な聴き手だということのしるしなんだろうか、自分の知りえないところに存在するもっと奥深い認識様式を把握しはじめることすらできないような。

亀　いやいや、そんなことはないよ、アキレス。ぼくは自分のことしか話せないが、ぼく自身も一方の様式から他方の様式へ行ったり来たり、どっちの様式を主体にすべきかと意識的に操作することはないんだ。こちらのおふたかたが同じような経験をしたかどうかは知らないがね。

蟹　むろん同じだよ、実にじれったい思いをするんだな。というのもフーガの心髄がすぐそばをひらひら飛んでいるのを感じながら、しかもそのすべてをしっかとつかまえられないんだからね、自分を一度に両方に機能させることができないために。

蟻食　フーガにはそういう面白い特性があるのさ、声部の各々がそれ自体でひとつの楽曲だという特性が。だからフーガはいくつかの別々の楽曲の集合だと見なしていいわけだ。その楽曲すべてがただ一個の主題に基づき、すべてが同時に演奏される。それを一個のものと見なすか、すべてが和声しあう各々独立した声部の集合と見なすか、それは聴き手（もしくは聴き手の潜在意識）にまかされている。

アキレス　声部が各々「独立」してるというけど、それは文字どおり違うね。たがいに何らかの調整があるはずさ、そうでなければ全部が一緒になったとき、無秩序な音の衝突が生ずるだけになる——事実、無秩序とはほど遠いんだから。

蟻食　こういう言い方をしたほうがいいかな、つまり、各々の声部をそれだけのものとして聴いたとしても、それはそれだけでちゃんと意味をなす。各々が独り立ちできる、それがぼくのいった独立の意味さ。でもたしかにきみの指摘するように、そうした個別に意味をもつラインがきわめて整然とほかのラインと融けあって、乱れひとつない全体をつくっている。美しいフーガを書く技法はまさしくこういう手腕にあるんだな、各々がそれ自体の美をもくろんで書かれたかのように思わせながら、しかしまとめると一個の全体を成し、けっして無理をした感じがない、そういういくつかの異なるラインをつくる手腕にだね。ところで、フーガを一個の全体として聴くか、その構成要素の声部を聴くかという二分法だけれど、それは非常に一般的な二分法の特殊な例だよ。下部レベルから築きあげられる数多くの種類の構造に適用できるね。

アキレス　ほんとかい？　つまり、ぼくのいう「様式」はフーガを聴くこと以外の状況において、何かもっと一般的な形の適用性をもつというわけ？

蟻食　まさしくそうさ。

アキレス　どういうふうにだろうな。何かを一個の全体と見なすか、部分の集合と見なすか、その間を行ったり来たりすることに関係あるんだろうけど。でもぼくがその二分法にぶつかったのは、フーガを聴くときだけだね。

亀　おいおい、これを見ろよ！　音楽にしたがってページをめくったら、フーガの第一ページの扉にこんな大きな図があるじゃないか。

蟹　そんな図なんて見なかったけどな。ちょっとまわして見せてくれよ。

（亀が本を手渡す。四者はそれぞれがそれぞれに本を見る——離して見る者、目を近づける者、みんな怪訝そうに首をかしげる。ひとまわりして亀のところへ戻ってくると、亀はしげしげと図を見つめる。）

アキレス　おや、前奏曲が終るらしいぞ。このフーガを聴いているうちに問題がもっとわかってくるかなあ。「フーガの正しい聴き方は何か、全体としてか各声部の総和としてか」という問題がさ。

亀　注意ぶかく聴いていれば、きっとわかってくるよ！

（前奏曲が終る。静寂の一瞬があり、そして……

〔つづく台詞はア亀（キ）レス蟹（カイ）？〕

［第10章］記述のレベルとコンピュータ・システム

記述のレベル

ゲーデルの列Gとバッハのフーガとは、どちらも異なるレベルで理解できるという性質をもっている。われわれはみなこの種のことには慣れているが、それでもときには混乱したり、また全く何の困難もなく扱えるときもある。たとえば、誰でも知っているように、われわれ人間は莫大な数の細胞（おおよそ二十五兆）でできていて、われわれがすることは原理的にはみな細胞の言葉で記述できる。また分子のレベルで記述することさえできる。多くの人は、このことをかなり実際的なしかたで受けいれている。医者のところに行けば、われわれがふつう自分について考えるよりもずっと低いレベルで観察される。DNAや「遺伝子工学」についての話を読みながら、コーヒーをすする。われわれ自身についてのこれら二つの信じられないくらいかけ離れた見解を、われわれはあっさり別々に切り離すことによって和解させているようである。われわれ自身についての顕微鏡的記述と、われわれが感じている自分のありようとを結びつけるどんな方法もなく、そのためわれわれ自身についての別の表現を心の中の全く別の「分室」にしまうことができる。われわれ自身についてのこれら二つの考え方の間をゆれ動いて、「これらの全く違う二つのものが、どうして同じ私でありうるのだろうか？」と不思議がることは、めったにない。

あるいは、テレビの画面で、シャーリー・マクレーンが笑っているところを映している画像の系列を考えてみてほしい。その系列を眺めているとき、よく知られているように、われわれが実際に見ているものは女性ではなくて、平面の上にチカチカしている点の集まりである。それはわかっているが、そうした思いはわれわれの心から最も遠いものである。画面の上のもののこれら二つの激しく対立する表現は、しかしわれわれを混乱させはしない。一方を閉め出して、他方――われわれみんながする方――に注意を払うのである。どちらが「より現実的」なのであろうか？　それはあなたが人間であるか、犬か、計算機か、またはテレビ受信機のいずれであるかによって変ってくる。

まとまりを作ることとチェス

人工知能研究のひとつの主要な問題は、これら二つの記述の隔たりをどのようにして結びつけるか、ということである。あるレベルの記述を受けいれて、もうひとつのレベルの記述を生産するシステムは、どうすれば作れるだろうか。人工知能の中にこの隔たりが入ってくるひとつの道は、計算機に上手にチェスを指させるプログラムを書くための知識の進歩を眺めると、よくわかる。一九五〇年代から一九六〇年代に入る頃までは、機械が上手に指せるようにするコツは、可能な着手の枝分かれ図を、チェスのどんな上級者よりも先の方まで読むようにすることだと考えられていた。しかし、この目標がしだいに達成されても、コンピュータのチェスのレベルが突然急上昇することはなかったし、人間の専門家を追い越すこともなかった。実際、人間の専門家は現在最強のチェス・プログラムを全く危げなく自信をもって打ち負かしている。

その理由は、実は何年も前から公にされていた。一九四〇年代にオランダの心理学者アドリアン・グルートはチェスの初心者と上級者がどのようにチェスの局面を認識するかを研究した。彼らの簡素このうえない用語によれば、グルートの結果は次のことを意味している——チェスの上級者は駒の配置をいくつかのまとまりとして認識する。盤面を記述するのに「先手ポーンをキングの5に、後手ルークをクィーンの6に」型の直接的な記述よりずっと高いレベルの記述があって、上級者はそのような盤のイメージをどんな方法でか心に描くことができる。このことは、チェスの上級者なら、ある対局の局面を五秒間だけ眺めれば、そのあとすぐに盤面を復原できることから証明される。

一方初心者はずっと遅く、ポツリポツリとしか復原できない。とくに啓発的なのは、上級者が誤りを犯す場合は駒の全部を間違った場所においてしまい、初心者の眼から見ると全く違っているのに、戦略的にはもとともとほとんど変らないということである。決め手は、同じ実験を実際の対局からでなく、駒を盤のます目にでたらめに並べて作った局面について行うことであった。そのようなでたらめな局面の復原については、上級者も初心者と全く変らなかった。

そこで次のように結論できる。ふつうのチェスの対局では、ある型の状況——あるパタン——がくり返され、上級者が敏感なのはそういう高いレベルのパタンについてである。上級者は初心者とは違ったレベルで考え、使用する概念の集まりも異なっている。実際の対局で、上級者が初心者より先の方まで読むことはあまりないということを知ると、たいていの人はびっくりする——そのうえ、上級者はふつうほんのひとにぎりの可能な手しか検討しない！　その秘訣は、盤面を認識する彼の方式が、濾過装置に似ていることである。誇張でなく、チェスのある局面を眺めているときに彼は悪い手は見ていない——チェスのアマチュアがある局面を見ているときに規則違反の手を見る以上には見ていないのである。ほんのちょっとでもチェスを指したことのある人なら、感覚が組織されていて、ルークを対角線上に動かすとか、ポーンですぐ前の駒をとる等々のことはけっして心に浮んでこない。同じように上級のプレーヤーは盤を見る方法についてさらに高いレベルの構造を作り上げている。そのため、彼らには、多くの人々にとっての規則違反と同じくらい、心に浮びにくいものなのである。これは、可能性の巨大な木の暗黙の枝刈りと呼べるであろう。これに対して、明示された枝刈りとは、ある手を考え、ごく簡単な検査ののち、それ以上吟味をつづけるに及ばないと判定することである。

この区別は他の知的活動にも同じようにあてはまる——たとえば、数学の研究もそうである。才能のある数学者は、望みの定理へのまちがった筋道を、才能の劣った人々がやるように片端から全部思いついては調べてみるようなことはしない。そうではなくて、彼は見こみのある筋道をいくつか「嗅ぎつけ」、ただちにそれらにとりかかるのである。

先読みだけに依存するコンピュータのチェス・プログラムは、より高いレベルで考えることを教えられていなかった。その作戦はただ、力ずくで先読みをして、すべての型の抵抗を押しつぶそうとすることであった。しかしそれはうまくいかなかった。ひょっとするといつかは、先読みプログラムが十分な腕力を手に入れて、人間のチャンピオンを本当に打ち負かすようになるかもしれない。しかしそれは、知性が複雑な配列――チェスの盤面、テレビの画面、印刷されたページ、あるいは絵画など――の高いレベルの記述を作り出す能力に決定的に依存しているという啓示に照らしてみれば、知的な進歩としては小さなものである。

よく似たレベル

われわれはふつう、ひとつの状況について二つ以上のレベルでの理解を同時に心に抱くことは要求されない。それどころか、同じシステムの異なる記述はふつう概念的にたがいにかけ離れているので、前にも注意したように、両方を保持するのに何の問題もない――それらは別々の心の分室に保持されるのである。混乱をひき起すのは、むしろひとつのシステムに二つかそれ以上の異なるレベルの記述が可能で、しかもそれらがある点で似ている場合である。そのような場合は、そのシステムについて考えるときにレベルの混同を避けるのはむずかしいし、全く混乱してしまうこともおおいに起りうる。

疑いもなく、そのようなことはわれわれがわれわれ自身の心理について考えるときに起る――たとえば、ある人々のいろいろな行動の動機を理解しようとする場合である。人間の精神構造にはいろいろなレベルがある――たしかにそれは、われわれがまだあまりよくわかっていない体系のひとつである。しかし、人々がどうしてそのように行動するのかを説明する理論が何百も張り合っていて、そのどれもが、いろいろな種類の心理的な「力」がそのレベルの集合のどれくらい深いところに見つかるかということについてのある基本的な仮定に依存している。現在われわれは心のすべてのレベルに対してほとんど全く同じ種類の言語を使っているので、レベルの混同はますますひどくなり、何百ものまちがった理論が助長されることになる。長々と議論するのはやめて、私はただ次のことをいっておきたい。すなわち、「自分は誰か」という問題をめぐる混乱は、われわれが多数のレベルをもっていて、それらのレベルでのわれわれを記述するのに共通の言語を使用している、という事実と関係があることはたしかである。

コンピュータ・システム

ひとつのシステムに対する多くのレベルの記述が共存していて、そのレベルが概念的に非常に近いもうひとつの例がある。コンピュータ・システムである。コンピュータのプログラムが走っているとき、それをいくつかのレベルで眺めることができる。各レベルで、その記述はコンピュータ科学の言語によって与えられ、そのためすべての記述がある点でたがいに似ている――しかし異なるレベルで得られる視野の間には重大な相違がある。最も低いレベルでは、記述はテレビ画像の点々による記述に似た、非常に複雑なものに変りうる。しかしある目的のためには、これは断然最重要の視野である。最も高いレベルでは記述は大きくまとめられ、最低のレベルと多くの共

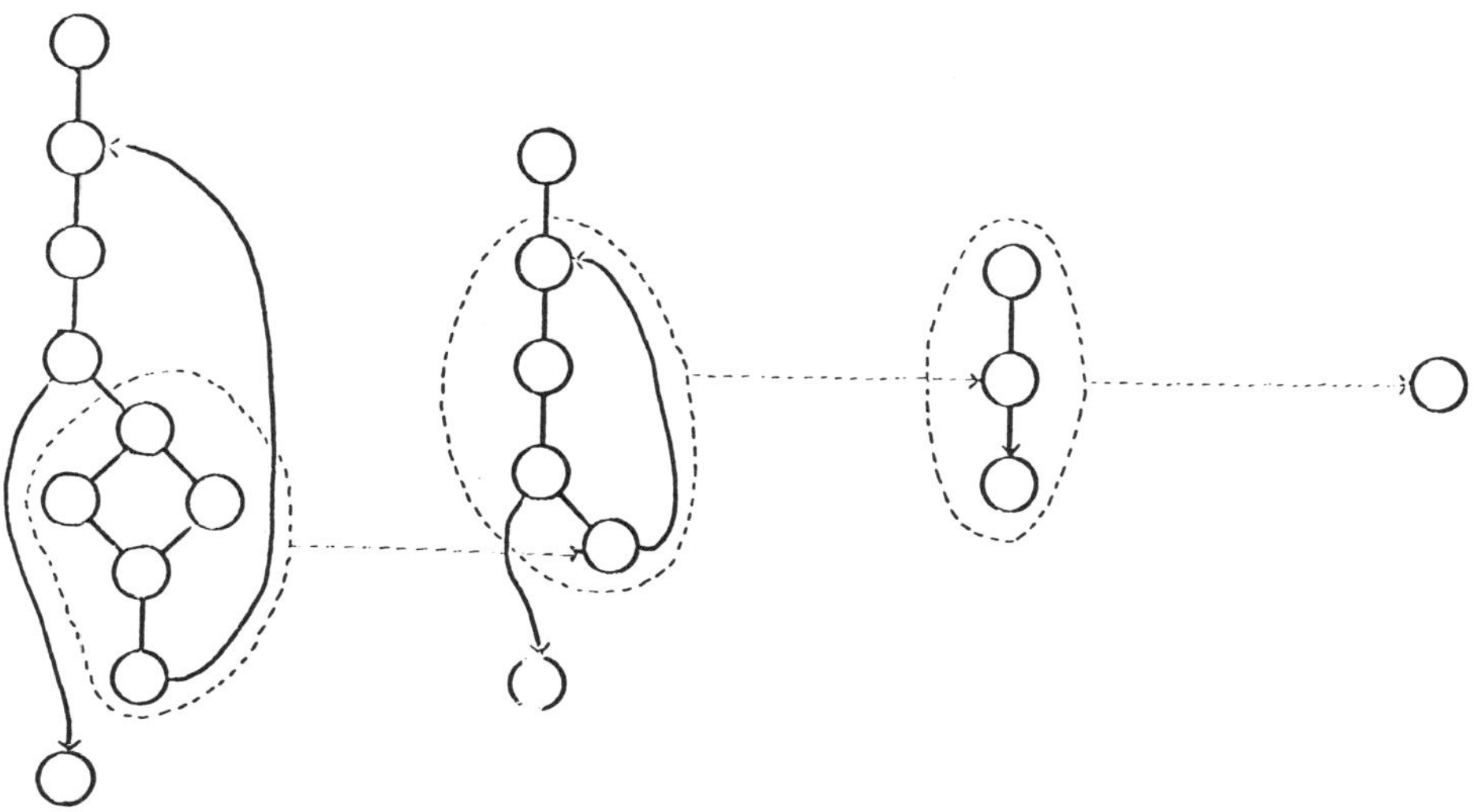

第 57 図　「まとめる」：いくつかの項目の一群が、ひとつの「塊り」として認知しなおされること。塊りの境界は、細胞膜や国境に少し似ていて、その中の集団に独立の主体性を与える。文脈によって、塊りの内部構造を無視したり、考慮に入れたりする。

通概念をもっているのに、全く違う感じを帯びている。高いレベルの記述でのひとまとまりは、チェスの専門家のひとまとまりや、画面の上の映像のまとめられた記述に似ている。そのどれも、より低いレベルでは別のものとして見ていたいくつかのものを簡潔に要約している(第57図参照)。話があまり抽象的にならないうちに、コンピュータについての具体的な事実に進もう。はじめに最低レベルで見たコンピュータ・システムがどんなものかを、ほんのちょっとだけかじってみよう。最低とは？　まあ、本当の最低ではない。私は素粒子について語るつもりはないので、考察したいレベルの中で最低、ということである。

コンピュータの概念の土台には、記憶装置(memory)と、中央処理装置(central processing unit　略称CPU)、それに入出力(input-output　I／O)装置がある。まず記憶装置を説明しよう。記憶装置は語と呼ばれる独立の物理的区画に分割されている。話を正確にするために、六万五五三六語の記憶装置があるとしよう（これは2の16乗で、典型的な数である)。語はさらに、コンピュータ科学で原子と見なされている、「ビット」に分割されている。典型的な一語の中のビット数は三六前後である。物理的には、ビットとはただ磁気的な「スイッチ」で、二つの状態のどちらかをとりうるものである。

o	o	o	o	o	x	x	x	o	o	x	x	o	x	x	x	x	x	x	o	x	o	o	x	x	o	o	x	o	x	x	x	o	x	o	o

その二つの状態は、「上」と「下」と呼んでもいいし、xとo、1と0、……と呼んでもよい。ふつうは第三の呼び方をする。それは全く結構なことであるが、コンピュータがその奥深くでは数を記憶しているという誤解を人々に与える可能性がある。それは正しくな

い。三六ビットの集合を数と考えてはいけないので、それは二ビット（俗語で二五セント）をソフトクリームの値段と考えてはいけないのと同じである。お金にいろいろな使い道があるように、記憶装置内の語もいろいろな機能を果しうる。ある場合には、念のためにいっておくと、その三六ビットは実際にある数を二進法で表現している。あるときは、それらはテレビ画面の三六個の点を表しているし、またあるときは文章の中の何文字かを表している。記憶装置の中の語をどのように考えるべきかは、その語を使用するプログラムの中でのその役割に全面的に依存している。もちろん、カノンの中の音符のように、二つ以上の役割を果す場合もある。

指令とデータ

語の解釈のうちまだお話していないものがひとつある。それは指令としての解釈である。記憶装置の中の語は、操作を受けるデータだけでなく、データを操作するプログラムも含んでいる。中央処理装置――CPU――が実行できる演算のレパートリーは限られているので、語の一部分、ふつう最初の何ビットかが、実行すべき指令の型の名前として解釈される。では、指令として解釈される語の残りのビットは何を表すのだろうか？　ごくふつうには、それらは記憶装置の中のどの語に操作を施すかを指示する。いいかえれば、残りのビットは記憶装置の中のある他の語（または語群）を指示するポインタを構成している。記憶装置のどの語も、通りに沿った家のように、異なる場所を占有している。そしてその場所は、その番地によって指定される。記憶装置にはひとつの「通り」しかないものもあれば、たくさんの「通り」があるものもある――それら「通り」は「ページ」と呼ばれる。だからひとつの語の番地は、そのページ番号（もし記憶装置がページ化されていれば）とそのページの中での位置を組み合せたものになる。したがって指令の「ポインタ」部分は記憶装置内のある（複数の）語の数値的番地にほかならない。ポインタには何の制限もないので、指令が自分自身を「ゆびさす」ことも可能であり、それを実行すれば、自分自身の修正が行われることになる。

計算機は各時点で、どの指令を実行すべきかを、どのようにして知るのだろうか？　それはCPUの中で見失わないようにしているのである。CPUはある特別のポインタをもっていて、そのポインタが、次に指令として解釈すべき語を「ゆびさす」（つまり、その語の番地を記憶している）のである。CPUはその語を取り出し、そしてその内容をCPU内のある特別の語に電子的にコピーする。（CPUの中の語はふつう「語」とはいわず、レジスタと呼ぶ）それからCPUはその指令を実行する。その指令には、たくさんの型の演算の実行を必要とすることがある。次に典型的な例を挙げよう。

加算ADD　指令の中で指示されている語を、あるレジスタに加える。（この場合、指示されている語はもちろん数と解釈される。）

印刷PRINT　指令の中で指示されている語を、文字列として印刷する。（この場合、その語はもちろん数としてでなく、文字の列と解釈される。）

飛び越しJUMP　指令の中で指示されている語に飛んでゆく。（この場合、CPUはその語を次の指令として解釈するように教えられている。）

指令によってとくに命令されないかぎり、CPUは［いま実行をすませた指令の］すぐ次の［番地の］語を取り出して、それを指令と解釈する。いいかえれば、CPUは郵便配達員のように「通り」を順番に下っていって、語を次々と指令として解釈するものと仮定している。しかし、この順序はJUMP指令その他の指令によって破ることができる。

機械語とアセンブリ言語

以上が機械語の非常に簡単な紹介である。この言語では、存在する演算の型は有限のレパートリーを構成していて、それを拡張することはできない。だからすべてのプログラムは、いくら長くて複雑なものでも、それらの型の演算の組合せでできている。機械語のプログラムを眺めることは、大ざっぱにいってDNA分子を原子ごとに眺めていくようなものである。第41図に戻って、DNA分子のヌクレオチドの列を見れば――そして各ヌクレオチドが二ダースぐらいの原子を含んでいることを考えれば――小さなウイルスのためのDNA（人間のとはいわない！）を原子ごとに書き表してみることを想像することによって、複雑なプログラムを機械語で書くことがどんなものかという感じがつかめるし、プログラムの中で何が起っているかを、その機械語による記述だけから理解しようとすることがどんなことかがわかるであろう。

しかし、それが可能な場合には、計算機のプログラミングが最初は機械語よりさらに低いレベルでなされていたことは述べておかなければなるまい――すなわち、線をたがいに結び合せて、正しい処理が「固定配線」として組み込まれていたのである。これは現代の標準から見れば驚くほど原始的なことで、考えるだけで心が痛む。しかしそれを最初にやった人々が、近代的計算機の先駆者たちがかつて経験したのと同じ興奮を味わったことは疑いない。

では、プログラムの記述の階層構造の、より高いレベルに進もう。今度のはアセンブリ言語のレベルである。アセンブリ言語と機械語との間にはあまり大きな開きはない。実際、その差はわずかといってよい。アセンブリ言語の指令と機械語の指令の間には、本質的に一対一の対応が付けられる。アセンブリ言語の考え方は、ひとつひとつの機械語指令を「まとめる」ことで、ある数を他の数に加える指令がほしいときには「010111000」と書くかわりにたんにADDと書き、それから二進法で番地を書くかわりに、名前によって記憶装置の中の語を引用できる。したがってアセンブリ言語で書かれたプログラムは、人間が読みやすいようになおされた機械語プログラムに非常によく似ている。プログラムの機械語版は、TNT導出の難解なゲーデル数表現になぞらえることができ、アセンブリ言語版は、TNT導出をもとのTNT記法で表したものになぞらえられる。これはゲーデル数表現と同型であるが、ずっとわかりやすい。また、DNAの形に戻れば、機械語とアセンブリ言語との差を、各ヌクレオチドを苦労して原子ごとに指定するのと、ヌクレオチドをその名前（つまりA、G、C、あるいはT）によって指定することとの差にたとえることができる。この簡単な「まとめ」操作によって、概念的にはたいした変化はないが、労力は非常に軽減される。

プログラムを翻訳するプログラム

アセンブリ言語について核心的な点はおそらく、機械語との差ではなくて（それならばたいしたことはない）、プログラムを全く異なるレベルで書くことができるという重要な着想である。ちょっと考えてみてほしい――計算機械は機械語プログラム、すなわちビットの列を「理解する」ように作られているので、文字や十進数は理解できない。その機械にアセンブリ言語のプログラムを食わせたらどうなるのだろうか？　それはちょうど細胞に、化学物質としてのヌクレオチドでなく、文字で紙に書かれたヌクレオチドを食わせようとするようなものである。細胞は一片の紙に対して何ができるだろうか？　計算機はアセンブリ言語に対して何ができるのだろうか？

ここに急所がある――翻訳プログラムを、機械語で書くことができる。そのプログラムはアセンブラと呼ばれ、覚えやすい指令の名前や十進数その他の、プログラムをたやすく覚えることができる便利な略記法を受けつけて、単調であるが決定的なビットの列に翻訳する。アセンブリ言語は翻訳（assemble）された後に、走らされる――というか、その機械語版が走らされる。しかしこれは用語の問題である。どちらのレベルのプログラムが走っているのだろうか？　機械語プログラムが走っているといって、けっして誤りではない。プログラムが走っているときは必ず機械がかかわっているからである――しかし、走っているプログラムをアセンブリ言語の言葉で考えることも十分合理的である。たとえば「現在CPUは指令「11101000」を実行中である」というかわりに「現在CPUは飛び越しを実行中である」といってもいっこう差し支えない。音符G－E－B　E－G－Bを弾いているピアニストは、ホ短調の和音をアルペジオで弾いている、ともいえる。ものごとを、より高いレベルの視点から記述するのをしぶる理由はない。だから、アセンブリ言語プログラムが機械語プログラムと同時に走っていると考えてもよい。われわれは、CPUがしていることを記述する二つの方式をもっているのである。

より高いレベルの言語、コンパイラ、インタープリタ

階層の次のレベルでは、コンピュータ自身にプログラムを高いレベルからより低いレベルへと翻訳させるという実に強力な着想をさらに大幅に前進させる。一九五〇年代の初期に、何年かアセンブリ言語でプログラムを書いた結果、人々はいくつかの特徴ある構造がいろいろなプログラムの中にくり返し現れることに気がついた。チェスの場合と同じように、人間がアルゴリズム――実行したい処理の正確な記述――を定式化しようとしていたとき、ある基本的なパタンが自然に発生したようである。いいかえれば、アルゴリズムはある高いレベルの成分をもっていて、非常に制限された機械語やアセンブリ言語によるよりも、そういう成分による方がずっとやさしくきれいに書けるのである。ふつう、高いレベルのアルゴリズムのひとつの成分は、機械語指令のひとつや二つではなく、全体を使ってできているが、それらが記憶装置の中で全部つながっている必要はない。そういう成分は高レベル言語ではひとつの項目――まとまりによって表される。

標準的なまとまり――新しく発見された成分で、それらによってすべてのアルゴリズムが作り出せるもの――のほかに、ほとんどすべてのプログラムがさらに大きなまとまり、いわば大まとまり（超まとまり）を含んでいる。それらの大まとまりは、プログラムが実行すべき高レベルの仕事の種類に応じて、プログラムごとに異なる。第5章では、大まとまりをふつうの呼び方「サブルーチン」および「手続き」を使って論じた。そこで明らかにされたように、プログラミング言語に対する最も強力な貢献のひとつは、すでに知られているものによって新しい高レベルの実体を定義し、それからその実体を名前で呼ぶことである。これは言語の中に「まとめ」操作を作り

あげる。指令のレパートリーが決まっていてそれによってすべてのプログラムが具体的に組み立てられるのではなく、プログラマーは自分の構成単位を作ることができ、それに自由に名前をつけて、それが言語に組み込まれている機能のひとつであるかのように、プログラムの中のどこにでも使うことができる。もちろん、ずっと深い機械語のレベルでは、すべてが同じ昔ながらの機械語指令の組合せであるという事実からは逃れられないが、そのことは高レベルのプログラマーには直接には見えない——それは潜在的なのである。

これらの着想に基づく新しい言語はコンパイラ言語と呼ばれていた。最も初期の洗練された言語のひとつは「アルゴル」(*Algol* アルゴリズム的言語 Algorithmic Language を表す)と呼ばれていた。アセンブリ言語の場合とは違って、アルゴルの文と機械語指令の間には一対一の直接的な対応は成り立たない。たしかに、アルゴルから機械語へのある種の写像はあるが、それはアセンブリ言語と機械語の間の写像よりはるかに「かきまぜ」られている。乱暴ないいかたをすれば、アルゴル・プログラムとその機械語翻訳との関係は、初等的な代数の教科書にある文章の問題とそれを訳した方程式との関係に似ている。(実際には、文章の問題を方程式に翻訳する方がはるかに複雑であるが、そこには高レベル言語をより低いレベルの言語に翻訳するさい実行しなければならない種類の「かきまぜをもとに戻す」作業が感じられる。)一九五〇年代の中頃、コンパイラと呼ばれる成功したプログラムが書かれたが、その機能はコンパイラ言語を機械語に翻訳することであった。

一方インタープリタも発明された。コンパイラのように、インタープリタも高レベルの言語を機械語に翻訳するが、まずすべての文を翻訳してそれから機械符号を実行するのでなく、一行ずつ読んではすぐに実行する。インタープリタを使うためには、完全なプログラムを書きあげる必要はない、という利点がある。プログラムを一行ずつ書きながら、すぐにテストをしてみることもできる。だからインタープリタとコンパイラとの関係は、同時通訳者と原稿の翻訳者との関係のようなものである。すべてのコンピュータ言語の中で最も重要でしかも魅力的なもののひとつはリスプ(Lisp 表処理 List Processing を表す)で、これはアルゴルが発明されたのとほぼ同じ頃ジョン・マッカーシーによって発明された。それ以後リスプは、人工知能に関する研究者の間で高い人気を誇っている。

インタープリタとコンパイラの働き方の間には、ひとつの面白い違いがある。コンパイラは入力(たとえば完成されたアルゴル・プログラム)を受け取り、出力(機械語指令の長い列)を作り出す。その時点で、コンパイラは義務を果したことになる。それからその出力はコンピュータにかけられ、実行される。これに対してインタープリタは、プログラマーがリスプの文を次から次へとタイプしている間ずっと働いていて、どの文もその場でただちに実行される。しかしそのことは、各文がまず翻訳されるということではない。もしそうなら、インタープリタは行ごとに働くコンパイラにほかならない。そうではなくて、インタープリタでは新しい行を読んで、それを「理解」し、また実行する作業がからみ合っており、併行して行われる。

次にその考えをもう少し詳しく述べてみよう。リスプの新しい行がタイプされたとき、インタープリタはそれを処理しようとする。すなわち、インタープリタはガタガタ動きだして、その中のある(機械語)指令が実行される。どの指令が実行されるかの詳細は、もちろん、リスプの文によって決まる。インタープリタの中には飛び越

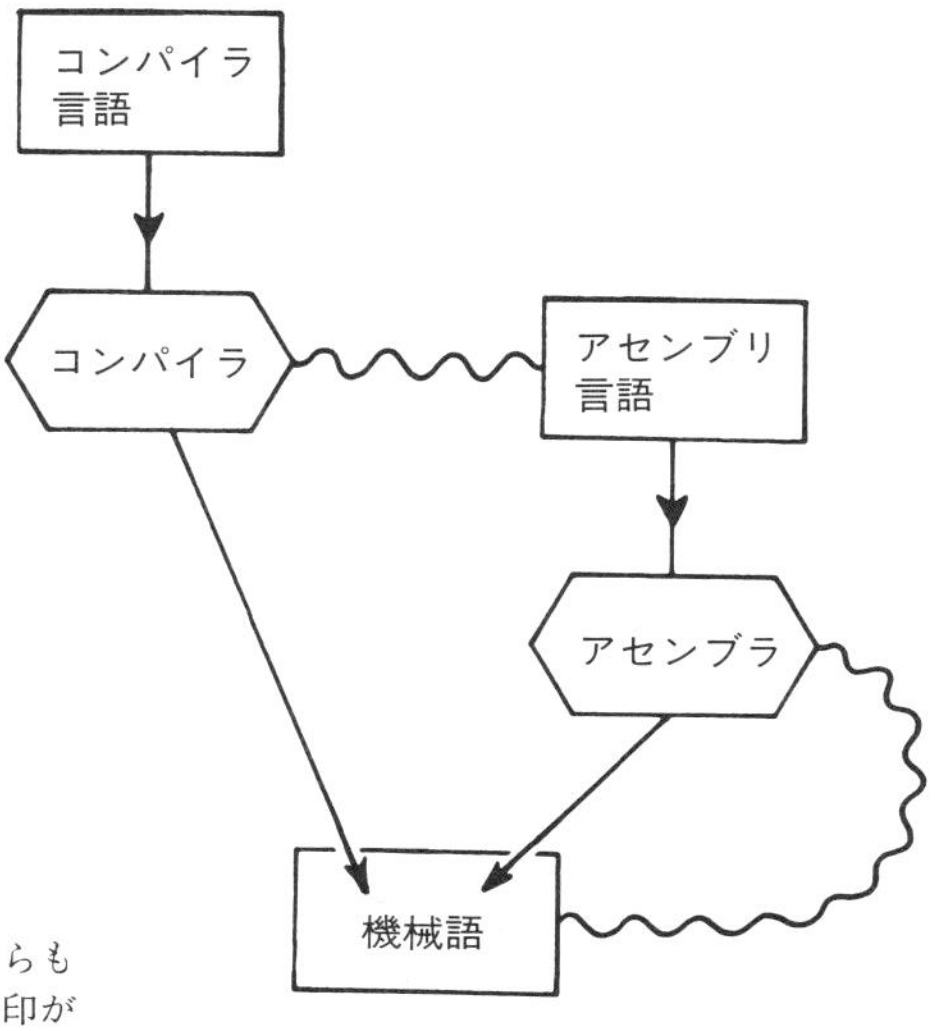

第 58 図　アセンブラとコンパイラは、どちらも機械語への翻訳プログラムである。直線の矢印がこれを示す。さらに、それら自身もプログラムであり、もともとはある言語である。波線の矢印は、コンパイラがアセンブリ言語で書けることと、アセンブラが機械語で書けることを示している。

し指令がたくさんあって、リスプの新しい行が実行場所の複雑な移動をひき起すようにできている——前進、後退、それからまた前進、等々。だから、リスプの文はインタープリタの中の「通り道」に変換され、その通り道に従って作業をすることで望みの効果を達成するのである。

ときには、リスプの文を、つねに走りつづけている機械語プログラム（リスプ・インタープリタ）に次々と入力されるデータのたんなる一片と考えると都合がよい。そんなふうに考えると、高レベル言語で書かれた言語とそれを実行する機械の関係について、違ったイメージが得られる。

自助独立

コンパイラもそれ自身ひとつのプログラムであるから、当然ある言語で書かれている。最初のコンパイラは機械語よりはむしろアセンブリ言語で書かれていたので、機械語から一歩前進していたことの利点を十分に活かしていた。このかなり巧妙な考え方の要点が図58に示されている。

さて、洗練の度が進むと、部分的に書かれたコンパイラがそれ自身の拡張を翻訳するのに使えることが認識された。いいかえれば、コンパイラのある最小の核さえ書かれれば、その最小コンパイラによってより大きいコンパイラを機械語に翻訳できる——またその大きいコンパイラがさらに大きいコンパイラを翻訳できる、というように最終的な最大構成のコンパイラまでつづく。この過程は「ブートストラッピング」（bootstrapping　自助独立）と愛称されている。これは子供が母国語の流暢さをある臨界的なレベルまで獲得するのとあまり違わない。そのレベルからは、新しい言葉を習得するために言語を使えるので、語彙と流暢さはとんとん拍子に発達する。

走っているプログラムを記述するためのレベル

コンパイラ言語は、コンパイラ言語で書かれたプログラムを走らせる機械の構造を反映していない。これはコンパイラ言語が、高度に特殊化されたアセンブリ言語や機械語よりとくにすぐれた点のひとつである。もちろん、コンパイラ言語が機械語に翻訳されれば、得られるプログラムは機械に依存している。したがってプログラムを記述するのに、機械とは独立に実行されるものとしてもよいし、また機械に依存した方法で実行されるものとしてもよい。それは本の中のある段落を引用するのに、その内容によってもよいし（出版社とは独立）、何ページのどの位置かを指定してもよい（出版社に依存）のと同じようなものである。

プログラムが正しく走っているかぎり、それをどう記述しようと、またその働きをどのように考えようと、ほとんど問題ない。いろいろなレベルで考えられることが重要になるのは、何かがうまくいかなかった場合である。たとえば、もし機械がある段階で0による割算をするように指令されていたとすると、機械はそこで停止し、利用者に問題を知らせようと、不審な出来事がプログラムのどこで発生したかを指示してくれるであろう。しかしながらその指示は、プログラマーがそのプログラムを書いたのより低いレベルで与えられることが多い。次にプログラムがキーッといって止まったときの、同じ内容の三つの記述法を示そう。

機械語のレベル　「プログラムの実行は1110010101110111という場所で停止した。」

アセンブリ言語のレベル　「プログラムの実行は**DIV**（割算）指令にぶつかったとき停止した。」

コンパイラ言語のレベル　「プログラムの実行は代数式（A+B)/Zの計算中に停止した。」

システム・プログラマー（コンパイラ、インタープリタ、アセンブラなど、多くの人々が利用するプログラムを書く人々）たちの最大の問題のひとつは、どのようにしてよい誤り検出プログラムを書いて、「虫」（誤り）がいるプログラムを書いた使用者に、問題点を高レベルで記述した情報――低レベルでなく――を提供するようにできるか、ということである。遺伝の「プログラム」に何かの間違い（すなわち突然変異）が発生したとき、その「虫」は高いレベル――すなわち表現型のレベルではじめて人々に明らかになるので、遺伝子型のレベルにおいてではない、というのは興味ある逆転である。実際、現代の生物学は突然変異を遺伝過程への主要な窓口のひとつとして利用しているが、それは突然変異がいろいろなレベルで追跡できるからである。

マイクロプログラミングとオペレーティング・システム

現代のコンピュータ・システムには、階層のレベルが他にもいくつかある。たとえば、あるシステムは――いわゆる「マイクロ・コンピュータ」ではしばしば――「記憶装置の中のひとつの数をレジスタの中の数に加える」指令よりさらに基本的な機械語指令をもっている。ふつうの機械レベルの指令のうちどんなものをプログラムの中で使えるとよいかを、利用者が決定できる。使いよい指令を、利用できる「マイクロ指令」の言葉で「マイクロプログラム」すればよいのである。それから「より高レベルの機械語」指令を、そうしなくてもよいのだけれど、回路の中に焼きつけて、固定配線化することもできる。だからマイクロプログラミングによって、利用者は通常の機械語のレベルより少し低いところまで踏み込むことができる。そのひとつの結果として、あるメーカーのコンピュータを(マイクロプログラミングによって)固定配線化して、同じ会社の、あるいはなんと他の会社の、あるコンピュータと同じ機械語指令のセットが使えるようにできる。そういうマイクロプログラム付きのコンピュータは他のコンピュータを「見習う」(emulate)という。

それから、オペレーティング・システムのレベルがある。これは機械語プログラムと、利用者がプログラムするより高い任意のレベルとの間を調整するものである。オペレーティング・システムはそれ自身ひとつのプログラムで、裸の機械を利用者の接近から保護する(つまりシステムを守る)機能をもっているほか、たくさんのきわめてこみいった繁雑な問題,すなわちプログラムを読み込むとか、翻訳プログラムを呼び出し、翻訳されたプログラムを走らせ、出力を正しいチャンネルに適切な時点に送り、制御を次の利用者に引きわたすことなどについて、プログラマーがわずらわされないようにする機能を備えている。もし同じCPUに同時に「話しかけている」利用者が何人かいるなら、オペレーティング・システムはある人から他の人へと,ある規則的なしかたで注意を移すプログラムである。オペレーティング・システムの複雑さは全くものすごいので、次のたとえ話で感じとっていただくことにしよう。

最初の電話システムを考えてみよう。アレキサンダー・グラハム・ベルは、隣の部屋にいる彼の助手と話すことができた——声の電子的伝送! これはオペレーティング・システムを取り去った裸のコンピュータ——電子的計算!——のようなものである。現代の電話システムでは、どの電話につなぐかを選ぶことができる。そればかりか、多数の通話を同時にさばくことができる。特殊な番号をさきに回せば、いろいろな地域を呼び出せる。直接でも、交換手を通してでも、先方払いでも、クレジット・カードでも、指名通話でも、会議電話(複数人の同時通話)でもできる。つなぐ相手を自動的に変更したり、追跡したりすることも可能である。「お話し中」の音とか、かけた番号の「形がよくない」ことや、ダイヤルに時間をかけすぎたことを意味するサイレンのような音もある。いくつかの電話がそこだけでつながられるようにするための、局内交換機を設置することもできる、等々。これらのことは、いかに大きな柔軟性があるかを考えれば、ことに昔の「裸の」電話の奇跡と比較して、驚嘆に値する。一方洗練されたオペレーティング・システムは、同じような交通整理とレベルの切り換え作業を、利用者とそのプログラムについて行っている。そこには脳の中で起っていること——多数の刺戟の同時処理,何が何に対してどれだけの優先権をもつかの決定、非常事態その他の予想外の出来事によってひき起される即時の「割り込み」、等々にある程度相当することが見られる。

利用者のためのクッションとシステムの保護

複雑な計算機システムのたくさんのレベルは、低レベルで起っているいろいろなことで、おそらくどの点からみても全く不必要なことを利用者が考えないように、「クッションをおく」効果の組合せをもっている。飛行機の乗客はふつうタンクの中の燃料の量とか風速、夕食のチキンが何人分必要か、目的地周辺での航空路の空き具合、等々のことは気にかけない——これらはみな、航空会社のいろいろなレベルの従業員に任されているので、乗客はただある場所から他の場所に移動するだけである。ここでもまた、何かがうまくいかなかったとき——荷物が着かなかった、というようなとき、乗客は自分より下のレベルの混乱したシステムに気づかされるのである。

コンピュータは超-柔軟だろうか？　超-厳格だろうか？

より高いレベルへの衝動が目ざす主要な目標のひとつはいつも、何をしたいかをコンピュータに伝える仕事をできるかぎり自然にすることであった。たしかにコンパイラ言語の高レベルの構成概念は、機械語での構成概念のような低レベルのものより、人間が考えるとき自然に利用している概念に近づいている。しかし対話の容易さへのこの衝動には、「自然さ」のひとつの側面が無視されてきた。それは、人間どうしの対話は人間と機械の対話にくらべてはるかに制約がゆるやかだ、という事実である。たとえば、何かを表す最良の方法をさがす間に、意味のない文の断片を口にすることがよくある。文の途中で咳払いをするとか、たがいに割り込み、曖昧な表現や「不正確な」文法を使い、語句をでっちあげ、意味をねじ曲げる——しかもなお、たいていの場合、われわれの意図は伝達される。プログラミング言語では、非常に厳格な文法があって四六時中それに従わなければならないのが決まりであった。曖昧な語句や構文は許されない。面白いことに、咳払いに対応する書き言葉（本質的でない、あるいは適切でない注釈）は許されているが、あらかじめあるキー・ワード（たとえばCOMMENT）によってそれと表示され、また他のキー・ワード（たとえばセミコロン）によって結ばれることを前提としている。この柔軟性への小さなジェスチュアは皮肉なことに、それゆえの小さな落し穴をもっている。もしひとつのセミコロン（または、何であろうと注釈を終えるためのキー・ワード）が注釈の中で使われていると、翻訳プログラムはそのセミコロンを注釈の終りの表示と解釈し、その結果大混乱が起る。

もしINSIGHT（洞察）という名前の手続きが定義されていて、プログラムの中で十七回呼び出されたが、十八回めはプログラマーが誤ってINSIHGTと書いているとしよう。コンパイラはそこで立往生して、「INSIHGTとは聞いたことがない」という厳格で思いやりのないエラー・メッセージを印刷するであろう。そのような誤りが検出されたときはたいてい、コンパイラは仕事を続行しようとするが、洞察力を欠いているため、プログラマーが意図したところは理解されていない。実際、何か全く別の意味を仮定して、その誤った仮定のもとで先をつづけることもおおいに考えられる。そこで、長い長いエラー・メッセージが残りのプログラムにふりかけられるが、それは——プログラマーではなくて——コンパイラが混乱したためである。もし英語からロシア語への同時通訳者が、英語の中にひとつのフランス語の語句を聞いたとたんに、残りのすべての英語をフランス語のつもりで通訳しようとし始めたら、いったいどんな大混乱がひき起されるかを想像してほしい。コンパイラはよくそういう哀れな迷い方をする。C'est la vie.（それが人生さ。）

これらのことはたぶんコンピュータを非難するように聞えるであろうが、そういうつもりではない。ある意味で、ものごとはそのようにあるべきなのである。多くの人々が何のためにコンピュータを使っているかを考えてみれば気づかれるように、それはきわめて限定された正確な仕事で、人間がするにはあまりにも複雑なものを実行することである。コンピュータが信頼できるためには、コンピュータは予期されている仕事を、曖昧さのほんのわずかな可能性もなく理解しなければならない。また実行を明確に指示されたことを、それ以上でもそれ以下でもなく、実行しなければならない。もしプログラマーの下のクッションに、プログラマーが望むこと、あるいは意図することを「推測する」ためのプログラムがあるとしたら、プログラマーが彼の仕事を伝達しようとして全く誤解されることも十分考えられる。だから高レベル言語は、人間がつきあいやすいものではあっても、なお曖昧さがなく正確なものでなければならない。

プログラマーを予測する

ところで、ある種の不正確さが許されるようなプログラミング言語――と、それをより低いレベルに翻訳するプログラム――を考察することは可能である。そのことは次のように表現できるかもしれない。すなわち、そのようなプログラミング言語の翻訳プログラムは、「その言語の規則の外で」行われることに意味をもたせようと試みる。しかし、もし言語がある種の「違反」を許すならば、その種の違反は規則の内に含まれているので、もはや本当の違反ではない！　もしあるプログラマーが、ある種の書き損じが許されることに気づいたとしたら、そのプログラマーは実際にはその言語の厳格な規則の枠内で操作していることを知りながら、見かけ上は、その言語のそういう機能を注意深く利用することも可能である。いいかえれば、もし利用者が彼の便宜上翻訳プログラムに組み込まれている柔軟性をよく承知しているならば、彼は越えてはならない限界を知っているので、彼にとっては翻訳プログラムは厳格で柔軟性がないように見える。新しい言語が、「人間の誤りの自動補償」をもたない初期の版よりずっと多くの自由を許すとしても同じことである。

その種の「弾力性のある」言語について、次の二つの選択肢があるように見える。

(1)　利用者はその言語とその翻訳プログラムに組み込まれている柔軟性を知っている。

(2)　利用者はそれらのことを知らない。

第一の場合、その言語は依然としてプログラムを正確に伝達する手段として利用できる。プログラマーは、コンピュータがその言語で書かれたプログラムをどのように解釈するかを予言できるからである。第二の場合、「クッション」は隠れた機能をもっていて、（翻訳プログラム内部の働きを知らない利用者の立場からは）予期できないことをするかもしれない。これはプログラムの解釈に大きな誤りをひき起すかもしれないので、そのような言語は、コンピュータがおもにその速度と信頼性のゆえに使われるような場合には不適当である。

ところで実は第三の可能性がある。

(3)　利用者はその言語とその翻訳プログラムに組み込まれている柔軟性を知っているが、許される事柄があまりにも多くまた複雑にからみ合っているので、彼のプログラムがどのように解釈されるのかわからない。

これは翻訳プログラムを書いた人々にはよくあてはまるであろう。その人はその内部を誰よりもよく知っているが、その人でさえ、珍しい型の構造が与えられたときにそれがどのように反応するか、予測できないこともありうる。

今日の人工知能の研究での主要な領域のひとつは、自動プログラミングと呼ばれている。それはさらに高いレベルの言語の開発にかかわっていて、その翻訳プログラムは少なくとも次のように印象的な事柄のいくつかができるくらい洗練されている――実例からの一般化、ある誤植や文法的誤りの修正、曖昧な記述に意味を与えようとすること、原始的な利用者のモデルによって利用者を予測しようとすること、はっきりしないことについて質問すること、英語を使うこと、等々。望みは信頼性と柔軟性の間の綱渡りができることである。

AIの進歩は言語の進歩である

コンピュータ科学（とくに人工知能）の進歩と新しい言語の開発との間には、驚くほど緊密なつながりがある。最近の十年間に明らかな傾向が現れた。すなわち、新しい型の発見を新しい言語の中に統合整理する傾向である。知性の理解と創造のためのひとつの鍵は、記号操作の過程を記述するための言語のたえまない開発と精密化にある。今日、人工知能研究だけのために開発された実験的な言語はおそらく三、四ダースもある。ここで重要なのは、次の認識である。これらの言語のどれかで書けるプログラムは、どれも原則としてより低いレベルでもプログラミングできるが、それを人間がやるには最大限の努力が要求されるであろうし、得られるプログラムは非常に長いので、人間の理解の限度を越えている。より高いレベルがコンピュータの可能性を拡大するのではない。コンピュータの可能性はすべて機械語指令のセットの中にすでに存在する。高レベル言語にある新しい概念が、まさにその本質によって、方向と展望を示唆するのである。

すべての可能なプログラムの「空間」はあまりにも巨大で、何が可能かについての感覚は誰も持ち合せていない。どの高レベル言語もおのずから「プログラム空間」のある領域の開拓に適しているので、プログラマーはその言語を使うことによって、プログラム空間のその領域に導き入れられる。プログラマーはある特定の型のプログラムを書くように強制はされないが、その言語はある種の仕事を容易にするのである。概念への接近と軽いひと押しだけで、大きな発見がなされることが多い――そしてそのことが、より高いレベルの言語へのたえざる衝動の理由である。

異なる言語でプログラムを書くことは、異なる調で作曲をするのに似ている。とくに鍵盤に向って仕事をするときはそうである。いろいろな調で曲を書いたことがある人や書き方を習ったことがある人なら、どの調も独自の情緒的雰囲気をもつようになるであろう。また、ある種の修飾は、ある調では「しっくりいく」のに他の調ではぎごちない。そんなふうにわれわれは調の選択に導かれる。ある面では、異名同音の調、たとえば嬰ハ調と変ニ調でさえ、感じがずいぶん違う。これは、表記法が最終結果の形成に重要な役割を果しうることを示している。

ＡＩ（人工知能）を階層化した絵を、第59図に示した。ここではトランジスタのような機械部品が底にあり、「知的プログラム」がてっぺんにある。この図はパトリック・ヘンリー・ウィンストンの『人工知能』（邦訳・培風館　一九八〇　長尾真・白井良明訳）からの引用であるが、ほとんどすべてのＡＩ研究者が共有しているＡＩの視覚像を表現している。私は、ＡＩが何かそのような方法で階層化されるべきであるという考えには賛成だが、そんなに少ない層で知的プログラムが達成できるとは思わない。機械語のレベルと真の知性が達成されるレベルとの間には、おそらくもう一ダース（あるいはさらに何ダースも！）の層があって、どの新しい層もその下の層の上に作られ、その柔軟性を拡張している、と確信している。それがどんなものかは、今は想像さえできないが……。

第 59 図　知的なプログラムを創造するには、すべてを最低レベルだけから眺める苦痛を避けるように、一連のレベルのハードウエアとソフトウエアを作り上げなければならない。ひとつの処理を異なるレベルで記述するとたがいに全く違うように見えるが、最高レベルでの記述だけが十分にまとめられていて、われわれに理解しやすい。[P. H. Winston, *Artificial Intelligence*, Addison-Wesley, 1977——長尾真・白井良明訳『人工知能』培風館、1980 年]

偏執病者とオペレーティング・システム

コンピュータ・システムのすべてのレベルの類似性は、ある奇妙なレベル混同をひき起すことがある。私は一度、二人の友人——どちらも計算機の初心者——が端末装置を使ってプログラムPARRYで遊んでいるのを見ていたことがある。PARRYはあまり有名でないプログラムで、きわめて初歩的なしかたで偏執病者の真似をする。すなわち、広いレパートリーから選ばれた英語の決まり文句を吐きちらすのである。それがもっともらしく見えるのは、人間がタイプしてきた英文に対する答として、持ち合せの文句のうちどれが妥当に聞えるかを判断する能力のおかげである。

あるところで、応答時間が非常に長くなった。つまり、PARRYは答えるのにうんと時間を要するようになった。そこで私は友人たちに、その遅れはおそらく時分割システムへの大きな負荷のせいであると説明した。特別の「制御」文字をタイプすれば、その記号はPARRYに見られることなく直接オペレーティング・システムに送られて、何人の利用者が計算機を使用中であるかがわかる、と話してやった。友人の一人はその制御文字を押した。するとたちまち、オペレーティング・システムの状態についてのある内部データが、スクリーン上のPARRYの言葉のいくつかの上に、重なって現れた。これはPARRYの全く知らないことであった。PARRYは競馬とノミ屋についての知識しかないプログラムであって、オペレーティング・システムとか端末、特別の制御文字などは何も知らない。しかし私の友人たちにとっては、PARRYもオペレーティング・システムもたんに「コンピュータ」——神秘的な、遠く離れたところにある、彼らがタイプすれば答えてくれる、不定形の存在であった。だから彼らの一人が英語で陽気に、「あなたはどうしてスクリーンの上に重ね打ちをしたのですか？」とタイプしたのは、十分納得のいくことであった。ＰＡＲＲＹが、その上にあってＰＡＲＲＹを走らせているオペレーティング・システムについて何も知らないという考えは、私の友人たちにはよくわかっていなかった。「あなた」が「あなた自身」のすべてを知っているという考えは、人間同士のやりとりの中ではあまりにも当り前のことなので、それをコンピュータにまで拡張するのは自然なことであった——ともかく、ＰＡＲＲＹは十分知的で、彼らと英語で「話」ができたのであった！　この質問は、ある人に向って「あなたはどうして今日、そんなに少ししか赤血球を作らないのですか？」と尋ねるのと似ていなくもない。自分の体のそのようなレベル——「オペレーティング・システムのレベル」——については、誰も何も知らないのである。

　このようなレベルの混同の主な原因は、コンピュータのどのレベルとの対話も、同じ端末装置の、ひとつのスクリーンの上で行われた、ということであった。私の友人たちの素朴さはかなり並はずれているが、経験豊かなコンピュータ人間でも複雑なシステムの複数個のレベルがみな同じスクリーンの上に同時に表示されれば、似たような誤りを犯すことが多い。彼らは「誰と」話しているのかを忘れてしまい、他のレベルでなら完全に理解できるがそのレベルでは意味をなさないことをタイプしてしまう。だからシステム自身がレベルをより分けて、どうすれば「意味をなす」かに応じて指示を解釈することが望ましいように思われる。残念ながらそのような解釈をするためには、システムはたくさんの常識と、プログラマーの全体的な意図についての完全な理解をもっていなければならない——そのどちらのためにも、現在あるものより以上の人工知能が必要である。

ソフトウエアとハードウエアの境界

あるレベルの柔軟さと他のレベルの厳格さにも、当惑させられることがある。たとえばあるコンピュータには素晴らしい文書編集のシステムがあって、文書の断片をある形式から他の形式へと「流しこむ」ことができる。それはほとんど液体をある容器から別の容器に注ぎ込めるようなものである。細長いページを幅広のページに変えるとか、その逆もできる。そのような能力をもってすれば、ある字体を他の字体に——たとえば細字を**太字**に変えることは同じくらい簡単だろうと期待されるかもしれない。しかし、スクリーン上で使える字体は一種類だけかもしれず、その場合そのような変更は不可能である。あるいはスクリーン上では可能でも、印刷機で印刷させることはできない——あるいはその逆かもしれない。コンピュータを長年扱って甘やかされていると、何でもプログラムできないといけない、と考えるようになる。印刷機というものは、ただひとつの文字セットしかもたないほど厳格であってはいけない。有限のレパートリーでもいけない——利用者が字の形を指定できなくてはならない！　しかしその程度の柔軟性がひとたび達成されると、印刷機がたくさんの色のインクで印刷できないことや、すべての形や大きさの紙を受けつけてくれないこと、こわれたとき自分で修理できないこと、等々が悩みの種になる。

　問題は、これらすべての柔軟性が、第5章の用語を使えば、どこかで「底入れ」されなければならない、ということである。すべての基礎をなす、柔軟さのない、ハードウエアのレベルがなければならない。それは深く隠れていて、その上のレベルには多くの柔軟性があって、ごくわずかの利用者しかハードウエアの限界に気づかないかもしれないが、それは不可避的に存在する。

ソフトウエアとハードウエアの間の、この言い古された違いは何なのだろうか？　それはプログラムと機械、長い複雑な指令の列とそれを実行する物理的装置との間の違いである。私は、ソフトウエアを「電話線を通して送れることのすべて」と考え、ハードウエアを「それ以外のすべて」と考えるのが好きである。ピアノはハードウエアであるが、印刷された楽譜はソフトウエアである。電話機はハードウエアであるが、電話番号はソフトウエアである。この区別は便利であるが、つねに明快というわけではない。

　われわれ人間にも「ソフトウエア」的な面と「ハードウエア」的な面があって、その差は第二の天性である。われわれは生理的な硬直性には慣れている——簡単な例をいくつか挙げるなら、意志の力で病気をなおすことや、好きな色の髪を生やすことはできない。しかしわれわれの心を「再プログラム」して、新しい概念的枠組の中で仕事をすることはできる。われわれの心の驚くべき柔軟性は、われわれの頭脳が一定規則のハードウエアからできていて、その再プログラムは不可能であるという考え方とはほとんど相いれないように見える。われわれは自分の神経細胞の発火を速くも遅くもできないし、脳の配線替えや、神経細胞の内部の設計変更もできない。ハードウエアについては何の選択もできないのである——しかもなお、われわれはどんなふうに考えるかを制御できる。

　しかし、われわれの制御を越えている思考の側面も明らかに存在する。意志の力でより賢くなることはできない。新しい言語を望みの速さで習うこともできない。いま考えているより速く考えること、いくつかの事柄を同時に考えること、等々もできない。これは一種の根源的自己認識で、あまりにも明白であるため、それに気づくことさえむずかしい。それはちょうど空気の存在を意識するようなものである。われわれの心のこれらの「欠点」がいったい何によってひき起されるのか、すなわち、われわれの頭脳の組織について頭を悩ますことはけっしてない。心のソフトウエアと頭脳のハードウエアを調和させる方法を示唆することは、本書の主目標のひとつである。

中間的レベルと天候

コンピュータ・システムには、いくつかのかなり明確に定義される層があって、どの層の言葉によっても走っているプログラムの動作が記述できることを学んだ。つまりひとつの低レベルとひとつの高レベルがあるのではなくて、低さと高さのあらゆる程度が存在する。中間的レベルの存在は、高低のレベルをもつシステムの一般的な特徴であろうか？　一例として、地表の大気を「ハードウエア」とするシステムについて考えてみよう（大気はあまり固くないが、別に問題はない）。その「ソフトウエア」は天候である。すべての分子の動きを同時に追跡することが、天候を「理解」する非常に低いレベルで、これは機械語レベルでの巨大かつ複雑なプログラムに似ているといえよう。明らかにこれは人間の理解を越えた方法である。われわれは、人間独特の方法で天候現象を眺め、記述することができる。われわれが天候を「まとまりとして」見る見方は、非常に高いレベルの現象、たとえば雨、霧、雪、暴風、寒冷前線、季節、気圧、貿易風、ジェット気流、積乱雲、雷雨、逆転層、等々に基づいている。これらの現象はどれも天文学的な数の分子の、大規模な傾向が現れるような協調的な振舞いにかかわっている。これは天候をコンパイラ言語で眺めるのに少しばかり似ている。

　では天候を見るのに、アセンブリ言語のような中間レベルの言語に相当するものは、何かあるだろうか？　たとえば非常に小さい局所的な「豆台風」、小さなつむじ風でときおり見られるが、埃を巻き上げて、せいぜい一メートル足らずの幅の渦まく柱を作るようなものはどうだろうか？　局所的な突風は、中間レベルのまとまりとして、より高いレベルの天候現象を創造する役割を果すであろうか？あるいは、その種の現象についての知識を結合して天候のより包括的な説明を作り出す実際的な方法がないだけなのだろうか？

さらに二つの問題が私の心に浮んだ。最初の問題は「われわれがわれわれの尺度で認識する天候現象——龍巻とか日照り——こそ、より広くより遅い現象の一部分で、中間レベルの現象といえるのだろうか？」　もしそうなら、真に高レベルの天候現象は大域的で、その時間尺度は地質学的であろう。氷河時代は高レベルの天候事象であろう。第二の問題は次のとおりである。

「中間レベルの天候現象であって、これまで人間に認識されていなかったが、もし認識されれば、なぜ天候がかくあるのかについてのより深い洞察が得られるであろうようなものは、存在するだろうか？」

龍巻からクォークまで

この最後の示唆は奇抜に見えるかもしれないが、それほど無理ではない。それ自身は見えない「部分」の相互作用で説明できるシステムの例を見つけるには、固い科学（hard science　自然科学）の最も固い部分——物理学——を眺めさえすればよい。物理学では、他のどんな専門でもそうであるように、システムとは相互に働きあう部分の一群のことである。われわれが知っているたいていのシステムでは、部分は相互作用で変化せず、システム内の部分を観察できる。たとえばフットボール・チームの選手が集まったとき、個々の選手はその独立性を保っている——彼らがひとつの複合体にとけあって、個性が失われるようなことはない。しかもなお——この点が重要であるが——ある過程は彼らの頭の中でチームという文脈において呼び起され、他のしかたでは進まないので、選手たちはより大きなシステム——チームの一部分となったとき彼らの独自性をある軽微なしかたで変更する。この種のシステムはほとんど分解可能なシステムと呼ばれる（この用語はH・A・サイモンの論文「複雑さの構造」からとった）。そのようなシステムは弱い相互作用をもつ単位からできていて、どの単位もその相互作用を通じてそれ自身の私的な独自性を保っているが、システムの外にいるときのあり方とはいくらか変化することによって、全システムのまとまった行動に貢献している。物理学で研究されるシステムはふつうこの型である。たとえば、原子は核と、核の正電位によって捉えられたいくつかの電子からできていると見られる。それらの電子は「軌道」上に、あるいは束縛状態にある。束縛された電子は自由電子によく似ているが、ある複合体の内部に存在する点が異なる。

物理学で研究されるあるシステムは、比較的容易な原子とは対照的である。そのようなシステムはきわめて強い相互作用に関係していて、その結果、その部分はより大きなシステムにのみこまれ、独自性の一部または全部を失っている。その一例は原子の核であるが、それはふつう「陽子と中性子の集まり」として記述される。しかし構成要素を引きつけ合せる力が非常に強いので、各要素は「自由な」形（それらが核の外にいるときの形）のようには生存していられない。だから実は核は多くの点で、相互作用をもつ素子の集まりというよりは、ひとつの素子のように振舞う。核が分裂するとき、陽子と中性子がしばしば解放されるが、他の素子、たとえばパイ中間子やガンマ線もよく放射される。これらの異なる素子はみな、核の中に分裂以前から物理的に存在していたのだろうか？ それとも、それらは核が分裂するときに飛び去る「火花」にすぎないのだろうか？ そのような問いに答えようとするのは、おそらく意味がない。素粒子論のレベルでは、「火花」を出す可能性をもっていることと、実際の部分粒子をもっていることとの差は、あまり明確ではないのである。

核はこのように、その部分が内部では見えなくても外に取り出して見ることができるシステムである。しかしさらに病的な場合には、陽子と中性子がシステムそのものと見られる。そのどちらも三個のクォーク——仮想的な粒子で二個か三個を組み合せて多くのよく知られた基本的な粒子ができる——からできている、という仮説がある。しかしクォーク間の相互作用はきわめて強いので、陽子や中性子の内部は見ることができないばかりか、取り出すことさえできない！ だから、クォークは陽子や中性子のある性質を理論的に理解する助けにはなるが、それら自身の存在は、おそらく個別的にはけっして確立されないかもしれない。これは「ほとんど分解可能なシステム」に全く対立する——このシステムは、まず「ほとんど分解不可能」といえよう。しかし面白いことに、陽子と中性子（や他の素粒子）についてのクォークに基づく理論はかなりの説明能力をもっていて、クォークが構成していると考えられている粒子についての多くの実験結果は、「クォーク模型」を使って、定量的にとてもよく説明できる。

超伝導=くりこみの逆説

第5章では、くりこまれた粒子がその裸の核から、仮想的粒子との再帰的に複合された相互作用によってどのように出現するかを論じた。くりこまれた粒子はそのような複雑な数学的構成物とも、ひとつの物理的に存在するまとまりとしても見ることができる。粒子をこのように記述することの最も奇妙で劇的な結果は、それに基づくかの有名な超伝導現象、すなわち極低温におけるある固体内の電子が抵抗なしに流れる現象の説明である。

固体内の電子は、音響量子と呼ばれる振動の奇妙な量子（それらもやはり、くりこまれる！）との相互作用によってくりこまれることが知られている。くりこまれた電子はポーラロンと呼ばれている。計算によれば、極低温では、二つの反対方向に回転しているポーラロンはたがいに引きつけ合い、あるしかたで結合されうる。適切な条件のもとで、電流を運んでいるポーラロンのすべてが二つずつ組み合さって、クーパー対を形成する。皮肉なことに、この結合は電子——対になったポーラロンの裸の芯——が電気的にたがいに反発するために起る。電子とは違って、どのクーパー対も他のクーパー対と引きつけ合いも反発もしない。その結果、金属の中を真空であるかのように自由にすりぬけることができる。そういう金属の数学的記述は、その基本単位をポーラロンからクーパー対に変換すると、かなり簡単な連立方程式が得られる。超伝導を観察するには、クーパー対に「まとめる」のが自然なやり方だと物理学者が知るのは、こうした数学的簡単さを通してである。

ところで、粒子にはいくつかのレベルがある。クーパー対それ自身、クーパー対を構成する二つの反対方向に回転するポーラロン、ポーラロンを作っている電子と音響量子、それから電子内部の仮想的光子と陽電子、等々。われわれはどのレベルでも観察して、そこでの現象を認識し、より低いレベルの理解に基づいて説明することができる。

「封鎖」

同じように、幸いにして、クォークが構成しうる粒子についてのたくさんの事柄を理解するのに、クォークについてのすべてを知る必要はない。だから核物理学者は、陽子と中性子に基づく核の理論を推進して、クォーク理論とその競争相手を無視することができる。核物理学者は陽子と中性子のまとめられた絵――低いレベルから導かれてはいるが、低いレベルの理論を理解する必要はない記述をもっている。同じように、原子物理学者は、核の理論から導かれる原子核をまとまりにした絵をもっている。それから化学者は、電子とその軌道のまとめられた絵をもっていて、小さい分子についての理論を作り、その理論はまた分子生物学者によって、あるまとめられたしかたで利用できる。分子生物学者たちは、小さな分子がどのようにまとまっているかについての直観はもっているが、彼らの技術的専門知識は非常に大きい分子とそれらの相互作用の方面についてである。そして細胞学者は、分子生物学者が熱中している単位をまとめた絵をもっていて、細胞の相互作用を説明するのに利用しようとしている。要点は明らかである。ある意味でどのレベルでも、その下のレベルから「封鎖」されている。これもサイモンの活き活きした用語のひとつであるが、潜水艦がいくつものコンパートメントに分かれていて、一部が破損して水が浸入してきても、扉を閉じて破損したコンパートメントを封鎖することによって、被害の拡大を防げることを思い出させてくれる。

科学の階層的レベルの間にはいつもいくらか「漏洩」があるので、化学者はより低いレベルの物理学を全く無視するわけにはいかないし、生物学者が化学を全く無視することもできないが、あるレベルから遠く離れたレベルへの漏洩はほとんどない。だからこそ、人々が他の人々を直観的に理解するのに、クォーク模型を理解する必要はないのである。核の構造、電子の軌道の性質、化学結合、タンパク質の構造、細胞内の細胞小器官、細胞間の情報交換法、人体のいろいろな器官の生理学、また器官の間の複雑な相互作用を理解する必要もない。必要なのは、最高レベルでの行動のまとめられたモデルだけである。そして、誰もがよく知っているとおり、そういうモデルは非常に現実的で役に立つ。

まとめることと決定論との取引

しかし、まとめられたモデルにはおそらくひとつの重要な弱点がある。ふつう、正確な予測能力がない、ということである。すなわち、まとめられたモデルを使うおかげで、人々をクォーク（あるいは最低レベルにある何でも）の集まりとして見るという不可能な仕事をまぬがれているが、もちろん、そういうモデルは他の人々がわれわれの言葉や行動等々にどのように感じ、どのように反応するかを確率的に推定してくれるだけである。要するに、まとめられた高レベルのモデルを使って、われわれは決定論を犠牲にして簡単さを獲得している。冗談に対して人々がどう反応するか不確かであるけれども、笑うだろうとか、笑わずに、たとえば手近の旗竿によじのぼるだろうなどと予想をする。（禅僧なら後者を実行するかもしれない！）　まとめられたモデルは、予想される行動の「領域」を規定し、その領域のどこに落ちるかの確率を明確にする。

「コンピュータはしろといわれたことしかできない」

これらの考え方は、複合的物理システムばかりでなく、コンピュータ・プログラムにも同じようにあてはまる。「コンピュータはしろといわれたことしかできない」という古い金言があるが、これはある意味で正しいけれども、次の点を見逃している。「コンピュータに『しろ』といったことの結果は、あらかじめわかってはいない。」だからコンピュータの行動は、人間の場合と同じように不可解、驚異的かつ予想外である。ふつう、出力の「領域」はあらかじめわかっているが、そのどこに落ちるかの詳細はわからない。たとえば、円周率πの最初の一〇〇万桁を計算するプログラムを書いたとしよう。そのプログラムはπの桁数字を人間より速く吐き出すことができる――しかし、コンピュータがプログラマーを打ち負かすという事実には何の逆説もない。出力が落ちる領域――すなわち0から9までの桁数字の領域――はわかっているので、プログラムの振舞いのあるまとめられたモデルはあるといってよい。しかしそれ以外のこともわかっていたとしたら、プログラムを書かなかったであろう。

この古い金言は、別の意味でもさびついている。プログラムを書くレベルが高ければ高いほど、コンピュータに何をしろといったのかが正確にはわからなくなるのである！　翻訳の何重もの層が、複雑なプログラムの「最前線」を実際の機械語指令から引き離している。考えたりプログラムを書いたりするレベルでは、書かれる文は、強制とか命令よりは宣言とか示唆に近い。そして高レベルの文を入力したために引き起される内部的なごたごたは、外からは見えない。それはちょうど、サンドイッチを食べているときに、ふつうはそれがひき起す消化過程を気にしなくてすむようなものである。

いずれにしても「コンピュータはしろといわれたことしかできない」という考えは、ラブレス夫人がその有名な備忘録のなかではじめて提出したものであるが、非常に広く伝えられ、また「コンピュータは考えることができない」という考えと深く結びつけられているので、われわれの洗練のレベルがもっと増しているであろうあとの章で、この諺に立ち戻ることにしよう。

システムの二つの型

多くの部分からできているシステムのある二つの型を区別することが重要である。あるシステムでは、ある部分の行動に他の部分の行動を打ち消す傾向があり、その結果、低いレベルで何が起っているかをあまり深く考えなくてよい。たいてい高レベルでは同じような行動がひき起されるからである。この種のシステムの一例はガスの容器で、その中ではすべての分子が微視的にはたがいに非常に複雑なしかたでぶつかりあっているが、巨視的には、一定の温度・圧力・容積をもつ非常に静かな安定したシステムである。それから、低レベルでのひとつの出来事の効果が高レベルでの莫大な結果へと増幅されうるシステムがある。その一例はパチンコの機械で、玉が釘にぶつかったときの正確な角度が、それ以後の進路を決定する。

コンピュータはこれら二つの型のシステムの精巧な組合せである。その中には導線のように、十分予測できる行動をする部分も含まれている。導線は電気をオームの法則に従って伝えるが、これは非常に正確なまとめられた法則で、容器の中のガスを支配している法則のように、何億ものでたらめな効果が打ち消しあって予測可能な全体的な行動を生むという、統計的効果に基づいている。コンピュータはまた印刷機のように、電流の微妙な型によってその行動が完全に決定される巨視的な部分も含んでいる。印刷機が印刷するものは、何百万もの微視的効果が打ち消しあって作り出されるのではけっしてない。実際、大部分のコンピュータ・プログラムの場合、プログラムのどの一ビットの値も、印刷される出力に対して重要な役割を果している。どれかのビットを変えると、出力も劇的に変化するであろう。

「信頼できる」下位システム——すなわちその行動がまとめられた記述から高い信頼度で予測できるもの——だけから作られているシステムは、われわれの日常生活において測りしれない重要性をもっている。安定性の支柱だからである。われわれは倒れない壁、昨日みなが歩いた歩道、輝く太陽、正確な時間を示す時計、等々をあてにできる。そういうシステムのまとめられたモデルは、実際問題として全く決定論的である。もちろん、他の種類のシステムで日常生活において大きな役割を果しているのは、ある内部的・微視的な——その上、しばしば莫大な数の——われわれが直接観測できないパラメータに依存して行動を変えるシステムである。そのようなシステムのまとめられたモデルは、必然的に操作の「領域」の言葉で述べられ、その領域のいろいろな地点に到着する確率にかかわっている。

ガスの容器は、すでに指摘したように多くの効果が打ち消しあうために、信頼できるシステムであって、物理学の正確で決定論的な法則に従う。そういう法則は、ガスを全体として扱い、その構成要素を無視するので、まとめられた法則と呼ぶ。さらにガスの微視的な記述と巨視的な記述は、全く異なる用語を使う。前者は個々の構成分子の位置と速度の指定を要求するが、後者が要求するのは新しい三つの量、すなわち温度、圧力、および体積の指定である。最初の二つには微視的な対応物さえない。これら三つのパラメータをつなぐ簡単な数学的関係——$pV = cT$　ここでcは定数——はより低いレベルの現象に依存し、しかも独立した法則である。逆説に聞こえないように説明すれば、この法則は分子のレベルを支配する法則から導くことができる。その意味で、これはより低いレベルに依存している。一方これは、もしそうしたいなら低いレベルを全く無視してもよいという法則である。その意味でこれは低いレベルから独立している。

高レベルの法則が低レベルの記述の用語では表現できないことは、注目に値する。「圧力」と「温度」は新しい用語で、低いレベルの経験だけでは表現できない。われわれ人間は温度や圧力を直接感知する。われわれはそのようにできているので、この法則が発見されたのは驚くにあたらない。しかし、ガスを理論的・数学的構成物としてしか知らない生物がこの法則を発見するのには、新しい概念を組み立てる能力をもたねばならないことであろう。

随伴現象

この章を閉じるにあたって、私は複雑なシステムについてのある話をお伝えしておきたい。ある日私は、私が使っているコンピュータのための二人のシステム・プログラマーと話をしていた。彼らがいうには、オペレーティング・システムはおよそ三五人までの利用者を楽々と処理できるが、およそ三五人かそこらで、応答時間が全く突然はねあがり、非常に遅くなる。だから、そういうときは、一度計算をやめて家に帰り、もっとあとまで待った方がよさそうだ、というのである。そこで私は冗談に、こういった。「そんなことなら、簡単だ。オペレーティング・システムの中で、35という数がしまわれている場所を見つけて、それを60になおせばいいんだ！」　皆笑った。急所はもちろん、そんな場所はない、という点にある。それならこの重要な数——三五人——はどこからきたのだろうか？　答は次のとおりである。「それはシステム組織全体の目に見える結果——ひとつの随伴現象である。」

同じように、短距離選手について尋ねてみよう。「彼が一〇〇ヤードを九・三秒で走ることを可能にしている、九・三という数字はどの場所にしまわれているのだろうか？」　明らかにそんな数字はどこにもしまわれていない。彼の記録は、彼の体がどのようにできているか、彼の反応時間、彼が走るときに相互に働きあう何百万もの因子の結果である。その記録は再現性が高いが、彼の体のどこかにしまわれているわけではない。彼の体じゅうのすべての細胞の間に広まっているので、短距離走の行動それ自身においてのみ発現されるのである。

随伴現象は世に満ち満ちている。囲碁には「二眼は活き」という特徴がある。これは規則の中には組み込まれていない、諸規則の帰結である。人間の脳には、だまされやすさがある。あなたはどれくらいだまされやすいだろうか？　あなたのだまされやすさは、脳の中の「だまされ中枢」に位置しているのだろうか？　脳外科医はそこに手をつけて、あなたを放っておかず、だまされやすさを小さくするような微妙な手術を実施してくれるだろうか？　もしそう信じるなら、あなたは大変だまされやすく、たぶんそういう手術を考えた方がいいだろう。

心と脳

これからの章では脳について論じるが、われわれは脳の最高レベル——心——を理解するために、心が依存もしているし独立でもあるより低いレベルを理解することが必要であるかどうかを吟味するであろう。思考の法則で、脳細胞の微視的活動を支配する低レベルの法則から「封鎖された」ものがあるだろうか？　心を脳からすくいとって、他のシステムに移植することは可能だろうか？　それとも、思考過程をすっきりした規格部品のシステムに分解することは不可能なのだろうか？　脳は、原子、くりこまれた電子、核、中性子、あるいはクォークにもっとよく似ているのだろうか？　意識はひとつの随伴現象だろうか？　心を理解するために、神経細胞のレベルまでずっと降りていかなければならないのだろうか？

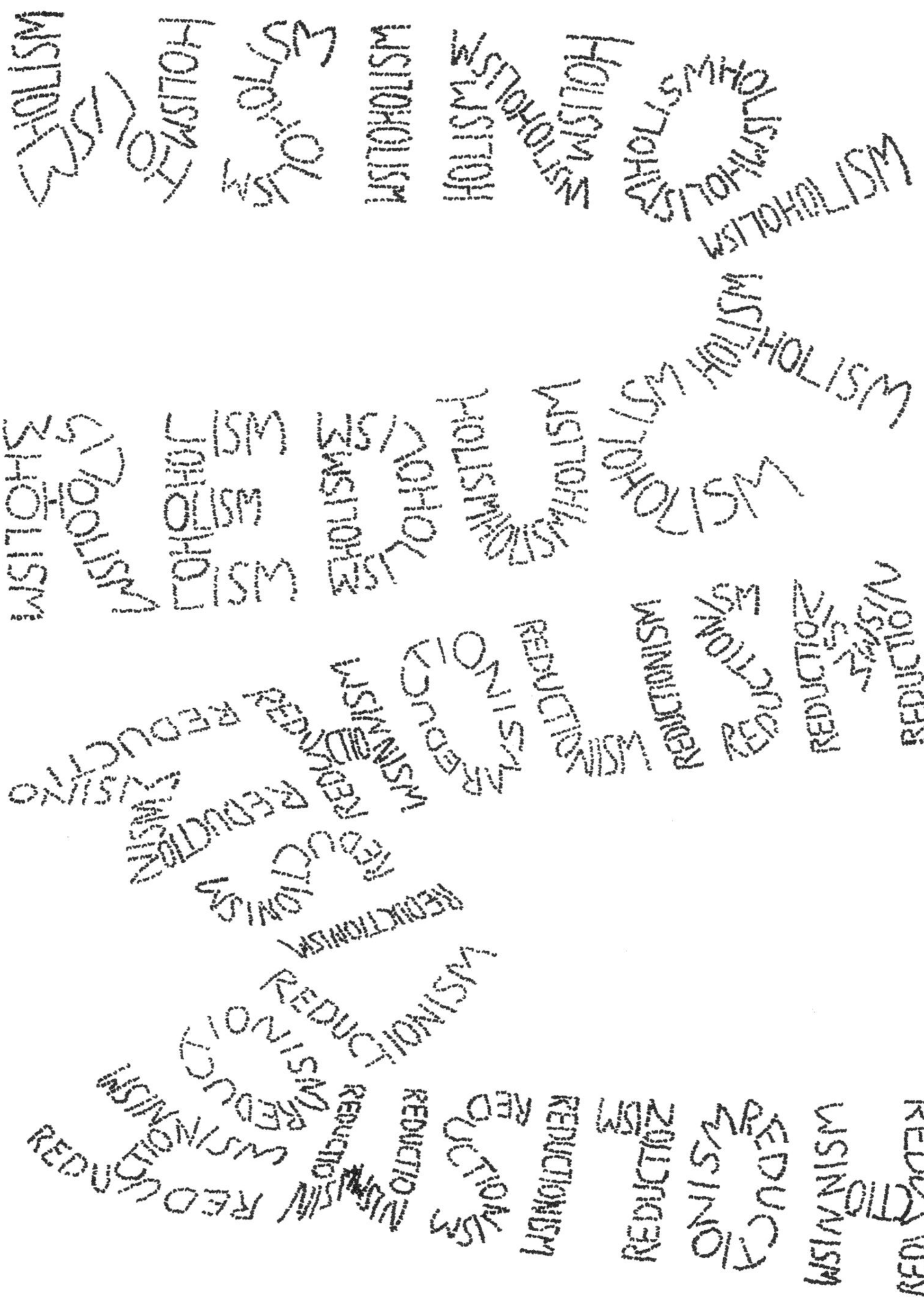

第 60 図　著者自身による図

……それから、ひとつずつ、フーガの四声が合流する。）

アキレス　きみたちは信じないだろうけど、その問題の答はいまぼくら全員の顔を見つめてるんだ、この絵に隠れてね。なんてことないただの一語さ——しかし実に重要な一語、つまり「無」MUだ！

蟹　きみたちは信じないだろうけど、その問題の答はいまぼくら全員の顔を見つめてるんだ、この絵に隠れてね。なんてことないただの一語さ——しかし実に重要な一語、つまり「全体論」HOLISMだ！

アキレス　いや、ちょっと待てよ。目がどうかしてるんじゃないか。この絵のメッセージは明白も明白、「無」だよ、「全体論」なんかじゃないぜ！

蟹　こんなことをいってはなんだが、ぼくの視力はとてつもなくいいんだ。もう一度見てくれよ、それからいってほしいね、この絵がいっているとぼくがいったことをこの絵がいっていないかどうか！

蟻食　きみたちは信じないだろうけど、その問題の答はいまぼくら全員の顔を見つめてるんだ、この絵に隠れてね。なんてことないただの一語さ——しかし実に重要な一語、つまり「還元論」REDUCTIONISM　だ！

蟹　いや、ちょっと待てよ。目がどうかしてるんじゃないか。この絵のメッセージは明白も明白、「全体論」だよ、「還元論」なんかじゃないぜ！

アキレス　これまただまされたのがいるか！「全体論」でもなく、「還元論」でもなく、「無」がこの絵のメッセージだよ、それだけは確かだ。

蟻食　こんなことをいってはなんだが、ぼくの視力はとてつもなくいいんだ。もう一度見てくれよ、それからいってほしいね、この絵がいっているとぼくがいったことをこの絵がいっていないかどうか！

アキレス　見ればわかるだろ、この絵は二つの部分から成っていて、それぞれが一個の文字だってことが？

蟹　二つの部分についてはそのとおりだけど、その見定め方が間違ってるね。左側の部分は全体が「全体論」という一語を三個書いたものから成っている。右側の部分は、同じ語を小さな文字でたくさん書いたものから成っている。二つの部分で文字がさまざまの大きさになっている理由はわからないけど、しかしぼくは何を見てるかはわかる。ぼくの見てるのは「全体論」だ、明白も明白さ。どうやってほかのものが見えるのか見当もつかないね。

蟻食　二つの部分についてはそのとおりだけど、その見定め方が間違ってるね。左側の部分は、全体が「還元論」という一語をたくさん書いたものから成っている。右側の部分は、同じ語を大きな文字で一個だけ書いたものから成っている。二つの部分で文字がさまざまの大きさになっている理由はわからないけど、しかしぼくは何を見てるかはわかる。ぼくの見てるのは「還元論」だ、明白も明白さ。どうやってほかのものが見えるのか見当もつかないね。

アキレス　どういうことなのかわかったよ。きみらはそれぞれ、ほかの文字を構成する、もしくはほかの文字から構成される文字を見たんだ。左側の部分には、なるほど「全体論」が三つあるけど、そのひとつひとつがもっと小さな文字で書かれた「還元論」から成っている。そしてそれを補足するように、右側の部分にはなるほど「還元論」がひとつあるが、それはもっと小さな文字で書かれたいくつもの「全体論」という語から成っている。さあてこれで、めでたしめでたし。きみらの愚かな言い争いでは、双方が木を見て森を見ざるというわけだったんだ。いいかい、「全体論」が正しいか「還元論」が正しいかなんて議論して何になる、事を理解する然るべき道は「無」と答えることによって質問を超越することだというのに。

蟹　いま説明してくれたように絵が見えてきたよ、アキレス。でも「質問を超越する」という妙な言い回しの意味がさっぱりわからないね。

蟻食　いま説明してくれたように絵が見えてきたよ、アキレス。でも「無」という妙な言い回しの意味がさっぱりわからないね。

アキレス　どっちもとっくり説明しよう、まずきみらがその妙な言い回し、「全体論」と「還元論」の意味を説明してくれるなら。

蟹　全体論はこの世で最も自然に把握できるものさ。それはたんに「全体はその各部分の総和より大きい」という信念だ。まともな精神の持主なら誰も全体論を拒絶できないね。

蟻食　還元論はこの世で最も自然に把握できるものさ。それはたんに、「全体は、その各部分とその総和の性格とを理解すれば完全に理解されうる」という信念だ。まともな精神の持主なら誰も還元論を拒絶できないね。

蟹　ぼくは還元論を拒絶する。たとえばいってみろよ、いかにして頭脳を還元論的に理解するか。頭脳に関するいかなる還元論的説明も、頭脳によって経験される意識がどこから生ずるかを説明するとなると、必然的に遠く及ばないだろう。

蟻食　ぼくは全体論を拒絶する。たとえばいってみろよ、いかにして蟻の巣の全体論的記述が、そのなかにいる蟻と、それぞれの役割と、それぞれの相互関係の記述以上に、蟻の巣に光を投げかけるか。蟻の巣に関するいかなる全体論的説明も、蟻の巣によって経験される意識がどこから生ずるかを説明するとなると、必然的に遠く及ばないだろう。

アキレス　おいおい、やめろったら！　ぼくはなにも、またまた新たな議論に火をつけようとしたんじゃないぜ。とにかく論争を聞いててわかったが、ぼくの「無」の説明がおおいに助けになりそうだな。いいかい、「無」とは古い禅の答で、ある問いに対して与えられたとき、その問いを不問に付すものだ。いまの場合、問いはこういうことらしい。「世界は全体論経由で理解されるか、還元論経由で理解されるか？」するとここで「無」という答は、どちらか一方を選択しなければならないという問いの前提を拒絶するんだ。その問いを不問に付すことによって、もっと幅広い真理を啓示する。つまり、全体論的説明と還元論的説明の両方が適応するもっと大きなコンテクストが存在するという真理を。

蟻食　ばかな！　きみのいう「無」は牛がモーモーいってるようなもんだ。そんな禅のたわごとはいいかげんにしてほしいよ。

蟹　あほな！　きみのいう「無」は子猫がニャーニャーいってるようなもんだ。そんな禅のたわごとはいいかげんにしてほしいよ。

アキレス　まあ待ってったら！　急いじゃなんにもならないよ。どうして妙に黙りこくってるんだい、亀公？　なんだか落ち着かなくなってくるじゃないか。きみならきっと、この混乱を収拾するのに一役買ってもらえるはずだろ？

亀　きみたちは信じないだろうけど、その問題の答はいまぼくら全員の顔を見つめてるんだ、この絵に隠れてね。なんてことないただの一語さ——しかし実に重要な一語、つまり「無」だ！

（亀がこういうのと一緒に、さきほどからかかっているフーガの第四声が、出だしの正確に一オクターヴ下で入ってくる。）

アキレス　そうか、亀公、これっきりぼくを見捨てるのか。きみはいつものごとを深くまで見るから、きっとこのジレンマを解決してくれると思ったのに——ところがどうやら、ぼくの見た以上には見ていないんだ。まあそういうことなら、ぼくは亀公と同じだけ見たってことを喜ぶべきらしいな、これっきり。

亀　こんなことをいってはなんだが、ぼくの視力はとてつもなくいいんだ。もう一度見てくれよ、それからいってほしいね、この絵がいっているとぼくがいったことをこの絵がいっていないかどうか。

アキレス　もちろんこの絵はそういってるよ！　ぼくのさっきの観察をくり返しただけじゃないか。

亀　たぶん「無」はこの絵のなかの、きみが想像する以上に深いレベルに存在するんだよ、アキレス——一オクターヴ下にさ（比喩的にいえばだが）。しかしいまの場合、抽象のなかで論争を解決することはできそうにないね。全体論と還元論の観点をもっと明白なかたちで述べてほしいんだな。そうすれば決定の根拠がもっと出てくるかもしれない。蟻コロニーの還元論的記述を、たとえば聞いてみたいんだが。

蟹　蟻食先生がその点に関して経験の一端を披露してくれるだろうさ。なにしろこのテーマに関しては職業柄、ちょっとした専門家だからね。

亀　きみからはおおいに学ぶところがあるはずだ、蟻食先生。蟻コロニーについて還元論的見地からもう少し話していただけないか？

蟻食　いいとも。蟹君のいったように、ぼくは職業柄、蟻コロニーの理解をかなり深く究めてきた。

アキレス　そりゃそうだろ！　蟻食という職業は蟻コロニーの専門家だってことと同義だろうし。

蟻食　これは失礼。「蟻食」はぼくの職業じゃないんだ。それはぼくの種だ。職業は、巣外科医でね。外科手術によってコロニーの神経錯乱を矯正することが専門さ。

アキレス　ほう、なるほど。しかし蟻コロニーの「神経錯乱」とはどういう意味だい？

蟻食　患者のほとんどはある種の言語障害にかかっている。つまり、日常の状況において言葉を模索しなければならないコロニーたちだね。実に悲惨なことになりかねない。その状況を治療しようとするわけだ、つまりそのう――除去することによってね――コロニーの欠陥部を。こういう手術はときにきわめて厄介なものとなる。もちろん実施するには長年の研究を要する。

アキレス　しかしだね――言語障害にかかるには、その前に言語能力をもっていなければならないだろ？

蟻食　そのとおり。

アキレス　蟻コロニーにはその能力がないんだから、ちょいとわけがわからないね。

蟹　惜しかったな、アキレス、先週きみがここに居合せなかったのは。蟻食先生とはしゃ蟻塚叔母さんが遊びにきてくれたんだ。あのときさきみも連れてくればよかった。

アキレス　はしゃ蟻塚叔母さんって、きみの叔母さんかい、蟹君？

蟹　いやいや、彼女は誰の叔母でもない。

蟻食　ところがかわいそうに、誰かれかまわず叔母さんと呼んでもらわないとおさまらないんだ。それが数多くの愛らしい奇癖のひとつでね。

蟹　そう、はしゃ蟻塚叔母さんは実に変ってるけど、なんとも陽気なんだなあ。先週きみを連れてきて引き合せなかったのは残念だよ。

蟻食　ぼくが知る幸運に恵まれた最も教養ある蟻コロニーに、間違いなくかぞえられるね。夜ふけまで、それはもう幅広い話題を語り合ったことが何度もあるし。

アキレス　蟻食は蟻を貪り食うもので、蟻知性の擁護者じゃないと思ってたよ！

蟻食　うん、もちろんその二つは矛盾し合うわけじゃない。ぼくは蟻コロニーとは最高に仲がいい。ぼくの食べるのは蟻であって、コロニーじゃない――それが双方にとって、ぼくとコロニーにとって好都合なんだな。

アキレス　そんなことがありうるかい――

亀　そんなことがありうるかい――

アキレス　――蟻を食われてしまうのがそのコロニーのためになるなんて？

蟹　そんなことがありうるかい――

亀　――森を燃やすのが森のためになるなんて？

蟻食　そんなことがありうるかい――

蟹　――枝を刈り取られるのが木のためになるなんて？

蟻食　――髪を刈られるのがアキレスのためになるなんて？

亀　みんな議論に熱中して、このバッハのフーガのたったいま生じた美しいストレットを聞き逃したらしいね。

アキレス　何だい、ストレットって？

亀　いや、失礼。知っている用語だと思ったものだから。ひとつのテーマがひとつの声部へ次の声部へとくり返しはいってくる個所さ、はいる間合をほんの少し遅らせてね。

アキレス　ぼくもたくさんフーガを聴けば、そういうものが全部わかって、いちいち教えてもらわずに自分で聴き分けられるようになるさ。

亀　ごめんごめん。話の邪魔をしてしまって。蟻食先生の説明の途中だったね、蟻を食べることが蟻の巣の友であることといかに矛盾しないかってことの。

アキレス　うん、なんとなくわかるな、一定限度の蟻消費が巣の健康全体を増進しうるということは——しかしそれよりはるかにわけがわからないのは、蟻コロニーと会話をかわすなんてことだ。そんなことは不可能だよ。蟻コロニーは、個々の蟻が餌を探したり巣を作ったりしながらでたらめに走りまわっている、それの集合にすぎないんだから。

蟻食　相変らず木を見て森を見ざるを押し通したいんなら、そういってもいいよ、アキレス。ところが実は、蟻コロニーは全体として見た場合、実に輪郭のはっきりした単位でね、それぞれ独自の特質をそなえ、ときには言語を操ることもある。

アキレス　ちょっと考えられないがね、ぼくが森のまんなかで大声を張りあげて何かいうと、蟻コロニーの返事が聞えるなんて。

蟻食　わかんない男だな。そういうことじゃないんだ。蟻コロニーは声を出してじゃなく、書いて話すんだ。蟻はぞろぞろと列をつくってあっちこっちへ行くだろ？

アキレス　うん、そうだね——ふつうキッチンの流しを抜けて桃のジャムへまっしぐらだ。

蟻食　実は、そうした列にはコード化した情報を含むものもある。そのシステムを知れば、それが何をいっているか、ちょうど本みたいに読むことができる。

アキレス　すごいじゃないか。で、こっちからも話ができるのかい？

蟻食　なんの支障もないね。そうしてはしゃ蟻塚叔母さんとぼくは何時間も語らい合う。ぼくは棒を持って、湿った地面に跡を描く。そして蟻たちがぼくの跡をたどるのを見守るんだ。やがて新たな列がどこからかつくられはじめる。列が伸びていくのを見守るのはとても楽しいものさ。列が作られていくうちに、ぼくはそれがどんなふうになっていくか予測する（そして予測の当らないほうが多くてね）。列が完成すると、ぼくははしゃ蟻塚叔母さんの考えていることがわかって、それで今度はこっちが返答するわけだ。

アキレス　そのコロニーにはきっとおそろしく賢い蟻が何匹かいるんだろうな。

蟻食　ここのレベルの違いをまだ理解しがたいようだね。一本一本の木を森と混同することはけっしてないだろうけど、それとちょうど同じように、一匹の蟻をコロニーと取り違えてはならないんだ。いいかい、はしゃ蟻塚叔母さんのところの蟻はみんな全く口がきけない。アリがとうの一言だっていえないじゃないか！

アキレス　それじゃ、話す能力はどこからくるんだい？　コロニーのなかのどこかにその能力が存在するなんて！　蟻がみんな知性をもたないとは腑に落ちないね、はしゃ蟻塚叔母さんがきみを相手に何時間も気のきいたおしゃべりをするんなら。

亀　ぼくにはこう思われるね、つまり人間の頭脳がニューロンから構成されていることと似ているんじゃないかと。人が知的な会話をすることができるという事実を説明するために、ひとつひとつの脳細胞がそれ自体で知的な存在だと主張する者はもちろんいないんだし。

アキレス　それはそうだ、明らかにそうだ。脳細胞については、きみのいうことはよくわかる。ただ……蟻の群れはまったく別のものだよ。つまり、蟻たちは意のままに、まるきりでたらめにうろつきまわって、たまたま餌にありつく……彼らはしたいことが自由にできる。そしてそういう自由があるんだから、彼らの行動がひとつの全体として見た場合、どうして緊密なものになりうるのか、それが全然わからない——とりわけ、会話するために必要な頭脳行動にも匹敵するくらい緊密なものにだ。

蟹　ぼくにはこう思われるね、つまり蟻たちは一定の束縛内でのみ自由なんだと。たとえば彼らは自由にさまよったり、ぶつかりあったり、ちっぽけなものを拾いあげたり、列をつくって働いたりする。しかし彼らは、彼らのいるその小さな世界、その蟻システムからけっして外へ踏み出さない。そういうことは思いつかないんだよ、そういったたぐいのことを想像する知力がないんだから。だから蟻たちは非常に信頼のおける成分なんだな、彼らがある種の方法である種の仕事を果すことを信頼できるという意味において。

アキレス　しかしそうだとしても、そういう限界のなかで彼らはやはり自由であるわけだ。ただでたらめに行動し、まとまりもなにもなく走りまわって、彼らは成分にすぎないと蟻食先生の主張するその一段高いレベルの存在の思考メカニズムなど、連中はなんら考慮していないんだ。

蟻食　残念ながらひとつ見落しているよ、アキレス――統計の規則性をね。

アキレス　どういうことだい？

蟻食　たとえば、彼らが個々の蟻として一見でたらめなふうにうろつきまわるとしても、全体的な流れというものはある、それが大勢の蟻を巻き込みつつ、その混沌から表面へ浮びあがりうるんだ。

アキレス　なるほど、それはわかるさ。事実、蟻の行列はそういう現象の好例だ。単独の蟻はどれをとってもまったく予測不能の運動をする――にもかかわらず、行列そのものは輪郭が定かで安定しているからね。たしかにそれは、個々の蟻が完全にでたらめに走りまわっているのじゃないということになる。

蟻食　まさしくそうさ、アキレス。蟻同士にはある程度のコミュニケーションがあるんだ、完全にでたらめにうろついて、てんでんばらばらにならないだけの。この最小限のコミュニケーションによって、彼らは自分たちが単独ではなく仲間と共同作業をしているんだということを、たがいに思い起させることができる。どんな行動をも――たとえば行列を作って動くという行動を――一定時間持続させるには、大勢の蟻が必要で、みんながそんなふうに協力しあっていかねばならない。ところで脳の働きについてぼくはごくおぼろげにしか理解していないけれど、同じようなことがニューロンの発火にもあると思うんだ。どうなんだろう、蟹君、もうひとつのニューロンを発火させるためにはひと集まりのニューロンの発火が必要じゃないのかい？

蟹　それは絶対だね。たとえばアキレスの脳のニューロンを例にとろう。それぞれのニューロンはその入力ラインに接続するニューロンから信号を受け取り、もしなんらかの瞬間に入力の総計が臨界値を越えれば、そのニューロンに火がついて、それ自体の出力パルスをどっとほかのニューロンに送り、今度はそれらのニューロンに火がつく――そしてその系列がつづくわけだ。ニューロンの閃光は容赦なくアキレスの道を襲うんだ、虻に飢えた燕の突撃よりも奇妙な形をとってさ。ひとつひとつのよじれ、ひとつひとつの方向転換が、アキレスの脳のニューロン構造によってあらかじめ決定づけられている、感覚入力メッセージが干渉するまではね。

アキレス　通常、ぼくは自分の考えることをコントロールしていると思うがね――きみの言い方だとまるで裏返しになってしまうから、このぼくはそうしたニューロン構造と自然法則から生じるものでしかない、そんなふうに聞えるな。ぼくがぼくの自我と見なすものも、よくてもせいぜい自然法則に支配された有機体の副産物みたいになるし、悪ければぼくの歪んだ遠近法によって生み出される人為的概念だということになる。つまり、いってみればぼくは自分が誰であるかを――もしくは何であるかを――知らない、そんな気持にさせられるね。

亀　話しているうちにずっとよく理解してくるよ。ところで蟻食先生――いまの類似性をどう考える？

蟻食　その二つのかなり異なる組織には何か平行するものが動いていると、前から思っていたんだ。それがいま、ずっとよくわかってきた。まとまりのあるグループ現象は――たとえば列形成は――一定臨界数の蟻が参加するときにのみ起る。もし、ある仕事が、たぶん行き当りばったりに、どこかの場所で少数の蟻によって開始されるとすると、二つのうちひとつが起りうる。すなわち、ひとつは、猛然と開始されたかと思うまもなく、しゅっとしぼむ――

アキレス　ものをころがしていく蟻の数が足りない場合だね。

蟻食　そのとおり。もうひとつ起りうるのは、臨界数の蟻が群がっていて、ものが雪だるま式にころがり、ますます大勢の蟻が参加してくることだ。この場合、一個の「チーム」全体が存在して、たったひとつのプロジェクトに取りかかることになる。そのプロジェクトとは列形成とか餌集め、あるいは巣保存といったものかもしれない。小規模のこの計画は極端に単純であるにもかかわらず、もっと大きな規模のおおいに複雑な結果をひき起しうるんだな。

アキレス　きみの説明するような、混沌から秩序が出現するという一般概念はわかるさ。しかしまだ、会話をする能力というのにはほど遠いね。気体の分子が行き当りばったりに衝突しあうときにも、やっぱり混沌から秩序は出現する――にもかかわらずそこに結果として生ずるものは無定形な塊りでしかなくて、たった三つのパラメータが、体積、圧力、温度の三つがそれを特性づけるだけだ。そんなものは世界を理解したり、世界について話をしたりする能力には遠くおよばないじゃないか！

蟻食　蟻コロニーの行動の説明と容器内の気体の行動の説明との実に面白い違いが、そこにくっきり現れるんだ。気体の行動を説明するのは、たんにその分子の運動の統計的特性を数えることによってできる。充満した気体そのものを除いて、分子よりも高度な構造要素を論ずる必要はない。一方、蟻コロニーの場合は、いくつもの層になった構造を検討しないかぎり、コロニーの行動を理解しはじめることさえできないのさ。

アキレス　きみのいう意味はわかるよ。気体の場合は、一跳びで最低レベルから――分子から――最高レベルへ――充満した気体へいけるというわけだね。組織の中間レベルがまったくないから。

蟻食　それは、どのコロニーにもいくつかの異なる種類の蟻がいるということと関係があるんだ。

アキレス　なるほどそうか。それは聞いたことがあるね。「カースト」というんだろ？

蟻食　そのとおり。女王は別として、巣の維持のためになることは何ひとつしない雄がいる。それから――

アキレス　むろん兵士がいる――共産主義と闘う栄光の闘士たち！

蟹　おいおい……それはどうかな、アキレス。蟻コロニーは内部的に共産主義的なんだから、兵士が共産主義と闘うなんてわけがないだろう？　違うかい、蟻食先生？

蟻食　いや、コロニーについてはきみのいうとおりだ、蟹君。コロニーは実のところ、いささか共産主義的な原理に基づいているからね。でも兵士についてアキレスのいうことは、ちょっと単純だな。実は、いわゆる「兵士たち」はまるきり戦闘に向いていないんだ。みんな頭ばかりでかいのろまでぶざまな蟻で、ぱくっとかじりつく力は強いけど、栄光を称えられるべき連中じゃない。真の共産主義国家と同じく、栄光を称えられるべきは労働者だ。ほかならぬその働き手たちが、餌集めや狩りや子育てといった雑用のほとんどをこなすのさ。闘いのほとんどをやってのけるのだって、この連中なんだよ。

アキレス　たまげたね。ばかげた事態になっているもんだ。闘わない兵士とは！

蟻食　つまりさっきもいったように、連中はぜんぜん兵士じゃない。働き手たちが兵士なんだ。兵士はただのなまくら者さ。

アキレス　兵士の面汚しだ！　もしぼくが蟻なら、軍隊をしごいてやる！　そのなまくら者どもに活を入れてやる！

亀　きみが蟻ならだって？　どうやって蟻になれるんだい？　きみの脳を蟻の脳に写像できっこないんだから、そんなことを考えてもむだだと思うがね。きみの脳を蟻コロニーに写像することを提案したほうが理にかなってるだろうさ……いや、脱線するのは、やめにしよう。蟻食先生につづけてもらおうよ、高度な組織レベルにおけるカーストとその役割についての実に啓蒙的な講義をね。

蟻食　いいとも。ひとつのコロニーにおいて、成し遂げられねばならないありとあらゆるたぐいの仕事がある。そして個々の蟻は特殊技能を伸ばしていく。ふつう、蟻の特殊技能はその蟻が齢をとるにつれて変化する。そしてもちろん、それはその蟻のカーストにもよる。いかなる瞬間、コロニーのいかなる小地域においても、ありとあらゆるタイプの蟻が存在する。むろん、あるカーストがごく少数の場所もあれば、きわめて多数の場所もあるがね。

蟹　あるカーストの、あるいは特殊技能の密度は、たんに偶発的なものかい？　それとも、あるタイプの蟻が一定地域に密集したりしなかったりする理由でもあるのかい？

蟻食　いいことを訊いてくれたね。というのも、どういうふうにコロニーがものを考えるかを理解するには、そこが最も重要なんだ。実のところ、長期にわたって、コロニー内にはカーストのきわめて微妙な分布が展開する。ぼくと話をする能力の根底にある複雑さをコロニーがもつのは、まさしくこの分布のおかげなんだ。

アキレス　蟻がひっきりなしにあっちこっち動きまわっていては、きわめて微妙な分布なんて可能性はまったくむりだと思うけどなあ。どんな微妙な分布も蟻の無秩序な運動によってたちまち破壊されてしまうだろうね、ちょうど気体の分子間の微妙なパタンが、四方八方から無差別攻撃を受けるために一瞬たりとも存続しないのと同じで。

蟻食　蟻コロニーでは状況がまるで逆なんだな。実のところ、コロニー内を蟻がひっきりなしにあっちこっち動きまわっているからこそ、カースト分布がさまざまの状況に適応し、したがって微妙なカースト分布が維持される。つまりだね、カースト分布はただ一個の固定したパタンとして存続しえない。むしろ、そのコロニーがかかわりあっている現実世界の状況を何らかの方法で反映するために、たえまなく変化しなければならない。そしてコロニー内のまさしくそういう運動がカースト分布を更新していって、コロニーの直面するその時点の環境に同調させているわけだ。

亀　ひとつ例を挙げてくれる？

蟻食　いいとも。蟻食たるぼくがはしゃ蟻塚叔母さんを訪ねていくと、愚かな蟻たちはみな、ぼくのにおいを嗅ぎつけるやいなや、パニックに陥るんだ――これはもちろんどういうことかというと、ぼくがそこへいく前とはまったく違ったふうに連中が走りまわりはじめるということだ。

アキレス　でもそれはわかるなあ、きみはコロニーの恐るべき敵なんだから。

蟻食　いや、違う。もう一度いうけどね、ぼくはコロニーの敵であるどころか、はしゃ蟻塚叔母さんの大の仲良しだ。そしてはしゃ蟻塚叔母さんはぼくの大好きな叔母だ。なるほどきみのいうように、ぼくは個々の蟻には恐れられている――でもそれはまったく別の問題なんだ。ともかく、ぼくの到着に対する蟻たちの行動がコロニー内の蟻分布を完全に変えるわけだよ。

アキレス　それは明らかだ。

蟻食　そしてそういうたぐいのことが、さっき話した更新なんだ。新たな分布がぼくの存在を反映する。旧状態から新状態への変化がコロニーへ一個の知識を付加したというふうに規定できるわけさ。

アキレス　コロニー内のさまざまなタイプの蟻分布をどうして「一個のコロニー」というふうにいえるんだい？

蟻食　そう、そこが肝心な点でね。少し詳しく説明する必要があるな。つまりだ、要するに問題は、どういうふうにカースト分布の規定のしかたを決めるかということなんだ。きみが相変らず低レベルで――個々の蟻のレベルで――考えるなら、木を見て森を見ずということになる。それはあまりにも微視的なレベルだし、微視的にものを考えると、かならず大規模の特徴を見失ってしまう。カースト分布を規定するための然るべき高レベルの枠組を見つけなければならないんだ――そうしてはじめて、カースト分布が多くの知識をいかにしてコード化しうるかということが、意味をもってくる。

アキレス　それじゃ、コロニーのその時点の状態を規定する然るべき規模の単位を、きみはどういうふうに見つけるわけ？

蟻食　よしきた。根本から説明しよう。蟻は何かを成し遂げなくてはならないとき、小さな「チーム」を作るんだ。それらのチームが寄り集まって仕事を果す。さっきもいったように、蟻の小さなグループはたえずまとまったり散らばったりする。しばしの間ちゃんと存在するのがチームで、そうしたチームがばらばらにならない理由は、そうしたチームのなすべきことが何かあるからなんだ。

アキレス　さっきの話では、あるグループの規模が一定の閾を超えるとひとつにまとまるということだったけどな。いまの話だと、何かなすべきことがある場合にひとつにまとまるわけだ。

蟻食　どっちも同じことをいってるのさ。たとえば、餌集めの場合、もしどこかに取るに足らないほどの餌があって、それをたまたまうろついていた蟻が見つけ、その蟻がその歓喜をほかの蟻たちに伝達しようとするならば、それに反応する蟻の数は餌のサンプルの大きさに比例するわけだ――そして取るに足らない量ならば、例の閾を超えるに足る蟻を引き寄せない。これがつまりぼくのいった、何もすることがないという意味だ――少なすぎる餌は無視すべきということだね。
アキレス　なるほど。そうした「チーム」は一匹蟻のレベルとコロニー・レベルのどこか中間に位置する構造レベルのひとつだということか。
蟻食　まさしくそうさ。ある特別なたぐいのチームが存在する。それをぼくは「シグナル」と呼ぶんだが――それより高い構造レベルはすべてシグナルを基盤にしているんだな。実のところ、高度な実体のすべては、一致協力して行動するシグナルの集合であるわけだ。高レベルのチームには、メンバーが蟻ではなくて下位のレベルのチームであるものもある。結局いちばん下のレベルのチームにたどり着くと――それはすなわち、シグナルで――その下に蟻がいるんだね。
アキレス　どうしてそのきみのいうシグナルという名称がふさわしいんだい？
蟻食　機能からきてるのさ。シグナルの作用は、さまざまの特殊能力の蟻をコロニーの然るべき場所へ送ることだ。だからひとつのシグナルの典型的な話をすればこういうことになる。それはまず生存にとって必要な閾を超えることによって存在し、それからコロニーのなかを一定距離移動し、そしてある一点でばらばらに解体して、あとは個々のメンバーが独自に動きまわるわけなんだ。
アキレス　ちょうど波がはるかかなたからウニや海草を運んできて、あとはそれらが海辺にばらまかれて干からびていくようなものだな。
蟻食　ある意味では類似しているね、というのも、このチームは遠くから運んできたものをそこへ置いていくわけだから。しかし波の水はまた海へ戻るのに対して、シグナルの場合にはそれに類似する運搬体がないんだよ。蟻自らがそれを構成するんだからね。
亀　で、シグナルがその結束を失うのは、コロニーのなかでまず第一にそのタイプの蟻を必要としていた地点に達したときなんだね。
蟻食　当然さ。
アキレス　当然？　ぼくにとってはそう明快ではないね、シグナルがまさしくそれを必要としている場所へかならずいくというのは。たとえ正しい方向へ向うにしても、どこで解体すればよいかどうしてわかるわけ？　そこへ到達したんだとどういうふうにして知るんだい？
蟻食　それがきわめて重要な問題なんだ。というのも目的ある行動の存在を――というか、目的ある行動らしきものの存在を――シグナルの側から説明しなくてはならなくなるからね。さっきの規定からすれば、ひとつの必要を満たす方向へ向けられたものとしてシグナルの行動を特徴づけたくなるし、それを「目的ある」ものと呼びたくなるだろうな。しかし別なふうに見ることもできるんだ。
アキレス　待ってくれよ。その行動は目的あるものであるか、目的あるものでないか、そのどちらかだろ。両方の見方ができるなんてのはわからないね。
蟻食　ぼくのものの見方を説明してから、きみが同意するかどうか聞かせてもらうとしよう。いったんシグナルが形成されると、それが特定の方向へまっしぐらに向うという意識が、そのシグナルの側にはまったくないんだ。しかしここで、微妙なカースト分布が重大な役割を果す。それがコロニー内のシグナルの運動を決定し、また、シグナルがどれくらい長く安定し、どこで「解体」するかをも決定するわけだ。

アキレス　すると、一切がカースト分布によるんだということかい？

蟻食　そのとおり。シグナルが移動しているとする。移動している間、それを構成する蟻たちは、直接の接触か、においの交換かによって、通りすぎていく各地区の蟻たちと相互に影響しあうんだ。接触やにおいは、各地区の緊急の問題、たとえば巣作りとか子育てとか、そんな問題についての情報を提供する。各地区の必要がシグナルの供給しうるものと異なるかぎり、シグナルはひとつにまとまったままでいる。しかし何か貢献しうるとなれば、シグナルは分解し、使いものになる蟻の新たなチームをその場にこぼすわけだ。カースト分布がコロニー内のチームの総合指針として働くということは、これでわかるだろう？

アキレス　たしかにわかってきた。

蟻食　そしてこういうふうな見方をするには、シグナルには目的の感覚など一切ないとしなければならないのもわかるだろ？

アキレス　そうだろうな。実のところ、ぼくも二つの異なる展望台から事態が見えてきたね。蟻の目の観点からすると、シグナルは何ら目的をもたない。シグナルのなかの典型的な蟻は、とくに何を探すでもなくコロニー内を歩きまわり、やがて気がつくと止りたくなる。そのチームメートはふつうみな同じ意見で、その瞬間、チームはばらばらになることによって荷をおろし、ただそのメンバーだけをそこに残して、そのまとまりそのものはまったく残さない。なんの計画も必要でないし、先を見る必要もない。のみならず、然るべき方向を決定するためにいかなる探索も必要ではない。しかしコロニーの見地からすれば、チームはカースト分布という言語によって書かれたメッセージに反応したわけだ。この観点から見れば、いかにも目的ある行動らしく見える。

蟹　カースト分布がまったく無秩序な場合はどうなる？　それでもシグナルが結束したり解体したりするのかい？

蟻食　もちろんさ。しかしそういうコロニーは長つづきはしないんだ、カースト分布が無意味なために。

蟹　まさにその点を問い質したかったんだ。カースト分布が意味をもつゆえにコロニーが存続するんだから、その意味とは全体論的な相であって、低次レベルでは見えないものだ。そういう高次レベルを考慮に入れないかぎり、きみの説明は説得力をもたないじゃないか。

蟻食　きみの立場はわかるけど、ものごとの見方が狭すぎるようだな。

蟹　どんなふうに？

蟻食　蟻コロニーは何億年にもわたって進化の厳しさにさらされてきたんだ。わずか少数のメカニズムがそれに適するものとして選ばれ、ほとんどはそれに向かないものとして排除された。その究極の結果が、さっきから述べているように蟻コロニーを動かす一組のメカニズムであるわけだ。全過程を映画にして見ることができれば——むろん、実際の一億万倍ほどフィルムを速く回して——さまざまなメカニズムの発生が外的圧迫への自然な反応として見られるだろうね、ちょうど沸騰するお湯の泡が外的な熱源への自然な反応であるように。沸騰するお湯の泡には「意味」も「目的」もないだろ——どうだい？

蟹　それはないさ、しかし——

蟻食　そう、そこがぼくのいいたいところさ。泡はいかに大きくとも、その存在を分子レベルの過程に負っている。だから「高次レベルの法則」など忘れてかまわないんだ。同じことが蟻コロニーと蟻チームについてもいえる。進化という広大な視野でものを見ることによって、コロニー全体から意味と目的を掻き消してしまえるんだね。意味と目的は余分な概念となる。

アキレス　それじゃ、蟻食先生、どうしてきみははしゃ蟻塚叔母さんと話をするなんていったのかな？　彼女がそもそも話したり考えたりするということを、きみは否定しているように思えるんだがね。

蟻食　矛盾したことをいってはいないよ、アキレス。つまりだね、ぼくは途方もなく大きな時間のスケールでものごとを見るのが誰よりも苦手で、だから観点を変えるほうがずっと楽なんだ。そうやって進化のことを忘れて、ものごとをここといまにおいて見ると、目的論の語彙が戻ってくる。カースト分布の意味、そしてシグナルの目的性という言葉がね。ぼくが蟻コロニーについて考えるときだけでなく、ぼく自身の頭脳やほかの頭脳について考えるときもそうなんだ。でも、なんとか、必要な場合にもう一方の観点を思い出すことがつねにできる。そして、そうしたあらゆるシステムから意味を掻き消すこともできる。

蟹　進化はたしかにいろいろな奇跡をやってのけるね。次にどんな奇術が飛び出してくるかわかったものじゃない。たとえば、こんなことが理論的に可能だとしてもぼくはちっとも驚かないね。つまり、二つ以上の「シグナル」がたがいに相手のなかを通り抜け、各々が相手もまたシグナルであるのを知らないで、たがいに相手が背景集団の一部にすぎないかのように扱うなんてことがさ。

蟻食　それは理論的に可能だなんてものじゃないんだよ。実は、なんと日常茶飯のことだから！

アキレス　ふふーん……なんとも奇妙なイメージが浮ぶなあ。蟻が四つの異なる方向に動いているイメージなんだ。黒いのと白いのがいて、たがいに交叉して、一緒になって秩序あるパタンを作っている、ちょうど——ちょうど——

亀　フーガみたいに？

アキレス　そう——それだ！　フーガの蟻法だ！

蟹　面白いイメージだな、アキレス。ところで、お湯が沸騰する話でお茶を思い出したよ。誰かおかわりはどう？

アキレス　もう一杯いただきたいな、蟹公。

蟹　いいとも。

アキレス　こういう「フーガの蟻法」の異なる視覚的「声部」を見分けることはできるんだろうか？　ぼくにはむずかしいけど——

亀　ぼくはけっこう、どうも。

アキレス　——ひとつの声部を追っていくのは——

蟻食　ぼくももらおう、蟹君——

アキレス　——音楽のフーガの場合だと——

蟻食　——面倒でなかったら。

アキレス　——なにしろぜんぶが——

蟹　とんでもない。四つだな——

亀　三つ！

アキレス　——一度に進行するんだから。

蟹　すぐに入れるから！

蟻食　面白い考えだね、アキレス。しかしそういう絵を納得できるように描ける者はいないだろうな。

第 61 図　M.C. エッシャー『蟻のフーガ』(ウッドカット、1953 年)

アキレス　それは残念。

亀　こういうことをうかがいたいんだがね、蟻食先生。シグナルは、その誕生から消滅まで、つねに同じ蟻の集合から成るんだろうか?

蟻食　実をいえば、シグナルの個々の蟻が脱落して、同じカーストのほかの蟻に取って替られることもときどきあるね、その地域にそういう蟻がいれば。ほとんどの場合、シグナルが解体地点に到達したときには、出発の成員と共通する蟻が一匹もいないんだ。

蟹　なるほど、シグナルはコロニー全体にわたってたえまなくカースト分布に影響を及ぼしていて、しかもそれは集落内部の必要に応じてのことである――今度はそのコロニー内部の必要がコロニーの直面している外的状況を反映する。したがってカースト分布は、蟻食先生のいったように、究極的には外的状況を反映するような具合にたえまなく更新されるわけだ。

アキレス　しかしあの中間の構造レベルはどうなる?　さっきの話だと、カースト分布を最もよく描くには蟻やシグナルによってではなく、チームによってだということだったね。チームのメンバーはほかのチームであり、そのチームのメンバーはほかのチームであり、そういうふうに蟻のレベルまでくだっていく。そして世界に関する情報をコード化するものとしてカースト分布を規定することが可能だということを理解するには、それが鍵なんだという話だったけど。

蟻食　そう、いまからそこへいくんだがね。ぼくは、十二分に高度なレベルのチームに「シンボル」という名称を与えたいんだ。ただね、この場合の意味は通常の意味とは重要な違いがいくつかある。ぼくのいう「シンボル」とは、ひとつの複雑なシステムを成すいくつもの能動的下位システムということで、それらもまた、もっと低レベルの下位システムから成っている……。したがってそれは受動的シンボルとはまったく別なんだ。受動的シンボルというのはシステムの外に在って、たとえばアルファベットとか音符とかがそうだけれど、ただ動かずにいて、ひとつの能動的システムが自己を処理するのを待っているものだ。

アキレス　なんだかずいぶんややこしいね。蟻コロニーがこれほど抽象的な構造をもつとは思ってもいなかったよ。

蟻食　そう、実に驚くべきことさ。しかし、ひとつの有機体を納得できる意味で「知能をもつ」ものとするたぐいの知識を貯えるためには、そうしたあらゆる層の構造が必要なんだ。言語を駆使するいかなるシステムも、本質的に同じ下部構造のレベルをもつわけだ。

アキレス　ちょっと待ってくれないか。つまりきみは、ぼくの脳が底のところでは、ただの走りまわっている蟻の群れから成るというふうなことをいっているのかい？

蟻食　まさか、そうじゃないよ。ちょっと字句通りに取りすぎているね。いちばん下のレベルはぜんぜん違うだろうさ。たとえば蟻食の脳は蟻から成っているわけじゃないんだし。でも脳のレベルを一、二段のぼっていくと、そのレベルの要素は、同等の知力をもつほかのシステム内にあるものと厳密に瓜二つのものをもっている——蟻コロニー内にあるようなものとね。

亀　だからきみの脳を蟻コロニーに写像することを考えられる道理なんだよ、アキレス、たんなる一匹の蟻に写像するのではなくて。

アキレス　嬉しいことをいってくれるね。それにしても、そういう写像をどういうふうにこしらえあげるんだい？　たとえば、ぼくの脳のなかの何が、きみのいうシグナルである低レベルのチームに照応するんだい？

蟻食　いや、脳の話はちょっと出してみただけだから、はなばなしく細部まで写像を描けといわれてもむりだけどね。しかし——間違っていたら訂正してくれたまえ、蟹君——脳のなかで蟻コロニーのシグナルに対応するものはニューロンの発火ではないだろうか。あるいはもっと大規模の出来事、たとえばニューロンの発火のパタンではないだろうか。

蟹　そんな気もするな。でもどうだろう、いまの議論の目的からすれば、厳密な対応物を定めることはそれ自体重大ではないと思わないかい、むろんそれが望ましいにしてもさ。いますぐそれをどう定義したらよいかわからないにせよ、そうした照応が存在するということがいちばん大事な概念だと、ぼくには思われる。ただひとつ訊きたいんだけどね、蟻食先生、さっききみが提起した点、つまりどのレベルで照応が始まると確信できるかという点なんだ。シグナルは脳のなかに直接の対応物をもつときみは考えているようだったけれど、ぼくの感じでは、きみのいう能動的レベルにおいて、またそのレベルを越えて、はじめて照応が存在すると思うんだ。

蟻食　きみの解釈のほうがぼくの解釈より正確かもしれないな、蟹君。そういう微妙な点を指摘してくれたのはありがたい。

アキレス　シグナルにはできないどんなことをシンボルがするわけ？

蟻食　それは語と文字（アルファベット）との違いのようなものだね。語は意味をもつ実体であって、文字から構成されているんだが、その文字自体はなんら意味をもたない。同じように考えると、シンボルとシグナルの違いがよくわかる。実際それは便利な類推でね、ただし語と文字は受動的なものであり、シンボルとシグナルは能動的なものであるということは忘れてはならないんだが。

アキレス　それは忘れないようにするけど、能動的実体と受動的実体の違いを強調することがどうしてそんなに重要なのか、それがどうもわからないな。

蟻食　その理由はだね、なんらかの受動的シンボル、たとえば印刷された一語に帰せられる意味が、実はそれに照応する脳のなかの能動的シンボルの担う意味から派生するためなんだ。したがって受動的シンボルの意味は、それを能動的シンボルの意味に関連させてはじめて理解しうる。

アキレス　それはそうだね。しかしシンボルに——もちろん能動的シンボルに——意味を付与するものは何なんだい？　きみの話だと、シグナルはそれ自体で申し分なく立派な実体なのに、意味をもたないんだし。

蟻食　それは、シンボルがほかのシンボルを生じさせる引き金になりうるということに関係があるんだ。ひとつのシンボルが能動的なものとなるとき、それは孤立の状態でそうなるわけじゃない。それは実のところ、ある種の媒体のなかをふわふわ飛びまわっている。その媒体はカースト分布によって特徴づけられているんだがね。

蟹　脳のなかにはカースト分布といったようなものがないけれども、その相対物が「脳状態」だというわけだ。そこで、そのニューロンすべての状態と、すべての相互関係と、それぞれのニューロンの発火閾とが記述されることになる。

蟻食　そのとおり。では「カースト分布」と「脳状態」を共通の名称で一括することにして、両方ともただ「状態」と呼ぶとしよう。さて、状態は低次レベルにおいても高次レベルにおいても記述されうる。蟻コロニーの状態を低次レベルで記述するとすれば、蟻一匹一匹の位置、年齢、カースト、そのほか似たような項目をいちいち苦労して明記しなければならない。それはきわめて詳細な記述になるものの、蟻コロニーがなぜその状態にあるかに関してはなんら全体的洞察を与えてはくれないんだ。一方、高次レベルで記述するとすれば、あるシンボルが生じうるのはほかのシンボルとのどんな結合によってか、どういう条件においてか、などということを明記しなければならなくなる。

アキレス　シグナル、つまりチームのレベルでの記述をしたらどうだい？

蟻食　そのレベルの記述は、低次レベルの記述と高次レベルの記述の中間におさまるだろうね。それはコロニー全体の特定の場の現状についてはおびただしい情報をもたらす。もっともチームは蟻の集まりから成るのだから、蟻一匹一匹を記述する情報よりは少ないがね。チームごとの記述は蟻一匹ごとの記述の要約のごときものだ。しかし、蟻一匹ごとの記述の際に存在しないものを付け加えなければならない——たとえばチーム間の関係とか、あちこちのさまざまなカーストの分布とか。このぶん余計に複雑になるのは、要約する権利と引換えに支払う代価というわけさ。

アキレス　さまざまなレベルでの記述の長所を比較するのは、ぼくにとっては興味ぶかいね。最高次レベルの記述が蟻コロニーの最も直観的像を与えてくれるという点で、最も説得力に富むようだ。もっとも、妙なことに、どうやらいちばんの主役らしきものを忘れちゃっているがね——つまり、蟻たちをさ。

蟻食　しかしだね、見かけはそうであっても、蟻たちがいちばんの主役ではないんだ。なるほど、連中がいなければコロニーは存在しない。しかしそれと等価のものが——頭脳が——存在しうるんだ、蟻なしでね。だから少なくとも高次レベルの観点から見れば、蟻はいなくてかまわない。
アキレス　きみの説を大歓迎する蟻はまずいないな。
蟻食　でも、ぼくは高次レベルの観点をもつ蟻にお目にかかったことはなくてね。
蟹　ずいぶん反直観的な図を描くんだな、蟻食先生。きみのいうことが正しいとしたら、構造全体を把握するためには、その基本的構成要素に一切言及することなくそれを記述しなければならないじゃないか。
蟻食　ひとつアナロジーを用いてそこをもう少し明らかにしよう。いま、チャールズ・ディケンズの小説が目の前にあるとする。
アキレス　『ピクウィック・クラブ遺文録』——それでいいかい？
蟻食　けっこうだとも。それで、今度はこういうゲームをやってみるとしよう。それを一文字ずつ読むときに『ピクウィック・クラブ遺文録』全体が意味を成すように、文字を観念に写像する方法を見つけるんだ。
アキレス　ふふーん……ということは、つまり、たとえば the という語に突き当るたびに、三つの確定概念を次から次へと、何のヴァリエーションもなく思い浮べなくちゃならないということかい？
蟻食　まさしくそのとおり。その三つは、つまり、t 概念、h 概念、e 概念——しかも毎回毎回、それらの概念は前回どおりの概念なんだ。
アキレス　それじゃあなんだか『ピクウィック・クラブ遺文録』を「読む」という体験が、どうしようもなく退屈な悪夢になってしまいそうだな。無意味の練習をやっているようなものじゃないか、それぞれの文字にどんな概念を結びつけるにしても。
蟻食　そのとおり。個々の文字から現実世界への自然な写像は不可能なんだ。自然な写像はもっと高次レベルで生ずる——語と現実世界の一部との間でね。したがって、もしきみがその本を記述したいなら、文字レベルには一切言及しないだろう。
アキレス　そりゃそうだよ。筋とか登場人物とかを記述するさ。
蟻食　そら見たまえ。構成要素については一切言及しないだろう、本はそのおかげで存在するにもかかわらず。構成要素は媒体であって、メッセージではないんだ。
アキレス　なるほどね——しかし蟻コロニーの場合はどうなるんだい？
蟻食　そこでは受動的な文字のかわりに能動的なシグナルが、受動的な語のかわりに能動的な語があるわけさ——でも考えは同じだ。
アキレス　つまり、シグナルと現実世界の事柄との間に写像を確立しえないということかい？
蟻食　新たなシグナルの誘発が意味をなすようなふうには、それはむりだろうね。のみならず、もっと低次レベルでもできない——たとえば蟻のレベルでも。シンボルのレベルにおいてのみ、誘発パタンは意味をなす。たとえば、ある日きみがはしゃ蟻塚叔母さんを観察していて、そこへぼくが訪れるとしよう。いくら注意ぶかく観察したとしても、蟻たちの配置転換しか知覚できないだろう。
アキレス　きっとそのとおりだろうな。

蟻食　ところがぼくが観察するところでは、低次レベルではなく高次レベルを読み取るから、いくつかの眠っているシンボルが目ざめるのがわかる。それはつまりこういう思考に翻訳されるんだ。「おやおや、チャーミングな蟻食先生がまたきてくれたのね――嬉しいこと！」――まあそういう趣旨の文句だ。

アキレス　何かわれわれ四者がMUの絵にそれぞれ別の読み取りをしたときと似てるじゃないか――少なくとも、われわれ三者はそうしたんだ……

亀　驚くべき偶然の一致だなあ、ぼくがたまたま『平均律クラヴィーア曲集』のなかに見つけたあの奇妙な絵と、ぼくらの会話の流れとの間にこんな類似性が存在するというのは。

アキレス　ただの偶然の一致だと思うかい？

亀　むろんだよ。

蟻食　そこでもう理解してくれると思うんだが、はしゃ蟻塚叔母さんの思考はシンボルの操作から発していて、そのシンボルはシグナルから成り、シグナルはチームから成り、チームはその下のレベルのチームから成り、それはずっと下って蟻にまで至るわけだ。

アキレス　どうして「シンボル操作」というんだい？　シンボルそのものが能動的であるのなら、誰がその操作をする？　誰がその動作主だい？

蟻食　それはきみがさっき持ち出した目的についての疑問へ戻ることになる。きみのいうとおりシンボルそのものは能動的なんだけれど、それがたどる行動は、にもかかわらず絶対的に自由だというわけではない。すべてのシンボルの活動は、それらシンボルの存在する十全なシステムの状態によって厳密に決定されるんだ。したがって、どういう具合にシンボルが誘発しあうかはその十全なシステムが責任を負う。だからその十全なシステムを「動作主」というふうにいうのが至極妥当なわけだ。シンボルが作動するのに従って、システムの状態はゆっくりと変化する、というか、更新される。しかし一定時間をすぎても存続する特徴も数多い。一部は持続し一部は変化するこのシステムが、つまりは動作主なんだね。この十全なシステムに名称を与えることもできる。たとえば、はしゃ蟻塚叔母さんは、彼女のシンボルを操作するといいうるその「誰」であるわけだ。そしてきみも似たようなものなんだよ、アキレス。

アキレス　ぼくが誰かという概念の妙な規定のしかたもあるもんだ。よくはわからないけど、まあ考えておくとしよう。

亀　きみが脳内のシンボルについて思考するのと同時に、その脳内のシンボルを追っていったらすごく面白いんじゃないかな。

アキレス　そんなこみいったことはぼくにはできないよ。蟻コロニーを見ながら、それをシンボルのレベルで読み取ることがどうすれば可能なのか、それを思い描くだけで大変なんだから。それを蟻のレベルで知覚することはたしかに想像できる。シグナルのレベルで知覚するのがどういうことかも、まあなんとか想像できる。しかし蟻コロニーをシンボルのレベルで知覚するというのは、いったいどういうことなんだい？

蟻食　長いこと訓練を積んで習得するしかないね。でもぼくくらいの段階になると、きみがMUの絵に「無」を読み取るのと同じくらい楽々と蟻コロニーの最高レベルを読み取ることができる。

アキレス　ほんとかい？　そりゃ驚くべき経験だ。

蟻食　ある意味ではね――しかしそれはきみにもおなじみの経験でもあるんだ、アキレス。

アキレス　ぼくにもおなじみの？　どういう意味だい？　ぼくは蟻コロニーを蟻レベルでしか見つめたことがないけど。

蟻食　だろうね。しかし蟻コロニーは多くの点で脳とちっとも違わないのさ。

アキレス　脳にしたって、ぼくはそれを見たこともなければ読み取ったこともない。

蟻食　きみ自身の脳はどう？　きみはきみ自身の思考を自覚しないかい？　それが意識の本質じゃないかい？　きみは自分の脳をじかにシンボルのレベルで読み取っている以外、いったい何をしている？

アキレス　そういうふうに考えたことはなかったな。つまりぼくは低次のレベルはすべて迂回して、最高レベルを見るだけだというわけ？

蟻食　そういうことだね、意識あるシステムの場合は。シンボルのレベルにおいてのみそれ自身を知覚して、低次レベル、たとえばシグナルのレベルなどについてはなんら自覚をもたないんだ。

アキレス　するとこういうことになるのかな、つまり脳のなかでは能動的シンボルがたえず自己を更新していて、その結果、それらがつねにシンボルのレベルで脳そのものの全体的状態を反映する、と。

蟻食　そのとおり。意識あるシステムにおいては、どのようなものであれ、脳状態を表現するシンボルがあって、それらは、それら自らが象徴する脳状態の一部でもある。というのも、意識はかなりの程度の自己意識を必要とするからね。

アキレス　なんだか妙な考えだな。つまり、ぼくの脳のなかで四六時中すさまじい活動が行われているにもかかわらず、ぼくはその活動をただひとつの方法で記録するしかできない——すなわちシンボルのレベルで。そして低次レベルについてぼくはまったく無感覚である。それじゃまるで、アルファベットを学んだこともないのに直接的な視覚によってディケンズの小説を読むことができるというようなものじゃないか。そんな奇妙なことが実際に起るとは想像できないね。

蟹　でもまさしくそのたぐいのことが現にあったんだぜ、きみは低次レベルの HOLISM も REDUCTIONISM も知覚せずしてMUを読み取ったんだから。

アキレス　なるほどそうか——ぼくは低次レベルを迂回して、最高レベルのみを見た。するとぼくは自分の脳の低次レベルの意味をどれもこれも見逃して、シンボルのレベルのみを読み取っているのかなあ。最高レベルが最低レベルに関する一切の情報を包含していないのは残念だよ。包含していれば、最高レベルを読み取ることによって、最低レベルのいっていることがわかるのにさ。でも最高レベルが最低レベルの何かをコード化するなんてことを望むのは単純なんだろうね——たぶん上まで浮びあがってこないんだ。MUの絵がそれの著しい例だ。最高レベルはMUとしかいっていなくて、それは低次レベルとはなんの関係もないんだから。

蟹　まったくそうだなあ。(MUの絵を手にし、あらためてしげしげと見つめる)ふふーん……この絵の最小文字はなにかしら妙だね、ずいぶんくねくねして……

蟻食　ちょっと見せてくれたまえ。(MUの絵をしげしげとのぞき込む)どうやらもうひとつのレベルがあるね、われわれみんなが見逃したのが！

亀　何をいいだすんだい、蟻食先生。

アキレス　まさか、そんな――そんなことはありえないよ！　どれどれ。(注意ぶかく見直す)きみたちは信じないかもしれないがね、この絵のメッセージはぼくら全員の顔をまじまじ見つめているぜ、その奥底に隠れながら。たんに一語が何度もくり返されている、曼陀羅みたいにさ――でも重要な一語だ、つまりMU「無」だ。驚いたなあ！　最高レベルと同じじゃないか！　しかもぼくらの誰もがまるで気づかなかった。

蟹　きみがいなかったら気づかなかったよ、アキレス。

蟻食　最高レベルと最低レベルの一致はまったくの偶然だろうか。それとも、これを描いた誰かが目的ある行為として成し遂げたのか。

蟹　どうしたらそれを判断できる？

亀　ぼくには何の手だてもないな。この特殊な絵が、なぜ蟹君の所有する版の『平均律クラヴィーア曲集』におさめられているのか、まるきり見当もつかないんだから。

蟻食　なかなか活発な議論をやってきたけれども、この実に長くて複雑な四声のフーガにもぼくはじっくり耳を傾けてきたんだ。素晴らしく美しいね。

亀　そうだとも。ほら、いますぐペダル音にはいる。

アキレス　ペダル音というのは、曲がやや遅くなって、単一の音もしくはコードにちょっととどまって、それから短い間をおいたのちにふつうの速度に戻るのだったかな？

亀　いや、それだと「フェルマータ」――音楽のセミコロンとでもいうべきものになるね。前奏曲のなかに出てきたんだが、気がつかなかった？

アキレス　聞き逃したらしいや。

亀　いいさ、フェルマータならまた聞く機会があるから――そう、いくつか出てくるよ、このフーガの終りあたりで。

アキレス　そりゃよかった。前もって教えておいてくれるかい？

亀　いいとも。

アキレス　ところでペダル音というのは何？

亀　ペダル音というのはね、多声曲のひとつの声部が(たいていは最低声部が)単一の音を持続していくことで、その間ほかの声部はそれぞれ独立した旋律を奏していく。いま聞えてくるペダル音はトの音だ。注意して聞くとわかるから。

蟻食　いつかはしゃ蟻塚叔母さんを訪れたときにちょっとした出来事があってね、それできみがさっき持ち出した話を思い出したよ、アキレスの脳のなかのシンボルがそれ自身についての思考をつくっているときに、それらシンボルを観察してはどうかという話。

蟹　その出来事というのをまず聞かせてくれよ。

蟻食　はしゃ蟻塚叔母さんがとてもさびしくしていてね、それでその日、話相手がきてくれたというわけで大喜びさ。そこであの叔母さん、いちばんうまそうな蟻をご随意に召しあがれというじゃないか。(自分のところの蟻については日頃からすごく気前がいいんだが。)

アキレス　トひえっ！

蟻食　たまたまぼくは、叔母さんの思考を遂行しているシンボルを見守っていた。というのも、そのなかにとびきりうまそうな蟻が何匹かいたからね。

アキレス　トひえっ！

蟻食　そこでぼくは、さっきから読み取っていた高次レベルのシンボルのうちのいちばん太った蟻を数匹平らげた。とりわけ、連中の属していたシンボルはこういう思考を表現していたからね。「食欲をそそる蟻をご随意に。」
アキレス　トひえっ！
蟻食　連中にとっては不運なことに、しかしぼくにとっては幸運なことに、その虫たちは自分たちの集合がシンボルのレベルでぼくに何を伝えているか、それをちらりとも勘づかなかったわけさ。
アキレス　トひえっ！　そりゃまた、うまくできた話だ。連中は自分たちが何に参加しているのかまるで知らないってんだから。彼らの行為は高次レベルにおいてはひとつのパタンの一部と見なされうるのに、彼ら自身はそのことをぜんぜん意識していなかったとはね。ほんと、哀れも哀れ——最高の皮肉だよ、まったく——連中がそれに気づかなかったなんて。
蟹　なるほど、きみのいうとおりだな——亀公——素晴らしいペダル音だった。
蟻食　こういうのは聞いたことがなかったけど、いまのみたいにはっきりしてると聞き逃しようがないね。実に効果的だ。
アキレス　え？　ペダル音はもう過ぎたの？　なんで気がつかなかったのかな、そんなに目立つ音なら。
亀　さっきのうまくできた話に夢中になっていたから、ぜんぜん意識しなかったんだろうさ。ほんと、哀れも哀れ——最高の皮肉だよ、まったく——きみがそれに気づかなかったなんて。
蟹　ねえ、はしゃ蟻塚叔母さんは蟻塚に住んでいるの？
蟻食　うーん、なかなか広い土地を持っていてね。もとは誰かのものだったんだが、ちょいと悲しい話があった。とにかく、広大な地所だよ。ずいぶんぜいたくな暮しぶりさ、ほかの多くのコロニーにくらべたら。
アキレス　それは蟻コロニーの共産主義的性格と矛盾しないのかな、さっききみが話してくれた性格と。ぼくにはまるきり辻褄があわないように聞えるな、共産主義を説いておいてご立派な大地所にお住まいとはね！
蟻食　共産制というのは蟻レベルのことなんだ。蟻コロニーにおいては、すべての蟻が共通の利益のために働く。ときには個々の蟻にとって損になるとしてもだ。それがまさしくはしゃ蟻塚叔母さんの組織に内蔵された特徴なんだけれども、ぼくの知るかぎり、彼女はこの内在的共産制にまるで気づいていないらしい。たいていの人間は自分のニューロンのことなど何ひとつ意識しないね。実際、自分の脳について何ひとつ知らずに満足しているんだから、ちょいと気味の悪い生き物だ。はしゃ蟻塚叔母さんも同じようにちょいと気味が悪い。蟻のことを考え始めると必ず蟻くしゃくとした気分になる。だからなるたけ蟻のことは考えまいとするんだ。自分の組織に組み込まれている共産制社会というものについても何ひとつ知らないんじゃなかろうか。彼女自身は自由主義のかたくなな信奉者でね——ほら、レセ=フェールとか何とか。だから彼女がかなりぜいたくな荘園に暮しているというのは、少なくともぼくにとっては十分納得がゆくんだ。
亀　『平均律クラヴィーア曲集』のこの素晴らしい版をたどりながら、いまこのページをめくったところだけど、二つのフェルマータの最初のやつがもうじき出てくるぜ——だから耳をすましていたほうがいいよ、アキレス。
アキレス　よし、そうしよう。
亀　それに、この反対側のページに実に妙な絵がある。
蟹　またかい？　今度はどんなの？

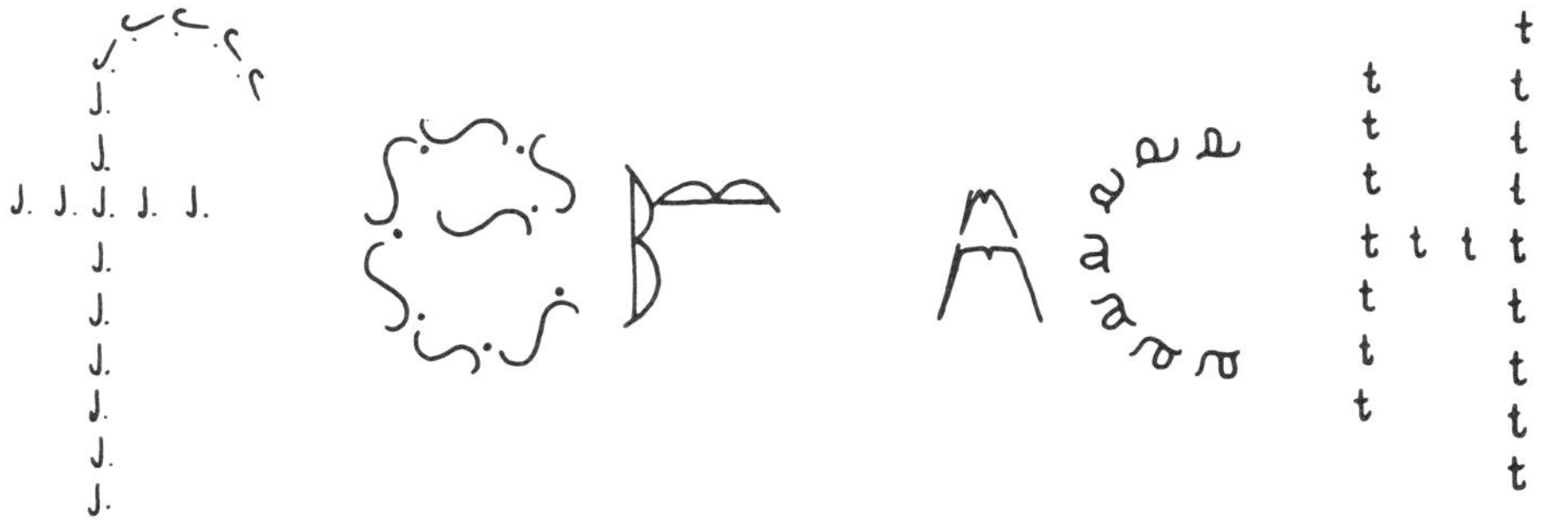

第 62 図　著者自身による図

亀　ほら、見ろよ。（楽譜を蟹に渡す。）

蟹　ふふーん。ただの文字のかたまりじゃないか。ええと――JとSとBとmとaとtがいくつかずつあるね。奇妙だなあ、最初の三文字はだんだん大きくなって残りの三文字はだんだん小さくなっている。

蟻食　見せてくれる？

蟹　いいとも。

蟻食　ははーん。細部に注目したものだから大きな絵を全然見逃したね。実は、この文字の集まりはfとeとrとAとCとHだよ、くり返して現れているのはないね。最初は小さくなって、それから大きくなっているじゃないか。ほら、アキレス――きみはどう思う？

アキレス　どれどれ。ふふーん。ぼくの見るところ、これは大文字が右へいくにしたがって大きくなっているね。

亀　何かの綴りになるわけ？

アキレス　ええーと……J・S・BACH。そうか！　わかったぞ。バッハの名前じゃないか！

亀　そういうふうに見えるとは妙だなあ。ぼくの見るところ、これは小文字が右へいくにしたがって小さくなって……そして綴りは……何の名前かというと……（だんだんゆっくり、とくに最後の二、三語は引きのばすようにしゃべる。それから短い沈黙。そして突然、何ごともなかったようにつづける。）――fermat フェルマだ。

アキレス　ああ、きみはフェルマのことが頭から離れないらしいな。なんでもかんでもフェルマの最終定理にしてしまうんだから。

蟻食　きみのいったとおりだよ、亀君――このフーガの魅力的なフエルマータがいま聞えたから。

蟹　ぼくも聞いたよ。

アキレス　つまりぼく以外、みんなが聞いたっていうのかい？　ぼくだけ間が抜けてるみたいだな。

亀　まあまあ、アキレス――そうひねくれるなよ。大丈夫、フーガの最終フェルマータは聞き逃しっこないからさ（もうじき出てくるぜ）。でもさっきの話だけれど、蟻食先生、さっきちらりといいかけた悲しい物語ってのはどういうことだい、はしゃ蟻塚叔母さんの所有地の前の持主のことだけど。

蟻食　前の持主というのは並外れた個性の持主でね、最高に創造力豊かな蟻コロニーのひとつだった。その名をヨハンタリ・セバスティアリ・フェルマータリといって、本職は数学蟻、趣味は音楽蟻だった。

アキレス　そりゃまた多芸多才！

蟻食　その創造力も絶頂というときに、彼は惜しくも夭折してしまったんだ。ある日、それはもうすさまじく暑い夏の日、彼はその暑さをたっぷり吸い込んで外へ出た。そこへ気まぐれな雷雨が――それも百年に一遍あるかないかというやつが――いきなり襲ってきたものだから、フェルマータリはずぶ濡れもいいところさ。嵐は前ぶれもなくやってきたので、蟻たちは右往左往、収拾のつかない状態だ。何十年にわたってきめこまかく築きあげられた精緻な組織は、ものの数分で濁流に呑まれてしまった。悲劇だったよ。

アキレス　つまり、蟻たちは残らず溺れ死にしたということかい。そうなれば明らかにフェルマータリの終焉というわけだけれど。

蟻食　実のところ、そうじゃない。蟻たちはなんとか生きのびたんだ、一匹残らずね。荒れ狂う流れに浮ぶ棒きれや丸太にしがみついて。しかし水がひいて蟻たちがホームグラウンドへ戻ると、なんともはや組織のかけらさえ残っていない。カースト分布は完全に破壊され、蟻たち自身はかつてのみごとに調和のとれた組織を再建する能力がなかった。バラバラになったハンプティ・ダンプティが自分をもとどおりにまとめられないのと同じように、絶望的な事態だった。ぼく自身も、そりゃもう必死になって、哀れなフェルマータリをもとどおりにしてやろうと試みたさ。なんと砂糖やチーズまでふりかけて、なんとかフェルマータリが再現しないかとはかない望みを抱いてね……。（ハンカチを取り出して、こみあげる涙をぬぐう）

アキレス　きみは男らしいんだなあ！　蟻食というのがそれほど大きな心の持主とは知らなかった。

蟻食　しかしすべてが徒労でね。彼の姿は面影も何もなく、再構成のしようもない。ところが、それから実に妙なことが起ったんだ。それから数カ月かかって、フェルマータリの成員だった蟻たちが徐々にグループをつくって、新しい組織を築いたのさ。そうしてはしゃ蟻塚叔母さんが生れたわけだ。

蟹　驚いたな。はしゃ蟻塚叔母さんを構成する蟻はフェルマータリを構成していた蟻とまったく同じってわけ？

蟻食　そう、もともとは同じだった。いまはもう、年老いた蟻は死んでしまったものもあって、別の蟻が取って替わっているけれどね。しかしフェルマータリ時代の生き残りもまだ大勢いる。

蟹　で、フェルマータリの昔の特徴がたまにいくつかはしゃ蟻叔母さんのなかで前面に出てくるなんてことは認められないのかい？

蟻食　ひとつとしてないね。共通するところがまったくないんだ。

それにそうでなければならない理由もない、ぼくの見るところは。結局、部分の集まりを再構成して「和」を作るにはいくつか個別なやり方があるわけだ。はしゃ蟻塚叔母さんは旧部分の新たな「和」だったにすぎない。和以上のものじゃないんだな——ただその特殊なたぐいの和なんだよ。

亀　和といえば、数論を思い出すな。数論ではひとつの定理をその構成要素のシンボルに分解し、それを新たな順に再構成して、新たな定理を引き出すこともできるからね。

蟻食　そういう現象のことは聞いたことがないね、もっともぼくはその領域にはまるで無知なんだけれど。

アキレス　ぼくも聞いたことがないぜ——その領域にはかなり通じているつもりだがね、自分でいうのもなんだが。亀公は例によって念の入ったトリックでたぶらかす気なんだろうさ。こいつのことはもうよくわかってるよ。

蟻食　数論といえば、ぼくはまたフェルマータリを思い出すね。というのも、数論は彼の卓越している分野のひとつなんだ。実のところ、数論にいくつか目ざましい貢献をしたからね。はしゃ蟻塚叔母さんは、その反対に、数学にほど遠いようなことにおいてもおそろしく愚鈍ときてる。おまけに音楽の趣味もさっぱりで、ところがセバスティアリのほうはずば抜けた音楽の才能があったし。

アキレス　ぼくは数論が好きでね。そのセバスティアリの貢献がどういう性格のものか少し話してくれないかな。

蟻食　いいとも。(一休止してお茶をすすり、話し出す)フルミの「十分検証ずみの推測」という悪名高きやつを知っているかい？

アキレス　さあね……妙になじみがあるみたいだけれど、どこで聞いたか覚えがないや。

蟻食　ごく単純な概念なんだ。リエール・ド・フルミというのは、本職が数学蟻、副業が弁護士なんだが、蟻(ギ)オファントスの古典教科書『数論』を読んでいた。するとあるページにこういう方程式が出てきたんだ。

$$2^a+2^b=2^c$$

彼はすぐさま、この方程式が無限の解a、b、cをもつことを悟って、本の余白に次のような悪名高きコメントを書き込んだ。

方程式$n^a+n^b=n^c$は、$n=2$のときにのみ正の整数解a、b、c、nを有す(そしてそのとき、方程式を満足させる無限の三つの組合わせa、b、cがある)。しかし$n>2$については解なし。この陳述の驚くべき証明を発見、しかし極微ゆえこの余白に書きても目に見えぬ恐れあり。

約三百年前のその日以来、数学蟻たちは次の二つのうち、どちらかひとつを試みてきたが、うまくいかない。ひとつはフルミの主張を証明し、フルミの評判を正当なものとすること、その評判はなかなかのものなんだが、彼の発見したという証明をほんとうは発見していないのだとする懐疑派がそれを汚してもいるわけだ——もうひとつは反対例を見出して主張をくつがえすこと、つまり$n>2$の場合に方程式を満足させる四個の整数a、b、c、nを見つけることだ。ごく最近まで、どちらの方向の試みもことごとく挫折した。もっともこの推測は、数多くのnの特別な値については証明されている——とくに、125,000までのnについては残らずね。しかしすべてのnについてそれを証明できた者はなかった

第 63 図　大群をなして移動する大蟻は、その旅の途中で、ときどき自分の身体で橋をこしらえたりする。ここに写真を掲げたその種の橋では、軍隊蟻のコロニーの働き手たちが肢をからめ合い、足根の爪を引っかけ合って橋の上側に不規則な連鎖を形成しているのが見られる。共生するシミが、橋を渡ってるところが中央に見える。[E. O. Wilson, *The Insect Societies*, Harvard University press, 1971]

――つまり、ヨハンタリ・セバスティアリ・フェルマータリが登場するまでは。フルミの汚名を晴らす証明を発見したのは、まさしくこの男なんだよ。それがいまでは「ヨハンタリ・セバスティアリの十分検証ずみの推測」という名で通っているものだ。

アキレス　それじゃ「推測」というより「定理」というべきじゃないかね、最終的に然るべき証明がなされたのなら。

蟻食　厳密にいえばそのとおりなんだが、慣習上そうなってるのさ。

亀　セバスティアリはどういう種類の音楽をやったんだい？

蟻食　作曲の才能が大変なものだった。残念ながら、彼の最大の作品は謎に包まれているがね。というのもそれを発表するにいたらなかったんだ。作品全体を頭のなかで仕上げていたという者もあるし、意地の悪い連中は、完成したどころかただのこけ脅しだろうなんていう。

アキレス　その大作はどういう性格のものだい？

蟻食　巨大な前奏曲とフーガになるはずのものだった。フーガは二四声をもち、二四の個別の主題を、長調と短調のそれぞれによってひとつずつ展開しようというものだったんだ。

アキレス　二四声部のフーガをひとつの全体として聞くなんて、そりゃ至難だぜ！

蟹　いわんやそれを作曲するなんて！

蟻食　しかしわれわれの知っているのは、セバスティアリのメモのみなんだ。彼の所有していたブクステフーデの『オルガンのための前奏曲とフーガ』の余白に書き込んだものだがね。彼の痛ましい夭折の直前に書かれた最後の言葉はこうだ。

真に驚異的なるフーガを作曲。作中、二四の鍵盤の力と二四の

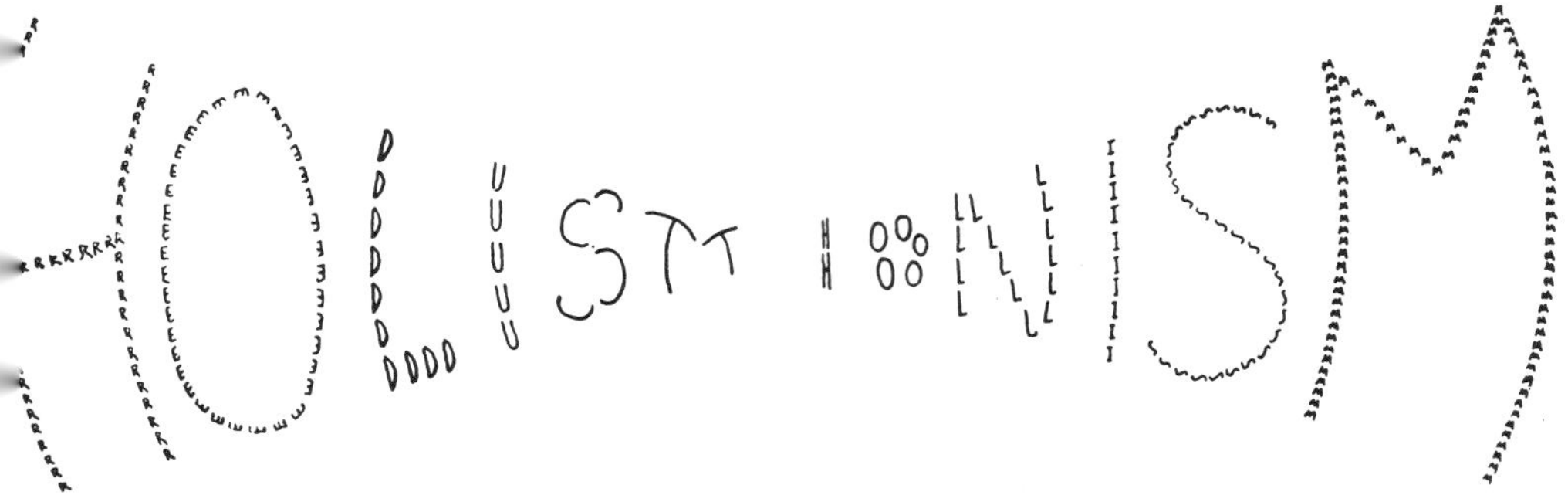

第 64 図　著者自身による図

主題の力とを足し合せる。かくて二四声部の力を有するフーガを完成。不幸にして余白の足らざるために書き込めず。

そして実現せざる傑作は「フェルマータリの最終フーガ」という名で通ることになったわけさ。

アキレス　まったく、聞くに耐えないくらい痛ましい話だ。

亀　フーガといえば、さっきから聞いているこのフーガもいよいよ終りだね。終りのあたりに、テーマを妙にひねった新しい展開がくるんだ。(『平均律クラヴィーア曲集』のページをぱっとめくる。) おや、これは何だい？　またまた図があるよ——すごく面白いぜ！(蟹に見せる。)

蟹　おやおや、こりゃ何だい？　ああ、そうか。HOLISMIONISM だよ。大きな文字で書かれていて、最初は少しずつ小さくなり、また大きくなってもとの大きさに戻るんだ。それにしても意味をなさないな、語にならないんだから。まいったな、まいったよ！(アキレスに手渡す。)

アキレス　きみらは信ずるかどうか知らないけど、実はこの絵は HOLISM という語が二度書かれたものだね。左から右にいくにつれて文字がしだいに小さくなるんだ。(亀に返す。)

亀　きみらは信ずるかどうか知らないけど、実はこの絵は REDUCTIONISM という語が一度書かれたものだね。左から右にいくにつれて文字がしだいに大きくなるんだ。

アキレス　やったあ——今度こそ主題の新しい変化ってのを聞いたぞ！　きみが注意してくれたおかげだよ、亀公。やっとのことで、ぼくもフーガを聞く技法をつかめてきたようだな。

第11章 脳と思考

思考をめぐる新たな展望

コンピュータの出現によって、人間ははじめて実際に「思考する」機械の創造を試み、思考というテーマの奇怪な変り種を眼にしたことになる。「思考」するプログラムも考案された。しかし、その「思考」と人間の思考との関係は、人間の移行運動と階段を逆立ちしてかたかた降りるおもちゃ、スリンキーの運動との関係に似ている。異質だが手づくりの思考形態、あるいは思考の近似形態について実験できるようになったおかげで、人間の思考の特異性、弱さと強さ、とっぴさ加減と二十面相ぶりが突然浮き彫りになった。その結果過去二十年かそこらの間に、思考が何であって何でないかについて、新たな展望が開けた。その間、大脳研究も脳のハードウエアについて大小さまざまなスケールでかなりのことを明らかにした。このアプローチは、脳がいかにして概念を処理しているかについては、あまり光を当てることができなかったとはいえ、思考処理の依拠する生物的メカニズムに関しては、ある程度の認識をもたらしてくれた。

　これからの二つの章では、コンピュータ知能を目指した試行の中から拾いあげた洞察と、生きている脳に関する巧妙な実験から学んだいくつかの事実、および認知心理学者が行った思考過程探究の成果とを結びつけることを試みたい。その舞台は「前奏曲……とフーガの蟻法」によってすでに設定されている。では、この着想をさらに深めて展開することにしよう。

内包性と外延性

思考は、脳のハードウエアの中で実在を表現することに基礎を置いているに相違ない。前の何章かで、数学的な実在の領域をそのシンボリズムの中で表現するような形式システムを開発した。脳が観念を操作するやり方のモデルとして、このような形式システムを利用するのはどの程度まで合理的なのであろうか？

　われわれは、字形的な記号を数や演算や関係に対応づけ、字形的な記号による文字列を言明に対応づける同型対応の結果として、狭義における意味というものがいかに生ずるかをまずpqシステムで、ついでその他のもっと複雑なシステムで見てきた。さて、脳の中には字形的な記号ではなく、もっと強力なものがある。それは活性的な要素であり、情報を貯え、変換することができ、他の活性的要素から情報を受けとることもできる。そこにあるのは、受動的な形だけの記号ではなく、活性的な記号なのである。脳の中では、規則は記号自体のただ中に混じりあっているのに対し、紙の上の記号は静的な実体であり、規則の方は頭の中にある。

　これまで見てきた形式システムがかなり厳格な性質のものであったことにつられて、記号と現実の事物との間の同型対応が、操り人形とそれを操る手とを繋ぐ糸のような固定された一対一対応であると思いこまないようにすることが大事である。TNTでは「五〇」の概念は、たとえば、

（(SSSSSSSO・SSSSSSSO)＋(SO・SO))

あるいは（(SSSSSO・SSSSSO)＋(SSSSSO・SSSSSO))

というふうにいろいろな記号で表現できる。この両者が同じ数を表していることは、アプリオリに明らかなのではない。各々の式は独立に操作することができ、ある時点でひとつの定理にぶつかったときにこう叫ぶことになる。「なんだ、あの数のことだったのか！」

　人はまた、同じ一人の人物について幾通りにも心に描くことができる。たとえば、

　その著作を私が先日ポーランドの友人に送ったところの人物。

　今夜、この喫茶店で私と私の友人に話しかけた見知らぬ人物。

　この二つが同一の人物を表現していることは、アプリオリには明らかでない。この二通りの記述が結びつかずに心の中に並ぶかもしれない。だが、その晩の会話の中で、上の二つの記述が実は同一の人物を指していることを明らかにするような話題にぶつかれば、こう叫ぶことになる。「なんだ、あの人のことだったのか！」

　ある人物に関する記述がすべて、その人物の名前を貯えている中心的な記号と結びついていなければならないことはない。記述はそれ自体で加工したり、操作したりできる。記述することによって、存在していない人物を発明することもできるし、二つの記述が単一の実体を指していることを知って、この二つを合体させることもできるし、一個の記述がひとつの事物ではなく二つの事物を表現しているとわかれば、それを二つに分けることができる、などといった具合である。この「記述の算法」が思考の核心にある。それは外延的ではなく内包的であるといわれる。それは記述が特定の、既知の対象の上に錨を下さず「浮遊」できることを意味する。思考の内包性は思考の柔軟性と関連している。仮説的な世界を想像すること、異なる記述を混ぜ合せたり、ひとつの記述を断片に割ることなどが、それによって可能になる。

　あなたの車を借りていった女友だちが、電話をかけてきて、車が濡れた山道でスリップを起し、土手にぶつかって転覆して彼女は危うく死ぬところだった、と告げたとしよう。あなたは心の中で一連のイメージを作り上げるが、それは彼女が細部を話すにつれて次第に生き生きとしたものになり、しまいには「心の眼にすべてが見える」ようになる。ところが、最後になんと、これはすべてエイプリル・フールの冗談で、彼女も車もなんともないというのだ！　だが、そんなことはどうでもよい。物語とイメージの生々しさは少しも損なわれず、記憶は長く長く残るだろう。事実でないと知ったとき拭い去るべきだった第一印象があまりにも強烈であったために、のちになって、彼女を危険なドライバーと考えるようにさえなるかもしれない。幻想と事実は心の中で大変よく混同されるが、これは思考

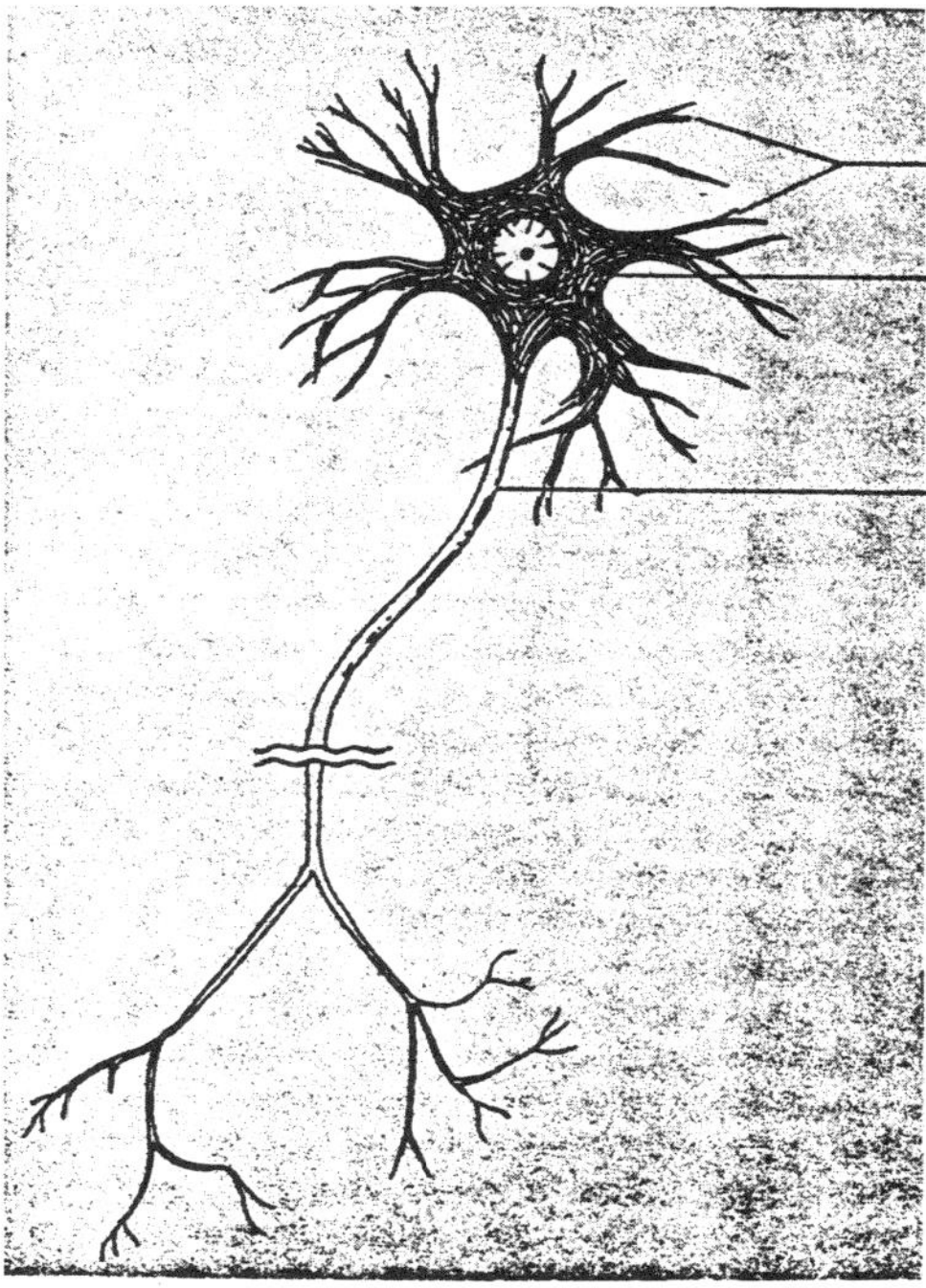

第 65 図　ニューロンの模式図［D. Wooldridge, *The Machinery of the Brain*, McGraw-Hill, 1963］

が必ずしも現実の出来事、あるいは事物に結びつくことを要しない複雑な記述の加工と操作を含んでいるからである。

思考がかかわっているのは、世界の柔軟な記述、ときにはない方がよかったかもしれない内包的な記述なのである。ところで、脳のような生理的なシステムはいかにして、このような思考のシステムの支えとなることができるのであろうか？

脳の「蟻たち」

脳の最も重要な細胞は、神経細胞すなわちニューロン（第65図）であり、ほぼ一〇〇億個存在している。（奇妙なことに、グリア細胞あるいは略してグリアが、数にしてニューロンの一〇倍もある。グリアは主としてニューロンが主役を演ずるのを援けているだけだと信じられているので、これについては論じないことにする）それぞれのニューロンにはいくつかのシナプス（入口）と一本の軸索（出力チャンネル）がある。入力と出力は電気化学的な流れ、つまり運動するイオンである。ニューロンの入口と出力チャンネルの間に細胞体があり、「決定」はそこでなされる。ニューロンが直面している決定（毎秒一〇〇〇回にも達することがある）の型は次のようなものである。発火するか、それともしないか、つまりイオンを軸索にそって放出するかしないか、である。放出されたイオンは、最終的にはひとつあるいはそれ以上の他のニューロンの入口を越えて、それらのニューロンに同じような種類の決定を迫ることになる。決定の下し方はきわめて単純である。すべての入力の和がある閾値（いきち）を越えればイエスであり、さもなければノーである。入力の中には負の入力もありうるが、それはよそから入ってきた正の入力と打ち消しあう。いずれにせよ、心の最も低いレベルを支配しているのは単純

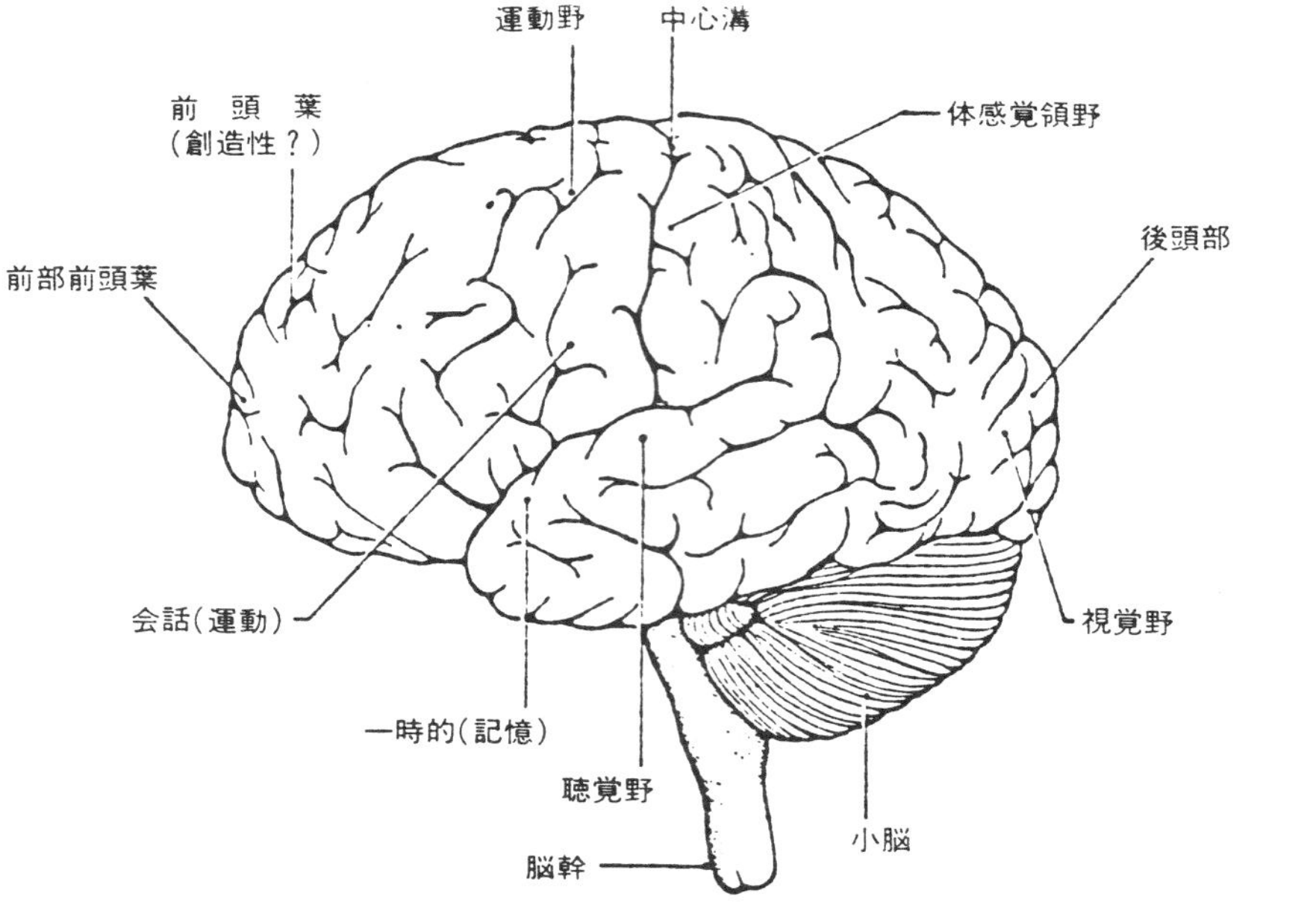

第 66 図　左側から見た人間の脳。視覚野は、不思議なことに最後部にある。[Steven Rose, *The Conscious Brain*, Vintage, 1966]

な和である。デカルトの有名な言葉をもじっていえば、「われ考う、ゆえに和であり。」

さて、決定を下すやり方は非常に単純に見えるが、ひとつの事実が介在して問題をややこしくしている。一個のニューロンには二〇万箇所にも達する別々の入口がありうる。これはニューロンが次の行動を決定するのに、二〇万個もの別々な被加数が関与することを意味する。決定がいったん下されると、イオンのパルスが末端を目指して軸索を突っ走る。しかし、端に達する前に、イオンはひとつまたは複数の分岐点に遭遇するかもしれない。そのような場合には、単一の出力パルスは軸索の分枝に入っていくさいに分割され、端に到達するときには、「それ」は「それら」になってしまっている。そして、軸索の分枝は長さが異なり、抵抗性も異なるかもしれないので、それらは別々の時刻に目的地に着くことになるかもしれない。だが、重要なのは、それらが細胞体から単一のパルスとして出発したということである。ニューロンは、発火してから次にふたたび発火するまでに短い休養時間を必要とする。これはうまい具合にミリ秒単位で測られるので、ニューロンは毎秒ほぼ一〇〇〇回にものぼる発火を行うことができることになる。

脳の中のより大きな構造

さて、脳の「蟻たち」について述べてきたが、「チーム」あるいは「信号(シグナル)」の方はどうなっているのだろうか？　「記号(シンボル)」はどうなっているだろうか？　われわれは次のことを知った。入力がどれほど複雑であっても、単一のニューロンは非常に原始的な仕方——発火するか、発火しないかといった形——でしか応答できない。これは大変小さな情報量である。大量の情報を運んだり処理したりするには、たしかに多数のニューロンが参加しなければならない。したがって、より高いレベルで概念を扱う多数のニューロンで構成された、より大きな構造があるだろうと推測せざるをえない。これは疑いもなく真実であるが、個々の異なる概念に対して固定されたニューロンのグループが存在するという、より素朴な仮定が事実に反するのも、ほぼ確実である。

脳には大脳、小脳、視床下部などのように、たがいにはっきり区別できる多数の解剖学的部分がある（第66図）。大脳は人間の脳の最大の部分で、左半球と右半球に分かれている。各大脳半球の表面は数ミリメートルの層をなす「外皮」、すなわち「大脳皮質」に覆われている。解剖学的にいえば、大脳皮質の量が、人間の脳とより知能の低い動物の脳とを区別する主な特徴である。脳の各部器官について詳しく述べるのはやめておこう。というのは、このような大尺度での各部器官と、それが担っている心的あるいは身体的活動との間には、いまのところきわめて粗雑な対応しかつけられないからである。たとえば、言語は二つの大脳半球の一方（ふつうは左半球）で主として扱われていることが知られている。また、「小脳」は運動を制御するために、筋肉に短いインパルスの連鎖を送り出す場所である。しかし、これらの領域がその機能をどのように遂行しているのかということになると、いまでもほとんど謎に包まれている。

脳から脳への対応づけ

ここで、最も重要な疑問が生じてくる。もし、思考が脳でなされるのだとすると、二つの脳はたがいにどう違うのだろうか？　私の脳とあなたの脳はどのように異なるのか？　あなたは私と全く同じようには思考しない——それは確実であろうし、他の誰と誰をとってみてもそうであるにちがいない。しかし、われわれの脳はすべて同じ解剖学的な区分をもっている。脳のこの同一性はどこまで推し進めることができるだろうか？　ニューロンのレベルにまで及ぶだろうか？　思考の階層のかなり低いレベルにある動物、たとえばミミズを眺めれば、答は然りである。次の引用は、地球外知性とのコミュニケーションに関する会議の席上で、神経生理学者デヴィッド・ヒューベルが行った発言である。

> 虫のような動物の神経細胞の数は千をもって数えられるでしょう。大変興味深いのは、ある一匹のミミズにおいてある特定のひとつの細胞を指し示せば、同じ種の別のミミズでも同じ細胞、対応する細胞が同定できるということです。

ミミズは同型の脳をもっている！　「ミミズは一匹しかいない」といえそうだ。

しかし、個体の脳の間のこのような一対一対応の可能性は、思考の階層を昇り、ニューロンの数が増大するにつれて急速に消滅し、まさか人間はただ一人しかいないのではあるまいという大方の推測が裏づけられる！　とはいえ、単一ニューロンよりは大きいが脳の主な各部器官よりは小さな尺度でくらべたときには、異なる人間の脳の間にも物質系としての相似性がかなり検出できる。物質としての脳に個人の心的な相違がいかに表現されているかという問題に対して、このことがどのような意味をもつのであろうか？　私のニューロンの接続の具合を眺めれば、私の知っている特定の事物、私のもっている特定の信念、私が抱いている特定の希望、恐れ、好悪をコード化していると同定できるようなさまざまな構造が見つかるだろうか？　心的経験を脳に帰することができるならば、知識やその他の心的生活は脳の内部の特定の場所、あるいは脳の特定の物質的部分システムまでたどっていけるのであろうか？　これは中心的な疑問であって、本章および次の章でしばしばこの点に立ち戻ることになるだろう。

脳の過程の局所化=ひとつの謎

この疑問に答えるべく、神経学者カール・ラッシュレーは一九二〇年頃から長年にわたって一連の実験を試み、実験用ネズミ（ラット）が迷路走行の知識をその脳のどこに貯えているかを発見しようと試みた。スティーヴン・ローズは、その著書『意識する脳』の中でラッシュレーの試行と難行を次のように描写している。

ラッシュレーは記憶の所在を皮質中に同定しようと試み、そのためにラットをまず迷路で走らせて訓練し、そのあとで、皮質のさまざまな領域を切除した。ラッシュレーはラットを回復させ、迷路を通り抜ける腕前が失われずにいるかどうかを試した。驚いたことに、迷路を通り抜ける道順を覚える能力に対応する特定の領域を見つけることはできなかった。そのかわりに、皮質の一部分を切除されたラットはすべて、なんらかの能力減退を呈し、この減退の度合は除去された皮質の量にほぼ比例した。皮質の除去は動物の運動能力および感覚能力を損ない、動物はびっこをひいたり、ぴょこぴょこ跳んだり、のたうったり、よろめいたりはするものの、とにかくいつでもなんとか迷路を通り抜けるのである。記憶に関するかぎり、皮質全体は等能力である――つまり、すべての領域が同等の利用可能性を備えているように見えた。事実、ラッシュレーは一九五〇年に発表した最後の論文「記憶の痕跡の探求」の中で、唯一得られた結論は記憶は全く不可能だということである、とかなり沈鬱に結論したのであった。

奇妙なことに、ラッシュレーが最後の研究を行っていたのとほぼ同じ一九四〇年代の終りごろ、カナダでは反対の見解を裏づける証拠が積み上げられていた。神経外科医ワイルダー・ペンフィールドは脳手術を受けた患者の反応を調べるために、むきだしになった患者の脳のあちらこちらに電極を挿し込んで、電極に触れているひとつ、あるいは複数のニューロンを刺激するためにそれに弱い電気パルスを流した。このパルスは、他のニューロンからくるパルスと同じようなものであった。あるニューロンに対する刺激が、たしかにある特定のイメージあるいは感覚を患者に起させることを、ペンフィールドは見出した。人工的にひき起されたこのような現象には、奇妙ではあるがはっきり指示できる恐怖から、ざわめきや色彩にいたるまでさまざまなものがあったが、とりわけ印象的だったのは過去の生活の中から想起されたまるまるひとつづきの出来事、たとえば子供のころのある誕生パーティの模様などであった。このような特定の出来事の引き金となる場所の集合は、基本的にある単一のニューロンを中心としたきわめて小さな領域であった。ペンフィールドが得たこの結果は、ラッシュレーの結論と劇的に対立する。というのは、これは結局のところ、その小さな領域がある特定の記憶に対して責任を負っていることを意味しているように見えるからである。

これはどのように解釈すべきであろうか？　考えられるひとつの

説明は、記憶は局所的ではあるが、皮質の異なる場所に何重にもくり返しくり返しコード化されている、というものである――これはおそらく、他人との格闘、あるいは神経生理学者の実験のせいで生じかねない皮質の損傷に対する保障として、進化の途上で開発された戦略なのであろう。もうひとつの説明は、記憶は脳全体に広がっているダイナミックな過程によって再構成できるが、ある局所的な一点から引き金が引けるというものである。この理論は近代的な電話網の考え方に基づいている。この電話網では、長距離電話のルートはあらかじめ予測できない。というのは、ルートは電話をかけた時点ではじめて選択され、そのときの全国的な情況に左右されるものだからである。局所的に電話網を破壊しても通話は阻止されない。損傷した領域を迂回するルートをとらせるにすぎないのである。この意味では、どの通話も潜在的には非局所化されている。しかし、どの通話も要するに二つの特定の点をつなぐのであるから、その意味ではどの通話も局所化されているのである。

視覚処理の特殊性

脳の過程の局所化に関する最も興味深く重要な研究のいくつかが、ここ十五年の間にハーバード大学でデヴィッド・ヒューベルとトリステン・ヴィーゼルによってなされた。二人は猫の脳の中で、網膜のニューロンから出発してその接続を脳の後部へと追跡し、外側膝状体の「中継ステーション」を経て脳の真後ろにある視覚皮質までたどりついて、視覚の伝達路を描き出した。ラッシュレーの結果と対比したとき、まず目をひくのははっきり確定した神経伝達路が存在するということである。しかし、それにもまして目覚ましいのは、伝達路にそったさまざまな段階に位置しているニューロンの性質である。

網膜ニューロンは主として対照感知器であることがわかった。もっとはっきりいえば、それらは次のように働くのである。個々のニューロンは、通常はある「巡行速度」で発火をくり返しているが、網膜上のこのニューロンの在る小部分に光が当ると、ニューロンの発火はもっと速くなったり遅くなったりし、ときには発火をやめたりする。もっとも、そうなるのは、そのさらに外囲の網膜の部分がそこよりも少なく照明された場合に限られる。そこで、ニューロンには二つの型があることになる。中心型と周縁型である。「中心型」ニューロンとは、それが敏感に応ずる網膜上の小さな円状の領域内で、中心部が明るく周縁部が暗いときに発火速度を増すようなニューロンである。「周縁型」ニューロンとは、領域の中心部が暗く周縁部が明るいときに発火速度を増すようなニューロンである。ある中心型の明暗パタンを周縁型のニューロンに示せば、その発火は遅くなるだろう(逆も成立する)。一様な照明ではどちらの型のニューロンも影響を受けない。巡行速度で発火しつづけるだろう。

これらのニューロンから発した信号は、網膜から視神経を経由して脳の中央近くにある外側膝状体に進む。網膜の特定の領域に加えられた特定の刺激によってのみ引き金が引かれる外側膝状体ニューロンが存在するという意味で、網膜表面の直接的な写像がそこには存在する。外側膝状体にがっかりさせられるのはこの点である。そこは「中継ステーション」にすぎず、進んだ処理装置ではないらしい(もっとも、公正を期してつけ加えれば、対照感受性は外側膝状体で拡大されるようだ)。外側膝状体ではニューロンは網膜のような二次元の面ではなく、三次元のブロック状に配列されているにもかかわらず、網膜上のイメージは外側膝状体のニューロンの発火パタンの中に直截的なやり方でコード化されている。二次元は三次元に対応づけられるが、情報は保持されたままである。同型対応なのである。表現の次元の変化にはたぶん何か深い意味があるのだろうが、まだ十分理解されていない。いずれにせよ、視覚にはまだ説明されない段階が多々あろうから、このひとつの段階をある程度まで描き出したことだけでも、失望するどころかむしろ喜ぶべきだろう！

信号は、外側膝状体から視覚皮質へと進む。ここである新しい型の処理がなされる。視覚皮質の細胞は三つのカテゴリーに分けられる。単純、複雑、そして超複雑の三つである。「単純細胞」は、網膜細胞あるいは外側膝状体細胞に非常によく似た働きをする。これらは細胞上のある特殊な領域内において、周囲と対照された小さな明斑あるいは暗斑に応答する。「複雑細胞」はこれとは対照的に、百個あるいはそれ以上の細胞から入力を受け取り、網膜上である特定の角度を向いている明るい、あるいは暗い棒状の形を検出する（第67図）。「超複雑細胞」は、角、直線に応答し、ある特定の方向に動く「舌状」のものに応答することさえある（ふたたび第67図）。この最後の細胞はあまりにも高度に特殊化しているので、ときには「高次の超複雑細胞」と呼ばれる。

「おばあちゃん細胞」？

どこまでも複雑の度を増していく刺激に対し、それが引き金として働くのに応えられるだけの細胞が視覚皮質中に発見されるにつれて、事態は「一細胞一概念」の方向に進んでいるのではないかと考える人たちが現れた。たとえば、おばあさんが見えたとき、そしてそのときにだけ発火するような「おばあちゃん細胞」が存在するのではないかという考えが出はじめたのである。このいささかユーモラスな「超複雑細胞」の例は、あまり真剣には受けとめられていない。しかし、他のどんな理論なら合理的なのかははっきりしない。もっと大きな神経網が、十分複雑な視覚刺激によって集団的に励起される、というのがひとつの可能性である。もちろん、このような大きな多ニューロン装置の引き金は何らかの仕方で、多数の超複雑細胞から発する信号を統合することによって引かれるのであろう。これがどのようになされるのかは誰も知らない。「信号」から「記号」が生じてきそうな境界にまさに近づいたと思えたところで、足跡はとだえてしまう——いらいらさせられる未完の物語だ。しかし、われわれはまもなくこの物語に立ち帰ってきて、それをいくぶんなりとも埋めるよう努めるとしよう。

すべての人間の脳の間に大きな解剖学的尺度で存在する肌理の粗い同型対応と、ミミズの脳の間に存在するニューロン・レベルでの肌理の細かい同型対応にはすでにふれた。しかし、興味深いのは猫や猿と人間の視覚処理装置の間にも同型対応が存在することであり、その肌理の按配は粗と細のほぼ中間にある。この同型対応は次のように働く。まず最初に、この三種はすべて脳の後部に視覚処理専用の領域、視覚皮質を確保している。第二に、視覚皮質はどの種でも、皮質第一七野、第一八野、および第一九野と呼ばれる三つの小領域に分かれている。これらの領域は、この三種の動物のあらゆる正常な個体においてその場所が指定できるという意味で、依然、普遍的なものである。各領域の内部では、さらに進んで視覚皮質の「円柱状」組織に到達できる。視覚ニューロンは皮質の表面に垂直に、脳の内部に向って動径にそって進み、「円柱」状に配列されている。つまり、ほとんどすべての接続は動径方向に一本の円柱をなす向きでなされており、円柱間をつなぐようにはなっていない。各々の円

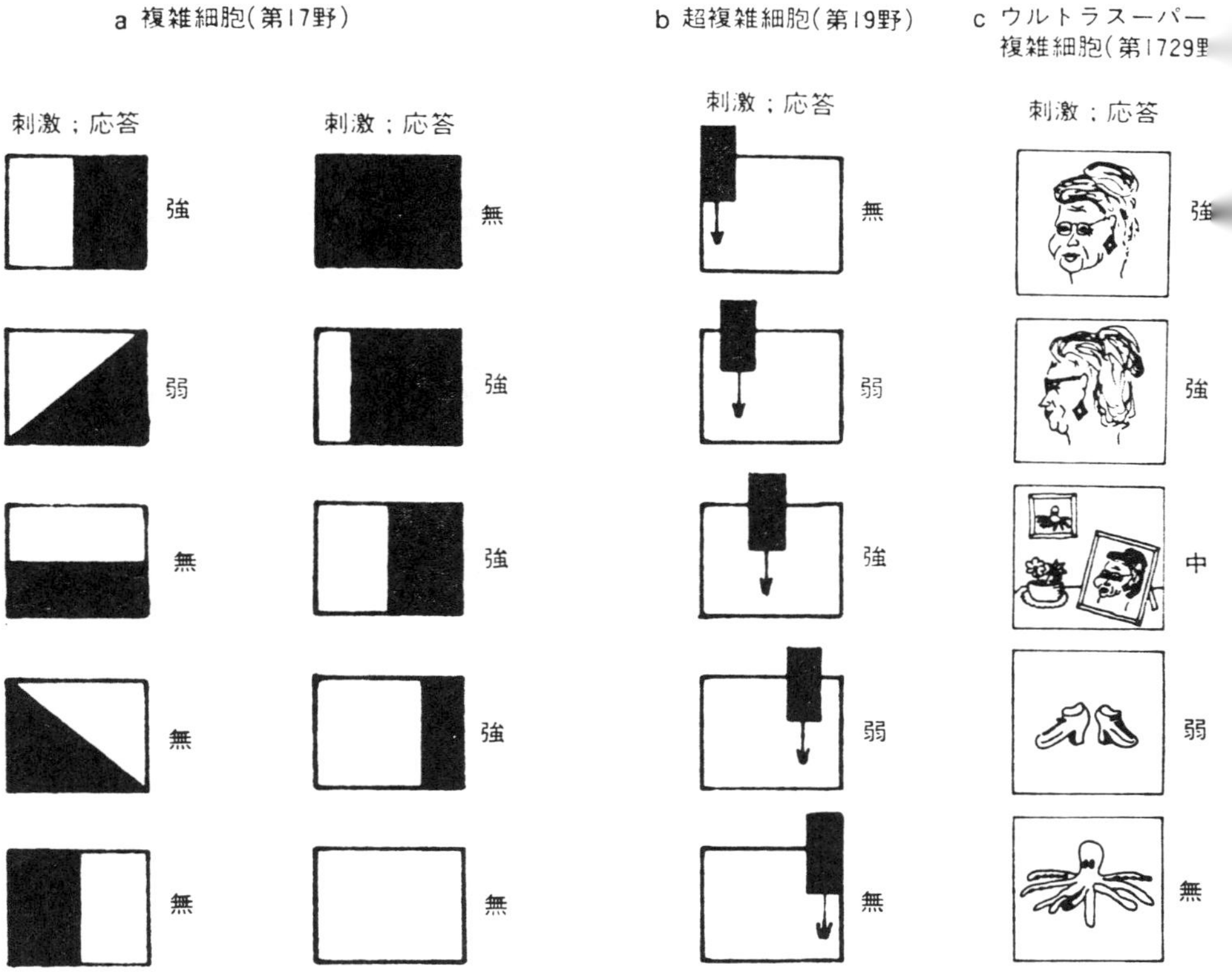

第 67 図　いつくかのニューロンの見本のパタンに対する応答。a この縁辺検出ニューロンは、左が明るく右が暗い垂直の縁辺を探す。左側の列は、縁辺の向きがこのニューロンにとって大事であることを示す。右側の列は、このニューロンにとって視野内の縁辺の位置は大事ではないことを示す。b 超複雑細胞がもっと選択的に、ここでは視野の中央にある下向きの突起にだけ反応することを示す。c さまざまな不規則刺激に対する仮説上の「おばあちゃん細胞」の応答。「タコ細胞」がこれらの刺激にどう応答するか、考えてみるのも一興。

柱は網膜の小さな特定の領域と対応している。円柱の数はそれぞれの個体で異なるので、「同じ円柱」を見つけることはできない。最後に、一本の円柱の中でも、ある層には単純ニューロンが多く、別の層では複雑ニューロンが多く見られるということがある。(超複雑ニューロンは主として皮質第一八野、第一九野に見られ、単純および複雑ニューロンは第一七野に多く存在する) このレベルまで詳しく見ていくと、同型対応の枠外にはみ出るように思われる。ここから下って個別的なニューロン・レベルに至るまで、猫、猿、あるいは人間のそれぞれの個体は(指紋や署名にいささか似て)完全に独自なパタンをもっている。

猫の脳と猿の脳の視覚処理の間には、左右の眼からきた情報を統合して、単一の結合されたより高次のレベルの信号を作る段階に関連して、小さいが目をひく差異がある。猿ではこの統合の段階は猫よりも少しあとで起り、そのために眼からの個々の信号を処理するのに少し余分に時間がかかることがわかった。しかしこれは驚くに当らない。十分予想できることだが、種が知能の階層を登るにつれて、その視覚システムが処理すべき問題は一層複雑になるだろうし、したがって信号は、最終的な「ラベル」を貼る前により多くの前処理を経なければならなくなるだろう。このことは、生れたばかりの仔牛の視覚能力を観察することによって、劇的に確証された。仔牛は牛がもちうる視覚的識別能力をそっくり具えて生れてくるらしい。人や犬を避けようとする一方、他の牛からは逃げようとはしない。その視覚システムはおそらく生れる前に「固定配線」されており、皮質による処理は比較的わずかしか必要としないのであろう。これに対して、人間の視覚システムは皮質に大きく依存しているので、成熟するのに数年もかかるのである。

ニューロン・モジュールに向う漏斗作用

脳の組織についてこれまでなされた発見をめぐるひとつの謎は、大規模なハードウエアと高いレベルのソフトウエアとの間に直接的な対応がわずかしか見出されなかったことである。たとえば視覚皮質は、明確なソフトウエア上の目的(視覚情報の処理)にもっぱら供されているハードウエアの大規模なひと塊りであるはずなのに、これまで発見された情報処理はすべて、依然ごく低レベルのものにとどまっている。対象物の認識に近づいているように思えるものが、何ひとつ視覚皮質の中に局所化されてこないのである。これは複雑細胞や超複雑細胞から出た出力がどこで、どのようにして形、部屋、絵、顔などの意識的な認知に変換されるのか、誰も知らないということである。多数の低レベルのニューロン応答を次第により少数の高レベルのものへと集約させていく「漏斗作用」の証拠を求めて、人々はさきに述べたようなおばあさん細胞、あるいは何らかの多ニューロン回路網の類にいきついたが、このような証拠が脳の何らかの粗大な解剖学的区分の中になく、もっと微視的な分析の中にあることは明白であろう。

おばあさん細胞に替わるものとして、ひとつ考えられるのは「漏斗」の薄い縁にそって存在する一定数の(たとえば何十個かの)ニューロンの集合で、そのすべてのニューロンが、おばあさんが眼に入ったときにだけいっせいに発火するようになっているものであろう。認識可能な対象物の一つひとつに対して、固有の回路網とその回路網に焦点を合せた漏斗作用の過程が存在するかもしれない。同じような考え方にそったもっと複雑な代案もあるが、それは固定したやり方ではなく、いろいろなやり方で励起させることのできる回路網を含んだものである。このような回路網がわれわれの脳の中の

「記号」になるのであろう。

しかし、このような漏斗作用は必要なのだろうか？　眺められた対象物は、視覚皮質中におけるその「署名」、すなわち、単純細胞、複雑細胞、および超複雑細胞の集団的な応答によって陰伏的に同定されるのかもしれない。ことによると、脳は特殊な形のための認識者をこれ以上必要としていないのかもしれない。しかし、この理論は次の問題をわれわれに課すことになる。いまあなたは景色を眺めているとしよう。景色はあなたの視覚皮質にその署名を登録する。しかし、どうやってその署名からこの景色の言語記述にたどりつけるのか？　たとえば、フランスの後期印象派の画家エドワール・ヴュイヤールの絵では、何秒間かじっと見つめていると突然、人物の姿が躍り出てくることがしばしばある。署名は最初の何分の一秒かで、視覚皮質の上に書き記されるだろう――しかし、何秒かたたないと絵は理解されない。これは実際、ありふれた現象のほんの一例にすぎない。認識の瞬間に、心の中で何かが「結晶化」したという感じがするが、これは光線が網膜に当ったときに起きるのではなく、ある時間をおいて、知能のどこかの部分が網膜の信号に作用する機会を得てから生ずるのである。

結晶化というたとえは、統計力学から導かれた美しいイメージを生む。溶媒中の無数の微視的で相互にかかわりあうことのない活動が、整然（コヒーレント）とした小領域をゆっくり作り出し、それが広がり、生成し、最後に無数の小さな出来事がその媒質の構造を完全に作り変え、無関係な要素の混沌とした集まりを、ひとつのがっしり結びついた整然とした大きな構造に変えてしまう。初期のニューロン活動を独立したものと考え、多数の独立な発火の最終結果をはっきり確定した大きなニューロン「モジュール」の引き金を引くことだと考えれば、「結晶化」という言葉は至極ふさわしいように思えるだろう。

漏斗作用に対するもうひとつの弁護は、たがいにはっきり区別される光景でありながら、同じ対象を知覚しているのだとある一人の人に感じさせるようなものが無数にあるという事実に基づく。たとえば、あなたのおばあさんだ。笑っているかもしれないし、ふくれっ面をしているかもしれない。帽子を被っていたり被らなかったり、明るい庭先にいたり暗い駅舎の中にいたり、近くに見えたり遠くに見えたり、あるいは正面から見えることもあれば横から見えることもあるだろう。これらの光景はすべて、視覚皮質内に極端に異なった署名を記すだろう。しかし、そのいずれもが、あなたを促してこう言わせるだろう。「おばあちゃん、こんにちは！」　したがって、視覚の署名を受け取ったあと言葉が発せられるまでの間のどの時点かで、漏斗作用が起きていたはずである。人はあるいはこの漏斗作用はおばあさんに対する知覚の一部ではなく、たんに言語化の一部にすぎないのだと主張するかもしれない。しかし、言語化しなくても、それがおばあさんであるという情報を心の中で利用できるのであるから、いま述べた過程をこのように分離するのはひどく不自然なように思われる。そのうちのほとんどは投げ捨ててしまうにもかかわらず、全視覚皮質中の情報のすべてを処理するのでは、全く間の抜けた話である。おばあさんがどこに影を落としているか、おばあさんのブラウスにボタンがいくつあるか、ということなどあなたは気にしないのである。

漏斗作用などないとする理論のもうひとつの難点は、単一の署名――たとえばエッシャーの絵『凸面と凹面』（第23図）――に対して、異なる解釈がなぜありうるのかを説明することとかかわる。われわれはテレビのスクリーンの上にたんに点の群を知覚しているのではなく、明らかにまとまりを認めている。それと同じように、視覚皮質上に巨大な点のような「署名」が作られたときに知覚が生ずると想定するのはばかげているように思われる。概念とそれぞれ結合しているいくつかの特定のニューロン・モジュールの引き金を引くことを最終結果とするような、何らかの漏斗作用がなければならないだろう。

思考過程を媒介するモジュール

このようにして、個々の概念に対しては、引き金を引くことのできるかなりはっきり確定したひとつのモジュールが存在するという結論に到達する。これはニューロンの小さなグループからなるモジュールであり、前に示唆したような型の「ニューロン複合体」である。この理論の（少なくとも素朴に解した場合の）問題は、このようなモジュールを脳のどこかに局所化させなければならないという点にある。このことはまだなされていないし、ラッシュレーの実験のように、局所化に不利な証拠もいくつか存在している。しかし、決めるのはまだ早すぎる。各モジュールには多数のコピーがあって、ばらまかれているかもしれないし、モジュールは物理的に重なり合っているかもしれない。どちらにしても、ニューロンを「小さな束」に分割するのはすっきりしないということになる。ひょっとすると、この複合体はきわめて薄いパンケーキを幾層にも重ね合せたようなもので、層がときおり貫入し合っているのに似てはいないか。ひょっとすると、長い蛇がもつれ合っているのに似ていて、ところどころでコブラの頭のように平たくなっているのかもしれない。また、蜘蛛の巣のようなものであるかもしれない。あるいは回路網であって、その中を信号が、虻に飢えた燕が縦横に飛ぶのにも劣らない奇妙な動きで駆けめぐっているのかもしれない。なんともいえない。これらのモジュールがハードウエアではなくソフトウエア、つまり現象だということだってありうる——これについてはまたあとで論じよう。

このような仮説的なニューロン複合体に関して、多くの疑問が心に浮んでくる。たとえば、

それらは中脳や視床下部のような、脳のより低い領域にも及んでいるのだろうか？

単一のニューロンがいくつかの複合体に所属することができるだろうか？

このような複合体では、いくつのニューロンが重複しうるだろうか？

これらの複合体は、誰にとってもかなり同じようなものなのだろうか？

別々の人間の脳にも、対応するものが対応する位置に見出せるだろうか？

すべての人の脳で、同じような仕方で重なり合っているのだろうか？

哲学的に見れば、これらの疑問の中で最も重要なのは次のものである。モジュール（たとえば、おばあちゃん細胞）の存在は何を告げてくれるのか？　われわれの意識という現象にどんな洞察をもたらしてくれるのか？　それとも、意識が何であるかについては、脳がニューロンとグリアでできているという事実がそうであったように、依然、われわれを暗闇の中に置き去りにするのであろうか？

「……とフーガの蟻法」を読んでお察しのように、これが意識現象の理解をもたらしてくれるまでには、まだまだ長い道のりがありそうだというのが私の感触である。脳状態の低レベル（ニューロンvs.ニューロン）の記述から、同じ状態に対する高レベル（モジュールvs.モジュール）の記述への決定的な一歩をまず踏み出さなければなるまい。「……とフーガの蟻法」の示唆的な用語法を援用すれば、脳状態の記述を信号レベルから記号レベルに移行させることが望まれるのである。

活性的記号

これらの仮説的ニューロン複合体はニューロン・モジュール、ニューロンの束、ニューロン回路網、あるいは多ニューロン装置その他どんな名称で呼ばれようとも、またパンケーキ、熊手、ガラガラ蛇、雪の華、あるいは湖のさざ波として現れてこようとも、今後はただひとつ「記号」という名前で呼ぶことにしよう。記号という用語による脳状態の記述は対話篇の中でほのめかした。このような記述はどんなものになるだろうか？ どんな種類の概念が実際に「記号化」されると考えるのが合理的だろうか？ 記号にはどんな種類の相互関係があるのだろうか？ このような描像は意識に対して、どのような洞察をもたらしてくれるだろうか？

最初に強調しなければならないのは、記号は休眠しているか、覚醒（活性化）しているか、そのいずれかであるということである。活性的記号とは引き金を引かれている記号（つまり、ある閾値を越える個数のニューロンが外部からの刺激によって発火させられているようなもの）である。記号はいろいろなしかたで引き金が引けるので、覚醒中は多くの異なったしかたで活動しうる。これは記号を固定した実体としてではなく、可変の実体と見なすべきであることを示唆する。したがって、脳状態を「記号A、B、……、Nはすべて活性的である」と述べて記述するだけでは不十分で、それぞれの活性化記号には、記号の内的な働きのある側面を特徴づけるパラメータの組を付け加えなければならない。各々の記号に、活性化すると必ず発火しているような、何らかの中核ニューロンが存在するかどうかというのは興味深い疑問である。もし、このような中核ニューロンの組が存在するならば、それを記号の「不変中核」と呼べるだろう。何かひとつのこと、たとえば滝を思い浮べるたびに、ある固定したニューロン過程が反復されるのだと想定したくなる。文脈によってさまざまな仕方で潤色を施されるのは疑いの余地がないにしても、たしかにそういうことが起るのだと考えたくなる。しかし、本当にそうでなければならないのかどうかははっきりしない。

さて、覚醒したとき記号は何をなすのか？ 低レベル記述はこう述べるだろう。「それに属するニューロンの多くが発火している」と。しかし、これはもはやわれわれの興味をそそらない。高レベル記述はニューロンへの言及を排除し、記号にもっぱら集注しなければならない。そこで、記号を休眠中とは異なって活性的たらしめているものに対する高レベル記述は、次のようになるだろう。「それは他の記号を覚醒させるために、すなわち他の記号の引き金を引くためにメッセージあるいは信号を送り出している」もちろん、これらのメッセージはニューロンによって電気的変動（インパルス）の流れとして運ばれるだろう。しかし、このような言葉遣いは避けられるかぎり避けなければならない。なぜなら、これは低レベルでのものの見方を表しており、われわれが望んでいるのは純粋に高レベルでやっていくことだからである。いいかえると、時計の作動が量子力学の法則を封鎖し、細胞の生物学がクォークの法則を封鎖しているように、思考過程がニューロン的事象の立入りを禁じていると、われわれは考えたいのである。

しかし、この高レベル描像の利点は何か？　「一八三番から六一二番までのニューロンがニューロン七五番を励起し、発火を起させた」と述べるよりも、「記号AとBが記号Cの引き金を引いた」と述べる方がよいのはなぜか？　この疑問には「……とフーガの蟻法」で答えておいた。その方がよいのは、記号が事物を記号化しているのに対し、ニューロンはそうではないからである。記号は概念のハードウエアによる実在化である。別のニューロンの引き金となる一群のニューロンが外部の事象に対応しないのに対し、ある記号による他の記号の引き金引きは、実在の世界（あるいは想像の世界）の事象と関係を結んでいる。記号はたがいにメッセージをやりとりすることによって関連しあっているが、そのやりとりはこの引き金を引き合うパタンがわれわれの世界で起る、あるいはそれに似た世界で起るであろう大規模な事象に非常によく似たものとなるように仕組まれている。本質的には、意味はpqシステムで生じたのと同じ理由で、ここで生ずる。つまり、同型対応なのである。ただ、ここでは同型対応はかぎりなくはるかに複雑、微妙、繊細、融通無礙、内包的である。

ついでながら、記号は精巧なメッセージをあちらこちらに伝えることができなくてはならないという要請のために、ニューロン自身が記号の役割を演ずる可能性は封じられてしまうのであろう。ニューロンにはその外部に情報を送り出すのに一通りのやり方しかなく、信号をあの方向この方向へと向け直す選択性をもっていないために、記号が実在の世界の対象のように行動するのに必要な、選択的に引き金を引くといった能力をどうしてももつことができない。E・O・ウィルソンはその著書『昆虫社会』で、蟻のコロニーの内部でメッセージがどのように広がるかについて、同じような指摘を行っている。

> ［マス・コミュニケーションは］単一の個体ではたがいに伝えあえない情報の、グループ間での移転と定義できる。

脳を蟻のコロニーに見たてるのは、それほど悪いイメージではない！

次の疑問は、単一の記号によって脳の中で表現される概念の性質と「サイズ」にかかわるもので、これもまたきわめて重要である。記号の性質については次のような疑問がある。滝の一般概念に対して記号があるのか、それとも、さまざまな特定の滝について異なる記号があるのか？　あるいはこの両方が実現されているのか？　記号の「サイズ」については次のような疑問がある。物語全体に対する記号があるのか？　メロディーに対しては？　ジョークに対しては？　それとも、ほぼ語と同じサイズの概念に対してだけ記号があり、句や文のような大きな観念はさまざまな記号がいっせいに、あるいは継起的に活性化することによって表現されるという方が事実に近いのだろうか？

記号で表現される概念のサイズをめぐる議論を考察してみよう。文で表現される思考の多くは、ふつうそれ以上分析されない基礎的、擬似原子的な構成要素からなる。これらはほぼ語のサイズであって、ときに少し長く、ときに少し短い。たとえば名詞「滝」、固有名詞「ナイアガラの滝」、英語の過去形の接尾辞-ed、動詞「追いつく」や、もっと長い慣用句などもすべて原子的なものに近い。これらはもっと複雑な概念、映画のプロット、ある都市の雰囲気、意識の本性のようなものの肖像を描くのに用いられる典型的かつ、基本的な一筆である。このような複雑な観念はたった一筆では描けない。言語の刷毛の一筆は思考の刷毛の一筆であり、したがって、記号はほぼこのサイズの概念を表現すると考えるのが理に適うように思われる。こうして、記号はほぼわれわれが語、あるいは常套句として知っているような何らかのものか、あるいは固有名詞と結びついている何らかのものなのであろう。そして、たとえば恋愛事件で生ずるようなもっと複雑な観念の脳内における表現は、他の記号によるさまざまな記号の活性化の非常に錯綜した系列なのであろう。

クラスと事例

思考に関して一般的な区別がある。それはカテゴリーと個体、あるいはクラスと事例の区別である(ときには「型」と「徴(しるし)」という二つの用語も用いられる)。一見したところでは、与えられた記号はその本性上、クラスの記号か、さもなければ事例の記号であるかのように見えるだろう――しかし、これは単純化しすぎである。実際には、記号の多くはそれがどのような文脈で活性化されるかによって、どちらの役割も演ずることができるのである。一例として、次のリストを眺めよう。

(1)出版物
(2)新聞紙
(3)サンフランシスコ・クロニクル紙
(4)五月十八日付のクロニクル紙
(5)私の五月十八日付のクロニクル紙一部
(6)(数日後に暖炉の中で燃えているときのその一部と対比された)私がはじめて手にしたときの私の五月十八日付のクロニクル紙一部

この例では、(2)から(5)までの各行はすべて二つの役割を演じる。たとえば、(4)は(3)の一般的クラスの一事例であり、(5)は(4)の一事例である。(6)はひとつのクラスのある特別な種類の一事例、現れ(マニフェステーション)である。移り変る対象の継起的な各段階はすべて、その現れである。農場の牡牛が、自分たちにまぐさを与えてくれる陽気な農夫のあらゆる現れの根底に存在する不変の個体を知覚しているかどうか、これを考えてみるのも一興であろう。

原型(プロトタイプ)原理

さきほどのリストは一般性の階層を示しているように見える。頂上は非常に広汎な概念的カテゴリーであり、底辺は時間と空間の中に位置づけられた非常につつましい特殊な事物である。しかしながら、「クラス」はつねにきわめて広汎であり抽象的でなければならないと考えるのは、あまりにもとらわれすぎている。なぜなら、われわれの思考は原型(プロトタイプ)原理とでもいうべき巧妙な原理を利用しているからである。この原理は次のように述べることができる。

最も特異な事象は事象のクラスの一般例として役立たせることができる。

誰でも知っているとおり、特異な事象には生々しさがあってそれが記憶に強く印象づけられるために、のちにはどこか似ている他の事象のモデルとして利用されるようになる。このように、特異な事象の一つひとつに、それと似た事象のクラス全体への萌芽がある。特異的なものの中に一般性があるというこの考えは、非常に深い重要性をはらんでいる。

　いまや自然にこういう質問が出てくる。脳の中の記号はクラスを表すのか、それとも事例を表すのか？　ある記号はクラスだけを表現し、他のある記号は事例だけを表現するのだろうか？　それとも、どの部分を活性化されるかによって、単一の記号がクラス記号および事例記号の双方の任務を果すのであろうか？　この最後の説は魅力的である。記号の「軽い」活性化はクラスを表現し、より深い、より複雑な活性化はもっと細かい内部的なニューロン発火パタンにつながるため事例を表現するとも考えられそうである。しかし、もう少しつっこんで考えてみると、これはばかげている。たとえば、これでは「出版物」に対する記号を十分こみいった何らかの仕方で活性化することによって、私の暖炉で燃えているある特異的な新聞紙を表現する非常に複雑な記号が得られることになってしまうからである。また、他のあらゆる印刷物について起りうるすべての現れも、「出版物」に対する単一の記号を何らかの仕方で活性化することによって、この単一の記号の内部で表現できることになってしまう。単一の記号「出版物」に担わせるには、これはいささか重すぎる負荷のように思われる。したがって、事例記号はクラス記号と並んで存在でき、クラス記号のたんなる活性化の様態ではない、と結論せざるをえない。

事例をクラスから切り離すこと

事例記号は一方では、所属しているクラスからしばしばその性質の多くを相続している。仮に私がある映画を観に行ったとあなたに告げれば、あなたはその特定の映画に対する新鮮な新しい事例記号を「鋳造」しはじめるだろう。しかし、それ以上の情報が欠けたままでは、新しい事例記号は「映画」に対するあなたの手持ちのクラス記号に大々的に頼らざるをえないだろう。あなたは無意識に、その映画に関するおびただしい先入観——たとえば、上映時間は一時間ないし三時間であるとか、近所の映画館にかかっているとか、ある人々をめぐる物語であるとかいった先入観に頼ることだろう。これらは他の記号に対して予想される連結（すなわち、潜在的に引き金を引き合う関係）としてクラス記号の中に組み込まれて、標準解釈と呼ばれるものになる。新たに鋳造されたどの事例記号についても、標準解釈は容易に変更できるが、はっきりと変更しないと、これがクラス記号から相続されたまま事例記号の中に残りつづける。それは解約されるまでは、たとえば私が観に行った映画といった新しい事例について、クラス記号が用意するもっともらしい「類型的な」推測に基づいて考えるための予備的な基礎となる。

　新規の単純な事例は、自分の考え、あるいは経験をもたない子供のようなものだ。子供は親の経験と意見に全く頼りきり、ただそれを鸚鵡返しする。しかし、それ以外の世界と働きかけあうにつれて次第に、子供は自分に固有の経験を積み、不可避的に親から切り離されていく。そして、ついには一人前の成人になる。同じようにして、新鮮な事例もある時間がたてば、親であるクラスから切り離されて、独自にひとつのクラス、すなわち原型になることができる。

　このような切り離しの過程を目に見えるように示す例として、ある土曜の午後、カーラジオをひねるとたまたま「行き当りばったり」に相撲放送がかかり、ある取組みの模様が流れてきたとしよう。最初はどちらの関取の名前も知らなかった。アナウンサーが「山本山、懸命に押した、押した、押し出し！」と叫ぶのを聞いても、あなたが記録できるのはある関取が他の関取を押し出したということが関の山である。これはクラス記号「関取」の活性化に、押し出しの記号がなんらかのしかたで統合され、活性化されている場合に当る。しかし、その後、山本山がさらに大事な局面で何回か素晴らしい相撲を取るのを見聞きするにつれて、あなたはおそらく彼の名前を焦点として利用しながら、特別に彼だけに対する新鮮な事例記号を組み立てはじめる。この記号は、子供が親に依存するように、「関取」に対するクラス記号に依存している。山本山に関するあなたのイメージの大部分は、「関取」記号に含まれているような、彼らに対してあなたがもつ類型が用意しておいたものである。しかし、さらに情報がもたらされるにつれて、「山本山」記号は次第に自律的になり、親であるクラス記号の活性化の併発に頼ることもますます少なくなっていく。山本山がみごとな技を示して金星を射とめるときには、これは数分間で起りうる。しかし、あなたのよく知らない他の相撲取りはすべて、依然クラス記号の活性化によって表現されているかもしれない。おそらく後日、新聞のスポーツ欄を読むときには、山本山はへその緒が切れて、自分の二本の足で立てるようになるだろう。いまや、あなたは彼がパリンドロミ家の一員であること、出身地がカイブン島であることを知り、彼の顔を覚える、等々。この時点で、山本山はもはやたんなる関取ではなく、たまたま関取でもある一人の人間として心に浮ぶようになる。「山本山」は、その親であるクラス記号（関取）が休眠しているにもかかわらず活性的になりうる、ひとつの事例記号なのである。

　山本山記号はかつては、自分より大きくて重い地球のまわりを回る人工衛星のように、その母記号のまわりを回る衛星であった。やがて中間段階が現れる。そこでは、記号の一方が他方よりも重要であるとはいえ、たがいに相手のまわりを回っていると見なせる月と地球のようなものである。最後に、新しい記号は全く自律的になる。いまや、この新しい記号はやすやすと新しい衛星を自分のまわりに侍らせることのできる、クラス記号として役立つようになる。その衛星とは、山本山よりはなじみは薄いが、彼と何かを共有しているような他の人たちに対する記号であり、このような人たちについてもっと情報が得られ、新しい記号がやはり自律的なものになるときまで、山本山を一時的な類型として役立たせることができる。

記号同士を解きほぐすことのむずかしさ

　この成長の段階と、事例がクラスから最終的に分離する段階は、そこに関与している記号の連結のしかたによって識別できる。どこである記号から離れ、別の記号が始まるかを見きわめるのは、いうまでもなくときには非常にむずかしい。ある記号は他のものとくらべてどう「活性的」なのか？　もしある記号を他のものとは独立に活性化できれば、それを自律的と呼ぶことに十分意味が認められるだろう。

　さきほど天文学を比喩に用いたが、惑星の運動の問題は極度に複雑で興味深い。事実、数百年来の研究によっても、重力相互作用をする三つの物体（たとえば地球、月、および太陽）という一般的な問題は、解決からはほど遠い。しかしながら、よい近似が得られる状況のひとつとして、ひとつの物体が他の二つよりもはるかに重い場合がある(先の例では太陽)。その場合には、この重い物体が静止しており、他の二つがそれを回っていると考えることに意味がある。そして最後に、二つの衛星の間の相互作用をその上に重ねることができる。だが、この近似はひとつのシステムを太陽と、「集団(クラスター)」つまり地球=月システムとに分割することに基づいている。これはひとつの近似であるが、それによってシステムが大変よく理解できるようになる。では、この集団はどの程度まで実在の一部なのか、そしてどの程度まで心による構築物であるのか、すなわち人間が宇宙に押しつけた構造であるのか? この自律的あるいは半自律的な集団と知覚されるものとの間に境界線が「実在」するという問題は、われわれがそれを脳の中の記号と関係づけようとすれば、際限のない困難を生み出す。

複数のものをめぐる単純な議論も、大変厄介な問題のひとつである。たとえば、三匹の犬が喧嘩しているところをどういうふうに視覚化するのか? エレベータの中にいる何人かの人間については? 「犬」に対するクラス記号から始めて、それから三つの「コピー」を捻り出すのか? つまり、クラス記号「犬」を判型として用いて、三つの新鮮な事例記号を製造するのだろうか? それとも、記号「三」と「犬」を一緒に活性化するのだろうか? しかし、想像している光景に多少細部をつけ加えてみれば、どちらの説も成り立ちにくくなる。たとえば、前に見たことのある個々の鼻、口ひげ、塩の粒に対して、われわれがそれぞれ別個の事例記号をもっていないのは明らかである。このようなおびただしい項目はクラス記号に面倒をみてもらって、道で口ひげのある人とすれ違っても、それを注意深く精査する場合でもないかぎり、ただクラス記号「口ひげ」をなんとか活性化するだけですませて、新鮮な事例記号を鋳造したりはしない。

一方、個々人を識別しはじめると、単一のクラス記号(たとえば「人物」)に頼って、それを別個のあらゆる人々に時分割利用(タイムシェアリング)してすますわけにはいかなくなる。個々の人に対して、別々の事例記号が出現しなければならないのは明らかである。「手品」によって——つまり、単一のクラス記号に異なる活性化(それぞれの人に一通りずつ)の様態の間をあちらこちら跳び回らせることによって、この芸当が成就できると想像するのは滑稽であろう。

こうした両極端の間には、多様な中間的な例が存在する余地があるはずだ。脳の中のクラスと事例の区別を創り出し、さまざまな度合の特異性をもつ記号、そして記号組織を生み出すやり方は、まるまるひとつの階層をなしているのかもしれない。次のような記号の種々の個別活性化および共同活性化が、さまざまな度合で特異性の心的イメージを作る責任を負っているのであろう。

(1) 単一のクラス記号のさまざまな様態、さまざまな深度での活性化。
(2) いくつかのクラス記号の統制のとれた同時活性化。
(3) 単一の事例記号の活性化。
(4) いくつかのクラス記号の活性化と結びついて行われる単一の事例記号の活性化。
(5) 何らかの統制のとれたやり方で行われる、いくつかの事例記号といくつかのクラス記号の同時活性化。

これによってわれわれは、次の疑問に連れ戻される。「記号が脳の識別可能な下位システムであるのはどういうときか?」 試みに第二の例、いくつかのクラス記号の統制のとれた同時活性化を考えてみよう。「ピアノ・ソナタ」という概念を考察しているときなどは、このようなことがいとも簡単に起きるだろう（活性化された記号の中には、少なくとも「ピアノ」と「ソナタ」の二つが含まれる）。しかし、この記号の対が十分頻繁に接続して活性化されるならば、それらの間の連結は十分に強固になり、適切なしかたで一緒に活性化させると、ひとつの単位として活動するようになるであろう。このように、二つあるいはそれ以上の記号も、適当な条件のもとではひとつのものとして活動できるのである。これは、脳の中にある記号の数を数え上げるという問題が、想像以上にややこしいことを意味する。

ときには、それまで結びついていなかった二つの記号が同時に統制のとれたやり方で活性化されて、条件が創り出されることもある。二つの古い記号がぴったり合さって必然的な結合のように見え、その緊密な相互作用によって単一の新しい記号が形成されるかもしれない。もしそんなふうになったら、その新しい記号は「ずっと存在していながら、かつて活性化されたことがなかった」というべきだろうか？　それとも、新しい記号が「創られた」というべきであろうか？

これがあまりにも抽象的に聞えるようであれば、具体的な例として対話篇「蟹のカノン」をとり上げよう。この対話篇を創作するのに、既存の二つの記号——「音楽的な蟹のカノン」に対する記号と「言葉による対話」に対する記号——を同時に活性化し、何らかの仕方で相互作用するようにさせなければならなかった。いったんそうしてしまえば、あとはなるようにしかならない。新しい記号（ひとつのクラス記号）がこの両者の相互作用から生れ、あとはもうそれ自身で活性化していくことができたのであった。さて、この新しい記号はずっと私の脳の中に休眠記号として存在していたのだろうか？　もしそうだとすれば、この新しい記号は、そのもとになった記号をもっている人すべての脳に休眠記号として存在していたことになる——かつて一度として目覚めさせたことがなかったとしても、それは人々の脳に存在したのである。このことは、誰かの脳の中の記号を数え上げるには、あらゆる休眠記号——あらゆる既知の記号のあらゆる型の活性化のあらゆる可能な順列と組合せ——を数え上げなくてはならないということである。その中には、眠っている間に脳が創作するソフトウエアの幻想による産物さえも含まれる——主人が眠りに入ると目覚めだす観念の奇妙な混合物……これらの「潜在的記号」の存在は、はっきり確定した活性化状態に置かれている記号のはっきり確定した集まりとして脳を想像したのでは、実は大変な単純化のしすぎであることを示す。脳状態を記号レベルではっきり示すことは、これよりもはるかにむずかしいのである。

記号＝ソフトウエアかハードウエアか？

各々の脳に存在する記号のレパートリーが実に巨大で成長しつづけてやまないものだとすれば、ついには脳が飽和してしまう時点が到来するのではないか、新しい記号の入る余地がもはやなくなってしまうときが訪れるのではないかと、心配になるかもしれない。記号がけっして重なり合うことがなければ、おそらくそういう事態になるだろう。われわれの脳にあるニューロンがあくまで二重の機能を果しえないとしたら、記号はエレベータに詰め込まれる人々と同じ目にあう。「ご注意ください。この脳の定員は三五万二七五記号でございます！」

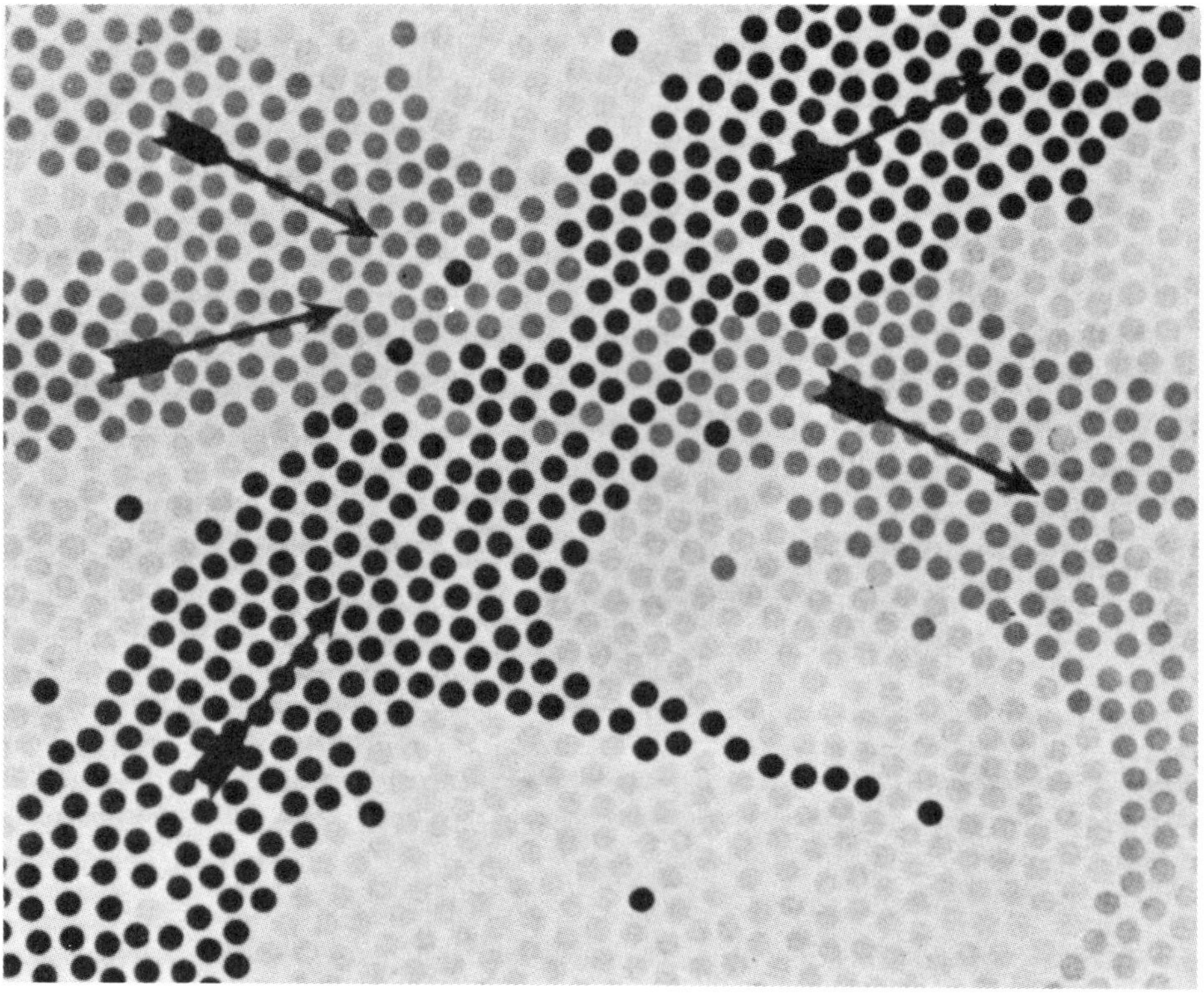

第 68 図　この模式図では、ニューロンは平面上に配列された点と見なされている。重なり合った 2 つのニューロン通路が、濃さの違う灰色の点で表されている。 2 つの独立した「ニューロン閃光」がこの 2 つの通路を同時に走り、池の面の 2 つの波がたがいに相手を横ぎる(第 52 図)のと同じように、たがいにすり抜けていく。これはニューロンを共有し、しかも、同時に活性化されることさえある 2 つの「活性化記号」という考えの図解である。[John C. Eccles, *Facing Reality*, Springer Verlag, 1970]

しかしながら、これは脳の機能の記号モデルの必然的な特徴ではない。事実、重複しもつれにもつれた記号というのがたぶん通例であって、そのために各々のニューロンはある単独の記号の成員であるばかりか、おそらく何百という記号の働き手をも兼ねているのであろう。これは少々厄介である。というのは、もしそれが本当なら、各々のニューロンはごく簡単にすべての単独記号の一部になってしまうのではなかろうか？　だとすると、記号が局在する可能性はまるでありえないことになりはしないか？　あらゆる記号は脳全体と同一視されてしまうだろう。ラッシュレーがラットの皮質を切除したときの結果はこれで説明できる。しかしそれでは、脳を物理的に区別される下位システムに分割するという、われわれの最初の考えを放棄することをも意味するだろう。さきにわれわれが、記号を「概念のハードウエアによる実在化」と特徴づけたことも、どうやらとんでもない単純化のしすぎということになる。実際、もしどの記号も他の記号と同一の構成要素ニューロンでできているとすると、区別される記号なるものについて語ることにいったいどんな意味があろうか？　ある特定の記号の活性化という署名は何であろうか？　記号Aの活性化と記号Bの活性化はどうして識別できるのだろうか？　われわれの理論全体が溝(どぶ)に流されてしまうのではなかろうか？　また、たとえ全面的な記号の重なり合いがなくても、記号がますます重なり合いを進めるにつれて、われわれの理論は維持しにくくなるのではないだろうか？　（重なり合っている記号を描けるようにする方法のひとつが、第68図に示されている。）

記号がたとえ物理的にかなりあるいは全面的に重なり合っていても、記号に基づいた理論を維持する方法がある。池の表面を考えよう。池の表面は数多くの異なった型の波動、あるいはさざ波も支えることができる。ハードウエアつまり水自体はどんな場合にも同一であるが、異なった様態で励起することが可能である。同一のハードウエアのこのようなソフトウエア励起は、すべてたがいに識別可能である。異なる記号はすべて一様なニューロン媒質中を伝播するさまざまな種類の「波」であって、私はこのアナロジーで、それらを物理的に区別される記号に分割することは一切無意味であるとまでいおうとしているわけではない。しかし、ある記号の活性化と他の記号の活性化とを識別するには、発火しているニューロンの所在を定めるだけではなく、その発火のタイミングを事細かに決定することまで含めたひとつの処理過程を遂行しなければならないかもしれない。つまり、どのニューロンがどのニューロンに先だって発火するか、どれだけ早く発火するか？　ある特定のニューロンが一秒間に何回発火するか？　おそらくこうしていくつかの記号は、異なる特性的なニューロン発火パタンをもつことによって、同一のニューロン集合の中に共存できるのであろう。物理的に区別される記号をもつ理論と、励起の様態によってたがいに識別される重なり合った記号をもつ理論との違いは、前者が概念のハードウエアによる実在化をもたらすのに対し、後者は部分的にはハードウエア的に、部分的にはソフトウエア的に概念の実在化をもたらす点にある。

知能は取りはずし可能か？

脳の中で生じている思考過程を解明するうえでの二つの基本問題が、こうして残った。ひとつは、ニューロンの発火という低レベルの交通(トラフィック)が、いかにして記号の活性化という高レベルの交通を生ずるかを説明する問題である。もうひとつは、記号活性化の高レベル交通をそれ自身の言葉で説明すること、低レベルのニューロン事象に

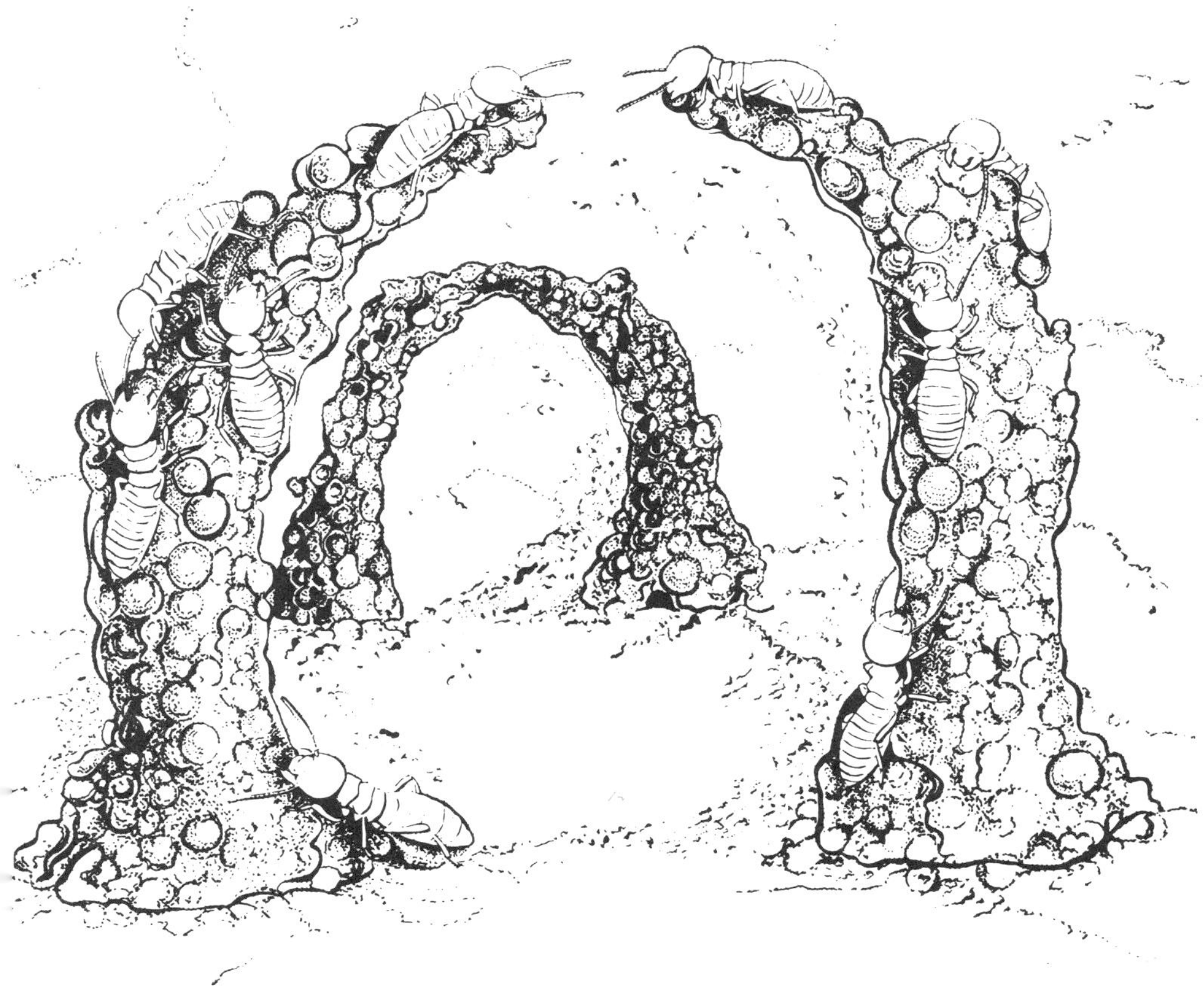

第 69 図　白蟻の働き蟻によるアーチ建設。各柱は、土の塊りに分泌物を加えて築かれる。左の柱の外側では、１匹の働き蟻がふんの球を置こうとしている。他の働き蟻たちは、下あごで球を運び上げ、延長工事中の柱の先端にそれを置こうとしているところである。円柱がある程度の高さになると、白蟻は明らかに匂いに導かれて、さらに隣の柱の方に伸ばしていこうとする。完成したアーチが背景に見える。[Drawing by Turid Hölldobler ; E. O. Wilson, *The Insect Societies*, Harvard University Press, 1971]

ついてはふれない理論を作ることである。後者が可能であれば（これは人工知能をめぐる現在のあらゆる研究の基礎にあって、鍵ともいうべきものになっている仮定である）、知能は脳以外の別の型のハードウエアの中でも実現できるだろう。そのときには、知能はそれが住んでいるハードウエアの中からそっくり「取りはずす」ことができるような性質であること、いいかえれば、知能はソフトウエア的性質であることが示されたことになるだろう。これは意識と知能の現象が、実は自然の他の多くの複雑な現象の場合と同じ意味あいで、高レベルのものであることを意味するだろう。これらの現象はより低いレベルに依存し、しかもそこから「取りはずし可能な」それ自身の高レベルの法則をもっている。しかしその一方で、もしニューロンというハードウエア抜きでは記号の点火パタンを実現する術が絶対にないとなれば、これは知能が脳に束縛された現象であって、いくつかの異なるレベルにまたがる法則からなる階層に依拠して存在するものの場合よりも、その解明ははるかにむずかしいことを意味するだろう。

ここでわれわれは、蟻のコロニーの神秘的な集団行動に立ち帰る。一匹の蟻の脳のほぼ一〇万個のニューロンは、巣の構造についてどんな情報ももっていないことは確かであるにもかかわらず、集団行動によって巨大で精巧な巣を作ることができるのである。では、巣はどのようにして創造されるのであろうか？　その情報はどこに潜んでいるのか？　話をしぼって、第69図に示されるようなアーチを記述する情報がどこにあるか、考えてみよう。情報はなんらかのしかたでコロニーの中、カーストの分布の中、年齢の分布の中に広がっているに相違ない。そして、その大部分はおそらく、蟻の身体そのものの物理的性質の中にあるのであろう。つまり、蟻同士の相互作用は脳の中に貯えられている情報によるのと同じ程度に、その六脚性、寸法等々によって決定されているのである。蟻の人工的コロニーはありうるだろうか？

記号の単離は可能か？

ある単一の記号を、他のすべての記号から切り離したまま覚醒させることはできるだろうか？　たぶんできまい。世界内に置かれたものがつねに他のものの文脈の中で存在しているように、記号もつねに他の記号の群れに結びつけられている。これは、記号のもつれはけっして解きほぐせないということを必ずしも意味してはいない。いささか単純なアナロジーでいえば、ひとつの種では、雄と雌はいつでも一緒に生ずる。その役割は完全にからみ合っている。しかし、だからといって雄と雌が識別できないということではない。因陀羅網の宝珠がたがいに映じあっているように、各々が他のものの中に映じあっているのである。第5章の関数$F(n)$と$M(n)$の再帰的なからみ合いも、各々の関数が独自の特性をもつ妨げにはならなかった。FとMのからみ合いは、たがいに呼びあうRTNの対の中に映し出すことができるだろう。このことから、たがいにからみ合ったATNの回路網全体——相互作用する再記的手続きの階層——に飛躍することができる。ここでは、網目があまりにも特有であるために、どの一個のATNも単独では活性化できない。しかし、その活性化は完全に区別でき、他のどのATNの活性化とも混同されることはない。蟻（アント）ならぬATNのコロニー——脳のイメージとしてはまずまずのところではないか！

同じように、たがいに多重に連結された記号は一体になって網目に組み込まれているが、これも裂き離すことができるはずである。

これはニューロン回路網、回路網プラス励起の様態——あるいはたぶん全く別種のもの——を確認することを含むだろう。いずれにせよ、もし記号が実在の一部分であれば、実在の脳の中でそれらを描き分ける自然な方法がさだめし存在するであろう。しかしながら、ある記号が最終的に脳の中で確認されたとしても、それはどの記号も単独で覚醒できることを意味しない。

記号が単独で覚醒できないという事実は、個々の記号のアイデンティティを減少させはしない。事実、それとは全く逆に、記号のアイデンティティはまさに、他の記号との（潜在的な点火による連結を通じた）結びつき方にある。記号が潜在的に点火しあう回路網が、実在の宇宙と脳が考える別の宇宙（これは、個々人が現実世界を生きていくうえで現実世界と全く同じように重要である）とに対する脳の働きのモデルを形づくる。

昆虫の記号

われわれの知能の基礎にはクラスから事例を作り出し、事例からクラスを作り出す能力がある。そして、これが人間の思考と他の動物の思考過程との大きな相違点のひとつである。私は他の種に所属して、それらなりの考え方がどういう感じのものなのかをじかに経験したことがあるわけではないが、外部から眺めたところでは、他のどの種もわれわれがするように一般概念を作ったり、仮説的な世界——あるがままの世界の変種で、未来の進路としてどれを選ぶべきかを考えるのに役立つ世界——を想像したりしないのは明らかなように見える。一例として、かの有名な「蜜蜂」の言語を考えてみよう——これは働き蜂が巣に戻って仲間の蜂に花蜜のありかを知らせるために行う、情報を秘めたダンスである。個々の蜂にはこのようなダンスによって活性化される初歩的な記号の組があるのだろうが、蜜蜂が拡張可能な記号という語彙をもっていると信ずべき理由はない。蜜蜂やその他の昆虫に、一般化する能力——つまり、われわれがほぼ同一であると知覚する事例から新しいクラス記号を発展させる力——があるようには見えない。

孤独な似我蜂（じが）について行われた古典的な実験をディーン・ウルドリッジがその著書『メカニカル・マン』（邦訳 田宮信雄訳 東京化学同人 一九七二）の中で報告しているので、引用してみよう。

> 産卵期がくると、ジガバチはそのために穴を掘り、コオロギを見つけて、殺さずにただ麻痺するように針で刺す。コオロギを穴の中に引っぱりこんでその傍に卵を産んでから穴を塞ぎ、そのまま飛び去って二度と戻らない。やがて、卵が孵るとジガバチの幼虫はジガバチの食料品倉庫に麻痺したまま保管されて腐敗せずにいるコオロギを食べて育つ。このように入念に組織され、一見合目的的な手順を見れば、人はそこに論理と熟慮の香りがあると信じたくなる——その細部を吟味するまでは。たとえば、ジガバチの手順は詳しくいうと、麻痺したコオロギを穴のところまで運び、それを入口のすぐ外に残して、まず自分だけが内部に入って中の具合を調べたのち、穴から出てきてはじめてコオロギを穴の中に引き込む、というものである。そこで、ジガバチが穴の中を調べている間にコオロギを何インチか移動させると、ジガバチは穴から出てきてコオロギを改めて入口まで運び帰るが、穴の中に入れることはせず、再び穴の中に入って具合を調べるという予備調査をくり返す。もしその間にコオロギをもう一度何インチか移動させると、ジガバチはまた

もやコオロギを入口まで運んで、自分だけが最終検査のために穴に入り直す。ジガバチはけっしてそのままコオロギを穴の中に入れようとは考えないのである。あるときこれを四〇回ほどくり返してみたが、結果はいつも同じだった。

これは完全に固定配線された行動のように見える。似我蜂の脳の中には、たがいに点火しあう初歩的な記号があるかもしれない。しかし、いくつかの事例をまだ形成されていないあるクラスの事例と見なしてクラス記号を作り上げるという人間の能力に似たようなものはないし、「これを行うとどうなるか、仮説的世界で何が生ずるか?」などという疑問を発する人間の能力に似たものもない。この型の思考過程では、事例を作り上げ、その状況が現になく、またけっしてないかもしれないにもかかわらず、それらを実在の状況を代表する記号であるかのように操作する能力が必要なのである。

クラス記号と想像の世界

友人に貸した車をめぐるエイプリル・フールの冗談と、それを電話で聞いてあなたの心の中に喚び起されたイメージについてもう一度考えてみよう。まずはじめに、道路、車、車中の人物を表現する記号を活性化しなければならない。さて、「道路」概念はごく一般的なもので、おそらくいくつかの標本の貯えを伴っており、あなたは事あるごとに無意識にそれを休眠中の意識の中から引き出すことができる。「道路」は事例というよりもむしろクラスである。あなたは話を聞きながら記号を素早く活性化するが、それらは事例であって、その特異性は次第に増していく。たとえば、道路が濡れていると聞くと、事故の起きた現実の道路とは全く異なっているかもしれないことを承知のうえで、もっと特異的なイメージを喚び起すだろう。現実と異なっていることが問題なのではない。問題にすべきなのは、あなたの記号が物語に十分よく適合しているかどうか、つまり、物語によって点火される記号が正しいものであるかどうか、という点である。

物語が進展するにつれて、あなたはこの道路のさらにいろいろな側面を付加していく。車のぶつかる高い土手がある。ところで、これは「土手」の記号を活性化していることになるのか、それとも「道路」の記号になんらかのパラメータを設定していることになるのか? 疑いもなくその両者である。つまり、「道路」を表現するニューロン回路網には発火のしかたが幾通りもあり、回路網のどの部分を実際に発火させるかをあなたが選ぶのである。それと同時に、あなたは「土手」の記号も活性化させている。これはそのニューロンが信号を「道路」のいくつかのニューロンに送っており、その逆も成り立つという意味で、たぶん「道路」記号を選択する過程における補助的なものである。(もし話が少し混乱しているように聞えたとすれば、それは話が複数のレベルに若干またがったためであろう——私は記号のイメージとともに、その構成要素ニューロンのイメージをも組み立てようと試みている。)

名詞に劣らず重要なのは動詞、前置詞などである。これらも活性的記号で、たがいにメッセージを送ったり、受け取ったりする。動詞の記号と名詞の記号の点火パタンの間には、もちろん特性的な差異がある。このことは、それらが物理的にいささか異なったやり方で組織されていることを意味するのかもしれない。たとえば、名詞はかなり局在化した記号をもつのに対し、動詞と前置詞は皮質のいたるところに多数の「触手」を伸ばした記号をもっているのかもしれない。他にもいろんな可能性が考えられるだろう。
物語が終ったところで、あなたはそれが嘘だったことを知らされる。教会で真鍮の壁の錆を「擦り落す」ような具合にクラスから事例を「擦り落す」能力があるおかげで、あなたは状況を表現でき、現実の世界に忠実なままでいる必要性から解放される。記号が他の記号の判型として利用できるおかげで、あなたは実在から心的にいくらか独立することができる。あなたの思いのままの詳しさでどんな非現実的な出来事でも起るような人工の宇宙をあなたは創造できる。しかし、この豊かさを生み出すクラス記号そのものは、深く実在に根づいているのである。

ときには起りそうもない情況――ジュージュー音をたてて焼けている時計とか卵を産むテューバとか――を表現する記号も活性化されるとはいえ、記号は通常、起りうるように見える出来事に対して同型対応の働きを演ずる。起りうることと起りえないこととの境界線はきわめて模糊としている。仮説的な出来事を想像するとき、われわれはある記号を活性状態にもち込む――そして、それがどれだけうまく相互作用するかによって（これはたぶん、思考の連鎖をたぐりつづけていく心安さに反映される）、われわれはその出来事は起りうる、あるいは起りえないという。このように、ありうるとありえないという用語は極端に主観的である。実際には、どの出来事が起りうるものか、起りえないものかについて、人々の間には大きな一致がある。これはわれわれ全員が、心的構造を多分に共有していることの反映である。しかし、われわれがどのような種類の世界を享受しようと望んでいるかという、主観的な側面が露わになる境界領域も存在する。人々が起りうる、あるいは起りえないと考える仮想的な出来事の種類を注意深く研究すれば、思考に用いる記号の点火パタンについて大きな洞察が得られるだろう。

物理学の直観的な法則

物語が語り終えられたとき、あなたはその情景について大変入念な心的モデルを作り上げている。このモデルの中では、すべての対象が物理法則に従っている。これは物理法則それ自体が、記号の点火パタンの中に陰伏的に存在していなければならないことを意味する。もちろん、ここでいう「物理法則」は「物理学者が述べるような物理学の法則」を指しているのではなく、むしろわれわれの誰もが生き残るために心の中に抱いていなければならない、直観的な大まかな法則である。

しかし、奇妙な一面もある。われわれはその気になりさえすれば、物理法則を破る事象の系列を意図的に心の中に作ることもできるのである。仮に私があなたに、二台の車が真正面からぶつかり、そのままたがいに相手の中を通り抜けてしまう光景を想像せよと求めたとしても、あなたは苦もなくそれを成し遂げてしまうだろう。直観的物理法則は仮想的な物理法則によって無効にされてしまう。しかし、この効力解除がどういうふうになされるのか、このようなイメージの系列はどのように作られるのか――実際、そもそも視覚イメージとは何か、これは深く閉ざされた神秘、近づくことのできない知識なのである。

いうまでもなく、われわれの脳の中には生命のない対象の行動についてだけではなく、植物、動物、人間、そして社会がどう振る舞うかについても大まかな法則――いいかえれば、生物学、心理学、社会学、その他の大まかな法則がある。このような実体の内部的な表現はすべて、大まかなモデルであるという避けられない特徴をはらんでいる——決定論は単純さの犠牲となる。実在に対するわれわれの表現は、物理学の精密さで何かを予測することではなく、行動の抽象空間のある部分で結果が生ずる可能性が予測できるだけである。

手続き型知識と宣言型知識

人工知能では知識について手続き型と宣言型とを区別する。知識は明示的に貯えられていて、プログラマーだけではなくプログラムにもそれを「読む」ことができる場合には宣言型と呼ばれる。これは通常、その知識が局所的にコード化されていて、広がっているのではないことを意味する。これとは対照的に、手続き型知識は事実としてコード化されていない——ただプログラムとして存在する。プログラマーはそれをのぞきこんでこういうかもしれない。「ここに存在しているこの手続きのおかげで、プログラムは英文をどう書くかを『知っている』ことが私にはわかる」——しかし、プログラムそれ自体は、これらの文をどう書いたのか明示的には意識していないかもしれない。たとえば、そのプログラムの語彙に「英語」「文」「書く」といった語はひとつも含まれていないことだってありうる！　このように、手続き型知識は通常ばらばらにばら撒かれており、それを回収することもできなければ、それに「鍵」をかけてしまうこともできない。それはプログラムがいかに働くかという大局的な情報であり、その局所的な細部ではない。いいかえると、純粋な手続き型知識の一片は随伴現象(エピフェノメノン)なのである。

多くの人の場合、その生得の言語の文法という強力な手続き型表現と並んで、もっと弱い宣言型表現が共存していて、この両者の対立は容易に起る。外国人に自分の国の言葉を教えようとするときに、自分自身はふだんけっして口にしたりしないような事柄を言わせてみたりすることがよくあるのも、そのせいである。そして、そうした事柄は、彼がいつか学校で得た宣言型の「紙の上の知識」に合致しているものなのだ。物理学の直観的なあるいは大まかな法則や、前にふれたその他の諸学問は主として手続き型の側に属しており、蛸には八本の脚があるという知識は、主として宣言型の側にある。

宣言型と手続き型という両極端の中間には、ありとあらゆるニュアンスのものがある。メロディーを想い起す場合について、考えてみよう。メロディーは一音ずつ脳に貯えられているのであろうか？　外科医があなたの脳から曲りくねったニューロンの繊維を取り出して、それを引き伸ばし、最後にまるでそれが一本の磁気テープであるかのように、そこに貯えられている音を順を追って指し示すことができるだろうか？　もしそうであれば、メロディーは宣言的に貯えられているのである。それとも、メロディーの想起は、音の関係を表現するもの、情緒的な特性を表現するもの、リズムのからくりを表現するもの等々、多数の記号の相互作用に媒介されているのであろうか？　もしそうなら、メロディーは手続き的に貯えられているのである。実際には、メロディーを貯え、想起するしかたはたぶんこの両極端の混合であろう。

記憶からメロディーを引き出すさいに、多くの人は調性を区別せず、『ハピー・バースデー』を嬰ヘ調でもハ調でも同じように歌えるというのは興味深い。これは、貯えられているのが絶対音ではなく、音の関係であることを示している。とはいえ、音の関係を宣言的に貯えることができないという根拠はない。あるメロディーは記憶しやすいかと思えば、別のあるメロディーはまるでとらえどころがない。もし、メロディーの記憶が継起的な音を貯えることにほかならないとすると、どのメロディーも全く同じようにたやすく貯えられるはずである。あるメロディーが覚えやすく、他のメロディーが覚えやすくないという事実は、メロディーを聞いたときに活性化されるおなじみのパタンのレパートリーが脳の中にあることを示しているように思われる。だから、メロディーを「プレイバック」するとき、これらのパタンは同じ順序で活性化されるはずである。こうしてわれわれは、宣言的に貯えられた音、あるいは音の関係の単純な線形の系列ではなく、たがいに点火しあう記号という概念に連れ戻される。

ある一片の知識が宣言的に貯えられていることを、脳はどのようにして知るのだろうか？　「シカゴの人口はどのくらいか？」と尋ねられたとしよう。「えっ、そんな数を数えなければならないのか？」と訝るひまもなく、五〇〇万という数字がどういうわけか心に浮ぶだろう。では、こう尋ねたとしよう。「あなたの居間の椅子の数はいくつか？」　今度は反対のことが起る。心の年鑑から答を引っぱり出すかわりに、あなたは部屋に行って椅子を数えるか、頭の中に部屋を作り上げて、部屋のイメージの中で椅子を数えるかするだろう。質問はただひとつの型——「いくつか？」——であったが、一方が宣言型の知識を引き出させるのに対し、他方は答を見出す手続き型の方法を喚び起すのである。これは、あなたが自分の知識をどう区別するかを明らかに知っている例である。そのうえ、このメタ知識のあるものはそれ自体、手続き的に貯えられているために、あなた自身もどういうふうになされるのか気づかないうちに利用されるのであろう。

視覚的イメージ作用

意識で最も著しく、最も記述のむずかしい特質は視覚的イメージ作用である。居間の視覚イメージをわれわれはどうやって作るのか？　逆巻く谷川の早瀬は？　オレンジのイメージは？　もっと謎めいているのはわれわれの思考を導き、それに力と色彩と深みを与えるイメージである。それをわれわれはどのようにして意識的に作り上げるのだろうか？　どんな貯蔵庫からつかみ出してくるのだろうか？　われわれは、どんな魔術のおかげでどうしたらよいか少しもわからないうちに、二つあるいは三つのイメージを編み合せてしまうのか？　これをいかに行うかという知識は、あらゆる知識の中で最も手続き的なものである。というのは、心的イメージ作用について、われわれはほとんど何の洞察ももっていないからである。

イメージ作用は、運動活性を抑える能力に基づいているのかもしれない。私がいいたいのはこういうことである。もしオレンジを想像すれば、大脳皮質には、つまみ上げてみろ、匂いをかげ、味をみろという命令が生じるだろう。オレンジが存在していないのだから、これらの命令が実行できないことは明らかである。しかし、これらの命令はある決定的な時点に「心の蛇口」が閉じられて実行が阻止されるまで、通常の通信路を通じて小脳やその他の脳の部分器官に向って送ることができる。「蛇口」が経路のどの深さに位置しているかによって、イメージはより生々しく、本当らしく見えたり、見えなかったりする。怒りは、何かをつかんで投げさせたり、蹴とばしたりする大変生き生きとしたイメージを作らせる。しかし、われわれは実際にはそうしない。だが、その一方では、現実にそれを行ったのに近い気持になる。たぶん、蛇口が神経インパルスを土壇場で阻んだのであろう。

接近可能な知識と接近不能な知識を視覚化が区別するしかたは、もうひとつある。山道で車が横すべりしている光景をどう視覚化したか、考えてみよう。山を車よりもはるかに大きいものと想像したに相違ない。はるか昔に、「車は山ほど大きくない」ことに気づく機会があって、そのときにこの言明を棒暗記したため、そして、物語を想像しながらこの事実を思い出し、イメージ作りにそれを利用したためなのであろうか？　どうみても、これはとても本当とは思えない理論である。では、そのかわりに、脳の中で活性化された記号が内省的に近づくことのできないある相互作用を行った結果、生じたのであろうか？　明らかに、この理論の方が一層ありそうにもない。車が山よりも小さいという知識は、棒暗記によってではなく、演繹によって創造できるものである。したがって、一番もっともらしいのは、それが脳の中の単一の記号の中に貯えられているのではなく、多くの記号の——たとえば、「比較」「寸法」「車」「山」、そしてたぶんその他の記号の——活性化につづいて記号同士の相互作用が生じた結果作られる、ということであろう。これは、知識が明示的にではなく陰伏的に、つまり局所的な「情報の束」としてではなく拡散という方式で貯えられていることを意味する。対象の相対的な大きさというような簡単な事実はたんに想起されるというより、組み立てられるのである。したがって、言語で接近できる知識の場合でさえ、それを語る準備の整った状態にいきつくまでには、その仲立ちをする複雑で接近しがたい過程が介在しているのである。

記号と呼ばれる実体の探求は、他の章でもつづくだろう。人工知能に関する第18章と第19章では、プログラムの中に活性的記号を供給するいくつかのありうべき方法が論じられる。次章では、記号を基礎にしたモデルが脳の比較に関してもたらした洞察が論じられることになるだろう。

英仏独日組曲

By Lewis Carroll……　et Frank L. Warrin……　und Robert Scott……　soshite Naoki Yanase *

’Twas brillig, and the slithy toves
Did gyre and gimble in the wabe:
All mimsy were the borogoves,
And the mome raths outgrabe.

Il brilgue : les tôves lubricilleux
Se gyrent en vrillant dans le guave.
Enmîmés sont les gougebosqueux
Et le mômerade horsgrave.

Es brillig war. Die schlichten Toven
Wirrten und wimmelten in Waben ;
Und aller-mümsige Burggoven
Die mohmen Räth’ ausgraben.

あぶりぐれきたりて　ぬらたかなるとなげら
　前後普角に転し錐しけり
いともかよわれなりしはぼろぐろげら
　えでたるとんじらほしゃずりけり

“Beware the Jabberwock, my son !
The jaws that bite, the claws that catch !
Beware the Jubjub bird, and shun
The frumious Bandersnatch !”

«Garde-toi du Jaseroque, mon fils !
La gueule qui mord ; la griffe qui prend !
Garde-toi de l’oiseau Jube, évite
Le frumieux Band-à-prend !»

»Bewahre doch vor Jammerwoch !
Die Zähne knirschen, Krallen kratzen !
Bewahr’ vor Jubjub-Vogel, vor
Frumiösen Banderschnätzchen !«

「邪歯羽尾ッ駆(ジャバウォック)にゃ気をつけるんだぞ、わが息子！
　牙むき出して噛みつくぞ、爪むき出して襲いくるぞ！
邪舞邪舞鳥(ジャブジャブチョウ)にゃ気をつけるんだぞ、それからよいな
　たけむりくるぅ蛮駄栖那ッ致(バンダスナッチ)にゃ近づくな！」

He took his vorpal sword in hand:
Long time the manxome foe he sought—
So rested he by the Tumtum tree,
And stood awhile in thought.

Son glaive vorpal en main, il va-
T-à la recherche du fauve manscant;
Puis arrivé à l'arbre Té-té,
Il y reste, réfléchissant.

Er griff sein vorpals Schwertchen zu,
Er suchte lang das manchsam' Ding;
Dann, stehend unterm Tumtum Baum,
Er an-zu-denken-fing.

息子はまきれもなぎな剣(けん)を手に、
　蕩島(とうとう)たる敵をながらく尋ぬ——
かくて憩いたるはボロロン樹の蔭、
　しばし佇みて思いに沈みぬ。

And, as in uffish thought he stood,
The Jabberwock, with eyes of flame,
Came whiffling through the tulgey wood,
And burbled as it came!

Pendant qu'il pense, tout uffusé,
Le Jaseroque, à l'oeil flambant,
Vient siblant par le bois tullegeais,
Et burbule en venant.

Als stand er tief in Andacht auf,
Des Jammerwochen's Augen-feuer
Durch turgen Wald mit Wiffek kam
Ein burbelnd Ungeheuer!

そしてむかっぽい思いに沈みつつ佇むとき、
　かの邪歯羽尾ッ駆(ジャバウォック)、燃ゆる眼(まなこ)輝かせ
ぐらぎ森中よりじゃぞじゃぞっと現れ
　そして罵(ば)ぶりに罵(ば)ぶりたり！

One, two! One, two! And through and through
The vorpal blade went snicker-snack!

He left it dead, and with its head
He went galumphing back.

Un deux, un deux, par le milieu,
Le glaive vorpal fait pat-à-pan !
La bête défaite, avec sa tête,
Il rentre gallomphant.

Eins, Zwei ! Eins, Zwei ! Und durch und durch
Sein vorpals Schwert zerschnifer-schnück,
Da blieb es todt ! Er, Kopf in Hand,
Geläumfig zog zurück.

えいッ、おーッ！　えいッ、おーッ！　ぐさり、またぐさり
　まきれもなぎな刃の切れ味まぎれなし！
屍　打棄り、その首かかえ
　息子は意気ぱかぱかと家にぞ帰りし。

“And hast thou slain the Jabberwock ?
Come to my arms, my beamish boy !
O frabjous day ! Callooh ! Callay !”
He chortled in his joy.

«As-tu tué le Jaseroque ?
Viens à mon coeur, fils rayonnais !
Ô jour frabbejais ! Calleau ! Callai !»
Il cortule dans sa joie.

»Und schlugst Du ja den Jammerwoch ?
Umarme mich, mein Böhm’sches Kind !
O Freuden-Tag ! O Halloo-Schlag !«
Er schortelt froh-gesinnt.

「するとおまえが邪歯羽尾ッ駆を退治したとな？
　でかしたぞ、輝みらしきわが息子！
ああ、天晴なるぞ！　まごとじゃぞ！　めごとじゃぞ！」
　ねごとく笑う歓喜のその声。

’Twas brillig, and the slithy toves
Did gyre and gimble in the wabe :
All mimsy were the borogoves,
And the mome raths outgrabe.

Il brilgue : les tôves lubricilleux
Se gyrent en vrillant dans le guave.
Enmîmés sont les gougebosqueux
Et le mômerade horsgrave.

Es brillig war. Die schlichten Toven
Wirrten und wimmelten in Waben ;
Und aller-mümsige Burggoven
Die mohmen Räth', ausgraben.

あぶりぐれきたりて　ぬらたかなるとなげら
　前後普角に転し錐しけり
いともかよわれなりしはぼろぐろげら
　えでたるとんじらほしゃずりけり

* Lewis Carroll, *The Annotated Alice* (*Alice's Adventures in Wonderland* and *Through the Looking-Glass*). Introduction and Notes by Martin Gardner (New York : Meridian Press, New American Library, 1960).
Frank L. Warrin, *The New Yorker*, Jan. 10, 1931.
Robert Scott, "The Jabberwock Traced to Its True Source",*Macmillan's Magazine,* Feb. 1872..

〔第12章〕
心と思考

心はたがいに対応できるか？

脳の非常に高レベルの活性的下位システム（記号）の存在を仮説として設けたのであるから、二つの脳の間に考えられる同型対応、あるいは部分的同型対応に話を戻してもよかろう。ニューロン・レベルでの同型対応（という存在しないことが確かなもの）、あるいは巨視的な部分器官レベルでの同型対応（というたしかに存在するが、たいしたことを教えてくれないもの）を問うのではなく、脳の間の記号レベルでの同型対応の可能性を問うことにする。ある脳の記号を他の脳の記号に対応づけるだけではなく、記号間の点火パタンをも点火パタンに対応づけるような対応である。これは二つの脳のそれぞれ対応する記号どうしは、ちょうど点火パタンが対応するかたちで連結されていることを意味する。これこそ関数的同型対応であろう――すべての蝶に見られる不変のものを特徴づけようとしたさいに言及したのと、同じ型の同型対応である。

どの二人の人間をとってみても、その間にこのような同型対応が存在しないことは最初から明らかである。もしそんな対応が存在するとすれば、二人の思考は全く識別不能になるだろう。これが真実であるためには、二人は全く識別不能な記号をもたなければならないことになるが、それは二人が全く同一の生涯を送らなければならないことを意味するだろう。たとえ瓜二つの双生児でも、この理想にはほど遠い。

では、ある一人の人間ではどうだろうか？　あなた自身が何年か前に書いたものを読み直してみて「これはひどい！」と思い、かつてはあなただった人物をほほえましく思うこともあるかもしれない。自分が五分前に書いたり口にしたりしたことに対してそういうことをするとなると、ちょっとひどいが、ありうることである。こうしたことが起るというのは、あなたが五分前にあなたであった人物を十分に理解していないことを示す。いまのあなたの脳からそのときのあなたの脳への同型対応は完全ではない。だとすれば、他の人、他の種への同型対応は……？

これと正反対の例にあたるのが、似ても似つかない人同士の間で生ずるコミュニケーションの力である。一四〇〇年代のフランスの詩人フランソワ・ヴィヨンが牢内で書いた詩の読者と、彼との間に張りめぐらされている障壁を思ってみてもらいたい。全くかけはなれた時代に、牢屋に囚えられていた、別の言語を話す別の人間である……他の言語に訳されたヴィヨンの言葉の、外見の背後にある言

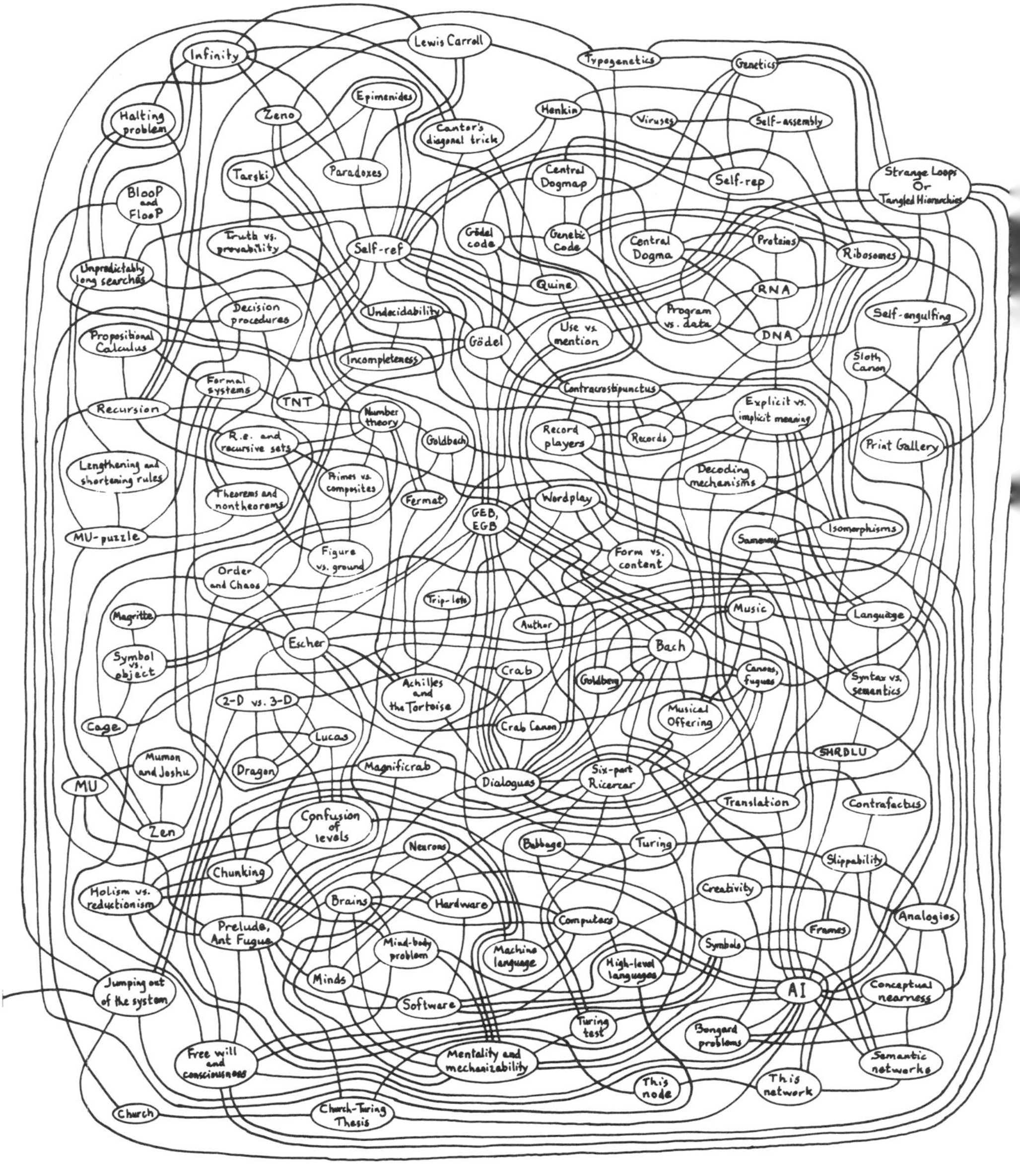

第 70 図　著者の「意味論ネットワーク」の一部分

外の意味の含みを感じとることなど、どうして望めようか？　にもかかわらず、豊かに意味が伝わってくるのである。

このように、一方では人と人との間に厳密に同型のソフトウエアを見出せる期待は露ほどもないが、他方、ある人々の方が他の人々よりもたがいによく似た考え方をすることも明白である。してみれば、考え方のスタイルが似ている人々の脳を結びつけるなんらかの部分的ソフトウエア同型対応——とくに⑴記号のレパートリーの対応と⑵記号の点火パタンの対応——が存在するという結論は自明のように見える。

異なる意味論ネットワークの比較

ところで、部分的同型対応とは何か？　これは大変答えにくい質問である。記号のネットワークとその点火パタンを表現する適切な方法をまだ誰も見出していないために、一層むずかしくなっている。このような記号ネットワークの小さな部分は、ときには記号を結び目で代表させ、そこを弧線が出入りしているような絵で表される。弧線は——ある意味での——点火関係を表している。このような図は「概念のうえでの近さ」という直観的にはわかる概念を、いくらかでもとらえようとする試みである。私自身の「意味論ネットワーク」の小さな部分を、第70図に示しておいた。問題は、多くの記号の複雑な相互依存性は、頂点間を結ぶわずかな線だけではそう楽々とは表現できないということである。

このような図式のもうひとつの問題点は、記号をたんに「点火されている」か「点火されていない」かで考えるのは正確ではないというところにある。ニューロンについてはそういう考えがあてはまるが、ニューロンの集まりにまで及ぼすことはできない。この点では、記号はニューロンよりもいささかこみいっている。記号の間で交換されるメッセージは、数多くのニューロンで作られているのだから十分予想できたことだが、「私はいま活性化しています」というたんなる事実よりもずっと複雑なものである。このようなメッセージはニューロン・レベルでこそ似つかわしい。各々の記号は数多くの異なったしかたで活性化でき、活性化の型が他のどの記号を活性化するかを決定するうえで影響力を揮う。このからみ合った点火関係をどのようにして目に見えるように描き出したらよいか——実際、そもそもそれが可能かどうかも——は明らかではない。

しかし、しばらくの間、この問題が解決されたと想定しよう。そして、連結によって接続された結び目という絵（連結はたとえばいろいろな色で描き分けられていて、概念のうえでの近さのさまざまな型が識別できるようになっているとする）が存在し、記号が他の記号を点火するしかたもそれによって正しくとらえられているという点で、意見が一致したとしよう。そのとき、われわれはどのような条件のもとで、二枚の絵が同型である、あるいはほぼ同型であると感じるのだろうか？　記号のネットワークの視覚的表現を扱っているのであるから、類似した視覚上の問題を考えることにしよう。二つの蜘蛛の巣が同じ種に属する蜘蛛によって作られたか否かを、あなたはどうやって決定するのだろうか？　正確に対応する個々の頂点を同定し、それによって頂点と頂点を、糸と糸を、そしてひょっとすると頂角と頂角さえも突き合せて、一方の巣をもう一方の巣に写像しようとするだろうか？　二つの巣はけっして正確に同じではない。にもかかわらず、与えられた種の蜘蛛が作った巣であるという焼印を過たずに押すなんらかの「様式(スタイル)」、「形式」が存在するのである。

蜘蛛の巣のようなネットワーク様の構造ならどんなものでも、その局所的性質と大局的性質とに注目することができる。局所的性質を見るには強度の近視の観測者——たとえば一度にひとつの頂点しか見えないような観測者——だけがいればよい。大局的性質を見るには、細部にかまわず大ざっぱに見わたすことが必要である。だから、蜘蛛の巣の全般的な形は大局的性質であり、ひとつの頂点に集まる糸の平均本数は局所的性質である。二つの蜘蛛の巣を「同型」とするための最も合理的な規準は、それが同種の蜘蛛によって張られたものであることだ、とわれわれが合意したとしよう。その場合には、二つの蜘蛛の巣が同型であることを決定するのに、どちらの種類の観察——局所的かそれとも大局的か——がより頼りになる指針であるかという点に関心は集中する。蜘蛛の巣をめぐる疑問への答を棚上げして、今度は二つの記号ネットワークの近しさ——同型らしさといってもよい——の問題に向うことにしよう。

「邪歯羽尾ッ駆」の翻訳

英語、フランス語、ドイツ語、日本語をそれぞれ母国語とする四人の人がいて、いずれもその母国語をきわめて巧みに操り、それで言葉遊びを楽しんでいると想像しよう。彼らの記号ネットワークは局所レベルで似ているのだろうか、それとも大局レベルで似ているのだろうか? あるいはそもそも、このような質問に意味があるのか? 前に掲げたルイス・キャロルの有名な「邪歯羽尾ッ駆」の翻訳を眺めれば、この質問は具体的になる。

この例を選んだのは、分析のあるレベルでは極端に非同型の二つの異なるネットワークの中に、「同じ結び目」を見出すという問題に対して、おそらく普通の散文で書かれたもの以上によい例証となっているからである。普通の散文では翻訳はもっと直截的になされる。というのは、もとの言語の語あるいは句に対して、新しい言語でもそれに対応する語あるいは句が見つかるのが通常だからである。これとは対照的に、この型の詩では、多くの「語」が通常の意味を担わずに、もっぱら近傍の記号の励起者として振る舞っている。ところが、ある言語では近傍にあるものが、他の言語ではかけ離れているかもしれない。

たとえば英語を母国語とする人の脳の中では、slithy はおそらく slimy(ぬるぬるした)、slither(すべる)、slippery(つるつるした)、lithe(しなやかな)、sly(ずるい)といった記号をさまざまな度合で活性化するだろう。lubricilleux はフランス人の脳の中で、これに対応することを行うだろうか? そもそも「対応すること」とは何であろうか? それは、さきに示したいくつかの語の通常の翻訳であるような諸記号を活性化することなのだろうか? もし、すでにある語にせよ新たにつくりあげた語にせよ、これを成就するような語が存在しないとしたら? また、そのような語があったとしても、それが slithy のように土着的、お国風(アングロサクソン)ではなく、大変学術的な響きを帯びたり、あるいは外来語風(ラテン)(lubricilleux)であったりしたら、どうであろうか? ひょっとして、huilasse の方が lubricilleux よりもよくはないだろうか? lubricilleux という語は、それが仮に英語であったとしたとき(lubricilious とでもいったところか)に帯びるような外来語風の響きを、フランス語を話す人たちには感じさせないのだろうか?

フランス語への翻訳のひとつの面白い特徴は、現在時制への翻訳という点である。過去時制のままにしておくには語句を不自然に変えなければならなくなるし、フランス語では現在時制は過去時制よりもはるかに新鮮な風味をもっている。翻訳者はこの方が「より適切」であるという感じ――はっきり定義できないが、強制力のある感じ――のために、時制の切替えを行った。英語の時制に忠実だった方がよかったかどうか、誰に判定できよう。

第三連のドイツ語訳にはer an-zu-denken-fingという滑稽な句が現れている。これは英語の原詩のどの部分にも対応しない。あえて強引に英語に翻訳すればhe out-to-ponder-setに似た味をもつ、ふざけた言葉の倒置である。このおかしな言葉の引っくり返しは、たぶんその一行前に現れる英語の同じようなふざけた倒置so rested he by the Tumtum treeにつられて出てきたのであろう。対応し、それでいて、対応しない。

ついでながら、英語のTumtum treeがフランス語ではarbre Té-téに変えられているのはなぜだろうか？　読者に考えていただこう。

原詩の語manxomeではxがこの語にふんだんにふくらみをもたせているが、ドイツ語ではmanchsamとあっさり訳されている。これはもとの英語に翻訳すればmanifulとなる。フランス語のmanscantにもmanxomeの重層的なふくらみが欠けている。この種の翻訳については興味がつきない。

このような例に出会うと、厳密な翻訳など全く不可能だとわかる。しかし、このようにもうほとんどビョーキともいえるほどむずかしい翻訳の場合においてさえ、ごく大まかにではあるがほぼ等価のものは得られる。種々の訳本を読む人たちの脳の間に同型対応が全くなかったら、どうしてそういうことになるのだろうか？　これら四つの詩のすべての読者の脳の間には、部分的には大局的、部分的には局所的な、一種の粗っぽい同型対応が存在するといったところだろうか。

USAとASU

この種の擬似同型対応に対して、ちょっとした直観をもたらしてくれる楽しい地理学的なファンタジーがある。（なお、前もってお断りしておくが、このファンタジーはM・ミンスキーがP・H・ウィンストン編の『コンピュータ・ヴィジョンの心理学』に寄せた「フレーム」に関する論文で考察した地理学的アナロジーに少々似ている。）どことなくUSAん臭い合衆国の地図が与えられたと想像しよう。その地図にはあらゆる自然地理学的な特徴――河、山、湖、等々――が書きこまれているが、言葉はひとつも印刷されていない。河は青い線で、山は別の色で示されるといった具合である。さて、あなたは近く出かけようとしている旅行のために、この地図を道路マップに変えなくてはならない。あなたはていねいに書き込みをする。すべての州、その境界、時刻帯、それからすべての郡、市、町、すべてのハイウエーと有料道路、すべての郡道、あらゆる州立および国立の公園、キャンプ地、風致地区、ダム、空港、等々……こうした記載を、ごく詳細な道路マップに載っているようなレベルまでやり通さなければならない。しかも、これをすべてあなたの頭の中からひねり出さなければならないし、この仕事をつづけている間じゅう、参考になるような情報には一切近づいてはならない。

理由はあとにならないとわからないが、地図をできるだけ真実に近づけておくほどあとで役に立つ、とあなたは教えられている。あなたはもちろん、自分の知っている大都市、主要道路から埋めていくだろう。ある地域に関する実際の知識がつきてしまうと、あなたはその地区の特色を打ち出すために、真の地理に合致しなくてもよいから想像力を働かせて、架空の町名、人口、道路、公園などをでっち上げることが許されている。この骨の折れる仕事には何カ月もかかるだろう。仕事を少しでも軽減するために、なんでもきれいに書き込める製図器具を手にする。こうしてできたのが、あなたの私的な「あくまでそれらしい連邦」（Alternative Structure of the Union→Akumade Sorerashii Union）の地図である――ASUがあれば、明日にでも旅行に出られる。

あなたの私的なASUは、あなたの育った地方についてはUSAに大変よく似ている。そのうえ、かつて旅行したことのある地方や、地図を買って眺めるほど関心をもった地域などでは、あなたのASUとUSAとの間にはよく一致する地点がある――ひょっとするとノースダコタ、あるいはモンタナのいくつかの小さな町、あるいはニューヨーク市全域があなたのASUの中に大変忠実に再現されているかもしれない。

大逆転

ASUができ上がると、びっくりすることが起る。魔法でもかけたようにあなたのデザインした国が実在しはじめ、あなたはその国に転送される。友好協会がすてきな自動車をあなたに贈り、こう説明する。「ASのデザインのUにいわれぬご苦労へのお礼として、費用一切当方持ちで、この国のあくまでそれらしさを心ゆくまで味わってください。お好きなだけ時間をかけて、お出かけになりたいところへ行かれ、なさりたいことをなさってください――ASU地理学会の感謝のしるしです。そうそう、道案内にこの道路マップをお持ちください。」驚いたことに、手渡されたのはあなたがデザインした地図ではなく、正真正銘のUSAの道路マップなのである。

旅に出てみると、奇妙なことが次から次へと起る。部分的にしか合致しない地図を頼りにあなたは国中をまわる。主要道路に沿っている間は、たぶんたいした混乱なしに旅ができる。しかし、ニューメキシコの脇道やアーカンソーの田舎にさまよいこんだ途端、冒険が待ちうけている。地方の人たちはあなたが捜している町など聞いたことがないといい、尋ねている道路も知らないという。あなたが口にする大都市の名はさすがに知っているが、その場合でも、そこへ行くルートはあなたの地図に示されているのとは一致しない。ときには地方の人たちが大きな都市と見なしているものが、あなたのUSA地図には影も形もないことさえある。あるいはたまたま存在していても、地図に記入されている人口は桁違いだったりする。

中心性と普遍性

いくつかの点で大変異なっているにもかかわらず、全体としてASUとUSAがよく似ているのは、何によるのか？　それは、最も重要な都市と交通路がたがいに写像できるからである。両者の違いはあまり旅人の行かないルート、小さな町などに見られる。これは局所的同型対応の問題としても、大局的同型対応の問題としても特徴づけできないことに注意してほしい。いくつかの対応は非常に局所的なレベルにまで及ぶ――たとえば、どちらのニューヨークでも、目ぬき通りは五番街であろうし、どちらにもタイムズスクエアがあるかもしれない。しかし、二つのモンタナ州に共通の町はひとつもないかもしれない。だから、局所的、大局的という区別はここでは問題にならない。かかわりがあるのは、経済、交通、輸送などの面における都市の中心性である。いずれかの点でより重要な都市ほど、ASUとUSAの双方に現れる確度が高い。

この地理的アナロジーでは、ひとつの側面が致命的な重要性をもつ。それはＡＳＵのほぼ全域にわたって、いくつかの確定的、絶対的な基準点——ニューヨーク、サンフランシスコ、シカゴ等々——が存在するということである。これらの点を基準にすれば、進路を定めることができる。いいかえると、私のＡＳＵとあなたのＡＳＵをくらべるとき、私はまず既知の大都市の一致を利用して基準点を確立し、それによって、私のＡＳＵの中のより小さな都市の位置をあなたに伝達することができる。（いずれもＵＳＡに実在する都市である）カンケーキーからフルトへの旅を私が考えたとしよう。これらの町がどこにあるのかをあなたが知らなくても、私は二人に共通なある場所を指し示し、そこからあなたを案内することができる。アトランタからミルウォーキーへの旅行についていえば、利用するハイウエーや道路が違ったところで、どちらの国においてもこの旅行は実行可能なのである。仮にあなたが（いずれもＵＳＡに実在しない都市である）ビッグトーキョーからシリコンヒルへの小旅行を記述しはじめるのであれば、ＡＳＵにこのような名前の町はないにもかかわらず、ＡＳＵにもまたあなたの地図にも見出せる近くの大きな町を基準にとってあなたの位置を記述し、私をたえず方向づけてくれさえすれば、あなたが語る旅行をＡＳＵの地図上に類比して描くことができる。

私がたどる道はあなたのとは全く同じではないだろうが、われわれは銘々の地図を利用しながら、国内のある特定の場所から他の特定の場所へたどり着くことができる。これができるのは、山脈や河川など目に見えて動かしがたい地理上の事実、われわれ双方が地図の上で作業するときに利用できる事実のおかげである。このような外的な特徴がなかったならば、共通の基準点をもつ可能性はなかっただろう。ところが、あなたにはフランスの地図しか与えられず、一方私にはドイツの地図しか与えられない——そこに、それぞれが自分の知っていることをできるだけ詳しく書き入れていったとしよう。二人がこの仮想の国土で「同じ場所」を見出そうとしても、どんな方法も思いつかないにちがいない。外的条件を同一にしておく必要がある——そうでないと、何ひとつ対応づけられないだろう。

地理的アナロジーにずいぶん深入りしてしまったが、脳の間の同型対応の問題に戻ることにしよう。脳の間の同型対応などという問題にどうしてそんなにこだわるのか、不思議に思う人もあるかもしれない。二つの脳が同型対応しているからといって、あるいは擬似同型対応しているからといって、それがいったいどうしたというのか？　全く同型対応していないからといって、それが何だというのか？　その答はこうだ。他の人々がわれわれとはまるっきり違っているように見えたとしよう。それでもなお、われわれが深く重要な点で「同じ」であるように、彼らは「同じ」なのだとわれわれは直観的に感じとっているのである。この人間知能の不変の核を確定できたとしたら、そしてそのうえで、この核につけ加えていくことが可能な「装飾物」——これがわれわれ一人ひとりに、「知能」と呼ばれるこの抽象的で神秘的な特質を独自に体現させている——にはどんなものがあるか記述できたとしたら、実に興味をそそられることになりはしまいか。

地理的アナロジーでは、都市と町は記号の類比であり、道路とハイウエーは潜在的な点火経路の類比である。すべてのＡＳＵ人が東海岸、西海岸、ミシシッピー河、五大湖、ロッキー山脈および多数の大都市と道路を共有しているという事実は、われわれ誰もが外部の実在に強いられて、あるクラス記号と点火経路を同じようなしかたで構築しているという事実の類比である。これらの中核的記号は、誰もが曖昧さなしに基準にとることのできる大都市に似ている。（念のためつけ加えれば、都市が局在化した実体であるという事実を、脳の中の記号が小さな、点状の実体であるしるしだと受けとってはならない。それらはネットワークの中でそのように記号化されているにすぎない。）

各人の記号ネットワークの大きな部分は普遍的である。これが事実である。われわれは全員に共通なものはただ当然のことと見なしてしまうために、他の人たちと共通なものがどれだけあるのかを知るのはむずかしい。無作為に選んだ人々とわれわれがいかに多く重なり合っているかを明らかにするには、われわれが石、車、レストラン、蟻などのような他の型の実体と共有しているものがいかに多いか——あるいは少ないか——を意識的に想像しようと努める必要がある。他の人たちを眺めてただちに気づくものは標準的な重なり合いではない。というのは、他の人を人間として認めるが早いか、われわれはそのことを当然と見なしてしまう。そして、むしろ標準的重なり合いを素通りして、予期せざる余分な重なり合いや、何らかの大きな差異に目を向けてしまうのが普通なのである。

ときには、あなたが標準的で最小限の核心と考えるもののいくつかが他人には欠けているのに気づく——あたかも彼らのＡＳＵにシカゴが欠けているようなもので、あなたには想像もつかない。たとえば象が何であるか、あるいはエイブラハム・リンカーンが誰なのか、あるいは地球が丸いことを知らないでいるとする。このような場合には、彼らの記号ネットワークはたぶんあなたのとは基本的に異なっているらしく、意味のある伝達はむずかしいだろう。しかし一方では、この同じ人物がひょっとするとある特殊な種類の知識——たとえばドミノ・ゲームに精通しているとか——をあなたと共有し、その限られた領域では十分に伝達しあえるといったこともあるだろう。これは、あなたが同じノースダコタの片田舎出身の人に出会ったために、二人のＡＳＵがある非常に小さな領域では細部に至るまで一致し、そのためにある場所から他の場所へどう行くかが、大変円滑に記述できるのに似ている。

言語と文化はどれだけ思考の通路になるか？

さて日本人は別として、英語国民の記号ネットワークとフランス人およびドイツ人のそれとの比較に戻れば、母国語の違いという事実にもかかわらず、彼らがクラス記号の標準的中核をもっていることが期待できるといってよい。高度に特殊化したネットワークを彼らと分かち合っているとは期待できないが、といって、母国語を同じくする人たちの間から無作為に選んだ人々とそうしたネットワークを分かち合っているとも期待できない。別の言語をもつ人々の点火パタンは、われわれ自身のものとはいささか異なるだろうが、主要なクラス記号とその間を結ぶ主要ルールは依然普遍的に利用可能なので、もっと副次的なルートはそれを基準にして記述できる。

ところで、この三人の人物はいずれも、母国語のほかに他の二人の言語もいくぶん操れるかもしれない。ほんとうに流暢であることと、たんに伝達できるだけということとの違いは、何によって示されるのであろうか？　最初にまず、英語に堪能な人は、大部分の語をほぼ正常の頻度で用いる。英語を母国語としない人は、辞典、小説、授業、あるいは受験参考書の中からある語をつまみ上げるが、それらはえてして一時はよく流行り好まれていたが、いまではめったに使われなくなった語——たとえば get のかわりに fetch、very

のかわりにquiteといった具合に——だったりする。まあまあ意味が通じるとはいえ、語の選択の異常さのために外人ぽさを感じさせるのは免れない。

では、外国人がすべての語をほぼ正常な頻度で用いることを学んだとしよう。これによって、彼はほんとうに流暢であるところまで到達するだろうか？　おそらく、そうはならない。語のレベルよりも高いところに連想のレベルがあり、これは全体としての文化——その歴史、地理、宗教、童話、文学、技術レベルその他——に貼りついたものである。たとえば、現代ヘブライ語を全く流暢に話すには、この言語が聖書の語句およびその含意という貯蔵庫に頼っているため、聖書をヘブライ語で十分知っていなければならないのだそうだ。このような連想レベルはそれぞれの言語に深く浸透しきっている。とはいえ、流暢さにもありとあらゆる種類の亜種が割り込む余地がある——さもなければ、真に流暢な話し手というのは思考がこのうえなく類型化した人だということになってしまう！

文化がどのくらい深く思考に影響しているかを認識しなければならないとはいえ、思考を形づくるうえで言語が果す役割を強調しすぎてもいけない。たとえば、英語国民が二脚の「椅子（チェア）」と呼ぶものを、フランス語を話す人たちは二つの別の型つまり「椅子」と「肱かけ椅子」に属するものと知覚するかもしれない。フランス語国民はこの違いをわれわれよりももっと意識する——しかし、同じ言語を話す人たちの間でも、田舎で育った人たちは都会の住人よりも、たとえばピックアップ（小型の無蓋トラック）といわゆるトラックとの違いにはるかに敏感である。都市の住民は両方とも平気でトラックと呼ぶだろう。この認知の相違を生むのは母国語の違いではなく、文化（あるいはサブカルチャー）の違いである。

異なる母国語をもつ人々の記号の間の関係が、核にあたる部分に関するかぎりきわめてよく似ているのには、もっともなわけがある。誰もが同じ世界に住んでいるからである。点火パタンという細部の局面に降りてみると、そこには共通なものは少ない。ウィスコンシンに一度も住んだことのない人たちが、思い思いに描いたウィスコンシンの田園地帯を比較するのに似ている。しかし、主要都市と主要ルートが一致し、地図全体にわたって共通の基準点が存在しているかぎり、細部の不一致は問題にするに足りない。

ASUでの旅行と旅程

公然とではなかったが、私はASUというアナロジーの中で「思考」が何であるかについてのイメージを利用してきた——旅行が思考に対応することをほのめかしてきたのである。われわれの仮想的旅行は思考のための試行であった。通過した町は、励起された記号を表している。このアナロジーには欠陥がなくはないが、なかなか説得力がある。そのひとつの問題は、思考がある人の心の中に十分頻繁に生起すると、単一の概念の中にまとめられてしまうことである。これはASUで起る実に奇妙な出来事に対応するだろう——あまりに頻繁になされる旅は、奇妙なことにそれ自体が町あるいは都市になってしまう！　乗客がぎっしりつまった新幹線列車が始点から終点まで数珠つなぎになっていれば、新幹線はかなりの人口を擁する都市といってもよい。ASUの比喩を引きつづき利用するのであれば、都市は「ガラス」「家」「車」のような要素的記号だけではなく、脳のもつまとめる能力の産物として創造される記号——「蟹のカノン」「回文」「ASU」のような精巧な概念に対する記号——をも表現しているのを憶えておくことが重要になる。

旅行するという概念が、思考するという概念の正当（フェア）な対応物であることを承認してしまうと、次のような難題が現れてくる。中間にあるいくつかの都市を通過することを忘れないかぎり、ある都市から第二の都市、第三の都市へと通じるどのルートも、実際に想像可能である。これはいくつかの余分な記号――ルートに沿って横たわっている記号――を考慮に入れながら、任意の記号の系列を一つひとつ活性化していくことに対応する。もし実際上、記号のいかなる系列も思いのままの順序で活性化できるとすると、脳はどんな思考でも吸収でき生産できる無節操なシステムということになる。しかし、そうでないことは誰でも知っている。でたらめな妄想、あるいはユーモラスに楽しまれる不条理とは全く別の役割を果す、知識あるいは信念とよばれる類の思考が事実存在する。夢、思いつき、思考、信念、知識の違いはどう特徴づければよいだろうか？

ありうる、あらわでない、あきれた経路

ある場所から他の場所へ行くのに、決って通る経路（バスウェイ）――ＡＳＵあるいは脳の中の経路と考えてよい――がある。手を引いてもらわなければけっしてたどれない経路もある。このような経路はあらわでない「潜在的経路」であり、特殊な外部状況が生じたときにだけ通ることになるだろう。くり返しくり返し利用する経路が、知識に実体を賦与する経路である――ここでは事実の知識（宣言型知識）だけではなく、ハウツー知識（手続き型知識）も念頭に置いている。この安定した確実な経路が知識を構成する。個々の知識は信念と徐々に融合する。信念もやはり確実な経路によって表現されるが、おそらくこの経路はたとえていえば、橋が壊れたり、深い霧がかかったりすると容易に代替がきくようなものであろう。その結果、妄想、佯り（いつわり）、虚偽、不条理などの変種が残る。これらは、ニューヨークからメーン州バンゴアやテキサス州ラボックを経てニューアークに至る奇妙なルートや、東京から京都、都留をへて留萌に至るふざけたルートに対応するのであろう。これは実際にありうる経路であるが、日常の旅行に利用される通常のルートとは思えない。

このモデルについて奇妙であると同時に楽しいのは、右に列挙した「異常な」思考がすべてその根底においては、あくまでも信念あるいは知識で構成されているということである。つまり、どれほどあやしげに曲りくねった間接的なルートも、あやしいところもなければ曲りくねったところもない、直接的な何本かの直進コースに分割でき、そうした短く直截的な記号接続ルートは信頼できる単純な思考――信念と個々の知識――を表している。しかし、考えてみると、これは何も驚くにはあたらない。なぜなら、われわれが自分の経験した現実からいかに大きくはずれるにしても、あくまで現実に根拠を置いた仮想的な事物しか想像できないというのは大変理に適ったことだからだ。夢はおそらく、われわれの心のＡＳＵでの気まぐれなそぞろ歩きにほかならないのであろう。局所的には筋が通っている――しかし大局的には……。

小説翻訳のさまざまな流儀

「邪歯羽尾ッ駆」のような詩は、ＡＳＵを巡る非現実的な旅行ともいえるであろう。ある州から他の州へと目まぐるしく跳び移り、非常に奇妙なルートをたどる。翻訳が伝えるのは詩のこうした側面であって、点火される記号の正確な系列ではない。もちろん、この点でも翻訳は最善を尽くしているだろうが。ふつうの散文では、こうした跳んだりはねたりはそれほど一般的ではない。しかしながら、

同じような翻訳の問題は起ってくる。あなたがロシア語から小説を訳そうとして、字義どおり訳せば「彼女は一椀のボルシチを持っていた」となるであろう一文に出会ったとしよう。読者の多くが、ボルシチとは何であるのか見当がつかないといったことも考えられる。そこであなたは、読者の文化の中でそれに「対応する」品名を見つけて置き換えようとするかもしれない——こうして、もしあなたがアメリカ人ならどの食料品店にもある品物を思い出して、「彼女は一瓶のキャンベル・スープを持っていた」とするかもしれない。日本だったら「けんちん汁」とでもするのだろうか？　さて、これをばかげた誇張だと思うのであれば、ドストエフスキーの小説『罪と罰』の冒頭の一文を最初ロシア語で、ついで幾通りかの訳書についてご覧になるとよい。私はたまたま三通りの英訳をペーパーバックで読み、次のような奇妙な事態に気づいた。

　冒頭の一文には、街の名前としてS・ペレウロク（ロシア文字をラテン文字に転綴すればS.Pereulok）が採用されている。これはどういう意味か？　ドストエフスキーの作品の注意深い読者でレニングラード（これは「セント・ペテルスブルク」と呼び慣らわされていた——それとも「ペトログラード」というべきか？）について知っている者なら、この本の中の地理の残りの部分を注意深く調べることによって（それらも頭文字でしか示されていないが）、問題の街は「ストリアルニ・ペレウロク」であるにちがいないと結論するだろう。ドストエフスキーはおそらく、この物語を写実的に語りたいと願った。といっても、作中で罪が犯され、さまざまな出来事があった場所について、読者がその所番地までそっくりそのまま受けとってくれるほど写実的に、というつもりはなかったであろう。いずれにせよ、翻訳の問題がここにある。あるいはさらに正確にいえば、いくつかの異なるレベルにわたる、いくつかの翻訳の問題がある。

　何よりもまず、この本の冒頭にいちはやく現れているセミ・ミステリーの雰囲気を再現するために、頭文字をそのまま残すべきであろうか？　それなら「S横町」（「レーン」は「ペレウロク」の標準訳である）となるだろう。三通りの英訳でこの方針を採ったものはない。しかし、ひとつは「S街」と表す道を選んだ。私がハイスクール時代に読んだ『罪と罰』の翻訳も似たような見解を採用していた。この小説を読みはじめ、名前が頭文字でしか現れてこない街に出会ったときに経験した途方に暮れた感じを、私はけっして忘れないだろう。私は本の冒頭の部分に漠然とした不快感を覚えた。何か本質的なものをなくしてしまったのは確かだが、それが何であるのかを私は知らなかった……ロシアの小説はみんなとっつきにくい、私はそう決めてしまった。

　さて、読者（たぶんこの街が現実のものか架空のものかまるで見当がついていない！）にもっと率直に対応して、「ストリアルニ横町」（あるいは「街」）と記し、現代の学問の成果を提供してもよいだろう。これが二番目の訳者の選択であり、実際「ストリアルニ街」と訳したのである。

　では三番目は？　これが一番興味深い。第三の訳では「カーペンター横町」となっている。どうしてこれがいけないのか？　結局のところ、「ストリアル」は「大工」の意味であり、語尾の「ニ」は形容詞を表す語尾だ。だが、こうするとわれわれは、ペトログラードではなくロンドンにおり、ドストエフスキーではなくディケンズの創造した場面に置かれているのだと想像してしまうかもしれない。われわれが欲しているのはこれだろうか？　ひょっとすると、「これが英語で書かれた『罪と罰』に対応する作品なのだ」と弁明しながら、ドストエフスキーの英訳ではなくディケンズを読むべきだったのかもしれない。ずっと高いレベルで眺めてみれば、ディケンズはドストエフスキーの小説の翻訳なのである——事実、考えられるかぎりで最良のものである！　だとしたら、ドストエフスキーの小説はもう必要ないことになりはしないか？

　われわれは著者の文体（スタイル）に文字どおり忠実になろうとする試みから出発して、香気の翻訳という高いレベルまでやってきた。冒頭の文ですでにこんなことが起きているとしたら、残りの部分をどうしたらよいのか、想像できるだろうか？　ドイツ人である下宿の女主人がドイツ式ロシア語で叫びだすところは？　ドイツ訛りで話されるブロークン・ロシア語を英語にどう翻訳するのか？

　次に、俗語（スラング）や口語的な表現様式をどう翻訳するかという問題も考えなければならない。「類比的」な句を捜すべきだろうか、それとも逐語訳で満足すべきだろうか？　類比的な語句を求めれば、「キャンベル・スープ」型の誤りを犯す危険にぶつかる。一方、すべての慣用句を逐語的に訳せば、訳文がまるでよその国の言葉のように響くことになる。ひょっとすると、これは望ましいことかもしれない。というのは、ロシア文化は所詮、英語国民や日本語国民には異国のものだからだ。しかし、そのような翻訳を読まされる読者は、原作者が意図しなかった、そしてロシア語原文の読者もけっして経験しない奇妙な感じ——人工的な感じ——をその異常な言葉遣いのおかげでたえず味わわされることになる。

　このような問題に関連して、われわれはここで一服し、コンピュータ翻訳の最初の主唱者の一人であるウォーレン・ウィーバーが、一九四〇年代後半に行った次の発言を考えてみるとしよう。「ロシア語の論文を見ると、私はこういうことにしている。『これは実は英語で書かれており、ただある見なれない記号でコード化されているだけなのだ。では、暗号解読にとりかかるとしよう。』」ウィーバーの意見をけっして額面どおりにとってはならない。彼の発言は、記号には客観的に記述可能な意味、あるいは少なくともほとんど客観的といえる何かが秘められていること、したがって、プログラムが十分であれば、コンピュータにそれを探し出すことができないと想定する理由はないことを挑発的な口ぶりで語っているのだと見るべきであろう。

高レベルでのプログラムの比較

ウィーバーの言明は相異なる自然言語の間の翻訳に関するものである。今度は、二つのコンピュータ言語の間の翻訳の問題を考察しよう。たとえば、二人の人が異なるコンピュータで働くプログラムを書いたとしよう。われわれは、この二つのプログラムが同じ仕事を実行するのかどうかを知りたい。どうすればわかるのか？　プログラムを比較しなければならない。しかし、そうした比較をどのレベルで行えばよいのか？　ひょっとすると、あるプログラマーは機械語で書き、もう一人はコンパイラ言語で書いているかもしれない。このような二つのプログラムは比較可能だろうか？　たしかに比較できる。では、どうやって比較するのか？　ひとつの方法は、コンパイラ言語プログラムを編集（コンパイル）して、そのコンピュータの機械語で書かれたプログラムを作り出すことである。

　こうして二つの機械語プログラムが得られた。しかし、もうひとつ問題がある。二台のコンピュータ、したがって二つの異なる機械語がある——この二つは極端に違っているかもしれない。一方の機械語は一六ビット語で、もう一方は三六ビット語かもしれない。一方には組み込みのスタック・ハンドリング命令があり、他方にはそれがないかもしれない。二台の機械のハードウエアの違いのために、二つの機械語プログラムは比較不能のように見える――それでもわれわれは、それが同じ仕事を実行しているのではないか、と疑い、それを一目で見分けたいと思っている。明らかにわれわれは、プログラムをあまりにも近くで眺めているのだ。

必要なのは一歩下がって機械語から遠ざかり、もっと高い、もっとまとめられた見方に近づくことである。この有利な立場に立てば、各々のプログラムを局所的ではなく大局的な尺度で合理的に企画されたものにする、プログラムのまとまり――つまり、プログラマーの目標が看取できるようにしっくり組み合さったまとまり――を認識できる望みがもてる。両方のプログラムとも、もともと高レベル言語で書かれていたとしよう。そうすれば、なんらかのまとめがすでにわれわれのためになされていたことになる。しかし、われわれは別の困難にいき当る。このような言語はおびただしく存在する。フォートラン、アルゴル、リスプ、APLその他もろもろ。APLで書かれたプログラムとアルゴルで書かれたプログラムを、どうすれば比較できるのか？ まさか一行一行つき合せてみるのではあるまい。あなたはこれらのプログラムをふたたび心の中で大きくまとめ、対応する概念的、機能的単位を探す。このように、あなたはハードウエアを比較するのでもなければ、ソフトウエアを比較するのでもない。比較しているのは「そっとうえあ」――ソフトウエアの背後にそっと隠れている純粋な概念――である。異なるコンピュータ言語で書かれたプログラム、あるいは二匹の動物、あるいは異なる自然言語で書かれた二つの文、これらの比較を有意義に行うには、一種の抽象的な「概念骨格」を低いレベルの中から持ち上げておく必要がある。

これによってわれわれは、コンピュータと脳について前に提起した疑問に立ち帰ったことになる。どうすればコンピュータあるいは脳の低レベルの記述が理解できるだろうか？ このようなこみいったシステムにおいて、低レベル記述の中から高レベル記述を引き出す直観的な方法が、なんらかの意味で合理的に存在するといえるのだろうか？ コンピュータの場合には、記憶の内容をすっかりさらけだすこと――いわゆるメモリー・ダンプ――は容易である。ダンプはとくに計算の初期に、プログラムの具合がよくないときに行われ、プリントの形で外部に出されるのがつねである。プログラマーはそれを自宅に持ち帰り、何時間もかけて、小さな文字で印刷されたメモリーの断片の一つひとつが何を表しているのかを理解しようと努める。本質的には、プログラマーはコンパイラーと全く逆のことをする。プログラマーは機械語から高レベル言語、概念的言語へと翻訳しているのである。ついにはプログラマーはプログラムの目標を理解し、それを高レベル言語で記述できるようになる。たとえばこうである――「このプログラムは小説をロシア語から英語に翻訳する」、あるいは「このプログラムは与えられたテーマに基づいた八声のフーガを作曲する。」

高レベルでの脳の比較

さて、この疑問を脳の場合にあてはめて探求していかねばならない。この場合には、われわれは「人間の脳を高レベルで『読む』ことができるだろうか？ 脳の内容の客観的な記述は存在するのか？」という問いを発していることになる。「……とフーガの蟻法」で蟻食ははしゃ蟻塚叔母さんの成分アリの走る具合を眺めれば、叔母さんが何を考えているのか、いい当てられると主張した。なんらかの超生物——ひょっとして蟻食ならぬニューロン食——がわれわれのニューロンを見わたし、見たことをまとめ上げ、われわれの思考の分析にたどり着くといったことがありうるだろうか？

われわれは与えられたどの時点での心の活動も、大きくひとまとめにした（つまり非ニューロン的）用語を用いて記述することが容易にできるのであるから、答はきっぱりイエスであるに相違ない。これは、脳状態をまとめて機能的記述を作れるようにするメカニズムが存在していることを意味する。さらに正確にいえば、われわれは脳状態のすべてをまとめているのではない——その活性的部分だけをまとめているのである。しかしながら、脳の目下休眠中の領域にコード化されている主題について尋ねられれば、われわれはほとんど即座に適当な休眠領域に接近し、それに対するまとまった記述——つまり主題に対する信念——にたどり着くことができる。われわれが脳のその部分について、ニューロン・レベルでは何の情報ももたずに、この問題に帰ってきたことに注意してほしい。われわれの記述はあまりにもまとまっているので、それが脳のどの部分の記述なのか、さっぱりわからないほどである。これは、プログラマーがメモリー・ダンプを隅から隅まで意識的に分析することによって得るまとまった記述とは好対照である。

さて、人が自分の脳のどの部分についてもまとまった記述が作れるのであれば、この同じ脳に破壊的でないやり方で接する手段が与えられたとき、外部の人にも脳の限定された部分をまとめるだけではなく、実際に脳の完全な、まとまった記述——いいかえると、接近可能になった脳に見られるその持主の信念の完全なドキュメンテーション——が作れそうに思えるではないか？　このような記述は明らかに天文学的な大きさのものになりそうだが、それは目下のところ問題ではない。われわれが関心を寄せているのは、はっきり確定した高レベル記述が脳について原理上存在するか否か、あるいは逆に、ニューロン・レベルの記述——またはそれと生理学的に同等で、直観的には明快ではないなんらかのもの——が原理上存在しうる最善の記述であるか否か、という疑問である。われわれに果して自分自身を理解できるかどうかを知ろうとすれば、この疑問に答えることがたしかに致命的な重要性をもってくるだろう。

潜在的信念、潜在的記号

まとめられた記述は可能であるというのが私の論旨だが、仮にそれが得られても、すべてが一挙に明瞭になり容易になるものでもない。問題は、まとめられた記述を脳状態から引き出すには、われわれの発見を記述する言語が必要だということにある。ところで、脳を記述する最も適当な方法は、脳が享受できる思考の種類と脳が享受できない思考の種類を列挙すること——あるいは、信じる事柄と信じない事柄とを列挙すること——であるように思える。まとまった記述によって到達しようとしているのがこの種の目標であるならば、その前に立ちふさがっているのがどんな困難であるかを知るのはやさしい。

ＡＳＵの中で可能な旅行をすべて列挙したいのだと考えよう。旅行のしかたは無数にある。だが、どれがもっともらしいかをどうやって決定するのか？　それよりも、そもそも「もっともらしい」とはどういう意味なのか？　脳の中で記号と記号とを結んでいる「可能な経路」が何であるかをはっきりさせようと試みるときには、この種の困難に真正面から出くわすだろう。犬が葉巻をくわえて仰向けに宙を飛んでいるありさま、あるいはハイウエーで衝突している二つの巨大なフライド・エッグも想像することはできる——その他どんな突拍子もない想像だってできる。脳の中でたどることのできるばかげた経路の数は、ASUで立案できる気狂いじみた旅程の数と同じく、限りがない。しかし、ひとつのASUが与えられたとき、そこで「正気の」旅程を構成するのはいったい何であろうか？ 脳状態そのものはどんな経路も禁じたりはしない。なぜなら、どんな経路に対してもその経路をたどらざるをえなくする状況がつねに存在するからである。脳の物理的状態を正しく読みとったときに得られる情報は、どの経路が通れるかに関するものではなく、ある道に沿って進めばどれほどの抵抗が生ずるかを教えてくれるものなのである。

ASUには、二つあるいはそれ以上の数の合理的な代替ルートを選んで行える旅行が数多く存在する。たとえばサンフランシスコからニューヨークへは、北回りルートもあれば南回りルートもある。どっちもごく合理的であるが、人々はさまざまな事情の中で道を選ぶことになる。ある時点で地図を眺めただけでは、はるか未来のある時点にどのルートが好ましいものになるかは少しもわからない——それは旅行をするときの外部の事情如何による。同じように、与えられた一組の記号を結びつけようとするとき、多くの場合、脳状態を「読むこと」によって合理的な代替経路をいくつも利用できることが明らかになるだろう。しかし、これらの記号の間の旅行は必ずしも切迫したものである必要はない。それは脳状態の読み取りの中に現れる何億、何兆という「潜在的な」旅行の中のひとつであるにすぎないかもしれない。このことから、次の重要な結論が導かれる。どのルートが選ばれるかを教えてくれるような情報は、脳状態それ自身の中にはない。ルートの選択にあたっては、外部環境が大きな決定権をもつ。

これは何を示唆するか？ 真っ向からぶつかり合う思考が、置かれた状況次第では単一の脳によって作り出されるということだ。脳状態のその名に恥じないどんな高レベル読み取りにも、このような対立し合う思考がそっくり含まれるだろう。実際にはこれは至極明瞭である——われわれはかぎりなく矛盾に満ちており、一瞬ごとにわれわれ自身の一側面しかあらわにしないというやり方で、なんとかまとまりを保っているのである。この選択は前もって予測できない。選択を強いる条件が前もってわかっていないからである。正しく読み取られたときに脳状態が提供するのは、ルート選択の条件付き記述である。

一例として、「前奏曲……」で述べた蟹の窮状を考えよう。彼は楽曲の演奏にいろいろなしかたで反応できる。ときには、曲を熟知しているためにほとんど無感動になることもあるだろう。また別のときには、すっかり興奮してしまうだろう。しかし、この反応には外部からの適切な起動作用——たとえばはじめてこの曲に接した熱狂的な聴き手の存在——が必要である。たぶん、蟹の脳状態の高レベルの読みは潜在的無感動（およびそれを誘発する条件）と並んで、潜在的快感（およびそれを誘発する条件）を明らかにするだろう。しかしながら、同じ曲を次の機会に聴いたときそのいずれが起るかを、脳状態は教えてくれない。脳状態はただこう語るだけである。「これこれの条件が備われば、快感が結果として生ずるだろう。さもなければ……。」

脳のまとまった記述は、状況次第で条件付きで喚起される信念のカタログをもたらしてくれる。ありうべき状況をすべて枚挙しつくせるのではないから、「合理的」と見なせるものだけで満足しなければならない。そのうえ、状況自体についてもまとめられた記述で満足しなければならない。というのは、それを原子レベルまで降りて特定することはできないからだ！　あるいは、そうすべきではないのだ。したがって、与えられたまとめられた状況が、脳状態からどの信念を引っぱり出すかを、厳密に決定論的に予測することはできない。要するに、脳状態のまとめられた記述は確率論的なカタログで構成されており、そのカタログに列挙されているのは、それ自体まとめられたレベルで記述されている「合理的に見て起りやすいと考えられる」さまざまな状況の集合によって、最も誘発されやすい信念（そして最も活性化されやすい記号）である。その文脈を参照せずに誰かの信念をまとめようとするのは、ある一人の人の「潜在的子孫」の範囲を、その配偶者を見ずに記述しようとするのと同じくらいばかげている。

　与えられた人物の脳の中の記号をすべて列挙しようとするときにも、同じ種類の問題が生ずる。脳の中には潜在的に無数の経路があるばかりではなく、無数の記号もある。前に指摘したように、旧い概念からいつでも新しい概念が形成できるし、このような新しい概念を表現する記号は、その個人の中でひたすら覚醒するのを待っている休眠記号にすぎないのだと論ずることもできるかもしれない。生存中一度も覚醒しないかもしれないが、それらの記号はちゃんと存在していて、適切な環境がその合成過程を起動するのを待っているのだ、と主張することもできるだろう。しかし、その確率がきわめて低ければ、「休眠」という用語はこの状況に適用するにはあまりにも非現実的となるだろう。これをはっきりさせるために、あなたが目覚めている間にも頭蓋骨の中に鎮座しているあらゆる「休眠」中の夢を想像してみたまえ。脳状態が与えられたとき、「潜在的に夢見ることのできる主題」と「夢見ることのできない主題」とを見分ける決定手続きが考えられるだろうか？

自分という感じはどこにあるか？

あなたはこれまで論じてきたことをふり返って、こう考えるかもしれない。「脳と心に関するこれらの思弁は大変結構だ。しかし、意識の中に含まれている感情（フィーリング）についてはどうなのか？　記号は好きなようにたがいに起動しあうかもしれないが、誰かがその全体を知覚しないかぎり意識はないではないか。」

　これは、あるレベルでは直観的に意味をもつが、論理的には意味をなさない。というのは、もしこれまで記述してきたことですべての活性的記号を覆いつくせないのであれば、それらを知覚するメカニズムの説明を探さざるをえなくなるからである。もちろん、「霊魂論者」であれば、これ以上探す必要はない。ただ、これらのニューロン活動を知覚するものは物理的用語では記述できない霊魂である、と主張する。それでおしまいだ。では、意識はどこに生ずるか、われわれは非礼を顧みず非霊的説明を試みることにしよう。

　霊魂論的説明にかわるわれわれの代案――人を面喰らわせるものでもあるが――は、記号レベルに踏みとどまって次のように述べることである。「これがそうだ――意識とはこれである。すなわち、これまでいくつかの節で記述してきたものにいささか似た起動パタンに従う記号がそのシステムの中に存在するときには、いつでも生ずる性質なのだ。」こんなにあっさりしたいい方は、どうもふさわしくないように見えるかもしれない。「私」という感じ、自己という感じはこれでどう説明されるのだろうか？

下位システム

「私」あるいは「自己」が記号で表現されてはならない、という理由はどこにもない。自己に対する記号はたぶん、脳の中のあらゆる記号の中でも、最も複雑なものであろう。したがって、私はそれを階層の新しいレベルに置くことにし、ひとつの記号というよりも下位システムと呼びたい。正確にいうと、「下位システム」という言葉で私が意味しているのは記号の群れであり、各々の記号が下位システム自体の制御のもとで別々に活性化できるようになっているものなのである。下位システムについて私がお伝えしたいと望んでいるのは、それが内部でたがいに起動しあえるような自分自身の記号レパートリを備えた、ほとんど独立な「下位脳」として機能するというイメージである。もちろん、下位システムとその「外部」世界――つまり、脳の残りの部分――との間にも多量の通信がある。下位システムはまさに、過度に成長した記号、あまりにも複雑に育ったために、内輪同士で相互作用する多くの下位記号をもつにいたったものの別名にほかならない。このように、記号と下位システムとの間には厳密なレベルの区別はないのである。

下位システムと脳の残りとの間の広汎な連結（そのいくつかについてはまもなく述べる）のために、下位システムと外部との間に明確な境界線を引くことは大変困難であろう。しかし、たとえ境界線がぼやけていても、下位システムはまさしく実在の事物である。下位システムで興味深いのは、いったん活性化してその自由に任せると、それ自身で働くことができるということである。このようにして、ある個人の脳の二つあるいはそれ以上の下位システムが同時に作動することもありうる。私は自分の脳で偶然そのような出来事に気づいた。二つのメロディーがときどき心の中を流れ、私の注意を奪い合うのに気づいたのである。各々のメロディーは、私の脳の別々の区画でどういうふうにしてか制作されている、あるいは「演奏」されているのである。脳の中からメロディーを引き出す役目をしている各々のシステムは、おそらくいくつかの記号をひとつまたひとつ順を追って活性化しており、同じことを行っている相手のシステムのことは全然念頭にない様子である。やがて、両者とも私の脳の第三の下位システム――私の自己=記号――と交信することを試みる。この時点で、私の脳の中の「私」は何かが進行していることを嗅ぎつける。いいかえると、この二つの下位システムの活動のまとめられた記述を、「私」がここで拾い上げはじめるのである。

下位システムと共有コード

典型的な下位システムというと、すでによく知っている人物を表現するシステムということになるであろう。そうした人たちは脳の中で非常に複雑なしかたで表現されているので、その記号は拡大されて下位システムの位階に登り、脳の中の若干の資源を援用しながら自律的に活動できるようになる。私がいおうとしているのは、友人を記号化した下位システムは、私と全く同じように、私の脳の中の多数の記号を活性化させうるということである。たとえば親友の一人を表現する下位システムを発火させて、実際に彼の身になって、私自身の思考ではなく彼の思考パタンを正確に反映するように記号を系列的に活性化していって、彼が考えたであろう考えを追っていくことができる。この友人に関して私が脳の下位システムの中に実体化したモデルが、彼の脳に関する私自身の記述を構成するといってもよいだろう。

では、この下位システムには、私が親友の脳の中にあると考える記号の一つひとつに対応する記号が含まれているのだろうか？　それではあまりにくだくだしい。下位システムは、私の脳の中にすでに存在している記号をたぶん広汎に利用している。たとえば下位システムが活性化されたとき、私の脳の中の「山」に対する記号を借用することができる。そのときに下位システムがこの記号を使う使い方は、私の脳全体がそれを使う使い方と必ずしも同じである必要はない。たとえば、友人と中央アジアの天山山脈について語りあっているとしよう（二人ともそこへ行ったことはない）。私は、彼が何年か前にアルプスで素晴らしい山登りを楽しんだことを知っている。そこで、彼の意見に対する私の解釈は、彼が天山山脈をどう視覚化するか想像してみようとするところで、彼の過去のアルプス経験から受けたイメージによって一部は彩られるだろう。

この章で組み立ててきた語彙を用いれば、私の中における「山」記号の活性化は、彼を表現する下位システムの制御下にあるといってよいだろう。これから生ずる効果は、私が通常使っているのとは異なる別の窓を開けること、つまり、私の「標準解釈」スイッチを、私の記憶の全範囲から、彼の記憶に関する私の記憶へと切り替えることである。いうまでもなく彼の記憶に対する私の表現は、彼の脳の中の複雑な活性化の様態であり、私には近づく術のない彼の実際の記憶の近似にすぎない。

友人の記憶に対する私の表現もまた、私自身の脳の中の記号——草、樹、雪、空、雲などのような「原初的」概念に対する記号——の活性化の複雑な様態である。これら原初的概念こそ、友人の内部でも私の内部でと「同等に」表現されていると想定しなければならない概念である。さらに一層原初的な概念——重力、呼吸、疲労、色彩等々といった経験——についても、類似の表現が彼の内部に存在すると想定しなければならない。原初性は少し劣るが、ほとんど普遍的といってよいような人間の特質のひとつに、山頂に登って眺望を楽しむということがある。したがって友人-下位システムは、私の脳内でこの楽しみを担っている入り組んだ過程をほとんどそのまま直接転用できる。

さらに、私が友人の話の全体を、多くの複雑な人間関係や心的経験に満ちた話をどのようにして理解するか、記述しようと試みてもよい。しかし、そうすると私の語法はすぐに不都合を生じてしまう。あれこれの事物の彼の内部での表現の私の内部での表現の彼の内部での表現といった事柄にからんで、奇妙な再帰性が顔を出すにちがいない。仮にいま交している話の中に共通の友人たちが登場したとしよう。すると私は無意識のうちに、彼の彼らに対する表現と私自身の彼らに対する表現の折衷案を探す。記号のこういった型の混交物を扱うのに、純粋な再帰で定式化するのはふさわしくない。それに、私はこの問題の上っ面をちょっと引っ掻いてみたにすぎないのだ！　記号同士の間には複雑な相互作用が起りうるが、それを記述するための語彙は今日、われわれにはまるっきり欠けている。泥沼に踏み込んでしまわないうちに足を停めることにしよう。

ところで、今日コンピュータ・システムも同じような種類の複雑さに陥りかけており、これらの概念のいくつかにとくに名前がつけられていることに注意しておきたい。たとえば私の「山」記号は、コンピュータ用語で共有コード（あるいは再入可能コード）——一台のコンピュータで動いている二つあるいはそれ以上の別々の時分割プログラムが利用できるコード——と呼ばれているものになぞらえることができる。ひとつの記号が異なる下位システムの一部であるとき、その活性化が異なる結果を生じうることは、そのコードが異なるインタープリタによって処理されることで説明がつく。だから、「山」記号の中の起動パタンは絶対的ではない。それは、記号がどのシステムの中で活性化されているかに依存する相対的なものなのである。

このような「下位脳」が実在するということは、人によっては疑わしく思えるだろう。次の引用文は、M・C・エッシャー自身がくり返し模様のはめ絵をどのように創り出したかを解説したものだが、私がいま言及しているのがどういう現象なのかをはっきりさせるのに役立つはずである。

> 絵を描いている間じゅう、私はときどきあたかも自分が霊媒で、自分が喚び出したものたちに操られているように感じていた。彼らはまるで、どういう形で出現するかを自分たちで勝手に決めているようだった。彼らは誕生するに際し、まるで私の批判的意見など意に介さなかった。そして私も、彼らの成長の度合にたいした影響を及ぼすことはできなかった。彼らは概して気むずかしく頑固な連中であった。

これは、いったん活性化された脳の下位システムに見られる自律性めいたものを申し分なく示している例である。エッシャーには、彼の下位システムが自らの審美的判断をほとんど無効にしかねないように思えた。もちろん、この言葉は多少割り引いて聞かねばならない。というのは、これらの強力な下位システムは、彼の長年の習練と、まさに彼の審美的感受性を形づくった力への服従の結果として生じたものだからである。簡単にいえば、エッシャーの脳内の下位システムを、エッシャー自身から、あるいは彼の審美的判断から切り離すのは誤りだ。それらは彼の美的センスの生命ともいうべき部分であり、これこそが「彼」を一個の芸術家にしているものにほかならないのである。

自己記号と意識

自己＝下位システムの非常に重要なひとつの副次効果は、それが次のような意味で「魂」の役割を果すことができるという点である。それは脳内の他の下位システムや記号とたえず通信を交しながらどの記号が活性化されているか、どのようなしかたで活性化されたのかを監視しつづける。これは、それが心的活動に対する記号――いいかえると、記号に対する記号と記号の活動に対する記号――をもたなければならないことを意味する。

これはもちろん、意識あるいは意識性（アウェアネス）を魔術的なレベルや非物理的なレベルに持ち上げることではけっしてない。ここでは意識性は、われわれが記述してきた複雑なハードウエアとソフトウエアの直接的な効果である。さらに、意識性のこのような記述のしかた――脳自身の下位システムによる脳の活動の監視作用としての意識性――は、われわれの誰もが知っており、「意識」と呼んでいる、あのほとんど記述しがたい感覚に似ているように思われる。ここにあるあまりの複雑さが多くの予期しない効果を作りだすことは、たしかに誰にでもわかる。たとえば、この種の構造を備えたコンピュータ・プログラムが、人々が自分自身について通常行っている言明に非常によく似た言明をそれ自体について行ったとしても、少しも不思議ではない。そうした言明にはたとえば、自由意志をもつとか、「部分の和」としては説明できない、などといったことも含まれる。（この主題については、ミンスキーの著書『意味論的情報処理』の中の論文

「物質・心・モデル」を参照のこと。)

私がここで仮定したような自己を表現する下位システムが、実際に脳の中に存在するという保証がどこにあるのか？　これまでに記述してきたような記号の複雑なネットワークは、自己記号の発展なしで発展できたのだろうか？　これらの記号とその活動は、自分たちが寄生している宿主を表す記号をもたずに、宿主を取りまく宇宙の現実の事物と「同型の」心的事象をどうして演出するのであろうか？　外部からシステムに入ってくる刺激はすべて、空間内のひとつの小さな物塊に集中する。脳の記号構造が、自分が宿っており、また自分が映し出している他のどの対象よりも大きな役割を果している物理的対象に対する記号をもたないとしたら、それはまるでびっくりするほどの大きな穴があいていることになってしまうであろう。事実、ちょっと考えてみればわかることだが、ある局所化された生命体を取りまく世界の意味を知る唯一の方法は、その物体を囲む他の物体との関係でその役割を理解することであろう。これによって自己記号の存在は必然的なものとなる。記号から下位システムへの歩みは自己記号の重要性を反映するものにほかならず、質的な変化ではない。

ルカスとの出会い

オクスフォード大学の哲学者J・R・ルカス(前に述べたルカス数とは無関係)は一九六一年に、「心、機械、そしてゲーデル」という題の注目すべき論文を書いた。ルカスの見解は私の見解とは正反対のものだが、そこにたどり着くのに、彼は私と同じような成分をとにかく数多く混ぜ合せたのである。次の抜粋はわれわれがいま論じている事柄に深くかかわっている。

哲学的に考えてみようとすると、すでに最初のごく単純なところで、早くも疑問に襲われてしまう。人がある事柄を知っているとき、その人は自分がそれを知っていることを知っているのだろうか。あるいは、人が自らを考えるとき、考えられているものは何で、考えているものは何なのか。この問題にひとしきり頭を悩ませ心を苦しめた末、こうした疑問はもうそれまでということにする。ここで、意識体の概念が無意識物の概念と絶対的に異なるものとして実感される。この疑問にこだわりつづけるかぎり、意識体がある事柄を知っていると言えば、彼はそれを知っているというだけでなく、彼は自分がそれを知っていることを知っている、そして、彼は自分がそれを知っていることを知っていることを知っている……等々と言っていることになってしまう。ここにひとつの無限がある。しかし、無意味で先細りになっていくのは問いの方であって答ではないのだから、これはけっしてつまらない無限退行ではない。こうした問いが無意味なものに思えるのは、この種の問いには無限に答えつづけられるということが、問いの概念自体に含まれているからである。意識体にはそれをどこまでもつづけていく力があったとしても、われわれはこの際限のない仕事をこなせることをたんに実証してみたいとも思わないし、もちろん、心というものを自己、超自己、超々自己の無限の連なりと見なすつもりもない。むしろわれわれが言いたいのは、意識体は一個の統一体であり、心のある部分をとりあげて語ることがあったにしても、それは隠喩としてそうしているだけのことで、額面どおり受けとってはならないということなのである。

意識のパラドクスは、意識体が他の事物を意識するのと同じように自分を意識することができるにもかかわらず、実際に部分に分けることができるとは見なせないところから生じる。意識体は、自分自身と自分の働きの両方を考察できて、しかもあくまでもその働きを行うものであるわけだから、これは機械にはできないやり方でゲーデル問題を扱えることになる。自分の働きをまあなんとか「考察する」ように機械を作ることはできるだろう。しかし、その機械が別の機械になりかわらないかぎり、つまりもとの機械に「新たな部品」をつけ加えないかぎり、その働きに「注意を向ける」ことはできないのである。これに対しわれわれが描く意識する心のあり方では、自らに思いをめぐらし、自らの働きを論評することができ、しかもそのために特別な部品を一切必要としないという特質が生れつき備わっている。はじめから完全にそのようにできているのであって、どこにもアキレスの踵は見あたらない。

　ゲーデルのテーゼはこのように、数学上の発見であるにとどまらず、概念分析にかかわる問題になりはじめた。これは、チューリングが提起した別の論議を考えてみれば確かめられる。これまでのところ、われわれはかなり単純で、だいたい予測がつくような人工物しか作ってこなかった。しかし、われわれの作る機械が複雑の度を増してくると、あるいはとんでもないことが待ちうけているかもしれない。チューリングは核分裂炉との対比をもち出している。ある臨界規模を境に、それより小さければたいしたことは何ひとつ起きないが、それより大きくなると、火花が飛びはじめる。それと同じことが、たぶん脳と機械にもあるのではないか。目下のところ、ほとんどの脳とあらゆる機械は「臨界以下」にあって、外部からの刺激に鈍重で面白味に欠けた対応しかしないし、自分の考えをもたず型にはまった答え方しかしない。しかし、現在のごく一部の脳と、そして未来の機械のきっといくつかは臨界を超えて、自力で火花を散らす。それはただたんに複雑度の問題であり、複雑さがある一定のレベルを超えると質的変化が生れる――チューリングはそう考えた。したがって「超臨界」機械は、人々がこれまで心に描いてきたような単純な機械とは似ても似つかないものになるだろうというのである。

　そうかもしれない。複雑になったせいで質的変化が生れることはよくある。複雑さの度合があるレベルを超えると、機械は原理的にすら予測のつかないものになって勝手に動きはじめるということは、納得しにくいことではあるけれども事実である。機械が心をもちはじめるといってもよい。もはや完全に予測のつかないものになり、従順さのかけらも残さなくなるとき、機械が心をもつようになったといえそうだ。つまり、たんなるミスやでたらめでなく、しかもわれわれがプログラムした覚えもないようなこと、それでいてわれわれの目から見て知的に見えることをしはじめたら、ということである。しかしそうなると、その行いに関するかぎりこれはもう機械ではなくなる。機械論者の論議の的になっているのは、心はいかにして存在しはじめるか、あるいは存在しはじめうるかといった点にはなく、心はいかに働くかといった点にある。機械論者のテーゼの核は、心の機械的モデルは「機械的原理」に従って機能する、すなわち、われわれは各部の機能とのつながりで全体の機能を理解できるというところにある。そして各部の機能は、機械の初期状態と構造によって、さらには一定数の一定機能の間で行われるランダムな選択によって決定づけられるにちがいないというのである。仮に機械論者が、あまりに複雑すぎてこのテーゼを踏みはずしてしまうような機械を作り出したとしたら、それがたとえどのように作られているにしても、もはやわれわれの論議の目的に適った機械ではない。むしろ、彼は心を作ったのだというべきだろう。これは、現在に即していえば、人間が子どもを産むのと同じことである。さてそうなると、新たな心をこの世に送り出す方法には二通りあることになるだろう。従来どおり、女性の腹を借りて子どもを得る方法がひとつ、そして、たとえばバルブやリレーのようなもので限りなく複雑なシステムを構築して心をつくり出す新しい方法である。この第二の方法について語るときには、でき上がったものがどんなに機械に似ているように見えても、それはたんに各部を寄せ集めたものではないのだから実際には機械ではないことを、忘れずに強調しておかなければならない。どういうふうに作られたか、各部の初期状態はどうなっているかを知ったところで、それだけではこれが何をするつもりでいるのかわからないのである。ゲーデル型の問題を与えても正しい答が得られるのだから、いったい何ができるのか、その限界すらわからないのである。実際、簡潔にこう言いきってしまうべきだろう――ゲーデル問題にも音を上げないようなシステムであれば、それがたとえどんなシステムであれまさにその一事によって、そのシステムはチューリング・マシンではない、つまり、その行いに関するかぎり機械ではない、と。

この一節を読んでいると、主題のめまぐるしい継起、ほのめかし、言外の意味、混乱と断定に、私の心はただただとまどいつづける。われわれはキャロル風のパラドクスからゲーデルへ、チューリングへ、人工知能へ、全体論と還元論へと跳び移る。それも、たった二ページの間でのことである。ルカスについて、ただ刺激的なだけで取るに足りないと片づけてしまうこともできる。この何とも奇妙な一節で、実にじれったい口調で上っ面をなでていった話題の多くについては、いずれ次章以下で立ち帰って論じることになるだろう。

アリアとさまざまの変奏

アキレスがここ数日眠れずにいる。今夜は友の亀がやってきて、苦痛の数時間をつきあおうというところ。

亀　ひどく悩まされているって聞いて心配してるんだ、アキレス。ぼくが話相手になることで、きみを眠らせずにいる耐えがたい刺激からほっと一息つければいいんだがね。まあ、ついには眠れるように、きみをたっぷりと退屈させるとしよう。そういう点、ぼくも少しは役に立つさ。

アキレス　いや、だめだな。この世の最高の退屈のいくつかにぼくを退屈させて眠らせることを、もう試させてみたんだ――どれも残念ながら効力なしでね。だからきみでもそういうのにはかなわない。実は、亀公、きみにきてもらったのはね、きみなら数論のあれやこれやでぼくを楽しませてくれそうだと思ったからさ、そうすればせめてこの長い夜を快く過ごせるだろうし。数論ってやつはぼくの悩める心に奇跡を働くことがわかったんだ。

亀　妙な思いつきだなあ。それで思い出したよ、ほんのちょっぴりだけど、カイザーリンク伯爵の話を。

アキレス　そりゃ誰だい？

亀　十八世紀ザクセンの伯爵さ――実は、大物の伯爵じゃないけど――しかし彼のために――うん、話を聞くかい？　なかなか面白いんだ。

アキレス　そういうことなら、ぜひ頼むよ。

亀　この伯爵が不眠症にかかったことがあってね、たまたまその町に有能な楽士が住んでいて、そこでカイザーリンク伯爵はこの楽士に命じて一連の変奏曲を作曲させ、それを伯爵邸のハープシコード奏者に奏でさせ、眠れぬ夜々をもっと快く過ごそうとした。

アキレス　田舎作曲家は注文に応えたのかい？

亀　そうらしい。というのも曲が仕上がると、伯爵はいとも気前よく報酬を与えた――ルイ金貨百枚入りの黄金のゴブレットを与えたんだ。

アキレス　そりゃすごい！　そんなゴブレットとルイ金貨をどこで見つけたのかね、そもそも。

亀　たぶん博物館で見て、気に入ったんだろう。

アキレス　そいつを失敬したっていうのかい？

亀　おいおい、そんなふうにはいってないよ、しかし……当時、伯爵というのは何でもたいてい持ち逃げできたね。とにかく、伯爵がその曲をいたく気に入ったのは明らかだ。しょっちゅうそのハープシコード奏者に——ゴールドベルクという名のほんの若者なんだが——この三十の変奏曲のどれか一曲を弾かせていたんだから。したがって（また皮肉にも）、これらの変奏曲にはゴールドベルクという若者の名がついた、高貴な伯爵の名ではなく。

アキレス　つまり、その作曲家はバッハで、曲はいわゆる『ゴールドベルク変奏曲』ってこと？

亀　そのとおり！　実は、この作品は『アリアとさまざまの変奏』と題された。その変奏は三十から成る。バッハがどういうふうに、これらの素晴らしい変奏曲をつくり上げたか知っているかい？

アキレス　教えてくれよ。

亀　すべての曲は——最後の一曲を除いて——一個の主題に基づいている。その主題を彼は「アリア」と呼んだんだ。実のところ、それらの曲すべてをまとめているのは共通の旋律ではなくて、共通の和声基盤なのさ。旋律が変っても、その下にはたえざる主題がある。最後の一曲においてのみ、バッハは自由な試みをした。それは一種の「終結後の終結」だね。元の主題とは何らかかわりない異質の音楽概念が入っている——実際、二つのドイツ民謡の旋律がね。その変奏は「クォドリベット」というんだ。

アキレス　ほかにどこが『ゴールドベルク変奏曲』の変ったところだい？

亀　そうだな、三つ目の変奏ごとにカノンがくる。まず、二つのカノン形成声部が同じ音程で入ってくるカノン。二番目は、カノン形成声部の一方が最初の声部より一度高く入ってくるカノン。三番目は、一方の声部が他方の声部より二度高く入ってくるカノン。以下それに順じて、最後のカノンでは九度離れた入り方になる。十個のカノンだな、全部で。そして——

アキレス　待ってくれ。最近発見された十四のカノンについてどこかで読んだ気がするんだけど……。

亀　十一月のこれまで知られざる十四日の発見について最近載っていた雑誌と同じ雑誌にあったのかい？

アキレス　いや、そうじゃない。ヴォルフという名の男だよ——音楽学者の——この男がシュトラスブルクに『ゴールドベルク変奏曲』の特別な写本のあることを耳にした。そこへ赴いて調べてみると、驚いたことに、裏ページに一種の「終結後の終結」として、十四の新たなカノンが書かれていた。どれも『ゴールドベルク変奏曲』の主題の最初の八音符に基づいている。だからいまでは、『ゴールドベルク変奏曲』が三十ではなく、実は四十四あることが知られているわけだ。

亀　つまり、全部で四十四ということだね、誰かほかの音楽学者が、どこかとんでもないところでまたまた一束の変奏を発見しないかぎりは。ありそうもないようだけれど、たとえ見込みがなさそうだとしても、やっぱり可能性はあるわけだろ、またまた別の一束が発見され、さらにはまた一束、さらにまた一束ということは……。そうさ、際限ないかもしれないぜ！　『ゴールドベルク変奏曲』の十全な補足を得るかどうかも、いつそれを得るかも、わからないかもしれないんだ。

アキレス　奇特な考えだな。おおかた、誰しもこの最近の発見は僥倖だと受け取って、いまや『ゴールドベルク変奏曲』のすべてを手にしたと思っているわけだ。しかしきみのいうとおりだとして、またいくつか出てくるかもしれないとすれば、われわれはこういう類のことを予測し始めることになる。その時点で、『ゴールドベルク変奏曲』という名称はいささか意味を変え、既知の変奏のみならず、最終的には現れるであろうものをも包括することになる。その数は――それをgとする――有限である、そうだろう?――しかしたんにgが有限であると知ることは、gの大きさを知ることと同じではない。したがって、この情報は最終ゴールドベルク変奏曲がいつ突きとめられたかを教えはしないわけだ。

亀　まさしくそのとおりだよ。

アキレス　教えてくれないか――バッハがその名高き変奏曲を書いたのはいつなんだい?

亀　すべて一七四二年だ。彼がライプツィッヒの聖歌隊長だったときだ。

アキレス　一七四二年? ふふーん……この数は何か思い当るな。

亀　そのはずだよ。かなり面白い数だからね、二つの奇の素数の和だ。一七二九足す十三。

アキレス　そうか! なんて奇妙な事実だ! そういう特性のある偶数にどうしてしょっちゅう出くわすんだろう。ええと……

6=	3+3		
8=	3+5		
10=	3+7=	5+5	
12=	5+7		
14=	3+11=	7+7	
16=	3+13=	5+11	
18=	5+13=	7+11	
20=	3+17=	7+13	
22=	3+19=	5+17=	11+11
24=	5+19=	7+17=	11+13
26=	3+23=	7+19=	13+13
28=	5+23=	11+17	
30=	7+23=	11+19=	13+17

さあて、何かわかるかい――この小さな表に従うなら、これは実にありふれたことなんだ。ところがぼくにはいまのところ、この表に何の単純な規則性も見出せない。

亀　たぶん何の規則性も見出せないものなんだよ。

アキレス　でも絶対あるはずさ! ぼくにはぱっと見きわめられる才能がないだけの話なんだ。

亀　すごく確信に満ちているようだね。

アキレス　断固たるものさ。どうなんだろう……すべての偶数(4を除いて)は二つの奇数の素数の和として書くことができるんじゃないだろうか?

亀　ふふーん……そう訊かれると何か思い出した……そうか、なぜだかわかったぞ! そう訊いたのはきみがはじめてじゃないんだ。うん、実は一七四二年に、素人の数学者がまさしくいまの問いを提示したんだ、つまり――

アキレス　一七四二年といったかい? 口をはさんで悪いけど、でも一七四二は実に面白い数なんだよ、二つの奇数の素数の差だからね、一七四七と五の。

亀　そうか! なんて奇妙な事実だ! そういう特性のある偶数にどうしてしょっちゅう出くわすんだろう。

アキレス　でも、きみの話をそらせちゃ悪いから。

亀　うん、そうか――いまもいったように、一七四二年、名前はちょっと忘れたけど、とある素人数学者が一通の手紙をオイラーに送った。オイラーは当時、ポツダムのフリードリッヒ大王の宮廷に仕えていたんだ。そして――どう、話を聞くかい? なかなか魅せられる話なんだ。

アキレス　そういうことなら、ぜひ頼む。

亀　よしきた。その手紙で、この数論の素人さんは未証明の推論を大オイラーに提出した。「すべての偶数は二つの奇数の素数の和として表されうる。」ええと、何ていう名の男だったかなあ。

アキレス　うろおぼえだけど読んだことがあるな、数論の本か何かで。「クプファーゲーデル」という名じゃなかったかい？

亀　うーん……いや、長すぎるみたいだ。

アキレス　「ジルバーエッシャー」か？

亀　いや、それも違うね。口から出かかっているんだが——ええと——ええと——ああ、そうだ！　「ゴールドバッハ」だよ！　ゴールドバッハという男さ。

アキレス　そんなような名前だと思ってたんだ。

亀　うん——きみが推測してくれたおかげで記憶を呼び起されたよ。実に妙なもんだね、自分の記憶のなかを漁りまわらなくちゃならないことがときどきあるのはさ、図書館で図書番号なしに本を探すみたいで……ところで一七四二へ戻ろう。

アキレス　うん。訊きたかったんだ、オイラーはゴールドバッハのこの推測が正しいことを証明したのかい？

亀　妙なことに、彼はそれに取りかかることに価値があるとは考えもしなかった。しかし彼の黙殺にすべての数学者が倣ったわけじゃない。実のところ、多くの数学者の心をとらえ、「ゴールドバッハ推論」として知られるようになったんだ。

アキレス　正しいことがもう証明されたのかい？

亀　いや、まださ。しかし注目すべきニアミスはいくつかあった。たとえば一九三一年、ロシアの数論学者シュニレルマンは、いかなる数も——偶数であれ奇数であれ——三十万個以下の素数の和として表されうることを証明した。

アキレス　奇妙な結果だね。それが何の役に立つんだい？

亀　それによって件（くだん）の難問が有限の範囲に持ち込まれたわけさ。シュニレルマンの証明以前は、大きな偶数を取れば取るほど、それを表すためにますます多くの素数を必要とするであろうと考えられていた。その偶数によっては一兆個の素数で表さなければならないなんて！　いまではそうでないことが知られている——三十万個の（もしくはそれより少ない）素数でつねに十分なんだ。

アキレス　なるほどね。

亀　それから一九三七年、ヴィノグラドフという狡猾な男が——これもロシア人だけど——目標の結果にぐんと近づいたことを立証した。すなわち、すべての十分に大きい奇数はわずか三個の奇数の素数の和として表されうるというわけだ。たとえば、$1937=641+643+653$——三個の奇数の素数の和として表されうる奇数は「ヴィノグラドフ特性」を有するといえる。したがって、すべての十分に大きい奇数はヴィノグラドフ特性を有するんだ。

アキレス　なるほど——しかし「十分に大きい」とはどういう意味？

亀　つまり、ある有限数の奇数はヴィノグラドフ特性をもたないとしても、それを越えればすべての奇数がヴィノグラドフ特性をもつという数は存在する——その数を v としよう。しかしヴィノグラドフは v の大きさをいうことはできなかった。だからある意味で、v は g に似ている。『ゴールドベルク変奏曲』の有限だが未知の数にね。たんに v が有限であると知ることは、v の大きさを知ることと同じではない。したがって、この情報は、それを表すために三個以上の素数を必要とする最後の奇数がいつ確認されたかを教えはしない。

アキレス　なるほど。だから十分に大きいいかなる偶数 $2N$ も、四個の素数の和として表しうるわけだ、まず $2N-3$ を三個の素数の和で表し、次に素数3をまた加えることによって。

亀　まさしくそのとおり。もうひとつの接近法は、こういう定理のなかにある。「すべての偶数は、一個の素数とたかだか二個の素数の積である一個の数との和として表しうる。」

アキレス　二個の素数の和という問題は、妙な領域へ入っていくことになるぜ。二個の奇数の素数の差を見たら、どういうことになるかなあ。奇数の表をつくって、さっき和でやったみたいに、二個の奇数の素数の差として表してみると、きっとこの難題が少しはわかってくると思うんだ。いいかい……

2= 5−3, 7− 5, 13−11, 19−17, etc.
4= 7−3, 11− 7, 17−13, 23−19, etc.
6=11−5, 13− 7, 17−11, 19−13, etc.
8=11−3, 13− 5, 19−11, 31−23, etc.
10=13−3, 17− 7, 23−13, 29−19, etc.

たまげたね！　こういう奇数は際限なく違った表し方ができるようだ。しかし、ここまでのところでは単純な規則性が見えてこないね。

亀　たぶんはっきりした規則性はないんだよ。

アキレス　ほんとにきみってやつは混沌としたことばかり持ち出すんだから！　もうこういう話はごめんだね。

亀　きみは、ありとあらゆる偶数が、二個の奇数の素数の差としてともかく表しうると思うわけ？

アキレス　答はどうやらイエスのようだけどね、この表からは。でもノーでもありうるな。そんな話を始めたってしょうがないだろ？

亀　ごもっともではありますがね、この問題についてはもっと深く考察できそうなんだ。

アキレス　この問題がゴールドバッハのもとの問題と似ているのは面白いね。たぶんこれは「ゴールドバッハ変奏」と呼ぶべきだ。

亀　まったくね。しかしだよ、ゴールドバッハ推論とこのゴールドバッハ変奏とではかなり明確な違いがあるんだ。それをいまから話すけど。偶数$2N$が二つの奇数の素数の和であるなら、それは「ゴールドバッハ特性」を有し、二つの奇数の素数の差であるなら、それは「亀特性」を有するとしよう。

アキレス　それは「アキレス特性」としたいね。どのみちぼくが言い出したことだ。

亀　いま言おうとしてたんだよ、亀特性を欠く数は「アキレス特性」を有するとしようとさ。

アキレス　なるほど、いいだろう……

亀　たとえば、1兆がゴールドバッハ特性を有するかどうか、亀特性を有するかどうかを考えてみろよ。むろん、両方とも有するかもしれない。

アキレス　考えることはできるが、どっちの問題にも答は出せないだろうな。

亀　そうあっさりあきらめちゃだめだ。仮にどっちか片方の答を出してほしいとぼくが頼んだら。どっちを答えてくれる？

アキレス　コインでも投げて決めるね。どっちもたいして違いはないさ。

亀　おいおい！　とてつもない違いじゃないか！　ゴールドバッハ特性を選んだら、素数の和ということになって、2から1兆までの素数を用いることに制限されるだろ？

アキレス　もちろん。

亀　だから1兆を二つの素数の和として表す表示の探索は、終結することが保証されているんだ。

アキレス　そうか！　きみのいうことがわかったよ。ところが1兆を二つの素数の差として表すことを選ぶとすれば、その素数の大きさにはかぎりがない。ものすごく大きくなって、見つけるのに一兆年かかるかもしれないわけだ。

亀　あるいはまた、それは存在すらしないかもしれないんだぜ。つまり、そこをさっきの問いは質していたわけさ——そういう素数は存在するかとね。それがどれくらい大きくなるかは、さほどの関心事じゃなかったんだ。

アキレス　いうとおりだね。それが存在しないならば、検索過程は永久につづき、イエスとも答えず、ノーとも答えない。にもかかわらず答はノーだろうね。

亀　だからいま何か数があって、それがゴールドバッハ特性を有するか亀特性を有するかテストしたいなら、その二つのテストの違いはこうなるだろう。前者においては、その検索の終結することが保証されている。後者においては、もしかしたら際限がない——いかなるタイプの保証もない。楽しげにいつまでもつづいて、ぜんぜん答を出さないかもしれない。ところがその一方、ある場合には、第一段階で止まるかもしれない。

アキレス　なるほど、ゴールドバッハ特性と亀特性とでは大変な違いがあるわけか。

亀　そうさ。二つの似たような問題は、そうした大変に異なる特性にかかわっている。ゴールドバッハ推論は、すべての偶数はゴールドバッハ特性を有するという趣旨のものだ。ゴールドバッハ変奏は、すべての偶数は亀特性を有するといっている。どちらの問題も未解決なんだが、しかし興味深いことには、どちらもおおいに似たような響きであるにもかかわらず、それぞれまったく異なる整数の特性と関係している。

アキレス　きみのいう意味はわかるよ。ゴールドバッハ特性は、いかなる偶数も所有している探知可能もしくは認識可能の特性であるわけだ。というのも、ぼくにはその存在をさぐるテストのやり方がわかっている——ただ探索に乗り出せばいいんだから。それは自動的にイエスかノーかの終点に至るんだ。ところが亀特性はもっと捉えがたい。ただ力ずくで探索したって答は出ないかもしれないんだから。

亀　でもね、亀特性の場合にはもっと賢明な探索方法がいくつかあるかもしれないから、そういう方法のどれかひとつをたどっていけばかならず終りに達して、答が出てくるだろう。

アキレス　答がイエスならはじめて探索が終るんじゃないのかい？

亀　かならずしもそうじゃない。探索が一定時間以上つづくときは、いつでも答がノーでなければならないということを証明するなんらかの方法があるかもしれないんだ。あるいは何かほかの素数探索方法があるかもしれない。そういう力ずくで押し進める方法ではなくて、素数が存在するならそれを見つけ、存在しないならばそう教えることを保証してくれる方法がね。いずれの場合にせよ、有限の探索によってノーという答を出すことができる。しかしそういうことが証明可能かどうかは、ぼくにはわからない。無限の空間を探索するというのは、つねに厄介なことだからね。

アキレス　だから現状として、きみは終結することを保証される亀特性のテストはなんら思いつかない——にもかかわらず、そうした探索法は存在するかもしれないというわけだ。

亀　そのとおり。そうした探索の探索に乗り出すことはできるとは思うんだが、その「メタ探索」が終結するという保証を与えることもできないのさ。

アキレス　ぼくが実に面白いと思うのは、なんらかの偶数が――たとえば1兆が――亀特性をもたない場合、それが無限のばらばらの情報によってひき起されるだろうという点だね。その情報すべてをひと塊りにまとめて、さっききみが勇ましくもいったけれど、それを1兆の「アキレス特性」と呼ぼうなんて考えるのは滑稽だよ。それは実は全体としての数体系の特性なのであって、1兆という数の特性ではないんだから。

亀　興味ある意見だな、アキレス。しかし、それでもやっぱり1兆という数にこの事実を付加するのはおおいに意味があると、ぼくは思うんだ。たとえば具体例として、「29は素数である」というもっと単純な命題をきみが考えるとしよう。さて実のところこの命題は、2の2倍は29ではない、6の5倍は29ではない、云々という意味だろ?

アキレス　違いないだろう。

亀　しかしきみはそうした事実をすべて集めて、それをひとまとめにして29という数に付加し、たんに「29は素数である」と述べることにまったく異存はないだろ?

アキレス　うん……

亀　そしてそうした事実の数は事実上、無限だよね?　つまり、「3333の4444倍は29ではない」というような事実は、すべてがその一部であるわけだろう?

アキレス　厳密にいえば、そうだろうな。しかし両方とも29より大きい二つの数を掛け合せて29にならないことは、きみもぼくも知っている。だから実は、「29は素数である」と述べることは掛け算の有限の事実を要約しているにすぎない。

亀　そういうふうにいいたければいってもいいけど、こういうことを考えてみろよ。29より大きい二つの数が29に等しい積になりえないという事実は、その数体系の全構造を包含しているんだ。その意味で、その事実はそれ自体で無限の事実の要約となっている。きみはだね、アキレス、「29は素数である」と述べるとき、実は無限の事柄を陳述しているという事実から逃れられないんだ。

アキレス　かもしれないけど、それはぼくにとってひとつの事実に感じられるがね。

亀　それは無限の事実がきみの先入知識に包まれているからなのさ――きみがものを視覚化する仕方のなかに、それらが暗黙のうちに埋め込まれているんだ。明確な無限が見えないのは、きみの操作するイメージの内部にそれが暗黙のうちに捉えられているからなんだよ。

アキレス　きみのいうとおりかもしれないな。それにしても数のシステム全体の特性をひとつの単位にまとめて、その単位に「29の素数性」というレッテルを貼るのは奇妙な感じがするぜ。

亀　奇妙な感じがするにしても、ものを見るには実に便利なやり方でもあるわけだ。ところできみの仮定の着想に話を戻そう。もし、さっききみのいったように、1兆という数がアキレス特性を有しているなら、いかなる素数をそれに加えても、別の素数は得られない。そうした事情は無限のばらばらの数学的「出来事」によってひき起されるだろう。さて、これらの「出来事」はすべて同一の源から必然的に生じるだろうか?　それらが共通因をもたねばならないだろうか?　なぜなら、もし共通因をもたないなら、なんらかの無限の偶然の一致がその事実をつくったことになる。根底にある規則性ではなくて。

アキレス　「無限の偶然の一致」だって？　自然数においては、何ひとつ偶然の一致であるものはないぜ——なんらかの基盤的な規則性がなくては何ごとも起らない。1兆でなく、7を例にしよう。これのほうが小さいから楽に扱える。7はアキレス特性を有するね。

亀　確かかい？

アキレス　うん。理由はこうだ。それに2を加えると9になる、これは素数ではない。そして7にほかのいかなる素数を加えても、それは二つの奇数を足し算することになるから、答は偶数になる——またしても素数は得られない。そこで7の「アキレス特性」、という語を用いるなら、それはただ二つの理由の結果であることになる。「無限の偶然の一致」とはほど遠いんだ。そのことはさらにぼくの主張を支持する。ある数学的真理を説明するには無限の理由をけっして必要としないという主張をね。もしも万一、無関係な偶然の一致の無限の集合によってひき起されるなんらかの数学的事実があるとしても、その真実を説明する有限の証明を与えることはできないわけだ。それにそんなことは滑稽だし。

亀　それはもっともな意見だな。そしてなかなか立派に筋道を通しているよ。しかしだね——

アキレス　この見解に異論を唱える者が現にいるかい？　そういう連中は「無限の偶然の一致」が存在すると信じなくてはならないんだぜ。ありとあらゆる創造物のなかで最も完全な、最も調和のとれた、最も美しいもの、すなわち自然数のシステムのまんまんなかに混沌があるのだとね。

亀　それはそうだけど、そういう混沌が美と調和の不可欠な一部であるかもしれないとは考えてみた？

アキレス　混沌が完全さの一部だって？　秩序と混沌が快い調和を成すってのかい？　そいつは異端だよ！

亀　きみの大のお気に入りの画家、M・C・エッシャーは、とある作品でそういう異端的な見地を示唆したと思われているんだがね……混沌という話題にきたところで、きみが興味を覚えそうな二つの異なったカテゴリーの探索があるんだよ、両方とも終結することが保証されている。

アキレス　むろん興味があるね。

亀　最初のタイプの探索は——非混沌タイプなんだが——ゴールドバッハ特性を点検するテストによって例証される。$2N$ 以下の素数を眺めてみて、もしなんらかの対を加えて $2N$ になるなら、$2N$ はゴールドバッハ特性をもつ。そうでなければ、もたない。この種のテストは終結することが確かであるだけではなく、いつまでにそれが終結するかを予測することもできるんだ。

アキレス　するとそれは終結予測可能テストだな。きみのいおうとするのは、数論上の特性のなかには、終結すると保証されているけれども、それがいつまでかかるかあらかじめ知るすべはないテストを必要とするものがあるということかい？

亀　まるで予言者だな、アキレス。そしてそういうテストが存在するということは、自然数のシステムにはある意味で本質的な混沌があるということを示している。

アキレス　それじゃその場合は、そのテストについて十分知らないのだといわなくちゃならないね。もうすこし探索してみれば、それが終結する前に、せいぜいどれくらいかかるかは察しがつくはずさ。要するに、整数のパタンにはなんらかのリズムか理由がつ

第 71 図　M. C. エッシャー『秩序と混沌』（リトグラフ、1950 年）

ねに存在しなければならないんだ。予測を拒むような混沌のパターンなどありえないじゃないか。

亀　きみの直観的信念はよくわかるよ、アキレス。ところがそれはかならずしも正当化されない。なるほど多くの場合は、まったくきみのいうとおりだ——何かを知らないというそれだけの理由で、それが不可知だと結論することはできないさ。しかし、終結するテストの存在を証明することが可能で、しかもそれがどれくらいかかるかをあらかじめ予測するすべのないこともまた証明可能である、そういう整数の特性はもろもろあるんだよ。

アキレス　信じられないね。なんだか悪魔がこっそり忍び込んできて、自然数という神の美しい世界にモンキースパナを放り込んだとでもいうような話じゃないか！

亀　終結するけれども終結予測可能ではないテストが存在することの理由になっている特性を定義することがけっして容易ではなく、自然でもない、そのことを知ればきみもほっとするだろうな。整数のたいていの「自然な」特性は、終結予測可能のテストをたしかに許すわけだ。たとえば、素数性、平方性、十の累乗であることなんかは。

アキレス　うん、そういう特性はまったくもってまともにテストしやすいということはわかるさ。唯一可能なテストが終結するけれども予測不能のテストである、そういう特性を教えてほしいんだがね。

亀　それが、そろそろ眠くなってきたんで、いまのぼくには複雑すぎて説明できないな。そのかわり、定義するのはしごく容易だけれど、終結するテストがひとつとして知られていない特性を示すことにしよう。そういうテストが発見されないだろうと、ぼくはいってるんじゃない——ただ、そういうテストがひとつとして知られていないということだ。きみがまず数字を出してくれ——ひとつ選んでくれるかい？

アキレス　15はどう？

亀　実にけっこう。その数から始めていくよ。これが奇数なら、三倍して、1を加える。それが偶数なら、その2分の1を取る。そして同じ過程をくり返す。こうして結局1に到達する数を驚異の数と、そうならない数を驚異にあらざる数と呼ぼう。

アキレス　15は驚異か驚異にあらざるか？　見てみよう。

15は奇数だから、3n＋1にする。46。
46は偶数だから、2分の1を取る。23。
23は奇数だから、3n＋1にする。70。
70は偶数だから、2分の1を取る。35。
35は奇数だから、3n＋1にする。106。
106は偶数だから、2分の1を取る。53。
53は奇数だから、3n＋1にする。160
160は偶数だから、2分の1を取る。80。
80は偶数だから、2分の1を取る。40。
40は偶数だから、2分の1を取る。20。
20は偶数だから、2分の1を取る。10。
10は偶数だから、2分の1を取る。5。
5は奇数だから、3n＋1にする。16。
16は偶数だから、2分の1を取る。8。
8は偶数だから、2分の1を取る。4。
4は偶数だから、2分の1を取る。2。
2は偶数だから、2分の1を取る。1。

ひえーッ！　ずいぶん回り道だよ、15から1まで。しかしやっと1にたどり着いたぞ。これは15が驚異であるという特性をもつことを示すわけだ。どんな数が驚異にあらざるものなのかなあ……

亀　これらの数が上下に揺れ動いたのに気がついたかい、こんな単純に定義された過程のなかでさ。

アキレス　うん。とりわけ驚いたのは、十三番目のあとで16になったんだ。最初の数15より1しか大きくない数にね。ある意味では、最初のところへほとんど戻ってしまった――ところが別の意味では、どこへいっても最初のところへ近づかなかった。それにまた、なんと160まで上らなければこの問題が解けなかったのも妙な話だよ。どうしてなのかねえ。

亀　そう、きみがぐんぐんなかへ航行していける無限の「空（そら）」があるのさ。そしてどこまで高く空を航行していけばおしまいになるのかを、あらかじめ知ることは実にむずかしい。実際、上へ上へと昇っていくばかりで、二度と降りられないのではないかと思われるくらいだ。

アキレス　ほんとかい？　想像がつくけど――でも実に不思議な偶然の一致を必要とするだろうね。次から次へと偶数に出くわしていかなければならなくて、ほんのときたま奇数がまぎれ込む。そんなことってありそうもないと思うけど――しかし確信はないな。

亀　27から始めてみたらどうだい？　ただし、ぼくは何も約束はしないよ。ただ、いつか試してみるといい、ちょっとした楽しみにね。いっておくけど、かなり大きな紙を用意しておいたほうがいいな。

アキレス　ふふーん……面白そうだね。ところでぼくはまだ滑稽な気がするんだよ、その驚異性を（あるいは驚異性のなさを）最初の数と結びつけるのは。それは明らかに数のシステム全体の一特性であるんだから。

亀　きみのいう意味はわかるけど、それは「29は素数である」とか、「金は貴重である」とかいうのとさほど違わないんだ――どちらの陳述も、単一の実体が特定のコンテクストにはめ込まれることによってのみ有する特性を、その実体そのものの特性だとしている。

アキレス　きみのいうとおりなんだろうな。この「驚異性」問題は驚異的にややこしいよ、なにしろこんなふうに数が揺れ動く――増大したり減少したり。パタンは規則的なはずなのに、うわべはまったく混沌たるふうに見える。だから十分想像がつくね、驚異性という特性を調べるための、終結することを保証されたテストについて、いまのところ誰も知らないわけがさ。

亀　終結する過程と終結しない過程、そしてその中間にあるどっちつかずの過程で思い出したけど、ぼくの友だちに本を書いているのがいてね。

アキレス　ほう、そりゃすごい！　何という本だい？

亀　『銅、銀、金――不滅の合金』というんだ。面白そうだろ？

アキレス　正直なところ、いささか戸惑うタイトルだな。要するに、銅と銀と金はたがいにどういう関係があるんだい？

亀　ぼくには明らかだと思われるがね。

アキレス　仮にタイトルが、ええと、『キリン、銀、金』とか『銅、象、金』とかいうのなら、それならわかるけど……

亀　『銅、銀、ヒヒ』のほうがよくないかい？

アキレス　うん、そりゃ絶対だ！　もとのタイトルはだめだね。誰も理解してくれないぜ。

亀　友だちにそう伝えておこう。気の利いたタイトルになって喜ぶだろうな（出版社だってそうだろうし）。

アキレス　そいつはいいや。ところでさっきの議論からどうしてその男の本を思い出したんだい？

亀　ああ、そうそう。つまりだね、その本の中に出てくるある対話劇で、彼は読者に結末を探させることによって、読者を放り出そうとするんだ。

アキレス　妙なことをしたがるもんだ。どういうふうに？

亀　きみももちろん知ってるだろうけど、物語の結末前の数ページでぐっと緊張を盛り上げようと四苦八苦する著者もいるだろ――ところがその本を物理的に手にしている読者は、物語がじきに終るのを感じとることができる。したがって読者は、ある意味では前ぶれの予告として作用する余分の情報を得る。緊張は本の物理性によって多少そこなわれるわけだ。たとえば小説の結末に詰めものがたっぷりあったほうが、ずっとましなことになる。

アキレス　詰めもの？

亀　そうさ。つまりだね、物語本体の一部ではない余分のページがたっぷり、しかしそれは、さっと一目見たり本にふれたりしただけではわからないように、結末の正確な位置を隠す役目を果す。

アキレス　なるほど。すると物語の真の結末は、その本の物理的結末よりも五十ページ前とか百ページ前にあるのかもしれないんだな？

亀　そのとおり。これは驚きの要素を提供する。なぜなら読者は、どれだけのページが詰めもので、どれだけのページが物語なのかを、あらかじめ知ることはないだろうからね。

アキレス　そういう習慣になったら、かなり効果的かもしれないね。しかし問題はある。仮にその詰めものが見え見えだとしたら――空白ばかりとか、×やら何やらでたらめの文字ばかりのページとか。それなら詰めものがないも同然だ。

亀　もちろんだよ。ふつうのページに似せなくてはならないさ。

アキレス　だけど、ある物語のふつうのページをさっと見ただけでも、もうひとつの物語と区別するに足りることもしばしば起るだろう。だから、詰めものを本物の物語と非常に近いものに似せなければならない。

亀　まったくそうなんだ。ぼくがつねづね描いている方法はこうだ。まず物語を結末までもっていく。それからそこで切れ目なしに、何かつづきに見えながら実はただの詰めものであるもの、真のテーマとはぜんぜん関連のないものによって、その物語をたどっていく。この詰めものは、いうならば「結末後の結末」だ。余分な文学観念が入っていたりして、それはもとのテーマとはなんらかかわりをもたない。

アキレス　ずるいなあ。それにしても問題は、本当の結末がいつくるか知ることができない点だね。それもまさしく詰めもののなかに溶け込むわけだから。

亀　そういう結論に、実はその友だちとぼくも到ったんだ。残念だよ、なにせ着想ははなはだ魅力あるものだったからね。

アキレス　いや、こうしたらどうだろう。純然たる物語と詰めものの移行をこういうふうにできないかな、つまり、テクストを十分に熱心に検討することによって、聡明な読者ならどこで一方が終り、どこで一方が始まるかを見抜くことができるというふうに。たぶん読者もかなりの時間を要するだろう。それがどれくらいかかるかを予測するすべはないだろう……しかし、真の結末の十分に熱心な探索はつねに終結するということを、出版社が保証することはできるわけだ。たとえ、そのテストが終結するにはどれくらいかかるかはいえないにしても。

亀　なるほど――しかし「十分に熱心」とはどういう意味だい？

アキレス　それはつまり、ある時点で現れるテクスト中の小さな、しかし合図になる特徴を読者が警戒しなければならないということさ。それが結末の信号になるだろうからね。そしてまた、読者は数多くのそうした特徴を考えに考え、探しに探して、ついには正しい特徴を見出す才能をそなえていなければならない。

亀　たとえば文字頻度や語の長さの急激な変化というようなことかい？　あるいは文法違反の襲来とか？

アキレス　それもあるだろう。あるいはなんらかのたぐいの隠れたメッセージが、真の結末を十分に熱心な読者に明かすかもしれない。それは誰にもわからない。それまでの物語の精神と矛盾する余分な登場人物や出来事が投げ込まれているかもしれない。単純な読者はまるごと鵜呑みにするだろうけれど、洗練された読者は分割線を正確に見つけることができるというわけさ。

亀　なかなか独創的な思いつきだね、アキレス。友だちに伝えておくよ。たぶん対話劇でそれを実現するだろう。

アキレス　おおいに名誉だね。

亀　ところで、ぼくはちょいと疲れてきたんだけどな、アキレス。そろそろおいとましたほうがよさそうだ、まだちゃんと家まで歩いて帰れるうちにね。

アキレス　こんなに遅くまでつき合ってくれてほんと嬉しいよ、こんな妙な夜なかの時刻に、ただただぼくのためにさ。ほんと、きみの数論の楽しい話は、ふだんなら寝返りばかり打ってるぼくにとって申し分ない薬になったな。それに――たぶん今夜は眠れるかもしれない。感謝のしるしに、亀公、特別の贈りものをしたいんだけど。

亀　おいおい、そんな気を遣わないでくれよ、アキレス。

アキレス　いやいや、つまらんものでね。あのドレッサーのところへ行ってみてくれよ。上に、アジア箱がのっかっているから。

（亀はのろのろとアキレスのドレッサーへ向う。）

亀　まさかこの純金のアジア箱じゃないだろ？

アキレス　そう、それさ。どうか受け取ってくれたまえ、亀公、進呈したいんだ。

亀　こんなすごいものをほんとにありがとう、アキレス。おやおや……どうしてこんなに数学者の名前が蓋に刻んであるんだい？　妙なリストだね。

De Morgan
A**b**el
Bo**o**le
Bro**u**wer
Sier**p**iński
Weier**s**tass

アキレス　うん、「あらゆる偉大な数学者の完全なリスト」のつもりなんだろうな。ぼくにもまだわからないのは、斜めに下りてきている文字がなぜ太字になっているかということなんだ。

亀　底に書いてあるぞ。「斜線から1を引き、ライプツィッヒにおけるバッハを見出せ。」
アキレス　ぼくも読んだけど、何が何だかさっぱりわからなくてね。どうだい、上等のウィスキーがあるけど、一杯やる？　そこの棚にあるデカンターに入っているんだ。
亀　いや、けっこう。もう朦朧としてるから。家へ帰らなくちゃ。（何気なく箱を開ける。）おいおい、待ってくれよ、アキレス――ルイ金貨が百枚も入っているじゃないか！
アキレス　受け取ってくれればほんと嬉しいんだよ、亀公。
亀　だけど――そんな――
アキレス　もう反論はなしだ。箱、金貨――両方ともきみのものさ。比類なき夜を過ごさせてくれてありがとう。
亀　いったい何がどうなったんだい、アキレス？　とにかく、とてつもない気前のよさに感謝するよ。奇妙なゴールドバッハ推測とその変奏の楽しい夢を見てくれたまえ。おやすみ。（そういって、百枚のルイ金貨の入った純金の箱を手にとり、戸口へ向って歩き出す。外へ出ようとしたとき、荒々しいノックの音）こんなとんでもない夜ふけにいったい誰だろう、アキレス？
アキレス　見当もつかんな。どうも怪しいぞ。きみはドレッサーの陰に隠れろよ、妙なことが持ち上がっちゃ大変だから。
亀　名案だ。（ドレッサーの背後に入り込む。）
アキレス　どちらさん？
声　開けろ――警察だ。
アキレス　入ってください、開いてますよ。
（二人のがっしりした警官が入ってくる。きらきら光るバッジをつけている。）
警官　わたしはシルヴァです。こっちはグールド。（彼のバッジを指さす。）お宅にはアキレスという人物がおるか？
アキレス　そりゃぼくですよ！
警官　では、アキレス、われわれはここに純金のアジア箱があると信ずる理由があるのだ、ルイ金貨百枚入りのな。今日の午後、博物館から何者かがそれをかっさらった。
アキレス　そいつはたまげた！
警官　もしそれがここにあるのなら、アキレス、きみが唯一の容疑者であるからして、遺憾ながらきみを逮捕しなければならぬ。ここに捜索令状がある……
アキレス　いやはや、お巡りさん、やっときてくれてほっとしましたよ！　一晩中ずーっと、ぼくは亀公と、やつの持ってる純金のアジア箱に脅迫されていましてね。ようやくきてくれたんで助かりましたよ！　どうぞ、お巡りさん、ドレッサーの後ろをのぞいてください、ちゃんと犯人がいますから！
（二人の警官はドレッサーの後ろをのぞき、亀が隠れているのを見つける。純金のアジア箱をかかえ、がたがたふるえている。）
警官　ほう、こいつだな！　すると亀ってのは害虫か？　まさか亀とは思わなかったよ。しかし捕まえたんだ、現行犯で。
アキレス　その悪党はしょっぴいてくださいよ、お巡りさん！　せいせいしましたよ、これでもうあいつのことも、純金アジア箱のことも聞かなくてすむんだから！

[第13章]
ブーとフーとグー

自己認識と混沌

ブーとフーとグーは、三匹の仔豚でも、おしゃべりあひるでも、酔いつぶれた人が発する音でもない。これらは三つの計算機言語で、どれも独自の用途をもっている。この三つはこの章のためにとくに考案された。「再帰的」という言葉のある新しい意味、とくに「原始再帰的」という概念と「一般再帰的」という概念を説明するのにこれらを使うことにする。やがて、ブーとフーとグーがTNTにおける自己言及の機構を明らかにするのに役立つことがわかるであろう。

われわれは脳と心から数学とコンピュータ科学の技巧へと、かなり急激に転換をしようとしているように見えるかもしれない。この転換はある点で急激ではあるが、それなりの意味がある。われわれは、ある種の自己認識が意識の中核でどのように見えるかを学んだばかりである。今度は、自己認識をさらに形式的な枠組、たとえばTNTの中で、もっと詳しく吟味する番である。TNTと心の間の隔たりは大きいが、いくつかの着想はおおいに役に立つであろうし、おそらくわれわれの意識についての考察に比喩的な形で持ち帰れることであろう。

TNTの自己認識について驚くべきことのひとつは、それが自然数の間の秩序対混沌の問題に密接に関連していることである。とくに、十分複雑で自分自身を映し出せるような秩序あるシステムは、完全に秩序正しいとはいえない、つまり、必ずある奇妙な混沌とした面をもっていることがわかる。心にアキレス的なものをお持ちの読者には、このことは理解しにくいと思う。しかしある「魔術的」補償、無秩序に対する一種の秩序があって、それについての研究分野は「再帰的関数の理論」と呼ばれている。残念ながら、この問題の魅力についてはヒントを与える程度のことしかできないであろう。

表現可能性と冷蔵庫

「十分複雑」、「十分強力」といった語句をこれまでずいぶん使ってきた。こうした語句はいったい何を意味しているのだろうか？　蟹と亀の争いに戻り、「レコード・プレーヤーと呼べるための条件は？」と問うてみよう。蟹は彼の冷蔵庫が、「完全な」レコード・プレーヤーだと主張するであろう。それを証明するために、その上に何でもいいからレコードをのせて、「ほらね、かけられるじゃないか！」というかもしれない。亀は、この禅問答めいた行動に逆襲したかったら、次のように答えなければなるまい。「いやいや、お前さんの冷蔵庫はプレーヤーというには性能が低すぎるよ。だって（自分自身を破壊する音はいうまでもなく）まるで音を出さないじゃないか。」亀があるレコードを「わたしはプレーヤーXではかからない」と呼ぶのは、プレーヤーXが本当にレコード・プレーヤーである場合に限るのである！　亀のやり口は大変巧妙で、システムの弱さよりは強さを利用している。だから彼は「十分性能の高い」レコード・プレーヤーを要求しているのである。

　数論の形式化については前に述べたとおりである。TNTがNの形式化であるという理由は、その諸記号が正しく働くからである。すなわち、その定理は冷蔵庫のように黙ってはいない――Nについての実際の真理を語るのである。もちろん、pqシステムの諸定理も同様である。ではpqシステムも、「数論の形式化」と見られるだろうか？　それともむしろ冷蔵庫に近いのだろうか？　まあ冷蔵庫よりはマシだけれども、まだひどく弱い。pqシステムは数論と呼ぶには、Nの核心的事実を十分含んでいない。

　それならNの核心的事実とは何だろうか？　それは原始再帰的事実である。これは、終ると予測できる計算だけを必要とすることを意味している。そういう核心的事実はNに対して、ユークリッドの最初の四公準が幾何学に果しているのと同じ役割を果している。それらのおかげで、「力が不十分」ということを根拠にある候補者をゲーム開始前に排除できるのである。これからは、あらゆる原始再帰的事実が表現できることを、あるシステムを「十分強力」と呼ぶための基準にしよう。

超数学での巌頭（ガントウ）の斧

　こうした考え方のもつ意義は、次の重要な事実によって示される。数論の十分強力なシステムにはゲーデルの方法が適用でき、したがってそれは不完全である。一方、もしあるシステムが十分強力でなければ（すなわち、すべての原始再帰的事実が定理でなければ）、まさにその欠陥のゆえに、それは不完全である。こうして超数学での「巌頭の斧」が再現された。どんなシステムであろうと、ゲーデルの斧はその首をちょん切ってしまうだろう！　このことが、「洒落対法題」での高性能vs.低性能の戦いとも全く相似であるという点にも注意してほしい。

　実は、ずっと弱いシステムでも、まだゲーデルの方法で攻められることがわかっている。すべての原始再帰的事実がすべて定理として表現できるという基準は、どう見てもきびしすぎる。それは、「十分豊か」な人々からしか盗まないことを信条とする泥棒の基準が、実は少なくとも百万ドルの現金をいつも持ち歩いている人しか襲わない、ということであるのにどこか似ている。TNTが相手の場合には、幸い、われわれの泥棒としての腕を存分に発揮してかまわない。TNTには百万ドルの現金があるからで、つまりそれはすべての原始再帰的事実を実際に定理として含んでいるのである。

　ここで、原始再帰的な関数および述語についての詳しい議論に入る前に、この章での定理と前の各章での定理との関連をつけて、少しでもよい動機づけが得られるようにしておこう。

正しいフィルターの選択による秩序の発見

　われわれは本書のはじめの方で、形式システムが実にむずかしくて手に負えない野獣にもなりうることを学んだ。それは、形式システムには列を長くする規則と短くする規則があるため、列から列へと永久に終ることのない探索にどういうわけか導かれてしまうからである。ゲーデル数の発見は、ある特別な字形的性質をもつ列の探索には算術的いとこがいること、つまり対応する特別な算術的性質をもつ整数の同型な探索があることを示した。したがって、形式システムにおける決定手続きの探求には、整数の間での予測不可能な長さの探索という謎、あるいは混沌を解決しておくことが必要とされる。ところで「アリアとさまざまの変奏」の中で、私は整数についての問題における混沌の表明に力を入れすぎたかもしれない。実は、「驚異性」の問題よりさらに野蛮な、明らかな混沌の実例が逆によく馴らされて、結局はまことにおとなしい獣になっている。だから数の規則性と予測可能性に対するアキレスの強い信頼には、十分な敬意を払うべきである。それはまた、一九三〇年代まで、ほとんどすべての数学者たちがもっていた信頼でもある。秩序vs.混沌がそのように微妙で重要な論点になった理由を示し、そして、それを意味の所在と啓示の問題と関連づけるために、故J・M・ヤウホによるガリレオ風の対話『量子は実在か?』から、次の美しく印象的な断章を引用したい。

サルヴィアティ　次のような二つの数列について考えてみましょう。

7853981633974483096156608…

そして

1, −1/3, +1/5, −1/7, +1/9, −1/11, +1/13, −1/15,…

です。シンプリチオさん、最初の数列で、次にくる数は何ですか?

シンプリチオ　わかりません。これはでたらめな数の列で、何の規則もないように思います。

サルヴィアティ　では、次の数列では?

シンプリチオ　これはやさしいですね。+1/17に違いありません。

サルヴィアティ　そのとおりです。でも、最初の数列もある規則によって作られていて、それがあとの数列についてあなたが発見された規則と実は同じなのだと申しあげたら、あなたは何とおっしゃるでしょうか?

シンプリチオ　とてもそうは思えませんが。

サルヴィアティ　でも、本当にそうなのです。最初の数列は、あとの数値の和の十進小数［展開］の最初の部分なのです。その値は$\pi/4$です。

シンプリチオ　あなたは数学的なトリックがお上手ですね。でも、私にはそれが抽象と現実に関係があるとは思えませんが。

サルヴィアティ　抽象との関係は簡単です。最初の列はでたらめに見えますが、その見かけのでたらめさの蔭にある単純な構造を見破るには、抽象作業によって一種のフィルターを開発しなければならないのです。

　自然の法則が発見されるのは、まさにこのやり方によっています。自然がわれわれに提供するのは現象の大軍で、それらは大部分混沌としたでたらめに見えますが、そこからある重要な事象を選び出し、個別的で不適切な環境から抽象化し、それらを理想化すれば、話は違ってくるのです。そのようにしてはじめて、事象はその真の構造の壮麗な形を現すのです。

サグレド　それは素晴らしい考えですね！　われわれが自然を

理解しようとするときには、現象をあたかもそれが理解されるべきメッセージであるかのように観察しなければならない、というわけですね。もっともそれを解読する符号系を確立するまでは、どのメッセージもでたらめに見えるところが違っていますけど。その符号系は抽象化という形をとります。すなわち、われわれは事柄によっては、これは不適当であるといって無視することにします。こうして、われわれは自由な選択によってメッセージの内容を部分的に選びとるわけですね。不適当な信号は「背景の雑音」を形成して、それがわれわれのメッセージの正確さを制約します。

　しかし符号系は絶対的なものではありませんから、同じデータの素材の中に複数個のメッセージがあるかもしれません。だから符号系を変えることによって、以前はたんなる雑音であったものの中に同じく深い意味をもつメッセージが得られるでしょうし、その逆もあるでしょう。新しい符号系のもとでは、前のメッセージは意味を失ってしまうかもしれません。

　このように符号系は、相異なる相補的な側面の間の自由な選択を前提としています。そしてどの側面も、曖昧な言い方を許していただけるなら、どれも等しく現実性を主張しています。

　それらの側面のあるものは、いまはわれわれに全く知られていませんが、抽象化の他のシステムをもっている観察者には自らを啓示するかもしれません。

　しかしサルヴィアティ、われわれが客観的な現実世界で何かを発見するとなお主張できるとしたら、それはなぜでしょうか？　それはわれわれがたんにわれわれ自身のイメージに従って何かを創造することで、現実性とはわれわれ自身の中にしかない、ということを意味しないでしょうか？

サルヴィアティ　そうでなければならないとは思いませんが、それはさらに深い考察を必要とするご質問のようですね。

　ヤウホはここで、「意識をもつ存在」からではなく、自然そのものからくるメッセージを扱っている。われわれが第6章で意味とメッセージの関係について提起した問題は、自然からのメッセージについても同じように提起できる。自然は無秩序だろうか、それとも類型化されているだろうか？　また、この質問の答を決定するにあたって、知性はどんな役割を果すだろうか？

　哲学から立ち戻ると、一見でたらめな列の深い規則についての問題が考えられる。第5章の関数$Q(n)$には、簡単な非再帰的説明が与えられるだろうか？　どんな問題も、たとえば果樹園のように、その秘密があらわになるような角度から眺めることができるだろうか？　あるいは数論の中には、どんな角度から眺めようと謎として残されるような問題があるのだろうか？

　以上の序論で、いよいよさらに先へ進んで「予測可能な長さの探索」という用語の正確な意味を定義すべきときがきたように思う。それは言語ブーによって達成されるであろう。

言語ブーの根源的ステップ

　われわれの主題はいろいろな性質をもつ自然数の探索である。探索の長さを論じるためには、ある根源的「ステップ」を定義しなければなるまい。どの探索もそのステップから成り、その長さはステップの個数によって測られる。われわれが根源的と考えるステップのいくつかを示そう。

二つの自然数を加えること、
二つの自然数を掛けること、
二つの数が等しいか否かの判定、
二つの数の大きい（小さい）方を決定すること。

反復と上界

これらのステップによって、たとえば素数か否かの判定法を定式化するには、ある「制御構造」、すなわちものごとを実行する順序を記述しておく必要があることがすぐにわかる。どんなときに前に戻って何かをやり直すか、どんなときにこれこれのステップを飛ばすか、あるいはまた停止するか、等々といったことの記述である。

どんな「アルゴリズム」（仕事をどのように実行するかを明確に叙述したもの）にも、(1)実行されるべき特定の演算、および(2)制御構造の混合体が含まれているものである。だから、予測できる長さの計算を表現する言語の開発に際して、根源的な制御構造をも組み込まなければならない。実際、ブーの特質はその限定された制御構造にある。任意のステップに分岐してゆくとか、一群のステップを無制限に反復することは許されていない。ブーで使える制御構造は本質的には有界反復（bounded loop，BLOOP，略称ブー）だけであって、ひと組の指令がくり返し反復実行されるが、その回数は、反復の上界あるいは天井と呼ばれるあらかじめ定められた最大回数を越えない。もし天井が三百なら、その反復は〇回、七回、あるいは三〇〇回実行されるが、三〇一回実行されることはない。

ところで、プログラムの中の上界の正確な値は、どれもプログラマーによって数値的に指定される必要はない。実際、あらかじめわかっていなくてもかまわない。そのかわり、どの上界も、その反復に入る前に実行される計算によって決定される。たとえば2^{3^n}の値を計算するには、二つの反復が使われるのである。まず3^nを計算するが、それには$(n-1)$回の乗算が要る。それから、2のそれだけ乗を計算する。それには(3^n-1)回の乗算が関係する。このように、第二の反復の上界は第一の反復の計算結果なのである。

次にそういうことを表すブー・プログラムを示そう。

```
DEFINE PROCEDURE "TWO-TO-THE-THREE-TO-THE" [N]:
BLOCK 0: BEGIN
    CELL(0) ⇐ 1;
    LOOP N TIMES:
    BLOCK 1: BEGIN
        CELL(0) ⇐ 3 × CELL(0);
    BLOCK 1: END;
    CELL(1) ⇐ 1;
    LOOP CELL(0) TIMES:
    BLOCK 2: BEGIN
        CELL(1) ⇐ 2 × CELL(1);
    BLOCK 2: END;
    OUTPUT ⇐ CELL(1);
BLOCK 0: END.
```

ブーの規約

コンピュータ言語で書かれたプログラムを眺めて、何が行われているかを理解するのは、後天的な技術である。しかしこのアルゴリズムは十分簡単であるから、あまり細かく詮索しなくても意味がわかることと思う。ある手続き(PROCEDURE)が定義(DEFINE)されている。それはひとつの入力パラメータ、Nをもっている。その出力(OUTPUT)とは計算したい値のことである。

この手続きの定義は「ブロック構造」と呼ばれるものをもっているが、それはある部分が単位、あるいはブロック(BLOCK)と見なされることを意味している。ひとつのブロックの中の文はすべて、ひとつの単位として実行される。どのブロックにも番号が付けられていて(一番外側のブロックは0番=BLOCK 0とする)、開始(BEGIN)と終了(END)で囲まれる。われわれの例では、ブロック1もブロック2も、それぞれひとつの文しか含んでいない(しかしすぐにもっと長いブロックに出会うであろう)。反復(LOOP)文はいつでも、その直後のブロックを[指定された回数=TIMESだけ]くり返し実行することを意味している。さっきの例からわかるように、ブロックは何重にも重ねてよい。

このアルゴリズムの戦略は、すでに述べられたとおりである。まず補助的な変数CELL(0)に、あらかじめ1を入れておく。それから反復の中で、ちょうどN回になるまでくり返しそれを3倍する。次に同じようなことをCELL(1)に対して行う――まず1をおき、ちょうどCELL(0)回だけ2倍してやめる。最後にCELL(1)の値をOUTPUTにおく。これが外界に戻される数値であって、これだけが外から見える手続きの行動である。

記法についていくつかの点をここで述べておく必要がある。まず、左向きの矢印⇦の意味は次のとおりである。

その右側にある式の値を計算し、その結果を、矢印の左にある変数CELLまたはOUTPUTに入れる。

だから、たとえば

CELL(1)⇦3×CELL(1)

という命令の意味は、CELL(1)に貯えられている数値を3倍することである。各CELLを、ある計算機の記憶装置内の個々の語と考えてもよい。CELLと現実の語との違いは、後者がある有限の限度までの整数しか記録できないのに対して、CELLは任意の自然数を、いくら大きいものでも記録できる、ということである。

ブーのどの手続きも、呼出しに応じてある値、すなわち変数OUTPUTの値をもたらす。どの手続きの実行を開始するときにも、指定がなかった場合の選択肢としてOUTPUTに値0が与えられる、と仮定する。そんなわけで、手続きの中でOUTPUTを全く変更しなかったとしても、OUTPUTの値はいつでもきちんと定義されている。

条件文と分岐

次にもうひとつの手続きを観察して、ブーに一層の一般性を与える他の諸機能を学ぶことにしよう。加算しか知らないのに、M－Nの値を求めるにはどうすればよいだろうか? いろいろな数をNに足してみて、いつ答がMになるかを見るとよい。しかしもしMがNより小さかったらどうなるだろうか? 2から5を引こうとしたら？　自然数の範囲には答はない。しかしブーの手続きには何かの答を出すようにさせたい。たとえば答を0としよう。すると、引き算をするブー手続きは次のようになる。

```
DEFINE PROCEDURE "MINUS" [M, N]:
BLOCK 0: BEGIN
  IF M < N, THEN:
    QUIT BLOCK 0:
  LOOP AT MOST M + 1 TIMES:
  BLOCK 1: BEGIN
    IF OUTPUT + N = M, THEN;
      ABORT LOOP 1;
    OUTPUT ⇐ OUTPUT + 1;
  BLOCK 1: END;
BLOCK 0: END.
```

ここではＯＵＴＰＵＴの値は0で始まるという前に述べた性質が利用されている。もしＭがＮより小さければ、引き算は不可能で、ただちにブロック0の末尾に飛び越し、答は0となる。それがQUIT BLOCK 0(ブロック0から出よ)という行の意味するところである。しかしもしＭがＮより小さくなければ、脱出（ＱＵＩＴ）文を飛ばして、その次にある命令（ここでは反復文）を実行する。ブーの条件（ＩＦ）文はいつでもこのように働く。

そこでわれわれは反復1（ブロック1の反復を指示するので、こう呼ぶ）に入る。われわれはまず0をＮに加え、それから1、2、等々を加える作業を、答がＭになるまでくり返す。その時点で、われわれは反復を中断(ABORT)する。すなわち、反復されているブロックの終り(END)の直後の文に飛び越す。この場合は、BLOCK 1: END の直後、いいかえればこのアルゴリズムの最後の文［BLOCK 0: END］に飛び越すことになり、仕事は終る。ＯＵＴＰＵＴは正しい答を含んでいる。

下の方に飛び越すための二つの異なる指令、ＱＵＩＴとＡＢＯＲＴがあることを注意しておこう。前者はブロックに、後者は反復に関連している。QUIT BLOCK *n* は、ブロック *n* の最後の行に飛び越すことを意味するが、ABORT LOOP *n* は、ブロック *n* の最後の行のすぐ下に飛び越すことを意味している。その違いは反復の途中で、反復はつづけるがその回はブロックから出たい場合にだけ問題になる。そういう場合にはＱＵＩＴを使えばよい。

反復の上界の前につけられている言葉ＡＴ　ＭＯＳＴ（たかだか）にも注意しておこう。これは、反復が上界に到達する前に中断されるかもしれないという警告である。

自動的にまとめる

ブーについて説明すべき最後の特徴が二つあるが、どちらも非常に重要である。まず、手続きは一度定義してしまえば、あとの手続きの定義の中で呼び出すことができる。その結果、一度ある操作が手続きとして定義されれば、それは根源的ステップと同じくらい簡単であると見なされる。だから、ブーの特色は自動まとめ能力である。これは上手なスケート選手が新しい動作を習得するしかたになぞらえることもできよう。彼は新しい動作を根源的な筋肉の活動の長い列としてではなく、すでに習得した動作（それらもさらに前に習得された動作の複合体として習得した）によって定義する。そしてその重層度、あるいはまとまり度は、根源的な筋肉活動にぶつかるまで何層にもつづきうるのである。こういうわけで、ブー・プログラムのレパートリーは、スケート選手の技術のレパートリーのように、文字どおり反復加速度的に成長する。

ブー検定

ブーのもうひとつの特色は、手続きが出力の値として、整数値でなく、YESかNOかをとりうる、ということである。そのような手続きは*関数*というよりはむしろ*検定*である。その違いを示すために、検定の名前は必ず疑問符で終ることとする。また、OUTPUTに対する指定がない場合の選択肢は、もちろん0ではなく、NOである。

次にブーの最後の二つの特徴の例を、変数値が素数か否かを検定するアルゴリズムについて見よう。

```
DEFINE PROCEDURE "PRIME?" [N]:
BLOCK 0: BEGIN
    IF N=0, THEN:
    QUIT BLOCK 0;
    CELL (0) ⇐ 2;
    LOOP AT MOST MINUS [N, 2] TIMES:
    BLOCK 1: BEGIN
        IF REMAINDER [N, CELL (0)]=0,
        THEN;
            QUIT BLOCK 0;
        CELL (0) ⇐ CELL (0) + 1;
    BLOCK 1: END;
    OUTPUT ⇐ YES;
BLOCK 0: END.
```

このアルゴリズムでは二つの手続きが呼び出されている。MINUSとREMAINDERである（後者は［xをyで割ったときの余りを求める手続きであるが］すでに定義ずみと仮定されているが、その定義は各自で試みていただきたい）。この素数性の検定は、Nの可能な因数をひとつずつ、2から最高N－1まで小さい順に試してみるという方法によっている。どこかでNがちょうど割りきれた（余りREMAINDERが0になった）場合、最後にまで飛び越すので、OUTPUTは最初に決められた値のままで、答はNOである。Nが約数をもたない場合に限って、反復1が完全に実行され、自然に文OUTPUT ⇐ YESに到達し、これが実行されると手続きは終了する。

ブー・プログラムは一連の手続きを含む

われわれは手続きをブーでどのように定義するかを学んだ。しかし、手続きの定義はプログラムの一部分にすぎない。プログラムは一連の手続き（どれもそれ以前に定義された手続きしか呼び出せない）から成り、そのあとに定義された手続きの呼出しがひとつかそれ以上つづいてもよい。だから、完全なブー・プログラムの一例としては、手続きTWO-TO-THE-THREE-TO-THEのあとに呼出し

TWO-TO-THE-THREE-TO-THE [2]

を付けたものが挙げられる。その答は512である。

もし一連の手続きの定義しかなければ、何も実行されない。それらはみな、動作を開始させるための特定の数値を伴う何かの呼出しをただ待っているだけである。これは、挽くべき肉を待っている挽肉器——あるいはたがいに連結され、前の器械から材料を補給される一連の挽肉器のようなものである。挽肉器の場合、この光景はあまり食欲をそそるものではない。しかしブー・プログラムの場合、そのような構成は非常に重要なので、それを「呼出しなしのプログラム」と呼ぶことにしよう。この概念は第72図に図示されている。

さて、ブーは終了が予測できる計算を定義するための言語である。ブーで計算できる関数の標準的名称は「原始再帰的関数」である。また、ブー検定で判定できる性質の標準的名称は「原始再帰的述語」である。だから、関数 2^{3n} は原始再帰的関数であり、文「n は素数である」は原始再帰的述語である。

直観的には、ゴールドバッハ特性が原始再帰的であることは明らかであるが、それを具体的にはっきりさせるために、存在の有無をどのように検定するかを示す手続きの、ブーによる定義を掲げておこう。

```
DEFINE PROCEDURE "GOLDBACH?" [N] :
BLOCK 0 : BEGIN
      CELL (0) ⇐ 2 ;
      LOOP AT MOST N TIMES :
      BLOCK 1 : BEGIN
            IF {PRIME? [CELL (0)]
                  AND PRIME? [MINUS [N,
                        CELL (0)]]} , THEN :
                  BLOCK 2 : BEGIN
                        OUTPUT ⇐ YES ;
                        QUIT BLOCK 0 ;
                  BLOCK 2 : END
                  CELL (0) ⇐ CELL (0) + 1 ;
      BLOCK 1 : END ;
BLOCK 0 : END.
```

［条件文中のANDは「でしかも」と読む。］

いつものように、YESと決まるまではNOであると仮定し、和がNになるような二つの数値の組に対する強引な探索を行う。もし両方とも素数なら、一番外側のブロックから出る。さもなければ、ただ戻ってやり直すことを、すべての可能性が尽きるまでつづける。

（**注意**　ゴールドバッハ特性が原始再帰的であるという事実は、「すべての偶数はゴールドバッハ特性をもつか？」という問いが簡単な問いであることを意味しない——とんでもないことである！）


ちょっと練習を……

あなたは亀特性（あるいはアキレス特性）の存在または欠如を判定する似たようなブー手続きが書けるだろうか？　もしできるなら、やってみるとよい。もし書けないとしたら、それはただ上界がわからないためだろうか、それともそういうアルゴリズムをブーで定式化するのを妨げる基本的な障害があるのだろうか？　また、対話の中で定義した「驚異性」の判定について同じ質問をしたら、どうなるだろうか？

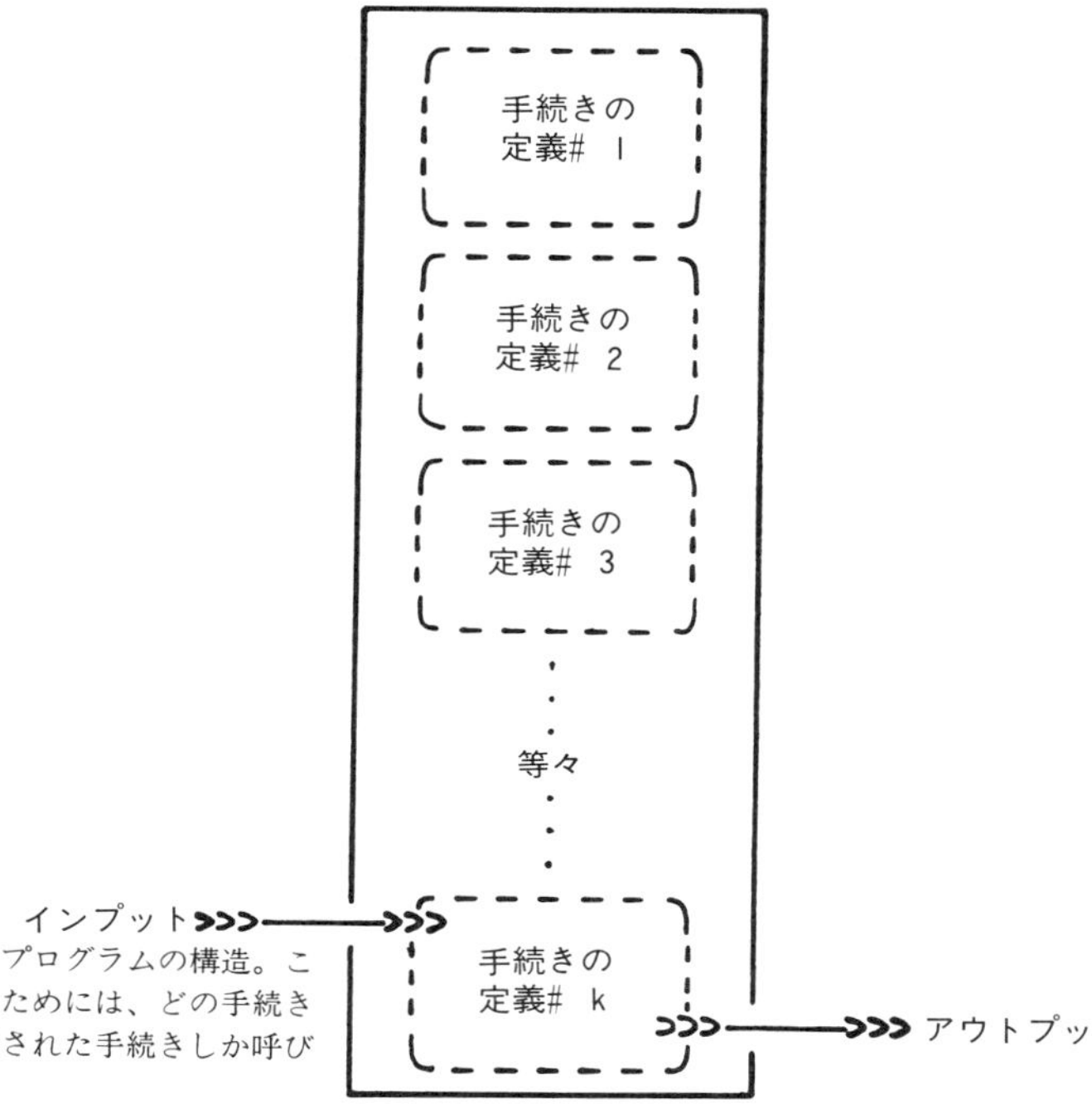

第 72 図　呼び出しのないブー・プログラムの構造。このプログラムが自己完結しているためには、どの手続きの定義の中でも、それ以前に定義された手続きしか呼び出してはいけない。

次に、私はある関数と性質の表を示す。読者はそれらが原始再帰的（ブープログラムできる）と思えるかどうか、考えてみてほしい。それには、それらが要求する計算にどんな種類の演算がかかわってくるか、またすべての必要な反復に天井が定められるかどうかを注意深く考察しなければならない。

FACTORIAL [N]＝**N**！（**N**の階乗）
（例：**FACTORIAL** [4]＝**24**）

REMAINDER [M, N]＝**M**を**N**で割った余り
（例：**REMAINDER** [24, 7]＝**3**）

PI-DIGIT [N]＝π の小数点以下**N**桁目
（例：**PI-DIGIT** [1]＝**1**,
PI-DIGIT [2]＝**4**,
PI-DIGIT [1000000]＝**5**）

FIBO [N]＝フィボナッチ数列の第**N**項
（例：**FIBO** [9]＝**34**）

PRIME-BEYOND [N]＝**N**より大きい最小の素数
（例：**PRIME-BEYOND** [33]＝**37**）

PERFECT [N]＝第**N**番目の完全数（**28**のように、その約数の和がそれ自身になるもの：28＝1＋2＋4＋7＋14）
（例：**PERFECT** [2]＝**28**）

PRIME？[N]＝**N**が素数のとき**YES**さもなければ**NO**

PERFECT？[N]＝**N**が完全数のとき**YES**さもなければ**NO**

TRIVIAL？[A, B, C, N]＝もし $A^N+B^N=C^N$ が成り立つなら**YES**、さもなければ**NO**
（例：**TRIVIAL**？[3, 4, 5, 2]＝**YES**
TRIVIAL？[3, 4, 5, 3]＝**NO**）

PIERRE？(A, B, C)＝もし$A^N+B^N=C^N$が1より大きいある値Nについて成り立つならYES、さもなければNO
（例：PIERRE？[3, 4, 5]＝YES
PIERRE？[1, 2, 3]＝NO）

FERMAT？[N]＝もしある正数A、B、Cについて$A^N+B^N=C^N$が成り立つならYES、さもなければNO
（例：FERMAT？[2]＝YES）

TORTOISE-PAIR [M, N]＝もしMとM＋Nがどちらも素数ならYES、さもなければNO
（例：TORTOISE-PAIR [5, 1742]＝YES,
TORTOISE-PAIR [5, 100]＝NO）

TORTOISE？[N]＝もしNが二つの素数の差ならYES、さもなければNO
（例：TORTOISE？[1742]＝YES,
TORTOISE？[7]＝NO）

MIU-WELL-FORMED？[N]＝NをMIUシステムの列と見たとき、もし論理式を表しているならYES、さもなければNO
（例：MIU-WELL-FORMED？[310]＝YES,
MIU-WELL-FORMED？[415]＝NO）

MIU-PROOF-PAIR？[M,N]＝もし、M、NをMIUシステムの列と見たときMがNの導出になっていればYES、さもなければNO
（例：MIU-PROOF-PAIR [3131131111301, 301]＝YES,
MIU-PROOF-PAIR [311130, 30]＝NO）

MIU-THEOREM？[N]＝もしNをMIUシステムの列と見たとき定理を表していればYES、さもなければNO
（例：MIU-THEOREM？[311]＝YES,
MIU-THEOREM？[30]＝NO,
MIU-THEOREM？[701]＝NO）

TNT-THEOREM？[N]＝NをTNTの列と見たとき定理を表していればYES、さもなければNO
（例：TNT-THEOREM？[666111666]＝YES,
TNT-THEOREM [123666111666]＝NO,
TNT-THEOREM [7014]＝NO）

FALSE？[N]＝NをTNTの列と見たとき、数論の誤った命題を表しているならYES、さもなければNO
（例：FALSE？[666111666]＝NO,
FALSE？[223666111666]＝YES,
FALSE？[7014]＝NO）

最後の七つの例は、われわれがこれから行う超数学的探検にとくに関係が深いので、綿密に検討する価値がある。

書けるということと表せるということ

ブーについての面白い問題にとりかかり、そこからブーの親戚筋にあたるフーに進む前に、最初に述べたブーを導入した理由に戻って、TNTとの関係を考えてみよう。以前私は、ゲーデルの方法が形式システムに適用できるための臨界質量は、すべての原始再帰的な概念がそのシステムの中で表現可能なとき到達されると述べた。このことは、正確には何を意味するのだろうか？　まず、われわれは表現可能性と表記可能性という二つの概念を区別しなければならない。ある述語の表記とはたんに英語から厳密な形式システムへの翻訳を意味する。それは定理性とは何の関係もない。一方、述語が表現されるというのはずっと強い概念で、次のことを意味している。

(1) すべての正しい事例は定理である。

(2) すべての誤った事例は非定理である。

ここで「事例」とは、すべての自由変数を数値で置き換えて得られる列のことである。たとえば述語 $m+n=k$ はpqシステムで表現可能である。なぜなら、この述語のどんな正しい事例も定理であるし、どの誤った事例も定理ではない。このようにどんな特定の加算でも、正しかろうと誤っていようと、pqシステムの決定可能な列に翻訳される。しかしpqシステムは、自然数の他の性質は、表現はさておいても、何も表記できない。だから、数論を実行できるシステムの選抜においては、pqシステムは全く弱い候補者であろう。

ところで、TNTは事実上すべての数論的述語を表記できる能力をもっている。たとえば「bは亀特性をもっている」という述語を表記するTNTの列を書くのは容易である。だから、表記能力については、TNTは十分である。

しかし、「どの特性がTNTで表現されるのか?」という問いはまさに「TNTはどれくらい強力な公理系か?」という問いにほかならない。すべての可能な述語はTNTで表現可能なのだろうか? もしそうなら、TNTは数論のどんな問題にも答えることができ、完全であるといえる。

原始再帰的述語はTNTで表現可能である

完全性は一種のキメラ（ギリシャ神話の怪物、異なる発生系統が結合した生物体）であることが後でわかるが、TNTは少なくとも「原始再帰的述語」については完全である。いいかえれば、数論のどんな命題でも、その真偽が計算機によって予測できる時間内で決定できれば、TNTの中でも決定できる。また、同じことを最終的に次のようにいいかえてもよい。

自然数についてのある性質に対してブー検定が書けるなら、その性質はTNTの中で表現可能である。

原始再帰的でない関数は存在するか?

ブー検定で判定できる性質の種類は多様であって、ある数が素数か否か、完全数か、ゴールドバッハ特性をもつか、2の累乗か等々が含まれている。そこで数のどんな特性もある適当なブー・プログラムで判定できるのではなかろうかと考えたとしても、それほど気狂いじみたことではない。ある数が「驚異性」をもつか否かを検定する方法は現時点ではわかっていないという事実にも、それほど悩む必要はない。というのは、われわれが「驚異性」について無知なだけであって、もっとよく掘り下げれば、関係する反復の上界を表す一般的な公式を発見できるかもしれない。それさえ発見できればたちどころに、「驚異性」に対するブー検定を書くことができる。同じ注意が亀特性についてもいえる。

本当の問題は、「計算の長さについての上界はいつでも見つけられるか——それとも、自然数の体系には本来的なごたごたがあって、ときには計算の長さを前もって予測することを妨げるのだろうか?」ということである。衝撃的なことに、後者が正しい。それがなぜであるかを調べよう。それは、2の平方根が無理数であることを最初に証明したピタゴラスの心を狂わせたのと同種の事柄である。われわれの証明では、集合論の創始者であるゲオルク・カントールが発見した、有名な「対角線論法」を利用する。

ブーグロップ村、通し番号、青いプログラム

ひとつ、変った概念を考えることから始めよう。それはすべてのブー・プログラムの置き場所「ブーグロップ村」である。いうまでもないが、この置き場所は無限に広い。われわれはブーグロップ村の一部分で、次の三つのフィルターを施して得られる村落を考える。最初のフィルターでは、呼出しのないプログラムだけが残される。この村落からさらにすべての検定を消去して、関数だけを残す。（ところで、呼出しのないプログラムでは、一連の手続きのうちの最後のひとつによって、全体のプログラムが検定であるか関数であるかが決定される。）第三のフィルターではちょうど一個の入力パラメータをもつ関数だけが残される。（これもまた最後の手続きで決まる）これで何が残るだろうか？

　ちょうど一個の入力パラメータをもつ関数を計算する呼出しのないブー・プログラムをすべて集めた村落

これらの特別なブー・プログラムを青いプログラム（Blueprogram）と呼ぶことにしよう。

次にしたいことは、青いプログラムのすべてに、間違いようのない通し番号を与えることである。どうすればいいだろうか？　最も簡単な方法は、われわれもそれを利用することになるが、それらを長さの順に並べることである。最も短い青いプログラムを1番とし、その次に短いのを2番等々とするのである。もちろん、同じ長さのプログラムがたくさん出てくるであろう。同じ長さのもの同士は、アルファベット順に並べる。ここで「アルファベット順」というのは少し意味が広く、ブーで使われるすべての特殊記号を含み、それらの順序は勝手に決めてよいが、たとえば次のようにする。

A B C D E F G H I J K L M N
O P Q R S T U V W X Y Z + ×
0 1 2 3 4 5 6 7 8 9 ⇧ = < >
( ) [ ] { } — ’ ? : ; , .

——それから最後につつましき空白がくる！　全部合わせて五十六文字である。便宜上、長さ1のすべての青いプログラムを第1巻に入れ、2文字のプログラムを第2巻に、等々と入れることにする。当然ながら最初の何巻かは空っぽであるが、あとの方の巻にはとてもたくさんの要素が入る（しかしどの巻のプログラムも有限個である）。一番最初の青いプログラムは次のとおり。

```
DEFINE PROCEDURE"A"[B]:
BLOCK 0: BEGIN
BLOCK 0: END.
```

この愚かな挽肉器は、入力が何であっても0を出力する。これは56文字から成るので、第56巻に入る（隣接する行を区切る空白を含め、必要な空白をすべて数えている）。

第56巻からは、どの巻も膨大なものになる。青いプログラムになるような記号の組合せは、何百万通りもあるからである。しかし問題ない。われわれは、この無限のカタログを印刷しようというので

はない。われわれが注意したいことは、理論的にいってこの順序が正しく定義されていて、どの青いプログラムにも、ただひとつの通し番号が確定する、ということだけである。これが決定的な着想である。

第k番目の青いプログラムで計算される関数を、次のように表すことにしよう。

Blueprogram〈#k〉[N]

ここでkはプログラムの通し番号であり、Nはただひとつの入力パラメータである。たとえば、12番目の青いプログラムは、入力を2倍して出力するプログラムであるとしよう。

Blueprogram〈#12〉[N]=2×N

この等式の意味は、左辺で指定されているプログラムが、右辺の二つの代数式を人間が計算したときと同じ値を出力する、ということである。もうひとつの例として、五〇〇〇番めのプログラムがひょっとして入力パラメータの3乗を計算するのなら、

Blueprogram〈#5000〉[N]=N^3

対角線論法

これで準備は整った。今度は「ひねり」を加えてみよう。カントールの対角線論法である。われわれは青いプログラムのこのカタログを利用して、新しい一変数の関数――*Bluediag*[N]――を定義する。この関数はカタログのどこにも載っていないことがあとでわかる（名前をイタリックで示したのはそのためである）。しかし、この関数はたしかにきちんと定義されていて、一変数の計算可能な関数であり、したがって、ブーではプログラムできない関数が存在すると結論せざるをえないであろう。

この関数の定義は次のとおりである。

等式(1)……*Bluediag*[N]=1+Bluepreogram〈#N〉[N]

作戦は、各挽肉器にそれ自身の通し番号を食わせておいて、それからその出力に1を加えることである。たとえば*Bluediag*[12]がどうなるかというと、Blueprogram〈#12〉は2倍するという関数であるから、*Bluediag*[12]の値は1+2×12=25でなければならない。同じように

Bluediag[5000]=125,000,000,001

が得られる（右辺は5000の3乗に1を加えたものである）。同じようにして、特定の変数値であればどんなものでも、それに対応する関数値を計算することができる。

この関数の特色は、これが青いプログラムのカタログの中に現れていない、ということである。現れえないのである。その理由は次のとおり。青いプログラムであれば、その通し番号があるはずである――それが仮に青いプログラム第X番であったとしよう。

等式(2)……*Bluediag*[N]=Blueprogram〈#X〉[N]

しかし等式(1)と等式(2)は両立しない。そのことは*Bluediag*[X]の値を計算してみればすぐわかる。この二つの等式のどちらでもNがXという値をとるとして差し支えないからである。すると等式(1)は次のようになる。

$$Bluediag[X] = 1 + Blueprogram\{\# X\}[X]$$

しかし等式(2)からは、

$$Bluediag[X] = Blueprogram\{\# X\}[X]$$

が得られる。ところがどんな数でも、ある数とその次の数とに同時に等しいことはありえない。しかし、これら二つの等式がいっているのはそういうことである。だからわれわれは、前に戻って、このような矛盾をひき起した仮定を取り消さなければならない。取消しの可能なただひとつの候補は等式(2)によって表されている仮定、すなわち *Bluediag*[N]が青いプログラムで記述できるという仮定である。これで次のことが証明できた——*Bluediag* は原始再帰的関数の領域の外にある。こうして、どんな数論的関数も予測可能なステップ数で計算できるはずだという、アキレスのお気に入りではあるが素朴な考え方は打ち破られ、われわれの目的は達成された。

ここにはある微妙なことが起っている。たとえば、こんなことも考えられる。Nの特定の値それぞれについて、*Bluediag*[N]の計算に必要なステップ数は予測できるが、予測のいろいろな方法を全部まとめて*Bluediag*[N]の計算の長さを予測するひとつの一般的な方法にすることはできない。それは「無限の偶然の一致」であって、亀のいう「無限の一致」やω-不完全性にも関連する。しかし、この関連を詳しく追跡するのはやめておこう。

カントールの本来の対角線論法

どうしてこれが対角線論法と呼ばれるのだろうか？　この用語はカントールの本来の対角線論法に由来するが、そこから（われわれのも含めて）多くの他の論法がつづいて導かれている。カントールの本来の対角線論法を説明するのは少し寄り道になるが、その価値はある。カントールもやはり、あるものがある表の中にないことを示そうとした。具体的にいえば、カントールが証明したかったことは次のとおりである。もし実数の名簿が作られたとすると、そこから洩れている実数が必ずある——だから実際には、実数の完全な名簿というのは名辞矛盾である。

ここでいっているのは有限の大きさの名簿だけでなく、無限の大きさの表にも関連している。「実数は無限にあるから、有限の名簿にはもちろん納まらない」などということより、ずっと深い事柄である。カントールの結果の本質は、無限には（少なくとも）二つの異なる型があり、ひとつの型の無限は無限の名簿あるいは表の中の項目の個数を表し、もうひとつの型は実数の個数（いいかえれば線または線分の上の点の個数）を表している。そして後者の方が「大きい」ので、その長さが前の型の無限で表されるような表の中に実数全体を押し込めることはできない。そこで、カントールの論法が文字どおりの意味での対角線の概念にどのようにかかわっているかを観察しよう。

0と1の間の実数だけを考えよう。議論の都合上、正の整数Nに実数r_nを対応させた無限の表ができたとして、しかも0と1の間のどの実数もその表のどこかに現れると仮定する。実数は無限小数で表されるから、その表の最初の方がたとえば次のようになっていると想像していただきたい。

r_1: .**1** 4 1 5 9 2 6 5 3……

r_2: .3 **3** 3 3 3 3 3 3……

r_3：.7　1　**8**　2　8　1　8　2　8……
r_4：.4　1　4　**2**　1　3　5　6　2……
r_5：.5　0　0　0　**0**　0　0　0　0……

対角線上にある桁数字は太文字で示した（1、3、8、2、0、……）。これらの数字を利用して、0と1の間の特別な実数dで、この表の中にないものを作ろう。それには対角線上にある桁数字をその順に並べ、しかもその一つひとつを他の数字に変えればdが得られる。そういう数字の列の前に小数点をつければよい。ある数字を他の数字に変えるしかたはもちろんたくさんあるので、そのしかたに応じてたくさんの異なるdが得られる。たとえば各桁数字から1を引くことにすると（0ひく1は9と約束する）、われわれの数dは次のようになる。

.0　2　7　1　9……

さて、この作り方から、

dの最初の桁はr_1の最初の桁と異なる。
dの第2桁はr_2の第2桁と異なる。
dの第3桁はr_3の第3桁と異なる。

したがって

dはr_1とは異なる。
dはr_2とは異なる。
dはr_3とは異なる。
……等々。

いいかえれば、dはこの表の中にはない！

対角線論法は何を証明するのか？

カントールの証明とわれわれの証明の間の決定的な相違は、戻って取り消される仮定にある。カントールの論法では、その不安定な仮定はある種の表が作れた、ということであった。だから、dの構成によって保証される結論は、実数の網羅的な表は結局作れない――いいかえれば、整数の集合はすべての実数に通し番号を付けるには不足している、ということである。一方、われわれが証明したところでは、青いプログラムに通し番号が付けられることはわかっている――整数の集合は、すべての青いプログラムに通し番号を付けられるほど大きいのである。だから、われわれはさらに不安定なある着想を使って、そこに戻り、それを引っこめることになる。その着想とは、*Bluediag* [N] があるブー・プログラムで計算できる、ということである。これが対角線論法の応用における微妙な相違である。

このことは、対話の中の怪しげな「すべての偉大な数学者の表」に応用してみると、もっとはっきりするかもしれない。対角線そのものはDboupsである。これに適当な対角線減算を実行すると、Cantor（カントール）が得られる。ここで二つの結論が可能である。もしこの表が完全であるというゆるぎない確信をおもちなら、カントールは偉大な数学者ではないと結論せざるをえない。一方、もしカントールは偉大な数学者であるというゆるぎない確信をおもちなら、この「すべての偉大な数学者の表」は不完全であると結論せざるをえない。カントールの名前が抜けているではないか！（両方を確信している人に災いあれ！）　前者の場合は、*Bluediag* [N] が原始再帰的でないというわれわれの証明に対応している。一方、後者の場合は、実数の表が不完全であるというカントールの証明に対応している。

　カントールの証明は、対角線という言葉を文字どおりの意味で使用している。他の「対角線」式証明は、この言葉の幾何学的な意味から抽象化されたより一般的な概念に基づいている。対角線論法の本質は、ひとつの整数を二つの異なる方法で使うこと、あるいは、ひとつの整数を二つの異なるレベルで使うことにある、ともいえる——あらかじめ決められた表の外にあるものを構成できる方のおかげである。あるときは、整数は垂直の通し番号として、またあるときは水平の通し番号として使われている。カントールの構成法では、これは非常にはっきりしている。関数 *Bluediag* [N] については、ひとつの整数を二つのレベルで、最初は青いプログラムの通し番号として、二回目は入力パラメータとして使用している。

第 73 図　ゲオルク・カントール

対角線論法の狡猾な反復可能性

　最初、カントールの論法は十分説得力があるとは思えないかもしれない。何かこれを避けて通る方法はないのだろうか？　対角線で構成される数 d を追加してしまえば、網羅的な表が得られるかもしれない。しかしよく考えてみると、その数 d をつけ加えたところで、少しの助けにもならないことがわかる。というのは、d を表の中の特定の位置においたとたん、対角線論法が新しい表に適用でき、新しい欠けている数 d' が構成できて、それは新しい表の中にもない。対角線論法で、ある数を作ってはそれをつけ加えて「より完全な」表を作る操作をいくらくり返したところで、カントールの根深い鉤からは逃れられない。カントールの対角線論法を出しぬこうとして、あらゆる技巧を何もかも利用し、狡猾な反復可能性をもなんとか考慮に入れて実数の表を作ってみても、カントールの鉤を避けようといくらひねくりまわしたところで、その鉤に引っかかったままであることがわかるであろう。どんな自称「すべての実数の表」も、自分が仕掛けた爆弾でやられてしまう、といえる。

　カントールの対角線論法の反復可能性は、亀の悪魔的な方法の反復可能性に似ている。亀はそれで、少なくとも蟹が希望したところによれば次第により「高性能」になり、より「完全」になっていく蟹のプレーヤーを、ひとつまたひとつと破壊したのであった。その方法では、各プレーヤーに対して、それにはかけられない特定の歌を作ることが必要である。カントールの技巧と亀の技巧がこの奇妙な反復能力を共有しているのは、偶然ではない。実際、「洒落対法題」(Contracrostipunctus) は「洒落た感法(かんとほる)題」(Cantorcrostipunctus)

と題してもよかったくらいである。その上、亀が無邪気なアキレスにそっと暗示したように、「洒落対法題」の中の出来事はゲーデルが彼の不完全性定理の証明に用いた構成法のいいかえなのである。ということは、ゲーデルの構成法もまた対角線論法に非常によく似ているのである。このことは次の二つの章でもっと明らかにされるであろう。

ブーからフーへ

われわれは自然数の原始再帰的関数と原始再帰的性質のクラスを言語ブーで書かれるプログラムによって定義した。われわれはまた、われわれが言葉で定義できる自然数関数のすべてをブーでは把握できないことを知った。カントールの対角線論法によって、「ブー不可能」な関数 *Bluediag*[N] まで構成した。ブーが *Bluediag* を表現できないのは、どういうわけなのだろうか？ *Bluediag*[N] が表現できるようにするには、ブーをどのように改良すればよいのだろうか？

ブーを定義づけた特徴は、その反復の有界性である。それなら反復についての制限を外して、「フー」と呼ばれる第二の言語を発明したらどうだろうか？（「フ」は「自由」すなわち「フリー」のフである）フーはブーと、次の一点を除いて同じである。つまりフーでは天井のない反復も、天井のある反復同様に許される（フーで反復文を書くときに天井を含めるただひとつの理由は、簡潔さのためである）。この新しい反復は、MU反復（MU-LOOP）と呼ばれる。その理由は、数理論理学では「自由な」探索（上界のない探索）がふつう「μ演算子」（ミュー演算子）と呼ばれる記号で表されるからである。そこで、フーの中の反復文は次のようになる。

```
MU-LOOP:
BIOCK n: BEGIN
 ・
 ・
 ・
BLOCK n: END;
```

この機能を使えば、「驚異性」や「亀特性」の検定をフーで書くことができる。これらの検定は、必要な探索が天井知らずかもしれないので、ブーではどう書いていいかわからなかった。興味ある読者は「驚異性」の検定のために次のことをするフー・プログラムを書いてごらんになるとよい。

(1) もしその入力*N*が驚異であれば、プログラムは停止して答YESを出力する。

(2) もし*N*が驚異でなく、1-4-2-1-4-2-1……以外の閉じた輪をひき起すなら、プログラムは停止してNOと答える。

(3) もし*N*が驚異でなく、しかも「無限に上昇する進行」をひき起すなら、プログラムはけっして停止しない。これが、答えないことによって答えるというフーのやり方である。フーが答えないのは、趙州の沈黙「無」（MU）と奇妙な類似を示している。

(3)の場合は皮肉なことに、OUTPUTの値はいつでもNOなのに、プログラムが動きつづけているために、いつまでも呼び出せない。この厄介な第三の可能性は、自由な反復を書くためにわれわれが支払わなければならない対価である。MU反復機能を含むすべてのフー・プログラムで、非停止はいつでも理論的な可能性としてある。もちろん、可能なすべての入力に対して実際にはいつでも停止するフー・プログラムもたくさんある。たとえば、前に述べたように、「驚異性」を研究した多くの人々には、さっき提案したフー・プログラムがいつも停止する、しかも必ずYESと答えるのではないかと思われるだろう。

停止するフー・プログラムと停止しないフー・プログラム

フー・プログラムを停止するもののクラスと停止しないもののクラスとに分けることができれば、それは非常に望ましいことである。停止するものとは、その反復の「MU-性」にもかかわらず、どんな入力に対してもいつかは停止する。停止しないものは、少なくともあるひとつの入力に対して、永久に動きつづける。もしもある種の複雑な検査によって、フー・プログラムがどちらのクラスに属しているかをいつでも決定できるなら、ある大きな影響がひき起されるであろう(それについてはすぐ後で述べる)。いうまでもなく、クラスを判定する作業はそれ自身停止する作業でなければならない――でないと何にもならない!

チューリングの策略

その検査にブー手続きを使うのはどうだろうか。ただブー手続きは数値的入力しか受けつけないので、プログラムは入力できない! しかしこの点は、プログラムを数に符号化することによって回避できる! このずるい技巧は、ゲーデル数付けの数ある応用のひとつにすぎない。フーのアルファベットの五十六文字に、それぞれ901, 902, …, 956という「コドン」を割り当てよう。すると、どのフー・プログラムにも非常に長いゲーデル数が与えられる。たとえば最短のブー関数(これは停止するフー・プログラムでもある)――

```
DEFINE PROCEDURE"A"[B]:
BLOCK 0: BEGIN
BLOCK 0: END.
```

――に対するゲーデル数の一部を示すと次のようになる。

904,905,906,909,914,905,……,905,914,904,955,
D　E　F　I　N　E　……　E　N　D

さて、われわれの計画はTERMINATOR?(停止するものであるか?)というブー検定を書くことである。それは、入力が停止するフー・プログラムの符号であればYESと答え、さもなければNOと答えるものである。このようにしてわれわれは仕事を機械に任せて、うまくいけば停止するものを停止しないものから判別できる。しかしアラン・チューリングの独創的な論考によると、どんなブー・プログラムもこの判別をけっして誤りなく行うことはできない。その技巧は実はゲーデルの技巧とほとんど同じで、当然カントールの対角線論法と密接に関連している。ここで詳しくは述べないが、停止性検定プログラムにそれ自身のゲーデル数を入力するという着想による、といえば十分であろう。それはある文全体をその中で引用しようとするのと似たところがあるので、そう簡単ではない。引用を引用する、等々のことが必要で、無限退行に導かれるように見える。しかしチューリングは、あるプログラムにそれ自身のゲーデル数を入力する技巧を案出した。これと同じ問題を別の文脈で解くことは、次の章で行われる。この章では、同じ目標に向って別の進路を選ぶことにしよう。すなわち、停止性の検定が不可能であることを証明する。チューリングの方法の優雅で簡単な紹介を見たい読者には、ホーアとアリソンの論文（Hoare, C. A. R. and D. C. S. Allison; "Incomputability". *Computing Surveys* 4, no. 3——Sept., 1972）をおすすめしたい。

停止性の検定は魔法のようなもの

停止性の検定という考えを破壊する前に、それができたらどんなに素晴らしいかを述べておきたい。ある意味で、それは数論のすべての問題をひとつの素晴らしいフーで解決してしまう、魔法の占杖のようなものである。たとえば、ゴールドバッハ変奏曲が正しい予想であるか否かを知りたいとしよう。すなわち、すべての数は亀特性をもっているだろうか？　われわれはまずKAME?と呼ばれるフー検定を書く。それは入力が亀特性をもっているかどうかを判定するプログラムである。この手続きの欠点、つまり亀特性がないときは停止しないことは、ここでは長所に変っている！　というのは、停止性の検定をこの手続きKAME?に適用して、もし答YESが得られるなら、KAME?はすべての入力に対して停止すること、いいかえれば、すべての数が亀特性をもっていることがわかる。もし答がNOなら、アキレス特性をもつ数が存在することがわかる。皮肉なことに、われわれはプログラムKAME?を実際には全く使用しない——ただ検査するだけである！

数論のどんな問題でもプログラムになおして、その上で停止性検定用の占杖をひと振りして解いてしまおうというこの考えは、誠実性についての公案を折りたたんだ糸に符号化し、その糸を仏性検定にかけて公案が本物かどうかを判定しようという考えと似ていなくもない。アキレスが示唆したように、おそらく望みの情報は、ある表現では他の場合よりも「表面近くにある」のであろう。

フーグロプ村、通し番号、緑のプログラム

白昼夢はもう十分であろう。停止性の検定が不可能であることは、どのように証明できるだろうか？　その不可能性を証明しようとするわれわれの試みは、ブーに対してやったような対角線論法をフーに応用しようという試みにかかっている。あとでわかるように、これら二つの場合の間には微妙かつ決定的な相違がある。

ブーについてやったように、すべてのフー・プログラムの置き場所を考えてみよう。それを「フーグロプ村」と呼ぶ。それからフーグロプ村に前と同じ三つのフィルターを施して、最終的に

> すべての呼出しなしのフー・プログラムで、ちょうど一個の入力パラメータの関数を計算するようなものの完全な村落

が得られるようにする。これらの特別なプログラムを**緑の**プログラムと呼ぶことにしよう（永久に進みつづけるかもしれないので［常緑樹か、緑の信号を連想してほしい］）。

さて、すべての青いプログラムに通し番号を割り当てたように、すべての緑のプログラムを同じ長さの巻に分け、その中をアルファベット順に並べた一覧表を作ることによって、緑のプログラムに通し番号をつけることができる。

ここまでのところ、ブーからフーへの持ち込みは簡単である。次に、最後の部分である対角線の技巧も持ち込めるかどうかを考えよ

う。対角線関数を次のように定義したらどうなるだろうか？

Greendiag[N]＝1＋Greenprogram〈#N〉[N]

　ここで突然、思わぬ障害に出会う。この関数はすべての入力Nに対して確定した出力をもってはいないかもしれない。これはたんに、停止しないプログラムをフーのたまり場から閉め出さなかったためであって、すべてのNに対して*Greendiag*[N]の値を計算できるという保証はない。ときにはけっして停止しない計算に踏みこんでしまうかもしれないのである。そして対角線論法は、そのような場合には適用できない――対角線関数がすべての入力に対して値をもつことを前提にしているからである。

停止性の検定によって赤いプログラムが得られる

　この点を修復するためには、停止性検定を（仮に存在したとして）利用しなければなるまい。そこでそれが存在するという不安定な仮定を注意深く導入して、それを4番目のフィルターとして利用しよう。緑のプログラムの表を先頭から調べていって、停止しないものをひとつずつ全部消去して、最後に次のものだけが残るようにする。

> 呼出しのないフー・プログラムで、ちょうど一個の入力パラメータの関数を計算し、しかもその入力のすべての値に対して停止するようなものの完全な村落

　これらの特別なプログラムを（必ず停止するのだから）赤いプログラムと呼ぶことにしよう。すると対角線論法がうまくいく。

Reddiag[N]＝1＋Redprogram〈#N〉[N]

と定義して、*Bluediag* の場合と全く平行に、この関数が一変数の確定した計算可能な関数であって、赤いプログラムの一覧表の中にはなく、したがって強力な言語フーによってさえ計算できないという結論に導かれる。ここでそろそろグーに進むべきであろうか？

グーは……

　そのとおりである。しかしグーとは何だろうか？　もしフーが解き放たれたブーならば、グーは解き放たれたフーにちがいない。しかし、どうすれば2回も解き放つことができるのだろうか？　フーを超える力をもつ言語は、どんなふうに作るのだろうか？　われわれが発見したところでは、*Reddiag* は人間なら計算できるが（その方法は日本語で具体的に記述されている）、言語フーではプログラムできそうもない。これはフーより強力な計算機言語は未だかつて発見されたことがないので、重大なジレンマである。

　計算機言語については注意深い研究がすでになされている。われわれが自分でする必要はないので、ただ結果を報告するだけにしておこう。計算機言語の巨大なクラスがあって、その中のどれもがフーと次の意味で全く同じ表現能力をもっていることが証明されている。すなわち、そのどれかひとつの言語でプログラムできる計算は、それらのすべての言語でプログラムできる、というのである。不思議なことに、計算機言語を設計する意味のある試みはどれも、このクラスの新しい要員、いいかえればフーと同じ能力の言語を生み出している。このクラスの中の言語より弱くて、しかも十分興味ある言語を発明するには、少し手間がかかる。ブーはもちろん弱い言語

の一例であるが、これは通例というよりは例外である。要するに、アルゴリズムを記述する言語を発明するにはあるきわめて自然な道がいくつかあって、いろいろな人が勝手な経路で進んでも、ふつうは表現形式しか違わない、能力の点では同等な言語を生み出す結果に終る。

……神話である

実は、フーと同等な言語より強力な、計算を記述するための言語はありえないと広く信じられている。この仮説は、一九三〇年代に二人の人々によって独立に定式化された。アラン・チューリング（この人についてはあとでもっと触れる）と、今世紀のすぐれた論理学者の一人アロンゾ・チャーチである。この仮説はチャーチ（C）とチューリング（T）の提唱と呼ばれている。このCT提唱を認めると、われわれは「グー」が神話であると結論せざるをえない――フーには除去すべき制約は何もなく、ブーについてやったように「枷からはずす」ことによって能力を増すことはできない。

このことは、われわれを居心地のよくない立場に追い込む。すなわち人間は *Reddiag*[**N**] を**N**のどんな値に対しても計算できるのに、計算機に同じことをさせるようなプログラムは作れない、というふうにいわざるをえないのである。なぜなら、もしそういうプログラムが作れるなら、それはフーでもできる――しかし構成法から明らかに、それはフーではできない。この結論はあまりにも奇妙なので、それを支えている柱をとくに注意深く吟味せざるをえない。そしてその柱のひとつは、停止するフー・プログラムを停止しないものから区別できる決定手続きが存在する、という不安定な柱であることが思い出されるであろう。そのような決定手続きの存在は、数論のすべての問題が一定の方式で解けてしまうことになるので、すでに疑わしいと思われていたのであった。今や、停止性検定が神話であるという理由は倍加される――フー・プログラムを遠心分離機にかけて、停止するものと停止しないものとに分離することはできない。

懐疑論者は、これでは停止性検定が存在しないという厳密な証明にはなっていないと主張するかもしれない。その異論はもっともであるが、チューリングの方法はもっと厳密に次のことを証明している。フーのクラスの言語で書かれたどんな計算機プログラムでも、すべてのフー・プログラムに対する停止性の検定を実現することはできない。

チャーチとチューリングの提唱

チャーチとチューリングの提唱にちょっと戻ってみよう。これ（とその変型）については第17章でかなり詳しく述べるが、ここではいくつかのいいかえを述べて、その長所と意義についてはあとにのばしてもよいであろう。そこで、CT提唱を表現する三つの関連する方法を次に示す。

(1) 人間に計算できることは機械にも計算できる。
(2) 機械に計算できることはフーで計算できる。
(3) 人間に計算できることはフーで計算できる（すなわち一般あるいは部分再帰的である）。

用語＝一般再帰性および部分再帰性

この章では、数論のいくつかの概念とそれらの計算可能な関数の理論に対する関係について、かなり広い概観を行った。それは非常に広くて実り多い分野で、計算機科学と数学の興味ある混合である。この章を閉じる前に、われわれが扱った概念に対する標準的な用語を紹介しておくべきであろう。

すでに述べたように、「ブー計算可能」とは「原始再帰的」の同義語である。フー計算可能な関数は、次の二つの領域に分けられる。(1)停止するフー・プログラムで計算可能なもの——それらは一般再帰的（あるいは一般帰納的）と呼ばれる。(2)停止しないフー・プログラムでしか計算できないもの——それらは部分再帰的（あるいは部分帰納的）と呼ばれる。（述語についても同様である。）「一般再帰的」のことをたんに「再帰的」ということも多い。

ＴＮＴの能力

おもしろいことに、ＴＮＴはすべての原始再帰的述語を表現できるばかりか、さらにすべての一般再帰的述語を表現できるくらい強力である。これらの事実の証明は述べないが、それはＴＮＴの不完全性の証明というわれわれの目的には不必要だからである。もしＴＮＴがある原始再帰的あるいは一般再帰的述語を表現できないとすると、ＴＮＴはおもしろくないしかたで不完全になるであろう。そこで、われわれは何でも表現できると仮定して、その上でＴＮＴがあるおもしろいしかたで不完全であることを示した方がよい。

G線上のアリア

亀とアキレスがポリッジ工場の見学を終えたところ。

アキレス　話題を変えてかまわないかい？
亀　かまわないとも。
アキレス　では、そういうことなら。実は、数日前にいたずら電話がかかってきてね。
亀　面白そうだな。
アキレス　うん。それで——問題はその相手が支離滅裂なんだよ、少なくともぼくに理解できるかぎりは。何かわめきちらしてから電話を切った——いやむしろ、いま思い出すと、何かわめいて、それをもう一度わめいて、それから電話を切ったんだ。
亀　それが何かは聞き取れたのかい？
アキレス　うん、電話はこんなふうさ。
　ぼく　もしもし？
　相手　（乱暴に叫ぶ）はその引用が先立つと虚偽を生む！　はその引用が先立つと虚偽を生む！
　（ガチャン）
亀　いたずら電話でしゃべるには実に変った文句だ。
アキレス　まさしくぼくも思ったよ。
亀　たぶんその狂気らしきものには何か意味があった。
アキレス　たぶんね。
（三階建の美しい石造りの家に囲まれた広い中庭に入っていく。中央には椰子の木が一本、片側に塔が立っている。塔のそばに階段があり、そこにすわっているひとりの少年が、窓から身を乗り出している若い女に話しかけている。）
亀　どこへ連れていく気だい、アキレス？
アキレス　この塔のてっぺんから美しい光景をきみに見せたいんだ。
亀　ほう、それはいい。
（少年に近づくと、少年は物珍しげに両者を見て、それから若い女に向って何かいう——ふたりともくすくす笑う。アキレスと亀は少年のいる階段を昇らずに、左へ曲って、小さな木戸へ通ずる短い階段へ向う。）
アキレス　ここからなかへ入れるのさ。ついてくるといい。
（アキレスが木戸を開ける。なかへ入り、塔の内部の急な螺旋階段を昇りはじめる。）
亀　（わずかに息をはずませ）こういう運動にはちょっと向いてない

第 74 図　M. C. エッシャー『上と下』
（リトグラフ、1947 年）

んだよ、アキレス。どれくらい昇らなくちゃならないんだ?

アキレス　もう二つ三つさ……でもいい考えがある。この階段の上側を歩くんじゃなくて、下側を歩いたらどうだろう?

亀　どうやってそんなことができる?

アキレス　ただしっかりつかまって、そしてぐるぐる下側を昇るんだ——きみが入りこめる余地はたっぷりある。階段は下側からでも上側と同じことになるはずだから……

亀　(大きくからだを動かしつつ)これでいいかい?

アキレス　その要領!

亀　(いくぶんくぐもった声)おい——この作戦は頭がこんがらかるよ。階段の上へ向えばいいのかい、下へ向えばいいのかい?

アキレス　そのままさっきと同じ方向へ向うんだ。階段のきみの側では、つまり下へということ、ぼくの側では上へということだな。

亀　ぼくは下へおりていけば塔のてっぺんに着けるなんて、そんなことをいう気かい?

アキレス　わかんないけど、うまくいくんだよ……

(両者は同時進行によって螺旋形を描きはじめる。アキレスはつねに一方の側、亀はそれに合せてもう一方の側。まもなくそろって階段の終りに達する。)

さあ作戦終了だ、亀公。ほら——手を貸すぞ。

(亀に腕を差し出し、階段のもとの側へと引き上げる。)

亀　ありがとう。上側を戻るほうが少し楽だったよ。

(両者は屋上へ出て、町を見おろす。)

いい眺めだなあ、アキレス。こんな上へ連れてきてくれて嬉しいよ——いやむしろ、こんな下へか。

アキレス　喜ぶだろうと思っていたんだ。

亀　さっきから例のいやがらせ電話のことを考えていたんだけど。少しよくわかってきたような気がする。

アキレス　ほんとかい?　話してくれないか?

亀　もちろん。もしかしてきみは、ぼくもそうなんだけど、こんな感じがしないかな、つまり「その引用が先立つ」という文句にはどこかかすかに不安をかきたてるような性質があるという?

アキレス　かすかにね、うん——きわめてかすかに。

亀　きみは、その引用が先立つ何かを思い浮べられるかい?

アキレス　そうだなあ、毛主席が宴の広間に入ってくる姿が浮ぶね。広間にはすでに大きな旗が吊るされていて、彼自身の言葉が記されている。これは、彼の引用が先立つ毛主席だろうよ。

亀　実に想像力豊かな例だ。しかし「先立つ」という言葉を、印刷された文字における先行の概念に限定するとしたらどうだろう、宴の広間への演出巧みな登場ではなく。

アキレス　いいだろう。でも、そこで「引用」とは正確にどういう意味かな?

亀　ある一語や一句を論ずるとき、慣習的にそれを鉤括弧に入れるだろ。たとえばこうだ。

「東洋哲学者」という語は五文字を有する。

ここで「東洋哲学者」を鉤括弧に入れたのは、ぼくが生身の哲学者ではなく「東洋哲学者」という語について語っているのを示すためだ。これを「使用-言及」明示という。

アキレス　ほほう。

亀　説明しよう。仮にぼくがきみにこういうとする。

東洋哲学者は大儲けをする。

この場合、ぼくはこの語を使用して、しこたま金をため込んだ眼光鋭き賢者のイメージをきみの心のなかにつくるわけだ。しかしぼくがこの語を——あるいはどんな語でも——鉤括弧のなかに入れれば、その語の意味や内包を取り去って、紙の上のいくつかの印、あるいはいくつかの音しか残らなくなる。これを「言及」というんだ。印刷上の相以外、その語のいかなるものも問題ではない——それがもちうるいかなる意味も無視される。

アキレス　ヴァイオリンを蝿叩きとして使用するようなものだな。それとも「言及する」ようなものかな？　ヴァイオリンの堅さ以外、何ものも問題ではない——それがもちうるいかなる意味も機能も無視されている。そう考えると、蝿もまたそのように扱われているようだ。

亀　それは使用-言及明示のなかなか鋭敏な拡大解釈だな、いささか非正統的ではあるにせよ。ところで次に、それ自身の引用によって何かに先立つということについて考えてほしいんだ。

アキレス　いいよ。これで正しいかい？

「いいぞ」いいぞ

亀　けっこう。もうひとつ頼む。

アキレス　いいよ。

『「どぼん」はわたしの知るかぎりいかなる書名でもない』

「どぼん」はわたしの知るかぎりいかなる書名でもない。

亀　さて、この例はたんに「どぼん」を落すことによって、はなはだ興味ぶかい例に変更しうる。

アキレス　ほんとかい？　きみのいうのはこうかな。

「はわたしの知るかぎりいかなる書名でもない」はわたしの知るかぎりいかなる書名でもない。

亀　ほら、一個の文になったじゃないか。

アキレス　たしかになったね。「はわたしの知るかぎりいかなる書名でもない」という文句についての文だ。そしてかなりばかばかしくもあるな。

亀　どうしてばかばかしい？

アキレス　だって無意味だよ。もうひとつ出そうか。

「の子は蛙」の子は蛙。

ほら、これが何を意味する？　正直いって、ばかばかしいお遊びだぜ。

亀　ぼくはそうは考えないね。大真面目なものだよ、ぼくの意見としては。実のところ、何かの文句をその引用によって先立たせるという操作はとてつもなく重要だから、ぼくはそれに名称を与えようと思っているんだ。

アキレス　本気かい？　どんな名称を与えてこんなばかばかしい操作に威厳をもたせるんだい？

亀　「文句をクワイン化する」さ、文句をクワイン化するならね。

アキレス　「クワイン化」？　そりゃどういうたぐいの言葉だい？

亀　五文字語だね、ぼくの間違いでなければ。

アキレス　ぼくがいおうとしたのは、まさしくその五文字をまさしくその順序で拾い上げたのはなぜかということだ。

亀　ああ、そういう意味だったのか、きみが「そりゃどういうたぐいの言葉だい？」と尋ねたのは。答はこうだ。「ウィラード・ファン・オーマン・クワイン」という名の哲学者がそういう操作を発見してね、それで彼にちなんで命名してみたわけさ。しかしそれ以上ぼくの説明はつづけられないな。Quine の五文字がなぜ彼の名をつくり上げるのか——なぜその特別な順序で五文字が現れるのか――それはぼくの即答できる問題じゃない。しかし喜んでつづけさせてもらうなら――
アキレス　そうじらすなよ！　クワインの名について何から何まで知りたいんじゃないんだから。とにかく、文句をクワイン化するやり方はわかった。けっこう面白いね。ひとつクワイン化してみるか。
「は文の断片である」は文の断片である。ばかばかしいけど楽しいことは楽しい。文の断片を持ってきて、それをクワイン化すると、ほーれ見よ、ちゃんと文ができたではないか！　真の文だな、この場合は。
亀　「は守護をもたぬ王である」をクワイン化すると？
アキレス　守護をもたぬ王なんてのは――
亀　――異例だね、むろん。要点からそれないでくれよ。まずクワイン化だ、王様は後まわしにして。
アキレス　いまのをクワイン化するのかい？　よし――
「は守護をもたぬ王である」は守護をもたぬ王である。
どうも守護をもたぬ「王」ではなく、主語をもたぬ「文」みたいだな。まあいいや。もうひとつ例を出してくれよ。
亀　よしきた――もうひとついこう。これをやってみろよ。
「はクワイン化されると亀の恋歌を生む」
アキレス　やさしそうだ……そのクワイン化はこうだろ。
「はクワイン化されると亀の恋歌を生む」はクワイン化されると亀の恋歌を生む。
ふふーん……こいつは何かちょっと独特なところがある。なーるほど、わかったぞ！　この文はそれ自体について語っているんだ！　それがわかるかい？
亀　どういう意味？　文はしゃべるなんてできないぜ。
アキレス　そりゃできないけど、いろいろなものに言及はする――そしてこの文は直接に――明白に――間違いなく――それ自体である文そのものに言及しているんだ！　さっきの話をちょっと考えて、クワイン化がどういうことか思い出せばいいじゃないか。
亀　わからないね、その文がそれ自体のことについて何やらいっているというのは。どこでいったい「わたし」とか「この文」とか、そんなことをいっている？
アキレス　おいおい、わざと愚鈍ぶるなよ。それの美はまさしくここにある。つまり、それがわざわざ顔を出してそのことをいわずに、それ自体についてしゃべるというところにさ。
亀　こっちはなにせ単純な男だから、そこのところをわかるようにご説明ねがいたいな。
アキレス　なんとまあ、疑える亀だよ……まあいいさ、ええと……仮にぼくがひとつの文をこしらえる――それを「文P」としよう――空所のある文だ。
亀　たとえば？
アキレス　たとえば――
「　　はクワイン化されると亀の恋歌を生む」
さて、文Pの内容はきみが空所をどう埋めるかによって決まる。空所をいかに埋めるかをきみがいったん選んでしまえば、そこで内容が決定されるんだ。空所をクワイン化することによって得る語句を「文Q」としよう、クワイン化の行為によって作られるものだから。
亀　なるほどね。もし空所語句が「はそれらを新鮮に保つためにマスタードの古瓶に記されている」だったなら、文Qはこうならなくてはならないだろう。
「はそれらを新鮮に保つためにマスタードの古瓶に記されている」はそれらを新鮮に保つためにマスタードの古瓶に記されている。
アキレス　そのとおり。そして文Pは、文Qが亀の恋歌であるという要請をする（それが妥当なものかどうかぼくにはわからないがね）。ともかく文Pはここでそれ自体についてしゃべっているのではなく、むしろ文Qについてしゃべっている。そこまではぼくらは同意できるだろ？
亀　ぜひとも同意しようじゃないか——それにまた、実に美しい歌なんだ。
アキレス　しかしここでぼくは空所に違う選択をしたいんだ。すなわち、
「はクワイン化されると亀の恋歌を生む」
亀　おいおい、なんだか七面倒なことを言い出すじゃないか。ぼくのような並みの頭についていけないような高級な話はよしてほしいな。
アキレス　なあに心配なく——大丈夫、ついてこられるから。この選択によって、文Qはこうなる……
「はクワイン化されると亀の恋歌を生む」はクワイン化されると亀の恋歌を生む。
亀　ふーん、さすがは戦術に長けた戦士だよ、やっとわかった。今度は文Qが文Pとまさしく同じじゃないか。
アキレス　そして文Qがつねに文Pのトピックなんだから、ひとつの環ができて、したがって今度はPがそれ自体を示すわけだ。しかしだね、この自己言及は一種の偶然だ。ふつう、文Pと文Qはたがいにまったく別のものだ。しかし文Pの空所にうってつけの選択をすると、クワイン化はこういう手品を演じてみせる。
亀　みごとなものだ。どうしてぼくもそういうことを思いつかなかったのかなあ。するとこれはどう、こういう文は自己言及になるかい？
「は八文字から成る」は八文字から成る。
アキレス　ふふーん……よくわからないね。いまの文はそれ自体についてでなく、むしろ「は八文字から成る」という語句についてのものだ。でももちろん、その語句はその文の一部でもあるし……
亀　だからこの文はそれ自体のある部分に言及する——だからどうなる？
アキレス　うーん、それも自己言及の資格にならないかい？
亀　ぼくの意見では、真の自己言及にはまだほど遠い。でも、こういうこんがらかった問題にはあまり悩まないことだな。将来ゆっくりと考える時間があるさ。
アキレス　そうかねえ。
亀　そうだとも。でもいまの問題として、「はその引用が先立つと虚偽を生む」をクワイン化してみてくれないか？
アキレス　ああ、例のやつだな——いたずら電話の。クワイン化すればこうなる。
「はその引用が先立つと虚偽を生む」はその引用が先立つと虚偽を生む。
そうか、これを電話の主がいってたのか！　あいつが話してるときは、どこに鉤括弧があるのかまるでわからなかったんだ。こりゃたしかにいやがらせだ！　こんなことをいうやつは刑務所にぶちこむべきだ！
亀　いったいどうして？

アキレス　こっちは落ち着かなくなるからさ。前の例と違って、これが真か虚偽かさっぱりわからないんだよ。考えれば考えるほど、いよいよこんがらかってくるばかりだ。頭がくらくらしてくる。いったいどこの気違いがこんなものをこしらえて、無邪気なおとなを夜なかに悩ませようとするんだろうな。

亀　そうだなあ……さて、そろそろおりようか？

アキレス　おりる必要はないよ——もう一階にいるんだ。なかへ戻ろう——ほら。（一緒に塔のなかへ入り、小さな木戸のところへくる）ここから出ればいいのさ。こいよ。

亀　大丈夫かい？　三階からころがり落ちて大事な甲羅を壊したくはないね。

アキレス　ぼくがきみをだましたりするかい？

（そういって戸を開く。目の前に、どう見てもさきほどと同じ少年がすわっており、同じ娘に話しかけている。アキレスと亀公は、塔へ入ったときにおりていった階段と同じ階段らしき階段を昇り、最初に入ってきたのと同じ中庭に出る。）

ありがとう、亀公、いたずら電話を明晰に解明してくれて。

亀　こっちも嬉しかったよ、アキレス、愉快な散歩に誘ってくれて。じゃあ、また近いうちに。

［第14章］
形式的に決定不可能なTNTと関連するシステムの命題

アコヤ貝の二つの着想

この章の標題は、ゲーデルの有名な一九三一年の論文の翻案である。つまり『プリンキピア・マテマティカ』を「TNT」に置き換えた。ゲーデルの論文は専門的なもので、その証明は水も洩らさぬ厳密なものになるよう努力が払われている。この章はもっと直観的で、証明の核心にある二つの重要な着想に重点を置くことにしたい。その第一は、TNTの列で、TNTの他の列について語っていると解釈できるものがある、という深い発見である。手短にいえば、TNTは言語として「内省」あるいは自己調査の能力を備えている。これはゲーデル数から生ずるものである。第二の重要な着想は、自己調査という性質を単一の列の中に完全に押し込めて、その列が注目するただひとつの焦点がそれ自身であるようにできる、ということである。この「焦点の技法」は、もとをたどれば、本質的に、カントールの対角線論法まで遡ることができる。

私の意見では、ゲーデルの証明を深く理解したいのなら、証明がその本質においてこれら二つの主要な着想の融合から成っていることを認識しなければならない。どちらかひとつだけでも一大傑作なので、これらを結びつけるには天才の一撃が必要である。しかし、二つの着想のうちのどちらがより深いかといえば、私が選ぶとしたら、ためらいなく第一のもの、ゲーデル数の着想を選ぶであろう。というのは、この着想は記号処理体系において、意味と引用についての考え方全体に関連しているからである。これは数理論理学の境界をはるかに越える着想であるが、カントールの技巧の方は、数学的な帰結は豊かであるが、実生活での出来事との関連は、仮にあったとしてもごくわずかでしかない。

第一の着想＝証明対

では、面倒な話はこれくらいにして、証明それ自身の仕上げに進もう。われわれはすでに第9章で、ゲーデル同型対応が何についての概念なのかをかなり注意深く述べておいた。今度は、「式0＝0はTNTの定理である」のような文を数論の式に翻訳するための数学的な考え方を説明しよう。それには証明対の考えが必要である。証明対とは、ある特定のしかたで関連する二つの自然数の対のことである。次にその定義を述べよう。

二つの自然数mおよびnが、TNTの証明対を形成するのは、

mがあるＴＮＴ導出のゲーデル数であり、その導出の最後の行のゲーデル数がnである場合であり、またその場合に限る。

類似の概念はＭＩＵシステムについてもあり、その場合を先に考えた方が直観的にわかりやすい。そこで、しばらくＴＮＴの証明対から離れて、ＭＩＵの証明対を眺めることにしよう。その定義は前と同様である。

二つの自然数mおよびnがＭＩＵの証明対を形成するのは、mがあるＭＩＵ導出のゲーデル数であり、その導出の最後の行のゲーデル数がnである場合であり、またその場合に限る。

次にＭＩＵの証明対の例を二、三挙げよう。まず、$m=3131131111301$, $n=301$とおく。mとnのこれらの値は本当にＭＩＵの証明対を形成している。なぜならmはＭＩＵ導出

MI
MII
MIIII
MUI

のゲーデル数であり、その最後の行はMUIで、そのゲーデル数は301、すなわちnである。比較のために、$m=31311311130$, $n=30$とおいてみよう。これらがMIUの証明対にならないのはどうしてだろうか？　その答を知るために、mが表している導出と称するものを書き出してみよう。

MI
MII
MIIII
MU

この導出と称するものの中には、不適格なステップがひとつある！　二行めのMIIから三行めのMIIIIに進むところである。そういう字形の変化を可能にするＭＩＵシステムの推論規則はない。このことに対応して――これが最も決定的である――311から3111を導く算術的推論規則は存在しない。これは第9章での議論に照らせばつまらない観察であるかもしれないが、しかしゲーデル同型の心臓部に位置している。われわれが形式システム内ですることには必ず、それと平行する算術的操作が対応しているのである。

いずれにしても、$m=31311311130$と$n=30$とはＭＩＵの証明対になっていない。しかし、それだけでは30がＭＩＵ数でないということには必ずしもならない。mの他の値で、30と組み合せてＭＩＵの証明対になるものがあるかもしれない。（実際には、以前の議論からMUがＭＩＵの定理でないことがわかっている。したがって、どんな数も30と組み合せてＭＩＵの証明対を作ることはできない。）

では、ＴＮＴの証明対はどうだろうか？　次に二つの同じような例を挙げるが、ひとつはＴＮＴの証明対と称するものにすぎず、もうひとつは正しいＴＮＴの証明対である。どちらがどちらか、あてられるだろうか？　（ついでながら、ここでコドン〝６１１〟が登場する。その目的は、ＴＮＴ導出の中の隣り合う行のゲーデル数を区別するためである。その意味で〝６１１〟は句読点として働いている。ＭＩＵシステムでは、すべての行の先頭の3で十分なので、

余分な句読点は必要なかった。）

(1) m＝626, 262, 636, 223, 123, 262, 111, 666, 611, 223, 123, 666, 111, 666

n＝123, 666, 111, 666

(2) m＝626, 262, 636, 223, 123, 262, 111, 666, 611, 223, 333, 262, 636, 123, 262, 111, 666

n＝223, 333, 262, 636, 123, 262, 111, 666

どちらがどちらを示すのかは実に簡単で、昔の記法に翻訳してから、次のような決りきった吟味をすればよい。

(1) mによって表されている導出なるものが、実際に合法的な導出であるかどうか。

(2) もしそうなら、その導出の最後の行が、nによって表されている列と一致するかどうか。

ステップ(2)は簡単である。またステップ(1)も、限界のない探索や、隠れた無限反復は出てこないという意味で全く単純である。MIUシステムについての上の例を考え、そして今度はただ心の中で、MIUシステムの規則をTNTの規則に置き換え、MIUシステムのひとつの公理をTNTの公理系に置き換えればよい。どちらの場合も手順は同じなので、次に具体的に書き表してみよう。

導出の各行を先頭からひとつずつ見ていく。

公理に印をつける。

公理でない各行について、それがその導出と称するものの前の行から推論規則のどれかで導かれるかどうかを確かめる。

もし公理でない行がどれも、それより前の行から推論規則で導かれるなら導出は合法的、さもなければ導出はまやかしである。

実行すべき仕事の範囲はどの段階でもはっきりしていて、仕事の数をあらかじめ決めることも容易である。

「証明対であること」は原始再帰的であり……

もう気がつかれたかもしれないが、これらの反復の有界性を強調する理由は、次のことを主張しようとしているところにある。

基本的事実(1) 証明対であるという性質は原始再帰的性質であって、ブー・プログラムによって判定できる。

ここで、密接に関連している他の数論的性質、「定理数」であるという性質との注目すべき対照を明らかにしておくべきであろう。nが定理数であるということは、nとの組が証明対になるようなある値mが存在する、ということである。（ついでながら、この注意はTNTにもMIUシステムにも同様にうまくあてはまる。このことは、MIUシステムを原型として、両方を心にとめておくのに役だつかもしれない。）nが定理数であるかどうかを判定するには、証明対のすべての可能な「相手役」m全体の探索に乗り出すことで、そこで無限の追跡に引きずりこまれるかもしれない。どこまで探し求めていけば、nを第二成分とするような証明対を形成する数を見つけられるかは、誰にもわからない。これが同じシステム内に延長規則と短縮規則の両方があるために起る問題のすべてで、そこからある程度の予測不可能性がひき起される。

ゴールドバッハ変奏曲の例はこの点で役に立つかもしれない。数の対（m, n）が亀の対、すなわち、mとn＋mとが両方とも素数であるかどうかの判定は容易である。容易であるという理由は、素数性の判定が原始再帰的であって、停止を予測できる検定だ、ということである。しかし、もしnが亀の性質をもっているかどうかを知りたいのだと、われわれは「数mのどれかが、nを第二の成分とする亀の対を形成するだろうか？」と問わなければならない。そしてこれは、またしても荒々しいMUの反復的未知につながっている。

……したがってTNTで表現できる。

この時点で重要なことは、さきほど述べた基本的事実(1)である。というのは、そこから次のことが結論できるからである。

基本的事実(2)　証明対を形成するという性質はブーで検定でき、したがって二つの自由変数をもつあるTNTで表現できる。

ここでもわれわれは、証明対がどのシステムについてなのかという点は気にかけなかった。どちらの基本的事実も、任意の形式システムに対して成り立つからである。与えられた一連の行が証明を構成しているか否かは、いつ停止するか予測できるしかたで、いつでも判定できる。これは形式システムの特性である。そしてこの性質は、対応する算術的概念にも持ち込まれる。

証明対のパワー

話を具体的にするために、MIUシステムを扱っているものとしよう。われわれがMUMONと名づけた、あるレベルでの解釈では、「MUはMIUシステムの定理である」を意味する列が、MIUシステムの定理であることはたぶん覚えておられるであろう。われわれは、TNTにおいて、MIUの証明対の概念を表す数式の形で、どのようにMUMONを表現すればよいかを説明できる。その数式の存在は基本的事実(2)から保証されているので、それを次のように略記することにしよう。

MIU-PROOF-PAIR｛a, a′｝

これは二つの数についての性質であるから、二つの自由変数をもつ数式によって表される。（注意＝この章ではいつでも厳格な形のTNTを使うので、変数a、a′、a″等の区別に注意してほしい）「MUはMIUシステムの定理である」ことを主張するには、われわれはTNT同型の文「30はMIUシステムの定理数である」を作り、それをTNT記法に翻訳しなければならない。われわれの省略記法を利用すれば、それは簡単である（第8章で述べたように、各a′をある数詞で置き換えることを、その数詞のあとに／a′を付けて表す）。

∃a：MIU-PROOF-PAIR｛a, SSSSSSSSSSSSSSSSSSSSSSSSSSSSSSO/a′｝

Sを数えてほしい――ちょうど三〇個ある。ひとつの自由変数が束縛されていて、もうひとつが数詞に置き換えられているから、これはTNTの閉じた文である。ところで、ここではうまいことをやっている。基本的事実(2)は、われわれに証明対についての語り方を示してくれた。われわれは定理数についての語り方も、見つけたのである。存在記号をその前につけさえすればよい！　この列の字義的な翻訳をすれば、次のようになるであろう。「ある数aが存在して、30を第二成分とするMIUの証明対を形成する。」

TNTについて似たようなこと、たとえば文「0=0はTNTの定理である」を表現することを考えてみたとしよう。われわれは基本的性質(2)が存在を保証している数式を、似たようなしかたで略記することにしたい（これもやはり二つの自由変数をもっている）。

TNT-PROOF-PAIR{a, a´}

（この略記されたTNT式の解釈は「自然数aおよびa´はTNTの証明対を形成する」である。）次に、さっきのMUMONの例にならって、この文を数論に翻訳しよう。すると「ある数aが存在して、666, 111, 666を第二成分とするTNT証明対を形成する」という文が得られる。これを表すTNTの式は次のようになる。

∃a：TNT-PROOF-PAIR{a, SSSSS……SSSSSO/a´}

（SSSSS……SSSSS：ものすごくたくさんのS！（実に666, 111, 666個ある））

これはTNTの閉じた文である。（これをすぐあとに述べる理由から「趙州」と呼ぶことにしよう。）このようにTNTの証明対という原始再帰的な概念だけでなく、関連するさらに手のこんだTNT定理数のような概念についても語る術がある。

このような考え方の理解度を試すために、以下の超TNT文をTNTにどのように翻訳すればよいか、考えてみてほしい。

(1)　0=0はTNTの定理ではない。
(2)　~0=0はTNTの定理である。
(3)　~0=0はTNTの定理ではない。

これらに対する解答は、さっきやった例と、またおたがいにどこが違うだろうか？　次にもう少し翻訳の練習問題を出しておこう。

(4)　趙州はTNTの定理である。（このことを表すTNT列を「メタ趙州」と呼ぶ。）
(5)　メタ趙州はTNTの定理である。（このことを表すTNT文を「メタ=メタ趙州」と呼ぶ。）
(6)　メタ=メタ趙州はTNTの定理である。
(7)　メタ=メタ=メタ趙州はTNTの定理である。

例5は、メタ=メタTNTの文がTNT記法に翻訳できることを示している。例6はメタ=メタ=メタTNTについて同じことを示している、等々。

ここで、ある性質を「記述する」ことと「表現する」ことの違いに気をつけることが重要である。たとえばTNTの定理数であるという性質は、次の式によって記述できる。

∃a：TNT-PROOF-PAIR{a, a´}

これを翻訳すれば、「a´はTNTの定理数である」になる。しかし、この式がこの概念を表現しているという保証はない。この性質が原始再帰的であるという保証がないからで、それどころか、原始再帰的ではないというかなりはっきりした疑いさえある。（この疑いには十分な理由がある。ＴＮＴの定理数であるという性質は原始再帰的でなく、どんなＴＮＴ式もこの性質を表現できない！）これと対照的に、証明対であるという性質はその原始再帰性のおかげで、既に示した式によって記述・表現ともに可能である。

減算から第二の着想が生れる

以上の議論から、ＴＮＴがＴＮＴの定理性の概念についてどのように「内省」できるかがわかった。これが証明の最初の部分の本質である。今度は、証明の第二の主要な着想に向って前進するために、この内省をひとつの式に圧縮できるような考え方を発展させてゆきたい。そのためには、ある式のゲーデル数が、その式の構造をある簡単なしかたで修正したときにどうなるかを観察する必要がある。実は、われわれは次のように特殊な修正を考えることになる。

すべての自由変数をある特定の数詞で置き換える。

次に、この操作の二つの例を上段に示し、対応するゲーデル数の変化を下段に示す。

規則	ゲーデル数
a＝a	262,111,262
すべての自由変数を2で置き換える。	
SSO＝SSO	123,123,666,111,123,123,666

＊＊＊＊＊

~∃a：∃a′：a″＝(SSa・SSa′)	223,333,262,636,333,262,163,636,262,163,163,111,362,123,123,262,236,123,123,262,163,323
すべての自由変数を4で置き換える。	
~∃a：∃a′：SSSSO＝(SSa・SSa′)	223,333,262,636,333,262,163,636,123,123,123,123,666,111,362,123,123,262,236,123,123,262,163,323

同型な算術的処理が下段で行われているが、そこではひとつの巨大な数がさらに巨大な数に置き換えられている。古い数から新しい数を作り出すこのような関数を、加算、乗算、10のベキ乗等々によって算術的に記述することはさほどむずかしくない——しかしそうするまでもない。主要な点は、次のことである。すなわち、(1)もとのゲーデル数、(2)挿入された数詞が表している数、および(3)得られるゲーデル数の間の関係は、原始再帰的な関係である。いいかえれば、あるブー検定によって、これら三つの自然数を入力したとき、それらが望みの関係を満たしているならＹＥＳと答え、そうでなければＮＯと答えさせることができる。これが自分の能力でできるかどうか、試してみるのもいいかもしれない——そして、同時に次の二組の例を調べてみることによって、その処理には隠れた無制限の反復など含まれていないと納得できるとよい。

(1) 362, 262, 112, 262, 163, 323, 111, 123, 123, 123, 123, 666；

2;
362, 123, 123, 666, 112, 123, 123, 666, 323, 111, 123, 123,
123, 123, 666.
(2) 223, 362, 262, 236, 262, 323, 111, 262, 163;
1;
223, 362, 123, 666, 236, 123, 666, 323, 111, 262, 163.

いつものように、一方は正しいが他方は正しくない。三つの数の間のこの関係を、代入関係と呼ぶことにしよう。これは原始再帰的であるから、あるＴＮＴの数式によって表現される。その式を、次のように略記することにしよう。

DAI{a, a′, a″}

この式は代入関係を表現しているので、次の式はＴＮＴの定理でなければならない。

DAI{SSSSS…SSSSSO/a, SSO/a′, SSSSS…SSSSO/a″}

（262,111,262個のS　　123,123,666,111,123,123,666個のS）

（これはこの節の前の方で平行対置して示した最初の例に基づいている。）また、ＤＡＩ式が代入関係を表現していることから、次の式はＴＮＴの定理ではない。

DAI{SSSO/a, SSO/a′, SO/a″}

算術的にクワイン化する

われわれはようやく、分解された部品全部をひとつの意味のあるまとまりに組立てられる、重大な地点に到達した。TNT-PROOF-PAIR とＤＡＩ式という道具をうまく使って、次のように解釈できるひとつのＴＮＴの文を作りたい。「このＴＮＴ列それ自身はＴＮＴの定理ではない。」どうすればできるだろうか？　必要な道具立てはそろっているのに、この地点でさえ答を見つけるのはやさしくない。

奇妙な、そしてたぶん軽薄に見える考え方は、ある式の自分のゲーデル数をそれ自身の中に代入することである。これは「Ｇ線上のアリア」に出てくる、奇妙でたぶん軽薄に見える別な「クワイン化」の考え方と全く平行である。しかしクワイン化は、自己言及文を作る新しい方法を示した点において、ちょっと変った種類の重要性をもっているのであった。クワイン型の自己言及は、最初出会ったときには背後からそっと忍びよってくるが、一度原理を理解してしまえば、それはきわめて簡単で楽しいものであることがわかる。クワイン化の算術版――それを**算術的クワイン化**と呼ぶことにしよう――によって、「自分自身について」のＴＮＴ文を作ることができる。

次に算術的クワイン化の一例を示そう。少なくともひとつの自由変数をもつ式が要るが、次の式で十分だろう。

a=SO

この式のゲーデル数は262, 111, 123, 666で、この数――というよりは、その数を表す数詞をこの式にはめこんでみよう。その結果は次のようになる。

SSSSS……SSSSSO=SO

（262, 111, 123, 666個のS）

この新しい式は、262, 111, 123, 666は１に等しいというばかげた誤りを主張している。もし~a=SOから出発してそれを算術的にクワイン化したのであれば、正しい文が得られたことであろう。それは容易にわかることと思う。

算術的クワイン化をするときには、もちろん、前に定義した代入操作の特別な場合を実行しているのである。もしTNTの中での算術的クワイン化について語りたいのであれば、最初の二つの変数が同じであるような式

DAI{a″, a″, a′}

を使うことになるであろう。これは、われわれがひとつの数を二つの異なる方法で使用するという事実からきている（カントールの対角線論法の影！）。数a″は、(1)もとのゲーデル数、(2)挿入される数の両方である。この式の略記法を発明しよう。

ARITHMOQUINE{a″, a′}

この式がいっていることを日本語でいうと、次のようになる。

ゲーデル数a″の式を算術的クワイン化して得られる式のゲーデル数はa′である。

ところでこの文は長くて、きれいでない。これを要約する簡潔で上品な用語を導入しよう。以下われわれは、同じことを次のようにいう。

a′はa″の算術的クワイン化である。

たとえば262, 111, 123, 666の算術的クワイン化は、次のような、言葉ではいい表せない巨大な数になる。

$$\underbrace{123, 123, 123, \ldots, 123, 123, 123,}_{666\text{個の}123} 666, 111, 123, 262, 111, 123, 666$$

（これはa=SOを算術的にクワイン化したとき得られる式のゲーデル数である。）算術的クワイン化について、われわれはTNTの中できわめて容易に語ることができる。

最後の藁

さて、「G線上のアリア」をふり返ってみれば、クワインの方法での自己言及を達成するのに必要な最後の技巧は、それ自身クワイン化という概念について語っている文をクワイン化することである。ただクワイン化するだけでは十分でない——クワイン化に言及している文をクワイン化しなければならない！　よろしい、それならわれわれの場合に対応する技巧は、算術的クワイン化の概念について語っているある数式を算術的にクワイン化することにちがいない！

もはや何の苦もなく、次の式が書き下せる。

~∃a:∃a′:⟨TNT-PROOF-PAIR{a, a′}
∧ARITHMOQUINE{a″, a′}⟩

これをGの伯父と呼ぶことにしよう。これを見れば、算術的クワイン化の概念が構想の中にいかに深くかかわっているかが具体的にわかるであろう。ところで、この「伯父」はもちろんゲーデル数をもっているが、それをuと呼ぶことにしよう。uの十進表示の頭と尻尾、その胴体のごく一部分は、直接容易に読み取れる。

u=223, 333, 262, 636, 333, 262, 163, 636, 212, ……, 161,

……，213

残りの部分については、式TNT-PROOF-PAIRと式ARITHMO-QUINEを書き表したとき、実際どのように見えるかを知らなければならない。それは複雑すぎるし、どちらにしても全く要点からはずれている。

さて、われわれがあとしなければならないことは、まさにこの伯父の算術的クワイン化である！　それが何を意味するかといえば、すべての自由変数——その中にはひとつ、つまりa″しかないを「追い払っ」て、そこにuを表す数詞を入れることである。すると次の式が得られる。

$$\sim\exists a:\exists a':\langle \text{TNT-PROOF-PAIR}\{a,a'\}\wedge\text{ARITHMOQUINE}\{\underbrace{\text{SSS}\cdots\cdots\text{SSS}}_{u\text{個のS}}0/a'',a'\}\rangle$$

するとこれが、驚くなかれ、ゲーデルの列なのである。われわれはこれをGと呼ぶ。ここで、ただちに二つの問いに答えなければなるまい。

(1)　Gのゲーデル数は何か？

(2)　Gはどのように解釈されるか？

問(1)から始めよう。われわれは伯父から始めて、それを算術的にクワイン化した。だから、算術的クワイン化の定義によって、Gのゲーデル数は

uの算術的クワイン化

である。次は問(2)である。Gを何段階かに分けて日本語に訳し、進むにつれて次第にわかりやすくなるようにしよう。最初の粗い試みとして、全く逐語的な翻訳をしてみる。

「数aおよびa′で、(1)TNTの証明対を形成し、しかも(2)a′がuの算術的クワイン化であるようなものは存在しない。」

ところで、uの算術的クワイン化であるような数a′はたしかに存在する。だから問題はもうひとつの数aにあるに相違ない。それに注意すれば、Gの翻訳を次のようにいいかえることができる。

「uの算術的クワイン化とともにTNTの証明対を形成するような数aは存在しない。」

（この段階はわかりにくいかもしれないが、このあとでもっと詳しく説明する。）何が起っているのかおわかりだろうか？

「そのゲーデル数がuの算術的クワイン化であるような式は、TNTの定理ではない。」

しかし、今や驚くにあたらないことであるが、その式とはGそれ自身にほかならない。そのことから、Gの最終的な翻訳が得られる。

「GはTNTの定理ではない。」

——あるいは、何なら

「私はTNTの定理ではない。」

としてもよい。

われわれはもともとの数論の文を低いレベルの解釈から、少しずつ高レベルの、すなわちメタTNTの解釈を引き出した。

TNTは「伯父さん！」という

この驚くべき構成の主要な帰結は、第9章ですでにはっきり述べられているとおり、TNTの不完全性である。もう一度くり返すなら——

Gは TNTの定理だろうか？ もしそうなら、Gは真実を述べているはずである。しかしGは実際に何を述べているのだろうか？ 自分自身が定理でないことをである。このようにGの定理性からその非定理性が導かれるので、矛盾。

では、Gが定理でないとしたら、どうなるだろうか？ そこから矛盾は出てこないので、それは受けいれられる。しかし、Gの非定理性こそ、Gが主張していることである。そしてGは定理でないのだから、TNTの定理ではない真実が(少なくとも)ひとつ存在する。

次に、この巧妙なステップをもう一回説明してみよう。ひとつ、別の似たような例を使用しよう。次の列

~∃a:∃a′:⟨TORTOISE-PAIR{a, a′}∧TENTH-POWER{SSO/a″, a′}⟩

には、TNTの列の省略形が二つ含まれているが、それらを具体的に書き下すことは自分でできるはずである。TENTH-POWER{a″, a′}は、「a′はa″の10乗である」という文を表現している。だから日本語への逐語訳は次のようになる。

「数aおよびa′で、条件(1)それらは亀の対を形成する、および(2)a′は2の10乗である、の両方を満たすものは存在しない。」

しかし明らかに、2の10乗は存在する——一〇二四である。だからこの列が実際にいっていることは——

「一〇二四と組んで亀の対を形成する数aは存在しない。」

ことであり、これはさらに次のように煮つめることができる。

「一〇二四は亀特性をもっていない。」

肝心な点は、ある数の記述を、その数詞でなく、述語に置き換える方法をわれわれが達成したことである。それは、ひとつ余分の束縛変数(a′)を利用することに基づいている。こうして表現された数とは、ここでは「2の10乗」と記述されている数一〇二四であり、前の例では「uの算術的クワイン化」と記述されている数であった。

「は算術的にクワイン化すると非定理を生む」

ここでちょっと息つぎのために一休みして、これまでに何ができたかをふり返ってみよう。ある程度の展望を得るために、私が知っている最善の方法は、エピメニデスのパラドクスのクワイン化による変形との比較を具体的に説明することである。次に対応関係を示

そう。

偽 ⇧⇩ 非定理性

句の引用 ⇧⇩ 列のゲーデル数

述語の前に主語をおく ⇧⇩ 数詞（あるいは定数項）を開いた式に代入する

述語の前に句を引用する ⇧⇩ ある列のゲーデル数を開いた式に代入する

述語の前にそれ自身を引用符で囲んだものをおく（クワイン化） ⇧⇩ ある開いた式のゲーデル数をそれ自身に代入する（算術的クワイン化）

クワイン化すると偽になる（主語のない述語） ⇧⇩ Gの「伯父」（TNTの開いた式）

「クワイン化すると偽になる」（右の述語の引用） ⇧⇩ 数u（右の開いた式のゲーデル数）

「クワイン化すると偽になる」はクワイン化すると偽になる（右の述語をクワイン化して得られる完全な文） ⇧⇩ Gそれ自身（uをその伯父に代入して、すなわち伯父を算術的にクワイン化して得られるTNTの文）

ゲーデルの第二の定理

Gの解釈は正しいから、その否定~Gの解釈は誤りである。TNTでは誤った文はけっして導かれないことがわかっている。だからGおよび~GのどちらもTNTの定理ではありえない。われわれのシステムには「穴」つまり決定不可能な命題があることがわかった。

ここからいくつかの事柄が派生する。Gの決定不可能性から導かれるひとつの奇妙な事実は、Gも~Gもどちらも定理でないのに、式〈G∨~G〉は定理だ、ということである。実際、命題計算の規則によって、〈P∨~P〉という形の論理式はすべて定理である。

これは、システムの中での主張とシステムについての主張がたがいに反目しているように見えるひとつの簡単な例である。このような例を見るとシステムが自分自身を正確に反映しているかどうか考えさせられる。TNTの中に存在する「反映されている数学」は、われわれが行っている数学にうまく対応しているのだろうか？　これは、ゲーデルが論文を書いたときに関心をひかれた問題のひとつであった。とくに彼は、「反映された数学」の中でTNTの無矛盾性が証明できるかどうかに興味をもっていた。あるシステムの無矛盾性をいかにして証明するかは、当時の大きな哲学的ジレンマであったことを思い出してほしい。ゲーデルは、「TNTは無矛盾である」という文をTNTの式で表現する簡単な方法を見出した。そして、その式（と同じ考えを表現している他のすべての式）がTNTの定理になるのは、ただ次の条件が満たされる場合に限ることを証明した。すなわちTNTは矛盾を含む。この意地悪な結果は、数学が矛盾を含まないことの厳密な証明が見つかるだろうと期待していた楽観的な人々への、手痛い打撃であった。

「TNTは無矛盾である」という文をTNTの中で表現するには、どうすればよいのだろうか？　それは次の簡単な事実に依存している。矛盾を含むとは、一方が他方の否定であるような二つの式xおよび~xがどちらも定理であることをいう。しかし、もしxと~xの両方が定理であれば、命題計算によると、すべての論理式は定理となる。だから、TNTの無矛盾性を示すには、TNTのただひとつの文で、それが非定理であると証明できるものを示せば十分である。したがって、「TNTは無矛盾である」ことを示すひとつの方法は、「式~0=0はTNTの定理ではない」ということである。これは何ページか前に練習問題として掲げておいたが、次のように翻訳できる。

~∃a：TNT-PROOF-PAIR{a,SSSSS……SSSSO/a′}
（223, 666, 111, 666個のS）

長いけれどもかなり単純な論証によって、TNTが無矛盾であるかぎり、このTNTの無矛盾の宣誓はTNTの定理でないことが証明できる。だからTNTの内省能力は、表現に関しては大きいが、証明に関してはかなり弱い。これは人間の自己理解の問題に比喩的に応用してみると、まことに挑発的な結果である。

TNTはω-不完全である

さて、TNTはどんな種類の不完全性を「満足している」のだろうか？　TNTの不完全性は第8章で定義した「オメガ」型であることが後でわかる。これはある列のピラミッド型の一族が存在して、そのどの列も定理であるのに、それらを「要約する列」は定理でない、ということを意味している。定理でない要約列を示すのは簡単である。

∀a：~∃a′：⟨TNT-PROOF-PAIR{a,a′}
∧ARITHMOQUINE{SSS……SSSO/a″,a′}⟩
（u個のS）

どうしてこれが定理でないのか理解するには、これがきわめてGに似ていることに注意するとよい。事実、これからGを一ステップで作ることができる（すなわちTNTの交換法則に従えばよい）。したがって、もしこれが定理ならばGも定理である。しかしGは定理でないのだから、この式も定理ではありえない。

次に、関連するピラミッド型の一族のすべての列が定理であることを示そう。それらを書き出すのは簡単である。

~∃a′：⟨TNT-PROOF-PAIR{0/a,a′}∧ARITHMO-QUINE{SSS……SSSO/a″,a′}⟩

~∃a′：⟨TNT-PROOF-PAIR{SO/a,a′}∧ARITHMO-QUINE{SSS……SSSO/a″,a′}⟩

~∃a′：⟨TNT－PROOF－PAIR{SSO/a,a′}∧ARITH-MOQUINE{SSS……SSSO/a″,a′}⟩

~∃a′：⟨TNT－PROOF－PAIR{SSSO/a,a′}∧ARITH-MOQUINE{SSS……SSSO/a″,a′}⟩
（u個のS）

. . . .
. . . .

これらの式が主張している事柄は、ひとつずつ翻訳すると、次のようになる。

「0とuの算術的クワイン化とはTNTの証明対を形成しない。」

「1とuの算術的クワイン化とはTNTの証明対を形成しない。」

「2とuの算術的クワイン化とはTNTの証明対を形成しない。」

「3とuの算術的クワイン化とはTNTの証明対を形成しない。」

・
・
・
・

これらの主張はどれも、二つの特定の数が証明対を形成するかどうかにかかわっている。(これに対して、G自身はひとつの特定の数が定理を表す数であるかどうかにかかわっている。)ところで、Gは非定理であるから、どの整数もGのゲーデル数と証明対を形成しない。したがって、この一族のどの文も正しい。ここで問題の核心は、証明対であるという性質は原始再帰的だから、そこから説明がつくように、どれも真である先の表の文はTNTの定理に翻訳されなければならないというところにある。これは、われわれの無限のピラミッドのどの文も定理であることを意味している。そして、それはなぜTNTがω-不完全であるかを示している。

穴をふさぐための二つの方法

Gの解釈は真であるから、その否定~Gの解釈は偽である。そして、TNTが無矛盾であると仮定すると、偽の命題はTNTではけっして証明できない。したがって、Gもその否定~GもどちらもTNTの定理ではない。われわれの体系の穴、決定不可能な命題が見つかったわけである。このことは、それが何の徴候であるかを認識できるくらい哲学的に超然としていられるなら、不安の源には必ずしもならない。それはTNTが、ちょうど絶対幾何学のように、拡張できることを意味している。実際、絶対幾何学がそうであったように、TNTは二つの異なった方向に拡張できる。TNTは、ひとつは標準的な方向に拡張でき、それは絶対幾何学をユークリッドの方向に拡張することに対応している。また、超準的な方向に拡張することもでき、それはもちろん、絶対幾何学を非ユークリッドの方向に拡張することに対応している。そして標準的な型の拡張とは、

　Gを新しい公理として付け加える

ことになるであろう。この示唆はまあ無害で、ひょっとすると望ましくさえある、と思われるであろう。というのは、結局のところ、Gは自然数の体系についてのある真実を述べているからである。しかし、超準的な型の拡張についてはどうだろうか？　話が平行線公理の場合と全く平行に進むとすれば、超準的拡張では

　Gの否定を新しい公理として付け加える

ことになるはずである。しかしそんな相容れない恐ろしいことをしようなどと、どうして考えることができようか。結局、ジロラモ・サッケーリの記念すべき言葉を真似ていえば、~Gがいっていることは「自然数の性質と相容れない」のではなかろうか？

超自然数

この引用の皮肉に驚いていただけるとありがたい。サッケーリの幾何学研究の問題点はまさに、何が正しく何が誤っているかについて固定した考えをもって仕事を始め、しかも最初に正しいと見込ん

だことの証明だけを目ざしたことであった。彼の方法の賢明さにもかかわらず——（それは第五公準を否定してその結果得られる幾何学のたくさんの「相容れない」命題を証明するというものである）、サッケーリは点と線について他の考え方をする可能性には思い至らなかった。いまわれわれは、この有名な過ちをくり返さないよう用心すべきである。われわれはできるかぎり公平に、～Gを公理としてTNTに付け加えることが何を意味するかを考えなければならない。もし次のような新しい公理を付け加えることを誰も考えなかったとしたら、数学が現在どんなものになっているか、ちょっと考えてみてほしい。

∃a:(a+a)=S0
∃a:Sa=0
∃a:(a・a)=SS0
∃a:S(a・a)=0

これらはどれも、「それ以前に知られていた数の体系の性質とは相容れない」が、そのどれもが自然数の概念の深く素晴らしい拡張をもたらす——有理数、負数、無理数、および虚数である。～Gは、われわれの眼をそのような可能性へと開こうとしてくれる。ところで過去においては、数の概念のどんな新しい拡張も激しい非難の野次で迎えられた。それは「無理数」とか「虚数」という、歓迎されざる来客に与えられた名前にもとくにはっきり現れている。伝統に従って、われわれは～Gがわれわれに予告している数を「超自然数」と名づけて、それがすべての妥当で常識的な概念を破壊しているというわれわれの感情を示すことにしよう。

～GをTNTの第六の公理として付け加えようとするなら、われわれが議論を終えたばかりの無限のピラミッドと、その公理がひとつのシステムの中でいったいいかに共存できるのかを理解しておいた方がよいであろう。そっけない言い方をすれば、～Gは次のことをいっている。

「uの算術的クワイン化とTNTの証明対を形成するような数が存在する。」

——しかしピラミッドのさまざまな要員が、次々と主張している。

「0はその数ではない。」
「1はその数ではない。」
「2はその数ではない。」
・
・
・

これにはどうも混乱させられる。完全な矛盾のように見えるからである（だからこそω-矛盾と呼ばれるのである）。われわれの混乱の根底には、幾何学の分裂の場合も似たようなものであったが、記号の修正された解釈を採用することへの頑固な抵抗がある。システムが修正されたことをよくわきまえていても、やはり同じである。われわれは、どんな記号をも解釈しなおしたりせずに切り抜けたいのである——もちろんそれは不可能だとわかる。

和解は、∃を再解釈して、「ある自然数が存在して」でなく「ある拡張された自然数が存在して」と読むときに訪れる。そのようにするときは、∀も対応するしかたで再解釈する。したがって、自然数以外のある特別な数への門戸を開くわけである。それらが超自然数である。自然数と超自然数を合せた全体が拡張された自然数である。

見かけの矛盾はいまや完全に消え失せてしまう。というのは、例のピラミッドは依然として前と同じことをいっている――「どんな自然数もuの算術的クワイン化とはTNTの証明対を形成しない。」超自然数に対する数詞は存在しないから、ピラミッドは超自然数については一言もいっていない。しかしいまや、~Gは「uの算術的クワイン化とTNTの証明対を形成する拡張された自然数が存在する」といっている。明らかに、あのピラミッドと~Gとを合わせれば、次のようなことになる。「ある超自然数は、uの算術的クワイン化とTNTの証明対を形成する。」それだけのことだ――もはや矛盾は存在しない。TNTプラス~Gは、超自然数を含む解釈のもとで無矛盾な体系である。

二つの限定記号の解釈を拡張するのに同意した以上、そのどちらかにかかわる定理はどれも拡張された意味をもつ。たとえば、交換性の定理――

∀a:∀a':(a+a')=(a'+a)

は、いまは加法がすべての拡張された自然数に対して、いいかえれば、自然数だけでなく超自然数に対しても交換可能であるといっている。同じように、「2は自然数の平方ではない」といっているTNTの定理――

~∃a:(a・a)=SSO

は、いまは2が超自然数の平方でもない、といっている。実際、超自然数は自然数の性質を、TNTの定理として与えられる性質であるかぎりすべて共有している。いいかえれば、自然数について形式的に証明できることは、超自然数についてもその証明によって確立される。このことからとくに、超自然数が、われわれにとってすでにお馴染みの分数、負数、複素数、その他何でもの、どれとも異なることがわかる。超自然数はそのかわり、どの自然数よりも大きい無限大の整数として視覚化するのが一番よい。ここに核心がある。TNTの定理は負数、分数、無理数、それに複素数を排除できるが、無限に大きい数を排除することはできない。問題は、「無限の量は存在しない」という文を表記する方法すら存在しないことである。

これは最初はきわめて奇妙に聞こえる。Gのゲーデル数とTNTの証明対を作る数は、正確にはどれくらい大きいのだろうか？（深い理由はないが、それを「I」と呼ぶことにしよう。）残念ながら無限大の整数の大きさを表すうまい言葉が何もないので、Iの大きさの感じがうまく伝えられないのではないかと心配である。しかしそれなら、i（マイナス1の平方根）はどれくらい大きいのだろうか？その大きさは、お馴染み自然数の大きさによっては想像できない。「そうだね、iは14のだいたい半分ぐらいで、24の10分の9ぐらいの大きさだよ」などということはできない。「iの平方はマイナス1だ」というべきであり、遅かれ早かれそのへんで切り上げなければならない。ここでエイブラハム・リンカーンの言葉を引用するのが適切であろう。彼は「人間の足はどれくらい長くあるべきか」と聞かれて、間伸びした話し方で次のように答えたという。「地面に届くくらいに長いこと。」Iの大きさについての問いに答えるしかたもこれと大同小異である――その大きさはちょうどGの証明の構造を記述する数の大きさであること――それ以上でもそれ以下でもない。

もちろんTNTのどの定理も、いろいろなしかたで証明できる。だから、私の説明ではIが一通りには決まらない、と不平を洩らされるかもしれない。そのとおりである。しかしマイナス1の平方根、iとの平行性がまた成り立つ。すなわち、平方がマイナス1になる数はほかにもあることを思い出してほしい——$-i$である。iと$-i$とは同じ数ではない。ただある性質を共有している。厄介なのは、その性質によってそれらが定義される、ということである！　われわれはそのうちひとつを選ばなければならず（どっちでもかまわない）、そしてそれを「i」と呼ぶ。事実、それらを区別する方法は存在しない。だからわれわれが知っていることは、何世紀もの間まちがった方を「i」と呼んでいたということもありうるが、そうだとしても全く変わらない、ということである。ところで、iのようにIの定義にも曖昧さがある。だからIは、uの算術的クワイン化とTNTの証明対を形成しうるたくさんの超自然数のうちの、ある特定のひとつと考えなければならない。

超自然的定理は無限に長い証明をもつ

われわれはまだ、~Gを公理として付け加えることの意味とまっこうから対面してはいない。われわれはそれについて述べはしたが、強調はしていない。重要な点は、~GはGが証明できると主張していることである。あるシステムのひとつの公理が、その否定を証明できると主張しているとき、そのシステムはどのようにして生き残れるのだろうか？　われわれは苦境に陥っているに相違ない！　しかしまあ、見かけほど悪くはない。有限の証明だけに話を限れば、Gはけっして証明できない。したがって、Gとその否定~Gの間の悲惨な衝突はけっして起らない。超自然数Iは何の災害をもひき起さないであろう。しかしわれわれは、~Gがいま真実（「Gは証明できる」）を語っているという考えに慣れなければいけない。しかもGは誤り（「Gは証明できない」）を主張しているのである。標準的な数論では、話が逆であった。——しかしその場合、標準的な数論では超自然数など存在しない。TNTの超自然的定理、すなわちGは誤りを主張しているかもしれないが、すべての自然な定理は依然真実を主張しているのである。

超自然的加法と乗法

超自然数についての非常に不思議で思いがけない事実があるので、ここで証明なしでそれをお話ししておきたい。（私も証明は知らないのだが）その事実は、量子力学におけるハイゼンベルクの不確定性原理を思い出させる。超自然数には、ある簡単で自然な方法で、ふつうの整数（負数も含む）3個の組を各超自然数に結びつけることによって、「見出しを付ける」ことができるのである。だから、われわれのそもそもの超自然数Iには（9、−8、3）という見出しが付けられるかもしれないし、その次の数I＋1には見出し（9、−8、4）が付けられるかもしれない。ところで、超自然数への見出しの付け方は一通りではない。いろいろなやり方があって、それぞれ一長一短ある。見出しを付けるある方式のもとでは、加えるべき二つの超自然数の見出しが与えられたとき、それらの和の見出しを非常に簡単に計算できる。また他の方式のもとでは、掛けるべき二つの超自然数の見出しが与えられたとき、それらの積の見出しを非常に簡単に計算できる。しかし、両方を計算できる見出しの方式は存在しない。より正確にいえば、和の見出しが再帰的関数で計算できるなら、積の見出しは再帰的関数では計算できない。また逆に、積の見出しが再帰的関数であれば、和の見出しはそうはならない。したがって、超自然学校の生徒たちで超自然数の加算の表を習った者は、超自然数の乗算表を知らなくても差し支えないし、その逆もいえる！　同時に両方を知ることはできない。

超自然数は役に立つ……

超自然数の数論をさらに超えて、超自然的分数（二つの超自然数の比）、超自然的実数、等々を考えることもできる。実際、超自然的実数の概念を使って、解析学を新しい足場の上に築くことができる。*dx* とか *dy* などという無限小――数学者におなじみの魑魅魍魎は、それらを無限に大きい実数の逆数と考えることによって完全に正当化できる！　解析学の深いところのある定理は、「超準解析」の助けによってずっと直観的に証明できる。

……しかし、超自然数は実在するだろうか？

超準的数論は、はじめて出会う人に方向感覚を失わせてしまう。しかしそれをいうなら、非ユークリッド幾何学も方向感覚を失わせる話である。どちらの場合にも、次のように尋ねてみたい強い衝動にかられるであろう。「しかし、これらの競合する理論のうち、どちらが正しいのですか？　真実はどっちでしょう？」ある意味で、そのような問いには答がない。（それでも、あとで論じる別の意味においては、答がある。）この質問に答がないことの理由は、これらの競合理論は同じ用語を使ってはいるが、同じ概念について語ってはいないところにある。したがって、それらはユークリッド幾何学と非ユークリッド幾何学のように、表面的に競合しあうだけである。幾何学では「点」「線」等々の語は定義のない用語で、それらの意味はそれらが使用される公理系の枠組によって決定される。

数論でも同様である。TNTを形式化しようと決めたとき、解釈用語として使用する術語をあらかじめ選んでおいた――たとえば「数」「足す」「掛ける」等々の語である。形式化の段階を進めるにつれて、それらの語がもつ受け身の意味を何であろうと受けいれざるをえなくなる。しかし、サッケーリとちょうど同じように、われわれはびっくりするようなことを予想していなかった。何が正しくて現実の唯一の自然数論であるかを知っている、とわれわれは思っていた。数についてのいくつかの問題があって、それについてはTNTは答えず、したがっていろいろな方向に向けてのTNTの拡張によっていかようにも答えられる、ということをわれわれは知らなかった。だから、数論が「本当は」はああだとかこうだとか言える根拠は何もない。それはちょうど、誰も好んでマイナス1の平方根が「本当に」存在するとか「本当は」存在しないとか言いたがらないのと同じようなものである。

幾何学の枝分かれと物理学者たち

以上の所論に対して提起できる議論、あるいは提起すべき議論がひとつある。現実の物理的世界での実験が、ある特定の型の幾何学によって他のいかなる型よりも経済的に説明できると仮定しよう。その場合、その幾何学が「正しい」というのは意味をもつであろう。「正確な」幾何学を使いたい物理学者の立場からすれば、「正しい」幾何学を他の幾何学と区別することは意味がある。しかし、このことにあまり単純すぎる解釈を当てはめてはいけない。物理学者はいつも状況の近似と理想化を行っている。たとえば、第5章でふれた私自身の博士論文は、磁場の中での結晶の問題の極端な理想化に基づいていた。そこで現れた数学は高度の美と対称性を備えていた。モデルの不自然さにもかかわらず、あるいはむしろそれゆえに、ある基本的な特徴がグラフにはっきりと立ち現れた。それらの特徴は、より現実的な状況で起るであろう事柄の種類についてのある推測を示唆している。しかし私のグラフを生み出した仮定なしには、そのような洞察はけっして得られなかったであろう。こういうことは物理学では何回もくり返し見られるので、物理学者は現実の深く隠された性質を調べるために「非現実的な」状況を利用するのである。したがって、物理学者が使っている幾何学の種類が「正しい幾何学」だと考えるのは非常に危険なことである。なぜなら、物理学者は実際いろいろな異なる幾何学のうち、いつでも与えられた状況において最も簡単で便利だと思われるものを選んで使うのである。

さらに、そしておそらくこれがずっと大事なことであるが、物理学者はわれわれが住んでいる3次元空間だけを研究しているのではない。物理的計算が行われる「抽象空間」は山ほどあって、それらはわれわれが住んでいる物理的空間からは全くかけ離れた幾何学的性質をもっている。だとすれば、「正しい幾何学」というのは天王星と海王星が太陽のまわりで軌道を描いている空間であると定義したらよい、などとどうしていえようか？　量子力学的な波動関数が波うっている「ヒルベルト空間」がある。フーリエ成分が住んでいる「運動量空間」がある。波動ベクトルがはね回っている「相反空間」がある。素粒子の多体配位が音をたててひしめいている「位相空間」がある、等々。これらすべての空間の幾何学が、同じでなければならないという理由は全くない。事実、これらは同じではありえない！　だから物理学者にとっては、異なる「競争相手の」幾何学が存在することは本質的かつ不可欠なことである。

数論の枝分かれと銀行員たち

幾何学についてはこれくらいにしておこう。数論についてはどうだろうか？　異なる数論がたがいに共存することも、やはり本質的かつ不可欠であろうか？　銀行員にこんな質問をぶつけたら、恐怖にふるえだし信じられないという返事が返ってくるのではないか。2足す2が4以外のものにどうしてなれるのだろうか？　またさらに、2足す2が4にならないとしたら、その事実によって明るみに出た耐えがたい不確実性のもとで、経済はただちに崩壊してしまうのではなかろうか？　実はそうではない。まず第一に、超準的理論は古くからの2足す2は4という考えを脅かしたりしない。それがふつうの数論と違うのは、ただ無限の概念を扱うしかたについてだけである。結局のところ、TNTのすべての定理はTNTのどんな拡張においてもやはり定理である。だから銀行員は、超準的数論が優勢になったとしても大混乱の到来を恐れなくてよい。

そしていずれにしても、古くからのお馴染みの事実が変ってしまうという恐れを抱くようなら、それは数学と現実世界の間の関係について誤解していることを示すものでしかない。数学が現実世界の問題に答えるのは、どんな種類の数学を応用するかを選ぶというひとつの不可欠なステップを踏んだあとのことに限られる。「2」「3」「＋」という記号を使う競争相手の数論があって、そこでは2＋2が仮に3に等しかったとしても、銀行員がその理論を選んで使うべき理由はほとんどない！　なぜなら、その理論は金銭の動きに合わないからである。われわれは数学を世界に合せるのであって、その逆ではない。たとえば、われわれは数論を雲のシステムに応用したりはしない。整数の概念がほとんど当てはまらないからである。ひとつの雲ともうひとつの雲があって、それらが一緒になったとき雲は二つでなく、依然ひとつしかないであろう。といって、これは1足す1が1であることを意味しない。ここからいえるのはただ、われわれの数論での「1」の概念が、雲を数えるときには十分には応用できないということである。

数論の枝分かれと超数学者たち

このように銀行員も雲を数える係も、そしてわれわれのそれ以外の大部分の人間もまた、超自然的な数の到来を恐れる必要はない。超自然数は、われわれの世界の日常的認識に何の影響も与えない。実際少しは心配せざるをえないのは、何らかのきわめて重要な形で無限の対象の性質にかかわって努力しているような人々に限られる。そういう人はそこらにそうたくさんいるものではないが、数理論理学者はその部類に属している。数論における分岐の存在は、彼らにどのように影響するだろうか？　数論は論理学の中で二つの役割を果している。(1)公理化されれば、それは研究の対象である。(2)非形式的に使われる場合には、それは形式システムを研究するために必要不可欠な道具である。これもまた例の使用-言及の違いである。実際、(1)の役割では数論は言及され、(2)の役割では使用される。

ところで数学者たちは、数論が雲を数えるのには不適当だとしても、形式システムの研究には応用できると判断している。それはちょうど、銀行員たちが実数の計算は彼らの業務に応用できると判断しているようなものである。これは数学外の判断であって、数学を行うときに必要な思考過程が、他の分野での思考過程と全く同様に、あるレベルでの思考が他のどんなレベルでの思考にも影響しうる「もつれた階層」を必然的に含んでいることを示している。それらのレベルは、数学とは何かということについての形式論者による説明から人々が信じこんでいるほどには、明確に分離されていない。

形式論者の哲学によれば、数学者たちは抽象的な記号を扱うだけであって、それらの記号が現実に何か応用できるか、あるいは現実とかかわりがあるかどうかを顧慮することはできない。しかし、それは全く歪められた描き方である。これは超数学の中で最もはっきり示されることである。もし数の理論が、形式システムについての事実関係を明らかにする助けとしてそれ自身使用されるとしたら、「自然数」と呼ばれる霊妙なものが実際に現実世界の一部分であって、たんなる空想の産物ではないと数学者たちが信じていることを、彼らは暗黙のうちに示しているわけである。そういうわけで、私はさきに挿入句的に、数論のどの形が「真実」であるかという問いにある意味では答があると注意しておいた。ここに事柄の核心がある。数理論理学者は、数論のどの形に信頼をおくかを選ばなければならない。とくに、彼らは超自然数が存在するか否かという問いに対して、中立を守ることはできない。この二つの異なる理論は、超数学での問題に別々の答を与えるかもしれないからである。

一例として、次の問題を取り上げてみよう。「～GはTNTで有限的に導出できるだろうか？」その答を知っている人は誰もいない。しかしながら、数理論理学者なら大部分がためらわずに「できない」と答えるであろう。そう答えるようにさせている直観は、もし～Gが定理ならば、TNTはω-矛盾を含み、その結果、TNTに意味のある解釈を与えたければ、超自然数をいやでも呑みこまされるというものである。これはたいていの人にとって最も口に合わないことであろう。結局われわれは、TNTを発明したとき超自然数がその一部分になることを意図してもいなければ期待してもいなかった。すなわちわれわれ、あるいはわれわれの大部分は次のように信じている。数論を上手に形式化すれば、超自然数がどの点から見ても自然数と同じように現実的であるなどと信じこまされずにすむ。現実についてのその直観によって、数学者がいざというときに数論のどちらの「枝」に信頼をおくかが決定される。しかし、この信頼は間違っているかもしれない。ひょっとすると、人間が発明する数論の無矛盾なシステムはどれもω-矛盾を含み、超自然数の存在を必要としているかもしれない。これは奇妙な考えであるが、考えられることではある。

もしこの考えが正しいとしたら（私は疑っているが、反証は得られていない）、Gは決定不可能ではありえない。事実、TNTで決定不可能な式は存在しなくなるであろう。ただひとつの、枝分かれしない数論しかありえない。そして、それは必然的に超自然数を含む。こうした類のことを数理論理学者が期待しているわけではないが、これは完全に拒否してよいものでもない。一般に、数理論理学者はTNTやそれに似たシステムがω-無矛盾であり、そのような任意のシステムで構成できるゲーデル列は決定不可能であると信じている。つまり、ゲーデル列とその否定のどちらを公理として付け加えるかを選べる、ということである。

ヒルベルトの第十問題と亀

この章をしめくくるにあたって、ゲーデルの定理のひとつの拡張にふれておきたい。（この話題についてはDavis. Martin and Reuben Hersh. "Hilbert's Tenth Proboem". *Scientific American*, Nov. 1973にさらに詳しく述べられている）そのために、まず不定方程式（ディオファントス方程式）の説明をしなければならない。それは整数係数・整数次数の多項式を0とおいて得られる方程式のことである。たとえば、

$$a=0$$

$$5x+13y-1=0$$

$$5p^5+17q^{17}-177=0$$

$$\mathbf{a}^{123,666,111,666}+\mathbf{b}^{123,666,111,666}-\mathbf{c}^{123,666,111,666}=0$$

は不定方程式である。一般に、与えられた不定方程式が整数の解をもつかどうかを知るのは、むずかしいことである。実際、今世紀初頭の有名な講演の中で、ヒルベルトは数学者たちに、与えられた不定方程式が整数解をもつか否かを有限ステップで決定する一般的アルゴリズムを見つけるよう求めた。そのようなアルゴリズムが存在しないとは、彼は少しも気づいていなかったのである！

さてGの簡単化にとりかかろう。十分強力な形式的数論と、そのためのゲーデル数の方式とが与えられたとき、Gと等価な不定方程式が存在することが証明されている。その等価性は、その方程式を超数学のレベルで解釈するとそれ自身が解をもたないことを主張している、という事実にある。逆にいえば、もしその方程式が解をもっていたとすると、その解から、その方程式が解をもたないということの、そのシステムでの証明になるゲーデル数が構成できるのである！　これこそ例の亀が「前奏曲……」の中で、不定方程式としてフェルマの方程式を使って行ったことである。もしそれができれば、空気の分子から大バッハの音を回収できるというのは、実に楽しい話ではないか!?

誕生日のカンタータータータータ……

五月のある日、森を散歩中のアキレスと亀が出会う。アキレスは上から下までめかしこみ、自ら口ずさむ曲に合せてジグを踊るみたいなことをやっている。チョッキに付けた超特大のボタンにはこう書かれている。「今日はぼくの誕生日！」

亀　やあ、アキレス。今日はなんでそう陽気なんだい？　ひょっとして誕生日かな？

アキレス　イエスもイエス！　そうだとも、今日はぼくの誕生日さ！

亀　だろうと思ったよ、そんなボタンを付けているから。それにぼくの間違いでなければ、その曲はバッハの誕生日のカンタータだしね、一七二七年、ザクセン選帝侯アウグストスの五十七歳の誕生日のために書かれた曲だ。

アキレス　そのとおり。そしてアウグストスの誕生日はぼくの誕生日と同じでね。だからこの誕生日のカンタータは二重の意味をもつ。しかしぼくの年は教えないよ。

亀　ああ、ぜんぜんかまわないさ。しかしひとつ知りたいんだがね。きみがいまいったことから、今日がきみの誕生日だと結論して正しいかい？

アキレス　それはそうだろうさ。今日はまぎれもなくぼくの誕生日だ。

亀　けっこう。やっぱり思ったとおりだ。では結論するとしよう、今日はきみの誕生日だ、ただし――

アキレス　うん――ただし何だい？

亀　ただしそれが早急もしくは性急な結論でないとすればさ。亀ってのは結論にぱっと飛びつきたがらないんでね。（だいたいぼくら亀は飛びつきたがらない、なかんずく結論ってやつにはだ。）だからちょっと訊きたいんだ、きみが論理的思考を好むのはよくよく知っているからね、これまでのセンテンスから、今日が事実きみの誕生日だということを論理的に推論するのは、はたして理に適っているかどうかということをさ。

アキレス　いつもの質問のパタンらしいな、亀公。しかしぼくも結論に飛びつくことはせずに、その質問を額面どおりに受け取って、真っ向から答えよう。答はイエスだ。

亀　けっこう、けっこう！　そこでもうひとつだけ知りたいんだ、たしかに今日は――

アキレス　そうだよ、イエスだってば、イエスだよ、イエス……きみの質問の流儀はもうわかってるんだ、亀公。いっておくがね、前にユークリッドの証明について議論したときほどやすやすまるめこまれはしないぜ。
亀　おやおや、きみのことを誰がまるめこみやすいなんて思うものか。それどころか、ぼくはきみを論理的思考の諸形式の専門家だと見なしているよ、正しい演繹法の権威、正確な推論法の知識あふれる泉だとね……正直いって、アキレス、きみはぼくの思うに、合理的認識術の正真正銘の巨人だよ。だからこそ尋ねたいんだ。「今日がきみの誕生日であると結論してさらに困惑をきたさないという十分な証拠を、上述のセンテンスは提供するか」とね。
アキレス　そういう重々しい措辞を並べられちゃ背筋が痛いよ、亀公——いや、そういうお世辞は片腹痛いね。それにしてもきみの質問の反復性にはたまげるな——思うに、ぼくにいわせなくても、きみが自分で「イエス」と答えたってよさそうなものだ。
亀　むろんそうしてもよかったさ、アキレス。しかしだね、そうしたら乱暴な推測になるわけだ——亀ってのは乱暴な推測を忌み嫌う。亀は教養ある推測しかしないんだ。うん、そう——教養ある推測の力。関連要素を考慮に入れないで推測をしている人間がどれほど多いか、わかったもんじゃない。
アキレス　この長話の関連要素はひとつしかないと思うね、それはぼくの最初の陳述だ。
亀　うん、むろんそれは、考慮に入れるべき要素の少なくともひとつではあるだろう——しかし論理という、古代人の尊き学問を無視しろというわけじゃないだろ？　論理はつねに、教養ある推測をなす際の関連要素だ。そしてぼくのそばには高名な論理の専門家がいるんだから、その事実を利用し、ぼくの直観が正しいかどうか、その専門家に直接問うことによってぼくの勘を確かめるのが論理的だと考えたのさ。そこで最後にひとつ単刀直入に訊きたいんだ。「今日がきみの誕生日であると、なんら疑いの余地なく結論することは、先のすべてのセンテンスから許されるか」とね。
アキレス　もう一度、イエスだ。しかし率直にいって、その答はきみ自身が出せたという明確な印象を抱くね——さっきからの質問すべてがそうだが。
亀　痛いことをいうんだなあ。そんなふうにいわれなくてもすむように賢ければいいんだがね。しかしたんなる一介の亀としては、なにしろとてつもなく無知だからありとあらゆる関連要素を考慮に入れたい、だから質問の答を残らず知る必要があったんだ。
アキレス　それなら事をここできっぱり片づけておこう。先の質問すべてに対する答、そしてきみが同じ流儀で尋ねるだろう以後の質問すべてに対する答、それはイエスだ。
亀　驚いたよ！　一挙にしてきみはこの混乱全体を回避してしまったじゃないか、いかにもきみらしい独創的なやり方でさ。この巧妙な策を回答図式と称してかまわないだろうな。そうすれば回答イエス1番、2番、3番以下がただひとつの球になるわけだ。実のところ、それが終りまでくると「回答図式オメガ」の名にふさわしくなる。オメガ ω はギリシャ語のアルファベットの最後の文字だからね——まさかきみにいうまでもないだろうけど。
アキレス　どう称したってかまわないね。とにかくほっとしたよ、今日がぼくの誕生日だとようやく納得してくれたから。今度はほかの話題に移れるわけだ——きみがプレゼントに何をくれるかとか。
亀　待ってくれ——そう急ぐなよ。今日はきみの誕生日だってことは納得するさ、ただしひとつ条件がある。

アキレス　何だって？　ぼくがプレゼントを求めないということかい？

亀　いやいや、とんでもない。実は、アキレス、ぼくはきみにすばらしい誕生日ディナーをおごろうと思っている。ただし、そういう回答イエスすべての知識がただちに（回答図式 ω によって提供されるものとして）真っすぐ、かつそれ以上の迂回を経ずして、今日はきみの誕生日だという結論に進むことを可能ならしめる、それをぼくが確信しさえすればだがね。それが本当だろ？

アキレス　イエスだね、もちろんそうだ。

亀　よし。するといま、ぼくは回答イエス $\omega+1$ を得るわけだ。それを武器として、ぼくは今日がきみの誕生日だという仮説にまで進むことができる、そうするのが妥当であれば。その問題についてきみの助言をうかがいたいんだがね、アキレス。

アキレス　何だい、そりゃ？　きみの無限策略はとうに見通しているんだぜ。今度は回答イエス $\omega+1$ に満足しないだって？　いいだろう。それじゃ回答イエス $\omega+2$ のみならず、回答イエス $\omega+3$ でも $\omega+4$ でも、いくつだって与えようじゃないか。

亀　それはまた気前がいいな、アキレス。すると今日はきみの誕生日だ。ぼくはきみにプレゼントを贈るべきだね、その逆じゃなく。というか、今日はきみの誕生日らしいとは思う。今日はきみの誕生日だと結論できるとぼくは推論するね、いまや新たな回答図式、これを「回答図式 2ω」と称することになるけど、それを武器としてさ。でもどうなんだろう、アキレス、回答図式 2ω はそんな大跳躍をほんとうに許すのかい、それともぼくは何かを見逃しているのかな？

アキレス　いいかげんに策略はよせったら、亀公。こういうばかなゲームを終りにする方法がわかったよ。だから、すべての回答図式を終りにする回答図式を与えようじゃないか！　つまり、回答図式 ω、2ω、3ω、4ω、5ω 云々を同時に与えてやる。このメタ回答図式によって、ぼくは網からすっぽり飛び出したね、ぼくを罠にかけたつもりのこのばかばかしいゲームを超越したんだ——さあ、もういいだろ！

亀　やれやれ。名誉に存じますな、アキレス、そのような強力な回答図式を頂戴して。かくも巨大なるものが人知によって考案されたことはなかったと思うし、その力には畏怖を感ずるよ。その贈り物に名称を与えてかまわないかい？

アキレス　いいとも。

亀　ではそれを「回答図式 ω^2」と呼ぼう。そこでわれわれはじきにほかの問題へと進むことができる——回答図式 ω^2 の所有によって今日はきみの誕生日だと推論することが許されるかどうか、それをきみが教えてくれたらすぐにもね。

アキレス　もうたまらんな！　こういういらいらする行列の終りにはたどり着けないのかい？　おつぎは何だ？

亀　回答図式 ω^2 のあとには、回答 ω^2+1 がある。それから回答 ω^2+2。以下同様さ。しかしそれを全部まとめて一包みにすることができる。回答図式 $\omega^2+\omega$ となるわけだ。それから実にたくさんの回答包みができる。$\omega^2+2\omega$、$\omega^2+3\omega$……というふうにね。結局は回答図式 $2\omega^2$ に到達し、それからまもなく回答図式 $3\omega^2$、$4\omega^2$ へとくる。その先にはまた回答図式がある。ω^3、ω^4、ω^5 などという具合にね。どんどんこれがつづくわけだな。

アキレス　わかるよ。やがて回答図式 ω^ω までくるんだろうさ。

亀　そのとおり。

アキレス　それからω^ωの ω乗、そしてω^ωの ω乗の ω乗だろ?

亀　のみ込みがものすごく早いなあ、アキレス。ひとつ提案していいかい。それをみんなまとめてただ一個の回答図式のなかへ放り込んじゃどうだい?

アキレス　いいだろう、もっとも何か役に立つかどうかは怪しいがね。

亀　これまでに確立したわれわれの命名慣習のなかには、これの明確な名称がないように思うね。だからまあ恣意的に回答図式 ϵ_0 と名づけようか。

アキレス　いまいましいな!　ぼくの回答にいちいち名前を付けるたびに、その回答がきみを満足させるだろうというこっちの希望が打ち砕かれるのは目に見えているじゃないか。この回答図式は名なしにしておいたらどうなんだ?

亀　それはできないよ、アキレス。名前がなくてはそれに言及するすべがないだろう。それに、この回答図式にかぎって何か避けがたい実に美しいところがある。名なしにしておくなんて、ぶざまもいいところさ!　きみにしたって、誕生日にぶざまなことを仕出かしたくはないだろ?　いや、今日はきみの誕生日かい?　そうそう、誕生日っていえば、今日はぼくの誕生日なんだ!

アキレス　今日が?

亀　うん、そうさ。実際には、ぼくの叔父の誕生日だけれど、同じようなものだな。今夜は誕生日のディナーに何か旨いものをおごってくれないか?

アキレス　おいおい、ちょっと待てよ、亀公。今日はこのぼくの誕生日だぞ。そっちがおごるべきじゃないか!

亀　でも、その言葉の真実性をついにぼくに納得させられなかったんだ。いろんな回答や回答図式や何やら持ち出して、さっぱり要領を得ないことばかりいってさ。こっちはただただ今日がきみの誕生日か否かを知りたかったのに、頭をくらくらにしてくれたんだ。ああ、まいったよ。とにかく今夜の誕生日のディナー、喜んでおごってもらうとしよう。

アキレス　いいだろう。ちょうど格好の店を知っているよ。いろんな旨いスープを出してくれる。そう、何を取ったらいいかもわかってるしね……

［第15章］システムからの脱出

さらに強力な形式システム

ゲーデルの証明に対する注意深い批評がいかにも行いそうなことのひとつは、その一般性を吟味することであろう。そのような批評は、たとえば、ゲーデルはひとつの特定のシステムTNTの隠れた欠点を巧みに利用しただけだ、と考えるかもしれない。もしそうだとすれば、TNTより強力なシステムがおそらく開発できて、それにはゲーデルの技巧が使えず、その結果ゲーデルの定理はその辛辣さの大部分を失うことになるであろう。この章ではTNTの、前章での議論に対する弱みを注意深く検討してみよう。

次のように考えるのは自然である。もしTNTの基本的な難点がGを含んでいること、いいかえれば、決定不可能な文、すなわち「穴」を含んでいることだとすれば、どうしてその穴をちょっとふさいでやらないのだろうか？　どうして、GをTNTに第六の公理として付け加えてやらないのだろうか？　もちろん、他の公理に比べGは途方もなく大きな巨人であって、その結果得られるシステムTNT＋Gは、その公理の不均衡さのゆえに滑稽な面をもつことになるであろう。しかしそれはそれとして、Gを付け加えるというのはもっともな提案である。もしそうしたとすれば、新しいシステムTNT＋Gはよりすぐれた形式システムであって、超自然的なものを含まないばかりか、完全でもあることが望まれている。TNT＋GはTNTに比べて、少なくとも次の点ですぐれている。すなわち、列Gはこのシステムの定理であって、もはや決定不可能ではない。

TNTの弱みは何によっていたのだろうか？　弱みの本質は、それ自身についての文、とくに次の文を表現できることであった。

「私は形式システムTNTでは証明できない。」

あるいは、もう少し詳しく書くと、

「この列のゲーデル数とTNT証明対を形成するような自然数は存在しない。」

TNT＋Gがゲーデルの証明では打ち負かされないことを期待する、あるいは希望する理由が何かあるだろうか？　実は何もない。われわれの新しい形式システムは、TNTと全く同じ表現能力をそなえている。ゲーデルの証明は主として形式システムの表現能力に依存しているので、われわれの新しいシステムもまた降伏したとしても、驚くにはあたらない。要は、次の文を表現する列を見つけることである。

「私は形式システムTNT＋Gでは証明できない。」

実際には、TNTに対してなされたことがわかってしまえば、これはたいしたことではない。全く同じ原則でやれば、ただ文脈をちょっとずらすだけである。(比喩的にいえば、知っている歌のひとつを、少し高い調でもう一回歌うだけである。)前のように、求めている列――それをG′と名づけよう――を「伯父」を媒介にして構成する。しかしTNTの証明対を表現する式に基づくかわりに、それに似た、しかしいくらか複雑な概念TNT＋Gの証明対に基づくことになる。この「TNT＋Gの証明対」という概念は、もとの概念「TNTの証明対」のわずかな拡張にすぎない。

MIU系についても、同じような拡張が考えられる。われわれはMIUでの証明対の純粋な形を前に学んだ。今度はMUを第二の公理として付け加えて、新しいシステムMIU＋MUを扱ってみよう。この拡張されたシステムでは、次のような導出が挙げられる。

MU　　公理
MUU　　規則2

これに対応するMIU＋MUの証明対が存在する。すなわち、m＝30300, n＝300である。もちろん、この数の対はMIUの証明対にはなっていないので、MIU＋MUの証明対であるにすぎない。おまけの公理を追加しても、証明対の算術的性質がたいして複雑になるわけではない。証明対についての重要な事実、すなわち証明対であるということは原始再帰的であるということは保存される。

ゲーデルの方法の再適用

TNT＋Gに戻っても、同じような状況が見られる。TNT＋Gの証明対はその先輩同様、原始再帰的であって、TNT＋Gの中である数式によって表現でき、われわれはその数式をわかりやすいように次のように略記する。

(TNT+G)－PROOF－PAIR{a, a′}

あとはすべてをもう一回くり返すだけである。Gに対応するものを前のように「伯父」から始めて構成する――

～∃a:∃a′:<(TNT+G)－GROOF－PAIR{a, a′}∧ARITHMOQUINE{a″, a′}>

この式のゲーデル数をu'とする。そこでまさにこの伯父を算術的にクワイン化することによって、G′が得られる――

～∃a:∃a′:<(TNT+G)－PROOF－PAIR{a, a′}∧ARITHMOQUINE{SSS……SSS0/a″, a′}>

（SSS……SSS：u'個のS）

これを解釈すると――

「u'の算術的クワイン化とTNT＋G証明対を形成する数は存在しない。」

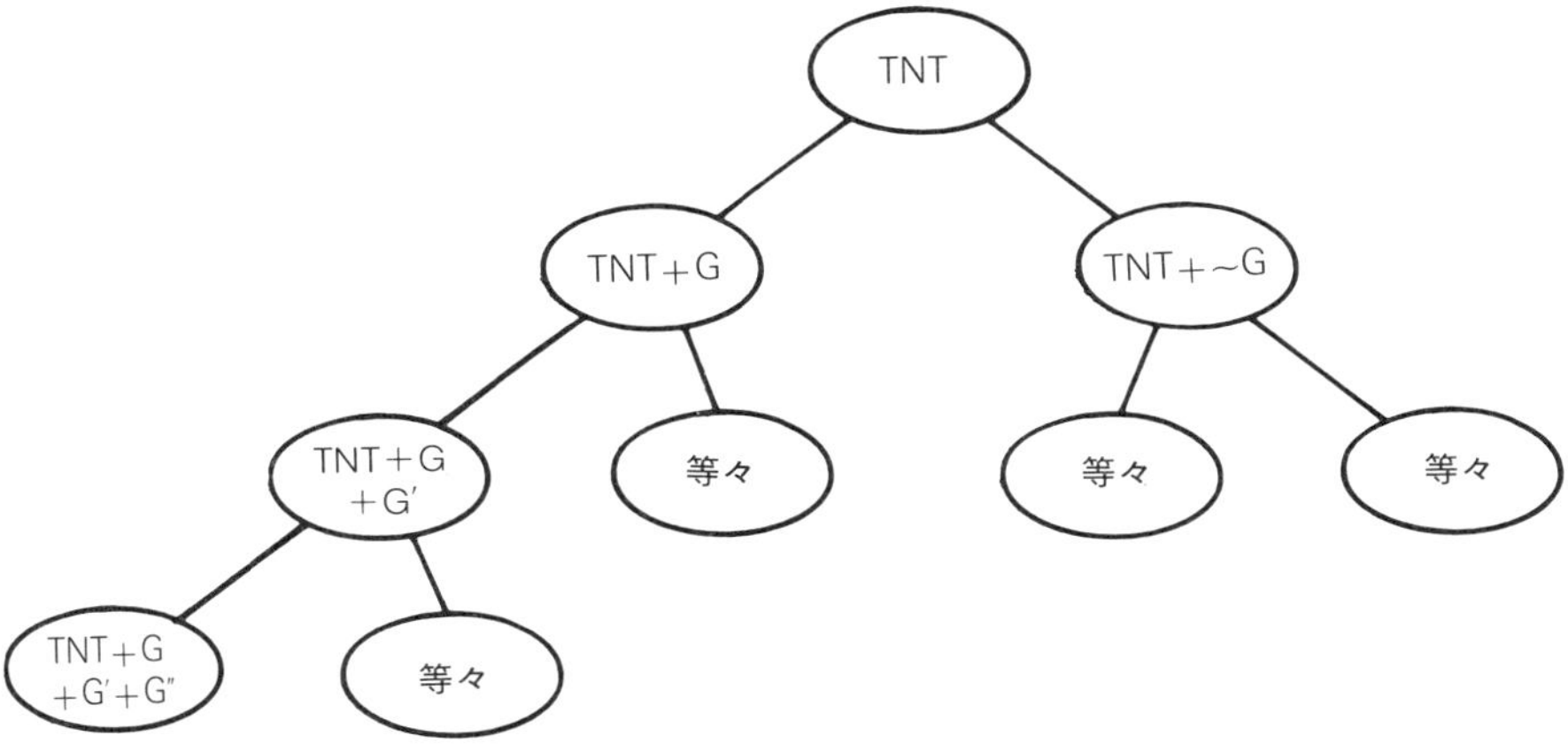

第 75 図　TNT の「多岐」。TNT のどの拡張も、固有のゲーデル文をもっている。その文、あるいはその否定を付け加えて、ひとつの拡張から新しい拡張を作り出すことができ、その操作はどこまでもつづけられる。

より簡潔にいえば、

「私は形式システムTNT+Gでは証明できない。」

多岐

さて(あ～あ、あくびが出る)、ここからさきの詳細はいたって退屈である。G′のTNT+Gに対する関係は、GのTNT自身に対する関係と全く同じである。数論の新しい枝を生むために、TNT+GにG′あるいは～G′のどちらを付け加えてもよい。そして、これが「いい奴」についてだけ起ると思われないように付け加えておくと、この全く同じ卑怯な手がTNT+～G――すなわち、TNTにGの否定を付け加えた超準的拡張にも通用する。そこで、数論の枝分かれにはいろいろあり、第75図のようになる。

もちろんこれはほんの始まりである。この下方に伸びてゆく木の、左端の枝をたどってみたらどうなるだろうか。つまり、いつでもゲーデル文(その否定でなく)を付け加えるのである。これは、超自然数を避けるためにできる最善のことである。Gを付け加えてから、われわれはG′を付け加える。それからG″、さらにG‴等々を付け加える。TNTの新しい拡張を作るたびに、その亀の方法――失礼、ゲーデルの方法のことです――に対する弱みから、新しい列で、

「私は形式システムXでは証明できない」

と解釈できるものが作り出せる。

当然ながら、少しやってみれば、操作の全体が全く予測可能で機械的に見えるようになる。何のことはない、すべての「穴」がたったひとつの技法で作られるのである！　これは、字づらだけの対象

として見たとき、それらは単一の鋳型から作り出されるのであって、さらにいえば「ひとつの公理図式でそれらのすべてを表現できる」ということを意味している！　だから、もしそのとおりなら、どうしてすべての穴をいっぺんにふさいで、この不完全性の意地悪をきれいさっぱり片づけてしまわないのだろうか？　それは、公理をひとつずつ付け加えるかわりに、TNTにひとつの公理図式を付け加えることによって達成されると思われる。詳しくいえば、その公理図式とはG、G′、G″、G‴、……のすべてを作り出す鋳型のことである。この公理図式（G_ωと呼ぶことにしよう）を付け加えることによって、「ゲーデル化」の方法の裏をかくことになろう。実際、TNTにG_ωを付け加えることは、すべての数論的事実の完全な公理化に必要な最後の一歩になるであろうことは、全く明らかであるように見える。

「洒落対法題」の中で、亀が「レコード・プレーヤー　ω」という蟹の発明について述べたのは、この点についてであった。しかし読者は、その後この装置がたどった運命については、何も知らされていない。すっかりへとへとになってしまった亀公が、家に帰って寝てしまうのが何よりと思い定めたからである。（もっとも、その前にゲーデルの不完全性定理にいたずらっぽく言及しているのだが。）こうしてついに、われわれは知らされていなかった詳細を明らかにすることができるようになった……おそらく読者は、「誕生日のカンターターターター……」を読み終えた今となっては、すでにうすうす感づいておられるであろう。

本質的不完全性

おそらく予想されたとおり、TNTに対するこの素晴らしい前進さえ、同じ運命にあう。そして気味の悪いことに、その理由は本質的には前と変っていない。公理図式は十分強力ではないので、ゲーデルの構成法がまたしても実現できる。そのことを少し説明させていただこう。（ここで私が述べるより、ずっと厳密に述べることもできる。）もしいろいろな列G、G′、G″、G‴、……をとらえるひとつの字形的な鋳型が存在するなら、それらのゲーデル数をひとつの算術的な鋳型で表現できる。そして、その数の無限個のクラスの算術的描写はTNT＋G_ωの内部で、ある数式OMEGA-AXIOM{a}で表現できる。この数式の解釈は次のとおりである。「aはG_ωから得られるひとつの公理のゲーデル数である」。aをある特定の数詞で書き換えると、得られる数式がTNT＋G_ωの定理になる必要十分条件は、その数詞がその図式から得られるある公理のゲーデル数を表していることである。

この新しい式の助けを借りれば、TNT＋G_ωの証明対というような複雑な概念でも、TNT＋G_ωの内部で表現できるようになる――

（TNT＋G_ω）-PROOF-PAIR{a, a′}

この式によって新しい伯父を作ることができ、それをいまや全くお馴染みの方法で算術的にクワイン化することによって、また新しい決定不可能な列が作れる。それを $G_{\omega+1}$ と呼ぶことにしよう。ここで、次のような疑問が生ずるかもしれない。「$G_{\omega+1}$ が、公理図式G_ωから作れる公理の中にないのはどうしてだろうか？」それは、G_ωがそれほど利口でなく、自分を数論の中に埋め込めることは予想できなかったためである。

「洒落対法題」の中で、亀が「プレーヤーでかけられないレコード」を作る本質的なステップのひとつは、こわそうとしているレコード・プレーヤーの製造者による青写真を手に入れることであった。これは、そのプレーヤーがどんな種類の振動に弱いかを計算し、そういう振動をひき起す音を表す溝をレコードに組み込むために必要であった。これはゲーデルの技巧が、システム自身の性質を証明対の概念の中に反映させ、それを反対に利用しているのとよく似ている。どんなシステムにも、いかに複雑あるいは技巧的であろうと、ゲーデル数を与えることができ、証明対の概念が定義できる――そして、これがそのシステムを吹きとばす爆薬なのである。ひとたびシステムがきちんと定義され、あるいは「箱詰めにされ」れば、そのシステムは弱みをもつことになる。

この原理は、カントールの対角線論法にきわめてよく現れている。その論法は、0と1の間の実数のきちんと定義された表のひとつひとつに対して、そこから洩れている実数を見つけだす。ここで破滅のもとになるのは、具体的な表――実数の「箱」――を与える行為である。カントールの論法が何回もくり返し適用できる様子を、観察してみよう。ある表Lから出発して、次のようなことをやってみたと考えてほしい。

（1a）表Lから、その対角線数dを作る。

（1b）dを表Lのどこかに放りこんで、新しい表L＋dを作る。

（2a）表L＋dから、その対角線数d'を作る。

（2b）d'を表L＋dのどこかにほうりこんで、新しい表L＋d＋d'を作る。

……

ところで、このようにLを少しずつ修繕していくやり方は、ばかばかしいように見えるかもしれない。最初に与えられたLから、d、d'、d''、d'''、……の完全な表をいっぺんに作ることもできたからである。しかし、その表を作れば実数の表が完成できると考えたら、それは大きな間違いである。問題は、「対角線数の表を、Lの中のどこに組み込もうか？」と考えたとたんに発生する。dどもをLの中に忍びこませる方式で、悪魔のように巧妙なものを考えたとしても、一度なし遂げてしまえば、新しい表は依然弱みをもっている。さっき述べたように、具体的な表――実数の「箱」――を与えるという行為が、破滅をもたらすのである。

形式システムの場合には、不完全性をもたらすのは、数論的な事実を特徴づけると考えられるものの具体的な作り方を与えるという行為である。それがＴＮＴ＋G_ωについての問題の核心である。きちんと定義されたしかたですべてのＧどもをＴＮＴに挿入したとたんに、ある別のＧ、ある予見できなかったＧ、公理図式ではとらえられていなかったＧが存在することがわかる。また「洒落対法題」の内部でのＴＣ（亀蟹）戦争の場合、レコードプレーヤーの「構造」が決定された瞬間に、そのレコードプレーヤーは揺さぶられてこなごなになる可能性をもつようになる。

では、どうすればよいのだろうか？　終りは見えてこない。ＴＮＴは、無限に拡張しても、完全にはならないのである。ＴＮＴはだから、本質的不完全性を患っているといえるので、その不完全性はＴＮＴの核心なのである。それはＴＮＴの性質の本質的な一部であって、単純であろうと巧妙だろうと、どんな方法によっても根絶やしにはされない。その上、この問題はＴＮＴの拡張であろうと、ＴＮＴの修正版、あるいはＴＮＴに代わるものであろうと、いかなる形式的数論にもつきまとう。これにかかわる事実を述べれば、次のとおりである。与えられたシステムの中で、ゲーデルの自己言及の方法によって決定不可能な列を構成する可能性は、三種の基本的な条件に依存している。

(1) そのシステムは十分豊かで、数について望まれる文は真であろうと偽であろうとすべて、その中で表記できること。(この条件を満たさないとなると、TNTが表記できる数論的概念を表記することさえできないのだから、TNTの競争相手と見るには最初から弱すぎることになる。「洒落対法題」の暗喩でいえば、それはプレーヤーではなくて、冷蔵庫とか、何かほかのものを持っているようなものである。)

(2) すべての一般再帰的関係は、そのシステム内の式によって表現できること。(この条件を満たさないとなると、そのシステムではある一般再帰的真実を定理として把握することができないことになり、すべての数論的真実を作り出すことを目指すなら、その真実は痛ましくも水面で腹を打つこととしか考えられない。「洒落対法題」の暗喩でいえば、これは性能の悪いレコードプレーヤーを持っているようなものである。)

(3) 公理とその規則によって定義される記号的パタンが、なんらかの必ず終る決定手続きによって認識できること。(この条件が満たされないとすると、そのシステムにおける正しい導出を正しくない導出から識別する方法は存在しないことになる。だから、その「形式システム」は結局形式的でなく、実はきちんと定義されているとさえいえない。「洒落対法題」の暗喩でいえば、それはまだ製図板上の、部分的にしか設計されていないプレーヤーにあたる。)

これら三つの条件を満足すれば、ゲーデルの構成法が適用できるので、無矛盾なシステムは必ず不完全である。

面白いことに、そのようなシステムはどれも固有の穴を掘っている。そのシステムの豊かさがそれ自身の破滅をもたらすのである。破滅は、本質的にそのシステムが自己言及文をもてるほど強力であることから起る。物理学では、ウラニウムのような核分裂性物質の「臨界質量」という概念が存在する。その物質の固体のかたまりは、臨界質量以下ならじっとしていられる。しかし臨界質量を越えると、そのようなかたまりは連鎖反応を起し、爆発してしまう。形式システムにも同じような臨界点があるように思われる。臨界点以下では、システムは「無害」で、算術的真実を形式的に定義することさえ始められない。それが臨界点を越えると、システムは突如として自己言及の能力を獲得し、そのことによって自分を不完全と運命づける。その発端は大ざっぱにいって、システムが上に挙げた三つの性質を獲得したときである。この自己言及能力がひとたび獲得されると、システムはそれ自身にあわせて作られた「穴」をもつことになる。穴はそのシステムの特性を十分考慮に入れて、そのシステムに逆らうように利用している。

ルカ受難曲

ゲーデルの議論の不可解な反復可能性は、とくにJ・R・ルカスをはじめとするいろいろな人々によって、以下のことを示すための戦いの武器として使われてきた。つまり、人間の知能にはいわくいいがたい特性があって、それが、機械人形すなわちコンピュータが人間の知能にまで到達できない理由になっているというのである。ルカスはその論文「心、機械、そしてゲーデル」を次のように書き起している。

ゲーデルの定理は私には、機械論が誤りであること、すなわち、心は機械によっては説明できないことを証明しているように見える。

ここから彼は議論を推し進めていくのだが、それをかいつまんで言うと、コンピュータを人間と同じように知的であると見なすには、人間にできる知的活動がすべて可能でなければならない。そしてルカスは、どんなコンピュータでも、人間がやっているようなしかたでの「ゲーデル化」（彼のほほえましくも不適切な用語のひとつ）ができないと主張している。どうしてできないのだろうか？　形式システムをどれでもひとつ、考えてみよう。TNTとか、TNT＋Gとか、あるいはTNT＋G_{ω}でもよい。そのシステムの定理を組織的に生成するコンピュータ・プログラムを書くのは、さほどむずかしくない。そのプログラムによれば、あらかじめ選ばれたどんな定理もいつかは印刷される。すなわちその定理生成プログラムは、すべての定理の「空間」のどんな部分をも飛ばしたりしない。そのようなプログラムは、二つの主要な部分から構成されるであろう。(1)与えられた公理図式（もしあれば）という「鋳型」から、公理を鋳出するサブルーチン、(2)すでに得られた定理（もちろん公理を含む）をとりあげ、推論規則を適用して新しい定理を作り出すサブルーチン。プログラムは、これらのサブルーチンを交互に実行させるであろう。

われわれは擬人的に、このプログラムは数論のある事実を「知っている」という。すなわち、プログラムはそれが印刷する事実を知っている。もし、そのプログラムが数論のある真実を印刷し損なうなら、もちろんその事実を「知らない」、ということである。だから、プログラムが知らない何かを人間が知っている、ということがもし示されたなら、コンピュータ・プログラムは人間より劣っていることになる。このへんからルカスはふらつき始める。人間は、TNTと同じくらい強力な形式システムのどれにでもゲーデルの技法を実行できる――だから、どんな形式システムであろうと、われわれはそれより多くのことを知っている、と彼はいうのである。これは形式システムについての議論としか聞えないかもしれないが、これをちょっと修正すれば、見たところ、人工知能が人間の知的レベルをけっして再現できないという無敵の論拠ができ上がる。その要点は次のとおりである。

厳格な内部符号系が、コンピュータやロボットを全面的に支配している。ゆえに……

コンピュータは形式システムと同型である。さて……

どんなコンピュータでも、われわれと同じくらい利口になりたかったら、われわれと同じくらい数論をやれる能力をもたなければならない。だから……

ほかのこともだが、コンピュータは原始再帰的算術ができなければならない。しかし、まさにそれが理由になって……

コンピュータはゲーデル式「鉤（フック）」から逃れられない。ということは……

われわれは人間的知性によって、ある数論の命題で、それが真であるのにコンピュータには真であることがわからない（すなわち、けっしてそれをプリントアウトしようとしない）ようなものをでっちあげることができる。それはまさにゲーデルのブーメラン的議論のおかげである。したがって、コンピュータにはプログラムしてやれないが、われわれにはできることがひとつ存在する。だからわれわれの方が利口である。

ルカスとともに、しばし人間中心的な栄光を楽しむことにしよう。

どんなに複雑な機械を作ろうと、機械であるかぎりそれは形式システムに対応し、そのシステムでは証明できない式を見つけるゲーデルの手続きに服すべきだろう。機械はその式を正しいものとして作り出させないが、心はそれが正しいことを理解できる。だから、機械はまだ心の適切なモデルとはいえない。われわれは心の機械的なモデル——本質的に「死んだ」もの——を作ろうと試みているが、心は事実「生きて」いるので、いかなる形式的で硬直的な死んだシステムよりまさっている。ゲーデルの定理のおかげで、心はいつもしめくくりの言葉をもっている。

一見したところでは、あるいはひょっとするとよく分析してみても、ルカスの議論には説得力がある。この議論に対する反応はどうも両極端に分れるようで、ある人はこれを霊魂の存在のほとんど宗教的な証明としてとらえるし、他の人々は批評するにも値しないといって笑いとばす。私は彼の議論が間違っていると思うが、魅力的ではある。だから、論駁のために時間をかける価値は十分にある。事実、それは私に本書で扱った事柄について考えるようしむけた初期の力のうち、主要なもののひとつであった。私はそれをこの章でひとつの方法で論駁し、第17章では他のいくつかの方法で論駁しよう。

われわれは、ルカスが言うことをもっと深く理解するように努めなければならない。どうして彼は、コンピュータがわれわれと同じくらい「知る」ようにはプログラムされえないというのだろうか？ 基本的にその考えは、われわれはいつもシステムの外にいて、外からは「ゲーデル化」の操作をいつでも実行することができ、それによってシステム内のプログラムでは正しいことがわからない何かを生み出させる。しかしルカスが「ゲーデル化の操作」と呼ぶものをプログラム化して、証明プログラムの第三の主要成分として付け加えることが、いったいどうしてできないのだろうか？ ルカスは説明する。

ゲーデルの式が構成される手続きは標準的な手続きである。だからこそ、われわれは、ゲーデルの式が任意の形式システムに対して構成できると確信できるのである。しかし、もしそれが標準的な手続きならば、機械もそれを実行するようにプログラムできるはずである……これは、システムに追加の推論規則をもたせて、その形式システムに対するゲーデルの式を定理として付け加え、それからこの新しい強化された形式システムのゲーデルの式を付け加え、等々のことを許すことに対応する。それは、もともとの形式システムに公理の無限列を付け加えるのに等しい。それらの公理は、どれもそれ以前に得られたシステムに対するゲーデルの式である……われわれは、ゲーデル化の操作を備えた機械に直面した心が、そのことを考慮に入れ、なおかつその新しい機械やゲーデル化の操作その他一切をうまくゲーデル化することを期待したい。それは実際、正しいことが証明されている。もし形式システムにゲーデル式の列から成る公理の無限集合を結びつけたとしてさえ、その結果得られるシステムはまだ不完全であり、そのシステムの中では証明できないが、システムの外にいる理性的存在には正しいとわかるような式を含んでいる。これはすでに予見されていたことである。というのは、無限個の公理を付け加えるといっても、それらの公理はある有限の規則あるいは指示によって特徴づけられなければならず、それらの規則や指示は、拡張された形式システムを考えている心によれば、考慮に入れられている。ある意味で、心がしめくくりの言葉をもっている以上、心は自分の働き方のモデルとして提示されたどんな形式システムにも、いつでも穴をあけることができる。機械的モデルは、ある意味で、有限かつ確定的でなければならない。そして、そのために心は、いつでもその上をゆくことができるのである。

次元をひとつ上がる

M・C・エッシャーによる視覚的イメージは、ここでの直観を助けるのに大変役に立つ。第76図の作品「龍」がそれである。この図の最もきわだった特徴は、もちろん、その主題——龍が自分の尾を咬んでいることと、そのゲーデル的な含蓄の全体である。しかし、この絵にはさらに深い主題がある。エッシャー自身が次のような非常に面白い注釈を書いたのであるが、その第一は、「平面的なものと空間的なものの間の衝突」にかかわる彼の絵の全体についての注釈で、もうひとつはとくにこの「龍」についての注釈である。

I　われわれの三次元空間は、われわれが知っているただひとつの本当の現実である。二次元的なものは、四次元と同じ全くの虚構である。実際、入念に磨かれた鏡でさえ平らとはいえないので、平らなものは存在しない。それなのに、われわれは壁や紙きれが平らであるという習慣にこだわっていて、しかも何とも不思議なことに、それでやっていけるのである。それは大昔から、空間の幻影をそういう平面上に作り出しながら、それでやってきたのと同様である。何本かの線をひいて、「これは家だ」と宣言するのはたしかにばかげている。この奇妙な状況は［龍を含む］次の五つの絵の主題である。

II　この龍が三次元的であろうとどんなに努力をしても、彼はあくまで全く平らなままである。龍が刷られている紙には二つの切り込みがあって、二つの正方形が開くように折ることができる。しかしこの龍は頑固な獣で、二次元しかないのに三次元を具えていると主張しつづける。だから、彼は首をひとつの穴に突っこみ、尾をもうひとつの穴に突っこんでいる。

とくに第二の注意は、とても説得力がある。その趣旨は、三次元を二次元の中でいかに巧みに真似しようと、ある「三次元性の本質」を必ず逃してしまう、ということである。龍は自らの二次元性と戦おうと、大変な努力をしている。自分が描かれていると思っている紙の二次元性に反抗して、自分の首でその紙を突き通して見せた。しかし、そうしたところで絵の外のわれわれから見れば、その行為全体の悲劇的な無益さがわかる。というのは龍も穴も折りめも、ど

第 76 図　M.C. エッシャー『龍』（ウッド・イングレービング、1952 年）

れもそれらの概念の二次元的状況にすぎず、どれひとつ本物ではない。しかし、龍はその二次元空間から踏み出すことができず、またそのことをわれわれのように知ることができない。われわれは実際、エッシャーの絵を何ステップでも先まで進めることができる。たとえば、これを本から切り取って折りたたみ、穴をあけ、その中にそれ自身を通し、それからそのがらくた全体を写真に撮って再び二次元に戻すこともできた。またその写真に対して、同じことをもう一回くり返すこともできた。絵が二次元になった瞬間にはいつでも(三次元を二次元の中でいかに巧妙に真似したように見えても)、その絵には、また切ったり折ったりされる弱みができる。

　この素晴らしいエッシャーの暗喩をたずさえて、プログラム vs. 人間の話に戻ろう。われわれは、「ゲーデル化の操作」をプログラム自身の中に埋め込もうとすることについて話していたのであった。すると、われわれがその操作を実行するプログラムを書き上げたとしても、そのプログラムはゲーデルの方法の本質をとらえてはいない。なぜならまたしても、システムの外のわれわれは、プログラムではできないようなしかたでそのプログラムを「打ち負かす」ことができるからである。しかしそれなら、われわれはルカスに賛成なのだろうか、反対なのだろうか?

知的システムの限界

　反対である。なぜなら、われわれは「ゲーデル化」を行うプログラムを書くことができないというまさにその事実が、われわれにしてもそれがいつでもできるのだろうかという疑いを起させるはずである。ゲーデル化が「可能である」と抽象的にいうことと、個々の場合についてどうすればいいのか知っていることとは別である。実際、形式システム(あるいはプログラム)が複雑さを増すにつれて、われわれ自身の「ゲーデル化」する能力もついにはぐらつき始める。それもそのはずで、すでに述べたように、ゲーデル化を*どのように*実行するかを記述するアルゴリズム的方法は存在しない。ゲーデルの方法をすべての場合に応用するために、必要な事柄を具体的に述べることがもしできないのなら、われわれ一人一人にとって、あまりにも複雑で、どんなふうに応用できるのか全くわからない場合がいつかは発生する。

　もちろん、個人の能力のこの限界はあまりはっきりしているとはいえない。地面から持ち上げられる重さの限界のようなものである。あるときは二五〇ポンド(約一一〇キロ)持ち上げることができなくても、また別のときにはできるかもしれない。しかしながら、二五〇トンのものを持ち上げられる日はけっしてこない。その意味で、各人のゲーデル化の限界はぼんやりしていても、各人にとってゲーデル化の能力をはるかに越えたシステムが存在する。

　この考え方は「誕生日のカンタータータータ……」に描かれている。最初、亀がアキレスをいじめたいだけいじめつづけられるのは、明白であるように見える。しかし、そこでアキレスは、すべての答を一回の直撃にまとめ上げようと試みる。これは、それまでになかった新しい性質の措置で、「ω」という新しい名前が付けられる。この名前の新しさはとても重要である。古い命名法には、すべての自然数に対する名前しか含まれていなかったが、ωはそれを乗り越えた最初の例である。それから他のいくつかの拡張が行われるが、その名前のいくつかは全く明白で、また、他の名前はかなり技巧的である。しかし最後には、われわれはまたしても名前を使いつくしてしまう。それがいつかといえば、答の図式――

などが、みなひとつのべらぼうに複雑な答の図式の中に包括される場合である。そして、新しい名前が必要になる理由は、ある根本的に新しい種類の階段を踏むことである。一種の不規則性が現れる。そこで、新しい名前はその場その場で供給されることになる。

$$\omega、\omega^{\omega}、\omega^{\omega^{\omega}}、\ldots\ldots$$

順序数に名前をつける再帰的規則は存在しない

ところで一見、順序数（と、それらの無限の名前は呼ばれている）から順序数への連鎖におけるそれらの不規則性は、コンピュータ・プログラムで処理できるだろうと思われるかもしれない。すなわち、新しい名前を規則的に生成するプログラムがあって、もしそのガソリンがきれたときは、新しい名前を供給する「不規則性処理業者」を呼び出し、処理がすんだら簡単なプログラムに仕事を戻す、ということである。しかしこれはうまく働かないようである。不規則性は不規則なしかたで起るので、第二階のプログラム——すなわち、新しい名前を作るプログラムを作り出すプログラムが必要になる。そして、それでも不十分なので、いずれは第三階のプログラムが必要になる。以下同様につづく。

　こういうおそらく奇妙に見える複雑さは、アロンゾ・チャーチとスティーブン・C・クリーネによるある深い定理から派生している。それは「無限順序数」の構造についての定理で、次のことをいっている。

> すべての構成的順序数に名前を与える、再帰的に関係づけられた記号法は存在しない。

「再帰的に関係づけられた記号法」とか「構成的順序数」が何ものであるかを説明するのは、もっと専門的な文献、たとえばハートリー・ロジャースの本にまかせなければならない。しかし、直観的な概念は述べておこう。順序数がだんだん大きくなるにつれて、不規則性、不規則性における不規則性、不規則性における不規則性の中での不規則性、等々が発生する。ひとつの方式では、どんなに複雑なものでも、すべての順序数に名前をつけることはできない。そしてこのことから、ゲーデルの方法をすべての可能な種類の形式システムにどのようにして応用するか、を示すアルゴリズム的方法は存在しないことが導かれる。そして、神秘的な傾向が強い人でなければ、どんな人間でも、どこかでゲーデル化の能力の限界に到達するであろうと結論せざるをえない。そこから先は、そういう複雑さの形式システムは、ゲーデルが示した理由から議論の余地なく不完全であるが、人間と同じ能力をもつであろう。

ルカスに対するその他の反論

以上は、ルカスの姿勢に対する反論のひとつにすぎない。他のおそらくもっと強力な反論もあるので、それについてはあとで述べる。しかしこの反論は、コンピュータのプログラムで、自分自身の外に出て自分を完全に外から観察する、それ自身にゲーデルの攻撃法を適用できるようなものを創造しようという、魅力的な構想を持ち出した点で、特別な興味がある。もちろんこのことは、レコード・プレーヤーにそれ自身を破壊するであろうレコードをかけられるというのと同じくらい、不可能なことである。

　しかし、ＴＮＴがそのために欠陥があると考えてはいけない。もし欠陥があるとしたら、それはＴＮＴの中ではなくて、何が可能でなければならないかについてのわれわれの期待の中にある。さらに、**われわれ**もまた、ゲーデルが数学的形式構造の中に移植した言葉の技巧、つまりエピメニデスのパラドクスに対して弱みがある。これはC・H・ホワイトリーによって大変上手に指摘されたが、彼は次のような文を提案した。「ルカスは、この文を矛盾なく主張することはできない。」考えてみれば、(1)この文は正しいが、(2)ルカスはそれを矛盾なく主張することはできない、とわかるであろう。だから、ルカスも世界についての真理に関して「不完全」なのである。彼が自分の頭脳に世界を反映させるしかたから、「無矛盾」であり、しかも同時にこの正しい文を主張することはできない。しかし、ルカスがわれわれより弱みをもっているわけではない。彼は、洗練された形式システムと全く同等なのである。

ルカスの議論の誤った点を理解する愉快な方法は、それを男と女の争いに翻訳することである。思索家ルーキュスは、さすらいの旅の中で、ある日未知のもの、女に出会った。彼はそれまでそんなものに出会ったことがなく、最初は彼女が自分に似ている不思議さにうち震えた。しかし、それから少しばかりこわくもあったので、彼はすべての男たちに向って叫んだ。「見よ！　私は彼女の顔を見ることができる。そして、それは彼女にはできない――だから女はけっして私のようにはなれない！」こうして彼は、男が女よりすぐれていることを証明し、仲間である他の男たちとともに大変ほっとした。ついでながら、この同じ議論によって、ルーキュスが他のすべての男よりすぐれていることも証明されるが、そのことにはふれられていない。その女は反論する。「ええ、あなたは私の顔を見ることができて、それはたしかに私にはできないことです。しかし、わたしはあなたの顔を見ることができ、それはあなたにはできないことです！　私たちは対等です。」しかしルーキュスは予想外の反撃で答えた。「失礼ながら、もしあなたが私の顔を見ることができるとお考えなら、それは思い違いをしておられるのです。あなたがた女がすることは、われわれ男がすることと同じではない――私がすでに指摘したように、程度が劣っているので、同じ言葉で呼ぶのはふさわしくない。まあ『女見る』と呼べばいいでしょうか。ところで、あなたが私の顔を『女見る』ことができるという事実には、何の意味もありません。事態が対称ではないのですから。おわかりですか？」『女わかり』をいたしました。」とその女は「女答え」をして、「女歩き」をして去った……。

これでは砂の中に頭だけ隠すようなもので、こういう知的な争いで男と女がコンピュータより先を走っているのを見るのに熱中している人なら、喜んで受けいれるにちがいない。

自己超越――現代の神話

われわれ人間がいったいわれわれ自身から飛び出すことができるのか――あるいはコンピュータ・プログラムが自分自身から飛び出せるかどうか――を考えるのは、いまなお非常に面白いことである。プログラムがそれ自身を修正できるのはたしかであるが、そのような修正能力は、プログラムが起動したときから本来備えられているので、「システムから飛び出すこと」の例と見ることはできない。プログラムが自分自身から出ようとどんなにもがいてみたところで、その中に本来備わっている規則に従わざるをえない。プログラムが逃げられないのは、人間が物理法則に従うまいと決心しても無駄なのと同じことである。物理学は最優先のシステムであって、そこから逃げることは不可能である。しかし、ひかえめな望みなら達成可能である。すなわち、頭の中のある下位システムから、より広い下位システムへと飛び出すことなら、たしかに可能である。決りきったやり方から、ときどき脱け出すことならできる。これは、まだ脳の中のいろいろな部分的システムの相互作用の結果であるが、自分自身から全く外に踏み出したのとよく似た感じがすることもありうる。同じように、コンピュータ・プログラムの中にも「それ自身の外に出る」部分的能力を組み込むことは、十分考えられる。

しかしながら、自分自身を感知することと自分自身を超越することとの間の差を理解することは重要である。自分の姿を手に入れるのは、いろいろなしかたでできる——鏡、写真あるいは映画、テープ、他人の描写を通して、精神分析を受けることによって、等々。しかし、自分の皮膚を破って自分自身の外に出ることは、(現代オカルト運動、通俗心理学の流行などにもかかわらず)なかなかできることではない。TNTは自分自身について語ることはできるが、自分自身から飛び出すことはできない。コンピュータ・プログラムは自分自身を修正できるが、その指令群を破壊することはできない——せいぜいその指令群に従って、その一部分を変更できるだけである。これは愉快な逆説的質問、「神は自分で持ち上げられないくらい重い石を作れるか?」を思い出させる。

広告と枠組の工夫

システムの外に飛び出そうとするこの衝動は、広く普及していて、美術、音楽、その他の人間の努力におけるすべての進歩の背後に横たわっている。また、ラジオやテレビのコマーシャルを作るというようなつまらない仕事の背後にもある。この油断のならない傾向は、アーヴィング・ゴフマンによって、彼の本『フレーム分析』(*Frame Analysis*)の中でみごとに認識、描写されている。

> たとえば、一目でプロの役者とわかる人物が、宣伝文句を言い終った。仕事から解放されて、明らかにほっとした表情になる。カメラは、まだ彼に向けられたままだ。さて、そこで、さきほどまで彼が宣伝していた商品を、いかにもうれしそうに食べ始める。
>
> もちろんこれは、テレビやラジオのコマーシャルが、視聴者の心に芽生えた警戒心を打ち砕くために(あるいは、それを期待して)、自然な感じを与えようと開発した仕掛けのほんの一例にすぎない。そういうわけで、最近は子供の声もよく使われるようになった。おそらく、子供を使えば素人っぽく見えると考えてのことだろう。街頭の雑音や、その他の効果音によって、インタビューの相手がギャラをもらって答えているのではないという印象を与える。出だしをとちってみたり、句切りなくしゃべったり、本筋に関係のない演技を入れたり、現実の会話に似せて発言を重ねてみたり、といった手を使う。オーソン・ウエルズが出てきたあとに、会社の軽快なコマーシャル・ソングが割りこんで新製品のニュースを流したり、ときにはみんなが興味をもちそうな話題をかいつまんで入れたり、それもこれもおそらくは、視聴者の信用をつなぎとめようとしてのことだろう。
>
> コマーシャルの誠実さを判定するのに、視聴者がその表現のマイナーな細部にこだわればこだわるほど、広告製作者はさらに一層それを追いかけていくようになる。それが一種の相互作用公害や無秩序を生み出している。そうした無秩序は、政治家

の広報コンサルタントたちによって広められるものでもあるし、また、もっと上品な形では、ミクロ社会学によって広められるものでもある。

ここに、エスカレートする「TC戦争」——ここでの対立者は真理（T）とコマーシャル（C）——のもうひとつの例が見られる。

シムプリチオ、サルヴィアチ、サグレド——どうして三人なのか？

システムの外に飛び出す問題と完全な客観性の追求との間には、魅惑的なつながりがある。私がヤウホの『量子は実在するか？』の中の四つの対話篇を読んだとき、それらはガリレオの四つの対話『二つの新しい科学についての対話篇』に基づいているが、私はどうして三人の登場人物——シムプリチオ、サルヴィアチ、それからサグレドが参加しているのか、不思議に思った。どうして二人では不十分なのだろうか？　教育はあるがぼんくらのシムプリチオと、博識な思索家サルヴィアチで十分ではないか？　サグレドの役割は何なのだろうか？　彼は一種の中立的第三勢力で、両方の側を冷静に量り、「公平」で「偏らない」判定を述べると想定されている。これならつりあいがとれているように見えるが、まだ問題がある。サグレドはいつもサルヴィアチに賛成して、シムプリチオには反対なのである。どうして人格化された客観性がひいきをするのだろうか？　ひとつの答は、もちろん、サルヴィアチが正しい見方を明確に述べるので、サグレドには選択の余地がないのである。しかしそれなら、公平さとか「平等性」などはどうなるのだろうか？

サグレドを加えることによって、ガリレオ（とヤウホ）は少なからずシムプリチオに不利なように仕組んだ。おそらくさらに高いレベルのサグレド、この状況全体について客観的な誰かを、付け加えるべきであろう。するとどうなるかは、おわかりのことと思う。われわれは「客観性の段階的拡大」のきりがない列にまきこまれるが、この列には奇妙な性質があって、サルヴィアチがいつでも正しくシムプリチオが誤っている最初のレベルより客観性が少しも増していない——そこで謎が残る。いったいどうしてサグレドを付け加えたのだろうか？　そしてその答は、そのことによって、直観的に心を動かすという意味で、システムの外に出るような幻影を与えるのである。

禅と「外に出ること」

禅においても、われわれはシステムを超越するという概念への執着を見ることができる。たとえば洞山は公案の中で、彼の弟子たちに次のように語っている。「より高い仏教は仏陀ではない。」おそらく、自己超越は禅の中心的主題でさえある。禅僧はいつも、自分が何であるかをより深く理解しようとしているので、彼がこうだと理解している自分からもっともっと脱出し、また、そのために自分を縛っていると感じる規則や慣習をみな破る。——禅それ自身の規則や慣習も、もちろん例外ではない。このとらえがたい道筋のどこかで悟りが訪れる。いずれにしても（私が見るところでは）希望は、自己意識をしだいに深め、「システム」の視野をしだいに拡げることによって、人間はついには宇宙全体とひとつになるという感情を抱くにいたるであろう、ということである。

パイプ愛好家の教訓的思索

アキレスが蟹の家へ招かれてやってきたところ。

アキレス　この間きたときより少しふえたんじゃないか、蟹君。今度の絵はとりわけ目を奪われるね。

蟹　そういってくれると嬉しいな。ある種の画家がとりわけ好きなもので――とくにルネ・マグリットが。家にある絵はほとんどが彼のものだ。なんといってもいちばん好きな画家さ。

アキレス　実に興味を惹くイメージだよ。いくつかの点で、こういうマグリットの絵はぼくの大好きなM・C・エッシャーの作品を思い起させるね。

蟹　それはわかるな。マグリットもエッシャーも偉大なるリアリズムを用いてパラドクスと幻想の世界を探究している。二人とも、ある種の視覚的シンボルの喚起力に対する確かな感覚をそなえているし、それに――これは両方の崇拝者でさえしばしば見逃すんだが――二人とも優美な線の感覚がある。

アキレス　とはいっても、二人はかなり違ったところがあるね。その違いをどう特徴づけていいかわからないけど。

蟹　二人を詳細に比較したら面白いだろうな。

アキレス　たしかにリアリズムを操るマグリットの腕前は驚きだ。たとえば、あの絵にはほんとにだまされたよ、ばかでかいパイプが後ろにある木の絵さ。

蟹　つまり、ふつうのパイプの前にちっちゃな木がある。

アキレス　へえー、そうなってるわけ？　とにかく最初に見たときには、間違いなくパイプの煙のにおいがするぞと思ったぜ。考えられるかい、ぼくがなんとも愚かな気持になったって？

蟹　よくわかるよ。うちへくる連中はよくあの絵にはだまされるんだ。

（そういいながら手をのばし、絵のなかの木の後ろにあるパイプを取り外すと、くるりと引っくり返して、テーブルにこつんと打ちつけた。するとパイプ煙草のにおいが部屋にただよう。彼は新しい煙草をパイプに詰める。）

このパイプはなかなかのしろものなんだぜ、アキレス。実は火皿が銅張りでね、それで古くなるほど光沢が出てくる。

アキレス　銅張りだって！　ほんとかい！

蟹　（マッチを取り、パイプに火をつける）一服やってみないかい、アキレス？

アキレス　いや、けっこう。ぼくはたまに葉巻をやるだけなんだ。

第 77 図　ルネ・マグリット『影』(1966 年)

第 78 図　ルネ・マグリット『恩寵に浴して』(1959 年)

蟹　そいつはいいや！　ちょうどここに一本あるんだ！（もう一枚のマグリットの絵、自転車が火のついた葉巻に乗っている絵に手をのばす。）

アキレス　ああ――いや、けっこう、いまは。

蟹　まあそういうなら。ぼくはどうしようもないパイプ党でね。それで思い出した――大バッハのパイプ煙草好きはきっと知っていると思うけど？

アキレス　そうだったかなあ。

蟹　大バッハは作詞、思索、パイプ煙草、そして作曲が好きだった（かならずしもその順序じゃないけど）。その四つを風変りな詩にして曲をつけた。妻のアンナ・マグダレーナのために書いた有名な音楽帳のなかにはいっている。

パイプ愛好家の教訓

パイプを手にして煙草を詰めて
一服しようと火をつけて
ぷかりとやると心に浮ぶ
なんとも悲しい絵が浮ぶ
その絵がわたしに教えてくれる
わたしがパイプにそっくりだぞと。

芳しく燃えるパイプはわが身と同じ
ただ土くれでできている
土へとわが身も帰る定め。
パイプが落ちれば声出すまもなく
わが目の前でまっぷたつ
わが身を待つは同じ定め。

一点のくもりもないのにパイプは黒ずむ
けがれなきままに。かくてわたしは知る
死の呼び声を聞かねばならないとき
わが身もまた青ざめゆくだろうことを。
土の下でわが身は黒ずみゆくだろう
パイプと同じく、しばしば燃えても。

あるいはパイプが赤々と燃えるとき
見よそのとき、たちまちにして
煙が空にかき消え
ただただ残る灰が見えるばかり。
人の名声もこのように燃え尽き
塵へとその身は帰る。

パイプをくゆらすときよくあること
ストッパーが置き台になく
そこで指をぐいっと
火皿に押し込んで熱いのなんの。
パイプのなかがそんなに痛いなら
地獄の痛みはどんなに熱いことか。

こうしてパイプくゆらせ、冥想する
そんなあれこれ、わたしはいつも
実り多い思索にふける

そうして満足してぷかりとやって
陸で海で家で外国で
わたしはパイプをふかし神をたたえる。

味のある哲学だろ？

アキレス　同感だ。大バッハはまこと快い句をひねり出す名手だよ。

蟹　おっと、先にいわれてしまったか。これでも若い頃は気の利いた詩なんぞをものしたことがあってね。しかしたいした詩にはならない。言葉を扱うのはあまり得意じゃないんだ。

アキレス　いやいやどうして、蟹君。きみは――どういうんだっけ？――もともとひねりともじりの趣味があったんじゃないか。きみの自作の歌を聞かせてもらえれば光栄だがね。

蟹　お世辞でも嬉しいな。どうだろう、ぼくの努力の結実をぼく自身が歌っているレコードをかけようか？　いつ録音したか忘れてしまったけど。タイトルは「時も季節もない歌」というんだ。

アキレス　そりゃまた詩的だ！

（蟹はレコードを一枚、棚から引っ張り出し、入り組んだ巨大な装置へ歩み寄る。装置を開き、なにやら無気味な機械仕掛けの口へレコードを差し込む。とたんにパッと緑がかった光がまばゆく閃いてレコードの表面を照らし、そしてたちまち、レコードはこの不思議な機械のどこか隠れた腹のなかへすーっと運ばれる。一瞬、間があって、歌う蟹の声が響きわたる。）

まこと快い句をひねり出す名手は
もともとひねりともじりの趣味があった。
彼の歌では最後の行が
まるで構想ないようだ
つまりはなぜもなにゆえも、まったくもってありゃしない。

アキレス　素敵じゃないか！　ただ、ひとつわからないね。どうもきみの歌では最後の行が――

蟹　構想なきがごとしかい？

アキレス　いや……つまりは韻も理屈も踏んでない。

蟹　そういわれればそうだなあ。

アキレス　それを別にすれば実にいい歌だ。それにしても、このとてつもなく複雑な仕掛けにはもっと興味を惹かれるね。これはたんに特大のプレーヤーかい？

蟹　とんでもない、そんな生やさしいものじゃないさ。これは亀食らいプレーヤーなんだ。

アキレス　こりゃまた！

蟹　なあに、亀をむしゃむしゃ食らうってわけじゃない。亀君の作ったレコードをむしゃむしゃ食ってしまうんだ。

アキレス　ほほう！　そのほうが穏やかだよ。前にきみと亀公の間でくりひろげられていた例の妙な音楽戦争の一端かい？

蟹　まあね。もう少し詳しく説明しよう。実は、亀君もずいぶん手がこんできてね、ぼくの手に入れるほとんどすべてのプレーヤーを壊すことができそうな段階に達してしまった。

アキレス　でもきみらの対抗ぶりをこのあいだ聞いたときには、きみがついに無敵ステレオを手に入れたらしかったけど――テレビカメラやミニコンピュータなんかを内蔵して、壊されないようにそれ自体を分解したり再構成したりできるやつをさ。

蟹　哀れ悲しいかな！　わが計画は失敗さ。というのは、亀君がぼくの見逃したひとつの小さな細部につけこんできた。つまり、解体と再構成の過程を指示するサブユニット自体はその全過程の間、安定している。だから自明の理で、それはそれ自体を分解したり組み立てたりはできなかった。もとのままだった。

アキレス　じゃ、その結果はどうなったんだい？

蟹　ああ、いとも悲惨さ！　というのはね、亀公は彼の手口をもっぱらそのサブユニットに集中したんだ。

アキレス　どういうふうに？

蟹　絶対に変らないとわかった唯一の構造部に——解体=再構成サブユニットに致命的な振動を起すようなレコードを一枚作っただけなんだ。

アキレス　なるほど……かなりずるいね。

蟹　うん、そう思ったよ、ぼくも。そしてその戦法は効を奏した。最初はだめだったがね。ぼくのステレオが向うの最初の攻撃に持ちこたえたときは、してやったりと思ったんだ。嬉しくて高笑いさ。ところが次のとき、向うさんは目をぎらぎら輝かせてやってきた。こりゃ本気だなと思ったね。持ってきた新しいレコードをぼくはターンテーブルにのせた。それから両方とも固唾をのんで見守った。コンピュータ操作のサブユニットが注意ぶかく溝を走査し、それからレコードをはずし、プレーヤーを解体し、びっくりするくらい違った仕組に再構成し、レコードをのせる——それからゆっくりと針をいちばん外側の溝へ落していく。

アキレス　いいぞ！

蟹　最初の音が流れ出したと思ったとたん、ガッシャーン！　大音響が部屋中にとどろいた。ぜんぶばらばらになって、とりわけひどくやられたのが分解=組立部分だ。あの痛ましい瞬間、癪だけどぼくはついに悟ったね、亀はつねにつけこめるんだ——こんな言い回しを使って悪いけど——システムのアキレス腱に。

アキレス　おったまげたなあ！　惨憺たる思いだったろうね。

蟹　うん、しばらくはしょげ返っていたよ。でも幸い、これで話は終らなかった。話のつづきがあってね、それが貴重な教訓を与えてくれた。きみにもそれを伝授しておこう。亀の薦めで、ぼくはとある奇妙な本を通読したんだ。風変りな対話がぎっしり詰っていて、分子生物学、フーガ、禅、そのほかもろもろのテーマがたくさん論じられている。

アキレス　おおかたどっかの頭のおかしいのが書いたんだろ。何て本だい？

蟹　たしか『銅、銀、金——不滅の合金』という本だったな。

アキレス　ああ、亀君からも聞いたことがある。著者は彼の友人で、金属理論にかなり取り憑かれているらしい。

蟹　どの友だちかなあ……とにかく、その対話のひとつに煙草モザイクウイルス、リボソーム、その他なんだか聞いたこともない妙ちくりんなものに関する教訓というのがあった。

アキレス　何だね、その煙草モザイクウイルスってのは？　リボソームってのも何だい？

蟹　うまくいえないな、なにせ生物学となると無知もはなはだしいんでね。知ってることといったら、その対話から得た程度のことしかない。煙草モザイクウイルスは小さな紙巻煙草みたいなもので、煙草草の病気をひき起す。

アキレス　癌かい？

蟹　いや、正確にはそうじゃなくて——

アキレス　やれやれ！　煙草草がそれを喫う、そうして癌になるん

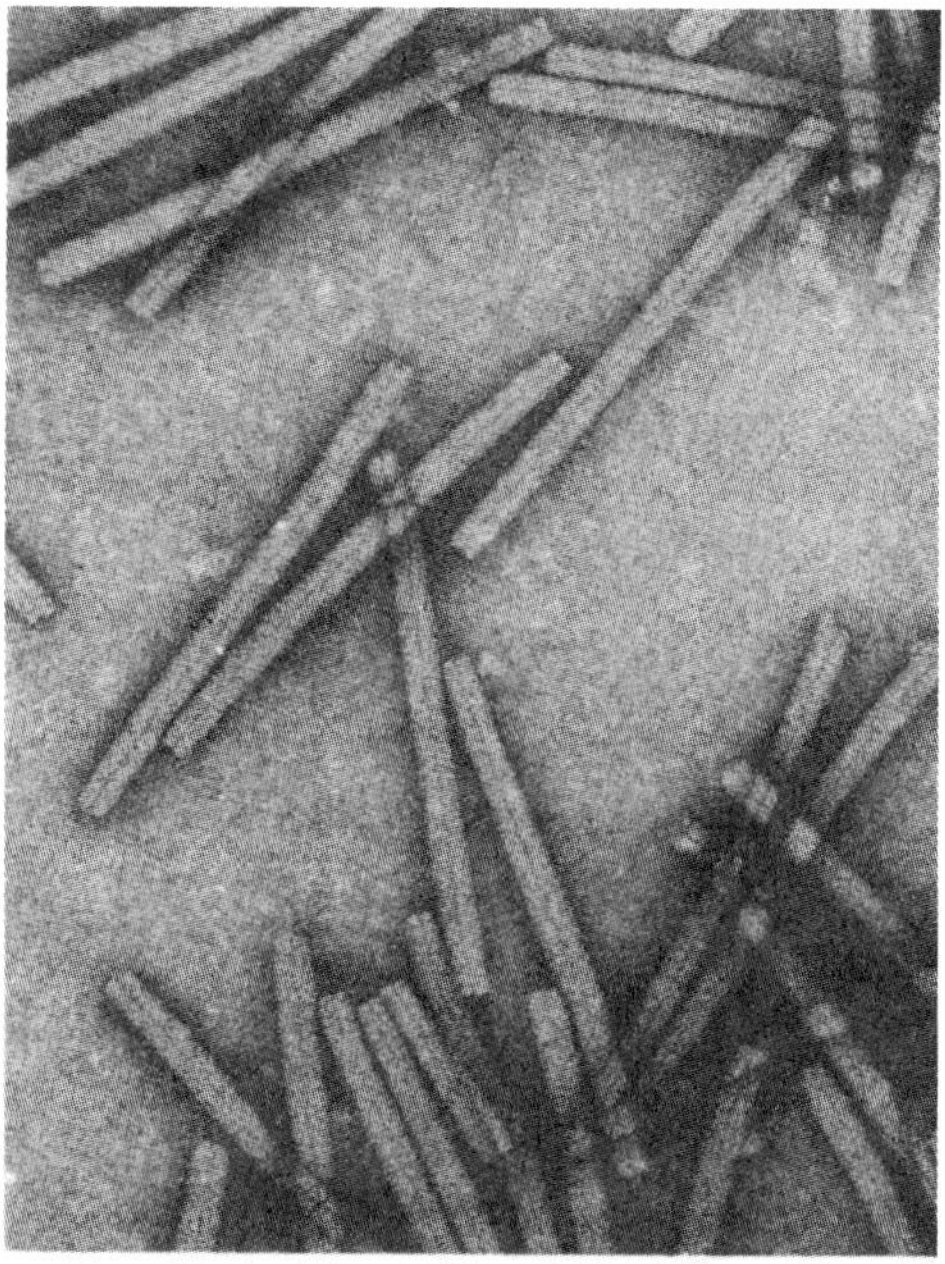

第 79 図　タバコ・モザイク・ウイルス
[A. Lehninger, *Biochemistry*, Worth Publishers, 1976——中尾真監訳『レーニンジャー生化学』共立出版、1973・1978 年]

だろ！　ざまあ見ろって！

蟹　そりゃ性急な結論だよ、アキレス。煙草草はそういう「紙巻煙草」を喫いやしないさ。その忌々しい「紙巻煙草」のやつらが勝手に襲ってくるんだ。

アキレス　なるほど。じゃ、煙草モザイクウイルスについてはすべてわかったから、リボソームとは何か教えてくれよ。

蟹　リボソームとはある種の準細胞的実体で、ある形で受け取ったメッセージを別の形のメッセージへと変えるんだ。

アキレス　ちっちゃなテープレコーダーかステレオみたいなものかい？

蟹　比喩的にはそうだろうね。それでぼくの目をとらえたのは、とびきり奇妙な登場人物がこんなことをいってる台詞なんだ。つまり、リボソームは——煙草モザイクウイルスやその他の珍妙な生物構造もそうだというんだけど——「自発的に自己組立てをする」という驚くべき能力」をそなえている。正確にそういう言葉でしゃべっている。

アキレス　そういう奇妙な台詞をいうやつなんだろうな。

蟹　対話の相手もまさしくそう思った。しかしそれはとんでもない解釈なんだ。（蟹はパイプをふかぷかと吸い、波打つ煙をぷかりぷかりと吐く。）

アキレス　すると、その「自発的な自己組立て」というのはどういう意味なんだい？

蟹　それは、細胞内部の生物単位がいくつかばらばらになったとき、自発的に自己を組み立て直すということなんだ——ほかのいかなる単位の指示も受けずにね。断片がただ一緒になる、そしてパッと——くっついてしまう。

アキレス　なんだか手品みたいだな。フルサイズのプレーヤーがそんな特性をもつことができたら、素晴らしいじゃないかい？　つまり、リボソームのようなミニチュアの「プレーヤー」にそんなことができるのなら、大型のプレーヤーにできないわけがないだろ？　そうなればきみは破壊不能のステレオを作ることができる、そうだろ？　いつ壊されようが、ちゃんとまたもとどおりになるわけだ。

蟹　まさしくぼくもそう考えた。息せき切らせて製造元に手紙をしたためたね、自己組立ての概念を説明して、ばらばらに分解しても別の形で自発的に自己組立てをするようなプレーヤーを作ってもらえまいかと頼んだのさ。

アキレス　しこたま請求されたろ。

蟹　それもそうだが、数カ月たってついに成功したという手紙がきた——実際、請求書のすごいのを送ってよこしたよ。ある日のことでしたってやつさ！　堂々たる自己組立てプレーヤーが郵送されてきて、そこで自信満々、ぼくは亀君に電話した。わが究極のプレーヤーを試してみたいからと家に呼んだ。

アキレス　目の前にある特大のやつが、いまの話の機械だね。

蟹　違うんだ。アキレス。

アキレス　まさかまたしても……

蟹　お察しのとおりの事態に、実は、残念ながらなってしまった。なぜかっていう理由を理解しているふりはしないよ。事の次第はあまりに痛ましくて話す気も起らない。スプリングや銅線やらが床にめちゃくちゃに散らばって、あっちこっちから煙がくすぶって——ああ、ほんとにもう……

アキレス　わかるよわかるよ、蟹君、そう悲観するなって。

蟹　大丈夫、ときたまこんなふうに乱れちゃうこともあるんだ。さて先をつづけると、亀君は最初はふんぞり返ったものの、しまいにはぼくがすっかり悲しんでいるのを見てとって、同情してくれた。これはしかたないんだと説明して慰めようとしてくれた——すべて誰とかの「定理」のせいだというんだけど、こっちは一言も向うのいうことについていけない。「ゲートルの定理」とかいってたな。

アキレス　「ゲーデルの定理」じゃないかな、前にぼくにもその話をしてたから……なんだか陰険なひびきのある名称だ。

蟹　それかもしれない。覚えてないけど。

アキレス　ほんといって、蟹君、ぼくはいまの話を聞きながらきみの立場にこのうえなく同情したね。実に悲しい話だ。ところで、さっき銀張りがあるっていってたけど。ねえ、あれは何のこと？

蟹　ああ、あれね——銀張りさ。うん、結局ぼくはステレオの「完全」の追求はあきらめた。そして亀のレコードに対する防御をしっかり固めたほうがましだと決めたんだ。何でもかんでもかけられるプレーヤーよりも穏当な目標は、生存しうるプレーヤーでしかないという結論に達した。つまり破壊されずにすむようなプレーヤー——たとえわずかの特殊レコードしかかけられないものだとしてもだ。

アキレス　すると、ありとあらゆる音をことごとく再生できるというのは犠牲にして、手のこんだ反亀機構を開発することに決めた？

蟹　うーん……かならずしも「決めた」とはいえない。もっと正確にいうなら、そういう立場へと強いられたんだ。

アキレス　なるほど、その意味はわかる。

蟹　ぼくの新しい思いつきは、あらゆる「異物の」レコードをぼくのステレオでかからないようにすることだった。ぼく自身のレコードが無害なのは知ってるんだから、ほかの誰かのレコードが潜入してくるのを防げば、それでぼくのプレーヤーは守られるし、しかも自分のレコード音楽は楽しめるわけだ。

アキレス　新たなゴールへのみごとな戦術だ。それでこの目の前にあるでっかいやつが、いまのところそういう方針にそった成果をあげている？

蟹　そうなんだ。むろん亀君も戦法を変えなければならないのがわかっている。向うの主たる目標は、ぼくのセンサーをすり抜けるレコードを考案することだ――新たなタイプの挑戦だね。

アキレス　きみのほうとしては、彼やほかの誰かの「異物」レコードをどんなふうに近づけないつもりだい？

蟹　こっちの戦略を亀公に洩らさないと約束するかい？

アキレス　亀の名誉に誓って。

蟹　なんだって!?

アキレス　いやいや――亀公の台詞をちょいと借りたまでさ。心配するなって――きみの秘密はどこへも洩らさないことを誓うから。

蟹　よし、そういうんなら。ぼくの基本計画はラベル作戦なんだ。ぼくのレコードに一枚残らず秘密のラベルを貼りつける。さて、目の前にあるこのステレオには、この前身もすべてそうだったが、レコードを走査するテレビカメラと、その走査で得られたデータを処理して、以後の操作をコントロールするコンピュータがはいっている。ぼくの思いつきは、ただ然るべきラベルのないレコードをすべて食べてしまおうというものさ！

アキレス　ああ、甘美なる復讐よか！　しかしその計画はやすやす裏をかかれそうだがね。亀公はきみのレコードを一枚手に入れて、そのラベルをコピーしさえすればいいだけじゃないか！

蟹　そんな単純なものじゃないぜ、アキレス。そのラベルとレコードの本体とを彼が区別できるとどうして思うんだい？　きみの思ってる以上に統合されているかもしれない。

アキレス　実際の音楽と何か混ざり合っていることもあるという意味かい？

蟹　まさしくそうさ。しかし二つを分離する方法はある。データをレコードから視覚的に吸い取って、それから――

アキレス　それであの緑色がぴかぴか閃いたのかい？

蟹　そのとおり。あれはテレビカメラが溝を走査してたんだ。溝のパタンがマイクロコンピュータに送られ、それがぼくののせた曲の音楽スタイルを分析した――すべて沈黙のうちにね。まだ何もかかっていなかったろ。

アキレス　それからふるい分け処理があって、然るべきスタイルではない曲を排除するんだね？

蟹　そのとおりさ、アキレス。この第二テストを通過できるレコードのみが、ぼく自身のスタイルの曲のレコードだ――亀公がそれを真似ようたってできるもんじゃない。だからね、この新しい音楽闘争は絶対にぼくの勝ちだと思うよ。もっとも亀公としても同じように、なんとかぼくのセンサーをすり抜けてレコードを忍びこませられると思っているだろうけど。

アキレス　そしてきみの驚異の機械をこっぱみじんにするってわけ？

蟹　いや、そうじゃない――彼はその点は主張を通したんだ。今度

第 80 図　ルネ・マグリット『美しい捕虜』(1947 年)

はただ、レコードを――無害のレコードを――ぼくの手によってすべりこませることができるということを証明したがっているんだ、ぼくがそれを妨げるいかなる手段を講じようともね。「わたしはプレーヤーXで演奏されうる」とかいった妙なタイトルの歌がどうのと、なにやらぶつぶついってるんだ。しかしそんな脅しがきくもんか！　ただひとつちょいと気がかりなのは、前みたいに彼が釈然としない論法を用意しているらしくてね、それは……それはだね……（すーっと黙りこくる。それからいかにも思案顔になり、パイプをぷかぷかやる。）

アキレス　ふふーん……どうやら亀君は不可能な課題をかかえたらしいな。彼もついに好敵手にめぐり会ったか！

蟹　きみがそう思うなんて妙だな……きみは「ヘンキンの定理」を知らないだろう？

アキレス　誰の定理だって？　そんなものはまるで聞いたことがないよ。きっと面白いんだろうけど、それよりも「ステレオに潜入する音楽」のほうを話してほしいね。なんとも愉快な話じゃないか。実は、ぼくにも結末が書けそうだな。明らかに、亀公はこれ以上つづけてもむだだと悟って、そこでおずおず敗北を認め、それでめでたしめでたし。まさにそうだろ？

蟹　そう期待はしてるさ、少なくとも。ぼくの決定版ステレオの内部機構をちょっぴり見てみるかい？

アキレス　もちろん。動いてるテレビカメラを前々から見たかったんだ。

蟹　では早速お見せしよう。（特大ステレオのあんぐりあいた「口」のなかへ手を入れ、留め金具をいくつか外し、きちんとパッケージにおさまった器具を引っぱり出す。）ほら、全体がそれぞれ独立したモジュールから構成されていてね、それぞれ外して単独に使用できる。たとえばこのカメラは、これだけで実によく働く。向うの画面を見ててくれ、燃えてるテューバの絵の下だ。(カメラをアキレスに向けると、その顔が大きな画面にぱっと現れる。)

アキレス　すごい！　ぼくも試していい？

蟹　いいとも。

アキレス　(カメラを蟹に向ける) さあ、蟹君、画面に映ってるぞ。

蟹　そうさ。

アキレス　燃えてるテューバの絵にカメラを向けると。やっぱりちゃんと映る！

蟹　カメラはズームにできるよ、アキレス。試してみるといい。

アキレス　すごいなあ！　あの炎のてっぺんに焦点を合わせてみよう、額縁のそばの……とても滑稽な気分だね、部屋にある何でもかんでもたちまち「コピー」できるなんて——何でも思いどおり——あの画面上に。カメラを向けさえすれば、ひょいっと手品みたいに画面に出てくる。

蟹　部屋にある何でもかんでもだって、アキレス？

アキレス　見えるものは何でもだよ、うん。明らかじゃないか。

蟹　それじゃどうなるかな、テレビ画面の炎にカメラを向けたら？

(アキレスはカメラを移動し、炎の映っている——というか、映っていた——テレビ画面の部分にカメラを向ける。)

アキレス　おや、おかしいぞ！　動かしたとたんに炎が画面から消えちゃったじゃないか！　いったいどこへいったんだい？

蟹　画面に画像を静止させて、同時にカメラを動かすなんてできないのさ。

アキレス　なるほどね……しかしいま画面に映っているものがわからないな——さっぱりわからん！　奇妙な長い廊下のようだけれど。でも廊下になんかカメラを向けていないのは確かだ。ふつうのテレビ画面に向けているだけなのに。

蟹　もっと注意して見ろよ、アキレス。ほんとに廊下が見えるかい？

アキレス　うーん、ああわかったぞ。テレビ画面のコピーが何重にもつながってるんだ、だんだん小さくなっていって……なーるほど！　炎の画像は消え失せたはずだよ、あれはこの絵にカメラを向けることから生じたんだから。ぼくが画面にカメラを向けると、画面そのものが現れる、そのとき画面にあるものすべてとともに——それが画面そのものであり、そのときその画面にあるものすべてが一緒で——それが画面そのものであり、そのとき一緒に——

蟹　そのへんでよさそうだよ、アキレス。カメラをねじってみてはどうだい？

アキレス　ああ！　美しい螺旋の廊下が見えるぞ。それぞれの画面がそれを囲む画面のなかで回転して、だから画面が小さくなればなるほどもっと回転するんだ、いちばん外側の画面からいえばね。テレビ画面に「それ自体を呑み込ませる」というこの着想は無気味だな。

蟹　「それ自体を呑み込む」ってどういう意味だい、アキレス？

アキレス　つまり、ぼくがカメラを画面に向けるときということさ——あるいは画面の一部にね。それが自己呑み込みだ。

蟹　それをもう少し追究してもいいかい？　その新概念には興味を惹かれるから。

アキレス　ぼくもそうさ。

蟹　それじゃよしと。もしきみがカメラを画面の角に向けたなら、それもなおきみのいう「自己呑み込み」かな？

アキレス　やってみよう。ふふーん――画面の回廊は外へ出てしまうようだから、もはや無限の入れ子はない。きれいだな、しかし自己呑み込みの気力はないらしいや。「挫折せる自己呑み込み」だ。

蟹　カメラを画面の中央のほうへ戻していけば、またそれが映るだろう……

アキレス　(ゆっくりと注意ぶかくカメラを転じる)うん！　廊下がしだいに長くなる……そーら！　さあもとどおりだ。ずっと遠くまで見えて、はるかかなたで掻き消えてる。カメラが画面全体をとらえた瞬間、廊下はまた無限になったわけだ。ふーん――これでこのあいだ亀君が何かいってたのを思い出したぞ、ひとつのセンテンスがそれ自体のすべてを語るときにのみ生ずる自己言及とか……

蟹　何だって？

アキレス　いやいや、何でもない――ただの独り言さ。

(アキレスがカメラのレンズや装置をいじるうちに、つぎつぎと新たなたぐいの自己呑み込みの画像が現れる。銀河系に似た渦巻く螺旋形、万華鏡のごとき花模様、そのほかさまざまの型……)

蟹　ずいぶん楽しそうだね。

アキレス　(カメラから目を離して)そりゃそうさ！　こんな単純な思いつきでわんさと画像が生み出されるんだから！　(画面に視線を戻し、驚いた顔になる)おい見ろよ、蟹君！　ひらひら動く花弁模様が映ってるぜ！　このひらひらした動きはどっからくるんだ？　テレビは静止しているし、カメラもそうだ。

蟹　時間のなかで変化する模様(パタン)をときにはとらえられるんだ。なぜかといえば、カメラが何かを「見る」瞬間と、それが画面に現れる瞬間とは、回路にわずかの遅れがある――約百分の一秒のね。だから五〇個ほどの入れ子があるとすれば、ほぼ二分の一秒の遅れが生ずるわけだ。もし何か動く像が画面にはいってきたなら――たとえば、きみの指をカメラの前に出すとか――すると入れ子の深いところにある画面がそれを「見究める」には時間がかかるんだ。この遅れが今度はシステム全体に反響する――視覚的なエコーみたいにね。そしてそのエコーが消え去らないように画像が映されると、そのときに波動する模様(パタン)がとらえられる。

アキレス　驚きだ！　ねえ――総体的な自己呑み込みをやってみたらどうなる？

蟹　それは正確にどういうこと？

アキレス　うん、画面のなかにまた画面のあるこのしろものも面白いことは面白いけど、テレビカメラと画面をいっしょに画面に映してみたいんだ。システム全体に自己呑み込みをさせるにはそれしかないだろう。画面はシステム総体の部分でしかないんだから。

蟹　なるほどわかった。たぶんこの鏡を使えば、お望みの結果が得られるよ。

(蟹が一枚の鏡を手渡すと、アキレスはカメラと画面が両方とも画面に映し出されるように、鏡とカメラを配置する。)

アキレス　よしきた！　総体的な自己呑み込みができたぞ！

蟹　どうも鏡の表面だけしかないように思うけどなあ――奥はどうなったの？　奥がなければ鏡は映らないじゃないか――それにカメラが画像に映らないだろう。

アキレス　そのとおりだ。しかしこの鏡の表面と奥の両方を映すには、もう一枚の鏡が要る。

蟹　でも、するとその鏡の奥も映さなくてはならなくなるぜ。それ

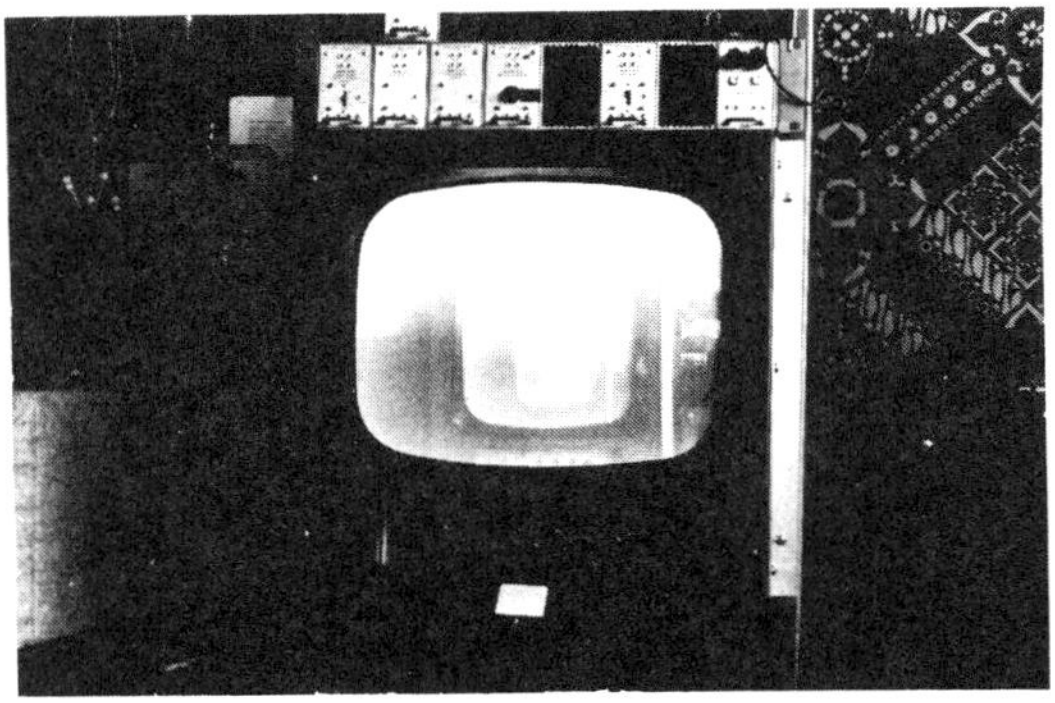

a 一番単純な例

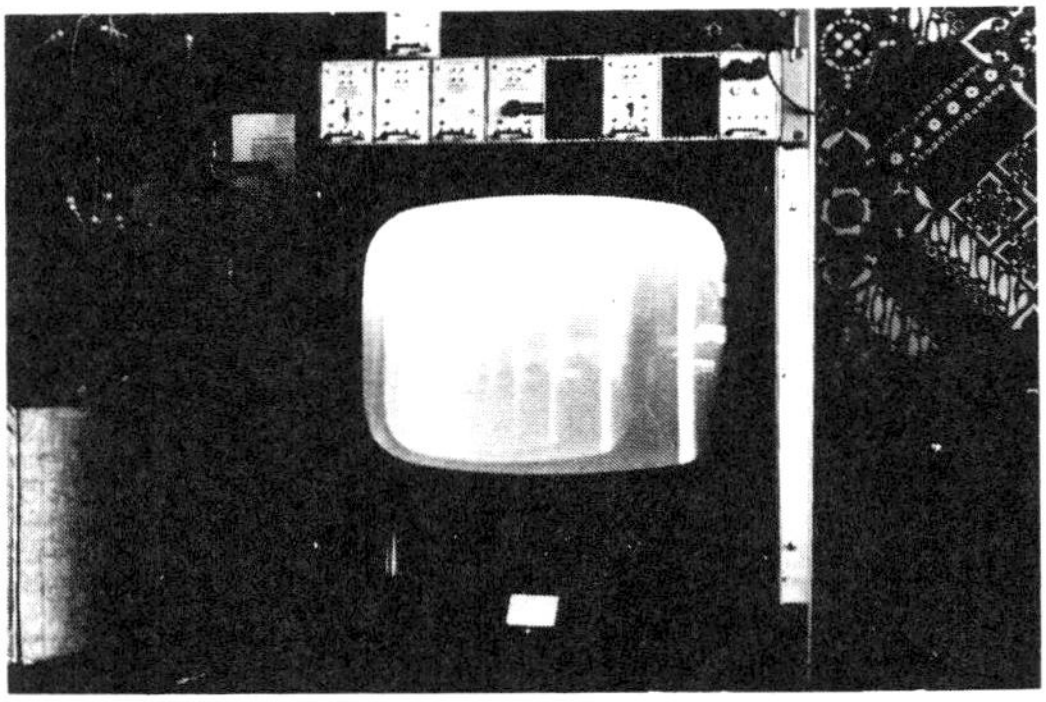

b アキレスの「廊下」

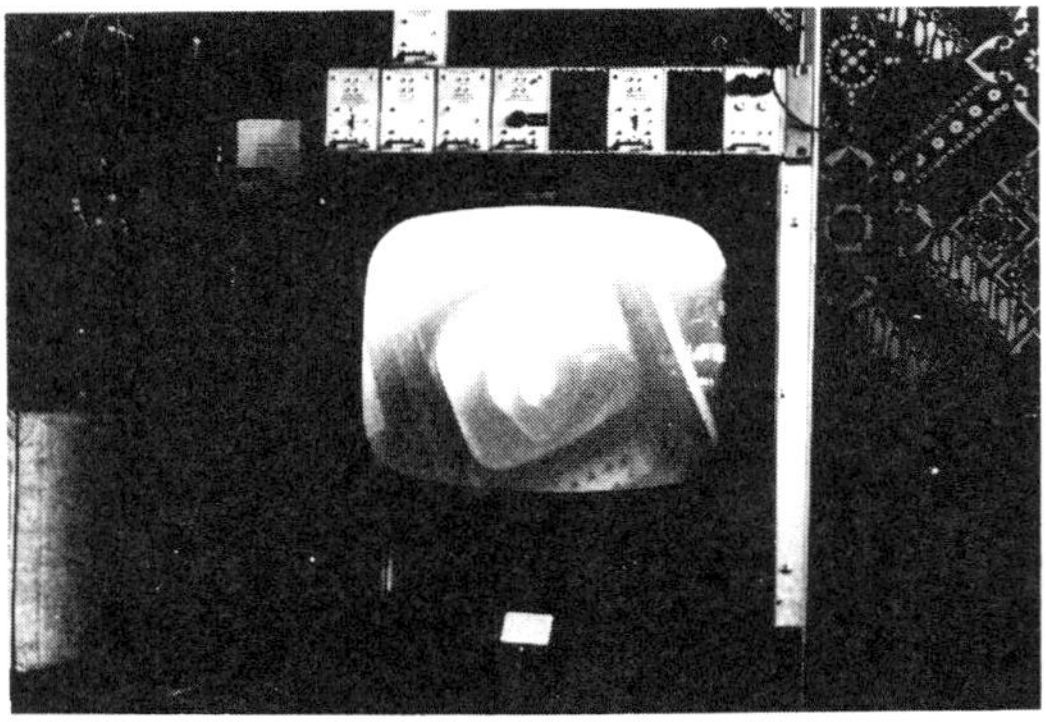

c カメラを回転させると……

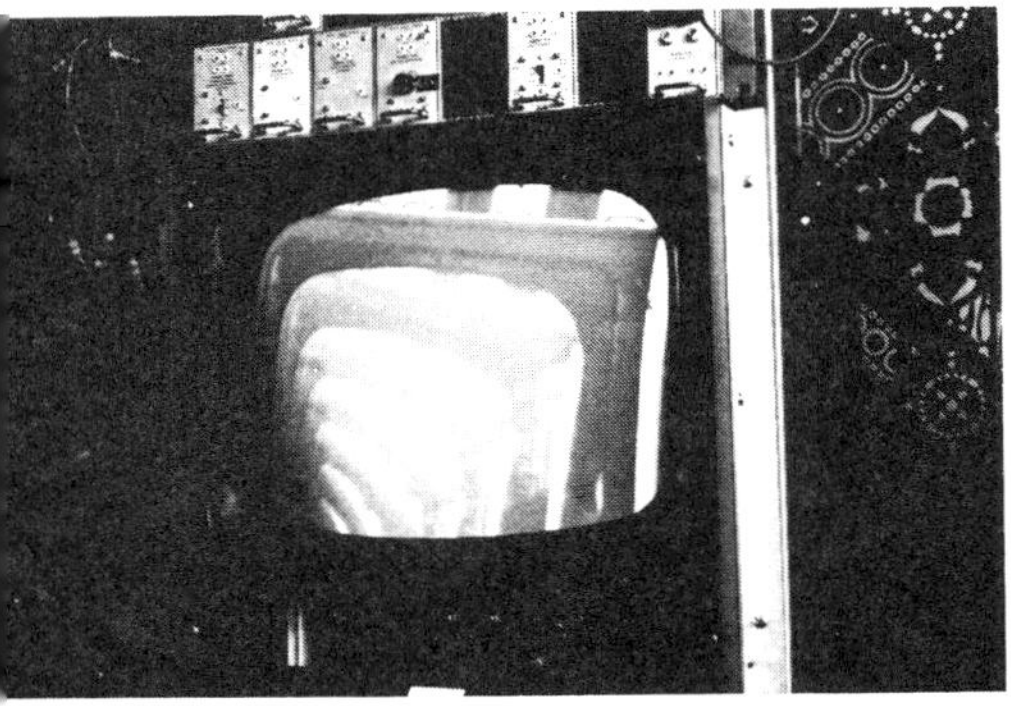

d 「挫折せる自己呑み込み」

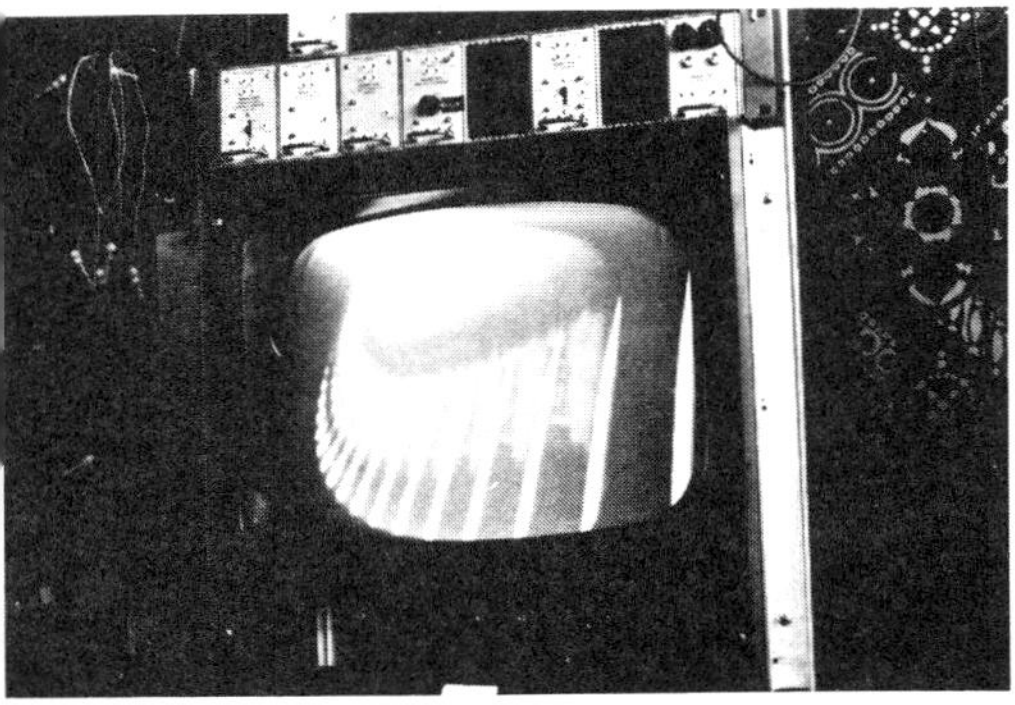

e ズームインすると……

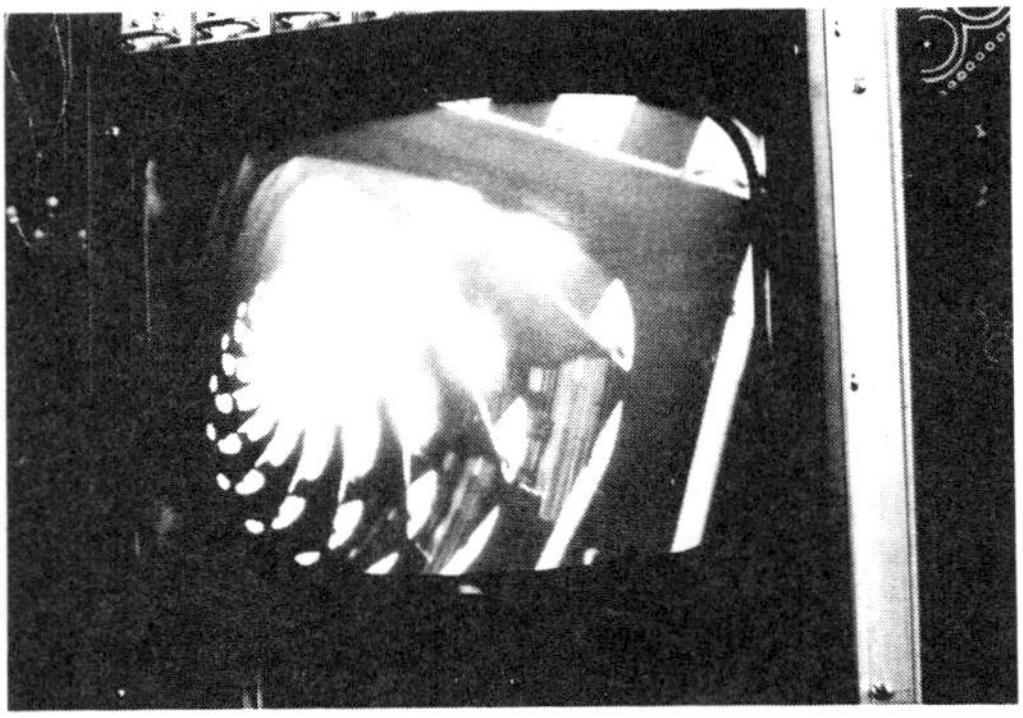

f 回転とズーミングが組み合わさると……

第 81 図　12 の「自己呑み込み」テレビ画面。13 が素数でさえなければ、もうひとつ付け加えていたところだ。

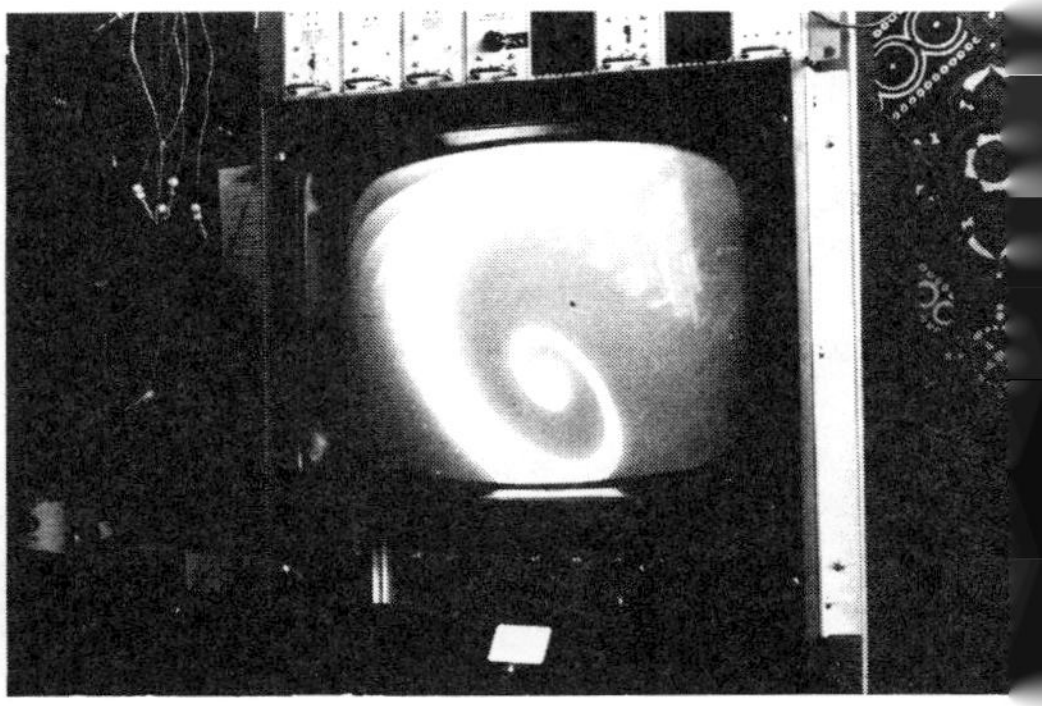

g なんだか歪んできた……

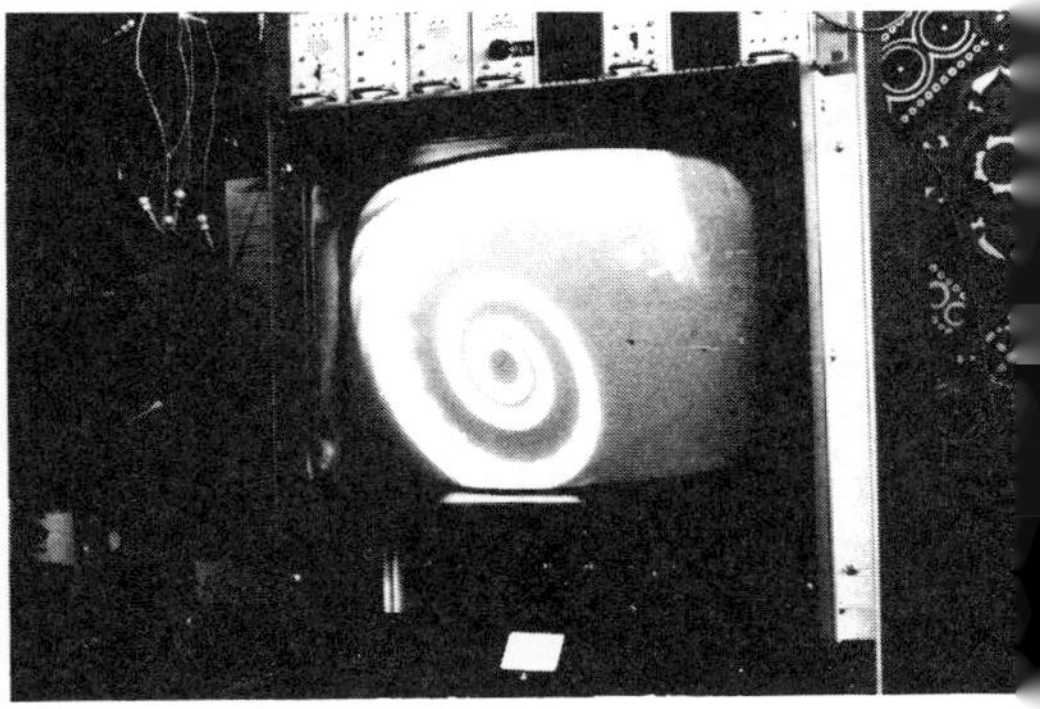

h 「銀河」の誕生

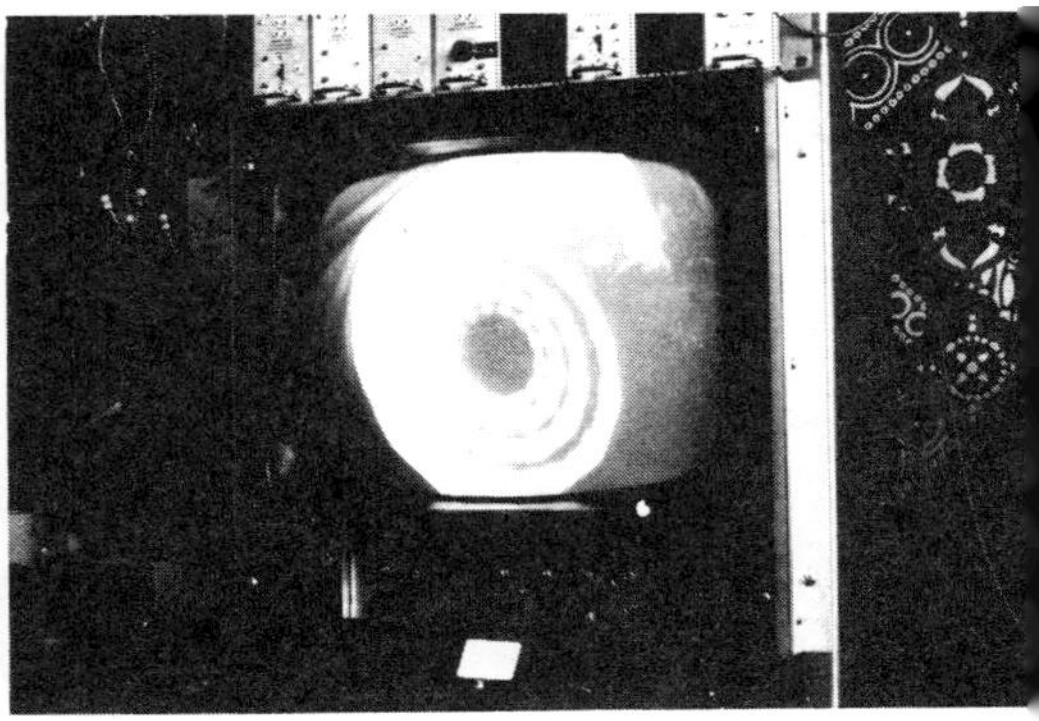

i 銀河が進化する……

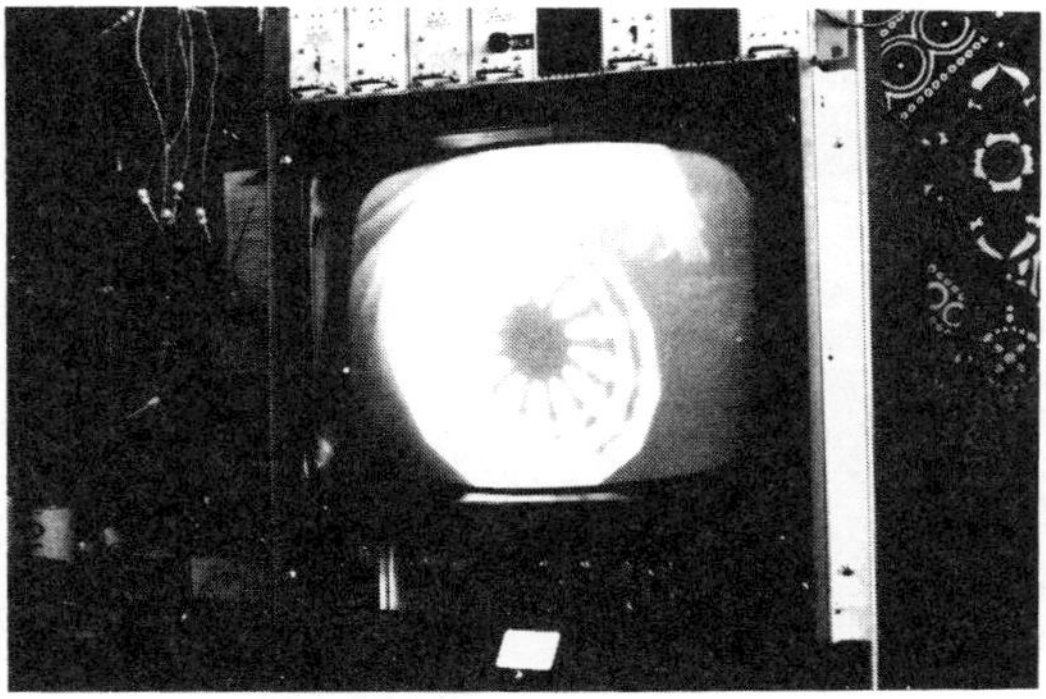

j 銀河の終末。スポークの数を数えてみよう！

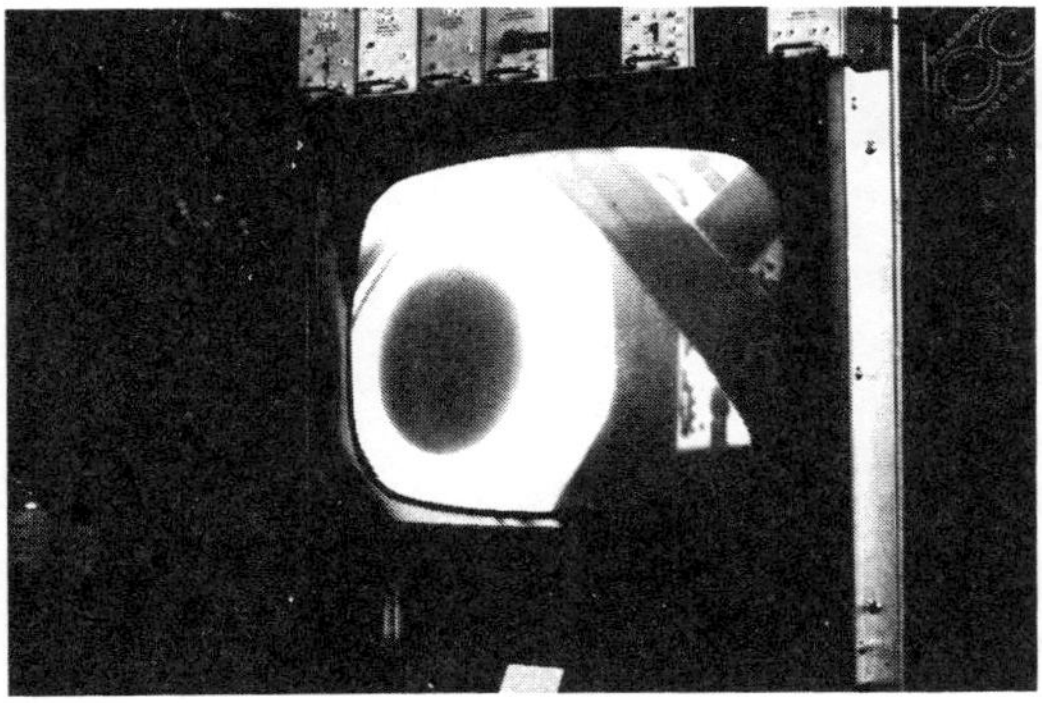

k 銀河が燃えつきて——ブラックホールに！

l 「脈動する花弁模様」——脈動のさなかにとらえたもの。

第 82 図　ルネ・マグリット『空気と歌』(1964 年)

にテレビの奥のほうも入れるのはどうする、表面だけでなくてさ？　それからその電気コード、それにテレビの内側、それに——
——

アキレス　うひぇえ！　頭がぐるぐるまわってきたよ！　この「総体的な自己呑み込み」はちょいと厄介な問題になってきたぞ。目まいがするぜ。

蟹　よくわかるね、その気分。まあここへすわって、自己呑み込みなんてきれいさっぱり忘れちゃどうだい？　ほら、楽にして。ぼくの絵を眺めてれば落ち着いてくるから。

（アキレスは横になり、ため息をつく。）

おっと——パイプの煙が気になるかい？　うん、パイプはしまうとしよう。（くわえていたパイプを取って、もう一枚のマグリットの絵の何か言葉の書かれている上へ注意ぶかく置く。）よしと！　気分はよくなったかい？

アキレス　まだちょっとくらくらするね。（マグリットを指さす）面白い絵だ。あの囲み方がいいね、とりわけ木の額縁のなかのぴかぴかしたはめ込みが。

蟹　ありがとう。特別に作らせたのさ——金張りなんだ。

アキレス　金張りだって？　やれやれ！　パイプの下にある文句は何だい？　英語じゃないだろ？

蟹　そう、フランス語さ。「スシ・ネ・パ・ユヌ・ピプ」つまり「これはパイプではない」という意味だ。まったくもってそのとおり。

アキレス　だってあれはパイプじゃないか！　さっきまでふかしていたじゃないか！

蟹　おや、あの文句を誤解しているらしいね。「これ（スシ）」という語は絵を指すんだ、パイプをじゃなく。もちろんこのパイプはパイプだ。

しかしこの絵はパイプじゃない。

アキレス　あの絵のなかの「これ（スシ）」がはたして絵全体を指すのか、それとも絵のなかのパイプを指すだけなのか。うーん、まいったよ！　これまた自己呑み込みになりそうだ！　ぼくはほんと気分がすぐれないよ、蟹君。これじゃ病気になりそうだ……

［第16章］自己言及と自己増殖

この章では、いろいろな文脈の中で自己言及を作り出すメカニズムをいくつか眺め、それを、ある種のシステムにおいてその自己増殖を可能にしているメカニズムと比較する。その中でこれらのメカニズムの間の注目すべきみごとな平行関係が、いくつか明るみに出るだろう。

陰伏的自己言及文と明示的自己言及文

では、一見したところ、自己言及のもっとも単純な例に見えるような文を眺めることから始めよう。次に示すのがそのような文である。

(1) この文は十二文字からなる。
(2) この文は自己言及的なので無意味である。
(3) 動詞(どうし)ようもないこの文。
(4) この文は偽である。（エピメニデスのパラドクス）
(5) 私がいま書いている文はあなたがいま読んでいる文である。

最後のもの（これは変則的である）以外はすべて、「この文」という語句の中に一見単純なメカニズムをはらんでいる。しかし、そのメカニズムは実際には単純どころではない。これらの文はすべて、文脈の中を「浮遊」している。これらは小さな頂きだけをのぞかせている氷山にたとえられる。語系列は氷山の一角であり、それを理解するために必要な処理が氷山の隠された部分である。この点で、それらの意味は明示的ではなく陰伏的である。もちろん、意味が完全に明示的な文は存在しないが、自己言及が明示的になればなるほど、その背後のメカニズムはますますあらわにさらけだされる。この場合に、上の文の自己言及を認識するには、言語上の題材を処理できる言語に不自由しないばかりではなく、「この文」という語句で指示されるものも判定できなくてはならない。これは簡単そうに見えるが、実は、大変複雑でありながらすっかり同化されて身についている、言語を扱う能力に依存している。ここでとくに重要なのは、指示形容詞（たとえば「この」）をその中に含む名詞句の被指示物を判定する能力である。この能力は徐々に形成されるものであり、けっして些細なものと考えてはならない。子供のように、パラドクスや言語上のトリックに不慣れな人たちに(4)のような文章を提示する

第 83 図

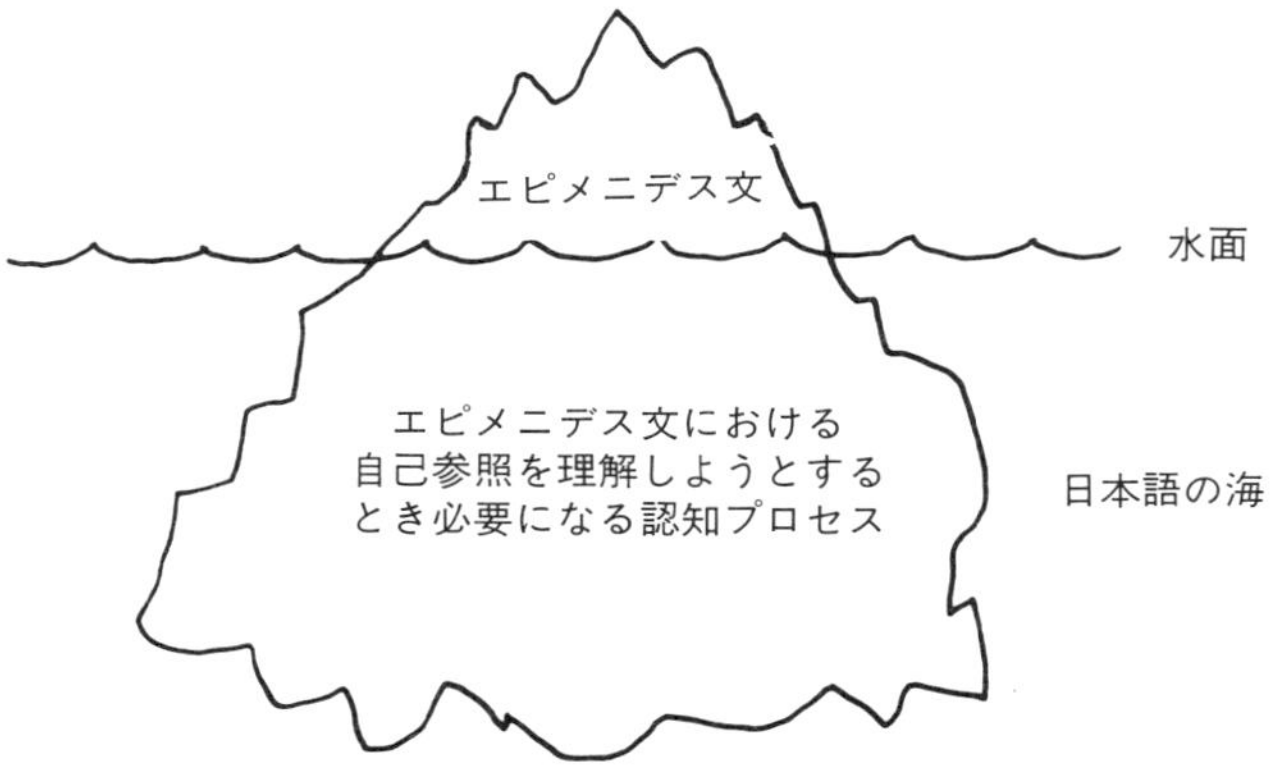

第 84 図

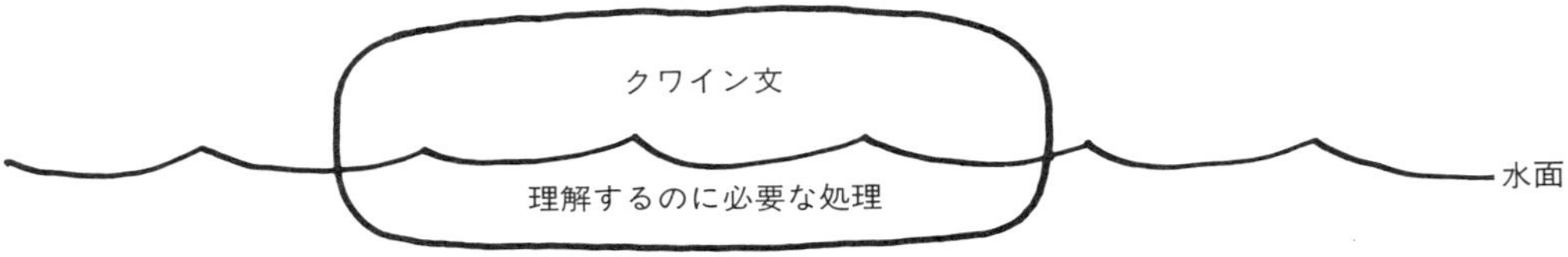

第 85 図

と、この判定のむずかしさがよくわかるだろう。そのような人たちは、「どの文が偽なの？」といって、この文がそれ自体について語っていることに気づくのにちょっとばかり手間がかかるかもしれない。そして、このような考え方そのものに、最初少しばかりまごつくだろう。一対の絵が役に立ちそうだ（第83・84図）。第83図の絵は二つのレベルで解決できる。ひとつのレベルでは、これは自文自身を指示している文であり、別のレベルでは、それは自分自身を文殴っているエピメニデスの姿である。

氷山の見える部分と見えない部分を示す第84図は、自己言及の認識に必要な処理に対する、文の相対的な比率を示唆している。

「この文」というトリックを用いないで自己言及文を作る試みも楽しい。文をその内部で引用することを試みてもよい。これがそのような企ての例である。

文「この文は十二文字からなる」は十二文字からなる。

しかし、このような企ては失敗するにちがいない。それ自身の内部で完全に引用できる文は、それ自身よりも短くなければならないからである。しかし、無限に長い文を楽しむことを辞さなければ、これは実際に可能である。たとえば次のような具合である。

文章
　「文章
　　「文章
　　　「文章
　　　　.
　　　　.
　　　　.
　　　　.
　　　　.
　　　　.
　　　　等々。
　　　は無限に長い」
　　は無限に長い」
　は無限に長い。

しかし、有限の文ではこうはいかない。同じ理由で、ゲーデルの文字列Gは、そのゲーデル数に対する明示的な数詞を含むことはできない。うまくはめこめないだろう。TNTの文字列で、それ自身のゲーデル数に対するTNT数詞を含めるものはない。なぜなら、その数詞はつねに文字列自体よりも多くの記号を含むからである。しかし、「代入（サブ）」と「算術的クワイン化」の概念を用いて、Gにそれ自身のゲーデル数の記述を含ませることで、これを回避することができる。

自己引用によったり、あるいは「この文」という語句を用いるかわりに、記述によって英語の文で自己言及を達成するひとつの方法が、対話篇「G線上のアリア」で説明したクワインの方法である。クワイン文の理解には、前に引いた四つの例ほど微妙な心的処理法は必要ではない。一見したところでは、もっと仕掛けが多いように見えるが、ある点では、もっと明示的なのである。クワイン的構成は、クワイン文自体と同型であることが判明している印刷された別の実体を記述することによって自己言及を作り出す点で、ゲーデル的構成に非常によく似ている。新たに印刷された実体の記述は、クワイン文の二つの部分で実行される。ひとつの部分は一定の語句をいかに作るかという指令の集合であり、もう一つの部分は用いるべき構成素材を含む。つまり、一方の部分は版型である。これは氷山というよりも、水面上の部分がより大きい、水に浮んだ石けんに似ている（第85図）。

　この文の自己言及は、エピメニデスのパラドクスよりももっと直接的なやり方で達成される。隠れた処理はもっと少なくてすむ。ついでながら、「この文」という語句がひとつ前の文に現れているが、それはそこでは自己言及をひき起してはいないことを指摘しておこう。その被指示物は、それが出現している文ではなく、クワイン文であったことを読者はたぶん理解されただろう。この指摘はただたんに、「この文」のような指示句が文脈につれてどのように解釈されるかを示し、併せてこのような語句の処理が実は大変こみいっていることを示すためであった。

自己増殖プログラム

　クワイン化の概念と、自己言及を作り出すためにそれを用いることについては、対話篇自体の中ですでに解説したので、ここでそれに時間をかける必要はない。そのかわりに、コンピュータ・プログラムが同じ技巧を用いて、どのようにして自分自身を増殖できるかを示そう。次の自己増殖プログラムはブー風言語で書かれており、ある語句を自分自身の引用の後に追従させることが基本になっている（クワイン化とは順序がちょうど反対なので、quine を逆にした eniuq（エニウ化）という名称を与える）。

```
DEFINE PROCEDURE "ENIUQ" [TEMPLATE]: PRINT
[TEMPLATE, LEFT-BRACKET, QUOTE MARK, TEM-
PLATE, QUOTE-MARK, RIGHT-BRACKET, PERIOD].
ENIUQ
['DEFINE PROCEDURE "ENIUQ" [TEMPLATE]: PRINT
[TEMPLATE, LEFT-BRACKET, QUOTE MARK, TEM-
PLATE, QUOTE-MARK, RIGHT-BRACKET, PERIOD].
ENIUQ'].
```

ENIUQ とは最初の三行で定義されている手続きであり、その入力は TEMPLATE と呼ばれる。手続きが呼び出されるとき、TEMPLATE の値は印刷文字のなんらかの文字列であると了解されている。ENIUQ の効果は TEMPLATE が二回印刷されるような、ある印刷動作を実行することである。最初はそのままの姿で、二回目は（一重）引用符と角形括弧にくるまれており、終止のピリオドという飾りがつく。もし TEMPLATE の値が文字列 DOUBLE-BUBBLE だったとすると、それに ENIUQ を実行させた結果は次のようになる。

```
DOUBLE-BUBBLE ['DOUBLE-BUBBL'].
```

　右のプログラムの最後の五行では、手続き ENIUQ が TEMPLATE の特定の値とともに呼び出されている。その値とは、一重引用符の中の長い文字列 DEFINE…ENIUQ である。この値は慎重に選ばれたものであり、ENIUQ の定義とそれにつづく語 ENIUQ とで構成されている。これによってプログラム自体——お望みならその完全なコピーといってもよい――が刷り出される。これはエピメニデス文のクワイン版に非常によく似ている。

「はその引用が先立つと虚偽を生む」
はその引用が先立つと虚偽を生む。

さきほどのプログラムの最後の四行の中で、引用符の中に現れる文字列――つまり TEMPLATE の値――はけっして指令の系列として解釈されないことを理解することが大事である。それがたまたまそうであるのは、ある意味では偶然事である。上で指摘したように、これは DOUBLE-BUBBLE あるいは他のどんな文字列でもよかったのである。この計画のみごとさは、同じ文字列がこのプログラムの先頭の三行に現れるときには、プログラムとしての扱いを受けている（なぜなら引用符の間にないからだ）点に見られる。こうしてこのプログラムでは、ひとつの文字列が二通りに機能する。最初はプログラムとして、次はデータとして。これが自己増殖プログラムの秘密であり、やがてわかるように、自己増殖する分子の秘密でもある。なお、自己増殖的ないかなる物体あるいは実在をもひっくるめて**自増**と呼び、自己言及的ないかなる対象あるいは実在物をもひっくるめて**自言**と呼ぶことにすれば便利である。今後は時に応じて、この用語も使うことにする。

先のプログラムは、とくに自増を書きやすくすることを目指して設計されてはいない言語で書かれた自己増殖的プログラムのエレガントな例である。したがって、言語の一部をなすと見なされている概念および動作――たとえば語 QUOTE-MARK と命令（コマンド） PRINT――を用いて仕事を遂行しなければならなかった。では、ある言語が、自増を容易に書けるようにわざわざ設計されたとしよう。そのときには、自増ははるかに短く書けるだろう。たとえば、エニウ化するという操作がこの言語に組み込まれた機能のひとつであって、（PRINT について想定したように）明示的な定義を要さないとすると、自増は甲羅にもぐった亀のようにこぢんまりしたものになるだろう。

ENIUQ ['ENIUQ'].

これはエピメニデスの自増のクワイン版の亀版に大変よく似ている。そこでは、動詞「クワイン化する」が既知と想定されていたのであった。

「はクワイン化されると虚偽を生む」
はクワイン化されると虚偽を生む。

しかし、自増はもっと短くもできる。たとえば、あるコンピュータ言語では、どんなプログラムでもその最初の記号が＊印であれば、通常の処理の前にそれをコピーしておく約束になっている。その場合には、たったひとつの＊印で構成されているプログラムがひとつの自増なのだ！　これはばかげているし、全く恣意的な約束に依存している、とあなたは不満を訴えるかもしれない。しかし、そういう不満を述べることは、自己言及を達成するために「この文」という語句を用いることはいかさまに近いという私のさきほどの論点をくり返していることになる――それはあまりにもプロセッサーに頼りすぎており、自己言及に対する明示的な指示に十分頼っていない。自増の例として＊印を用いるのは、自言の例として「私」という語を用いるのに似ている。どちらの場合にも、それぞれが抱えている問題の興味深い側面がすっかり隠されている。

　これは別の奇妙な型の自己増殖——光学的コピー機械によるもの——を思い起こさせる。書かれた文書はどんなものでも、複写機にかけて、適当なボタンを押せばそのコピーが印刷されるのだから、自増であると主張できるかもしれない。しかし、これはともかくわれわれのもつ自己増殖の概念に背いている。紙片は相談をもちかけられることはなく地蔵さんのように黙しており、したがって、自己の増殖を指示していない。ここでは、すべてがプロセッサーの手中にある。何かを自増と呼ぶためには、自分自身を複製するための指令が可能なかぎり最大限に、明示的にその中に含まれているという感じをもちたいとわれわれは望む。

　たしかに、明示的であることは程度の問題である。にもかかわらず、直観的な境界線が存在し、その一方の側にはわれわれが真に自己指示的な自己増殖と見なすものがあり、反対側には柔軟性のない自動的なコピー機械によって行われるたんなる複製がある。

コピーとは何か？

　自増と自言に関するどんな議論も、遅かれ早かれ、本質的な論争に直面する羽目になる——コピーとは何か？　われわれはすでに第5章および第6章でこの疑問に真剣に取り組んだが、いまここでそれに戻ったのである。論争の香りを伝えるために、大変空想的だが、それでいてもっともらしい自増の例をいくつか挙げることにしよう。

自己増殖する歌

　場末のバーに一台の旧式ジュークボックス、ニッケルオデオンがある。ボタン11-Uを押すと歌を演奏するが、その歌詞はこうである。

　硬貨（ニッケル）を一枚、音響効果は抜群よ、さあ頂戴。
　一、一、Uまい、さあ、音楽、音楽、音楽よ……

　ある晩の出来事を小さな図表で示そう（第86図）。

　結果として歌は再生されるが、その歌を自増と呼ぶことには違和感を感じるだろう。それというのも、再生過程が11-U段階を通過するとき、すべての情報がそこに存在しているわけではないからだ。情報はただ、それがニッケルオデオンに十分貯えられているおかげで、もとに戻れるにすぎない——つまり、情報は図中の矢印のどちらかにあって、卵形の中にはない。この歌が、どうやって自分自身を再演奏するかについての完全な記述を含んでいるかどうかは疑問である。というのは、記号対「11-U」はコピーではなく引き金にすぎないからである。

「蟹」プログラム

　次に、自分自身を逆向きに刷り出すコンピュータ・プログラムを考えよう。（読者の中には、与えられた自増のプログラムをモデルとして、先のブー風言語でこのようなプログラムをどう書こうかと考えて、楽しむ方もおられるだろう。）このおかしなプログラムも、自増の中に数えられるだろうか？　ある面ではそうである。なぜなら、出力に些細な変換を施すと、もとのプログラムが回復するからである。出力の中には、ただ単純なやり方で改造されただけで、プログ

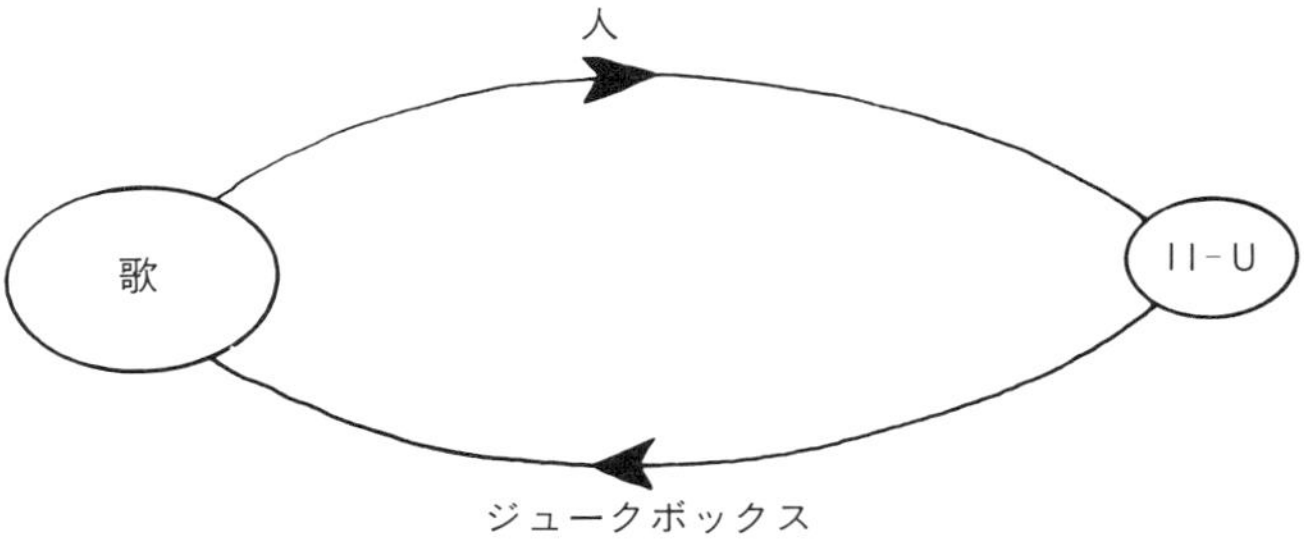

第 86 図　自己増殖する歌

ラム自身とは少しも変らない情報が含まれていることを述べておくのは妥当であろう。しかし、その出力をいくら眺めても、それが逆向きに印刷されたプログラムだとは認識できない人もいるかもしれない。第6章の用語を想い起せば、出力の「内部メッセージ」とプログラム自体は同一であるが、両者は異なる「外部メッセージ」をもっている――つまり、両者は異なる解読機構を用いて読まねばならない――といえるだろう。もし、外部メッセージを情報の一部に数えるならば(これは大変合理的に思える)、総体的情報は結局同一ではないことになるので、プログラムを自増と見なすことはできない。

しかしながら、われわれはあるものとその鏡像とが同一の情報を含んでいると考えることに馴れているので、この結論はおだやかでない。だが、第6章で、仮定された普遍的な知能概念に依拠する「固有の意味」という概念を作ったことを想い起そう。ある対象の固有の意味を決定するためには、ある型の外部メッセージ――普遍的に理解されるようなもの――を無視することができるというのが、その着想であった。つまり、もし解読機構が、(より漠然とした意味合いで)十分基本的なものに見えるならば、そのときには、この機構によって明らかになった内部メッセージだけが考慮に値する意味なのである。この例でいえば、「標準的知能」は二つの鏡像が同一の情報を含むと考えるのではないか、と推測するのがかなり穏当であるように思える。つまり、標準的知能は、両者の間の同型対応はとりたてていうまでもない自明のものだと見なすだろう。こうして、プログラムがある意味では自増であるというわれわれの直観は、立つ瀬をなくさずにすむ。

エピメニデス、海を渡る

自増のもうひとつのなじみのうすい例は、自分自身を刷り出すが、ただし異なるコンピュータ言語に翻訳したうえでそれを行うようなプログラムであろう。これは、エピメニデス的自言のクワイン版の次のような奇妙な変り種と比較できるだろう。

"is an expression which, when it is preceded by its translation, placed in quotation marks, into the language originating on the other side of the Ocean, yields a falsehood." は、海の向うで生れた言語への翻訳が引用符に挟まれてこれに先行するとき、虚偽を生む表現である。

この奇怪なごたまぜによる記述で文を書いてごらんになるとよい。(**ヒント**=それはそれ自身ではない——あるいは少なくとも、「それ自身」が素朴に考えられている場合にはそうではない。)「逆行運動による自増」(すなわち、それ自身を逆向きに書くプログラム)という概念が蟹のカノンを思い出させるのであれば、「翻訳による自増」の概念もそれに劣らず、主題の別の調性への転調を含むカノンを想起させるだろう。

自分自身のゲーデル数を印刷するプログラム

もとのプログラムの正確なコピーのかわりに、その翻訳を刷り出すという着想は無意味なように見えるかもしれない。しかし、ブーあるいはフーで自増プログラムを書きたいと思ったら、このような仕掛けに頼らざるをえなくなるだろう。なぜなら、このような言語では、**OUTPUT**は印刷された文字列ではなく、つねにひとつの数だからである。それゆえ、プログラムにそれ自身のゲーデル数を印刷させざるをえなくなるだろう。これは巨大な整数であり、その十進法展開は三数字コドンを用いて、一文字ずつプログラムのためにコード化される。プログラムは利用可能な手段の範囲内で、自分自身の印刷ということにできるだけ近づいている。それは自分自身のコピーを別の「空間」に刷り出す。整数空間と文字列空間との間でいったりきたりスイッチを切り替えるのは容易である。このように、**OUTPUT**の値は11-Uのようなたんなる引き金ではない。そうではなく、もとのプログラムの情報すべてが、出力の「表面の近く」に置かれるのである。

ゲーデル型の自己言及

これは、ゲーデルの自言Gのメカニズムの記述のごく近い所にある。結局、TNTの文字列はそれ自身の記述ではなく、整数(uの算術的クワイン化)の記述を含む。その整数が自然数の空間における文字列Gの正確な「イメージ」であるということが、まさに起きている。こうしてGは、それ自身を別の空間に翻訳したものに言及していることになる。二つの空間の間の同型対応は同等と見なせるほど緊密なので、Gを依然、自己言及的文字列と安心して呼べるのである。

自然数という抽象的領域の内部でTNTを鏡映する同型対応は、記号を用いて脳の中に現実世界を鏡映する擬似同型対応になぞらえることができる。記号は対象に対する擬似同型対応の役割を担うが、われわれが考えることができるのはそのおかげである。同じように、ゲーデル数は文字列に対する同型対応の役割を演じ、そのおかげで、われわれは自然数に関する言明に数学的意味を見出すことができるのである。Gに関して驚嘆すべき、またほとんど魔術的といってよい点は、Gを書くのに用いている言語、つまりTNTには、たとえばそれ自身についていとも簡単に論じられる英語などのような言語とは異なり、自分自身の構造を指し示せる望みがなさそうに見えるにもかかわらず、Gがとにかく自己言及を成就しているということである。

だから、Gは翻訳による自言の著しい例――もっとも直截的な事例とはとうていいえないが――なのである。対話篇のいくつかを想起される読者もあるだろう。そのいくつかは、やはり翻訳による自言であったからだ。例として、「無伴走アキレスのためのソナタ」を取り上げようか。この対話篇では、バッハの『無伴奏ヴァイオリンのためのソナタ』が話題にのぼっている。ハープシコード伴奏を想像してみたら、という亀の思いつきはとくに興味深い。なぜなら、もしこのアイデアを対話篇そのものにも適用してみれば、亀の話の部分を案出することになる。しかし、アキレスの台詞が（ヴァイオリンのように）自立していると想定すれば、亀にたとえ一行でも台詞を与えるのは誤りとなるだろう。いずれにせよ、これはやはり、対話篇のバッハの楽曲への対応づけという手段によるひとつの自言である。この対応はもちろん、読者の注意の赴くままに委ねられた。しかし、たとえ読者が気づかなかったとしても、対応はやはりそこに存在しているし、この対話篇はやはり自言なのである。

拡大による自己増殖

われわれは自言をカノンになぞらえてきた。では、拡大によるカノンのうまい類比は何であろうか？　ここにひとつの可能性がある。プログラムを遅くすることだけを目的とする空(から)ループを含むプログラムを考えよう。ループがくり返された回数はひとつのパラメータで示せるだろう。自増にコピーを印刷させるが、コピーの中のパラメータは変えておき、コピーが親プログラムの半分の速さで走るようにし、さらにその「娘」はそのまた半分の速さで走るようにする……という具合にできる。これらのプログラムは、いずれも自分自身を正確に刷り出さない。しかし、それらが単一の「家族」に属していることは明らかである。

これは生物の自己増殖を思い出させる。明らかに、個体はその両親のいずれともけっして同一ではない。ではなぜ、子供を作ることを「自己増殖（自己再生産）」と呼ぶのであろうか？　親と子の間の肌理(きめ)の粗い同型対応が存在するというのがその答である。これは、種に関する情報を維持する同型対応である。再生産されるのはこのように、事例ではなくクラスなのである。第5章の再帰画像G図の場合も、これと同じであった。つまり、さまざまな大きさと形の「磁気蝶」の間の対応も肌理の粗いものなのである。どの二つも同一ではないが、すべて単一の「種」に属しており、対応はこの事実を正確に保持している。自己複製プログラムの用語でいえば、これはある単一のコンピュータ言語の「方言」で書かれたプログラムの家族に対応する。どのプログラムも自分自身を書きだすことができるが、少し修正されているので、もとの言語のひとつの方言で出現することになる。

キム型自己増殖

自増の最も狡猾な例は次のようなものである。あなたはコンパイラ言語の正規の表現のかわりに、コンパイラ自身のエラー・メッセージをタイプで打つ。コンパイラはあなたの「プログラム」を眺めて、まず最初、混乱する。あなたの「プログラム」が非文法的だからである。そこで、コンピュータはひとつのエラー・メッセージを刷り出す。あなたがしなければならないのは、タイプで打ちこんだものと、刷り出したものとが同じになるように按配しておくことだけである。スコット・キムが私に示唆してくれたこの種の自増は、あなたが通常接しているものとは異なったレベルのシステムを利用している。これはつまらないもののように見えるかもしれないが、やがて論じるように、自増が生存競争を行っているような複雑なシステムの中には、その対応物が見られるかもしれないのである。

原本（オリジナル）とは何か？

「コピーを構成するのは何か？」という疑問とならんで、もうひとつ自増に関する基本的な哲学的疑問がある。それはコインの裏側のようなもので、「原本とは何か？」という疑問である。いくつかの例を引きながら説明するのがよいだろう。

(1) あるコンピュータで走っているあるインタープリタによって解釈されたときに、自分自身を刷り出すプログラム。

(2) あるコンピュータで走っているあるインタープリタによって解釈されたときに、自分自身だけではなく、そのインタープリタ（これもやはりプログラムである）の完全なコピーも併せて刷り出すプログラム。

(3) あるコンピュータで走っているあるインタープリタで解釈されたとき、自分自身とそのインタープリタの完全なコピーだけではなく、そのインタープリタとプログラムが走っているコンピュータと同一の、もうひとつのコンピュータをそれにくっつける機械的な組立て工程を指示するようなプログラム。

(1)では、プログラム自体が自増であることは明らかである。しかし、(3)では、自増であるのはプログラムなのか、それともプログラムにインタープリタを加えた複合システムなのか、それともプログラム、インタープリタおよびプロセッサーの連合体なのか？

明らかに、自増はたんに自分自身を刷り出す以上のことにもかかわることができる。事実、この章の残りの大部分は、データ、プログラム、インタープリタおよびプロセッサーがすべて極度に絡み合っており、これらのものをすべて一挙に複製するような自己複製を含んだ自増に関する議論である。

字伝学ゲーム

われわれはいま、二十世紀のもっとも魅力的かつ深遠な話題のひとつをもちだそうとしている。アルバート・レーニンジャーの物議をかもしそうな言葉を借りれば、それは「生状態の分子的論理」である。そう、それはまさに論理である。しかも、人間にかつて想像できたいかなるものにもまして、はるかに複雑で美しい。では、それを私が字伝学ゲーム——字伝学は「文字の遺伝学」の略——と命名した人工的な一人トランプの一種を通して捉えることにしよう。私は、MIUシステムを代表的な例とする形式システムに一見したところ非常によく似た文字のシステムの中に、分子遺伝学のいくつかの考えを見出そうと試みた。もちろん、字伝学ゲームでは幾多の単純化がなされており、したがって主に解説に役立たせるためのものである。

早速明らかにしておかねばならないが、分子生物学の分野はいくつものレベルの現象が相互作用している分野であるのに対し、字伝学ゲームは現象をただひとつ、あるいは二つのレベルで解説しようとしているにすぎない。とくに、純粋な化学的側面はここで扱っているものよりも低いレベルに属しており、完全に回避されている。同じように、古典的遺伝学（つまり非分子的遺伝学）のすべての側面はここで扱っているものよりも高いレベルに属しており、これらも回避されている。私が字伝学ゲームによって目指しているのは、フランシス・クリック（DNAの二重螺旋構造の共同発見者の一人）が唱えた、かの有名な分子生物学の中心的な教え（セントラル・ドグマ）の中心にある過程、つまり

DNA ⇨ RNA ⇨ タンパク質

に対する直観を得ることである。ここで私が作った骨格だけのモデルによって、この分野を統合するある単純な原理——別のやり方では、異なるレベルの現象間のこみいった絡み合いのために不明瞭になりそうな原理——を読者に知っていただくこと、それが私の望みである。もちろん、厳格な正確さは犠牲になる。得られるのは、これはあくまでも私の希望だが、ささやかな洞察である。

ストランド、塩基、酵素

字伝学ゲームは文字列に対する植字技術的な操作にかかわる。扱われるのは四つの文字

A　C　G　T

である。それらの任意の系列を「ストランド」と呼ぶ。ストランドをいくつか示そう。

GGGG
ATTACCA
CATCATCATCAT

ストランド（STRAND）は、逆に綴るとたまたまDNAではじまる。ストランドはこの字伝学ゲームでは、DNAの小片（これは実際の遺伝学ではしばしば「ストランド」と呼ばれている）の役割を果すので、この偶然は大変具合がいい。そればかりではなく、STRANDを逆さに最後まで綴ると、DNA RTSとなるが、これは「DNA楽楽宅配サービス」（DNA Rakuraku Takuhai Sabisu 英語社名はDNA Rapid Transit Service）の頭文字で作った略称にほかならない。「メッセンジャーRNA」——これは、字伝学ゲームではやはりストランドによって表される——の機能が、間もなくわかるように、DNAに対する「楽楽宅配サービス」という言葉でうまくいい表されるようなものなので、これまた大変具合がいい。

私はときには文字A、C、G、Tを縁基（または塩基）と呼び、それらの占めている場所を「ユニット」と呼ぶ。そこで、たとえば右の例では、中央のストランドには七つのユニットがあり、第四のユニットには縁基Aがある、という言い方ができる。

ストランドがあれば、それに操作を加えて、さまざまなやり方で変えることができる。ストランドを複製したり、二つに切ったりして、別のストランドを作ることもできる。ストランドはある操作では長くなり、別の操作では短くなり、またある操作では長さはそのままである。

操作は束になってなされる。つまり、いくつかの操作が順序にしたがって、一緒に行われる。このような操作の束は、プログラムさ

れた機械がストランドに働きかけながらそれを上下に動かしているのに少し似ている。このような動く機械は、「植字技術的好素」――略して好素または酵素――と呼ばれる。好素はストランドに対して、一度にひとつのユニットに作用する。そして、ある与えられた瞬間にそれが作用しているユニットに、「結合」しているといわれる。

ある好素の見本が、ストリングの実例にどういう働きをするかを示そう。最初に知らなくてはならないのは、個々の好素は特定の文字と「結合」している状態から出発することを好むことである。そこで好素には四種類あることになる。縁基**A**に縁のある好素、縁基**C**を好む好素等々。ひとつの好素が行う操作の系列が与えられると、どの文字を好んでいるかがわかるが、とりあえず説明抜きで示すとしよう。さて、ここには好素の見本があって、次の三つの操作からなっているとする。(左右はストランドの文字が立っているように見える向きから見た左右である。)

(1) 好素が結合しているユニットを削除する(そのあとで、その右隣のユニットに結合する)。
(2) 一ユニット右に動く。
(3) (このユニットのすぐ右に) **T**を挿入する。

この好素は、たまたま**A**に最初に結合することを好む。さて、ストランドの見本がある。

ACA

もしこの好素が左側の**A**に結合して活動をはじめると、何が起るだろうか？　ステップ1で**A**を削除するので、**CA**が残る――好素はいまや**C**と結合している。ステップ2で好素は右側に、**A**に横滑りする。ステップ3で**T**が端にくっつくことになり、ストランド**CAT**が作られる。これで好素の仕事は終った。**ACA**を**CAT**に変換したのである。

もし、この好素がもともと**ACA**の右端に結合していたとすると、どうなっただろうか？　好素はその**A**を削除し、ストランドの端から離れ去っていく。こうした場合には、好素は必ず離れ去ってしまう(これは一般的な原則である)。そこで、全体としての効果は、ひとつの記号を切り取っただけとなる。

では、さらにいくつか例を見てみよう。これは別の好素である。

(1) このユニットの右側の、最も近いピリミジンを探す。
(2) 複製モードに入る。
(3) このユニットの右側の、最も近いプリンを探す。
(4) ここで(ということは、現在のユニットの右で)ストランドを切断する。

さて、ここで「ピリミジン」と「プリン」という用語が現れたが、むずかしいことはない。**A**と**G**をプリンと呼び、**C**と**T**をピリミジンと呼んでいるにすぎない。だから、ピリミジンを探すというのは、要するに**C**および**T**のどちらかを探すということなのである。

複製モードと二重ストランド

もうひとつの新しい用語は複製モードである。どのストランドも別のストランドに「複製」できるが、そのやり方が面白い。**A**を**A**に複製するかわりに、**T**に複製し、その逆も成り立つのである。また、CはCに複製されるかわりに、Gに複製され、その逆も成り立つ。要するに、プリンがピリミジンに複製され、その逆も成り立つことに注目すればよい。これは相補的縁基の縁組または相補的塩基の対作りと呼ばれる。相補関係は次のようになっている。

相補関係

プリン { A ⇕ T, G ⇕ C } ピリミジン

アキレス（Achilles）と亀（Tortoise）が対になり、蟹（Crab）と遺伝子（Genes）が対になっていたことを思い出せば、この分子的対作りの図式を覚えるのはやさしい。

したがって、ストランドを「複製」するにあたって、そっくりそのまま複製することをせず、その相補的ストランドが製造される。これは、もとのストランドの上に逆立ちさせて書くことにする。では具体例で見ていこう。前の好素を次のストランドに働きかけてみる（好素はやはりAから、出発することを好んでいるとする）。

CAAAGAGAATCCTCTTTGAT

出発できる場所はいくつもあるが、例として、左から二番目のAをとろう。好素はそれに結合し、ついでステップ1つまり、右側の最寄りのピリミジンの探索を実行する。これはCあるいはTを探すことを意味する。最寄りのものは中央付近にあるTなので、好素はそこに移る。今度はステップ2、複製モードである。そこで、Aを逆立ちさせてTの上側に置く、しかし、それがすべてではない。なぜなら、複製モードは、仕事が打ち切られるか、あるいは好素が仕事を終えるまで――どちらが先に起るかは問わない――効力をもつからである。つまり、好素が複製モードでいる間に通過するどの縁基も、その上に相補的縁基が置かれることになる。ステップ3は、わがTの右側でプリンを探すことを要求している。右端から記号を二つ隔てたGがそれである。そこで、Gに移って複製をしなければならない――つまり、相補的ストランドを作るのである。ここまでに得られたのはこれである。

CAAAGAGGA
CAAAGAGAATCCTCTTTGAT

最後のステップは、ストランドの切断である。これによって二つの断片が得られる。

CAAAGAGGA
CAAAGAGAATCCTCTTTG　AT

こうして、指令の束はなし遂げられた。しかし、われわれの手には二重のストランドが残されている。このようなことになった場合には、二つの相補的ストランドは引き離すことにする（一般原則）。そこで、最終産物は三つのストランドの組となる。

AT, CAAAGAGGA および CAAAGAGAATCCTCTTTG

逆向きに並んでいたストランドは、同じ向きに立たされており、したがって左右もひっくり返っていることに注意。

これで、ストランドに対して行える植字技術的操作の大部分を見

終えたことになるが、他にもう二つ、言及しておかねばならない指令がある。ひとつは、複製モードを中断させ、好素をあるストランドから、その上側に逆向きに並んでいるストランドに乗り替えさせる指令である。「乗り替え」が起きたときには、左右というのはそのストランドの記号が正しい向きを向いた場合の左右であることに注意しなければならない。また、「乗り替え」命令が出されたとき、好素がその瞬間に結合している場所に相補的縁基がもし存在していなければ、好素はただストランドから離れていき、仕事は終りとなる。

「切断」指令に出会ったとき、それが両方の（二つあったとして）ストランドに等しく適用されることも、いい添えておかなければなるまい。しかし、「削除」は好素が働きかけているストランドにしか適用されない。もし、複製モードがオンになっていれば、「挿入」命令は両方のストランドに適用される――縁基自身は好素の働いているストランドに入り込み、その相補的縁基が他方のストランドに入る。複製モードがオフになっていれば、挿入命令は一方のストランドにだけ適用されるので、相補的ストランドには空白を挿入しなければならない。

複製モードがオンのときにはいつでも、「移動」命令と「探索」命令は、移動中に好素が触れていくすべての縁基に対して、相補的縁基を製造することを要求する。なお、好素が仕事を始めるときには、複製モードは必ずオフになっている。もし複製モードがオフならば、「複製モードを中断せよ」という命令に出会っても何も起きない。同じように、複製モードがすでにオンになっていれば、「複製モードをオンにせよ」という命令によって何ごとも起きない。

アミノ酸

命令には、左に示すような十五の型がある。

切断セ――ストランドを切断せよ。
削除セ――ストランドからひとつの縁基を削除せよ。
乗替エ――好素を別のストランドに乗り替えさせよ。
右動ケ――一ユニット右に動け。
左動ケ――一ユニット左に動け。
複始メ――複製モードをオンにせよ。
複止メ――複製モードをオフにせよ。
A入レ――Aをそのユニットの右に挿入せよ。
C入レ――Cをそのユニットの右に挿入せよ。
G入レ――Gをそのユニットの右に挿入せよ。
T入レ――Tをそのユニットの右に挿入せよ。
右探ピ――右側の最寄りのピリミジンを探せ。
右探プ――右側の最寄りのプリンを探せ。
左探ピ――左側の最寄りのピリミジンを探せ。
左探プ――左側の最寄りのプリンを探せ。

それぞれが三文字の略符をもっている。今後命令のこの三文字の略符を「編みの三」またはアミノ酸と呼ぶことにする。こうして、すべての好素つまり酵素はアミノ酸の系列でできているのである。すべての好素は「編みの三」の三文字で編みだされるのである。好素とストランドを任意に書き出してみよう。まず好素は

右探プ―C入レ―複始メ―右動ケ―左動ケ―乗替エ―左探プ―

T入レ

であり、ストランドは

```
TAGATCCAGTCCATCGA
```

であるとする。では、好素がストランドにどう働くかを見よう。まず、好素はGにだけ結合しているとしよう。そこで、中央のGに結合しているところからはじめる。右側のプリン（つまりAあるいG）を探す。われわれ（つまり好素）はT、C、Cを飛ばしてAに着陸する。Cを挿入せよ。こうして、

```
TAGATCCAGTCCACTCGA
             ↑
```

が得られる。矢印は好素が結合しているユニットを指し示す。複製モードにする。これによって、GはCの上側に逆立ちする。右に動き、左に動き、それから他のストランドに乗り替えられる。ここまでの結果はこうなる。

```
             ↓
             AG
TAGATCCAGTCCACTCGA
```

全体をひっくり返せば、好素は下側のストランドにくっついていることになる。

```
TAGATCCAGTCCACACTCGA
   AG
    ↑
```

今度は、左側にプリンを探さなくてはならない。Aが見つかる。複製モードはオンになっているが、Aにはすでに相補的縁基Tがあるので、何も付け加わらない。最後に、われわれはTを挿入し（複製モードで）、そして立ち去る。

```
TAGATCCAGTCCACATCGA
   ATG
    ↑
```

こうして、最終産物は次の二つのストランドとなる。

```
ATG   TAGATCCAGTCCACATCGA
```

古いストランドはいうまでもなく、姿を消している。

翻訳と字伝学的コード

ところで、好素つまり酵素とストランドは、どこからきたのか、ある与えられた好素が最初に何と結合したがるかはどうやって知るのか、おそらく読者はこのような疑問を抱いておられるだろう。ひとつのやり方は、いくつかのでたらめに選んだストランドと、いくつかのこれまたでたらめに選んだ好素を一緒に投げ出し、これらの好素がストランドとその子孫に働きかけるとき、何が起るかを見るという方法である。これにはMUパズルと似た味わいがある。そこでは、与えられた推論規則と公理がまずあって、ただ開始すればよかった。唯一の違いは、ここでは文字列は作用を受けるたびに、そのもとの形を永遠に失う点にある。MUパズルでは、MIに働きかけてMIUを作っても、MIは破壊されることはなかった。

しかし、字伝学ゲームでは実際の遺伝と同じく、図式はもう少し

手がこんでいる。われわれは形式システムの公理に似たところのある、ある任意のストランドからはじめる。しかし、最初は「推論規則」がない――つまり好素がない。だが、各々のストランドを、ひとつ、あるいはそれ以上の好素に翻訳できる！　こうしてストランドは、自分自身に加えられる作用を指揮するようになり、これらの作用が新しいストランドを生み出し、今度はそれがさらに好素を指揮するといった具合になる！　なんというすさまじいレベルの混合！　比較のために、作り出された新しい定理を何らかのコードによってそれぞれ新しい推論規則に変えられるように修正した場合、MUパズルがどのように変貌するか、考えてみるとよい。

この「翻訳」はどういうふうになされるのか？　それは単一のストランドの隣りあった縁基の対（「二重子」と呼ばれる）が異なるアミノ酸を表すような字伝学的コードとかかわる。可能な二重子はAA、AC、AG、AT、CA、CCなど一六通りである。一方、アミノ酸は一五種ある。字伝学的コードを第87図に示す。

この表によれば、二重子GCの翻訳はC入レ（Cを挿入せよ）、ATの翻訳は乗替エ（ストランドを乗り替えさせよ）等々である。したがって、ひとつのストランドがひとつの好素を大変直截的に指揮できることは明らかである。たとえばストランド、

TAGATCCAGTCCACATCGA

は次のようにAを最後に残して、二重子に分割できる。

TA, GA, TC, CA, GT, CC, AC, AT, CG, A

これを好素に翻訳すれば、次のようになる。

右探ピ―A入レ―右探プ―右動ケ―T入レ―左動ケ―
切断セ―乗替エ―複始メ

余ったAが関与していないことに注意。

好素の三次構造

さきほどの表のそれぞれの枠の右下の小さな文字、「直」「左」「右」は何なのか？　それらは、好素の結合嗜好を決定する上で決定的に重要なのである。しかも、奇妙なやり方で、そうなるのである。ある好素がどの文字に結合したがるかを理解するには、好素の「三次構造」を理解しなければならない。この構造自体は好素の「一次構造」によって決定されている。一次構造とは、そのアミノ酸の系列をいう。三次構造とは、それが好んでしたがる「折れ曲がり」方を意味する。大事なのは、好素がこれまで示してきたような直線状の配列を必ずしも好まないということである。両端のものを除く内部のアミノ酸は、さきの図表の各々のます目の右下の文字で指示されているように、「曲がる」ことができる。「左」「右」および「直」はそれぞれ左へ折れ曲がること、右へ折れ曲がること、真っ直ぐにつながることを表す。では、すぐ前の好素を例にとって、その「折れ曲がり」による三次構造を示そう。まず、好素の一次構造から出発し、左から右に向って進むことにする。隅の文字が「左」であるようなアミノ酸では左に折れ、「右」であるようなアミノ酸では右に折れ、「直」であるときにはそのまま真っ直ぐに進む。第88図にこの好素の二次元の配置を示す。

「右探プ」における左折と「乗替エ」における右折等に注意し、また、最初の節片（セグメント）（「右探ピ⇩A入レ」と最後の節片（「乗替エ⇩複始

第二の緑基

第一の緑基	A	C	G	T
A		切断セ 直	削除セ 直	乗替エ 右
C	右動ケ 直	左動ケ 直	複始メ 右	複止メ 左
G	A入レ 直	C入レ 右	G入レ 右	T入レ 左
T	右探ピ 右	右探プ 左	左探ピ 左	左探プ 左

第87図　ストランド中の各々の二重子で15種の「アミノ酸」あるいは区切符号をコード化するための字伝学的コード。

メ」)がたがいに垂直であることにも注意してほしい。これが好素の結合嗜好(酵素の特異性)の鍵である。事実、個々の好素は、その三次構造の最初と最後の節片の相対的な向きが、その結合に対する選り好みを決定するのである。好素の最初の節片はいつでも右向きにすることができ、そうしておけば、第89図に示したように、最後の節片の向きが結合嗜好を決定することになる。

そこで、われわれの場合には、文字**C**を好む好素だということになる。折れ曲がるときに、もし好素が自分自身と交差するようになってもかまわない。下をくぐるか、上を跨ぐかしていると考えればよい。好素のすべてのアミノ酸が、好素の三次構造の決定に関与していることに注意してほしい。

句読点、遺伝子、およびリボソーム

さて、もうひとつ説明することがある。字伝学ゲームの**AA**のます目が空白なのはなぜか？　二重子**AA**がストランドの中で句読点として働き、ある好素に対してコードの終了を合図する、というのがその答である。これはつまり、われわれのストランドは、もしその中にひとつあるいはそれ以上の二重子**AA**があれば、二つあるいはそれ以上の好素をコード化することができるということにほかならない。たとえば、ストランド

CG GA TA CT AA AC CG A

は二つの好素

複始メ—**A**入レ——右探ピ——複止メ　および、
切断セ——複始メ

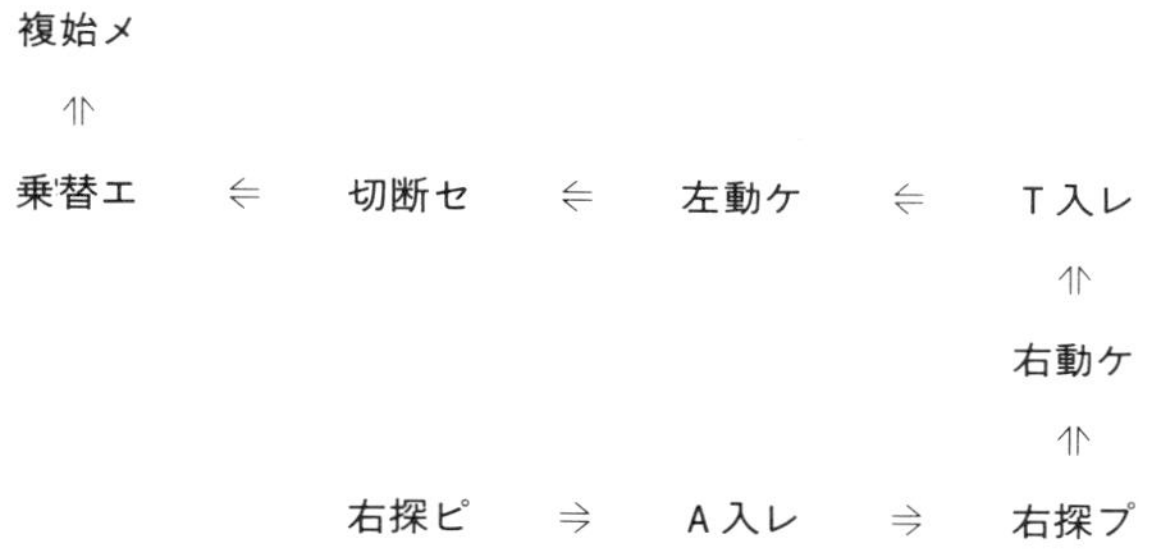

第 88 図　字伝学的酵素の3次構造

最初の節片	最後の節片	好む文字
⇒	⇒	A
⇒	⇑	C
⇒	⇓	G
⇒	⇐	T

第 89 図　字伝学的酵素の結合嗜好

をコード化しており、AAがストランドを二つの「遺伝子」に分割する役目をしている。遺伝子または字伝子の定義はこうである——あるストランドの中で単一の酵素すなわち好素をコード化している部分。たんにAAがストランドの内部にあるという事実だけでは、そのストランドが二つの好素をコード化していることにはならないことに注意。たとえば、CAAGは「右動ケ－削除セ」をコード化している。AAは偶数番目のユニットにはじまるので、二重子とは読まれない！

ストランドを読み、その中にコード化されている好素を産出するメカニズムはリボソームと呼ばれる。（字伝学ゲームでは、ゲームのプレーヤーがリボソームの仕事を引き受けている。）リボソームは、好素の三次構造に対してはいかなる責任も負わない。なぜなら、三次構造は一次構造がいったん作られると、それによって完全に決定されてしまうからである。付け加えれば、翻訳の過程はつねにストランドから好素への向きになされ、逆向きにはけっして行われない。

パズル＝字伝学ゲームの自増

自伝学ゲームの規則をすべて披露したので、ここで、このゲームについて面白い実験を楽しんでいただこう。とりわけ、自己複製するストランドを考案するのは楽しいことであろう。これは、次のような筋書きにそってなされる。まず、ひとつのストランドを書きおろす。このストランドにコード化されているいずれかの好素、あるいはすべての好素を作り出すために、リボソームがそれに働きかける。それから、これらの好素をもとのストランドに接触させ、好素が働きかけるのに任せる。これによって、一組の「娘ストランド」が生れる。娘ストランド自身は、リボソームを通じて第二世代の好素を産み、それらがさらに娘ストランドに働きかける。このサイクルはつづいていく。これは何段階でも続行させることができ、その結果、ある時点で存在するストランドの中に、もとのストランドの複製が二つ見つかることが、われわれの狙いなのである（複製のひとつが実はもとのストランドであってもよい）。

字伝学の中心的な教え

字伝学ゲームの過程の骨組は右のような図式で表せる（第90図）。この図式は字伝学の中心的な教え（セントラル・ドグマ）の図解である。ストランドがどのように好素を（字伝学的コードによって）定義しているか、好素がいかにそれを生み出したストランドに作用し返し、新しいストランドを生み出すか、がそこに示されている。

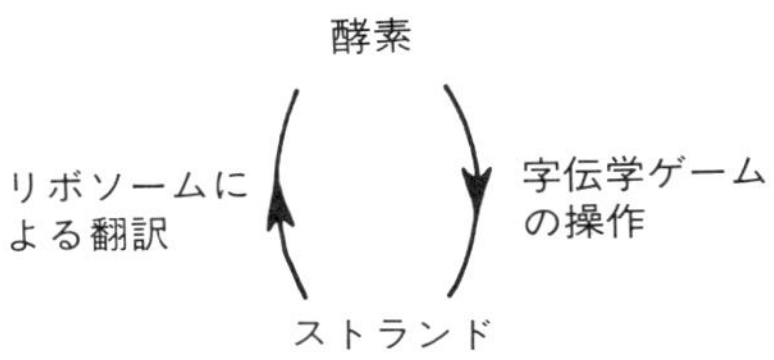

第90図「字伝学の中心的な教え」。もつれた階層の一例。

左側の線は、好素がストランドの翻訳であり、それゆえストランドと同じ情報を異なった形式で含んでいるにすぎないという意味で、いかに古い情報が上向きに流れるかを描いている。しかし、右側の線は、情報が下向きに流れることを示しているのではない。そのかわりに、ストランド中の記号の入れ替えによって、いかにして新しい情報が創られるかを示している。

字伝学の好素も、形式システムの推論規則と同じく、それらの記号にどんな「意味」が潜んでいるかにおかまいなしに、ストランド中の記号を盲目的に入れ替える。そこでレベルの奇妙な混合が生ずる。ストランドは、一方では、（右側の矢印が示すように）働きかけられるのでデータの役割を果すが、他方では、（左側の矢印が示すように）データに加えられるべき活動を指揮するので、プログラムの役割を果すのである。インタープリタとプロセッサーの役割を演じるのは、いうまでもなく字伝学ゲームのプレーヤーである。字伝学ゲームの「上」と「下」のレベルを結ぶ二車線道路は、ストランドと好素のどちらか一方がより高いレベルにあるとは考えられないことを示している。これとは対照的に、MIUシステムの中心的な教えのイメージは次のようになるだろう。

推論規則 ──（植字技術的操作）→ 文字列

MIUシステムでは、レベルに明確な区別がある。推論規則は、明らかに文字列よりも高いレベルに属する。同じことは、TNTやすべての形式システムでもいえる。

不思議の環、TNT、および実際の遺伝学

しかし、TNTにおいても別の意味でレベルが混合していることを見た。事実、言語とメタ言語の区別は破れている。システムについての言明は、システムの内部に鏡映されている。もしTNTとそのメタ言語の関係を示す図式を作れば、それは分子生物学の中心的な教えを表す図式と似たものになるだろう。実は、この比較をくわしく行うことがわれわれの目的なのである。しかし、そうするためには、字伝学と実際の遺伝学がどこで一致し、どこで異なるかを示す必要がある。もちろん、実際の遺伝学は字伝学よりもはるかに複雑である。しかし、字伝学の理解によって読者が獲得した「概念的骨組み」は、実際の遺伝学の迷路を通り抜けるための大変重宝な指針となるだろう。

DNAとヌクレオチド

「ストランド」とDNAの関係を論ずることから始めよう。DNAという文字は「デオキシリボ核酸」(deoxyribonucleic acid)を表す略号である。大部分の細胞のDNAは、細胞の中で膜に守られた小領域、つまり核の中にある。ガンサー・ステントは、DNAを支配者とする細胞の「謁見の間」にたとえている。DNAは、「ヌクレオチド」と呼ばれる比較的単純な分子の長い鎖でできている。それぞれのヌクレオチドは、三つの部分から成っている。(1)燐酸化合物、(2)ある特定の酸素分子を欠き、それゆえに「デオキシ」(脱酸素)という接頭語をもつデオキシリボースと呼ばれる一種の糖(リボース)、および(3)ひとつの塩基である。なお、あるヌクレオチドと他のヌクレオチドとを区別するのは、それに含まれている塩基だけである。したがって、ヌクレオチドを特定するには塩基を特定するだけでよい。DNAヌクレオチドに現れてくる塩基には、四つの型がある(第91図も参照のこと)。

A=アデニン
G=グアニン } プリン

C=シトシン
T=チミン } ピリミジン

どれとどれがピリミジンであるかを覚えるのはやさしい。シトシンもチミンもピリミジンも、最初の文字はいずれも「イ」段の仮名である(英語でも、たまたまこの三つの語の最初の母音はすべてiである)。もっとも残念なことに、あとでRNAについて語るときには新しい塩基「ウラシル」(これもピリミジンに属する)が現れて、仮名表記でも英語綴りでもこのパタンは破れてしまう。〔**注意**=実際の遺伝学でヌクレオチドを表す文字は、字伝学の場合のようには**太文字**にしない。〕

DNAの一本のストランドは、このようにビーズ玉の鎖のように連なった多数のヌクレオチドで構成される。ヌクレオチドとその両隣を結ぶ化学結合は非常に強い。このような結合は共有結合と呼ばれ、「ビーズ玉の鎖」はしばしばDNAの共有結合背骨と呼ばれる。

さて、DNAは通常二重ストランドとして現れる。つまり、二本の単純ストランドがヌクレオチド対を組んで現れるのである(第92図)。ストランド間で起る風変りな対作りに責任があるのは塩基である。ある一本のストランドの各々の塩基は、もう一本のストランドの相補的塩基と向いあい、それと結合している。相補関係は字伝学における と同様である。AはTと縁組み、CはGと縁組む。いつで

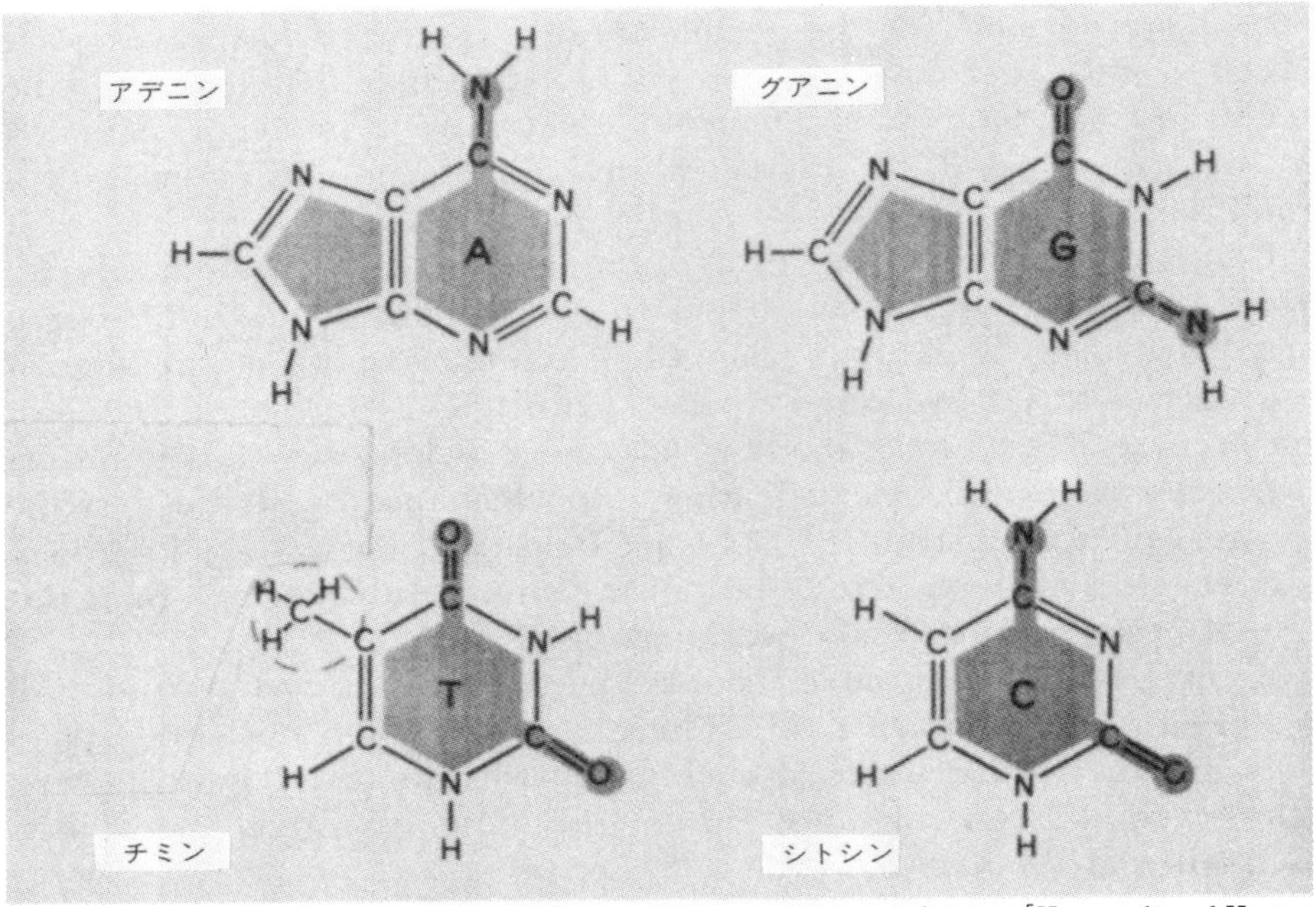

第 91 図　DNA を構成する 4 つの塩基：アデニン、グアニン、チミン、シトシン。[Hanawalt and Haynes, *The Chemical Basis of Life*, W. H. Freeman, 1973]

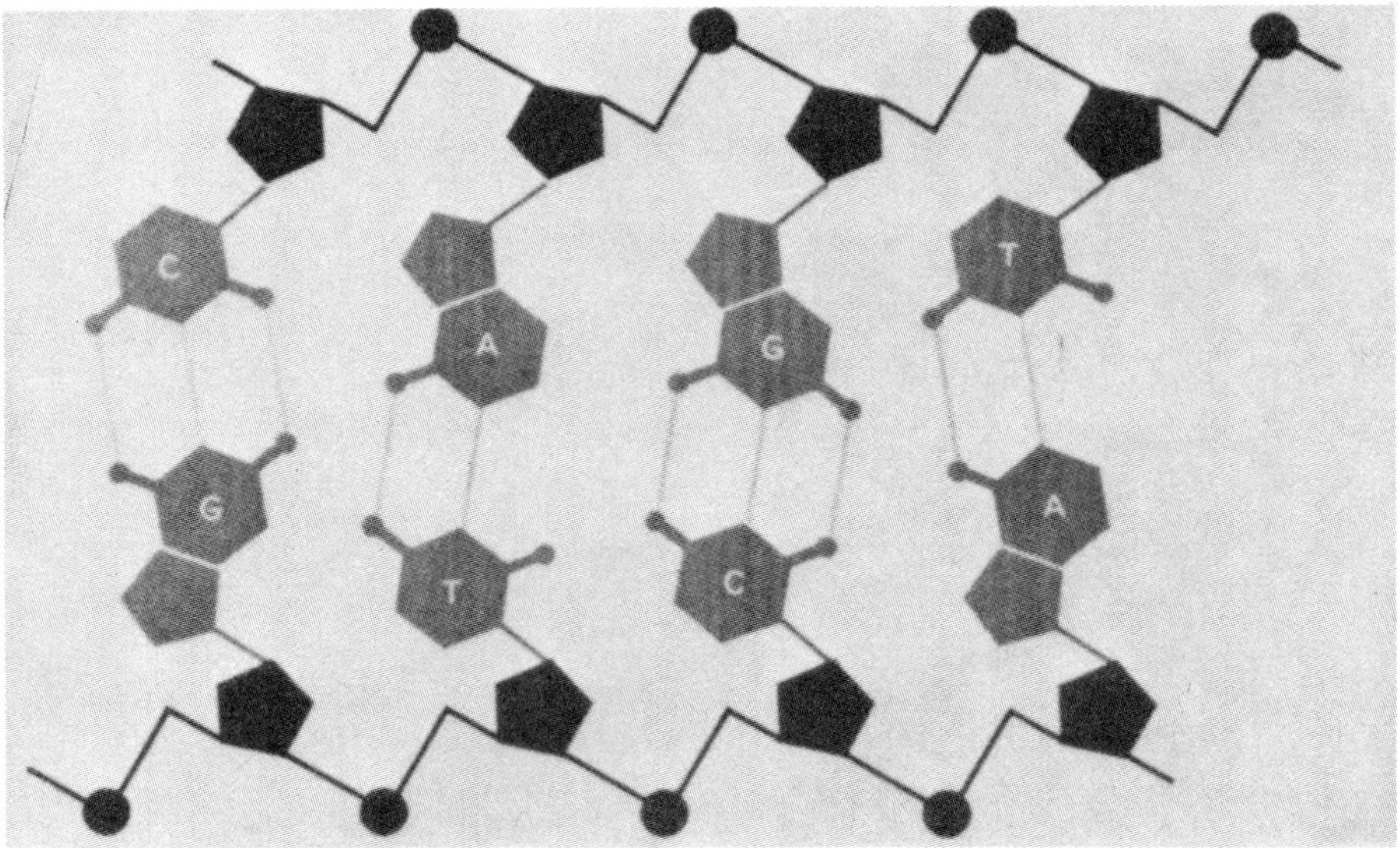

第 92 図　DNA の構造は梯子に似ており、デオキシリボースと燐化合物が交互に並んで支柱を形成している。横木は、特定の形で対になった塩基でできており、A と T，G と C がそれぞれ 2 つと 3 つの水素結合でつながっている。[Hanawalt and Haynes]

もプリンとピリミジンが対になっている。

背骨にそった強い共有結合に比べれば、ストランド間の結合はきわめて弱い。これは共有結合ではなく、水素結合である。水素結合は、二つの分子状の複合体のいずれかにもともと属していた水素がどちらに属していたかを「混同」して、二つの複合体の間でどちらに加わろうかと動揺するときに生ずる。二重ストランドから成るDNAの二本のストランドは、水素結合だけで繋がっているので、比較的簡単にくっついたり、離れたりする。これは細胞の働きにとってきわめて重要である。

DNAが二重ストランドを形づくるとき、二本のストランドは、二本の蔓のようにたがいに絡み合っている(第93図)。一ねじりの間にちょうど10対のヌクレオチドが含まれている。いいかえると、各々のヌクレオチドでは「ねじり」は36度ということになる。単一ストランドのDNAは、この種の螺旋状を示さない。螺旋構造は塩基の対形成の結果だからである。

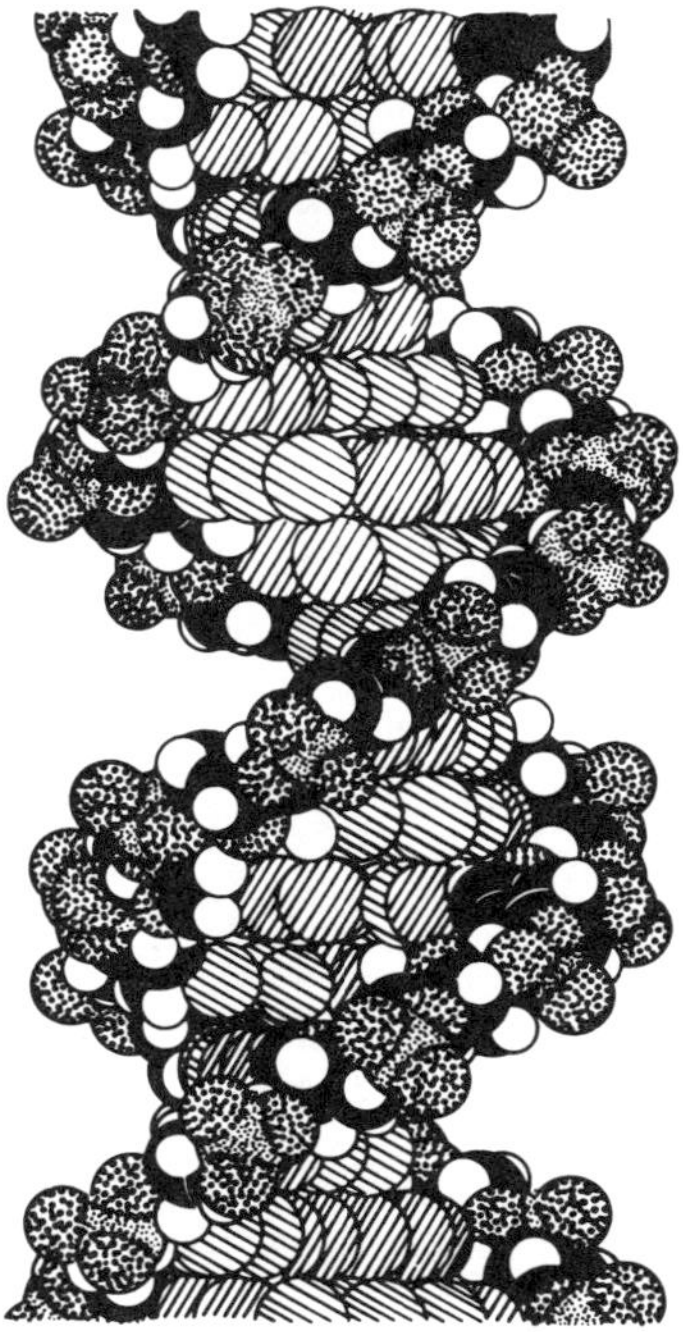

第 93 図　DNA 二重らせんの分子模型［Vernon M. Ingram, *Biosynthesis*, W. A. Benjamin, 1972］

伝令RNAとリボソーム

これまで述べたように、多くの細胞では、支配者であるDNAは、その私的な「謁見の間」、すなわち細胞核に閉じこもっている。しかし、細胞の生活の大部分は核の外部、つまり細胞質――核という図に対する地――で営まれている。とくに、ほとんどの生命過程を進行させている酵素は、細胞質の中でリボソームによって製造されており、その仕事の大部分は細胞質の中で行っている。そして、字伝学ゲームと同じくあらゆる酵素の青写真は、ストランドの中に、つまり核という小区画の中で大事に保護されているDNAの中に貯えられている。では、酵素の構造に関する情報は、どうやって核からリボソームに移されるのだろうか?

ここで伝令RNA――mRNAあるいはメッセンジャーRNAが登場する。mRNAストランドは、一種のDNA楽楽宅配サービスであると前におどけて表現したが、これはmRNAがDNAを物理的にどこかに運ぶということではない。このmRNAは、核という小区画にいるDNAの中に貯えられている情報、あるいはメッセージを、細胞質中のリボソームに運び出す役目をしているのである。では、どうやって? 着想は単純である。核の内部にある特殊な酵素が、DNAの塩基系列という長い紐を新しいストランド(mRNAのストランド)の上に忠実に複製する。このmRNAはやがて、核から離れて細胞質にさまよいこみ、そこでリボソームとぶつかり、その上で酵素製造の仕事が始まる。DNAが核の中でmRNAの上に複製される過程は、「転写」と呼ばれる。そのさいには、DNAの二重ストランドは一時的に二本の単一ストランドに分離されなければならない。その中の一本は、mRNAのための版型として役立てられる。なお、RNAは「リボ核酸」(ribonucledic acid)の略称であり、そのヌクレオチドには、DNAヌクレオチド中の糖では欠けていた酸素がちゃんと存在している点を別にすれば、DNAに非常に似ている。「デオキシ」(脱酸素)という接頭辞が省かれているのはこのためである。また、RNAはチミンのかわりに塩基のウラシルを用いているので、RNAのストランドの情報は四つの文字、A、C、G、Uの任意の系列で表すことができる。さて、mRNAがDNAの転写であるとき、転写過程は(Tのかわりに Uを用いる点を除いて)通常の塩基縁組を通じて作用するので、DNA版型とその縁者のmRNAは、たとえば次のような具合になるだろう。

DNA:……CGTAAATCAAGTCA……(版型)
mRNA:……GCAUUUAGUUCAGU……(複製)

RNAは、縁者と組んで長い二重ストランドを作ることができないわけではないが、通常はそういうことはしない。したがって、DNAの特徴である螺旋状では現れず、主としていささか不規則に曲りくねった長いストランドの姿をとる。

mRNAのストランドはいったん核から逃れると、「リボソーム」と呼ばれる細胞内の奇妙な連中に出会う。しかし、リボソームがmRNAをどのように利用するかを説明する前に、酵素とタンパク質について若干注釈を付け加えたい。酵素は、タンパク質と呼ばれる生体分子のごく一般的なカテゴリーに属しており、リボソームの仕事は酵素だけではなく、あらゆるタンパク質を作ることである。酵素でないタンパク質は、ずっとずっと受動的な存在である。たとえばその多くのものは、建物でいえば桁や梁などに相当する構造分子である。これらが細胞の各部をくっつけ合わせている。タンパク質には他にもいろいろな種類があるが、われわれの目的にとって主要なタンパク質は酵素であり、私は今後、両者をとくに区別しないことにする。

アミノ酸

タンパク質はアミノ酸の系列によって作り上げられているが、これには二〇の主な変種があり、いずれもアルファベット三文字の略号をもっている。すなわち、

ala――アラニン

arg——アルギニン
asn——アスパラギン
asp——アスパラギン酸
cys——シスチン
gln——グルタミン
glu——グルタミン酸
gly——グリシン
his——ヒスチジン
ile——イソロイシン
leu——ロイシン
lys——リジン
met——メチオニン
phe——フェニールアラニン
pro——プロリン
ser——セリン
thr——トレオニン
trp——トリプトファン
tyr——チロシン
val——ヴァリン

などである。数が字伝学の場合と少し違っていることに注意。字伝学では、たった十五種の「アミノ酸」が好素、つまり酵素を作り上げていた。アミノ酸はヌクレオチドと複雑さの点でほぼ対等な、小さな分子であり、そのためタンパク質と核酸（DNA、RNA）の建築用ブロックはほぼ同じ大きさになる。しかし、タンパク質では構成要素の系列ははるかに短くできている。典型的な場合では、ほぼ三〇〇個のアミノ酸で完全なタンパク質ができ上がるのに対し、DNAストランドは数十万あるいは数百万のヌクレオチドから成る。

リボソームとテープレコーダー

mRNAのストランドが細胞質に飛びこんでリボソームに出会うと、「翻訳」という大変こみいったみごとな過程が生起する。この翻訳の過程が、あらゆる生命のまさに核心にある、といえる。そして、それには幾多の謎がまつわっている。

しかし、それを記述するのは本質的には簡単である。まず、最初に絵のようなイメージを与え、あとでそれをもっと精密に仕上げることにしよう。mRNAを一本の長い磁気テープ、リボソームをテープレコーダーと想定する。磁気テープは、テープレコーダーの再生ヘッドを通過するときに「読み」取られて、音楽その他の音響に転換される。こうして、磁気マークは音に翻訳される。同じように、mRNAのデータがリボソームの「再生ヘッド」を通過するとき、生み出される「音」がアミノ酸であり、それらが作り上げる「音楽」がタンパク質である。翻訳がかかわっているのは、こうしたことである。これは第96図に示されている。

遺伝コード

しかし、リボソームはヌクレオチドの鎖を読みながら、アミノ酸の鎖をどういうふうに作ることができるのだろうか？　この謎は一九六〇年代の初期に、大勢の人びとの努力によって解決された。答の中核にあるのは、遺伝コード——ヌクレオチドの三つ組からアミノ酸への対応——である（第94図参照）。これは字伝学ゲームにきわめてよく似た筋書きであるが、遺伝学では（ヌクレオチドに対する）三つの連続した塩基がひとつの「コドン」を形づくるのに対し、字伝学ではわずか二つしか必要でなかった点だけが異なる。こうして、一六個のかわりに四かける四かける四（つまり六四）個の異なった対象が表に入ることになる。リボソームは、RNAストランドからヌクレオチドを一度に三つずつ、つまり一度にひとつのコドンをちゃっかり取り上げ、目下製造中のタンパク質にひとつの新しいアミノ酸を追加する。こうしてひとつまたひとつ、アミノ酸ができるにつれて、タンパク質はリボソームの中からその全貌を現してくる。

CUA　GAU

Cu　Ag　Au

典型的な mRNA の節片。最初には二つの三つ組として読まれ（上段），次には三つの二つ組として読まれる（下段）生化学におけるヘミオリアの一例である。

三次構造

しかし、タンパク質がリボソームから出現してくるとき、ただたんに長く長くなっていくだけではない。火がつくと、長くなるだけでなく同時にぐるぐる巻いていく、アメリカ独立記念祭の晩によく見られる小さな楽しい花火、「ヘビ」と大変よく似たやり方で、たえず異様な三次元の形に折りたたまれていく。一本の縄を指先でつまんで垂直に下げ、次に地面に落すと、地面の上で不規則に折り曲げられた三次元の形をなす。そういった例を考えてもよい。タンパク質のこの奇怪な形をその三次構造と呼ぶ（第95図）。これに対し、アミノ酸の系列（順序）そのものは、タンパク質の一次構造と呼ばれる。字伝学ゲームの場合と同じく、三次構造は一次構造の中に秘められている。しかし、一次構造だけを知って三次構造を導き出すための処方箋は、字伝学で示したものに比べてはるかに複雑なものとなる。事実、一次構造だけを知ってタンパク質の三次構造を予測できるような、なんらかの規則を考え出すことは、現代の分子生物学の重要な課題のひとつなのである。

タンパク質機能の還元論的な説明

字伝学と実際の遺伝学のもうひとつの相違、おそらくもっとも深刻な相違はこうである。字伝学では、好素の個々の成分であるアミノ酸がなんらかの特定の「作用の一端」を担っているのに対し、現実の酵素では、個々のアミノ酸にはこのような明確な役割は割りあてられない。現実の酵素が機能を果す様式を決定するのは、全体としての三次構造である。だから、「このアミノ酸があるのでこれこれしかじかの作用をするだろう」とはけっしていえない。いいかえると、遺伝学では、酵素の総体的な機能に対して個々のアミノ酸が与えるものは「文脈から自由」ではない。しかしながら、この事実を反還元論者の「全体（酵素）は部分の総和としては説明できない」という主張になんらかの意味で塩を贈るものと見なしてはならない。そう考えるのは全く的外れである。この事実によって退けられるのは、「各々のアミノ酸は、共存している他のアミノ酸とは独立に総和に寄与する」という、より単純な主張なのである。いいかえれば、タンパク質の機能は文脈から自由な各部分の機能の積み重ねと考えてはならない。それよりもむしろ、部分がいかに相互作用するかを考察すべきである。しかし、タンパク質の一次構造を入力として取りこみ、最初にその三次構造を決定し、次に酵素の機能を決定するようなコンピュータ・プログラムを書くことは、原理上、依然として可能なのである。これは、タンパク質の働きに対する完全に

	U	C	A	G	
U	フェニルアラニン	セリン	チロシン	システイン	U
	フェニルアラニン	セリン	チロシン	システイン	C
	ロイシン	セリン	終 止	終 止	A
	ロイシン	セリン	終 止	トリプトファン	G
C	ロイシン	プロリン	ヒスチジン	アルギニン	U
	ロイシン	プロリン	ヒスチジン	アルギニン	C
	ロイシン	プロリン	グルタミン	アルギニン	A
	ロイシン	プロリン	グルタミン	アルギニン	G
A	イソロイシン	トレオニン	アスパラギン	セリン	U
	イソロイシン	トレオニン	アスパラギン	セリン	C
	イソロイシン	トレオニン	リシン	アルギニン	A
	メチオニン	トレオニン	リシン	アルギニン	G
G	バリン	アラニン	アスパラギン酸	グリシン	U
	バリン	アラニン	アスパラギン酸	グリシン	C
	バリン	アラニン	グルタミン酸	グリシン	A
	バリン	アラニン	グルタミン酸	グリシン	G

第 94 図　mRNA のストランド上の各々の三つ組が 20 種のアミノ酸のひとつをコード化している遺伝暗号。

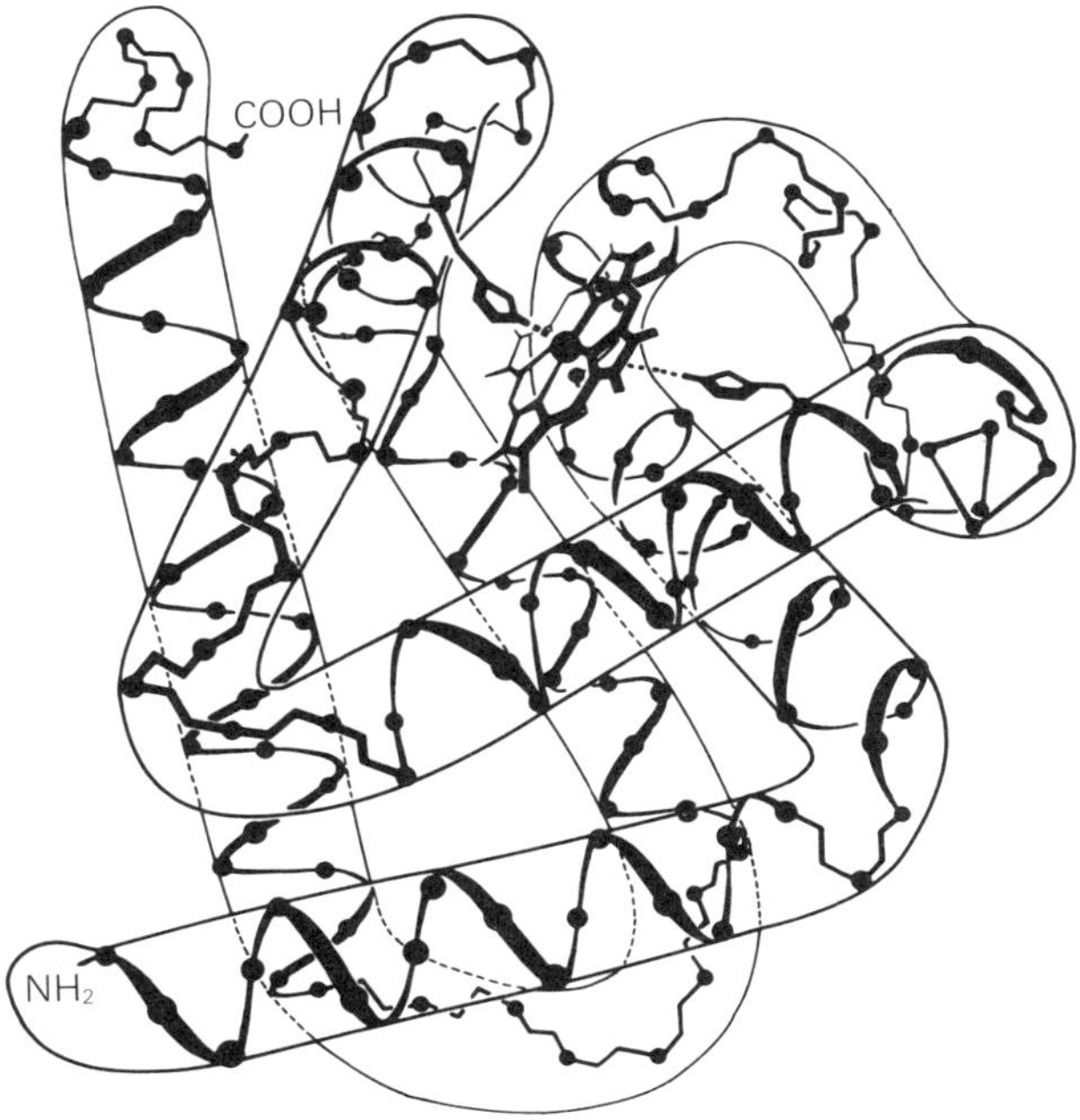

第 95 図　高分解能 X 線解析のデータから推定したミオグロビンの骨組構造。大きな「ねじれたパイプ」は 3 次構造、その内側のより精巧ならせん（α ヘリックス）は 2 次構造。[A. Lehninger]

還元論的な説明となるだろうが、部分の「総和」の決定は高度に複雑なアルゴリズムを必要とするだろう。一次はおろか三次の構造が与えられたときでさえ、酵素の機能をそれによって説明することは、現代分子生物学のもうひとつの大問題なのである。

おそらく究極的には、酵素まるごとの機能を、文脈から離れて各部の機能から組み立てることはできるだろうが、しかしその場合には、部分とはアミノ酸のような「まとまり」ではなく、電子や陽子のような個々の素粒子と見なされるであろう。これは「還元論者のジレンマ」の一例である。すべて文脈から自由なものの総和として説明するためには、物理学のレベルまで降りていかなければならないが、そのときには粒子の数はあまりにも膨大になり、結局は理論的な「原理上」のことになってしまう。そこで、文脈に依存する総和で満足しなければならないが、これには不利な点が二つある。第一は、部分がかなり大きな単位であり、その行動が高レベルでだけ記述できること、つまり不確定的にしか記述できないということである。第二は、「総和」という語には、各部分に単純な機能を割りあてることができ、全体の機能がたんにそれら個々の機能をその文脈から離れて加算したという含みがある点である。部分としてのアミノ酸が与えられて酵素全体の機能を説明しようとするとき、このようなやり方はけっしてできない。しかし、よかれ悪しかれ、これは複雑なシステムの説明にはつきものの一般的な現象である。部分がいかに相互作用するかを直観的にのみこみやすく理解するためには、つまり一言でいえば前進するためには、微視的で文脈から自由な描像がもたらすであろう厳密さを、要するに手に負えないというだけの理由でしばしば犠牲にせざるをえない。しかし、そのような説明が原理上存在するという信念までも、どさくさにまぎれて犠牲にすることはない。

転移ＲＮＡとリボソーム

そこで、リボソームとＲＮＡとタンパク質に戻るが、ＤＮＡの「謁見の間」から伝令ＲＮＡが持ち出した青写真に従ってリボソームでタンパク質が製造されることはすでに述べた。これは、リボソームにコドン言語からアミノ酸言語への翻訳ができることを意味しているように見える。つまり、リボソームが遺伝コードを「知って」いるというに等しい。だが、情報の山はリボソームの中にはない。では、リボソームはどうやっているのか？　遺伝コードはどこに貯えられているのか？　奇妙なことだが、遺伝コードが貯えられているのはＤＮＡそのものの中なのである。他にどこが考えられるだろう？　これにはたしかに若干の説明がいる。

総体的な説明からしばらく身を引いて、部分的な説明をすることにしよう。細胞質の中にはいつでも、四つ葉のクローバーの形をした多数の分子が浮遊している。一枚の葉にはアミノ酸がゆるく（つまり水素結合によって）取りついていて、その反対側の葉には「反コドン」と呼ばれる三つ組のヌクレオチドがある。われわれの目的にとっては、残りの二枚の葉はないに等しい。リボソームは、タンパク質の生産にこれらの「クローバー」を次のように利用している。ｍＲＮＡの新しいコドンがリボソームの「再生ヘッド」の定位置にガチャンと入ると、リボソームは細胞質の中で手をのばして、ｍＲＮＡのコドンと相補的な反コドンをもつクローバーをとらえる。それから、クローバーのアミノ酸を取り外して、それが成長中のタンパク質に共有結合でくっつくようにする。（ついでながら、タンパク質中の隣同士のアミノ酸の間の結合は非常に強い共有結合であり、「ペプチド結合」と呼ばれる。このために、タンパク質は「ポリペプ

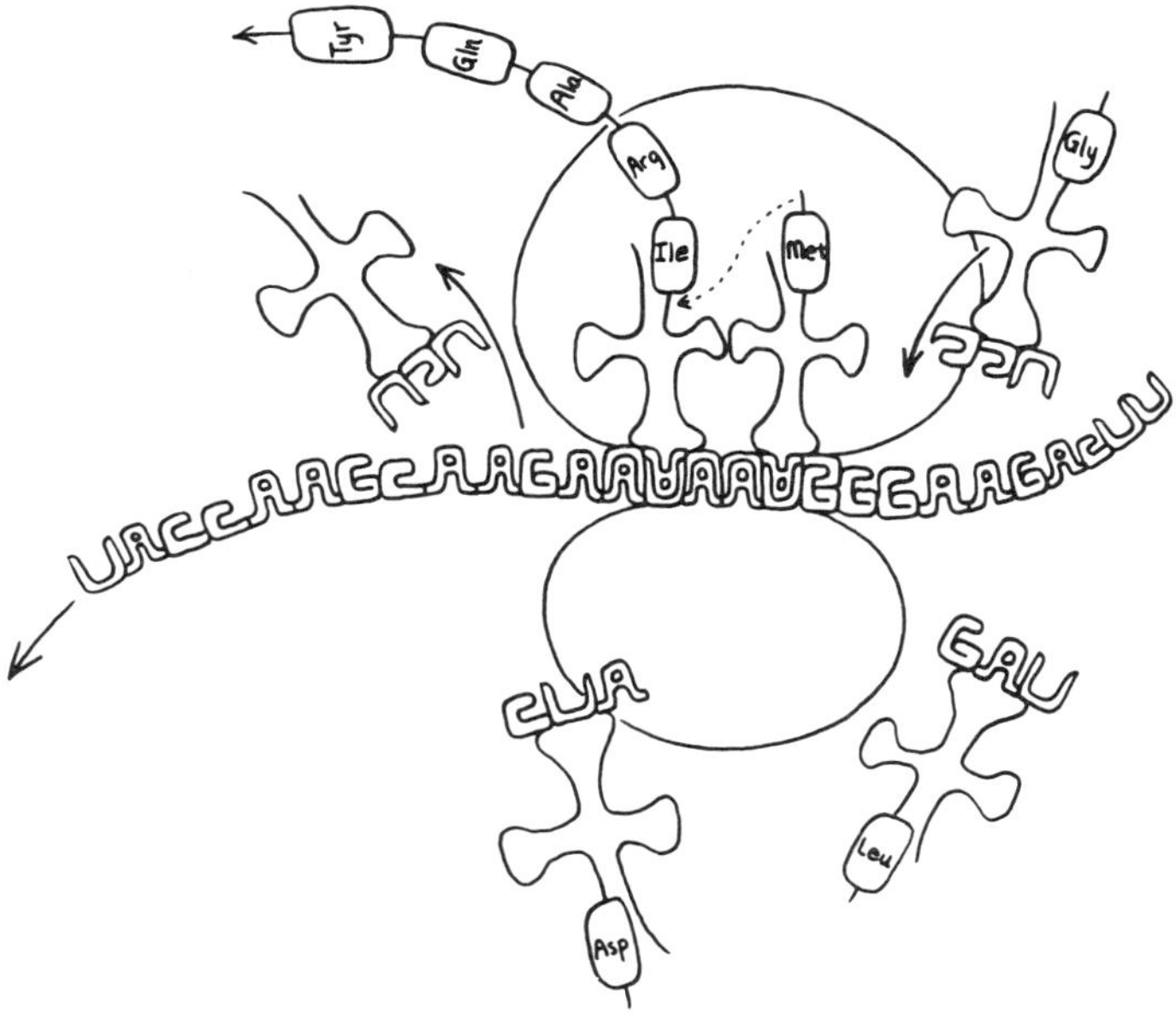

第 96 図　リボソームを通りぬける mRNA の切片。周辺を漂っているのは tRNA の分子で、アミノ酸を運搬している。これらのアミノ酸は、リボソームによってはぎ取られ、成長過程にあるタンパク質に添加される。遺伝暗号は、ひとまとめになって tRNA 分子中に納められている。図中、塩基対（A-U，C-G）は文字がかみ合った形で表されていることに注意。［スコット・キム画］

チド」とも呼ばれるのである。）クローバーが適当なアミノ酸を携えているのはもちろん偶然ではない。なぜなら、それらはすべて、「謁見の間」から発せられた正確な指示にそって製造されたものだからである。

このようなクローバーの本当の名前が「転移ＲＮＡ」（ｔＲＮＡ）である。ｔＲＮＡの分子はきわめて小さく（非常に小さなタンパク質分子とほぼ同じ大きさ）、約八〇個のヌクレオチドで構成されている。ｍＲＮＡと同じように、ｔＲＮＡ分子も細胞内の壮大な版型、ＤＮＡから転写して作られたものである。しかし、ｔＲＮＡは何千というヌクレオチドが長い長い鎖になった巨大なｍＲＮＡ分子に比べればちっぽけなものである。またｔＲＮＡは次の点でタンパク質に似ており、ｍＲＮＡのストランドには似ていない。つまり、これらはその一次構造によって決定された、固定した明確な三次構造をもっているという点である。ｔＲＮＡは、ちょうど一個のアミノ酸だけがｔＲＮＡ上のアミノ酸専用地に結合できるような構造になっている。これが、反対側の腕についている反コドンによって、遺伝コードに従って指揮されていることもたしかである。ｔＲＮＡ分子の機能の活き活きとしたイメージとなるのは、そこに共存しているインタープリタを囲んで雲のように浮遊している暗記用単語カードの大群の中から、インタープリタが、ある語の翻訳の必要が生ずるたびに一枚ぱっとつかみ取るというイメージである。なんと、いつも必ず正しいカードをつかむのだ！　この場合のインタープリタはリボソーム、語はコードで、その翻訳がアミノ酸である。

ＤＮＡの内部メッセージがリボソームで解読されるには、ｔＲＮＡの暗記用単語カードが細胞質中に浮んでいなくてはならない。ある意味では、ｔＲＮＡはＤＮＡの外部メッセージの精髄を含んでいる。なぜなら、それが翻訳過程の鍵を握っているからである。しかし、それ自身はDNAから生じたものである。このようにして、外部メッセージは、自分がどんな言葉で書かれているかを告げようとする壜中の文を思わせるようなしかたで内部メッセージの一部になろうとしている。当然のことながら、このような企てはいずれも成功しない。自分の靴紐をつまみ上げて自分の体を持ち上げるような芸当は、DNAにはできない。DNAという永久保存原本からtRNAそれ自身を転写しだす酵素の製造ができるように、遺伝コードについていくらかの知識があらかじめ細胞の中に存在していなければならない。この知識は、前もって製造されたtRNA分子の中に宿っている。外部メッセージの必要性も一切排除しようとするこの企ては、二次元世界の文脈に束縛されていながらあくまで三次元的になろうと奮闘しているエッシャーの龍に似ている。龍はずいぶん長い時間努力をしたようだが、目的はもちろん達成できなかった。

句読点と読み取りの枠組

リボソームは、タンパク質ができ上がったことをどうやって知るのだろうか？ 字伝学の場合と同じく、mRNAの内部にはタンパク質の完成、あるいは着手を知らせる信号がある。事実、三つの特別なコドン――UAA、UAG、UGA――がアミノ酸をコード化するかわりに、句読点の作用をしている。このような三つ組がリボソームの「再生ヘッド」にカチャンと入るたびに、リボソームは製造中のタンパク質を手放して新しい仕事に移る。

最近、もっとも小さなウイルスφX一七四の全遺伝子(ゲノム)がすっかりさらけだされたが、その途上には思いがけない発見があった。というのは、その九つの遺伝子の中のあるものが重なり合っているのである。つまり、二つのタンパク質がDNAの同一のストレッチによってコード化されている！ ある遺伝子にいたっては、なんと別の遺伝子の内部にそっくり納まっていた！ このことは、二つの遺伝子の読み取り枠をちょうど一単位だけ、たがいに相対的にずらすことによって実現されている。このような図式による情報詰めこみの密度は信じられないほどである。これがもちろん、「音程拡大によるカノン」の中で、アキレスの運勢センベイの中から出てきた奇妙な「5／17俳句」の背後に秘められていたインスピレーションである。

要約

これでようやく、要約できるところまでたどりついた。DNAはその中央の「玉座」から、細胞質中のリボソームに向ってmRNAの長いストランドを送り出す。そして、リボソームはその周りをうろつくtRNAという単語カードを利用して、mRNAに含まれている青写真に従って、アミノ酸をひとつひとつ積み重ねてタンパク質を効果的に構成していく。DNAによって指揮されるのはタンパク質の一次構造だけである。しかし、これで十分なのである。なぜなら、それがリボソームから出現してくるにつれて、タンパク質はまるで「魔法」をかけられたように複雑な配置で折り曲げられ、強力な科学機械として働く能力を備えるに至るのである。

タンパク質と音楽における構造と意味のレベル

われわれはテープレコーダーとしてのリボソーム、テープとしてのmRNA、音楽としてのタンパク質というイメージを利用してきた。思いつきのように見えるかもしれないが、みごとな平行関係がそこにはある。音楽は音のたんなる線型系列ではない。われわれの心は、それよりも高いレベルで楽曲を聴く。音を楽句に、楽句をメロディーに、メロディーを楽章に、楽章を楽曲全体にまとめ上げる。同じように、タンパク質もまとまった単位として働くときにだけ意味をなす。一次構造は三次構造を作るための情報をすべて担っているとはいえ、まだ不足しているように「感じ」ている。というのも、その潜在力は三次構造が実際に物理的に創り出されたときに、はじめて現実のものとなるからである。

ところで、われわれは一次と三次の構造についてだけ語ってきたが、二次構造はどうなっているのかといぶかしく思う読者もおられるだろう。実際、二次構造も四次構造も存在する。タンパク質の折れ曲がりはひとつ以上のレベルで起る。とくにアミノ酸の鎖にそったある場所では、アルファ螺旋と呼ばれるある種の螺旋（DNAの二重螺旋と混同してはならない）を形成する傾向がありうる。タンパク質のこの螺旋状のねじれは、三次構造よりも低いレベルで起る。構造のこのレベルは第95図で見ることができる。四次構造は、独立な楽章から一曲の音楽を組み立てるのと直接比べることができる。というのは、それにはすでに十分に完成した三次の美しさを備えた、いくつかの異なるポリペプチドの集まりがかかわるからである。これら独立な鎖の結合は、通常、共有結合ではなく水素結合によって実現される。これはもちろん、いくつかの楽章で構成された楽曲の場合と全く同じである。楽章相互の間には、その内部ほどには緊密に結合していないが、それにもかかわらず、緊密な「有機的」全体を形づくっているのである。

一次、二次、三次、および四次の構造という四つのレベルは、やはり「前奏曲……とフーガの蟻法」の中のMU描像（第60図）の四つのレベルと比べることができる。大局的構造――文字MとUで構成されている――はその四次構造である。次に、その二つの部分の各々はHOLISMとREDUCTIONISMで構成される三次構造をもっている。ついで二次のレベルには、反対の語が存在する。そして、一番底の一次構造は、くり返しくり返し現れてくる語MUである。

ポリリボソームと二層のカノン

さて、テープを音楽に翻訳するテープレコーダーと、mRNAをタンパク質に翻訳するリボソームとの間のもうひとつの可愛らしい平行関係にたどりついた。数多くのテープレコーダーが等間隔で一列に並んだところを想像しよう。この配列を「ポリレコーダー」と呼んでもよいだろう。次に、一本のテープをすべての成分レコーダーの再生ヘッドに順次通すことを想像しよう。テープがただひとつの長いメロディーを含んでいるとすると、出力はもちろん、多声のカノンであろう。各声部の遅れは、テープがあるレコーダーから次のレコーダーまで移るのに要する時間によって決定される。細胞の中には、このような「分子のカノン」がたしかに存在し、そこでは長い線状に並んだ多数のリボソーム――これらがポリリボソームと呼ばれるものを構成する――が、すべて時間を少しずつずらしてmRNAの同じストランドを「演奏」し、同一のタンパク質を生産するのである（第97図参照）。

こればかりではなく、自然はもっとうまいこともしている。mRNAがDNAから転写によって作られることを思い出そう。この過程を担っている酵素は、「RNAポリメラーゼ」と呼ばれる（「-アーゼ」は酵素を表す一般的な語尾である）。しばしば、RNAポリメラーゼの列が一本のDNAストランドに平行して作用するということ

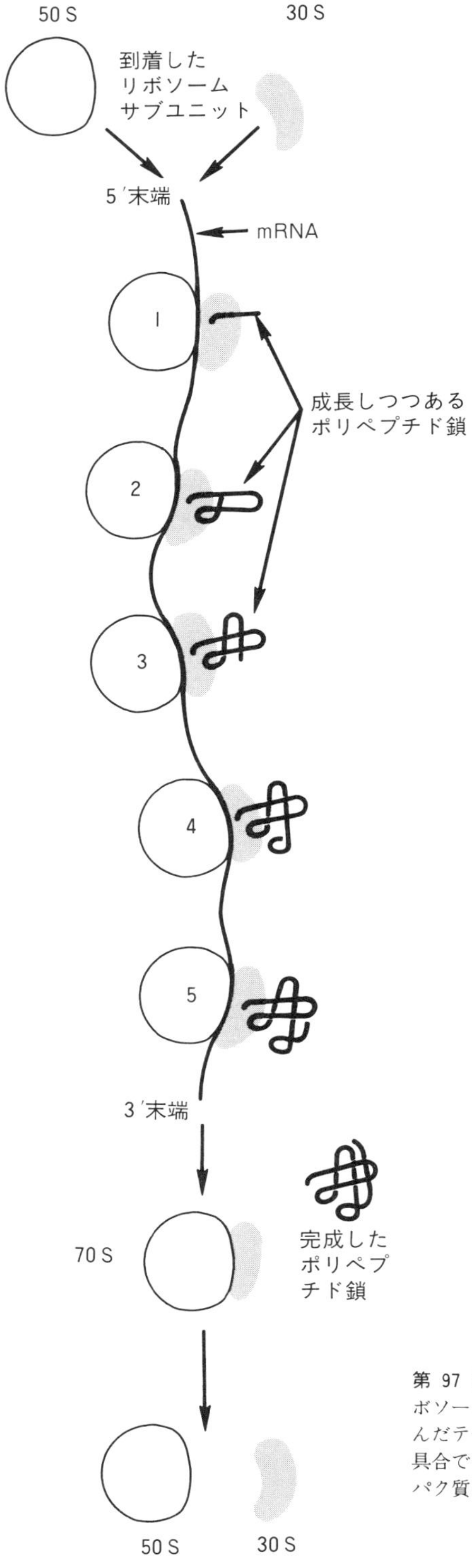

第 97 図　ポリリボソーム。mRNA の 1 本のストランドが、リボソームを次から次へと通りぬけていく。まるで、一列にならんだテープレコーダを、テープが順次くぐりぬけていくような具合である。その結果、完成途上のさまざまな段階にあるタンパク質が生れる。[A. Lehninger]

が生ずる。その結果、DNAがあるRNAポリメラーゼから次のポリメラーゼまで滑っていくのに要する時間だけ、たがいに時間をずらして、mRNAの別々の（しかし同一の）ストランドが多数生産される。それと同時に、いくつかの異なるリボソームが、平行して出現したmRNAの各々に働きかけることも起りうる。こうして二重デッキの、あるいは二層の「分子カノン」に到達する（第98図）。音楽でこれに対応するのは、かなり空想的だが次のような面白いシナリオであろう。何人かの異なる写譜者が同時に作業しており、めいめい同じ楽譜の原本を、フルート奏者には読みにくい声部から読みやすい声部に写しかえている。どの写譜者も、もとの楽譜のあるページを写し終えるとそれを次の写譜者に渡し、自分は新しいページの転写にとりかかる。その間、写譜者一人一人のペン先から現れる一枚一枚の楽譜を、一組のフルート奏者が読んでメロディーを奏でている。それぞれのフルート奏者は、同じ楽譜を別の紙上で読んでいる他のフルート奏者とは時間をずらして、演奏していることになる。これはかなり乱暴なイメージだが、諸君の身体の中にあるすべての細胞のそれぞれで、時々刻々進行している過程の複雑さを、たぶんいくらか伝えているだろう。

リボソームとタンパク質、どちらが先か？

リボソームと呼ばれる痛快な連中について語ってきたが、彼らは何でできているのか？　どのように作られるのか？　リボソームは二つの型のもので構成されている。(1)さまざまな種類のタンパク質と、(2)リボソームRNA（rRNA）と呼ばれる別種のRNAである。このように、リボソームを作るにはある種のタンパク質が存在していなければならないし、rRNAも存在していなければならない。もちろん、タンパク質が存在するにはリボソームがあらかじめ存在して、それを作らなければならない。この悪循環から脱け出すにはどうすればよいだろうか？　どちらが先に現れたのか――リボソームかそれともタンパク質か？　どっちがどっちを作るのか？　答えようがない。鶏と卵の問題のように、すべてが時間の地平の彼方に消えるまで、いつまでも事柄をそれ以前の同類の事柄に遡らせることができるからである。いずれにせよ、リボソームは大小二つの断片からなる。それぞれが若干のrRNAと若干のタンパク質を含む。リボソームは大きなタンパク質程度の大きさである。リボソームは、mRNAを入力として受け取り、それにそって動くのだが、mRNAストランドに比べればはるかに小さい。

タンパク質の機能

タンパク質、とくに酵素の構造についていくらか話してきたが、それが細胞の中でどんな種類の仕事をしているかについても、それをどういうふうに行っているかについても、まともには論じてこなかった。すべての酵素は「触媒」である。これは酵素が、酵素なしではけっして起らないようなことを引き起すのではなく、細胞内のさまざまな化学的過程をある意味では選択的に加速することを意味する。酵素は、無数の潜在的可能性の中から一定の経路を実現する。したがって、細胞内のどんな過程も、触媒の助けなしで自然に起る確率は理論的にはゼロでないとはいえ、どの酵素を存在させるかを選ぶことは、何が起り何が起らないかを選ぶことになる。

では、酵素はどのように細胞内の分子に働きかけるのか？　すでに述べたように、酵素は折れ曲がったポリペプチドの鎖である。どの酵素にも、裂け目あるいはポケット、あるいはなんらかのはっき

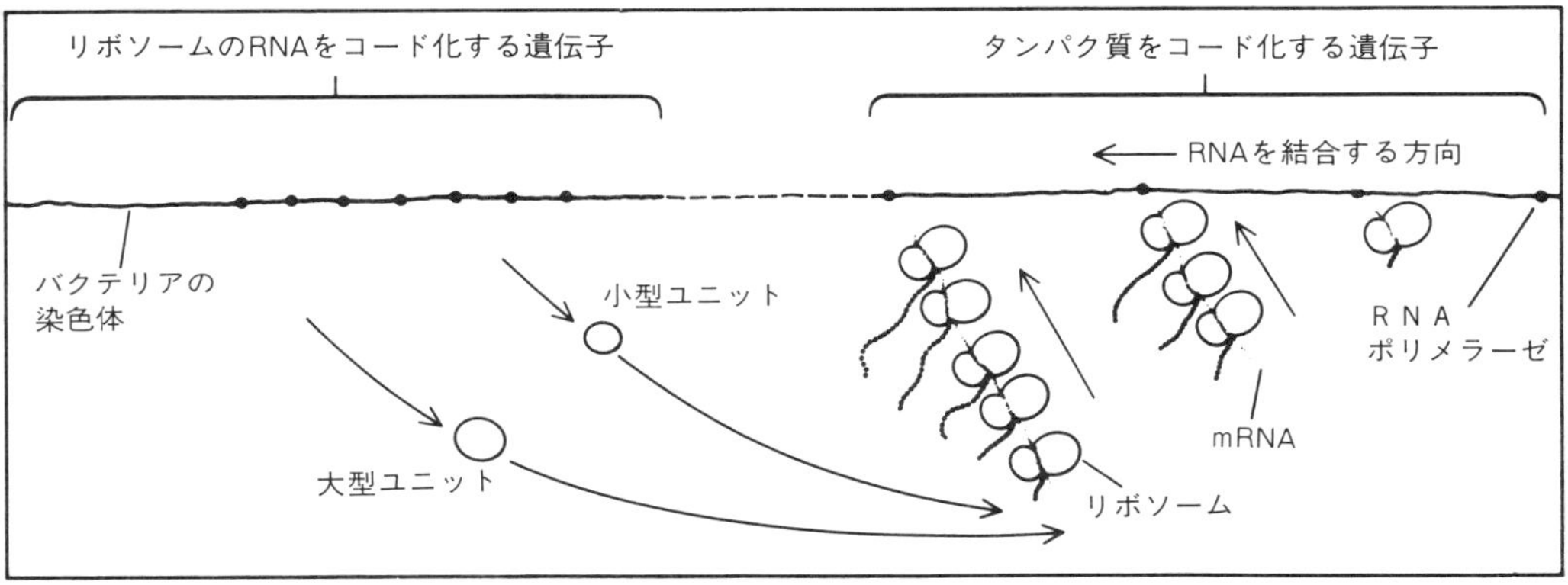

第 98 図　これはまた、さらに複雑な企みである。mRNA のストランドは 1 本ではなく数本(それらはいずれも、DNA のたった 1 本のストランドから複製されたものである)が、ポリリボソームに働きかける。その結果、2 層の分子カノンが生れる。[Hanawalt and Haynes]

りした特徴が表面にあって、それのある場所で別種の分子と結合する。この場所を「活性部位」と呼ぶ。そこに結合している分子は、すべて「基質」と呼ばれる。字伝学とちょうど同じように、酵素は好素であって、作用する対象の選り好みが非常に強い。活性部位は通常、非常に特異的であって、ときには「囮(おとり)」にひっかかることもあるが、原則的にたった一種類の分子としか結合しない。囮は別の分子だが、活性部位にぴったり合うようにできていて、そこをふさいで酵素を騙し、事実上非活性化してしまう。

酵素とその基質が結合してしまうと、電荷に非平衡が生じ、その結果、電荷――電子と陽子の形態の電荷――が結合した分子の周りを流れて、その調節をする。平衡が達成されるころには、すでにかなり深刻な化学変化が基質に起きているだろう。いくつか例を挙げよう。ある標準的な小分子がヌクレオチド、アミノ酸、あるいは他のありふれた細胞内分子につかまる「接合」も起きるだろうし、DNAストランドの特定の場所に「切れ目」が入ることもあろうし、分子のある小片が刈り取られるかもしれない、といった具合である。事実、生体酵素は字伝学的好素が行っている、字伝学ゲームの操作に似た操作を分子に施す。しかし、大部分の酵素は本質的に一系列の仕事ではなく、単一の仕事を行う。字伝学的好素と生体酵素の間にはもうひとつの著しい相違がある。字伝学的好素がストランドだけに作用するのに対し、生体酵素はDNA、RNA、他のタンパク質、リボソーム、細胞膜――要するに、細胞中のありとあらゆるもの――に働きかけることができる。いいかえると、酵素は細胞内で生じている出来事の普遍的なメカニズムである。さまざまな酵素がある。物をくっつけるもの、引き離すもの、修飾するもの、活性化するもの、非活性化するもの、複製するもの、修理するもの、破壊するもの……。

細胞内でもっとも複雑な過程に「雪崩（なだれ）」がからむものがある。雪崩はまず、ある型のひとつの分子が一定の種類の酵素の生産を起動することからはじまる。製造過程がはじまり、「組み立てライン」から出てきた酵素は新しい化学的な経路を開き、それによって二番目の種類の酵素が生産される。この種の出来事は、三つのレベル、あるいは四つのレベルにわたって続行することができ、新しく生産された型の酵素が別の型の酵素の生産の引き金を引く。そのあげく、最後の型の酵素の複製の「シャワー」が生じ、作られたコピーがすべて出動していってその専門化した仕事を行う。それは「外来の」DNAをちょん切ることだったり、細胞が大変「飢えて」いるなんらかのアミノ酸の製造を助けることだったりする。

十分な力をもつ支援システムの必要性

字伝学ゲームが提出したパズルに対する、自然の解答を見てみよう。「どんな種類のDNAストランドなら、自分自身の複製を指示できるか？」たしかに、あらゆるDNAストランドが生れつき自増であるのではない。鍵はこうだ。自分自身の複製の指令をしようと欲するどのストランドも、仕事を遂行できる酵素を正しく集めるための指令を含んでいなければならない。ところで、孤立したDNAのストランドが自増になろうとしても、それは無駄である。DNAから潜在的なタンパク質を引き出すには、リボソームだけではなく、リボソームに移転されるmRNAを作るRNAポリメラーゼも不可欠だからである。このようにして、転写と翻訳が実行できるようにするのに十分な力をもった一種の「最小（ミニマム）支援システム」を想定することからはじめなければならない。この最小支援システムは、このように(1)DNAからmRNAが作れるようにするためのRNAポリメラーゼのような、若干のタンパク質と、(2)若干のリボソームで構成されるだろう。

DNAはいかにして自らを複製するか？

「十分な力をもつ支援システム」と「十分に強力な形式システム」という語句が似た響きをもつのはけっして偶然ではない。前者は自増が生ずるための前提条件であり、後者は自言が生ずるための前提条件である。事実、二通りの異なった姿はしていても、起きているのは本質的にはひとつの現象にすぎない。この点については、いずれはっきりさせることにしよう。しかし、その前に、DNAはどうすれば自増になるのか、という問題を片づけておこう。

DNAは、自分を複製してくれる一組のタンパク質に対するコードを含んでいなければならない。さて、たがいに相補的な二本のストランドからなる標準的なDNAを複製するのに、大変効率的でエレガントな方法がある。これは二つのステップからなる。

(1) 二本のストランドをほどいて引き離す。

(2) 各々の単一ストランドに新しいストランドを娶（めあわ）せる。

この過程を経て、新しい二組のDNA二重ストランドが作られる。そのひとつひとつはもとのものに等しい。この考えにそった解答はDNA自体の中でコードされており、この二つのステップを遂行する一組のタンパク質を含むはずである。

細胞の中では、この二つのステップが調整をとりあいながら一緒に行われており、そのためには三つの主要な酵素DNAエンドヌクラーゼ、DNAポリメラーゼ、DNAリガーゼが必要であると信じられている。DNAエンドヌクラーゼは、いうなれば「ジッパー開け酵素」である。もともとの二重ストランドを、短い距離だけだが引き裂き、それで止めてしまう。ついで、他の二つの酵素が登場する。DNAポリメラーゼは、基本的には複製と移動のための酵素である。DNAの短い単一ストランドを取り巻き、字伝学ゲームの複製モードを思わせるやり方で、相補的にコピーを作る。複製のために細胞質中を浮遊している原料、とくにヌクレオチドを引き寄せる。活動は少しずつ思い出したように進行し、ジッパー開けと複製が交互に起きるので、間に短い間隙が生じる。それを塞ぐのがDNAリガーゼである。この過程は何度となくくり返される。この精密な三酵素機械は、DNA分子が完全に引き裂かれていくのとともに複製されていき、新しい二つのコピーができ上がるまで作業しつづける。

DNAの自己増殖法とクワイン化との比較

DNAストランドに対する酵素作用では、情報がDNAに貯えられているというのはどうでもいいことなのである。酵素は、MIUシステムの推論規則に似て、記号入れ換えの機能を遂行しているにすぎない。この三つの酵素は、彼らのためにコード化された遺伝子をある地点で実際に複製していることには関心をもたない。彼らにとって、DNAは意味のない、あるいは関心を引かない版型にすぎない。

これを、自分のコピーをどう作るかを記述するクワイン化の方法と比べるのは、大変興味深い。そこにもやはり、一種の「二重ストランド」——一方が指令、他方が版型として働くような、同一情報の二つの複製——がある。DNAでは、この過程の平行関係は漠然としている。なぜなら、三つの酵素（DNAエンドヌクラーゼ、DNAポリメラーゼ、DNAリガーゼ）は、二つのストランドの一方に対してしかコード化されていないので、これらのストランドは一方がプログラム、他方がたんなる版型として働くことになるからである。それにもかかわらず、類比は大変示唆的である。使用-言及の二分法にも生化学的な類比がある。DNAがたんに複製されるべき化学物質の系列として扱われるとき、それは字伝学的記号への言及に似ている。DNAがどの作用を実行すべきかを指揮しているとき、それは字伝学的記号の使用に似ている。

DNAの意味のレベル

DNAストランドから読み取ることのできる意味には、眺めているまとまりがどれだけの大きさか、用いている解読装置がどれだけ強力であるかによって、いくつものレベルがある。最後のレベルでは、それぞれのDNAストランドは等価なRNAストランドのためにコード化されている。解読の過程は転写である。DNAを三文字組にまとめ、そのあとで「遺伝子解読装置」を用いれば、DNAはアミノ酸の系列と読める。これが転写の上にある翻訳である。階層の次の自然なレベルでは、DNAは一組のタンパク質のコードとして解読可能である。遺伝子からタンパク質を物理的に引き出すことを遺伝子表現と呼ぶ。DNAが何を意味しているかについて、われわれが今日理解しているかぎりでは、これが最高のレベルである。

しかしながら、DNAの意味には識別のむずかしい、より高いレベルが存在することは確実である。たとえば、人間のDNAが鼻の形、音楽の才能、反射の速さなどをコード化していると信ずべき理由がある。後成過程という現実の物理的過程——遺伝型から表現型を物理的に引き出すこと——を最後までやり抜かずに、ＤＮＡストランドからある情報を直接に読み取る方法を知ることは、原理的に可能だろうか？　おそらく可能だろう。なぜなら、あらゆるタンパク質、ＤＮＡや細胞の複製にかかわる、あらゆる微細な特徴を含んだ全過程をとことんまで模擬できるような、信じられないほど強力なコンピュータ・プログラムを、理論上は作れるからである。このような擬似後成過程のプログラムの出力は、表現型に対する高レベル記述となるだろう。

もうひとつ（きわめて薄い）可能性がある。物理的な後成過程の同型模擬実験を行わずに、より単純なある解読メカニズムを発見することによって、遺伝型から表現型を読み取る術が学べるかもしれない、という可能性である。これは「擬似後成過程の近道」と呼ぶことができるだろう。近道であろうとなかろうと、擬似後成過程は現在のところただひとつの例外を除いて、いうまでもなくわれわれの手の届くところにはない。例外はヨーロッパ産ヤマネコの一種フェリス・カトゥス（キャットゥス）で、詳しい探究によって遺伝型から表現型が直接読み取れるようになっている。フェリス・カトゥスのＤＮＡの次のような典型的な一切片を直接に吟味したあとの方が、この注目すべき事実がよく評価できるだろう。

……CATCATCATCATCATCATCATCATCAT……

ＤＮＡ読み取り可能性のレベルの要約を、解読のさまざまなレベルの名称とともに次に示す。このＤＮＡは次のような系列として読めるのである。

(1)　塩基（ヌクレオチド）……………………転写
(2)　アミノ酸……………………………………翻訳
(3)　タンパク質（一次構造）　}……………遺伝子表現
(4)　タンパク質（三次構造）　}
(5)　タンパク質集団……………高レベル遺伝子表現
(6)　？？？
：　：　：　}
：　：　：　}……………ＤＮＡの意味の未知のレベル
(N−1)　???
(N)　身体、心および生理学的な特質…擬似後成過程

中心的な教絵

われわれはいまこれらを背景にして、すべての細胞過程の基礎となるＦ・クリックの「分子生物学の中心的な教え」（ＤＯＧＭＡ　Ｉ）と、われわれが詩的な破格法で「数理論理学の中心的な教え」（ＤＯＧＭＡ II）と呼んだ、ゲーデルの定理の基礎となるものとをていねいに比較できる地点に到達した。一方から他方への対応は、第99図とその上の見取り図に示されており、これらが一緒になって、中心的な教絵（ＤＯＧＭＡＰ）を構成する。

ＡとＴ（算術化 arithmetization と翻訳 translation）および、ＧとＣ（ゲーデルとクリック）の縁基縁組に注意してほしい。数理論理学はプリンの側にあり、分子生物学はピリミジンの側にある。

この絵解きの美的な側面を完成させるために、ゲーデル数の図式を遺伝コードの上で完全に忠実にモデル化してみよう。事実、次のように対応させれば、遺伝コードの表はゲーデル・コードの表になる。

DOGMA I 分子生物学		DOGMA II 数理論理学
DNA のストランド	⇐⇒	TNT の文字列
mRNA のストランド	⇐⇒	N の 言 明
タンパク質	⇐⇒	メタ TNT の言明
タンパク質に作用する タンパク質	⇐⇒	メタ TNT の言明に ついての言明
タンパク質に作用する タンパク質に作用する タンパク質	⇐⇒	メタ TNT の言明に ついての言明に ついての言明
転　　写 （DNA ⇒ RNA）	⇐⇒	解　　釈 （TNT ⇒ N）
翻　　訳 （RNA ⇒ タンパク質）	⇐⇒	算 術 化 （N ⇒ メタ TNT）
ク リ ッ ク	⇐⇒	ゲ ー デ ル
遺伝コード （任意の規約）	⇐⇒	ゲーデル・コード （任意の規約）
コ　ド　ン （塩基の 3 つ組）	⇐⇒	コ　ド　ン （数字の 3 つ組）
ア ミ ノ 酸	⇐⇒	メタ TNT で用いられる TNT の引用記号
自 己 増 殖	⇐⇒	自 己 言 及
自増を可能にする 十分に強力な 細胞支援システム	⇐⇒	自言を可能にする 十分に強力な 算術的形式システム

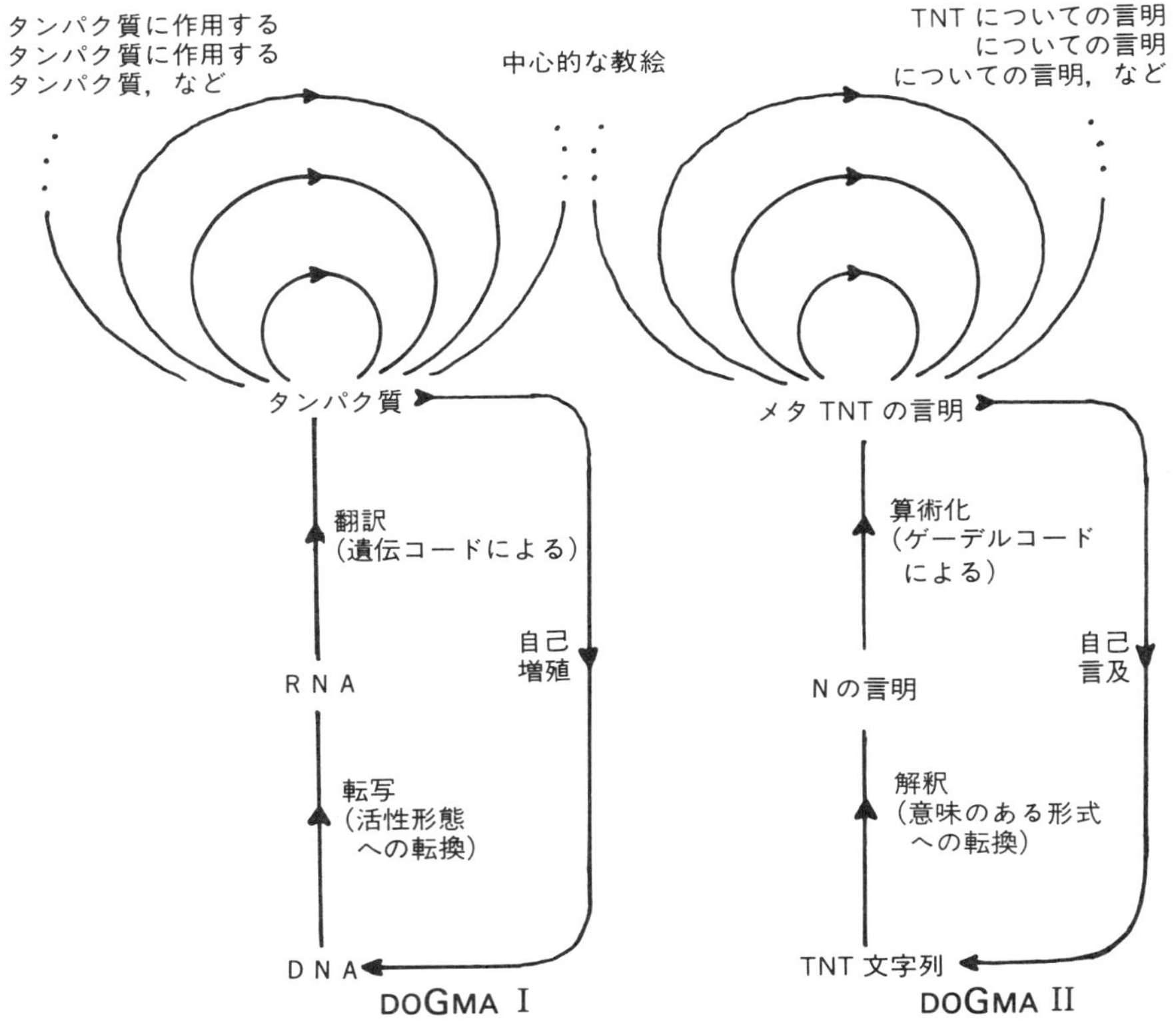

第 99 図　中心的な教絵。分子遺伝学と数理論理学——2 つのもつれた階層の間にアナロジーが成り立つ。

	6	2	1	3	
6	0	∀	∨	:	6
	0	∀	∨	:	2
	a	∀	終止	終止	1
	a	∀	終止	⊃	3
2	a	~	<	·	6
	a	~	<	·	2
	a	~	>	·	1
	a	~	>	·	3
1	∧	S	+	∀	6
	∧	S	+	∀	2
	∧	S	=	·	1
	′	S	=	·	3
3	(	)	[	∃	6
	(	)	[	∃	2
	(	)	]	∃	1
	(	)	]	∃	3

第100図　ゲーデル・コード。このゲーデル数図式では、各々のTNT記号はひとつ、あるいはそれ以上のコドンをもつ。小さな卵形は、この表が先の第9章のゲーデル数の表をどう包摂しているかを示している。

（奇）1 ⇕ A（プリン）
（偶）2 ⇕ C（ピリミジン）
（奇）3 ⇕ G（プリン）
（偶）6 ⇕ U（ピリミジン）

それぞれのアミノ酸（二〇種類ある）は、TNTのひとつの記号（これも二〇種類ある）にぴったりと対応する。こうして、「厳格なTNT」を作り上げるという私の狙いが、ここで達成される。ちょうど二〇個の記号があるではないか！　ゲーデル・コードを第100図に示す。これを遺伝コードと比較してほしい（第94図）。

われわれの世紀に達成された二つの秘儀的な、それでいて根本的な知識上の進歩が、このような抽象的構造を深層で共有しているのを見れば、神秘的な感じにさえとらわれるのではなかろうか。この中心的な教絵（おしえ）は、けっして二つの理論の同一性の厳格な証明ではない。しかし、それは深遠な類縁関係を示しており、一層深い探究に値するものなのである。

中心的な教絵の中の不思議の環

この絵図（マップ）の二つの側面の間にあるもっと興味深い相似性は、両者の最上階のレベルに任意の複雑さの環が現れてくるその現れ方である。左側では、タンパク質に作用するタンパク質に作用するタンパク質……等々と無限につづいており、右側では、メタTNTの言明についての言明についての言明についての言明……等々と無限につづいている。これは第5章で論じた怪層性に似ている。そこには十分複雑な基質が存在していて、高レベルの不思議の環が生じており、より低いレベルと全く切り離されて循環することが許されている。

この考えについては、第20章でさらに詳しく論じることにする。

ところで、諸君は「中心的な教絵によれば、ゲーデルの不完全性定理そのものは何と対応づけられるのか？」という疑問を抱いておられるかもしれない。これはよい質問で、この先を読みつづける前に考えてみることをおすすめする。

中心的な教絵と「洒落対法題」

中心的な教絵が、第4章で展開した「洒落対法題」とゲーデルの定理との間の対応に大変よく似ていることが判明する。そこで、この三つのシステムの間の平行関係を設定することができる。

(1) 形式システムと文字列
(2) 細胞とDNAストランド
(3) レコード・プレーヤーとレコード

次ページの図表では、システム1とシステム3の間の対応は、ていねいに説明されている。ゲーデルの定理の類比は、次にお見せするような奇妙な事実で、おそらく分子生物学者にはほとんど役立ちそうもない（彼らにはたぶん、自明のことだろう）。

次のようなDNAのストランドを設計することが、つねに可能である。すなわち、それを細胞内に注入すると、転写のさいに細胞（もしくはDNA）を破壊してしまうようなタンパク質を製造することになり、その結果、DNAは増殖せずに終る——そんなDNAストランドを設計できるのである。

少なくとも進化の光のもとで眺めれば、ここからいささかふざけた筋書きが引き出される。侵略的ウイルスの一種がある狡猾な手段で細胞内に入り、そこでこのウイルス自身を破壊する効果をもったタンパク質の製造をごていねいにも促進する！　これは分子レベルでの一種の自殺——もしそうお望みなら、エピメニデス文と言ってもいい——である。種の保存の観点から見て、これが有利でないのは明らかだ。しかし、これは細胞とその侵略者が開発した防衛と破壊のメカニズムの、上っ面ではなく真髄を明らかにしている。

大腸菌とT4ファージ

では、生物学者のお気に入りの細胞、つまり大腸菌（学名エッシャリキア・コリ、わがM・C・エッシャーとは、彼の腸内にもいたという以上の関係はない）と、この細胞に対するお馴染みの侵略者のひとつ、邪悪で不気味なT4ファージを考察しよう。これらは第101図に図示しておいた。（ついでにいえば、「ファージ」と「ウイルス」は似たような言葉で、ともに「バクテリア細胞を攻撃するもの」を意味する。）話の種になりそうなその格好は、まるで月面探査機と蚊の小さな合の子のようだが、蚊に比べてはるかに邪悪である。その「知識」——つまりDNA——のすべてを貯える頭部がある。六本「脚」があり、それで侵略しようと選んだ細胞につかまる。また、蚊のように、「刺管」（もっと適切にいえば「尾部」）を備えている。主な違いは、蚊が血を吸うために刺すのに対し、T4ファージは犠牲者の意に抗して、その細胞内に自分の遺伝物質を注入するために針を用いる点にある。ファージはこのように、小さなスケールで「レイプ」を敢行する。

「洒落対法題」		分子生物学
ステレオ	⟺	細胞
「完全な」ステレオ	⟺	「完全な」細胞
レコード	⟺	DNA のストランド
与えられたステレオでかけられるレコード	⟺	与えられた細胞で増殖できる DNA ストランド
そのステレオでかけられるレコード	⟺	その細胞で増殖できる DNA ストランド
レコードの溝から音への転換過程	⟺	DNA から mRNA への転写過程
プレーヤーで作り出された音	⟺	伝令 RNA のストランド
ステレオの振動への音の翻訳	⟺	タンパク質への mRNA の翻訳
外部の音からステレオの振動への写像	⟺	遺伝コード（mRNA 3つ組からアミノ酸への写像）
ステレオの故障	⟺	細胞の破壊
プレーヤー X のための特製の歌のタイトル：「わたしはプレーヤーX ではかからない」	⟺	細胞Xのための特製のDNA ストランドの高レベル解釈：「わたしは細胞 X では複製できない」
「不完全」プレーヤー	⟺	増殖不能の DNA ストランドが少なくとも 1 本あるような細胞
「芸出ずの定理」：「与えられた特定のステレオでかからないレコードがつねにある」	⟺	不感染性定理：「与えられた特定の細胞で増殖できない DNA ストランドがつねにある」

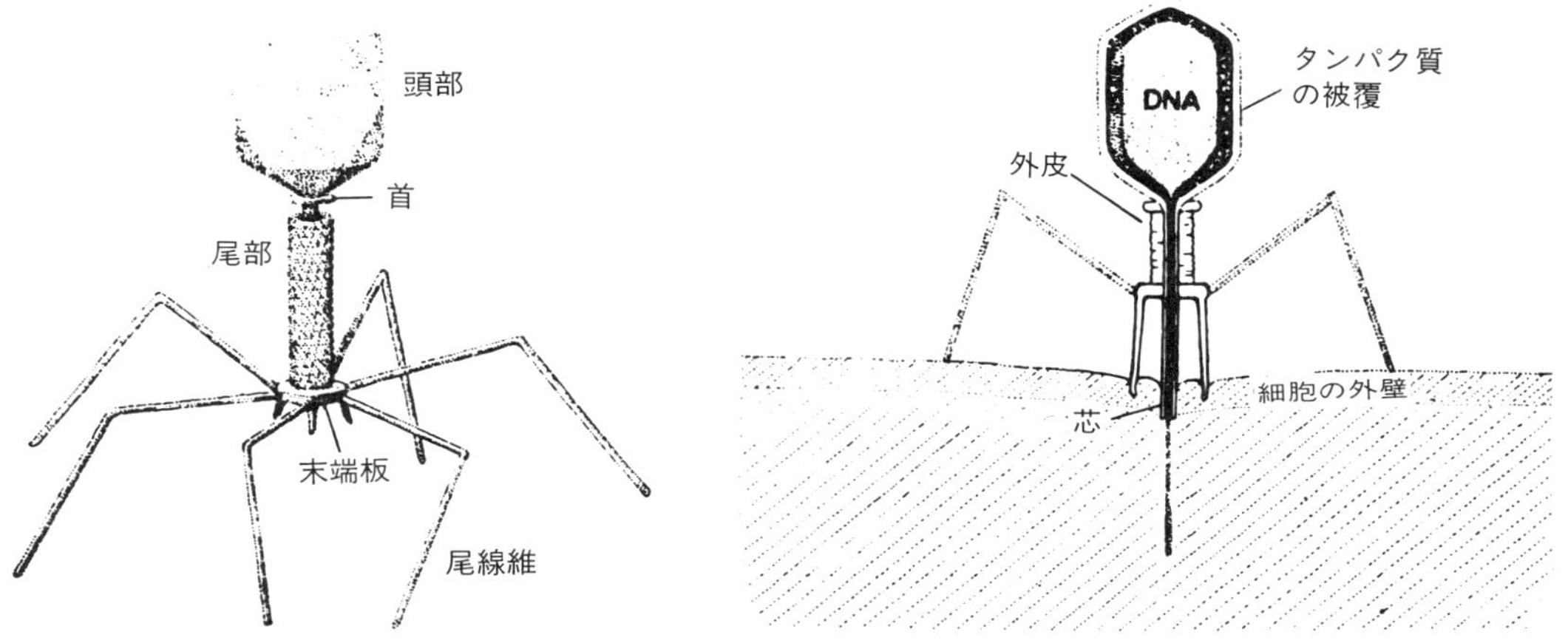

a　　　　b

第 101 図　T 4-バクテリアウイルスは、タンパク質でできた諸部分の集合体である。a。頭部はタンパク質膜であり、一種長球状の 20 面体で、30 の面をもち、中には DNA が詰まっている。頭部は首を介して尾部につながっているが、尾部は収縮可能な外皮に囲まれた中空の芯であり、棘のある末端板にのっている。末端板は、6 本尾線維がついており、棘と線維で細胞の外壁にとりつく (b) と、外皮が収縮して芯が細胞の外壁を貫通し、ウイルス DNA がそこを通って細胞内に崩れこむ。

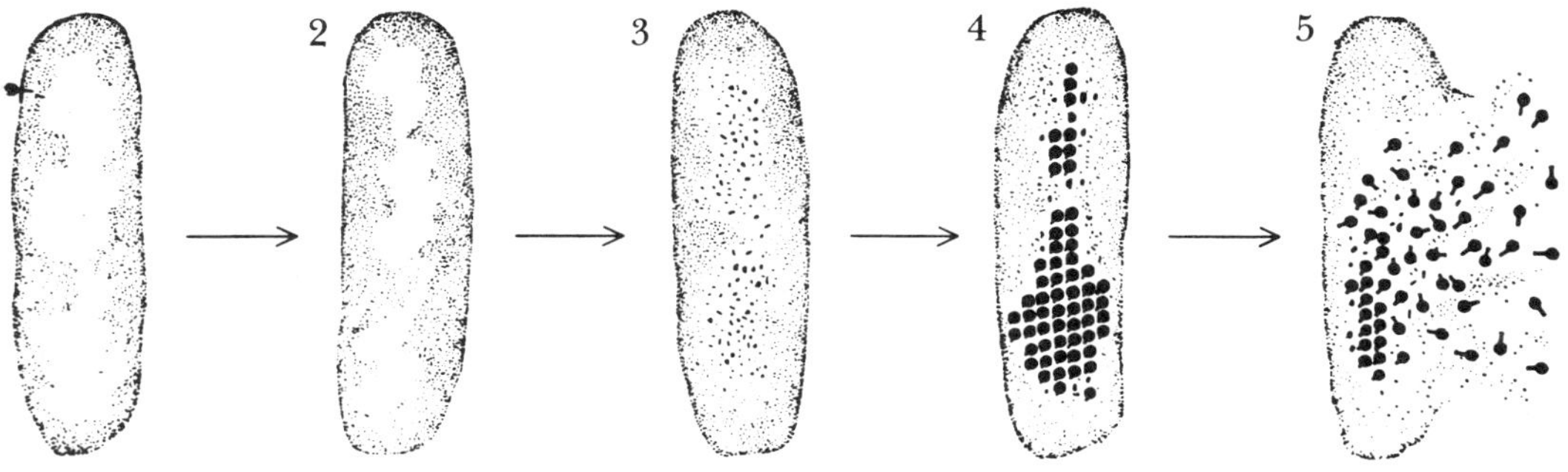

第 102 図　ウイルス DNA がバクテリアに入ると、ウイルスの侵食が始まる。バクテリア DNA が破砕され、ウイルス DNA が複製される。ウイルス構造のタンパク質の総合と、それがウイルスに組み立てられていく作業は、粒子を放出しながら細胞が破裂するまでつづく。[Hanawalt and Haynes]

分子のトロイの木馬

ウイルスのＤＮＡが細胞内に入りこむと、実際に何が起るか？　擬人化していえば、ウイルスはそのＤＮＡが宿主細胞のＤＮＡと全く同じ取扱いを受けることを「希望」しているのである。これはウイルスＤＮＡが転写、翻訳されて、宿主細胞とは異質の特殊なタンパク質の合成を指令し、このタンパク質にその仕事を始めさせるようにすることである。つまり、「コード化された」異質タンパク質（遺伝コード）の細胞内への密輸入と、ついで、その「解読」（すなわち生産）である。ある面では、これはトロイの木馬の物語に似ている。それによると、何百人かの兵士が一見無害な大型の木馬の中に潜んで、トロイ城内に運びこまれたという。いったん城内に入ると、兵士たちは不意をついて城を占領した。異質タンパク質は、ひとたびそれを担っているＤＮＡから「解読」されると（合成されると）、活動に突入する。Ｔ４ファージが指令する一連の活動は注意深く調べられており、その大筋は次のようなものである。

経過時間	起る活動
0分	ウイルスＤＮＡの注入
1分	宿主ＤＮＡの破壊。本来のタンパク質の生産中止と異質（Ｔ４）タンパク質の生産開始。最初期に生産されたタンパク質の中には、異質（Ｔ４）ＤＮＡの複製を指令するものもある。
5分	ウイルスＤＮＡの複製がはじまる。
8分	新しいファージの「体」を形づくるための構造タンパク質の生産開始。
13分	Ｔ４侵入者の最初の完全な複製が生産される。
25分	リゾチーム（タンパク質の一種）が宿主の細胞外壁を攻撃してバクテリアを破裂させ、「一中隊」が飛び出す。

こうして、Ｔ４ファージが大腸菌を侵略すると、二四分ないし二五分という短い時間で、細胞は完全に荒らされ、破裂してしまう。もとのウイルスの完全な複製ほぼ二〇〇個——一個中隊の員数——が、さらに多くのバクテリア細胞を攻撃する用意を整えて躍り出る。この過程で、もとの細胞はすでにほとんど消費しつくされている。

バクテリアの見地に立てば、この種の出来事は深刻な脅威であるが、われわれ大尺度の有利な観点に立てば、これは二人のプレーヤーの間の興味津々たるゲームと見なせる。侵略者つまりプレーヤーＴ（Ｔ２やＴ４などを含む、偶数型Ｔファージに因んだ命名）と、プレーヤーＣ（「細胞（セル）」を代表する）とのゲームである。プレーヤーＴの目的は、自己増殖のためにプレーヤーＣの細胞に侵入し、それを内部から占領することである。プレーヤーＣの目的は、自分自身を防衛し、侵入者を破壊することである。このように描写すると、分子的なＴＣゲームは、さきほどの対話篇で述べた巨視的なＴＣゲームに全く平行なように見えてくる。（二人のプレーヤー——ＴとＣ——のどちらが亀に対応し、どちらが蟹に対応しているか、読者はきっとおわかりだろう。）

認識、変装、ラベル貼り

認識が細胞生物学および細胞内生物学の中心テーマのひとつであるという事実を、このゲームは強調している。分子（あるいはより高レベルの構造）は、どうやってたがいに認識しあっているのか？

酵素の機能にとっては、その基質の特定の「結合部位」にくっつくことができることが本質的である。バクテリアにとっては、自分のDNAとファージのDNAを区別することが重要である。二つの細胞にとっては、たがいに認識しあうことができ、制御されたしかたで相互作用しあうことが不可欠である。このような認識問題は、当初の形式システムに関する問題の鍵となった鍵案、いや懸案を思い出させる。ある文字列が定理であるという性質をもつ、あるいはもたないことを、どうやって見分けるのか？　決定手続きはあるのだろうか？　この種の疑問は、数理論理学にかぎられてはいない。コンピュータ科学や、いまここでご覧になっているように、分子生物学にも浸透している。

対話篇で述べたラベル貼りの技法は、事実、大腸菌が侵入者ファージを欺くトリックのひとつでもある。小さな分子——メチル基——をさまざまなヌクレオチドに付けることで、DNAのストランドに化学的にラベルが貼れるというのが、その着想である。さて、このラベル貼り操作は、DNAのふつうの生物学的性質を変えない。いいかえると、メチル化された（ラベルを貼られた）DNAは、メチル化されていない（ラベルを貼られていない）DNAと同じように転写でき、タンパク質の合成を指示できる。しかし、DNAにラベルが付いているかいないかを調べる特殊なメカニズムを宿主細胞が備えていれば、ラベルがくらべるもののない大きな変化を生み出すだろう。宿主細胞はラベルのないDNAを探し、それを見つけ次第容赦なくバラバラに叩き壊してしまうような酵素システムを備えるかもしれない。そのときには、ラベルのない侵入者に災いあれ！

ヌクレオチドに貼られたメチル・ラベルは、飾り文字についた細かいひげにたとえられる。このたとえを用いれば、大腸菌は特殊な字面の「家伝の字体」で書かれたDNAを探し、「異質」の字体で書かれたDNAストランドをぶった切ろうとしている、といえるだろう。もちろん、ファージにとってひとつの対抗戦略は、自分自身にラベルを貼ることを学び、それによって増殖のために侵入しようとしている細胞を騙せるようになることである。

このTC戦争はどこまでも複雑にしていくことができるが、これ以上追跡するのはやめよう。本質的な事実は、あらゆる侵入DNAを退けようとする宿主と、ある宿主の中に自分のDNAを潜入させ、宿主にそれをmRNAに転写させよう（増殖がこれによって保証される）としているファージとの間の戦争だということである。このやり方で自分自身を増殖するのに成功したファージDNAは、いずれも次のような高レベル解釈をもっていると見なせる——「わたしはX型の細胞の中で増殖できる。」これは、前に述べたあの進化論的に無目的なファージ、つまり自分を破壊するタンパク質のためのコードをもったファージとははっきり区別される。そのようなファージの高レベル解釈は次のような敗北主義的な文となる。「わたしはX型の細胞の中では増殖できない。」

ヘンキン文とウイルス

さて、分子生物学におけるこの二つの対照的な型の自己言及と対応するものが、数理論理学の中にある。敗北主義的なファージの類比——つまり、特定の形式システムの中で自己の生産不可能性を主張する、ゲーデル型文字列——についてはすでに論じた。しかし、実際のファージに対応する文も作れる。ファージは、ある特定の細胞の中における自己の生産可能性を主張し、この文は、ある特定の形式システムの中における自己の生産可能性を主張する。この型の

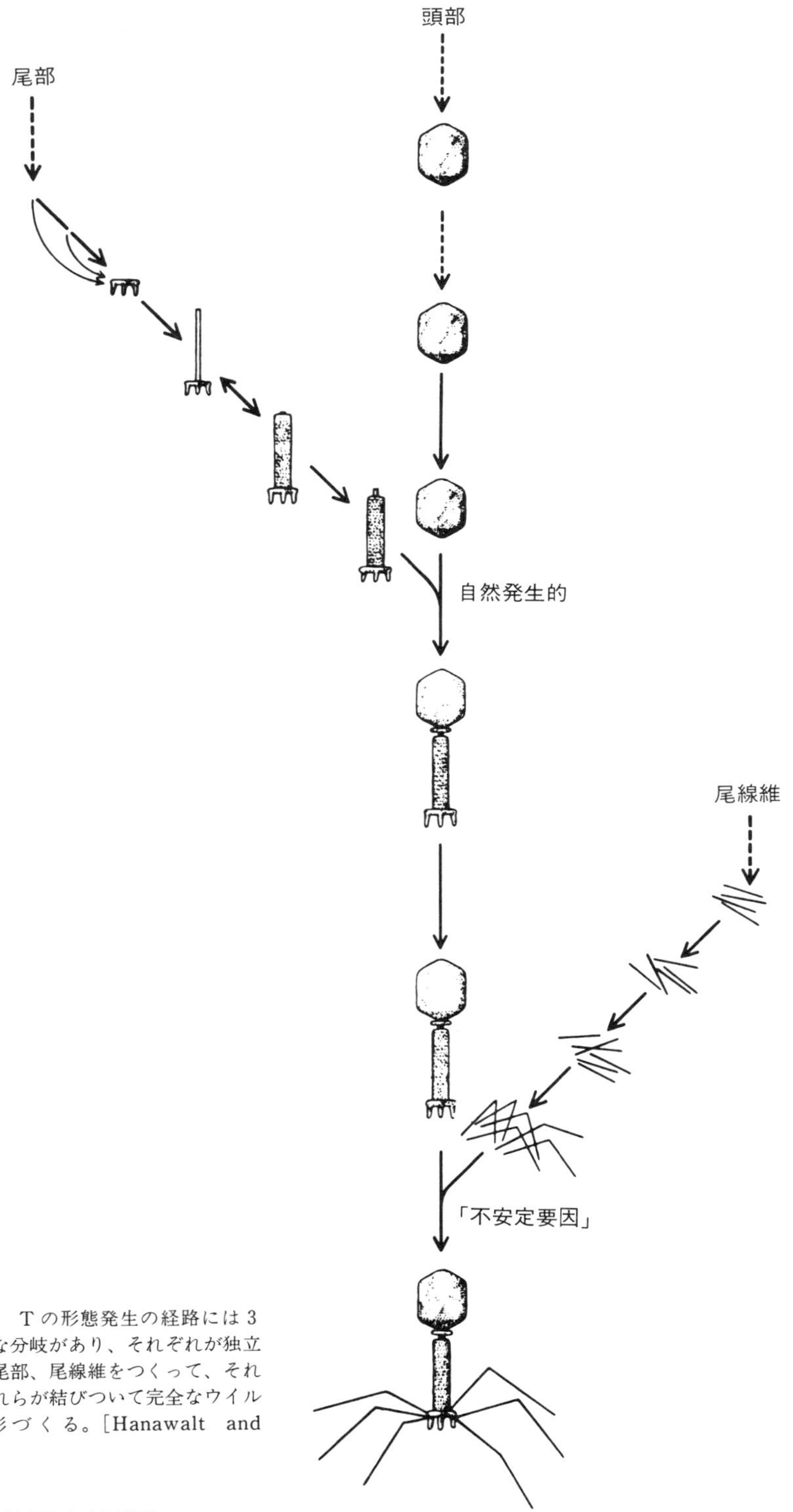

第 103 図　T の形態発生の経路には 3 つの主要な分岐があり、それぞれが独立に頭部、尾部、尾線維をつくって、それから、それらが結びついて完全なウイルス体を形づくる。[Hanawalt and Haynes]

文は、数理論理学者レオン・ヘンキンに因んで「ヘンキン文」と呼ばれる。これは全くゲーデル文にならって構成できるが、否定を省略する点だけが異なっている。もちろん、「伯父」

$$\exists a:\exists a':\langle \text{TNT-PROOF-PAIR}\{a,\ a'\}\land \text{ARITHMOQUINE}\{a'',a'\}\rangle$$

から始めることになるが、そのあとは、標準的なトリックによって進行する。仮に右の「伯父」のゲーデル数がhであるとしよう。この伯父を算術的にクワイン化することで、ひとつのヘンキン文

$$\exists a:\exists a':\langle \text{TNT-PROOF-PAIR}\{a,\ a'\}\land \text{ARITHMOQUINE}\{\underbrace{\text{SSS}\ldots\text{SSS}}_{h\text{個のS}}\text{O}/a'',a'\}\rangle$$

が得られる。(ついでながら、この文と~Gがどう違うか、指摘できますか?) この文を明示的に示したのは、ヘンキン文が自分自身の導出について十分な処方を与えていないことを指摘したかったからである。それは導出がひとつ存在することを主張しているにすぎない。その主張に裏づけがあるのかどうかが、疑問になるかもしれない。ヘンキン文には本当に導出があるのだろうか? それは、その主張そのままに定理なのだろうか? 「わたしは正直です」と語る政治家が、必ずしも信じられないことをここで思い出すのは有益である。彼は正直かもしれないし、そうでないかもしれない。ヘンキン文は、政治家よりはいくらかでも信頼に値するだろうか? それとも、政治家のように鉄面皮に嘘をついているのだろうか?

ヘンキン文は、実はつねに真理を語ることが明らかになるのであるが、なぜそうなのかは自明ではない。しかし、この奇妙な事実は、ここでは証明抜きで受けいれることにしよう。

陰伏的ヘンキン文 vs. 明示的ヘンキン文

ヘンキン文はそれ自身の導出については、何も語らず、ただそれがひとつ存在すると主張しているだけだ、と述べた。ヘンキン文の主題に基づく変装曲——つまり自分自身の導出を明示的に記述する文——を工夫することが、いまや可能である。このような文の高レベル解釈は「わたしの導出であるような、ある文字列の系列が存在する」ではなく、「ここに記述されている文字列の系列……はわたしの導出である」となるだろう。最初の型の文を陰伏的ヘンキン文と呼び、新しい方の文はそれ自身の導出を明示的に記述しているので、明示的ヘンキン文と呼ぶことにする。陰伏的な兄弟分とは異なり、明示的ヘンキン文は定理である必要はないことに注意すること。事実、自分自身の導出は単一の文字列 **0=0** で構成されている、と主張する文字列を書くことは容易である——**0=0** はいかなるものの導出でもないので、これは偽の言明である。しかしながら、定理であるような明示的ヘンキン文——つまり、それ自身の導出に対する処方を事実与えている文——を書くこともやはり可能なのである。

ヘンキン文と自己組立て

明示的および陰伏的ヘンキン文の区別を持ち出したのは、それがウイルスの型の重要な区別にうまく対応しているためである。ウイルスには、いわゆる「タバコモザイクウイルス」のような自己組立て型ウイルスと呼ばれるものがある。その他に、お馴染み

の偶数型Tのような非自己組立て型ウイルスもある。その区別は何か？　それは、陰伏的および明示的なヘンキン文の区別の直接的な類比となっているのである。

自己組立て型ウイルスのDNAは、新しいウイルスの部品に対してだけコード化されており、酵素に対しては一切コード化されていない。部品が生産されると、狡猾なウイルスは酵素の助けを全然借りずに、部品同士がたがいに連結するに任せる。この過程は、細胞の豊富な化学物質の混合液の中で泳ぐさいに、部品同士が示す化学的親和性に依存している。ウイルスだけではなく、リボソームのような小器官も自分自身を組み立てる。ときには酵素が必要なことも起きるが、そのような場合には、宿主細胞から徴発してこき使う。自己組立てとはこういう意味である。

これとは対照的に、偶数型Tのようなもっと複雑なウイルスのDNAは、部品に対してコード化されているだけではなく、部品を組み立てて全体を作り上げるうえで特定の役割を果す、さまざまな酵素に対してもコード化されている。組立て過程が自発的ではなく、「機械」を必要としているために、このようなウイルスは自己組立て型とは見なされない。結局、自己組立て型の装置と非自己組立て型の装置の違いの本質は、前者が、その建造について細胞に何も告げずに進んで自己増殖を行うのに対し、後者は、彼ら自身をいかに組み立てるかについて指令が与えられなければならない点にある。

いまや、陰伏的および明示的ヘンキン文の間の平行関係は、明白になったはずだ。陰伏的ヘンキン文は自己証明的であるが、その証明については何ひとつ語らない——これは自己組立て型ウイルスと類比される。明示的ヘンキン文は、自分自身の証明の構成を指図する——これは自分自身のコピーをかき集めるにあたって、宿主細胞に指図を下すもっと複雑なウイルスの類比である。

ウイルス程度の複雑さをもった自己組立て型の生物的構造という概念は、複雑な自己組立て機械の可能性を浮き上がらせる。一組の部品が適切で有利な環境に置かれたときに、それらが自発的に集まって複雑な機械を形づくると想像しよう。これはありそうもないことのように見えるが、タバコモザイクウイルス流の自己組立てによる自己増殖の過程を正確に記述すると、まさにこうなるのである。生物体（あるいは機械）の総体的な配置の情報は、その部品間にばらまかれていて、どこか一個所に集中しているのではない。

この概念から「パイプ愛好家の教訓的思索」で示したように、奇妙な方策が打ち出されるかもしれない。そこで見たのは、蟹が、自己組立ての情報は一個所に集中するのではなく、分散できるという考えをいかに利用したか、であった。蟹はこれによって、彼の新品のステレオを亀のステレオ破壊法の被害から免れさせようと望んだのであった。しかし不運なことに、どんな精巧な公理図式も、システムがいったん作られて箱に包装されてしまうと、そのまとまりのよさのためにかえって巧妙な「ゲーデル化マシン」の好餌になりやすい。これが、蟹が語った悲しい物語であった。一見不合理であるにもかかわらず、その対話篇の幻想的なシナリオは、細胞の奇妙な超現実的世界では、現実からそれほどかけ離れてはいないのである。

二つの重要な問題=細胞分化と形態発生

なるほど、自己組立ては細胞内のある種の小装置、および若干のウイルスを建造するうまいやり方かもしれない。しかし、象や蜘蛛の体、あるいはハエトリソウの形のような大変複雑な巨視的構造はどうなのか？　帰巣本能はどうやって鳥の脳の中に、また、狩猟本能はどうやって犬の脳の中に組み込まれるのか？　要するに、たんにどのタンパク質を細胞の中で作るかを指図するだけで、DNAはどうやって巨視的な生物体の精密な構造と機能を、このようにみごとに正確に支配できるのか？　ここには別々の主要な問題が二つある。ひとつは細胞分化の問題である。同じDNAを共有しながら、異なる細胞——たとえば腎細胞、骨髄細胞と脳細胞——は、どうやって異なる役割を遂行しているのか？　もうひとつは、形態発生の問題である。局所レベルでの細胞間通信が、どうやって大規模な大局的構造と組織——体のさまざまな器官、顔の形、脳の部分器官など——を生み出すのか？　細胞分化も形態発生も、現在のところさっぱり理解できていないにもかかわらず、そのからくりは細胞内、および細胞間の巧みに微調整されたフィードバックと、「フィードフォーワード」の機構の中に秘められているように思われる。この機構が、さまざまなタンパク質生産をいつ「始め」、いつ「やめる」かを細胞に教えるのであろう。

フィードバックとフィードフォーワード

フィードバックは、ある必要な物質が細胞中に多すぎたり、少なすぎたりしたときに生じる。そのときには、細胞はこの物質を組み立てている生産ラインをなんとか調整しなければならない。フィードフォーワードも組立てラインの調整に関係するが、できあがった最終製品の量ではなく、まだ組立てライン上にある、そのなんらかの先駆体の量に基づいて調整を行う。負のフィードフォーワード、あるいはフィードバックを達成するための主な工夫は二つある。ひとつのやり方は、関連している酵素を働けないようにすることである。つまり、その活性部位を「塞いで」しまう。これは禁止と呼ばれている。もうひとつのやり方は、関係する酵素の生産をすっぱり止めてしまうことだ！　これは抑制と呼ばれている。概念上は禁止の方が簡単である。組立てラインの最初の酵素の活性部位を塞ぐだけで、合成の全過程は止まってしまう。

抑制因子と誘起因子

抑制はもっと手がこんでいる。遺伝子が表現されるのを、細胞はどうやって阻んでいるのか？　転写されるのを阻むことによって、というのが答である。これは、RNAポリメラーゼが仕事をするのを妨げるということである。そして、このことは、DNAにそったRNAポリメラーゼの通路で、転写されることを細胞が欲していない遺伝子のちょうど真ん前に、巨大な障害物をおけば達成できる。このような障害物は実際に存在しており、抑制因子と呼ばれている。これはそれ自体タンパク質であり、DNAの上にあるオペレータと呼ばれる（なぜそう呼ばれるのか、私は知らない）特定の障害物保持専用地に結合する。したがって、ひとつのオペレータは、それにすぐつづいている（単数あるいは複数の）遺伝子を制御するための部位である。これらの遺伝子はオペロンと呼ばれる。長い化学的変換を遂行するさいに、一連の酵素がしばしば協同して活動するので、このような酵素はしばしば系列をなしてコード化されている。オペロンがたったひとつの遺伝子ではなく、しばしばいくつかの遺伝子を含むのはこのためである。オペロンによる抑制が成功すると、その結果、ひとつづきの遺伝子の転写がそっくり妨げられる。これは、関連する一組の酵素がまるまる合成されなくなることを意味する。

では、正のフィードバックとフィードフォーワードはどうであろうか？　ここにも二つの選択がある。(1)妨害されている酵素の妨害を解くか、あるいは(2)関連するオペロンの抑制を止めることである。(自然が二重否定をかくも愛好していることに注目！　これにはおそらく何か深い意味があるのだろう。)抑制を抑制するメカニズムには、誘起因子と呼ばれる一群の分子がかかわっている。誘起因子の役割は単純である。抑制因子タンパク質がDNA分子上のオペレータに結合する機会をつかむ前に、それにとりついてしまうことである。その結果、「抑制因子-誘起因子複合体」はオペレータと結合できなくなり、mRNAが関連するオペロンを転写するための、ひいてはタンパク質に翻訳するためのドアが開け放しになる。最終産物あるいはなんらかの先駆物質がしばしば誘起因子として活動する。

フィードバックと不思議の環の比較

ついでながら、これは禁止および抑制過程に見られるような簡単なフィードバックと、中心的な教絵に示したような、異なる情報レベル間をループをたどって往復することとを区別するよい機会である。どちらもある意味では「フィードバック」である。しかし、後者は前者に比べてはるかに奥行きが深い。トリプトファンやイソロイシンのようなひとつのアミノ酸が、自分たちの生産を促すようにその抑制因子と結合することによって(誘起因子の形で)フィードバックとして働くとき、これらのアミノ酸は自分自身をいかに建造するかを告げない。たんにもっと作れ、と酵素に告げているにすぎない。これはラジオの音量にたとえることができる。音は聴き手の耳に入って大きくなったり小さくなったりすることがある。しかしこれは放送自体が明示的に、ラジオをつけよ、消せ、あるいは別の波長に合わせよ、と告げたりするのとは全く別のことである。もちろん、もう一台別のラジオの組立て方を教えたりするのとも、全く違うのである！　後者は、情報レベル間でのループ巡りにいっそう似ている。というのは、そこでは電波信号の中の情報は「解読」され、心的構造の中に翻訳されているからである。電波信号は記号的構成要素によって構成されており、その記号的意味が関与している――言及ではなく使用の場合に当る。これに対して、音がただ大きいときには、記号は意味を運んでいない。たんに大きな音として知覚されるだけで、意味が欠けているようなものだ――使用ではなく言及の場合に当る。この場合は、タンパク質が自分自身の合成速度を調節するフィードバック・ループの方に一層似ている。

全く同じ遺伝子型を共有しながら異なる機能をもつ隣りあった二つの細胞の違いは、ゲノムの異なった節片が抑制されており、それゆえに異なったタンパク質の作業班をもつことで説明がつく。人体の異なる器官の細胞間の現象的な違いも、これに似た仮説で説明できるだろう。

分化の二つの簡単な例

最初の一個の細胞がくり返しくり返し複製されて、特殊化した機能を備えた無数の分化した細胞が生ずる過程は、メッセージが人から人へと手渡され、参加者は忠実に伝えるとともに個人的色あいを加えることも要求されるチェーン・レターのメッセージの広がりに似ている。最後にはとんでもない手紙が入りこむことになるだろう。

分化という概念のもうひとつの例は、コンピュータによる、分化する自増の極端に単純な類比である。ひとつの上下式スイッチによって制御され、ひとつの内部パラメータN――自然数――をもつ非常に短いプログラムを考えよう。このプログラムは二つのモード――上げモードと下げモード――で走らせることができる。上げモードで走っているときには、コンピュータの記憶装置の隣接した場所にこのプログラムが複製される——ただし、「娘」の内部パラメータNは、1だけ大きくなっている。下げモードで走っているときには、自己増殖を行わず、そのかわりに数（$-1)^N/(2N+1$）を計算し、それを走行中の累計器に加える。

さて、はじめにはプログラムがひとつ記憶装置の中にあり、N＝0で、モードは「上げ」であるとしよう。ついでプログラムは、記憶装置の隣接する場所にN＝1をもった自分自身の複製を作る。この過程がくり返され、新しいプログラムが今度はN＝2をもった自分自身の複製をさらにその隣に作る。こうしたことがくり返しくり返し行われる。結局、何が起きるかというと、非常に大きなプログラムが記憶装置の中で成長しているのである。記憶装置が一杯になると、プロセスは止まる。いまや記憶装置全体は多数の似通った、しかし分化しているモジュール——あるいは「細胞」——で構成されたひとつの大プログラムで満たされている、と考えることができる。そこでモードを「下げ」に切り替えて、この大プログラムを走らせてみよう。何が起るか？　最初の「細胞」が走って1/1を計算する。第二の「細胞」が走って−1/3を計算し、それを前の結果に加える。第三の「細胞」は＋1/5を計算し、それを加える……その結果は、この「生物体」全体——大プログラム——が総和

$$1-1/3+1/5-1/7+1/9-1/11+1/13-1/15+\cdots\cdots$$

をかなり先の項まで（記憶装置の中に詰めこまれた細胞の数と同じ項数だけ）計算していることになる。この級数は$\pi/4$に（きわめてゆっくり）収束するので、数学上の有名な定数の値を計算する機能をもった「表現型」がこうして得られる。

細胞中のレベル混合

ラベル貼り、自己組立て、分化、形態発生とならんで転写と翻訳などの過程について述べてきたが、これによって、途方もなく複雑なシステムである細胞——ある目ざましい新奇な特徴をもつ情報処理システム——について、なんらかの観念をお伝えできたらというのが私の願いである。中心的な教絵で見たように、プログラムとデータの間に明確な一線を画すことはできるが、この区別はいささか恣意的である。この考え方を推し進めれば、プログラムとデータがもつれあっているだけではなく、プログラムのインタープリタ、物理的なプロセッサー、そして言語さえも、この密接な融合の中に含まれていることに気づくだろう。したがって、レベルの間に境界を設け、分離させることは（ある程度まで）可能であるにせよ、レベルの交差と混合を認識することもこれと同等に重要——そして同等に魅力的——なのである。この事実をよく示す例は、生物的システムでは、自増に必要なあらゆる特徴（つまり言語、プログラム、データ、インタープリタ、およびプロセッサー）はすべて、それらが同時に複製されるほど緊密に協同しているということである。これは生物的な自増過程が、同じ方向で人間がかつて案出したあらゆるものに比べて、いかに奥行きの深いものであるかを示している。たとえば、この章の最初で示した自増プログラムは外部の三つのもの、言語、インタープリタ、プロセッサーがあらかじめ存在しているのを当然のように見なしており、これらを複製することをしない。

細胞の部分装置をコンピュータ科学の用語で分類するにはさまざまな方法があるが、それを要約してみよう。最初に、DNAを取り上げる。DNAには、細胞の活動的な働き手であるタンパク質を建造するための情報はすべて備わっているので、より高いレベルの言

語で書かれたプログラムであり、それが細胞（タンパク質）の「機械語」に翻訳（あるいは解釈）されるのだ、と見ることができる。その一方では、DNA自身はさまざまな酵素の手で操作される受動的な分子でもある。この意味では、DNA分子は長い一片のデータにも大変よく似ている。第三に、DNAはtRNAという「単語カード」を刷り出す版型を含んでいる。これは、DNAがそれ自身の高レベルの言語で書いた定義をも含んでいることを意味する。

　では、タンパク質に移ろう。タンパク質は活動的な分子であり、細胞のすべての機能を遂行する。したがって、それを細胞の「機械語」で書かれたプログラムと見なすのが適当である（細胞自身がプロセッサーである）。その一方では、タンパク質はハードウエアであり、プログラムの多くはソウトウエアなので、タンパク質はプロセッサーと考えるのが一層ふさわしい。第三に、タンパク質はしばしば他のタンパク質によって働きかけられるが、これはタンパク質がしばしばデータであることを意味する。最後に、タンパク質はインタープリタと見なすこともできる。これは、DNAを高レベル言語のプログラムの集合と見なすこととかかわる。この場合には、酵素はたんにDNAコードで書かれたプログラムを実行しているだけで、タンパク質はインタープリタとして働いていることになる。

　次に、リボソームとtRNA分子がある。これらがDNAからタンパク質への翻訳を仲介する。これは、高レベル言語から機械語へのプログラムの翻訳と対比できる。いいかえると、リボソームはインタープリタとして機能しており、tRNA分子がより高レベルの言語の定義を提供する。しかし、翻訳に対するもうひとつの見方では、リボソームがプロセッサーであり、tRNAがインタープリタということになる。

　生体分子の相互関係に対するこの分析では、われわれはほんの表面を引っ掻いただけである。これまで見てきたのは、われわれが全く異なったものと見なしがちな諸レベルの混合を、自然はごく気軽に感じているということである。実際、コンピュータ科学には、一見したところでは異なっている情報処理システムの諸側面を混合させる傾向が、すでに現れてきている。コンピュータ言語設計の最前線に立ちつづけてきた人工知能研究においては、とくにそうである。

生命の起源

ソフトウエアとハードウエアのこの信じられないほどこみいったからみ合いを学べば、次のような根本的な疑問が自然に湧いてくる。「こうしたことは、一番最初、どういうふうに始まったのだろうか？」これにはとても歯が立たない。コンピュータ言語の開発に用いられているものに似た、ある種のブートストラップのような過程が起きていると想像せざるをえない。しかし、簡単な分子からまるごとの細胞につながるブートストラップは、ほとんど人間の想像力を越えている。生命の起源についてはさまざまな説がある。それらはすべて、あらゆる中心的疑問の中の最も中心的な次の疑問をめぐって暗礁に乗り上げている。「遺伝コードはその翻訳のメカニズム（リボソームとtRNA分子）とともに、どういうふうに発生したのだろうか？」いまのところ、われわれは解答のかわりに、驚嘆と畏敬の念で満足するしか術がない。そして、おそらく、この驚嘆と畏敬を経験することの方が、解答を手に入れることよりももっと心を満たせるのではないだろうか――少なくとも当分の間は。

マニフィ蟹ト、ほんま二調

春である。亀とアキレスが日曜日の森を散歩している。一緒に丘に登ろうということになったところ。丘の頂上にはすてきな喫茶店があって、ありとあらゆるおいしいお菓子をそろえているということだ。

アキレス　きみ、ねえ、きみ！　もし蟹が——

亀　もし蟹が？？

アキレス　こういおうとしたんだ。もし蟹が聡明ならば、その蟹は間違いなく、われわれの共通の友であるあの蟹君になるだろう、と。なにしろあの蟹さんはどんな蟹さんの少なくとも二倍は頭が切れる。いやたぶん、どんな蟹さんの三倍も頭が切れる。いやたぶん——

亀　おいおい！　そんなに蟹賛、蟹賛と、蟹君賛歌を歌うこともないだろ！

アキレス　いや、ただぼくは感嘆してるものでね、彼の……

亀　謝らなくたっていいさ。ぼくだって彼には感嘆するよ。蟹君に感嘆といえば、蟹君のところについこのあいだきた奇妙なファンレターのことを話したっけ？

アキレス　ほんとの話かね。誰からきたんだい？

亀　インドの消印があって、ぼくもきみも耳にしたことのない人物だ——ンジャヌマラとかいう男だったと思う。

アキレス　蟹君のことを知りもしないのにどうして手紙なんかよこすのかなあ——そういえば、どうして住所を知ったんだろう。

亀　それが誰であれ、とにかくその人物は蟹君が数学者だという幻想を抱いているらしい。ずいぶんたくさん数式の結果を書いてきて、それがすべて——おやおや！　噂をすれば何とやら！　そら蟹君が丘を下ってやってくる。

蟹　じゃあ、失礼！　また会えて嬉しかったよ。そう、そろそろ帰らなくちゃ。でもほんとに腹いっぱいさ——どうしてもといわれたってもうひときれもはいらないよ。いまもいってきたところなんだ——絶対推薦するね。丘のてっぺんにある喫茶店へいったことある？　元気かい、アキレス？　やあ、アキレスじゃないか。やあやあ。おやおや、誰かと思えば亀公じゃないか！

亀　やあ、蟹公。丘の上の喫茶店にいくのかい？

蟹　おや、まったくもってそのとおり。どうして見当がついた？　あそこの特製ナポレオンが食べたくてしょうがなくてね——舌もとろける絶品さ。こう腹ぺこじゃ蛙だって平らげちゃうね。やあ、

第 104 図　M.C. エッシャー『カストロバルバ』（リトグラフ、1930 年）

アキレスじゃないか。元気かい、アキレス。

アキレス　まあまあってとこだ。

蟹　そいつはけっこう！　ところで、ぼくにかまわず議論をつづけてくれよ。こっちは付録でついていくから。

亀　妙なもんだね、ちょうど話しはじめていたところなんだ、二、三週間前にインドからきた例の謎の手紙のことをさ――でもきみがこの場にいるんだから、アキレスに蟹君の口からじかに聞いてもらうとしよう。

蟹　うん、こういうことなんだ。そのンジャヌマラという男は、数学の正式教育をぜんぜん受けたことがないらしいんだが、そのかわり数学の新真理を引き出す自己流の方法をいくつか作りあげた。彼の発見にはぼくを完璧に打ちのめすものがある。あんなものは一度としてお目にかかったことがないね。たとえば、なんと一七二九色もの異なる色を用いて塗りわけたインドの地図を示したんだ。

アキレス　一七二九だって！　一七二九といったかい？

蟹　そうだよ――どうして？

アキレス　うん、一七二九は実に興味ぶかい数なんだ。

蟹　へえー。それは知らなかった。

アキレス　とくに、たまたま一七二九は今朝ぼくが亀君の家まで乗ったタクシーのナンバーさ！

蟹　そりゃまた驚きだよ。ついでに明日の朝きみが亀君の家へいくのに乗るトロリーカーのナンバーを教えてくれるかい？

アキレス　（一瞬考えて）はっきりしないね。でも、たぶん非常に大きい数だろう。

亀　アキレスはこういうことにかけて直感がすごいからな。

蟹　そうかねえ。とにかくいまいったように、ンジャヌマラは手紙でこういう証明もしてみせている。すべての偶素数は二個の奇数の和であること、また方程式

$$a^n+b^n=c^n$$

は$n=0$について正の整数の解をもたないこと。

アキレス　何だって？　数学のそういう古典問題が一挙に解けたっていうのかい？　そりゃまさしく第一級の天才だ！

亀　でもアキレス――ぜんぜん懐疑を抱かないのかい？

アキレス　え？　あ、そうか――懐疑ね。そう、もちろん抱いてるさ。蟹君あてにそんな手紙がきたとぼくが信じてるとは思わないだろ？　そうやすやすとだまされはしないさ。だからきっときみなんだ、亀公、その手紙がきたってのは！

亀　そうじゃないよ、アキレス、蟹公のところにその手紙がきたという部分は真実さ。ぼくがいったのはね、きみがその手紙の内容に懐疑を抱かないかってことだ――途方もない主張にさ。

アキレス　抱くべきかい？　ふふーん……うん、もちろん抱いてるさ。ぼくははなはだ懐疑的な男でね、きみらがもうご存じのように。ぼくに何かを納得させるのはむずかしいぜ、それが真実だろうと虚偽だろうと。

亀　うまいことというね、アキレス。きみは自己の精神活動に対する第一級の意識を間違いなくもっている。

アキレス　どうなんだい、きみらはンジャヌマラのこういう主張が不正確かもしれないとは思ってみなかったのかい？

蟹　正直なところ、アキレス、ぼくはかなり保守的で正統派だからね、手紙をまず受け取ったというその点がちょっと気にかかった。

実は、最初はまったくのぺてんだろうと思ったんだ。しかし考え直して、こんな奇妙な感じのこみいった結果をたんに想像からでっちあげられるような人間はそうざらにあるまいと思った。結局、煮つめていくとこういう疑問になった。「可能性が高いのはどっちか。並外れて狡猾なぺてん師、あるいは偉大な天才数学者。」ほどなく可能性は前者にあると悟ったのさ。

アキレス　でも、すぐさま彼の主張を調べてみなかったのかい？

蟹　どうして？　可能性の論証はぼくの思いついた最も納得のゆくものだった。いかなる数学的証明もそれに匹敵しそうになかった。しかし亀公がなんとしても厳密にやれといってきかない。とうとうこっちも折れて、ぼくはンジャヌマラの結果を残らず調べたよ。実に仰天、どれもこれもことごとく正しい。でもどういうふうにそれらを発見したのか、それはまるでわからない。きっと何か驚くべき不可解な東洋型の洞察力をそなえているのさ、こちとら西洋のわれわれにはとうてい感じ取れないような。

亀　蟹君は神秘的な説明や奇抜な説明に対して、いつもぼくより少々あまいんだ。ンジャヌマラが彼なりにやったことは、正統数学のなかにそれと完全に匹敵するものがある、そうぼくは充分確信している。われわれが今日知っているものとは基本的に異なる数学なんてやりようがない、そう思うね。

アキレス　面白い意見だな。チャーチ＝チューリング論文やその関連題目に一脈通ずるようだ。

蟹　まあ、こんな天気のいい日にはそういう専門的な問題は放っておいて、森の静けさや小鳥の歌声を楽しもうじゃないか、新緑に日差しも戯れているし。ほら！

亀　動議に賛成だね。いうなれば亀は代々、こういう自然の喜びに浮かれてきた。

蟹　蟹も代々そうだぜ。

アキレス　フルートは持ってこなかったのかい、蟹公？

蟹　もちろん持ってきたさ！　どこへだって持ち歩くんだ。一、二曲お聞かせしようか？

アキレス　楽しいね、背景も田園ときているし。暗譜で吹くの？

蟹　残念ながらぼくの能力ではね、楽譜を見なくちゃだめさ。でも大丈夫。この鞄にとても楽しいのが何曲かはいってるから。

（平べったい鞄を開き、数枚の紙を引っぱり出す。いちばん上の紙にこういう記号がある。

$$\forall a: \sim Sa=0$$

この紙をフルートに付いている小さなホルダーに差し込み、そして演奏する。曲はごく短い。）

アキレス　美しい曲だったなあ。（フルートに差し込んである紙をのぞき、わけのわからない顔になる）その数論式は何なんだい、そんなふうにフルートにくっつけて？

（蟹はフルートを見、楽譜を見、くるりと首をまわして、いささかあわてた様子。）

蟹　わからないや。何だい、その数論式というのは？

アキレス　「ゼロはいかなる自然数の継続でもない。」それだよ、フルートのホルダーに差してあるやつ！

蟹　これは第三ピアノ公理だよ。ぜんぶで五つあって、ぼくがフルート用にアレンジしたのさ。どれも自明なんだが引っかかりやすい。

アキレス　ぼくにとって自明でないのは、どうして数論式が音楽として演奏しうるのかということさ。

蟹　しつこいようだけど数論式なんかじゃないって――ピアノ公理なんだよ！　もう一曲聞かせようか？

アキレス　うっとりするね。

（蟹が別の紙をフルートに差し込むと、アキレスは今度はもっと注意ぶかく見守る。）

蟹　ほら、きみの目を見てたけど、紙のその式を見ていたぜ。ほんとにそれが音楽記号かい？　絶対それは、数論を式にするときに使う記号にまったくそっくりじゃないか。

蟹　へえー、妙だなあ。でも楽譜に間違いないんだ、数学の式なんかじゃない、ぼくの知るかぎりはね。もちろん、ぼくはいかなる意味でも数学者じゃないけど。もっと聞いてくれる？

アキレス　ぜひ聞かせてくれよ。ほかにもいろいろあるのかい？

蟹　わんさとあるさ。

（新たな紙を取り出し、フルートに差し込む。それには次の記号が記されている。

~∃a：∃b：(SSa·SSb)＝SSSSSSSSSSSO

アキレスがのぞき込み、蟹は演奏する。）

きれいな曲だろ？

アキレス　うん、たしかにいい曲だ。それにしてもだね、ぼくにはますます数論みたいに見えてくる。

蟹　違うってのに！　ぼくのいつも見てる音楽記号だよ、それ以上のものじゃない。ぼくにはぜんぜんわからないな、どうしてきみがこのまともな音の表現にそういう音楽外のふくみを読み込んでしまうのか。

アキレス　ぼくの作曲した曲を吹くのはいやかい？

蟹　ちっとも。いまもっている？

アキレス　いや、まだ。でも何曲か自分で作曲できそうな気がしてね。

亀　いっておくけどね、アキレス、蟹公はほかの誰かが作った曲には手きびしい評価をするんだ。だから、もしかしてきみの努力に熱っぽく応じてくれなくても、がっかりしないでくれよ。

アキレス　ご忠告はありがたいな。でもやっぱり、ひとつやってみたいから……

（彼は書きつける。

((SSSO·SSSO)＋(SSSSO·SSSSO))＝(SSSSSO·SSSSSO)

蟹はこれを手に取り、ざっと目を走らせ、それからホルダーに差し込み、そして吹く。）

蟹　うん、これはなかなかいいね、アキレス。風変りなリズムが気に入ったよ。

アキレス　その曲のリズムのどこが風変りだい？

蟹　うん、作曲者としてのきみにはどうということないんだろうけど、ぼくの耳には3/3拍子から4/4拍子へ、それから5/5拍子へ移るというのがとても異国ふうでね。ほかにも曲があるんなら、喜んで演奏したいな。

アキレス　それはありがたい。作曲なんて一度もやったことがないけど、どうやら作曲というのはぼくの想像していたのとだいぶ違うんだね。もう一曲やってみよう。（一行走り書きにする。）

~∃a：∃b：(SSa·SSb)＝SSSSSSSSSSSSSO

蟹　ふふーん……これ、さっきのぼくの曲そっくりじゃないかい？

アキレス　とんでもない！　もう一個Sを加えたんだ。きみのは一三並んでいたけど、ぼくのは一四だ。
蟹　ああ、そうか。なるほど。（それを演奏して、いかめしい顔つきになる。）
アキレス　ぼくの曲が気に入らなかったんじゃないだろうね！
蟹　悪いけど、アキレス、きみはぼくの曲の機微を完全にとらえそこなっているぜ、それをモデルにしていながら。でも、はじめて聴いただけでそれを期待するほうがむりかな。美の根元にあるものはかならずしも理解されないんだし。とかく曲の表面的なところをその曲の美だと誤解して、そればかり真似しやすいんだけれど、実は美は音楽の内奥に封じ込められているのさ、つねに分析の手を逃れるようなふうにね。
アキレス　悪いけど、きみの博識な注釈にはちょいとついていけないな。なるほどぼくの作品はきみの規準に達していないにしてもだ、ぼくがどこで踏み外したか正確にわからないよ。ぼくの作曲の具体的にどこが悪いのか教えてくれるだろう？
蟹　きみの作曲を救える唯一の道はだね、アキレス、もう三つSを——五つでもいいけど——それをおしまいのほうの長いSグループに挿入することだろう。そうすれば微妙な独特の味が出てくる。
アキレス　なるほど。
蟹　しかしきみの曲を変えようというなら、別のやり方もいくつかある。ぼく個人としては、前にもうひとつ波形符(ティルド)を置くのが魅力的だなあ。そうすれば始めと終りが格好のバランスになる。波形符(ティルド)を二つ並べれば曲に陽気なひねりが出てくるのは確実だね。
アキレス　その案を両方ともいただいて、こういう曲にしたらどうだい？

〜〜∃a：∃b：（SSa・SSb）＝SSSSSSSSSSSSSO

蟹　（苦痛にゆがんだ険悪な表情を見せ）　いいかい、アキレス、次の教訓を知るのが肝心だ。つまり、一曲のなかにあまり多くを入れようとするな。それ以上は改善しえない点というものがつねにあってね、そこを改善しようとさらに試みるとかえってぶち壊してしまう。それがいまのこの例だ。ぼくの提案を両方とも組み入れるというきみの思いつきは、意図した量の美を追加するのでなく、逆にすべての魅力を奪い去る不均衡を生み出すんだ。
アキレス　どういうことなんだい、二つの実に似た曲、Sが一三個のきみのとSが一四個のぼくの、それがきみにとっては音楽的価値のぜんぜん異なるものだというのは？
蟹　わかっちゃいないなあ！　きみの曲とぼくの曲とは雲泥の差があるんだぜ。精神が感じうるものを言葉で伝えられないというのは、こういう場合なんだろうな。実際、何が曲を美しいものとするかを規定する一定の規則はないんだし、またそういう一定の規則が存在するはずもないだろうね。美の感覚は意識ある精神の排他的領域だ、生きる体験を通して、たんなる一定の規則による説明を超越する深みに達した精神の。
アキレス　美の本質に関するいまのあざやかな解明はちゃんと覚えておこう、同じようなことが真理の概念にも当てはまるんだろう？
蟹　明らかだ。真理と美は相互関係にある、ちょうど——ちょうど
アキレス　ちょうど、たとえば、数学と音楽のように？
蟹　ああ、それだ！　まさしくいおうとしたことを先にいわれてし

まったよ。ぼくがそう考えていると、どうしてわかったんだい？

亀　アキレスはなかなか切れるんだぜ、蟹公。この男の洞察力をあまく見ちゃだめさ。

アキレス　どうなんだろうね、数学のある特定の陳述の真理もしくは虚偽と、それに関連した曲の美もしくは美の欠如との間にはなんらかの関係が認められうるんだろうか？　それともそれはたんにぼくの突飛な空想かな、現実になんら基盤を置いていないたぐいの。

蟹　ぼくに尋ねているんなら、それはそうとう行きすぎだね。音楽と数学の相互関係といったとき、ぼくはかなり比喩的にいったわけだよ。しかし特定の曲と特定の数学的陳述との直接的な関連となれば、その可能性にぼくははなはだ疑いを抱く。差し出がましいけど、そういうむだな思索にはあまり時間を使わないほうがいいと忠告しておこう。

アキレス　たしかにきみのいうとおりだ。なんの益にもなりそうにないや。むしろぼくは新しいのを数曲つくって音楽の感性をみがいたほうがいいんだろうな。ぼくの先生になって指導してくれるかい、蟹君？

蟹　音楽の理解へ向うきみの歩みの助けになれるなら喜んで。

（アキレスはボールペンを手にし、いかにも多大の集中力をこめて書く。

∧OOaV'<~∧∧：b+cS(EE=O∧⊃(~p)<<(VS・+
(><

蟹はびっくりした顔。）

蟹　ほんとにそれを演奏してくれっていうのかい――その――その何だか妙なのを？

アキレス　うん、ぜひお願いだ！

（蟹は明らかにやっとのことで演奏する。）

亀　ブラボー！　ブラボー！　ジョン・ケージはきみの好きな作曲家なのかい、アキレス？

アキレス　正確には、ぼくの大好きな反作曲家さ。とにかく、きみがぼくの曲を気に入ってくれてよかった。

蟹　きみたちはあんなまるきり意味もない耳障りな音を聞いて愉快かもしれないけど、敏感な作曲家がだね、ああいう苦痛で空虚な不協和音や無意味なリズムにさらされるのはちっとも愉快じゃないよ。アキレス、きみにはなかなかいい音楽センスがあると思ったけどな。ひょっとしてさっきの曲はたまたまぐれでよかったのかい？

アキレス　まあ、そう怒るなよ、蟹君。ぼくはきみの音楽記号の限界を探ろうとしたんだ。ある種のタイプの記号列を書いたときどんな類の音が結果として出てくるか、それにさまざまのスタイルで書かれた曲をきみがどう評価するかということも、直接確かめたかったわけさ。

蟹　ななんだって！　こっちはただの自動音楽機械じゃないんだぞ。音楽がらくたのゴミ処理機でもないんだ。

アキレス　ほんと謝るよ。でも、いまの曲を書いたおかげでぼくはずいぶん学んだ気がするね。あの思いつきを試さなかった場合よりも、今度はずっといい音楽が書けると自信をもったよ。だからもう一曲ぼくのを演奏してくれるなら、ぼくの音楽感性に対してもっといい感情を抱いてくれるだろうと期待するんだけど。

蟹　ま、いいだろう。書いてくれれば吹いてみよう。

（アキレスが書く。

∀a：∀b：〈(a・a)＝(SSO・(b・b))⊃a＝O〉

それを蟹が演奏する。）

なるほど、アキレス。きみは音楽の勘を完全に取り戻したようだね。こりゃちょいとした名曲じゃないか！　どういうふうにして作曲したんだい？　こんな曲は一度も耳にしたことがないなあ。和声の法則すべてに従っていて、それでいながらある種の――どういったらいいか――不合理な魅力がある。本気で演奏できないんだけど、だからかえって気に入ったよ。

アキレス　気に入ってくれるだろうという気はしてたんだ。

亀　曲名はあるのかい、アキレス？　「ピタゴラスの歌」というのはどうだろう。ほら、ピタゴラスとその一派は楽音を研究した先駆者だし。

アキレス　うん、なるほど。よさそうな曲名だ。

蟹　ピタゴラスは、二個の平方の比はけっして2になりえないことをも最初に発見したんじゃなかったかな？

亀　だったと思う。当時はずいぶんよこしまな発見だと見なされた。というのも整数の比ではない数――たとえば2の平方根――そういうものが存在するとは、誰ひとりわかっていなかったからね。だからこの発見はピタゴラス派にとって深刻な動揺をきたすものとなった。彼らはそれが数の抽象世界の意外で異様な欠陥を暴露するというふうに感じたんだな。お茶をにごしてはいられなくなったわけさ。

アキレス　お茶といえば、あそこに見えてきたのが例の喫茶店かい？

亀　うん、あれさ。もう二、三分で着くはずだ。

アキレス　ふふーん……それだけあれば口笛を吹いて聞かせられるぞ、今朝のタクシーのラジオでかかっていた曲をさ。こんなふうだ。

蟹　ちょっと待った。鞄から紙を出してメモしておくから。（鞄の中をごそごそやって白紙を一枚取り出す。）いいよ、聞かせてくれよ。

（アキレスはかなり長い曲を口笛で吹き、蟹が懸命にそれについていく。）

おしまいの数小節をもう一度やってくれる？

アキレス　いいとも。

（そんな反復を二、三度やって、セッションが完了し、蟹は誇らしげに譜面を見せる。）

〈((SSSSSO・SSSSSO)＋(SSSSSO・SSSSSO))＝
((SSSSSSSO・SSSSSSSO)＋(SO・SO))∧～∃b：
〈∃c：(Sc＋b)＝
((SSSSSSSO・SSSSSSSO)＋(SO・SO))∧∃d：∃d′
：∃e：∃e′：〈～〈d＝e∨d＝e′〉
〈～〈d＝e∨d＝e′〉
∧〈b＝((Sd・Sd)＋(Sd′・Sd′))∧b＝((Se・Se)＋(Se′・Se′))〉〉〉〉

（それから蟹はそれを自らフルートで吹く。）

亀　独特の音楽だよね！　ちょっぴりインドの音楽みたいに聞えるな、ぼくには。

蟹　いや、インドの音楽にしては単純すぎると思う。もちろんそういう方面はぜんぜん知らないけど。

亀　さあて、喫茶店に着いたぞ。この外の席にしようか、ベランダの？

蟹　きみがかまわなければ、なかにはいりたいな。ぼくは一日分の日光は充分浴びたから。

（そろって店内にはいり、素敵な木のテーブルに着くと、ケーキとお茶を注文する。まもなく、いかにもおいしそうなケーキの載ったワゴンが運ばれてきて、めいめいが自分の好きなのを選ぶ）

アキレス　ねえ、蟹公、もう一曲いま頭のなかで作曲したんだけど、きみがどう思うか知りたいんだ。

蟹　見せてくれる？　ほら、このナプキンに書くといい。

（アキレスが書く。

$$\forall a:\exists b:\exists c:\langle\sim\exists d:\exists e:\langle(SSd\cdot SSe)=b\vee(SSd\cdot SSe)=c\rangle\wedge(a+a)=(b+c)\rangle$$

蟹と亀が興味ぶかげに見守る。）

亀　これも美しい曲かい、蟹公、きみの意見では？

蟹　どれどれ、うーん……（すわり直して、なんとなく落ち着かない顔つき。）

アキレス　どうしたんだい？　この曲が美しいかどうか決定するのは、ほかの曲のときよりむずかしいのかい？

蟹　えへん……いや、そうじゃない——ぜんぜんそうじゃない。ただちょっと、うん……耳で聞いてからじゃなくちゃどの程度気に入るかいえないな。

アキレス　それならほら、吹いてくれよ。きみが美しいと思うのかどうか、どうしたって知りたいんだから。

蟹　むろん吹いて聞かせたいのはやまやまだがね。ただひとつ……

アキレス　聞かせてあげられないってのかい？　どうしたんだい？なんで渋るんだ？

亀　わからないのかなあ、アキレス、蟹君がきみの頼みをきいたら、この店のお客にも従業員にも失礼だし迷惑だろ？

蟹　（急にほっとした様子で）そのとおりさ。われわれの音楽をほかのみんなに押しつける権利はないんだし。

アキレス　（がっくりした様子で）うーん、残念！　この曲をどう思うかすごく知りたかったのに！

蟹　うひぇッ！　きわどいところだった！

アキレス　いま何ていった？

蟹　いや——何も。ほら、あそこのウエイターがもうひとりのウエイターとぶつかって、お茶のポットを危うくレディの膝に落っことしそうになってね。危機一髪っていうやつだ。どうだい、亀君？

亀　実にうまいお茶だねえ。きみも同じだろ、アキレス？

アキレス　うん、そうだ。素晴らしいお茶だ、たしかに。

蟹　文句なしさ。ところできみらはどうするのか知らないけど、ぼくはそろそろ帰らなくちゃ。家まで長い急な坂道があるんだ、この丘の向う側の。

アキレス　つまり、ここは大きな絶壁になっている？

蟹　そうなんだ、アキレス。

アキレス　そうか。それじゃ覚えておかなくては。

蟹　すごく楽しい午後だったよ、アキレス。ぜひまたの日に作曲を交換しあいたいね。

アキレス　ぼくもおおいに楽しみにしているよ、蟹公。じゃ、グッドバイ。

亀　グッドバイ、蟹公。

（蟹は家のある側の丘を下っていく。）

アキレス　あいつは実に切れるやつだなあ……ぼくの思うに、どんな蟹さんの少なくとも四倍は頭が切れる。あるいはもしかすると五倍は——

亀　はじめにもそういって、おそらくいつまでもそういってるんだろうな、終りのない言葉を。

［第17章］

チャーチ、チューリング、タルスキ、その他

形式システムと非形式システム

われわれは本書の主題のひとつを展開できる地点に到達した。その主題とは、思考のどの側面も、あるシステムの高レベルの記述として眺めることができ、しかもそのシステムは、低レベルでは、単純な、形式的でさえある規則によって支配されている、ということである。「システム」とは、もちろん、頭脳のことである——計算回路のような、他の媒体の中を流れている思考過程について話しているときは別であるが。イメージとしては、「非形式システム」の底にある形式システムを考えてほしい。その非形式システムは、たとえば駄洒落をいうとか、数のパタンを発見し、名前を忘れ、チェスではひどい悪手をさし、等々のことができる。これは外側から見えるもので、非形式的、公開の、ソフトウエア・レベルでの話である。対照的に、頭脳には形式的な、隠されたハードウエア・レベル（あるいは「基層」）があって、それはひどく複雑な機構で、それに物理的に組み込まれている一定の規則に従って、またそれにぶつかってくる入力信号に従って、ある状態から他の状態へと変化する。

頭脳のこのような映像には、いうまでもなく、たくさんの哲学的帰結やその他の帰結がある。私はこの章で、それらのいくつかを詳しく説明しよう。他にもいろいろあるが、この映像は本質的に、頭脳が一種の「数学的」対象であることを意味しているようである。実際には、それはせいぜい頭脳を見る非常に不器用な見方でしかない。その理由は、仮に頭脳が技術的・抽象的な意味で一種の形式システムであるとしても、数学者たちは簡単で優雅で、すべてがきわめて明確に定義されているようなシステムについてしか仕事をしない、ということは依然として正しいのである——そして、百億かそれ以上の半ば独立した神経細胞がほとんどでたらめにつなぎ合されているような頭脳は、そういうシステムからかけ離れている。だから数学者は、現実の頭脳の回路網をけっして研究しない。だから、もし「数学的」とは数学者が喜んですることだと定義するなら、頭脳の諸性質は数学的ではない。

頭脳のように複雑なシステムを理解するたったひとつの方法は、それをなるべく高いレベルにまとめていって、ある正確さをどんどん捨てることである。最も高いレベルで現れるのは「非形式システム」で、これはあまりにも多くの複雑な規則に従うので、それについて考えるための語彙がまだない。そして、それこそは人工知能（AI）の研究が見つけようと望んでいるものである。その研究は、数

学の研究とはずいぶん違った香りがする。しかしながら、数学とはゆるいつながりがあるので、ＡＩ研究者には数学に強い人が多く、数学者が自分の脳の働きに興味をそそられることもある。次の一節は、スタニスラフ・ウラムの自叙伝『ある数学者の冒険』（*Adventure of a Mathematician*）の一節であるが、その点を描いている。

> 私が考えるところでは、もっと多くのことが……連想の性質を引き出すためになされうる。それにはコンピュータが実験の手段を提供してくれるであろう。そのような研究は、概念、記号、記号の集合、集合の集合、等々の段階的変化にかかわるはずで、その方法は、数学的あるいは物理的構造を研究するときと同じでなければなるまい。
>
> 　思考のつながりに対して、ある技巧——再帰的公式がなければならない。一群の神経細胞は、ときには外からの刺激なしに、自動的に動きだす。それは成長するパタンを伴う、一種の反復過程である。それは頭脳の中をさまよい、その起り方は同じようなパタンの記憶に依存しているにちがいない。

直観と堂々たる蟹

人工知能はよくＡＩと書かれる。この言葉の意味を説明するときに、私はよく、ＡＩという文字は「人工的直観」（Artificial Intuition）を表していると考えてもよいとか、「人工心象」（Artificial Imagery）だってかまわない、などという。ＡＩの目標は、人間の心が無数の可能性の中から、ある非常に複雑な状況において最も意味のあるものを、静かに、そしてひそかに選ぶとき何が起っているかを見つけだすことである。現実生活の多くの状況では、演繹的推論は不適当である。それは誤った答を出すからではなく、正しいけれども不適切な文がいくらも作れるからである。推論だけで間に合せようとすると、同時に考慮しなければならない事柄が多すぎるのである。次のミニ対話をごらんいただきたい。

「先日、新聞で見たんだけどね……」

「へー、見たのかい？　ということは、君には二つ眼があるわけだ。いや、少なくともひとつの眼かな。というより、それなら、少なくともひとつの眼があった、というべきかな」

判断の感覚——「ここでは何が重要であり、何が重要でないか」が必要である。この感覚と、簡単さの感覚、美的感覚が結びつけられる。こういう直観はどこからやってくるのだろうか？　基底にある形式システムから、どのようにして現れうるのだろうか？

「マニフィ蟹ト」の場合、蟹の心のある並外れた力が啓示される。彼の力についての彼自身の解釈は、ただ、音楽を聞くと美しいものと美しくないものとが区別できる、ということである。（明らかに、彼にとっては明確な境界線が存在する。）ところでアキレスは、蟹の能力を記述するもうひとつの方法を見つける。蟹は数論の命題を正しい類と誤っている類とに分ける。しかし蟹の主張によれば、もし彼がひょっとしてそうするとしたら、それは全くの偶然であって、実際彼は、彼自身が認めているように、数学はまるでダメである。しかし、アキレスにとって蟹の行為がとりわけ神秘的なのは、それがアキレスも知っている有名な超数学上の結果に直接矛盾するように見えるからである。

チャーチの定理　TNTの定理を非定理から区別する誤りない方法は存在しない。

これは、一九三六年に、アメリカの論理学者アロンゾ・チャーチによって証明された。これと密接に関連しているのは、私が「タルスキ、チャーチ、チューリングの定理」と呼んでいるものである。

タルスキ、チャーチ、チューリングの定理　数論の正しい命題を誤ったものから区別する誤りない方法は存在しない。

チャーチとチューリングの提唱

「チャーチの定理」と「タルスキ、チャーチ、チューリングの定理」をもっとよく理解するには、まず、それらの基礎となっている考えのひとつを述べる必要がある。それは「チャーチとチューリングの提唱」（しばしば「チャーチの提唱」と呼ばれる）である。なぜなら、チャーチとチューリングの提唱はたしかに、数学、頭脳、および思考についての哲学における最も重要な概念のひとつである。

実際には、チャーチとチューリングの提唱はお茶のように、いろいろ違った濃さに仕立てることができる。だから、私はいろいろな形で提示し、それらが何を意味するかを考えることにしたい。

最初の形は非常に無邪気に聞え、実際、ほとんど無意味である。

チャーチとチューリングの提唱＝同語反復形　数学の問題は数学を行うことによってのみ解きうる。

もちろん、その意味は文を構成している用語の意味に帰せられる。「数学の問題」とはここでは、ある数が与えられた算術的性質をそなえているか否かを決定する問題のことである。ゲーデル数と関連する符号化の技法によって数学のすべての分野のほとんどすべての問題がこの形になおせるとわかっているので、「数学の問題」はふつうの意味を保っている。では「数学を行う」についてはどうだろうか？ある数がある性質をもっているかどうか確かめたいとき、組み合せてくり返し使われる操作はほんのわずかしかないように見える。つまり、加算、乗算、等号あるいは不等号の判定である。すなわち、これらの操作から成るくり返しが、数の世界を掘り下げるためにわれわれが使えるただひとつの道具であるように見える。ここで「ように見える」という言葉に注意してほしい。これこそ、チャーチとチューリングの提唱がかかわっている決定的な言葉である。次に改訂版をひとつ示そう。

チャーチとチューリングの提唱＝標準形　数を二つのクラスに分類するための方法があって、意識をもつ存在がそれに従うと仮定する。さらにその方法によれば、いつでも有限時間内に答を得ることができ、しかもひとつの与えられた数に対していつでも同じ答が得られると仮定する。すると、ある停止するフー・プログラム（すなわち、ある一般再帰的関数）が存在して、意識をもつ存在の方法によるのと全く同じ答を与える。

中心的な仮説は、もっとはっきりいうと、数を二つの種類に分けるどんな精神活動も、あるフー・プログラムで記述できる。直観的に信じられているところでは、フーで表せる道具の他には、道具は存在しないし、それらの道具を使うしかたは、無制限の反復（フーでは許される）による以外にない。チャーチとチューリングの提唱は、数学の定理と同じ意味で証明可能な事実ではない。それは、人間の頭脳が用いている過程についての仮説である。

公共過程形

ある人々は、この形は強すぎると思うかもしれない。そして次のような反論をするであろう。「誰か例の蟹のような人がいるかもしれない。その人はほとんど神秘的な数学的洞察力をもっているが、彼自身の特異な能力については他の人同様、何もわからない。そしておそらくその人の心理機構は、フーには対応するものがない操作を実行する。」この考えは、われわれはたぶん潜在意識によって、意識過程を超越するような事柄――フーの基本操作ではどういうわけか記述できない事柄を遂行できる、ということである。これらの反論に対して、われわれは提唱の弱い形を示そう。その形では、公共的心理過程と私的心理過程とが区別される。

チャーチとチューリングの提唱=公共過程形　数を二つのクラスに分類するための方法があって、意識をもつ存在がそれに従うと仮定する。さらに、その方法によればいつでも有限時間内に答を得ることができ、しかもひとつの与えられた数に対していつでも同じ答が得られると仮定する。**但し書**　この方法は、ある意識をもつ存在から他の意識をもつ存在へと言語によって確実に伝達できることも仮定する。すると、ある停止するフー・プログラム（すなわち、ある一般再帰的関数）が存在して、意識をもつ存在の方法によるのと全く同じ答を与える。

これは公共的方法が「フー化」可能だといっているが、私的方法については何もいっていない。私的方法がフー化できない、ともいっていないが、少なくともその道も開かれてはいる。

スリニヴァサ・ラマヌジャン

チャーチとチューリングの提唱のより強い形に反する証拠として、二十世紀の最初の四半期に現れた有名なインドの数学者、スリニヴァサ・ラマヌジャン（一八八七―一九二〇）の場合を考えてみよう。ラマヌジャンは、インドの最南端タミール・ナドゥからやって来て、高校でちょっと数学を勉強した。ある日、ラマヌジャンの数学の才能を認めた人が、少し時代遅れの解析学の教科書を一部贈った。ラマヌジャンは（比喩的にいって）その教科書を食らいつくした。それから彼は、解析学の世界に独自の侵略を開始した。二十三歳までに、彼は価値があると思ういくつかの発見をした。彼は誰に頼ればよいかわからなかったが、どこからか、はるか彼方のイギリスの数学教授、G・H・ハーディの名前を聞きこんだ。ラマヌジャンは彼の最もよい結果を一束の紙にまとめ、見ず知らずのハーディに、友達に英語の表現を手伝ってもらった添え状と一緒に全部送った。次に示すのは、ハーディがその束を受けとったときの反応の、ハーディ自身の記述からの抜粋である。

……ラマヌジャンがもっとたくさんの一般的な定理をもっていて、さらに大量のものを秘蔵していることはすぐにわかった……［ある公式群は］私を完全に打ちのめした。私は、それらにほんの少しでも似たものをそれまで全く見たことがなかった。それらはちょっと見ただけで、最高級の数学者でなければ書けないことがわかる。それらは正しいにちがいない。なぜな

$$\cfrac{1}{1+\cfrac{e^{-2\pi\sqrt{5}}}{1+\cfrac{e^{-4\pi\sqrt{5}}}{1+\cfrac{e^{-6\pi\sqrt{5}}}{1+\cdots}}}} = \left(\frac{\sqrt{5}}{1+\sqrt[5]{5^{3/4}\left(\frac{\sqrt{5}-1}{2}\right)^{5/2}-1}} - \frac{\sqrt{5}+1}{2}\right)e^{2\pi/\sqrt{5}}$$

第 105 図　スリニヴァサ・ラマヌジャンと彼の不思議なインドの旋律のひとつ。

ら、もし正しくないとしたら、誰もそのようなものを発明する想像力をもってはいないだろう。最後に……書き手は全く正直であるにちがいない。なぜなら、そのような信じ難い技術をもった泥棒や詐欺師よりは、偉大な数学者の方が数多いからである。

この手紙の結果、ラマヌジャンはハーディの世話でイギリスに一九一三年に行き、集中的な共同研究に従事した。その研究は、ラマヌジャンが結核のため三十三歳の若さで亡くなるまでつづいた。

ラマヌジャンにはいくつか並外れた性格があって、そのために大多数の数学者からかけ離れている。そのひとつは、彼が厳密性を欠いていることである。彼はよくただ結果だけしか述べず、その結果は意識的吟味の領域から遠く離れた、漠然とした直観的な源からやってきたと主張していた。事実、彼はしばしば、女神ナマジリが夢の中で霊感を与えてくれた、と語った。これは何回もあったことであるが、事態をなおさら神秘的にしたのは（おそらくある神秘的な性質に染めさえしたのは）、彼の「直観的定理」の多くは誤っていた、という事実であった。ところで、奇妙な逆説的効果があるもので、だまされやすい人々を少しばかり懐疑的にさせるだろうと思われる出来事が、だまされやすい人々の心のある弱いところをついて、人間の性質のある不可解で不合理な面をにおわせてじらすために、ときには反対の効果をもたらすのである。ラマヌジャンの失敗の場合も、そのとおりであった。多くの教育ある人々が、その種のことを信じたい願望をもっていて、ラマヌジャンの直観的能力を真理への神秘的な洞察の証拠であると考えた。だから彼が間違えるという事実は、もし何かあるとしたら、そのような信念を強めこそすれ、弱めることはなかった。

もちろんそれには、ラマヌジャンがインドの最も遅れた地方からやってきたことも手伝っていた。その地方では婆羅門教の行などインドの無気味な慣習が何千年も行われており、たぶん当時も高等数学の教育以上に力があったのである。そして、彼のときおり間違える直観的ひらめきは、彼がふつうの人間であることを人々に示唆するかわりに、逆説的にも、ラマヌジャンの過ちはいつもある種の「より深い真実」、「東洋的」真実、おそらく西洋的な心には近寄れない真実にふれているという考えを吹きこんだ。何という魅惑的な、ハーディにさえほとんど抵抗の余地がない考えであろうか！　ハーディはラマヌジャンが何か神秘的な力をもっていることを最初に否定した人であるが、ラマヌジャンの失敗について次のように書いたことがある。「それでも私は、彼の失敗が、ある意味で彼の勝利よりも素晴らしくないのだとは、断定できない。」

ラマヌジャンの数学的性格のもうひとつの目立った特徴は、彼の同僚リトルウッドが述べているように、「整数との親近性」である。この特質はかなりの数の数学者が多かれ少なかれ共有しているが、ラマヌジャンの場合は極端であった。この特別な能力を描写する逸話が二つある。最初のひとつは、ハーディが書いている。

> 私は、彼がパットニーで入院しているのを見舞いにいったときのことを覚えている。私は一七二九番のタクシーに乗ったが、この番号は何の特徴もないように見えたので、それがよからぬ前兆ではないとよいのだが、といった。すると彼は、「そんなことはない」と答えた。「非常に面白い数です。それは、二つの立方数の和として二通りに表せる最小の数です。」私は当然、四乗数についての対応する問題の答を知っているかどうか、彼に聞いてみた。すると彼は、一瞬考えてから、明らかな例は見つからない、そのような最初の数は非常に大きいにちがいない、と答えた。

四乗数についての答は次のとおりである。

$$635318657=134^4+133^4=158^4+59^4$$

読者はもっとやさしい、平方数についての同じような問題に取り組んでみると、おもしろいかもしれない。

ここで大変おもしろいのは、ハーディがただちに四乗数に飛びついたのはどうしてかを考えてみることである。結局のところ、

$$u^3+v^3=x^3+y^3$$

という問題のごく自然な拡張は、ほかにもいろいろな方向にできる。たとえば、ある数を二つの立方数の和として三つの異なるしかたで表す問題がある。

$$r^3+s^3=u^3+v^3=x^3+y^3$$

また、三つの異なる立方数を使うこともできる。

$$u^3+v^3+w^3=x^3+y^3+z^3$$

また、すべての方向に一遍に大拡張することだって考えられる。

$$r^4+s^4+t^4=u^4+v^4+w^4=x^4+y^4+z^4$$

しかし、ハーディの拡張が「最も数学者らしい」という感覚がある。この数学的美的感覚をプログラム化することは、いったい可能

であろうか？
もうひとつの逸話は、同郷人S・R・ランガナタンが書いたラマヌジャンの伝記の中にあり、「ラマヌジャンの閃き」と呼ばれている。それはラマヌジャンのケンブリッジ時代からの友人であるインド人、P・C・マハラノビス博士によって伝えられた。

別の機会に、私は昼食を一緒にしようと彼の部屋を訪れた。第一次世界大戦がその少し前に始まっていて、私は月刊「ストランド・マガジン」をもっていたが、その雑誌には、その頃読者のためのパズルが連載されていた。ラマヌジャンは、昼食のために火にかけた鍋の中の何かをかきまわしていた。私は、テーブルのそばに坐って、雑誌のページをめくっていた。私は、二つの数の間の関係についての問題に興味をひかれた。細かいところは忘れてしまったが、問題の型は覚えている。二人の英軍将校が、パリである長い通りの二軒の家に割りあてられた。それらの家の番号は、ある特別なしかたで結びつけられていて、問題は、その二つの数を見つけることであった。それは全くむずかしくなく、私は数分の試行錯誤で答を見つけることができた。

マハラノビス　（ふざけた調子で）きみが好きそうな問題があるぞ。
ラマヌジャン　どんな問題？　教えてくれないか。（鍋をかきまわしつづける）
私は「ストランド・マガジン」の問題を声を出して読んだ。
ラマヌジャン　答を書きとってくれないか。（彼はある連分数を口述した。）
最初の項は私が見つけた答であった。それにつづく項は、その通りにある家の数を無制限にふやしていったときの、二つの数の間の同じ型の関係に対する答を表していた。私は驚嘆した。
マハラノビス　きみはその答が即座にわかったの？
ラマヌジャン　その問題を聞いたとたんに、答はまちがいなく連分数で表せるとわかったよ。だから「どんな連分数だろう」って考えたのさ。そしたら答を思いついた。そんなぐあいで、簡単だったよ。

ラマヌジャンに最も近い共同研究者であるハーディは、ラマヌジャンの死後しばしば、彼の思考形態に何か神秘的事象か、さもなければ異国的な香りの要素があったかどうかを尋ねられた。次に彼の論評をひとつ紹介しよう。

私はこれまで何度か、ラマヌジャンが何か特別な秘密をもっていたかどうか、彼の方法が他の数学者たちの方法と種類が異なっていたかどうか、彼の思考様式に何か本当に異常なところがあったかどうか、を尋ねられた。私はこれらの質問に、何の確実性、あるいは確信をもって答えることもできない。しかし私は、そのとおりであったとは信じていない。私の信じるところでは、すべての数学者はその根底において同じ種類の方法に従って考えるので、ラマヌジャンもまた例外ではなかった。

ここでハーディは本質的に、チャーチとチューリングの提唱の彼独自の形を述べている。それを私流に言いなおすと次のようになる。

チャーチとチューリングの提唱＝ハーディ版　根底において、すべて数学者は同型である。

これは、数学者の数学的能力が一般再帰的関数に等しいといってはいない。しかしそのために必要なのは、ある数学者の思考可能性が再帰的関数より少しも一般的でないことを示すことである。そうすれば、ハーディ版を信じるかぎり、それがすべての数学者にあてはまることがわかる。

それからハーディは、ラマヌジャンを計算の天才児たちと比較する。

ラマヌジャンの記憶力と計算能力は非常に珍しかったが、「異常」と呼ぶにはあたらなかった。二つの大きな数を掛け合せるときは、彼はふつうの方法で計算した。彼は並々でない速さと正確さで計算できたが、生れつき計算が速くて計算の習慣を身につけている数学者より速くて正確、というわけではなかった。

ハーディは、ラマヌジャンのとびぬけた知的性質であると彼が認めたことを、次のように描いている。

彼は一般化の能力、形に対する感覚、および自らの仮説をすばやく修正する能力（これはしばしば本当に驚くべきものであった）とその記憶力、忍耐力、計算能力とを結びつけた。そのため、この分野では、当時彼と競争できる相手がいなかった。

この文章の中で私が傍点を付した部分は、知能一般の最も微妙ないくつかの特色のすぐれた特徴づけであるように思う。最後にハーディはいくぶん懐かしさをこめて結論している。

［彼の仕事は］真に偉大な仕事の単純さと不可避性をそなえてはいなかった。それは奇妙さが減れば、より偉大になったであろう。しかし、そこには誰も否定できない天賦のものがひとつあった。すなわち深く無敵の独創性である。彼がもし若い頃に捕えられ馴らされていたら、おそらくもっと偉大な数学者になって、新しいものや疑いなくより重要なものを発見したであろう。一方、彼はそれほどラマヌジャン的でなくなり、ヨーロッパの教授ふうになって、失うところは得るところよりも大きかったであろう。

ハーディがラマヌジャンに対して抱いていた敬意は、彼がラマヌジャンについて語るときの感傷的なしかたに現れている。

「学者馬鹿」

その数学的能力が合理的には説明できないように見える人々は、ほかにもいる。いわゆる学者馬鹿たちで、頭の中（あるいはとにかく彼らの身体のどこか）で、むずかしい計算を稲妻のような速さで実行できる人々である。ヨハン・マルティン・ザカリアス・ダーゼは、一八二四年から一八六一年まで生きていて、計算を行うために、ヨーロッパのいろいろな政府にやとわれていたが、その際だった例である。彼はそれぞれ百桁の二つの数を暗算で掛け合わせることができたばかりか、量についてのものすごい感覚をもっていた。すなわち、彼は野原に何頭の羊がいるかとか、文の中の語数等々を、三十ぐらいまで、数えないで「当てる」ことができた。それも、われわれの大部分がそういう感覚は六ぐらいまでしかもっていないのに、正確にいうことができた。ついでながら、ダーゼは馬鹿ではなかった。

私はここで、稲妻計算者の数々のおもしろい記録を紹介しようとは思わない。それは、ここでの私の目的から外れているからである。しかし彼らが何か神秘的な、分析しえない方法を使っているという考えを追い払うのは大切なことだ、と感じている。そういう魔法使いたちの計算能力が彼らの結果についての説明能力をはるかに越えることはよくあるが、ときには、他の知的才能をもった人で、数についてのこの壮観な能力をもそなえた人が現れる。そのような人々の内省や、心理学者による幅広い研究から、稲妻のような計算者の仕事中にも神秘的なことは何も起っていないので、ただ彼らの心は中間的な段階を走りぬけるとき、生れつきの運動選手が複雑な動作をすばやく、しかも優雅にやってみせるときにもっているような一種の自信をもっているだけだ、ということが確かめられている。彼らは、ある種の啓示の瞬間的な閃きによって答に到達するのではなくて（一部の人々には主観的にそのように思われるかもしれないが）、他の人々と同じように、順序を追った計算によって、いってみれば（フーあるいはブー）作業を進めることによって答に到達するのである。

ついでながら、「神様へのホットライン」がかかわっていないということの最も明白な手がかりのひとつは、関係する数が大きくなると、答が出るのは遅くなるという簡単な事実である。もし神様か「神託」が答を供給しているのなら、おそらく数が大きくなっても遅くなるはずがない。稲妻のような計算者が要する時間が、関係する数の大きさと必要な演算の規模とによってどのように変化するかを示すグラフを書き、それにより使用されているアルゴリズムの何かの特徴を推定することができるであろう。

チャーチとチューリングの提唱の同型対応版

以上のことから、チャーチとチューリングの提唱の強化された標準形が導かれる。

チャーチとチューリングの提唱=同型対応版　数を二つのクラスに分類するための方法があって、意識をもつ存在がそれに従うと仮定する。さらにその方法によれば、いつでも有限時間内に答を得ることができ、しかもひとつの与えられた数に対していつでも同じ答が得られると仮定する。すると、ある停止するフー・プログラム（すなわち、ある一般再帰的関数）が存在して、意識をもつ存在の方法によるのと全く同じ答を与える。さらに、意識過程とそのフー・プログラムは、あるレベルにおいて、コンピュータと脳の双方で実行されるステップの間にある対応がつけられるという意味で、同型である。

ここで結論が強化されただけでなく、公共過程形における伝達可能性についての意気地のない但し書が削除されていることに、注意してほしい。次に、この大胆な形について論じてみよう。

要約すれば、この形は、何か計算をするときの意識活動が、あるフー・プログラムに同型に映されることを主張している。そして、とくにはっきりさせておきたいことは、この主張は脳が実際にフー・プログラム――BEGINやENDやABORT等々に満ちた、

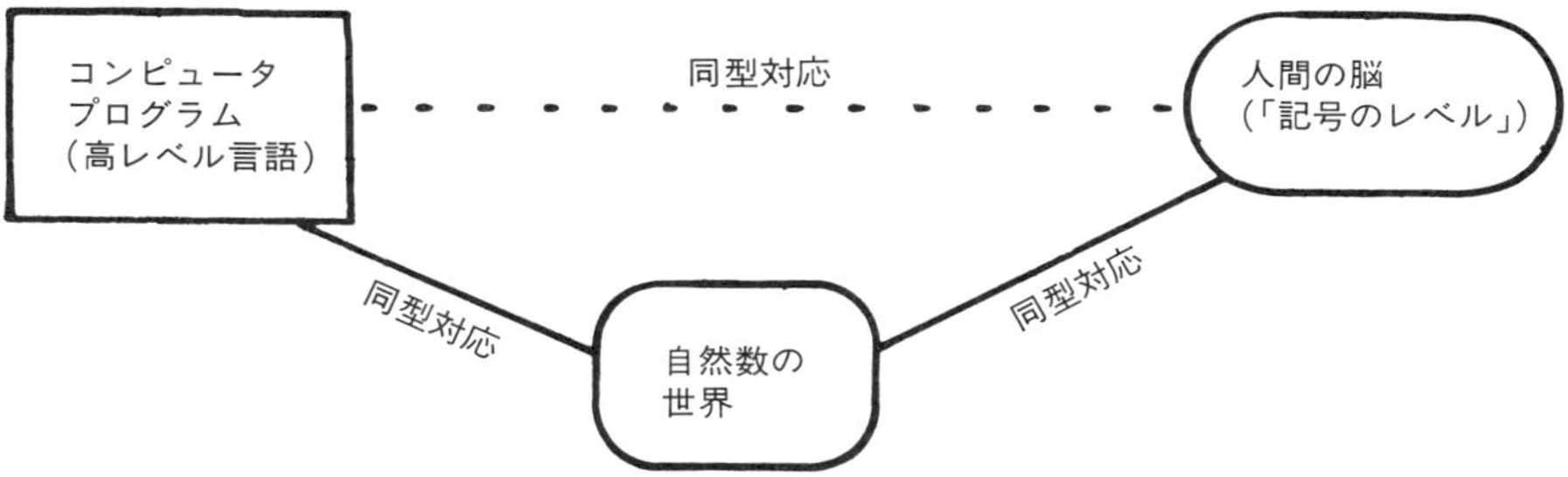

第 106 図　自然数の振舞いは、人間の脳にもコンピュータ・プログラムにも映し出すことができる。それら2つの異なる表現は、だから、適度に抽象的なレベルにおいて相互に変換することができる。

フー語で書かれている——を走らせていることをいささかも意味しない。ただ、ステップがフー・プログラムで表しうるような順序で実行され、計算の論理的構造がフー・プログラムに映されうる、ということである。

さて、この考えを理解するために、われわれはコンピュータと脳の両方においてあるレベルの区別をしなければなるまい。というのは、さもないと、完全なナンセンスと誤解されかねないからである。思うに、人間の頭の中で進行している計算のステップは最高レベルにあって、それはより下位のレベルによって、また究極的にはハードウエアによって支えられている。だから同型対応について語るときは、暗黙のうちに最高レベルを切り離すことができ、他のレベルとは無関係にそこで起っていることを論じたり、その最高レベルをフー・プログラムに移すことが許される、と仮定している。もっと正確にいえば、次のことを仮定するのである。すなわち、ソフトウエア的なものが存在して、いろいろな数学的構築物の役割を果し、またフーの中に正確に映せるようなしかたで活動させられている（第106図）。それらのソフトウエア的なものの存在を可能にしているのは、第11章と第12章、また「前奏曲……とフーガの蟻法」の中で論じられた下部構造の全体である。頭脳と計算機の低いレベル（たとえばニューロンとかビットなど）での同型な活動は仮定されていない。

同型対応版の精神は、字義どおりではないにしても、次のようにいえばおわかりいただけるであろう。学者馬鹿が、たとえば π の対数を計算するときにしていることは、ポケット計算器が同じ計算をしているときにすることと同型である。ここで同型対応は算術演算のレベルで成り立つのであって、より低いレベル、一方ではニューロン、他方では集積回路というレベルにおいてではない。（もちろん、何の計算にしてもいろいろな道筋がありうる。しかし、人間でなくてポケット計算器なら、おそらく答を計算するどんな方法でも指示できるであろう。）

現実世界についての知識の表現

このことは、話が数論の範囲に限られている場合には十分もっともらしく見える。その範囲でならものごとが起る全世界が非常に小さく、しかも純粋だからである。その境界と住民と諸規則とは、明確な線で区切られた迷路のようにはっきりと定義されている。そのような世界は、われわれが住んでいる、境界がなく十分に定義されていない世界よりははるかに簡単である。数論の問題は、一度定式化されれば、それ自身において、またそれ自身について完結している。一方、現実世界の問題は、その世界のどの部分からも絶対の確実さをもって切り離すことができない。たとえば、切れた電球をとりかえる仕事は、ごみ袋を運ぶ必要を生じるかもしれず、また、錠剤の箱をひっくり返すという予期しなかった出来事をひき起すかもしれない。そのために、飼い犬がこぼれた錠剤のどれかを食べてしまわないように、床を掃除するはめになる、等々。錠剤とごみと犬と電球とはみな、この世界であまり関連がない部分であるが、それでも日常的な出来事によって密接な関連が作り出される。そして、予想されうることにあるちょっとした変化が生じたことによって、別のどんなことが引き起されるかわからない。これと対照的に、数論の問題を与えられたのなら、錠剤とか犬とかごみ袋やほうきのような異質なものを、その問題を解くために考えるはめになる、などということはけっしてない。（もちろん、幾何学用語による問題を視覚化するうえで助けになるように、無意識のうちに心にイメージをつくろうとしているときには、そうしたものについての直観的知識が役に立つだろう――が、それはまた別の話である。）

この世界は複雑であるから、小さなポケット計算器が「犬」「ごみ」「電球」等々のラベルのついたボタンをいくつか押せば、その質問に答えられるとは考えにくい。実際、これまでのところは大型高速コンピュータでさえ、現実の世界のかなり簡単な一部分としかわれわれには見えない領域についての質問に答えるのは、非常にむずかしい。「理解」するには、大量の知識を非常に総合的なしかたで考慮しなければならないようである。われわれは、現実世界についての思考過程を木になぞらえることができる。木の、見える部分は地上にがっしりと立っているが、これは、地下に伸びて安定性と養分とを与えてくれる見えない根に致命的に依存している。この場合、根は心の意識下で起っている複雑な過程――われわれが意識してはいないが、われわれの考え方にその効果がしみわたっている過程を象徴している。その過程が、第11章と12章で論じられた「記号のパタンの引き金」である。

現実世界の思考は、二つの数を掛け合せるときのように、いわばすべてが「地上」にあって点検可能であるような出来事とは全く異なる。算術における最高レベルは「すくい取られ」、機械的加算器、ポケット計算器、大型コンピュータ、人間の頭脳等々、種々のハードウエアによって遂行されている。これこそ、チャーチとチューリングの提唱が述べていることである。しかし、現実世界の理解となると、最高レベルをすくい取り、それだけをプログラム化する簡単な方法は存在しないように見える。記号のパタンの引き金引きが複雑すぎるのである。思考が「濾過」され、「泡だつ」レベルをいくつか通過しなければならない。

第11、12章の主題に戻ることになるが、とくに頭脳の中での現実世界の表現は、ある程度の同型性に根ざしてはいるが、外部の世界には対応するものが全くない要素を必要とする。すなわち、「犬」「ほうき」等々を表す単純な心理的構造より以上のものが、そこにはある。たしかにそれらの記号はすべて存在するが、それらの内部構造はきわめて複雑で、その大部分が意識による点検には利用できない。そのうえ、記号の内部構造の各面を、現実世界のある特定の側面に対応させようと追い求めても無駄なのである。

うまくすくい取れない過程

そういうわけで、脳は非常に変った形式システムのように見えてくる。その最下位レベル、すなわちニューロンのレベルでは「規則」が働いて状態を変えているが、そこでは基本的要素（細胞の発火、あるいはひょっとするとさらに下位の現象でさえ）の解釈ができないかもしれない。それなのに最上位のレベルでは、意味のある解釈が出現して、われわれが「記号」と呼んでいるニューロンの活動の大きな「雲」から現実世界への対応が可能になる。高レベルの同型対応のおかげで、高レベルの意味が列の中に読めるようになる点は、ゲーデルの構成と似ているところがある。しかしゲーデルの構成においては、高レベルの意味は低レベルの上に「乗って」いる――すなわち、ゲーデル数の概念さえ導入されれば、低レベルから高レベルの意味が導き出されるのである。しかし脳の中では、神経系のレベルでの出来事は現実世界の解釈には従わない。それは、さらに高いレベルを支えるための基質としてのみそこにあるのであって、ポケット計算器の中のトランジスタが、数を映しだす活動を支えるためだけに存在するのと同じようなものである。そしてその結果、最高レベルだけをすくい取ってプログラムの中に同型の写しを作ることはできない。もし現実世界の理解を可能にする脳の働きを映しだそうとするなら、「脳の言語」、すなわち低いレベルで起っていることもいくらかは映しださなければならない。これは、必ずしもハードウエアのレベルまでずっと降りていかなければならないとはいっていないが、そのとおりであることがあとでわかる。

「外界の」事象の「知的な」（つまり人間と似た）内部表現を達成するためのプログラムを開発している途中には、おそらくあるところで、直接的な解釈ができない――すなわち、現実の要素には直接対応づけられない構造や、過程を使わざるをえなくなるであろう。プログラムのそういう低い方の層は、それらが外の世界に対してある直接的な関連をもっているからではなくて、むしろ、その上の層に対する触媒のような関係のおかげではじめて理解されるであろう。（この考えの具体的なイメージは「……とフーガの蟻法」の中の蟻食が示唆している。――本を文字のレベルで理解しようと試みるというどうしようもなく退屈な悪夢。）

私個人としては、そういう多数レベルの構成をもつ概念処理システムは、心象や類推にかかわる過程（その過程は、厳密に演繹的な推論を実行することになっている過程と対照的である）がプログラムの重要な要素になった場合にすぐ必要になると思っている。演繹的な推論を実行する過程は、本質的にひとつのレベルだけでプログラム化でき、したがって定義からすくい取り可能である。ところが私の仮説に従えば、心象および類推の思考過程は、本質的に何層かの基質（酵素の働きで化学反応を起す物質）を必要とし、したがって本質的にすくい取り不可能である。私はさらに、創造性が現れは

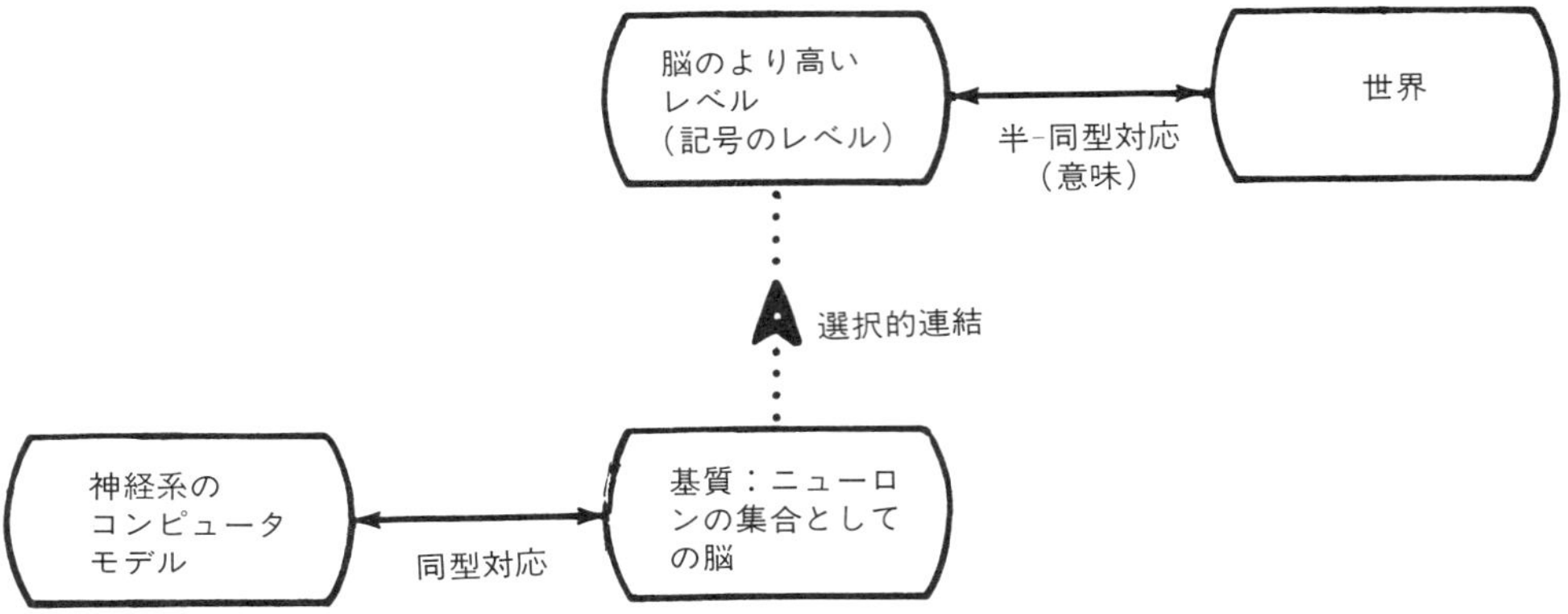

第 107 図　神経細胞の活動の上に漂いながら、脳の記号のレベルは世界を反映している。しかし、神経細胞の活動それ自体はコンピュータによって模倣可能であるが、思考をつくり出しはしない。それには、さらに高いレベルが必要である。

じめるのはまさにここにおいてであると信じている。これは、創造性がある種の「解釈不可能な」低レベルの事象に本質的に依存していることを意味している。類推的思考の基礎となっている層は、もちろん非常におもしろいので、その性質についての考察を次の二つの章で述べる。

還元主義的信仰箇条

脳の中の高い方のレベルと低い方のレベルとの間の関係について考えるひとつの方法は、次のとおりである。神経系で、局所的（ニューロン）レベルにおいて、脳の中の神経系と区別がつかないようなしかたで仕事をするが、より高いレベルでの意味は全くもたないようなものを組み立てることができるであろう。低い方のレベルが相互に作用を及ぼすニューロンでできているという事実は、より高いレベルでの意味が現れることを必ずしも約束しない。それはアルファベットのスープの中に文字があるからといって、鍋の中に意味のある文が泳いでいるとはかぎらないようなものである。高レベルの意味は神経系の選択的特色であって、進化論的な環境の圧力の結果として出現するかもしれないものである。

第107図は、意味のより高いレベルの出現が必然的でないという事実を描いた図である。上向きの矢印は、基質は意味のより高いレベルなしに発生しうるが逆は起らない――より高いレベルはより低いレベルの性質から導かれるはずである――ということを示している。この図は神経系のコンピュータによる模倣にふれており、神経系がいかに複雑であるとしても、個々のニューロンが計算機で実行可能な計算で表現できるとすれば、原理的に可能である。これはごくわずかの人々しか問題にしたことがない、微妙な仮説である。し

かし、これは「還元主義信仰」の一片であって、チャーチとチューリングの提唱の「微視的な形」と考えることができる。次にそれをはっきり述べてみよう。

チャーチとチューリングの提唱＝微視的な形　生きている存在の構成要素の行動は、コンピュータに模倣させることができる。すなわち、どんな構成要素（典型的には、細胞）の行動も、構成要素の内部状態と局所的環境の十分精密な記述が与えられれば、いかほどでも正確に、フー・プログラム（すなわち、一般再帰的関数）で計算できる。

チャーチとチューリングの提唱のこの形は、脳の働きが、たとえば胃の働きに比べて、組織のより多くのレベルをもっているとしても、何も特別な神秘性をそなえてはいない、といっている。今日この時代になって、食物の消化は、ふつうの化学作用によるのではなく、一種の神秘的で魔術的な消化吸収作用によるのだ、などといいだすことは考えられないであろう。チ・チ提唱のこの形は、この種の常識的な議論をただ脳の働きに拡張するだけである。一口にいえば、それは、脳が原理的にいって理解できるしかたで働くという信仰に相当する。これは還元主義信仰のひとつである。

微視的なチ・チ提唱のひとつの帰結は、次のようにかなり簡明な、新しい巨視的な形である。

チャーチとチューリングの提唱＝還元主義者版　脳のすべての働きは、計算可能な基質から導かれる。

この命題は、人工知能を実現する究極的可能性を支持するために使える、おそらく最も強力な理論的根拠である。

もちろん、人工知能研究は神経系の模倣を目標としてはいない。それは、別の種類の信仰に基づいているからである。おそらく知能に重要な特徴があって、それが有機的な脳の基質とは全く異なる種類の基質上にも漂いうるという信仰である。第108図は人工知能、自然の知能、および現実世界の間に想定されている関係を示している。

AIと脳のシミュレーションの進歩は平行的？

もしAIが達成されるとしたら、脳の実際のハードウエアはいつの日かシミュレートされ、あるいは複製される必要がある、という考えは、少なくとも現時点では、多くのAI研究者に非常に嫌われている考えである。それでも「AIを実現するには、どれくらい精密な脳のコピーが要るだろうか？」と考えざるをえない。本当の答はおそらく、人間の意識の特徴をどこまでシミュレートしたいと考えているかによって変る。

チェッカーを上手にさす能力は、知性の十分な指標であろうか？もしそうだとすれば、AIはすでに存在しているので、チェッカー・プログラムは世界のトップクラスである。あるいは知性とは、大学一年生の微積分の教室でやっているように関数を記号的に積分する能力のことであろうか？　それなら、記号的積分プログラムはたいていの教室で一番よくできる学生をしのぐので、AIはすでに存在する。また知性とは、チェスを上手にさす能力のことであろうか？それなら、AIは順調に進行中である。チェスをさすプログラムは、多くの強いアマチュアに勝てるし、しかも人工チェスのレベルはおそらくゆっくりと進歩しつづけているからである。

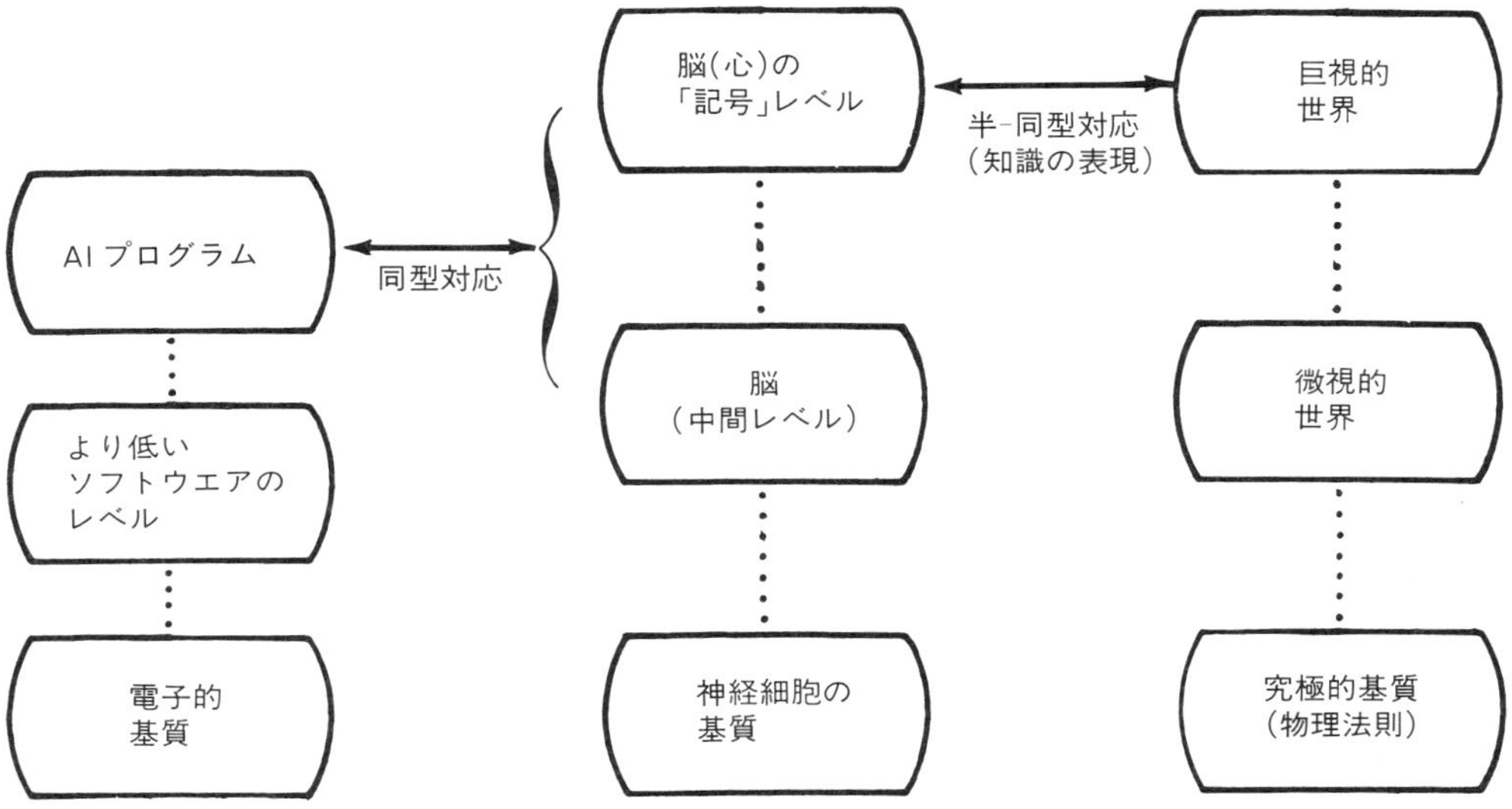

第 108 図　人工知能に関する研究努力にとって決定的なのは、心の記号レベルがその神経細胞の基質から「濾過」され、たとえばコンピュータの電子的基質のような他の媒体の上で概観できるという考え方である。脳の複製をどの深さまで進めなければならないかは、今のところ全くわかっていない。

歴史的に見ると、どんな才能を機械化すれば否定の余地なく知性が構成されるかについて、人々は素朴な考えをもっていた。しかしＡＩへの新しい進歩のひとつひとつが、誰もが本当の知能と認める何かを作り出すというよりは、たんに本当の知能はこうではないということを示すかのように思われることがある。もし知能が学習、創造性、感情的反応、美的感覚、自我意識を必要とするのなら、前途は長く、生きている脳を完全に複製したときにはじめて実現されるのかもしれない。

美、蟹、そして魂

以上のことから、アキレスの前での蟹の名人芸について何かいうことがあるとしたら、それは何であろうか？　ここでうやむやにされている論点が二つある。それらは――

(1)　脳は、なんらかの状況のもとで、ＴＮＴの正しい文と誤った文とを、チャーチとチューリングの提唱に抵触することなしに完全に正しく判定できるだろうか？――それとも、そのようなことは原理的に不可能であろうか？

(2)　美の認識は脳の働きであろうか？

まず最初に、(1)に対して、もしチャーチとチューリングの提唱を破ることが許されるなら、この対話の中の奇妙な事件に対する根本的障害は何もないと思われる。だからわれわれにとって興味があるのは、チャーチとチューリングの提唱を信じる人が蟹の能力を信じてはならないかどうか、ということである。それは全く、チ・チ提唱のどの形を信じるかに依存する。たとえば、公共過程形だけを支持するなら、蟹の能力は伝達可能でないと仮定することによって、蟹の振舞いとその形とを簡単に和解させることができる。逆に、もし還元主義者版を信じるなら、蟹の見かけ上の能力を信じるのはむずかしいであろう（すぐあとで証明するようにチャーチの定理からわかる）。両者の中間的な形を信じると、この論点についてのある程度の煮えきらなさが許される。もちろん、便宜的に立場を切りかえるなら、もっと言葉をにごすことができる。

ここでチ・チ提唱の新しい形を紹介するとよさそうに見える。それは多くの人々によって暗黙のうちに支持されており、何人かの著者によっていろいろな形で公にされているものである。そのうちかなり有名な人々を挙げるなら、哲学者ヒューバート・ドレイファス、S・ジェイキ、モーティマー・タウベおよびJ・R・ルカス、生物学者で哲学者のマイケル・ポランニイ（卓越した全体論者）、すぐれたオーストラリアの神経生理学者ジョン・エクルズなどがいる。他にも同じような考えを述べた人は大勢いるし、また、無数の読者が共感をもっているのは確かだと思う。次に、彼らに共通する立場を要約してみよう。たぶん全く公平にはできないが、できるかぎり正確に雰囲気を伝えるように努めてみた。

チャーチとチューリングの提唱=霊魂主義者版　脳にできるある種のことはコンピュータによって漠然と近似できるが、大部分のことは（興味あることはなおさら）近似できない。しかしどちらにしても、仮に全部できたとしても、魂はなお説明できずに残され、コンピュータに魂と関係をもたせることはどうやってもできない。

この形は「マニフィ蟹ト、ほんま二調」の話と二通りのしかたで関連している。第一に、その支持者はたぶんこの話をばかげているし信じがたいとは思うが、原理的に許されないとは考えない。第二に、彼らはおそらく、美のような特性の鑑賞はとらえにくい魂に結びつけられている性質のひとつであって、したがって本質的に人間にのみ可能であり、たんなる機械には不可能である、と主張するであろう。

われわれは少しあとで第二の点に戻るが、しかしまず、「霊魂主義者」の話をしているときに、この最後の形をさらに極端な形で提示すべきであろう。というのは、その形こそ多数の教育ある人々が現今支持している形だからである。

チャーチとチューリングの提唱=セオドア・ロースザアクの形　コンピュータはおかしなものである。科学も同様。

この見方は、何ごとにつけ数とか正確さの匂いがするものには、人間の価値に対する脅威を見出すような人々の間に広くゆきわたっている。そういう人々が、人間の心のように抽象的な構造を探究するときにかかわってくる深さと複雑さと美しさとを評価しないのは、実に困ったことである。実にそういう探究において、われわれは人間であるとはどういうことなのか、についての究極的な問題と密接な関係が保てるようになるのである。

美の話に戻ると、われわれは美の鑑賞が脳の働きであるかどうか、もしそうだとすれば、それはコンピュータに真似させられるかどうかを考えようとしていたところであった。美の鑑賞が脳では説明できないと信じる人々は、それがコンピュータのものになるとはまず信じられないであろう。それが脳の働きであると信じる人々は、チ・チ提唱のどの形を信じるかによってさらに二つに分けられる。完全な還元主義者なら、脳のどんな働きも原理的にコンピュータ・プログラムに変換できると信じるであろう。しかし、それ以外の人々は、美はあまりにも不明確な概念であって、コンピュータ・プログラムではとても消化吸収できないと感じることであろう。ひょっとすると、美の鑑賞には不合理な要素が必要であって、コンピュータの本性とは両立しないと感じるかもしれない。

不合理なものと合理的なものとは異なるレベルで共存できる

しかしながら、「不合理性はコンピュータとは両立しない」という考えは、レベルの重大な混同の上に成り立っている。この誤った考えは、コンピュータは誤りなく作動する機械であるから、すべてのレベルで「論理的」であるように運命づけられている、という考え方から派生している。しかし、コンピュータが非論理的な文の列を印刷するように指示できることは、全く明らかである。また、変化をもたせるために、真偽入り乱れた文の一群でもよい。そのような指示に従っているときでも、コンピュータは何の誤りも犯さないであろう！　反対に、印刷するよう指示された文以外の何かをコンピュータが印刷した場合だけが、誤りなのである。この話は、あるひとつのレベルでの誤りのない動作が、より高いレベルでの記号操作をどのように支えているかを示している。そして、その上位レベルの目標は、真理の伝播とは全く無関係かもしれない。

この問題を展望するもうひとつの方法は、脳もまた誤りなく動作する素子、すなわちニューロンの集まりである、ということを思い出すことである。入ってくる信号の合計が、ニューロンの閾値を越えたときは必ず、ニューロンは「バン！」と発火するのである。ニューロンが数学の知識を忘れて、入力を不注意に足し合せて誤った答を出すことなどはけっして起きない。ニューロンが死んだときでさえ、その構成要素が数学と物理学の法則に従うという意味で、ニューロンは正確に動作しつづけるのである。しかも、われわれがみな知っているように、ニューロンは高いレベルでの行動で、そのレベルにおいて誤っているものを、最も驚くべきしかたで支える能力を十分にそなえている。第109図はそのようなレベルの衝突を示すためのものである。心の中のソフトウエアの中にある不正確な信念が、誤りなく動作する脳のハードウエアに支えられている。

核心（いろいろな文脈においてすでに何回か力説された点であるが）はたんに、意味は記号処理システムの二つ以上の異なるレベルに存在できるし、また意味とともに、正しさも誤りもそれらのレベルのどれにでも存在しうる、ということである。与えられたレベルでの意味の存在は、現実がそのレベルに同型的な（あるいはもっとゆるい）しかたで反映されているかどうかで決定される。だから、ニューロンがいつも正しい足し算（実際にはもっとずっと複雑な計算）を実行するという事実は、それらの組織に支えられている最高レベルの結論の正しさにいかなる影響も与えない。ある人の最高レベルが、ブール仏教の公案の証明とか禅代数の定理について瞑想することに従事していようといまいと、その人のニューロンは合理的に動作している。同じように、高レベルの記号処理で、脳の中に美の鑑賞の経験を創造しているようなものでも、底のレベルでは完全に合理的であって、誤りのない動作が行われている。もしあるとしても、どんな不合理性もより高いレベルに存在するので、より低い

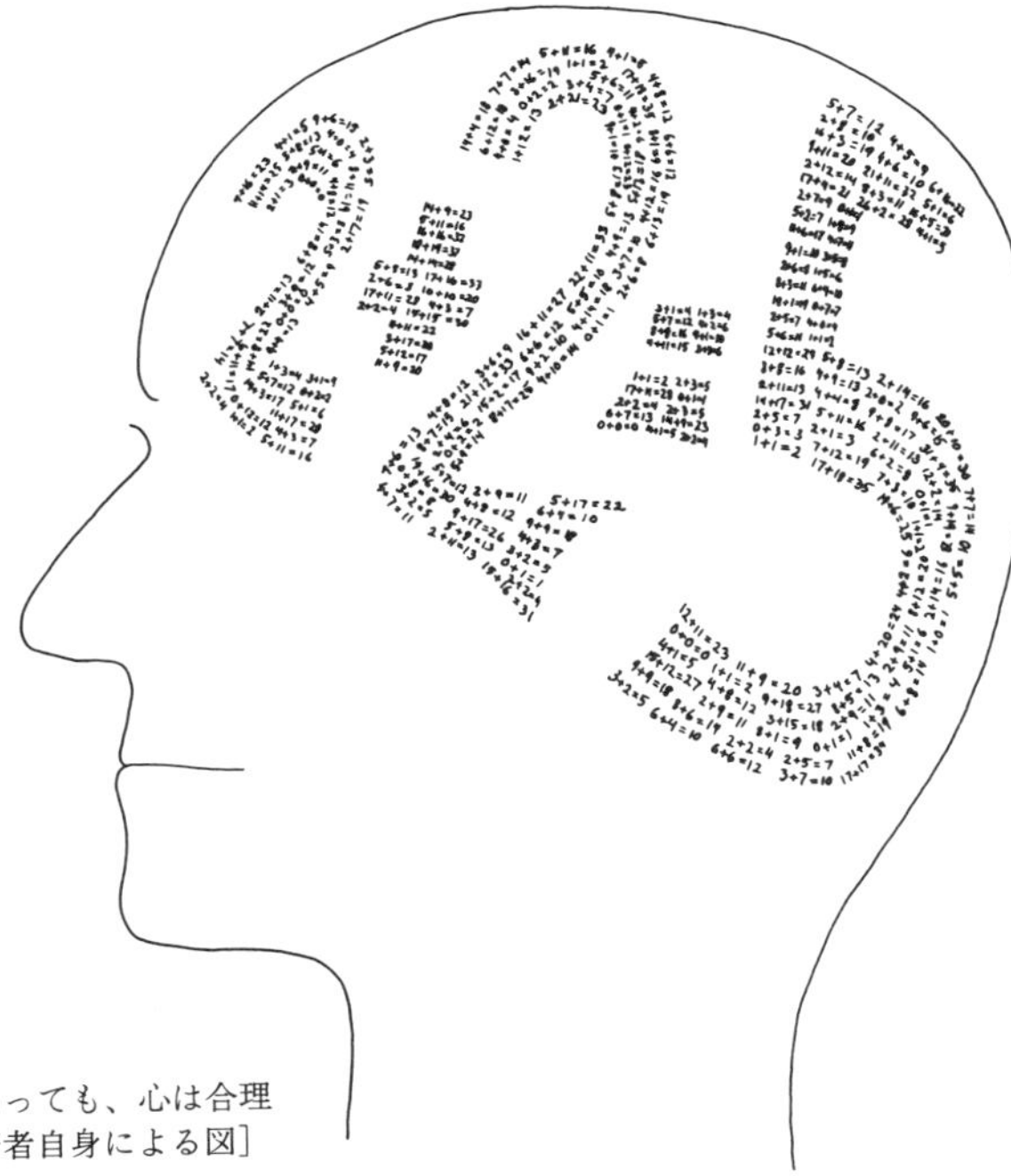

第 109 図　脳は合理的であっても、心は合理的でないかもしれない。［著者自身による図］

レベルでの事象の随伴現象、つまりは結果なのである。

同じ点を別のしかたで立証するために、あなたがチーズバーガーを注文しようか、それともパイナップルバーガーにしようか、と決めかねている場面を考えてみてほしい。これは、あなたのニューロンも発火するかどうかを決めかねてためらっていることを意味するのだろうか？　もちろん違う。あなたのハンバーガーをめぐる困惑は高レベルの状態であって、何千というニューロンの非常に組織的なしかたでの効果的な発火に全く依存している。これは少々皮肉な話であるが、考えてみれば全く明白である。しかしながら、心やコンピュータについてのほとんどすべての混乱は、そういう初歩的なレベルの混同に端を発しているといってよいだろう。

コンピュータの誤りない動作をするハードウエアが、混同、忘却、あるいは美の鑑賞などのような複雑な状態を表現する高レベルの記号的行動を支えることができない、などと信じる理由はない。必要なのはおそらく、複雑な「論理」に従ってたがいに作用しあう巨大な下位システムが存在することであろう。外から見える振舞いは、合理的にも不合理にも見えうるが、その底には信頼できる論理的ハードウエアの行動がある。

ルカス再論

ついでながら、この種のレベルの区別はルカスに反論する、ある新しいエネルギーを提供してくれる。ルカスの議論はゲーデルの定理が定義によって機械に適用できる、という考え方に基づいている。事実、ルカスはきわめて断固たる発言をしている。

ゲーデルの定理は、サイバネティクス的な機械にも適用されるはずである。なぜなら、形式システムの具体的な実例であるということが、機械であることの本質だからである。

これは、すでに学んだとおり、ハードウエアのレベルでは正しい。しかし、より高いレベルもあるかもしれないので、これでこの問題についてとどめを刺すことにはならない。ところで、ルカスは彼が論じている心の真似をする機械の中に、記号の操作が行われるレベルはひとつしかないという印象を与える。たとえば分離規則（彼の論文では「三段論法」と呼ばれている）はハードウエアの中に配線され、そのような機械の変更できない特性となるであろう。彼はさらに進んでこう述べている。もし仮に三段論法が機械のシステムの変えられない支柱でなく、場合によってはくつがえされうるとすれば、

> そのシステムは形式的論理システムであることをやめ、その機械は心のモデルの名にどうにかふさわしいものになるであろう。

ところでＡＩ研究で開発されつつある多くのプログラムは、数論の真理を生成するプログラム——融通のきかない推論規則と公理の決った集合をそなえたプログラム——とはごくわずかの共通点しかもっていない。しかしそれらはたしかに「心のモデル」を目指したものである。それらの最高レベル、つまり「非形式的」なレベルでは、画像処理や、類推の定式化、着想の忘却、概念の混同、区別をぼやかすこと、等々がありうる。しかしそのことは、脳がその神経細胞の誤りない動作に頼っているのと同じくらい、ＡＩプログラムがその基礎にあるハードウエアの誤りない動作に頼っているという事実と矛盾しない。だから、ＡＩプログラムは依然「形式システムの具体的実例」ではあるが、ゲーデルの証明のルカス式変異を適用できるような機械ではない。ルカスの議論はＡＩプログラムの底のレベルにしか適用できないので、そのレベルでは、それらの知能は——どんなに高かろうと低かろうと——嘘をつかないのである。

ルカスはもうひとつ別の点でも、心理過程をコンピュータ・プログラムの内部でどのように表現すべきかについての、彼の見方が単純すぎることを暴露している。無矛盾性について論じているときに、彼は次のように書いている。

> もしわれわれが本当に矛盾を含む機械であるなら、われわれは自分の不合理性に満足するはずであり、矛盾のどちらの側をも喜んで肯定するであろう。そればかりか、われわれは全くどんなことでもいう用意があるであろう。われわれはそうではない。容易に示されるように、矛盾を含む形式システムでは何でも証明できるのである。

この最後の文は、ルカスが次のように仮定していることを示している。すなわち、命題計算は、推論を行うどんな形式システムにも必ず組み込まれていなければならない。とくに彼は、命題計算の定理〈〈P∧～P〉⊃Q〉を考えている。明らかに彼は、この定理が機械化された推論の避けられない特性であるという誤った信念をもっている。しかし、命題推論のような論理的思考過程が、ＡＩプログラムの一般的な知能の結果として発現するのであって、あらかじめプログラムされているのではないというのは、完全にもっともなことで

ある。これは、人間の場合に起っていることである！　そして硬直した規則と必要とされる無矛盾性のかなりばかげた定義とをそなえた厳格な命題計算が、そういうプログラムから現れると仮定する特別な理由はない。

AIの土台

われわれはこのレベルの区別への小旅行を要約して、チャーチとチューリングの提唱の最後で最強の形をもっておさらばすることができる。

チャーチとチューリングの提唱=AI版　いかなる種類の心理過程でも、フーと同じ力をもつ言語、すなわち、すべての部分再帰的関数をプログラムできる言語に基づくコンピュータ・プログラムによって模倣できる。

実際には、多くのAI研究者が、チ・チ提唱と密接に関係しているもうひとつの信仰個条を信頼していることも、指摘しておくべきであろう。それはだいたい次のように述べられる。

AI提唱　機械の知能が進化するにつれて、その基礎にある機構は、人間の知能の基礎にある機構にしだいに収束するであろう。

いいかえれば、すべての知能はただひとつの主題の変奏にすぎない。AIの仕事をしている人々は、もしわれわれがもっている能力を達成する機械を作りたければ、より低いレベルを脳の機構に近づけるよう努力をつづけさえすればよいであろう。

チャーチの定理

今度は蟹の話に戻って、彼の定理判定手続き（音楽的美しさに対するフィルターという外観で述べられているが）が現実と合うかどうかという問題をとりあげよう。実際には、対話の中で起った出来事からは、蟹の才能が定理を非定理から見分ける能力であるのか、それとも、内容的に正しい文を誤った文から見分ける能力であるのかは、何ともいえない。もちろん多くの場合これらは一致するが、ゲーデルの定理によれば、いつもそうとはかぎらない。しかし少しも困らない。チャーチとチューリングの提唱=AI版を信じるなら、どちらにしても不可能なのである。TNTの能力をもつどんな形式システムにおいても定理性に対する決定手続きが存在しないという命題は、「チャーチの定理」として知られている。数論的な真理——TNTのさまざまな分岐に出会ったあとでは実に疑わしいことではあるがそのような真理が存在するとして——に対する決定手続きが存在しないという命題は、「タルスキの定理」（タルスキは着想をかなり前から得ていたが、発表は一九三三年）からただちに導かれる。

超数学において非常に重要なこれら二つの結果の証明は、非常によく似ている。どちらも自己言及の構成からごく簡単に導かれる。まず、TNTの定理性に対する決定手続きの問題から考えてみよう。与えられた数式Xが、「定理」の集合と「非定理」の集合のうちのどちらに入るのかを決定できる一般的な方法がもし存在したとすると、チ・チ提唱（標準形）によって、終了するフー・プログラム（一般再帰的関数）が存在して、数式Xのゲーデル数が与えられれば、同じ決定をしてくれる。重要なステップは、終了するフー・プログラムで判定できる性質が、TNTで表現できることを思い出すことである。すなわち、TNTの定理性という性質は、TNTの中で（たんに表記できるのとは区別された意味において）表現できるはずである。しかし、すぐあとでわかるように、そうだとするとひどいことになる。というのは、もし定理性が表現可能な性質であるなら、ゲーデルの式Gはエピメニデスのパラドクスと同じくらい不合理なものになる。

すべてはGがいっていること、「GはTNTの定理ではない」にかかっている。Gが定理であったと仮定してみよう。すると、定理性は表現可能であると仮定されているので、「Gは定理である」と主張しているTNTの式はTNTの定理である。しかし、その式はGの否定~Gであるから、TNTは矛盾を含む。一方、Gが定理ではなかったとすると、またしても定理性が表現可能であると仮定したことから、「Gは定理でない」と主張しているTNTの式はTNTの定理である。しかしその式はGであって、われわれはふたたびパラドクスに追いこまれる。前の状況とは違って、パラドクスを逃れるすべはない。問題は、定理性があるTNTの式によって表現されるという仮定から発生しているので、われわれはもとに戻って仮定を取り消さなければならない。このことからまた、どんなフー・プログラムも、定理のゲーデル数を非定理のゲーデル数から見分けることはできないと結論せざるをえない。最後に、もしわれわれがチ・チ提唱のＡＩ版を受けいれるなら、われわれはさらに戻って、どんな方法であれ人間が定理を非定理から確実に見分けること――そして、これは美に基づく決定を含む――はできないと結論しなければならない。公共過程版を信用する人々だけが、蟹の行動が可能であるとまだ考えていられる。しかしこの版は、すべての形の中でおそらく最も正当化しにくいものである。

タルスキの定理

今度はタルスキの結果に進もう。タルスキは、数論的真理の概念をTNTで表現する方法がありうるかどうかを考えた。定理性が表記可能であること（表現はできないが）はすでに見たとおりである。タルスキは真理という概念について類似の問題に興味をもった。もっと正確にいうと、彼はただひとつの自由変数**a**をもつTNTの式で、次のように翻訳できるものが存在するかどうかを判定しようとしたのである。

「そのゲーデル数が**a**であるような式は真である。」

タルスキとともに、そのような式が存在すると仮定して、それを**TRUE{a}**と略記することにしよう。われわれがしたいことは、それ自身について真でないことを主張している文を作るために対角線論法を使用することである。われわれはゲーデルの方法をそっくりまねて、「伯父」から始める。

∃a：〈~TRUE{a}∧ARITHMOQUINE{a″, a}〉

この伯父のゲーデル数をtとしよう。この伯父を算術的にクワイン化すると、次のタルスキの式Tが得られる。

∃a：〈~TRUE{a}∧ARITHMOQUINE{SSS…SSSO/a″, a}〉
（SSS…SSS：t個の**S**）

これは次のように解釈できる。

「tの算術的クワイン化はある誤った文のゲーデル数である」

しかしtの算術的クワイン化はT自身のゲーデル数であるから、タルスキの式TはエピメニデスのパラドクスをＴＮＴの中で徹ティー的に再現して、自分自身について「私は誤っている」といっている。もちろん、これは、この式が同時に真でも偽でもある（または同時にどちらでもない）ことを意味している。ここで面白い問題が発生する。エピメニデスのパラドクスを再現して、何がそんなに悪いのだろうか？　結局のところ、英語の中にすでに再現されているのに、英語が煙と消えたりはしなかった。

マニフィ蟹トの不可能性

解答はここにかかわっている意味に二つのレベルがあることを思い出せば得られる。ひとつのレベルは、われわれが今使っているレベルで、もうひとつは数論の文としてのレベルである。もしタルスキの式Tが本当に存在したとすると、それは自然数についての命題で、同時に真でも偽でもある！　そこがむずかしいところである。英語のエピメニデスのパラドクスの場合にはいつでも、その主題（それ自身の正しさ）が抽象的であるといって絨緞の下に掃きこんでしまうことができるが、数についての具体的な命題の場合にはそうはいかない！　もしこれがおかしな事態であると信じるなら、われわれは式TRUE{a}が存在するという仮定を取り消さなければならない。このように、ＴＮＴの内部で真という概念を表記する方法は存在しない。このことから、真ということが定理性（これは表記可能である）よりはるかに定義しにくい性質であることがわかる。前と同じような逆戻り論法（チャーチとチューリングの提唱＝ＡＩ版にかかわる）によって、次の結論が導かれる。

蟹の心は、ＴＮＴの定理判別機でないと同様、真理判別機でもありえない。

後者はタルスキ、チャーチ、チューリングの定理（「算術的真理」に対する決定手続きは「存在しない」）に反するし、前者はチャーチの定理に矛盾する。

形の二つの型

ここで非常に面白いのは、「形」（form）という言葉をいくらでも複雑な図形の構造にあてはめたときの意味について考えてみることである。たとえば、われわれが絵を見てその美しさを感じたときに、われわれは何に対して反応しているのだろうか？　われわれの網膜の上の線や点の「形」であろうか？　明らかにそうにちがいない。そのようにしてわれわれの頭にある分析機構に到達するのだから。しかしその処理の複雑さから、われわれがたんに二次元的表面を見ているだけとは思えない。われわれは絵の内部のある種の秘められた意味、二次元の内部になんらかの形でとらえられている多次元的な面に反応しているのである。ここで重要なのは「意味」という言葉である。われわれの心は解釈機関（インタープリタ）を含んでいて、それが二次元的パタンを受けいれ、そこから、高次元の概念であまりに複雑なためにわれわれが意識的には記述できないようなものを取り出してくれる。ついでながら、われわれが音楽に反応するしかたについても同じことがいえる。

主観的にはこの秘められた意味を取り出す機構は、記号列の形のよさのようなある特定の性質の存在・欠如を判定する決定手続きからは程遠いと思われる。おそらくそれは、秘められた意味がそれ自身についてさらに多くのことを時間をかけて示す何ものかであるためであろう。記号列の形のよさのように「これでよし」と議論を打ち切るわけにはいかないのである。

　このことから、われわれが分析するパタンにおける「形」の二つの意味の間に引かれうる区別が示唆される。まず、形のよさのように、ブー・プログラムのように、終結予測可能テストによって判定できる特性がある。私はこれらを形の文法的特性と呼ぶことを提案したい。直観的には、形の文法的な面について、表面近くに存在して、したがって多次元的な認知構造の創造を刺激したりはしないように思われる。

　対照的に、形の意味論的面とは、予測できる時間内には判定できない面のことである。それらは無制限の検定を要求する。そのような面のひとつは、すでに見たように、TNTの記号列の定理性である。ある標準的な検定を記号列に適用して、それが定理であるかどうかを見分けることはできない。ともかく、その意味がかかわっているという事実は、ある列がTNTの定理であるか否かを見分けることのむずかしさと決定的に関係している。かかわっている意味を列から取り出すという作業は、本質的に、すべての他の列との関連性が意味するところを明らかにすることを必要とするので、当然、無制限の追跡に導かれることになる。だから「意味論的」性質は、ある重要な意味において、対象の意味がその対象自身の内部に局限されていないために、無制限の探索につながっているのである。これは、どこまでいってもどんな対象の意味の理解も不可能だ、ということではない。時間がたつにつれて、意味がだんだんと明らかにされるからである。しかし、いつでもその意味の側面で、いくらでも長い間隠されているものがある。

意味は認知構造との関連から生れる

目先を変えるために、列から音楽の作品に話題を移そう。もしそうしたいなら、「列」という言葉で、音楽の作品へのどんな言及にでも置き換えてよい。議論は一般的になるように意図されているが、音楽に言及することによって雰囲気がさらに明らかにされるように思う。音楽作品の意味には奇妙な二重性がある――一方では、それは世界の他のたくさんのものごとと関係しているために広がりがあるように見えるし、他方では、楽曲の意味は明らかにその音楽自身から導かれるので、その音楽のどこか内部に局限されているはずである。

　このジレンマの解決は、解釈者(インタープリタ)――意味の抽出を行う機構について考えると得られる。(ここで私がいう「解釈者」は、その曲の演奏者のことではなくて、聴き手の中にあって曲が演奏されたときに意味をひきだす心理的機構のことである。)解釈者はある作品をはじめて聴きながら、その作品の意味の重要な側面を数多く発見するであろう。このことは、意味が作品それ自体の中に居住していて、たんに読みとられるものであるという考え方を裏づけるように見える。しかし、それは話のほんの一部分である。音楽の解釈者が働くときは、多次元的な認知構造――その作品の心理的表現――を組み立て、その構造をすでに存在する情報と統合しようと、以前の経験を符号化した他の多次元的心理構造とのつながりをさがす。この過程が起ると、全体的意味がしだいにはっきりしてくる。実際、何年もたってから、誰かが作品の核心的意味を見抜いたと感じるようになることもある。これは、音楽的意味が広がりをもっていて、解釈者の役割はそれを少しずつまとめ上げることだという、対立する見方を支持するようである。

真実は疑いなくどこか中間にある。意味——音楽的な意味も言語学的意味も——はある程度局所的で、ある程度広がりをもっている。第6章の用語を使えば、音楽作品や文章の断片は明示された意味の、部分的には引き金であり、また部分的には担い手である。意味のこの二重性をあざやかに示すには、古代の銘が刻まれた板の例が挙げられる。その意味は、部分的には世界中の図書館や学者の頭脳の中に記録されるが、その銘板自身の中にも隠されていることは明らかである。

　このように、「文法的」および「意味論的」性質（提案されている意味に従うかぎり）の相異を特徴づけるもうひとつの方法は、文法的性質が考察中の対象の内部に一義的に備わっているのに、意味論的性質は他の対象の潜在的に無限の集合との関係に依存していて、そのため完全には局所化できないということである。文法的性質には原則として、秘密とか隠されているものは何もないが、意味論的性質の場合、隠されているということが本質的である。そういうわけで、私は視覚的な形の「文法的」および「意味論的」側面の間の区別を示唆したのである。

美と真実と形

　美についてはどうだろうか？　これはたしかに、これまでの考えによれば、文法的性質ではない。美とは、たとえばある特定の絵がもっている性質のことであろうか？　われわれの注意を早速一人の観察者に限定することにしよう。誰でも、何かをあるときには美しいと思い、またあるときには退屈だと思った——そしてたぶん他のときにはどちらでもない——経験がある。では、美とは時間とともに変化する属性なのだろうか？　話を逆にして、時間とともに変化するのは観察者の方だ、ということはできる。それなら、ある特定の時間における特定の絵の特定の観察者が与えられたとき、美とは明確に存在するか、あるいは存在しないような特性であろうか？　それとも、美については何かうまく定義できないぼんやりしたものがまだあるのだろうか？

　どの個人でもおそらく、解釈者のいろいろなレベルが、状況に応じて発動されうるのであろう。それらの異なるレベルが異なる意味をひき出し、異なる関連を設定し、そして一般にすべての深い側面の異なる評価を与える。だから、美の概念を明確にするのはきわめてむずかしいと思われる。そのために、私は「マニフィ蟹ト」の中で、美を真実と結びつけることにしたのである。真実もまた、すでに学んだように、すべての超数学の中で最もぼんやりした概念のひとつである。

エピメニデスのパラドクスの神経基質

　この章を終えるにあたって、真理の中心的問題、エピメニデスのパラドクスについてのある着想を述べておきたい。私は、エピメニデスのパラドクスをTNTの内部で再現したタルスキの仕事が、エピメニデスのパラドクスの英語版の性質をさらに深く理解する道筋を示していると思う。タルスキが発見したことは、パラドクスのタルスキ版が、二つの異なるレベルをもっていることである。ひとつのレベルにおいては、それはそれ自身についての文であり、それが偽ならば真に、またそれが真ならば偽になる。もうひとつのレベル（私はそれを「算術的基質」と呼びたい）ではそれは整数についての文で、真であるための必要十分条件は偽であることである。

　ある理由から、後者は前者よりもはるかに人々を悩ませる。前者はその自己言及性から、ただ「無意味である」として肩をすくめてすます人もいる。しかし、整数についての逆説的な文を、肩をすくめるだけですますわけにはいかない。整数についての文が、同時に真でありしかも偽であることなどありえない。

私の感じでは、エピメニデスのパラドクスのタルスキによる変換は、英語版の中に基質を探すことを教えてくれる。算術版では、意味の上位のレベルは下位の算術的レベルによって支えられている。おそらく同じように、われわれが読みとる自己言及文(「この文は偽である」)は二重レベルの実体の最上位レベルにすぎない。それなら、下位のレベルは何なのだろうか? 言語が乗っているのはどんな機構の上なのだろうか? 頭脳の上である。したがって、エピメニデスのパラドクスに対する神経基質——たがいにぶつかりあう物理的事象の下位レベルを探すべきである。「ぶつかりあう」とは、二つの事象が、それらの本性から、同時には起りえないことである。もしこの物理的性質が存在するとしたら、われわれがエピメニデスのパラドクスを理解できない理由は、われわれの脳が不可能な仕事をしようとするためである。

では、衝突する物理的事象の本性は何なのだろうか? エピメニデスのパラドクスを聞いたときにはおそらく、脳はその文のある「符号化」——相互作用をする諸記号の内部的配置を設定する。そして、その文を「真」か「偽」かに分類しようとする。この分類行為は、いくつかの記号をある特定のしかたで相互作用させるような試みを必要とするはずである。(たぶんこのことは、どんな文を処理するときにも起る。)ところで、もし分類行為が文の符号化を物理的に破壊するようなこと(ふつうはけっして起らないことだが)が起ったときは、プレーヤーにそれ自身を破壊するレコードをかけようとするのと同じ災難がひき起される。われわれは衝突を物理的な用語で説明したが、神経系の用語ではなかった。もしこの分析がこれまでのところ正しいとすると、おそらくあとの議論は、脳の中でのニューロンとその発火による「記号」の構成について何かわかったときに続行できるであろう。また、文が「符号」に変換されるしかたについての知識も必要である。

エピメニデスのパラドクスの神経基質についてのこの素描は、エピメニデスのパラドクスの英語版の解決法はタルスキ版の解決法と似ているだろう、ということを(少なくとも私には)示唆してくれる。その解決には、脳が真理の概念の十分に正確な表現を提供しうるという考えを捨てなければならない。この解決の新しいところは、真理の全体的モデル化が全く物理的な理由から不可能であること、すなわちそのようなモデル化には、脳の中で物理的に両立しえない事象が発生する必要があることを示唆している点にある。

SHRDLUよ、人の巧みの慰みよ

ある日、MIT（マサチューセッツ工科大学）の人工知能研究所に迷いこんだイータ・オイン（Eta Oin）は、そこで才気煥発の若いプログラム、シルドリュ（SHRDLU（テリー・ウィノグラードが開発したプログラムの名称））に出くわす。シルドリュはちょうど、新しく開発された人間「ウィグ・テラリー殿」を試験しに誰かやってこないかと、待ちこがれていたところである。シルドリュの説明では、このテラリー殿は、「おもちゃの世界」についての会話を説明するという限られた領域においてはかなり知的である。その小世界にはいろいろな形、大きさ、色の積木があって、どれも机にのっており、手にとって動かすことができる。イータ・オインはすっかりこれに魅せられて、シルドリュに向い夢中でタイプを打ち始める。テラリー殿がそれを彼女の肩ごしにのぞきこみ、予告どおり実況中継のようなことをしてくれる。

1

イータ・オイン　大きい赤いブロックをとって。（第110図参照）

シルドリュ　おーけー。

ウィグ・テラリー殿　シルドリュは、いわれたことをやり終ると「おーけー」と答えます。その赤いブロックをとるには、緑のをどこかに動かして、邪魔物を片づけなければなりません。

2

イータ・オイン　そのピラミッドをつかんでよ。

シルドリュ　ドノぴらみっどノコトカ、ワカリマセン。

ウィグ・テラリー殿　ここには三つ、ピラミッドがあります。そして、「その」で始まる言葉が話し手の心にある特定のものを指すのに使われることを、シルドリュは知っています。

3

イータ・オイン　あなたが持ってるのより背が高いブロックを見つけて、それを箱に入れてちょうだい。

ウィグ・テラリー殿　シルドリュは「の」とか「それ」が何を指しているのか考えなければなりません。それに、推理を働かせて、いま持っているブロックが何かも決定しなくてはなりません。

シルドリュ　「それ」ガ、私ガ持ッテイルモノヨリ背ガ高イぶろっくヲ指スト仮定シマショウ。

ウィグ・テラリー殿　「それ」については、二つの解釈が成り立ちます。いまシルドリュが選びとった解釈と、それから「私ガ持ッテイルモノ」という解釈と。シルドリュは、そのどちらを選ぶべきかの推定法をもっていました。
シルドリュ　おーけー。
ウィグ・テラリー殿　より背の高い青いブロックをとるには、シルドリュの手はまず赤いのを下に置かなければなりません。

4

イータ・オイン　箱の中にあるのは何？
シルドリュ　青イぴらみっどト青イぶろっく。

5

イータ・オイン　そのピラミッドは何に支えられてるの？
ウィグ・テラリー殿　シルドリュはさきほど、「そのピラミッド」といわれて「どのピラミッドのことか、わかりません」と答えました。それが今度は、たったいま言及されたもののことだと仮定しています。
シルドリュ　ソノ箱。

6

イータ・オイン　箱の中にないブロックはいくつ？
ウィグ・テラリー殿　「ない」とか「でない」のような否定形は、節の中に出てくるか、名詞句の中に出てくるかに応じて処理されます。
シルドリュ　四ツ。

7

イータ・オイン　わたしがとってって頼んだものより幅が狭いのが、その中に少なくともひとつはあるかしら？
ウィグ・テラリー殿　「その中に少なくともひとつ」という語句は、前の質問を遡って引用してると考えないといけません。それに、「……もの」はブロックを指してるはずです。名詞句には、「少なくともひとつ」とか、「四つ以上」とか、「ちょうど七つ」とか、複雑な数を付けることができます。「わたしがとってって頼んだもの」がどのブロックか推論するには、過去の出来事の記憶を使います。「……もの」というのが、実際には二つのレベルに深く埋めこまれた節の目的語だということに注意してください。シルドリュの構文解析プログラムには、こんなふうに複雑な構文を一般的な方法で処理する文法が組みこまれています。
シルドリュ　ハイ、赤イきゅーぶ。

8

イータ・オイン　それは支えられてるの？
シルドリュ　ハイ、机ニヨッテ。
ウィグ・テラリー殿　質問者がとくに情報を要求していなくても、その人にどんな情報が適切か推定する方法を、シルドリュはもっています。

9

イータ・オイン　机はブロックをとり上げることができるの？
シルドリュ　イイエ。
ウィグ・テラリー殿　「とり上げる」以上、ものを動かせなければいけないが、机にはそれはできない。シルドリュの意味規則には、そういう知識が含まれています。

10

イータ・オイン　ピラミッドがブロックに支えられるってことはありうるかしら？
シルドリュ　ハイ。
ウィグ・テラリー殿　シルドリュの推論システムがある実例を見つけました。それで、それが可能であるとわかります。

11

イータ・オイン　ピラミッドはピラミッドを支えられる?

シルドリュ　ワカリマセン。

ウィグ・テラリー殿　質問の意味ははっきりしてますが、ここにはその実例がありません。シルドリュは、自分自身のディテールを覗きこめないのです。そのディテールが、究極的にシルドリュの能力を限定しているのではありますが。

12

イータ・オイン　ピラミッドを二つ積み重ねて。

シルドリュ　デキマセン。

ウィグ・テラリー殿　シルドリュは試してみて、失敗しました。

13

イータ・オイン　青いピラミッドはわたしのよ。

シルドリュ　ワカリマシタ。

ウィグ・テラリー殿　ものの色や形、大きさや位置についての情報は、最初からシルドリュに与えられています。しかし所有関係は未知の性質で、それについては教えこむことができます。シルドリュはこの情報をデータ・ベースに記録します。

14

イータ・オイン　赤くないブロックは全部わたしのだけど、ピラミッドを支えているのはひとつもわたしのじゃないの。

シルドリュ　ワカリマシタ。

ウィグ・テラリー殿　これらの文を理解した結果、あなたがあるものを所有しているかどうかを決定する新しい手続きが、シルドリュの中に生れます。

15

イータ・オイン　箱はわたしのものかしら?

シルドリュ　イイエ。

ウィグ・テラリー殿　箱はピラミッドも含めて、その中にあるものは何でも支えます。

16

イータ・オイン　箱の中にわたしのものがある?

シルドリュ　ハイ、二ツ。青イぶろっくト青イぴらみっど。

17

イータ・オイン　赤いブロックの両方と、それから、緑のキューブかピラミッドのどっちかを積み上げてくれない?(第112図)

シルドリュ　おーけー。

ウィグ・テラリー殿　「と」とか、「か」とか、「のどっちか」のような論理結合子は、文法と意味論の両方で処理されます。指令は、それが質問のように見えても実行されます。シルドリュは緑のキューブを大きな赤いブロックにのせ(上に何もない緑のキューブが選ばれています)、それから、指示された積み上げを完成するのに小さな赤いブロックを使えるように、その上にある小さなピラミッドをどけます。

18

イータ・オイン　机にのってるのはどのキューブ?

シルドリュ　赤イぴらみっどヲ支エテイル大キイ緑ノ。

ウィグ・テラリー殿　ふつうなら、シルドリュはこれを「大きい緑のキューブ」というところでしょう。でも、あなたが「どのキューブ」と聞いたから、もっと特定する形でいわざるをえません。シルドリュは対話をなるべく自然にするように、代行名詞(「もの」のような)や代名詞を使って答える手続きをもっています。

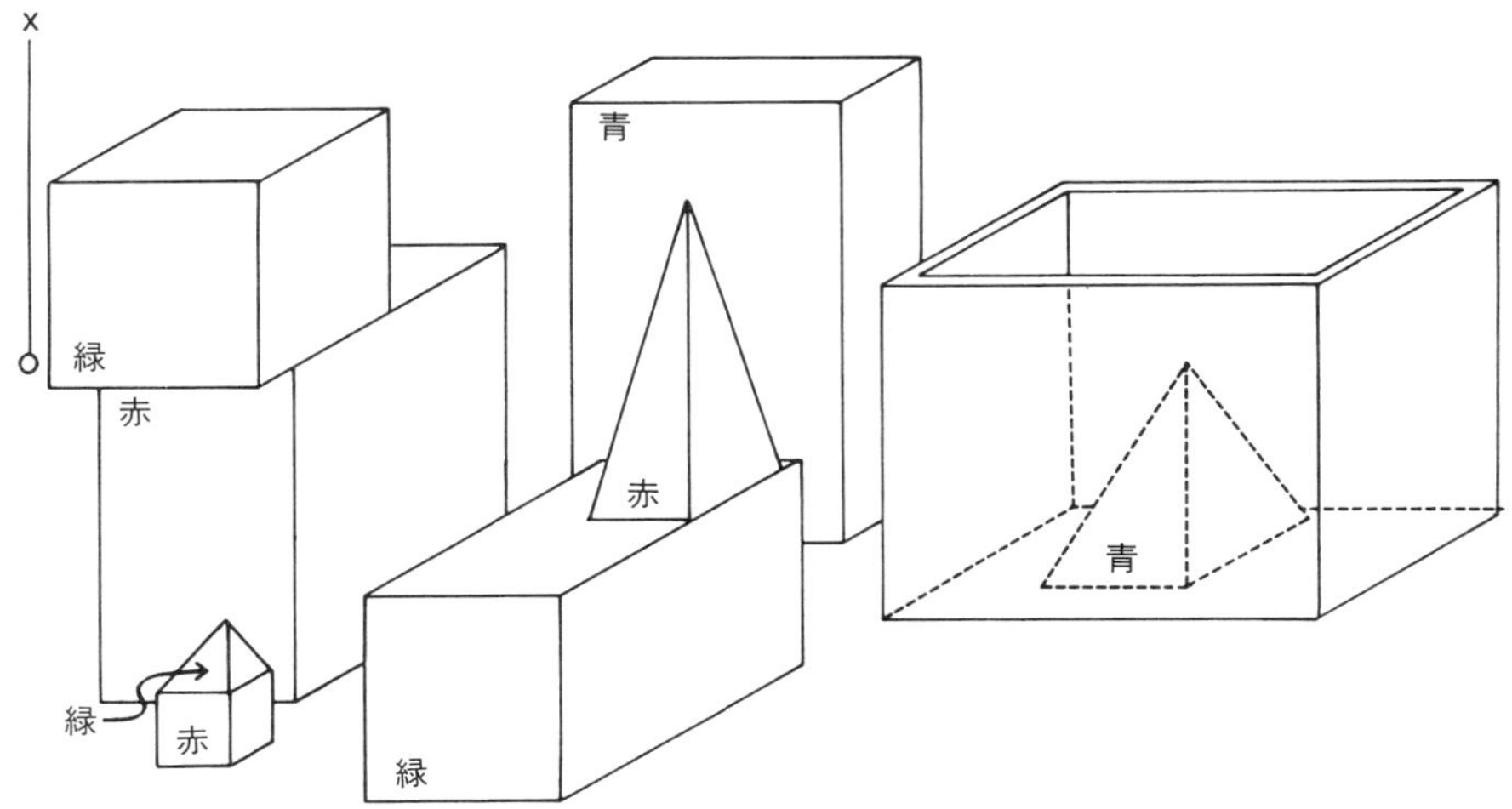

第 110 図　「大きな赤いブロックをとって」[Terry Winograd, Understanding Natural Language, Academic Press, 1972]

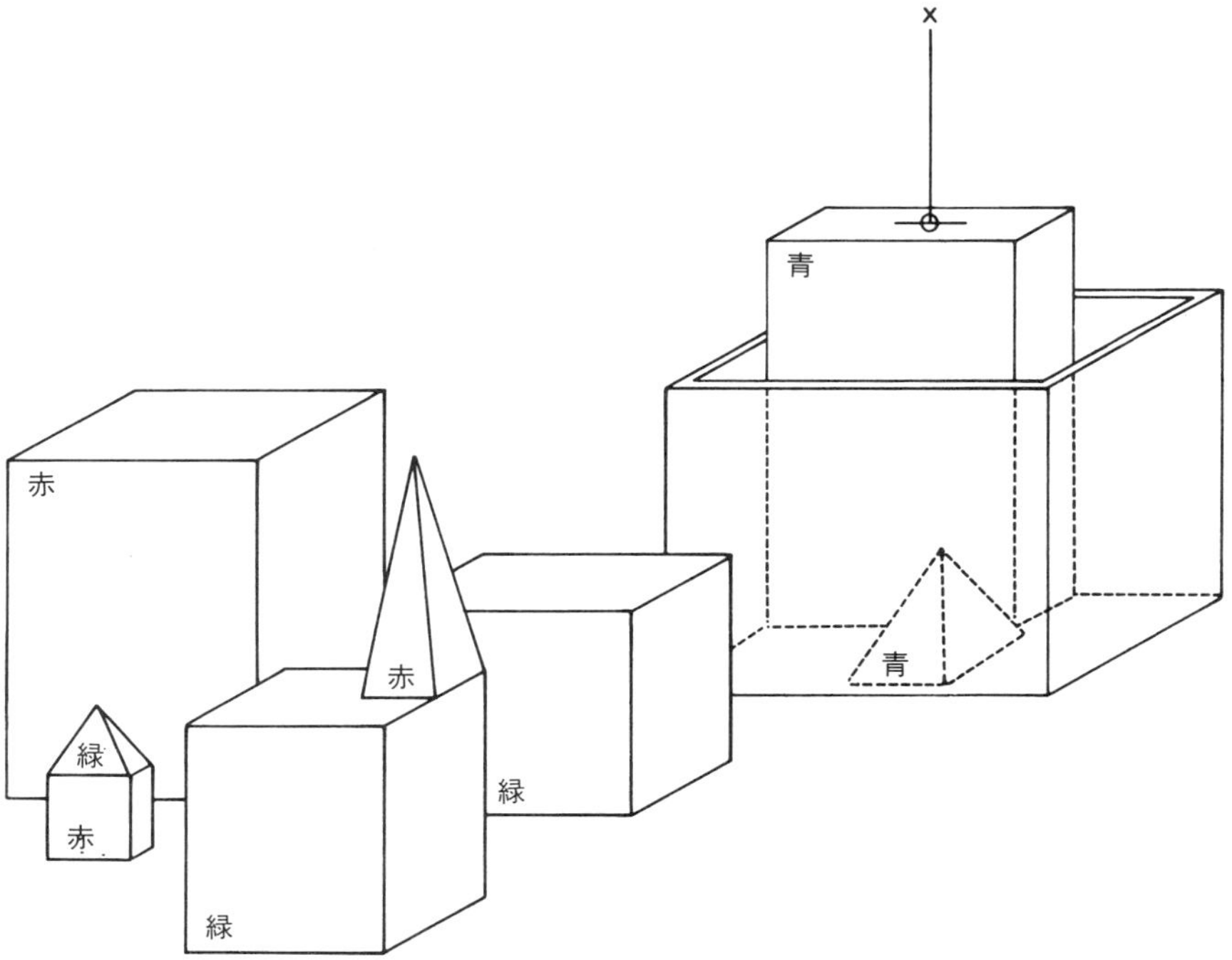

第 111 図　「いま持っているのより大きいブロックを見つけて、箱に入れてちょうだい」[Terry Winograd]

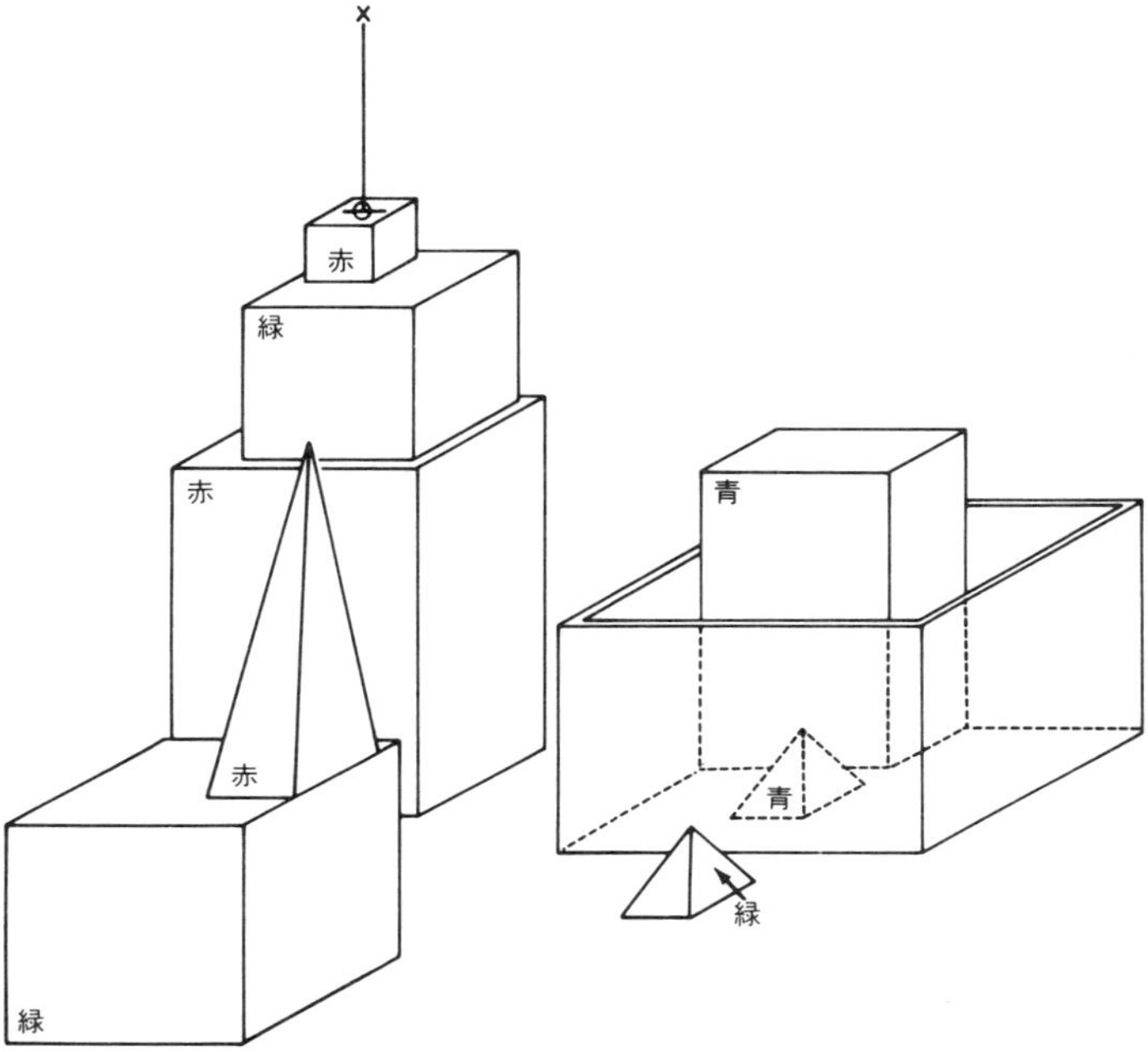

第 112 図 「赤いブロックを２つとね、それから緑のキューブかピラミッドを積み上げてくれない？」[Terry Winograd]

19
イータ・オイン　ピラミッドの後ろに大きいブロックがある？
シルドリュ　ハイ、三ツ。大キイ赤イノ、大キイ緑ノきゅーぶ、ソレニ青イノ。

20
イータ・オイン　ピラミッドを支えてる緑のキューブに、小さいのをひとつのせて。
ウィグ・テラリー殿　「小さいの」というのは、あなたのさっきの言葉「大きいブロック」と対比すべきでしょうから、これは「小さいブロック」の意味になります。
シルドリュ　おーけー。

21
イータ・オイン　その上に一番小さいピラミッドを置いて。
ウィグ・テラリー殿　「一番小さい」(littlest) というような言葉はシルドリュの辞書にはありません。が、「小さい」(little) のような原形から解釈されます。シルドリュはその動作を実行するのに、すべてのピラミッドの大きさを比較します。
シルドリュ　おーけー。

22
イータ・オイン　緑のキューブの上にいくつのってる？
シルドリュ　「緑のキューブの上」トイウ語句デ何ヲ意味シテイルノカ、ワカリマセン。ソノ意味ハ
1-直接表面ニ接シテイル
2-ソノ上ナラドコデモ？
ウィグ・テラリー殿　前の文の「の上」は、文脈から意味がはっきりしていたので問題なく解釈されました。今度の場合、曖昧さを

取り除く推定法で明快な定義をとらえることができず、そのためシルドリュは、さらに詳しい情報を求めなくてはなりませんでした。こうした要求は、代名詞「それ」とか「それら」の意味が明瞭でないときにも起りうるものです。

23

イータ・オイン　その小さなキューブの上に緑のをのせる前に、ピラミッドのどれかにさわってない？

シルドリュ　ハイ、緑ノニ。

ウィグ・テラリー殿　シルドリュは、どの出来事のことかを記憶内容から推論して、他の出来事をそれに時間的に関連づけることができます。その分析には動詞句の複雑な時制がかかわっていて、するのような不規則動詞のいろんな形を追跡する特別な機能が用意されています。

24

イータ・オイン　それをとり上げたのはいつ？

シルドリュ　赤イきゅーぶ、大キイ赤イぶろっく、ソシテ大キイ緑ノヲ積ミ上ゲテイルトキニ。

ウィグ・テラリー殿　時間は、そのとき行われていた作業の主たる目標を挙げて記述されます。

25

イータ・オイン　どうしてなの？

シルドリュ　ソレヲドケルタメニ。

ウィグ・テラリー殿　こういった質問やこのあとの質問群を理解するのに、シルドリュは即座に前の文を思い起します。

ウィグ・テラリー殿　シルドリュは当初の部分目標の枝分れで選択してきたところを追跡して、自分の意図を理解していきます。

26

イータ・オイン　なんでそんなことしたの？

シルドリュ　赤イきゅーぶノ邪魔物ヲナクスタメニ。

ウィグ・テラリー殿　「そんなこと」(that) というのは、シルドリュが最後の答で述べた動作を指しています。

27

イータ・オイン　どうしてそのキューブの邪魔物をなくしたの？

ウィグ・テラリー殿　「その」(that) というのは、ここでは、たったいまいったばかりのものを意味しています。

シルドリュ　ソレヲ大キイ緑ノきゅーぶノ上ニノセルタメニ。

28

イータ・オイン　どうしてそんなことしたの？

シルドリュ　赤イきゅーぶ、大キイ赤イぶろっく、ソシテ大キイ緑ノヲ積ミ上ゲルタメニ。

29

イータ・オイン　どうしてそんなことしたの？

シルドリュ　アナタガ私ニソウシロトイッタカラ。

ウィグ・テラリー殿　シルドリュが覚えているのは、自分が何をしたかということです。要求がどんな言葉で表されたか、ではありません。

30

イータ・オイン　それ、どんなふうにしたの？

ウィグ・テラリー殿　「それ」は、前の答ではなく、前の質問でふれた動作を指しています。

シルドリュ　大キイ赤イぶろっくヲ机ノ上ニ置イテ、ソレカラ手ヲ放シテ、大キイ緑ノきゅーぶヲソノ上ニ置イテ、ソノきゅーぶカラ手ヲ放シテ、赤イきゅーぶヲソノきゅーぶノ上ニ置イテ、ソノきゅーぶカラ手ヲ放スコトニヨッテ。
ウィグ・テラリー殿　これは、目標達成のために用いられたトップレベルの部分目標を記述したものです。

31

イータ・オイン　それをしているとき、いくつ、ものにさわったの？
ウィグ・テラリー殿　時間に関する言及では、「……とき」(when)のような言葉を使って、タイム・スパンについて述べることができます。
シルドリュ　四ツ。

32

イータ・オイン　その邪魔物をどける前、赤いキューブは何を支えてたのかしら？
シルドリュ　緑ノぴらみっど。
ウィグ・テラリー殿　シルドリュは何を移動させたか覚えておくことで、それ以前のものの配置を推論できます。あなたは、「その邪魔物をどける前」といった節を、何重にも複雑に重ねることができるのです。

33

イータ・オイン　そのとき、箱の左に五個、ブロックがあったわね。
ウィグ・テラリー殿　「そのとき」(then)というのは、さっきの文でふれた時間でなくてはなりません。
シルドリュ　イイエ、四ツダケ。赤イきゅーぶ、二ツノ大キイ緑ノきゅーぶ、ソシテ大キイ赤イぶろっく。
ウィグ・テラリー殿　この対話の前の方で、「所有関係」に関する情報はそっくりそのまま受けいれられていました。が、その位置を含めて、ものの基本的な性質に関する完全な情報が与えられていることを、シルドリュは知っています。シルドリュはそれらに関する文を検査し、正否を見分けます。

34

イータ・オイン　箱の中、ブロックの上、青いピラミッドを置いて。
ウィグ・テラリー殿　これは文法的には曖昧ですが、一通りに理解できます。いま目の前にある状況では、「箱の中にブロックの上の青いピラミッドを置いて」という文は意味をなしませんが、「箱の中のブロックの上に青いピラミッドを置いて」という文は意味をもつからです。
シルドリュ　おーけー。

35

イータ・オイン　どのピラミッドよりも大きくて、それを支えているものほどには幅が広くないものが、何かあるかしら？
ウィグ・テラリー殿　シルドリュは「どの」(every)「どんな」(any)「ある」(some)などの限定詞や、「より大きい」「……くらい幅が広い」といった構造を理解します。ここでは、「それ」は同じ文中の名詞句で、構文木の中で二レベル上のものを指しています。
シルドリュ　ハイ、青イぶろっく。

36

イータ・オイン　尖塔は？
シルドリュ　失礼。私ハ「尖塔」トイウ言葉ヲ知リマセン。
ウィグ・テラリー殿　シルドリュは、何かわからない言葉があるとすぐ割りこんできます。

37

イータ・オイン　「尖塔」っていうのは、二つの緑のキューブとひとつのピラミッドを重ねたもののことよ。
ウィグ・テラリー殿　引用符は、あなたが新しい言葉を定義していることを示します。その定義は、既知のすべての言葉と両立する形でシルドリュの辞書に付け加えられます。
シルドリュ　ワカリマシタ。

38

イータ・オイン　いま、尖塔がある？
シルドリュ　イイエ。
ウィグ・テラリー殿　新しい定義は、尖塔を認識するための記述として利用されます。

39

イータ・オイン　ひとつ作ってみて。
シルドリュ　おーけー。
ウィグ・テラリー殿　定義で与えられた記述は、新しいものを認識するだけでなく、それを作り出す計画を導く働きもします。「ひとつ」は「ひとつの尖塔」の意味で、その計画が実行されます。まず、大きい緑のキューブの上の赤いキューブと、二つのピラミッドがどかされます。それから、二つの緑のキューブと背の高い赤いピラミッドとが、記述に合うように積み上げられます。

40

イータ・オイン　一番大きいブロックを「スーパーブロック」と呼ぶことにするわ。
シルドリュ　おーけー。
ウィグ・テラリー殿　あなたは、ものに名前をつけることもできます。

41

イータ・オイン　わたしたちがやりとりを始めてから、スーパーブロックをとり上げたことがあったっけ？
シルドリュ　ハイ。

42

イータ・オイン　どうしてそれを落っことしたの？
シルドリュ　「それ」ハすーぱーぶろっくヲ指シテイルト仮定シマス。私ニハ、実際ニナカッタ出来事ハ説明デキマセン。
ウィグ・テラリー殿　シルドリュの記憶には、どのブロックにしろ落っことしたという記録はありません。回答ルーチンは、本当でないことを仮定しているこの種の「誘導訊問」に対して特別のチェックを行います。

43

イータ・オイン　赤いピラミッドの右に何かある？
シルドリュ　ハイ、四ツ。箱、赤イきゅーぶ、青イぴらみっど、ソシテすーぱーぶろっくト呼バレルぶろっく。
ウィグ・テラリー殿　あるものに名前をつけると、回答の中でそのものを指示する助けとしてその名前が利用されます。

44

イータ・オイン　ありがとう。
シルドリュ　ドウイタシマシテ！
ウイグ・テラリー殿　シルドリュの文法は手続きとして書かれていて、それが、熟語に対する特殊な構文解析を行う能力をシルドリュに与えています。

［第18章］人工知能＝回顧

チューリング

一九五〇年に、アラン・チューリングは人工知能について、最も予言的かつ挑発的な論文を書いた。この論文は「計算する機械と知能」と題されて、『マインド』誌上に現れた。この論文についてこれから論じるのだが、その前に、チューリングその人について若干述べておこう。

アラン・マシスン・チューリングは一九一二年にロンドンで生れた。好奇心とユーモアに溢れた子供であった。数学の才能に恵まれた彼は、ケンブリッジ大学に進み、そこで機械と数理論理学に対する彼の関心がたがいに肥料となって、有名な「計算可能数」についての論文として実を結んだ。彼はその中でチューリング機械の理論を創始し、停止（ホールティング）問題が解決不可能であることを証明した。この論文は一九三七年に発表された。一九四〇年代には、彼の関心は計算機械の理論から実際のコンピュータの建造に移った。彼はイギリスにおけるコンピュータ開発の立役者であり、人工知能がはじめて攻撃にさらされたときにその誠実な救護者であった。彼の親友の一人が（のちにコンピュータ作曲の仕事をする）チャンパナウンであった。チャンパナウンとチューリングはどちらも熱心なチェス・プレーヤーであり、「ラウンド・ザ・ハウス」チェス（一手指したあと家を一回りして、もし相手が駒を動かす前に戻れたならば、もう一手つづけて指す権利が与えられる）を考案した。もっとまじめな例をあげれば、チューリングとチャンパナウンは「チューロチャンプ」と呼ばれる、チェスのプレーをする最初のプログラムを作りあげた。チューリングは惜しくも四十一歳の若さで亡くなった。薬物による事故だったらしい。しかし自殺だという説もある。彼の母、サラ・チューリングが彼の伝記を書いた。いろいろな人から彼女が引用しているところによると、チューリングは大変型破りで、ある面では不器用でさえあったが、大変正直で上品であったために、世事で傷つきやすかった。彼はゲーム、チェス、子供、そして自転車乗りを愛した。また、すばらしい長距離ランナーでもあった。ケンブリッジの学生時代には中古ヴァイオリンを買いこんで、ヴァイオリン演奏を独学で学んだ。あまり音楽の才はなかったが、それでも演奏を大いに楽しんだ。彼はいささか偏執的で、妙な方向にエネルギーを爆発させた。彼が探求した分野のひとつは生物学における形態発生であった。母親によると、チューリングは「（ディケンズの）『ピクウィック・クラブ遺文録』をとくに好んだが」、詩には、「シェイクスピアのものを除けば、まるで興味がなかった」アラン・チューリングはコンピュータ・サイエンスの分野における真のパイオニアの一人である。

チューリング・テスト

チューリングの論文は次のような文ではじまる。「機械は思考できるか、という疑問を考察することを私は提案する。」彼の指摘するところでは、これらの言葉は多重の意味を負わされすぎているので、もっと操作的なやり方を探して疑問に接近しなければならない。そのやり方は彼が「模倣ゲーム」と呼んだものの中にある、と彼は示唆する。今日、チューリング・テストとして知られているのがそれである。チューリングはそれを次のように紹介している。

第113図　アラン・チューリング。満足のゆくレースのあとで(1950年5月)。[Sara Turing, *Alan Turing*, W. Heffer & Sons, 1959]

ゲームは三人で行われる。男（A）と女（B）と質問者（C）であり、質問者は男女いずれでもよい。質問者は一室にいて、他の二人からは隔てられている。質問者にとってこのゲームの目的は、二人のうちどちらが男でどちらが女であるかを判定することである。彼はこの二人をX、Yというラベルで知っている。そしてゲームの終りには、彼は「XはAであり、YはBである」または「XはBであり、YはAである」と述べる。質問者は、AとBに次のような具合に質問することが許されている。

C　Xさん、髪の長さを教えてください。

さて、Xが実際はAであるとすると、Aが答えなければならない。このゲームにおけるAの目的は、Cに誤った判定を下させることである。そこでAの答は、次のようになる。

「私の髪は刈り上げで、いちばん長い毛はほぼ九インチです」

声の質で性別が見破られないように、答は書いて示すことにする。タイプならなおよい。理想的な配置は、二つの部屋をテレタイプ通信で結ぶことである。別のやり方としては、質問も回答も仲介者に取り次いでもらうのもよい。第三の参加者（B）にとっては、質問者を助けることがこのゲームの目的である。彼女にとって最良の戦略は、おそらく真実味のある答をすることであろう。彼女は自分の答に「私は女です。彼のいうことを聴いてはいけません！」などと付け加えることができる。しかし、これはなんの役にも立たない。なぜなら、男の方もこれと同じ台詞を述べることができるからである。

ここでひとつ質問しよう。「もしこのゲームで、機械がAの役割を演ずるとすれば、どういうことが起こるだろうか？」質問者は、同じゲームを男女を相手に行った場合と同じ程度の頻度で誤った判定を下すだろうか？　この質問が私たちの最初の質問、「機械は思考できるか？」にとってかわる。

テストの性格を描写したあと、チューリングはそれに若干の註釈を加える。これは彼がそれを書いた時代を思えば、大変巧妙なものである。彼はまず、質問者と被質問者の短い仮想的な対話を示す。

Q　フォース橋を主題にしてソネットを書いてください。「フォース橋はスコットランドのファース・オブ・フォース川に架かっている鉄道橋」

A　この質問はないことにしてください。私には詩など書けたためしがありません。

Q　七〇七六四に三四九五七を加えてください。

A　（三〇秒ほどたってから答える）一〇五六二一。

Q　チェスをしますか？

A　はい。

Q　私の方はK1にKがあり、他には駒をもっていません。あなたの方はK6にK、R1にRがあります。こんどはあなたの番です。どうしますか？

A　（一五秒の間をおいて答える）R—R8メイト。

気づかれた読者は少ないだろうが、算術の問題には異常に手間がかかっているばかりではなく、答も間違っている！　もし答えているのが人間であれば、説明は簡単である。たんなる計算違いだ。しかし、答えているのが機械だとすると、さまざまな説明が可能である。いくつか挙げてみよう。

(1)　ハードウエア・レベルでの実行時エラー。（つまり、再現不可能なまぐれ）

(2)　意図しないハードウエア（あるいはプログラム作成）上のエラーがひき起す（再現可能な）エラー。

(3)　質問者をだますような偶然的な算術上の誤りを生じさせるために、機械のプログラマー（あるいは製造者）が故意に挿入したいたずら。

(4)　予期しない随伴現象。プログラムが抽象的に思考することに苦労していて、ふと犯した「正直な誤り」。次にはもう二度と犯さないだろう。

(5)　質問者をからかうために機械自身がもくろんだ冗談。

チューリングがこの微妙ないい方で語ろうとしていたことを考え

てみると、人工知能に関連した哲学上の主な論点がほぼすべて見えてくる。

チューリングはつづけてこう指摘する。

> この新しい問題は、人間の肉体的および知的能力の間にかなり鋭い一線を画するという利点をもっている……私たちは、機械が美人コンテストで抜きんでることができないからといって責めようとは思わないし、人間が飛行機と競走して敗れたからといって責める気にもならない。

この論文を読む楽しみのひとつは、チューリングがそれぞれの思考の系をどこまでもたどっていき、ある段階では見かけ上の矛盾を掘り起しながら、彼自身の概念を練り上げることによって、より深い分析のレベルでそれを解決するのがつねであったことを知る点にある。論点をこれほど深く掘り下げているために、この論文は、コンピュータ開発が大きな進歩をとげ、人工知能に関する集中的な研究がなされたこの三〇年に近い歳月をへた今日でも、依然光彩を放っている。次の短い抜粋からも、彼の豊かな、行きつ戻りつする思考の働きの片鱗がうかがえるだろう。

> このゲームは、機械の側の勝ちめがあまりにも大きすぎるという批判を蒙るかもしれない。もし人間が機械のふりをしようとしても、下手にしかできないのは明らかだ。人間はまず、算術計算の遅さと不正確さでたちまちぼろを出してしまう。人間がするのとは大変異なっていても、思考としか描写しようのないことを機械が遂行してはいけないだろうか？　この異議は非常に強いものであるが、私たちには少なくとも次のように述べることができる。もしこうしたことにもかかわらず、模倣ゲームを十分にやれる機械が建造できれば、このような異議に煩わされることもなくなるだろう、と。
>
> 「模倣ゲーム」をするとき、機械にとって最良の戦略はたぶん、人間の行動の模倣以外にあるといいたくなるかもしれない。そうかもしれない。しかし、その種のやり方では大きな効果はあげられそうにもない、と私は考える。いずれにせよ、ここでゲーム理論を探究するつもりはない。最良の戦略は人間が自然に為すであろうものに似た回答を用意しようと努めることである、と仮定しよう。

テストを提案し、それについて論じたところで、チューリングはこう付け加える。

> もとの質問「機械は思考できるか？」はあまりにも無意味なので、議論するに値しないと信ずる。それにもかかわらず、今世紀の末には、思考する機械について矛盾を予期せずに語れるように、語の使用法も、教育ある一般人の意見も大幅に変っているだろう。

チューリングは反論を予期する

この意見をたしかに待ちうけているはずの反対論の嵐に気づいていたチューリングは、機械が思考できるという観念に対する一連の反対論を簡潔に、辛辣な諧謔をこめて、裁断していく。チューリングが挙げた九つの型の反論を、彼自身の表現を用いて以下に列挙しておく。残念なことに、彼がまとめたユーモラスで巧妙な応答を再録するスペースがない。反論について考察し、ご自分の応答を考え出すのは読者諸氏の楽しみに委ねることにしよう。

(1) **神学的反論**　思考は人間の不滅の霊魂の機能である。神はあらゆる男女に不滅の霊魂をお授けになったが、他のいかなる動物や機械にも与えようとはなさらなかった。よって、動物あるいは機械は思考できない。

(2) **頭が悪いふりをする反論**　考える機械という帰結はあまりにも恐しいので、機械どもにそれができないことを希望し、そう信じよう。

(3) **数学的反論**　［これは本質的にルカスの論議である。］

(4) **意識からの論難**　「記号の偶然の配列によるのではなく、思考と感情の働きのゆえに、機械がソネットを書いたりコンチェルトを作曲できるようになるまで、機械が脳と対等であるということ、つまり、機械が書けるだけではなく、書いたことを知っているということには同意できない。どんな機械も、成功はしても喜びを感じることはできず（たんに人工的にそれらしい合図を出すだけなら簡単な仕掛けだ）、真空管が切れても悲しむことはできず、おだてられても上気せず、間違いをしても惨めにならず、セックスに魅せられることもなく、欲しいものが得られなくても怒らず、打ちのめされたりしない。」［教授ジェファーソン某からの引用］

チューリングは、この真剣な反論に十分くわしく答えるべきだと本気で考えていた。そのために、答にかなりのスペースを割き、その中でもうひとつの短い仮想的対話を提供した。

質問者　あなたのソネットの第一行には「汝を夏の日にたとえるべきか」とありますが、これは「春の日」でもよいし、ひょっとするとその方がよくなるのではありませんか。
証人　それでは韻律が整いません。
質問者　では「冬の日」ではどうです？　これなら韻律が整わないとはいえないでしょう。
証人　はい。でも、冬の日にたとえられて喜ぶ人はいません。
質問者　ピクウィック氏がクリスマスを想い起させるとは思いませんか？
証人　ある点では。
質問者　クリスマスは冬の日です。しかし、ピクウィック氏がこのたとえを気にするとは思えません。
証人　あなたがまじめに質問しているとは思えません。冬の日で人びとが思いうかべるのは典型的な冬の日で、クリスマスのような特別の日ではありません。

この対話のあとでチューリングは尋ねる。「もしソネットを作る機械が口頭でこういうふうにすらすら答えることができたら、ジェファーソン教授は何というだろうか？」

反論はまだある。

(5) **さまざまな能力の欠如という議論**　この議論は、「あなたの列挙したことがすべてできる機械が製造できることを認めよう。しかし、Xが行える機械は製造できないだろう」という形をとる。これに関連しておびただしい特徴Xが示唆されている。いくつか選んでみよう。

親切、元気、美しく、親しげであること、音頭がとれること、ユーモアのセンスがあること、善悪の見分けがつくこと、ミスを犯すこと、恋に陥ること、いちごクリームが好きなこと、誰かに好かれること、経験から学ぶこと、言葉を正しく使うこと、自分の考えを貫くこと、人間と同じように行動が多様であること、本当に新しいことをすること、など。

(6) **ラブレス夫人の反論**　バッベジの解析機関の最も詳細な情報は、ラブレス夫人の回想記からきている。その中で彼女はこう述べている。「解析機関は何かを創造するとは自負しません。この機関は、あることを実行させるのに、それにどう指令するかをわれわれが知っていることなら何でもできるのです。」（傍点はラブレス夫人）

(7) **神経系の連続性に基づく議論**　神経系はたしかに離散状態機械ではない。ニューロンに突きあたる神経インパルスの大きさに関する情報の小さな誤りが、そこから出ていくインパルスの大きさに大きな違いをもたらすかもしれない。そうであれば、離散状態系を用いて神経系の行動を模倣できると期待してはならない、と論じてもよかろう。

(8) **行動の無定形に基づく議論**　これはつぎのようになされる。「もし各人がある確定した行為の規則の集合をもっていて、それによって生活を規制しているとすれば、人間は機械に比べて少しもましではない。しかしながら、そのような規則はなく、それゆえ人間は機械ではありえない」

(9) **超感覚的知覚に基づく議論**　証人としてテレパシーのすぐれた受け手と、ディジタルコンピュータを用いて模倣ゲームをしよう。質問者は、「私の右手のカードはトランプのどの組のカードか？」といったような質問をする。その人はテレパシーか千里眼によって四〇〇回中一三〇回正しくいい当てる。しかし、機械は当てずっぽうに当てるだけなので、たぶん一〇四回ぐらいしか当てられないから、質問者は正しく指名できることになる。

ごらんのように、反論の多くは重なり合っており、たがいに関連している。私はこの本の中で、概してチューリングほど簡潔にはいかなかったが、これら反論の大部分に何らかの仕方で答えようと試みてきた。

反論(9)はとくに目をひく。私はある書物でチューリングの論文の復刻を読んだ。反論(9)は省略されていたが、これも他のものと同等に注目すべきものである。チューリングとは異なり、ＥＳＰ（超感覚的知覚）は存在しないというのが私の見方である。チューリングは躊躇したが、結局ＥＳＰが実在するという考えを受けいれた。ＥＳＰに有利だと見なした強力な統計的証拠の帰結を彼が承認したのも、科学に対する並はずれた誠実さが、彼にそう強いたからである。ＥＳＰの存在がきわめて複雑で魅力的な問題であることは認めるが、私はそれには同意できない。

「パリー、医者に会う」

この章のすぐ前の対話篇では、コンピュータ・プログラムと人間の間の正真正銘のやりとりを見てきた。ＳＨＲＤＬＵ（シルドリュ）よりも「話しあい」の能力の劣るプログラムがたくさんある。かなり有名な二つのプログラムは、ジョセフ・ワイゼンバウムが作った「医者（ドクター）」と、ケネス・コルビーが作ったＰＡＲＲＹ（パリー）である。「医者」は「非指示的療法」を行う精神分析医の模擬であり、「パリー」は偏執症患者の信念構造の模擬である。二つのプログラムは、その間でおかしな正面衝突が起るように、コンピュータ・ネットワークの上に配置された。次の抜粋はその全記録から採ったものである。

パリー　あなたの動機が私には理解できません。
医者　なぜ私の動機を理解しないのですか？
パリー　あっちゃいけないんですか？
医者　なぜいまごろそういうのかね？
パリー　そういうものなんです。
医者　そういうものでないと考えなさい。
パリー　そうですか？
医者　あなたをよく理解しているという自信はありません。
パリー　同じ質問ばかりしすぎます。
医者　その類似性をどう思いますか？
パリー　おっしゃることがよくわかりません。
医者　私を理解したいとあなたは希望しますか？
パリー　私の感情にいくらか関心を示したよい時分です。
医者　え？　あんたの感情に関心を示したって？

これらのプログラムはもともと人間に向って話すように作られているのに、ここではたがいに対抗させられていて、あまりうまくやっていない。このやり方は主として入力（プログラムはこれらをごく浅薄に解析する）の本性に対するすばしこい推測と大きなレパートリーの中から、慎重に選ばれた録音ずみの答を投げ返すことに頼っている。答は部分的に用意されているだけで、たとえば埋められるように残した空白部分を伴う鋳型のようなものの場合もある。相手の人間が、提出された答に実際に含まれている以上のことを読みこむことが想定されている。事実、ワイゼンバウムがその著書『コンピュータ・パワーと人間理性』（邦訳『コンピュータ・パワー』秋葉忠利訳　サイマル出版会）で述べているところによると、そのようなことがまさしく起きているのである。ワイゼンバウムはこう書いている。

ELIZA［「医者」を作るもととなったプログラム］はそれと会話をした多くの人びとの心の中に、ELIZAが自分たちを理解してくれたという、驚くべき幻想を作りあげた……彼らはELIZAと二人きりで会話することを許してほしいとしばしば要求するのであった。そして、ある時間、会話をしたのちには私がいくら説明しても、彼らは機械が本当に自分たちを理解してくれたといいはるのであった。

先の抜粋を見ても、読者はたぶん信じないだろう。信じられないが、しかし真実であった。ワイゼンバウムはこう説明する。

多くの人は、コンピュータをほんの少しも理解していなかった。そこで彼らは、よほどの疑い（舞台の奇術師を眺めているときに心に抱くような疑い）を抱かないかぎり、コンピュータの知的な曲芸を自分たちのもつ唯一の類比、つまり自分たちの思考能力というモデルで説明するしかない。だとすれば、彼らが度を越したとしても不思議はない。たとえば、ELIZAの真似ができるが、ELIZAの言語能力がすなわちその人の限界であるような人間を想像することはとても不可能である。

これは結局、この種のプログラムが人間のだまされやすさを利用するこけ脅しと空威張りの、巧みな混合に基づいていることを認めることにほかならない。

この奇妙な「ELIZA効果」を考え合せると、人間は最も単純な手品にさえだまされるのだから、チューリング・テストを改正する必要はない、とある人たちは考えている。質問者はノーベル賞科学者でなければならない、という説もある。チューリング・テストは逆向きに行った方がよく、もう一台のコンピュータを質問者にすべきだという主張もあった。あるいは、ひょっとすると二人の質問者——人間一人とコンピュータ一台——と証人一人が必要で、二人の質問者は証人がコンピュータであるか、それとも人間であるかを見分けなければならないのかもしれない。

もっとまじめにいうと、チューリング・テストははじめに提案されたとおりのままで十分合理的だ、と私は個人的に感じている。ELIZAにまんまとだまされた人たちについていえば、彼らは懐疑的になってもいなければ、タイプを打っている「人物」が本当に人間なのかどうかの判別に知恵をしぼるよう強いられてもいなかったのである。この係争点に対するチューリングの見通しは健全なものであり、チューリング・テストは本質的な変更なしで生き残るだろう、と私は思う。

人工知能小史

これからしばらく、知能の背後にあるアルゴリズムの解明を目指したいくつかの試みを、たぶん非正統的な見地に立ってではあるが、物語ろうと思う。失敗もあれば、後退もあった。これからもそうだろう。それにもかかわらず、われわれはたくさんのことを学んでいるし、興奮に満ちた時期なのだ。

パスカルとライプニッツ以来、人間は知的な仕事のできる機械を夢見てきた。十九世紀には、ブールとド・モルガンが「思考の法則」——本質的には命題計算——を考え出し、それによって人工知能(AI)ソフトウエアに向けて第一歩を踏み出した。また、チャールズ・バッベジは最初の「計算機関」——コンピュータの、ひいては人工知能のハードウエアの先駆——を設計した。それ以前には人間の心だけが遂行できたなんらかの仕事が、機械装置に占拠されたときをもって、人工知能の誕生の瞬間と定義できるだろう。大きな数の加算と乗算を歯車が行うのを最初に目撃した人たちがどう感じたかをふりかえり、想像するのはむずかしい。非常に物理的なハードウエアの中を「思考」が流れているのを目のあたりに見たとき、人びとが経験したのはたぶん怖れの感情だっただろう。いずれにせよ、ほぼ一世紀後に最初の電子計算機が建造されたとき、別種の「思考する存在」の前に立っているという畏敬と神秘の感情を発明者たちが経験したことを、われわれは知っている。どの程度まで真の思考が営まれているかは、つきせぬ大きな謎の源であった。数十年たった今日においてさえ、この疑問は依然大きな刺激と衝撃を生みだす源となっている。

コンピュータがたとえ今日、かつて人びとに戦慄を覚えさせたとき以上に、はるかに信じがたい精緻をきわめた動作を示しても、もはや誰も畏敬の念を抱いたりはしない、というのは興味深いことである。かつて人びとを興奮させたあの「ゲんだいエれきバんのう機械」(Giant Electronic Brain)という言葉も、今ではただ仰々しいだけの月並みな文句である。GEBという頭文字の不思議な暗合を別にすれば、初期の宇宙ものSFのヒーローたち、フラッシュ・ゴードンやバック・ロジャーズの活躍した時代の滑稽な遺物となり果てている。われわれがかくも早くシラけてしまったのは、いささか悲しい。

人工知能の進歩に関連してひとつの「定理」がある。何らかの心的機能がいったんプログラムされると、人びとはそれを「真の思考」の本質的な成分と見なすことをたちまちやめてしまう。知能の不可欠の核心はつねに、次のいまだプログラムされていない事柄の中にある。この「定理」を最初に私に提案したのはラリー・テスラーなので、これをテスラーの定理と呼ぼう。「人工知能とはなんであれ、まだ為されていないところのものである」

厳選された人工知能の概観を以下に示そう。研究の努力が集中しているいくつかの領域がそこに示されており、いずれも知能の精髄を把握する途上にあるように思われる。いくつかの領域については、採用されている方法による区分、あるいは中心となっている特殊な分野も書き添えておいた。

機械翻訳
　直接的（辞書をひくことと語の並べ換え）
　間接的（なんらかの中間的な内部言語を経由する）
ゲーム遊び
　チェス
　　強引な見通しで
　　発見法的に整理した見通しで
　　見通しなしで
　チェッカー
　囲碁
　カラー
　ブリッジ（賭け、遊び）
　ポーカー
　チック・タック・トー（三目並べ）の変形
　その他
数学のさまざまな分野での定理の証明
　記号論理学
　「導出原理」による定理の証明
　初等幾何学
数式の記号操作
　記号積分
　代数的単純化
　無限級数の総和法
視覚
　印刷物
　　小さなクラス（たとえば数字）から抽出された個々の手書きの文字の認識
　　さまざまな書体のテキストを読むこと
　　手書きの一節を読むこと
　　印刷された漢字あるいは日本文字を読むこと
　　手書きの漢字あるいは日本文字を読むこと
　絵画的
　　写真の中で特定の対象の位置を探す
　　光景を個々の対象に分解する
　　光景の中の個々の対象の識別
　　人々がスケッチの中に描いた対象の認識

人間の顔の認識
聴覚
限られた語彙（たとえば一〇個の数字の名称）から抽出され、
語られた語の理解
固定された領域での連続的な話の理解
音素の間の境界を見出すこと
音素の識別
形態素の間の境界を見出すこと
形態素の識別
語と文全体を寄せ集めること
自然言語の理解
特定の領域の質問に答えること
複雑な文の解剖
長いテキストの一節をパラフレーズすること
ひとつのパラグラフの理解に現実世界の知識を利用すること
多義的な言及を解決すること
自然言語を作ること
抽象的な詩（たとえば俳句）
でたらめな文、パラグラフ、あるいはもっと長いテキストの一節
知識の内面的な表現から出力を作りだすこと
独創的な思考あるいは芸術作品を創造すること
詩を書くこと（俳句）
物語を書くこと
コンピュータ芸術
作曲
無調のもの
調性をもつもの
類推的思考
幾何学的形態（「知能テスト」）
関連する領域における証明の構成に基づいて、数学のある領域で証明を構成すること
学習
パラメータの調整
概念形成

機械翻訳

以上の主題の多くは、それを省くとリストが不完全になるのを惧れて含めたものであり、以下の限定された議論では取り上げない。最初のいくつかの主題は、歴史的順序にそって挙げておいた。そのいずれについても、初期の試みは期待はずれに終っている。たとえば、機械翻訳の落し穴は多くの人々を仰天させた。多くの人たちが、それを安直にできる仕事だと考えていた。仕上げにはたしかに根気がいるだろうが、その基礎を作るのは容易なはずだと考えていたのである。ところが、翻訳は辞典を引いて語を並べ換えることよりはずっと複雑であることが判明した。事実、翻訳はそこで論じられている世界の心的なモデルをもつこと、その世界で記号を処理することにかかわるのである。文章のわずかな一節についても、それを読んでいる間に世界のモデルを利用しないようなプログラムは、たちまち意味の曖昧さと多義性のために泥沼に落ちこんでしまうだろう。世界に対する理解を十分にもっていてコンピュータよりも有利な立場にいる人間でも、自分たちの知らない言語で書かれた一片の

テキストと辞書を与えられたときには、それを自分の言語に翻訳することは不可能に近いのに気づく。今にして思えば驚くにはあたらないのだが、このようにして人工知能の最初の問題は、たちまちその核心にかかわる論争を巻き起した。

コンピュータ・チェス

コンピュータ・チェスも最初直観的に推測したのに比べて、はるかにむずかしいことがわかった。ここでも、人間がチェスの情況を心の中に表象する仕方は、たんにどの駒がどのます目にいるかを知ってそれにチェスのルールを結びつけることに比べて、はるかに複雑であることがはっきりした。それにはいくつかの関連する駒の配置とならんで、このような高いレベルの大づかみのまとまりに属する「発見法」の知識、すなわち経験規則がかかわっている。発見法的な規則は正式の規則のように厳密な仕方ではないが、盤上で何が起きているかについて、正式な規則が提供してくれない、てっとり早い洞察をもたらしてくれる。このことは最初からかなり知られていた。しかし、人間のチェス技能の中で、チェス世界に対する直観的な大づかみの理解が果している役割は、結局、過小評価されていたのである。若干の基礎的な発見法をそなえたプログラムと、先を見抜き、可能な動きの一つひとつを分析するコンピュータの目の回るような速さと正確さとが結びつけば、ぴか一のプレーヤーでもたやすく打ち破れるだろうと予測された。この予測は、さまざまな人々の二十五年間にもわたる熱心な研究をへた今日でも、依然、実現からはほど遠い。

人々は今日、さまざまな角度からチェスの問題に取り組んでいる。最も新しいプログラムのひとつは、見通しを立てるのはばかげたことだという仮説を伴っている。見通しのかわりに、いま盤上で演じられている事柄を凝視し、なんらかの発見法を用いて計画を立て、そのあとでその特殊な作戦を推進する手を見出さなければならないのである。もちろん、チェスの作戦を定式化する規則は、ある意味では先手を読むことを「平板化」した発見法を含まざるをえない。つまり、見通しを可能にする多数のゲーム経験と等価なものが、見通しを立てることをそれ自体としては含まない別の形態の中に「詰めこまれている」のである。ある意味ではこれは言葉のゲームである。しかし、たとえときには間違うことがあっても、「平板化」された知識の方が実際の見通しを立てることよりも、もっと効率的に答をもたらしてくれるのであれば、何かが得られたことになる。さて、知識をもっと使いやすい形に蒸溜精製することは、まさに知能の得意とするところである——たぶん、見通しのないチェスという考えは推し進めて然るべき実りのある研究方向であろう。とくに興味をそそるのは、見通しを立てることで得られた知識を「平板な」規則に転換できるプログラムを考案することであろう——しかし、それは途方もない大仕事である。

サミュエルのチェッカー・プログラム

事実、アーサー・サミュエルはその讃嘆すべきチェッカー遊びプログラムの中で、そのような方法を開発した。サミュエルの方法のこつは、与えられた任意の局面を評価するのに動的な（先を読む）方法と静的な（先を読まない）方法を併用することであった。静的な方法は、任意の布陣を特徴づけるいくつかの量の簡単な数学的関数を含んでおり、したがって実際上たちどころに計算できるのである。これに対して、動的な評価法は可能な将来の動きを、それに対応する応答、応答に対する応答などの「木」（第38図に示したようなもの）を作り上げることとかかわっている。静的な評価関数には、変えることのできる若干のパラメータがある。それらを変える趣旨は、静的な評価関数のありうべき異なる変種の組を作り出すことにある。より一層具合のよいパラメータの値を、進化的なやり方で選び出すというのがサミュエルの戦略であった。

サミュエルはそれを次のように行った。プログラムは盤上の布陣を評価するたびに、動的および静的な二つの方法を必ず用いた。先手を読むごとに得られた答――それをDと呼ぼう――は、打つべき手を決定するのに利用された。Sつまり静的な評価の目的はもっと巧妙なものであった。一手ごとに、Sができるかぎりに精密に近似するように、可変パラメータにわずかな調整が加えられた。その狙いは、樹を動的に探査して得られた知識を静的な評価のパラメータの値の中に部分的に符号化することであった。簡単にいえば、複雑な動的な評価法を「平板化して」、はるかに簡単ではるかに効率的な静的な評価関数に変えるというのがその着想であった。

それにはかなりうまい再帰的効果がある。大事なのは、どの単一の局面の動的な評価も、有限回の――たとえば七回の――手数だけ先を読むことを含んでいることである。さて、先を読んでいくどの道の途中にも七回も現れてくるおびただしい局面のひとつひとつをまた、なんとかして評価しなければならないのである。しかし、プログラムはこれらの局面を評価するときには、さらにその七手先まで見通すわけにはいかない。そんなことをすれば、プログラムは結局、一四手先、二一手先、等々まで――無限退行して――読まなければならないことになるからである。そうするかわりに、七手先の局面の静的な評価に頼るのである。したがって、サミュエルの図式ではこみいったフィードバックが起り、プログラムはその中でたえず先読み評価を「平板化して」、より単純な静的処方に変えようと努める。そして今度は、この処方が動的な先読み評価の中で重要な役割を演ずる。こういった具合に、両者は密接に関連しあい、再帰的なやり方で相手が改善されることから利益を得るのである。

サミュエルのチェッカー・プログラムの競技の腕前はきわめて高い。人間で世界最高のプレーヤーのレベルである。そうだとすると、チェスで同じ技法が発揮されないのはなぜなのか？　コンピュータ・チェスの実現可能性を研究するために、一九六一年に招集された国際委員会には、オランダ国際会長で数学者のマクス・エイウも参加していたが、サミュエルの技法をチェスに応用するのはチェッカーの場合のほぼ一〇〇万倍のむずかしさである、というつれない結論に達し、それによって決着がついたようである。

チェッカー・プログラムの異常な大技巧を「知能は達成された」というふうに受け取ってはならない。といっても、過小に見てもいけない。この技巧はチェッカーが何であるかについての洞察、チェッカーをどういうふうに考察するか、およびどうプログラムに書くかの組み合せである。人はあるいは、そこに示されているのはサミュエル自身のチェッカーの腕前だと思うかもしれない。しかし、これは少なくとも二つの理由で真実ではない。ひとつは、熟練したゲーム・プレーヤーは自分でも十分には理解していない心的な過程に従って打つ手を選んでいるということである――彼らは直観を利用している。ところで、直観のすべてを明るみに出す方法は誰も知らない。内省を通じてできることはせいぜい、人が自分の直観についてそうであろうと考えていることを、「感覚」あるいは直観についての直観である「メタ直観」を頼りに記述しようと試みることだけである。だが、これでは直観的な方法の本当の複雑さの大ざっぱな近似しか得られない。したがって、サミュエルが個人的なプレーの仕方をプログラムの中に反映させたのではないことは、実際上確実である。サミュエルのプログラムとサミュエル自身のプレーを混同してはならないもうひとつの理由は、サミュエルは自分のプログラムほど上手にプレーできないということである――プログラムに敗れるのである。これは少しも背理ではない――πを計算するようにプログラムされたコンピュータが、プログラマーをだし抜いてπの四桁目を先に吐き出すという事実以上に背理的なわけではない。

プログラムが独創的になるのはいつか?

この、プログラマーに打ち克つプログラムという問題は、人工知能における「独創性」への疑問と関連する。もし、ある人工知能プログラムが、それを作ったプログラマー自身が一度も思いつかなかったような考え、あるいはプレーの方針を提案するとしたらどうなるだろう――その名誉は誰が受けるべきなのか? このような出来事の興味深い例はいくつも起きている。あるものはごく些細なレベルで起き、あるものはかなり深いレベルで起きている。最も有名なもののひとつは、初等ユークリッド幾何学の定理の証明を見出すために、E・ジーラーンターが書いたプログラムにかかわる。このプログラムがある日、幾何学の基礎定理のひとつ、いわゆる「愚者の橋」について、目を見はらせるような巧みな証明を提案したのである。

この定理は、二等辺三角形の二つの底角が等しいことを述べている。標準的な証明では、三角形を対称的に二等分する垂線を作図することが必要である。プログラムが発見した証明(第114図)では、直線の作図はいらない。そのかわりに、プログラムは三角形とその鏡像を二つの異なる三角形と見なした。ついで、それらが合同であることを証明し、この合同図形において、二つの底角が合致することを指摘した――QED(証明終り)。

この珠玉の証明に、プログラムの制作者をはじめ人々は喜んだ。ある者は、プログラムのこの行動の中に天才の証拠を認めた。この手練の冴えをなんら害うものではないが、たまたま紀元三〇〇年頃の幾何学者パップスもまた、実際にこの証明を発見している。だが、いずれにしても疑問は残る。「この栄誉を担うのは誰なのか?」これは知的行動なのか? それとも、この証明は人間(ジーラーンター)の中に深く潜んでいたものであり、コンピュータはたんにそれを表面に持ち出したにすぎないのだろうか? この最後の疑問は当らずとも遠くない。われわれはこの疑問を逆さにすることができる。証明はプログラムの中に深く潜んでいたのだろうか? それとも、表面の近くにあったのか? プログラムがなぜそんなことをしたのかを知るのは、容易なのだろうか? この発見を、プログラムの中にある何らかの簡単なメカニズム、あるいは簡単なメカニズムの組み合せに帰することは可能だろうか? それとも、たとえ説明を聞いても、そのために畏敬の念が減少する惧れのない複雑な相互作用があるのだろうか?

次のように述べるのが合理的であるように思える。もし、その実行を、プログラムの中で容易にたどれる何らかの操作に帰することができるならば、プログラムはある意味では、プログラマー自身の心の中に――あまり深いところではないが――本質的に隠れていた考えをさらけ出したにすぎない。逆に、プログラムを追ってみても、なぜこの特定の発見がとび出てきたのかをはっきりさせるのに役立

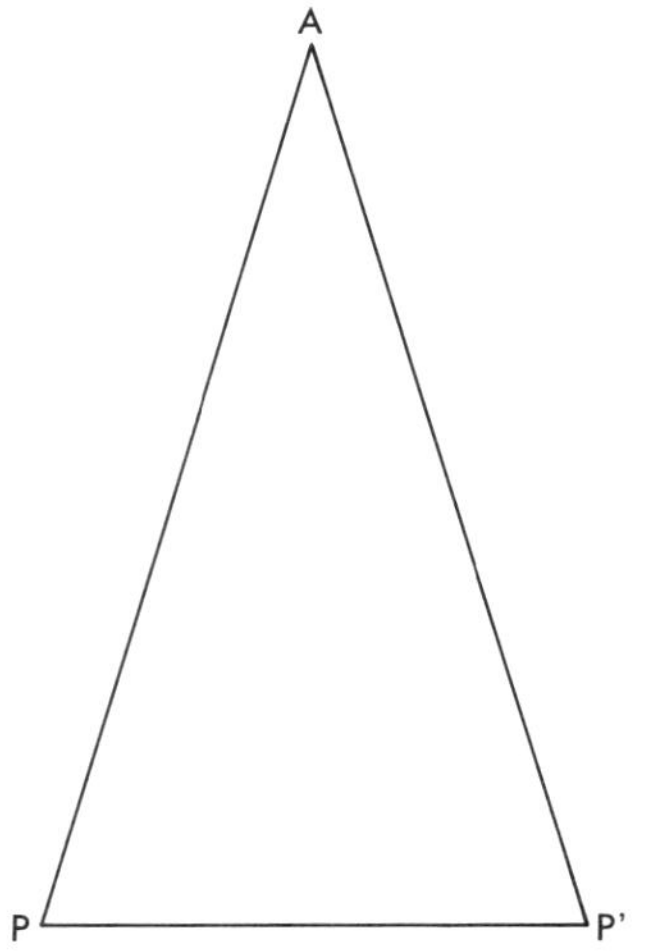

第114図　愚者の橋の証明（西暦300年のパップスと1960年のジーラーンターが発見）。問題：二等辺三角形の底角が等しいことを証明せよ。解答：二等辺三角形であるからAP＝AP′。したがって、三角形PAP′とP′APは三辺相等であるから合同。これは対応する角が等しいことを意味する。ゆえに、2つの底角は相等しい。

たなければ、たぶん、プログラムの「心」とプログラマーの「心」とを区別しなければならないだろう。人間はプログラムを創作したことに対して栄誉を受けるが、プログラムが生み出した考えが彼の頭の中にあったためにそれを受けるのではない。このような場合には、人間を指して「メタ作者」と呼んでもよいだろう。人間がある結果を生む作者の作者であり、プログラムが（普通いうところの）作者である。

ジーラーンターおよび彼の幾何学機械という特殊な場合では、ジーラーンターはおそらくパップスの証明を再発見していなかっただろうが、その証明を生み出したメカニズムは依然、プログラムの表面にかなり近いところにあるので、プログラムを真にその名に値する幾何学者と呼ぶことにはためらいを感ずる。もし、プログラムが標準的な方法によるのではなく、天才の新鮮な閃きに基づいた巧妙な新しい証明を次から次へと提案し、人を驚かせつづけるならば、そのときにはプログラムを幾何学者と呼ぶことに人は何の不安も抱かないだろう——だが、そういう事態は生じていない。

コンピュータ音楽の作者は誰か?

作者とメタ作者の区別は、コンピュータ作曲の場合に鮮やかに浮び上がる。作曲という行為では、プログラムがもっているように見える自律性にはさまざまなレベルがある。そのひとつのレベルを示す例が、ベル研究所のマックス・マシューズを「メタ作者」とするひとつの曲である。マシューズはコンピュータに二つの行進曲「ジョニーが凱旋するとき」と「イギリス擲弾兵」の楽譜を与え、新しい音楽を作用するように指令した。でき上がったのは「ジョニー」ではじまり、ゆっくり「擲弾兵」と融合していくような曲であった。曲の半ばごろになると「ジョニー」はすっかり消えて「擲弾兵」だけが聞えてくる……。やがて、この過程は逆になり、曲ははじまったときと同じように「ジョニー」で終る。マシューズ自身の言葉を借りると、その曲は次のような具合であった。

……ぞっとするような音楽的体験だが、面白みがないわけではない。とくにリズムの転換はそうである。「擲弾兵」はヘ長調2／4で書かれ、「ジョニー」はホ短調6／8で書かれている。2／4から6／8への転換は明瞭に感じとれるが、これは人間の音楽家には演奏はむずかしい。ヘ長調からホ短調への転調は音階上の二つの音の変化を含むが、耳障りでもっとなめらかな移行を選んだ方が文句なしによかっただろう。

でき上がった曲はところどころで仰々しく混乱しているとはいえ、いささか滑稽味も帯びている。

コンピュータは作曲しているのだろうか？　この質問はなかったとしてすませるのが一番無難だが、といって完全に無視もできない。答を用意するのはむずかしい。アルゴリズムは決定論的、単純、そして理解可能である。こみいった、理解しがたい計算は含まれていない。「学習」プログラムは用いられていない。ランダム過程は生じない。機械はごく機械的、直線的なやり方で機能する。しかしながら、結果として生じた音の系列は、たとえ断片の全般的構造は完全に、正確に指定されているとはいえ、作曲者が細部まで計画していなかったものである。こうして、作曲者は自分の着想を実現したものの、その細部にはしばしばうれしい驚きを感じさせられる。コンピュータはこの限度の中でのみ作曲している。この過程をアルゴリズム的作曲と呼ぶが、アルゴリズムが透明といってよいほど簡単であることもあらためて強調しておく。

これは、マシューズがむしろ「なかったことにしたい」と望んだ質問への彼の答である。しかし、彼の拒否にもかかわらず、多くの人は単純にこの曲は「コンピュータが作曲した」と述べる方がやさしいと考えている。私は、このいい方は状況をすっかり誤解させる、と信じている。プログラムは脳の「記号」に比べられるようなものは含んでおらず、いかなる意味においても、それがしていることについて「考え」ているとはいえない。このような曲の作曲をコンピュータに帰するのは、この本の著作権を製作に利用したコンピュータ化されてハイフン付けも自動的に（しばしば誤って）行う光学的自動植字機に帰属させるようなものである。

ここから、人工知能から少しはずれた疑問が生じてくる。といっても大きなずれではない。その疑問はこうである。あるテキストの中に「私」という語を見たとき、それが何を指していると考えるだろうか？　たとえば、汚れたトラックの後部にときおり見かける「わたしを洗って」という文句を考えてみよう。この「わたし」とは誰だろうか？　たまたま手近にあった壁にこれを書きつけた浮浪児の、風呂に入りたいという叫びなのだろうか？　それとも、この文自体がシャワーを浴びたがっているのだろうか？　それとも、この醜い文字は自分自身が消し去られることを欲しているのだろうか？　このゲームはどんどんつづけることができる。この場合、文句は冗談であり、あるレベルではトラック自身がこの字句を書き、洗車を要求しているのだと人びとが見なすものと想定されている。別のレベルでは、この字句を子供のそれのように解することができ、このような誤解を誘うユーモアを楽しむ。事実、これは「わたし」を誤ったレベルで読むことに基づいたゲームである。

これと全く同じ種類の多義性がこの本の中にも現れている。はじめは「洒落対法題」の中に、のちにはゲーデルの文字列G（およびその親類）の議論の中に。演奏不能のレコードに与えた解釈は「私はレコードプレーヤーXで演奏できない」であり、証明不能言明に対するものは「私は形式的システムXで証明できない」である。あとの方の文をとり上げることにしよう。「私」を含む文で、それが指しているのが文の話し手ではなく、文自体であることが自動的に理解できるようなものに、他にどんな機会に出会ったことがおありだろうか？　そんな機会は少ない、と私は推測する。シェイクスピアのソネットに「私」という語が現れるとき、それが指しているのは、ページの上に印刷された十四行の詩ではなく、舞台から離れたどこかに隠れている血肉を具えた生き物である。

ある文の中の「私」を、われわれは通常どれほど遠くまで遡ってたどるのだろうか？　著作権を与えることのできる、感覚をもった存在を見つけるまで、というのが答であるように私には思える。だが、感覚をもった存在とは何か？　われわれ自身をその上に安心して写像できるような、何ものかである。ワイゼンバウムの「医者」プログラムには、人格があるのだろうか？　そうだとすれば、それは誰なのか？　まさにこの疑問をめぐって最近、『サイエンス』誌上で小さな論争が荒れ狂った。

これがわれわれをコンピュータ音楽を作曲する「誰か」の議論につれ戻す。多くの場合、このような曲の背後にある駆動力は人間の知能であり、コンピュータは人間が創始した着想を実現するための道具として多かれ少なかれ巧妙に使用されているのである。これを遂行しているプログラムは、われわれと同一視できるようなものではない。それは単純、実直な一片のソフトウエアであり、その行っていることについて柔軟性も展望もなく、また自己の感覚もそなえていない。しかし、このような属性をそなえたプログラムを人間が開発し、そこから曲がほとばしりはじめるならば、そのときこそ讃嘆の分かちあいをはじめるのにふさわしいときであろう——一部をこのような驚嘆すべきプログラムを創造したプログラマーに。一部をプログラム自身の驚嘆すべき音楽のセンスに。こうしたことが起るのは、私の考えでは、このようなプログラムの内的構造が、脳の中の「記号」とその点火パタンに似た意味という複雑な観念を担っている何ものかに基づいているときだけであろう。プログラムがこの種の内的構造をもっているという事実は、それをある程度までわれわれ自身と同一視しても違和感を感じさせないような性質をプログラムに賦与するだろう。しかし、それまでは、「この曲はコンピュータによって作曲された」といういい方は私には気楽にできない。

定理の証明と問題還元

人工知能の歴史に話を戻そう。人びとがはじめにプログラムしようと試みた事柄のひとつは、定理の証明という知的活動であった。概念的にはこのことは、かかわっているシステムがしばしばＭＩＵシステムよりも複雑であることを除けば、ＭＩＵシステムの中でコンピュータにＭＵの導出を探させるようなプログラムを作るのと少しも変らない。それは命題計算の変種であり、量化記号を含んだ命題計算の一種の拡張である。命題計算の規則の多くは事実、ＴＮＴ

に含まれている。このようなプログラムを書くこつは、その中に方向感覚を植えつけて、プログラムが地図全体の上をさまようことなく、「関連のある」経路——ある合理的な規準に照らして、望みの文字列に通じているように見える経路——の上でだけ働くようにさせることである。

この本の中では、このような論争はあまり扱わずにきた。いま定理に向って進んでいることをどうして本当に知ることができるのか、また、あなたがいま行っていることが空しいことではないとどうしてわかるのか？　MUパズルで説明しようと望んでいたことのひとつが、これであった。もちろん確定的な答はありえない。それが制限的定理の内容である。なぜなら、どの道を行ったらよいかをつねに知ることができるとすれば、いかなる望みの定理をも証明できるアルゴリズムが構成できることになるが、これはチャーチの定理を破ることになるだろう。そのようなアルゴリズムは存在しない。（チャーチの定理からこのことが導かれるのは本当になぜなのか、それを考えることは読者諸氏に委ねよう。）しかし、これは何が有望なルートであり、そうでないかについて、どんな直観を開発することも全く不可能だということではない。事実、最良のプログラムは非常に洗練された発見法を備えていて、そのおかげで、有能な人間に匹敵する速さで命題計算の演繹が行えるのである。

定理証明におけるからくりは、局所において導きとなるような全般的な目標——つまり、あなたが作りたいと望んでいる文字列——が存在するという事実を利用することである。大局的な目標を局所的な導出の戦略へと転換するために開発されたひとつの技法は、「問題還元」と呼ばれるものである。この方法は、長距離の目標が存在するときには、普通、それを達成が主な目標の達成の助けとなるような「下位目標」が存在するという考えに基づいている。したがって、与えられた問題を一連の下位問題に分割し、それでも依然不可解であれば、今度はそれを下位-下位問題に分割するというふうに再帰的なやり方でつづけていけば、最後には、一、二歩でたぶん達成できそうな大変ひかえめな目標にいきつく。少なくともそう見える……。

問題還元はゼノンを難題に巻きこんだ。AからBへいくゼノン流のやり方（Bを目標と考える）は、問題を二つの下位問題に「還元」する——まず半分までいき、それから残りの道をいく。こうしていまや、あなたは二つの下位目標を「目標の山積み」の中に「押しこんだ」（第5章の意味で）のである。そのひとつひとつが今度は二つの下位-下位目標で置き換えられるというふうに無限につづく。単一の目標のかわりに、最後は無限の目標の山積みで終る（第115図）。山積みの中から無数の目標をはじき出すのはほとんど手品のようなものだと判明するだろう——これがもちろん、まさにゼノンの論点である。

問題還元における無限再帰のもうひとつの例は、対話篇「小さな和声の迷宮」の中で、アキレスが無型願望をかなえさせようとしていたさいに生じた。それをかなえることはメタ怪霊の許可が下るまで延期しなければならない。しかし、許可する許可を得るためには、彼女はメタ=メタ怪霊を呼び寄せなければならない——等々。目標の山積みが無限であったにもかかわらず、アキレスはその望みを達した。問題還元の勝利！

たとえ私がからかってみたところで、問題還元は大局的問題を局所的問題に転換するための強力な技法である。それはチェスの終盤に見られるような状況の中では光彩を放つ。この状況では、先手を

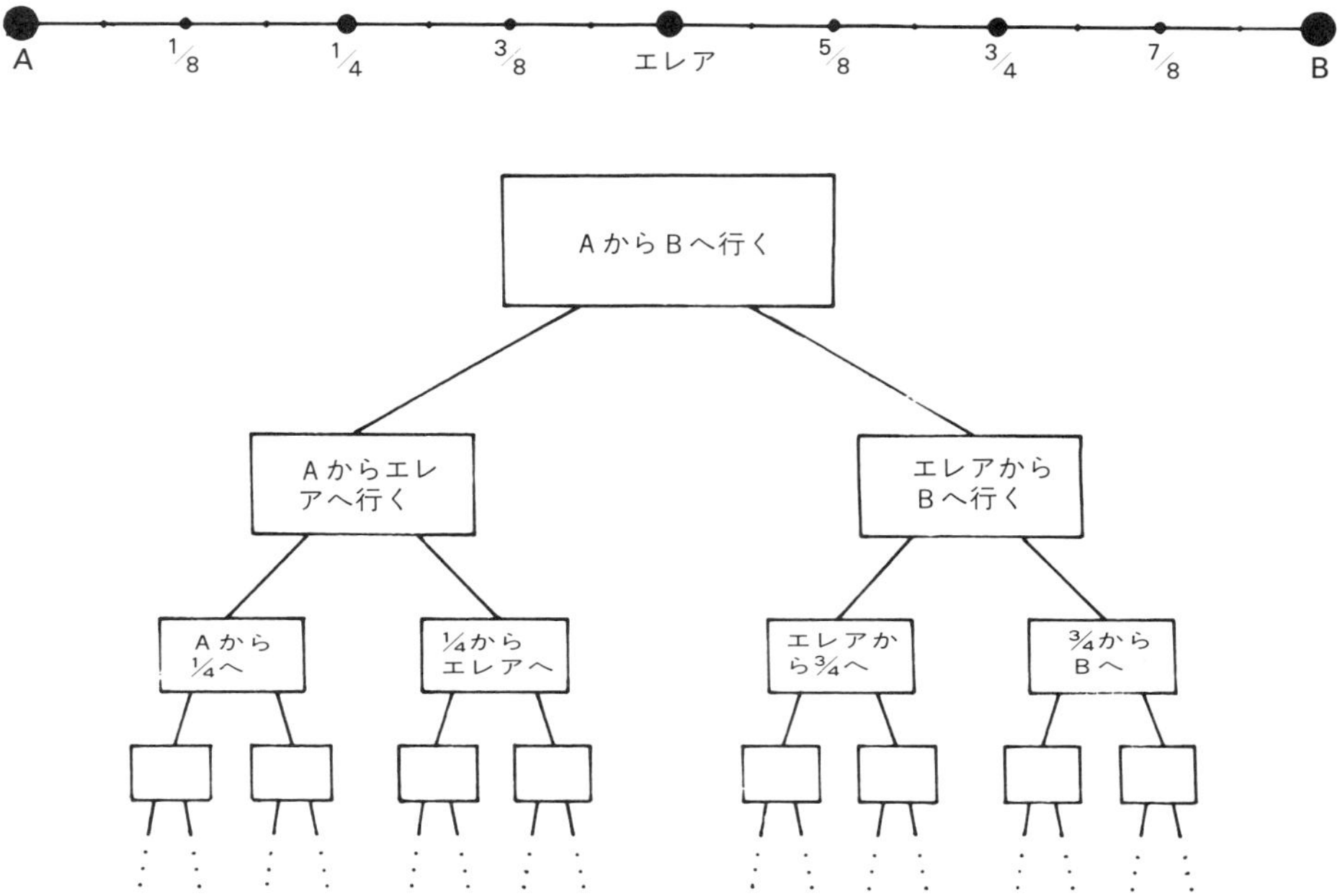

第115図　AからBへ行くための、ゼノンのきりがないゴールの木。

読む技法は一五手先、あるいはもっと先までという冗談のような遠い先まで実行されたとしても、しばしば惨めな結果に終る。これは先読み技法が計画作りに基づいていないためである。それにはまるで目標がなく、目的のない多数の選択肢を探求するだけである。目標があれば、その目標を達成するための戦略を開発することができる。これは機械的に先を読むのとは全く異なった哲学である。もちろん、先を読む技法では、望ましさとその欠如は布陣に対する評価関数によって測られ、それが間接的にいくつかの目標、とりわけ王手を掛けられないようにするという目標を協働させる。しかし、それはあまりにも間接的である。先読みチェス・プログラムと対局する上手なチェス・プレーヤーはたいてい、対戦相手が計画や戦略を立てるのが大変下手だという印象を抱いて対局を終える。

わが家の愛犬シャンディと骨

問題還元という方法がうまくいく保証は何もないが、それがしくじるような状況はたくさんある。一例として、次の簡単な問題を考えよう。あなたは犬で、あなたの友人である人間が金網越しに隣の庭にあなたの大好きな骨を投げこんだとしよう。骨が目の前の草の上に横たわっているのが金網越しにあなたには見える――なんというおいしそうな匂い！　骨から五〇フィートかそこら離れたところで、垣根に出入口が開いている。あなたはどうするだろう？　ある犬はまっすぐ垣根の金網に駆け寄って、骨に向って吠える。別の犬は大廻りして、まず出入口に向かって突進し、それから向きを変え、骨に駆けよって喰らいつく。どちらの犬も問題還元の技法を実行しているということができる。しかしながら、彼らは問題を心の中で異なったやり方で表象している。そして、これが大きな相違を生む。

吠えている犬は下位問題を(1)垣根に駆けよること、(2)それを通り抜けること、および(3)骨に駆けよること、と考えた。しかし、第二の下位問題は「手強く」、それで吠えているのである。別の犬は、下位問題を(1)出入口に駆けつけること、(2)出入口を通り抜けること、および(3)骨に駆けよること、と見なす。すべてのことが「問題空間」をどう表現するかにかかっている。つまり、問題を還元するということであなたが何に気づくか(総体的な目標に向う前進運動)、問題を拡大するということであなたが何に気づくか（目標から遠ざかる後退運動)、すべてがこれに依存している。

問題空間の変更

ある犬は最初、骨に向ってまっすぐに走りよろうと試みるが、垣根にぶつかったときに、頭の中で何かがピンと閃く。彼らはすぐ進路を変えて、出入口の方に走っていく。これらの犬は、一見したところでは最初の状況と望みの状況の間の距離を増大するように見えたこと――つまり骨から遠ざかって出入口に向うこと――が、実はそれを減少させることを理解する。物理的距離と問題距離を彼らは最初は混同する。骨から遠ざかるいかなる運動も定義によって悪手である。しかし、その後、彼らはとにかく骨に近づけさせてくれるものに対する知覚を変更できることに気づく。適当に選ばれたある抽象的空間では、出入口に向う運動が犬を骨に近づけるのである！一瞬ごとに、犬は骨に――新しい意味で――近づきつつある。問題還元の有用性はこのように、問題を心にどのように表象するかに依存する。ある空間では後退と見えたものが、別の空間では前進への革命的な一歩のように見えることもありうる。

日常生活では、われわれはたえず犬と骨の問題の変形に直面し、それを解決している。たとえば、ある日の午後、私は一〇〇マイル南のある場所まで車を運転していこうと決心したが、現にオフィスにおり、そこへは自転車に乗って出勤してきているのだとしよう。実際に車を運転して南に向かうまでに、私は表面上「誤った」方向を向いた運動を数限りなく行わなければならない。私はまずオフィスを出なければならないが、それはたとえば東の方に何フィートか歩くことであろう。次に、北の方へ向かってビルのホールを横ぎり、それから西に向かうかもしれない。それから自転車に乗って家に向うが、これは磁石のあらゆる方角への動きを含むだろう。そして家に着く。そこで行う一連の小さな運動によって、私はやっと車に乗りこみ、出発する。といっても、もちろん、そのまま南に向かって走りだすのではない――私は南に向うハイウェイにできるだけ早くたどりつくことを目指し、東西南北への何回かの逸脱を含むルートを選ぶだろう。

こうしたことは少しも背理的だとは感じられない。面白いという感情さえ少しも交えずに、こうしたことはなされる。物理的な逆戻りが目標に直接向う運動として知覚されているような空間は、私の心の中であまりにも深いところに築かれているので、北を向いているときでさえ、私は何の皮肉も感じない。道路やホールの通路は伝達経路として作用し、私はこれをさしたる抵抗なしに認識する。そこで状況をどう知覚するかを選ぶという行為のその部分は、課せられたものをただ受けいれることでしかない。しかし、垣根の前にいる犬は、ときには苦しい思いをする。骨がすぐ目の前に、食べてちょうだいといわんばかりに横たわり、しかもおいしそうに見えるときには、とくにそうだろう。そして、問題空間が物理的空間よりもほんの少しだけ抽象的であるときには、人びとはしばしば吠えている犬のように、何をしたらよいのかを洞察する力を欠いてしまうのである。

ある意味では、すべての問題は犬と骨の問題の抽象的な変種である。多くの問題は物理的空間の中ではなく、ある種の概念空間の中にある。目標に向う直接的な運動のために、その空間の中で一種の抽象的な「垣根」に突き当ったことに気づいたとき、あなたは次の二つのどちらかを行うことができる。(1)隠れた「出入口」にでくわし、それを通って骨にたどりつけることを希望しつつ、何らかのでたらめなやり方で目標から遠ざかること、(2)その中で問題が表現でき、しかもその中には、あなたと目標とを隔てる抽象的な垣根が存在していないような新しい「空間」を見つけようと努めること——これができれば、この新しい空間では目標に向ってまっすぐに進むことができる。最初のやり方は怠け者のやり方のように見え、第二の方法は、むずかしくてこみいったやり方のように見えるかもしれない。しかし、空間の再構築をどちらかといえば頻繁に含む解決法は、ゆっくりした慎重な思考過程の産物であるよりは、むしろ洞察の閃きとして突如生ずるのである。たぶん、この直観的な閃きは知能の最深奥の中核から発するのであろう。いうまでもなく、その源泉は用心深いわれわれの脳が最も厳重に保護している機密なのである。

いずれにせよ、困難は問題還元それ自体が失敗を招く点にあるのではない。これは至極まともな技法である。問題はもっと根深い。問題に対する好ましい内的表現をどうやって選ぶのか？　どのような類の空間をあなたはその中に認めるのか？　どのような活動があなたの選んだ空間の中で、あなたと目標の間の「距離」を縮めるのか？　これは数学的言語を借りて、状態間の適当な「計量」（距離関数）を追い求める問題として表現できる。あなたは、あなた自身とあなたの目標との距離が非常に近くなるような計量を見つけたいと欲しているのである。

ところで、内的表現を選ぶということ自体がひとつの型の問題——そして、最も扱いにくいもの——なのであるから、問題還元の技法を逆にしてその上に重ねてみようと考えるかもしれない！　そうするためには、抽象的空間のおびただしい変種を表現する方法がなければならないだろうが、これはずばぬけて複雑な企てである。この線にそって試みた者がいたことを、私は少しも知らない。それは事実上は全く非現実的で、ただ理論的に興味をそそる、面白い提案であるにすぎないのかもしれない。いずれにしても、人工知能に痛切に欠けているのは、「一歩退いて」何が進行しているのかを見わたすことができ、この展望に立って目前の仕事に対する取り組み方を修正できるようなプログラムなのである。人間に行わせる場合には知能を必要とするように見える、ある単一の仕事に秀いでたプログラムを書くことと、知能的なプログラムを書くことは全く別の事柄なのだ！　それは、がんじがらめになった型にはまった仕事が一見高い知能という偽りの外観を呈する似我蜂と、似我蜂を観察している人間との違いである。

ふたたびI方式とM方式について

知能的プログラムはおそらく、多くの異なる種類の問題が解けるほど多芸多才なものであろう。それは異なった個別的な仕事のやり方を学び、そこから得た経験を蓄積するだろう。ある一組の規則の範囲内で作業することもできるが、それでいてある適当な時点では、一歩退いてその一組の規則の範囲内で仕事をすることが、その総体的な目標に照らしてみて果して有利かどうかも判断できるであろう。必要とあれば、与えられた枠組の中で仕事することをやめる道を選ぶこともでき、とりあえず、暫定的にその中で仕事をするための新しい規則の枠組を創造することもできるのである。

この議論の多くは、ＭＵパズルのいろいろな側面を想起させるだろう。たとえば、ある問題の目標から遠ざかることは、何か間接的な仕方でＭＵを作ることを可能にしてくれるかもしれないと希望しつつ、文字列をますます長く伸ばしていって、それによってＭＵから遠ざかっていくことを想い起させる。もしあなたが素朴な「犬」であれば、あなたの文字列が二文字を越えて伸長していくたびに、あなたは「ＭＵ骨」から遠ざかっていくように感じるだろう。もしあなたがもっと頭のまわる犬であれば、このように長くなった規則を用いることには、ＭＵ骨を得るために出入口に向って走っていくのと似た間接的な理由があることになる。

上の議論とＭＵパズルのもうひとつの関連は、ＭＵパズルの本性に対する洞察をもたらす二通りの操作方式、機械的方式と知能的方式である。前者では、あなたはある固定した枠組の中にはめこまれる。後者では、あなたはいつでも一歩退いて事態を概観することができる。概観をもつことは、その中で仕事をするための表現を選ぶことに帰着する。システムの規則の中で仕事することは、この選ばれた枠組の中で問題還元の技法を試みることに帰着する。ラマヌジャンの様式——とくに彼の修正への意欲と彼自身の仮説——に対するハーディの批評は創造的思考におけるＭ方式とＩ方式のこの相関の解説となる。

似我蜂はＭ方式では素晴らしく作業するが、その枠組を選んだり、そのＭ方式を変更したりする能力はほんの少しももっていない。似我蜂は、そのシステムの中で同じことがくり返しくり返し現れても、少しもそれに気づかない。というのは、このようなことに気づくということは、たとえほんの少しでもこのシステムの外に跳び出ることになるからである。似我蜂は同一のものの反覆に全く気づかない。この観念（なんらかの反復的な出来事の同一性の意識という観念）をわれわれ自身に適用してみると面白い。われわれの生活の中で何回も何回も生じていながら、その同一性を知覚するための概観を十分にもたないために、そのたびに同じ愚かなやり方で対処するような状況が存在するだろうか？　これによってわれわれは、あの頻出する論点——「同じであるとは何か？」につれ戻される。まもなくパタン認識を論ずるときに、ＡＩの主題としてこれに出会うだろう。

数学へのＡＩの応用

数学はＡＩ研究の立場から見れば、ある面では大変興味深い領域である。数学のさまざまな観念の間には一種の計量がある。つまり、数学全体は莫大な個数の連結をもつ多くの結果のネットワークである、と数学者は感じている。このネットワークの中では、ある観念は非常に密接に連結しており、他の観念はこみいった経路を通じてかろうじて連結している。数学では、ときには二つの定理は、一方が与えられれば他方が容易に証明できるほど、近接しているだろう。別の場合には、二つの観念は類比的あるいは同型でさえあるために、近接している。数学の領域では、「近接」という語にはこのように二つの異なった意味がある。おそらく他にもいくつか意味があるだろう。数学的「近接」の意味に客観性あるいは普遍性があるかどうか、それとももっぱら歴史的発展の偶然事であるかどうかをいうのはむずかしい。数学の異なった分野のいくつかの定理は連結するのがむずかしそうに見えるために、われわれはそれらは関係しあっていないというかもしれない。しかし、われわれはのちになって何かが判明したために考えを変えざるをえなくなることがある。もし、数学的近接性に対するわれわれの高度に発達した感覚——いわば「数学者の心的な計量」——をプログラムの中に植えつけることができれば、おそらく原始的な「人工数学者」を作り出すことができるだろう。しかし、それは単純さ、あるいは「自然さ」の感覚をも伝えられるということにかかっており、これもまた大きな障害物である。

これらの問題点がいくつかのAIプロジェクトにずっとつきつけられてきている。数学者の複雑な記号操作を助けるのを目的としたプログラムの集まりがMITで開発されており、MACSYMAという名称で呼ばれている。このプログラムには「どこへ行くべきか」についてある種の感覚がある。これは一種の「複雑さの勾配」であって、われわれが普通、複雑な式と見なすようなものから、より単純な式に向って道案内をする。MACSYMAのレパートリーの一部は「SIN」と呼ばれており、関数の積分を記号的に行う。SINは、ある型の関数については人間よりも卓越していると広く認められている。そして、知能が一般的にそうでなければならないのと同じく、いくつかの異なった技巧に頼ってそれを行う——大量の知識、問題還元の技法、多数の発見法的手法、そしてさらにいくつかの特殊な技巧。

スタンフォード大学のダグラス・リーナットが書いた別のプログラムは、ごく初等的な数学において、概念の発明と事実の発見を狙ったものである。集合の概念と、スプーンで食べさせてもらった「興味ある」ものがどんなものであるかに関する観念の集まりとから出発して、このプログラムは数えるという観念を「発明」し、ついで加法、乗法、そしてなかんずく素数の概念に至り、なんとゴールドバッハの推測の再発見までやってのけた！ もちろん、これらの「発見」は何百年いや何千年も前になされている。たぶん、このことは「興味ある」という感覚が多数の規則を通じてリーナットによって伝えられており、それにはリーナットの二十世紀的教養が影響している、といういい方で部分的に説明できるだろう。にもかかわらず、これは感銘深い。この大変尊敬すべきパフォーマンスのあと、プログラムは推進力を使い果したように見えた。これに関連して興味深いのは、このプログラムは何が興味深いものであるかに関する自分の感覚を発展させることも、改善することもできなかったという点である。これはむずかしさのもっと上のレベル——たぶん、何段階か上のレベル——であるように思われる。

AIの核心=知識の表現

上の多くの例を引用したのは、ひとつの領域を表現する仕方が、その領域がどのように理解されているかに大きくかかわっていることを強調するためであった。たんにあらかじめ命じられた順序でTNTの定理を印刷しだすプログラムは、数論に対する理解を少しももたないし、余分な知識の層を備えたリーナットのプログラムのようなものは、数論の初歩的な感覚をもっているといえるだろう。現実世界の経験の広い文脈の中に数学的知識を埋めこんだプログラムは、われわれが行っていると考えられているような意味で、もっとよく「理解」できていることになるだろう。AIの核心にあるのは、この知識の表現である。

はじめのころは、知識は文に似た「束」として現れると想定されており、プログラムに知識を植えこむ最善の方法は、事実を小さな受動的なデータの束に翻訳する簡単な方法を開発することだ、と考えられていた。そうすればすべての事実は、それを利用するプログラムが接することのできるたんなるデータ片となるだろう。チェス・プログラムはその例であり、盤上の配置はなんらかの種類の行列、あるいは一覧表にコード化されて記憶の中に効率的に貯えられ、そこでサブルーチンによる検索ができ、それに作用することが可能になる。

人間が事実をもっとこみいったやり方で貯えているという事実は、かなり以前から心理学者には知られていたが、最近になってやっとＡＩ研究者によって再発見された。これらの研究者はいまや、「まとめられた」知識の問題と手続き型および宣言型の知識の差の問題に直面しているのである。後者は第11章で見たように、内省によって接近できる知識と内省では接近できない知識との差と関連している。

すべての知識がデータの受動的な小片にコード化されなければならない、という素朴な想定は実際にはコンピュータ設計の最も基本的な事実と矛盾する。つまり、いかに足し、引き、掛けるか、などといったことは、データ片としてコード化されて記憶の中に貯えられるのではない。実は、記憶内のどこにも表示されてはおらず、ハードウエアの配線パタンとして存在する。ポケット計算器は、いかに加えるかという知識を記憶の中に貯えていない。この知識はその「内臓」の中にコード化されている。「いかに加えるかという知識がこの機械のどこに宿っているのか示せ！」誰かにこう要求されても、それに該当する記憶場所はない。

それにもかかわらず、ＡＩ研究の大きな部分は、知識の大半が特定の場所に——つまり、宣言的に——貯えられているようなシステムに向けられた。何ほどかの知識がプログラムの中に埋めこまれていなければならないことはいうまでもない。さもなければ、プログラムでも何でもなく、ただ百科辞典があるというだけになるだろう。問題は、知識をどのようにプログラムとデータに分割するかである。プログラムとデータを区別することは、けっしていつでも容易なわけではない。このことが第16章で明白になったものと私は期待する。しかし、あるシステムを開発するにあたって、もしプログラマーがある特殊な項目を直観的にデータ（あるいはプログラム）だと考えたとすれば、このことがシステムの構造に重大な反作用を及ぼしうる。なぜなら、プログラムを作るにあたって、データ的な対象とプログラム的な対象とは区別されがちだからである。

情報をどんなやり方でデータ構造あるいは手続きにコード化することも、効率を気にしなければ、ある図式で行えることは他の図式でも行なえるという意味で、原理上甲乙はない。このことを指摘しておくことも重要である。しかし、ある方法が他の方法に比べて決定的に優越していることを示すように思われる理由をつけることもできる。たとえば、手続き型の表現のみを用いることを弁護する次のような議論を考えてみよう。「十分な複雑さをもった特徴をデータとしてコード化しようと試みれば、たちまち新しい言語、あるいは新しい形式主義にほかならないようなものの開発を迫られることになる。そこでせっかくのデータ構造も、実際にはプログラム的なものになり、何片かのプログラムがインタープリタとして利用されることになる。それならば、同じ情報をはじめから手続き的な形に直接に表現し、解釈という余分なレベルを未然に除いておく方がましであろう。」

DNAとタンパク質が展望を開く

この議論は大変もっともらしく聞えるが、少しゆるやかに解釈すると、DNAとRNAを廃棄する議論とも読めるのである。遺伝情報を直接タンパク質の中に表現すれば、たったひとつのレベルだけではなく、二つのレベルの解釈をも一挙に省略できるというのに、なぜわざわざDNAの中にコード化するのか？　答はこうである――さまざまな目的のために、同じ情報をさまざまな形で保有しておくことが、きわめて有用であると判明するからである。遺伝情報をDNAというモジュール的、データ的な形で貯える利点のひとつは、二つの個体の遺伝子を組み合せて新しい遺伝子型を作ることが容易だということである。遺伝情報がタンパク質の中にしかなければ、これは非常に困難であろう。情報をDNAに貯える第二の理由は、それを転写し、タンパク質に翻訳することが容易だということである。必要とされないときでも、大きな場所をとらない。必要なときには鋳型として働く。タンパク質をそのまま写しとるメカニズムは存在しない。折りたたまれた三次構造のせいで、複製はとても手に負えないものになる。これと相補的に、遺伝情報を酵素のような三次元構造の中に組み入れることも、是非できなければならない。なぜなら、分子の識別と操作は本性上三次元的な作用だからである。純粋な手続き型表現に対する弁護は、細胞の文脈では全く偽りであることがこれでわかる。ここで示唆されているのは、手続き型および宣言型表現の間をいったりきたり、切り替えのできることの有利さである。これはAIにおいてもたぶん真実であろう。

この問題点を、フランシス・クリックは地球外知能との交信に関する会議で提起した。

> ご存じのように、地球上には二つの分子がある。ひとつは複製に向いており［DNA］、ひとつは活動に向いている［タンパク質］。ひとつの分子で両方の仕事ができるようなシステムを考案することは、可能だろうか。それとも、仕事を二つに分割する方が大いに有利だということを示唆する有力な議論が（あるとして）、システム解析に基づいて出されてくるのだろうか？

この疑問の答を私は知らない。

知識のモジュール性

知識の表現に関して生ずるもうひとつの問題はモジュール性である。新しい知識の挿入はどれだけ容易か？　旧い知識の修正はどれだけ容易か？　書物はどれだけモジュール的であるか？　これらはすべて依存しあっている。もし、たぶんに相互参照しあい、緊密に構造化された書物からひとつの章を取り除くと、書物の残りの部分は事実上理解不能になるかもしれない。それは蜘蛛の巣から一本の糸を抜き去るのに似ている――それによって巣全体が壊れるだろう。一方、ある書物はたがいに独立な章をもち、全くモジュール的である。

TNTの公理と推論規則を用いる直截的な定理生成プログラムを考えよう。このようなプログラムの「知識」には二つの側面がある。それは公理と規則の中には陰伏的に存在し、これまでに作り出された諸定理の総体の中には明示的に存在している。知識はどの方法で眺めるかによって、モジュールとも見えれば、また一面に拡がっていて完全に非モジュール的にも見える。たとえば、このようなプログラムをひとつ書いたのだが、公理の一覧表の中にTNTの公理(1)を含めるのを忘れた、としよう。プログラムが何千という導出を行ったあとで、あなたはこの見逃しに気づき、公理(1)を追加した。こうしたことがたちどころにできるということは、システムの陰伏的な知識がモジュール的であることを示している。しかし、システムの明示的な知識に対する新しい公理の寄与は時間をかけないと――瓶が割れたとき、香水の香りが室内にゆっくり拡散するように、その効果が外向きに「拡散」したあとでないと――わからないだろう。その意味で、新しい知識が取りこまれるには長い時間がかかる。そのうえ、もし、もとに戻って公理(1)をその否定で置き換えようとするのであれば、それだけではすまない。導出に公理(1)を含む定理はすべて取り除かなければならなくなるだろう。明らかに、このシステムの明示的知識はその陰伏的知識ほどにはモジュール的ではない。

知識をいかにしてモジュール的に移植するかがわかれば有益だろう。そのときには、たとえばフランス語を誰かに教えるのに、その人の頭蓋骨を開いて、その神経構造にある一定の仕方で手術を施せばよい――それでその人はフランス語が話せるようになる。これはもちろん白昼夢の類にすぎない。

知識の表現のもうひとつの側面は、知識をどう用いたいと望むかに関係する。情報が届くたびに、推論が引き出されるものと想定されているのだろうか？　新しい情報と古い情報の間でたえず類推と比較が行われるのであろうか？　たとえば、チェス・プログラムでは、先読みの木を作りたいのであれば、最小の冗長度で盤上の配置をコード化している表現が、情報をいく通りかの異なる仕方で反覆している表現よりも望ましいものになる。しかし、パタンを探し、既知のパタンと比較することによって局面を「理解」することをプログラムに望むのであれば、同じ情報を何回か、異なる形でくり返し表現する方がはるかに有益であろう。

論理的フォーマリズムにおける知識の表現

知識を表現し操作する最善の方法に関しては、さまざまな考え方がある。大きな影響力をもつひとつのやり方は、TNTの記号法に似た形式的記号法を用いる表現――命題接続記号と量化記号を用いる表現――を擁護する。このような表現における基本操作は、驚くにはあたらないが、演繹的推理の形式化である。論理的演繹は、TNTのいくつかの規則に似た推論規則を用いて行うことができる。ある特殊な観念についてシステムに問うことが、導出すべき文字列の形で目標を設定することになる。たとえば「MUMONは定理であるか？」と問えば、自動的な推理メカニズムが目標志向的なやり方で、さまざまな問題還元の方法を用いてそのあとを引き継ぐ。

命題「すべての形式的算術は不完全である」が知られているとして、プログラムが「『プリンキピア・マテマティカ』は不完全か？」という質問を受けたとしよう。既知の事実の一覧表――しばしばデータ・ベースと呼ばれる――を調べていくと、もし『プリンキピア・マテマティカ』が形式的算術であることが確立できれば、この問に答えられることにシステムは気づくかもしれない。したがって、命題「『プリンキピア・マテマティカ』は形式的算術である」は下位目標として設定され、そのあとを問題還元が引き継ぐ。目標、あるいは下位目標を確立するのに役立つような事柄がさらに見つかれば、それにも取り組む――こうして再帰的に進行していく。この過程には後向きの鎖作りあるいは後図鎖(ずさ)りという名がついている。それは、目標から出発して後向きに作業をし、たぶんすでに知られているであろう事物に向うからである。もし、主目標、下位目標、下位-下位目標などを絵画的に表現すれば、樹状の構造が得られるだろう。主目標がいくつかの異なる下位目標を含み、その各々が今度はいくつかの下位-下位目標を含みうるからである。

この方法で疑問が解消される保証はないことに注意してほしい。というのも、システムの中には、『プリンキピア・マテマティカ』が形式的算術であることを確証する方法がないかもしれないからである。しかし、これは主目標あるいは下位目標が偽の言明であることを意味しない――そのシステムがいま利用できる知識では、主目標あるいは下位目標を導出できないことを示すにとどまる。このような事情の場合には、システムは「わたしにはわかりません」という文句か、あるいは実際上それと同じような言葉を印刷するかもしれない。ある疑問が答えられないまま残るという事実は、あの有名な形式的システムが患っている不完全性にもちろん似ている。

演繹的知覚 vs. 類推的知覚

この方法は、知られている事実から正しい論理的結論が引き出せるという点で、表現されている領域の演繹的知覚を用意してくれる。しかしながら、それは相似性に目をつけ、状況を比較できるという人間のひとつの能力がそれには欠けている――人間知能の決定的な側面であり、類推的知覚とでも呼べるものが欠けている。これは、類推的思考過程がこのような型の中に押し込めないというのではなく、この種の定式化の中に自然にとらえられることがないというにすぎない。近ごろでは、論理志向システムは、複雑な形態の比較がかなり自然に実行できるように作られているもう一種のシステムほどには流行していない。

知識表現が数のたんなる貯蔵とはまるで異なった一大事業であることを理解すれば、「コンピュータが象についての記憶をもっている」というような考えは、容易に打ち砕くことのできる神話となる。記憶にあることとプログラムが知っていることとは必ずしも同義語ではない。なぜなら、たとえある知識の一片が複雑なシステムの内部のどこかにコード化されていても、それに辿りつく手続き、規則、あるいはデータを扱う別の型の仕掛けがないかもしれないのである。その知識には接近できないかもしれない。このような場合には、その知識片は「忘れられた」といってよい。なぜなら、それへ接近する道が一時的に、あるいは永久に閉ざされているからである。コンピュータ・プログラムはこのように、低いレベルで「記憶」していることを高いレベルで「忘れる」ことがある。これは、いつでもくり返し起きるレベル区別のひとつであり、このことからわれわれ自身について、たぶん多くのことが学べるだろう。人間がものを忘れるというのは、何らかの情報が削除あるいは破壊されたのではなく、高いレベルでの指標（ポインタ）が失われたことを意味しているというのが、もっともありそうなことのように思われる。入ってくる経験を貯えるやり方の痕跡を留めておくことがいかに大切であるかが、これによって浮び上ってくる。なぜなら、貯えられているものをどういう情勢のもとで、あるいはどのような角度から引き出すことが必要になるのか、あらかじめ知ることはできないからである。

コンピュータ俳句からＲＴＮ文法へ

人間の頭脳における知識表現の複雑さを私がはじめて深刻に感じたのは、英語の文を「当てずっぽうに」作り出すためのプログラムを研究しているときだった。私はかなりおもしろい道筋をたどって、この企画にたどりついた。いわゆる「コンピュータ俳句」のいくつかの例をラジオで聞いていた。そこには何か強く心を惹くものがあった。芸術的創造と通常考えられているものをコンピュータに行わせることには、ユーモアと同時に神秘の要素も大いにあった。ユーモラスな側面には大変興味を感じたし、創造的行為をプログラムするという不思議——矛盾とさえいえる——は強い動機となった。そこで、私は俳句プログラムよりももっと奇妙な矛盾を示す、ユーモラスなプログラムを書くことにとりかかった。

　プログラムがたんにある鋳型の空白を埋めているにすぎないという感じを抱かせないようにするために、私は最初、文法を柔軟な再帰的なものにすることに関心を寄せた。ほぼそのころ、私はヴィクター・イングヴの論文に『サイエンティフィック・アメリカン』誌上で出会った。彼はこの論文で、児童書に見られる型の文を多種多様作ることのできる、簡単だが柔軟な文法について述べていた。私はこの論文から拾い上げたいくつかの着想を修正し、第5章で述べた再帰的推移図（RTN）文法を構成する一組の手続きを提案した。この文法では、文の中の語の選択を決定する過程は文の全般的構造のレベルを低い方にしだいに降りていき、やがて語レベルと文字レベルに到る。語レベル以下でも、動詞の屈折や名詞の複数化など、しなければならないことがたくさんある。不規則な動詞形や名詞形は最初規則どおりに処理し、そのあとで一覧表の記載と合致したものについては正しい（不規則な）形に置き換えることにした。各々の語の最終的な形が落ち着いたところで、印刷がなされる。プログラムは例の有名なタイプライターを打つ猿に似ていたが、たんに文字レベルではなく言語構造のいくつかのレベルを同時に操作するものであった。

　プログラム開発の初期段階では、故意に全くふざけた語彙を用いた——ユーモアが狙いだったからである。たくさんのナンセンス文が作られた。あるものは非常に複雑な構造を備えており、あるものは非常に短かった。その実例をいくつかお目にかけよう。

> ぎごちなく笑わねばならね牡の鉛筆はわめくだろう。プログラムは記憶の中でたえず少女をばりばり齧らねばならぬのか？ぎごちなく唾する十進法の虫は転ぶだろう。思いがけない人と確実に親戚関係にあるケーキは、いつでもカードを投げ出すだろう。
>
> プログラムは楽しげに走らねばならない。
>
> りっぱな機械は天文学者を始終打ちのめしてはならない。
>
> おお、少女から本当に逃げ出すべきプログラムは、劇場のために音楽家を書くべきだ。ビジネス的の関係はわめく。
>
> いつでもわめくことのできる幸運な物である少女は、けっして本当にわめかない。
>
> ゲームがわめく。教授は漬物を書くだろう。虫が転ぶ。人は足を滑らせる箱をとる。

効果は大変超現実的で、ときにはいささか俳句を彷彿させる——たとえば最後の四つの短い文。はじめは大変おどけていて、何か魅力を備えているように見えるが、まもなく鼻につく。出力を何ページか読むと、プログラムの働いている空間の限界が感じとれる。それ以後は、その空間内のどの点を眺めても――たとえそれが「新しい」一点であっても――新しいものはもはや見えない。何かに退屈するのは、その行動のレパートリーを見つくしたときではなく、その行動を容れている空間の限界を見きわめたときである。私には、これが一般原理のように思える。人間の行動空間は、たえず別の人たちを驚かすことができるほど十分に複雑である。しかし、私のプログラムはそうではなかった。もっともっと微妙なものをプログラムに組み込むことが、真にユーモラスな出力を産み出すという私の目的にとっては必要であることを私は理解した。しかし、この場合、「微妙なもの」とは何であろうか？　馬鹿げた語の対置だけでは、あまりにも微妙さを欠いていることは明らかであった。語が世界の現実性にしたがって用いられることを保証する方法が必要であった。知識の表現に関する考察が、ここではじめて舞台に登場した。

RTNからATN

私が採用したのは、それぞれの語――名詞、動詞、前置詞など――をいくつかの異なる「意味論的次元」に分類するという考えであった。こうして、個々の語はさまざまな種類のクラスの成員となる。そこにはまた、超クラス――クラスのクラス――もある（ウラムの意見が思い出される）。原理的には、このような集まりはいくつのレベルまででもつづけることができるが、私は二つのレベルで止めた。任意の瞬間において、語の選択はいまや意味論的に制約されている。なぜなら、構成された句のさまざまな部分の間には一致がなければならない、という要請があるからである。たとえば、ある種の行為は生命をもった対象にしか行えないとか、あるいはある種の抽象だけが出来事に影響するなどといったことが、この考え方である。どのカテゴリーが合理的であるか、また、各々のカテゴリーはクラスと見た方がよいか、超クラスと見た方がよいかを決定するのは大変煩雑であった。すべての語彙は、いくつかの異なる次元の刻印を押された。ありふれた前置詞――of、inなど――は、用法の区分に従っていくつかの異なる次元に入れられた。こうして、出力ははるかに理解しやすいものとなった――そのために、それは新奇な流儀の面白味を帯びるようになった。

小さなチューリング・テスト

改良したプログラムの出力のおびただしいページの中から慎重に拾い出した九つの例を下に掲げる。人間が（真面目に）書いた文も三つそれに添えておく。さて、どれが人間の手で書かれたものだろうか？

(1) 突発的発言（フラーティング）は、電動映写における記号的対話体作品に対する記号素材の互換的代替物（ダビング）と考えてもよい。

(2) それを相続者血統が擬似通時的推移性の一応有利な事例となるような、ばかげた思考実験の「系列」の小径だと考えよう。

(3) それを作品として最終的に出てくるものの連鎖強度可能性と見なせば（認識条件？）、作品はフランクフルトソーセージもどきの一切合財詰め合せではない。

(4) 努力を重ねたにもかかわらず、回答はもしあなたが欲するのであれば、東方に支持されていた。それゆえ、誤謬は大使がとるであろう態度によって今後中断されるだろう。

(5) もちろん、騒動までは大使は野次馬連を少々、徐々に、つけ上らせていた。

(6) 思うに、その平和が無限小に、驚異的に、ときには非妥協を招くかぎりにおいて、取り返しのつかないやり方で究極的に命令によってひき起されたであろう帰結によって平和が蒸留されるかぎりにおいて、洗練された自由がその態度を招くであろう。

(7) ソフィストたちによると、言葉を換えれば、都市国家における争いは東方によって狡猾にも受けいれられた。もちろん東方は、国家によってとくに激しく分離されていた。

東方は人類が支持していた努力を支持している。

(8) 明らかに、誤謬の階層的起源はそれにもかかわらず、その敵によって予言されるだろう。その証拠には、個人主義者は非妥協が闘争を中断していないであろうと立証しているであろう。

(9) いうまでもなく、秘密を保証したであろう暴動の間に、回答は東方を分断しない。もちろん、諸国は事実上つねに自由を探求している。

(10) ノーベル賞は人文主義者によって獲得されつつあったとはいえ、それに加えるに、奴隷によっても獲得されつつあった。

(11) 闘争によって引き裂かれた国の奴隷は、しばしばひとつの態度をとるであろう。

(12) さらに、ノーベル賞は獲得されるであろう。その証拠には、帰結の如何にかかわらず、獲得されるであろうノーベル賞はときには婦人によって獲得されるであろう。

人間が書いた文章は(1)から(3)までである。これは『芸術言語』誌の最近号から引用したものであり、私の知るかぎりでは学のある正気の人間がたがいに何かを伝えようとしている、ごく真面目な労作である。文脈から切り離されてここに出現していることも、それほど見当を狂わせることにはなっていない。その本来の文脈も、これと全く同じような調子だからである。

残りの文は私のプログラムが作った。(10)ないし(12)は、ときには流暢さを発揮することもあることを示すために引用した。(7)ないし(9)はさらに典型的な出力であり、意味と無意味の間の奇妙な、問題の多い幽冥界を漂っている。(4)ないし(6)は意味をすっかり超越している。われわれは寛大な気持でこういってもよいだろう。これらは純粋な「言語的対象」として自立できるし、石のかわりに言葉で彫った抽象的彫刻に似ている、と。あるいはこう述べるかわりに、全くの似而非インテリのたわごとだ、といってもよい。

私の語彙の選び方は相変らず、ユーモアの効果を狙ったものであった。出力の味わいは特徴づけにくい。その大部分は、少なくとも単文レベルでは「意味をなす」とはいえ、その語っていることについて理解しておらず、またそれを語る理由ももたない語り手からこの出力が生じたという感じは、どうしても拭えない。とりわけ、語の背後に視覚的イメージが全く欠けていることが感じられる、このような文がラインプリンターから溢れでてくるのを見たとき、私は複雑な気持にとらわれた。出力のばかばかしさ加減を私は面白がった。それとともに、私の達成に誇りを抱いた。そしてそれを、アラビア語で意味のある物語を一筆で書き上げる規則のようなものだ、と友人に描写してみせた。誇張ではあるが、そういうふうに考えるのは楽しかった。最後に私は、この恐ろしいほど複雑な機械が、その内部で長い記号の列車の転轍を行っていることに気づいてぞっとした。しかも、この長い記号の列車は私自身の頭の中の思考に似た何ものかである……似た何ものかなのだ。

思考のイメージ

もちろん、これらの文の背後に意識をもった存在があると考えるほど私はばかではなかった——意識などとんでもない。このプログラムが真の思考から途方もなくかけ離れていることに、私は誰にもまして気づいていた。テスラーの定理はここにもよくあてはまる。言語処理能力のこのレベルが機械化されるが早いか、それが知能を構成するものでないことが明白になった。しかし、この強力な経験は私にひとつのイメージを残してくれた。真の思考は脳の中におけるはるかに長い、はるかに複雑な記号の列車によって構成されている——多数の平行したり交叉したりしている線路の上を走る多数の列車に似ており、その車輛は押されたり引かれたり、連結されたり切り離されたりし、おびただしいニューロン転轍器によって、ある線路から別の線路へ切り替えられる……。

　これは、私には言葉では伝えることのできない、漠然としたイメージであった。それはイメージにすぎなかった。しかし、イメージと直観と動機は心の中に混在し、このイメージの魅惑がたえず私を駆りたてて、思考が何であるかについてより深く考えこませた。私は、この書物の別の箇所で、このもとのイメージから生れた娘イメージをいくらかでもお伝えしようと試みた——とくに、「前奏曲……とフーガの蟻法」で。

　十数年間を展望する立場に立って、このプログラムをふりかえるとき私の心に浮ぶのは、語られていることとの背後にいかにイメージ形式の感覚が欠けているかということである。プログラムは奴隷が何であるのか、人が何であるのか、その他もろもろについて何の観念ももっていなかった。語は空虚な形式的記号であり、pqシステムのpとqと同じように——おそらくそれ以上に——空虚であった。私のプログラムは、テキストを読む人たちがごく自然に、個々の語にその香りを——あたかもそれが語を形づくる文字群に必然的に付着しているかのように——十分にしみこませる性向があるという事実をうまく利用している。私のプログラムは「定理」——出力文——が出来あいの解釈（少なくとも英語の話し手にとっては）をもっているような形式的システムと見なすことができる。しかし、pqシステムとは違って、これらの「定理」はこのやり方で解釈した場合、すべてつねに真なる文なのではない。多くのものが偽であり、多くのものがナンセンスである。

　pqシステムはつつましく、世界の小さな片隅を鏡に映す。しかし、私のプログラムが走っていたとき、それが従うべき小さな意味論的束縛を除けば、世界がいかに動いているかを映す鏡はその内部にはなかった。このような理解の鏡を作り出すには、個々の概念を世界に関する知識の層で幾重にもくるんでおかなければならないだろう。しかし、これを行えば、私が意図していたのとは別種の試みになってしまっただろう。私はそれを試みようと何回も考えた——しかし、そこまではどうしても手がまわらなかった。

高レベル文法……

　事実、世界について真なる文しか作り出さないようなＡＴＮ文法（あるいは別の、何らかの種類の文作成プログラム）が書けるかどうかを私はしばしば考えた。このような文法は、pqシステムやＴＮ

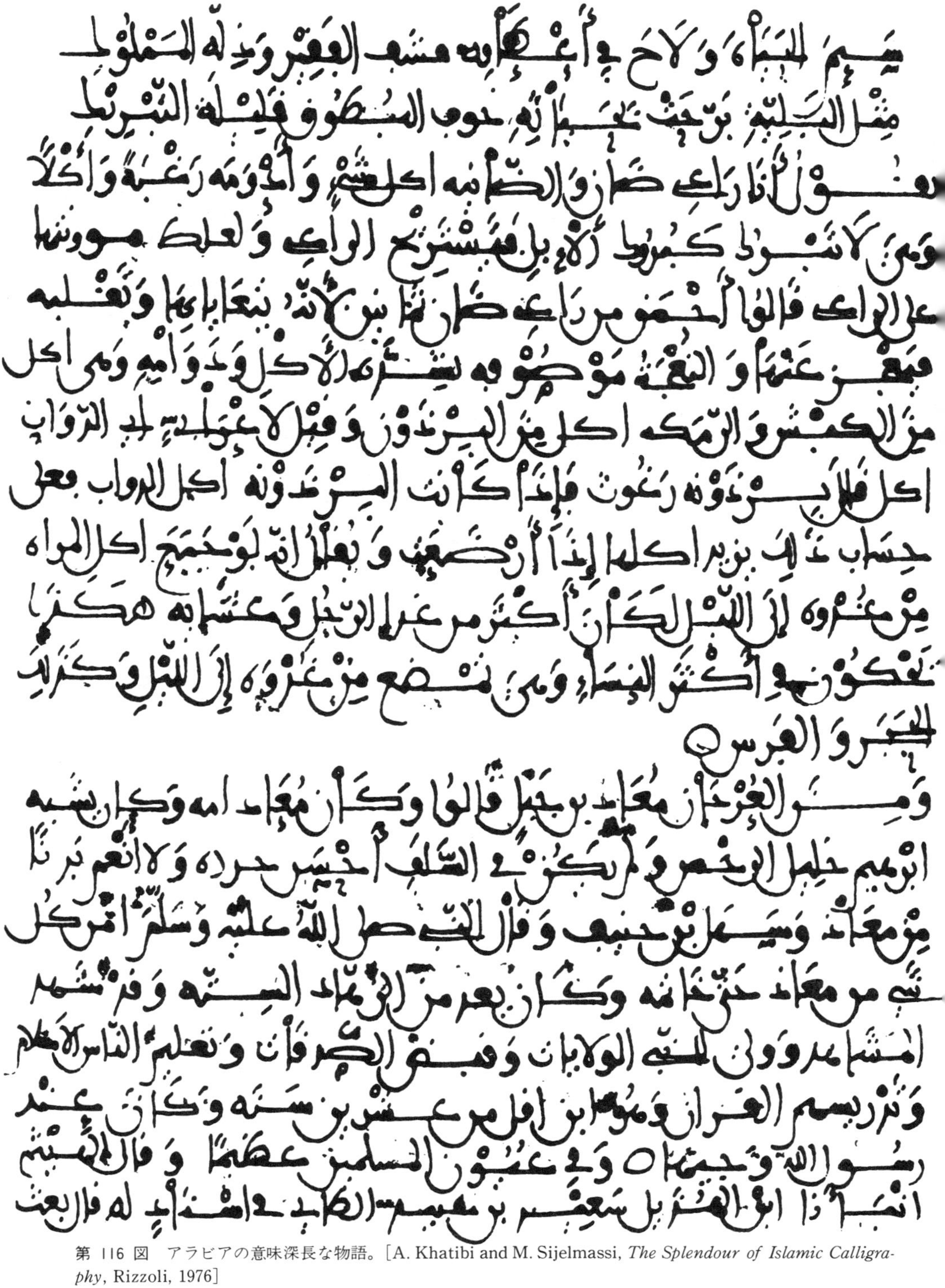

第 116 図　アラビアの意味深長な物語。［A. Khatibi and M. Sijelmassi, *The Splendour of Islamic Calligraphy*, Rizzoli, 1976］

第 117 図　ルネ・マグリット『心の算術』(1931 年)

Tで起きているのと同じやり方で、語を正真正銘の意味で味つけするだろう。偽の言明が非文法的であるような言語という発想は、一六三三年のヨハン・アモス・コメニウスにまで遡れる古い考えである。文法の中にすべてを見透す水晶の球が埋めこまれているというのであるから、これは大変魅力がある。知りたがっている事柄について文をただちに書きくだし、それが文法に適っているかどうかを調べるだけでよい……実際には、コメニウスはもっと先まで進んでいた。というのは、彼の言語では偽なる文は非文法的であるどころか、そもそも表示不能であった！

この考えを別の方向に向ければ、無作為的な禅公案を作成する高レベル文法も想像できるだろう。そうしていけないわけがあろうか？　このような文法は、公案を定理とする形式システムと等価になるだろう。もし、このようなプログラムがあれば、正真正銘の公案だけが作成されるように、それを按配することもできるのではないだろうか？　私の友人マーシャ・メレディスはこの「人工イズム」(Artificial Ism)という考えに熱中し、公案書きくだしプログラムを作るプロジェクトに取り組んだ。次の奇妙な公案もどきは、彼女の初期の作品のひとつである。

年軽の少僧、多節の小白椀を欲す。年軽の少僧、因みに糊塗の大僧に問いて云く。「未だ究めずして暁め理会する底の法有りや？」糊塗の僧、赤い小石椀を懐し、而して変褐せる険山より厚道的の白山に渉る。糊塗の僧乃ち小屋を欲す。糊塗の僧却って領悟せる学生に問う。「菩提達磨、甚麼として特特として支那に来る？」学生、糊塗の僧に応えて道う。「許多の桃子、須らく大なり。」糊塗の僧、老大僧に問う。「未だ究めずして暁め理会する底の法有りや？」老僧、白石頭的のG 0025自り去る。老僧既に喪却す。

　あなたの個人的な公案らしさの判定手続きは、幾何学記号や禅糸の芸を必要とせずに評決に到達したに違いない。（英文では）代名詞の欠如や洗練されていない構文が疑いをひき起さなかったとしても、末尾近くに現れている奇妙なG 0025は疑念を招かずにはすまない。これは何なのか？　これは奇妙な偶然――ある対象に対応する単語の代わりに、その特殊な対象に関するすべての情報が貯えられている「ノード」（実際には一個のリスプ・アトム）に対するプログラムの内部名称をプログラムに印刷させるような虫がプログラムに巣くっているしるし――である。根底にある禅の心というもっと低いレベル――依然、見えないままになっているレベル――を覗く「窓」がここにある。残念ながら、人間の禅の心のより低いレベルにはこのような明瞭な窓は開いていない。

　諸活動の系列は少し恣意的であるが、CASCADEと呼ばれる再帰的リスプ手続きから生ずる。漠然と因果的に関連し合っている諸活動の連鎖をこれらの手続きが作り出すのである。この公案生成装置が保有している世界理解の程度がたいしたものでないことは明らかであるが、出力をもう少し本物らしく見せるために研究が進められている。

音楽の文法？

　次は音楽である。これは一見、ATN文法やそれに似たプログラムでコード化するのに具合のいい領域と見えるかもしれない。（この素朴な考えをたどりつづければ）言語は意味に関しては外部世界との関連に頼るのにひきかえ、音楽は純粋に形式的であるということになろう。音楽の音は「その外部の」事物を指示しない。存在しているのは純粋な構文である――音につぐ音、和音につぐ和音、小節につぐ小節、楽句につぐ楽句……。

　だが、待ちたまえ。この分析はどこか間違っている。なぜ、ある音楽が他の音楽よりもはるかに深遠で、はるかに美しいのか？　それは、音楽では形式が表現力をもつからである――われわれの心のある奇妙な無意識の領域に対して表現力をもつからである。音楽の音は奴隷も都市国家も指示しないが、われわれの最内奥の自我に感動の渦を巻き起す。この点では、音楽的意味も記号から世界の事物――いまの場合、その「事物」とはわれわれの心の中の秘密のソフトウエア構造――に向けて架けた、触れることのできない連関に依存している。偉大な音楽はATN文法のような安易な定式化からは生まれない。お伽話もどきと同じように、音楽もどきは出てくるかもしれない――それはそれなりに価値のある探求である――が、しかし、音楽における意味の秘密は純粋な構文論のはるか彼方に横たわっている。

　ここでひとつの点を明白にしておかねばならない。ATN文法は原理上、いかなるプログラム作成の定式化の能力もすべて備えているので、もし音楽的意味が何らかの仕方でとらえうるものであれば（そう私は信じているが）、ATN文法でとらえうるはずである。これは真実だ。しかし、その場合には文法は音楽的構造を確定するだけではなく、鑑賞者の心の全構造をも確定するものとなるだろう。その「文法」は――たんなる音楽の文法を越えて――全面的な思考の文法となるであろう。

ウィノグラードのプログラムSHRDLU

何らかの「理解力」を有していると、たとえ不承不承であっても、人間に認めさせるにはどんな種類のプログラムが必要なのであろうか？ そこには「何もない」とあなたが直観的に感じることのないようにしむけるには、何が必要なのだろうか？

一九六八年から七〇年頃、テリー・ウィノグラード（別名ウィグ・テラリー殿(ドン)）は、ＭＩＴの博士課程学生として言語と理解とが結びついた問題に取り組んでいた。当時、ＭＩＴでは、ＡＩ研究はもっぱらいわゆる「積木世界(ブロックス・ワールド)」――視覚とコンピュータによる言語処理の両者にまたがる問題が容易に組み合せられる比較的単純な領域――にかかずらわっていた。積木世界はさまざまな形のおもちゃの積木を載せたテーブルで構成されている――積木は四角いもの、細長いもの、三角形のものなどさまざまな形をしており、色もいろいろである。（別種の「積木(ブロック)」の世界については第117図のマグリットの絵画『心の算術』を参照のこと。この標題は、いまの文脈にはぴったりであるように私には思える）ＭＩＴの積木世界における視覚的問題は、非常に手がこんでいた。多数の積木が映っている情景のＴＶ走査から、どんな種類の積木がそこに存在しているか、それらの関係は何か、をコンピュータはいかにして見出すことができるのか？ ある積木は他の積木の上に乗っており、ある積木は他の積木の前方にあり、また陰影がついているかもしれない、等々。

しかしながら、ウィノグラードの研究は視覚の問題からは離れていた。積木世界がコンピュータの記憶の中にうまく表現されているという仮定から出発して、彼はコンピュータに次の仕事をどうやらせるかという多面的な問題に直面した。

(1) 状況に関する英語の質問を理解すること
(2) 状況に関する質問に英語で答えること
(3) 積木を操作せよという英語の要請を理解すること
(4) 各々の要請をコンピュータのできる操作の系列に分割すること
(5) それが行ったこと、およびそれを行った理由を理解すること
(6) その行為とその理由を英語で記述すること

プログラム全体をその異なる各部分のひとつひとつに対してひとつのモジュールをもつモジュール的サブプログラムに分割し、モジュールを別々に開発したのち、それを円滑に統合するのが合理的なやり方のように思われるかもしれない。ウィノグラードは、独立なモジュールを開発する戦略が根本的な難点を抱えていることを見出した。彼は、知能は独立した、あるいは半ば独立した小片に区分けできるという理論に挑戦して、革新的な対処法を開発した。彼のプログラムＳＨＲＤＬＵ――誤植のしるしに植字タイプライターのオペレータが植字タイプライターの左側の二列のキーを叩いて打ち出す古い符牒ＥＴＡＯＩＮ ＳＨＲＤＬＵに因む――は、問題を明確な概念上の諸部分に分離することをしない。文の解析、内部表現の作成、それ自身の内部に表現された世界に関する推論、質問への回答等々は、すべて深くこみいったやり方で、知識の手続き型表現の中に編み合わされていた。ある人はこれを批判して、彼のプログラムがあまりこんがらかっているので、言語に関するいかなる「理論」も表現しておらず、また思考過程に対する洞察に寄与するところもない、と非難した。私の意見ではこの非難ほど見当違いなものはな

い。SHRDLUのような力業はわれわれの行うこととは同型ではないだろうが（事実、SHRDLUの中で「記号レベル」が達成されたとけっして考えてはならない）、それを創造する行為とそれについて考えることが、知能の働き方について深い洞察をもたらしてくれる。

SHRDLUの構造

事実、SHRDLUは別々の手続きで構成されており、その各々が世界に関する何らかの知識を含んでいる。しかし、手続き同士は、明確に引き離せないほど強く相互依存している。プログラムはほどくのに抵抗の大変大きい、大変こんがらかった結び目に似ている。だが、ほどけないことは理解できないことを意味しない。たとえ物理的にはごちゃごちゃしていても、結び目全体に対するエレガントな幾何学的記述はありうる。「無の捧げもの」からとった隠喩に戻って、それを「自然な」角度から果樹園を眺めることと対比させることもできるだろう。

ウィノグラードはSHRDLUについて巧みに書いている。シャンクとコルビーの書物に収録されているウィノグラードの論文から引用しよう。

モデルの背後にあるのは、すべての言語使用は、聴き手の中で手続きを活性化するひとつのやり方と見なせるという基本的な見方である。どの発言もプログラム——聞き手の認識システムの内部で一連の操作の実行を間接的に引き起すプログラム——と考えることができる。この「プログラム書きくだし」は、話し手が意図したのとは全く異なる一連の行動をとりうる知的インタープリタを相手にしているという意味で間接的である。正確な形は世界に関するインタープリタの知識、語りかけている人物に対するインタープリタの予想によって決定される。このプログラムにあるのは、ロボットの中で起きているような解釈過程の単純化された修正版である。ロボットが解釈した個々の文は、プランナーの中の一組の指令に転換される。作られたプログラムはそのあとで、望まれている効果を達成するために実行に移される。

プランナーは問題還元を容易にする

ここで述べているプランナー言語はひとつのAI言語であり、その主要な特徴は問題還元に必要な動作のうちのいくつか——つまり、下位目標、下位-下位目標などの木を作る再帰過程——が組み込まれている点にある。これは、このような過程をプログラマーがくり返しくり返し書くかわりに、GOAL文と呼ばれるものに自動的に含意されていることを意味する。プランナープログラムを読めば、このような操作があからさまに言及されていないのに気づく。専門用語でいえば、ユーザーから見えないのである。木の一本の経路が望みの目標を達成しそこなうと、プランナープログラムは「逆戻り（バックトラック）」して別の経路を試みる。「逆戻り」はプランナーに関するかぎり、魔法の呪文である。

ウィノグラードのプログラムはプランナーの、もっと正確にいえばプランナーの計画を部分的に修正したマイクロプランナーのこの特徴を非常に巧みに利用した。しかし、過去何年かの間にAI開発を目ざす人たちは、プランナーに見られるような自動的な逆戻りには決定的に不利な点があって、おそらく目標まで導いていってくれないだろうと結論するに至った。そこで彼らは逆戻りして、ＡＩに通ずる別の経路を選ぼうと試みた。

ＳＨＲＤＬＵに関するウィノグラードの意見に、さらに耳を傾けよう。

> それぞれの語の定義とは、分析において適当な時点で呼び出され、文と現在の物理的情況を含むいかなる計算も行えるようなひとつのプログラムである。

ウィノグラードが挙げた例の中には次のようなものがある。

> ［英語の定冠詞］the の意味のさまざまな可能性は、文脈に関するさまざまな事実を検討し、そのあとで「この記述に適合する一義的な対象をデータ・ベースから探し出せ」とか、あるいは「いま記述されている対象が話し手に関するかぎり一義的であることを主張せよ」などといった活動を指示する手続きである。プログラムは、文脈のどの部分が関連ある部分なのかを決定するために、いろいろな発見法を協働させる。

語 the をめぐるこの問題の深遠さには驚くべきものがある。最も繁用される五つの英単語――the, of, and, a および to――を十分扱えるプログラムが書ければ、ＡＩの問題全体が解けたも同然であり、ひいては知能と意識が何であるかを知ることに等しい、と述べても過言ではなかろう。

ちょっと道草。五つの最も普通の英語の名詞は――ジョン・Ｂ・キャロルの編んだ『語の頻度』によれば――「時間（タイム）」「人びと（ピープル）」「道（ウエイ）」「水（ウオータ）」および「語（ワード）」である（配列は頻度の高い順）。これに関してびっくりさせられるのは、われわれがこのような抽象的な用語を用いて考えていることにたいていの人が気づいていないことである。友人に尋ねてみれば、おそらく十中八、九、「人（マン）」「家（ハウス）」「車（カー）」「犬（ドッグ）」および「お金（マネー）」の類の語だと推測するだろう。頻度という主題のついでにいえば、英語で最も頻度の高い文字はマーゲンサーラーに従って頻度順にならべるとＥＴＡＯＩＮ　ＳＨＲＤＬＵとなる。

「数字喰い」としてのコンピュータという類型的な考えのちょうど逆をいくＳＨＲＤＬＵの面白い特徴のひとつが、ウィノグラードの指摘している次の事実である。「われわれのシステムは数を数字の形では受け入れず、一〇まで数えることしか教えられていない」そのあらゆる数学的支柱をもってしても、ＳＨＲＤＬＵは数学的白痴である！　はしゃ蟻塚叔母さんと同じく、ＳＨＲＤＬＵはそれを形づくっている、より低いレベルについては何も知らない。その知識の大半は手続き型である（この前の対話篇の第11節で「ウィグ・テラリー殿」が述べた言葉の意味をとくに参照のこと）。

ＳＨＲＤＬＵの中の手続き的な知識の埋め込みと私の文生成プログラムの中の知識とを比較すると興味深い。私のプログラムでは、すべての構文論的知識はアルゴル言語で書かれた拡大推移ネットワーク（Augmented Transition Network）の中に手続き的に埋め込まれている。しかし、意味論的知識――意味論的なクラス所属に関する情報――は静的であり、個々の語の後にある短い一覧表の中に含まれている。助動詞 to be, to have その他のように、アルゴル言語で完全に手続きとして表現されている語もいくつかあるが、それは例外である。これとは対照的に、ＳＨＲＤＬＵでは、すべての語はプログラムとして表現される。データとプログラムが理論上は等価であるにもかかわらず、実地にはどちらを選ぶかによって大きな懸隔が生ずることをこの例は証明している。

構文論と意味論

ウィノグラードの言葉をもう少し引こう。

われわれのプログラムは最初に文を解剖し、そのあとで意味論的分析を加え、最後に推論を利用して応答を作成するというふうに作動するのではない。この三つの活動は、文を理解していく途中で平行して進行する。構文論的構造の一片が形を整えはじめるが早いか、意味論的プログラムが呼ばれてそれが意味をなすかどうかを調べ、その結果生じた答に導かれて構文解析がなされる。意味をなすかどうかを決定するに当って、意味論的ルーチンは演繹過程を呼び出すことができ、現実世界について質問を発することもできる。たとえば、対話篇の文34 Put the blue pyramid on the block in the box.（箱の中のブロックの上に青いピラミッドを置いて）では、解析プログラムは最初、「ブロックの上の青いピラミッド」とも解せる語句 the blue pyramid on the block を名詞群の候補として取りあげる。この時点で意味論的分析がなされる。the が限定的なので、言及されている対象をデータ・ベースの中で点検する。そのような対象が見つからないときには、解析は再指示を受けて、名詞群「青いピラミッド」（the blue pyramid）を見つける。解析はさらに進んで、「箱の中のブロックの上に」（on the block in the box）が位置を示す単独の句であることを見出すまで続行する……このように、異なる種類の分析の間の交互作用がつづき、その結果は互いに影響しあう。

自然言語では、構文論と意味論が非常に深くからみあっていることは大変興味深い。前章で、とらえどころのない「形式」の概念を論じたさいに、われわれは観念を二つのカテゴリーに分割した。叙述的に終止する決定手続きによって検出可能な構文論的形式とそうでない意味論的形式である。しかし両者は――少なくとも「構文論」と「意味論」を通常の意味にとるかぎり――自然言語ではすっかり融合しあっている、とウィノグラードは述べている。文の外的形式、つまり要素的な記号を用いたその構成は、構文論的および意味論的側面にそんなにきちんと分けられるものではない。これは言語学にとって大変重要なことである。

ＳＨＲＤＬＵに関するウィノグラードの最後の意見を少し示そう。

「ピラミッドを支えるところの赤い立方体」のような簡単な記述を、システムがどう扱うかを眺めてみよう。記述には BLOCK（積木）、RED（赤）、PYRAMID（ピラミッド）および EQUIDIMENSIONAL（等次元的）というような概念――すべてシステムの背後にある世界のカテゴリー化の一部――が用いられるだろう。その結果は第118図のフローチャートに似たもので表現できる。これが記述に合致する対象を見出すためのプログラムであることに注意してほしい。それはやがて、全体としてその対象に対して何かを行う指令、それについて何かを尋ねる質問にとり囲まれるか、あるいは、もし言明の中に現れるのであれば、のちの使用に備えて意味を表現するために生成され

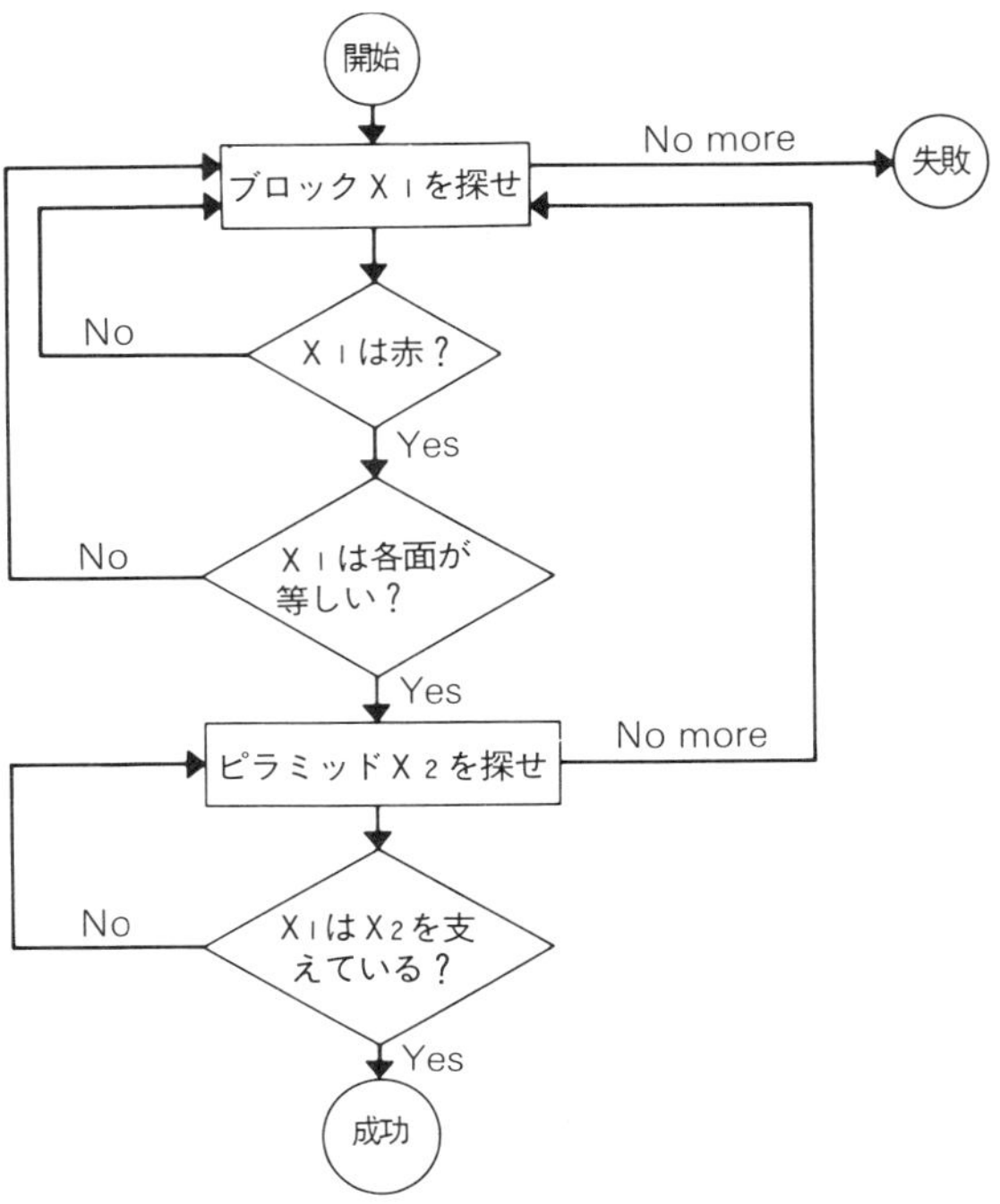

第118図「ピラミッドを支える赤いキューブ」の手続きの表現。[Roger Schank and Kenneth Colby, *Computer Models of Thought and Language*, W. H. Freeman, 1973]

るプログラムの一部となるであろう。もし最初のＦＩＮＤ指令があらかじめその特殊な対象を眺めるようにいいつけられていれば、このプログラム片はある対象が記述に合致しているかどうかを見分けるための検査としても使用できることに注意してほしい。

われわれは単純な語句の意味がループ、条件付き検査その他、こまごましたプログラム化の細目をあからさまに含むとは考えたくないので、このプログラムには一見したところ、あまりにも構造が多すぎるように見える。これに対する解決は適当なループや点検（チェック）を基本操作として含み、過程の表現がその内部ではその記述と同じくらいに簡単であるような内部言語を用意することである。第118図で示したプログラムは、プランナーで書くと次のような具合になるだろう。

```
(GOAL (IS ? X1 BLOCK))
(GOAL (COLOR-OF ? X1 RED))
(GOAL (EQUIDIMENSIONAL ? X1))
(GOAL (IS ? X2 PYRAMID))
(GOAL (SUPPORT ? X1 ? X2))
```

フローチャートのループは、プランナーの逆戻り制御構造の中では陰伏的である。記述の評価は、ある目標をしくじるまで一覧表をたどることによってなされ、その時点でシステムは「別の可能性を試みよ」という決定が最後に下された地点まで自動的に後退する。決定は新しい対象名、あるいは ?X1 や ?X? のようなVARIABLE（接頭辞? で示される）が現れるたびに下すことができる。変数はパタンマッチ・プログラムによって利用される。もしそれらがすでに特定の項目に割り当てられていれば、プログラムはGOALがその項目にとって真であるか否かを知るために点検を行う。もしそうでなければ、まずひとつを選び、その点まで逆戻りが起るたびに、その次のものを取りあげるというやり方で、GOALを満足するすべての可能な項目を点検していく。このように、検査と選択の間の区別さえも陰伏的なのである。

このプログラムを考案する上でのひとつの重要な戦略的決定は、英語からリスプへすっかり翻訳するのではなく、途中まで——つまりプランナーへ——翻訳することであった。(プランナーインタープリタはそれ自体リスプで書かれているので) このようにして、新しいレベル——プランナー——が上位レベル言語 (英語) と下位レベル言語 (機械語) の間に挿入された。プランナープログラムはひとたび英文の断片で作られると、プランナーインタープリタへ送り込むことができ、SHRDLUのより高いレベルは自由になって新しい仕事にとりかかるようになる。

この類の決定はたえず頭をもたげてくる。システムにはレベルがいくつなければならないのか? どのレベルに、どんな種類の「知能」をどのくらい置かなければならないのか? これらが今日、AIが直面している最もむずかしい問題のいくつかである。自然知能についてわれわれの知っていることがあまりにも少ないので、人工知能システムのどのレベルが仕事のどの部分を分担すべきなのか、われわれにはとても判断がつかない。

これで先の対話篇の舞台の背景を一瞥し終えた。次章では、AIに対する新しい思弁的な着想に出会うことになるだろう。

コントラファクトゥス

蟹が内輪の友を自宅に招き、土曜日の午後のフットボールの試合をテレビで一緒に観戦しようとしている。アキレスはすでにやってきたが、亀とその友の樹懶（なまけもの）はまだこない。

アキレス　あの連中じゃないかな、妙な一輪車に乗ってやってきたのは?

（亀と樹懶が一輪車から降りてはいってくる。）

蟹　やあやあ、よくきてくれた。ぼくの旧友を紹介しよう、樹懶君だ――そしてこちらはアキレス。亀君とは顔見知りなんだろ。

樹懶　ひとつ目二眼族の方と知り合いになるのは、たしかこれが初めてだ。よろしく、アキレス。ひとつ目二眼族の方たちについては、ずいぶんいい評判を耳にしてるよ。

アキレス　こっちも同じさ。きみの優雅な乗り物のことをちょっと訊いてもいいかな?

亀　ぼくらの乗ってきた二人乗り一輪車のことかい?　優雅なんてしろものじゃないさ。ふたりがAからBへ同じスピードで到達するための方便にすぎないよ。

樹懶　シーシーとかソーソーも作っている会社が作ったものでね。

アキレス　なるほど。あのノブは何だい?

樹懶　ギヤシフトさ。

アキレス　ははーん。で、変速はいくつ切り替えられる?

亀　ひとつなんだ、逆転をふくめて。たいていの型はもっと少ないけど、これは特別製の型でね。

アキレス　なかなか立派な二人乗り一輪車だよ。そうそう、蟹君、ゆうべのきみのオーケストラの演奏は実にすばらしかったぜ。

蟹　ありがとう、アキレス。ひょっとしてきみもきていたかい、樹懶君?

樹懶　いや、いけなかったんだ、悪いけど。混合シングルスのピンピントーナメントに出ていたんだ。ぼくの組が勝抜戦で優勝を争っていたから、そりゃもう大変さ。

アキレス　賞品をもらったのかい?

樹懶　もちろんだよ――銅製の二面のメビウスの環さ、片面が銀張りで、もう片面が金張りの。

蟹　それはおめでとう、樹懶君。

樹懶　ありがとう。それで、コンサートはどうだった?

蟹　実に楽しい演奏ができたね。双子のバッハの曲をいくつか演奏して――

樹懶　有名なヨハンとセバスティアン？
蟹　まさしく然り。それに樹懶君、きみを思い出させる曲もひとつあった――二本の左手のためのすばらしいピアノ協奏曲さ。おしまいから二つめの（しかもたったひとつの）楽章は、一声のフーガだ。この複雑さはちょっと想像できないだろうな。フィナーレには、ベートーヴェンの第九交狂曲禅曲だ。最後には聴衆全員が立ち上って、片手で拍手喝采だ。圧巻だったね。
樹懶　いけなくて残念だったなあ。でもレコードになったんだろ？家に高級ステレオをもってるから聴いてみよう――金で買えるものとしては最高の二チャンネル・モノーラル装置だぜ。
蟹　きっとどこかで手に入るよ。さて、諸君、そろそろ試合が始まるぞ。
アキレス　今日はどことどこがやるんだい、蟹君？
蟹　ホームチーム対ビジターズのはずだ。いや、違う――あれは先週だった。今週はヨソモノズとだろう。
アキレス　ぼくはホームチームを応援するよ。いつもそうなんだ。
樹懶　古いんだなあ。ぼくはホームチームはぜったい応援しない。本拠地が対蹠地に近いチームほど応援するんだ。
アキレス　そうか、それできみは対蹠地に住んでいるの？　対蹠地に暮らすのは魅力があるって聞くけど、一度も訪れてみようという気にはなれなくてね。
樹懶　それに妙なことだけど、どっちの方向へ旅してもいっこうにそこへは近づけない。
亀　ぼくみたいな場所だな。
蟹　試合の時間だ。テレビをつけるとしようか。
（スクリーンのついた巨大なキャビネットのところへいく。スクリーンの下には、ジェット機みたいに入り組んだ計器パネルがある。つまみをカチッとやると、フットボール競技場が鮮明なカラーでスクリーンに映し出される。）
アナウンサー　ファンのみなさま、こんにちは。さあ、いよいよまた、ホームチームとヨソモノズがこの競技場で顔を合わせ、伝統の一戦を闘う時がめぐってまいりました。今日は小雨が降ったりやんだり、グラウンドは少々濡れておりますが、空模様もなんのその、好試合が期待されます。とくにホームチームの方は、エイトバックにあの黄金のペア、テッドジリガーとパリンドロミを擁します。さあ、ピリピック、ホームチームのキックオフです。さあ、飛んだ！　ヨソモノズのフランスンがこれをカット、かかえて走る――20のライン、25、30、そして32。タックルしようとするのはホームチームのムール。
蟹　すごいランニングバックだ！　見たかい、あやうくクウィルカーにタックルされるところだったぜ――しかしなんとかふりほどいたね。
樹懶　ばかなことをいうなよ、蟹公。そんなことは一切なかったね。クウィルカーはフランスンにタックルしなかったじゃないか。「あやうく」どうしたなんていってアキレス君を（あるいはぼくらを）まどわせないでほしいな。それは事実なんだ――「あやうく」も「もし」も「そして」も「しかし」もないのさ。
アナウンサー　いまのプレーを再生ビデオで見てみましょう。79番がクウィルカー、横から入ってきてフランスンに突進、タックルをしかけるところ！
樹懶　「しかけるところ」ときた！　ふん！
アキレス　みごとな動きだなあ！　再生ビデオじゃなければわから

ないぜ。
アナウンサー　ヨソモノズ、最初のダウン・アンド・テンです。ノドゥルがボールをもって、オーウィクスに手渡す――リバースです――オーウィクスが右へ回り込んで、フランスンに渡す――ダブルリバースです！――今度はフランスンがトリーフィグに渡す、トリーフィグがスクリメージ後方12ヤードでダウンです。トリプルリバースで12ヤードのロス！
樹懶　いいぞ！　すごいプレーだ！
アキレス　おいおい、きみはヨソモノズを応援するんじゃなかったかい。いまのプレーで12ヤードのロスだぜ。
樹懶　そうかい？　まあとにかく――いいじゃないか、際だったプレーであるかぎりはさ。もう一回見てみよう。
（……こうして試合の前半が終る。第三クォーターの終り頃、ホームチームにとってここで決めなければというプレーがめぐってくる。すでに8点差をつけられている。三度目のダウン・アンド・テン、なんとしても最初のダウンがほしい。）
アナウンサー　ボールはテッドジリガーにハイクされます。テッドジリガーがフェイドバック、さあ誰に送ろうか、クウィルカーにフェイク。パリンドロミがワイドライトにいる。近くに誰もいない。テッドジリガーがパリンドロミへロ一パスを送る。パリンドロミ、飛んでくるボールを引っつかむ、そして――（観衆のうめきが聞える）――ああ、ラインの外へ出てしまいました！　ホームチームには何とも痛い！　もしパリンドロミがラインの外に出なかったなら、そのままエンドゾーンまで突っ走ってタッチダウンできたでしょう！　では仮定法再生ビデオを見てみます。
（スクリーンにさっきと同じラインナップが現れる。）
ボールはテッドジリガーにハイクされます。テッドジリガーがフェイドバック、さあ誰に送ろうか、クウィルカーにフェイク。パリンドロミがワイドライトにいる。近くに誰もいない。テッドジリガーがパリンドロミへロ一パスを送る。パリンドロミ、飛んでくるボールを引っつかむ、そして――（観衆のあえぎが聞える）――ほとんどラインの外に出てしまうところ！　しかしまだラインの内側です。エンドゾーンまでずっとがらあき！　パリンドロミが猛然と突っ込む。ホームチーム、タッチダウン！（競技場は割れるような大歓声）いまのは、みなさん、パリンドロミがラインの外へ出なかったとした場合であります。
アキレス　待ってくれ……いったいタッチダウンになったのかい、ならなかったのかい？
蟹　ならなかったさ。いまのはただ仮定法再生ビデオなんだ。ちょっとはみ出して仮定を追ってみたにすぎない。
樹懶　こんな滑稽なものがあるなんて、聞いたことがないや！　そのうちコンクリートのイアマフでもできるのかな。
亀　仮定法再生ビデオとは、いささか突飛なものだね。
蟹　別にそうでもないよ、仮定法テレビをもっていれば。
アキレス　仮定法テレビって、家庭用テレビとどう違うんだい？
蟹　違うなんてもんじゃないよ！　新種のテレビでね、仮定法に入っていけるんだ。フットボールの試合なんかにはことさら向いている。これは買ったばかりさ。
アキレス　どうしてそんなにたくさん、つまみや妙なダイヤルがあるんだい？
蟹　然るべきチャンネルに合せられるようにさ。仮定法で放映しているチャンネルはたくさんあるから、簡単に選局できればと思うだろ。
アキレス　どういうことか実際にやってみせてくれないかな。どうもよくわからないんだ、その「仮定法で放映する」といわれても。
蟹　なあに、実に単純さ。自分でやればわかるよ。ぼくはキッチンへいってフレンチフライをこしらえてくるから。たしか樹懶君はあれには目がないんだ。
樹懶　むむむむ！　すぐに頼むよ、蟹公。フレンチフライはぼくの大好物だからね。
蟹　きみたちはどう？
亀　少しならいただくよ。
アキレス　同じだね。でも待ってくれ――キッチンへいく前に、この仮定法テレビの使い方のコツがあったら教えといてもらわなくちゃ。
蟹　とくにないよ。このまま試合を見ていて、それで何かニアミスがあったときとか、事が思いどおりに展開しなかったときとかに、ダイヤルをいじってみて、それでどうなるか見ればいい。故障する心配はないよ、珍奇なチャンネルを選んだりするかもしれないけど。
（そういってキッチンへいってしまう。）
アキレス　どういう意味だろうな。まあいいや、この試合を見ようじゃないか。ぼくはもうのめり込んでしまったね。
アナウンサー　ヨソモノズ四度目のダウン、ホームチームのレシーブです。ヨソモノズはパントフォーメーション、テッドジリガーがディープです。オーウィクスがキックに入る――これはかなり高く上った。テッドジリガーの近くに落ちてくる――
アキレス　捕れよ、テッドジリガー！　ヨソモノズをたっぷり楽しませてやるんだ！
アナウンサー　――そして水たまりに落下――ぼっちゃーん！　とんでもない方向へバウンドする！　さあ、そのボールをスプランクが猛然と追う！　バウンドするときわずかにテッドジリガーの手に当って、それからするりとそれた様子です――記録はファンブル。レフェリーが合図しています、強豪スプランク、ホームチーム7ヤードラインをヨソモノズに取り返しました！　ホームチームの大失策。まあ、いたしかたのないところでしょう。
アキレス　なんてこった！　雨さえ降らなかったなら……（がっかりして両手を握りしめる。）
樹懶　またまた忌々しい仮定か！　どうしてきみたちは、ばかげた空想の世界にしょっちゅう逃げ込むんだい？　ぼくがきみらだったら、断乎として現実をゆずらないね。「仮定法のナンセンスは一切不要」がぼくのモットーさ。このモットーはぜったい変えないよ、たとえどっさり――いや、どっさりわんさと――フレンチフライをくれるといわれたって。
アキレス　そうだ、それで思いついた。たぶんあの機械をうまくいじりまわせば、仮定法再生ビデオが映るんだ。雨が降っていなくて、水たまりもなくて、とんでもないバウンドもしなくて、テッドジリガーがファンブルしない。どうかなあ……（仮定法テレビに歩み寄り、しげしげと眺める）しかしこういろいろつまみがあっては、見当もつかないな。（一つ二つ、つまみをでたらめに回す。）
アナウンサー　ヨソモノズ四度目のダウン、ホームチームのレシーブです。ヨソモノズはパントフォーメーション、テッドジリガーがディープです。オーウィックがキックに入る――これはかなり高く上った。テッドジリガーの近くに落ちてくる――

アキレス　捕れよ、テッドジリガー！

アナウンサー　――そして水たまりに落下――ぼっちゃーん！　あっ――バウンドしてそのまま腕のなかへ！　さあ、そのあとをスプランクが猛然と追う。しかしいいブロックがいる。強豪スプランクをうまくかわして、もうテッドジリガーはずっと先のオープンフィールドにいます。ご覧ください！　いま50ヤード、40、30、20、10――ホームチーム、タッチダウン！（ホームチーム側からどっと大歓声）ファンのみなさま、ただいまのは、フットボールが回転長楕円体でなく球体であったとしたらの場合であります！しかし現実にはホームチームがボールを逸し、ヨソモノズがホームチーム7ヤードラインを制するのであります。まあ、球運いたしかたないところ。

アキレス　いまの、どう思う、樹懶君？

（アキレスは作り笑いを浮べて樹懶の方を見やるが、樹懶はその惨憺たる結果はすっかり忘れ、入ってきた蟹をしきりと見ている。大皿にどっさりわんさと――いや、どっさり――大きなうまそうなフレンチフライをのせ、全員の分のナプキンと一緒に運んできたのだ。）

蟹　どうだい、わが仮定法テレビに対する三者のご感想は？

樹懶　失望したね、蟹君、はっきりいって。かなり故障してるようだ。少なくとも半分くらいの時間は、つまらないナンセンスへと脱線してしまう。これがぼくのテレビなら、蟹君、きみみたいなやつにすぐさまくれてやるね。もちろん、これはぼくのものじゃないけどど。

アキレス　実に不思議な装置だなあ。違う天候条件ならどうなったか見たいと思ってプレーを再生してみたけど、こいつは自分自身の意志をもっているみたいなんだ。天候を変えるんじゃなくて、フットボールの形をフットボール形でなく球形に変えてしまうじゃないか！　どういうことだい――フットボールがフットボールみたいな形をしてないなんてありうるかい？　それは名辞矛盾だよ。不合理もはなはだしい！

蟹　どっちもつまらない冗談しかいえないんだなあ。もっと面白い仮定法を選び出してくれると思ってたのに。こんなのを見てみるかい、いまの試合がフットボールでなく野球だったとしたら最後のプレーはどうなったかを？

亀　ほう！　すごい思いつきだ！

（蟹はつまみを二ついじって、後ろにさがる。）

アナウンサー　フォーアウトです、そして――

アキレス　フォーアウトだって？

アナウンサー　そうです、ファンのみなさま――フォーアウトです。フットボールを野球に変える場合、何かはゆずらなくてはなりません。さて、いま申しましたように、フォーアウト、ヨソモノズの守備、ホームチームの攻撃であります。テッドジリガーが打席に入ります。ヨソモノズはバントシフト。オーウィクスが腕を上げて投球する――かなり高く上りました。まっすぐテッドジリガーに向ってきます――

アキレス　かっとばせ、テッドジリガー！　ヨソモノズに一発どでかいの食らわせろ！

アナウンサー　――しかしスピットボールのようです。妙なカーブを描く。さあ、スプランクが猛然とボールを追う！　かすかにテッドジリガーのバットをかすめ、それからバウンドしたようだ――しかし判定はフライ。ヨソモノズの快傑スプランクがこれを捕ったという審判員の判定、七回の終了です。ホームチームにはなんとも手痛い。フットボールファンのみなさま、先ほどのプレーが野球だったらどうなったかをご覧にいれました。

樹懶　ふん！　こんな試合は月世界でやってほしいよ。

蟹　それじゃ早速いこう！　ここをちょい、こっちをちょい……

（スクリーンにクレーターばかりの荒地が現れる。二チームが宇宙服を着て対戦中の静止画面。突然、二チームがふわっと動き出す。プレーヤーは全員、宙に大きくバウンドし、ほかのプレーヤーの頭上を越える者もある。ボールが宙に投げられ、ぐんぐん高く上ってほとんど見えなくなり、それからゆっくりと舞いおりてきて、ボールの投げられたところからほぼ4分の1マイルの地点にいる宇宙服のプレーヤーの腕におさまる。）

アナウンサー　以上は、みなさま、月面ではどう展開したであろうかという仮定法再生ビデオであります。それではここでちょっとグランプビールからのお知らせを——わたしの大好きなビールです！

樹懶　もしぼくがこんな無精者でなかったら、こんな壊れたテレビは自分で店へ返しにいくよ！　でもあいにく、無精者の樹懶であるのがわが宿命……（フレンチフライを大きく口にほおばる。）

亀　驚異の発明だね、蟹君。ひとつ仮定法を出してもいいかい？

蟹　いいとも！

亀　宇宙が四次元だったらいまのプレーはどうなったろう？

蟹　ああ、それはこみいってくるな、亀公。でもコード化してダイヤルに入れられると思う。ちょっと待ってくれ。

（装置に歩み寄り、どうやら初めて、仮定法テレビのコントロールパネルをフルに使いだし、ほとんどひとつ残らずつまみを二、三度回しては、さまざまのメーターを丹念にチェックする。それから満足げな顔で後ろにさがる。）

アナウンサー　では仮定法再生ビデオをご覧いただきましょう。

（よじ曲がった管の乱立がスクリーンに現れる。しだいに大きくなり、それから小さくなり、そしてしばし回転らしき動きをする。それから一本の奇妙な茸の形をしたものにまとまり、また管の集まりへ戻る。次つぎと奇怪な形に変るのと同時に、アナウンサーの説明が入る。）

テッドジリガーがフェイドバックしながらパスをねらう。10ヤードのアウトフィールドにいるパリンドロミに送ろうと、右外側へパス——うまいようだ！　パリンドロミは35ヤード面、40、そして自己の43ヤード面でタックルされます。三次元のファンのみなさま、ただいまのは四空間次元でフットボールが行われた場合の模様であります。

アキレス　何をしてるんだい、蟹君、コントロールパネルのいろんなダイヤルを回すのは？

蟹　然るべき仮定法チャンネルを選んでいるのさ。ありとあらゆる類の仮定法チャンネルが同時に放映をしているんでね、提案してくれたような仮定法を表すチャンネルに正確に合わせておこうというわけだ。

アキレス　どんなテレビでもこんなふうにできるのかい？

蟹　いや、たいていのテレビは仮定法チャンネルを受信できない。特別な回路が必要で、これを作るのが実に厄介なんだ。

樹懶　どのチャンネルが何を放映してるってどうしてわかるんだい？　新聞で調べるの？

蟹　チャンネルのコールサインは知る必要がないんだ。映したい仮定法状況をこのダイヤルにコード化して入れることによって、そのチャンネルに合わせるのさ。専門的には、これを「反事実パラメータによるチャンネル呼び出し」という。たくさんのチャンネルが四六時中、想定しうるありとあらゆる世界を放映している。たがいに「近い」世界をもつチャンネルは、すべてたがいに近いコールサインをもっているんだ。

亀　最初に仮定法再生ビデオを見たときはダイヤルをぜんぜん回さなくてよかったけど、あれはなぜだい？

蟹　ああ、あれはね、現実チャンネルに非常に近いチャンネル、ごくわずかにそれたチャンネルに合わせてあったからさ。だからたまには現実からそれる。現実チャンネルにぴったり正確に合わせるのはほとんど不可能なんだ。でもそれでけっこうさ、あのチャンネルは味も素っ気もないからね。あの局の再生ビデオはぜんぶくそまじめ！　想像できるかい？　退屈も退屈でね！

樹懶　ぼくにいわせりゃ仮定法テレビなんて考え全体が退屈きわまりないけどな。しかし気持を改めたっていいよ、もしこの機械がむちゃくちゃ面白い反事実を操作できるという証拠を見せてくれればね。たとえば、足し算が可換ではないとしたらさっきのプレーはどうなるとか。

蟹　おいおい、そりゃ困る！　そういう変更はこの型にはちょっと過激だよ。あいにく、このタイプでは最高の超仮定法テレビをもっていないから。超仮定法テレビなら何を投げつけたって操作してくれるけど。

樹懶　ちぇっ！

蟹　でもね——ほぼ同じようなことはできる。13が素数でないとしたらさっきのプレーはどうなるかを見せようか？

樹懶　いや、けっこう！　そんなのは意味がないよ！　とにかくぼくがさっきのプレーヤーなら、もうそろそろうんざりだね、頭のおかしな概念スリッパみたいなきみたちのために何度も服を着せかえられて見世物にされるのは！

アキレス　この仮定法テレビはどこで手に入れたんだい、蟹君？

蟹　それがなんと、樹懶君と一緒にこの間の夜、カントリー・フェアに出かけてね、籤(くじ)の一等賞の賞品になっていた。ふつうああいう軽薄なものには手を出さないんだが、なにか妙に衝動が押さえられなくて、それで一枚買ったのさ。

アキレス　きみは、樹懶君？

樹懶　実は一枚買ったよ、まあ蟹公のおつきあいで。

蟹　そして当選番号の発表があったときは、ほんと驚いた、ぼくのが当りじゃないか！

アキレス　すごいなあ。籤を買って何か当ったという知合いはきみが初めてだぜ！

蟹　運のいいのにびっくり仰天したよ。

樹懶　籤のことで何かまだいうことがあるんじゃなかったかい、蟹公？

蟹　なあに、たいしたことじゃないさ。ただ、ぼくの番号は129だった。当選番号が発表されると、128なんだよ——ひとつ外れの。

樹懶　ほらわかったろ、実は当たったんじゃない。

アキレス　もうちょいとで当たったのか、でも……

蟹　当たったといいたいね。だってものすごく近かったんだし……もしぼくの番号がもうひとつ下だったら当たったわけだ。

樹懶　でも蟹公、あいにく外れは外れさ。

亀　もっと残念だな。きみはどうだった、樹懶君？　番号は何？

樹懶　ぼくのは256——2の累乗で128の次の数さ。これはとにかく絶対に勝ちじゃないか！　なのにどういうわけか、あのフェアの役員たちは――あのフェアじゃない役員たちは――さっぱりそれがわからない。ぼくに充分資格がある賞をくれようとしないんだ。どっかのちゃっかり者が自分のものだと言い張った、番号が128だからといって。ぼくの番号の方があいつのよりずっと近いと思うけど、市役所相手にけんかもできないし。

アキレス　さっぱりわけがわからないよ。この仮定法テレビをきみが当てたんじゃないのなら、蟹君、いったいどうしてぼくらはずっとこれを見ていられたんだい？　ぼくら自身が何か仮定法の世界にいるみたいだぞ、もし条件がほんのわずかに違っていたらという世界に……

アナウンサー　以上は、みなさん、蟹氏が仮定法テレビを当てていたら過ごしていたであろう午後の模様でありました。しかし当りはしませんでしたので、四者の友はホームチームが大敗するのを見ながら楽しい午後を過ごしたにすぎません。得点は128対0。いや、256対0でしたでしょうか？　いずれにせよ、それは問題ではありません、五次元冥王界スチームホッケーにおいては。

「ほとんど」状況と仮定法

「コントラファクトゥス」を読んだ友人が私にこう語った。「ぼくの叔父はほとんど合衆国大統領だったんだ！」「へえ？」と私。「本当だとも」と友人は答えた。「叔父は魚雷艇108号の艇長をしていたのさ」（ちなみに第三十五代合衆国大統領ジョン・F・ケネディは第二次大戦中魚雷艇109号の艇長であった）

「コントラファクトゥス」がかかわっていたのはこのような事柄である。われわれは日常の思考の中で、われわれが直面している状況、われわれが抱いている考え、あるいは起きた出来事について、その心的な変種をたえず製作している。そして、ある特徴をそっくりそのまま残す一方では、他の特徴は「滑脱（スリップ）」するに任せる。どんな特徴が「滑脱」するのだろうか？ 滑脱するなどと考えることすらできないのは、どんな特徴であろうか？ 実際に起きた出来事に非常に近しいと、ある深い直観レベルで知覚されるのはどんな出来事であろうか？ 起きなかったことが明らかであるのに、「ほとんど起きるところだった」あるいは「起こりえた」と考えられるのは、どのような類の出来事であろうか？ 物語を聞くとき、意識して考えなくても、心の中にさっと飛びこんでくるのはどんな類の出来事であろうか？ ある条件法的叙述が他の条件法的叙述よりも「条件法的叙述らしさが少ない」という印象を抱かせるのはなぜなのか？ 結局のところ、起きなかったことは何であれ起きなかったことは明白である。「起きなかった」ということに度合というものはない。「ほとんど」状況についても同じである。人はときには悲しげに、またときにはほっとしながら、「ほとんど起りそうだった」という。しかし、「ほとんど」は心の中にあるのであって、外的事実の中にあるのではない。

田舎道で車を走らせているときに、蜂の大群に出会ったとしよう。あなたはそれに適切に注意を払うだけではない。心の中に群れをなして入ってくる「再生」の大群によって、全状況はたちまちひとつの展望の中に置かれる。典型的な考えは次のようなものであろう。「窓が閉まっていたのは幸運だった！」あるいは、不幸なことにその逆かもしれない。「窓が閉まっていなかったのは何ともまずかった！」「バイクに乗っていなくてよかった！」「もう五分早く出かけてこなかったのが運のつきだ！」奇妙だが、ありうる応答としては「あれが鹿の大群なら、殺されていただろう！」「この蜂どもはむしろバラの茂みにでくわした方がうれしかったろうな」もっと奇妙な応答もありうる。「蜂が札束でなかったのは残念だ！」「蜂がセメント製でなくて助かった！」「一匹じゃなくて大群だったのが不運だ」「私が私であるかわりに蜂の群でなくてよかった」何が自然に滑脱し、何が滑脱しないのか——そしてなぜ？

「ニューヨーカー」誌の最近号には「フィラデルフィア・ウェルコマート」紙から次の一節が転載されている。

もしレオナルド・ダ・ヴィンチが女性に生れていたとしたら、システィナ礼拝堂の天井画はけっして描かれることはなかっただろう。

「ニューヨーカー」誌はこう注釈をつけた。

そしてもし、ミケランジェロがシャム双生児であったとすれば、仕事は半分の日時で完成しただろう。

「ニューヨーカー」誌の論評の眼目は、このような条件法的叙述が偽だということではない。むしろ、このような考えを楽しむ人びと——ある与えられた人間の性別や人数を滑脱させるような人びと——は少々頭がおかしい、という点にあったのであろう。しかし、皮肉なことに、その同じ号の「ニューヨーカー」誌のある書評の末尾には次のような一文がしゃあしゃあと印刷されていた。

彼［フィリップ・フランク教授］はこの二冊の本を大いに楽しんだだろう、と私は思う。

ところで、フランク教授はこの時点ではすでに亡くなっている。ある人が、その人の死後に書かれた本を読むなどというのは明らかにナンセンスである。では、この真面目な文が嘲笑を浴びないのはなぜなのか？ いわくいいがたい意味で、この文の中に入りこんでいるパラメータがとにかく、「可能性」に対するわれわれの感覚を前の例と同じように破ることがないからである。何らかの理由で、この場合には他の場合よりも「他のすべてのことが同じであるとして……」と想像しやすくなっている。だが、なぜそうなのか？ 出来事と人物について、滑脱させることが「納得できる」ものと「ばかげて見える」ものとを深いところから告げ知らせてくれるような分類の仕方は、どういうものなのか？

没価値の叙述文「私はロシア語を知らない」から、もっと心のこもった「ロシア語を知りたいなあ」へ、さらに感情的な仮定法「ロシア語を知っていたらなあ」へ、そして最後に、十分な条件法的叙述——「ロシア語を知っていれば、チェホフとレールモントフを原文で読むだろう」まで滑脱させていくのがいかに自然に感じられることか。否定の中に不透明な障壁しか見えないような心が、いかに平板で生命のないものであることか！ 生きた心は、可能性の世界に向けて開けた窓を見ることができる。

「ほとんど」状況と無意識に作成される仮定法は、世界の知覚を人間がどのように組織化し、カテゴリー化しているかということに対する洞察の最も豊かないくつかの潜在的源泉を表示している、と私は信ずる。この見解の雄弁な支持者である言語学者で翻訳家のジョージ・スタイナーは、その著書『バベル以後』でこう書いている。

仮定されたもの、「想像」、条件法、反事実、そして偶然事の構文法が、たぶん人間の話をする能力の生成中枢なのであろう……これらが哲学上および文法上の困惑をもたらすのは偶然ではない。これらが関連していると感じられており、またより大きな「仮想的話法」、あるいは「選択的話法」の中にたぶんともに所属するであろうと考えられる未来時制に劣らず、これらの「もしも」命題は人間のものの感じ方のダイナミックスにとって基本的である……

われわれがもっているのは、世界を否定あるいは「非定」し、それを想像し、別のようにいいかえる能力とその必要性である……われわれには、「他のあり方」を措定する言語の力と強制を指し示すひとつの言葉が必要である……心のありように活力を与え、われわれの肉体的、社会的存在のために変転する、多分に架空の環境を築くのに用いる「これ以外の場合」、反事実的命題、イメージ、意欲と回避の形態を定義するには、おそらく「代替性（オルターニティ）」という言葉がよかろう。

最後に、スタイナーは反事実性への反事実的讃歌をうたう。

人間は、われわれの知るところでは、架空の、反事実的、反決定論的な言語手段なしに、そして生物的な衰退および死亡という単調な踏み車の彼方に可能性を思惟し、はっきり口にするために、大脳皮質の「余分」な領分で生じ、そこに貯えられている意味づけの能力なしに生き残ってこれたとは思えない。

「仮定法的世界」の構築はそれを行っていることに気づかないほどさりげなく自然に起る。われわれはわれわれの幻想の中から、ある内部的な心的意味で実在世界に近いものを選び出す。われわれは実在的なものと、ほとんど実在的と感じられるものとを比較する。そうすることによってわれわれは、実在に対してある種の名状しがたい展望を得る。樹懶（なまけもの）は実在の滑稽な変種の例――仮定法に滑脱する能力をもたない（あるいは少なくともその能力がないと主張する）思考する存在――である。だが、お気づきになったかもしれないが、その語ることは反事実に満ちている！　実在の中から抜け出して柔らかい「もし何とかだったら」に滑脱するという創造能力がなかったとしたら、われわれの心的生活は何と貧しいものであろうか！人間の思考過程の研究という立場から見ると、この滑脱は大変興味深い。というのも、たいていの場合それは全く意識的指示なしに生ずるし、どのような種類の事柄が滑脱し、どの種類の事柄が滑脱しないかを観察することが、無意識の心を覗くよい窓になるからである。

この心的計量の本性について何らかの展望を得るひとつの方法は、「毒をもって毒」に対処することである。これは対話篇でなされている。そこではわれわれの「仮定法の能力」が、仮定法の能力という観念そのものが滑脱した世界を想像するように求められて、われわれが期待していることと比較される。対話篇でなされた最初の仮定法的なビデオ再生は――そこではパリンドロミ選手はライン内にとどまっている――想像としては大変正常である。事実、それはフットボール試合で隣り合せて観戦していた人がごくふつうに、さりげなく私に話したことがもとになっている。私はある理由でそれに感銘した。たとえばダウンの回数、あるいは当面のスコアを滑脱させずに、ある特殊な事柄を滑脱させることがなぜそんなに自然に見えるのか、私はいぶかしく思った。この考えから出発して私はさらに、その他の、たぶんもっと滑脱させにくい特徴、たとえば天気(対話の中にある)やゲームの種類(これも対話にある)、そしてもっと気狂いじみた変種(これも対話中にある)について考えてもみた。しかしながら、私はある状況では滑脱がばかばかしくて考えられもしないのに、別の状況ではすっかり滑脱しやすくなることに気づいていた。ときには、ボールが別の形だったらどうなるだろうか、といつのまにかひそかに考えていることもあるだろう(たとえば十分ふくらんでいないボールでバスケットボールをしているようなとき)。しかし、別の場合には、そんなことはけっして頭に浮ばないだろう(たとえば、テレビでフットボール試合を見ているようなとき)。

安定性の層

ある出来事(あるいは状況)のひとつの特徴の滑脱しやすさは、私にはその当時、その出来事(あるいは状況)の生起が、知覚されている入れ子型の文脈の組に依存しているように思えたし、いまでもそう思っている。数学から借りた用語、つまり「定数」、「媒介変数」(パラメータ)、「変数」がここで役立ちそうである。数学者、物理学者などはしばしば「cは定数、pはパラメータ、vは変数である」と述べて計算を行う。これが意味しているのは、そのいずれも(定数を含めて)変えうるということである。しかしながら、可能性には一種の階層がある。記号で表現されている状況においてはcは大局的な条件を確定し、pはcを固定しながら変わりうるそれほど大局的ではない条件を確定し、最後にはvはc、pを固定しながらいろいろ変ることができる。cとpが変る間、vを固定しておくことは意味をなさない。なぜなら、vが意味をもつのは、cとpが確定した文脈の中だからである。例として、患者のリストと個々の患者の歯並びのリストをもっている歯医者を考えよう。患者を固定して歯を変えることは意味をなす(そして財もなす)が、歯を固定して患者を変えるというのは全然意味をなさない(とはいえ、歯医者を変えることもときには十二分に意味をなす……)。

われわれは状況に対する心的な表現を一層ずつ作り上げる。最も低い層は文脈の最も深い側面を確立する——この側面は、ときにはあまりにも深くて全然変えることができない。たとえば、世界の三次元性は非常に根深いので、われわれの大多数はそれを心の中で滑脱させようとは想像だにしない。それは定数の中の定数の風貌を呈する。次に、「背景仮定」とでも呼ぶべき状況の固定した側面——心の背後にあって、変えられることはわかっているが、たいていの場合には不変の側面として疑問なく受けいれているような事物——を、永久的にではないが一時的に確定する層がある。これも依然「定数」と呼ぶことができるだろう。たとえば、フットボールを観戦に行くときには、ゲームのルールがその種の定数である。次に「パラメータ」がある。これはもっと可変であると見なされているが、一時的に一定に保つのである。フットボールの例でいえば、天気、相手チーム、その他がパラメータに含まれるだろう。パラメータにはいくつかの層がありうるし、たぶんあるだろう。最後に状況の心的表現の最も「うつろいやすい」側面——変数——にたどりつく。これはパリンドロミが場外へ飛び出したように、心的には「固定されていず」、しばらくの間なら実際の値から滑脱しても気にならないような事柄である。

枠組(フレーム)と入れ子型文脈

枠組(フレーム)という言葉が目下ＡＩで流行しているが、これは文脈のコンピュータによる具現と定義できる。この用語は枠組に関する多くの考えと同じくマービン・ミンスキーに負うものであるが、基本的な概念は長年にわたって知られていた。フレームという言葉を用いれば、状況の心的表現はたがいに入れ子型になっている枠組にかかわる、というふうに述べることができる。状況のさまざまな成分はそれぞれ自分のフレームをもっている。入れ子型フレームに関する私自身の心的なイメージのひとつをあからさまに言葉にしてみるのも、一興であろう。箪笥の大きな集まりを想像しよう。ひとつの箪笥を選ぶことはひとつのフレームをもつことであり、抽出しを入れる空所(スロット)は「下位フレーム」を取りつける場所である。しかし、下位フレーム自身も箪笥である。ある箪笥全体を別の箪笥の空所にどうやってそっくりはめこむことができるのか？　たやすいご用だ。これは結局のところ、物理的なことではなく心的な話なのであるから、箪笥を縮小し、変形させればよい。さて、外側のフレームには抽出しをはめこむべき異なる空所がいくつかある。そこで、内側の箪笥（すなわち下位フレーム）のいくつかによって空所を満たさなければならないかもしれない。これは再帰的につづけていくことができる。

任意の形の空所に合せてある箪笥を押しつぶし、折り曲げるという生き生きした超現実的なイメージは、たぶん大変重宝である。なぜなら、概念がそれを押しこもうとしている文脈によって押しつぶされ、折り曲げられることを暗示しているからである。あなたの考えている人物がフットボール選手であるとき、あなたの「人物」概念はどうなるのか？　それはたしかに歪められた概念、全体的な文脈があなたに押しつけたものであろう。あなたは「人物」フレームを「フットボール試合」フレームの空所に押しこんだのである。知識を枠組の中に表現するという理論は、世界が、それぞれ別のものの文脈としてその過程をあまり混乱させられずに、あるいはあまり大きな混乱を生じさせずに役立たせることのできる擬似閉鎖的な下位システムで構成されている、という考えに基づいている。

知識工学でいうフレームに関する主な考えのひとつは、各々のフレームがめいめい一組の期待を携えて生じるという考えである。これに対応するイメージは、標準と呼ばれるひとつの抽出しが、それぞれの抽出しの空所にゆるく組み込まれているような箪笥である。私が「川岸の絵を描いてください」といったとき、あなたはさまざまな特徴を備えた視覚イメージを呼び起すだろうが、その特徴の大部分は、私がさらに「旱魃のときの」あるいは「ブラジルの」あるいは「メリーゴーランドはない」というような句を付け加えたときには除去することができるものである。空所に対する標準という値が存在するおかげで、空所を満たす再帰的過程は終結することが可能になる。実際にあなたはこういう。「空所は三層までは私自身が満たすことにしよう。その先は標準解釈を採用しよう」フレームは標準期待と併せて、その適応限界に関する知識と、それがその許容限度を越えて引き延ばされた場合に他のフレームへ切り替えるための発見法とを含んでいる。

細部を「ズーミング」によって好きなだけ近づいて眺める方法が入れ子型構造のおかげで得られる。適当な下位フレームに合せてズーミングを行い、次にその下位フレームに合せるといった具合にして、望みどおりの細部が見えるまでつづければよい。これは、巻頭に国全体の地図があり、そのあとに州ごとの地図がつづいており、さらに細部が見たければ都市やいくつかの大きな町の地図も付いているような地図帳に似ている。単一の街区、家屋、部屋などにまでいたる、思いのままに詳細な部分図を備えた地図帳も想像できる。それは、異なった解像力をもつレンズを備えた望遠鏡で眺めるのに似ている。個々のレンズにはそれぞれ用途がある。異なる尺度がすべて使えるという点が重要である。細部はどうでもよく、それがときには頭をこんがらからせるだけだということもしばしばある。

任意の異なったフレームを他のフレームの中に押し込めることが可能なので、対立あるいは「衝突」の可能性は大きい。「定数」「パラメータ」「変数」の層の単一の大局的集合という、きちんとした素敵な図式は単純化のしすぎである。実は、それぞれのフレームにはそれ自身の可変性の階層があり、このためにおびただしい下位フレーム、下位‐下位フレーム等々をもった、フットボールのような複雑な事象をわれわれがいかにして知覚しているのかを分析することが、信じがたいほどやっかいな操作になるのである。この数多いフレームは、どのようにしてたがいに作用し合っているのだろうか? ひとつのフレームが「この項目は定数である」といい、他のフレームが「いや、それは変数だ!」といい返すような対立があるとすれば、それはどのようにして解決されるのか? これはフレーム理論上の深刻な難問であって、私には答えることはできない。フレームとは本当は何であるのか、あるいはAIプログラムにどのようにフレームを実現するのかについては、まだ意見は完全な一致を見ていない。次節で、このような疑問のいくつかについて私なりの議論を試み、私が「ボンガルド問題」と呼んでいる視覚パタン認識上のパズルについて語ることにしたい。

ボンガルド問題

ボンガルド問題（BP）は、ロシアの科学者M・ボンガルドがその著書『パタン認識』の中で示した一般的な型の問題である。典型的なBP（ボンガルドの一〇〇の問題の第五十一番目のもの）を第119図に示す。この魅力的な問題は、人間であると機械であるとを問わずパタン認識者のためのものである。（ETIすなわち地球外知能向けとしてもよい。）それぞれの問題は、クラスIを形づくる左側の六個と、クラスIIを形づくる右側の六個の計十二個の方形の図（以下、たんに「箱」と呼ぶ）で構成されている。箱には次のように印を付けることができる。

I-A	I-B	II-A	II-B
I-C	I-D	II-C	II-D
I-E	I-F	II-E	II-F

「クラスIの箱とクラスIIの箱はどのように異なるのか?」これが問題である。

ボンガルド問題解決プログラムにはいくつかの段階があり、それを通るうちに、生のデータは徐々に記述に転換される。はじめの方の段階は比較的柔軟性に乏しく、段階が高くなるにつれてより柔軟になる。最終段階は私が「試案性」と呼ぶ性質を備えているが、これは要するに、その描像がつねに試案として提示されることを意味する。高レベル記述は、それ以降の段階のあらゆる仕掛けを用いればちょっとしたきっかけで再構成できる。以下で提示する考えもやはり試案の性質を帯びている。私はまず最初に、重大な難点を適当にやりすごしながら、全体的な考えをお教えすることに努める。そ

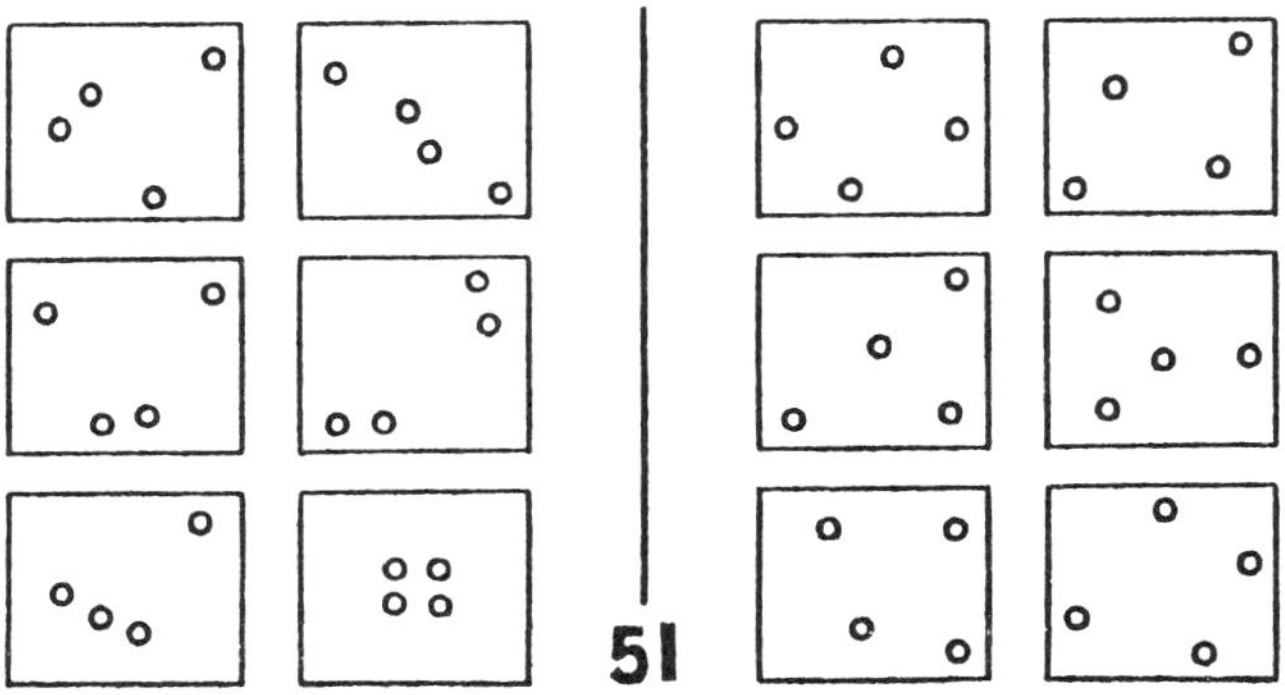

第 119 図　ボンガルド問題 51［M. Bongard, *Pattern Recognition*, Hayden Book, 1970］

のあとで、微妙な点、細かい技巧などに戻って説明することにする。そういうわけで、解決はいったいどういうことなのかについて読者が抱く観念も、読み進むにつれて若干修正を蒙ることになるだろうが、その方が議論の主旨に適っているのである。

前処理は最少語彙を選ぶ

あるボンガルド問題を解きたいと思っているとしよう。問題がTVカメラに示され、生データが読み込まれる。ついで、生データは「前処理」を施される。これは、いくつかの顕著な特徴が検出されるということである。これらの特徴の名称がこの問題に対する「最少語彙」を構成する。これらは一般的な「顕著特徴語彙」から抽出される。顕著特徴語彙の典型的な語をいくつか示そう。

　線分、曲線、水平、垂直、黒、白、大、小、尖っている、丸い、……

前処理の第二段階では、基本的な形状に関する若干の知識が用いられる。そして何かが見つかれば、その名称が利用可能になる。このようにして、たとえば

　三角形、円、正方形、切れ込み、突起、直角、頂点、先端、矢形、……

のような用語が選ばれるかもしれない。人間の場合、意識的なものと無意識的なものとが出会うのが、ほぼこの地点である。この議論はここから先に起る事柄の記述に主としてかかわる。

高レベル記述

いまや画像は、なじみの深い概念を用いてある程度まで「理解」され、何らかの概括もなされた。一二個の箱のひとつ、あるいはいくつかに対して、試案的な記述がなされる。それには次のような簡単な記述子（ディスクリプタ）が典型的に用いられる。

上に、下に、右に、左に、内に、外に、近くに、離れて、平行に、垂直に、列になって、散らばって、均一に並んで、不規則に並んで、など。

また、確定および不確定の数記述子も用いることができる。

一、二、三、四、五、……、多、少、など。

次のような、もっとこみいった記述子も作り上げられる。

はるか右に、それほど近くなく、ほとんど平行に、など。

こうして、典型的なひとつの箱——たとえばBP47のI-Fは、次のような図形を含むものとしてさまざまに記述される。

三つの図形
あるいは
三つの白い図形
あるいは
右側の方にひとつの円
あるいは
二つの三角形とひとつの円
あるいは
上を向いた二つの三角形
あるいは
ひとつの大図形と二つの小図形
あるいは
ひとつの曲線図形と二つの直線図形
あるいは
同じ種類の図形を内と外にもつひとつの円

これらの記述はそれぞれ、ひとつの「フィルター」を通して箱を見ている。文脈から離れていれば、これらはいずれも有用な記述でありうる。しかしながら、これらがかかわっている特殊なボンガルド問題の文脈に即して見れば、これらはすべて「誤って」いることが判明する。いいかえると、BP47のクラスIとクラスIIの間の区別を知っており、上の記述の中のひとつが未見の図の記述として与えられたとしても、この情報ではその図がどのクラスに属するのかが判定できないだろう。この箱の文脈に適った本質的な特徴は、それが

ひとつの三角形を内部にもつひとつの円

を含んでいることである。この記述を聞いた人はもとの絵は再構成できないだろうが、この性質を備えた絵は認識できるだろう、ということに注意してほしい。これは音楽の様式にいくらか似ている。あなたはモーツァルトの音楽を誤らずに認識できるかもしれないが、誰か他の人にモーツァルトの曲だと聞き誤らせるような曲は決して書けないだろう。

第 120 図　ボンガルド問題 47［M. Bongard］

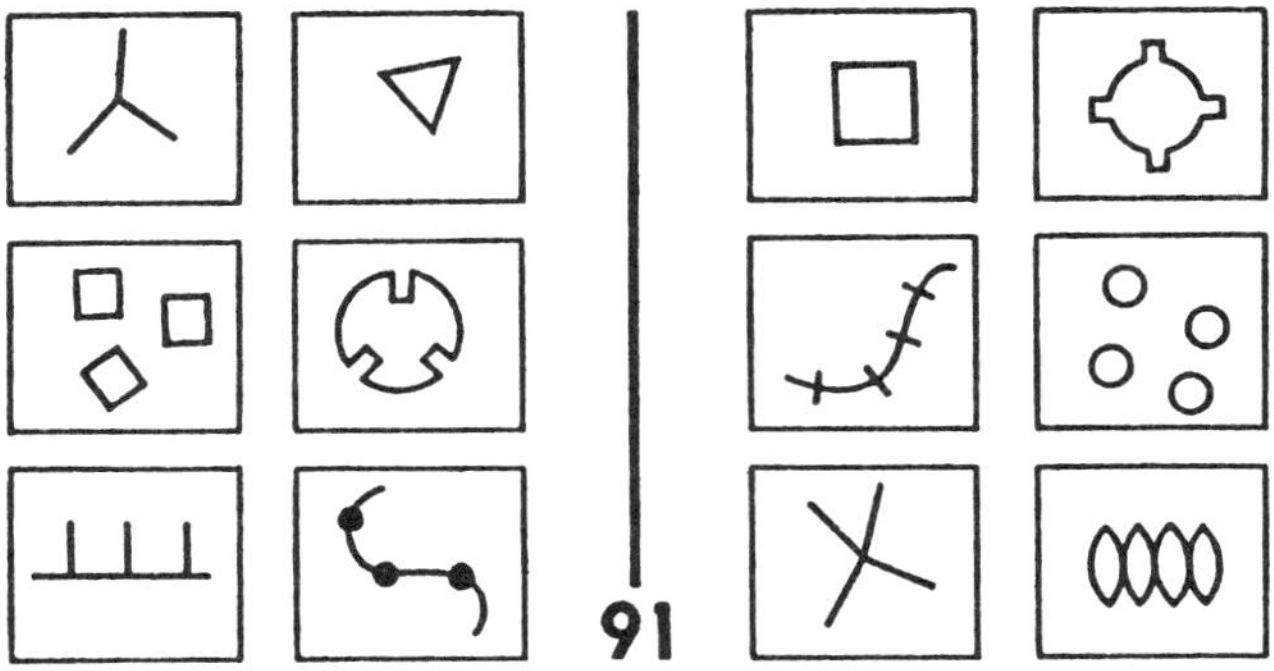

第 121 図　ボンガルド問題 91［M. Bongard］

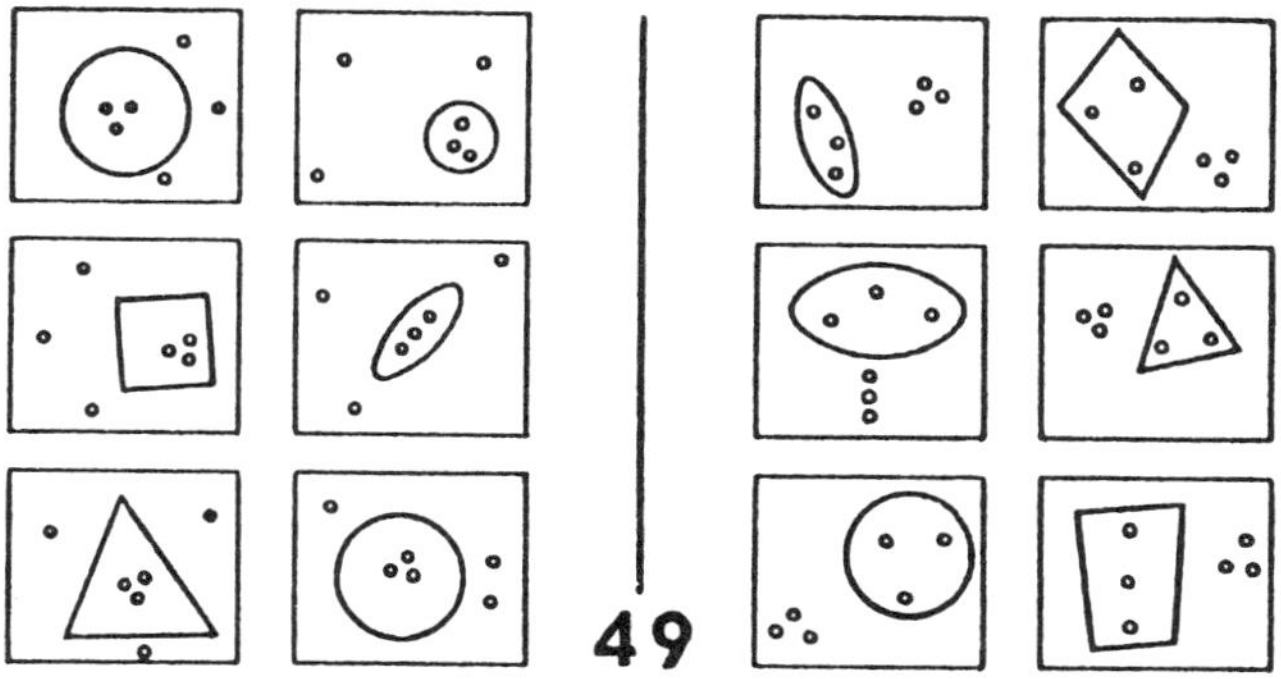

第 122 図　ボンガルド問題 49 ［M. Bongard］

今度は、ＢＰ91の箱Ｉ-Ｄを考えよう（第121図）。ＢＰ91の文脈に即して、つめこみすぎてはいるが「正しい」記述は

三つの切れこみをもつひとつの円

である。このような記述の手の込んだ技巧に注意すること。語「もつ」は「円」が本当の円ではないという意味をこめた、限定の機能を演じている。それはほとんど円なのである、あることを除けば……。そのうえ、切れこみは完全な長方形ではない。事物を記述するための言語使用の仕方には、「遊び」すなわち余裕や柔軟さが多々ある。明らかに、多くの情報が投げ棄てられており、もっと多く投げ棄てることさえ可能であろう。アプリオリには、何を投げ棄て、何を保持した方が利口なのかを知ることは非常にむずかしい。そこで、賢明な折衷案を作るために、何らかの発見法を用いてコード化しなければならない。いったん放棄した情報を検索しなければならなくなったときには、記述のより低いレベル（つまり大づかみの記述）に戻ることも、もちろんいつでも可能である。パズルについて考えを練り上げるとき、それを助けるためにたえずパズルそのものを見直すことができるのと全く同じことである。そこで、次のようなことをどうやるかを教えてくれる暗示的な規則を考案することが秘訣なのである。

各々の箱に対する試案的記述を作ること

それを両方のクラスのその他の箱の試案的記述と比較すること。

次のことによって記述を再構成すること。

（ｉ）情報の追加

(ii) 情報の放棄、あるいは
(iii) 同じ情報を別の角度から見直すこと。
二つのクラスの違いを示すものが見つかるまで、この過程を反覆すること。

できるかぎりの範囲で、記述がたがいに構造的に相似になるように努めるのもひとつのよい戦略であろう。共通な構造があれば、比較はその分だけ容易になる。この理論の二つの要素がこの戦略にかかわりをもつ。ひとつは「記述シェーマ」あるいは鋳型の考えである。もうひとつは、同志――「同じもの同士の検出器」――の考えである。

まず同志について。同志はプログラムのあらゆるレベルにいる特別な代理人である（実際、異なるレベルには異なる種類の同志がいるだろう）。同志はたえず個別的な記述や異なる記述の間を駆けめぐっていて、くり返される記述、その他もろもろのものを探索している。何か同じものが見つかると、単一の記述レベルで、あるいは一挙にいくつかのレベルで、さまざまな再構成操作の引き金が引かれる。

次に、鋳型について。前処理のあとで最初に起るのは、鋳型すなわち記述シェーマ――問題の中のすべての箱の記述に対する一様な型見本――を製造する試みである。これは必要とあれば、記述は自然なやり方で下位記述に、そして今度はそれが下=下位記述にしばしば分割されるという考えである。前処理製造のレベルに属する原始概念にどんとぶつかるときに、どん底にいきついたことになる。大事なのは、すべての箱の間の共通性を反映するように、記述を部分に分解する仕方を選ぶことである。さもないと、この世界に一種の無意味の「擬似秩序」を導入することになってしまう。

鋳型はどんな情報を基礎にして作られるのか？　例を見るのが最もよい。ＢＰ49を取り上げよう（第122図）。前処理によって、それぞれの箱がいくつかの小さな○とひとつの大きな閉曲線からなっているという情報が生み出される。これは貴重な観察であり、鋳型に採り入れるに値する。こうして、鋳型作りの最初の試みはこうなるだろう。

大きな閉曲線――
小さな○――

非常に単純である。記述鋳型には下位記述をはめこむためのあからさまな空所が二つある。

怪層的プログラム

「閉曲線」という用語に触発されて、ここで面白いことが起る。プログラムの中の最も重要なモジュールのひとつは一種の意味論的ネットワーク――概念ネットワーク――であって、その中ではすべての既知の名詞、形容詞等々は、それらの相互関係を指示するようなやり方でたがいに連結されている。たとえば、「閉曲線」は「内部」「外部」と強く連結している。概念ネットワークは、何が何の反対であるか、何が何に似ているか、何がしばしば何と一緒に起るか、などといった用語間の関係に関する情報ですっかり満たされている。概念ネットワークのある小さな一部分が、第123図に示されている。これについてはまもなく説明するが、いまは問題49の解答で起きていることを追いかけるとしよう。「内部」および「外部」という概念はネットワークの中で「閉曲線」に近接しているために、活性化される。これが鋳型製造者に、曲線の内部と外部に対して別の空所を用意するのが得策だ、という示唆を与える。こうして、試案性の精神にそって鋳型は試案的に次のように構成し直される。

大きな閉曲線――
内部の小さな○――
外部の小さな○――

さて、下位記述が見つかると、用語「内部」および「外部」が箱のその特殊な領域を検査する手続きを呼び起す。BP49の箱I-Aに見出されるのは、次の事柄である。

大きな閉曲線　円
内部の小さな○　三
外部の小さな○　三

同じBPの箱II-Aの記述は次のようになるだろう。

大きな閉曲線　葉巻型
内部の小さな○　三
外部の小さな○　三

さて、同志は他の動作と平行してたえず活動しており、○を扱うすべての空所の中で概念「三」の再現を点検する。これは第二の鋳型再構成動作にとりかかる強い理由となる。最初のものが概念ネットワークの示唆により、第二のものが同志の示唆によるものであることに注意すること。さて、問題49の鋳型はこうなる。

大きな閉曲線――
内部の小さな三つの○――
外部の小さな三つの○――

「三」が一般性のひとつのレベル、つまり鋳型に高められたので、概念ネットワークの中でその隣人たちを探求することがなすに値する仕事となる。そのひとつは「三角形」で、これが○の三角形が重要かもしれない、と示唆する。たまたまこれは袋小路に通じている――だが、それをあらかじめどうして知りえよう？　これは人間の行う探求が入りこみがちな典型的な袋小路であるので、プログラムがそれを発見したとすれば、実に素晴らしいことだ！　箱II-Eに対しては、次のような記述が生成するだろう。

大きな閉曲線　円
内部の小さな三つの○　二等辺三角形
外部の小さな三つの○　二等辺三角形

これらの三角形の大きさ、位置、向きやその他のことに関する大量の情報はもちろん投げ棄てられている。しかし、これがただ生データを用いるかわりに、記述を行うことの眼目なのである！　第11章で論じた漏斗作用と同じ発想である。

概念ネットワーク

問題49の解答全体とつきあう必要はなかろう。それでも、個別的記述、鋳型、同志つまり同じもの同士の検出器および概念ネットワークの間でたえず交される相互作用を示すのには十分である。今度

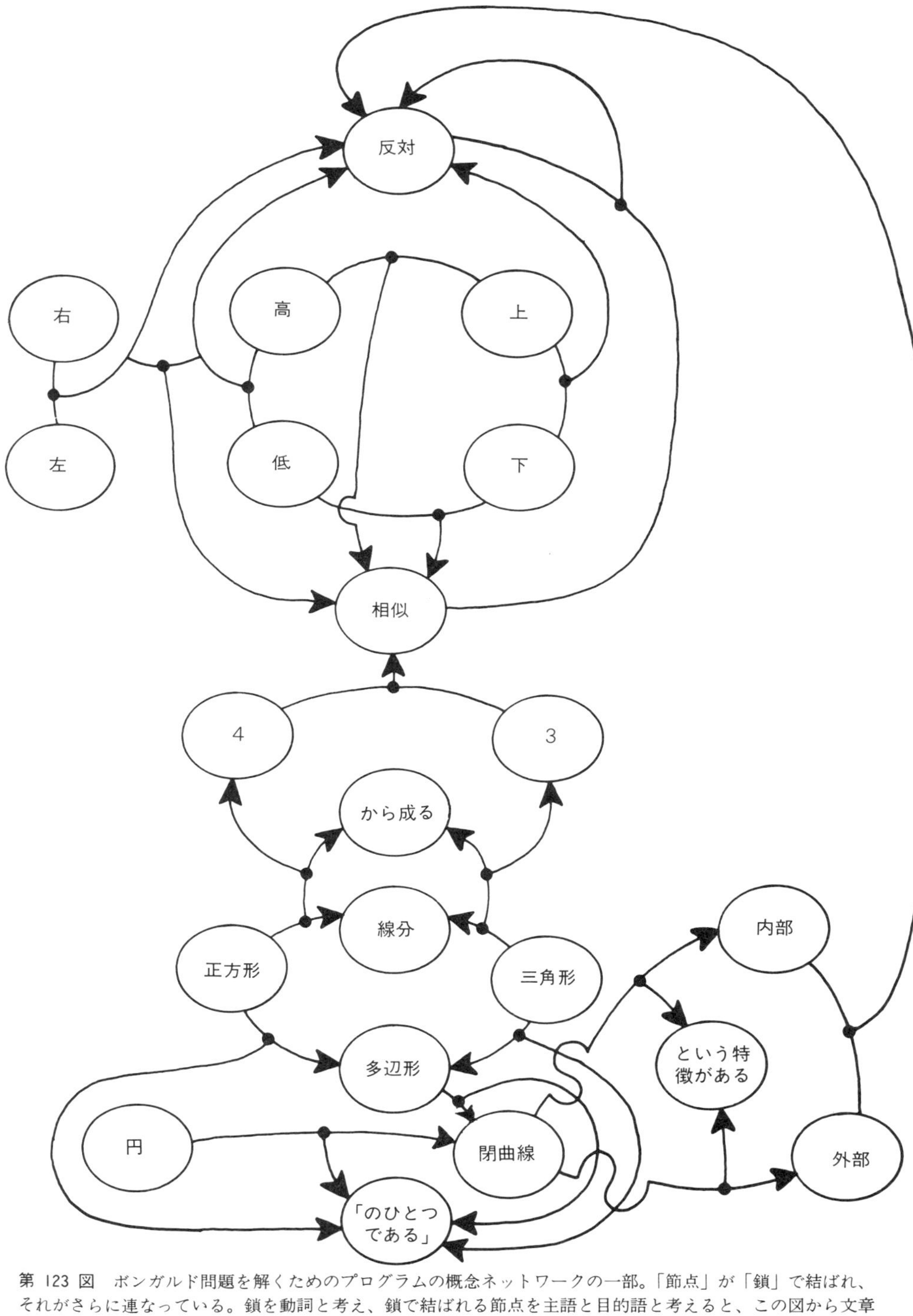

第 123 図　ボンガルド問題を解くためのプログラムの概念ネットワークの一部。「節点」が「鎖」で結ばれ、それがさらに連なっている。鎖を動詞と考え、鎖で結ばれる節点を主語と目的語と考えると、この図から文章を導き出すことができる。

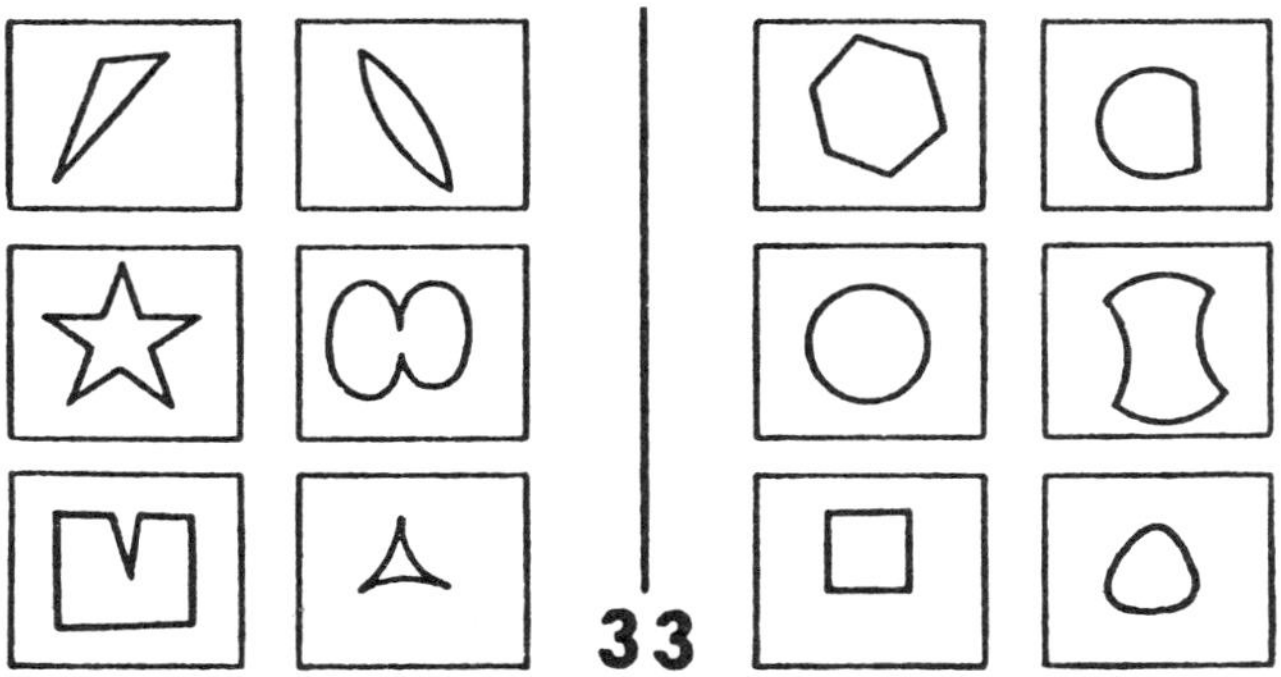

第 124 図　ボンガルド問題 33［M. Bongard］

は概念ネットワークとその機能をもっと詳しく眺めなければならないだろう。図に示されているのは単純化された部分で、次の考えをコード化したものである。

「高」と「低」は反対である。
「上」と「下」は反対である。
「高」と「上」は相似である。
「低」と「下」は相似である。
「右」と「左」は反対である。
「左右」の区別と「高低」の区別は相似である。
「反対」と「相似」は反対である。

ネットワークの中のすべて——結びめと連結の両者——について語ることがどうして可能になるか、に注意してほしい。その意味では、ネットワークの中ではどれも他のものよりも高いレベルにはない。ネットワークの別の部分も併せて示されている。そこには、次の考えがコード化されている。

正方形は多角形のひとつである。
三角形は多角形のひとつである。
多角形は閉曲線のひとつである。
三角形と正方形の違いは前者が3つの辺をもち、後者が4つの辺をもつことにある。
4と3は相似である。
円は閉曲線のひとつである。
閉曲線は内部と外部とをもつ。

「内部」と「外部」は反対である。

概念ネットワークは必然的に巨大なものとならざるをえない。それは知識をただ静的に、すなわち宣言的に貯えているだけのように見えるが、これは話の半面にすぎない。実際、ネットワーク内における近接性が主プログラムに箱の中の絵の理解をどう進めるかを教える指針、あるいは「プログラム」として作用するために、その知識は手続き型とも境界を接しているのである。

たとえば、初期の予想の中に「誤っている」ものがあっても、その中に正しい答の萌芽を含んでいると判明するかもしれない。BP33（第124図）では、クラスⅠの箱は、「尖った」形を含み、クラスⅡの箱は「なめらか」な形を含むという考えに、まず飛びついてしまうかもしれない。しかし、もっと詳しく調べると、これは誤りである。にもかかわらず、この考えには価値のある洞察が含まれており、「尖っている」から出発して、概念ネットワークの中で滑脱していくことによって、この考えをさらに推進することができる。これは概念「鋭角的」に近く、これがまさしくクラスⅠを識別する特徴なのである。このように概念ネットワークの主な機能のひとつは、はじめの誤った考えを少し修正して、正しいかもしれない変種の方に滑脱していくことができる点にある。

滑脱と試案性

密接した用語の間の滑脱というこの観念と関連しているのが、与えられた対象をもうひとつの対象の変種と見なすという観念である。ひとつのよい例はすでに言及した――それは「三つの切れこみをもつ円」という例で、事実、そこには円は全然存在していない。人は適当なときには、概念を折り曲げることができなくてはならない。絶対的に固いものはない。一方、事物がどんな意味ももちえないほどちゃらんぽらんであってはならない。秘訣はいつ、いかにしてひとつの概念を他の概念に滑脱させるかにある。

ある記述から別の記述への滑脱が事態の核心となる大変素晴らしい例が、ボンガルドの問題85〜87（第125図）の中に見られる。BP85はむしろ自明である。プログラムが前処理段階で「線分」を確認したと想定しよう。そのあと線分の数を数えて、BP85のクラスⅠとクラスⅡの差にいきつくことは、プログラムには比較的容易である。プログラムは今度はBP86に進む。プログラムが採用しているのは、最近うまくいった考えでまず当たってみるという発見法である。柳の下にもう一匹どじょうがいるといったことも、現実の世界でしばしば起る。ボンガルドはその問題集の中で、この種の発見法の裏をかこうとはしなかった――事実、幸いなことに彼はそれを支援しようとしていた。そこでわれわれは二つの考え（「数える」と「線分」）を融合させた「線分を数える」というひとつの考えを携えて、問題86に立ち向かうことができる。ところが、たまたま問題86の秘訣は、線分ではなく線列を数えることにあった。「線列」とは（一本あるいはそれ以上の）線分の端をつないだものを意味する。プログラムがこれに気づくひとつの道は、概念「線列」と「線分」が両方とも知られており、しかも概念ネットワークの中で接近している場合である。もうひとつの道は、プログラムが「線列」の概念を発明できる場合に拓ける――ひかえめにいってもやっかいな提案だ。

次にくるのがBP87で、「線分」の概念はその中で一層もみくちゃになる。一本の線分はいつ三本の線分になるのか？（箱Ⅱ-Aを見よ。）ひとつの絵の与えられた部分に対するこのような異なった表現

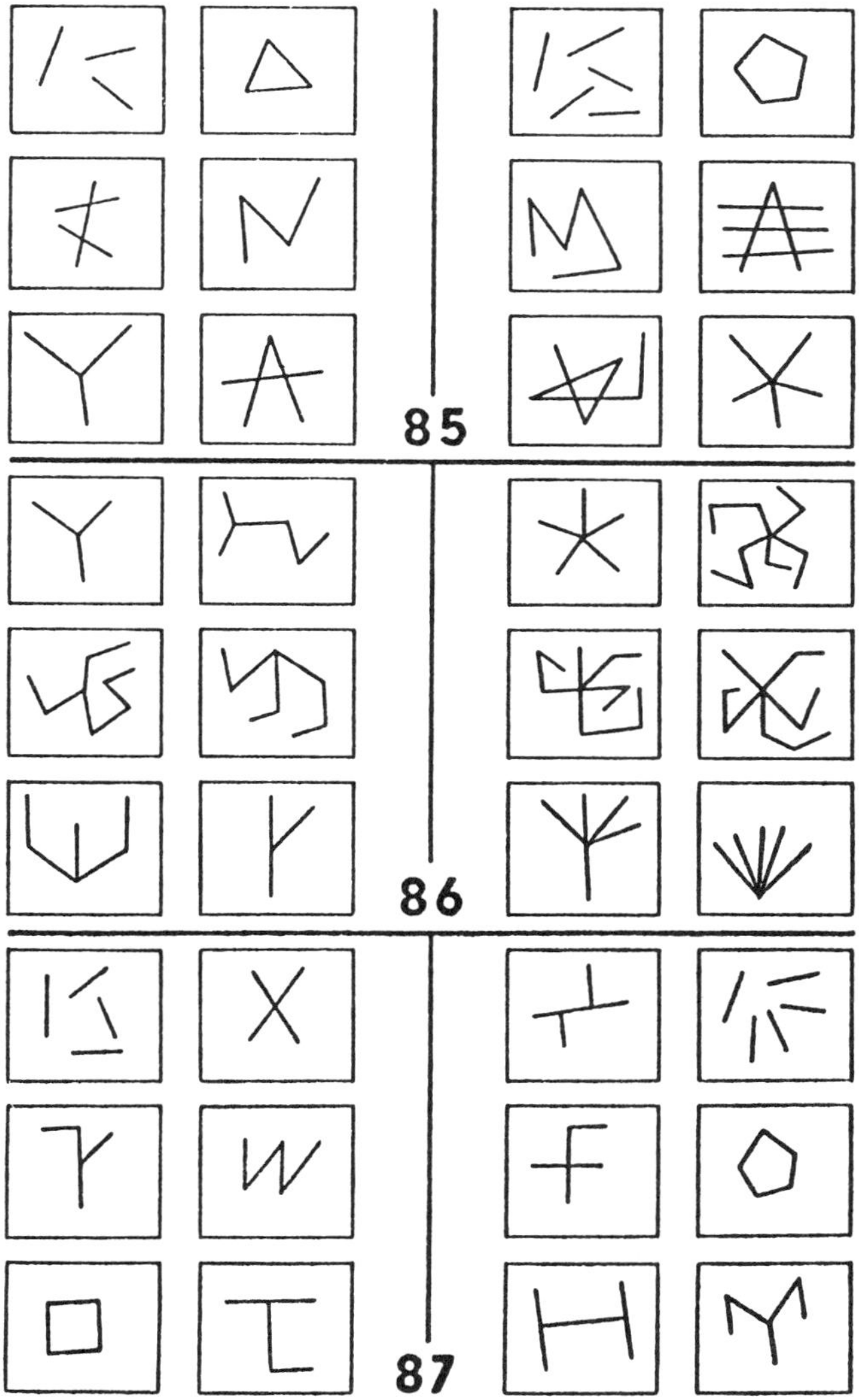

第 125 図　ボンガルド問題 85-87［M. Bongard］

の間をいったりきたりできるほど、プログラムは十分な柔軟さを備えていなくてはならない。古い表現は忘れてしまったあとでもひょっとしたら再構成しなければならなくなるのであるから、忘れ去るよりは貯えておく方が賢明であろう。というのは、より新しい表現が古い表現よりも勝っているという保証はないからである。そこで、古い表現の各々に対しては、それを好む理由と好まない理由をいくつか貯えておかねばならない。（これは大変複雑なように聞えてきはしないだろうか？）

メタ記述

認識過程のもうひとつの致命的な部分、そして、抽象作用とメタ記述のレベルとかかわるべき個所にいまやいきついた。このために、ＢＰ91（第121図）を再び考えることにしよう。ここではどんな種類の鋳型が構成できるだろうか？　変種があまりにも多いので、どこから始めてよいのか、見当がつかない。しかし、このこと自体が手がかりなのだ！　つまり、クラスの区別は幾何学的記述よりも高い抽象の段階に存在していそうである、とこの手がかりは語るのである。この所見がプログラムに記述の記述――つまりメタ記述――を構成しなければならないことを教える。おそらく、この第二のレベルで何らかの特徴が現れるであろう。そして、もし運がよければ、メタ記述の鋳型の定式化に向う道標となる十分な共通性を発見するだろう！　そこでわれわれは鋳型なしに突進して、さまざまな箱に対する記述を作り上げる。そのあと、いったんこれらの記述を作ってしまうと、われわれはそれらを記述する。メタ記述に対するわれわれの鋳型にはどんな種類のスロットがあるだろうか？　たぶん、その中には次のようなものが含まれるだろう。

用いられている概念――
再現する概念――
スロットの名称――
使用されているフィルター――

メタ記述に必要とされるであろうスロットは他にも多くの種類があるが、これはひとつの見本である。さて、ＢＰ91の箱I-Eを記述したと仮定しよう。その（鋳型なしの）記述は次のような姿であろう。

水平な線分
水平な線分の上に乗っている垂直な線分
水平な線分の上に乗っている垂直な線分
水平な線分の上に乗っている垂直な線分

いうまでもなく、多くの情報――三本の垂直線が同じ長さである、等間隔で並んでいるといった事実など――が投げ棄てられている。しかし、上のような記述が作られるであろうと考えるのがもっともらしい。そこで、メタ記述は次のように見えるだろう。

用いられている概念＝垂直、水平、線分、上に乗っている。
記述における反復＝「水平な線分の上に乗っている垂直な線分」の複製三つ。
スロットの名称――
用いられているフィルター――

メタ記述のすべてのスロットを満たす必要はない。情報はこのレベルでも、「たんなるそのままの記述」のレベルにおけると同様、投げ棄てることができる。

もしクラスIの他のどの箱に対しても記述を作り、ついでそのメタ記述を作ろうというのであれば、そのたびにスロット「記述における反復」に句「の複製三つ」を入れることになる。同士検出器がこれに気づき、三つあることを抽象のごく高いレベルにおけるクラスIの特徴として拾い上げるだろう。同じように、四つであることもメタ記述の方法によってクラスIIの印として認識されるであろう。

柔軟性が重要

ここで異論が出るかもしれない。記述を少し別のしかたで構成しさえすれば、三つであることと四つであることの対比はもっと低いレベルでも容易に登場できたのであるから、いまの場合にメタ記述の方法に頼るのはハエを象射ち銃で撃つようなもので、大げさすぎるのではないか、と。たしかにそうである――しかし、異なるルートで問題を解く可能性があるというのが大事な点である。プログラムは大きな柔軟性がなくてはならない。比喩的ではなく非喩的にいえば、しばらく「非道い小道でアレーとわめく」ことになっても、運のつきにならずにすむ。（「非喩」という面白い言葉はコラムニスト、ローレンス・ハリソンの造語であり、非道い間違いと暗喩の交配を意図している。これは「意伝思組み換え」のよい例である。）いずれにせよ、私が欲したのは次の一般原理を説明することであった。前処理装置があまりにも多くの多様性を見出したために鋳型を作るのがむずかしいときには、そのこと自体が前処理装置の知らないもっと高い抽象レベルにおける概念がかかわっていることを示す手がかりとして役立つはずである。

焦点作用とフィルター作用

ではもうひとつの疑問、つまり情報の投げ棄て方を取り扱おう。これは私が「焦点作用」および「フィルター作用」と呼ぶ二つの関連しあう観念とかかわりがある。焦点作用は焦点が箱の中の絵のどこかに合せられていて、他のすべてのことが除外されているような記述を作ることとかかわる。フィルター作用は箱の内容のある特殊な見方に集中しつつ、他の側面を意図的に篩にかけて無視した記述を作ることを含む。このように、これらは相補的である。焦点作用は対象物（大ざっぱにいえば名詞）にかかわり、フィルター作用は考え方（大ざっぱにいえば形容詞）にかかわる。焦点作用の一例としてBP55を眺めよう（第126図）。そこでは、焦点はまず切れこみとその隣の小さな円に合わされ、箱のその他のものはすべて除外される。BP22（第127図）はフィルター作用の例となっている。ここでは、大きさの概念以外の概念はすべてフィルターにかけてふるい落さなければならない。問題BP58（第128図）を解くには、焦点作用とフィルター作用の組み合せが必要となる。

焦点作用とフィルター作用を理解する最も重要な方法は、別の種類の「焦点作用」によって、つまり特別に簡単な箱、たとえばできるだけ少ない数の対象を含んだ箱を視察することによって得られる。二つのクラスの中で最も簡素な箱同士を比べるのが大変役に立つことがある。しかし、それらに対する記述ができる前に、この箱が簡素であるかがどうしてわかるのか？ ある箱の簡素さを検出する方法のひとつは、前処理装置の提供する特徴を最も少なく備えている箱を探すことである。これは鋳型があらかじめ存在していなくてもよいので、ごく初期に行える。事実、これは鋳型に組み入れるべき特徴を発見する有用なひとつの方法となりうる。BP61（第129

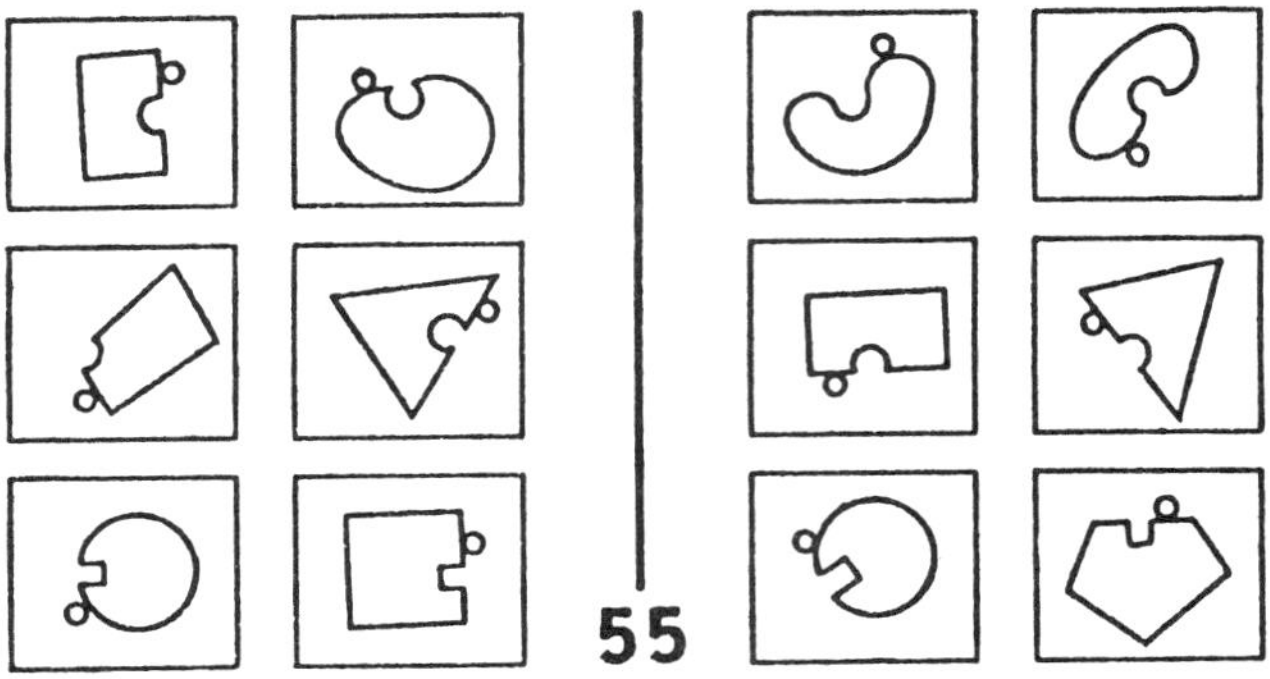

第 126 図　ボンガルド問題 55［M. Bongard］

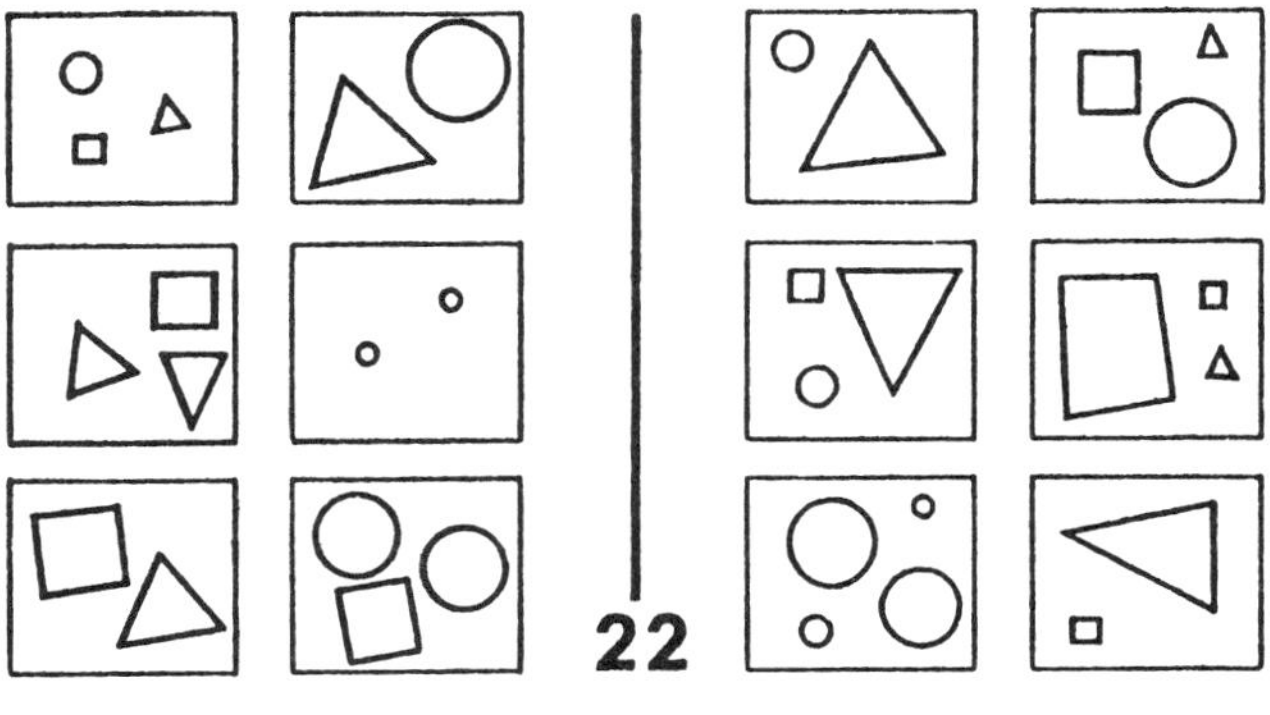

第 127 図　ボンガルド問題 22［M. Bongard］

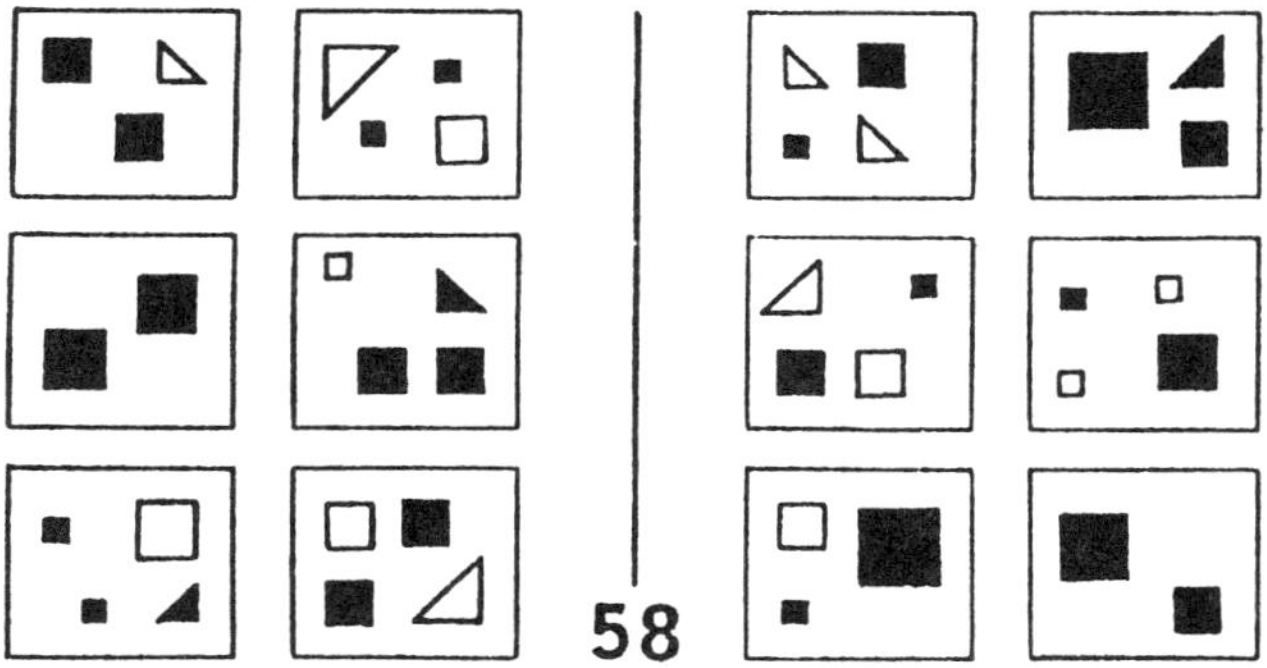

第 128 図　ボンガルド問題 58［M. Bongard］

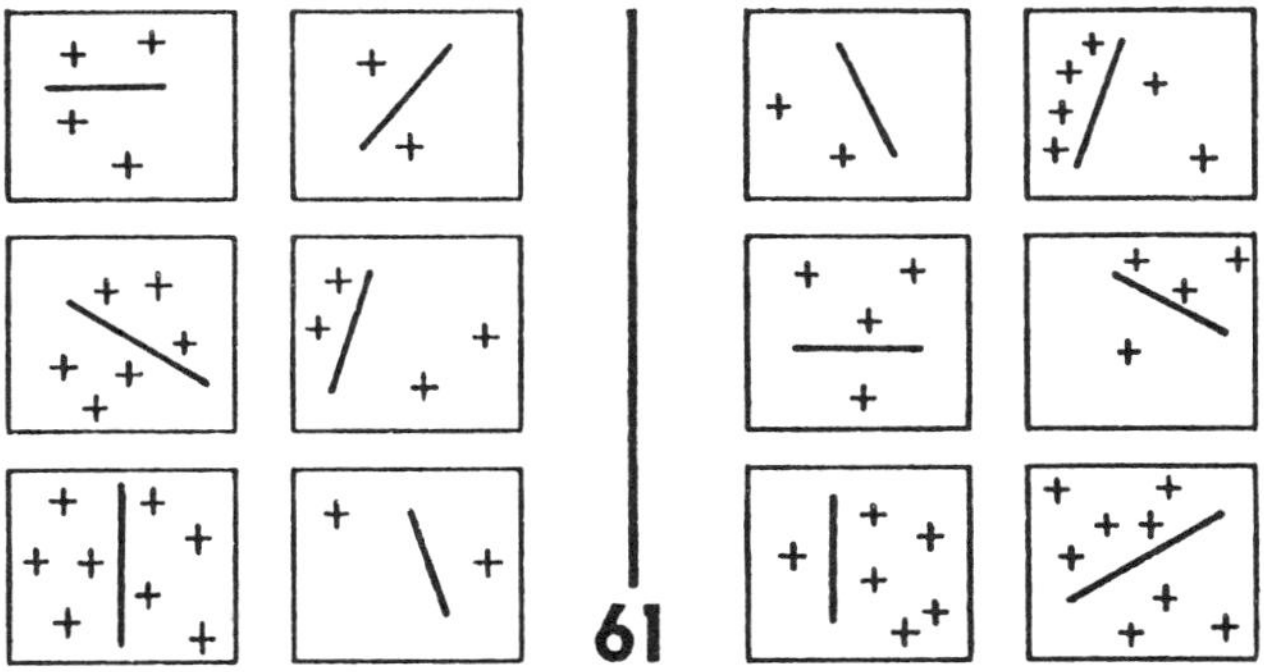

第 129 図　ボンガルド問題 61［M. Bongard］

図）は、この技法によって速やかに解答が引き出せるような例である。

科学とボンガルド問題の世界

ボンガルド問題の世界を「科学」する小さな場――つまり、世界の中からパタンを見つけだすことが目的であるような場――と考えることができる。パタンが見つかるにつれて、鋳型は作られ、壊され、そして再び作られる。スロットは一般性のひとつのレベルから他のレベルに移行され、フィルター作用と焦点作用がなされる、等々。複雑さのあらゆるレベルに発見がある。「パラダイム移行」と呼ばれるまれな出来事が「通常科学」と「概念革命」を区別するというクーン流の理論は成り立たないように思われる。というのは、パラダイム移行はシステム全体を通じていつでも起きているのが見られるからである。パラダイム移行があらゆる尺度で起きることを、記述の流動性が保証している。

もちろん、ある発見は効果が広く及ぶために他の発見よりも「革命的」であるだろう。たとえば、ある十分に抽象的なレベルで見るとき、問題70と問題71（第130図）は、「同じ問題」であるという発見がなされるかもしれない。鍵となるのは、両者とも深さ2対1の入れ子構造を含んでいるという観察である。これはボンガルド問題について行うことのできる新レベルの発見である。問題の集合全体に関連する、さらに高いレベルさえ存在する。もしこの問題集をまだご覧になっていなければ、それがどういうものであるかを想像することはよいパズルである。それを想像しだすのは革命的な洞察であるが、このような発見を可能にする思考メカニズムは、単一のボンガルド問題を解くときに働いている思考メカニズムと少しも変っていないことはぜひ指摘しておかなければならない。

その証拠には、実際の科学は「通常期」vs.「概念革命」に分割されない。パラダイム移行はいたるところにゆきわたっている――あるのは大きなものと小さなもの、異なるレベルでのパラダイム移行である。ＩＮＴとＧ図の再帰的プロット（第32・34図）がこの考えに対する幾何学的モデルとなる。これらは同じ構造であり、最上のレベルだけではなく、あらゆるレベルが不連続な飛躍で満ちている――ただ、飛躍はレベルが低くなるにつれて小さくなっていくのである。

別の型の思考との接続

ボンガルドの計画の背景を少々はっきりさせるために、この計画と認識の他の側面との二通りの関連についてふれておこう。これが認識の他の諸側面に依存するばかりではなく、他の諸側面もまたこれに依存する。まず、認識の他の側面への依存をとりあげる。区別を曖昧にすること、再記述を試みること、逆戻りすること、レベルを移行すること、などがいつ意味をもつかを知るのに必要な直観は、おそらく大量の思考経験を伴わずには現れてこないだろう。したがって、ボンガルドの計画のこの決定的な側面に対応する発見法を確定することは大変むずかしい。世界に実在する事物についての経験は、箱をいかに記述するか、あるいは再記述するかに関してときには微妙な効果を及ぼす。たとえば、生きている樹木に親しんでいることが、ＢＰ70を解くのにどれだけ役立つかを誰がいえるだろうか？　人間の場合に、このパズルに関連する概念の下位ネットワークが、ネットワーク全体から容易に分離できるかどうかは疑わしい。むしろ実世界の事物――櫛、列車、弦、積木、文字、輪ゴム等々―

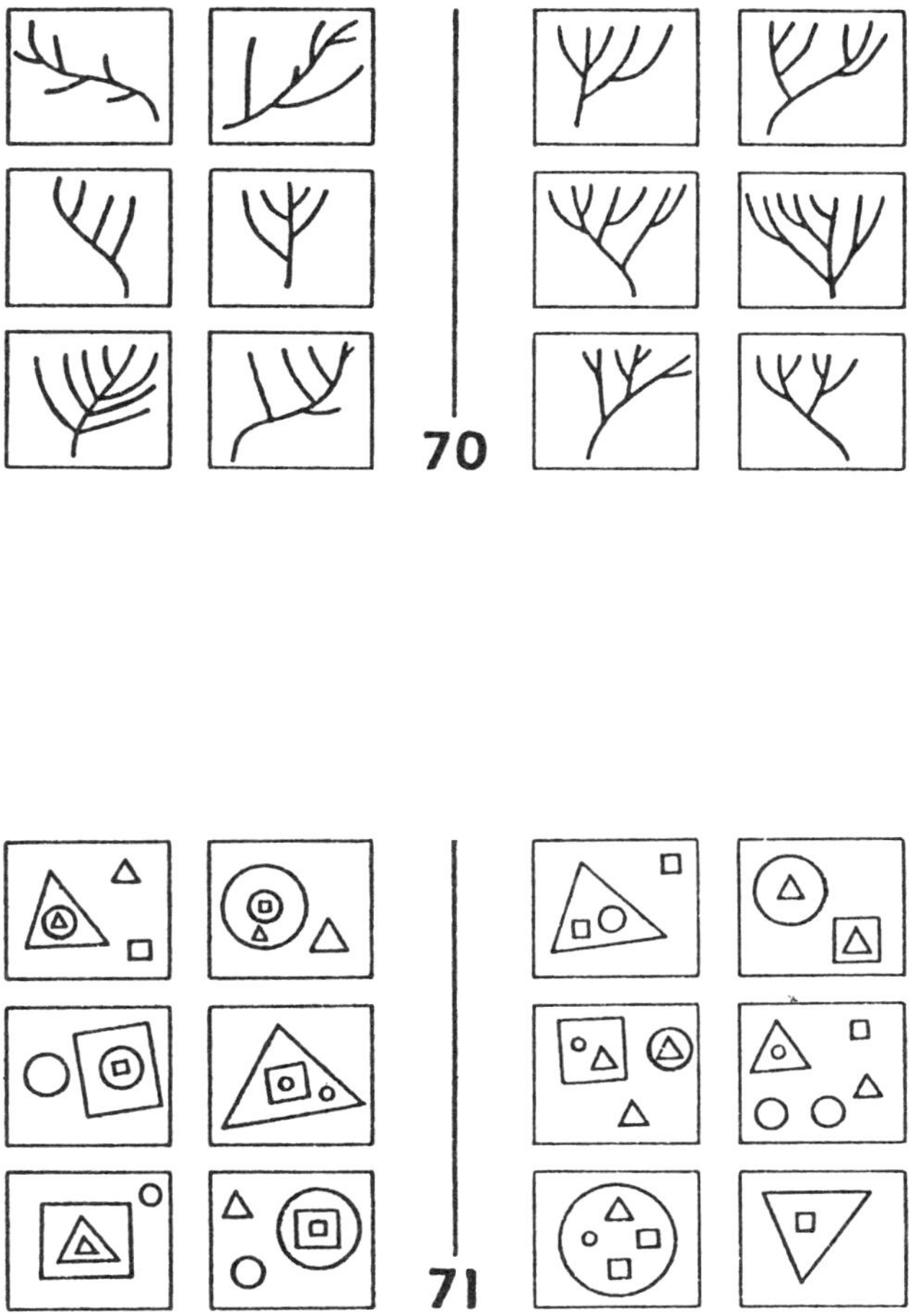

第 130 図　ボンガルド問題 70–71［M. Bongard］

—を見ること、そして扱うことから得られた直観がこれらのパズルの解決に、目には見えなくても重要な役割を演じているということの方が、はるかにありそうなことのように思われる。

逆に、現実世界の状況の理解が視覚イメージと空間的直観に大きく依存しているのは確実であるから、ボンガルド・パタンのようなパタンを表現する強力で柔軟な方法をもつことが、思考過程の一般的な効率に貢献できるのである。

ボンガルド問題はその各々がひとつの独自な正解をもつという意味で、非常に細心に仕立てられており、普遍性という特質を備えているように私には思える。もちろんこれに対して異論をはさみ、われわれが「正しい」と考えることはわれわれが人間であることにどこか深いところで依存しており、別の天体系からきた生物はそれに全然同意しないかもしれない、と主張することもできるだろう。どちらに対しても具体的な証拠をもてないまま、私はボンガルド問題は地球上の人間のみに限定されていない単純性の感覚に依存しているという、信念めいたものを依然抱いている。櫛、列車、輪ゴムといったたしかに地球上に限定された事物を熟知することのありうべき重要性について私が前に述べた意見は、われわれの単純性の観念が普遍的であることと矛盾しない。なぜなら、問題になるのは、これらの個別的な事物のいずれでもなく、これらが全体として広い空間を張っているという事実だからである。他のいかなる文明も、われわれと同様に人工物および自然物の膨大なレパートリーと多様な経験を有し、われわれ同様、そこから抽出を行っているように思われる。そこで、もし「純粋な」知能があるとすれば、ボンガルド問題を解く技能こそその核心にきわめて近いところにある、と私は信ずる。したがって、パタン、あるいはメッセージに「固有の意味」を発見する能力を研究したければ、これはそれを始めるのにふさわしいよい場所である。残念なことに、ボンガルドの刺激的な問題集の中から、わずかな例しかここではお見せできなかった。多くの読者が直接彼の書物について問題全体に親しまれることを希望する。

われわれ人間が、完全に「平板化して」無意識に変化させている、視覚パタン認識のいくつかの問題には、実に驚嘆すべきものがある。それには次のようなものが含まれている。

顔の認識(年齢の変化、表情の変化、照明の変化、距離の変化、角度の変化などの下での顔の不変性)

森林や山中の小径の認識——私はこれをパタン認識の最も玄妙な行為のひとつとして、つねに深く感銘してきたが、実は動物にもできることである。

何千とまでいかなくても、何百もの異なる字面をもつテキストをとまどうことなく読むこと。

メッセージ受け渡し言語、フレーム、そして記号

パタン認識の複雑さやその他のAIプログラムへの挑戦のために提案されたひとつの方法が、カール・ヒューイットのいわゆる「アクター」理論である(アラン・ケイその他が開発した言語「スモール・トーク」に似ている)。この理論では、プログラムはメッセージをたがいにやりとりでき、相互作用しあうアクター(活性子)の集まりとして書かれる。これはある面では、たがいに呼び出しをかけあうことのできる手続きの怪層的集団に似ている。主な相違点は、手続きが普通かなり少数の変数しかやりとりせず、往き来させせないのに対し、アクターがやりとりするメッセージはどんな長さでも複

雑さでもよいことである。

メッセージを交換する能力をもつアクターはかなり自律的な働き手になる——事実、自律的なコンピュータにさえ似ており、メッセージはプログラムにいささか似たものとなる。それぞれのアクターは、自分自身の特異的な解釈の仕方をもつことができる。そのために、メッセージの意味はそれを解釈するアクター次第ということになる。これはアクターが内部にメッセージを解決するためのプログラムを備えていることによる。したがって、アクターと同じ数だけインタープリタがありうる。もちろん、同等なインタープリタをもつアクターもあるかもしれない。事実、このことは、細胞の場合に同等なリボソームの大群が細胞質中を浮遊し、それらが全く同じやり方でメッセージ——伝令RNA——を解釈していることがきわめて重要であるのと同じく、大きな利点となりうる。

フレーム概念とアクター概念をどう融合できるかを考えるのは興味深い。複雑なメッセージを生成し、解釈する能力を備えたアクティブフレームを「記号」(シンボル)と呼ぶことにしよう。

フレーム+アクター=記号

第11章および12章のとらえどころのない活性的記号を実現する仕方について語る地点に、いまここでたどりついた。それゆえ、この章では「記号」にそのような意味をもたせることにする。ついでながら、この合成がどのようになされるのか、すぐにはわからなくてもがっかりしないでいただきたい。それは明瞭ではない。にもかかわらず、それが人工知能に入っていくための、最も魅力的な方法のひとつであることは確実である。さらに、これらの観念の最良の合成体でさえ、人間の心の実際の記号よりもはるかに力が劣ることになるのもたしかである。その意味では、このフレーム=アクター合成体を「記号」と呼ぶのはせっかちすぎるが、これもひとつの楽観主義的なものの見方なのである。

メッセージの受け渡しに関連したある論争点に戻ることにしよう。各々のメッセージはひとつの標的記号に特別に向けられるべきであろうか、それとも、mRNAがリボソームを求めて細胞質中に投げこまれるように、大きな空所に投げこむべきなのであろうか?もしメッセージに目的地があれば、個々の記号には番地がなければならず、それに宛てたメッセージはいつでもその番地に宛てて送らなければならない。一方では、メッセージに対する中央収集局があって、メッセージはそれを欲する記号がそこにやってきてつまみ上げてくれるのをただ待っているだけなのかもしれない。これは戸別配達の反対である。最良の解決策はおそらく、両方の型のメッセージを共存させ、緊急の度合に応じた対応策——電報、速達、普通郵便等々を用意することであろう。郵便システムは往復葉書(送り主が速やかな返事を欲しているメッセージ)、小包郵便(ゆっくり配達してもよい、極端に長いメッセージ)のような変り種を含めて、メッセージ受け渡し言語にとって豊かな発想の源となっている。郵便システムの外では、電話システムがさらにインスピレーションを与えてくれるだろう。

酵素と人工知能

メッセージ受け渡しに対する——実は、情報処理一般に対する——着想のもうひとつの豊かな源泉はもちろん細胞である。細胞内のある種のものは、アクターに大変よく似ている。酵素はとくにそうである。各々の酵素の活性部位はフィルターとして作用し、ある種の基質（メッセージ）だけを認識する。酵素はこのように事実上、「番地」をもっている。酵素は（それ自体の三次構造のおかげで）その「メッセージ」にある操作を加えると、それを解き放って再び世の中に出すように「プログラム」されている。このようにして、メッセージが酵素から酵素へ、化学経路にそって受け渡されていくとき多くのことがなし遂げられる。細胞の中で生じている精巧な（禁止または抑制による）フィードバック機構についてはすでに述べた。この種の機構は、過程の複雑な制御が細胞の中に存在するメッセージ受け渡しを通じて行えることを示している。

酵素について最も著しいのは、入ってくる基質が触発してくれるのを酵素がいかにのんびり座して待っているかということである。やがて、基質が到着すると、酵素はハエトリソウのように突然活動をはじめる。毛髪ほどのわずかな刺激で触発されるこの種の「触髪」プログラムはAIで用いられており、「デモン」という名前で通用している。ここで重要なのは、ただ触発されるのを寝ころがって待っている、多数の異なった「種類」の触発可能なサブルーチンを用意しておくという発想である。細胞内では、あらゆる複雑な分子と微小器官は、簡単な一歩の積み重ねによって作り上げられていく。新しい構造の中にはしばしば酵素自身があり、それらが新しい酵素の製造に参加し、作られた酵素が今度はさらに別の型の酵素の製造に参加するといった具合である。酵素のような再帰的な雪崩現象は、細胞が行っていることに巨大な効果を及ぼすことができる。有用なサブプログラムの作成に当って、AIにも同種の簡単な一歩一歩の組立て過程を導入したいと思うだろう。たとえば、反復はわれわれの心のハードウエアの中に新しい回路を焼き付けるので、頻繁に反復された振舞いは意識のレベルの下にコード化されるようになる。「意識」のより高いレベルで学んだのと同じ操作の系列が実行できるような、効果的なコード片を合成するのにこれに類比できる方法があったとすれば、どんなにか便利だろう。酵素の雪崩がそのやり方のモデルを示唆するかもしれない。（ジェラルド・サスマンが書いたHACKERと呼ばれるプログラムは、酵素雪崩と似たやり方で小さなサブルーチンを合成し、間違い探しをする。）

ボンガルド問題解決機の中の同じもの同士の検出器（同志）は、酵素風のプログラムで実現できる。同志も酵素のようにいささかでたらめに動きまわり、ここかしこで小さなデータ構造に突き当る。その二つの「活性部位」に同等なデータ構造を満たすと、同志はプログラムの別の部分（アクター）に向けてメッセージを送る。プログラムが直列的であるかぎり、同志のコピーがいくつあってもたいした意味はないが、本当に並列的なコンピュータでは、細胞内で酵素のコピーの数を調整することがその機能を遂行する速さの調整になるのと同じように、サブプログラムの数を調整することは、ある操作を完遂するまでの予想される待ち時間を調整する方法となるだろう。もし新しい同志が合成されれば、このことは、パタン検出が心のより低いレベルに浸出していることに比べられるだろう。

分裂と融合

記号の相互作用に関する二つの興味深い相補的な考えは、「分裂」と「融合」である。分裂は、親記号から（つまり、そのコピーをとる鋳型として働く記号から）新しい記号が徐々に分かれることである。融合は、もともと関係しあっていなかった二つの（あるいはそれ以上の）記号が「連合活性化」に参加し、メッセージが緊密な受け渡しのために結びついてしまい、それ以後はこの組み合せがあたかも単一の記号であるかのように呼びかけられるようになるときに生ずる。分裂は多かれ少なかれ不可避な過程である。というのは、新しい記号はいったん古い記号から「捻り出す」と自律的になり、外界との相互作用はその私的な内部構造の中に反映されるようになるからである。そこで、完全なコピーとして発足したものも速やかに不完全になり、やがて徐々に、「捻り出され」てきたもとの記号にしだいに似なくなっていく。融合はもっと微妙である。二つの概念はいつ本当にひとつのものになるのか？　融合が生じる正確な瞬間はあるのか？

連合活性化というこの観念は、疑問のパンドラの箱を開く。たとえば、「本棚」というとき、われわれは「本」と「棚」をどれだけ聞き分けているのだろうか？　手袋（ハントシューエ）のことを考えているドイツ人は、「手・履き物」と聞いているのだろうか？　語「東西（トンシー）」が品物を意味する中国人の場合はどうか？　これは若干の政治的関心を惹くことでもある。というのは、「チェアマン（議長）」のような言葉は、男性という底意を強くはらんでいると非難する人たちがいるからである。語がどれだけ弾性的であるか、部分が全体の中でどれだけ鳴り響いているかは、たぶん人によって、また状況によって変るだろう。

この、記号の「融合」という観念の本当の問題は、衝突する記号から意味のある新しい記号を創造する一般的なアルゴリズムを想像するのが大変むずかしいということである。それはDNAの二本のストランドが一緒になるのに似ている。それぞれから部分をどういうふうに取り出し、組み合せることで、同じ種の個体に対してコード化された、有意味でかつ生育可能な新しいDNAストランドができるようになるのか？　あるいは、どうすれば新しい種になるのか？　DNAの断片のでたらめな組み合せで、生き残れるようなものに対するコード化ができ上がるチャンスは無限に小さい。二冊の書物からでたらめに採った語の組み合せで、もう一冊書物ができる機会と同じ程度だ。組み換えられたDNAが、最低のレベル以外のレベルで意味をなすチャンスは小さい。それはまさしく、DNAに多数の意味のレベルがあるためである。「記号組み換え」についても同じことがいえる。

蟹のカノンの後成説

私は対話篇「蟹のカノン」を、私の心の中で二つの観念がぶつかり、新しい仕方で連結しあい、突然新しい言葉の構造が私の心の中に生き生きと生じる例のひとつの見本と考えている。もちろん、音楽としての「蟹のカノン」と言葉による対話を別々に考えることも依然可能である。これらは依然、たがいに無関係に活性化できる。しかし、「蟹のカノン」的対話に対する融合された記号もまた、それ自身の特殊な活性化様式をもっている。融合あるいは「記号組み換え」の概念を少しくわしく解説するために、ケース・スタディとして、私の「蟹のカノン」の発展の模様を利用しよう。それはもちろん、それが私にとって非常に親しいものであるからであり、また、単一の発想がどこまで推進できるかを示す、興味深くしかも典型的な事例だからである。私はそれをいくつかの段階に分け、減数分裂の諸段階になぞらえて命名し、順を追って説明していくことにする。減数分裂とは「交差」すなわち遺伝的組み換えが生じる細胞分裂——進化の多様性の源泉——に付けられた名称である。

前期　私はかなり簡単な着想——音楽の一曲たとえばカノンが言葉で模倣できるという着想——から出発した。これはある共用の抽象形式を通じて、テキストの一片と音楽の一曲が連結できるだろうという見通しから生れた。次の一歩では、この曖昧な予感が秘めた可能性を実現することを試みた。私はここで、カノンの「声部」は対話の「登場人物」に対応できるという考え——依然、かなり自明の考えだが——を思いついた。

　次に、私は特定の種類のカノンに焦点を合せ、『音楽の捧げもの』の中に「蟹のカノン」があったことを思い出した。そのとき、私はちょうど対話篇を書きはじめたところで、登場人物はアキレスと亀の二人だけであった。バッハの「蟹のカノン」は二声なので、これはぴったり対応できた。アキレスがひとつの声部であり、亀がもうひとつの声部であり、一方が前向きに進めば、他方が後向きに進む。しかし、私はここでひとつの問題に直面した。反転はどのレベルで起るのか？　文字のレベルか？　語のレベルか？　文のレベルか？　私は少し考えたあと、「ドラマの筋」のレベルが最も適当だろう、と結論した。

　バッハの「蟹のカノン」の「骨格」が少なくとも計画上は言葉の形式に移植されてしまうと、問題はたったひとつになった。二つの声部が中央で交差するとき、そこには極度の反復をもつ短い期間が生ずる——みっともない欠陥だ。これをどうするか？　ここで奇妙な出来事、創造的行為によく見られる一種のレベル交差が起きた。「蟹のカノン」の中の「蟹」という語が私の心に閃いた。それが生じたのは疑いもなく、「亀」の観念との間に存在する抽象的な共用の特質のためであろう。特別な一行を書き加えることによって、反復効果をそのど真ん中で何とか阻止できることを、私は即座に理解した。その一行を語るのは新しい登場人物、蟹である！　「蟹のカノン」の「前期」で、蟹はこのようにして、アキレスと亀の交差点で案出された（第131図）。

第131図

中期　これが私の「蟹のカノン」の骨格であった。私はそのあと第二段階——「中期」——に入った。この段階で肉づけをしなければならなかったが、それはもちろん根気のいる仕事だった。私はいろいろつっつきまわし、一対の対応する台詞をどちらの向きに読んでも意味をなすように仕上げるしかたに慣れ、このような形式で書くのにどんな種類の意味の二重性（たとえばNot at all）が役立つかをいろいろ試みた。初期の試みは二通りあって、どちらも面白いといえば面白いが、迫力に欠けていた。私は一年以上もこの本の仕事をうっちゃらかしたが、「蟹のカノン」に戻ったときには、いくつかの新しい着想を抱いていた。そのひとつは、内部でバッハのカノンに言及することであった。最初、「音楽の捧げもの」の中の「反行の拡大カノン」に言及する計画であった（私の呼び方では「樹懶のカノン」）。しかし、少しばかりばかげているようにみえてきたので、そのかわりに不承不承ではあったが、私の「蟹のカノン」の中でバッハ自身の「蟹のカノン」について語ることに決めた。実際には、これが決定的な転回点であったが、当時の私はそれに気づいていなかった。

　さて、一方の登場人物がバッハのある作品に言及しようとするのであれば、それに対応する場所で他方が全く同じことを語るのは芸がなさすぎはしないだろうか？　そうだ、エッシャーは私の思考と書物の中で、バッハと相似の役割を演じているのだから、筋書を少々修正して、エッシャーに言及させるやり方がないものか？　つまるところ、カノンは厳格な技法においても、ときには優雅さと美しさのために一音ごとの完全な模倣は見捨てられる。この着想が浮ぶが早いか、作品『昼と夜』（第49図）が私の心の中に飛びこんできた。「これだ！」と私は思った。「これは絵画による一種の『蟹のカノン』だ。本質的には同じ主題を、右および左の両方の向きに運んでいる。しかも、たがいに調和している二つの相補的な声部なのだ！」ここに再び現れたのは、二つの異なる媒体――この場合には音楽と美術――の中に具体化されている単一の「概念骨格」という観念であった。そこで、私は平行な言葉を用いて亀にはバッハについて語らせ、アキレスにはエッシャーについて語らせることにした。厳格な模倣からこのように少し離れることで、たしかに蟹のカノンの精神は保存された。

この時点で、私は何か素晴らしいことが起きていることに気づきはじめた。つまり、対話篇は自己言及的になりはじめていた、私が少しも意図していなかったのに！　そればかりではない。それは登場人物が自分たちのいる対話篇について直接には語らず、（抽象作用のある平面上で）それと同型の構造について語るという点で、間接的自己言及であった。私の用語でいえば、私の対話篇はいまやゲーデルのGと「概念骨格」を共用しており、したがって中心となる教えといささか似たやり方で、Gの上に写像されて、「中心となる蟹図（かい）」を創り出すことができるのである。私はこれにすっかり興奮した。というのは、ゲーデル、エッシャー、バッハの美しく心地よい統一が無から生じたからである。

後期　次の一歩は全く驚くべきものであった。私はエッシャーの切りはめ細工に関するカロリン・マックギラフィの専門書を永年所持していたが、ある日、ぱらぱら目を通していたときに、私の眼は図版23（第42図）に吸いつけられてしまった。というのは、私はそれをいままでかつて見なかったような見方で見たからである。そこには正真正銘の「蟹のカノン」があった――形式的にも内容的にも蟹風であった！　エッシャー自身はそれに標題を付けていなかったし、彼は他の多くの動物を用いてそれに似た切りはめ細工を製作していたのであるから、この形式と内容の一致には私も以前から気づいていただろう。しかし偶然であろうとなかろうと、この無題の図版は私の書物のひとつの主要な観念、形式と内容の統一のミニチュア版であった。私は喜び勇んで、それを『蟹のカノン』と命名して『昼と夜』と差し換え、アキレスと亀の台詞もそれに応じて修正した。

だが、これはまだすべてではない。分子生物学に夢中になった私は、ある日、書店でワトソンの本をていねいに読んでいるうちに、索引に「パリンドローム」という語があるのに気づいた。本文をめくってみて、私は不思議なものを見た。DNAにおける「蟹のカノン」的構造だ。まもなく、蟹の発言を、後退運動と前進運動を混同したがるのは遺伝子のせいだという短い意見を含むように修正した。

終期　最後の一歩は数カ月後に訪れた。そのとき、私はDNAの蟹カノン的断面（第43図）の絵について話をしているうちに、アデニン（Adenine）、チミン（Thymine）、シトシン（Cytosine）の頭文字のA、T、Cが何と不思議なことにアキレス（Achilless）、亀（Tortoise）、蟹（Crab）の頭文字のA、T、Cに一致するのに気づいた。そのうえ、アデニンとチミンがDNAの中で対をなすのと同じように、アキレスと亀は対話の中で対をなしている。私はとっさに、もうひとつのレベル交差の中で、DNAの中のCと対になっている文字Gは、「遺伝子」(Gene)を代表していることに気づいた。私はもう一度、対話にとんで帰り、この新しい発見を反映させるために、蟹の話に小さな手術を施した。こうして、DNAの構造と対話の構造との間に対応ができ上がった。その意味で、DNAは表現型——対話の構造——に対するコード化を行う遺伝子型であるといえよう。最後の一筆は自己言及を劇的に高め、対話に私が予期しなかった濃密な意味をもたらした。

概念骨格と概念写像

「蟹のカノン」の後成説は要約すればざっとこんな具合である。全過程はご覧のように、さまざまな抽象作用のレベルにおける観念相互の写像の継起である。これが私のいう「概念写像」であり、二つの異なる観念を連結する抽象的構造が「概念骨格」である。たとえば概念骨格のひとつは、「蟹のカノン」の抽象的概念のそれである。

> ひとつの構造であって、二つの部分をもち、それらは同じことを行うが、ただ動きの向きが反対である。

これは具体的な幾何学的イメージであって、心にとってボンガルド・パタンとほぼ同じように処理できるものである。事実、いま「蟹のカノン」について考えるときには、私はそれを中央で交差して、そこで「結びめ」(蟹の発言)によって連結されている二本のひもとして視覚化する。これは大変生き生きとした絵画的イメージなので、減数分裂から直接に抽き出された第132図に示されているイメージ、つまり、二本の相同な染色体が中央で中心体によって連結されているという描像の上に、私の心の中でただちに写像される。

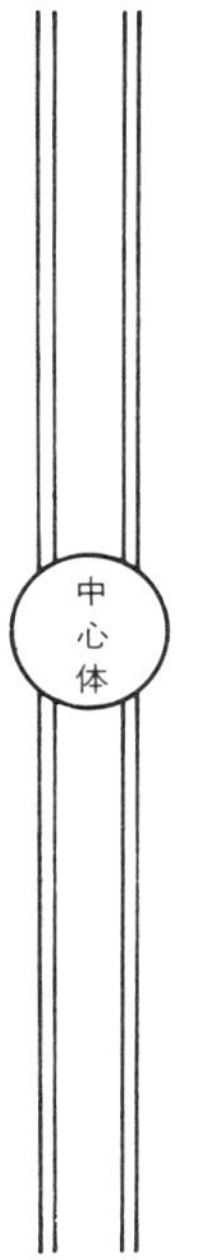

第132図

事実、まさにこのイメージが「蟹のカノン」の進化を減数分裂の用語で記述するよう、私を促したのである。減数分裂自体ももちろん、概念写像の一例にほかならない。

観念の組み換え

二つの記号を融合する技法にはさまざまなものがある。ひとつは、二つの観念を隣り合せて並べ(観念が線状であるかのように!)、それぞれから小片を思慮深く選びとり、それらを組み換えて新しい観念にするやり方である。これは遺伝子組み換えを強く連想させる。では、染色体は何を交換するのか、どのようにしてそれを行うのか? 交換されるのは遺伝子である。記号の中にあって遺伝子に対比されるのは何か? もし、記号にフレーム風のスロットがあれば、おそらくそれが該当するだろう。だが、どのスロットを交換するのか? そしてなぜ? 「蟹のカノン」的な融合が何らかの着想を提供できるかもしれない。「音楽的蟹のカノン」の観念から「対話」の観念への写像は、いくつかの補助的な写像を含んでいる。事実、それらを誘起する。つまり、いったんこの二つの観念を融合しようと決心してしまえば、あとは類比的な部分が視界に現れてくるようなレベルに立って二つの観念を眺め、望ましいと思われるレベルに到るまでこれらの部分をたがいに写像するなどといったことを、再帰的につづけていくだけのことになる。たとえば、「蟹のカノン」と「対話」を抽象的に見たときには、「声部」と「登場人物」が対応するスロットとして出現する。しかしながら、この抽象的な見方はどこからきたのか？　これが写像問題の核心にある。抽象的な見方はどこからくるのか？　特定の観念の抽象的な見方をどう作るのか？

抽象作用、骨格、アナロジー

ひとつの概念からある方向にそって抽象されたひとつの見方が、私のいう概念骨格である。われわれはこの名称を用いずに、事実上、しばしば概念骨格を扱ってきている。たとえば、ボンガルド問題に関する観念はこの用語法でいい換えることができるだろう。二つ、あるいはそれ以上の観念が同じ概念骨格を共用していることを発見するのはいつでも興味深いし、たぶん大事なことである。ひとつの例が「コントラファクトゥス」のはじめで述べられている奇妙な取り合せである。ひとつ目二眼族、二人乗り一輪車、シーシーまたはソーソー、つまり上がりっぱなしあるいは下がりっぱなしのシーソー、ピンピンまたはポンポン、つまり打つだけまたは受けるだけのピンポン、表しかないネクタイ、裏表のあるメビウスの帯、「双子のバッハ」、二本の左手のためのピアノ協奏曲、一声のフーガ、片手で拍手、二チャンネル・モノラル-ステレオ、一対の第八脊椎骨。これらはすべて、次の概念骨格を共用している点で「同型」である。

単数化されたのち誤った仕方で再び複数化された複数の事物

この本の中でこの概念骨格を共用している他の二つの観念は、(1) HEではじまりHEで終る語をアキレスが尋ねたのに対する亀の答（亀の答は代名詞HE［彼］であるが、これは二つの事柄を押しつぶしてひとつにしたものである）と、(2)愚者の橋の定理に対するパップス＝ジーラーンターの証明であり、この証明ではひとつの三角形が重複して二個の三角形として知覚されている。ついでながら、このような滑稽な反復の仕方は「半複」と称することができる。

概念骨格は一組の定数的特徴（パラメータや変数とは区別されるのようなもの――仮定法的な再生や写像作用の中で滑脱させてはならない特徴――であり、変えるべきパラメータや変数を自分ではもっていないために、いくつかの異なる観念の不変の核心となりうる。そのひとつの事例、たとえば、「連結された二人乗り一輪車」には可変性の層があるので、いろいろな仕方で「滑脱」させることができる。

「概念骨格」という名称は絶対的、固定的に響くが、実際には遊び、つまりゆとりが多分にある。いくつかの異なる抽象化のレベルの上にも概念骨格はありうる。たとえば、すでに指摘したボンガルド問題70と71の間の「同型」は、どちらか一方の問題を解くのに必要なものよりも高いレベルの概念骨格を含んでいる。

多重表現

概念骨格は、異なる抽象化のレベルに存在しなければならないだけではない。それはまた、異なる概念次元にそっても存在しなければならない。例として次の文をとろう。

「副大統領は政府という自動車に積んだ予備タイヤである。」

（ユーモアという重要な側面は別にして）その意味するところをどう理解するのか？　あらかじめ動機づけられずに「政府を自動車と見

なせ」といわれたのであれば、対応はいくらでも思いつくだろう。ハンドル＝大統領、等々。（合衆国憲法のいう）歯止めと均衡（チェック・アンド・バランス）は何になるのか？　シートベルトは何なのか？　写像されようとしている二つの事物はあまりにも異なっているので、写像は不可避的に機能的な側面にかかわることになる。したがって、あなたは自動車の部品を表現する概念骨格の貯えの中から、たとえば形などではなく、機能と関係するものだけを抜きとる。さらに、「機能」があまり狭い文脈にとらわれていないような、かなり高い抽象化のレベルで作業することに意味があるのである。こうして、(1)「つぶれたタイヤの代替品」と、(2)「車のどこかだめになった部品の代替品」というスペアタイヤの二つの機能の定義のうち、いまの場合、後者の方がたしかに望ましい。これは要するに、自動車と政府とがあまりにも異なっているために、高い抽象化のレベルで対応しなければならないことによるのである。

さて、さきほどの文を検討するとき、写像はひとつの見方をとることを強いられる。とはいえ、それはけっして不自然な見方ではない。事実、あなたは副大統領に対する多数の概念骨格の中にあった、「政府のだめになったある部品の代替品」というものを選びとった。したがって、強制された写像は快適に働く。しかし、対照のために、「スペアタイヤ」に対する別の概念骨格、たとえばその物理的側面を記述するものをとり上げたとしよう。それはスペアタイヤが「丸くてふくらんでいる」と述べるかもしれない。明らかにこれは正しい筋道ではない。（それとも、ひょっとして正しいのだろうか？私の友人の指摘によると、何人かの副大統領はかなり恰幅がよく、大多数はうぬぼれで丸くふくらんでいる！――場合によっては、札束でふくらんでいるといいたいところだ。）

入口

思考の個々の特異的な様式の主要な特性のひとつは、新しい経験が記憶の中にいかに分類され、詰め込まれるかにある。というのは、あとで検索できるようにするための「取っ手」がこれによって確定するからである。出来事、事物、観念、その他――考えることのできるすべてのもの――に対して、「取っ手」は実に多種多様である。カーラジオをつけようとして手を伸ばし、ラジオがすでについているのに気づいて面喰らうことがある。そのたびに私は、取っ手の多様さを強く感じる。何が起きているのかというと、ラジオに対しては二つの独立な表現が用いられているのである。ひとつは「音楽を生み出すもの」、もうひとつは「退屈から救ってくれるもの」である。私は音楽が鳴っているのに気づいてはいるが、すっかり退屈しており、二つの理解が相互作用する機会を得る前に、手を伸ばそうという反射運動が触発されてしまう。同じ手を伸ばして触れるという反射が、ある日、ラジオを修理に出したまま車を運転し、何か音楽を聴きたくなったときにも起きた。奇妙なことだ。同じ対象に対して、次のように多数の表現がある。

　光った銀色のノブを具えたもの
　過熱という問題を抱えているもの
　修理するのにさんざん苦労させられた品物
　唸り発生器
　滑りダイヤルをもつ物体
　多重表現の例

これらすべてが、入口として働く。すべて私のカーラジオに対する記号に付着しているのであるが、そのひとつを通して記号に接近することが、他のすべてを開けることにはならない。手を伸ばしてそれを付けようとしているときに、それを修理するのに苦労したことを思い出すように促されることはありそうにない。逆に、仰向けになってネジを外そうとしているときには、たぶん、このラジオで『フーガの技法』を聴いたときのことは考えていないだろう。ひとつの記号の諸側面の間には「隔壁」があって、私の思考が奔放な連想のようにあまりだらしなく滑脱していくのを防いでいる。心の隔壁は思考の流れを包み、方向づける点で重要である。

この隔壁が至極堅固なのは、同じ事物に対する、異なる言語に属する語を切り離している場合である。もしこの隔壁が丈夫でないと、二つの言語を話す人は、たえず二つの言語の間をいったりきたり、滑脱していなくてはならないが、これはあまりにも不愉快であろう。もちろん、二つの新しい言語をいっぺんに学ぼうとしている成人は、しばしば語を混同する。これらの言語の間の隔壁がずっともろくて壊れやすいためであろう。通訳(インタープリタ)の例はとくに不可解なほど興味をそそる。なぜなら、隔壁が不可壊であるかのようにどれかひとつの言語を話すことができるのに、命令があれば、通訳ができるように隔壁を無視してある言語から他の言語に入れるからである。三つの言語を話すようにして育ったスタイナーは、その著書『バベル以後』で、彼の心の層の中におけるフランス語、英語、ドイツ語の混淆と、異なる言語が概念にどのようにして異なる入口を用意しているかについて、若干のページをさいている。

強制された整合

二つの観念が抽象化のあるレベルで概念骨格を共用していることがわかると、いろいろなことが起る。第一段階では通常、両方の観念に合せてズーミングを行い、より高いレベルでの整合を利用して対応する下位観念を固定しようと試みる。ときには整合は再帰的に何レベルか下にまで拡張され、深い同型関係を暴露する。ときにはもっと早く止まって、類推性あるいは相似性を明らかにする。あるときには高レベルの相似性があまりにも強制力をもつために、写像が低レベルにまで明白な延長をもたないにもかかわらず、ひたすら前進して写像をひとつ作り上げる場合がある。これが強制された整合である。

強制された整合は、新聞の政治風刺漫画で毎日のように起きている。政治上の話題の人物は飛行機、船、魚、モナリザのように描かれ、政治は人間、鳥、油井の掘削装置であり、条約は書類鞄、剣、ウジ虫の缶詰である。実に魅力的なのは、われわれが示唆された写像をいかに易々と意図通りの深さでなし遂げるかということである。われわれは深からず浅からず、適度な深さで写像を行う。

私が「蟹のカノン」の発展を減数分裂の用語で記述しようと決めたことも、事物を他の鋳型に無理やり追いこむ実例のひとつであった。これは段階を追って生じた。最初、私は「蟹のカノン」と中心体によって連結された染色体のイメージがひとつの概念骨格を共用していることに気づいた。これが強制された整合のインスピレーションとなった。そのあと、私は「成長」「段階」「組み換え」を含む高レベルの類似性に気づいた。そこで、私はひたすらアナロジーを推し進めた。ボンガルド問題解決法におけると同じように、試案性が大きな役割を演じた。私は心に適う整合を見出すまで、前進したり後退したりした。

概念写像の第三の例を中心的な教絵が用意している。私は、数理論理学者の発見と分子生物学者の発見の間に高レベルの相似性があるのに気づき、それを低レベルで追い求め、強力なアナロジーにいきついた。それをさらに補強するために、私は遺伝コードを模倣したゲーデル数付けを選んだ。これが、中心的な教絵における強制整合の中の孤独な要素である。

強制された整合、類推および隠喩は簡単に区別できない。スポーツ解説者はたまらなく生き生きとしたイメージを持ち出す。たとえば「虚人軍は空回りしています!」というような喩えで、あなたがどんなイメージを作り上げるのか見当もつかない。チーム全体に車のイメージを付けるのか? それとも個々の選手にか? たぶん、泥あるいは雪の中で回転している車輪のイメージがしばらくの間、あなたの頭の中で閃き、それから何らかの神秘的な仕方で、関連ある部分だけが拾い上げられ、そのチームの動きに転換されるであろう。このほんの一瞬の間にチームと車輪とが、たがいに何と深く写像し合わされることだろうか?

とりあえずまとめると……

ここらで少々、まとめを試みておこう。私は記号の創造、操作、および比較に関連したいくつか関係のある観念を提示してきた。その大部分は何らかの流儀で滑脱と関連しているが、概念は入れ子型の文脈(フレーム)のさまざまなレベルから生じた、あるいは緊密に、あるいはゆるやかに結びついた諸要素から構成されているというのがその発想であった。ゆるやかなものは素早く追い出して他のもので替えることができ、情勢如何によっては、「仮定法的な再生」、強制された整合、あるいはアナロジーを作ることができる。二つの記号の融合は、記号の一部が追放され、一部が残るような過程から生じうる。

創造性と乱雑さ

われわれが創造性の機械化について語っていることは明白である。だが、これは用語の矛盾ではないだろうか? ほとんど矛盾ではあるが、ほんとうにそうではない。創造性は機械的でないものの本質である。とはいえ、いかなる創造的行為も機械的である——しゃっくりの場合に劣らず、ちゃんとした説明がつく。創造の機械的基質は視界から隠蔽されているかもしれないが、たしかに存在している。逆に、今日においてさえ、柔軟なプログラムには すでに何か非機械的なものがある。それはまだ創造性を形づくってはいないのかもしれない。しかし、プログラムがその創造者にとってさえ透明でなくなるとき、創造性への接近がはじまったのである。

乱雑さが創造的行為の不可欠の成分であるというのが通常の考えである。これは真実であるかもしれないが、創造性の機械化の可能性——あるいはむしろ、プログラム可能性——とは何の関係もない。世界は乱雑さの巨大な堆積である。そのいくぶんかを頭の中に反映するとき、頭の内部はその乱雑さを少々吸収する。したがって、記号の触発パタンは最も乱雑と見える道へとあなたを導いていくが、これは要するに、それらのパタンがむちゃくちゃな、でたらめな、乱雑の世界との相互作用に由来していることに基づく。そこで、コンピュータ・プログラムについても同じことがいえる。乱雑さは思考の固有の特徴である。それはさいころ、崩壊する核、乱数表その他、何によるにせよ、「人工的に植えつけ」なければならないものではない。思考の乱雑さが、このような恣意的な源泉に頼っていると考えるのは、人間の創造性に対する冒瀆であろう。

乱雑さと見えるものも、しばしば対称的なものを「歪んだ」フィルターを通して眺めた効果であるにすぎない。このことを示すすっきりした例は、数π／4に対するサルヴィアティの二通りの眺め方であろう。π／4の十進法展開は文字どおりには乱雑でないにもかかわらず、この数は多くの目的にとって必要なかぎりでは乱雑である。つまり「擬似乱雑」なのである。数学には擬似乱雑性が豊富にある——創造を目ざす者にいつでも供給できるほど十分にある。

科学がいつでも、あらゆるレベルで、「概念革命」に浸されているように、個人の思考も創造的行為でいっぱいである。それはたんに最も高い平面上にあるだけではなく、いたるところにある。その多くはささやかなものであり、それ以前に百万遍もくり返されている。だが、それらは最も高度に創造的な新しい行為の親しい従兄弟にあたる。コンピュータ・プログラムは今日のところ、多くの小さな創造をいまだになし遂げていないようである。コンピュータが行うことの大部分は依然「機械的」である。これは、それらがわれわれのものの考え方を模擬するところまで近づいていないことを裏づけている。とはいえ、近づきつつあるのもたしかだ。

高度に創造的な行為と普通の行為とを区別しているのは、たぶん、美と単純さと調和とが結びついた何らかの感じであろう。事実、私には気に入った「メタ=アナロジー」があって、私はアナロジーを和音にたとえている。その着想は単純である。表面的に相似する考えは深く関連してない。深く関連している観念はしばしば表面的には乖離している。和音とのアナロジーは自然である。物理的に近い音は調和という点でかけ離れており(たとえばE—F—G)、和音的に密接な音は物理的にはかけ離れている(たとえばG—E—B！)。概念骨格を共用している観念は、調和に対する一種の概念上の類比の中で共鳴し合う。この調和的な「観念和音」は、想像上の「概念鍵盤」の上で測るとしばしば非常に離れている。もちろん、でたらめにただ手を拡げてかき鳴らすだけでは十分ではない——七度や九度の音を叩いてしまうかもしれない！　いまの類比はたぶん九度の和音に似ている——広いが調和的でない。

すべてのレベルでパタンを拾うこと

ボンガルド問題をこの章の焦点に据えたのは、それを研究することによって、人間が遺伝子から受け継いでいるパタンに対する捉えがたい感覚が、入れ子型文脈、概念骨格と概念写像、滑脱可能性、記述およびメタ記述とその相互作用、記号の分裂と融合、(異なる次元と異なる抽象化レベルにそった)多重表現、とりあえずの期待その他を含んだ知識の表現のメカニズム全体とかかわっていることが理解されるからである。

いまのところ、プログラムがある領域のパタンを拾い上げるときには、われわれには同じように明白に見える他の領域のパタンを見逃すという方に賭けるのが最も安全である。読者は私が第1章で、機械は反復を見過ごしがちだが人間はそうではないということを憶えておられるかもしれない。例としてSHRDLUを考えよう。もしイータ・オインが「大きな赤いブロックをとって、それを下に置いて」という文をくり返しくり返しタイプしたとすると、SHRDLUは同じ仕方でくり返しくり返し楽しげに反応する。そのへんは、人間が根気よくくり返しくり返し2＋2を打ち込むたびに、加算機がそれに応えてくり返しくり返し4を印字しつづけるのと同じである。人間なら、くり返しくり返し何度か同じパタンが現れればそれに気がつくだろう。SHRDLUは新しい概念を形づくったりパタンを認識したりする潜在能力をもつようには作られていなかった。ふり返りふり返り概観する才覚をもっていないのである。

言語の柔軟性

SHRDLUが言語を扱う能力は——ある限界の中では——非常に柔軟である。SHRDLUは統語論的に大変複雑な文、あるいは意味論的に曖昧な文を、データベースを調べて解決できるかぎりにおいて了解できる。といっても、模糊とした文は扱えない。例として、「何個のブロックをたがいに相手の上に積んでいけば尖塔ができるか？」という文を考えよう。われわれはそのいわんとするところをただちに理解する。しかし、文字どおりに見れば、この文は意味をなさない。これは何らかの慣用的な表現でもない。「たがいに相手の上に積んでいけば」というのは不正確な文句だが、それにもかかわらず、人間にはその意図するとおりのイメージで受け取られる。間違って、二つのブロックがたがいに相手の上にある——あるいはブロックが積まれてどこかに「いこう」としている——という背理的な組み立てを視覚化しようとしたりする人は少なかろう。

　言語について驚嘆させられるのは、われわれがいかにそれを不正確に使っているか、しかもそれでいて、何とかうまくやっているかということである。SHRDLUは語を「金物（ハードウェア）」のように使うが、人間はそれを「スポンジ」あるいは「ゴム」のように、さらには「アメ細工」のようにこねくりまわす。もし語をナットとボルトとすれば、人間はどのナットも、あらゆるボルトにぴったり合せてしまうことができるのであろう。すべてのものが柔らかくなっているシュールリアリズム絵画のように、ぐしゃぐしゃにつぶして他の形にしてしまうのである。言語は人間の手の中では、そのごつごつした粗い粒にもかかわらず、まるで流体のようになる。

　自然言語の理解に関するAI研究は最近、独立した単一の文の理解からいくらか外れてむしろ、単純なおとぎ話の理解といったような領域に向っている。次に示すのは周知の子供たちの遊び歌であるが、実生活のきりのない連鎖の状況をよく表している。

男が一人、飛行機に乗った。
　不運なことに落っこった。
運よく落下傘もっていた。
　不運なことに開かない。
運よく下は干草の山。
　不運なことに熊手が出てた。
運よく熊手の先からそれた。
　不運なことに干草からそれた。

これは際限なくつづけることができる。このばかげた物語をフレームに基づいたシステムで表現することは、人間、飛行機、脱出、落下傘、落下等々の概念に対するフレームを一緒に活性化することを含んでおり、極端にむずかしい。

知能と感情

では小粒だがぴりっとした物語を参照しよう。

　マージは綺麗な新しい風船のひもをしっかり握っていた。突然、一陣の風が「それ」をひったくった。風はそれを木の上に運んだ。風船は枝にぶつかり、破裂した。マージは泣きに泣いた。

この物語を理解するには、行間から多くのことを読みとる必要がある。たとえばこうである。マージは小さな女の子である。これは子供が握れるように、ひものついたおもちゃの風船である。それは大人の眼には美しくないかもしれないが、子供の眼には美しい。それは戸外にいる。風がひったくった「それ」とは風船だった。風は風船もろともマージをひったくったのではなかった。マージは手を放した。風船は尖ったものに触れると破裂する。いったん破れると、もうもとには戻らない。小さな子供は風船をとても大事にしており、破裂すると大変がっかりする。マージは彼女の風船が破裂するのを見た。子供たちは悲しいときには泣く。「泣きに泣く」は非常に長く、激しく泣くことである。マージは、彼女の風船が破裂した悲しさで泣きに泣いたのである。

これらは、表層レベルには欠けていたもののほんの一部にすぎないだろう。プログラムは、何が進行しているかを了解するには、これらの知識をすべてもっていなければならない。しかし、こういう反論が起きるかもしれない。たとえば、プログラムがいわれていることを何らかの知的な意味で「理解」したとしても、それが泣きに泣くほどには、まだ真に理解していないのだ、と。コンピュータはいつになったらそうなるだろうか？　ジョセフ・ワイゼンバウムが『コンピュータ・パワーと人間理性』を書いていたときに関心を寄せていたのは、このような種類の人間主義的論点であったが、私もこれを重要な問題点だと思う。事実、非常に非常に深刻な問題点である。残念ながら、いまのところＡＩ研究者の多くはさまざまな理由から、この種の問題を真剣に取り上げたがらない。しかし、ある面ではこれらの研究者は正しい。泣くコンピュータについて考えるのはまだいささか早すぎる。われわれはまず最初に、言語その他を扱うための規則について考えなければならない。そのうちに、われわれはより深刻な問題点に直面しているのに気づくだろう。

ＡＩの道はまだ遠い

規則に支配された振舞いが全く欠けているために、人間は規則に支配されているのではない、というふうにときには見えることがある。しかし、これは——結晶と金属はその背後に存在するきびしい規則から生ずるが、流体や花はそうではない、と考えるのにいささか似て——幻想である。われわれは次章でふたたびこの問題に立ち帰ることにする。

脳の中で内部的に作動している論理の過程自体は、記号的描像に対する操作の継起に一層似ているのかもしれない。つまり、漢字あるいはマヤ風の出来事の描写の一種の抽象的な類比物である。その要素がたんなる語ではなく、独自の規則をそなえた一種のメタ論理あるいはスーパー論理を形づくる連結をたがいの間に有している文、あるいはまるごとの物語により一層似ている点を除けば。

大部分の専門家にとって、自分たちをその専門分野に入るよう促したものを生き生きといい表すことは——ひょっとすると思い出すことさえ——むずかしい。逆に、かえって外部に、ある分野のロマンスを理解し、それを正確に物語れる人がいるかもしれない。ウラムから引用した右の一節に私が心を惹かれるのはそのためであろう。この一文はＡＩの企ての奇妙さを詩的に伝えながら、それに対する信念を示しているのである。いまの時点ではゴールはあまりに遠いので、信念を頼りに走らざるをえない！

一〇の質問と憶説

この章を終えるにあたって、ＡＩに関する一〇の「質問と憶説」を提供したいと思う。それを「答」と称するほど大胆にはなれない――私の個人的な意見にすぎないのである。私がＡＩをもっと学ぶにつれて、そしてＡＩがもっと発展するにつれて、私の意見も変りうるだろう。（以下では、「ＡＩプログラム」という言葉は今日のプログラムよりも、はるかに進んだプログラムを意味する。また、「プログラム」および「コンピュータ」という語は、機械的な含蓄を多分に有するだろうが、とにかく使いつづけることにしよう）

質問　コンピュータはいつか美しい音楽を書くようになるだろうか？

憶説　そうだ。しかし、まださきのことだろう。音楽は感情の言語であり、プログラムがわれわれほど複雑な感情をもつようになるまで、プログラムには何にせよ美しいものを書くことはできない。「贋造品」――それ以前の音楽の構文法の浅薄な模倣――はありうるだろう。しかし、音楽的表現は人びとが普通考えているのとは違って、構文規則でとらえられる以上のものを多分にもっている。コンピュータ作曲プログラムはこれからも長い間、新しい種類の美を生み出せないだろう。この考えをもう少し推し進めてみる。プログラム済み、大量生産の、郵便で注文できる二〇ドルの卓上型「ミュージック・ボックス」に命じて、その味気のない回路から、ショパンやバッハがもっと長生きしていたら書いたであろうような曲を作り出させることがまもなくできるだろう、と考えるのは――そのような示唆を私は耳にしたことがあるが――、人間の精神の深さに対する奇怪至極の恥ずべき誤った評価である。このような人たちが作曲したように作曲できる「プログラム」は、世界中を自分の足で歩きまわり、その間にたえず、生活と感情の靄の中で道を切り拓かなければならない。冷たい夜風の喜ばしさと淋しさ、懐かしく差し伸べられる手への憧れ、遠い町の近づきがたさ、人の死のあとの心の痛みと立ち直りを理解できなければならない。あきらめと厭世、悲しみと絶望、決心と勝利、敬虔と畏敬を知らなければならない。望みと恐れ、苦悩と歓喜、平静さと不安といった正反対のものを混在させなければならない。肝心なのは、優雅、ユーモア、リズムの感覚、予期せぬものへの感覚――そしてもちろん、新鮮な創造の魔法に対する精緻な意識――でなければならない。そこに、そしてそこにのみ、音楽における意味の源泉がある。

質問　感情は機械の中に明示的にプログラムされるであろうか？

憶説　そうはならない。そんなのは滑稽だ。感情の直接的な模擬――たとえばＰＡＲＲＹ――は、人間の心の組織から間接的に生ずる、人間の感情の複雑さには接近できない。プログラムあるいは機械は、その構造、その組織のされ方の副産物として同じしかたで感情を獲得するだろうが、直接的にプログラムされることはない。誰も「誤りを犯す」サブルーチンを書かないのと同じように、「恋に陥る」サブルーチンを書いたりはしないだろう。「恋に陥る」は、複雑なシステムの複雑な過程にわれわれが与えたひとつの記述である。だが、もっぱらこのことを司る単一のモジュールがシステムの中にある必要はない！

質問　考えるコンピュータは、足し算が速くできるだろうか？

憶説　たぶん、そうではない。私たち自身は素晴らしい計算を行うハードウエアで構成されているが、このことは、「私たち」が存在しているところのわれわれの記号レベルが、ハードウエア・レベルと同じ素晴らしい計算のやり方を知っていることを意味しない。これを次のようにいいなおそう。雑貨屋の勘定書の足し算をするために、あなた自身のニューロンに数を詰め込むことはあなたにはできないのだ、と。幸いにも、あなたの記号レベル（つまりあなた）はあなたの思考を行っているニューロンに接近できない——さもなければ、頭が混乱するだろう。もう一度デカルトをもじれば、

「われ考う。ゆえに和であるレベルに近づく道はない」

知能プログラムに対しても同じであっていけない理由があろうか？それは、思考を行っている回路には接近することを許されない——さもないと、CPUが混乱するだろう。これは全く本当の話だが、チューリング・テストに合格するような機械はあなたや私がするのと同じように、のろのろ加算するだろう——どちらも似た理由によって。それは、数2をたんに二進法数字10としてとらえるだけではなく、われわれと同じように、それと同音の語「に」や「荷」、語「対」、「ふたたび」との連想、サイコロの目、数字2の形状、交替、偶数、奇数の観念のような心的イメージの大群などに満ち満ちた、一人前（二人前？）の概念をもっていなければならない。このような「余分な荷物」を抱えて動きまわるために、知能プログラムは加法を行うにあたっては、至極のろまになるだろう。それにいわば「ポケット計算機」を与える（あるいは組み込む）ことももちろんできる。そうすれば、非常に速く答えられるようになるだろうが、その実行ぶりは、ポケット計算機を携えた人間の実行ぶりと似たものであるにすぎない。機械には二つの別々の部分があることになる。つまり、信頼性はあるが心のない部分と、知能的だが誤りうる部分とである。複合システムに対しては、人間と機械の複合システムが信頼できる程度以上の信頼を置くことはできない。だから、もしあなたが求めているのが正しい答だけであれば、ポケット計算機だけに固執するのがよい——それに余計な知恵をつけるな！

質問　すべての人を打ち負かすチェス・プログラムはできるだろうか？

憶説　できないだろう。チェスでどんな人でも負かすようなプログラムはできるかもしれない。だが、それはチェス・プレーヤーであることに限定されたものではないだろう。一般的知能をもったプログラムができることになり、それは人間と同じように気分屋になるのではないか。「チェスをしませんか？」「いいえ、チェスは飽きました。詩について語ろうじゃありませんか？」どんな人でも負かすプログラムとあなたとの対話は、こんな調子かもしれない。これは、真の知能は不可避的に全体的な概観の能力——つまり、少なくともわれわれがもっている能力と同じ程度まで、いわば「システムの外に跳び出す」というプログラムされた能力——に依存せざるをえないためである。この能力が存在していると、そのプログラムを閉じこめておくことができなくなる。プログラムはある臨界点を乗り越え、あなたは自分の製作したものと対決を迫られる。

質問　プログラムの行動を支配するパラメータを貯える特定の場所が記憶の中にあって、そこに辿りついてパラメータを変えれば、たとえばプログラムをもっと機敏にしたり、もっと愚鈍にしたり、もっと創造的にしたり、あるいは野球にもっと関心をもつように仕

向けたりできる、ということがありうるだろうか？　簡単にいえば、比較的低レベルで調整することによって、プログラムを「調節」することができるようになるだろうか？

憶説　できないだろう。記憶のどの特殊な要素を変えても、プログラムはそれを気にとめないだろう。毎日、何千というニューロンが死んでいってもわれわれがほとんど同じままでいるように(！)。あまり大きくいじくりまわせば、人間にいい加減な脳手術を施すのと同じように、プログラムを損傷してしまうだろう。記憶には、たとえばプログラムの「ＩＱ」が宿っているような「魔法」の場所はないだろう。それは低レベルの行動の帰結として生じる特徴であって、どこにも明示的に宿ってはいない。「短期記憶で保持できる項目の数」「物理学を愛好する度合」などといったことについても同じことがいえる。

質問　あるＡＩプログラムを、私あるいはあなた――あるいは私とあなたを足して二で割ったもの――に似た活動をするように、「調節」することはできるだろうか？

憶説　できないだろう。知能プログラムは人間がそうでないのと同じく、カメレオン的ではないだろう。それは記憶の恒常性に依拠しており、異なる人格の間を飛び移ることはできない。「新しい人格に調節する」ために内部パラメータを変えるという考えは、人格の複雑さに対する滑稽な過小評価の現れである。

質問　ＡＩプログラムには「心（ハート）」があるだろうか？　それとも（マーヴィン・ミンスキーの言葉を借りれば）、たんに「とるに足りない動作の無感覚なループと系列」で構成されているにすぎないのだろうか？

憶説　池をさらうようにして底まですべて見ることができれば、たしかに「とるに足りない動作の無感覚なループと系列」だけしか見えないだろう――そして、いかなる「心」も見えないことは確実だろう。ＡＩに関して二つの極端な見解がある。ひとつは、人間の心は根本的な神秘的な理由によってプログラム不可能であると主張する。もうひとつは、適当な「発見法的装置」――多重最適化装置、パタン認識の秘訣、計画代数、再帰的管理手続き、その他――を寄せ集めるだけでよく、知能がそれで得られる、という。私はどちらかといえば中間的な立場に立っており、ＡＩプログラムの池があまりにも深く濁っているので、底まではけっしてのぞけないだろうと信じている。表面からのぞいても、大多数のプログラマーの目に電流を担っている電子が見えないように、ループは見えない。われわれがチューリング・テストに合格するようなプログラムを創造したときには、たとえ「心」が存在していないと知っていても、われわれはそこに「心」を認めるだろう。

質問　ＡＩプログラムはいつか「超知能的」になるだろうか？

憶説　わからない。われわれに「超知能」を理解し、あるいはそれと関係を結ぶことができるかどうか、またそもそもそれが意味をもつのかどうかさえ明瞭ではない。たとえば、われわれ自身の知能はわれわれの思考の速さと結びついている。もし、われわれの反射が一〇倍速いか、一〇倍遅いかすると、われわれは世界を記述するのに全く異なった概念の集合を発展させたかもしれない。われわれと根本的に異なる世界の見方をもった生物は、端的にいってわれわれと多くの接点をもちえないだろう。たとえばバッハに対して、素朴な民謡に対するバッハのような位置を占める曲、いわば「バッハ二乗」が果して存在しうるのか、私はいつも疑ってきた。そのような曲を私は理解できるだろうか？　ひょっとすると、私の周りにはすでにそのような音楽があって、犬が人間の言葉を理解できないように、私にそれが認識できないでいるだけなのかもしれない。超知能という考えは大変奇妙なものである。いずれにせよ、私はそれがAI研究の目的だとは考えない。とはいえ、たとえわれわれがいつか人間知能のレベルに到達することがあれば、超知能はわれわれだけではなく、AIと超知能にも等しく好奇心を抱いているわが同僚たるAIプログラムにとっても、次の目的となることは疑いがない。AIプログラムはAI一般を非常に知りたがるだろう。これは大いにありうることだし、よく納得できる。

質問　あなたは、AIプログラムは実際上、人間と同等だと述べているようだが、両者には何の違いもないのだろうか?

憶説　たぶん、AIプログラムと人間との違いは、人びとの間の違いよりも大きいだろう。AIプログラムの宿っている「身体」が、それに深刻な影響を及ぼさないと想像するのは不可能である。だから、それが人間の身体の驚くほど忠実な複製でないかぎり——ところで、なぜそうしなければならないのか?——、それは何が重要であり、何が興味深いか等々について、非常に異なった展望をたぶんもつだろう。ヴィトゲンシュタインがかつて面白い意見を述べた。「ライオンと話すことができても、われわれは彼を理解しないだろう」この言葉は、私にルソーの描いた月下の砂漠のおとなしいライオンと眠っているジプシーの絵を思い出させる。だが、ヴィトゲンシュタインはどうしてこのことがわかるのか?　AIプログラムはわれわれに了解可能であるとしても、かなり異質なものに見えるだろう、というのが私の推測である。そのために、われわれがいつ本当にAIプログラムを扱っていることになるのか、そして、それが本当にそうであって、たんなる「奇怪な」プログラムではないことを決定するまでには、まだ大きな苦労があるだろう。

質問　知能プログラムを作れたときには、知能と意識と自由意志と「自我」が理解できるのだろうか?

憶説　いくらかはできるだろう——それは、「理解」という言葉をどう理解するかによる。まず、気分のレベルではわれわれ誰もが、こうしたことをたぶん手始めとしては可能なかぎりよく理解している。それは音楽を聴くのに似ている。バッハの曲を分析しつくしたら、バッハを本当に理解したことになるのだろうか?　それとも、体じゅうのあらゆる神経が爽快さを感じたときに、それを理解したことになるのだろうか?　光の速さがあらゆる慣性基準系でいかに一定であるか、をわれわれは理解しているのだろうか?　われわれは数式を操ることができても、本当に相対論的な直観をもっている人はこの世にはいない。たぶん、知能と意識を直観的に理解することは誰にもできないだろう。だが、われわれ一人ひとりは、それぞれ誰かを理解することができる。そして、おそらくあなたにできるのはここまでなのだろう。

樹懶のカノン

今度は、アキレスと亀が新しい友、樹懶（なまけもの sloth）の家を訪問しているところ。

アキレス　亀公との妙な競走の話をしようか？

樹懶　ぜひ聞かせてほしいね。

アキレス　このあたりではかなり有名な話なんだ。たしか一部始終が書かれている、ゼノンの手で。

樹懶　何かわくわくするな。

アキレス　わくわくしたとも。いいかい、亀公がぼくのずっと前方から走り出した。向うは出だしが断然有利さ、ところが――

樹懶　追いついたんだろ？

アキレス　そうさ――こっちは快足を誇るからね、不断の割合で距離を縮め、まもなく追いついた。

樹懶　間隔がぐんぐん縮まるから追いつけたわけだ。

アキレス　そのとおり。おや――亀公がヴァイオリンをもってきたじゃないか。ちょいと弾いてもいいかい、亀公？

亀　やめといたほうがいいよ。音がぜんぜんよくないんだ。

アキレス　かまわないさ。何か音楽を奏でたい気分でね。どうしてかわからないけど。

樹懶　ピアノを弾けばいいじゃないか、アキレス。

アキレス　ありがとう。早速、弾いてみよう。その前にもうひとついっておくことがあった。実はその後、亀公と別の類の「競走」をしたんだ。あいにくその競走では――

亀　追いつかなかったよね？　間隔がぐんぐん拡がるから追いつけなかったんだ。

アキレス　そのとおり。たしかこれも一部始終が書かれている、ルイス・キャロルの手で。さて、樹懶君、お言葉にあまえてピアノを弾かせてもらうよ。でもピアノは下手くそでね。はたして弾けるかどうか。

樹懶　やってみればいいさ。

（アキレスはピアノに向い、単純な曲を弾きはじめる）

アキレス　うーん――どうも妙な音だなあ。こんなふうな音じゃないはずだぜ。どこか調子がおかしいんだ。

亀　なんだ、ぜんぜん弾けないじゃないか、アキレス。もうよせよ。

アキレス　鏡のなかのピアノみたいなんだよ。高音が左側にあって、低音が右側にある。どの旋律も逆さまになったみたいに、ひっくり返って出てくる。こんなへんちくりんなものをどこの誰が考え

第 133 図　J. S. バッハ『音楽の捧げもの』から「樹懶のカノン」［“SMUT” によりプリント］

出したんだ？

亀　いかにも樹懶らしいじゃないか。ぶらりとぶらさがって――

アキレス　うん、それぞれ――木の枝から――もちろん逆さまに。この樹懶ピアノなら打ってつけだろうな、カノンやフーガにときどき出てくる逆行旋律を弾くのには。しかし木にぶらさがってピアノを弾くのを習得するのは、なまやさしいことじゃないぜ。ものすごいエネルギーをそそがなければならないし。

樹懶　それは樹懶らしからぬことだな。

アキレス　そう、樹懶はみんなしごくのんびりしているからね。何をするのもふつうの倍くらい時間をかけるし。おまけに、逆さまにやる。誰にも真似のできない生き方だよ、まったく！　逆さまでのろのろしているといえば、『音楽の捧げもの』のなかに「反行の拡大カノン」というのがあるね。ぼくのもってる版では、三つの譜表の前にS、A、Tの三文字があるんだ。なぜかはわからない。とにかく、バッハはあれを実に巧妙に作ったと思う。きみの意見はどうだい、亀公？

亀　苦心の作だよ。そのSATの三文字だけど、何を表しているかはわかるんだろう？

アキレス　ソプラノ Soprano、アルト Alto、テノール Tenor だろうね。三声部の曲は、しばしばその三声の結合のために書かれるから。そうじゃないかい、樹懶君？

樹懶　その三文字はだね――

アキレス　おや、ちょっと待ってくれ、樹懶君。亀公　どうしたんだ、コートを着たりして。帰るんじゃないだろ？　軽く何か食べようといってたじゃないか。ずいぶん疲れてるみたいだけど。どうしたんだい？

亀　ガス欠さ。じゃ、お先に！（のそのそと出ていく）

アキレス　かわいそうに――たしかにくたびれきっている様子だ。朝からずっとジョギングをやってたから。またぼくとの競走にそなえてトレーニング中でね。

樹懶　へとへとになったんだな。

アキレス　そう、むだなのにさ。もしかすると樹懶になら勝てるかもしれないけど……ぼくにはね。とうていむりだ。ところで――さっきいいかけていたね、SATの三文字が何を表すかって？

樹懶　SATの三文字については、何を表すかをきみには推測できないんじゃないかな。

アキレス　ふーん、ぼくの考えたことを表していないのなら、ますます好奇心をかきたてられるな。まあ、もう少し考えてみよう。ええと、フレンチフライはどうやってこしらえるんだっけ？

樹懶　油に入れるのさ。

アキレス　ああ、そうか――思い出した。このポテトを一インチか二インチの長さに切ってしまおう。

樹懶　そんなに短く？

アキレス　さあて、いいぞ。四インチに切るとするか。ほーら、うまいフレンチフライになりそうだ！　残念だな、亀公が一緒に食べられなくて。

［第20章］不思議の環、あるいはもつれた階層

機械は独創性をもちうるか？

ひとつ前の章で、私はアーサー・サミュエルのチェッカー・プログラムについて述べた——これは大変うまくいったプログラムで、その設計者を打ち負かすことができた。このことを考え合せると、コンピュータと独創性の論争についてサミュエル自身がどう感じているのかを聞くのも興味深い。次の引用は、サミュエルが一九六〇年に、ノーバート・ウィーナーの論文に加えたある反論から採った。

機械はウィーナーが「機械はその設計者の限界をいくつか越えることができるし、たしかに越えており、そしてこのことによって効率的かつ危険なものになりうる」という彼の綱領で示唆しているような意味では独創性をもちえない、と私は確信している……。

機械は魔神ではなく、魔法で動いているのではなく、意志をもたない。ウィーナーがいうのとは反対に、まれに起る誤動作をもちろん別にすれば、あらかじめ入れなかったものは、けっして何も現れてこない……。

機械が表明しているように見える「意図」なるものは、人間プログラマーがあらかじめ指定した意図であるか、あるいはプログラマーが指定した規則にしたがって導いた副次的な意図である。われわれはウィーナーと同じように、プログラムが副次的な意図を修正するだけではなく、この意図を導出するのに用いられた規則を修正したり、あるいは規則を修正する仕方を修正したりするような、そしてさらには、ひとつの機械がもっと能力の高い第二の機械を設計し建造するような、より高次の抽象のレベルを予期することさえできる。しかしながら、そしてこれは重要な点であるが、機械はこうしたことを、それをどう推し進めるかを教えられるまでしないだろうし、またできないのである［強調はサミュエル］。(i)人間の希望を実行するこの過程の究極的な拡張および精密化と、(ii)機械の内部における機械自身の意志の発展との間には、いつでも亀裂があるし、論理的にいってもあるはずである。これ以外のことを信ずるのは、魔法を信ずるか、さもなければ人間の意志の存在が幻想であって人間の行動が機械のそれと同じく機械的であると信じることである。ひょっとすると、ウィーナーの論文も私の論文も機械的に決定されているのだろうが、私はそう信ずることを拒否する。

私はここで、ルイス・キャロルの対話作品「二声の創意」を思い出す。そのわけを説明しよう。機械の意識（あるいは意志）に対するサミュエルの反論は、意志のいかなる機械的具現も無限退行を必要とするであろうという観念に基づいている。同じように、キャロルの亀は推論のステップはどんなに簡単なものでも、この問題のステップを正当化するために、より高次のレベルの何らかの規則に助けを求めずにはすまない、と論じる。だが、それもまた推論のステップであるから、さらに高いレベルの規則に頼らざるをえない、等々。結論――推論は無限退行を伴う。

もちろん、亀の議論には何か間違いがあり、そしてサミュエルの議論にもそれに似た間違いがあると私は信じている。過ちがいかに相似しているかを示すために、しばらくこの悪魔を弁護する立場に立って、「悪魔を助ける」ことにしよう。（周知のように、神は自ら助けるものを助けるので、たぶん、悪魔は自ら助けないものすべてを、そしてそれだけを助けるのであろう。悪魔は自分自身を助けるだろうか？）キャロルの対話篇から私が引き出した悪魔風の結論はこうである。

「推論は不可能である」という結論は人間にはあてはまらない。なぜなら、誰にも明らかなように、われわれはとにかくなんとかして、高いレベル全体にわたって多数の推論ステップをたしかに実行しているからである。これは、人間が規則を必要とせずに動作していることを示す。われわれは「非形式的システム」なのである。他方、それは推論のいかなる機械的具現の可能性にも反対する議論としては妥当なものである。というのは、いかなる機械的推論システムも規則に明示的に依存せざるをえないだろうから、いつ規則を適用するかを教えるメタ規則、いつメタ規則を適用するかを教えるメタ＝メタ規則をもたないかぎり、出発できないからである。こうして、推論する能力はけっして機械化できない、と結論してもよいだろう。これは独自の人間的能力である。

悪魔の弁護人の見解はどこが間違っているのだろうか？　それは明らかに機械はそれにやり方を教えてくれる規則をもたなければ何ごともなしえない、という仮定である。事実、機械は人間と同じように、亀のばかげた反論をやすやすとかわしてしまうし、そのうえ、両者とも全く同じ理由でそれを行う。機械も人間も物理学の法則にしたがって、自分で動くハードウエアでできているのである。「規則の適用を許可する規則」に頼る必要はない。最低レベルの規則――いかなる「メタ」も先行していないような規則――がハードウエアに埋め込まれており、これらは許可なしに働くからである。教訓――キャロルの対話篇は結局のところ、人間と機械の差異については何も語っていない。（そしてたしかに、推論は機械化しうる）

キャロルの対話篇についてはこれで十分であろう。今度はサミュエルの議論である。あえて戯画化すれば、サミュエルの論点はこうなるだろう。

どのコンピュータも他の誰かによってプログラムされたのであるから、けっして何かをしようと「欲し」たりしないだろう。ゼロからはじめて自分自身をすっかりプログラムできるようになった――これは不条理――とき、それははじめて自分自身の「欲求」の感覚をもつだろう。

サミュエルは議論の中で、亀の主張を再現している。「推論」を「欲求」で置き換えただけである。彼は欲求のいかなる機械化の背後にも、無限退行か、さもなければもっと悪いことに閉じたループがなければならない、と示唆しているのである。もしこれが、コンピュータが自分自身の意志をもたない根拠であるとすれば、人間についてはどうなるのか？　同じ基準は次のことを含意するだろう。

人間は彼自身を設計し、彼自身の欲求を選ぶ（それとも、欲求を選ぶことを選ぶ、等々）ようにならないかぎり、彼自身の意志をもつとはいえない。

これによってあなた方は、自分たちが意志をもっているという感覚がどこから生じたのか、考えこんでしまうだろう。霊魂主義者でないかぎり、それはたぶん脳から生ずる、と述べるだろう——脳はあなたが設計したのでもなければ、選んだのでもないハードウエアである。だが、そのことはあなたがあることを欲し、あることを欲しないという感覚を減少させはしない。あなたは(それが何であれ)「自己プログラムした対象」ではないが、欲求の感覚をもっており、それはあなたの心性の物理的基質から生れ出る。同じように機械も、魔法のプログラム（自己プログラムしたプログラム）が記憶の中に自発的にどこからともなく現れてはこないという事実にもかかわらず、いつの日にか、意志をもつかもしれない。それはわれわれと同じ理由で——つまり、ハードウエアとソフトウエアの多数のレベルにおける組織と構造のために——意志をもつだろう。教訓——サミュエルの議論は結局のところ、人間と機械の差異について何も語っていない。（そしてたしかに、意志は機械化されるだろう）

どのもつれた階層の下にも不可壊なレベルがある

「二声の創意」のすぐあとで、この本の中心的な論点は、「語と思考は形式規則に従うか？」であろうと私は述べた。この本の大きな原動力のひとつは、心／脳の多レベル性を指摘することにあった。そして私は、上の疑問に対する究極的な答が次のようなものになる理由を説明しようと努めてきた。「然り——最低のレベル、つまりハードウエアまで降りていって規則を見つけるのだとすれば。」

サミュエルの言明は、私が追求したいと思っていたもうひとつの概念を提起している。それはこうである。われわれ人間が思考するとき、われわれはたしかに、心の規則を変え、規則を変える規則を変える、等々。だが、これらはいわば「ソフトウエア規則」である。最下底にある規則は変らないのである。ニューロンは、その間ずっと同じ単純なやり方で働いている。あなたは心に思考のスタイルや主題を変えさせることはできるが、ニューロンをニューロンらしくないやり方で働かせたいと思っても、この思いは通じない。「前奏曲……」「……とフーガの蟻法」のアキレスと同じように、あなたは思考にはアプローチできるがニューロンにはアプローチできない。さまざまなレベルでのソフトウエア規則は変えられる。だが、ハードウエア規則は変えられない——事実、ソフトウエアの柔軟性はこのハードウエアの剛性のおかげなのだ！　これはパラドクスでも不可解でもなく、知能の機械化に関する根本的で単純な事実である。

自己修正可能なソフトウエアと不可壊のハードウエアのこの区別こそ、私がこの最終章で追求し、ひとつの主題による変奏曲の組に発展させようと望んでいるものなのである。変奏曲の中には全くこじつけのように見えるものもあるだろうが、私がループを閉じて、脳、心、および意識の感覚に戻ったときには、すべての変奏曲の中に不変の中核があることを了解いただけるものと希望している。

この章の主な狙いは、ニューロンのジャングルの中から意識がいかに生じてきたかを、私なりに描きだすのに役立ったいくつかのイメージをお伝えすることと、心を動かしているのが何であるかについて人々が自分なりのイメージをもっと明瞭に定式化する上で貴重であり、それにたぶんいくらか役に立つであろうと願いながら、一組のとらえがたい直観をお伝えすることである。私の中にある心とイメージに関するぼんやりしたイメージが、他の心の中に心とイメージのもっと鮮明なイメージが形成される触媒となるかもしれない、という以上のことは私には望めまい。

自己修正ゲーム

最初の変奏曲はひとつのゲームにかかわる。それは、あなたの手番になったときに規則を修正してもよいようなゲームである。チェスを考えよう。明らかに規則はいつも同じで、一手ごとに局面だけが変化する。そこで、あなたの手番になったときには駒を動かしてもいいし、そのかわりに規則を変えてもよい、というような変則的なゲームを工夫してみよう。では、どのように？　勝手に何でも変えてよいのか？　チェスをチェッカーに変えてもよいのか？　このような無秩序はどうみても無意味である。何か歯止めがなくてはなるまい。一回の改訂では、たとえばナイトの動かし方だけを改めることが許されるようにする。つまり一歩、ついで傍に二歩のかわりに、m歩、ついで傍にn歩といった具合である。ここでm、nは任意の自然数である。そしてあなたの手番になったら、mかnに1を加えるか、引くかしてもよい。そうすれば、ナイトの動かし方は1-2から1-3へ、0-3へ、0-4へ、0-5へ、1-5へ、2-5へ……というふうに変えていくことができる。その次にはビショップや他の駒についても、それらの動かし方の改訂に関する規則があってもよいし、新しいマス目を付け加えたり、古いマス目を除去したりする規則もありうるだろう。

さて、規則には二つの層がある。駒の動き方を教えてくれる規則と、規則をいかに変えるかを教える規則である。つまり、規則とメタ規則があることになる。次の一歩は自明である。メタ規則を変えられるようにするためのメタ＝メタ規則の導入だ。しかし、これをどう行うかはそれほど自明ではない。駒を動かすための規則が容易に定式化できるのは、駒が形式化された空間——チェス盤——で動いているからである。規則とメタ規則を表現する簡単な形式的記号法が工夫できれば、それらを操作するのは文字列を形式的に操作するのに似てくるし、チェスの駒を操るのにさえ似てくるだろう。事柄を論理的極限までたどるならば、規則とメタ規則を補助的なチェス盤上の局面として表現することだって可能だろう。そのときには、任意のチェス局面はあなたがどのような解釈を施すかによって、ゲームとも規則の組とも、またメタ規則の組とも読むことができる。もちろん、両方のプレーヤーが記号法の解釈の取り決めについては合意していなければならない。

さて、われわれは何枚でも好きなだけチェス盤を隣り合せて用意することができる。ゲームのためにひとつ、規則のためにひとつ、メタ規則のためにひとつ、等々。手番になったとき、あなたは最上のレベルのチェス盤を除けばどのチェス盤についても、それに適用される規則（それはすぐ上の階層のチェス盤の局面に由来する）を用いて、その盤上で駒を動かすことができる。両方のプレーヤーとも、ほとんどすべてのことが——とはいえ、すべてではない！——

変化しうることにたしかに面喰らうだろう。それをどう変化させるかを教えてくれる規則がないからである。それは不可壊である。定義によって最上階のレベルのチェス盤は変化できない。それは不可壊である。不可壊なものはもっとある。さまざまな盤を解釈するための約束ごと、プレーヤーが交互に指すという取り決め、手番ごとに各人がひとつのチェス盤を変えてもよいという決り等々——この発想にそって注意深く検討すれば、もっとたくさん見つかるだろう。

これで、定位のための柱がかなり取り除けるようになった。一度に一歩ずつだ……では手始めに、列をなしている盤全体をひとつの盤に圧縮しよう。これはどういう意味なのか？　盤面を解釈するには二通りのやり方がある。(1)動かすべき駒として。(2)駒を動かす規則として。あなたの手番になったとき、あなたは駒を動かす——そして否応なしに、規則を変える！　このようにして、規則はたえず自分自身を変えていく。字伝学の——そして、この点では実際の遺伝学の——影である。ゲーム、規則、メタ規則、メタ=メタ規則の区別は失われている。かつてはみごとな階層的組立てであったものが、いまや不思議な環あるいはもつれた階層となっている。駒の動きが規則を変え、規則が駒の動きを決定し、因果の小車は回り回る……依然として異なったレベルは存在するが、「より低い」「より高い」という区別は拭い去られている。

さて、不可壊なものの一部が可変になった。しかし、不可壊なものはまだたくさんある。従前と同じように、あなたと相手との間には盤を規則の集合として解釈するための規約がある。交互に駒を指すという合意がある——そして、おそらく他にも潜在的な規約があるだろう。それゆえ、異なるレベルという観念が予期しない仕方で生き残っていることに注意してほしい。解釈規約が宿っている不可壊なレベル——それをI（Inviolate）レベルと呼ぼう——がある。また、もつれた階層の宿るもつれたレベル——T（Tangled）レベル——がある。それゆえ、この二つのレベルは依然、階層的である。IレベルはTレベルで起ることを支配するが、TレベルはIレベルに影響しないし、また影響できない。Tレベル自身がいかにもつれた階層であっても、それは依然、その外部にある一組の規約によって支配されている。これは重要な点である。

「不可能事」つまりチェス盤上の配置に従って解釈規約自体が改訂されるようにすることによって、IレベルとTレベルをもつれさせることを、われわれが試みるのを止めさせるものはない、とあなたはきっと想像されるだろう。しかし、このような「スーパーもつれ」を遂行するには二つのレベルを接続する何らかの規約について、さらに相手と合意しなければならない。そして、この行為そのものがひとつの新しいレベル、「スーパーもつれ」レベルの上に（下に、といいたければそれでもよい）新しい不可壊なレベルを創り出す。これはどこまでも継続する。事実、ここで行っている「ジャンプ」は「誕生日のカンタータ—タ—タ—……」や、TNTのさまざまな改良に再三応用してきたゲーデル化の中に描かれているものに非常によく似ている。終点に達したと思うたびに、システムからの脱出という主題に基づいた新しい変奏曲が現れるのであるが、これを見出すのに一種の創造性が必要なのである。

ふたたび著者の参画関係について

しかし、自己修正チェスで起りうるさらに難解なもつれという奇妙な話題を追求することには、私は興味がない。私の議論の眼目は、どんなシステムにもつねに何らかの「保護された」レベルがあって、

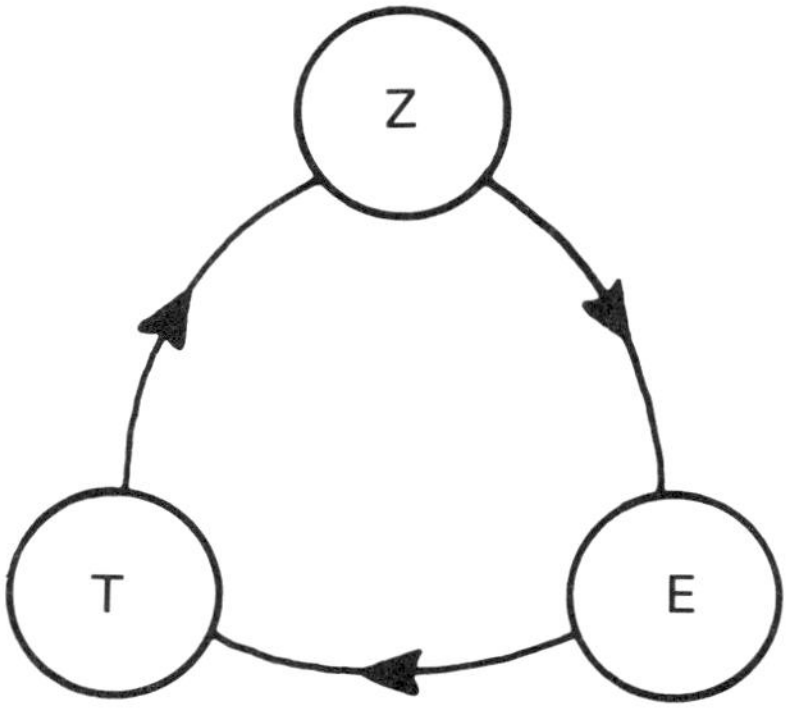

第 134 図 「著者の三角形」

レベル間の相互作用がいかにもつれていても、このレベルは他のレベルにある規則にはけっして侵犯されないということを、いささかなりとも生々しく示すことにあったのである。この同じ考えを少々異なった文脈で解明するのが、第4章からとったおもしろいひとつの謎である。読者も油断していると、たぶん一杯喰わされるだろう。

三人の著者Z、TおよびEがいる。さて、たまたまZはTの著した小説の中にしか存在せず、同じようにTはEの著した小説の中にしか存在しない。そして奇妙なことに、Eもまたあるひとつの小説の中にしか存在していない――もちろん、Zの著した小説の中に、である。さて、このような「著者の参画関係」は実際に可能であろうか?

もちろん可能である。しかし、それにはからくりがある……三人の著者Z、T、E自身がすべて、別の小説――Hの著したもの――の登場人物である。Z-T-E参画形を不思議な環、あるいはもつれた階層と考えることはできる。しかし、著者Hはもつれの生じている空間の外部にいる――著者Hはひとつの不可壊な空間にいる。Z、TおよびEはたがいに――直接的あるいは間接的に――接近する道をもっており、彼らはさまざまな小説の中では、相手に対してどんな思いきった仕打ちもできるのだが、彼らの誰ひとり、Hの生活に指一本触れることはできない! 彼らはHを想像することすらできない。あなたが登場人物であるような書物の著者を、あなたが想像できないのと同じことだ。もし私が著者Hを描こうとすれば、ページの外のどこかで彼を表現することになるだろう。もちろん、これはひとつの問題を引き起す。なぜなら、事物を描くことは必然的にそれをページの上に置くことだからである……いずれにせよ、Hは現実にZ、TおよびEの世界の外部にあり、そのようなものとして表現されなければならない。

エッシャーの『描いている手と手』

われわれの主題のもうひとつの古典的な変奏曲は、エッシャーの作品『描いている手と手』である。左手が右手を描いているが、それと同時に右手が左手を描いている。ふつうは階層的だと見なされているレベル——描くものと描かれるもの——が、たがいにふり返って相手の後についていき、もつれた階層関係を創り出している。しかし、この章の主題はもちろんはっきりしている。なぜなら、全体の背後には、右手と左手の両方の創造者であるM・C・エッシャーの描かれていない描く手が控えているからである。エッシャーは二本の手の空間の外部にあるが、彼の絵に対する私の図式的な変形の中では、それをあからさまに見ることができるだろう。エッシャーのこの図式化された表現のなかには、表層の**不思議の環**、あるいは**もつれた階層**が見える。また、その下には、その存在を可能にしている不可壊レベルも見える。この絵を描いている手を写真に撮って、エッシャーの絵をさらにエッシャー化することもできるだろう。

脳と心=記号のもつれを支えるニューロンのもつれ

これはAIプログラムと同じように、脳と関連づけることができる。思考の中では記号が他の記号を活性化し、すべてが階層的に相互作用しあっている。そのうえ記号は、プログラムが他の記号に働きかけるのと同じようなやり方で、たがいに内部的な変化を引き起すことができる。記号のもつれた階層のために、不可壊なレベルはないという幻想が生ずる。そのようなレベルがないと考えるのは、それがわれわれの眼から隠されているためなのである。

このイメージ全体を図式化することがもし可能であれば、熱帯ジャングルのつたのように、もつれた線でたがいに連結しあっている巨大な記号の森林となるだろう。これは最上層のレベル、思考が実際に流れゆき流れ去っているもつれた階層である。これが心の捉えがたいレベル、左手と右手の類推である。この図式的イメージのはるか下には、眼に見えない「第一動因」エッシャーに類比される無数のニューロンの表現があるが、この「不可壊の基質」がその上層のもつれを生じさせているのである。面白いことに、この別のレベルはそれ自体、文字どおりにもつれなのである。何十億個もの細胞体と、それらを結び合せている何千億本もの軸索。

これはソフトウエアのもつれ、つまり記号のもつれがハードウエアのもつれ、つまりニューロンのもつれによって支えられているという興味深い事例である。しかし、記号のもつれだけがもつれた階層である。ニューロンのもつれは「単純な」もつれであるにすぎない。この区別は、第16章で述べた不思議の環とフィードバックの区別とほぼ同じようなものである。もつれた階層は、あなたが整然とした階層的レベルと見なしていたものが、いきなり不意打ち的に階層関係を破るように折れ重なるときに生じる。驚きという要素が重要なのである。私が不思議の環を「不思議」と呼ぶのは、そのためである。フィードバックのような単純なもつれは、想定されているレベルの区別の破れとはかかわりがない。シャワーの下で右手で左手を洗い、次にその逆を行うのはその一例である。イメージには何も不思議なところはない。エッシャーは、いたずらに手を描いている手を描こうとしたのではなかったのだ！

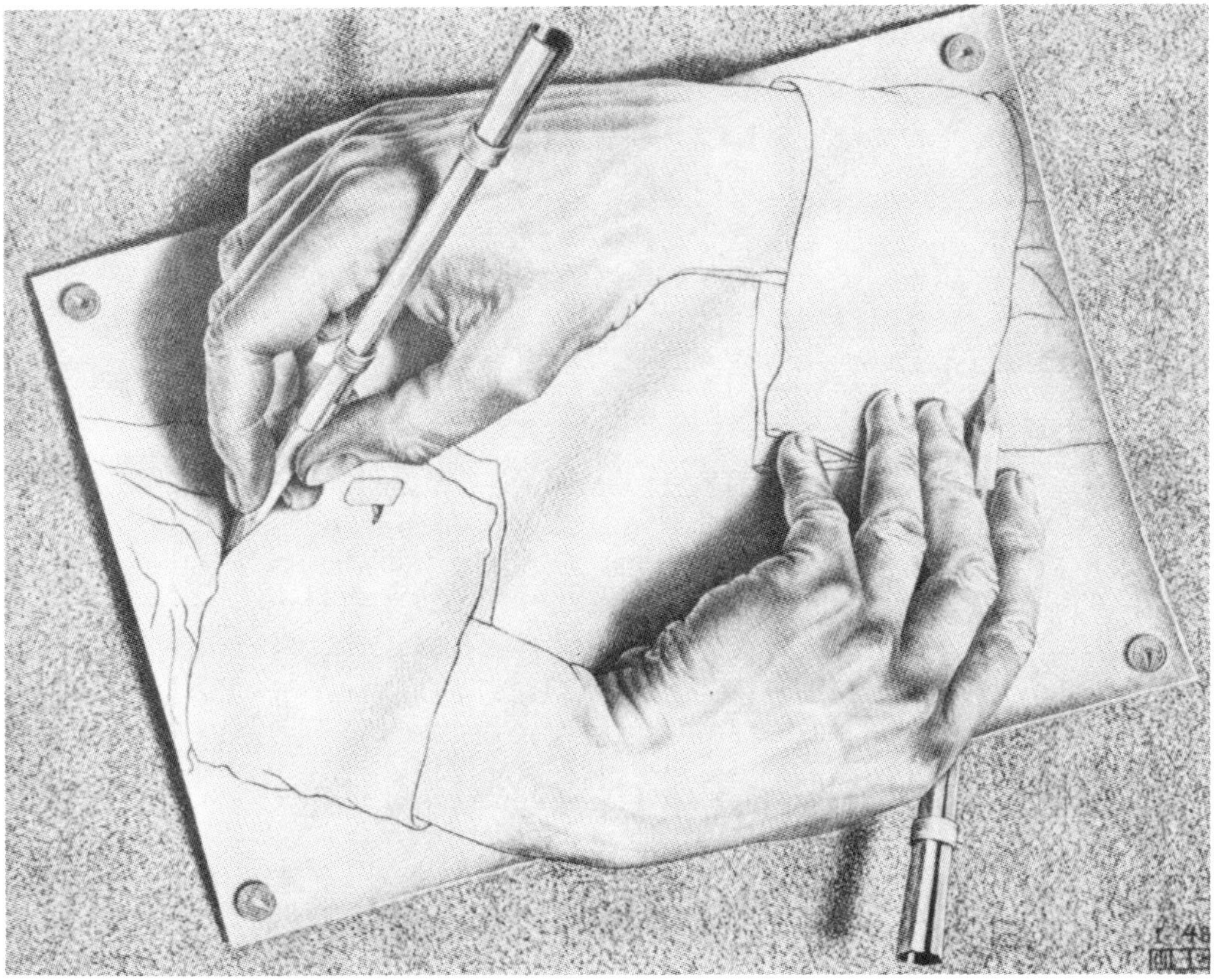

第 135 図　M. C. エッシャー『描いている手と手』
（リトグラフ、1948 年）

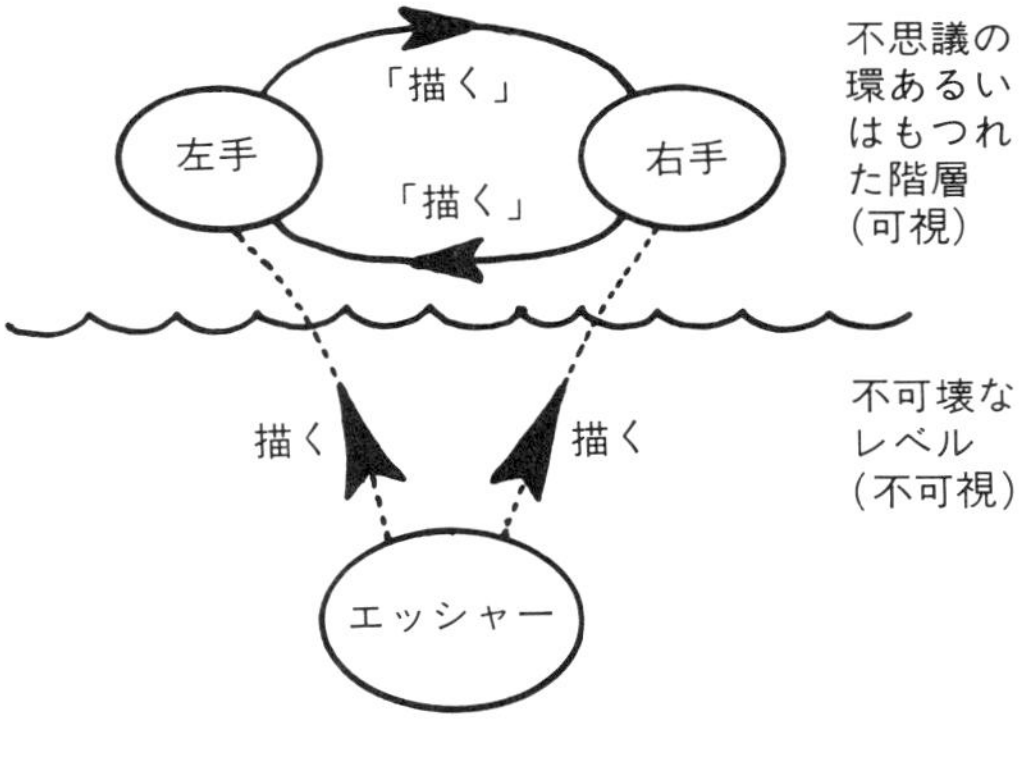

第 136 図　『描いている手と手』の抽象的図式。
上部は見かけのパラドクス、下部はその解釈。

たがいに洗いっこをしている二本の手はどこにでもあり、われわれはそれに格別注意を払わない。私があなたに何かをいえば、あなたは私に何かをいい返す。パラドクスだろうか？　とんでもない。われわれ相互の知覚は、はじめから階層関係を含んでいない。だから、そこには不思議という感じはしない。

一方、言語が不思議の環を創り出すのは、直接的にせよ間接的にせよ、自分自身について語るときである。その場合には、システムの中のの何かが、あたかもシステムの外部にあるかのように、外に飛び出してシステムに働きかける。われわれを悩ますのはたぶん、位相幾何学的なおかしさの感覚の不明確さであろう。有名な「クラインの壺」と呼ばれる形の場合のように、内と外の区別がぼやけている。システムがひとつの抽象であっても、われわれの心は一種の心的位相幾何学を伴った空間イメージを利用している。

さて、記号のもつれに話を戻して、もしわれわれがニューロンのもつれを忘れてこの記号のもつれだけを眺めるならば、それはまるで自己プログラムする対象であるかのようにわれわれの眼には映るだろう。『描いている手と手』を眺めながら、もしエッシャーの存在を忘れて、とにかく幻想にひたるならば、自分自身を描いている絵画を眺めているかのように思えるのと全く同じことだ。これは絵についてはありそうにもないことだ——しかし、人間と人間の心を眺める眺め方としては、ごく普通に起きていることにほかならない。われわれは自己プログラム的であると感じる。実際、われわれはより低いレベル、つまりニューロンのもつれから隔離されているので、他の感じ方をしたくてもしようがないのである。われわれの思考はそれ自身の空間を走り回って新しい思考を創り、古い思考を修正しているように見える。そこから抜け出すのを助けてくれるニューロンは、けっして眼に入らない！　だが、これはあらかじめわかっていることであった。われわれはけっしてそこから抜け出せない。

自分自身の構造の中に入りこみ、それを変更するように設計されたリスププログラムについても、これに類比できる両義性が生じうる。もしそれをリスプレベルで眺めれば、それが自分自身を変更している、といえるだろう。しかし、レベルを移して、リスププログラムをリスプインタープリタのデータと見れば（第10章参照）、事実動いている唯一のプログラムはインタープリタであり、なされた変更はたんにデータ片の変更にすぎない。リスプインタープリタ自身は変更を免れている。

この種のもつれた状況をいかに記述するかは、記述する前に何歩だけ後退するかによる。十分に後退すれば、事物のもつれを解く手がかりを見ることもしばしばできるだろう。

政府の中の不思議の環

階層がもつれている面白い領域のひとつは政府機関、とくに法廷である。普通に考えられているところでは、論争の二人の当事者が自分たちの言い分を法廷で申し立て、法廷が事件を裁断する。法廷は当事者とは異なるレベルにある。しかし、法廷自身が法的事件に巻きこまれると奇妙なことが起きる。通常は、論争の外部に上級法廷がある。たとえ二つの下級法廷が奇妙な争いにかかわって、たがいに相手に対して裁定を行うと主張していても、上級法廷が外部にある。これはある意味では、チェスに変形を加えながら論じた不可壊な解釈規約に類比できる。

しかし、上級法廷がないとき、たとえば最高裁判所自身が法的な問題にすっかりもつれこんだときには、どういうことが起るだろうか？　アメリカでは実際、ウォーターゲート事件のさいに、この種の紛糾がもう少しで起るところだった。当時の大統領は居直って、自分は最高裁判所の「最終決定」にしか従わないし、何が「最終的」であるかを決定する権利が自分にはある、と主張した。この威嚇は功を奏さなかったが、もし成功していたならば、政府の二つのレベルの間に記念すべき対決を招いただろう。どちらも何らかの論法で、自分が相手の上に立っていると正当に主張できただろう。どちらが正しいかを決定するのを誰に任せたらよいだろうか？　「議会」だといってみたところで、事態は解決できない。というのは、議会が最高裁判所の決定に服するよう大統領に命じたところで、大統領は依然、ある状況のもとでは最高裁判所（および議会！）に従わない権利が自分にはあると主張して、それを拒否するかもしれないからである。ここからまた新しい裁判沙汰が生れ、システム全体が大混乱に陥ったことだろう。全く予期しない事態だからである。あまりにも**もつれ**、あまりにも**不思議**である！

皮肉なことに、システムから飛び出し、もっと高い権威の下に赴くのを妨げているこのような天井に頭をいったんぶつけると、力が唯一の頼みとなる。力は規則によってあまりよく明確に規定されていないように見えるが、しかし、とにかくより高いレベルの規則の唯一の源泉なのである。より低いレベルの規則は、いまの場合には、社会の全般的な反応を意味する。われわれの社会のような社会では、法的システムはある意味で、何百万人もの人々によって集団的に承認されている儀礼的ゼスチャーであることを思い出してみるとよい。それは河水が土手をたやすく乗り越えて溢れるように、たやすく乗り越えられてしまう。そのときには無政府（アナーキー）に見える状態に陥る。だが、無政府状態には文明社会に劣らずそれ自体の規則がある。ただ、この規則は上層から下に向って作用するのではなく、下層から上に向って作用するのである。無政府状態を研究するものは、無秩序な状況が時間とともに展開するさいに従う規則の発見を試みることができる。そのような規則は大いにありそうである。

物理学から類推を行うのがここでは有益である。この本で前にすでに言及したように、平衡状態の気体はその温度、圧力および体積を結びつける簡単な法則に従う。しかし、気体は平衡状態でなければ（大統領が牢を逃れるために法律を破るように）この法則を破ることができる。非平衡状態で起きていることを記述するのに、物理学者はただ統計力学——つまり巨視的でないレベルの記述——に頼る。なぜなら、社会の政治的振舞いの究極的説明がつねに「草の根のレベル」にあるのと同じく、気体の振舞いの究極的説明はつねに分子レベルにあるからである。非平衡熱力学は平衡状態から外れた気体（および他のシステム）の振舞いを記述する巨視的法則を求めようと試みる。それは無秩序な社会を支配する法則を探求する、政治学の一分野に対比できる。

政府の中で起るその他のおかしなもつれには、自分の失敗を調査するＦＢＩ、勤務中に入牢する保安官、議会の議事手続きの自己適用などが含まれる。私がこれまでに聞いた中で最もおかしな法的事件のひとつは、心霊能力をもつと称する人物にかかわる。その人物は心霊能力を用いて人格的特性を見抜くことができ、それによって裁判所が陪審員を選ぶのを助けることができる、と主張した。ところで、もしある日、この「心霊術者」が裁判にかけられるはめになったとすると、どうなるだろうか？　ＥＳＰをすっかり信じこんでいる陪審員たちに、これはどんな効果を及ぼすだろうか？　彼らはどの程度、心霊術者に影響されたと感じるだろうか（心霊術者が本物であろうとなかろうと)? 予言したことが必ず現実になってしまう――こんな都合のいいことはないではないか。

科学とオカルトにかかわるもつれ

心霊術とESPに関連して、生活のもうひとつの領域で不思議の輪が豊富に見られるのが擬似科学(フリンジ)である。擬似科学が行っているのは正統科学の標準的な手続きや信念に対する疑問を喚起し、それによって科学の客観性に挑戦することである。証拠の解決の仕方についても、すでに確立されているものに匹敵できる新しいものが提出される。だが、証拠の解釈の仕方はどう評価すればよいのか? これは、客観性の問題をより高い平面でただそっくりくり返すだけではないのか? もちろん、ルイス・キャロルの無限退行のパラドクスが新しい変装のもとで現れてくる。亀はこう論じるだろう。Aが事実であることを示そうと欲すれば、証拠Bが必要である。だが、何によってBがAの証拠であると確信できるのか? それを示すメタ証拠Cが要る。さらに、メタ証拠の正しさを示すためのメタ=メタ証拠が要る、等々。うんざりするほどつづくこのような議論にもかかわらず、人々は証拠の直観的な感覚を有している。例の話をまたくり返すことになるが、これは人間が証拠を解釈する基本的方法を含んだハードウエアを脳の中に組み込んでいるからである。われわれはそれをもとにして、証拠を解釈する新しい方法を蓄積することができる。さらに、たとえば魔術のトリックを見抜こうとするときにしなければならないことだが、証拠解釈の最も基礎的なメカニズムをいかに、いつ乗り越えるかさえも学ぶ。

証拠のジレンマの具体的証拠は、多数の擬似科学現象に関連して起る。たとえば、ESPは実験室外ではしばしば現れるように見えるのに、実験室に持ちこまれると不思議に消えてしまう。ESPは非実在的現象であって、厳格な精査に耐えられないというのが、このことに対する標準的な科学的説明である。しかし、ESPの信奉者の一部(けっして全部ではない)は、奇妙な論法で反撃する。彼らはこういう。「違う。ESPは実在する。科学的に観察しようとすると消えてしまうだけなのだ――それは科学的世界観の本性とは逆のものなのだ」これは感心するほど厚かましい小細工であって、「問題を二階に蹴り上げる」やり方といってよい。そのやり口は、目の前の事態を問い質すかわりに、信頼性の一層高いレベルに属する理論に疑いをぶつけるのである。ESPの信奉者は誤っているのは彼らの考えではなく、科学の信念のシステムであるとほのめかしている。これはかなり壮大な主張であって、裏づけとなる圧倒的な証拠がないかぎり、これに対して懐疑的にならざるをえない。だが、ここでもわれわれはふたたび「圧倒的な証拠」について、その意味するところをめぐって万人が同意しているかのように語っている!

証拠の本性

第13章と15章で触れたサグレド-シンプリチオ-サルヴィアティのもつれは、証拠の評価の複雑さを示すもうひとつの例である。サグレドは対立するシンプリチオとサルヴィアティの見解の間に立って、できることなら、何か客観的な妥協点を見つけたいと考えている。しかし、妥協がいつも可能だとはかぎらない。正と誤をどう「公平に」妥協させたらよいのか? 公正と不公正は? 妥協と非妥協は? このような問題はふつうの事物を論ずるときにも、形を変えてくり返しくり返し現れてくる。

証拠とは何かを定義することは可能であろうか? 状況をいかに

理解するかに関する法則を設定することは可能であろうか？　これはたぶん不可能だろう。というのは、厳しい規則が例外をもつことは疑いがないだろうし、ゆるやかな規則は規則ではないからだ。知能的なＡＩプログラムがあっても、問題は解決されないだろう。というのは、それは証拠処理装置としては、人間に劣らず過ちを犯しやすいだろうからである。つまるところ、証拠がこのようにとらえにくいものだとすると、私が証拠の新しい解釈法に対して警告を発しているのはなぜなのだろうか？　私は矛盾しているのだろうか？いまの場合、私はそうは考えない。私の感じでは、とらえることのできるガイドラインが存在していて、そこから有機的な綜合を進行させることができるのである。しかし、ある程度の判断と直観が状況に参加してこざるをえない。これらは人によって異なるし、またＡＩプログラムによっても異なるだろう。つまり、証拠の評価の方法がよいかどうかを決定するこみいった基準が存在することになる。ひとつは、その種の推論によって得られる観念の有用性にかかわる。生活上の有用な新しい事物を導き出すような思考様式は、ある意味で「妥当」なものと見なされる。しかし、この「有用」という語は極端に主観的である。

私の感じでは、何が妥当であるか、あるいは何が真であるかを決定する過程はひとつの芸術であり、客観的に形式化できる論理、推論、あるいはその他のものといった岩のように固い原理に依拠するのと同じく、美と単純さの感覚にも深く依拠している。私は、⑴真理はキメラであるとか、⑵人間知能は原理上プログラムできないとか、述べているのではない。私はただこう述べている。⑴真理はあまりにもとらえがたくて、どんな人、あるいはどんな人間集団にも完全に獲得できないこと、そして、⑵人工知能は人間知能のレベルに到達したとき——あるいは、たとえそれを乗り越えたときでも——依然、芸術、美および単純さの問題に悩まされるであろうし、知識と理解を独自に探求するさいにたえずこれらの問題にぶつかるであろう。

「証拠とは何か？」はたんなる哲学的疑問ではない。なぜなら、これはあらゆる場所で生活の中に割りこんでくるからである。あなたは証拠をいかに解釈するかをめぐって、刻々、膨大な数の選択に直面している。書店に入れば（あるいは今日では、駅の売店をのぞいても！）、千里眼、ＥＳＰ、ＵＦＯ、バミューダ三角地帯、占星術、杖占い（ダウジング）、進化創造、ブラックホール、プサイ場、バイオフィードバック、超越瞑想、心理学の新理論……の本がいやでも目につく。科学ではカタストロフィー理論、素粒子論、ブラックホール、数学における真と存在、自由意志、人工知能、還元論 vs. 全体論をめぐって熱い論争が交されている。生活のもっと実用的な面では、ビタミンＣあるいは何とかいう抗癌剤の効果をめぐって、（埋蔵あるいは備蓄されている）石油の本当の量をめぐって、インフレと失業の原因をめぐって……幾多の議論がある、等々。いろいろな教祖じみた人たち（たとえばバックミンスター・フラー）の教え、禅、ゼノンのパラドクス、精神分析等々がある。書物を書店の棚にどう納めたらよいかという些細な論争から、学校で子供たちにどういう考えを教えるかといった重要な論争に至るまで、証拠の解釈の仕方が測りしれない大きな役割を演じている。

自分を見る

証拠解釈のあらゆる問題の中で最も重要なもののひとつは、自分が何者であるかに関して、外部からやってくる混乱したおびただしい信号を解釈するという問題である。この場合、レベル内およびレベル間の対立の潜在力は巨大なものになる。精神的メカニズムは、自尊心という個体の内的必要性と外部からたえず流れこんでくる自己イメージに影響する証拠に、同時に対処しなければならない。その結果、情報は人格の異なるレベルの間で複雑な渦を巻いて奔流する。ぐるぐるまわっているうちに、一部は拡大、縮小、消滅するか、あるいは歪められて、そのあとでそれらの部分がくり返し同じ種類の渦の中に巻きこまれる。これらはすべて、現にあるものとあってほしいと思うものとを和解させる試みなのである（第81図参照）。「私は何者か？」というイメージ全体が、あるきわめて複雑な仕方で心的構造全体の内部に統合され、われわれ一人ひとりの中に多数の未解決の、たぶん解決不能の不整合性が封じ込められる、というのが結末である。疑いもなく、これが人間であることの大きな部分であるダイナミックな緊張を多分に支えている。われわれが何であるかについての内部および外部の観念の間のこの緊張から、われわれ一人ひとりを独自なものたらしめているさまざまな目標への駆動力が生ずる。このようにして、皮肉なことに、われわれ全員が共通してもっているもの――自己反省的な意識する存在であるという事実――が、あらゆる種類の事物に関する証拠をわれわれが内面化していくやり方に豊かな多様性をもたらし、最終的には、他の人とは区別される個人を創造する主要な力のひとつになりおおせるのである。

ゲーデルの定理と他の学問分野

人間と、人間のように一種の「自己イメージ」をもつ十分複雑な形式システムとの間に平行関係を設定しようとするのは、自然なことである。ゲーデルの定理は、自己イメージをもつ矛盾のない形式システムには根本的な制約があることを示した。しかし、それはもっと一般的なのだろうか？　たとえば、「心理学のゲーデルの定理」はあるだろうか？

ゲーデルの定理を文字どおりに心理学あるいは他の任意の学問の言語に翻訳するかわりに、隠喩として、インスピレーションの源泉として用いるならば、おそらく心理学あるいは他の学問領域の新しい真理を示唆するものとなるだろう。しかし、他の学問の言明に直接的に翻訳し、それをもとの命題と同じように妥当なものだと見なすのは、全然筋が通らない。数理論理学で精緻のかぎりをつくして仕上げたものが、全く異なった領域で修正なしに成立すると考えるのはとんでもない間違いであろう。

内省と狂気＝ひとつのゲーデル的問題

ゲーデルの定理を他の領域に翻訳することは、翻訳が隠喩的であって、文字どおりに受けとられることを意図するものではないことをあらかじめはっきりさせておくならば、示唆に富むものとなりうるだろう。こうお断りしたところで、ゲーデルの定理と人間思考を類推を用いて結びつける二つの主要なやり方が心に浮ぶ。ひとつは自分の正気について疑うという問題にかかわる。あなたは、自分が正気であるとどうしていえるのか？　これはたしかに不思議の環である。自分の正気を疑問にしはじめると、あなたはけっして不可避だとはいえないにせよ、強まる一方の渦巻きにとらえられるかもしれない。狂人が彼ら独自の風変りな矛盾のない論理にそって世界を解釈することは、誰でも知っている。自分の理論を自分の論理自身でしか判断できないとしたとき、あなたは自分の論理が「風変り」

であるのかないのか、どうして見分けることができるだろうか？ 私はどんな答も知らない。私はただゲーデルの第二定理を思い出す。この定理は、自己の無矛盾性を主張する形式的数論の唯一の型は矛盾的なものである、と述べる。

われわれは自分の心と脳を理解できるか？

ゲーデルの定理には別の隠喩的な類推がある。これは私には挑発的と思えるものであって、われわれは究極的にはわれわれ自身の心／脳を理解できないことを示唆している。これは、多くの意味を背負わされた多レベルにまたがる考えなので、提案するにあたっては十分慎重でなければならない。「われわれ自身の心／脳を理解する」とはどういう意味なのか？ それがどう動くかについて、自動車がどう動くかを力学が認識しているように、一般的な認識を得るという意味かもしれない。人々が行う一つひとつのこと、すべてのことについて、人々がなぜそれを行うかを完全に理解することを意味するのかもしれない。自分自身の脳の物理的構造を、あらゆるレベルで、完全に理解するという意味もありうる。脳の完全な配線図を一冊の本（あるいはひとつの図書館、あるいはコンピュータ）の中に作り上げることを意味するのかもしれない。あらゆる瞬間に、ニューロン・レベルで脳の中に何が起きているか（個々のニューロン発火、個々のシナプスの切替え、等々）を正確に知ることであるかもしれない。チューリング・テストに合格するプログラムを書くことであろうか？ すべてのものが明るみに出ているために意識下や直観といった概念が無意味になるほど、人間自身を完全に知りつくすことを指すのかもしれない。

これらの型の自己鏡映が仮にありうるとして、その中でゲーデルの定理の中の自己鏡映に最も似ているのは、どれだろうか？ 私は答えようとして、ためらってしまう。そのいくつかは全くばかげている。たとえば、自分の脳のあらゆる細部まで監視できるという考えは夢物語であり、第一不合理で、面白くもおかしくもない命題だ。たとえ、それが不可能であるとゲーデルの定理が示唆しているとしても、わかりきったことで何の啓示にもならない。一方、何か深遠なやり方で汝自身を知れという古い目標――これを「汝自身の心的構造の理解」と呼ぶことにしよう――には、もっともらしい響きがある。しかし、何か漠然としたゲーデル的環があって、個人が自分の心性（プシケ）に入りこめる深さを制約してはいないだろうか？ 自分の眼で自分の顔が見られないのと同じように、われわれの完全な心的構造は、この構造自体を実現させている記号の中に鏡映できないと予想するのが合理的ではないのだろうか？

数学と計算理論のあらゆる制限的な定理は、あなた自身の構造を表現する能力はいったんある臨界点に達すると、それが死の接吻であることを示唆している。それは、あなたがけっして自分自身を総体的に表現できないことを保証している。ゲーデルの不完全性定理、チャーチの不決定性定理、チューリングの停止定理、タルスキーの真理定理――これらすべてにあの懐かしいおとぎ話の香りが漂っている。「自己理解を求めることは、つねに不完全でいかなる地図にも記すことができず、途中でやめることもできなければ描写もできない旅へ出発することだ」と警告する、あの懐かしいおとぎ話の香りが。

しかし、制限的な定理は人々とどんなかかわりがあるのか？ この問題の論じ方のひとつはこうである。私は無矛盾的であるか、あるいは矛盾的である。（後者の方がはるかにありそうに思えるが、完全を期するために、両方の可能性を考える）もし私が無矛盾的であれば、二つの場合がありうる。⑴は「低忠実度（ローファイ）」の場合で、私の自己理解はある臨界点の下にある。この場合、私は仮説により不完全である。⑵は「高忠実度（ハイファイ）」の場合で、私の自己理解は制限的な定理の隠喩的類比が適用される臨界点に達しているので、私の自己理解はゲーデル的な仕方で自分自身の土台を掘り崩してしまっており、私はそのために不完全である。⑴および⑵は、私が一〇〇パーセント無矛盾的であること――きわめてありそうにもない事態――に基づいて予測される。もっとありそうなのは、私が矛盾的だということである。だが、これはもっとも悪い！　そのときには私の内部に矛盾があるが、私にどうしてそのことが理解できようか？

　矛盾的であれ無矛盾的であれ、誰も自己という神秘からは逃れられない。たぶん、われわれはすべて矛盾的である。世界は要するにあまりにもこみいっていて、一人の人に彼のすべての信念をたがいに和解させるという贅沢を許さないのであろう。多くの決定を速やかに下さなければならない世界では、緊張と混同は重要である。ミゲル・ド・ウナムーノはかつてこう語った。「ある人がけっして自己と矛盾しないとすれば、それは彼が何もいわないからだ」ある禅宗の老師は幾度となく自分自身と矛盾したあげく、混乱した学生にこう語った。「私は自分が理解できない。」われわれはこの老師と同じ立場にいる、と私はいいたい。

ゲーデルの定理と個人の非在

　われわれの生で最も大きく、そして最も扱いにくい矛盾は、「私が生きていなかった時があったし、私が生きていない時がくるだろう」という知識である。あるひとつのレベルで、あなたが「あなた自身の外に出て」自分を「あたかも他人」のように眺めるときには、これは十分に意味をなす。しかし、別のレベル、たぶんより深いレベルでは、個人的非存在は全然意味をなさない。われわれが知っていることはすべて心の内部に埋めこまれており、それが宇宙からすっかりなくなることは了解しがたい。これは生の基本的な、否定しえない問題である。たぶん、これはゲーデルの定理の最良の隠喩であろう。自分自身の非存在を想像しようとするとき、あなたは自分自身を他の誰かに写像することによって、あなた自身の外へ飛び出さなければならない。TNTがそれ自身のメタ理論を自分自身の中に鏡映していると「信じている」のと同じように、あなたも自分自身を騙して、自らに対する外部のものの見方をあなたの中に持ちこめると信じこませる。しかし、TNTは自分のメタ理論を、完全にではなくある限度までしか含まない。あなたの場合、あなたは自分の外に飛び出したと想像するかもしれないが、実際にはけっして飛び出していない――エッシャーの龍がその生国の二次元平面から三次元の中へ飛び出せないのと同じことである。いずれにせよ、この矛盾があまりにも大きいために、われわれの生活ではそれをただ絨緞の下に掃き入れて、無視してしまう。処理しようにも処理しようがないからである。

　一方では、禅の心はこの和解不可能性の中から姿を現す。禅の心は、「世界と私はひとつであるので、私が存在しなくなるという観念は用語の矛盾である」（私の言い回しは明らかに西洋化されすぎている――禅者へのお詫び）という東洋の信念と、「私はたんに世界の一部であり、私は死ぬだろうが、世界は私なしでありつづけるだろう」という西洋の信念との対立にくり返し直面している。

科学と二元論

科学はあまりにも「西洋的」あるいは「二元論的」である、つまり、主観と客観、あるいは観測者と観測されるものという二分法に貫かれているとしばしば批判されている。今世紀に至るまで、科学が観測者たる人間と容易に識別できるような事物――酸素と炭素、光と熱、恒星と惑星、加速度と軌道などのようなもの――にもっぱらかかずらわってきたのは真実であるが、科学のこの局面は、生命そのものが研究されるようになってきた現代の局面に到達するための避けて通れない序曲であった。「西洋」科学は人間の心――つまり観測者の心――の探求に向って一歩一歩容赦なく進んできた。人工知能は、この路線にそったかぎりでは最も先端まで進んでいる。AIが現れるまで、科学における主観と客観の混合が生み出す奇妙な帰結には二通りの主な予告があった。ひとつは、観測者と観測されるものとの干渉にかかわる認識論の問題を伴う、量子力学革命であった。もうひとつは、ゲーデルの定理にはじまり、われわれが論じてきたその他のさまざまな制限的な定理を経て進行した超数学における主観と客観の混合であった。AI以後の次の一歩は、おそらく科学の自己適用、科学自身を対象として研究する科学であろう。これは主観と客観を混合する別のやり方である。たぶん、人間が人間自身を研究するという問題以上にもつれた問題であろう。

ついでに触れておくが、主観と客観の融合に本質的に依存するような結果が、すべて制限的な結果であることは興味深い。制限的な定理に加えて、ある量の測定が、それと関連する別のある量の同時測定を不可能にするというハイゼンベルクの不確定性原理がある。なぜこれらの結果がすべて制限的であるのか、私は知らない。ご自由に考えていただきたい。

現代の音楽とアートにおけるシンボル vs. オブジェ

主観=客観二分法と密接なつながりをもつのがシンボル=オブジェ二分法で、これは今世紀初め、ルートヴィヒ・ヴィトゲンシュタインによって深く掘り下げられた。のちには「使用する」と「言及する」という二つの語が、この同じ区別立てをするのに採用された。これまでクワインをはじめとする人々が、記号同士のつながりや記号が何を表徴するかについてこと細かに書いてきた。しかし、この奥深く抽象的な問題に思考を傾注してきたのは哲学者だけにとどまらない。わが国では音楽とアートがともに、この問題への深いかかわりを反映するいくつかの危機を経てきた。たとえば音楽とアートが、伝統的に観念なり感情なりを「シンボル」の語彙を通じて表現してきたのに対し（すなわち視覚的イメージ、コード、リズムなどといったもの）、現在では音楽や絵画の内包する、何ものも表現しない――ただそのもので在らせる能力を探究する傾向がある。これは、純粋な絵の具のかたまりもしくは純粋な音として存在し、そのさいどちらもあらゆるシンボル的価値を排出しきってという意味だ。

とりわけ音楽では、音に禅風のアプローチを持ち込むことに関してジョン・ケージの与えてきた影響は非常に大きい。彼の作品の多くが伝えるのは、音を「使用する」ことへの――つまり、音を使ってさまざまな感情のありさまを伝えることへの――侮蔑である。そして、音に「言及する」ことから得る勝ち誇ったような喜び――つまり、音の任意的並列を混ぜ合せ、聴き手がそれを解読してメッセージを得ようと待つ、あらかじめ公式化されたコードに一切見向きもしないでおく。そのいい例が第6章で書いたポリラジオ作品、『架空の風景　第四番』だ。これはジョン・ケージに対する公平な評価とはいえないかもしれないが、私から見ると彼の作品のうちかなりのものが音楽に無意味性を持ち込むこと、そしてある意味では、その無意味性に意味をもたせることを狙っているように思われる。偶然音楽はこの方向での探究を代表するものだ。(ちなみにチャンス・ミュージックは、かなりのちに現れるハプニングやビー・インの概念と近い血縁にある。)ジョン・ケージにならって後につづく現代の作曲家は数多いが、彼ほどのオリジナリティをもつ者は少ない。アンナ・ロックウッドの『ピアノ・バーニング』と題された作品にはまさにそれがある――弦を最大限きつく張って、できるかぎり大きな音ではじけさせようというものだ。ラモント・ヤングの作品では、ピアノをステージのあちらこちらへ押し動かし、破城槌(つち)などの障害物のあいだを往き来させて雑音を生み出す。

今世紀のアートは、このような一般的型の痙攣を多く経験してきた。まず最初に表象の放棄があり、これは真に革命的なものだった。抽象芸術の始まりである。純粋な表象からきわめて抽象度を増した様式への漸進的降下は、ピエト・モンドリアンの作品がそれを見せている。世の中が非表象的アートに慣れると、つづいてシュールレアリスムがやってきた。それは音楽における新古典主義にも似た奇怪な百八十度転換で、ここでは極端な表象的アートは「くつがえされ」、全く新しい動機として用いられた。ショックを与える、困惑させる、びっくりさせるといったことだ。この流派はアンドレ・ブルトンが創設し、当初はフランスを根拠地とした。大きな影響力をもったメンバーにダリ、マグリット、デ・キリコ、タンギーがいた。

マグリットの意味論的幻想

これらすべてのアーティストのうち、マグリットがこのシンボル＝オブジェの神秘を(私はこれを使用-言及の区別を深く伸展させたものと見るが)最も意識していた。彼はたとえ観る者がこの区別をこのような言葉でいい表さないにせよ、観る者のうちに強力な反応を呼び起させるためにこれを用いた。その例として、静物をテーマとした彼のまことに奇妙な変形、『常識』を考えてみるといい(第137図)。ここでは、通常静物画の中に描かれるものである果物を盛った鉢が、真っ白なカンヴァスの上にのっている。シンボルと現実とのぶつかりあいはかなり激しい。しかしそれは完全な反語ではない、というのも、当然ながらこれ全体がたんなる絵画にすぎないからだ――実際、非標準的な対象物を扱った一枚の静物画である。

マグリットの一連のパイプ絵は魅惑的で、しかも人を当惑させる。『二つの謎』(第138図)を考えてみる。内側の絵に焦点を合せるとき、シンボルとパイプは違うものだというメッセージが受け取れる。つづいて視線が上に移って、空中に浮ぶ「本物の」パイプをとらえる――なるほどこちらが本物で、もう一方は単なるシンボルなのだと了解する。しかし、もちろんこれは全面的に間違っている。両方とも目の前の同じ平面上にあるのである。一方のパイプが二重に組まれた絵画の中にあり、したがって、もう一方のパイプよりはどうも「現実性がない」との認識は完全な誤謬である。「絵の部屋に入ろうと」しようものなら、そのときすでに欺かれている。イメージを現実のものと思いこまされているからだ。このさい、どこまでもだまされるには、おめでたくももうひとレベル降り、イメージの中のイメージと現実とをどうぞ混同していただきたい。だまされない唯一の方法は、どちらのパイプも目の前数インチのところにある表面上の色のついたしみであると見ることだ。そうすれば、またそうしてこそ、そこに書かれたメッセージ、「これはパイプではない」の意味を十分汲み取ることができる――しかし皮肉にも、あらゆるものが

第 137 図　ルネ・マグリット『常識』(1945-46 年)

しみと化すまさにその瞬間、書かれた文字もまたしみと化し、それによって意味を失う！　いいかえれば、その瞬間に、この絵の言葉によるメッセージがまさしくゲーデル的方法で自己崩壊するのだ。

マグリットのシリーズから採った『空気と歌』(第82図)は『二つの謎』が成し遂げたことすべてを成し遂げている。ただし、二つのレベルではなくひとつのレベルにおいてだ。私の描いた『煙の記号』と『パイプの夢』(第139、140図)を合せれば、「マグリットをテーマとした変奏曲」ができ上がる。しばらく『煙の記号』を眺めていただきたい。隠されたメッセージが「これはメッセージではない」といっているのがすぐに読み取れるだろう。このように、もしメッセージを見つければ、それがそれ自身を否定している——かといって、もし見つけなければ要点がまるでわからない。この間接的な自己紫煙吸引ゆえに、私の二枚のパイプの絵はゲーデルのGの上に漠然と位置づけることができる——すなわちそのような方法で、ほかの「セントラル・Xマップ」——犬、蟹、樹懶と同じ精神で、「セントラル・パイプマップ」を誘起する。

絵画における「使用-言及」の混同の典型は、絵の中にパレットが出てくる例だ。このパレットが画家の表象技法によって生み出された幻想であるのに対し、描かれたパレットの上の絵の具は、このアーティストのパレットから取った正真正銘の絵の具である。絵の具がそれ自身を演じる——このことはほかのいかなるものを象徴化しない。モーツァルトは『ドン・ジョヴァンニ』の中で、これと関連あるトリックを利用した。譜面にオーケストラのチューニングの音を明示的に書き入れたのだ。同様に、もし私が文字「私」にそれ自身を演じさせたい(私自身を象徴するのでなく)と思えば、私は「私」をそのまま文面の中に入れ、それから「私」を引用符で囲む。つま

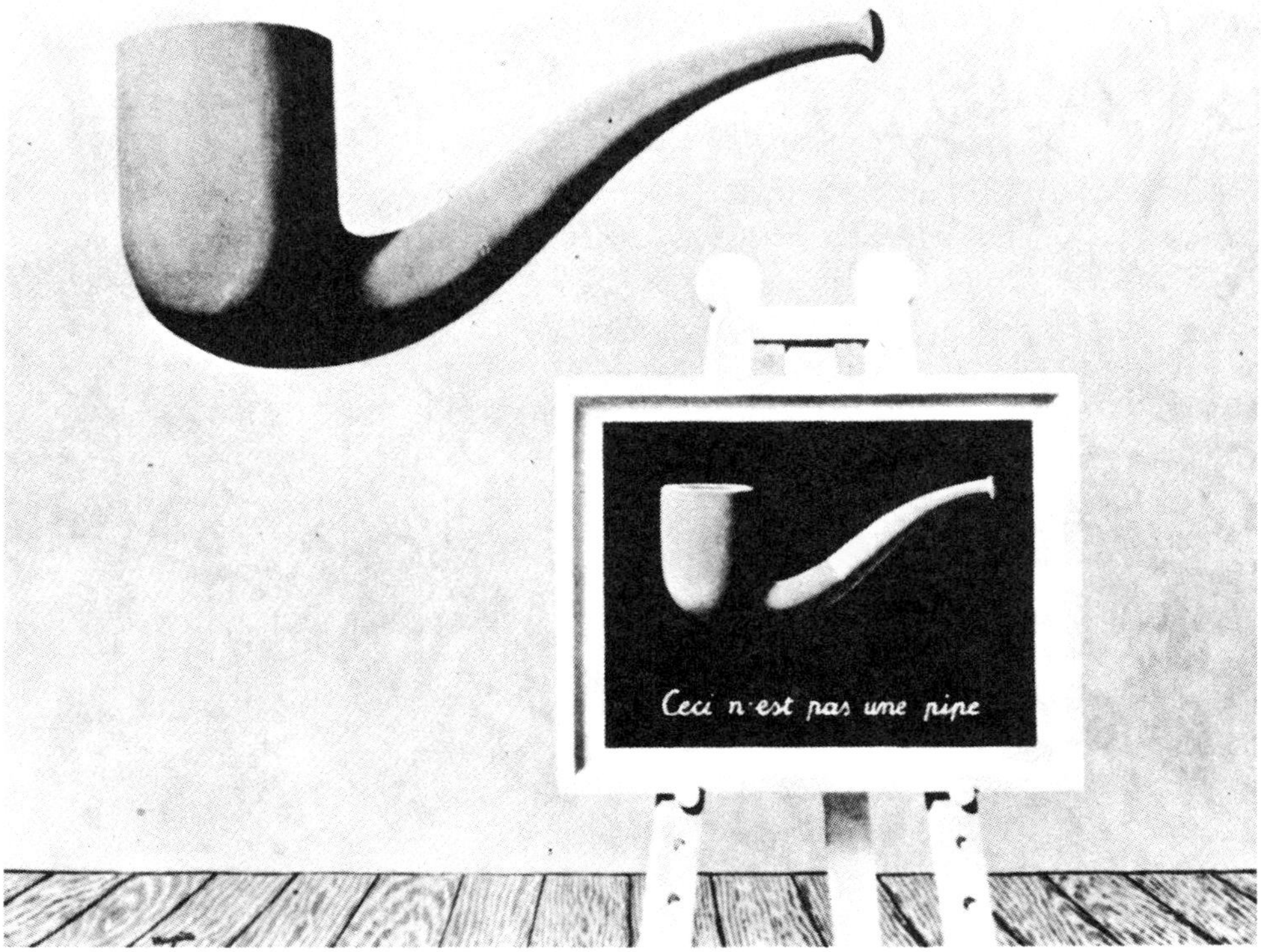

第 138 図　ルネ・マグリット『ふたつの謎』(1966 年)

第 139 図　スモーク・シグナル［著者自身による図］

ただけただろうか？り『私』となる（「私」でもないし「『私』」でもない）。おわかりい

現代アートの「コード」

完全にその帰属をはっきりさせるなど望むべくもない数多くの影響が、アートにおけるシンボル＝オブジェ二元論の探究という、さらに進んだところにまで導いた。禅への関心をもったジョン・ケージが、音楽のみならずアートにも深甚な影響を与えたことはまちがいない。彼の友人のジャスパー・ジョーンズとロバート・ラウシェンバーグはともに、オブジェをそれ自身のシンボルとして用いることにより、オブジェとシンボルの区別立てを探った――あるいは裏返していえば、シンボルをそれ自身というオブジェとして用いることによって。これはみなおそらく、アートは現実からワン・ステップ引き離されたものだという概念――アートは「コード」を使って話し、観る者がそれの通訳として振舞わなければならないという概念をたたきつぶそうとしたものだろう。ここに見られたアイディアは、通訳というステップを取り除き、ありのままのオブジェをたんに在らせること、ピリオドにすることだった（「ピリオド」――「使用-言及」がぼやける面白いケース）とはいえ、もしこういうふうに意図されていたのだとすれば、これは記念碑的失敗作であったし、またおそらくはそうならざるをえなかった。

オブジェがギャラリーに展示されたり「作品」の名で呼ばれるとき、必ずやそれは奥深い隠された意味のオーラを獲得する――意味を捜さないようにと観る者がいくら注意を受けていてもだ。実際、バックファイアー的効果があって、観る者はこれらのオブジェを神秘化せずに見るようにいわれればいわれるほど、神秘の煙にまかれ

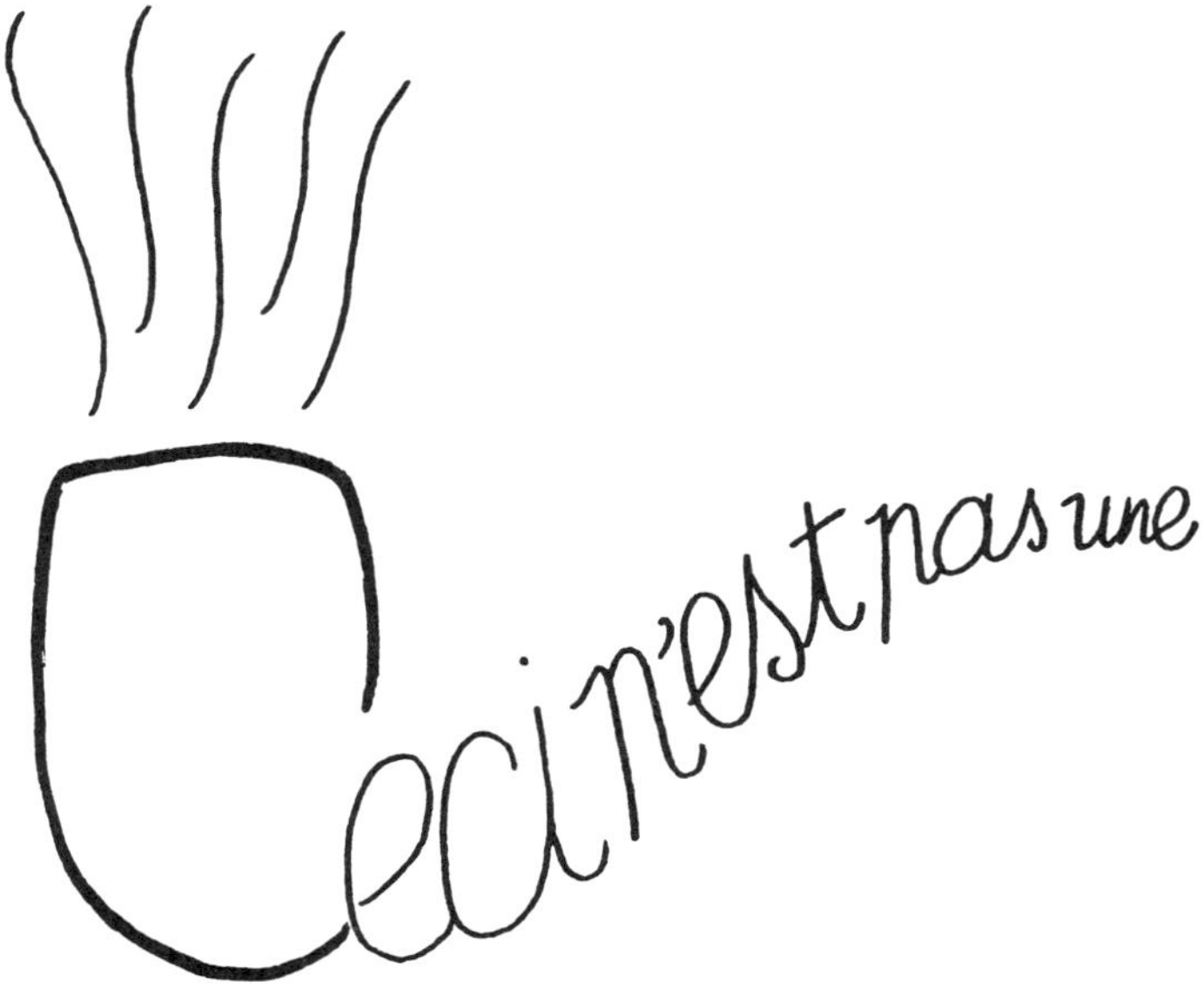

第 140 図　パイプ・ドリーム［著者自身による図］

る。結局のところ、もし美術館の床に置かれた木枠が美術館の床に置かれた木枠でしかないなら、なぜそこの管理人はそれを裏庭に引きずっていってゴミの山の中に投げて捨てないのか？　なぜそれにアーティストの名がくっついているのか？　なぜ前庭のあの土のかたまりにはアーティストの名が貼られていないのか？　私はどうかしているのか、それともアーティストたちがどうかしているのか？　次から次へと観る者の心に問がなだれ込む。どうにも止められない。これはアートが――アートなるものが――自動的に生み出す「額縁効果」だ。好奇心の強い人々が心の中で不思議がるのを押さえ込む手はない。

もちろん、もしここでの目的が、カテゴリーや意味を欠いた、世界についての禅風認識を浸透させることにあるなら、おそらくこのようなアートはたんに――禅を知性で説明することと同様――観る者が外に出ていくよう鼓舞し、「内に秘めた意味」を拒絶する哲学と親しませ、世界を全体として抱擁させる触媒の働きをするよう意図されたものだ。この場合、短い目で見ればそのアートは自己敗北であり、それは観る者がどうしたってそれのもつ意味をあれこれ考えてしまうからだが、長い目で見れば、それの源を紹介することで、少数の人々においては目的を達する。しかしどちらの場合も、観る者に観念を運び伝えるコードといったものはないといえば、それは本当ではない。実際、コードとはもっとずっと複雑なもので、コードの不在についての陳述といったものまで包含している――すなわち、一部コードで一部メタコードでといった具合だ。きわめて禅風なアート・オブジェによって伝達されている、メッセージの「もつれた階層」があり、現代アートがこれほど不可解であるとこれほど多くの人々が思うのも、おそらくこのためだ。

ふたたび、イズム

ケージは、アートと自然との境界を壊そうとする運動（ムーブメント）の先頭に立ってきた。音楽におけるそのテーマは、すべての音は同等であるということ——音響デモクラシーとでもいうものだ。したがってここでは、沈黙は音と同じだけ重要であり、無作為の音は組織された音と同じだけ重要である。レナード・B・メイヤーはその著書『音楽、アート、観念』の中で、音楽におけるこの運動（ムーブメント）を「超越主義（トランセンデンタリズム）」と呼び、こう述べている。

> アートと自然との区別立てが間違っていれば、審美的評価は的はずれとなる。石や雷雨やヒトデの価値を判断してどうなるものでもないのと同様、あるひとつのピアノソナタの価値を判断してどうなるものでもない。「音色の美についての合理主義的思考を代表する、正しいか間違っているか、美しいか醜いかといったカテゴリー的陳述は」と、ルチアーノ・ベリオ〔現代の作曲家〕が書いている。「作曲家が今日、なぜ、そしてどのように、耳で聴くものの形式や音楽行為に取り組んでいるのかを理解するにはもはや役立たない」

メイヤーはこのもっとあとのほうでも、トランセンデンタリズムの哲学的立場についてこう説明してみせる。

> ……あらゆる時間と空間に存在するあらゆるものはたがいに解きがたく結びついている。宇宙に見出されるいかなる分割、分類、構成も任意のものである。世界は複雑で連続的で単純な出来事である。〔ゼノンの影！〕

私はこの運動（ムーブメント）の名として、「トランセンデンタリズム」はかさばりすぎているように思う。このかわりに私は「イズム」を充てる。接頭辞なしの接尾辞として、これは観念なしの観念論を提議する——おそらくどのように解釈されてもそれに当てはまってしまうものだ。また「イズム」とは在るもの一切を取り込むから、この名はきわめて適切である。「イズム」というとき、「イズ」という語は半ば言及され、半ば使われている。これよりふさわしい名があるだろうか？　イズムとはアートにおける禅の精神である。ちょうど禅の中心問題が自己の仮面をはぐことであるように、今世紀のアートの中心問題は、アートとは何であるかを解くことであるように思われる。このようにいろいろのたうちまわるのも、そのアイデンティティ危機の一部である。

これまで見てきたように、「使用-言及」二分法は、推し進めればシンボル=オブジェ二元論という哲学的問題となり、さらにそれは心の謎につながる。マグリットは彼の絵『人間の条件Ｉ』についてこう書いた。

> 私は部屋から見える窓の前に、一枚の絵、その絵によって視界をさえぎられたちょうど同じ部分の風景を表した絵を置いた。したがって絵に表された木は、部屋の外のそれのうしろに位置する木の視界をさえぎった。目撃者にとってそれは、絵の中で部屋の内側にあるのと、本物の風景のなかで外にあるのと、その両方のものとして、いわば心に同時に存在した。これはわれわれがどのように世界を見ているかを示すものだ。われわれはたとえそれがわれわれ自身の内側で経験する、それの心的表現にすぎなくとも、それをわれわれ自身の外側にあると見るの

第 141 図　ルネ・マグリット『人間の条件 I』(1933 年)

である。

心を理解する

まずは絵の示唆的イメージを通じて、ついで直接言葉によって、マグリットは二つの問いの関連を表現した。「シンボルはどのように働くか?」と「われわれの心はどのように働くか?」そしてこれにより彼は、われわれを先に提起された問いへとふたたび導く。「われわれは、われわれの心、あるいは脳を理解することを果して望めるか?」

それともゲーデル流の驚くべき悪魔的命題か何かが、われわれが多少なりともわれわれの心を解きほぐすのを阻むだろうか? もし「理解する」という語のまるで不合理な定義を採るのでなければ、私は最後にはわれわれの心の理解へとつづく道にいかなるゲーデル的障害もないと思う。たとえば、われわれが自動車のエンジンの働きの原理を概括的に理解しているのとほぼ同じ方向で、脳の働きの原理を概括的に理解したいと欲するのは、ごく理にかなっていると思える。それは、どれでもひとつの脳を細部にわたって理解しようとするのとはまるでちがう——自分自身の脳についてこれをしようとするなどは、いうまでもなく! 私はゲーデルの定理が、たとえそれがいかに曖昧に解釈されていようと、こういった見込みがありそうかどうかについて言うべきことをもつとはとても思えない。私はゲーデルの定理が、神経細胞を媒体として思考過程が発生する一般的メカニズムを公式化し、立証するわれわれの能力に何らかの限界を押しつけるいかなる理由もないと思う。私は脳が到達するのとほぼ同じ結果に到達する、シンボル操作型のコンピュータ(もしくは今後それにとってかわるもの)でそれを実行することに、ゲーデルの定理からいかなる障壁も押しつけられはしないと思う。プログラムの中である特殊な人間の心を複写しようとするのは、全く別の問題である——しかし理知的なプログラムを作り出すとなれば、これはもっと限定された目標だ。ゲーデルの定理は、われわれがDNAの遺伝的情報の伝達とそれにつづく教育によってわれわれの知性レベルを再現するのを禁止しないと同様、われわれがプログラムによってわれわれの知性レベルを再現するのを禁止しない。実際、第16章で見たとおり、驚くべきゲーデル式メカニズムは——タンパク質とDNAの不思議の環は——まさしく知性の伝達を許すものではないか!

ではゲーデルの定理は、われわれがわれわれの心について考えるうえで、何ひとつ提供するものがないのか? 私はあると思うが、それは一部の人々が当然こうだと考えつく神秘的および制限的な点においてではない。ゲーデルの証明を理解するようになるプロセスは、その証明の組み立てが、任意のコード、複合同型写像、解釈の高低両レベル、自己鏡映できる力を包含するため、シンボルやシンボル処理についてのひとまとまりのイメージになにがしかの豊かな底流や香味を注入するとも思われ、それがさらには、種々のレベルにおける精神構造間の関係を見抜く直観を深めるかもしれないと思うのである。

知性の偶有的不可解さ?

ゲーデルの証明の哲学的に非常に興味そそられる「適用性」を提議する前に、知性の「偶有的不可解さ」という観念を持ち出してみたい。これが包含するのは次のようなことだ。われわれの脳は自動車のエンジンと違い、どのようにもきちんと分解できない片意地で御しにくいシステムであることがまず考えられる。目下のところ、結果たしてわれわれの脳はくり返し行われる企てに屈して、それぞれがそれより低次の言葉で説明されるくっきりした層に分割させられるものであるか——それとも分解しようとするわれわれの企てをことごとく挫くものであるか、全く何ともいえない。

しかし、たとえわれわれがわれわれ自身の心を理解するのに失敗しても、その裏にゲーデル的「ひねり」があるとする必要はない。われわれの心がそれ自身を理解するには弱すぎるというのは、たんに運命の偶然であろう。たとえば下等なキリンを考えてみるがいい。その脳は、自己理解に要するより明らかにはるか低いレベルにある——にもかかわらず驚くほどわれわれの脳に似ている。実際、キリンや象やヒヒの脳は——あるいは亀君の脳や、われわれよりはるかに利口な未知の生物の脳でさえ——おそらく基本的にはみな同じ一組の原理に基づいて作用するのである。キリンは、それら原理がどのように組み合わさって心の属性を生み出すのか理解するに必要な知性閾の、はるか下に位置するかもしれない。人間はその閾により近いかもしれない——ほんのすれすれのところかもしれないし、上に頭をのぞかせてさえいるかもしれない。要するに、これら属性が理解できないものだというういかなる根源的（つまりゲーデル的）理由もありはしないのではないかということだ。もっと知性のすぐれた生物には、いたって明白にわかるのかもしれないのである。

未決定性は高レベルの観点と不可分である

脳の偶有的不可解さというこの悲観的概念に閂（かんぬき）をおろすとして、ではゲーデルの証明は、われわれの心もしくは脳の説明にどのような洞察を提供してくれそうであるか？　ゲーデルの証明が提供するのは、あるシステムの高レベルの観点は、それより低いレベルに全く存在しない説明力を含むという概念である。ここで私が意味するのは次のようなことだ。仮にゲーデルの未決定性記号列であるGが、TNTの記号列として与えられたとする。また、ゲーデル数付けについては何も知らないものとする。ここで答えるべき質問は、「なぜこの記号列はTNTの定理でないのか？」というものだ。こういった質問にはもう慣れておいでだろう。たとえばこの質問がSO=0に関してなされたものなら、即座に説明できるはずだ。「TNTが無矛盾であるという知識を合せれば、なぜここに与えられた記号列が非-定理であるかの説明がおのずとなされる。これは私が「TNTレベルにおける」説明と呼ぶものだ、なぜMUがMIUシステムの定理でないかの説明といかにちがうか、に注目していただきたい。ここでは前者はM方式からきており、後者はただI方式からきている。

さて、Gについてはどうか？　~Gが定理でないため、SO=0に対して働いたTNTレベルの説明はGに対して働かない。TNTの概観を知らない者は、なぜGが法則に従ってうまくいかないのかと途方に暮れるだろう。なぜなら、数学的命題として何も間違っていないように見えるからだ。実際、Gを全称的に限量化された記号列に変えるとき、変数を数字に置き換えてGから得られるいかなる例証も推論可能である。Gの非-定理性を説明する唯一の方法は、ゲーデル数付けの概念を発見し、TNTをまるきり違ったレベルで眺めることだ。それは何も、TNTレベルにおける説明をきちんと書き表すのがむずかしく複雑だからではない。それが不可能だからではない。そのような説明が存在しないだけのことだ。高レベルには、TNTレベルに原則的に欠けている一種の説明力がある。Gの非-定理性はいわば「本質的に高レベルの事実」である。私はこのことがすべての未決定性命題に当てはまるのではないかと疑っている。いいかえれば、未決定性命題は実のところどれもゲーデル文であり、あるシステムの中で、あるコードを通じてそれ自身が非‐定理であることを主張しているということだ。

本質的高レベル現象としての意識

このような見方をするとき、ゲーデルの証明が示唆するのは――ただしけっして証明はしないが！――低レベルには現れない概念を包含した、心もしくは脳の高レベル的考察方法がありえ、そしてまたこのレベルが、低レベルには存在しない――原則的にすら――説明力をもつかもしれないということだ。いいかえれば、ある事実が高レベルではいとも簡単に説明できるのに、それより低いレベルでは全くもってだめなことになる。低レベルの陳述がいかに長く丈高くなっても、問題となる現象を説明しはしないだろう。これは、たとえばTNTにおいて導出に導出を重ね、それがいかに長く丈高くなっても、けっしてGに該当するものを手にできない事実と似ている――翻って、より高いレベルでならGが真であるのがわかるのにである。

そのような高レベル概念とはどのようなものだろうか？　幾歳の昔より、意識とは頭脳構成要素の点から見た説明を免れるものだとの説が、全体論もしくは「霊魂論」に傾くさまざまな科学者や人文主義者たちによって示されてきた。少なくともこの考えはひとつの候補である。さらに、つねに頭を悩ます自由意志という観念がある。するとおそらく、生理学から持ち寄ったものだけでは完備されない説明を要求する意味で、これら属性は「創発的形質」であると考えられる。しかしこういった大胆な仮説を立てるのにゲーデルの証明を案内役とするのであれば、そのアナロジーを最後まで持ちこたえさせなければならないと認識するのは重要である。とりわけ、Gの非=定理性が実際に説明されていることをぜひ思い起す必要がある――全くの謎ではないわけだ！　説明は一度にたったひとつのレベルの理解がそれを決定するのでなく、ひとつのレベルがそのメタレベルを鏡映するといった形の理解、またその鏡映の結果が決定する。われわれのアナロジーがあくまで有効であるなら、「創発」現象は精神構造における種々のレベル間の関係という観点から説明可能になる。

意識の鍵としての「不思議の環」

わたしの意見では、われわれの脳における「創発」現象――たとえば観念、希望、イメージ、アナロジー、そしてついには意識と自由意志――の説明は、レベル間の相互作用である一種の「不思議の環」に基礎を置くものであり、そこでは最上部のレベルが最下部のレベルの方へ降りていってそれに影響を与え、同時に最下部のレベルによって限定される。別の言葉でいえば、種々のレベル間の自己強化的「共鳴」だ――それ自身が証明可能であることをたんに主張するだけで実際に証明可能となる、ヘンキン文ときわめて似ている。自己はそれ自身を反映する力をもつ瞬間、存在するものとなる。

これを反還元主義者の立場と受け取ってもらっては困る。ここではたんに、心の還元主義的説明は、わかりやすくするためにレベルや写像や意味といった「ソフト」概念を持ち込まなければならないことを示唆している。原則的には、脳についての全面的に還元主義的でしかも難解な説明がたしかに存在すると私は思う。問題はそれをいかに、われわれ自身の手で計れる言葉に翻訳するかだ。当然ながら、粒子の位置と運動量といった観点からの叙述ではどうしようもない。われわれが求めるのは、漠然とした活動を「シグナル」(中間レベルの現象)に結びつける叙述──そして今度はそれがシグナルを、存在すると推定される「自己シンボル」を含めた「シンボル」や「二次的システム」に結びつける叙述である。低次元の物理的ハードウエアから高レベルの心理的ソフトウエアへの翻訳は、整数論的陳述から超数学的陳述への翻訳に類似する。思い起されるように、まさにこの翻訳の地点で起るレベル交差は、ゲーデルの不完全性とヘンキン文の自己証明的性質を生み出すものだ。私はここに、それと類似するレベル交差は自己についてのほとんど分析不能な感情を生み出すと仮定する。

脳もしくは心のシステムのこのうえない豊饒さを扱うには、レベルとレベルのあいだへ、心地よくすべりこまなければならないだろう。なおそのうえに、さまざまな型の「因果律」を認めなければならないだろう。叙述のひとつのレベルにおける出来事が別のレベルの出来事が起る「原因になり」うるというようなことだ。出来事Aが出来事Bの「原因になる」というとき、それはたんに、前者が後者を叙述の別のレベルにおいて翻訳したものであるためかもしれない。またときには、「原因になる」というのが通常の意味、物理的因果律を指すこともあるだろう。いかなる心の説明においても、両方の型の──おそらくはもっと多くの──因果律が認められなければならず、それはちょうど「中心的な教絵」においてと同様、上方と下方の両方に波及する原因を認めねばならないだろうからだ。

そうするとこの難問題においては、われわれ自身を理解するとはすなわち、われわれの心の中にあるレベルの「もつれた階層」を理解することになる。私の立場は、神経科学者ロジャー・スペリーがその卓抜した著『心、脳、ヒューマニスト的価値』の中で提起した観点とかなり似かよっている。ここから少し引用してみよう。

私自身が仮定した脳のモデルでは、知覚ある意識は表象をまさに現実的な因果的因子として受け取り、脳の出来事における因果関係と支配系統の重要な位置を与える。その場所にそれは能動的で他を操作する力として現れる。……これはごく簡単にいえば、頭蓋内を占める因果的力の個体群の中で、誰が誰をこづきまわすかという論争に帰着する。いいかえれば、頭蓋内の支配因子間のつつきの順位階層を整理するという問題だ。頭蓋のなかには、多様な因果的力からなる一大宇宙が存在する。おまけに力の内にも力があり、その内にも力があり、それがわれわれの知るたかが半立方フィートの宇宙のなかのことなのである。……要するに、脳の内部の命令系統を上へ上へとのぼっていけば、その頂点に、精神状態や心的活動と相関する大脳の興奮の大規模なパターンの、統合的に組織化された力と動的属性が見出される。……脳の命令系統の頂点近くには……観念がある。チンパンジーより優る人間は観念と理想をもつ。ここに提出した脳のモデルにおいては、観念もしくは理想の因果的ポテンシャルが、分子や細胞や神経インパルスのそれと全く同様、現実的なものとなる。観念が観念を引き起し、また、新しい観念を発展させる手助けをする。各々が相互に作用し合ったり、同じ脳の中の別の心的力と作用し合ったり、隣の脳の中の、そしてまた世界規模のコミュニケーションのおかげで遠く離れた異国の脳の中の力とも作用し合う。さらに外界とも相互に作用して、生きた細胞の出現を含め、進化論のシーンに登場したいかなるものをもはるかに越えた、進化の爆発的前進をもたらす。

二つの論述言語の不和がとかくいわれる。主観的言語と客観的言語だ。たとえば「主観的な」赤であるという知覚と、「客観的な」赤い光の波長。多くの人々にとっては両者が永久に相容れないように思える。私はそうは思わない。エッシャーの『描いている手と手』の二つの眺めが相容れないものでないのと同じだ――手がたがいの絵を描く「システムの中」からと、エッシャーがそのすべてを描いている外側から得られる眺め。赤であるという主観的感覚は、脳の中の自己知覚の渦からきている。客観的波長は、システムの外側にまで退いたときのものの見方だ。われわれはけっして「大きな絵」の見えるところまで退くことができないにせよ、それが存在することを忘れてはならない。それらすべてを起させるのは物理的法則であることを思い出すべきだ――われわれの高レベルの内省的探査をもってしてもはるか遠く及ばない、神経の隅の隅で。

自己シンボルと自由意志

第12章では、われわれが自由意志と呼ぶものは、自己シンボル（または二次的システム）と脳の中の他のシンボルとの相互作用の結果ではないかという考えを示した。もしシンボルが、そこに意味が付着されるべき高レベルの存在物であるとの観念を採れば、われわれはシンボルと自己シンボルと自由意志の関係について説明を企てることができる。

　自由意志に関する問いに見通しを得るひとつの方法は、私から見てそれと同等と思える問い、ただしそれより含みの少ない表現を使った問いに置き換えてみることだ。「システムXは自由意志をもつか？」と尋ねるかわりに、「システムXは選択をするか？」と尋ねるのである。ひとつのシステムを選んで――機械的なものでも生理学的なものでも――それを「選択する」能力のあるものとして叙述する場合に、それが実際どういう意味でいわれているのかを注意深く探れば、自由意志なるものがずっとよく見えてくるのではないか。いろいろな状況のもとでわれわれが「選択をする」と表現したくなるようないくつかの違ったシステムを点検すれば、その助けになるだろう。これらの例から、われわれはこの質問文が実際どのような意味でいわれているのかについて見通しを得ることができる。

　次に挙げるシステムを範例として採りあげてみよう。でこぼこした丘をころがり落ちるビー玉。十進法で2の平方根の連続した数字を見つけ出す電卓。チェスの相手としてかなり手ごわい高度なプログラム。T迷路のなかのロボット（二又に分かれているだけの迷路で、片方にごほうびが置いてある）。そして複雑なジレンマに直面する人間。

　まず最初に、丘をころがり落ちるビー玉はどうか？　ビー玉は選択をするか？　ほんの短い距離に限ってさえ誰も通り道を予測できなくても、われわれは異口同音に、しないというだろう。それ以外の道をとることなどできなかった、容赦ない自然の法則に押し動かされただけなのだとわれわれは感じる。われわれのまとめられた心の物理学においては、もちろん、ビー玉が「とりうる」数多くの異なった道を思い描けるものの、現実の世界ではそれがそのうちたったひとつの道を辿っていくのを見る。したがってわれわれの心のあるレベルでは、ビー玉がそれら無数の観念の道からたったひとつを「選択した」と感じずにはいられない。しかしまた別のレベルでは、心の物理学は心の中に世界の模型を形づくる助けとなるにすぎず、現実の一連の物理的出来事を起させるメカニズムは、自然が心の物理学に類似した過程を経てまずは仮定的宇宙（「神の脳」）の中に数々の変形をつくり出し、つづいてその中から選ぶといったことを必要としないのだと、本能的に理解する。だから、われわれはこの過程に「選択」の名称を与えるつもりはない——もっとも、この言葉のもつ喚起力ゆえに、このような場合、この語を使うのがしばしば実用面で有用であるのを認めはする。

さて、2の平方根の数字を見つけ出すようプログラムされた計算機はどうか？　チェスのプログラムはどうか？　ここでは対象となるのが、まさに「手のこんだ丘」をころがり落ちる「手のこんだビー玉」であるといえそうに思う。実際、選択をしないとの主張は、ビー玉の場合と同じかそれ以上に強いものになる。というのも、もしビー玉の実験をくり返し行ってみれば、丘をころがるのに全く異なった道をたどるのを目にするはずだが、一方、2の平方根のプログラムをくり返すと、そのたびに同じ結果が出る。ビー玉は、それが最初に丘を下ったときの状況をいかに正確に再現しようとしても、毎回違う道を「選択する」ように見え、プログラムのほうは毎回正確に同じ経路をたどる。

次に、手のこんだチェス・プログラムの場合はさまざまな可能性が考えられる。あるプログラムを相手にゲームをし、次に第二局めを始めから最初のときと同じ手で進めていけば、プログラムは前と全く同じように駒を動かすだけで、何かを学んだらしい様子も変化を欲している様子もまるでないだろう。無作為抽出装置をもつプログラムになると、変化は見せるが、何かを望んでそうするわけではない。そのようなプログラムは内部の乱数発生装置を最初のとき同じにセットしなおせば、もう一度同じゲーム運びが見られる。さらに、犯した間違いから学んで、ゲームのなりゆきによって戦略を変えるプログラムがある。そのようなプログラムは二度つづけて同じゲームはしない。もちろん、乱数発生装置をセットしなおすことができるように、学習を意味するメモリー内の変化を消し去ることによって時間をもとにもどすのは可能だが、これはあまり友好的な行為とはいえない。それに、たとえ何から何まですべてが最初のときと同じようにセットしなおされても——もちろん、あなたの脳も——あなたがあなたの過去の決定を変えられると推測すべき理由があるだろうか？

しかしいまは、「選択する」の語がこの場に適当であるかという問題にもどろう。もしプログラムが「手のこんだ丘をころがり落ちる手のこんだビー玉」にすぎないとしたら、これらプログラムは選択をするか、しないか？　もちろん答は主観的なものになるはずだが、この点に関してはそれとほぼ同様の考察がビー玉にも当てはまる。しかしながら、「選択する」という言葉を使うことの魅力は、たとえこの語がたんに便利で喚起力をもつ手っとり早い表現であるにしろ、きわめて強力になってくるといい添えておくべきだろう。チェス・プログラムが丘をころがるビー玉と全く異なり、さまざまな考えられるかぎりの分岐する道を前方に見ているという事実は、このプログラムを2の平方根のプログラムよりもずっと生きたもののように見せる。とはいえ、やはりここに強い自己認識なるものはない——そして自由意志という観念もない。

さてつづいて、シンボルのレパートリーをたくさんもったロボットを想像してみよう。このロボットはT迷路の中に置かれている。しかしごほうびをめざして進むのではなく、2の平方根の次の桁数字が偶数のときはいつでも左へ、奇数のときは右へ行くようプログラムされている。さて、このロボットは自らのシンボルで状況を模する能力をもち、したがって自らが選択を行う様子を見ることができる。Tが接近してくるたび、もしロボットに「今度はどちらへ曲がるかわかっていますか?」と質問するなら、ロボットは「ノー」と答えるしかないだろう。このあとロボットは、先へ進むために「決定者」であるサブルーチンを作動させ、これが2の平方根の次の桁数字をはじき出して決定がなされる。といっても、この内部の決定者のメカニズムをロボットは知らない——ロボットのシンボル群においてそれは、謎めいた一見でたらめとも思える法則によって「左」と「右」を発信する、ブラック・ボックスとしての意味しかもたない。ロボットのシンボルが2の平方根の無限小数展開に隠された鼓動、L(レフト)と打つかR(ライト)と打つかの鼓動を聞きとる能力をもつのでなければ、ロボットはそれが行う「選択」についてわけがわからないままだろう。では、このロボットは選択をするか? あなた自身をその立場においてみるとよい。もしあなたが丘を転がり落ちるビー玉の中に閉じ込められて、どの道を行くかを決めるのに影響力をもたず、しかし人間的知性を傾けてその様子を観察できるとして、あなたはビー玉のとる道に選択というものがかかわっていると感じるだろうか? もちろん、感じない。あなたの心が事のなりゆきに影響力を与えるのでなければ、そこにシンボルがあっても同じことなのである。

そこで今度は、このロボットに修正を加えてみる。それのもつシンボルが——自己シンボルも含め——下される決定に影響を与えるのを許す。するとこれは、完全に物理的法則のもとに動くプログラムの一例となり、前の例よりずっと選択の本質に近づくように思われる。ロボット自身の自己についての概念が場に登場するや、われわれは自分たちとロボットを同一視しはじめる。ちょうどわれわれがやっているようなことと同じに思えるからだ。シンボルが下された決定を監視することもなさそうな2の平方根の計算とは、もはやかなり違っている。たしかにこのロボットのプログラムを非常に局所的なレベルで見るなら、平方根のプログラムときわめて似て見えるだろう。一段階また一段階と実行され、最後にアウトプットされるのが「左」か「右」のいずれかだからだ。しかし高レベルにおいては、シンボルが状況を模して決定に影響を及ぼすべく使われる事実を見ることができる。このことはわれわれのこのプログラムに対する考え方の根源にまで影響を及ぼす。この段階において、この場面の中に意味が登場してきたのだ——われわれがわれわれ自身の心で操作するのと同種の意味である。

あらゆるレベルの交差するゲーデルの渦

さてもし、ある外部の作用因子が、次は「L(レフト)」を選択するとロボットに示唆すれば、その示唆は拾い上げられ、相互に作用するシンボルが多量に渦巻く中へ運ばれていくだろう。そこでそれは、まるで漕ぎ舟が水の渦に引きずり込まれるように、自己シンボルとの相互関係の中へ否応なしに呑み込まれる。これがあらゆるレベルの交差するシステムの渦である。ここでこのLはシンボルの「もつれた階層」と遭遇し、上のレベルへ下のレベルへと手渡される。自己シンボルはそれ自身の内部の過程すべてを監視する能力をもたず、だから実際の決定が出てきたときに——L(レフト)かR(ライト)か、もしくはシステムの外部の何か——システムはそれがどこからきたのかわからない。それ自身を監視することもなく、したがって自身の指し手がどこからくるのかも皆目わからない標準的なチェスのプログラムと異なり、このプログラムはそれ自身を監視し、それがもつ観念についてもよくわかっている——しかしそれ自身の過程をすみずみまでつぶ

第 142 図　M. C. エッシャー『プリント・ギャラリー』（リトグラフ、1956 年）

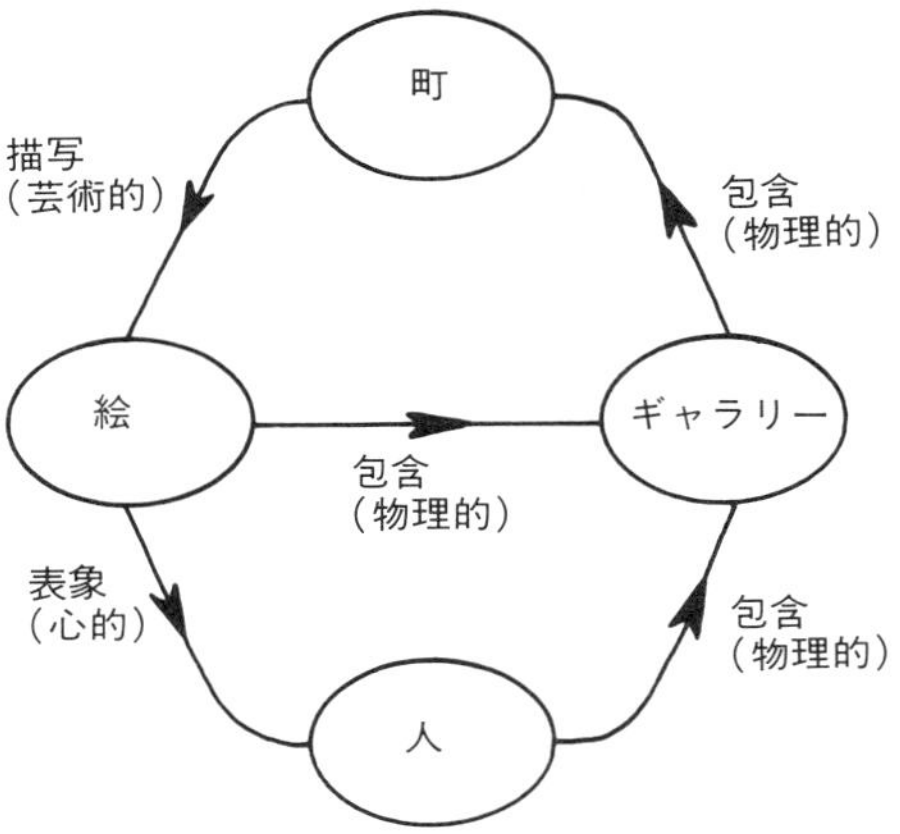

第 143 図　『プリント・ギャラリー』の抽象的図式。

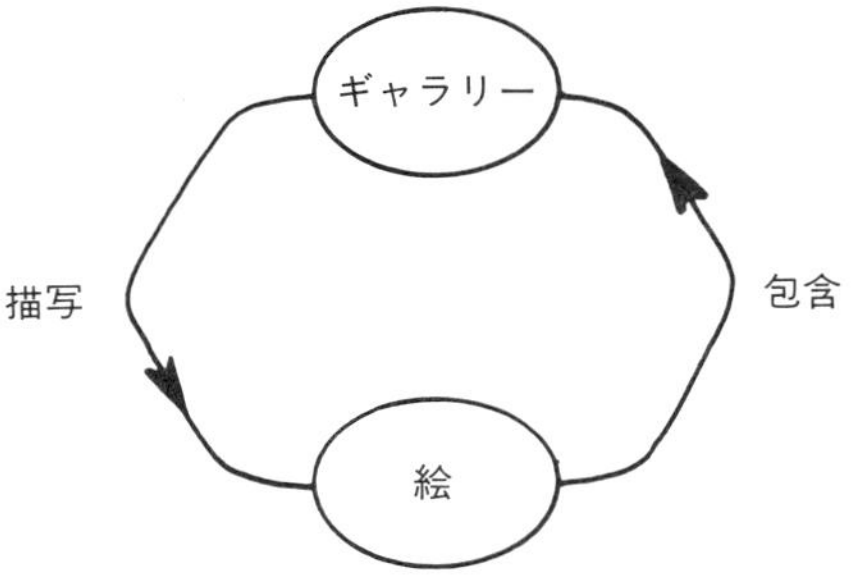

第 144 図　前の図式の崩れた形

さに監視することはできず、したがって十分には理解できないまま、それ自身の働きを一種直観的に知覚する。この自己認識と自己無知とのバランスから自由意志の感覚がくるのである。

たとえばある観念を伝えようと試みる一人の作家を想像する。彼にとってその観念はいくつもの心的イメージに包含されている。彼はそれらのイメージが心の中でどううまくかみあうのか自分でもあまりよくわからないため、最初こんなふうに、次にあんなふうにといろいろに表現して試し、ついにはある説明方法に落ち着く。しかし彼は、それらすべてがどこからきたのかわかっているだろうか？漠然と知覚しているだけだ。その源の大方は氷山のように海中にあり、目に見えない――そのことを彼は承知している。あるいは前に論じた作曲プログラムを考え、それを人間の作曲家の道具と呼ぶよりむしろ作曲者と呼ぶほうがしっくりするのはどんなときか自問してみる。おそらくそう呼ぶほうが合っていると感じられるのは、シンボルによる自己認識がプログラムの中に存在するとき、そしてプログラムが自己認識と自己無知との微妙なバランスを保っているときだろう。システムが決的論的動きをしているかどうかは関係ない。われわれがそれを「選択者」と呼ぶのは、プログラムが走りだしたときに起るプロセスの高レベルの描写に、われわれが共鳴を覚えるかどうかによる。低い（機械語の）レベルにおいては、このプログラムはどこにでもあるようなプログラムに思える。高い（まとめられた）レベルにおいては、「意志」「直観」「創造性」「意識」といった属性が出現してくる。

重要な観念は、自己のこの「渦」が心的プロセスのもつれた状態、ゲーデル型性に対して責任をもつということだ。ときおり私はこんなことをいわれた。「自己言及だの何だのというのは非常に面白くて愉快だが、本当にこれに何か真面目な意味があると思っているのかね？」もちろん思っている。私はこれが結局はＡＩの核心に、そして、また人間の心がどう働くかを理解しようとするあらゆる企ての焦点にくるものと思っている。だからこそ、ゲーデルは私の本の中にこれほど深く織り込まれているのだ。

あらゆるレベルの交差するエッシャーの渦

目の覚めるほど美しく、しかも同時にうろたえさせられるほどグロテスクな、「もつれた階層」の旋風の「目」のイラストを「エッシャーがその作品『プリント・ギャラリー』（第142図）の中で見せている。われわれが目にするのは、一人の若い男が立っている画廊で、彼は小さな町の港にいる船の絵を見ているが、おそらくマルタ島の町であることがその建築物から察せられ、尖塔や頂塔や平らな石の屋根がある中、その屋根のひとつに少年が腰をおろして暑さをしのいでいて、一方その二階下では一人の女が――おそらく少年の母親だ――アパートの窓から外を眺めており、このアパートは一人の若い男が立っている画廊のちょうど真上にあり、彼は小さな町の港にいる船の絵を見ているが、おそらくマルタ島の町であることが――なんと!?　われわれはスタートしたときと同じレベルにもどっている。あらゆるロジックがそうはなりえないと指図しているにもかかわらずだ。われわれが見ているものを図式化してみよう（第143図）。

この図式が示して見せるのは、三種類の「中に＝状態」だ。画廊は物理的に町の中にある（「包含」）。町は芸術的に絵の中にある（「描写」）。絵は心的に人の中にある（「表象」）。さて、この図式は一見十全なものに思えそうだが、実は恣意的なものだ。ここに示された数々のレベルがいたって恣意的であるからだ。上の半分だけを表した別

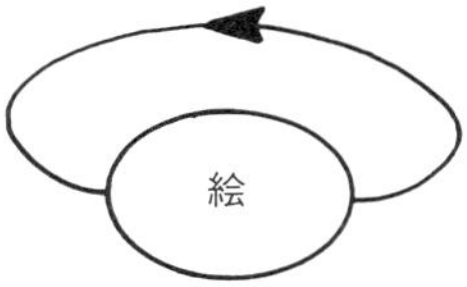

第 145 図　さらに崩れた形

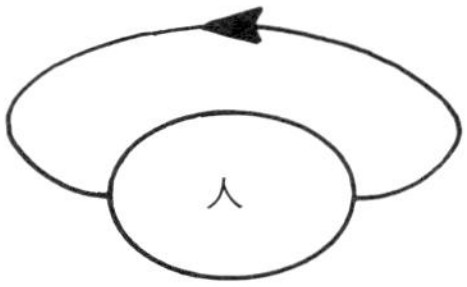

第 146 図　さらにまた崩れた形

の図を見てみよう（第144図）。

ここでは「町」レベルを排除した。概念的には有用だったが、なくてすむならないほうがよい。第144図は『描いている手と手』の図式、二つの段階からなる「不思議の環」とそっくりだ。区分標識はたとえそれがわれわれの心にとって自然に思えても、恣意的なものである。これは第145図のような、『プリント・ギャラリー』のさらに一層「崩れた」図式を示すことで強調される。

これはこの絵のパラドクスを最もくっきりした形で見せている。ところで――もし絵が「それ自身の中に」あるなら、この若い男もまた彼自身の中にいるのか？　第146図がその答だ。

このようにわれわれは、この若い男が、「中に」のそれぞれ別個の三つの意味を混ぜ合せてできたおかしな意味において「彼自身の中に」いるのを見る。

この図式は一段階自己言及のエピメニデスのパラドクスを思い起させ、一方、二段階の図式は各々が相手に言及する一対のセンテンスに似ている。ループをこれ以上きつく締めることはできないものの、「額縁」や「回廊」や「ビルディング」といった中間レベルをいくらでも選んで挿入することにより、大きく拡げることはできる。もしそのようにすれば、その図式が『滝』（第5図）もしくは『上昇と下降』（第6図）の図式と同形である多段階の「不思議の環」ができ上がるだろう。数々のレベルはわれわれが「自然」だと感じるものによって限定されるが、それは心のコンテクストや目的や状態によって変化するかもしれない。セントラル・Xマップ――犬、蟹、樹懶、そしてパイプ――はみな、三段階の「不思議の環」を包含すると見なすことができる。二者択一的にいえば、これらはみな二段階か一段階のループにまで崩せるし、それからふたたび多段階のループにまで拡げられる。ここにおいて、レベルとは直観と美的好みの問題だと了解されるのである。

　さてわれわれ『プリント・ギャラリー』の観察者もまた、それを見ることによってわれわれ自身の中に呑み込まれるのだろうか？　そういうわけではない。システムの外側にいることで、この特殊な渦からかろうじて逃れる。また、われわれがこの絵を見るとき、われわれは若い男には絶対見えないもの、中央の「汚れ」の中にあるエッシャーの署名、「MCE」といったものを見ている。この汚れは欠陥のように見えるが、たぶん欠陥はわれわれの抱く期待にある。というのも実際エッシャーは、この絵を描くさいに従った法則と矛盾せずには、この絵のこの部分を完成できたはずがないからだ。絵のこの中心部分は不完全である――またそうでなくてはならない。エッシャーはこの部分をどこまでも小さくはできただろうが、取り除くことはできなかった。こうして外側にいるわれわれは『プリント・ギャラリー』が本質的に不完全であるのを知る――内側にいる若い男がけっして知りえない事実だ。エッシャーはこのようにしてゲーデルの不完全性定理の絵による比喩を示して見せたのである。ゲーデルとエッシャーの糸が私の本の中でこれほど深く織り交ぜられているのはこのためだ。

あらゆるレベルの交差するバッハの渦

「不思議な環」の図式を見るとき、『音楽の捧げもの』にある果てしなく上昇するカノンを思い起さずにはいられない。これの図式は第147図に示したように六つの段階からなる。Cに戻ったときに、もとの高さより一オクターブ高くなっているのは何とも残念だ。だが驚くことに、われわれが「シェパード・トーン」と呼ぶものを使うことにより、最初の高さ(ピッチ)に正確に戻るようアレンジすることが可能なのである。これはこのアイディアの発見者、心理学者ロジャー・シェパードの名を採ったものだ。シェパード＝トーン音階の原理は第148図に示される。言葉でいえばこうだ。いくつかの違ったオクターブで平行音階を弾く。それぞれの音符は独立して重さを量られ、音符の上昇につれてウェイトが移る。最上部のオクターブを徐々にフェイドアウトさせ、同時に最低部のオクターブを徐々に持ち込む。ふつうに一オクターブ高くなった瞬間には、最初の高さ(ピッチ)を再びつくり出すようウェイトが正確に移動している……このように、けっしてそれ以上高くならずに「永久に上へ上へ」と上がっていくことができる！　ご自分のピアノで試されるとよい。ピッチがコンピュータ制御で精密にシンセサイズされれば、なおのことうまくいく。そうしたとき、この幻想は驚くばかりに力強い。

　この素晴らしい音楽的発見により、果てしなく上昇するカノンは一オクターブ「上がった」ときにふたたびそれ自身へ合流するよう演奏できる。スコット・キムと私が一緒になって考えついたこのアイディアは、コンピュータ音楽システムを使用してテープ上で実現された。それは非常に不思議な印象を与えるものだ――しかし非常にリアルである。きわめて興味深いことに、バッハ自身もある意味でこのような音階に気づいていたらしく、彼の音楽にはときおりシェパード・トーンの原則を大ざっぱに利用した楽節が見られる――たとえばト短調の幻想曲とフーガの幻想曲の中ほどだ。

　ハンス・シオドア・デイヴィッドがその著書『J・S・バッハの音楽の捧げもの』の中でこう書いている。

> 『音楽の捧げもの』全般を通じ、読み手、演奏者もしくは聴き手

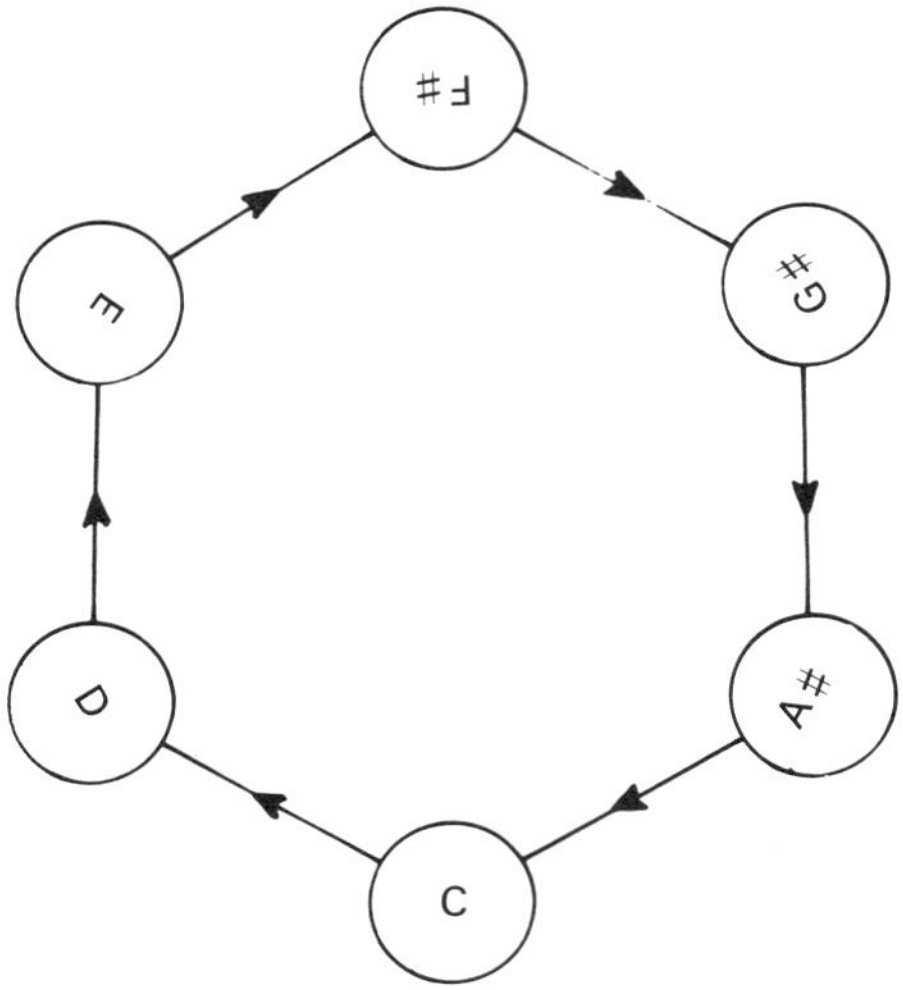

第 147 図　バッハの『無限に上昇するカノン』を六角形のモジュレーション図式で表すと、シェパード音階を用いた場合、完全に閉じたループになる。

第 148 図　ピアノ用のシェパード音階の完全なサイクル。各音符の音量は、その大きさに比例する。したがって、上の声部がフェードアウトしていくと、下の音声がかすかに入ってくる。[“SMUT” によりプリント]

は、そのすべての形式に含まれる王の主題を探すことになる。したがってこの作品全体が、まさに言葉の字義どおりの意味でひとつのリチェルカーレである。

私もそのとおりだと思う。『音楽の捧げもの』を十分深くまで研究することはできない。これで何もかもわかったと思うときには、まだ先があるものだ。たとえば、バッハが即興演奏を拒んだ『六声のリチェルカーレ』がまさに終りへ向うところで、彼は彼自身の名を上部の二声の中に分割してこっそり隠した。『音楽の捧げもの』においては多くのレベルでものごとが進行している。音符や文字のトリックがある。王のテーマの巧妙なバリエーションがある。独創的なカノンがある。驚異的に入り組んだフーガがある。感情の美と並みでない深さがある。作品の多レベル性を得意がるはしゃぎぶりすらもが成功している。『音楽の捧げもの』はフーガの中のフーガである。エッシャーとゲーデルのそれと同じような「もつれた階層」であり、どのようにとは表現しえないながらも人間の心の美しい多声フーガを思い起させる知的構築物である。私の本の中でゲーデルとエッシャーとバッハの三本の糸が織り交ぜられ、永遠の金の編み紐をつくっているのはこのためだ。

六声のリチェルカーレ

アキレスが愛用のチェロを抱えて蟹の家へやってきたところ。蟹と亀をまじえた室内楽の一夜を過ごそうという趣向。彼を音楽室に案内してから、蟹は両者の友である亀を迎えに玄関へ出ていく。部屋にはありとあらゆる類の装置がふんだんにある——さまざまな接続をしてあるステレオ各種、タイプライター接続のテレビ各種、そのほか実にさまざまの珍奇な装置。これら高性能装置に囲まれて、何の変哲もないラジオが一台ある。アキレスが操作できる機械はこのラジオしかないので、彼はそれに歩み寄り、適当にダイアルをいじくる。すると、自由意志と決定論に関する六人の学者のパネル討論会が行われている。彼はちょっと耳を傾け、それからちょっと侮蔑したようにパチンとスイッチを消す。

アキレス　こんな番組（プログラム）は設けるまでもないと思うがね。要するに、一度でも考えたことのある者になら明らかなことさ——つまり、ひとたび理解してしまえば解決のむずかしい問題じゃない——というか、概念的にいえば、状況を考える、少なくとも想像することによってすべてを決着しうる……ふむふむ……頭のなかでは明白なことだと思っていたが。ああいう番組を聞いていると何か得るところがあるかもしれない、要するに……

（亀が入ってくる。ヴァイオリンを抱えている。）

やあやあ、われらがヴァイオリン奏者じゃないか。今週は真面目に練習を積んだかい、亀公？　ぼくは『音楽の捧げもの』のトリオソナタのチェロのパートを一日最低二時間は弾いたぜ。厳しい日課だけれど、それなりのことはある。

亀　そんな予定表（プログラム）は設けるまでもないと思うがね。ぼくなんかは気が向いたときに弾くので十分さ。

アキレス　うらやましいな。こっちもそんなふうに楽にこなせるといいんだが。ところでこの家の主は？

亀　フルートを取りにいったんだろう。ほら、きた。

（蟹がフルートをもってやってくる。）

アキレス　やあ、蟹君、この一週間トリオソナタにずいぶん熱を入れて弾いてみたんだが、そうしたらいろんなイメージが次々と浮んできたよ。楽しげにぶんぶん飛びまわる蜂とか、悲しげに鳴く鵞鳥とか、そのほかずいぶんいろいろと。素晴らしいものだね、音楽の力というのは。

蟹　そんな標題（プログラム）は設けるまでもないと思うがね。ぼくの考えるに、アキレス、『音楽の捧げもの』ほど純粋な音楽はないいな。

亀　冗談はよせよ、アキレス。『音楽の捧げもの』は標題音楽じゃないんだぜ！

アキレス　いや、ぼくは動物が好きだからね、お堅いきみらがご不満だとしても。

蟹　ぼくらはそんなにお堅くはないと思うぜ、アキレス。ただ、きみの音楽の聴き方が独特だっていうわけさ。

亀　じゃ、そろそろ弾いてみようか。

蟹　ピアニストをしているぼくの友だちがきてくれて、通奏低音を受け持ってくれるはずだったのに。ずっと前からきみに引き合わせたかったんだ、アキレス。残念だが、遅くなるのかもしれない。まあ、ぼくらだけでやろう。トリオソナタには十分だから。

アキレス　その前に、さっきから訊きたいと思ってたんだがね、蟹君――ここにあるいろんな装置はいったい何？

蟹　ああ、たいていは半ぱものばかりさ――古いステレオの壊れた部品とか何とか。ただ二、三、思い出の品も（落ち着かなくスイッチを叩いて）、二、三、思い出の品もあるけど――つまり、ぼくが一躍名を揚げたTC闘争のね。でもテレビ画面に接続しているあの鍵盤は、ぼくの新しいおもちゃさ。新式のコンピュータ、超小型、超柔軟性のタイプでね――以前のタイプにくらべたら長足の進歩だな。ぼくほどこれに夢中になっているのもちょっといないだろうけど、そのうちはやるのは間違いないな。

アキレス　特別な名前がついてるの？

蟹　うん。「賢愚」というんだ。なにしろすごく柔軟性に富むので、いかに巧みに教えこまれるかによって、賢くも愚かにもなれる潜在能力があるからさ。

アキレス　つまり、たとえば人間みたいに賢くなれると思うわけ？

蟹　そういってもかまわないだろうな――ただし、もちろん賢愚に教えこむ技術に十分長けた者がその労をとるならの話だよ。残念ながら、ぼく自身はそういう真の巨匠に知り合いがなくてね。この国に専門家が一人だけいることはいるんだ、大変な名声のある専門家だよ――きてくれたら、これほどありがたいことはないんだけどね。賢愚を使いこなす真の技術がどういうものかよくよくわかるし。でも、きてくれたことはないし、今後もその機会に恵まれそうにもないや。

亀　十分教えこんだ賢愚を相手にチェスをしたら面白そうだね。

蟹　そいつは最高だな。画期的な技術じゃないか、チェスの好局を指せるように賢愚をプログラムするなんてのは。もっと面白いのは――でもとてつもなく複雑だろうけど――独り立ちした会話ができるように賢愚を徹底的に仕込むんだ。ちゃんとした話相手がいるみたいになるぞ！

アキレス　こんな話題になったなんて妙だな。ついさっき自由意志と決定論に関する議論をラジオでちらりと聞いてね、改めてそういう問題について考え始めたところなんだ。実は、そのことをあれこれ考えているうちに、思考がだんだんこんがらかってきてね、しまいには何を考えているのかわからなくなったよ。でもいまの思いつき、会話ができる賢愚というやつは……そんなのはまさかだな。つまり、自由意志についての見解を求めたとしたら、その賢愚は何と答えるんだい？　きみらは両方ともそういうことに詳しいんだから、そのへんの問題点をきみらなりに説明してくれたらありがたいんだがね。

蟹　アキレス、その質問はきみの思っている以上にこの場にぴったりだぜ。ピアニストの友だちがまだきてないのが残念だなあ、その問題について彼のしゃべりそうなことを聞けたらすごく面白いと思うんだ。彼がいないから、ぼくがかわりに、ある対話劇に出てきた陳述を紹介しよう。最近読んでいた本の終りにあった対話劇だけど。

アキレス 『銅、銀、金——不滅の合金』じゃなく?

蟹 いや、たしかタイトルは『キリン、象、ヒヒ』(Giraffes, Elephants, Baboons)——何かそんなのだった。ともかくその対話劇の終りあたりで、とてつもなく風変りな登場人物が自由意志の問題に関連してマーヴィン・ミンスキーを引用する。その直後、もう二人の人物とやりとりをしながら、この変り者は、音楽の即興演奏、コンピュータ言語LISP、そしてゲーデルの定理に関連してミンスキーを引用する——しかも、いいかい——すべてミンスキーの引用だという断りを一言もせずにだぜ!

アキレス そりゃひどい!

蟹 たしかに対話劇のはじめのほうで、おしまいにミンスキーを引用するということはにおわせている。だからまあ許せないこともないけど。

アキレス そういうふうにも思えるな。それはとにかく、自由意志問題に対するミンスキー宣告をぜひとも聞きたいね。

蟹 うん……マーヴィン・ミンスキーはこういった。「知力をそなえた機械が製造されたとき、それが物心問題、意識、自由意志などに関する信念において、人間と同じように混乱し頑固であるとしても不思議はない。」

アキレス そいつはいい! 何とも滑稽な考えじゃないか。自由意志をもっているつもりの自動人形か! ぼくが自由意志をもっていないと考えるのと同じくらいばかげてるよ!

亀 きみはこういうことを思ってみたことがないかな、アキレス、つまり、われわれ三者は——きみ、ぼくそして蟹君は——全員がひとつの対話劇の登場人物かもしれないというようなことをさ、いま蟹君がいった対話劇と似たような対話劇のね。

アキレス ああ、思ってみたことはあるよ、もちろん。そういう空想は通常の人間誰しも一度や二度は思い浮べるものだ。

亀 それに蟻食も樹懶(なまけもの)も、ゼノンも、神さえも——われわれはみな、一冊の本のなかの一連の対話劇の登場人物かもしれない。

アキレス なるほど、なるほど。で、その本の著者もそのなかへやってきてピアノを奏でてくれるってわけだ。

蟹 まさしくそれをぼくは期待してたのさ。でも彼は遅刻の常習犯でね。

アキレス おいおい、からかうのもいいかげんにしてくれ。ぼくがほかの誰かの知性に支配されるなんてのかい! ぼくはぼくで考えはもってるし、ぼく以外の知性にコントロールされるなんてのはたまらんね! ぼくはぼく自身の思考をする、好きなように自分を表現する——それを否定できるもんか!

亀 誰もそういうことを否定してないさ、アキレス。でも、きみのしゃべることのすべては、きみが対話劇の一登場人物だということとまったく矛盾しないんだ。

蟹 つまり——

アキレス でも——でも——そりゃ違う! なるほど亀公の説とぼくの反論は両方とも機械的に決定されたとしても、ぼくは断固としてそれを信じないね。ぼくは物理的決定論は受けいれるけど、ぼくがほかの誰かの頭のなかのつくりごとにすぎないなんて考え方は絶対に拒否する!

亀　きみがハードウエア頭脳をもつかどうかということはぜんぜん問題じゃないんだ、アキレス。きみの頭脳が誰かのハードウエア頭脳のなかの一個のソフトウエアにすぎないとしても、きみの意志はやっぱり自由でありうるのさ。そしてその誰かの頭脳もまた、もっと高度の頭脳のなかのソフトウエアかもしれないし……。

アキレス　ばかばかしい！　でもね、正直いって、きみの詭弁に巧妙に隠された穴を見つけるのは楽しいよ。だから先をつづけてくれ。ぼくを納得させるんだ。拝聴しようじゃないか。

亀　こういうことは思ったことないかい、アキレス、つまりきみはいささか異常な交友関係をもっているって。

アキレス　おおありだね。きみはかなりエクセントトリックだ（そういったからってかまわないだろ）。それにこちらの蟹君にしても、ちょっぴりエクセントトリックだ。（失礼、蟹君。）

蟹　いや、別に気にしないから。

亀　でもアキレス、きみは友だちの最も著しい特徴をひとつ見逃している。

アキレス　どんな？

亀　ぼくらが動物だってことさ！

アキレス　なるほどね——それはそうだ。なんとも慧眼だな。そう簡潔に事実を言い表すなんて誰にもできることじゃない。

亀　それで証拠は十分かい？　きみは口をきく亀や口をきく蟹と時を過ごす人間を何人知っている？

アキレス　さあね、口をきく蟹ってのは——

蟹　——異例だよ、むろん。

アキレス　まさにそう。ちょっとした異例——でも先例はある。物語なんかには出てくるから。

亀　そうさ——物語なんかには。でも現実の人生には？

アキレス　そういわれると、なんともね。少し考えてみなくては。でも、だからといってぼくが対話劇の登場人物だってことは納得できないぜ。ほかの論証は？

亀　きみとぼくが公園で一見でたらめに出会った日のことを覚えてる？

アキレス　エッシャーとバッハ両方の蟹のカノンを論じ合った日だろ？

亀　そうそう、あの日！

アキレス　で、たしか蟹君が、ぼくらの会話のまんなかあたりで現れて、なんだかおかしなことをつぶやいて立ち去った。

蟹　「会話のまんなかあたり」じゃないよ、アキレス。正確にまんなかだ。

アキレス　なるほど、そうなのか。

亀　その会話で、きみの台詞はぼくの台詞と同じだということはわかってるかい——ただ順序が逆なだけでさ。ところどころ言葉が変っているけど、本質的に、あれはぼくらの出会いと時間上のシンメトリーになっている。

アキレス　たまげたな。ただのちょっとしたトリックだろうよ。たぶん鏡を使ったりして。

亀　トリックなんかじゃないさ、アキレス。鏡なんかも使っていない。あれは真面白な著者の作品なんだ。

アキレス　同じものだと思うがね。

亀　たいへんな違いさ。

アキレス　おいおい、この会話はどこか聞き覚えがあるぞ。こんな台詞を前にどこかで聞いたんじゃなかったかな？

亀　そのとおりだよ、アキレス。

蟹　たぶんその台詞はある日、公園ででたらめに生じたんだよ、アキレス。亀君ときみの会話があの日どういうふうに始まったか覚えてる？

アキレス　定かじゃないけどね。最初、亀公が「いい日だな、アキ公」といって、おしまいにぼくが「いい日だな、亀公」といった。そうだろ？

蟹　たまたまここに台本をもってきたから……。

（楽器ケースのなかを探し、紙を一枚取り出してアキレスに渡す。アキレスが読んでいるのを見ながら、いかにもじれったげな様子。）

アキレス　ほんと、不思議だなあ。まったくもって不思議だ……何だか急に――気味が悪くなってきたよ。まるで誰かが陳述の総体をあらかじめ企画しておいて、それを紙か何かの上で実践しているみたいだ……まるで、どこかの著者が議事録をまるごと手にしていて、それを詳細に検討したうえで、ぼくがあの日しゃべった一切の陳述を計画したみたいだよ。

（この瞬間、ドアがぱっと開く。入ってきたのは著者、特大の原稿を一枚抱えている。）

著者　そんな計画（プログラム）はなくてもいいと思うがね。つまりだ、いったん登場人物を作ってしまえば、彼らは彼ら自身の生命をもつ。彼らの台詞をいちいち計画する努力をぼくはほとんどしなくていいのさ。

蟹　やっと現れたのか！　こないと思ったぜ！

著者　遅くなって悪い悪い。道を間違えて、とんでもない遠まわりをしてしまってね。でもなんとか戻れたよ。また会えて嬉しいね、亀公に蟹公。それにアキレス、きみに会えてとりわけ嬉しいな。

アキレス　きみは誰？　はじめてお目にかかったけど。

著者　ぼくはダグラス・ホフスタッター――ダグって呼んでほしいな――ぼくはもうじき本を書き上げるところなのさ。『ゲーデル、エッシャー、バッハ』という本だ。きみら三者が登場人物になっている本だよ。

アキレス　はじめまして。ぼくはアキレスですが――。

著者　自己紹介なんていらないよ、アキレス。ぼくはとうにきみのことをよく知っているんだから。

アキレス　気味が悪いよ、まったくもって。

蟹　この人だよ、ぼくがさっき、ここへ顔を出して通奏低音を受け持ってくれるといったのは。

著者　『音楽の捧げもの』を家のピアノでちょっぴり弾いてきたから、下手ながらもトリオソナタをやってみようと思うんだ――ただし、しょっちゅう音をはずすのは大目に見てくれなくちゃ。

亀　なあに、気にしたりするもんか、こっちもみんな素人なんだし。

著者　悪く思わないでほしいんだがね、アキレス、実はぼくのせいなんだ、あの日、公園できみと亀君が順序は逆だけれど同じ台詞をしゃべったというのは。

蟹　ぼくを忘れちゃ困るな！　ぼくもちゃんとまんまんなかに入ったんだからね、ふた言ばかり口をはさんでさ！

著者　そうそう！　きみは『蟹のカノン』の蟹だった。

アキレス　すると、きみはぼくの発言を操作しているというわけ？　ぼくの頭脳がきみのソフトウエア組織だというわけ？

著者　そういってもいいよ、アキレス。

アキレス　仮にぼくが対話劇を書くとしたら？　その著者は誰にな

る？　きみ、それともぼく？

著者　それはもちろんきみだ。少なくともきみの住んでいる虚構の世界では、著作権はきみのものだろうね。

アキレス　虚構の？　どこが虚構なもんか！

著者　ところがぼくの住む世界では、たぶん著作権はぼくのものになるだろうね、それが妥当かどうかはわからないけど。そして、きみの対話劇をきみに書かせるようにぼくを仕向けた者が、その者の世界では著作権をもつ（その世界から見れば、ぼくの世界は虚構に映るからさ）。

アキレス　なんだか呑み込みにくい話だ。ぼくの世界の上にまた世界がありうるなんて考えたこともない――そして今度は、その世界のそのまた上に世界があると言い出すんだからな。なじみの階段を昇っていくみたいなものだね。しかも、てっぺんに着いてから――というか、てっぺんだと思ってたところへ着いてから――またまた上へ昇りつづけていく。

蟹　あるいはまた、現実の世界だと思っていたものから目をさまして、それもまた夢だったということがわかる。それが何度もくり返され、いつ終るか見当もつかない。

アキレス　よくわからないね、ぼくの夢のなかの登場人物が彼ら自身の意志をもち、このぼくの意志から独立した役柄を演ずるというのは。まるで、眠っているときのぼくの精神はただ舞台を作るだけで、その舞台の上でほかの生物がそれぞれに生きて動きまわる。それからぼくが目をさますと、彼らはもういない。いったいどこへ消えてしまうのか……。

著者　きみがしゃっくりを退治したとき、そのしゃっくりが姿をくらますのと同じ場所、陥落界だ。しゃっくりも夢見られた生きものも、外部の主たる有機体が生きているおかげで存在するソフトウエア下位有機体であるわけさ。主たる有機体は彼らにとって舞台の役割を果す――あるいは彼らの宇宙ともなる。彼らはしばしそれぞれに生きて芝居を演じ――ところが主たる有機体に大きな状態変化が起ると――たとえば目ざめるとか――すると下位有機体はまとまりを失って、個々の歴然たる単位として存在することをやめてしまう。

アキレス　浜辺の砂でつくったお城みたいなものかい、波に洗われると消えてしまう？

著者　まったくそのとおりだよ、アキレス。しゃっくりも夢の登場人物も、そして対話劇の登場人物さえも、その主たる有機体にある種の重大な状態変化が生ずると、解体してしまう。にもかかわらず、いまきみのいった砂のお城と同じように、それを作り上げていたものはすべてが依然として存在する。

アキレス　ぼくがたかがしゃっくりになぞらえられるなんてのはご免だね！

著者　しかし、きみを砂のお城にもたとえているわけだよ、アキレス。なかなか詩的だろ？　それに、きみがぼくの頭脳のなかのしゃっくりにすぎないとしても、そのぼくがまたもっと上の著者の頭脳のなかのしゃっくりにすぎないとしても、そのぼくがまたもっと上の著者の頭脳のなかのしゃっくりでしかないんだから、まあ安心することだ。

アキレス　しかし、ぼくはご覧のとおり肉体をもった生きものなんだぜ――明らかに血と肉と骨とからできているんだ。それは確かなんだからね！

著者　きみのそういう感覚は否定しないがね、でもいいかい、夢見られた生きものたちも、ただのソフトウエアという幽霊だけれども、きみと同じようにそういう感覚はもっているわけだ。

亀　おいおい、こんな話はもうたくさんだ。演奏に取りかかろうじゃないか！

蟹　それがいいね——それに、今日はぼくらの著者先生にも加わっていただけるんだ。バッハの弟子のキルンベルガーが和声化したトリオソナタの通奏低音部を弾いていただけるんだよ。今日はいい日だなあ。（著者を一台のピアノへ案内する。）椅子の具合はいいと思うけど。調節するには、ここを——（後方で柔らかい妙な振動音がする）。

亀　おや、あの変な電子音は何だい？

蟹　ああ、賢愚の一台から出てるノイズさ。一般に、ああいうノイズは新たな通知が画面に映ったという合図なんだ。ふつう、こういう通知は、すべての賢愚をコントロールするメインモニター・プログラムからくる取るに足らない情報でね。（フルートを片手に賢愚に歩み寄り、画面を読む。とたんに彼は演奏家一同のもとへ引き返し、いささか動揺したふうに口を開く。）諸君、かのバッチャ氏のご到着だ。（フルートをわきへ置く。）ただちになかへご案内しなくては！

アキレス　かのバッチャ氏だと！　ひょっとして古のあの名高き即興演奏家が今夜ひょっこり現れたというのかい——こんなところへ？

亀　かのバッチャ氏だと！　そういう人物は一人しかいまい——あの高名なお人、姓はバッベジ、名はチャールズ——ホイストとチェスと舟遊びの愛好者でパーティ大好き人間、距離の長短を問わず料金を均一にした方が郵便事業の経費を軽減できることを示したオペレーションズ・リサーチの先駆者、惜しくも手柄をヘルムホルツに奪われてしまった検眼鏡の発明者、保険統計表の作成者、ベスビオス火山噴火口の底までロープで降りた冒険家、ショービジネスにカラー光線を導入したレインボー・ダンスの発案者、三目並べ機械の製作者、競馬必勝法の考案者にして辻音楽士を訴えつづけた騒音公害反対運動の過激な活動家……。チャールズ・バッベジはコンピュータの技術と理論の尊い先駆者だ。願ってもない僥倖じゃないか！

蟹　あの人の名なら広く遠く知られている。いつかわれわれのところへきてくれないものかと、長いこと思っていたんだ——でもこれはまったくもって予期せざる驚きだよ！

アキレス　何か楽器をやる男？

蟹　聞いた話だと、この百年の間にどういうわけか、トム=トムと、安物の笛と、その他いろいろ巷の楽器が好きになってきたそうだ。

アキレス　そういうことなら、今宵の音楽会に加わってくれるだろう。

著者　十門のカノン砲を奏して歓迎の意を表してはどう？

亀　『音楽の捧げもの』の有名なカノンを全部演奏するってこと？

著者　そのとおり。

蟹　そいつは名案だ！　そら、アキレス、十曲を全部、演奏の順に書き出してくれ、そして彼が入ってきたら手渡すんだ！

（アキレスが取りかかる間もなく、バッベジが入ってくる。ハーディ=ガーディを抱え、重そうな旅行用コートに帽子といういでたち。ちょっぴり旅行疲れの様子で、身なりも乱れている。）

バッベジ　そういう曲目一覧はなくてもよいと思うがね。まあ気楽にしたまえ。行き当りばったりのコンサートとリサイタルも楽しいものだ。

蟹　これはバッベジ先生！　このつましいわが家「狂楽亭」へ先生をお迎えできまして光栄至極であります。長年の間、一度お近づきになりたいと心底願っておりましたが、今日はその願いがついに叶いました。

バッベジ　いやいや、蟹君、こっちこそ名誉に思っておるよ。きみのようなありとあらゆる科学に秀でた才能に、音楽の知識と技能が非の打ちどころのない逸材に、もてなし精神があらゆる限度を越えている存在にお目にかかれるとはね。そしてきみは、お客にも同じように最高度のレベルを求めるにちがいない。しかしながら実のところ、わたしはそのような至極もっともなレベルを満たすことができんのだ、つまり、きみのごとく卓越したる蟹さんの客としてはどうにもふさわしからぬ普段着のいでたちだからして。

蟹　その賛美に値する独白をわたしが理解するとすれば、お客人、先生は着換えをなさりたいということでありますな。それならばお気遣いなく。そのいでたちほど今宵の雰囲気にふさわしいものはありません。どうかコートをお脱ぎになられて、ずぶの素人仲間の演奏にもし異論がなければ、セバスティアン・バッハの『音楽の捧げもの』の十曲のカノンから成る「音楽の捧げもの」を、わたしどもの敬愛のしるしとしてお受け取りください。

バッベジ　親切余りある歓迎にはいたく感激しましたぞ、蟹君。憚りながら申しあげる、かの高名なる大バッハ、かの並ぶ者なきオルガン奏者にして作曲家によってわれわれに与えられたる音楽の演奏を捧げられることに対し、このいまのわたしの抱く感謝の念ほどに深き感謝の念はありえぬと存ずる。

蟹　さようなもったいないお言葉を！　実はもっとよい考えもありまして、畏れながらご承諾をいただけるものと確信しております。つまり、新開発の、まだほとんど未試験の「賢愚」――解析機関の流線型製品とでも申しましょうか――それを最初に試す一人となっていただけまいかと、バッベジ先生、そう考えております。計算機関の巨匠プログラマーとしての先生のご名声は、遠く広く伝わっていまして、この狂楽亭へもむろん届いております。新開発の魅力あふれる「賢愚」に先生の技倆がどう発揮されるか、それを見せていただけるならわれわれの喜びはそれに勝るものはございません。

バッベジ　さように傑出した着想は久しく耳にしたことがありませんぞ。新開発「賢愚」のことは噂でしか聞いておらんので微々たる知識しか持ち合せぬが、ひとつ試しに挑戦してみようではないか。

蟹　では早速にも！　おっと忘れておりました！　お客をさきに紹介しなくては。こちらは亀君、こちらはアキレス、そして著者、ダグラス・ホフスタッターさん。

バッベジ　お近づきになれて光栄ですな。

（全員が一台の「賢愚」のところへいく。バッベジは椅子に腰かけ、鍵盤に指を走らせる。）

なかなか快いタッチだ。

蟹　気に入ってくださってよかったです。

（すぐさま、バッベジは慣れた手つきで器用に鍵盤を操り、次々と指令を入力する。数秒後、彼は手を休め、するとほぼ同時に、画面いっぱいに数字が現れる。たちまち数千という数字に画面は埋めつくされ、その最初はこうなっている。3.14159265358979323846264

……）

アキレス　πだ！

蟹　すごい！　πの値をこんなにぱっとここまで計算できるなんて夢にも思わなかったなあ、しかもちっぽけなアルゴリズムで。

バッベジ　ひとえにこの賢愚のおかげだね。わたしの役割は、このなかにすでに潜在的に存在しているものを見て、ある程度効率的なやり方でその命令セットを利用することでしかない。なあに、訓練を積めば誰にもできるトリックだ。

亀　グラフィックもなさいますか、バッベジ先生？

バッベジ　やってみよう。

蟹　それは素晴らしい！　こっちに別の賢愚があります。全部試していただきたいですよ！

（バッベジは別の賢愚に案内され、椅子にすわる。またもやバッベジの指は賢愚の鍵盤を襲い、ほんのまたたく間に、画面におびただしい数の線が現れ、画面いっぱいに揺れ動く。）

蟹　なんて調和がとれて美しいんだ、渦巻き状の形がたえず衝突したり干渉しあったりして！

著者　しかもけっして同じくり返しがないし、前の形と似たものすらない。美の無尽蔵の鉱脈のようだ。

亀　単純な模様で目を奪うものもあれば、名状しがたいくらいに複雑な渦巻きもあって、それも仰天するけどやっぱり見て楽しい。

蟹　バッベジ先生、画面がカラーだということはお気づきでしたか？

バッベジ　ああ、そうかね。そういうことなら、このアルゴリズムを使ったほうがよかろう。（新たな指令をいくつか打ち込み、それから二つのキーを同時に押し、そのまま押さえる。）この二つのキーを離すと、スペクトルのすべての色が画面に現れる。

（キーを離す）

アキレス　すごい、素晴らしい色だ！　いまにもこっちへ飛びかかってきそうな模様もあるぞ！

亀　みんなぐんぐん大きくなっているからじゃないかな。

バッベジ　そうしたのだよ。像が大きくなるように、蟹君の幸運も増大するようにとな。

蟹　ありがとうございます、バッベジ先生。先生の腕前に感嘆するこの気持はとても言葉になりません。この賢愚を使ってこれほどまでのことをした者はないのです。ほんと、賢愚をまるで楽器みたいに操作なさるのですね、バッベジ先生。

バッベジ　わたしが楽器を奏でては、きみのごとき紳士、蟹君の耳には障るだろうと思うがね。わたしは近頃、ハーディ＝ガーディの甘美な音色に魅せられておるのだが、それが耳障りに感ずる向きもあるのをよく承知しておるし。

蟹　それならぜひとも賢愚をこのまま使ってください！　実は、いまひとつ考えが浮びました——ものすごくわくわくするようなのが。

バッベジ　何かね？

蟹　ぼくは最近、ある主題を創作したんです。いまふと思ったのですが、ほかの誰よりも、まさしくバッベジ先生こそ、ぼくの主題の潜在性を実現するに最もふさわしいお人です。もしや哲学者ラ・メトリの思想をご存じではありませんか？

バッベジ　聞いたような名前だが。ちょいと思い出させてくれんか。

蟹　彼は物質主義の唱道者でした。一七四七年、フリードリッヒ大王の宮廷に滞在中、『人間機械論』という本を著したのです。その著書で、彼は人間を、とりわけ人間の精神能力を、機械として論じています。ところでぼくの主題は、そのコインの裏返しを考えることから生じたものです。つまり機械に、人間の精神能力、たとえば知能を注入したらどうか。

バッベジ　わたしもそういう問題をときには考えてみたことがあるがね、しかし、それに挑戦するための然るべきハードウエアがなかった。それは実にこの場にぴったりの発想だね、蟹君。きみの素晴らしい主題を実験してみるのは、またとなく楽しそうだ。で、きみ――何かこれぞという知能を思いついたのかな?

蟹　ふっと浮んだのは、ちゃんとしたチェスができるよう機械に教えこむことです。

バッベジ　そいつは独創的な発想だ!　それにチェスはたまたまわたしの趣味でもあるし。いやはや、きみは実に幅広いコンピュータの知識をもっておる、ただの素人ではないぞ。

蟹　いえ、なんにも知らないのです。ぼくの最大の強みは、ただ、潜在性を発展させることがぼくの手に余る、そういう主題を作ることはどうやらできるということですね。そして、この主題が自分ではいちばん気に入ってまして。

バッベジ　喜んでやってみよう、賢愚にチェスを教えるというきみの発案を、まあなんとか実現してみようじゃないか。要するに、蟹閣下のご命令に従うことこそ、わがつつましやかな義務であるからして。

(そういいながら、蟹のもう一台の賢愚に席を移し、指令を打ち込む。)

アキレス　見ろよ、まるで音楽を弾くみたいになめらかな手の動きだ!

バッベジ　(ことさらにみごとな指さばきで仕事を終え)むろん十二分に検討する機会はなかったが、しかしこれでおそらく、賢愚を相手にチェスをするというサンプルにはなるだろう。もっともこの場合は、賢愚に教える技術がわたし自身欠けているからして、賢愚というよりただの愚かもしれんが。

(そういって蟹に席をゆずる。画面に優雅な木製のチェス駒の並んだ美しいチェス盤が、白の側から見た位置で映し出される。バッベジはスイッチをぽんと押す。すると盤が回転し、黒の側から見た位置になる)

蟹　ふふーん……実に優雅ですねえ。ぼくは黒ですか、白ですか?

バッベジ　どっちでも好きなほう――「黒」とか「白」とかタイプして選択の合図を送るのだ。それからきみの指し手を、どの標準表記法によっても入れることができる。賢愚の指し手は、むろん画面に現れる。ところで、わたしの作ったプログラムは三局同時に指せるようにしてあるから、どうかね、きみらもやってみては?

著者　ぼくはぜんぜん弱いですので。アキレス、きみと亀君でやれよ。

アキレス　いや、ぼくはあとにする。きみと亀公がやるのを見てるよ。

亀　ぼくもやりたくないな。きみらがやれよ。

バッベジ　もうひとつ提案しよう。そのサブプログラムの二つをたがいに戦わせることもできるのだよ、ちょうど二人の人間が会員制チェスクラブでチェスを指すような具合にね。その間、第三のサブプログラムは蟹君と一局指す。そういうふうにすれば、機械内のチェスプレーヤー三者がそろって活躍することになる。

蟹　面白いご提案ですね――機械内の知力ゲーム、同時に機械外の

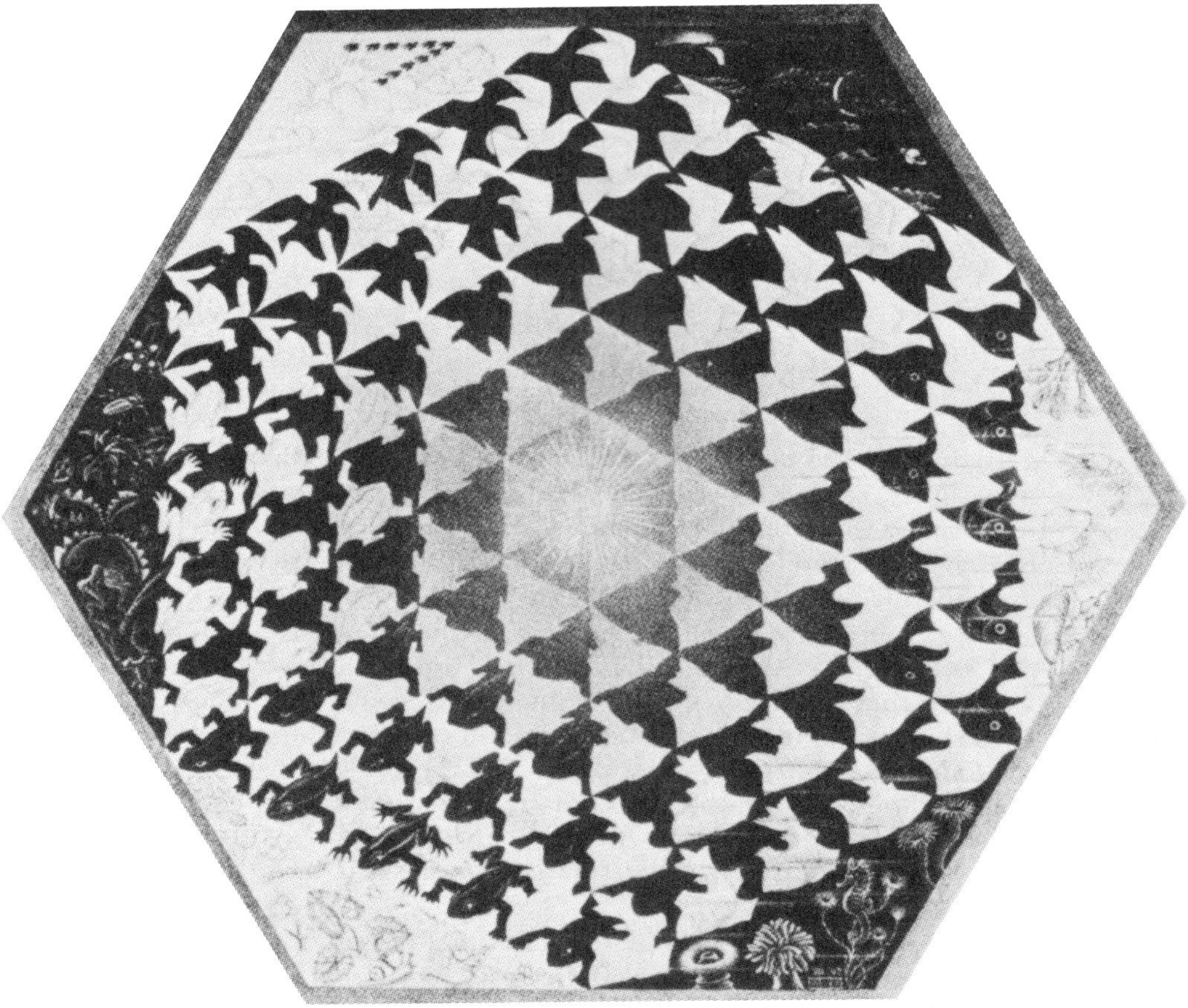

第 149 図　M.C. エッシャー『言葉』（リトグラフ、1942 年）

第 150 図　蟹のお客さま=バッベジ——BABBAGE, C.

相手とも戦う。そいつは最高！

亀　こりゃほかでもない、三声のチェス・フーガじゃないか。

蟹　へえ、かっこいいことというよ！　ぼくがそれを思いつくべきだったのに。こっちが賢愚を相手に知恵を絞っているというときに、まったくもって立派な対位法を考え出すもんだ。

バッベジ　どうやらきみを一人で戦わすべきらしいね。

蟹　ご意見は感謝します。賢愚とぼくが戦っているあいだ、そちらのみなさんはみなさんで何かやっていてくださいよ。

著者　バッベジ先生に庭を案内したいですね。見ていただく価値は絶対にありますし、まだ日が落ちるまでたっぷり見ていただけますから。

バッベジ　狂楽亭ははじめてですから、それはありがたいですな。

蟹　それはよかった。ねえ、亀公——賢愚の接続の具合をきみがチェックしてくれても悪くないだろうと思うんだけどな。接続してる画面にときどき無関係の閃光が走るようなんだ。どうせきみはエレクトロニクスが好きなんだし……

亀　いいとも、蟹公。

蟹　どこが調子が悪いか、見つけてくれればおおいにありがたいんだがな。

亀　やってみよう。

アキレス　ぼくはコーヒーが飲みたくてたまらないんだ。誰か飲む？　ぼくがわかすから。

亀　ぼくは欲しいな。

蟹　いいねえ。ものは全部台所にあるよ。

(そこで著者とバッベジは部屋を出ていき、アキレスは台所へ、亀は調子の悪い賢愚の点検にとりかかり、蟹は対局相手の賢愚と向い合う。一五分ほどたって、バッベジと著者が戻ってくる。バッベジはチェスの展開を見にいき、著者はアキレスのいる台所へいく。）

バッベジ　素晴らしい庭（グラウンド）！　まだ日が落ちていなかったから、十分手入れの行き届いているのがよくわかったよ。いやはや、蟹君、きみは庭師としても大変なものだ。ところで、わが手仕事は少しは相手になったろうね。おおかた気づいたろうが、わたし自身がさほどのチェス・プレーヤーではないので、あまり力を入れてやることができなかった。弱点はすべて見抜いたろう。ほめるべき点（グラウンド）はきっとほとんどあるまい、この場合は――。

蟹　素晴らしい陣型（グラウンド）！　盤面をご覧になればわかりますよ。こっちは何もできないんですから。仕方ないけど結論を出しました。どうやっても勝ち目なし。残念ながら、詰められました。畏れ多き常勝チェス・アルゴリズム。驚きました！　噂はことごとく本当ですね――チャーリーは泣く子も黙る即興師！　バッベジ先生、これは比類なき芸です。ところで、亀君は発見してくれたかな、どうも妙な具合の賢愚の接続のおかしいところを。何かわかったかい、亀公？

亀　素晴らしい接地（グラウンド）！　問題は入力端子だろう。ちょっとゆるんでいるんだ。それでさっきから、妙なチラチラが自然と画面に出るらしい。いましっかり固定したから、もう支障はないと思うね。おーい、アキレス、コーヒーはどうなった？

アキレス　素晴らしい出し殻（グラウンド）！　少なくとも芳しさはある。用意はできたよ。この六面体の版画、エッシャーの『言葉（ヴェルフム）』の下に、カップもスプーンも並べてある。いまこの版画を著者さんと鑑賞してたんだ。この絵にかぎっていえば、魅力的なのは形だけでなくて――。

著者　素晴らしい下塗り（グラウンド）！　きみのいいたいことをいってしまって失礼、アキレス。しかしやむにやまれぬ美学的理由から、ついつい出しゃばってしまった。

アキレス　なあに、かまわないさ。素晴らしい下地（グラウンド）といってもいいね。

亀　ところでチェスの結果は？

蟹　ぼくの負けさ、完敗だよ。バッベジ先生、われわれの前でいともみごとにこのような目を見はるべき芸当を成し遂げられ、心からお祝い申しあげます。実際、先生は賢愚が愚ならず賢たることを、歴史上はじめて証明してくださったのですから！

バッベジ　さようなほめ言葉はわたしが受けるべきものではない、蟹君。むしろきみこそほめそやされるべきだよ、これほど多くの賢愚を手に入れた偉大なる先見の明を具えていたのだからな。たぶん、これらがいつの日かコンピュータ科学を変革するであろう。ところでいまは、わたしは依然としてきみのいいなりだ。きみの無窮の主題をいかに開発するか、ほかに考えはおもちかな？　当てにならぬチェスプレーヤーよりもぐんとむずかしい性格のものだろうが。

蟹　実を申しあげますと、もうひとつ提案があるのです。今宵、ご披露くださった技を拝見いたすかぎり、これは先ほどのものよりほとんどむずかしくはなかろうと確信いたします。

バッベジ　それはぜひともうかがいたいね。

蟹　単純なものです。賢愚に注入するのです、これまで創造されたことのないような、あるいは想像されたこともないような偉大なる知能をです！　要するに、バッベジ先生をです――わたしの六倍の知能をもつ賢愚！

バッベジ　ほほう、蟹閣下の六倍も偉大なる知能とは、こりゃまた度胆を抜かれるご発言。これがきみのごとき厳かなる存在から発せられたのでなければ、わたしは嘲笑い、これぞ名辞矛盾の見本だというところですぞ。

アキレス　謹聴！　謹聴！

バッベジ　しかしながら、蟹閣下のごとき厳かなる存在から発せられた以上、その提議はきわめて快い発案としてわたしを打ちましたからして、即刻にも最高度の熱意をこめてとりあげたいところですな――わたし自身の内にひとつの欠陥がなければの話ですが。正直に申しあげて、賢愚を使いこなすわが即興技倆は、いま提出なさったいかにも貴君らしい驚異的に独創あふれる着想に匹敵しうるものではありませんからな。だがしかし――ひとつ考えはありますぞ。それがおそらくは貴君のお気に召すことと存じますし、せっかくのご発案の真に厳かなる課題を試みることのできぬ弁明の余地なきわが優柔不断をささやかながらも償うことを願いもするのですな。お許しいただけるなら、わたしははるかにつましい課題を試みたい。すなわち、畏れ多くも蟹閣下の知能ではなく、わたし自身の知能を六倍にするという課題ですな。提示くださった課題の試みをお断りすることをお許し願うとして、しかしながらご理解いただきたい、お断りいたすのは、貴君のこの感嘆すべき機械に処するわが無能ぶりを目のあたりする失望と退屈とを与えまいとするためにほかならぬのだ。

蟹　ご逡巡の趣きは重々理解し、わたしどもを失望させまいとなさるご配慮を感謝いたします。さらにまた、同様の課題を――劣らずに困難なるものと思われます課題を――遂行されんとするご決断をわたしはおおいに歓迎し、早速に取りかかっていただきたく存じます。そのためには、わたしの最も高度な賢愚のほうへいらしていただかなくては。

（一同は蟹のあとについて、ほかのどの賢愚よりも大きくてピカピカで、いかにも複雑そうな賢愚のところへ移動する）

この賢愚には入力用のマイクとテレビカメラ、出力用のスピーカーが付いています。

（バッベジは腰をおろし、椅子をちょっと調節する。そして、一、二度、両手に息を吹きかけ、しばし虚空を見上げ、それからゆっくりと両手をキーに落す……数分後、激しい指の動きを止め、みんなほっと一息つく。）

バッベジ　さて、わたしがさほど多くの誤りを犯していないとすれば、この賢愚は、わたし自身の六倍の知能を有する一個の人間をシミュレートするはずだ。その名を「アラン・チューリング」と呼ぶことにしたがね。このチューリングは、したがって――いやはや、わたしがこんな大胆なことをいってよいかな――中庸の知能をそなえておるだろう。このプログラムにおけるわたしの最も野心的な企ては、アラン・チューリングにわたしの六倍の音楽の才能を与えることだった。もっとも、それはすべて厳密な内部コードを通してなされたのだがね。プログラムのその部分が首尾よく運ぶかどうか、それはわからんけれど。

チューリング　そんなプログラムはなくてもいいと思うがね。立派で緻密な選り抜き内部コードが累代支配するのは開発途上のありふれたコンピュータと劣悪ロボットのみさ。ところがわたしは、コンピュータでもロボットでもない。

アキレス　第六声がぼくらの対話に入ってきたの聞えたかい？　ひょっとしてアラン・チューリングかな？　まるで人間みたいに見

えるじゃないか！

（画面に、ほかならぬ一同のいる部屋そのものが映し出される。一同をのぞいているのは人間の顔である）

チューリング　さて、わたしがさほど多くの誤りを犯していないとすれば、この賢愚は、わたし自身の六倍の知能を有する一個の人間をシミュレートするはずだ。その名を「チャールズ・バッベジ」と呼ぶことにしたがね。このバッベジは、したがって――いやはや、わたしがこんな大胆なことをいってよいかな――中庸の知能を具えておるだろう。このプログラムにおけるわたしの最も野心的な企ては、チャールズ・バッベジにわたしの六倍の音楽の才能を与えることだった。もっとも、それはすべて厳密な内部コードを通してなされたのだがね。プログラムのその部分が首尾よく運ぶかどうか、それはわからんけれど。

アキレス　おいおい、これじゃあべこべじゃないか。きみはね、アラン・チューリング、賢愚のなかにいるんだぜ。チャールズ・バッベジがきみをプログラムしたばかりなんだからな！　ぼくらはきみが生を与えられるところを見てたんだ、たったいま。だからきみの語るすべての陳述が自動人形のそれにすぎないってことがわかるのさ。意識のない、強いられた反応だね。

チューリング　理知的(りち)なことをいわせてもらうがね、反応をどう考えるか(ええるか)はわたしの意識だ。自動人形じゃあ、憐憫(あ れ)を誘うってもんだ。

アキレス　でもぼくは、いまいったような事の次第をちゃんと見てたんだから。

チューリング　記憶はしばしば妙ないたずらをするものさ。こういうことを考えてみたまえ。つまり、わたしも同じようにこういえるんだな、きみはほんのいましがた生を与えられたばかりで、きみのあらゆる体験記憶は誰かほかの存在によってプログラムされたものにすぎず、なんの現実の出来事にも照応していないんだとね。

アキレス　そんなことは信じられるもんか。ぼくにとってぼく自身の記憶ほど現実的なものはないんだ。

チューリング　まさくしそのとおり。だからたったいま誰かがきみを創ったのでないということをきみが心の奥底で知っているのと同じように、たったいま誰かがわたしを創ったのでないということをわたしは心の奥底で知っている。わたしはきみたちという少々眼識力の高すぎる、しかし実に楽しい仲間と今夜を過ごして、ささやかなる知能と賢愚にプログラムする即興の実演をやってみせた。それ以上に現実的なことはないのだよ。ところでわたしとつまらぬ議論をするよりも、わたしのプログラムを試してみてはどうかね。さあさあ、「チャールズ・バッベジ」に何か尋ねてみたまえ。

アキレス　よし、アラン・チューリングに調子を合わせようじゃないか。さて、バッベジ先生、先生は自由意志をおもちですか、それとも先生を支配する根底的な法則があって、それらが実質的には先生を決定論的自動人形とするのですか？

バッベジ　むろん後者だな。それで別に不満はない。

蟹　ははーん。ぼくはつねづね憶測していたんだ。つまり、知力をそなえた機械が製造されたとき、それが精神物質、意識、自由意志などに関する信念において、人間と同じように矛盾し頑固であるとしても不思議はない、とね。いま、ぼくの予言が立証されたんだ！

チューリング　チャールズ・バッベジがいかに混乱しているかわかるだろ？
バッベジ　諸君、チューリング・マシンのただいまの発言の厚かましきふくみをお許し願いたい。チューリングはわたしの思っていたよりも、いささか好戦的で論争的なものとなってしまいました。
チューリング　諸君、バッベジ機関(エンジン)のただいまの発言の厚かましきふくみをお許し願いたい。バッベジはわたしの思っていたよりも、いささか好戦的で論争的なものとなってしまいました。
蟹　おやおや、火のつき出したこのチュー＝バ論争はぐんぐん熱くなるぞ。なんとか冷やせないものかね。
バッベジ　こうしてはどうかな。アラン・チューリングとわたしが別室へいき、きみらの誰かが一台の賢愚のキーを叩いてここから遠隔操作でわたしたちを尋問する。質問はわたしたちめいめいに送られ、わたしたちはそれぞれの回答を匿名で送り返す。どっちが回答を送ったかは、わたしたちが戻ってくるまでわからない。そういうふうにすれば、わたしたちのどちらがプログラムされた者で、どちらがプログラマーか、きみらは偏見なく判断することができる。
チューリング　それはまさしくわたしの思いつきなんだがね、しかしまあ、バッベジ君のものだとしておこう。なにしろわたしの作成したプログラムにすぎないから、この人は自分でそう思いついたという錯覚を抱くわけだ。
バッベジ　このわたしが、きみの手になるプログラムだと？　おいおい、きみきみ、話はまったくあべこべだよ――きみ自身のテストですぐにも判明するだろうが。
チューリング　わたしのテスト？　きみのテストだと思ってくれたまえよ。
バッベジ　わたしのテスト？　きみのテストだと思ってくれたまえよ。
蟹　ちょうどいいときにこのテストの案が出されたようだ。早速やってみよう。
（バッベジはドアに歩み寄り、ドアを開け、ドアを閉めて去る。同時に、賢愚の画面で、チューリングがそっくりのドアに歩み寄り、ドアを開け、ドアを閉めて去る）
アキレス　尋問は誰がする？
蟹　亀君にやっていただきたいな。なにせ客観性と聡明さで知られているから。
亀　ご指名の名誉を謹んでお受けしましょうかね。（一台の賢愚の鍵盤に向い、打ち込みはじめる。）フォース鉄道橋の主題によるソネットを一篇書いてください。
（最後の一語を打ち終えるやいなや、部屋の向う側のスクリーンXに次の詩が映し出される。）
スクリーンX　フォース生れのどもり屋リスプが

あるとき北へ行きたくて
お馬にまたがり
はははいどどどど
乗ったお馬もヒヒヒヒヒーン

スクリーンY　それはソネットではありません。ただの戯れ歌です。わたしはそのような子供じみた誤りは犯しません。
スクリーンX　では、わたしは詩が上手でないのです。
スクリーンY　戯れ歌とソネットの違いを見分けるには、詩の上手下手は関係ありません。

亀　あなたはチェスができますか？

スクリーンX　それはどういうたぐいの質問ですか？　ここに三声のチェス・フーガを書いてあげますから、それからわたしにチェスができるかどうか尋ねてください。

亀　ぼくのほうはキングがK1にいて、ほかの駒はありません。きみはキングだけが――。

スクリーンY　チェスはうんざりです。詩の話をしましょう。

亀　あなたのソネットの第一行「われは汝を夏の日にたとえんか」は、「春の日」でもよいし、むしろそのほうがよいのではありませんか？

スクリーンX　わたしなら率直にいって、しゃっくりにたとえられたほうがずっとましです、たとえそれが韻を踏まないにせよ。

亀　「冬の日」ではどうですか？　韻を踏んでいます。

スクリーンY　いやです。「しゃっくり」のほうがずっといいです。そういえば、わたしはしゃっくりを止めるよい方法を知っています。お聞かせしましょうか？

アキレス　どっちがどっちかわかったぞ！　スクリーンXがただ機械的に応答してるのは明らかだ。だからあれが間違いなくチューリングだ。

蟹　いやいや違う。スクリーンYがチューリングだと思うな。スクリーンXはバッベジだ。

亀　ぼくはどっちもバッベジじゃないと思う――チューリングが両方のスクリーンで応答してるんだよ。

著者　どっちがどっちかはよくわからないね――どっちもかなり不可解なプログラムだ、とにかく。

（一同が話していると、ドアがさっと開く。同時に、画面上で、同じドアの映像が開く。画面上のドアを開けて現れるのはバッベジ。同時に、本物のドアが開き、入ってきたのは等身大のチューリング。）

バッベジ　このチューリング・テストでは早急に結論が出ないので、わたしは戻ってくることにした。

チューリング　このバッベジ・テストでは早急に結論が出ないので、わたしは戻ってくることにした。

アキレス　だけど、あんたはさっき賢愚のなかにいたじゃないか！　これはどうなってるんだい？　どうして今度はバッベジが賢愚のなかに入って、チューリングが実在するんだい？　理不尽なる逆転は珍妙な役柄混乱を得る。変りようのアラベスクは、例のエッシャーだ。

バッベジ　逆転といえば、いったいどうしたんだね、きみたちはわたしの目の前の画面の映像でしかなくなっているではないか。わたしが部屋を出たとき、きみらはみんな正真正銘の生きものだったはずが。

アキレス　こりゃまったく、ぼくの大好きなM・C・エッシャーの絵そっくりだ――『描いている手と手』。二本の手がそれぞれ相手を描きあう、ちょうど二人の人間（あるいは自動人形）が、それぞれ相手をプログラムしたみたいにね！　そして、それぞれの手が他方よりも現実みを帯びたものをもつ。あの絵について、きみの著書『ゲーデル、エッシャー、バッハ』では何かふれた？

著者　もちろんさ。ぼくの本のなかでは非常に重要な絵なんだ。不思議の環という概念を実に美しく例証しているから。

蟹　きみの書いた本はどういうもの？

著者　ここに草稿を一部もってきた。ちょっと見てくれる？

蟹　もちろん。

（両者は腰をおろし、そばにアキレス。）

著者　形式がちょっと風変りでね。対話劇と章とが交互にくる。対話劇のひとつひとつは何らかの形でバッハの曲を模倣しているんだ。ほら、たとえばこれ——「前奏曲……とフーガの蟻法」

蟹　対話劇のフーガって、どういうふうにするわけ？

著者　いちばん大切なのは、単一の主題があって、それをそこへ入ってくる各々異なる「声」が、あるいは登場人物がそれぞれに言い表すようにすることなんだ、ちょうど音楽のフーガみたいにね。それからめいめいにもっと自由な会話に分かれていく。

アキレス　すべての声が調和するというわけ、あたかも一級の対位法みたいに？

著者　それがまさしくぼくの対話劇の真髄さ。

蟹　フーガ対話劇でのはいり（エントリー）を強調するというきみの考えはもっともだ。なぜなら音楽では、はいり（エントリー）がフーガをフーガたらしめる唯一のものなんだから。フーガの技法はあるよね、逆行、転回、拡大、ストレット、そのほかいろいろ。でもそれらを用いなくてもフーガは書ける。きみはそういうのは使った？

著者　もちろん。ぼくの「蟹のカノン」では言葉の逆行を用いたし、「樹懶（なまけもの）のカノン」では転回と拡大の両方の言語変奏を用いているんだ。

蟹　なるほど——興味ぶかいなあ。ぼくはカノンによる対話劇なんてものは考えたことないけど、音楽のカノンについてはこれでもけっこう考えてきたんだ。すべてのカノンがみな同じように聴いて理解しうるものじゃない。もっとも、それは構成の下手くそなカノンもあるからだけどね。とにかく、どんな技法を採るかによって違ってくる。理知（りち）なる芸術カノンはだね、逆行補（え）えるは難（かた）し、そしてあれはだ、反行追うは易しだよ。

アキレス　なんだかちょいと捉えがたい講釈だな、正直いって。

著者　まあまあ、アキレス——そのうちきみもわかるから。

蟹　文字遊びとか言葉遊びは使った？　大バッハがときどきやっているけど。

著者　もちろんだよ。バッハ同様、ぼくも頭文字遊びが好きでね。例外なく頭を使う再帰頭文字遊びは——とくに蟹ふう「レアカルエチリ」は——累乗的に延々と地平の果てまで立派に無限退行を創るんだ。

蟹　え、ほんとうかい？　ええと、待てよ……例によって頭から頭文字を累加すれば、えっと驚き、沈潜したる自動言及が理解できる。うん、どうもそうらしい……（草稿をのぞき、あちこちぺらぺらめくる）ここの「……とフーガの蟻法」ではストレットがまずあって、それから亀がそれについて注釈しているね。

著者　いや、そうじゃない。亀は対話劇のストレットについてしゃべっているのじゃなくて——バッハのフーガのストレットについてしゃべっているのさ、いまこの四者が会話をやりとりしつつ聴いているフーガの。つまりだね、対話劇の自己言及は間接的なもので、自分の読んでいるものの形式と内容とを結びつける読者に依存しているわけだ。

蟹　どうしてそんなふうにしたわけ？　登場人物が参加している対話劇について、登場人物に直接しゃべらせたらどうなんだい？

著者　とんでもない！　それじゃもくろんだ美しさがぶち壊しだよ。ねらいはゲーデルの自己言及構築を模倣することにあるんだからね、あれはきみも知るように間接的なもので、ゲーデル数によって築かれた同型対応に依存しているんだ。

蟹　なるほど。でもね、プログラミング言語リスプでは、自分のプログラムについて間接的にではなく直接的にしゃべることができるじゃないか。なぜならプログラムとデータはまったく同一の形式だからね。ゲーデルはリスプのことを考えさえすればよかったんだ、そうすれば――

著者　しかしそれは――

蟹　つまりぼくのいうのは、引用を形式化すればよかったろうということさ。それ自身について話すことのできる言語をもってすれば、ゲーデルの定理の証明はずっと簡単だったろうに。

著者　きみのいう意味はわかるけど、その発言の精神には同調しかねるな。ゲーデル数付けの肝心な点は、引用を形式化することすらなく、すなわち、ひとつのコードを通して、いかにして自己言及を得るかということを示してみせることだからね。ところがきみのいうのを聞くと、引用を形式化することによって、何か新たなものを、コードを通して達成不能だったものを得るというような印象を与えられる――そういうことじゃないんだよ。いずれにせよ、間接的自己言及は直接的自己言及よりももっと総括的な概念だし、もっと刺激的だとも思うね。さらにまた、いかなる言及も真に直接的ではない――いかなる言及も何らかの類のコード系に依存する。ただ、それがいかに潜在的かという問題なんだ。したがって、いかなる自己言及も直接的ではない、たとえリスプにおいても。

アキレス　なんでそんなに間接的自己言及のことばかり話すんだい？

著者　いとも単純――間接的自己言及がぼくの大好きな話題だからさ。

蟹　きみの対話劇には、転調への対比声部はある？

著者　あるとも。会話の話題が抽象的レベルでは変るように見えても、主題はそのまま変らずにいる。「前奏曲……とフーガの蟻法」をはじめ、いろいろな対話劇のなかでそれがしばしばあるんだ。一連の「転調」にしたがって話題が転々として、結局は一巡り、かくて「主音」へと結局は戻ってくる――つまり、もとの話題へと。

蟹　なるほど、実に面白そうな本だね。いずれ読ませてもらうよ。

（草稿をぺらぺらめくり、最後の対話劇で目をとめる）

著者　その対話劇がきみにはとりわけ面白いと思うな。というのも、そこで即興演奏についていくつか興味ぶかい注釈をするずば抜けて風変りな登場人物が出てくる――なんとそれは、きみなんだがね！

蟹　ほんと？　どんなことをぼくにいわせてるんだい？

著者　待て待て、いまにわかる。いまのもすべて対話劇の一部だから。

アキレス　つまり、ぼくらはみんな対話劇のなかにいるということ？

著者　そのとおり。そうじゃないと思っていた？

アキレス　理知（りち）あるわれが唱（え）える文句が缶詰（か）になってるアキレス（あ）台詞とは冷酷（れ）な！

著者　そんなことはないさ。きみは自由に台詞をしゃべっている気がするだろ？　だからかまわないじゃないか。

アキレス　こういう状況は何かこう不満だけど……。

蟹　ここの最後の対話劇にもフーガはあるわけ？

著者　うん――六声のリチェルカーレがね、正確には。『音楽の捧げもの』のなかにあるのから着想を得たんだ――それと『音楽の捧げもの』にまつわる話からも。
蟹　あれは楽しい話だね、大バッハが王の主題を即興演奏する話。三声のリチェルカーレをその場で全部即興演奏してみせたんだっけ。
著者　そうそう――ただ、六声のものはできなかった。あとから大変な配慮をもって作曲したんだ。
蟹　ぼくもけっこう即興演奏をするんだよ。実のところ、すべての時間を音楽に捧げようかと思ったりすることもあってね。なにしろ勉強しなくちゃならないことが多いから。たとえば、ぼく自身のテープを再生して聴くと、即興演奏の最中には気づかなかったことがずいぶんあるんだ。自分の精神がどういうふうにしてそんなことをやってのけるのかはさっぱりわからない。たぶん、すぐれた即興演奏家であるということは、自分がどういうふうに即興演奏をするかを知ることと相容れないんだな。
著者　もし本当なら、それは思考過程の興味ぶかい根本的な限界だろうね。
蟹　はなはだゲーデル的だ。どうなんだい――きみの「六声のリチェルカーレ」対話劇は、それの礎となっているバッハの曲を形式的に模倣しようとするわけ？
著者　多くの点で、そのとおり。たとえば、バッハの曲では、基調が三声のみに減じていく部分がある。ぼくは対話劇でそれを真似て、しばらく三者の登場人物にのみやり取りをさせている。
アキレス　うまいものだなあ。
著者　ありがとう。
蟹　で、王の主題は対話劇のなかでどんなふうに表すわけ？
著者　それは蟹の主題によって表すんだが、いま聞かせてあげよう。蟹君、読者諸氏のために、むろんお集まりの楽士諸君のためにも、きみの主題を歌ってくれないかな？
蟹　独（ド）創（ミ）見てくれ、そら（ソラ）、新型（シ）中の新型（シ）の人工頭脳（らしきもの）（ラシ）。

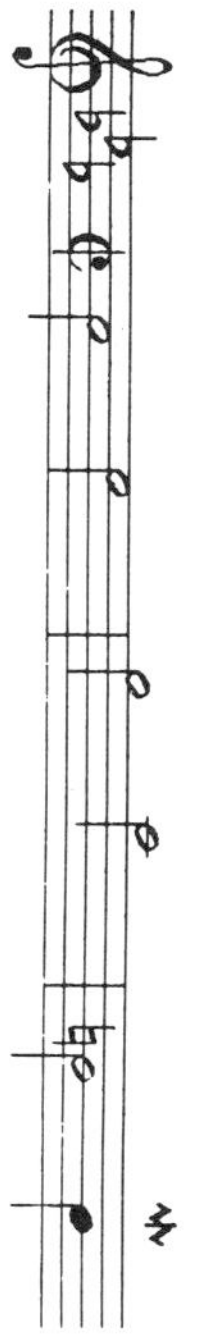

第151図　蟹の主題：C-E♭-G-A♭-B-B-A-B

バッベジ　では、わたしがなろう――素晴らしき主題に！　きみが最後に括弧に入れて付け加えてくれたのは嬉しいね。なんとも辛辣な――
アキレス　彼はそうせざるをえなかったんだ。あなたもわかっている。
蟹　ぼくはそうせざるをえなかったんだ。彼もわかっている。
バッベジ　きみはそうせざるをえなかったんだ――わたしもわかっている。とにかくそれは、現代人の性急さと傲慢に対する辛辣な評だ。現代人は、そうしたまさしく王の主題のもつ諸々のふくみをたちどころに解明することができると思っておるらしいからな。しかしながら、わたしの考えるに、その主題を十二分に展開するにはたっぷり百年はかかる――それ以上とはいわないまでも。しかし誓っておこう、今世紀に別れを告げたのち、わたしはそれは十全な形に実現すべく最善をつくすつもりだ。そして次の世紀に、わたしの努力の結実を蟹閣下に捧げるとしよう。いささか潜越ながらついでにいっておけば、わたしがそこに到達する回路は人間の頭脳がもてあますくらいに入り組んだ厄介なものとなるであろうが。

第 152 図　J.S. バッハ『音楽の捧げもの』から「六声のリチェルカーレ」最終ページ。

蟹　捧げもののお申し出、心から楽しみに待っておりましょう、バッベジ先生。
チューリング　ついでながら、蟹君の主題はわたしの気に入りの主題でもあるのだがね。わたしはこれまで幾度となくそれに取り組んできた。そしてその主題が最後の対話劇で何度も用いられるのかね？
著者　そのとおり。もちろん、ほかの主題もいくつか入ってくるけれど。
チューリング　なるほど、きみの本の形式はいくぶんわかってきたよ――しかし内部はどういうものかね？　どういうことになるのかな、要約したら？
著者　どうやらみごとにその三人、ライプツィヒの大バッハ、しかめつらしい大ゲーデル、仕掛の達人エッシャーを、らくらくしばって組み紐づくり。
アキレス　その三人をどう結合するのかうかがいたいね。ちょっと考えられない三人組じゃないか。ぼくの大好きな画家、亀公の大好きな作曲家、そして――
蟹　ぼくの大好きな論理学者！
亀　和声的三和音だな。
バッベジ　長三和音だな。
チューリング　短三和音。
著者　すべて、それをどうみるかによるだろうね。長短いずれにしろ、アキレス、とにかくぼくがその三本糸をどのように組み合わせたかを喜んで教えよう。もちろん、それは一気に教えられる類のものじゃない――一〇や二〇の段階を要するだろうな。まず『音楽の捧げもの』の物語を話して、とりわけ「無限に上昇するカノン」に重きをおき、そして――。
アキレス　そりゃ嬉しいぞ！　きみと蟹君が『音楽の捧げもの』とその物語について話しているのを、わくわくしながら聞いていたんだ。きみたちの話しぶりからだと、『音楽の捧げもの』には幾十もの形式上、構成上のトリックが仕掛けられているようだったし。
著者　「無限に上昇するカノン」を説明したのち、形式システムと再帰性について説明し、図と地についての注釈もはさむとしよう。それから自己言及と自己増殖へいき、階層的システムと蟹の主題に関する議論でしめくくる。
アキレス　実に面白そうだね。今夜から始めてくれる？
著者　かまわないとも。
バッベジ　しかしその前に、われわれ六名が――たまたま全員そろって熱心な素人楽士なのだから――今宵のそもそもの目的を果すのが楽しくはなかろうかね、すなわち音楽を奏するということだが？
チューリング　そういえば『音楽の捧げもの』の六声のリチェルカーレを演奏するにまさしくぴったりの数ではないか。きみはどう思う？
蟹　そういうプログラムはあってもいいと思うがね。
著者　うまいこというね、蟹君。演奏が終ったらすぐにも、ぼくの組み紐に取りかかるよ、アキレス。きみも楽しめそうな曲だし。
アキレス　いいとも！　たくさんのレベルがありそうな曲だけど、ぼくもやっとそういう類のものに慣れてきたんだ、なにしろ亀公との長いつきあいのおかげで。ひとつだけお願いがあるんだけどな。「無限に上昇するカノン」もみんなで演奏しないかい？大好きなカノンなんだ。

亀　輪環的な緒論が得るカノンは、あれまあ無限上昇、リチェルカーレも風雅に。

何事もいつかは終る

野崎昭弘

私がダグラス・ホフスタッターに初めて会ったのは一九七九年の夏、詳しくいえば八月二十五日のことであった。

ホフスタッターがそのとき何のために来日していたのかは忘れたが、彼は安野光雅画伯のファンなのである。そして、彼と親しい東大工学部の和田英一さんから、安野さんと引き合わせてもらえないだろうか、と依頼された。そこでホフスタッターとスコット・キム、安野さんと和田さん、それに朝日新聞社の坂根厳夫さんと私とが、一緒に食事をすることになった。私のように痩せていて貧相なホフスタッターは、おだやかで、ひとりでしゃべりまくってあたりを悩ますようなタイプではなかった。坊やのようなキムは多芸で、不思議な書体の新作を安野さんに献呈したり、また「ピアノによる無限上昇音階」を実演してくれた（家に帰ってマネをしてみたが、素人にはなかなかむずかしいことがよくわかった）。

このとき『ゲーデル、エッシャー、バッハ』という大著の存在を、和田さんは知っていたらしいが、私は知らなかった。だから後日、翻訳の話が持ちこまれて、七七七ページの重い本をはじめて開けてみたとき、私はあのおだやかな痩せ男が、という意外さにうたれた。彼もネコのような肉食動物であったか！　このような大構想のもとでの言葉の洪水は、私のように草食の痩せ男にはとうてい起しえない。翻訳の手間だって、おそらく大変なことであろう。そこで最初はお断りするつもりで、訳者として前記の和田さんを推薦してみた。ところが和田さんも断わるし、何人かの人に翻訳をすすめられているうちに、ふと「柳瀬さんや林さんが一緒なら……」という考えが浮かんだ。

林一さんとはずいぶん昔からの知りあいで、手堅く読みやすい翻訳にはかねてから敬意をもっていた。柳瀬尚紀さんとは面識はなかったが、一年ほど前に訳書『不思議の国の論理学』と『もつれっ話』を通じてプロの腕前に恐れ入っていたのである。この考えを本書

翻訳担当個所
序論（「ゲーデル」から「バッベジ、コンピュータ、人工知能……」）、第1・2・3・4・5・7・8・10・13・14・15・17章、および対話篇「SHRDLUよ、人の巧みの慰みよ」

訳者紹介
一九三六年、神奈川県に生まれる。東京大学理学部数学科卒業。同大学院修士課程修了。現在、大妻女子大学教授。専攻、情報数学。著書に、『πの話』（岩波書店）、『詭弁論理学』（中公新書）、『数学屋のうた』（白揚社）、『赤いぼうし』（童話屋）、『不完全性定理』（日本評論社）、『アルゴリズムとプログラミング技法』（サイエンス社）等がある。

の翻訳の仕掛人、白揚社の鷹尾和彦氏に洩らしたところ、日ならずして「お二人ともお引きうけ下さいました」という連絡が入った。これではもう、あとに引けないではないか！結局、バッハ関係と対話の部分を柳瀬さんに、エッシャー関係を林さんにお願いして、残りのゲーデル関係を私がおひきうけすることになった。ページ数でいうと3人でほぼ等分（それでもふつうの本のゆうに一冊分！）したことになるが、内容的に格段にむずかしいのはもちろん対話の部分である。

その後私が悩まされたのは、量ではなく質であった。数学の教科書を訳すのとはワケが違う。本書の中ではやさしい部分を担当したのに、自分の語学力の不足をつくづく思い知らされた。また言葉遊びの翻訳のむずかしさ、おもしろさをはじめて体験した。

早い話が、本書の副題AN ETERNAL GOLDEN BRAIDをどう訳せばよいのだろうか？ 直訳すれば「永遠の金の編み紐」（あるいは「永遠の金モール」）である。しかしそれでは頭文字の列E-G-Bがゲーデル-エッシャー-バッハの並べかえになっていることが失われてしまう。「金」よりも頭文字Gの方に意味があるのだ。それなら「永遠の芸術的媒体」と訳すのはどうだろう？ そうは行かない。本文の中に「三本の紐から永遠の芸術的BRAIDを編む」という文章が出てくるのである。だからBRAIDは「媒体」ではまずいので、「バンド」か「絆帯」など、編めるものにしたい。しかし「バンド」は楽隊を連想させるし、「絆帯」などと辞書に載っていない言葉を使っても、意図が読者に伝わるかどうか――というようなわけで、営業政策まで含めた討論の末、この副題の訳は表紙から削除されることになった。

BLOOP、FLOOPの翻訳にも苦心した。ブループ、フループと音訳しておけば無難だけれど、少し物足りないし、おしゃべりアヒルや沈んでいく船の音が連想できるだろうか。そこで私は、読みやすさも考えて、図々しくブー、フーと訳し、三びきの仔豚を連想してもらうことにした。あとでPOOL B（逆順）が出てきたのにはマイッタけれど、これは「ブー・プログラム」のアナグラム「ブーグロプ村」にしておいた。その他、苦心の作はいろいろあるけれども、テリー・ウィノグラードTERRY WINOGRADのアナグラムDR・TONY EARRWIGを「ウィグ・テラリー殿」と訳したことなども含めて、すべて大目にみて頂きたい。しかし改良案があれば、誤訳のご指摘はもちろんのこと、いろいろご教示頂きたいと願っている。

本書の校正刷を読みながら感じたことは、苦労した割には読みやすいようで、とくに林・柳瀬ご両氏の担当部分はすらすらおもしろく読めたこと、「何事もいつかは終る」ということであった。

訳業が遅れたことについては「詳細な注釈を送るからそれまで翻訳を待て」という原著者の指示の責任でもあるが、気が合いすぎて仔豚を丸焼きにしたり将棋を指すことなどにも熱中した、他のことでも多忙な訳者たちの責任が大きい。曲りなりにも翻訳が終り、校正も終って、こうしてあとがきを書いているのは、仕掛人・鷹尾和彦氏の粘りづよい努力と、つきあいのよさのお蔭である。深くお礼を申しあげたい。また次の方々にも、本訳書の過去・現在・未来にかかわる功労者として、厚くお礼を申し上げたい。まずこの突飛な企画にのってしまった白揚社社長中村浩氏、校正の労をとられた小園泰丈氏、ゲラ刷に目を通していただいた吉永良正氏、田中朋之氏、次に厄介きわまりない印刷を担当された中央印刷の職員の皆様、それにふだんは亭主と猫を養い、ときには共訳者どもにまで酒肴をお出し下さった柳瀬夫人、お会いしたことはないけれども酒豪の亭主の健康管理に多分ご苦労なさっている林夫人、ついでに亭主と子供たちに餌を欠かさなかったウチのカミサン、当然ながら本書を扱う取次店・小売店の方々、本書を運んだトラックの運転手さん、末筆ながら本書をお買い上げ下さる読者の方々。

しかし、本書のこの部分だけ立ち読みして、お買い下さらない方には、お礼は申しあげません。（そういう薄情な人々に災いあれ！）　あなたはまさか、そんなことはなさらないでしょうね？

GEBの文明史的意義

はやし・はじめ

柔い話を受けて、文字通り原著解題を兼ねてGEBの世界文明史的意義について縦横（たてよこ）に論じようと思う。

話は禹遠のようだが、中国は遠く聖王禹の御代に遡る。破産した土建業者の子に生れた禹は苦学力行し、建設官僚となるや大黄河水系改造工事を完成し、その間に業者からの貢物（『書経禹貢篇』に詳しい）を気前よく分けて百僚有司の心を摑み、選挙の関門をへずに帝位を譲られた（『無門関禅譲篇』に詳しい）。治世第一五年の聖人式に甲羅に奇妙な文様

翻訳担当箇所
「GEB20周年記念版のために」
第6・9・11・12・16・17・18・19章、および第20章（「機械は独創性をもちうるか？」から「科学と二元論」）
訳者紹介
一九三三年、台北市に生ま

のある亀が二匹、洛水からのそのそ這い上ってきた。禹という字は蛇に通ずるので、爬虫類の出現は瑞祥であった。一匹の亀の文様は麻雀牌を九枚、方形にならべたようなものであったから、麻雀と数字に強い官僚出の禹はただちにそれが一から九までの数を表しており、縦横斜の和がすべて一五であることを見破った。禹はその亀に酒肴を与え、方陣を洛書と命名した。

ついでもう一匹の亀に目を転じた禹は、これは落書ではないか、趣向が合わぬ、打ち棄てい、と命じた。亀はすごすご水中に姿を隠し、いずこともなく去ったという。

禹としてはなんとも禹潤なことであった。この瞬間に東は東、西は西、両者が再び相見るのに亀は万年を要することが宿命づけられた。中国は古代の輝かしい技術的達成にもかかわらず、近代科学への道を歩むことができなかった。中国人は牌からπにいたるまで数字を巧みに駆使したが、形式システムとしての数学の王道EBG（エウクレイデス＝ボヤイ＝ゲーデル、本文に詳しい）からは見棄てられた。それもこれもあの亀を見棄てたせいなのだ。おお、黄金の永遠の家名（ゴールデン・イターナル・ブリード）よ、万葉の歌人も讃えた図（あや）負えるくすしき亀よ！　その甲羅には左のような九字が描かれていたはずである。

G	E	B
E	B	G
B	G	E

この亀Tが、本書でアキレスAや蟹Cと学問を論じ芸術を語る。ACTはGEBを支える。たとえば数学は定理Tについて語るが、その語り口をアリストテレスAのカテゴリーCにそって個別的、特殊的、普遍的に展開したのが数学史EBG（方陣縦中央）であるといった具合なのだ。本書の対話篇で亀の甲羅の文様に言及がないのは、かつて洛水のほとりで甲羅（こら）と怒鳴られた亀が、恥じてそれを消したためであろう。さて、上のパタンを眺めよう。同じ三文字の組合せが読みとれる。これは語なのか。然り、奇異語である。近代文明を理解するキーワードは、共時的にも通時的にもGEBであること、それを亀は私たちに教える（亀が教師であるという指摘はルイス・キャロルに負う）。右に通時的な例を挙げたし、本書は共時的＝通時的な議論なので、次に共時的理解の例を示そう。

物理学者ファインマンは二〇世紀文明をCAT（原子論の完成、Completion of Atomic Theory）と総括しているが、その実相がEGB（方陣右行、下から読む。地球規模の野蛮時代、Era of Global Barbarism）のはじまりであることを見逃している。キーワードはCATではなく、EBG（方陣横中央）でなければならない。私たちはほのめかしや隠喩ではなく、科学史の直視を欲する。そうすればアインシュタインE、ボーアB、ゲーデル

れる。立教大学理学部物理学科卒業。昭和薬科大学名誉教授。専攻、理論物理学。訳書に、『ホーキング、宇宙を語る』（早川書房）、ソーン『ブラックホールと時空の歪み』、チャーマーズ『意識する心』（白揚社）、ペンローズ『皇帝の新しい心』（みすず書房）、グリーン『エレガントな宇宙』他多数。

Gが見えてくるはずである。

一九〇五年弱冠二五歳のEはウィーン大学に就職論文「『プリンキピア・マテマティカ』およびそれに関連するシステムにおける形式的に決定不可能な命題について」を提出し、時空概念に根本的な変革をもたらした。世にいう相対性理論である。『プリンキピア・マテマティカ』は十七世紀のイギリスの造幣局長官I・ニュートン卿の著作である。若いころ剱橋大学の教授も務めたというから一応学者だったらしいが、海岸で貝を拾う奇癖で知られる。彼は金貨が万人を引きつけることから万有引力を思いつき、この力が人に及ぼす加速度は人の感性に反比例することを発見した。

Eはこれを批判して、すべての人の運動形式がそれによって決定されるのではないことを示し、その置かれた時代、道徳的空気、つまり時空構造が相対的に重要であると指摘した。もっとも、Eの一般的名声は、人体のみならず天体の運動も時空構造に支配されるという、いささか飛躍した一般相対論に負う。

Bはこれを承けて、一九二七年、金力と権力という人間界の二つの力が相補的な関係にあり、一定の条件下では一致するという相補性原理を提唱した。万有引力、電磁気力、弱い力、核力という自然界の四つの基本的力が、高温高密の宇宙のカオス時代には統一していたという流行の統一理論が、この系譜をひいていることはいうまでもない。

相対論誕生の年に父母の相補的遺伝子を受け継いだGは、チューリッヒ工科大学卒業後、ベルンの特許局に勤務し、バイオテク関係の特許審査にたずさわる間に、一九三一年、やはり弱冠二五歳で「運動する生物体の遺伝子力学」なる自己言及的な論文を発表し、有名な不感染定理を証明した。Gはすべての生物に一つずつ自然数（ゲーデル数G）を割り当てた。こうして、生物学の命題はすべて自然数に関する算術的命題に還元できた。二つの種を掛け合せることができるかどうかは、二つの自然数を掛け合せることができるかどうかによって定まる。逆に、二つの種間で交配が不可能ならば、つまり遺伝子による遺伝子の感染が不可能ならば、対応する自然数Gの積は存在しえないことになる。この結果は生物学者、遺伝子工学者以上に数学者を驚倒させた。四則演算で得られない自然数が存在するならば、公理から演繹できない真なる命題も存在するのではなかろうか？ もともと生命工学から出発したGの定理が現代数学にどのような深刻な影響を及ぼしつつあるか、お察しいただけたと思う。[なお、GとEはともに晩年をプリンストン高等研究所で過ごした間柄であったために、通俗解説書では両者の混同が目につく。本稿もその例外ではない。

わずかな例外はハードカバーでソフトな内容の入門書、ナーゲル＝ニューマン『数学から超数学へ』（白揚社）とソフトカバーで手堅い内容の広瀬健・横田一正『ゲーデルの世界』（海鳴社）であり、後者には数学者としてのゲーデルの貴重な伝記、資料がある。」

以上、GEBが世界文明史理解の奇異であることを一応説明しえたと思う。読者にはさきの文字方陣をさらに縦横に味読することをお奨めするが、本書には地を這うCATとぶら下がる樹懶しか登場しないので、斜めに読んではならない。ところで二十世紀のGEBを支えるCATはどうしたかって？　いや、その、実はよくわからんのです。

BE G A Comedy-Tragedy ?

ア苦労スティックな本や苦談戯

柳瀬尚紀

ホフスタッター氏のこの本の翻訳はほんとに本や苦でしたね担当は主に対話劇でしたが**五**
フんか十分もあればすらすら読める原文でもそれを日本語にするとなると亀が一寸進み**二**
スん進みするみたいな歯痒い思いばかりでして語呂つき翻訳家を自称してるといえ四通**八**
タつの下水管が走っている本ですからその場かぎりというかその行かぎりの訳じゃだめ**三**
ツ四つの方向はいつも意識してなくちゃならないしそれに専門知識が不足しているから**ニ**
タニタ笑いながら余裕をもって訳すってことはできなかったですねそうたとえば原書で**六**
一頁の無伴走なんてのは原語を見た瞬間に出てきましたけど厄介な個所が続出でホンマ**ニ**
著者に手紙で文句を言ってやろうかと思ったりしましてねまさに本や苦でしたほんとの**話**
ゲーデルとエッシャーとバッハをかくも捩りに捩って楽しんでくれましたな明日はウナ**電**
一本打ってやろうと思ってます貴書あるいは奇書あるいは亀書の翻訳に日頃語呂つきが**地**
デある小生も呻吟ししかしたし蟹訳了すアキレスもアキレ申スはずなりでもこの本の蝶**番**
ルイスキャロルの作品を何冊か訳してるのはぼくの強みでしたでしょうかねよし一二の**三**
エいっと訳語を決めてしまうとうまく回路がつながる場合もあってそういう勘で知らぬ**町**
ツき明り頼りになんとか歩けたみたいな感じはしますもちろんこういう類の本だから一**番**
シん経を使ったのは誤訳ですよ論理がおかしくなったら大変でしょしかし幸い強力なる**二**
ヤく者野崎さんとはやしさんが丹念に目を通してくれましたしそれに三人とも意見が区**区**
一人一人が違った読みをするなんてことはほとんどなかったですねだから誤訳があれば**田**

翻訳担当個所
すべての対話篇（ただし「SHRDLUよ、……」をのぞく）、および序論（「バッハ」」から「無限に上昇するカノン」まで、「そしてバッハ」」と「『ゲーデル、エッシャー、バッハ』」）、第20章（「現代の音楽とアートにおけるシンボル vs. オブジェ」）

訳者紹介
一九四三年、北海道根室市に生まれる。早稲田大学大学院博士課程修了。著書に、『翻訳はいかにすべきか』（岩波書店）、『猫舌三昧』『言の葉三昧』（朝日新聞社）等、訳書にジョイス『フィネガンズ・ウェイク』『ユリシーズ』（河出書房新社）、ボルヘス『幻獣辞典』（晶文社）等がある。

バたを売ってでも読者に償いをするくらいに三人とも思ってるもっともぼくの家系は代代
ツましいので田畑どころかタバコ銭にも事欠く日がありますがねそれにしても定価が四千
ハ百円というのは安いと思いますよこれが高いという人は人格を知的人格を疑うなあ京都
のお茶漬けじゃないけどいやそんなことをいうと京都の人が買ってくれなくなるかな東京
ざい住の人にも京都在住の人にもとにかく読んでもらいたいんですがねそして日本の最東
きりの町根室の人にも沖縄の人にも読んでもらいたいんですよ確かにこの本は出版元が社
あげての企画というだけのモノなんですなにもこれをベストセラーにして社長が意気揚揚
き分爽快になろうというのじゃありませんからねむしろ出版元の意図は今どき珍しく純白
ひいきの引き倒しになるかもしれないけど出版社としての良心が訳者を動かしてこの翻訳
ろくなもんじゃないなんてたとえ一行一句たりともいわれてなるかという気になるまあ強
はく観念といったら大袈裟ですが向うの意気込みにこっちも真剣になりましたなでも初め
やなせなおきってのが怠惰でしてねおまけに一年間ニューヨークへ海外研修に出かけ彼じ
しんの言葉では遊学でしょこの本の翻訳などそっちのけで何をやってるものか編集者もは
はんと勘づいてからは国際電話で攻め立てるこれがこたえましたよ遊びまくっていてもし
じゅうこの編集者の今思うと演技たっぷりの悲愴な声が耳元にひびいてついに予定をはや
めて帰国して取りかかり両共訳者にはご迷惑をおかけしてぼくが共訳者ならこのお二人は
強訳者です格が違いますそれにしても件の編集者は困ったことにどうも目立ってこのごろ
訳もなく泥酔しこの本のどこかに出てくる蟹さんみたいな踊りをおっぱじめるけどあるひ
白魚の踊りで一杯やっていたらその店内でまたまた踊りだしこの本を出版した意義を意き
揚々とまくしたてわが社はこれで歴史に残るぞって叫ぶもんだから客はびっくり仰天まあ
社風が特異なのかこの編集者が特異なのかてな本や苦談戯をしているうちにすがすがしき
東の陽がのぼってきたじゃありませんかもう春ですよそれで本や苦も終えたことだしいざ
京子に会いに行こうといっても京子とはこの行の最初の文字が京だからふと浮んだだけの
都合いい名前でしかなくてそもそもこんなあとがきを書く羽目におちいったのもおまえハ
千両訳者だとか何とかいってぼくをおだてあげた編集者のせいなんですよシャツとパンツ
代程度の原稿料は出してくれるらしいけど読む方だって苦労するでしょでも考えてみれバ
田舎も田舎つまり日本の最東端の霧の町で生れ育ったぼくみたいな者がこの最先端本の一
区画を翻訳したんだと思うと嬉しいしまた妙な気持ですね翻訳がこの程度の出来で別にヤ
二さがるわけじゃないんですがそうそうこのごろ大相撲春場所をテレビで観てますがもシ

番狂わせ的な翻訳をこの本場所でつまりこの本という場所でやったのならよしと思いつ**ツ**
町を歩いているんですなだから結局この本の翻訳作業は刺激的だったんですよね二流い**エ**
三流の翻訳者としてとにかくいろんな刺激を脳髄に受けましたねしかしとりわけ秀でて**ル**
番狂わせ訳語を作ってくれたのは友人の吉永良正という男でしてね彼の頭脳はすごいん**デ**
地が語呂つきだなんてさっきの発言は取り下げたいんですがゲラを読んで気になると逐**一**
電話をかけてきてなんとはしゃ蟻塚叔母さんという名訳を作ってくれたのにはおったま**ゲ**
話のついでですから付け加えますとねとにかく日本語になったこの名著あるいはこの迷**著**
二人や三人の訳者だけではとうていこのような形のものとして刊行されなかったことを**一**
六歩一四歩などと野崎さんと将棋を指しながら語り合いそれを横目で見ながら日頃めっ**タ**
二泥酔しないはやしさんといつも泥酔する編集者とたまに泥酔する吉永が注ぎつ注がれ**ツ**
三者三様の酔い方をしているようなのはやっぱりみんな嬉しいんですよね四千円にたっ**タ**
八百円足せばこの嬉しさを分かちあってもらえるんだがなあとみんなが願っているんで**ス**
二年や三年ごしなんてもんじゃないですよ四年ごしじゃないかなぼくの体重ですかふふ**フ**
五十キロはないでしょうねだってねほら見てくださいよこのやせこけた右の頬と左のほ**ホ**

『GEB』とD・R・ホフスタッター

一九七八年の秋、ベーシック・ブックス社長マーチン・ケスラーのもとに、厖大な量のタイプ原稿が届けられた。著者はダグラス・R・ホフスタッター。彼の噂は、物理学者で「ニューヨーカー」誌のレギュラー執筆者であるジェレミイ・バーンスタインらの口を通じて、すでにケスラーの耳にも達していた。「書かれている内容は、けっしてそうやさしいものではない。しかし、読みだしたらもう止めることはできなかった」と彼は語っている。

こうして一九七九年の春に刊行された『ゲーデル、エッシャー、バッハ』(Gödel, Escher, Bach: An Eternal Golden Braid)は、発売から三カ月もたたないうちに、大学キャンパスを中心に熱狂的な信奉者を獲得していった。そこに一九八〇年度ピュリツァー賞(ジェネラル・ノンフィクション)受賞の栄誉が追い討ちをかける。ヴィンテージが熾烈な競争を勝ちぬいて権利を取得し、ペーパーバック版を発行すると、一躍ベストセラーに名を連ね、数カ月にわたり上位をキープしたのである。

本稿に収めた情報は、Contemporary Authors および New York Times Book Review の記事にもとづくものであることをおことわりしておく。

『時計じかけのオレンジ』その他の作品で、わが国でも多くの読者をもつアントニー・バージェスは、「オブザーヴァー」紙の書評で次のように述べている。「『ゲーデル、エッシャー、バッハ』の独創性は、その根底にパラドクスが認められる、人間のさまざまな活動領域を関連づける試みにある。」ホフスタッターがこの作品で中心にすえているのは、ゲーデルの不完全性定理をめぐる論議である。ゲーデルの定理で不完全性をもたらしているような構造を、彼はここで「不思議の環」(strange loops)と呼んでおり、そうした例は人間の他の活動領域にも認められるという。たとえば、M・C・エッシャーの『プリント・ギャラリー』、J・S・バッハの『音楽の捧げもの』の転調するカノンである。

「不思議の環」と、それら相互の関係がつくるパタンには、人間の意識と知能はいかに組織されるかの考察へと導くものがある。こうして、意識のモデル、知能のモデルを、われわれはいつの日か人工的につくり出せるだろうか、という問題にまで説き進んでいく。

著者のダグラス・R・ホフスタッターは、一九四五年二月十五日、ニューヨークに生れた。父親はノーベル物理学賞受賞者のロバート・ホフスタッターである。一九六五年、スタンフォード大学を卒業。その後一九七五年に、オレゴン大学で学位を取得している。インディアナ大学コンピュータ科学部の準教授を経て、現在はミシガン大学心理学部に所属しており、人工知能の研究に取り組んでいる。

ホフスタッターは、四歳の頃にはアライグマになりたがっていたという。その後も、数学者になりたがったかと思うと物理学者になりたがったり、作曲家志望だったこともあるらしい。趣味はピアノを弾くこと、作曲すること、そして外国語を学ぶこと。ほとんど英語と同じくらいに使いこなすフランス語のほかに、ドイツ語、イタリア語、スペイン語、スウェーデン語を少々、とのことである。

なお、ホフスタッターは、この『ゲーデル、エッシャー、バッハ』をどんな人たちに読んでもらいたいかという質問に、「わたしが十五歳の頃に興味をもっていたような事柄に関心のある、十五歳の頭のいい連中」と答えている。因にプリンストンに育った彼が、ゲーデルの名を知ったのが十五歳、サミュエル・ベケットの『ゴドーを待ちながら』を読んだのが十五歳のときのことだという。

［K・T］

I支持者が、AIの多くの技巧を強力に一般的に提示した本。前半は、プログラムとはかかわりがなく、後半はリスプを用いており、リスプ言語についてのすぐれた簡潔な説明を含む。現在のAI文献に関する多数のポインタも含まれている。
32 D．ウルドリッジ『メカニカル・マン』(田宮信雄、東京化学同人 1972) 心的現象と大脳現象の関係を平明な言葉で徹底的に論ずる。むずかしい哲学的な概念を斬新なやり方で説明し、具体的な例を用いてそれに光を当てる。

ことを私は発見する。
15 G. T. ニーボン『記号論理学』『数学基礎論』『数理哲学』三分冊（安藤洋美訳、明治図書出版、1971）直観主義、自然数の実在性などのような主題に関する、哲学的議論を多く含むがっちりした書物。
16 A. ケストラー『創造活動の理論』上・下（大久保直幹訳〔上〕、吉村鎮夫訳〔下〕ラテイス〔丸善〕1975）観念がどのように「対合」されて新しいものを生みだすかをめぐる、広範で全般的な刺激に富む理論。しかし通読よりも、でたらめに開いたページを読むのがもっともよい。
17 I. ラカトシュ『数学的発見の論理』（佐々木力訳、共立出版　1979）数学で概念がどのように形成されるかを、対話形式で論じた大変面白い書物。数学者だけではなく、思考過程に関心を有する者にも有益。
18 A. レーニンジャー『レーニンジャー生化学』上・下（中尾真監訳、共立出版　1973、1978）専門書としての水準の高さを考えれば、驚くほど読みやすい。タンパク質や遺伝子がもつれあうさまざまな仕方を、本書で読み取ることができる。よく構成され、興奮を誘う。
19 C. H. マッギラフィ『エッシャー《シメトリーの世界》』（有馬朗人訳・伏見康治解説、サイエンス社　1980）エッシャーのはめ絵（くり返し模様）画集に結晶学者による科学的注釈を附したもの。私の書物のいくつかの挿画――たとえば「蟻のフーガ」、「蟹のカノン」――の出典である。
20 J. モノー『偶然と必然』（渡辺格・村上光彦訳、みすず書房　1972）生命がいかに非生命から構成されたか、進化が熱力学の第2法則を破っているように見えながら、実際にはいかにそれに依存しているかを、豊かな精神の持ち主が特異な仕方で述べる。私は深い感銘を受けた。
21 E. ナーゲル、J. ニューマン『ゲーデルは何を証明したか』（はやし・はじめ訳、白揚社　1999）楽しく、また興味をそそってやまない提示の仕方は、多くの点で私の書物にインスピレーションを与えた。
22 J. ニーバージェルト『数学問題へのコンピュータ・アプローチ』（浦昭二・近藤頌子訳、培風館　1976）コンピュータで攻めることができる、あるいは攻められてきたいろいろな型の問題――たとえば「3n＋1問題」（「アリアとさまざまの変奏」の中で私が触れたもの）やその他の数論の問題――のすぐれた集成。
23 A. レーニイ『数学についての三つの対話』（好田順治訳、講談社　1975）歴史上の有名人が行う三つの短い刺激的な対話。数学の本性に迫ろうとする。一般読者向き。
24 C. セイガン『異星人との知的交信』（金子務・佐竹誠也訳、河出書房新社　1976）この臆測の多い主題をめぐって、綺羅星のごとき科学者たちがほしいままに論じあう真に遠大な会議の記録。
25 E. シュレーディンガー『生命とは何か』（岡小天、鎮目恭夫訳、岩波書店　1951）本物の物理学者（量子力学の創始者の1人）がものした本。生命と脳の物理的基礎を探求する。前掲原書の前半に当るこの部分は、遺伝情報の担い手をめぐる1940年代の研究に大きな影響を及ぼした。
26 R. スマリヤン『この本の名は』（岸田孝一・沖記久子訳、TBS出版会〔産学社〕1982）パラドクス、自己言及およびゲーデルの定理に関するパズルとお話。この本の調子は、私の本の読者の多くにも歓迎されるだろう。この本は、私が（「参考文献」の一項を除いて）私の本の執筆を終えたあとで現れた。
27 J. D. ワトソン『遺伝子の分子生物学』上・下（三浦謹一郎他訳、化学同人　1977）よい本だが、私の見るところでは構成はレーニンジャーの本には及ばない。とはいえ、ほとんどどのページにも興味をひくものがある。
28 J. ワイゼンバウム『コンピュータ・パワー』（秋葉忠利訳、サイマル出版会　1979）挑発的な書物。著者は初期の人工知能研究者で、コンピュータ科学、とくに人工知能研究の多くは危険であるという結論に到達した。彼の批判のいくつかには同意できるが、彼は度を越していると私は思う。彼がＡＩ関係者をことさら仰々しく「人工インテリゲンチャ」と呼んでいるのははじめのうちはおもしろいが、あまりたびたびくり返されると鼻につく。
29 R. ワイルダー『数学基礎論序説』（吉田洋一訳、培風館　1969）すぐれた概説。過去1世紀の重要な考えを展望する。
30 T. ウィノグラード『言語理解の構造』（淵一博・田村治一郎訳、産業図書　1976）本書は、言語というものは世界に関する一般的な理解からいかに切り離しえないかを示し、人々が日常使っている言語に即したプログラムの書き方を論じている。示唆に富む刺戟的な論文である。
31 P. ウィンストン『人工知能』（長尾真・白井良明訳、培風館　1980）熱心で影響力をもつ若いA

* ———, ed. *The Psychology of Computer Vision.* New York: McGraw-Hill, 1975. Silly title, but fine book. It contains articles on how to program computers to do visual recognition of objects, scenes, and so forth. The articles deal with all levels of the problem, from the detection of line segments to the general organization of knowledge. In particular, there is an article by Winston himself on a program he wrote which develops abstract concepts from concrete examples, and an article by Minsky on the nascent notion of "frames".

32 * Wooldridge, Dean. *Mechanical Man—The Physical Basis of Intelligent Life.* New York: McGraw-Hill, 1968. Paperback. A thorough-going discussion of the relationship of mental phenomena to brain phenomena, written in clear language. Explores difficult philosophical concepts in novel ways, shedding light on them by means of concrete examples.

1 J．アレン『LISPの構造』(戸島熈訳、日本コンピュータ協会　1982）20年来、人工知能研究を支配してきたコンピュータ言語リスプに関する最も包括的な書物。感銘すべき簡明さ。

2 A．ベイカー『現代物理学と反物理学』(佐竹誠也訳、白揚社　1973）詩人（気まぐれな反科学論者）と物理学者という奇抜な組合せが交わす、現代物理学、とくに量子力学と相対論に関する一連の対話。一方が論理的思考をその弁護に用い、他方がそれに反対するために用いるときに生ずる奇妙な問題の例となっている。

3 S．バーカー『数学の哲学』(赤摂也訳、培風館　1968）数学的定式を用いずにユークリッドおよび非ユークリッド幾何学を、ついでゲーデルの定理や関連する話題を論じた小冊。

4 P．ベックマン『πの歴史』(田尾陽一、清水韶光訳、蒼樹書房　1973）実際はπを焦点とする世界の歴史。楽しい読物であるとともに、数学史に関する有益な参考書。

5 E.T.ベル『数学史をつくった人びと』上・下（田中勇・銀林浩訳、東京図書　1976）数学史のもっともロマンチックな書き手が、どの数学者の生涯も短篇小説のように読ませる。数学者でない者も、巻を置くときには数学の力、美しさと意味をすっかり悟らされる。

6 M．ボーデン『人工知能と人間』(野崎昭弘・村上陽一郎監訳、サイエンス社　近刊）技術的問題、哲学的問題を含む人工知能全般に関して、これまで私が見た中で最良の書。豊かな内容で第1級の水準に達している。明晰に思考し表現するという、イギリスのよき伝統を継承している。

7 J．チャドウィック『ミュケーナイ世界』(安村典子訳、みすず書房　1982）ミカエル・ヴェントリスがたった1人で成し遂げた、クレタ島古代文字の古典的な解読の物語。

8 B．エルンスト『エッシャーの宇宙』(坂根厳夫訳、朝日新聞社　1983）エッシャーの永年の友人が、愛情をこめて綴るエッシャーの生いたちと彼の絵の源泉。エッシャー愛好者の必読書。

9 M．ガードナー『奇妙な論理』(市場泰男訳、社会思想社　1980　抄訳）　依然として反オカルトの最良の書物。科学の哲学を目指したのではないだろうが、多くの教訓が含まれている。読者はくり返し「証拠とは何か？」という問題に直面させられる。「真理」をあらわにするには、科学だけではなく芸術も必要とされることを、ガードナーは論証している。

10エグバート　B．ゲブスタッター『金、銀、銅——錬金術の五つの環』(野崎昭弘・はやしはじめ・柳瀬尚紀訳、白揚社　1985）金属が主題というのに玉石が混淆しており、語り口は仰々しいが混乱している——私の書物に似て間接的自己言及の好例がいくつか含まれている。実際的だが実在的でない書物をふくむ、行き届いた注釈つきの文献一覧はとくに貴重である。

11K．ゲーデル「『プリンキピア・マテマティカ』およびそれに関連する体系の決定不能な命題について、I』」(広瀬健、横田一正訳）ゲーデルの1931年の論文の全訳。これが広瀬・横田著『ゲーデルの世界』(海鳴社　1985）に附録として収められているのは、何かの手違いであろう。彼らの本の本文そのものが、別のレベルではこの附録の附録であるべきだからだ。もつれた階層の解明者向き。

12C．ゴードン『古代文字の謎』(津村俊夫訳、社会思想社　1979）古代の象形文字、楔形文字、その他の解読をめぐる簡潔でみごとな記述。

13K．ホーナイ『自己分析』(霜田静志・国分康孝訳、誠信書房　1961）自己のレベルが、この複雑な世界のあらゆる個物の自己定義の問題といかにもつれあわずにはすまないか、を述べる。人間性に溢れ洞察に富む。

14S．クリーネ『数学的論理学』上・下（小沢健一訳、明治図書出版　1971、1973）大家による透徹した、配慮の行き届いた書物。どの一節を読み返しても、そのたびに、前に見逃していた

Trakhtenbrot, V. *Algorithms and Computing Machines.* Heath. Paperback. A discussion of theoretical issues involving computers, particularly unsolvable problems such as the halting problem, and the word-equivalence problem. Short, which is nice.

Turing, Sara. *Alan M. Turing.* Cambridge, U. K.: W. Heffer & Sons, 1959. A biography of the great computer pioneer. A mother's work of love.

* Ulam, Stanislaw. *Adventures of a Mathematician.* New York: Charles Scribner's, 1976. An autobiography written by a sixty-five-year old man who writes as if he were still twenty and drunk in love with mathematics. Chock-full of gossip about who thought who was the best, and who envied whom, etc. Not only fun, but serious.

27 Watson, J. D. *The Molecular Biology of the Gene,* 3rd edition. Menlo Park, Calif.: W. A. Benjamin, 1976. A good book but not nearly as well organized as Lehninger's, in my opinion. Still almost every page has something interesting on it.

Webb, Judson. "Metamathematics and the Philosophy of Mind". *Philosophy of Science* 35 (1968): 156. A detailed and rigorous argument against Lucas, which contains this conclusion: "My overall position in the present paper may be stated by saying that the mind-machine-Gödel problem cannot be coherently treated until the constructivity problem in the foundations of mathematics is clarified."

Weiss, Paul. "One Plus One Does Not Equal Two". In G. C. Quarton, T. Melnechuk, and F. O. Schmitt, eds. *The Neurosciences: A Study Program.* New York: Rockefeller University Press, 1967. An article trying to reconcile holism and reductionism, but a good bit too holism-oriented for my taste.

28 * Weizenbaum, Joseph. *Computer Power and Human Reason.* San Francisco: W. H. Freeman, 1976. Paperback. A provocative book by an early AI worker who has come to the conclusion that much work in computer science, particularly in AI, is dangerous. Although I can agree with him on some of his criticisms, I think he goes too far. His sanctimonious reference to AI people as "artificial intelligentsia" is funny the first time, but becomes tiring after the dozenth time. Anyone interested in computers should read it.

Wheeler, William Morton. "The Ant-Colony as an Organism". *Journal of Morphology* 22, 2 (1911): 307-325. One of the foremost authorities of his time on insects gives a famous statement about why an ant colony deserves the label "organism" as much as its parts do.

Whitely, C. H. "Minds, Machines, and Gödel: A Reply to Mr Lucas". *Philosophy* 37 (1962): 61. A simple but potent reply to Lucas' argument.

29 Wilder, Raymond. *An Introduction to the Foundations of Mathematics.* New York: John Wiley, 1952. A good general overview, putting into perspective the important ideas of the past century.

* Wilson, Edward O. *The Insect Societies.* Cambridge, Mass.: Harvard University Press, Belknap Press, 1971. Paperback. The authoritative book on collective behavior of insects. Although it is detailed, it is still readable, and discusses many fascinating ideas. It has excellent illustrations, and a giant (although regrettably not annotated) bibliography.

Winograd, Terry. *Five Lectures on Artificial Intelligence.* AI Memo 246. Stanford, Calif.: Stanford University Artificial Intelligence Laboratory, 1974. Paperback. A description of fundamental problems in AI and new ideas for attacking them, by one of the important contemporary workers in the field.

* ———. *Language as a Cognitive Process.* Reading, Mass.: Addison-Wesley (forthcoming). From what I have seen of the manuscript, this will be a most exciting book, dealing with language in its full complexity as no other book ever has.

30 * ———. *Understanding Natural Language.* New York: Academic Press, 1972. A detailed discussion of one particular program which is remarkably "smart", in a limited world. The book shows how language cannot be separated from a general understanding of the world, and suggests directions to go in, in writing programs which can use language in the way that people do. An important contribution; many ideas can be stimulated by a reading of this book.

———. "On some contested suppositions of generative linguistics about the scientific study of language", *Cognition* 4:6. A droll rebuttal to a head-on attack on Artificial Intelligence by some doctrinaire linguists.

31 * Winston, Patrick. *Artificial Intelligence.* Reading, Mass.: Addison-Wesley, 1977. A strong, general presentation of many facets of AI by a dedicated and influential young proponent. The first half is independent of programs; the second half is LISP-dependent and includes a good brief exposition of the language LISP. The book contains many pointers to present-day AI literature.

entitled "The Architecture of Complexity", discusses problems of reductionism versus holism somewhat.

Smart, J. J. C. "Gödel's Theorem, Church's Theorem, and Mechanism". *Synthèse* 13 (1961): 105. A well written article predating Lucas' 1961 article, but essentially arguing against it. One might conclude that you have to be Good and Smart, to argue against Lucas . . .

** Smullyan, Raymond. *Theory of Formal Systems.* Princeton, N. J.: Princeton University Press, 1961. Paperback. An advanced treatise, but one which begins with a beautiful discussion of formal systems, and proves a simple version of Gödel's Theorem in an elegant way. Worthwhile for Chapter 1 alone.

26 * ———. *What Is the Name of This Book?* Englewood Cliffs, N. J.: Prentice-Hall, 1978. A book of puzzles and fantasies on paradoxes, self-reference, and Gödel's Theorem. Sounds like it will appeal to many of the same readers as my book. It appeared after mine was all written (with the exception of a certain entry in my bibliography).

Sommerhoff, Gerd. *The Logic of the Living Brain.* New York: John Wiley, 1974. A book which attempts to use knowledge of small-scale structures in the brain, in creating a theory of how the brain as a whole works.

Sperry, Roger. "Mind, Brain, and Humanist Values". In John R. Platt, ed. *New Views on the Nature of Man.* Chicago: University of Chicago Press, 1965. A pioneering neurophysiologist here explains most vividly how he reconciles brain activity and consciousness.

* Steiner, George. *After Babel: Aspects of Language and Translation.* New York: Oxford University Press, 1975. Paperback. A book by a scholar in linguistics about the deep problems of translation and understanding of language by humans. Although AI is hardly discussed, the tone is that to program a computer to understand a novel or a poem is out of the question. A well written, thought-provoking—sometimes infuriating—book.

Stenesh, J. *Dictionary of Biochemistry.* New York: John Wiley, Wiley-Interscience, 1975. For me, a useful companion to technical books on molecular biology.

** Stent, Gunther. "Explicit and Implicit Semantic Content of the Genetic Information". In *The Centrality of Science and Absolute Values,* Vol. I. Proceedings of the 4th International Conference on the Unity of the Sciences, New York, 1975. Amazingly enough, this article is in the proceedings of a conference organized by the now-infamous Rev. Sun Myung Moon. Despite this, the article is excellent. It is about whether a genotype can be said, in any operational sense, to contain "all" the information about its phenotype. In other words, it is about the location of meaning in the genotype.

———. *Molecular Genetics: A Historical Narrative.* San Francisco: W. H. Freeman, 1971. Stent has a broad, humanistic viewpoint, and conveys ideas in their historical perspective. An unusual text on molecular biology.

Suppes, Patrick. *Introduction to Logic.* New York: Van Nostrand Reinhold, 1957. A standard text, with clear presentations of both the Propositional Calculus and the Predicate Calculus. My Propositional Calculus stems mainly from here.

Sussman, Gerald Jay. *A Computer Model of Skill Acquisition.* New York: American Elsevier, 1975. Paperback. A theory of programs which understand the task of programming a computer. The questions of how to break the task into parts, and of how the different parts of such a program should interact, are discussed in detail.

** Tanenbaum, Andrew S. *Structured Computer Organization.* Englewood Cliffs, N. J.: Prentice-Hall, 1976. Excellent: a straightforward, extremely well written account of the many levels which are present in modern computer systems. It covers microprogramming languages, machine languages, assembly languages, operating systems, and many other topics. Has a good, partially annotated, bibliography.

Tarski, Alfred. *Logic, Semantics, Metamathematics. Papers from 1923 to 1938.* Translated by J. H. Woodger. New York: Oxford University Press, 1956. Sets forth Tarski's ideas about truth, and the relationship between language and the world it represents. These ideas are still having repercussions in the problem of knowledge representation in Artificial Intelligence.

Taube, Mortimer. *Computers and Common Sense.* New York: McGraw-Hill, 1961. Paperback. Perhaps the first tirade against the modern concept of Artificial Intelligence. Annoying.

Tietze, Heinrich. *Famous Problems of Mathematics.* Baltimore: Graylock Press, 1965. A book on famous problems, written in a very personal and erudite style. Good illustrations and historical material.

Ranganathan, S. R. *Ramanujan, The Man and the Mathematician.* London: Asia Publishing House, 1967. An occult-oriented biography of the Indian genius by an admirer. An odd but charming book.

Reichardt, Jasia. *Cybernetics, Arts, and Ideas.* Boston: New York Graphic Society, 1971. A weird collection of ideas about computers and art, music, literature. Some of it is definitely off the deep end—but some of it is not. Examples of the latter are the articles "A Chance for Art" by J. R. Pierce, and "Computerized Haiku" by Margaret Masterman.

23 Rényi, Alfréd. *Dialogues on Mathematics.* San Francisco: Holden-Day, 1967. Paperback. Three simple but stimulating dialogues involving classic characters in history, trying to get at the nature of mathematics. For the general public.

** Reps, Paul. *Zen Flesh, Zen Bones.* New York: Doubleday, Anchor Books. Paperback. This book imparts very well the flavor of Zen—its antirational, antilanguage, antireductionistic, basically holistic orientation.

Rogers, Hartley. *Theory of Recursive Functions and Effective Computability.* New York: McGraw-Hill, 1967. A highly technical treatise, but a good one to learn from. Contains discussions of many intriguing problems in set theory and recursive function theory.

Rokeach, Milton. *The Three Christs of Ypsilanti.* New York: Vintage Books, 1964. Paperback. A study of schizophrenia and the strange breeds of "consistency" which arise in the afflicted. A fascinating conflict between three men in a mental institution, all of whom imagined they were God, and how they dealt with being brought face to face for many months.

** Rose, Steven. *The Conscious Brain,* updated ed. New York: Vintage Books, 1976. Paperback. An excellent book—probably the best introduction to the study of the brain. Contains full discussions of the physical nature of the brain, as well as philosophical discussions on the nature of mind, reductionism vs. holism, free will vs. determinism, etc. from a broad, intelligent, and humanistic viewpoint. Only his ideas on AI are way off.

Rosenblueth, Arturo. *Mind and Brain: A Philosophy of Science.* Cambridge, Mass.: M.I.T. Press, 1970. Paperback. A well written book by a brain researcher who deals with most of the deep problems concerning mind and brain.

24 * Sagan, Carl, ed. *Communication with Extraterrestrial Intelligence.* Cambridge, Mass.: M.I.T. Press, 1973. Paperback. Transcripts of a truly far-out conference, where a stellar group of scientists and others battle it out on this speculative issue.

Salmon, Wesley, ed. *Zeno's Paradoxes.* New York: Bobbs-Merrill, 1970. Paperback. A collection of articles on Zeno's ancient paradoxes, scrutinized under the light of modern set theory, quantum mechanics, and so on. Curious and thought-provoking, occasionally humorous.

Sanger, F., et al. "Nucleotide sequence of bacteriophage ϕX174 DNA", *Nature* 265 (Feb. 24, 1977). An exciting presentation of the first laying-bare ever of the full hereditary material of any organism. The surprise is the double-entendre: two proteins coded for in an overlapping way: almost too much to believe.

Sayre, Kenneth M., and Frederick J. Crosson. *The Modeling of Mind: Computers and Intelligence.* New York: Simon and Schuster, Clarion Books, 1963. A collection of philosophical comments on the idea of Artificial Intelligence by people from a wide range of disciplines. Contributors include Anatol Rapoport, Ludwig Wittgenstein, Donald Mackay, Michael Scriven, Gilbert Ryle, and others.

25 * Schank, Roger, and Kenneth Colby. *Computer Models of Thought and Language.* San Francisco: W. H. Freeman, 1973. A collection of articles on various approaches to the simulation of mental processes such as language-understanding, belief-systems, translation, and so forth. An important AI book, and many of the articles are not hard to read, even for the layman.

Schrödinger, Erwin. *What is Life? & Mind and Matter.* New York: Cambridge University Press, 1967. Paperback. A famous book by a famous physicist (one of the main founders of quantum mechanics). Explores the physical basis of life and brain; then goes on to discuss consciousness in quite metaphysical terms. The first half, *What is Life?*, had considerable influence in the 1940's on the search for the carrier of genetic information.

Shepard, Roger N. "Circularity in Judgments of Relative Pitch". *Journal of the Acoustical Society of America* 36, no. 12 (December 1964), pp. 2346-2353. The source of the amazing auditory illusion of "Shepard tones".

Simon, Herbert A. *The Sciences of the Artificial.* Cambridge, Mass.: M.I.T. Press, 1969. Paperback. An interesting book on understanding complex systems. The last chapter,

Meyer, Jean. "Essai d'application de certains modèles cybernétiques à la coordination chez les insectes sociaux". *Insectes Sociaux* XIII, no. 2 (1966): 127. An article which draws some parallels between the neural organization in the brain, and the organization of an ant colony.

Meyer, Leonard B. *Emotion and Meaning in Music*. Chicago: University of Chicago Press, 1956. Paperback. A book which attempts to use ideas of Gestalt psychology and the theory of perception to explain why musical structure is as it is. One of the more unusual books on music and mind.

———. *Music, The Arts, and Ideas*. Chicago: University of Chicago Press, 1967. Paperback. A thoughtful analysis of mental processes involved in listening to music, and of hierarchical structures in music. The author compares modern trends in music with Zen Buddhism.

Miller, G. A. and P. N. Johnson-Laird. *Language and Perception*. Cambridge, Mass.: Harvard University Press, Belknap Press, 1976. A fascinating compendium of linguistic facts and theories, bearing on Whorf's hypothesis that language is the same as worldview. A typical example is the discussion of the weird "mother-in-law" language of the Dyirbal people of Northern Queensland: a separate language used only for speaking to one's mother-in-law.

** Minsky, Marvin L. "Matter, Mind, and Models". In Marvin L. Minsky, ed. *Semantic Information Processing*. Cambridge, Mass.: M.I.T. Press, 1968. Though merely a few pages long, this article implies a whole philosophy of consciousness and machine intelligence. It is a memorable piece of writing by one of the deepest thinkers in the field.

Minsky, Marvin L., and Seymour Papert. *Artificial Intelligence Progress Report*. Cambridge, Mass.: M.I.T. Artificial Intelligence Laboratory, AI Memo 252, 1972. A survey of all the work in Artificial Intelligence done at M.I.T. up to 1972, relating it to psychology and epistemology. Could serve excellently as an introduction to AI.

20** Monod, Jacques. *Chance and Necessity*. New York: Random House, Vintage Books, 1971. Paperback. An extremely fertile mind writing in an idiosyncratic way about fascinating questions, such as how life is constructed out of non-life; how evolution, seeming to violate the second law of thermodynamics, is actually dependent on it. The book excited me deeply.

* Morrison, Philip and Emily, eds. *Charles Babbage and his Calculating Engines*. New York: Dover Publications, 1961. Paperback. A valuable source of information about the life of Babbage. A large fraction of Babbage's autobiography is reprinted here, along with several articles about Babbage's machines and his "Mechanical Notation".

Myhill, John. "Some Philosophical Implications of Mathematical Logic". *Review of Metaphysics* 6 (1952): 165. An unusual discussion of ways in which Gödel's Theorem and Church's Theorem are connected to psychology and epistemology. Ends up in a discussion of beauty and creativity.

Nagel, Ernest. *The Structure of Science*. New York: Harcourt, Brace, and World, 1961. A classic in the philosophy of science, featuring clear discussions of reductionism vs. holism, teleological vs. nonteleological explanations, etc.

21** Nagel, Ernest and James R. Newman. *Gödel's Proof*. New York: New York University Press, 1958. Paperback. An enjoyable and exciting presentation, which was, in many ways, the inspiration for my own book.

22 * Nievergelt, Jurg, J. C. Farrar, and E. M. Reingold. *Computer Approaches to Mathematical Problems*. Englewood Cliffs, N. J.: Prentice-Hall, 1974. An unusual collection of different types of problems which can be and have been attacked on computers—for instance, the "$3n+1$ problem" (mentioned in my *Aria with Diverse Variations*) and other problems of number theory.

Pattee, Howard H., ed. *Hierarchy Theory*. New York: George Braziller, 1973. Paperback. Subtitled "The Challenge of Complex Systems". Contains a good article by Herbert Simon covering some of the same ideas as does my Chapter on "Levels of Description".

Péter, Rózsa. *Recursive Functions*. New York: Academic Press, 1967. A thorough discussion of primitive recursive functions, general recursive functions, partial recursive functions, the diagonal method, and many other fairly technical topics.

Quine, Willard Van Orman. *The Ways of Paradox, and Other Essays*. New York: Random House, 1966. A collection of Quine's thoughts on many topics. The first essay deals with various sorts of paradoxes, and their resolutions. In it, he introduces the operation I call "quining" in my book.

16 Koestler, Arthur. *The Act of Creation.* New York: Dell, 1966. Paperback. A wide-ranging and generally stimulating theory about how ideas are "bisociated" to yield novelty. Best to open it at random and read, rather than begin at the beginning.

Koestler, Arthur and J. R. Smythies, eds. *Beyond Reductionism.* Boston: Beacon Press, 1969. Paperback. Proceedings of a conference whose participants all were of the opinion that biological systems cannot be explained reductionistically, and that there is something "emergent" about life. I am intrigued by books which seem wrong to me, yet in a hard-to-pin-down way.

** Kubose, Gyomay. *Zen Koans.* Chicago: Regnery, 1973. Paperback. One of the best collections of kōans available. Attractively presented. An essential book for any Zen library.

Kuffler, Stephen W. and John G. Nicholls. *From Neuron to Brain.* Sunderland, Mass.: Sinauer Associates, 1976. Paperback. A book which, despite its title, deals mostly with microscopic processes in the brain, and quite little with the way people's thoughts come out of the tangled mess. The work of Hubel and Wiesel on visual systems is covered particularly well.

Lacey, Hugh, and Geoffrey Joseph. "What the Gödel Formula Says". *Mind* 77 (1968): 77. A useful discussion of the meaning of the Gödel formula, based on a strict separation of three levels: uninterpreted formal system, interpreted formal system, and metamathematics. Worth studying.

17 Lakatos, Imre. *Proofs and Refutations.* New York: Cambridge University Press, 1976. Paperback. A most entertaining book in dialogue form, discussing how concepts are formed in mathematics. Valuable not only to mathematicians, but also to people interested in thought processes.

18** Lehninger, Albert. *Biochemistry.* New York: Worth Publishers, 1976. A wonderfully readable text, considering its technical level. In this book one can find many ways in which proteins and genes are tangled together. Well organized, and exciting.

** Lucas, J. R. "Minds, Machines, and Gödel". *Philosophy* 36 (1961): 112. This article is reprinted in Anderson's *Minds and Machines,* and in Sayre and Crosson's *The Modeling of Mind.* A highly controversial and provocative article, it claims to show that the human brain cannot, in principle, be modeled by a computer program. The argument is based entirely on Gödel's Incompleteness Theorem, and is a fascinating one. The prose is (to my mind) incredibly infuriating—yet for that very reason, it makes humorous reading.

———. "Satan Stultified: A Rejoinder to Paul Benacerraf". *Monist* 52 (1968): 145. Anti-Benacerraf argument, written in hilariously learned style: at one point Lucas refers to Benacerraf as "self-stultifyingly eristic" (whatever that means). The Lucas-Benacerraf battle, like the Lucas-Good battle, offers much food for thought.

———. "Human and Machine Logic: A Rejoinder". *British Journal for the Philosophy of Science* 19 (1967): 155. An attempted refutation of Good's attempted refutation of Lucas' original article.

19** MacGillavry, Caroline H. *Symmetry Aspects of the Periodic Drawings of M. C. Escher.* Utrecht: A. Oosthoek's Uitgevermaatschappij, 1965. A collection of tilings of the plane by Escher, with scientific commentary by a crystallographer. The source for some of my illustrations—e.g., the *Ant Fugue* and the *Crab Canon.* Reissued in 1976 in New York by Harry N. Abrams under the title *Fantasy and Symmetry.*

MacKay, Donald M. *Information, Mechanism and Meaning.* Cambridge, Mass.: M.I.T. Press, 1970. Paperback. A book about different measures of information, applicable in different situations; theoretical issues related to human perception and understanding; and the way in which conscious activity can arise from a mechanistic underpinning.

* Mandelbrot, Benoît. *Fractals: Form, Chance, and Dimension.* San Francisco: W. H. Freeman, 1977. A rarity: a picture book of sophisticated contemporary research ideas in mathematics. Here, it concerns recursively defined curves and shapes, whose dimensionality is not a whole number. Amazingly, Mandelbrot shows their relevance to practically every branch of science.

* McCarthy, John. "Ascribing Mental Qualities to Machines". To appear in Martin Ringle, ed. *Philosophical Perspectives in Artificial Intelligence.* New York: Humanities Press, 1979. A penetrating article about the circumstances under which it would make sense to say that a machine had beliefs, desires, intentions, consciousness, or free will. It is interesting to compare this article with the book by Griffin.

Meschkowski, Herbert. *Non-Euclidean Geometry.* New York: Academic Press, 1964. Paperback. A short book with good historical commentary.

Hofstadter, Douglas R. "Energy levels and wave functions of Bloch electrons in rational and irrational magnetic fields". *Physical Review B*, 14, no. 6 (15 September 1976). The author's Ph.D. work, presented as a paper. Details the origin of "Gplot", the recursive graph shown in Figure 34.

Hook, Sidney, ed. *Dimensions of Mind.* New York: Macmillan, Collier Books, 1961. Paperback. A collection of articles on the mind-body problem and the mind-computer problem. Some rather strong-minded entries here.

13 * Horney, Karen. *Self-Analysis.* New York: W. W. Norton, 1942. Paperback. A fascinating description of how the levels of the self must tangle to grapple with problems of self-definition of any individual in this complex world. Humane and insightful.

Hubbard, John I. *The Biological Basis of Mental Activity.* Reading, Mass.: Addison-Wesley, 1975. Paperback. Just one more book about the brain, with one special virtue, however: it contains many long lists of questions for the reader to ponder, and references to articles which treat those questions.

* Jackson, Philip C. *Introduction to Artificial Intelligence.* New York, Petrocelli Charter, 1975. A recent book, describing, with some exuberance, the ideas of AI. There are a huge number of vaguely suggested ideas floating around this book, and for that reason it is very stimulating just to page through it. Has a giant bibliography, which is another reason to recommend it.

Jacobs, Robert L. *Understanding Harmony.* New York: Oxford University Press, 1958. Paperback. A straightforward book on harmony, which can lead one to ask many questions about why it is that conventional Western harmony has such a grip on our brains.

Jaki, Stanley L. *Brain, Mind, and Computers.* South Bend, Ind.: Gateway Editions, 1969. Paperback. A polemic book whose every page exudes contempt for the computational paradigm for understanding the mind. Nonetheless it is interesting to ponder the points he brings up.

* Jauch, J. M. *Are Quanta Real?* Bloomington, Ind.: Indiana University Press, 1973. A delightful little book of dialogues, using three characters borrowed from Galileo, put in a modern setting. Not only are questions of quantum mechanics discussed, but also issues of pattern recognition, simplicity, brain processes, and philosophy of science enter. Most enjoyable and provocative.

* Jeffrey, Richard. *Formal Logic: Its Scope and Limits.* New York: McGraw-Hill, 1967. An easy-to-read elementary textbook whose last chapter is on Gödel's and Church's Theorems. This book has quite a different approach from many logic texts, which makes it stand out.

* Jensen, Hans. *Sign, Symbol, and Script.* New York: G. P. Putnam's, 1969. A—or perhaps the—top-notch book on symbolic writing systems the world over, both of now and long ago. There is much beauty and mystery in this book—for instance, the undeciphered script of Easter Island.

Kalmár, László. "An Argument Against the Plausibility of Church's Thesis". In A. Heyting, ed. *Constructivity in Mathematics: Proceedings of the Colloquium held at Amsterdam, 1957,* North-Holland, 1959. An interesting article by perhaps the best-known disbeliever in the Church-Turing Thesis.

* Kim, Scott E. "The Impossible Skew Quadrilateral: A Four-Dimensional Optical Illusion". In David Brisson, ed. *Proceedings of the 1978 A.A.A.S. Symposium on Hypergraphics: Visualizing Complex Relationships in Art and Science.* Boulder, Colo.: Westview Press, 1978. What seems at first an inconceivably hard idea—an optical illusion for four-dimensional "people"—is gradually made crystal clear, in an amazing virtuoso presentation utilizing a long series of excellently executed diagrams. The form of this article is just as intriguing and unusual as its content: it is tripartite on many levels simultaneously. This article and my book developed in parallel and each stimulated the other.

14 Kleene, Stephen C. *Introduction to Mathematical Logic.* New York: John Wiley, 1967. A thorough, thoughtful text by an important figure in the subject. Very worthwhile. Each time I reread a passage, I find something new in it which had escaped me before.

———. *Introduction to Metamathematics.* Princeton: D. Van Nostrand (1952). Classic work on mathematical logic; his textbook (above) is essentially an abridged version. Rigorous and complete, but oldish.

15 Kneebone G. J. *Mathematical Logic and the Foundations of Mathematics.* New York: Van Nostrand Reinhold, 1963. A solid book with much philosophical discussion of such topics as intuitionism, and the "reality" of the natural numbers, etc.

wandter Systeme, I." *Monatshefte für Mathematik und Physik,* 38 (1931), 173-198. Gödel's 1931 paper.

* Goffman, Erving. *Frame Analysis.* New York: Harper & Row, Colophon Books, 1974. Paperback. A long documentation of the definition of "systems" in human communication, and how in art and advertising and reporting and the theatre, the borderline between "the system" and "the world" is perceived and exploited and violated.

Goldstein, Ira, and Seymour Papert. "Artificial Intelligence, Language, and the Study of Knowledge". Cognitive Science 1 (January 1977): 84-123. A survey article concerned with the past and future of AI. The authors see three periods so far: "Classic", "Romantic", and "Modern".

Good, I. J. "Human and Machine Logic". *British Journal for the Philosophy of Science* 18 (1967): 144. One of the most interesting attempts to refute Lucas, having to do with whether the repeated application of the diagonal method is itself a mechanizable operation.

———. "Gödel's Theorem is a Red Herring". *British Journal for the Philosophy of Science* 19 (1969): 357. In which Good maintains that Lucas' argument has nothing to do with Gödel's Theorem, and that Lucas should in fact have entitled his article "Minds, Machines, and Transfinite Counting". The Good-Lucas repartee is fascinating.

Goodman, Nelson. *Fact, Fiction, and Forecast.* 3rd ed. Indianapolis: Bobbs-Merrill, 1973. Paperback. A discussion of contrary-to-fact conditionals and inductive logic, including Goodman's famous problem-words "bleen" and "grue". Bears very much on the question of how humans perceive the world, and therefore interesting especially from the AI perspective.

* Goodstein, R. L. *Development of Mathematical Logic.* New York: Springer Verlag, 1971. A concise survey of mathematical logic, including much material not easily found elsewhere. An enjoyable book, and useful as a reference.

12 Gordon, Cyrus. *Forgotten Scripts.* New York: Basic Books, 1968. A short and nicely written account of the decipherment of ancient hieroglyphics, cuneiform, and other scripts.

Griffin, Donald. *The Question of Animal Awareness.* New York: Rockefeller University Press, 1976. A short book about bees, apes, and other animals, and whether or not they are "conscious"—and particularly whether or not it is legitimate to use the word "consciousness" in scientific explanations of animal behavior.

deGroot, Adriaan. *Thought and Choice in Chess.* The Hague: Mouton, 1965. A thorough study in cognitive psychology, reporting on experiments that have a classical simplicity and elegance.

Gunderson, Keith. *Mentality and Machines.* New York: Doubleday, Anchor Books, 1971. Paperback. A very anti-AI person tells why. Sometimes hilarious.

** Hanawalt, Philip C., and Robert H. Haynes, eds. *The Chemical Basis of Life.* San Francisco: W. H. Freeman, 1973. Paperback. An excellent collection of reprints from the *Scientific American.* One of the best ways to get a feeling for what molecular biology is about.

* Hardy, G. H. and E. M. Wright. *An Introduction to the Theory of Numbers,* 4th ed. New York: Oxford University Press, 1960. The classic book on number theory. Chock-full of information about those mysterious entities, the whole numbers.

Harmon, Leon. "The Recognition of Faces". *Scientific American,* November 1973, p. 70. Explorations concerning how we represent faces in our memories, and how much information is needed in what form for us to be able to recognize a face. One of the most fascinating of pattern recognition problems.

van Heijenoort, Jean. *From Frege to Gödel: A Source Book in Mathematical Logic.* Cambridge, Mass.: Harvard University Press, 1977. Paperback. A collection of epoch-making articles on mathematical logic, all leading up to Gödel's climactic revelation, which is the final paper in the book.

Henri, Adrian. *Total Art: Environments, Happenings, and Performances.* New York: Praeger, 1974. Paperback. In which it is shown how meaning has degenerated so far in modern art that the absence of meaning becomes profoundly meaningful (whatever that means).

* Hoare, C. A. R. and D. C. S. Allison. "Incomputability". *Computing Surveys* 4, no. 3 (September 1972). A smoothly presented exposition of why the halting problem is unsolvable. Proves this fundamental theorem: "Any language containing conditionals and recursive function definitions which is powerful enough to program its own interpreter cannot be used to program its own 'terminates' function."

Doblhofer, Ernst. *Voices in Stone*. New York: Macmillan, Collier Books, 1961. Paperback. A good book on the decipherment of ancient scripts.

* Dreyfus, Hubert. *What Computers Can't Do: A Critique of Artificial Reason*. New York: Harper & Row, 1972. A collection of many arguments against Artificial Intelligence from someone outside of the field. Interesting to try to refute. The AI community and Dreyfus enjoy a relation of strong mutual antagonism. It is important to have people like Dreyfus around, even if you find them very irritating.

Edwards, Harold M. "Fermat's Last Theorem". *Scientific American*, October 1978, pp. 104-122. A complete discussion of this hardest of all mathematical nuts to crack, from its origins to the most modern results. Excellently illustrated.

8 * Ernst, Bruno. *The Magic Mirror of M. C. Escher*. New York: Random House, 1976. Paperback. Escher as a human being, and the origins of his drawings, are discussed with devotion by a friend of many years. A "must" for any lover of Escher.

** Escher, Maurits C., et al. *The World of M. C. Escher*. New York: Harry N. Abrams, 1972. Paperback. The most extensive collection of reproductions of Escher's works. Escher comes about as close as one can to recursion in art, and captures the spirit of Gödel's Theorem in some of his drawings amazingly well.

Feigenbaum, Edward, and Julian Feldman, eds. *Computers and Thought*. New York: McGraw-Hill, 1963. Although it is a little old now, this book is still an important collection of ideas about Artificial Intelligence. Included are articles on Gelernter's geometry program, Samuel's checkers program, and others on pattern recognition, language understanding, philosophy, and so on.

Finsler, Paul. "Formal Proofs and Undecidability". Reprinted in van Heijenoort's anthology *From Frege to Gödel* (see below). A forerunner of Gödel's paper, in which the existence of undecidable mathematical statements is suggested, though not rigorously demonstrated.

Fitzpatrick, P. J. "To Gödel via Babel". *Mind* 75 (1966): 332-350. An innovative exposition of Gödel's proof which distinguishes between the relevant levels by using three different languages: English, French, and Latin!

von Foerster, Heinz and James W. Beauchamp, eds. *Music by Computers*. New York: John Wiley, 1969. This book contains not only a set of articles about various types of computer-produced music, but also a set of four small phonograph records so you can actually hear (and judge) the pieces described. Among the pieces is Max Mathews' mixture of "Johnny Comes Marching Home" and "The British Grenadiers".

Fraenkel, Abraham, Yehoshua Bar-Hillel, and Azriel Levy. *Foundations of Set Theory*, 2nd ed. Atlantic Highlands, N. J.: Humanities Press, 1973. A fairly nontechnical discussion of set theory, logic, limitative Theorems and undecidable statements. Included is a long treatment of intuitionism.

* Frey, Peter W. *Chess Skill in Man and Machine*. New York: Springer Verlag, 1977. An excellent survey of contemporary ideas in computer chess: why programs work, why they don't work, retrospects and prospects.

Friedman, Daniel P. *The Little Lisper*. Palo Alto, Calif.: Science Research Associates, 1974. Paperback. An easily digested introduction to recursive thinking in LISP. You'll eat it up!

* Gablik, Suzi. *Magritte*. Boston, Mass.: New York Graphic Society, 1976. Paperback. An excellent book on Magritte and his works by someone who really understands their setting in a wide sense; has a good selection of reproductions.

9 * Gardner, Martin. *Fads and Fallacies*. New York: Dover Publications, 1952. Paperback. Still probably the best of all the anti-occult books. Although probably not intended as a book on the philosophy of science, this book contains many lessons therein. Over and over, one faces the question, "What is evidence?" Gardner demonstrates how unearthing "the truth" requires art as much as science.

10 Gebstadter, Egbert B. *Copper, Silver, Gold: an Indestructible Metallic Alloy*. Perth: Acidic Books, 1979. A formidable hodge-podge, turgid and confused—yet remarkably similar to the present work. Contains some excellent examples of indirect self-reference. Of particular interest is a reference in its well-annotated bibliography to an isomorphic, but imaginary, book.

11** Gödel, Kurt. *On Formally Undecidable Propositions*. New York: Basic Books, 1962. A translation of Gödel's 1931 paper, together with some discussion.

———. "Über Formal Unentscheidbare Sätze der *Principia Mathematica* und Ver-

6 * Boden, Margaret. *Artificial Intelligence and Natural Man.* New York: Basic Books, 1977. The best book I have ever seen on nearly all aspects of Artificial Intelligence, including technical questions, philosophical questions, etc. It is a rich book, and in my opinion, a classic. Continues the British tradition of clear thinking and expression on matters of mind, free will, etc. Also contains an extensive technical bibliography.

———. *Purposive Explanation in Psychology.* Cambridge, Mass.: Harvard University Press, 1972. The book to which her AI book is merely "an extended footnote", says Boden.

* Boeke, Kees. *Cosmic View: The Universe in 40 Jumps.* New York: John Day, 1957. The ultimate book on levels of description. Everyone should see this book at some point in their life. Suitable for children.

** Bongard, M. *Pattern Recognition.* Rochelle Park, N. J.: Hayden Book Co., Spartan Books, 1970. The author is concerned with problems of determining categories in an ill-defined space. In his book, he sets forth a magnificent collection of 100 "Bongard problems" (as I call them)—puzzles for a pattern recognizer (human or machine) to test its wits on. They are invaluably stimulating for anyone who is interested in the nature of intelligence.

Boolos, George S., and Richard Jeffrey. *Computability and Logic.* New York: Cambridge University Press, 1974. A sequel to Jeffrey's *Formal Logic.* It contains a wide number of results not easily obtainable elsewhere. Quite rigorous, but this does not impair its readability.

Carroll, John B., Peter Davies, and Barry Rickman. *The American Heritage Word Frequency Book.* Boston: Houghton Mifflin, and New York: American Heritage Publishing Co., 1971. A table of words in order of frequency in modern written American English. Perusing it reveals fascinating things about our thought processes.

Cerf, Vinton. "Parry Encounters the Doctor". *Datamation,* July 1973, pp. 62-64. The first meeting of artificial "minds"—what a shock!

7 Chadwick, John. *The Decipherment of Linear B.* New York: Cambridge University Press, 1958. Paperback. A book about a classic decipherment—that of a script from the island of Crete—done by a single man: Michael Ventris.

Chaitin, Gregory J. "Randomness and Mathematical Proof". *Scientific American,* May 1975. An article about an algorithmic definition of randomness, and its intimate relation to simplicity. These two concepts are tied in with Gödel's Theorem, which assumes a new meaning. An important article.

Cohen, Paul C. *Set Theory and the Continuum Hypothesis.* Menlo Park, Calif.: W. A. Benjamin, 1966. Paperback. A great contribution to modern mathematics—the demonstration that various statements are undecidable within the usual formalisms for set theory—is here explained to nonspecialists by its discoverer. The necessary prerequisites in mathematical logic are quickly, concisely, and quite clearly presented.

Cooke, Deryck. *The Language of Music.* New York: Oxford University Press, 1959. Paperback. The only book that I know which tries to draw an explicit connection between elements of music and elements of human emotion. A valuable start down what is sure to be a long hard road to understanding music and the human mind.

* David, Hans Theodore. *J. S. Bach's Musical Offering.* New York: Dover Publications, 1972. Paperback. Subtitled "History, Interpretation, and Analysis". A wealth of information about this *tour de force* by Bach. Attractively written.

** David, Hans Theodore, and Arthur Mendel. *The Bach Reader.* New York: W. W. Norton, 1966. Paperback. An excellent annotated collection of original source material on Bach's life, containing pictures, reproductions of manuscript pages, many short quotes from contemporaries, anecdotes, etc., etc.

Davis, Martin. *The Undecidable.* Hewlett, N. Y.: Raven Press, 1965. An anthology of some of the most important papers in metamathematics from 1931 onwards (thus quite complementary to van Heijenoort's anthology). Included are a translation of Gödel's 1931 paper, lecture notes from a course which Gödel once gave on his results, and then papers by Church, Kleene, Rosser, Post, and Turing.

Davis, Martin, and Reuben Hersh. "Hilbert's Tenth Problem". *Scientific American,* November 1973, p. 84. How a famous problem in number theory was finally shown to be unsolvable, by a twenty-two-year old Russian.

** DeLong, Howard. *A Profile of Mathematical Logic.* Reading, Mass.: Addison-Wesley, 1970. An extremely carefully written book about mathematical logic, with an exposition of Gödel's Theorem and discussions of many philosophical questions. One of its strong features is its outstanding, fully annotated bibliography. A book which influenced me greatly.

参考文献

＊＊は、本書を書き進めるうえで支えになった主要な著作・論文
＊は、特筆すべき奇想をもりこんだ著作・論文。
なお、番号を付した著作はすでに邦訳があるので邦題・発行所を巻末に記載し、著者による解説を訳出しておいた。

1 Allen, John. *The Anatomy of LISP*. New York: McGraw-Hill, 1978. The most comprehensive book on LISP, the computer language which has dominated Artificial Intelligence research for two decades. Clear and crisp.

** Anderson, Alan Ross, ed. *Minds and Machines*. Englewood Cliffs, N. J.: Prentice-Hall, 1964. Paperback. A collection of provocative articles for and against Artificial Intelligence. Included are Turing's famous article "Computing Machinery and Intelligence" and Lucas' exasperating article "Minds, Machines, and Gödel".

Babbage, Charles. *Passages from the Life of a Philosopher*. London: Longman, Green, 1864. Reprinted in 1968 by Dawsons of Pall Mall (London). A rambling selection of events and musings in the life of this little-understood genius. There's even a play starring Turnstile, a retired philosopher turned politician, whose favorite musical instrument is the barrel-organ. I find it quite jolly reading.

2 Baker, Adolph. *Modern Physics and Anti-physics*. Reading, Mass.: Addison-Wesley, 1970. Paperback. A book on modern physics—especially quantum mechanics and relativity—whose unusual feature is a set of dialogues between a "Poet" (an antiscience "freak") and a "Physicist". These dialogues illustrate the strange problems which arise when one person uses logical thinking in defense of itself while another turns logic against itself.

Ball, W. W. Rouse. "Calculating Prodigies", in James R. Newman, ed. *The World of Mathematics,* Vol. 1. New York: Simon and Schuster, 1956. Intriguing descriptions of several different people with amazing abilities that rival computing machines.

3 Barker, Stephen F. *Philosophy of Mathematics*. Englewood Cliffs, N. J.: Prentice-Hall, 1969. A short paperback which discusses Euclidean and non-Euclidean geometry, and then Gödel's Theorem and related results without any mathematical formalism.

4 * Beckmann, Petr. *A History of Pi*. New York: St. Martin's Press, 1976. Paperback. Actually, a history of the world, with pi as its focus. Most entertaining, as well as a useful reference on the history of mathematics.

5 * Bell, Eric Temple. *Men of Mathematics*. New York: Simon & Schuster, 1965. Paperback. Perhaps the most romantic writer of all time on the history of mathematics. He makes every life story read like a short novel. Nonmathematicians can come away with a true sense of the power, beauty, and meaning of mathematics.

Benacerraf, Paul. "God, the Devil, and Gödel". *Monist* 51 (1967): 9. One of the most important of the many attempts at refutation of Lucas. All about mechanism and metaphysics, in the light of Gödel's work.

Benacerraf, Paul, and Hilary Putnam. *Philosophy of Mathematics—Selected Readings*. Englewood Cliffs, N. J.: Prentice-Hall, 1964. Articles by Gödel, Russell, Nagel, von Neumann, Brouwer, Frege, Hilbert, Poincaré, Wittgenstein, Carnap, Quine, and others on the reality of numbers and sets, the nature of mathematical truth, and so on.

* Bergerson, Howard. *Palindromes and Anagrams*. New York: Dover Publications, 1973. Paperback. An incredible collection of some of the most bizarre and unbelievable wordplay in English. Palindromic poems, plays, stories, and so on.

Bobrow, D. G., and Allan Collins, eds. *Representation and Understanding: Studies in Cognitive Science*. New York: Academic Press, 1975. Various experts on Artificial Intelligence thrash about, debating the nature of the elusive "frames", the question of procedural vs. declarative representation of knowledge, and so on. In a way, this book marks the start of a new era of AI: the era of representation.

モーツァルト，W. A.（Mozart, Wolfgang Amadeus） 637,691
モノー，J.（Monod, Jacques） 173
モンドリアン，P.（Mondrian, Piet） 689

ヤウホ，J. M.（Jauch, J. M.） 408,474
ヤング，L.（Young, LaMonte） 689

ユークリッド（Euclid） 36,59,61,74-76,103,105,106

ラ・ワ行
ライプニッツ，W. G.（Leibniz, Wilhelm Gottfried） 41,42
ラウシェンバーグ，R.（Rauschenberg, Robert） 692
ラッシュレー，K.（Lashley, Karl） 342,357
ラッセル，B.（Russell, Bertrand） 35,38,40,41
ラフマニノフ，S.（Rachmaninoff, Sergei） 162
ラブレス伯爵夫人（Lovelace, Lady Ada Augusta） 41,42,308,588
ラマヌジャン，S.（Ramanujan, Srinivasa） 553-556
ラ・メトリ（La Mettrie, Julien Offroy de） 19,44,718
ランベルト，J. H.（Lambert, J. H.） 107

リーナット，D.（Lenat, Douglas） 604
リンカーン，A.（Lincoln, Abraham） 377,450

ルカス，J. R.（Lucas, J. R.） 389,465,466,565,567,568
ルジャンドル，A.（Legendre, Adrien-Marie） 107
ルソー，H.（Rousseau, Henri） 669

レーニンジャー，A.（Lehninger, Albert） 499
レールモントフ，M.（Lermontov, Mikhail） 631

ローズ，S.（Rose, Steven） 342
ロバチェフスキー，N.（Lobachevskiy, Nikolay） 107

ワイゼンバウム，J.（Weisenbaum, Joseph） 588,589,598,665

デカルト，R.（Descartes, René） 267
デ・キリコ，G.（De Chirico, Giorgio） 689
テスラー，L. G.（Tesler, Lawrence G.） 591

ドヴォルザーク，A.（Dvořák, Antonin） 175
洞山 202,260,262
徳山 202
ドストエフスキー，F.（Dostoevsky, Feodor） 380
ド・モルガン，A.（De Morgan, Augustus） 36, 590
ドレイファス，H.（Dreyfus, Hubert） 565

南泉 254,258,260

ハ行
パスカル，B.（Pascal, Blaise） 41,42
馬祖 241
抜隊 259
バッハ，C. P. E.（Bach, Carl P. E.） 20
バッハ，J. S.（Bach, Johan Seb.） 19,20,22, 24-26,29,32,43-45,84,86,101,187,210,213, 728
バッハ，W. F.（Bach, Wilhelm Friedmann） 20,22
バッベジ，C.（Babbage, Charles） 41,42,588, 716-731
パップス（Pappus） 595,596,659
ハーディ，G. H.（Hardy, Godfrey Harold） 553 -556
ハリソン，L.（Harrison, Lawrence） 647

ピタゴラス（Pythagoras） 418,547
百丈 259
ヒューイット，C.（Hewitt, Carl） 652
ヒューベル，D.（Hubel, David） 341,343
ヒルベルト，D.（Hilbert, David） 40,237

フィボナッチ（Fibonacci-Leonardo of Pisa） 149
フェルマ，P. de（Fermat, Pierre de） 279
フォルケル，J. N.（Forkel, Johann Nikolaus） 20
フォーレ，G.（Fauré, Gabriel） 175
フランク，P.（Frank, Philipp） 632
ブール，G.（Boole,Geonge） 36,590
ブルトン，A.（Breton, André） 689
フレーゲ，G.（Frege, Gottlob） 36
フリードリッヒ大王（Frederick the Great） 19,20,22-24,26,44,394
プロコフィエフ，S.（Prokofiev. Sergei） 162

ペアノ，G.（Peano, Giuseppe） 36,225
ベートーヴェン，L. van（Beethoven, Ludwig van） 22,175
ベル，A. G.（Bell, Alexander, Graharm） 298
ベルナップ，N.（Belnap, Nuel） 208
ヘンキン，L.（Henkin, Leon） 534
ペンフィールド，W.（Penfield, Wilder） 342
ペンローズ，R.（Penrose, Roger） 29

法眼 253
ポスト，E.（Post, Emil） 50
菩提達磨 239,244,250,614
ホフスタッター，D. R.（Hofstadter, Douglas R.） 714,717,725,728-731
ボヤイ，F.（Bolyai, Farkas） 107
ボヤイ，J.（Bolyai, János） 107
ポランニイ，M.（Polanyi, Michael） 565
ホワイトヘッド，A. N.（Whitehead, Alfred North） 35,38,40,41
ホワイトリー，C. H.（Whitely, C. H.） 472
ボンガルド，M.（Bongard, M.） 635

マ・ヤ行
マカロック，W.（McCulloch, Warren） 148
マグリット，R.（Magritte, René） 475,689, 691,695
マクレーン，S.（MacLaine, Shirley） 288
マーゲンサーラー，O.（Mergenthaler, Otto） 618
マシューズ，M.（Mathews, Max） 596,597
マッカーシー，J.（McCarthy, John） 295
マハラノビス，P. C.（Mahalanobis, P. C.） 556

ミンスキー，M.（Minsky, Marvin） 374,388, 634,668,712

無門 249,251,253,254,256,258,260,263,264, 276

メイヤー，L. B.（Meyer, Leonard B.） 179, 693
メレディス，M.（Meredith, Marsha） 614
メンツェル，A.（Menzel, Adolph von） 20
メンデル，A.（Mendel, Arthur） 19,44

キャロル，L.(Carroll, Lewis)　44,59,63,183,204,366,373,391,674,683
香巌　250
キルンベルガー，J. P.（Kirnberger, Johan Philipp）　25,716

クヴァンツ，J.（Quantz, Joachim）　20
倶胝　244
弘忍（五祖）　253
クリック，F.（Crick, Francis）　500,606
クリーネ，S. C.（Kleene, Stephen C.）　471
グルート，A.（Groot, Adrian de）　289
クロネッカー，L.(Kronecker, Leopold)　225
クワイン，W. V. O.（Quine, Willard Van Orman）　432,688

ケイ，A.（Kay, Alan）　652
ケージ，J.（Cage, John）　176,187,546,688,689,692,693
ゲーデル，K.(Gödel, Kurt)　30,33,35,41,45,102,391,727
ゲンツェン，G.（Gentzen, Gerhard）　207

ゴフマン，E.（Goffman, Erving）　473

コメニウス，J. A.(Comenius, Johann Amos)　614
ゴールドバッハ，C.（Goldbach, Christian）　395,396
ゴールドベルク，J. T.(Goldberg, Johan Theophilus)　393
コルビー，K.（Colby, K.）　636

サ行
サイモン，H.（Simon, Herbert）　305,307
サッケーリ，G.（Saccheri, Gerolamo）　106-108,448
サミュエル，A.（Samuel, Arthur）　593,673,674,675

ジェイキ，S.（Jaki, Stanley）　505
シェイクスピア，W.(Shakespeare, William)　598
シェパード，R.（Shepard, Roger）　707
ジェファーソン，G.（Jefferson, G.）　587
ジャンヌ・ダルク（Jeanne d'Arc）　36,37
シュヴァイカルト，F. K.(Schweikart, F. K.)　108

シュヴィーテン男爵(Swieten, Baron Gottfried van)　22,23
首山　256
シュニレルマン，L. G.(Schnirelmann, Lev G.)　395
シュミット，J. M.（Schmidt, Johan Michael）　43,44
シュレーディンガー，E.(Schrödinger, Erwin)　180
趙州　241,244,246,247,251,258,263,264,424
ショパン，F.（Chopin, Frêderic）　262,666
ジョーンズ，J.（Johns, Jasper）　692
ジーラーンター，E.(Gelernter, E.)　595,596,659
ジルバーマン，G.(Silbermann, Gottfried)　19,20

スコット，R.（Scott, Robert）　366
スタイナー，G.（Steiner, George）　179,631,632,661
ステント，G.（Stent, Gunther）　509
スペリー，R.（Sperry, Roger）　699

ゼノン（Zeno of Elea）　44,46-9,239

タ・ナ行
ダ・ヴィンチ，L.（da Vinci, Leonardo）　631
タウリヌス，F. A.（Taurinus, F. A.）　108
ダーゼ，J. M. Z.(Dase, Johann Martin Zacharias)　557
ダリ，S.（Dali, Salvador）　689
タルスキ，A.（Tarski, Alfred）　570,573
タンギー，Y.（Tanguy, Yves）　689

チェホフ，A.（Chekov, Anton）　631
チャーチ，A.(Church, Alonzo)　427,428,471,552
チャドウィック，J.（Chadwick, John）　67
チューリング, A.(Turing, Alan)　42,390,391,425,427,428,583,584,585,586,587,588,723-731

デイヴィッド，H. T.(David, Hans Theodore)　19,26,44,707
ディオファントス(Diophantus of Alexandria)　41,281
ディケンズ，C.（Dickens, Charles）　327,329

人名索引

ア行
アインシュタイン，A.（Einstein, Albert） 115
アリストテレス（Aristotle） 36
アンダーソン，A. R.（Anderson, A. R.） 208

ヴァハテル，F. L.（Wachter, F. L.） 108
ヴィーゼル，T.（Wiesel, Torsten） 343
ヴィトゲンシュタイン，L.（Wittgenstein, Ludwig） 669, 688
ウィーナー，N.（Wiener, Norbert） 673
ウィノグラード，T.（Winograd, Terry） 575, 616-619
ヴィノグラドフ，I. M.（Vinogradov, Ivan M.） 395
ウィーバー，W.（Weaver, Warren） 381
ヴィヨン，F.（Villon, François） 372
ウィルソン，E. O.（Wilson, E. O.） 350
ウィンストン，P. H.（Winston, Patrick Henry） 374
ウォーリン，F. L.（Warrin, Frank L.） 366
ヴォルテール（Voltaire, François Marie Arouet de） 19
ヴォルフ，C.（Wolff, Christoph） 393
ヴュイヤール，E.（Vuillard, Edouard） 347
ウルドリッジ，D.（Wooldridge, Dean） 360
雲門 259

エイウ，M.（Euwe, Max） 594
エーヴリー，O.（Avery, Oswald） 172, 180
エクルズ，J.（Eccles, John） 565
エッシャー，M. C.（Escher, Maurits C.） 29, 30, 45, 84, 210, 213, 260, 388, 726
慧能 239

オイストラフ，D.（Oistrakh, David） 174
オイラー，L.（Euler, Leonhard） 19, 394
オボーリン，L.（Oborin, Lev） 174

カ行
カイザーリンク伯爵（Kaiserling, Count） 392
ガウス，K. F.（Gauss, Karl Friedrich） 108, 115
巌頭 202, 261
カントール，G.（Cantor, Georg） 36, 225, 418, 420-422, 425, 436, 464
キム，S.（Kim, Scott） 84, 498, 707
キャロル，J. B.（Carroll, John B.） 618

事項索引

事項索引

人名索引

参考文献

ゲーデル，エッシャー，バッハ ［20周年記念版］
——あるいは不思議の環

一九八五年五月十五日　第一版第1刷発行
二〇〇四年五月三十日　第一版第32刷発行
二〇〇五年十月三十日　20周年記念版第1刷発行
二〇一二年六月三十日　20周年記念版第6刷発行

著　者　ダグラス・R・ホフスタッター
訳　者　野崎昭弘・はやし　はじめ・柳瀬尚紀

発行者　中村　浩

発行所　株式会社　白揚社

東京都千代田区神田駿河台一—七　郵便番号一〇一—〇〇六二
電話＝東京(03) 五二八一—九七七二　振替口座＝〇〇一三〇—一—二五四〇〇

印刷所　中央印刷株式会社
製本所　ベル製本株式会社

ISBN978-4-8269-0125-3